“十二五”普通高等教育本科国家级规划教材
采矿工程专业课程国家级教学团队建设项目
采矿工程卓越工程师培养计划项目

采矿学

第三版

杜计平 孟宪锐 主编

中国矿业大学出版社
China University of Mining and Technology Press

内 容 简 介

本教材以煤矿井工开采内容为主并兼顾非煤固体矿床开采和露天开采，系统阐述了以煤炭为主的固体矿床的开采技术、工艺、理论和方法，概括了我国煤矿生产和建设中的最新成果、技术标准、经验和开采技术。煤矿井工开采内容包括采煤工艺、回采巷道布置、准备方式、井田开拓、矿井开采设计和特殊开采方法。非煤固体矿床开采内容包括矿床划分和开拓、采矿工艺和方法。露天开采内容包括采场要素、工艺系统、开拓运输、开采境界和生产能力。

本书主要用作煤炭普通高等院校采矿工程专业教材，也可供矿山企业、科研院所和设计部门从事固体矿床开采的工程技术人员参考。

图书在版编目(CIP)数据

采矿学/杜计平，孟宪锐主编．—3版．—徐州：中国矿业大学出版社，2019.7(2023.12重印)

ISBN 978-7-5646-4455-0

Ⅰ．①采…　Ⅱ．①杜…　②孟…　Ⅲ．①矿山开采　Ⅳ．①TD8

中国版本图书馆CIP数据核字(2019)第095403号

书　　名　采矿学
主　　编　杜计平　孟宪锐
责任编辑　王美柱
出版发行　中国矿业大学出版社有限责任公司
（江苏省徐州市解放南路　邮编221008）
营销热线　(0516)83885370　83884103
出版服务　(0516)83995789　83884920
网　　址　http://www.cumtp.com　**E-mail**:cumtpvip@cumtp.com
印　　刷　江苏淮阴新华印务有限公司
开　　本　787×1092　1/16　**印张** 35.75　**字数** 892千字
版次印次　2019年7月第3版　2023年12月第4次印刷
定　　价　55.00元
（图书出现印装质量问题，本社负责调换）

《采矿学》编写人员名单

主　编　杜计平　孟宪锐

副主编　（按分工负责编为序）

　　　　屠世浩　万志军　李化敏　余学义　张吉雄　姬长生

主　审　汪理全 王家臣

作　者　（按姓氏笔画为序）

　　　　万志军　白润才　杜计平　李化敏　李东印　李桂臣

　　　　何廷峻　余学义　谷新建　汪华君　宋子岭　张吉雄

　　　　尚　涛　郑西贵　孟宪锐　孟祥瑞　赵伏军　赵兵朝

　　　　顾　明　郭忠平　涂　敏　姬长生　康天合　屠世浩

　　　　彭文斌　谢广祥　路占元　翟新献　藏传伟

前　言

本书为“十二五”普通高等教育本科国家级规划教材，由中国矿业大学、中国矿业大学（北京）、山东科技大学、湖南科技大学、安徽理工大学、河南理工大学、西安科技大学、辽宁工程技术大学、太原理工大学、黑龙江科技大学等高校合作编写而成。

本书为采矿工程专业的主干课程教材，以煤矿井工开采内容为主编写。为适应教学内容和课程体系的划分，其中涉及的开采装备、矿山压力及其控制、采矿系统工程的内容直接引用相关研究结论，其详细内容不再编入本书而由相应的课程进行单独教学。为进一步反映国内外近年来采矿技术的发展现状，本教材力图向读者介绍一些先进成熟的技术成果；同时为拓宽专业方向和知识面，本教材亦编入了非煤固体矿床开采和露天开采的内容。

《采矿学》按 120 学时编写，其中煤矿井工开采的一般部分占 80 学时，煤矿特殊开采占 20 学时，非煤固体矿床开采占 10 学时，露天开采占 10 学时。各院校使用时，可根据教学大纲进行适当调整。

本教材是在采矿学教材（普通高等教育“十一五”国家级规划教材）的基础上编写而成的，作者衷心感谢前人对采矿工程专业主干课程教材建设做出的贡献。

教材再版时，基于 2015 版《煤炭工业矿井设计规范》、2015 版《煤炭工业露天矿设计规范》、2016 版《煤矿安全规程》、2017 版《建筑物、水体、铁路及主要井巷煤柱留设与压煤开采规范》和 2018 年《防范煤矿采掘接续紧张暂行方法》通知，对综放开采、“三量”可采期、柱式体系采煤法、矿井设计等相关内容进行了修订，并根据煤矿生产实际和教学实践，对教材其他内容也进行了增删。

受作者水平和时间所限，本教材不足之处在所难免，恳请读者给予更多关注、批评、指正和帮助。

编　者

二〇一九年五月

《采矿学》编写人员分工

一、各编编写负责人员

绪论、第一章　杜计平

第一编　屠世浩

第二编　万志军

第三编　李化敏

第四编　余学义

第五编　张吉雄

第六编　姬长生

二、各章节编写人员

绪论,第一章	杜计平
第二章	第一节,郭忠平;第二节,郭忠平、杜计平;第三节～第四节,郭忠平;第五节,屠世浩、汪华君、杜计平;第六节,汪华君
第三章	第一节～第二节,郭忠平、杜计平;第三节,郭忠平;第四节,郭忠平、杜计平;第五节～第六节,藏传伟、杜计平、屠世浩
第四章	杜计平、李桂臣
第五章	谷新建、杜计平
第六章	彭文斌、杜计平
第七章	孟宪锐
第八章	第一节～第四节,赵伏军;第五节,杜计平
第九章	赵伏军、杜计平
第十章	孟宪锐、杜计平
第十一章	何廷峻、杜计平、万志军
第十二章	第一节～第四节,谢广祥、万志军;第五节,孟祥瑞
第十三章	涂敏、杜计平
第十四章	第一节,李化敏;第二节～第三节,李化敏、杜计平、郑西贵
第十五章	第一节～第七节,翟新献、杜计平;第八节,路占元、郑西贵
第十六章	顾明、杜计平
第十七章	顾明
第十八章	第一节,顾明、杜计平;第二节,顾明;第三节,顾明、杜计平
第十九章	李东印、杜计平
第二十章	杜计平
第二十一～二十二章	余学义、杜计平
第二十三章	杜计平
第二十四章	第一节,杜计平、孟宪锐;第二节,康天合
第二十五章	赵兵朝、李桂臣
第二十六～三十章	张吉雄
第三十一～三十二章	姬长生、宋子岭
第三十三章	白润才、姬长生
第三十四章	宋子岭、姬长生、尚涛、白润才

目　次

第二编　准备方式

第三编　井田开拓

第六编　露天开采

绪 论

（一）

矿产资源，是指由地质成矿作用形成的、赋存于地下或出露于地表、呈固态、液态和气态的、具有开发利用价值的自然资源。我国现行的《矿产资源分类细目》把矿产分为能源矿产(13种)、金属矿产(59种)、非金属矿产(95种)和水气矿产(6种)。矿产资源是重要的自然资源，一般不可再生，储量有限。

矿业是以矿产资源为劳动对象的产业，是国民经济的基础产业。人类生存和发展离不开原料和燃料，涉及黑色金属、有色金属、化工、核工、建材原料及煤炭、石油、天然气、油页岩等矿物，这些都需要借助采矿工程把它们从地壳中开采出来并进行加工利用。

中国是世界上最早开发和利用矿产资源的国家之一。据历史资料记载，我国在1万多年前就掌握了开采并利用石料的技术，在7 000多年前就能批量生产煤的精制品，在4 000多年前已经能够开采铜、铁、金和煤等矿石。中国矿业在历史上曾几度辉煌，殷周的青铜，春秋战国的铁业，秦汉的井盐，汉魏的煤，魏晋的天然气，成就即已可观。但在近代却处于相对落后状态，1949年前保留的较完整的矿山仅有300多处。中华人民共和国成立以来，中国矿业取得了举世瞩目的成就。在2000年前后已建成国有矿山近万处，集体矿山和其他非国有矿山20多万处。到2017年年底，世界上已知的约173种矿产在中国均有发现，查明资源/储量的矿产在162种以上，总值居世界第三位。有20多种矿产的探明储量居世界前列，近年来，年产矿石在100亿t左右。矿业为我国国民经济发展提供了95%的能源、80%以上的工业原料和70%以上的农业原料。20世纪90年代以来，煤炭产量曾多年连续居世界第一位，2018年产量已达36.8亿t。

在历史上，金属矿床、非金属矿床和可燃矿物开采均称为广义的采矿，长期的采矿生产实践逐渐形成煤炭开采、金属矿开采、建材开采、石油和天然气开采等传统产业。煤炭、金属和非金属固体矿床开采在技术、方法、装备及遇到的问题上大体相近，均称为采矿。而石油和天然气开采完全不同于固体矿床开采，称石油和天然气开采。

根据埋深和开采技术条件，固体矿床开采分地下开采和露天开采。在金属、化工、建材等矿产开采方面，露天开采占主导地位，全世界固体矿物产量的三分之二是通过露天开采获得的。我国黑色金属和建材的露天开采比重在90%左右，化工、有色金属和铀矿露天开采的比重分别约为42.6%、32%和20%。我国煤炭以地下开采为主，2014年前后，露天开采的比重达到15%左右。

采矿学是研究和阐述固体矿床开采技术、理论和方法的科学。主要使用于煤炭院校采矿工程专业的采矿学教材，以煤矿开采为主，兼顾非煤固体矿床开采；以地下开采为主，兼顾露天开采。

（二）

中国是世界上最早利用和开采煤炭的国家。早在公元前500年我国的春秋战国时代，煤炭已成为社会的重要物品，称为石涅或涅石。公元前1世纪，煤已用于冶铁和炼铜。魏晋时期称煤为石墨。到南北朝，“石炭”名称普及，出现了煤井和相应的采煤技术，以煤冶铁已颇具规模。唐宋以来，采煤业由北向南逐步发展，开采技术已比较完善，煤炭广泛用于冶铁、陶瓷和砖瓦行业，并发展了炼焦技术。南宋末年至元初，出现了“煤”的名称。明代，“京师百万之家，皆以石煤代薪”。明末宋应星所著的《天工开物·燔石卷》中，详细地记叙了我国古代采煤技术，涉及地质、开拓、采煤、支护、通风、提升及瓦斯排放等方面。清代，煤炭已成为国计民生的重要资源。

漫长的封建社会形成的采煤技术，始终停滞在手工作业水平上，工具简陋，多用手镐落煤，辘轳提升，箩筐拖运，竹筒通风，牛皮包提水，以致生产能力低下、生产规模较小。

19世纪70年代中国开始近代煤矿建设，其标志是机器代替一部分人力手工操作。自1876年和1877年兴建基隆煤矿和开平煤矿后，我国陆续开办了一些近代煤矿。同时，外国资本大量进入中国煤矿。

中国近代煤矿开始使用蒸汽和电绞车、矿车、电机车、通风机、水泵、电钻、风钻和压风机等采矿机械生产，从而提高了生产能力，扩大了开采范围，促进了开采技术发展，但采掘工作仍是手工操作，井下运输仍靠人力或畜力。

在半殖民地半封建的旧中国，大多数近代煤矿由外资控制，成为资本家利用廉价劳动力获得高额利润的场所，煤矿工人受尽残酷的剥削和压迫。掠夺式的开采使煤矿灾害事故频发，资源遭受严重破坏。到1949年，从旧中国接收的200处矿井和少数露天矿，加上各类小煤矿，原煤产量只有3 240万t。

中华人民共和国的成立为我国煤炭工业发展开辟了广阔前景。为满足国民经济建设和人民生活需要，我国60多年来进行了大规模煤矿建设，成就举世瞩目。至1995年年末，共开工建设矿井(含露天矿)2 585处，设计生产能力84 430万t/a。1957年全国原煤产量达1.3亿t，1975年为6.4亿t，1996年为13.7亿t，2006年为23.8亿t，2012年为36.6亿t，2018年为36.8亿t。

20世纪80年代以后，我国各类煤矿的开采在质和量方面都有较大发展，开发了10多个新矿区，新建设了一批现代化大型矿井和露天矿，推广了采煤机械化和综合机械化，有重点地建设多层次安全高效矿井，发展了地方煤矿，开办了乡镇煤矿，使中国煤矿在更大规模和高质量的基础上持续发展。

从20世纪90年代开始，我国煤矿以提高经济效益为中心，通过现代高新技术与采煤技术和装备相结合，加速推进煤矿生产现代化，持续进行安全高效矿井(露天矿)建设，2001年建成129处安全高效煤矿，2011年建成406处安全高效煤矿，其中井工矿394处，露天矿12处，一部分矿井达到世界最先进水平。

我国神东煤炭集团集国内外最先进的采掘技术建成了以系统简单、装备精良、人员精干、安全高效为基本特征的“一井一面”千万吨矿井群和现代化开采技术的亿吨矿区。该集团拥有19处矿井，产能超了2亿t，采掘机械化程度达到100%，最高全员工效达124 t/工。

该集团先后建成了年产 10.0 Mt、12.0 Mt 和 14.0 Mt 的综采队和年产 15.0 Mt、20.0 Mt 和 30.0 Mt 的矿井，长壁工作面的长度不断创新到 300 m、360 m、400 m、450 m，一次采全高长壁工作面的采高发展到 8.6 m。另一方面，我国还存在生产能力不大的地方国营煤矿和民营煤矿。多层次的煤炭生产结构决定了煤炭工业生产技术的多层次性，这种多层次的生产技术结构将会持续相当长的时间。

未来我国煤炭工业的发展方针是：全面落实科学发展观，坚持依靠科技进步，走资源利用率高、安全有保障、经济效益好、环境污染少和可持续的煤炭工业发展道路。要把煤矿安全生产始终放在各项工作的首位，以建设大型煤炭基地、培育大型煤炭企业和企业集团为主线，构建与社会主义市场经济体制相适应的新型煤炭工业体系。

（三）

广义而言，采矿工程包括井巷工程、采矿方法、通风安全技术、矿山机械、矿山供电、矿山经济与管理、矿山地质等分支的多项内容。随着采矿技术的进步、学科内容的交叉和渗透，采矿学科领域在深度和广度上有了极大扩展，其中采矿方法的发展成为现今采矿学的主体。

煤矿开采是一个复杂的生产过程，需要综合运用地质、测量、井巷掘进与支护、采煤、运输、提升、通风、排水、动力供应、安全、机械化、自动化等技术，推行先进的企业管理和经营方法。煤矿开采方法应与这些技术密切结合，在一定程度上可以说是这些技术的综合应用和总体反映。煤矿开采的发展提出改进这些个别技术和装备的要求，同时又因这些个别技术的进展而得到发展。

采矿学是以煤矿开采为主的采矿技术的科学总结、规律阐述和理论指导，而煤矿开采技术是采矿学的发展基础、工程实践和实施的技术保障。采矿学随采矿技术的进步而不断充实和深化。

矿山压力及其控制是采矿技术的重要内容之一，从巷道布置、开拓部署、巷道支护、顶板管理到灾害防治都离不开对矿山压力显现规律的认识和利用。经过 60 多年的努力，我国煤矿矿山压力及其岩层控制的基础理论和应用技术已经比较成熟，研究成果已接近或达到世界发达产煤国家的水平并已自成体系。为便于教学，相关内容由“矿山压力及其控制”课程专门进行教学。

采矿系统工程是以解决采矿问题为目标、以采矿原理和规律为基础、以系统工程方法为手段而将采矿工程与系统工程相结合的边缘科学技术。它已在许多方面，如矿床模型、采矿生产系统模拟、采矿系统设计优化、采矿生产系统可靠性分析、采矿决策支持系统及生产管理、采矿系统计算机辅助设计及科学管理等方面进行了广泛研究，并得到了初步应用，今后的方向是进一步向实用化方向发展。为便于教学，采矿学不再专门编入采矿系统工程内容，其相关内容只是引用所得出的结论。

（四）

煤矿井工开采的重要特点是地下作业，煤矿开采一般要经历地质勘查、初步可行性研究、可行性研究、初步设计、施工、建设、投产、达产、技术改造、增产、产量递减、报废和关井等诸多阶段。

资源条件是煤矿开采的基本依据。国有重点煤矿开采资源集中的煤田或其主要部分，其开采地质条件具有广泛的多样性和代表性，总体上以开采近水平、缓(倾)斜、表土层不厚、埋深不大、层数多、总厚度大的煤层为主，煤层赋存条件从稳定、较稳定到不稳定，地质构造和水文地质条件从简单、中等复杂到复杂，顶板岩性从软、中硬、坚硬到十分坚硬，埋深从200 m到1 500 m(已达到)，煤层厚度从薄煤层、中厚煤层到厚煤层、特厚煤层。矿井瓦斯从低瓦斯矿井、高瓦斯矿井到煤(岩)与瓦斯(二氧化碳)突出矿井。这种地质条件的多样性提出了多种不同的安全和经济开采要求，是发展多样化开采技术的依据。

煤矿地下开采需要从地表开凿井筒通至地下，掘进巷道，布置采区(盘区或带区)和采煤工作面，或直接就在大巷两侧布置采煤工作面采煤。采煤后的采空区需及时处理，采出的煤需运输并提升到地面。为保证正常生产，必须要有完善的井下和地面生产系统。为保证安全生产，要同井下可能发生的各种灾害做斗争，还要搞好各项工作的配合。

煤矿地下开采有如下特点：

① 受煤层赋存条件严重制约。开采地点、规模和工作条件取决于煤层赋存条件。

② 工作场所不断移动。采掘装备及人员要不断转移到新的采掘作业地点，工程服务时间相对较短，服务次数和范围相对较少，使得煤矿成为劳动密集型和资金密集型企业，这就要求合理安排采掘接替，源源不断地开掘后续巷道工程和准备出新的工作面，并要不断投入建设资金。

③ 生产系统复杂。井下生产环节多、工序复杂，为保证正常生产应以开采为中心，建立并完善运输、提升、通风、排水、供电、压风、供水、排矸、通信、监测等生产系统，还要协调好其间的配合，组织好生产。

④ 必须设置人工构筑物保护工作空间。从设计、施工到使用，开掘在地下的采掘工程一般情况下必须进行人工支护，且多具临时支护性质。

⑤ 安全问题突出。井下生产的同时要与可能发生的顶板、瓦斯、矿井水、火灾、煤尘等自然灾害做斗争，一些深矿井还要同高温热害和高应力做斗争，这就增加了开采的难度，同时要求安全工作成为各项工作的重中之重。

⑥ 开采对象具随机性和多变性。煤层赋存条件和地质构造分布具有随机性质且变化较大，甚至在同一工作面的不同部位或同一巷道的邻近段落亦不尽相同。受勘查手段和勘查工程量的限制，在井巷和工作面未揭露前，对煤层赋存条件和地质构造的描述常具推断性质。多变和不确定性导致不同条件下的开采技术及工艺与可能获得的效果及显现的规律存在差异，这就要求工程技术人员深入现场，按最不利或困难条件进行设计并选择装备且要有足够的可靠性。随机性要求工程技术人员对开采条件可能的变化要有足够的估计和对策，并在工作安排中留有余地。

⑦ 开采条件逐渐变差。开采顺序和过程一般是先近后远、先浅后深、先简单后复杂、先容易后困难，开采条件一般会越来越差，使煤矿开采成为规模效益递减行业。这就要求生产矿井或矿区必须依靠科技进步，不断提高开采技术水平，并开发新矿区和建设新矿井，以抵消和替补效益和能力降低的衰老矿井部分。

⑧ 破坏生态环境。采用以垮落法为主的采空区处理方法，开采后会引起岩层移动和地表塌陷，导致地下水位下降，耕地和植被破坏，北方地区常加重水土流失，南方地区则形成水

塘。井下排出的矸石除占用耕地外，其自燃往往产生有害气体而造成大气污染。井下排出的污风含有大量的粉尘、烟雾和瓦斯，使空气质量下降。这就要求井下开采的同时要注意治理地面环境，以实现绿色环保开采。

⑨ 消耗的材料不构成产品实体。煤炭生产过程要消耗大量材料，这些材料虽在生产成本中占较大比重，但消耗的材料却不构成产品实体。这就要求在保证安全生产前提下进行生产成本控制。

经过半个世纪的采煤方法改革，我国发展了以长壁体系为主的采煤方法，并兼容柱式体系采煤法。我国当前的采煤方法有50多种，是世界上采煤方法采用最多的国家。

采煤方法由采煤工艺和回采巷道布置两部分组成，定义在区段或分带内。采煤工艺是发展较快且影响煤矿生产各个环节的核心技术。安全高效矿井建设主要是围绕采煤工艺改革和采用新的技术和装备以提高工作面单产而展开的。发展各种条件下的采煤机械化，扩大综采应用范围，采用各种途径提高不同层次和装备水平的各类矿井的采煤工作面单产水平，是采煤工艺改革的目标。

现代采煤工艺正在向安全和高产、高效方向发展，相应的设备向大功率、高强度、高可靠性、机电一体化、自动化和智能化方向发展。

采煤工艺发展对采煤工作面技术参数、回采巷道布置、掘进装备和支护技术提出改进要求，同时又因为这些技术的进步而得到发展。正是在这种相互促进的过程中，采煤方法遂得到不断发展、完善和创新。

我国的薄煤层、大倾角煤层、急(倾)斜煤层、不稳定煤层、地质构造复杂煤层等难采煤层的采煤方法研究有很大发展空间，主要方向是改善作业条件，提高单产和机械化水平。

对于我国大多数煤矿而言，井田仍然需要划分成采区、盘区或带区。采区、盘区或带区，是指具有独立生产系统的开采块段或区域，正向范围和尺寸大型化、单层化方向发展，相应的准备方式是我国大多数煤矿的基本准备方式，其既取决于煤层地质条件和采煤工艺发展的要求，又依赖于矿山设备的改进。新的重要方向是简化生产系统，改善辅助运输，使生产在工作面高度集中。对于类似于我国神东矿区的安全高效矿井而言，采区、盘区或带区的概念已经消失，无论在产量、规模还是范围上，生产高度集中的工作面实际上已承担着原来意义上采区、盘区或带区的功能。

开拓是整个矿井(露天)开采的全局性的战略部署及其工程实施，深入研究和掌握采煤方法和准备方式有利于正确把握矿井开拓的基本问题，具体矿井的开拓方式带有更多的个案处理性质，不同层次的矿井应有不同的侧重点。在市场经济条件下，更要注重经济效益和投资效果。新的发展趋势是能力加大、服务时间变短，矿井层次上的生产集中化、系统简单化、运输连续化和大型化。

特殊开采方法，是指特殊或困难条件下或采用特殊工艺或在长壁、垮落和下行开采体系之外的开采方法。我国虽然已成功地发展了建筑物下、铁路下、水体下和承压水上的采煤技术，但在这些条件下开采仍然是制约我国煤矿发展的问题且矛盾日益突出。在安全高效开采技术迅速发展、优先考虑经济效益、安全生产放在首位、日益强调环境和地面保护的形势下，特殊或困难条件下采煤面临着艰难选择，发展的方向是寻求既能满足安全要求又能达到较好技术经济效果的开采技术。

我国水力采煤技术已趋成熟，但应用的比例却在不断减小。2001年的总产量只有495

万 t。我国水砂充填工艺技术应用比较成熟，但其应用已濒临绝境，在地面保护要求不断提高的未来或许还有局部应用可能。新研究和试验的充填采煤法已经取得较好的技术经济效果，能否推广和推广程度如何则取决于充填材料成本、地面安全、煤价、产量和搬迁成本间的综合平衡。

我国东部矿区逐渐进入深部开采，问题涉及巷道维护、高温热害、冲击地压、煤与瓦斯突出、煤层自燃、开采技术经济效果变差等问题，针对这些问题采取相应的技术措施，由此形成的深矿井开采技术也是煤矿开采技术的重要分支。

露天开采是采矿学的重要分支，是煤矿高效和安全的开采技术，本质上是地表矿岩大量挖掘和移运的作业，需要系统地研究开采方法、工艺系统、矿山工程、生产规模、开采境界、边坡工程、土地复垦与环境治理、露采与地采合理组合等诸多问题。与地下开采相比，露天开采在技术经济上有一定优势，只要条件适宜应该大力发展。

第一章　煤矿开采的基本概念

第一节　煤田开发的概念

一、煤层的赋存特征和影响开采的地质因素

煤田，是指含煤地层比较连续或不连续、在同一成矿条件下形成的、一般分布范围较广的产煤地。

煤田中的煤层数目、层间距和赋存特征各不相同。有的煤田只有一层或几层煤层，有的却有数十层煤层。我国多数煤矿开采的是多煤层煤田。煤层的结构、倾角、厚度及其变化对采煤方法和设备选择影响甚大，因而需要对煤层进行分类。

煤层通常是呈层状的。煤层中有时含有厚度小于0.5 m的沉积岩夹层，称之为夹矸。根据煤层中有无较稳定的夹矸层可将煤层分为以下两类：

① 简单结构煤层——煤层不含夹矸层，但可能有较小的矿物透镜体和结核。

② 复杂结构煤层——煤层中含有较稳定的夹矸层，少则1～2层，多则数层。

煤层倾角，是指煤层层面与水平面所夹的两面角。根据当前地下开采技术，我国按煤层倾角将煤层划分为以下4类：

① 近水平煤层，倾角＜8°；

② 缓(倾)斜煤层，倾角8°～25°；

③ 中斜煤层，倾角25°～45°；

④ 急(倾)斜煤层，倾角＞45°。

习惯上把倾角为35°～55°的煤层称为大倾角煤层。

我国煤矿以开采近水平煤层和缓(倾)斜煤层为主，矿井数约占65%，生产能力约占78%，开采中斜煤层和急(倾)斜煤层的矿井数和生产能力的比重均较小。

煤层厚度，是指煤层顶底板之间的法线距离。根据当前地下开采技术，我国按煤层厚度将煤层分为以下3类：

① 薄煤层，煤厚＜1.3 m；

② 中厚煤层，煤厚1.3～3.5 m；

③ 厚煤层，煤厚＞3.5 m。

习惯上把厚度大于8 m的煤层称为特厚煤层。

根据煤种、煤质和煤层倾角，我国煤矿薄煤层的最小开采厚度为0.5～0.8 m。

我国煤矿的可采储量和产量均以厚煤层和中厚煤层为主，两者分别约占总储量的81%和总产量的93%。

煤层的稳定性，是指煤层形态、厚度、结构和可采性的变化程度。按稳定性可将煤层分为——稳定煤层、中等稳定煤层、不稳定煤层和极不稳定煤层。

我国北方地区煤层一般比较稳定，南方地区煤层普遍较薄、稳定性较差，有时呈鸡窝状。

地层的地质构造如断层和褶曲对矿井开采有重大影响,煤田中的断层越多,开采越困难。我国南方各煤田的地质构造较北方煤田复杂。

煤层顶底板的强度、节理裂隙发育程度和稳定性,直接影响采煤工艺的选择。

从煤层和其围岩中涌向作业空间的瓦斯对煤矿安全生产有重大影响,瓦斯涌出量一般随煤层的变质程度增高和埋藏深度增加而增加。据1995年资料,在599处国有重点煤矿中,低瓦斯矿井304处,占总数的50.8%,高瓦斯矿井202处,占总数的33.7%。我国存在瓦斯突出危险的煤层较多,有煤与瓦斯突出危险的矿井93处,占总数的15.5%。

采深也是影响煤矿生产的重要因素。采深加大后,矿山压力及其显现、地温均会明显增加,甚至出现冲击地压。2005年前后,我国已有171处矿井的采深超过了800 m。

此外,矿井水对安全开采也有重大影响。

国有重点煤矿开采资源集中的煤田或其主要部分,总体上有多层煤层,以近水平和缓(倾)斜煤层中的中厚和厚煤层为主,表土层不厚,2005年统计平均埋深在520 m左右。煤层赋存从稳定、较稳定、不稳定到极不稳定,地质构造和水文地质条件从简单、中等复杂到复杂,顶底板岩性从软、中硬到十分坚硬,这种地质条件的多样性,对安全、经济开采提出了不同的要求,是发展我国多样化开采技术的基本依据。

二、矿区开发

统一规划和开发的煤田或其一部分,称为矿区。

根据国民经济发展进程和行政区域划分,利用地质构造、自然条件或煤田沉积的不连续,或按勘查时期的先后可将煤田划归不同矿区进行开发。

从我国煤田和矿区的实际关系来看,有的是一个矿区开发一个煤田,如开滦、阳泉、肥城等矿区;有的是几个矿区开发一个煤田,如渭北煤田划分为铜川矿区、浦白矿区、澄合矿区和韩城矿区;有的是将邻近几个煤田划归为一个矿区,如淮北矿区统一开发闸河煤田和宿县煤田。

按开采方式不同,煤矿开采分地下开采和露天开采两种。我国煤矿以地下开采为主。地下开采的煤矿,称为矿井。

一个矿区由多个矿井或露天矿组成,需要有计划、有步骤、合理地开发整个矿区。为配合矿井或露天矿的建设和生产,还要建设一系列的辅助企业、交通运输和民用事业以及其他有关的企业和市政建设工程。

矿区开发,是指根据煤炭储量、赋存条件、市场需求、投资环境,结合国家宏观规划布局和矿区产品运销等条件,确定矿区建设规模,划分矿井边界,确定矿井或露天矿设计生产能力、开拓方式、建设顺序,确定矿区附属企业的种类、生产规模及其建设过程等。

矿区建设规模,是指矿区均衡生产的规模,应与矿区均衡生产服务年限相适应。

对于煤炭储量一定的矿区,当建设规模增大时其服务年限将减少,反之服务年限增多。要保证既满足国家对煤炭的需求,又能保证有较长的矿区服务年限、获得较高的经济效益的生产规模才是比较合适的。2017年4月发布的《煤炭工业技术政策(试行)》对不同建设规模的矿区均衡生产服务年限规定如表1-1所示。

表1-1　矿区建设规模和均衡生产服务年限

矿区建设规模/(Mt/a)	>10及以上	8及以上	5及以上	3及以上	1及以上	1以下
均衡生产服务年限/a	>100	>90	>70	>50	>40	30

三、井田

井田，是指采矿工程中按地质条件和开采技术水平划定的由一个矿井开采的范围。矿井是形成地下煤矿生产系统的井巷、硐室、装备、地面建筑物和构筑物的总称。

煤田或矿区的范围都很大，需要划分为若干部分、按一定顺序开采。

确定每一个矿井的井田范围、设计生产能力和服务年限，是矿区总体设计中必须解决的关键问题之一。

煤田划分井田应根据矿区总体设计任务书的要求，结合煤田的赋存情况、地质构造、地形地貌、开采技术条件，保证每一个井田都有合理的尺寸和边界，使煤田的各部分都能得到合理开发。

四、矿井设计生产能力和井型

矿井设计生产能力，是指矿井设计中规定的单位时间采出的煤炭数量，一般以“Mt/a”表示。

矿井井型，是指根据矿井设计生产能力不同而划分的矿井类型。

有些生产矿井通过改扩建和技术改造，原来的生产能力有了改变，因而需要对生产矿井各生产系统的能力重新进行核定，核定后的综合生产能力，称为核定生产能力。

根据矿井设计生产能力不同，我国煤矿划分为特大型、大型、中型、小型四种井型。

① 特大型矿井——10.00 Mt/a 及以上；

② 大型矿井——1.20、1.50、1.80、2.40、3.00、4.00、5.00、6.00、7.00、8.00、9.00 Mt/a；

③ 中型矿井——0.45、0.60、0.90 Mt/a。

④ 小型矿井——0.09、0.15、0.21、0.30 Mt/a。

为了保证矿井建设、生产和设备选择标准化、系列化，新建矿井不应出现介于两种设计生产能力中间的类型。

我国国有重点煤矿多为特大、大、中型矿井；地方国营煤矿多为中、小型矿井；乡镇煤矿多为小型矿井。

矿井年产量，是指矿井每年实际生产的煤炭数量，多以 Mt/a 表示。它常不同于矿井设计生产能力，有时高，有时低，而且每年的数值也不一定相同。

矿井设计生产能力大小直接关系基建规模和投资多少，影响矿井整个生产期间的技术经济面貌。确定井型和矿井设计生产能力是矿区总体设计的一个重要内容。

五、地下开采和露天开采

通过由地面向地下开掘井巷采出煤炭的方法称为地下开采，又称为井工开采。直接从地表揭露并采出煤炭的方法称为露天开采。与露天开采相比，地下开采更为复杂和困难。

露天开采与地下开采在进入矿体的方式、生产组织、采掘运输工艺等方面截然不同，它需要先将覆盖在矿体之上的岩石或表土剥离掉。

当煤层厚度达到一定值，直接出露于地表或其覆盖层较薄，开采煤层与覆盖层采剥量之比在经济上有利时，就可以考虑采用露天开采。

露天开采一般机械化程度高、产量大、劳动效率高、成本低、比较安全，但受气候条件影响较大，需采用大型设备和进行大量基建剥离，基建投资比较大。因此，露天开采只能在覆盖层较薄、煤层厚度较大时采用。

我国适合于露天开采的煤炭资源不多。20 世纪 90 年代末统计，在 613 处国有重点煤矿中，露天矿只有 14 处。至 2014 年 7 月底，我国拥有生产和在建露天煤矿 400 多处。

露天开采是我国煤炭工业的发展方向之一。凡煤田或煤田浅部有露天开采条件的，即应根据经济剥采比并适当考虑发展可能划定露天开采的边界。所谓剥采比，就是每采 1 t 煤需要剥离的岩石立方米数。经济剥采比，就是在一定技术经济条件下露天开采在经济上合理的极限剥采比，它是确定露天煤矿开采境界的主要依据。2005 版《煤炭工业露天矿设计规范》规定：褐煤、非焦煤、焦煤的经济剥采比分别不宜大于 6 m^3/t、10 m^3/t、15 m^3/t。随着煤炭售价变化，2015 版《煤炭工业露天矿设计规范》将经济剥采比的规定修订为采用计算分析方法确定。

第二节　井田的划分

一、井田尺寸

井田尺寸由矿区总体设计的井田划分加以确定。井田尺寸由井田走向长度、倾斜宽度和面积反映。

井田走向长度，是表征矿井开采范围的重要参数。它应与一定时间的开采技术和装备水平相适应。根据目前开采技术水平，大型矿井井田的走向长度不小于 8 km，中型矿井不小于 4 km。

我国煤矿的井田走向长度不等，一般为数千米至数十千米。在我国 599 处主要煤矿中，大多数矿井的走向长度均大于 4 km，以 4～8 km 者居多。新设计的特大型矿井的井田走向长度最大者已超过 20 km。

井田的倾斜宽度，是指井田沿煤层倾斜方向的水平投影宽度。我国煤矿的井田倾斜宽度一般为数千米。开采近水平煤层的矿井，其井田倾斜宽度最大可达 10 km 以上。

井田的面积与矿井的井型有关，我国煤矿的井田面积一般为数平方千米到数十平方千米。

二、井田划分为阶段和水平

为了有计划、按顺序、安全合理地开采井田内的煤炭，以获得好的技术经济效果，一般情况下必须将井田划分为若干个小的部分，然后有序地进行开采。

阶段，是指在井田范围内平行走向按一定标高划分的一部分井田。如图 1-1 所示，在井田范围内沿煤层倾向，按±0 m 和－150 m 标高把井田划分为 3 条平行于井田走向的长条，每一个长条就是一个阶段。阶段的走向长度即井田在该处的走向全长。

为保证每个阶段进行正常生产，井田的每个阶段均必须有独立的运输和通风系统。要在阶段下部边界开掘阶段运输大巷，担负运送煤炭、材料、设备和进风等任务，在阶段上部边界开掘阶段回风大巷，担负排放污风任务，为整个阶段服务。上一阶段的煤层采完后，原运输大巷常作为下一阶段的回风大巷。

通常，将布置有井底车场和阶段运输大巷且担负全阶段运输任务的水平，称为“开采水平”，也简称为“水平”。

水平用标高表示，如图 1-1 中的±0 m、－150 m、－300 m 等。在矿井生产中，为说明水平位置、顺序和作用，相应地称为±0 m 水平、－150 m 水平、－300 m 水平等，或称为第一水

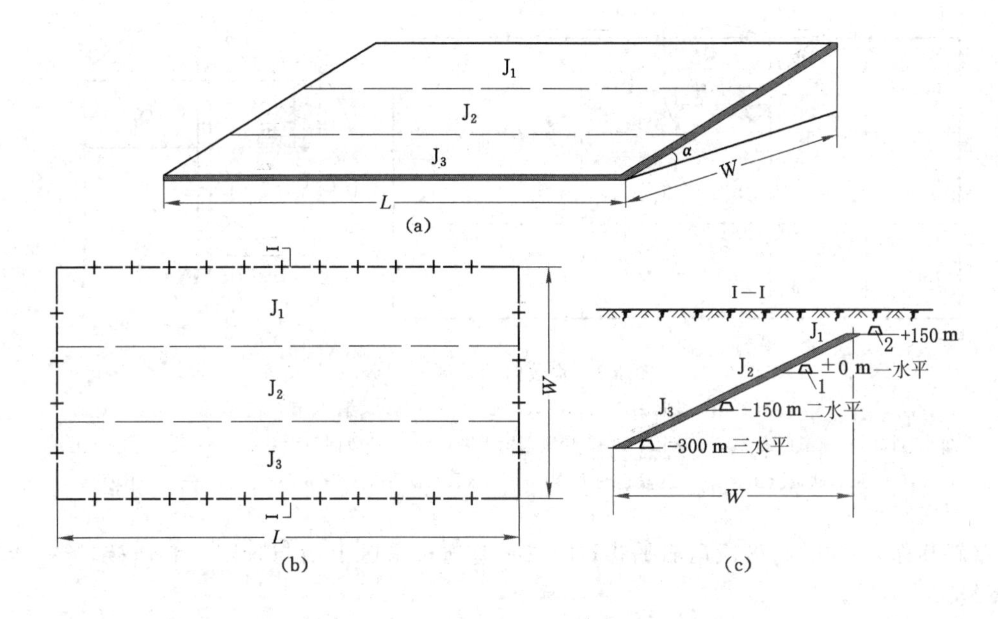

图 1-1　井田划分为阶段和水平

(a) 井田划分阶段立体图　(b) 井田划分阶段平面图　(c) 井田划分阶段剖面图

L——井田走向长度；W——井田倾斜宽度；J_1,J_2,J_3——第 1、第 2、第 3 阶段；

1——阶段运输大巷；2——阶段回风大巷

平、第二水平、第三水平等，或称为运输水平、回风水平。

一般而言，阶段与水平的区别在于：阶段表示井田范围的一部分，水平是指布置大巷的某一标高的水平面。广义的水平不仅表示一个水平面，同时也指一个范围，即包括所服务的相应阶段。

三、阶段内的再划分

井田划分成阶段后，阶段的范围仍然较大，一般情况下井田范围内整阶段开采在技术上有一定难度，通常阶段内需要再划分，以适应开采技术要求。

阶段内划分方式一般有以下两种。

1. 采区式划分

在阶段内沿走向把阶段划分为若干具有独立生产系统的开采块段，每一开采块段称为一个采区。如图 1-2 所示，井田沿倾向划分为 3 个阶段，每个阶段又沿走向划分为 6 个采区。

采区的倾斜长度即阶段斜长，一般为 600～1 000 m。采区的走向长度不等，由 400 m 到 2 000 m 以上。采区的范围仍然较大，一般情况下仍不能一次将整个采区的煤层采完，采区还需要划分为区段。

区段是在采区内沿倾向方向划分的开采块段。如图 1-2 中 C_1 采区划分为 3 个区段：Q_1、Q_2、Q_3。

采区准备期间，开掘采区运输上山和轨道上山与阶段大巷连接；沿煤层走向方向，在每个区段下部边界的煤层中开掘区段运输平巷，在区段上部边界的煤层中开掘区段回风平巷；沿煤层倾斜方向，在采区走向边界处的煤层中开掘斜巷，连通区段运输平巷和区段回风平

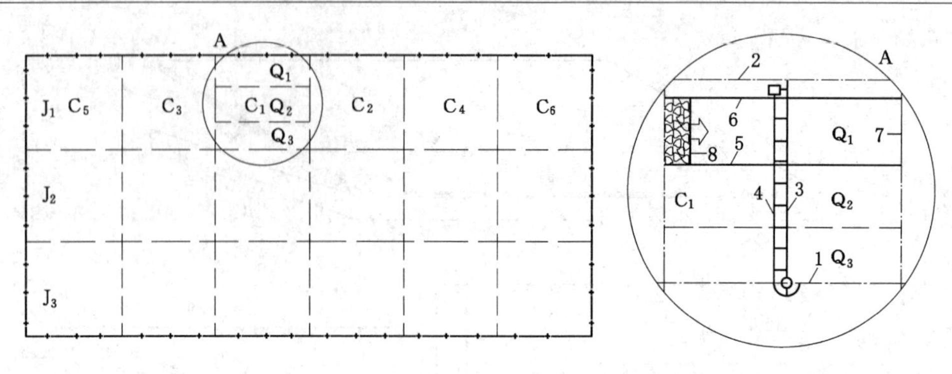

图 1-2 阶段内的采区式划分

J_1,J_2,J_3——第 1、第 2、第 3 阶段；C_1,C_2,C_3,C_4,C_5,C_6——第 1、第 2、第 3、第 4、第 5、第 6 采区；Q_1,Q_2,Q_3——第 1、第 2、第 3 区段；1——阶段运输大巷；2——阶段回风大巷；3——采区运输上山；4——采区轨道上山；5——区段运输平巷；6——区段回风平巷；7——开切眼；8——工作面

巷，该斜巷称为开切眼；区段运输平巷和回风平巷通过采区上山与阶段大巷连接，遂构成生产系统。

在开切眼内布置采煤设备即可采煤。开切眼是采煤工作面的始采位置。生产期间，采煤工作面沿走向向前推进。沿煤层倾向布置、沿煤层走向推进的采煤工作面，称为走向长壁工作面，相应的采煤法称为走向长壁采煤法。

采区上山布置在采区走向中部时，每个区段可以布置两个采煤工作面。

2. 带区式划分

如图 1-3 所示，在阶段内沿煤层走向把阶段划分为若干适合布置采煤工作面的长条，每一个长条叫作一个分带。分带相当于采区内的区段旋转了 90°。

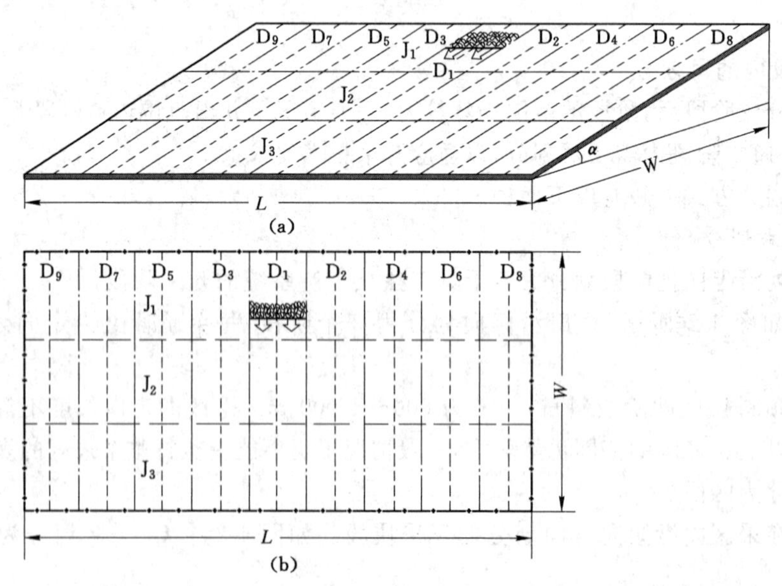

图 1-3 阶段内的带区式划分

(a) 立体图 (b) 平面图

J_1,J_2,J_3——第 1、第 2、第 3 阶段；D_1,D_2,…,D_9——第 1、第 2、……、第 9 带区

由相邻较近的若干分带组成，并具有独立生产系统的开采区域，叫作带区。带区的重要标志是一定时期内各分带共用一部分生产系统，如共用大巷、带区车场或煤仓等。

在图 1-3 中，每个阶段划分出 18 条分带，相邻的两个分带共用一套生产系统、组成一个带区，整个阶段划分出 9 个带区。

带区准备期间，在分带两侧开掘分带斜巷，直接与阶段大巷连接，这也是分带与区段的区别。采煤工作面沿煤层走向布置、沿煤层倾向方向推进，这样布置的采煤工作面，称为倾斜长壁工作面，相应的采煤法称为倾斜长壁采煤法。

四、井田直接划分为盘区、带区或分带

在近水平煤层条件下，由于井田沿倾向的高差较小，局部范围煤层的走向变化较大，井田很难以一定的标高为界划分为若干阶段，这时则要将井田直接划分为盘区、带区或分带。

沿煤层主要延展方向在井田中部布置一组 2 条或 3 条大巷，盘区式划分如图 1-4(a)所示，在大巷两侧将井田划分为若干具有独立生产系统的开采块段，每一个块段称为一个盘区，盘区即近水平煤层开采的采区；井田直接划分为带区或分带如图 1-4(b)所示，与阶段内的带区式划分基本相同。

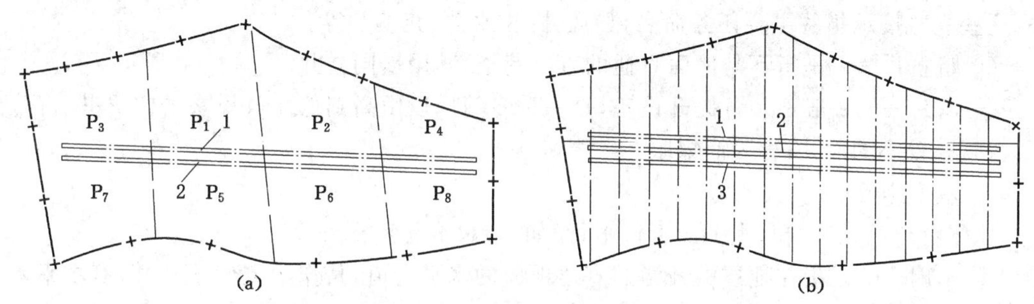

图 1-4　近水平煤层井田直接划分为盘区、带区或分带

(a) 盘区式划分　(b) 带区式划分

P_1，P_2，…，P_8—— 第 1、第 2、……、第 8 盘区；1，2，3——大巷

在我国新建的一批安全高效矿井中，一般布置 3 条大巷：一条运煤，一条辅助运输，第三条用于回风。大巷两侧不再划分采区、盘区或带区，而是直接布置工作面。

根据煤层倾角条件，井田内的不同区域可分别划分为采区、盘区或带区。

第三节　矿井生产的概念和开采顺序

一、矿井井巷

矿井井巷，是为进行采矿而在地下开掘的各种巷道和硐室的总称。

矿井井巷种类很多，根据井巷的长轴线与水平面的关系，可以分为 3 类：直立巷道、水平巷道和倾斜巷道，如图 1-5 所示。

1. 直立巷道

直立巷道的长轴线与水平面垂直，如立井、暗立井和溜井等。

① 立井——是指在地层中开凿的直通地面的直立巷道，又称竖井。专门或主要用于提升煤炭的立井，叫作主立井；主要用于提升矸石、下放设备和材料、升降人员等辅助提升工作

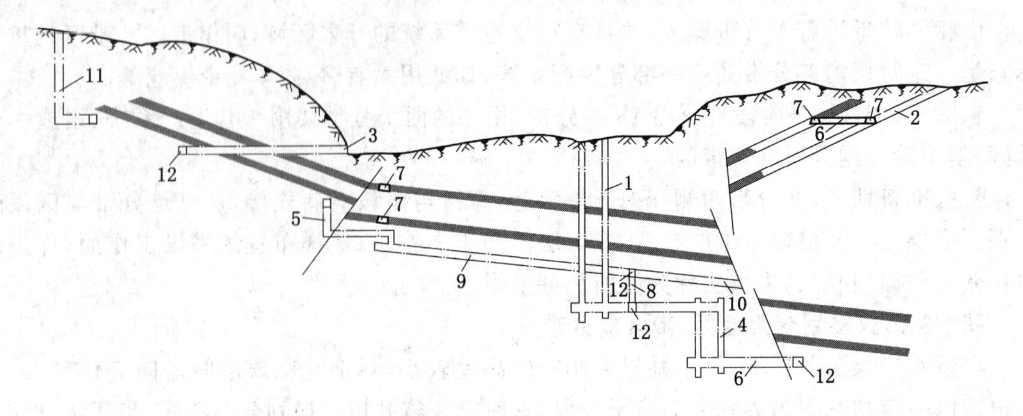

图 1-5 矿井井巷

1——立井；2——斜井；3——平硐；4——暗立井；5——溜井；6——石门；7——煤层平巷；8——煤仓；9——上山；10——下山；11——风井；12——岩石平巷

的立井，叫作副立井。生产中，还经常开掘一些专门或主要用以通风、排水、充填等工作的立井，这些立井按承担的主要任务命名，如风井、排水井、充填井等。

② 暗立井——是指不与地面直通的直立巷道，其用途同立井。

③ 溜井——一般不装备提升设备，是一种专门用以由高到低溜放煤炭的暗立井。高度不大、直径较小的溜井，称为溜煤眼。

2. 水平巷道

水平巷道的长轴线与水平面近似平行，如平硐、平巷和石门等。

① 平硐——是指在地层中开凿的直通地面的水平巷道，其作用类似于立井，有主平硐、副平硐、排水平硐和通风平硐等。

② 平巷——是指在地层中开凿的、不直通地面、其长轴方向与煤层走向大致平行的水平巷道。

按所在的岩层层位划分，布置和开掘在煤层中的平巷，称为煤层平巷；布置和开掘在岩层中的平巷，称为岩石平巷。为开采水平或阶段服务的平巷常称为大巷，如运输大巷、回风大巷。直接为区段服务的平巷称为区段平巷，分区段运输平巷和区段回风平巷。

③ 石门——是指在岩层中开凿的、不直通地面、与煤层走向垂直或较大角度斜交的岩石平巷。为开采水平服务的石门，称为主石门或阶段石门；为采区服务的石门，称为采区石门。

④ 煤门——是指在厚煤层内开凿的、不直通地面、与煤层走向垂直或较大角度斜交的平巷。

3. 倾斜巷道

倾斜巷道的长轴线与水平面呈一定夹角，如斜井、上山、下山和分带斜巷等。

① 斜井——是指地层中开凿的直通地面的倾斜巷道，分主斜井和副斜井，其作用与立井和平硐相同。不与地面直接相通的斜井，称为暗斜井，其作用与暗立井相同。

② 上山——是指位于开采水平以上、为本水平或采区服务的主要倾斜巷道。

③ 下山——是指位于开采水平以下、为本水平或采区服务的主要倾斜巷道。

按所在的层位划分，布置和开掘在煤层内的上下山称为煤层上下山，布置和开掘在岩层内的上下山称为岩石上下山。

按用途和作用分，运煤的上下山叫作运输上下山，其煤炭运输方向分别由上向下或由下向上运至开采水平大巷；铺设轨道的上下山叫作轨道上下山；专门用作通风和行人的上下山叫作通风、行人上下山。

阶段内采用带区式划分或井田直接划分为带区时，采煤工作面两侧的分带斜巷按用途分为运输斜巷和运料斜巷。此外，溜煤眼和联络巷道有时亦是倾斜巷道。

4. 硐室

硐室，是指具有专门用途、在井下开凿和建造的断面较大且长度较短的空间构筑物，如绞车房、水泵房、变电所和煤仓等。

二、矿井生产系统

矿井生产系统，是指由完成特定功能的设施、设备、构筑物、线路和井巷组成的总称。矿井生产系统由矿井的运煤、通风、运料、排矸、排水、动力供应、通信、监测等子系统组成。

1. 井巷开掘顺序

矿井巷道开掘的原则是尽量平行作业、尽快沟通风路。如图 1-6 所示，新建矿井首先要自地面开凿主井 1、副井 2 进入地下。当井筒开凿至第一阶段下部边界开采水平标高位置时，即开凿井底车场 3、主运输石门 4，向井田两翼掘进开采水平运输大巷 5。到采区运输石门位置后，由运输大巷 5 开掘采区运输石门 9 通达煤层；到达预定位置后，开掘采区下部车场 10、采区下部材料车场 11、采区煤仓 12；然后沿煤层自下向上掘进采区运输上山 13 和轨道上山 14；在两条上山之间开掘采区变电所 27。

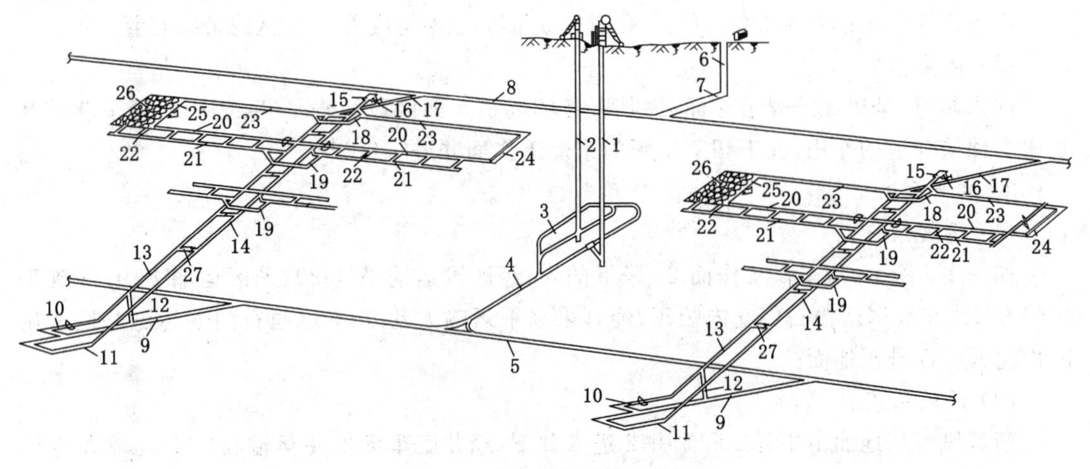

图 1-6　矿井生产系统示意图

1——主井；2——副井；3——井底车场；4——主运输石门；5——水平运输大巷；6——风井；7——阶段回风石门；8——阶段回风大巷；9——采区运输石门；10——采区下部车场；11——采区下部材料车场；12——采区煤仓；13——采区运输上山；14——采区轨道上山；15——采区上山绞车房；16——采区上山绞车房回风斜巷；17——采区回风石门；18——采区上部车场；19——采区中部车场；20——区段运输平巷；21——下区段回风平巷；22——联络巷；23——区段回风平巷；24——开切眼；25——采煤工作面；26——采空区；27——采区变电所

同时，自风井 6、阶段回风石门 7 开掘阶段回风大巷 8；向煤层方向开掘采区回风石门 17、采区上部车场 18、采区上山绞车房 15、采区上山绞车房回风斜巷 16，与采区运输上山 13 和采区轨道上山 14 连通。

形成通风回路后，即可自采区上山向采区两翼掘进第一区段的区段运输平巷 20、区段回风平巷 23、下区段回风平巷 21，这些区段平巷掘至采区边界后即可掘进开切眼 24，在开切眼内安装采煤工作面所需的装备和进行必要的调试后采煤工作面即可开始采煤。

采煤工作面 25 向采区上山方向进行后退采煤。

为保证采区内采煤工作面正常接替，在第一区段生产期间，需要适时地开掘为第二区段生产服务的中部车场、区段平巷和开切眼。

2. 矿井开拓、准备和回采的概念

按作用和服务范围不同，可将矿井井巷分为开拓巷道、准备巷道和回采巷道 3 种类型。

(1) 开拓巷道

开拓巷道，是为井田开拓而开掘的基本巷道。一般而言，开拓巷道是为全矿井、一个开采水平或若干采区服务的巷道，其服务年限较长，多在 10～30 a 或以上，如主副井、主运输石门、阶段运输大巷、阶段回风大巷、风井等。

开拓巷道的作用，在于形成新的或扩展原有阶段或开采水平，为构成矿井完整的生产系统奠定基础。

(2) 准备巷道

准备巷道，是为准备采区、盘区或带区而掘进的主要巷道。

准备巷道是在采区、盘区或带区范围从已开掘好的开拓巷道起到达区段平巷或分带斜巷的通路，这些通路在一定时期内为全采区、盘区或带区服务，或为数个区段或分带服务，如采区上下山、采区或带区车场、变电所、煤仓等。

准备巷道的作用，在于准备新的采区、盘区或带区，以便构成采区、盘区或带区的生产系统。

(3) 回采巷道

回采巷道，是形成采煤工作面、为其服务的巷道。如区段运输平巷、区段回风平巷和开切眼。回采巷道的作用，在于切割出新的采煤工作面并进行生产。

3. 生产系统

(1) 运煤系统

如图 1-6 所示，从采煤工作面 25 采下的煤，经区段运输平巷 20、采区运输上山 13 到采区煤仓 12，在采区运输石门 9 内装车，经开采水平运输大巷 5、主运输石门 4 运到井底车场 3，由主井 1 提升至地面。

(2) 通风系统

新鲜风流从地面由主井 1 和副井 2 进入井下，经井底车场 3、主运输石门 4、运输大巷 5、采区运输石门 9、采区下部材料车场 11、采区轨道上山 14、采区中部车场 19、下区段回风平巷 21、联络巷 22、区段运输平巷 20 进入采煤工作面 25。污浊风流经区段回风平巷 23、采区回风石门 17、阶段回风大巷 8、阶段回风石门 7，由风井 6 排至地面。

为调节风量和控制风流方向，可在适当位置设置风门、风窗等通风构筑物。

(3) 运料排矸系统

采煤工作面 25 和开切眼 24 所需的材料、设备，用矿车从副井 2 下放到井底车场 3，经主运输石门 4、运输大巷 5、采区运输石门 9、采区下部材料车场 11，由采区轨道上山 14 提升至采区上部车场 18，然后进入区段回风平巷 23，再运到采煤工作面 25 和开切眼 24。

采煤工作面回收的材料、设备和掘进工作面运出的矸石用矿车经由与运料系统相反的方向运至地面。

(4) 排水系统

一般而言,排水系统与进风风流方向相反,采煤工作面的水经区段运输平巷、采区上山、采区下部车场、开采水平运输大巷、主运输石门等巷道一侧的水沟自流到井底车场水仓,再由水泵房的水泵通过副井中的排水管道排至地面。

(5) 供电系统

通过敷设在副井中的高压电缆,矿井地面变电所向井下井底车场的中央变电所供6 kV、10 kV或更高电压等级的高压电;通过敷设在运输大巷和运输上山帮上的电缆,中央变电所向各采区变电所供电,采区变电所向采煤工作面和掘进工作面用电设备供电。

(6) 压气系统

掘进工作面风动设备所需的压气,一般由地面压气机房经管道输送到井下各用气地点。有些矿井的压气机房则直接建在井下。

(7) 其他生产系统

矿井建设和生产期间,井下还需要建立避灾、供水、通信和监测等系统。

三、开采顺序

井田划分后,采区、盘区或带区间需要按照一定的顺序开采,煤层间、阶段间和区段间也需要按照一定的顺序开采。确定开采顺序时,应当考虑以下因素:井巷的初期工程量,井巷的掘进和维护工程量,开采水平、阶段、采区、盘区或带区及采煤工作面的正常接替,开采影响关系,采掘干扰程度和灾害防治。

1. 采区、盘区或带区间的开采顺序

沿井田走向方向,井田内采区、盘区或带区间的开采顺序可分为前进式和后退式两种。

自井筒或主平硐附近向井田边界方向依次开采各采区、盘区或带区的开采顺序,称为采区、盘区或带区前进式开采顺序。如图1-7所示,采用前进式开采顺序,就是先采井筒附近的C_1和C_2采区,后采井田边界附近的C_5和C_6采区。

自井田边界向井筒或主平硐方向依次开采各采区、盘区或带区的开采顺序,称为采区、盘区或带区后退式开采顺序。如图1-7所示,采用后退式开采顺序,就是先采井田边界附近的C_5和C_6采区,后采井筒附近的C_1和C_2采区。

采区、盘区或带区间采用前进式开采顺序,有利于减少矿井建设的初期工程量和初期投资、缩短建井期,从而使矿井能够尽快投产。采用前进式开采顺序,先投产的采区、盘区或带区生产与大巷向井田边界方向的延伸同时进行,采掘之间相互有一定影响;大巷在一侧采空或两侧采空的状态下维护相对困难,维护费用较高;次投产的采区、盘区或带区通风时新鲜风流需先通过已采侧的一段大巷,风量总会有一定泄漏。

采区、盘区或带区间采用后退式开采顺序的特点,正好与前进式相反。从便于运输大巷和总回风巷的维护、采后密闭、减少漏风、避免采掘干扰、回收大巷煤柱等方面考虑,采用后退式开采顺序有利。

由于矿井地质和开采技术条件不同,这两类因素在不同条件下表现出来的重要程度不同。减少初期工程量和投资、尽快投产、早出煤早见效对于建设和生产矿井来说是至关重要的,采区、盘区或带区间采用前进式开采顺序,采掘相互影响并不十分明显,大巷维护的难度取决于采深、大巷所在岩层的岩性,将大巷布置在岩层中有利于改善维护条件和减少漏风。因此,我国煤矿阶段内采区、盘区或带区间一般均采用前进式开采顺序。一个开采水平既服

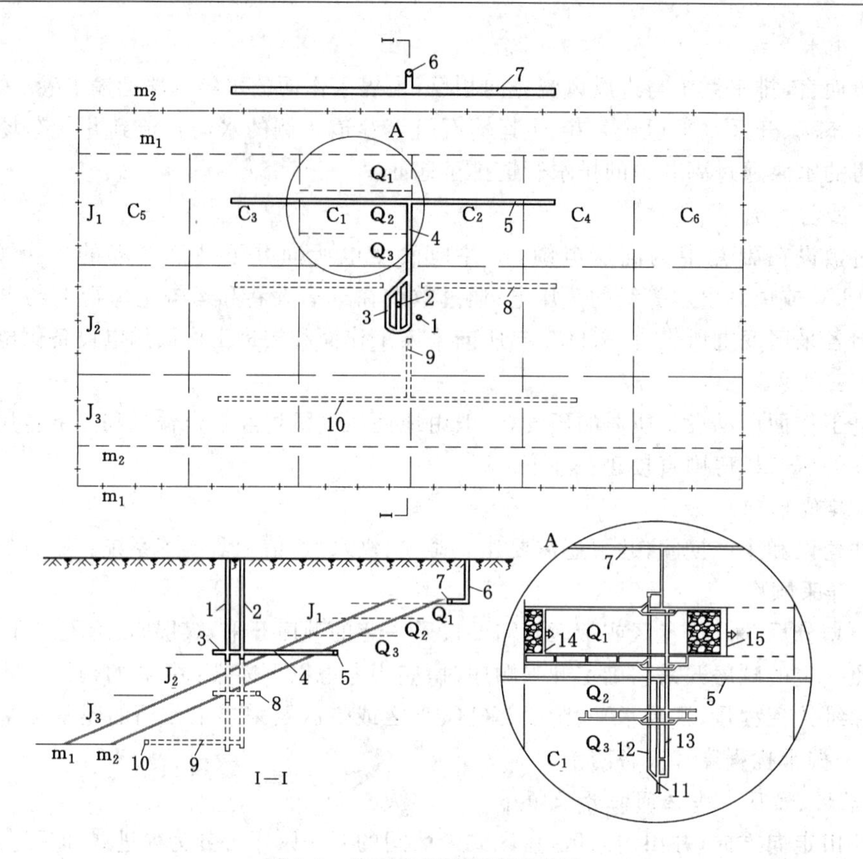

图 1-7　井田内开采顺序示意图

1——主井；2——副井；3——一水平井底车场；4——一水平主运输石门；5——一水平运输大巷；6——风井；7——阶段回风大巷；8——二水平运输大巷；9——三水平主运输石门；10——三水平运输大巷；11——采区运输石门；12——采区轨道上山；13——采区运输上山；14——后退式采煤工作面；15——前进式采煤工作面

务于上山阶段又服务于下山阶段时，在大巷已经开掘完毕的下山阶段，则可以采用采区、盘区或带区间后退式开采顺序。

2. 采区、盘区或带区内工作面的开采顺序

采区、盘区或带区内工作面的开采顺序也分为前进式和后退式两种基本开采顺序。

采煤工作面由采区走向边界向采区运煤上山或向盘区主要运煤巷道方向推进的开采顺序，称为工作面后退式开采顺序。在带区划分条件下，采煤工作面后退式开采顺序就是分带工作面向运输大巷方向推进的开采顺序。

采煤工作面背向采区运煤上山或背向盘区主要运煤巷道方向推进的开采顺序，称为工作面前进式开采顺序。在带区布置条件下，采煤工作面前进式开采顺序就是分带工作面背向运输大巷方向推进的开采顺序。

在同一煤层中的上下区段工作面或带区内的相邻工作面分别采用前进式和后退式开采顺序时，则称这种开采顺序为工作面往复式开采顺序。

采煤工作面前进式与后退式开采顺序的主要区别，是工作面生产期间回采巷道是预先掘出来还是在推进过程中形成。

如图 1-7 所示，C_1 采区中左侧的工作面采用后退式开采顺序，由采区边界向上山方向

推进。后退式开采顺序所需的回采巷道要预先掘出，通过掘巷可以预先探明煤层的赋存情况，生产期间采掘不存在相互影响，回采巷道容易维护，新风先经过实体煤、漏风少，是我国煤矿最常用的一种工作面开采顺序。

如图 1-7 所示，C_1 采区中右侧的工作面由采区上山附近向采区边界方向推进，回采巷道在采空区中形成，工作面采用了前进式开采顺序。

前进式开采顺序所需的回采巷道不需要预先掘出，采煤和形成回采巷道同时进行，这可以减少巷道的掘进工程量，但不能预先探明煤层赋存情况，而形成和维护回采巷道需要专门的护巷技术，采煤和形成回采巷道相互影响大；由于新风要先经过维护在采空区的回采巷道才能到达工作面，因此容易漏风，这种工作面开采顺序目前在我国煤矿采用较少。

3．阶段间的开采顺序

先采标高高的阶段、后采标高低的阶段，称为阶段间下行开采顺序；反之，先采标高低的阶段而后采标高高的阶段，称为阶段间上行开采顺序。

如图 1-7 所示，阶段间采用了下行开采顺序，先开采 J_1 阶段，然后开采 J_2 阶段，最后开采 J_3 阶段。

阶段间采用下行开采顺序可以减少建井初期工程量和初期资金投入，缩短建井期，且有利于阶段内煤层保持稳定。

一般情况下，我国煤矿阶段间多采用下行开采顺序。在近水平煤层条件下，上下山阶段往往可以同时开采。煤层倾角较小时，在先采下阶段有利于排放上阶段矿井水的情况下，阶段间也可以采用上行开采顺序。

4．区段间的开采顺序

先采标高高的区段、后采标高低的区段，称为区段间下行开采顺序；反之，先采标高低的区段、后采标高高的区段，称为区段间上行开采顺序。

如图 1-7 所示，C_1 采区中的三个区段间采用了下行开采顺序，先采 Q_1 区段，然后采 Q_2 区段，最后采 Q_3 区段。

区段间采用下行开采顺序有利于区段内煤层保持稳定，特别是在煤层倾角较大的情况下。

对于上山采区而言，区段间采用下行开采顺序有利于减少新风在上山中的泄漏；对于下山采区而言，区段间采用上行开采顺序有利于泄水。

一般情况下，我国煤矿采区或盘区内区段间多采用下行开采顺序。近水平煤层条件下，区段间也可以采用上行开采顺序。

5．煤层间、厚煤层分层间和煤组间的开采顺序

煤层间、厚煤层分层间和煤组间先采标高高的煤层、分层或煤组而后采标高低的煤层、分层或煤组，称为下行开采顺序；反之，则称为上行开采顺序。

采用垮落法处理采空区，为防止下煤层、厚煤层下分层和下煤组煤层先采后引起的岩层移动而破坏上部的煤层、分层或煤组，按下行式开采顺序是开采方法的一般技术原则，也是生产矿井常用的开采方法。

如图 1-7 所示，工作面采用垮落法处理采空区，井田内先采 m_1 煤层、后采 m_2 煤层。

采用垮落法处理采空区，先采下部的煤层不破坏上部煤层的完整性和连续性，且能给矿井带来较大经济效益，或在安全上和技术上优越时煤层间或煤组间也可采用上行开采顺序。

第四节 采煤方法分类

采煤方法,是指采煤工艺与回采巷道布置及其在时间上、空间上的相互配合。

根据不同的地质条件和开采技术条件,有不同的采煤工艺与回采巷道布置相配合,遂形成了多种多样的采煤方法。

采煤方法的分类方法很多,按采煤工艺和矿压控制特点可以将采煤方法分为壁式和柱式两大体系,如图 1-8 所示。

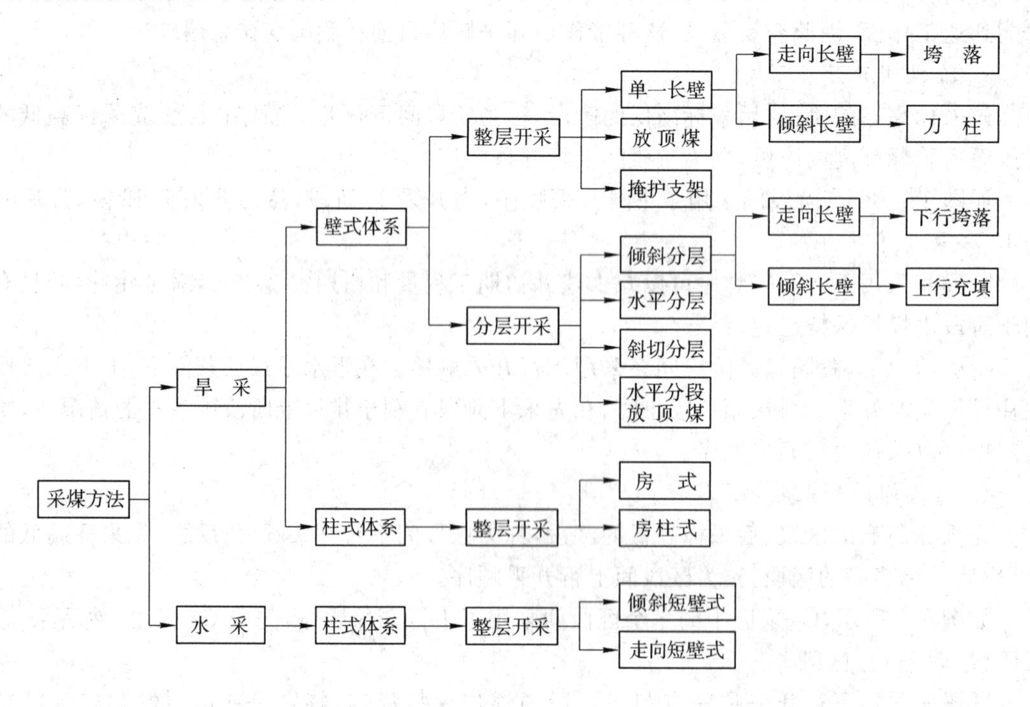

图 1-8 采煤方法分类框图

我国煤矿采用的主要采煤方法及其分类特征如表 1-2 所示。

表 1-2 中国煤矿采用的主要采煤方法及其分类特征

序号	采煤方法	体系	整层或分层	推进方向	采空区处理	采煤工艺	适应煤层基本条件
1	单一走向长壁	壁式	整层	走向	垮落	综、普、炮采	薄及中厚煤层
2	单一倾斜长壁	壁式	整层	倾向	垮落	综、普、炮采	近水平、缓(倾)斜薄及中厚煤层
3	单一长壁	壁式	整层	走向或倾向	矸石充填	综、普、炮采	薄及中厚煤层
4	刀柱式	壁式	整层	走向或倾向	刀柱	普、炮采	近水平、缓(倾)斜、中斜薄及中厚煤层,厚层坚硬顶板
5	大采高一次采全厚	壁式	整层	走向或倾向	垮落	综采	近水平、缓(倾)斜 3.5～8.6 m 厚煤层

续表 1-2

序号	采煤方法	体系	整层或分层	推进方向	采空区处　理	采煤工艺	适应煤层基本条件
6	倾斜分层走向长壁下行垮落	壁式	分层	走向	垮落	综、普、炮采	缓(倾)斜、中斜厚及特厚煤层
7	倾斜分层倾斜长壁下行垮落	壁式	分层	倾向	垮落	综、普、炮采	近水平、缓(倾)斜、中斜厚及特厚煤层
8	倾斜分层长壁上行充填	壁式	分层	走向或倾向	水砂充填	炮采为主	近水平、缓(倾)斜、中斜特厚煤层
9	放顶煤长壁	壁式	整层为主	走向或倾向	垮落	综采为主	近水平、缓(倾)斜、中斜、急(倾)斜 4 m 以上厚及特厚煤层
10	水平分段放顶煤	壁式	分层	走向	垮落	综采为主	急(倾)斜特厚煤层
11	水平分层、斜切分层下行垮落	壁式	分层	走向	垮落	炮采	急(倾)斜厚及特厚煤层
12	掩护支架	壁式	整层	走向	垮落	炮采	急(倾)斜中厚及厚煤层为主
13	台阶式	壁式	整层	走向	垮落	炮采、风镐	急(倾)斜薄及中厚煤层
14	巷道长壁	壁式	整层	走向为主	垮落	炮采	急(倾)斜薄及中厚煤层
15	水力	柱式	整层	走向或倾向	垮落	水采	不稳定煤层、急(倾)斜煤层等
16	传统柱式体系	柱式	整层		垮落	炮采	不正规条件、回收煤柱

一、长壁式体系采煤方法

长壁体系采煤方法以工作面的开采长度为主要标志。一般而言，长度在 50 m 以上的采煤工作面称为长壁工作面。

壁式体系采煤方法的一般特点如下：

① 采煤工作面较长，通常为 80～350 m；

② 随着采煤工作面推进，顶板暴露面积增大，矿山压力显现较为强烈；

③ 采煤工作面可分别用爆破、滚筒式采煤机或刨煤机破煤、装煤，一般用与采煤工作面平行铺设的刮板输送机运煤，用支架支护工作空间，用垮落法或充填法处理采空区；

④ 在采煤工作面两端一般至少各有一条回采巷道与之相连，以形成生产系统。

壁式体系采煤法按所采煤层的倾角不同可分近水平、缓(倾)斜、中斜煤层采煤法和急(倾)斜煤层采煤法；按煤层厚度可分为薄煤层、中厚煤层和厚煤层采煤法。

按采煤工艺方式不同，可分为爆破采煤法、普通机械化采煤法和综合机械化采煤法。

按采空区处理方法不同，可分为垮落采煤法、刀柱(煤柱支撑)采煤法、充填采煤法。

按采煤工作面布置和推进方向不同，可分为走向长壁采煤法和倾斜长壁采煤法。而倾斜长壁又有仰斜开采和俯斜开采之分。

按是否将煤层全厚进行一次开采或多次开采，可分为整层采煤法和分层采煤法。

1. 整层采煤法

一次采出煤层全厚的开采方法，称为整层采煤法。按采煤工艺特点不同又分为以下 3 种采煤法。

(1) 单一长壁采煤法

"单一"表示不分层开采,多用于薄及中厚煤层。单一长壁采煤法如图 1-9 所示。对于厚度在 3.5～8.6 m 及以上的近水平、缓(倾)斜厚煤层,该采煤方法又称为大采高一次采全厚采煤法,采煤工作面一般采用综合机械化采煤工艺。对于急(倾)斜煤层中的薄及中厚煤层,为减小工作面倾角,采煤工作面可沿伪倾斜布置。

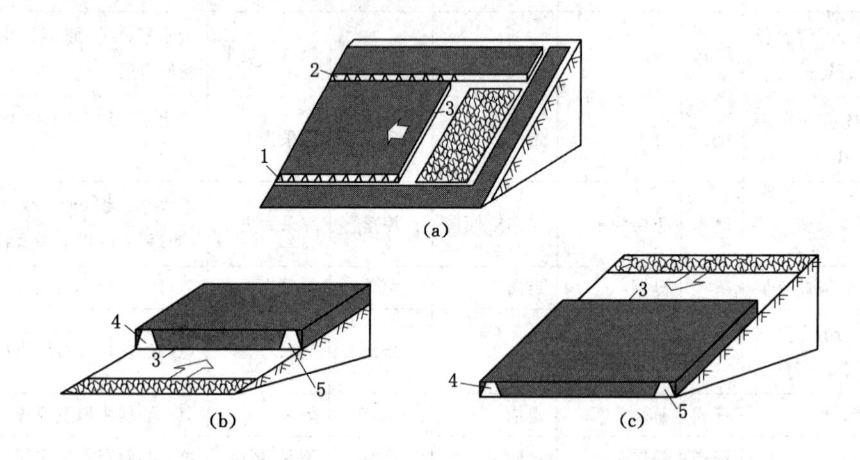

图 1-9　单一长壁采煤法示意图

(a) 走向长壁　(b) 倾斜长壁(仰斜)　(c) 倾斜长壁(俯斜)

1——区段运输平巷；2——区段回风平巷；3——采煤工作面；4,5——分带运输、回风斜巷

当煤层顶板为厚层坚硬顶板时,若采用强制放顶(或注水软化顶板)垮落法处理采空区有困难,有时可采用刀柱法(煤柱支撑法)处理采空区,称单一长壁刀柱式采煤法,如图 1-10 所示。长壁工作面每推进一定距离,即留下一定宽度的煤柱(刀柱)支撑顶板。这种方法工作面搬迁频繁,不利于机械化采煤,采出率低,逐渐少用。

(2) 放顶煤长壁采煤法

如图 1-11 所示,对于厚度在 4.0～5.0 m 以上的近水平、缓(倾)斜煤层,可沿底板布置采高为 2.0～3.0 m 的采煤工作面。在工作面向前推进采煤的同时,工作面后部放落上部和后部的顶煤,以实现整层煤开采。

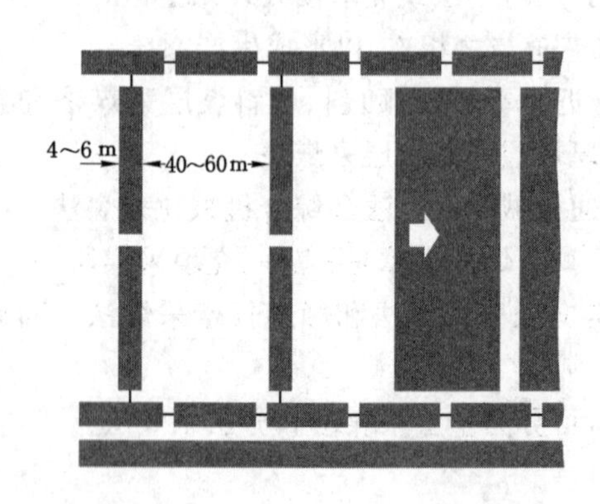

图 1-10　刀柱式采煤法示意图

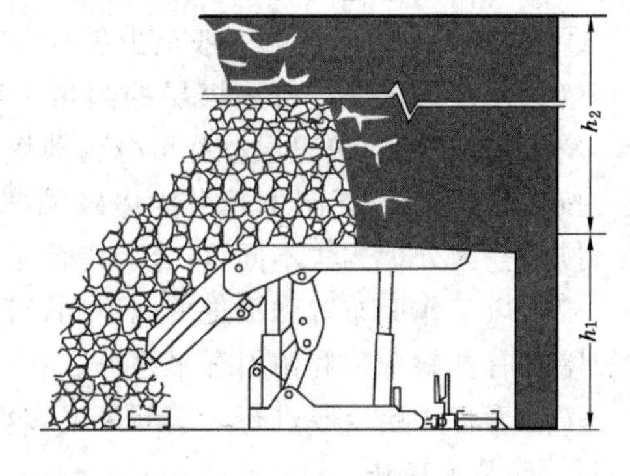

图 1-11　放顶煤长壁采煤法

h_1——采煤高度；h_2——放落顶煤高度

(3) 柔性掩护支架采煤法

在急(倾)斜煤层中,随着采煤工作面俯斜或俯伪斜采煤,利用柔性掩护支架自重及其上方垮落的矸石重力下放支架,并在支架掩护下实现整层采煤。

2. 分层采煤法

按照适合于单次开采的厚度,把厚煤层划分为若干分层,然后再依次开采各分层的开采方法,称为分层采煤法。分层间有上行和下行两种开采顺序。

根据分层方法不同,可分为倾斜分层、水平分层和斜切分层 3 种分层采煤法,如图 1-12 所示。前者主要用于近水平、缓(倾)斜和中斜厚煤层,后两种主要用于急(倾)斜厚煤层。

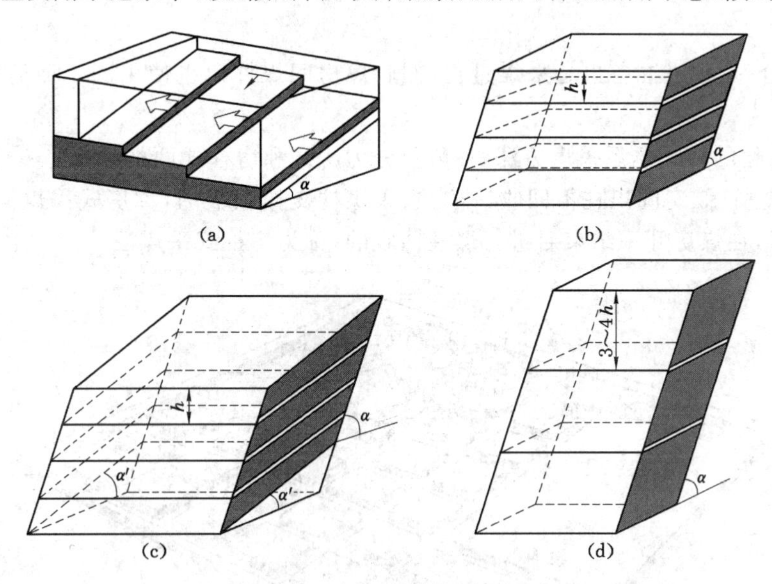

图 1-12　厚煤层分层方法

(a) 倾斜分层　(b) 水平分层　(c) 斜切分层　(d) 水平分段

α ——煤层倾角；α'——分层与水平面夹角

① 倾斜分层——是指将厚煤层划分成若干与煤层层面相平行的分层。各分层工作面沿走向或倾向推进,相应的采煤方法就是倾斜分层采煤法。

② 水平分层——是指将厚煤层划分成若干个与水平面相平行的分层。工作面沿走向推进,相应的采煤方法就是水平分层采煤法。

③ 斜切分层——是指将厚煤层划分成若干个与水平面成一定角度(25°～30°)的分层。工作面沿走向推进,相应的采煤方法就是斜切分层采煤法。

在急(倾)斜特厚煤层中,近年来发展应用的水平分段放顶煤采煤法,与水平分层相似,煤厚一般在 15 m 以上,分段高度为分层高度的 3～4 倍以上,一般为 10～12 m 或更大,分段底部采高约 3 m,放顶煤高度 7～9 m 或更大。

中国、俄罗斯、乌克兰、波兰、英国、德国、法国、日本等国广泛采用长壁体系采煤方法,产量均占其地下开采产量的 90%以上(西欧国家为 100%)。近年来,美国和澳大利亚的长壁综采技术也有较大发展。

长壁体系采煤方法适用性强,可广泛用于不同厚度、倾角、围岩条件的煤层,为发展综合机械化采煤创造了有利条件,采煤连续性强,安全生产条件好,采出率高,在世界范围有进一步发展的趋势。

二、柱式体系采煤方法

这种采煤法以间隔开掘煤房采煤和留设煤柱为主要标志。其一般特点如下：

① 在煤层内布置一系列宽 5～7 m 的煤房，采煤房时形成窄工作面，一般成组向前推进。煤房之间留设煤柱，煤柱宽数米至 20～30 m 不等，每隔一定距离用联络巷贯通，构成生产系统，并形成条状或块状煤柱以支撑顶板。

② 采煤房时矿山压力显现较和缓，可用锚杆支护工作空间，支护较简单。

③ 高度机械化的柱式体系采煤法目前多用连续采煤机及配套设备，且在一组煤房内交替作业。

④ 采掘合一，掘进准备也是采煤过程，回收煤房间煤柱时也使用同一种类型的采煤配套设备。

高度机械化的柱式体系采煤方法，一般只分为房式和房柱式两类。

如图 1-13 所示，房间煤柱不回收，作为永久煤柱支撑顶板的，称房式采煤法；房间煤柱作为暂时支撑，在煤房开采结束后进行煤柱回收的，称为房柱式采煤法。

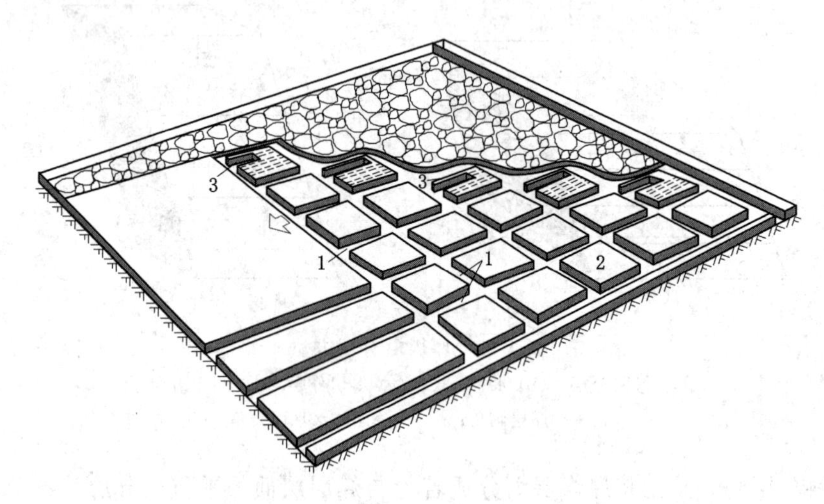

图 1-13　房柱式采煤法示意图

1——煤房；2——煤柱；3——回收的煤柱

高度机械化的柱式体系采煤方法应用条件较为严格，主要适用于近水平薄或中厚煤层、煤层顶板中等稳定以上、瓦斯含量低、开采深度不大的中小型矿井，美国、澳大利亚、加拿大、印度、南非等国应用较多。

工艺落后的柱式体系采煤法还有巷柱式、残柱式、高落式等，多采用爆破采煤工艺，国内早期应用较多，近年来仅限于开采极不稳定煤层或回收边角煤柱。由于生产系统和安全等方面存在一定问题，故统称为非正规采煤法。

水力采煤法就回采巷道布置而论，也属于柱式体系采煤方法。

我国煤层赋存条件多样、开采条件复杂。中华人民共和国成立后，经过半个多世纪的采煤方法改革，发展了以长壁采煤法为主并有多种其他方法的采煤方法体系。据不完全统计，我国先后曾用过百余种采煤方法，目前采用的约有 50 种。

复习思考题

1. 试述井田、矿井设计生产能力、井型、阶段、开采水平、采区、带区和盘区的基本概念。
2. 试述矿井生产系统的组成。
3. 试述矿井设计生产能力、年产量、核定生产能力、井型的异同。
4. 绘图说明井田划分为阶段及阶段内再划分的方法。
5. 绘图说明阶段内采区间、带区间前进式和后退式开采顺序的特点。
6. 简述壁式体系和柱式体系采煤法的基本特征。
7. 简述壁式体系采煤法的分类。

第一编

采煤方法

Caimei Fangfa

第二章　长壁垮落采煤法的采煤工艺

第一节　采煤工艺类型

采煤工作面采出煤炭的过程和工作习惯上称为回采。采煤工艺，是指采煤工作面各工序所用方法、设备及其在时间、空间上的相互配合，又称回采工艺。我国长壁工作面的采煤工艺主要有3种——爆破采煤工艺、普通机械化采煤工艺和综合机械化采煤工艺。工作面多采用全部垮落法处理采空区。其中，综合机械化采煤工艺是目前采煤技术发展的方向。

一、爆破采煤工艺

爆破采煤工艺，是指用爆破方法破煤和装煤、人工装煤、输送机运煤和单体支柱支护顶板的采煤工艺，简称为“炮采”。其特点是爆破落煤、爆破和人工装煤、机械运煤。通常工作面的主要装备有煤电钻、可弯曲刮板输送机、单体液压支柱、金属铰接顶梁等。爆破采煤的工艺过程包括钻眼、爆破落煤和装煤、人工装煤、刮板输送机运煤、推移输送机、支护、回柱放顶等主要工序。

1. 爆破落煤

爆破落煤的过程是——工人用煤电钻在煤壁上钻出1～3排、深1.0～1.5 m的炮眼，然后向炮眼内装炸药、雷管和填塞炮泥封孔，最后爆破工用起爆器引爆。

根据煤层厚度和硬度不同，炮眼布置方式如图2-1所示。单排眼一般用于薄煤层或煤质松软、层理发育的煤层；双排眼又分对眼、三花眼和三角眼，一般适用于采高较小的中厚煤

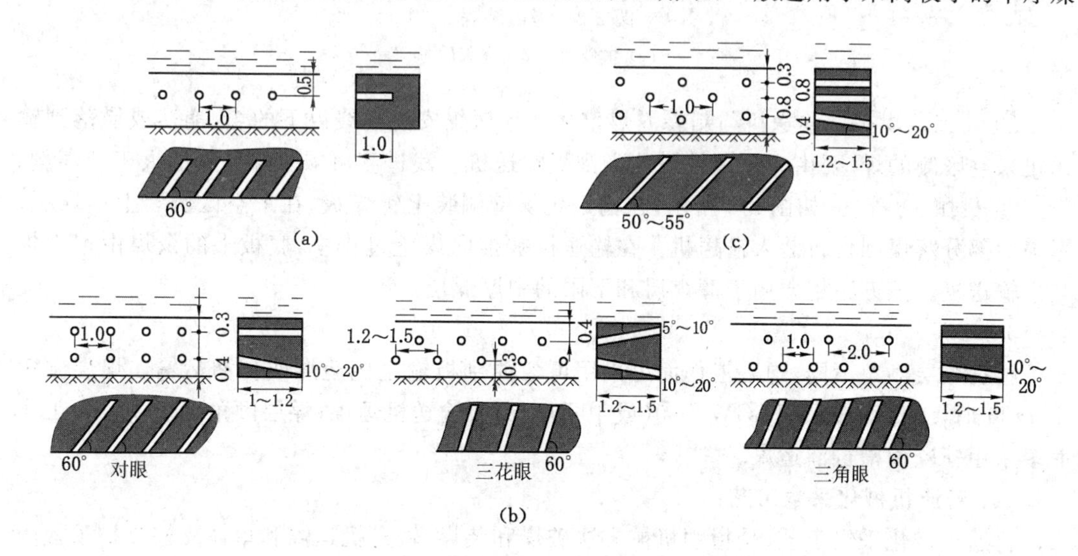

图2-1　炮眼布置方式

(a) 单排眼　(b) 双排眼　(c) 三排眼

(图中长度单位为m)

层。煤质中硬时可用对眼，煤质松软时可用三花眼，上部煤质软或顶板较破碎时可用三角眼。三排眼也称五花眼，可用于煤质坚硬或采高较大的中厚煤层。

炮眼与煤壁的水平夹角一般为50°～80°，软煤取大值，硬煤取小值；顶眼在垂直面上向顶板方向仰起5°～10°，视煤质软硬和煤层粘顶情况而定；底眼在垂直面上向底板方向保持10°～20°的俯角，眼底接近底板，以不丢底煤为原则。

炮眼深度应根据每次进度而定，应与单体支柱配合的铰接顶梁长度相匹配，一般有3种：0.8 m、1.0 m和1.2 m。

炮眼的装药量应根据煤质软硬、炮眼位置和深度及爆破次序而定，一般为150～600 g。

炮眼间一律采用串联方法连线，应根据顶板稳定性、输送机能否启动和运输能力、工作面安全情况确定每次起爆的炮眼数目。顶板稳定时，可同时起爆数十个炮眼；如果顶板不稳定，每次只能起爆几个炮眼，甚至采用留煤垛间隔爆破办法。

必须采用毫秒爆破，使发爆次数减少，使震波因相互干扰而抵消，从而减轻对顶板的震动，有利于顶板管理；同时毫秒爆破还可缩短爆破时间，提高炮采工作面的爆破装煤效果和生产效率。

2. 装煤

① 爆破装煤——如图2-2所示，爆破前可弯曲刮板输送机在悬臂支架掩护下靠近煤壁；爆破后一部分落煤进入刮板输送机的自装范围，自装率可达35%以上。

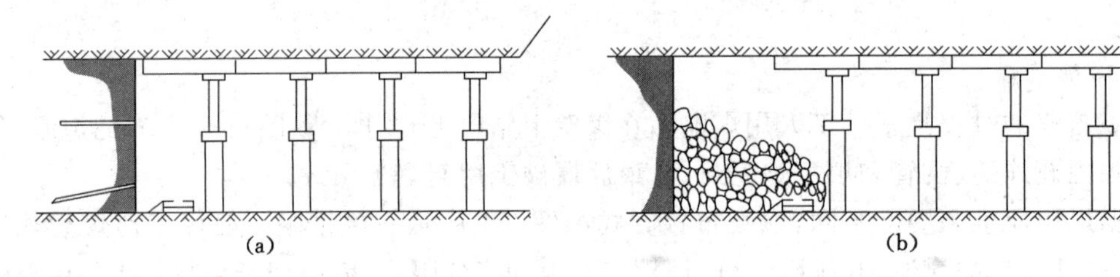

图2-2　爆破装煤

(a) 爆破前　(b) 爆破后

② 人工装煤——输送机与新暴露煤壁之间松散煤安息角线以下的煤、崩落或撒落到输送机采空区侧的煤，要由人工用铁锹装入刮板输送机。浅进度可减少煤壁处的人工装煤量。

③ 机械装煤——如图2-3所示，在输送机煤壁侧装上铲煤板，在采空区侧装上挡煤板，爆破后部分落煤则自行装入输送机。在输送机被推向煤壁过程中，底板上的余煤由铲煤板装入输送机。该方法主要用于薄煤层和下限的中厚煤层。

3. 运煤

根据煤层倾角不同，炮采工作面可采用可弯曲刮板输送机运煤或自溜运输。煤层倾角小于30°时，工作面多采用SGW—40(或40T)型刮板输送机运煤；煤层倾角大于30°后，工作面多采用搪瓷溜槽自溜运煤。

二、普通机械化采煤工艺

普通机械化采煤工艺，是指用机械方法破煤和装煤、输送机运煤和单体支柱支护顶板的采煤工艺，简称“普采”。其特点是用采煤机或刨煤机完成落煤和装煤工序，支护和处理采空区工序与炮采相同，仍需要人工完成。

我国绝大多数普采工作面采用滚筒采煤机，只有少数薄煤层工作面采用刨煤机。为与

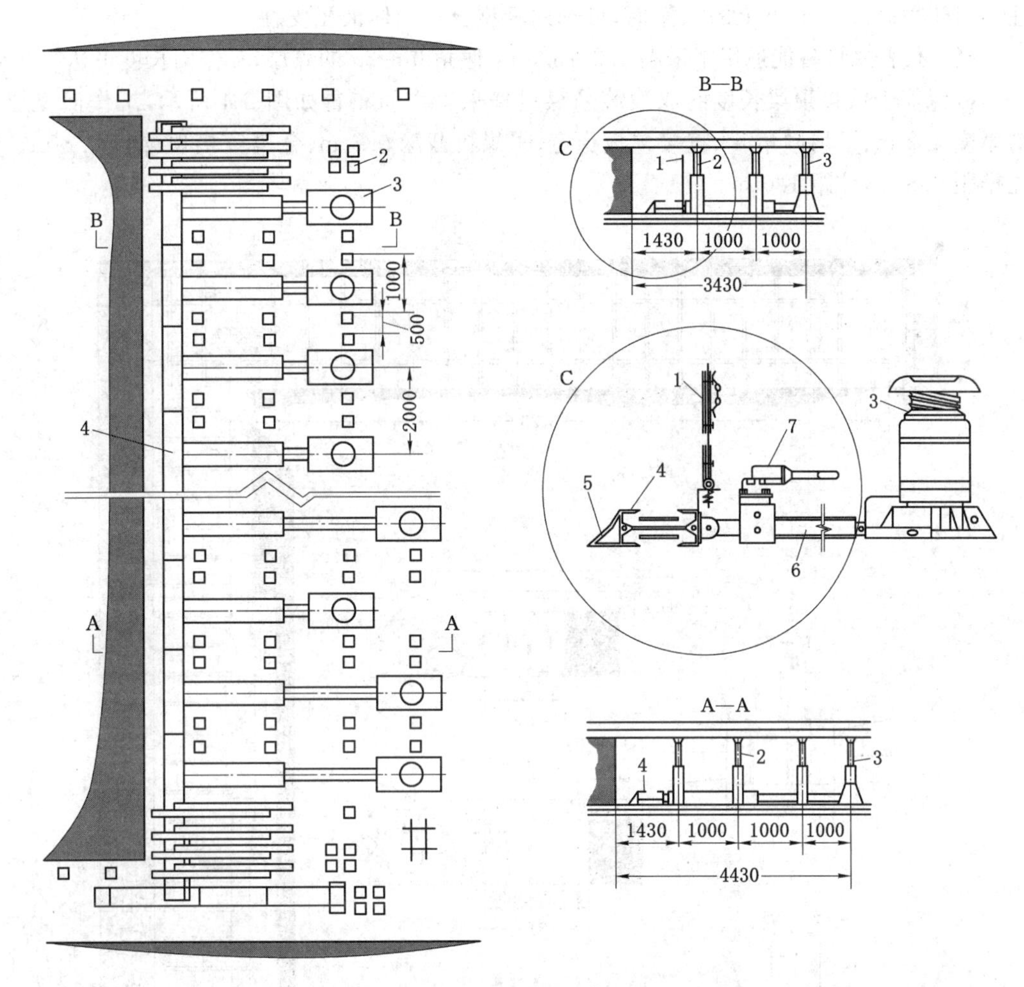

图 2-3　炮采输送机铲装工作面布置图

1——挡煤板；2——单体液压支柱；3——切顶墩柱；4——刮板输送机；
5——铲煤板；6——推移千斤顶；7——操作阀

早期采用金属摩擦支柱支护的工作面区别，采用单体液压支柱支护的普采习惯上称为高档普采。目前，我国煤矿普遍采用单体液压支柱支护顶板。

我国早期的普采工作面多装备单滚筒采煤机，相应的缺点是单滚筒采煤机对采高较大的工作面要分顶底刀两次截割，割顶部的煤期间只能挂金属铰接顶梁，只有将底部的煤截割并推移刮板输送机后才能在所挂的顶梁下支柱，由此增加了顶板悬露面积和时间；另一方面，截割滚筒只在采煤机一侧布置，无滚筒侧工作面端部只能由人工爆破，再加上截割滚筒的摇臂较短，工作面两端都需要人工爆破开切口，使工作面两种工艺共存，效率降低，管理复杂。因此，我国目前普采工作面多装备功率较大、性能更好的双滚筒采煤机，生产期间前后滚筒分别割顶部和底部的煤，以实现一次采全高。采煤机可以斜切进刀，不必人工开切口，以确保安全和提高劳动生产率。对于工作面输送机，采用双速电机、侧卸机头和封底溜槽等新技术，并装设无链牵引齿轨，增加输送长度，提高输送能力，有效解决了重载启动问题。支护方面，采用单体液压支柱和金属铰接顶梁或金属长梁，同时可根据顶板条件配用切顶支柱。对于采高 2.5 m 以上的工作面，可选用轻型合金单体液压支柱。

新一代普采设备能适用于采高 1.2～3.0 m、倾角 0°～25°的煤层，工作面长度可达 200 m。

截深等于铰接顶梁长度的双滚筒采煤机普采工作面布置如图 2-4 所示，工作面煤层平均厚度 2.2 m、平均倾角 6°、直接顶板稳定、采煤机截深 0.8 m、金属铰接顶梁长 0.8 m。支柱排距 0.8 m，柱距 1.0 m。

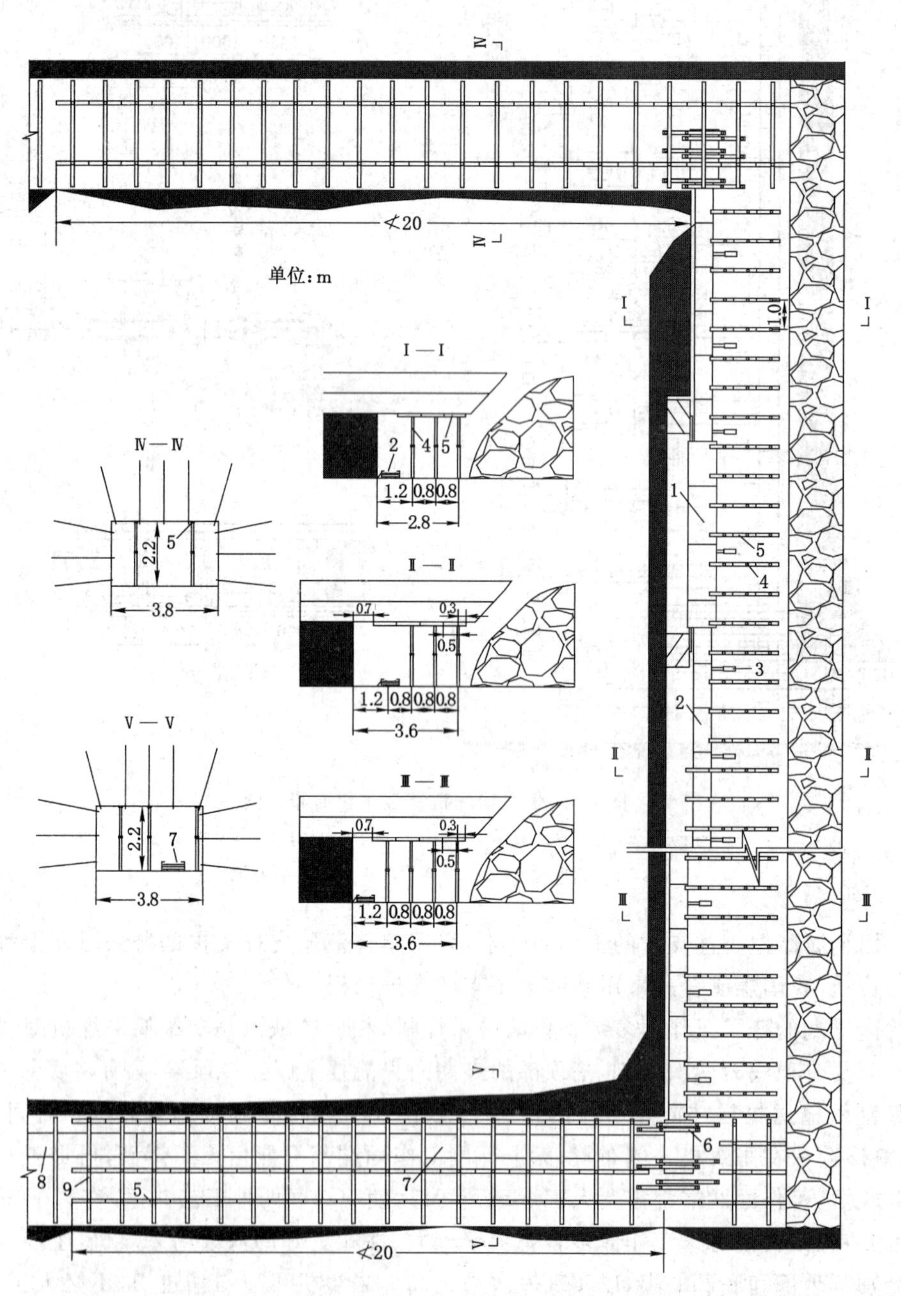

图 2-4　截深等于铰接顶梁长度的双滚筒采煤机普采工作面布置图

1——双滚筒采煤机；2——可弯曲刮板输送机；3——推移千斤顶；4——单体液压支柱；5——金属铰接顶梁；6——长钢梁；7——转载机；8——胶带输送机；9——锚网支护的钢带

采煤班工艺过程为——采煤机从工作面下端头开始割煤，前滚筒割顶煤，后滚筒割底煤，截深 0.8 m。随采煤机割煤滞后采煤机后滚筒 6～8 m 开始挂梁，滞后采煤机后滚筒 15 m 左右开始逐段推移刮板输送机 0.8 m 至煤壁，在所挂的顶梁下支柱，这些工序直至工作面上端头。在工作面上端部进刀后，采煤机从工作面上端头开始割煤，滞后采煤机一定距离随采煤机割煤，重复挂梁、推移输送机、支柱等工序。工作面由 3 排支柱变为 5 排支柱。采煤班在结束任务之前要完成回柱放顶工序，回撤 2 排支柱，使控顶区之外的顶板垮落和充填采空区，还要完成在工作面下端头的进刀，为下一采煤班上班后就能直接割煤做好准备。

普采工作面这一生产工艺全过程，称为一个采煤循环。采煤机往返一次工作面推进 1.6 m。

在工作面顶板不稳定和截深等于铰接顶梁长度的条件下，工作面端面距较大不利于控制机道附近的顶板。在采高较大且直接顶板不稳定的条件下，为有效地控制顶板，双滚筒采煤机普采工作面也可采用截深等于铰接顶梁长度之半的工艺参数。在支护方面，工作面装备 DZ—22 型单体液压支柱、HDJA—1000 型铰接顶梁、HDJA—2600 型带梁耳和插销的长钢梁。

普采工作面长短两种顶梁并排成组布置，错梁齐柱交替前移支护顶板，支护过程及参数如图 2-5 所示。

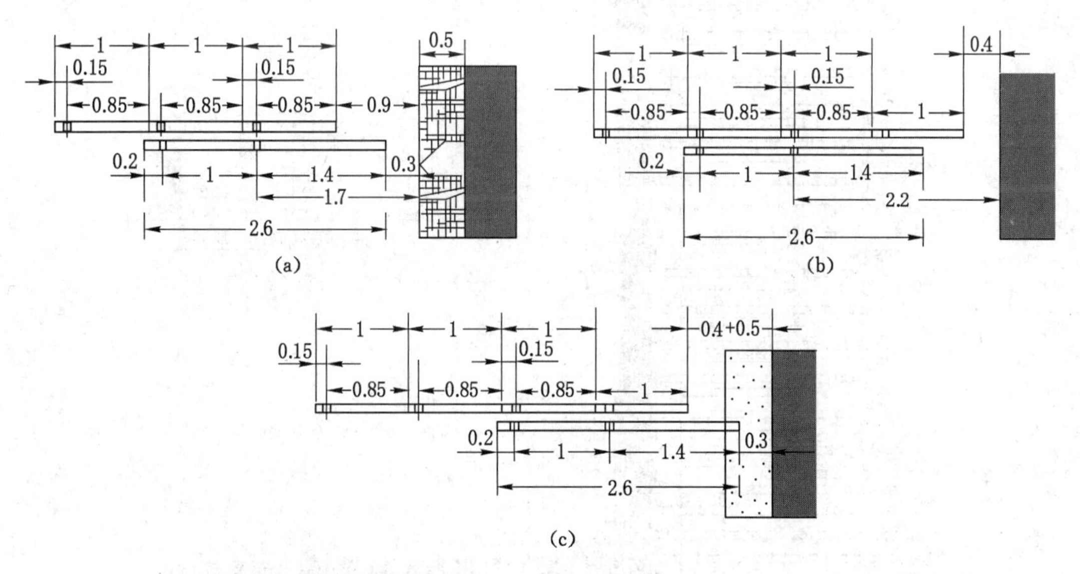

图 2-5　截深等于铰接顶梁长度之半的普采工作面长短两种顶梁支护过程和参数

(a) 采煤班组织生产之前的支护布置　(b) 上行割第一刀煤、挂 1 m 长铰接顶梁后的支护布置

(c) 下行割第二刀煤、前窜长钢梁后的支护布置

工作面布置如图 2-6 所示。采煤班工艺过程为——采煤机从工作面下端头开始割煤，前滚筒割顶煤，后滚筒割底煤，截深 0.5 m，挂 1 m 长铰接顶梁，推移输送机 0.5 m，支柱直至工作面上端头；采煤机在工作面上端部斜切进刀；采煤机从工作面上端头开始割第二刀煤，前窜长钢梁、支柱，直至工作面下端头；回柱放顶；完成在工作面下端部的进刀。采煤机往返一次工作面推进 1 m。

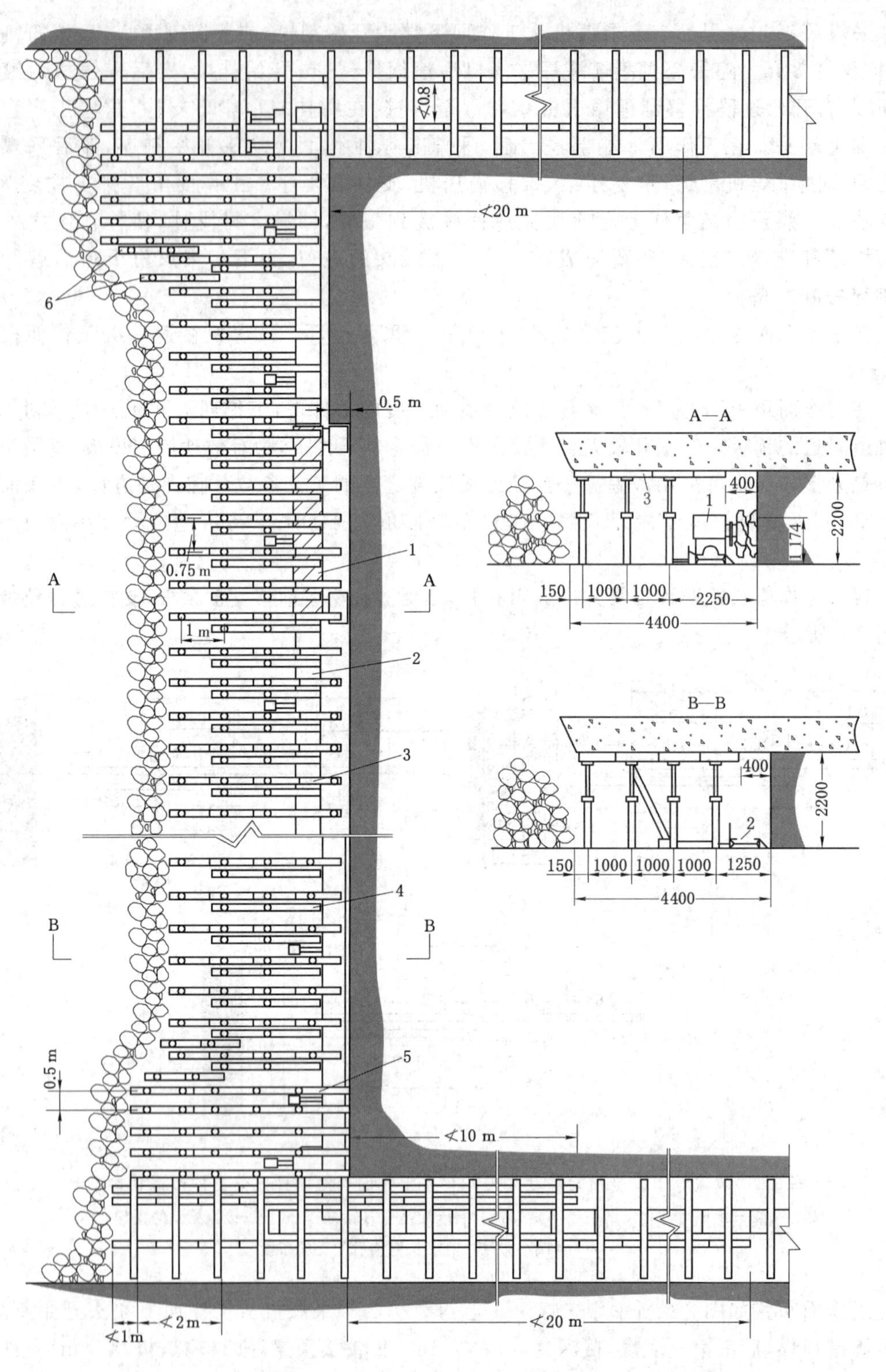

图 2-6　截深等于铰接顶梁长度之半的双滚筒采煤机普采工作面布置图

1——采煤机；2——刮板输送机；3——HDJA—1000 铰接顶梁；4——HDJA—2600 型长钢梁；5——DTL—2 型滑移顶梁；6——HDJA—1000 过渡支架

三、综合机械化采煤工艺

综合机械化采煤工艺，是指用机械方法破煤和装煤、输送机运煤和自移式液压支架支护顶板的采煤工艺，简称“综采”。

综采工作面的主要设备是采煤机、自移式液压支架、可弯曲刮板输送机。综合机械化采煤工艺与普通机械化采煤工艺的区别在于，工作面支护采用自移式液压支架，从而使采煤过程中破煤、装煤、运煤、支护和处理采空区等主要工序全部实现机械化，大幅度降低了劳动强度，提高了工作面单产和安全性。

综合机械化采煤工作面布置如图 2-7 所示。图中，胶带输送机布置在靠下帮一侧，有利于采煤机自开缺口，但行人进出工作面需跨过工作面输送机；而胶带输送机布置在上帮一侧，则有利于行人进出工作面。

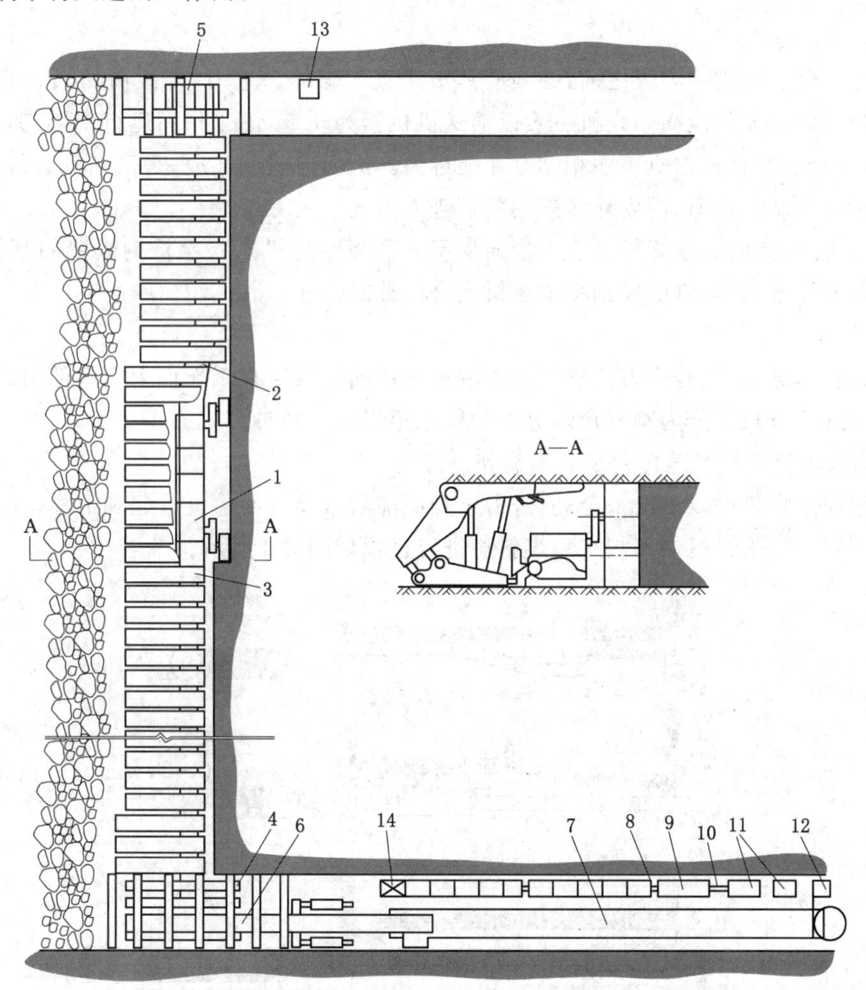

图 2-7　综合机械化采煤工作面布置图

1——采煤机；2——刮板输送机；3——液压支架；4——下端头支架；5——上端头支架；6——转载机；7——胶带输送机；8——配电箱；9——乳化液泵站；10——设备列车；11——变电站；12——喷雾泵站；13——液压安全绞车；14——集中控制台

综采工作面一般采用双滚筒采煤机，各工序简化为割煤、移架和推移输送机。

采煤机骑在输送机上割煤和装煤，一般前滚筒割顶煤，后滚筒割底煤。液压支架与工作面刮板输送机之间用千斤顶连接，可互为支点以实现推移刮板输送机和移架。移架时，支柱卸载，顶梁脱离顶板或不完全脱离顶板，移架千斤顶收缩、支架前移，而后支柱重新加载支护新位置处的顶板。推移刮板输送机时，移架千斤顶重新伸出，将刮板输送机推向煤壁。综采的移架工序，可同时实现普采的支护和处理采空区两道工序。

割煤后可及时依次移设液压支架和输送机，也可以先逐段依次推移输送机、再依次移设液压支架。

第二节　滚筒采煤机工作面采煤工艺

一、进刀方式

滚筒采煤机每割一刀煤之前，必须使其滚筒进入煤体。进刀，即滚筒切入煤壁、进入下一截深的切割作业。滚筒采煤机一般以输送机机槽为轨道，沿工作面运行割煤，其自身无进刀能力，只有与推移输送机工序相结合才能进刀。进刀方式的实质，是采煤机运行与推移输送机的配合关系。目前，国内外多采用斜切进刀方式。

斜切进刀，指的是采煤机沿着未推向煤壁的刮板输送机运行至推向煤壁的刮板输送机过程中切入煤壁，并与直线段刮板输送机配合的截割作业。

1. 端部斜切进刀

端部斜切进刀，就是进刀位置或刮板输送机弯曲段设定在工作面上下端部的进刀。

这种进刀方式又分为割三角煤进刀和留三角煤进刀两种方式。

(1) 双滚筒采煤机端部割三角煤斜切进刀

双滚筒采煤机可以一次采全高，进刀过程中前后滚筒需要重复升起和下降，以截割机身下的煤。双滚筒采煤机端部割三角煤斜切进刀过程如图 2-8 所示。

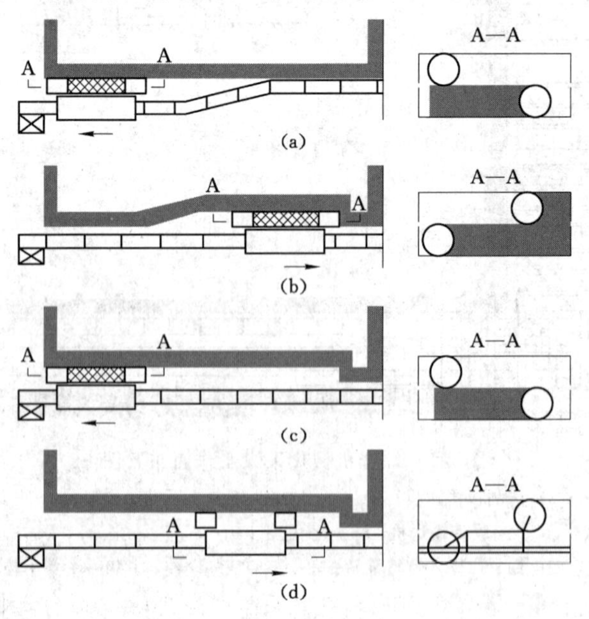

图 2-8　双滚筒采煤机端部割三角煤斜切进刀

图 2-8(a)——当采煤机割至工作面端头时,其后方一定距离以外的输送机已移近煤壁,前后滚筒间尚留有一段底煤。

图 2-8(b)——调换滚筒位置,前滚筒降下、后滚筒升起,并沿输送机弯曲段返向割入煤壁,直至输送机直线段为止,然后将输送机移直。

图 2-8(c)——再调换两个滚筒上、下位置,重新返回割三角煤至输送机机头处,机身处留有一段底煤。

图 2-8(d)——再次调换滚筒上下位置,采煤机上行,将机身下的底煤割掉,煤壁割直后,上行正常割煤。

(2) 双滚筒采煤机端部留三角煤斜切进刀

双滚筒采煤机端部留三角煤斜切进刀过程如图 2-9 所示。

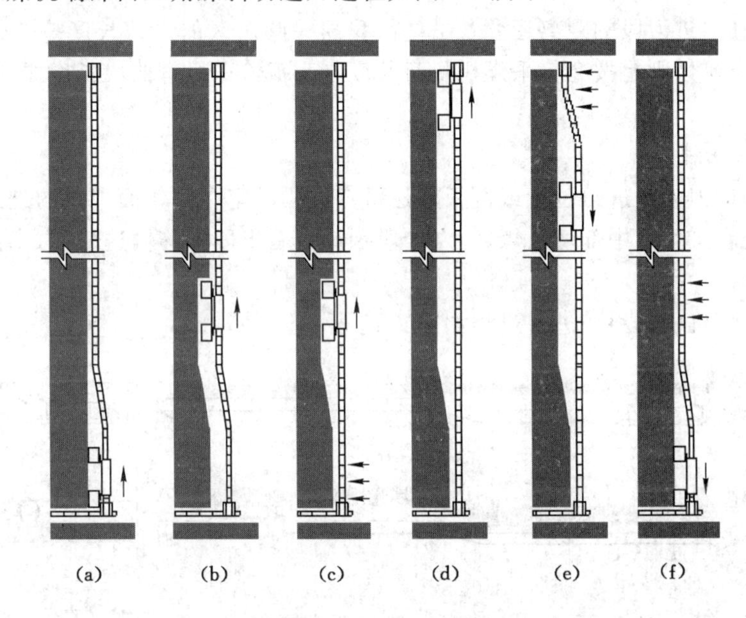

图 2-9　双滚筒采煤机端部留三角煤斜切进刀

图 2-9(a)——工作面下端部刮板输送机未推向煤壁,呈弯曲状;工作面已支护完毕;停在工作面上端部的采煤机准备向上割煤。

图 2-9(b)——采煤机在下端部沿刮板输送机弯曲段割煤,逐渐切入煤壁,达到要求的截深,完成进刀。

图 2-9(c)——工作面下端部推移刮板输送机,全工作面刮板输送机呈直线状。

图 2-9(d)——采煤机割煤至工作面上端部,工作面下端部留出一块三角煤。

图 2-9(e)——采煤机从工作面上端部开始向工作面下端部快速运行,走空刀或清理底板浮煤,滞后采煤机一定距离从工作面上端部开始逐段推移刮板输送机。

图 2-9(f)——采煤机运行至工作面下端部附近后割掉上行时所留的三角煤。采用这样的进刀方式,采煤机往返一次工作面推进一个截深。

留三角煤进刀与割三角煤进刀相比,采煤机无须在工作面端部往返斜切,进刀过程简单,移机头和端头支护与进刀互不干扰。由于工作面端部煤壁不直,因而不易保障工程质量。留三角煤斜切进刀多用于煤层较厚且底板浮煤较多,或煤层倾角较大,为了工作面装备防倒防滑，采煤机由上向下割煤，刮板输送机由下向上推移的情况下。

综采工作面端部斜切进刀，要求运输巷和回风巷要有足够宽度，工作面输送机机头和机尾尽量伸向平巷内，以保证采煤机滚筒能割至平巷的内侧帮而不必人工开上下切口。若平巷过窄，或输送机机头和机尾伸出不多，或采煤机摇臂不长，则需辅以人工开切口方能进刀，这就会影响综采能力的发挥。

采煤机进刀段的长度与输送机机头(尾)布置的位置和长度、采煤机机身长度、输送机容许弯曲段的最小长度等因素有关。当输送机的机头(尾)完全布置在平巷内时，进刀段的长度等于采煤机机身的长度加输送机容许弯曲段的最小长度。单滚筒采煤机的机身长度多在5 m左右，双滚筒采煤机的机身长度多为7～9 m。输送机容许弯曲段的最小长度与溜槽宽度有关，多为15～20 m，因此进刀段的距离一般为20～30 m；当输送机的机头(尾)不完全布置在平巷内时，进刀段的距离还要长一些。我国一些矿区的进刀长度按3倍采煤机机身长度确定，神东矿区则是按2倍采煤机机身长度与刮板输送机弯曲段长度之和确定，现已达到47.5 m。

2. 中部斜切进刀

中部斜切进刀就是进刀位置或刮板输送机弯曲段设定在工作面中部的进刀。其特点如下——采煤机在工作面中部切入煤壁，左半段割煤时右半段推移输送机，右半段割煤时左半段推移输送机。

双滚筒采煤机中部斜切进刀过程如图2-10所示。

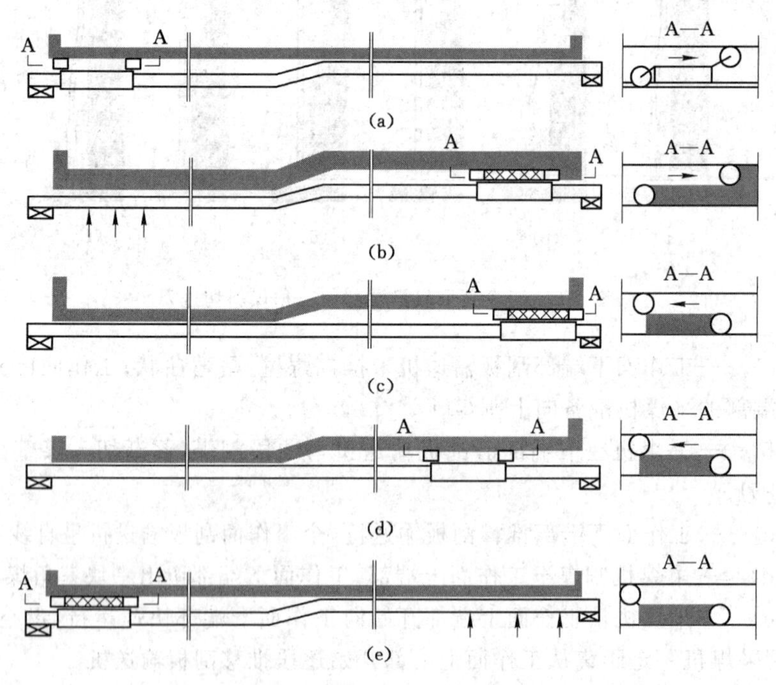

图2-10　双滚筒采煤机中部斜切进刀

图2-10(a)——采煤机割至工作面左端部，调换前后滚筒位置，在左半段上行走空刀返回工作面中部，在输送机弯曲段切入煤壁斜切进刀。

图2-10(b)——采煤机在右半段前滚筒割顶煤、后滚筒割底煤，直至右端部，同时左半

段推移输送机。

图 2-10(c)——左半段输送机移近煤壁,右半段采煤机在右端部停机,原割顶煤的滚筒降低、原割底煤的滚筒升高,返向割机身下的底煤。

图 2-10(d)——采煤机在右半段下行走空刀返回工作面中部。

图 2-10(e)——采煤机在输送机弯曲段切入煤壁进刀,在左半段前滚筒割顶煤、后滚筒割底煤,直至左端部,同时右半段推移输送机,恢复到图 2-10(a)的状态。

由于端部斜切进刀的端头作业时间较长,采煤机要长时间等待推移机头和移端头支架,故影响有效割煤时间。而采用中部斜切进刀方式可以提高开机率,但采煤机在工作面有一段跑空刀且工程质量不容易保证。

二、割煤方式

采煤机割煤方式,是指采煤机往返工作面期间的割煤次数,分双向割煤和单向割煤。

1. 双向割煤(往返一刀)

较厚的中厚煤层单滚筒采煤机普采工作面多采用这种割煤方式。用端部斜切进刀,往返分别割顶煤或割底煤进一刀。当煤层倾角较大时,为了补偿输送机下滑量,推移输送机必须从工作面下端开始,为此可采用下行割顶煤、随机挂梁,上行割底煤、清浮煤、推移输送机和支柱的工艺顺序。这种割煤方式适应性强,在煤层粘顶、厚度变化较大的工作面均可采用,无须人工清浮煤。但割顶煤时无立柱控顶(即只挂上顶梁而无立柱支撑)时间长,不利于控顶;实行分段作业时,工人的工作量不均衡,工时利用不充分。

2. 双向割煤(往返两刀)

单滚筒采煤机、双滚筒采煤机均可采用这种割煤方式,又称穿梭割煤。

在煤层较薄且煤层厚度和滚筒直径相近的普采工作面,采煤机自下切口沿底上行割煤,随机挂梁和推移输送机并同时铲装浮煤、支柱;待采煤机割至上切口,进刀后下行重复同样的工艺过程。在煤层厚度大于滚筒直径、沿底割煤后未割部分粘顶的情况下,挂梁前要处理顶煤。

在双滚筒采煤机普采或综采工作面,采煤机在工作面一端斜切进刀后,前滚筒割顶煤,后滚筒割底煤,一次采全高。采煤机到达工作面另一端后斜切进刀,返回时再割一刀煤,往返进两刀煤。这种方式是我国双滚筒采煤机常用的一种割煤方式。

3. 单向割煤(往返一刀)

在单滚筒采煤机普采工作面,这种割煤方式的工艺过程如下——采煤机自工作面下(或上)切口向上(或下)沿底割煤,随机清理顶煤、挂梁,必要时打临时支护。采煤机割煤至上(或下)切口后,快速下(或上)行装煤和清理机道并随采煤机运行推移输送机、支设单体支柱,直至工作面下(或上)切口。这种割煤方式适用于采高 1.5 m 以下的较薄煤层、滚筒直径接近采高、顶板较稳定、煤层粘顶性强,割煤后顶煤不能及时垮落等条件。

双滚筒采煤机综采工作面单向割煤方式的主要特点是——采煤机割煤后追机移架,但不移输送机;待采煤机沿割煤的反方向清扫浮煤后再追机移输送机,往返一次进一刀煤。

三、双滚筒采煤机进刀、割煤方式之比较

端部斜切进刀单向割煤、中部斜切进刀单向割煤与端部斜切进刀双向割煤工艺比较有如下优点——工作面内的割煤、移架与移输送机、移机头、端头处理等工序实行平行作业,工序间干扰少、窝工少,特别是端头条件较差、移机头和机尾困难时,其优点更明显;采煤机空

行时可以把浮煤装净，便于推移输送机，对保证工作面工程质量有利；减少了采煤机滚筒和挡煤板的调转次数和往返运行次数，简化了操作程序。当采煤机采用在下端斜切进刀单向割煤工艺时，可以保证采煤机司机、移架工和推输送机工等追机作业始终在新鲜风流中工作，有利于工人身体健康。前两种割煤工艺的缺点是：单向割煤，设备的无功磨损大；当液压支架与刮板输送机的配合尺寸不允许及时支护时，空顶时间长，顶板破碎时容易片帮冒顶。在工作面长度较短，工作面端头顶板稳定性差、作业时间长的条件下，应优先选用中部斜切进刀单向割煤方式；在采煤机牵引速度快、跑空刀占用时间短的情况下，较长的工作面也可以采用端部斜切进刀单向割煤方式。

对于工作面长度较大、顶板条件中等稳定以上、端头维护状况良好、移机头顺利、煤层倾角不大的工作面，应选用端部斜切进刀双向割煤方式。

第三节　采场支护和采空区处理

一、普采和炮采工作面的采场支护和采空区处理

除了少数顶板稳定的工作面可以使用带帽点柱支护外，多数普采和炮采工作面均采用单体液压支柱配合金属铰接顶梁支护，形成悬臂式支架。工作面严禁使用木支柱支护（极薄煤层除外）和金属摩擦支柱支护。在煤层底板松软时，支柱下方还需要穿铁鞋。

1. 工作面支护装备和架设方法

(1) 单体液压支柱

外注式单体液压支柱由液压泵站供液，其结构和所配铁鞋如图 2-11 所示。

支设单体液压支柱时，将注液枪插入活柱上部的三用阀右端相应孔中，用手把打开其中的单向阀，从泵站来的高压液由管路进入支柱，顶开三用阀中的单向阀使活柱升起，复位弹簧被拉长，支柱支好并达到要求的初撑力后拔出注液枪。

支柱工作时，额定工作阻力有 250 kN、300 kN、350 kN、400 kN 和 450 kN 等多个系列。当顶板下沉量增大、支柱过载时，油缸内的工作液使三用阀中的安全阀卸载，活柱体下缩，从而使支柱保持恒阻特性，活柱的可缩量可达 600～800 mm。

回柱时扳动手把卸载，工作液从三用阀排出，活柱在复位弹簧作用下返回原位。

(2) 金属铰接顶梁

HDJA 型金属铰接顶梁由梁体、左右耳子、接头、销子和调角楔等部件组成，其结构如图 2-12 所示。根据销孔中心距长度，有 800 mm、1 000 mm 和 1 200 mm 三种型号。

在炮采工作面，爆破后经敲帮问顶，即可在已支护顶板的顶梁前端沿工作面挂金属铰接顶梁。

在普采工作面，当单滚筒采煤机割顶煤后或割底煤在顶煤冒落后，或双滚筒采煤机割顶底煤后滞后采煤机 3～5 m 的距离，在已支护顶板的顶梁前端沿工作面挂金属铰接顶梁。

挂顶梁时，将要安设的顶梁接头插入已支护顶板的顶梁两耳子中间，将销子穿上并打紧，使两根顶梁铰接，把新安设的顶梁托向顶板，将调角楔插入两耳子和接头突出体豁口中间，这样就实现了两根顶梁之间的刚性连接。

金属铰接顶梁的长度应与采煤工作面每次推进度相同或成整数倍。正常支护状态下，金属铰接顶梁下的单体支柱将顶梁划分为两段，正悬臂支架的悬臂长段在支柱的煤壁侧，短

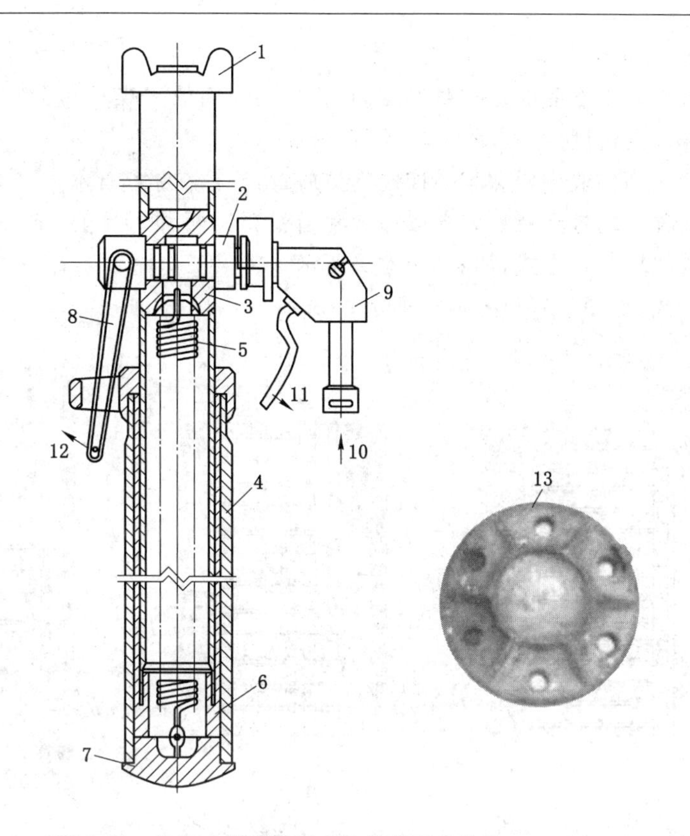

图 2-11　外注式单体液压支柱及其配套铁鞋

1——顶盖；2——三用阀；3——活柱体；4——油缸；5——复位弹簧；6——活塞；7——底座；8——卸载手把；9——注液枪；10——泵站供液；11——注液时操纵手把方向；12——卸载时动作方向；13——铁鞋

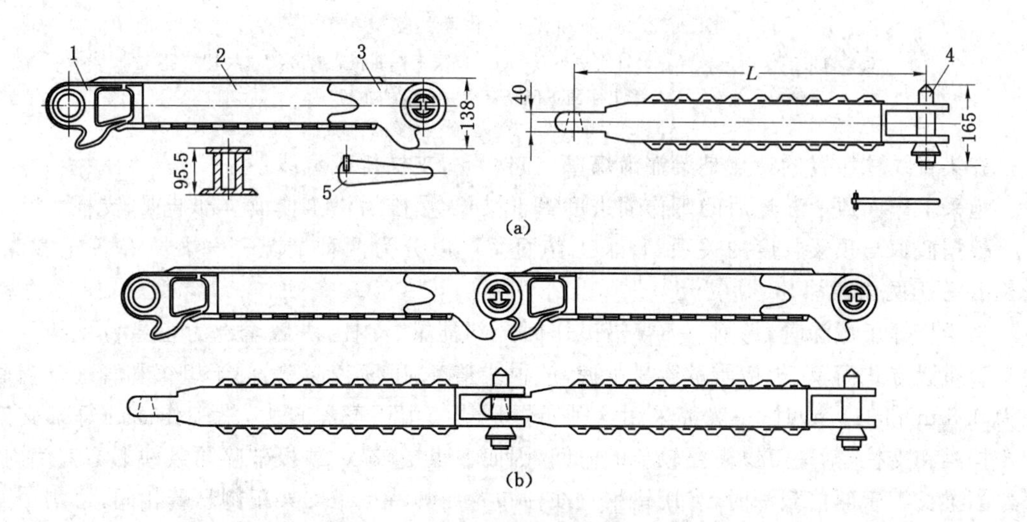

图 2-12　HDJA 型金属铰接顶梁结构图

(a) 单根顶梁　(b) 铰接后的顶梁

1——接头；2——梁体；3——耳子；4——销子；5——调角楔；L——中心距

段在支柱的采空区侧，这有利于控制刮板输送机机道上方的顶板和减少顶梁折损。倒悬臂支架则相反，其长段伸向采空区侧，易损坏顶梁，但支柱不易被采空区侧的矸石埋住。

2. 工作面支架布置

普采和炮采工作面的支护基本相同，普采工作面的采煤机截深对应于炮采工作面放一茬炮后工作面的进度。

为了行人和作业方便和容易控制支护质量，支柱在平行工作面方向一般排成直线，称为直线柱。按顶梁的排列特点有齐梁布置和错梁布置两种。目前，炮采工作面支架多采用正悬臂齐梁直线柱布置方式，如图 2-13(a)所示。普采工作面支架有齐梁直线柱和错梁直线柱两种布置方式，如图 2-13(b)和(c)所示。

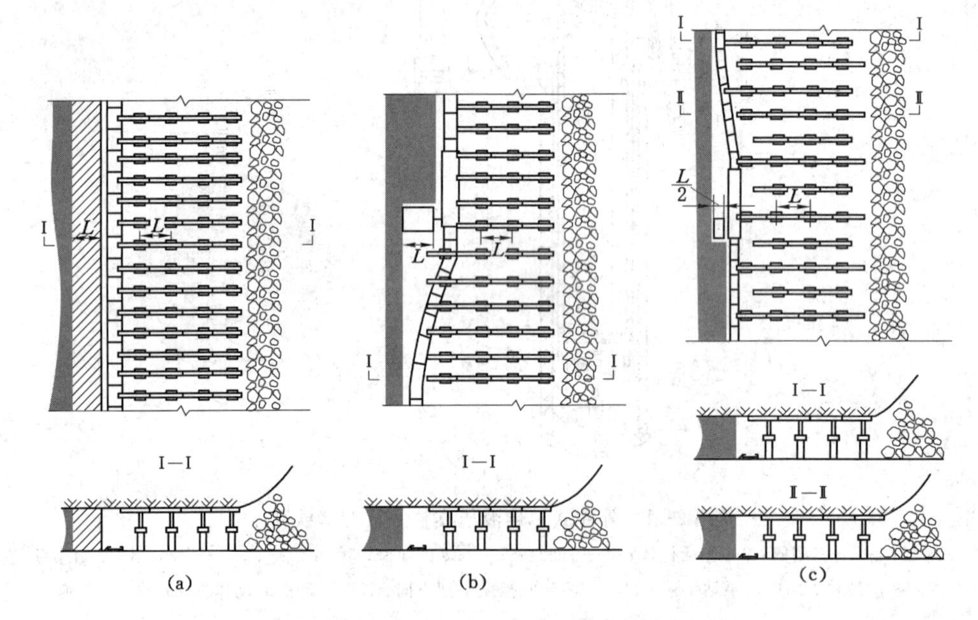

图 2-13　炮采和普采工作面的支架布置

(a) 炮采工作面正悬臂齐梁直线柱布置　(b) 普采工作面正悬臂齐梁直线柱布置
(c) 普采工作面正倒悬臂错梁直线柱布置

齐梁直线柱布置的特点是梁端沿煤壁方向相齐，支柱排成直线。

炮采工作面放一茬炮后的工作面进度等于梁长，爆破后沿工作面全部挂梁、支柱。

根据截深与顶梁长度的关系，普采工作面又可以分为两种情况——梁长 L 等于截深；梁长 L 等于两倍截深。

当梁长等于截深时，每割一刀煤沿工作面全部挂梁、支柱，一般全部为正悬臂支架。这种支架布置方式简单，规格质量容易掌握，放顶线整齐；工序较简单，便于组织和管理。当截深为 0.8 m 和 1.0 m 时，一般都采用这种布置形式。由于截深较大，沿工作面的每架支架都要挂梁和支柱，割一刀煤需要较长的时间，因而在煤层较软、顶板破碎的条件下不宜使用。

当梁长等于两倍截深时，多用错梁直线柱布置。其特点是支架正倒悬臂相间，每割一刀煤间隔挂梁，顶梁向前交错，机道上方顶板悬露窄、支护及时，每割一刀煤挂梁和支柱的工作量少、工作均衡；支柱成直线布置，行人、运料方便；在切顶线处支柱不易被埋住，因此多用，但对切顶不利，倒悬臂顶梁在采空区侧易损坏。

当顶梁长度为两倍截深时，若全部采用正悬臂支架，则要割两刀煤才能挂一次梁。割第一刀煤时每架支架需打临时支柱；割第二刀煤时挂梁并将临时支柱改为固定支柱。因割第一刀煤时挂不上梁，不能实现及时支护，机道上方无支护空间大，顶板不容易控制。除了顶板特别稳定条件下使用外，该种布置方式用得较少。

3. *支护参数*

除合理选择支架布置方式外，普采和炮采工作面还要确定工作面支架的排距和柱距。

① 支架的排距小于 0.8 m 时，工作面行人困难，会降低工人生产效率。另外，支架的排距取决于金属铰接顶梁的长度、采煤机截深或炮采工作面放一茬炮的进度。

铰接顶梁长度有 0.8 m、1.0 m 和 1.2 m 三种，采煤机的截深多为 0.5 m、0.6 m、0.8 m、1.0 m 和 1.2 m。因此，支架的排距主要有 3 种规格——0.8 m、1.0 m 和 1.2 m。

根据采煤作业需要，最少需要 3 排支柱，在工作面形成机道、人行道和存放支柱、顶梁及其他材料的材料道。当排距小或工作面所需的支护材料较多时，一条材料道不能满足需要，工作面最少需要 4 排支柱，即最小控顶距为 4 排。

② 支架的柱距应根据顶板条件，按能够防止顶板出现漏垮型、推垮型和压垮型冒顶分别计算，取其中的最小值，一般为 0.6～1.0 m，小于 0.6 m 时不便行人，大于 1.0 m 时不利于安全。在 0.6～1.0 m 范围，直接顶松软破碎时取小值，反之取大值。

③ 支护密度，是指控顶范围内单位面积顶板所支设的支柱数量，单位为根/m^2。根据工作面支架的排距和柱距，可以计算出支护密度。

④ 单体支柱的初撑力也是普采和炮采工作面重要的支护参数。单体液压支柱的初撑力，柱径为 100 mm 的不得小于 90 kN，柱径为 80 mm 的不得小于 60 kN。

4. *端头支护*

工作面与回风平巷和运输平巷的交会处，称为工作面的上下端头或端部。该处控顶面积大，设备和人员集中，又是工作面的安全出口。

端头支护要有足够的支护强度，以保证工作面端部出口安全；支架跨度要大，要不影响输送机机头、机尾正常运转，并应为维护和操作设备人员留出足够的活动空间；要能保证机头、机尾的快速移置，缩短端头作业时间，以提高采煤机开机率。端头支护主要有下述几种(图 2-14)。

① 单体支柱加双钩双楔铰接顶梁支护。$HDJS_1$ 型顶梁有 0.8 m、1.0 m、1.2 m 和 1.4 m 四个系列，采用双楔一销固定，能在输送机机头部铰接成 2.5～3.3 m 跨度的长梁，且刚性较大，目前应用较为普遍。

② 长梁加单体支柱组成成对的迈步抬棚，常称为四对八梁。梁长 2～4 m，两梁错距 0.6～0.8 m，交错长梁交替迈步前移，工作状态时梁下有 3 根支柱支撑。

③ 基本支架加走向迈步抬棚。

④ “十”字铰接顶梁。SHD 十字铰接顶梁有 0.5 m×0.5 m、0.6 m×0.6 m 和 1.0 m×0.7 m 三个系列，适用于顶板破碎条件下。

除机头、机尾处外，工作面端部附近的平巷也可用顺向托梁加单体支柱或“十”字铰接顶梁加单体支柱加强支护。根据开采引起的超前工作面移动支承压力影响程度，两巷内的超前工作面加强支护距离多在 20～30 m 范围内。

5. *采空区处理*

随着工作面向前推进，顶板悬露面积不断增大，为保证安全和正常生产，需要对采空区及时进行处理。采空区处理方法分垮落法、充填法、刀柱法和缓慢下沉法，最常用的是全部

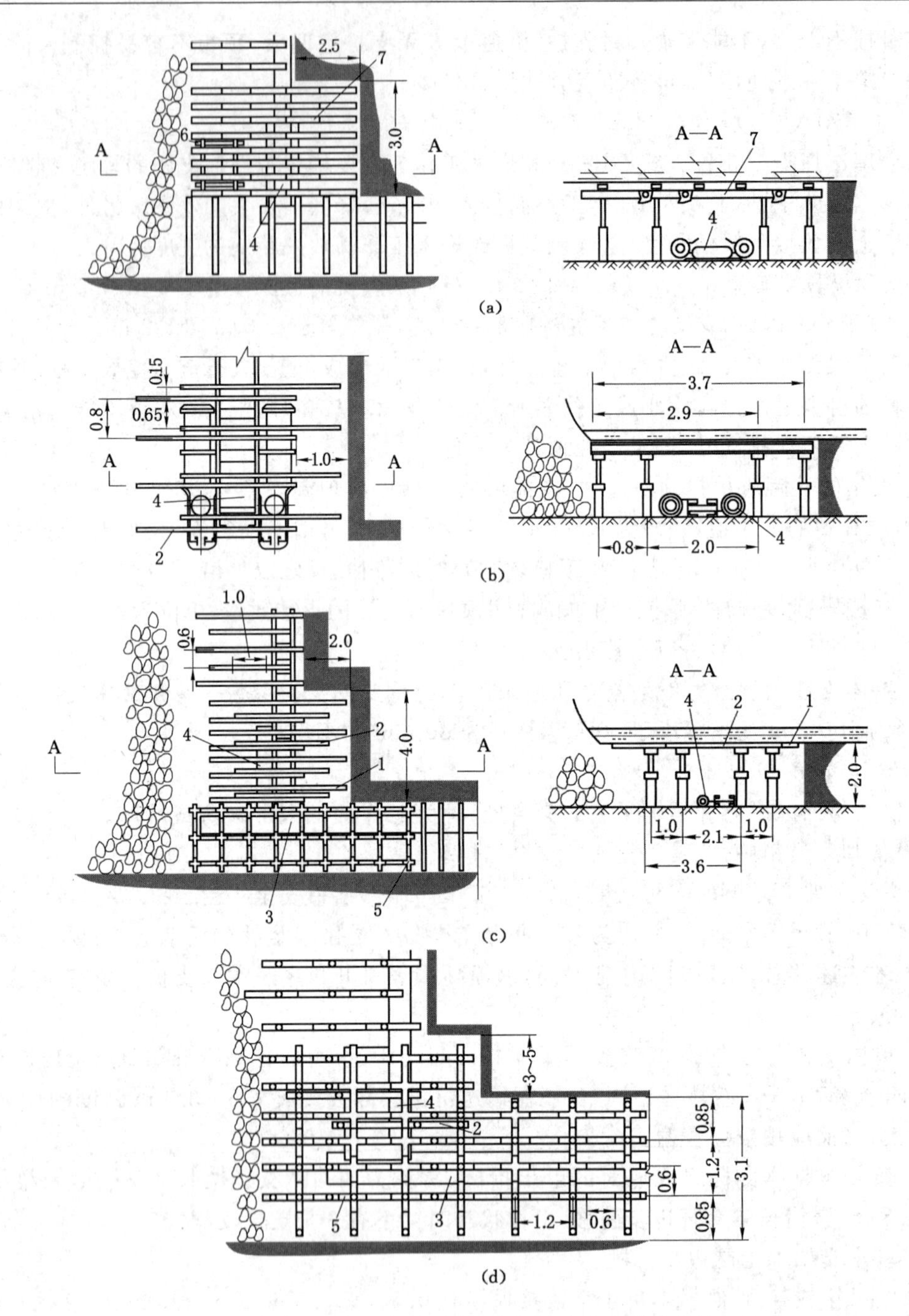

图 2-14　普采工作面端头支护形式(图中长度单位均为 m)

(a) 双钩、双楔铰接顶梁支护　(b) 迈步抬棚支护　(c) 基本支架加走向迈步抬棚支护　(d) 十字铰接顶梁支护

1——基本架；2——抬棚长梁；3——转载机；4——输送机机头；5——十字铰接顶梁；6——木垛；7——双钩双楔梁

垮落法。

在采用全部垮落法处理采空区的普采和炮采工作面，从开切眼推进到一定距离后，撤除采煤工作空间以外的支架，使顶板自然或强制垮落，而后随工作面推进采场支护达到最大控顶距后就需要回柱放顶，以减少控顶面积，使顶板垮落后的碎胀岩石充填采空区，从而减轻

工作面压力和防止顶板对工作面产生不利影响。

工作面正常推进期间，放顶步距等于最大控顶距与最小控顶距之差。“三、五排”控顶时，最大控顶距、最小控顶距和放顶步距的关系如图 2-15 所示。

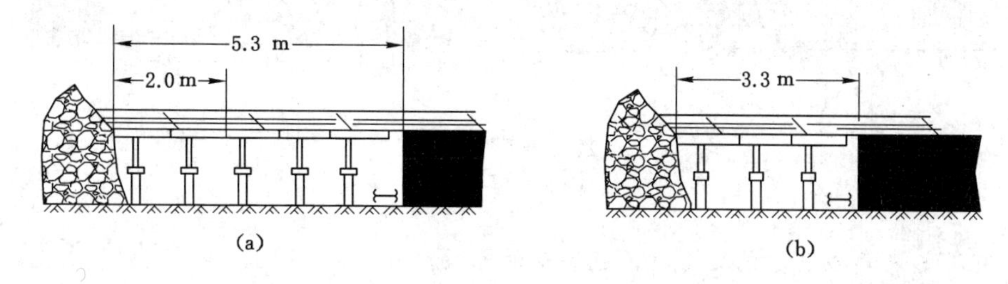

图 2-15　控顶距与放顶步距的关系

(a) 最大控顶距　(b) 最小控顶距

回柱放顶应按由采场下方向上方、由采空区侧向煤壁侧的顺序进行。近水平煤层条件下也可分段回柱放顶。在工作面方向上，回柱与爆破、割煤、支柱必须保持一定安全距离。回柱放顶时必须指定有经验的人员观察顶板。

二、综采工作面采场支护

1. *支护方式*

按支护与割煤、移架、推移输送机三个主要工序的配合方式不同，综采工作面支护方式可分为及时支护方式和滞后支护方式。

(1) 及时支护

如图 2-16 所示，随采煤机割煤，视顶板稳定程度滞后采煤机 3～9 m，支架依次或分组立即前移支护顶板，输送机随移架逐段移向煤壁，推移步距等于采煤机截深。推移输送机后，在支架底座前端与输送机之间富余出一个截深宽度。这种支护方式能及时支护顶板，工作空间大，有利于行人、运料和通风；其缺点是增大了工作面控顶宽度。

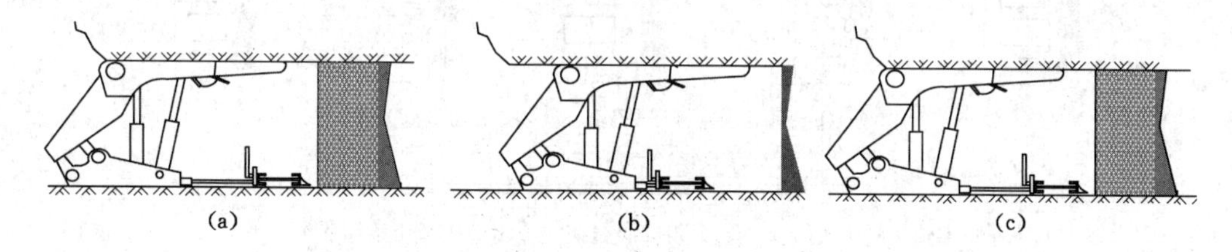

图 2-16　及时支护方式

(a) 割煤　(b) 移架　(c) 推移输送机

(2) 滞后支护

如图 2-17 所示，割煤后输送机首先被逐段推向煤壁，支架随输送机前移后再移向煤壁。这种配合方式在支架底座前端和机槽之间不需留设相当于一个截深的富余量，正常工作状态时控顶距较小，能适应周期来压大、直接顶稳定性好的顶板，但对稳定性差的直接顶板适应性差，因而在我国使用较少。

无论是及时支护或是滞后支护方式，均由设备的结构和尺寸决定，在使用中不能随意改动。

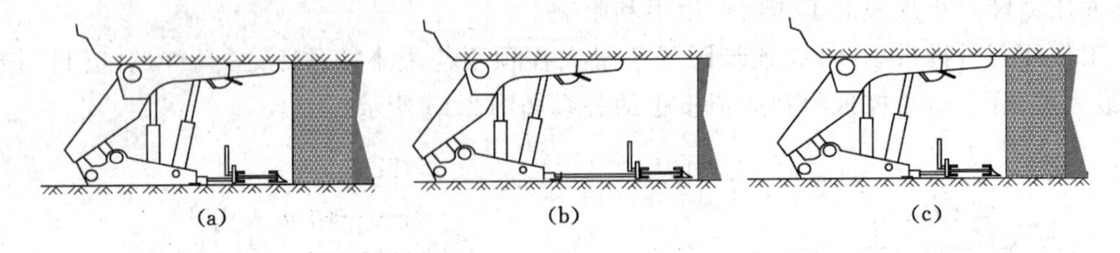

图 2-17　滞后支护方式

(a) 割煤　(b) 推移输送机　(c) 移架

2. 液压支架的移架方式及其对顶板管理的影响

(1) 移架方式

综采工作面的移架工序同时实现了工作面支护和采空区处理。我国采用较多的移架方式有 3 种,如图 2-18 所示。

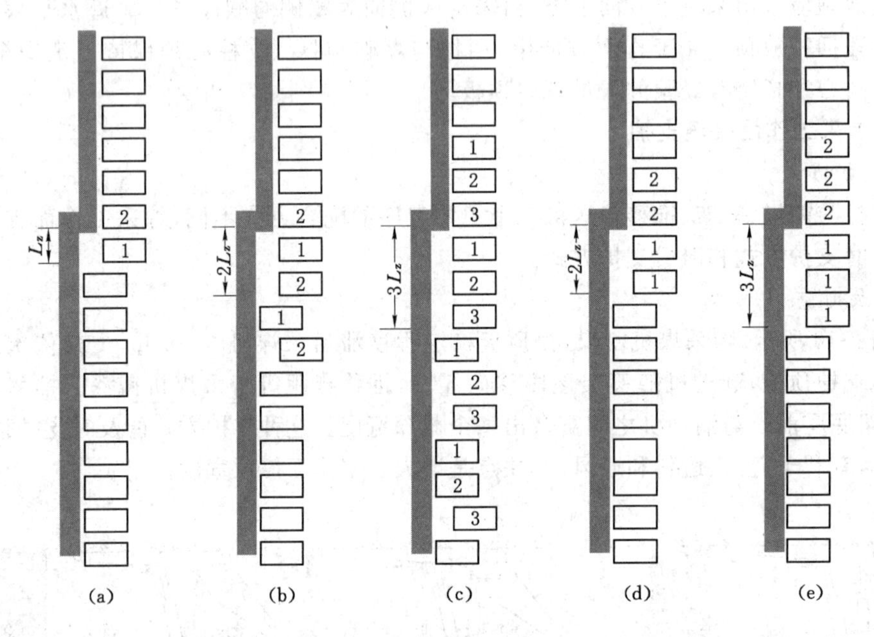

图 2-18　液压支架的移架方式

(a) 单架依次顺序式　(b)(c) 分组间隔交错式　(d)(e) 成组整体依次顺序式

① 单架依次顺序式,又称单架连续式。支架沿采煤机牵引方向依次前移,移动步距等于截深,支架移成一条直线。该方式操作简单,容易保证质量,能适应不稳定顶板,应用较多。

② 分组间隔交错式,又称分组交错式。将相邻的 2～3 架支架分为一组,组内的支架间隔交错前移,相邻组间沿采煤机牵引方向顺序前移,组间的一部分支架平行前移。该方式移架速度快,适用于顶板较稳定的高产综采工作面。

③ 成组整体依次顺序式,又称成组连续式。该方式按顺序每次移一组,每组 2～3 架,一般由大流量电液阀成组控制。适用于煤层地质条件好、采煤机牵引速度高的综采工作面。

(2) 移架方式对移架速度的影响

移架速度，是指液压支架在单位时间沿采煤机牵引方向上移架的距离，一般用 m/min 表示。移架速度取决于泵站流量及阀组和管路的乳化液通过能力、支架所处状态及操作方便程度、人员操作技术水平等因素。当这些因素相同时，决定移架速度的关键因素是移架方式。

移架时的操作调整时间占移架总时间的 60%～70%。泵站流量不变时，同时前移的支架数增加到 N 架，供液时间也相应增加，但多架支架调整操作时间仍然等于单架的调整操作时间，故移架速度可加快。若同时前移的支架数增加到 N 架，泵站流量也增加 N 倍，则多架支架同时前移时的供液时间没有增加，故可使移架速度进一步提高。

综采面采用分段移架，同时移架的段数与乳化液泵站开动的台数相一致，可大大加快移架速度，并能保证支架移架后的额定初撑力。

(3) 移架方式对顶板管理的影响

选择移架方式不仅应考虑移架速度，还要考虑对顶板管理的影响。一般而言，单架依次顺序移架虽然速度慢，但卸载面积小，顶板下沉量比后两种小得多，适用于稳定性差的顶板。即使顶板稳定性好，采用后两种移架方式时，同时前移的支架数 N 也不宜大于 3，以防多架支架同时卸载后顶板状况恶化。

液压支架部分卸载或带载移架有利于控制顶板。

3. 综采工作面端头支护

综采工作面上下端头处的暴露面积大、暴露时间长，该处又布置有大功率输送机机头或机尾，在下出口还搭接有转载机，均需要有较大的空间。该处的顶板维护效果直接影响安全生产和设备效能发挥，因而必须选择合适的支护方法。

综采工作面端头支护方式有 4 种情况：一是用专用自移式端头液压支架支护；二是用工作面中部液压支架支护；三是用单体液压支柱配合十字铰接顶梁支护；四是用单体支柱加长钢梁组成迈步抬棚支护。

① 自移式端头液压支架端头支护如图 2-19 所示。这种支架是专为端头支护设计的，移架速度快，控顶效果好，可减轻工人劳动强度，提高综采效率，并能与两巷内运输设备很好地配合，凡围岩条件和巷道断面允许的综采工作面均应积极推广使用。

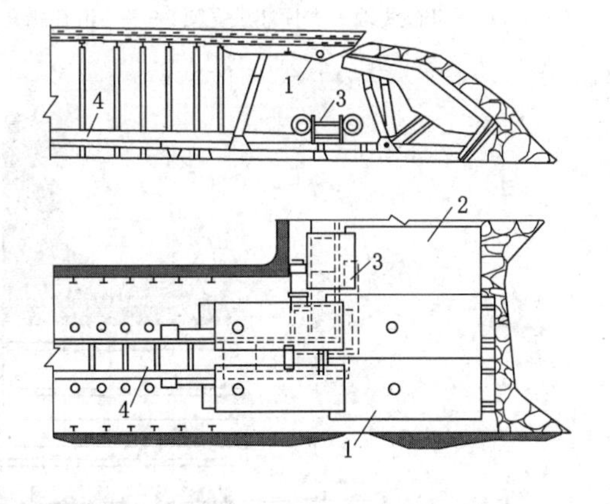

图 2-19　专用端头液压支架端头支护

1——专用端头液压支架；2——普通液压支架；3——刮板输送机；4——转载机

如图 2-20 所示，组合式端头液压支架由多架支架组合而成，具有端头支护和两巷超前支护的功能，机械化程度高，移架速度快，控顶效果好，可有效地解决采高加大后端头和两巷的围岩控制问题。

② 工作面中部液压支架支护端头如图 2-21 所示。这种端头支护适用于煤层倾角较小的综采面，通常在输送机机头(尾)处要滞后工作面中间支架一个截深，且顶梁长度相应加长。

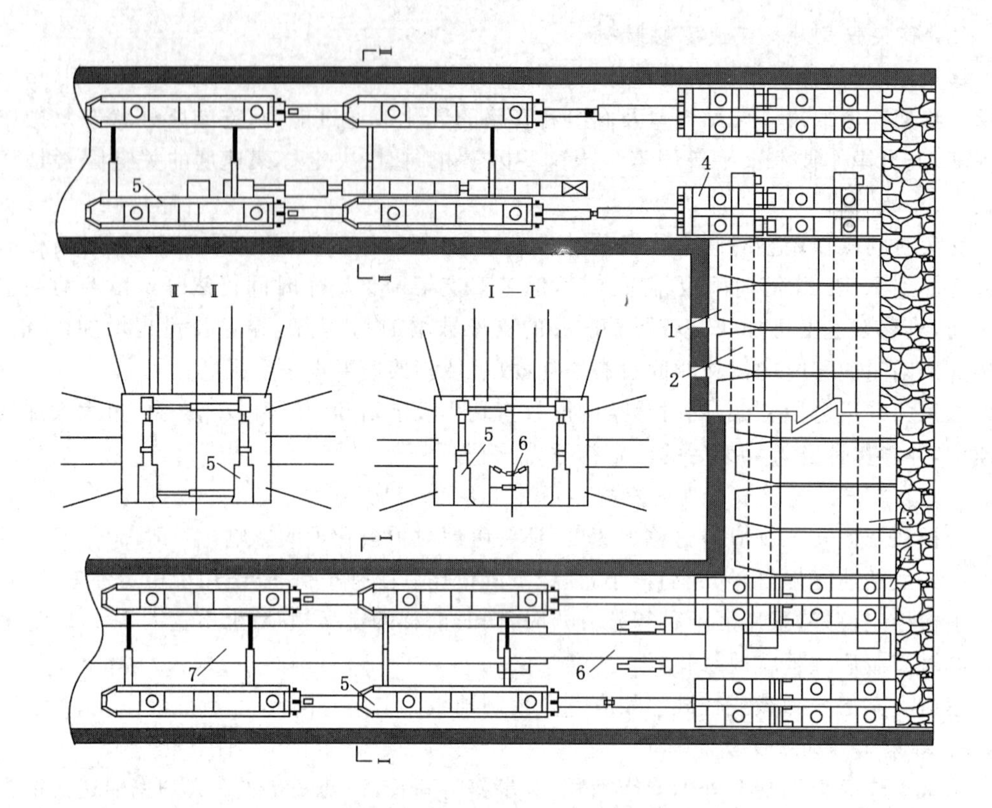

图 2-20 组合式专用端头液压支架端头支护

1——工作面中部液压支架；2——工作面前刮板输送机；3——工作面后刮板输送机；4——组合式端头支护液压支架；5——组合式超前支护液压支架；6——转载机；7——胶带输送机

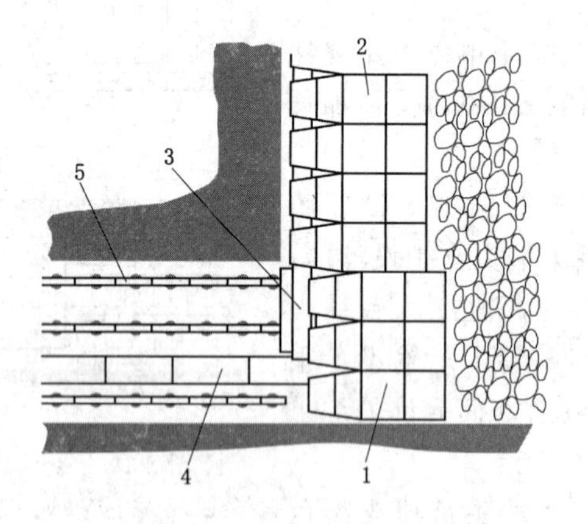

图 2-21 工作面中部液压支架端头支护

1——端头处支架；2——中部支架；3——工作面输送机机头；4——转载机机尾；5——超前支护

③ 单体液压支柱配合十字铰接顶梁端头支护如图 2-22 所示。十字顶梁前后左右均相互铰接,形成网状支护系统,整体性好,支柱受力均匀,倒换支柱方便,不易失稳,支护期间不必反复支撑顶板,顶板完整性较好。在输送机机头上的铰接顶梁下部设两对木托梁加强支

护，木梁在移机头时两梁交替前移，平时一梁三柱，移机头时一梁二柱，以保证移机头时有较大的空间。

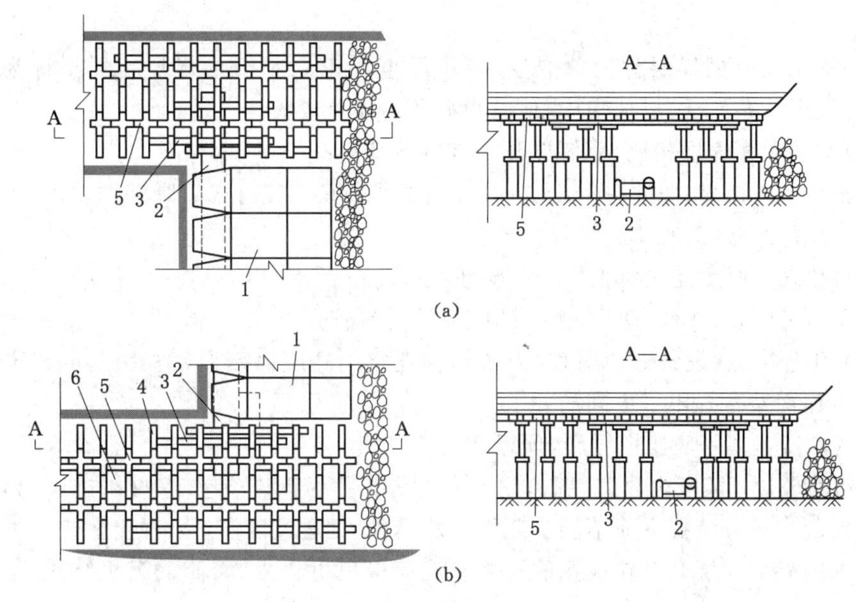

图 2-22　单体液压支柱配合十字铰接顶梁端头支护

(a) 工作面上端头　(b) 工作面下端头

1——液压支架；2——刮板输送机；3——木托梁；4——铰接顶梁；5——十字铰接顶梁；6——转载机

④ 单体支柱配合长钢梁端头支护如图 2-23 所示，抬棚间的钢梁迈步前移。该方法与普采工作面端头支护类似，适应性强，但支设费工费时。

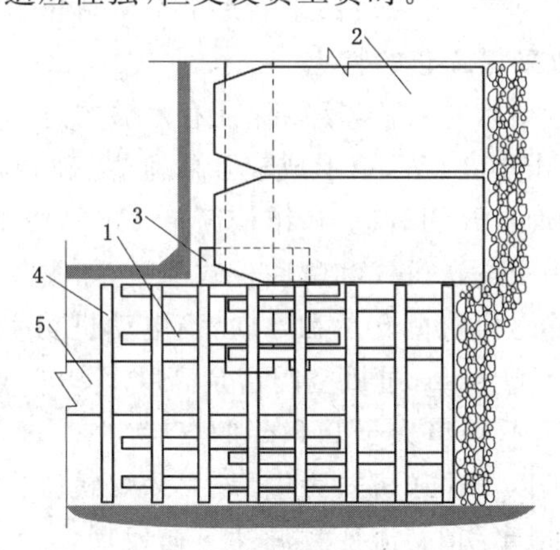

图 2-23　单体支柱配合长钢梁组成迈步抬棚端头支护

1——长钢梁；2——基本支架；3——刮板输送机机头；4——成巷时工字钢棚顶梁；5——转载机

回采巷道成巷时的支护形式对端头支护也有较大影响，成巷时采用锚梁网或锚带网支护形式，可以简化上下端头出口处的支护工作量，明显改善端头安全作业条件，从而能为工作面安装和使用端头支架和加快工作面推进速度创造良好条件。

第四节　薄煤层工作面机采工艺的特点

厚度小于1.3 m的煤层称为薄煤层,其中厚度小于0.8 m的煤层习惯上称为极薄煤层。我国薄煤层分布广泛,局部集中,地方煤矿所占比重较大。

与厚煤层和中厚煤层相比,薄煤层开采有以下特点:

① 作业空间小,工作条件恶劣,人员在长壁工作面只能爬行或以卧姿作业。

② 工作面单产低,工效和经济效益差。

③ 断层和煤层厚度变化对工作面影响较大。

④ 煤质相对较硬,炸药、截齿、刨刀的吨煤消耗量较大。

⑤ 机械化程度低,设备移动困难,为增加作业空间高度而割顶底板引起的机电事故较多,从而对工作面装备提出了更高的要求。

⑥ 采场矿压显现一般比较缓和,顶板活动不剧烈。

⑦ 工作面较短,搬家次数多,掘进率高;回采巷道为半煤岩巷,综掘掘进困难,多以炮掘为主,为实现煤矸分装掘进面不能全断面一次爆破,掘进速度慢,采掘接替较为紧张。

目前,国内外薄煤层开采较成熟的工艺有滚筒采煤机普采、滚筒采煤机综采、刨煤机普采、刨煤机综采、螺旋钻采煤机钻采、连续采煤机房柱式开采、爆破挡装自移式液压支架支护开采、爆破挡装单体液压支柱支护开采等工艺方式。

从国内外的开采实践来看,发展机械化是薄煤层安全高效开采的唯一途径,关键是工作面装备高性能的薄煤层生产设备,提高可靠性,向机械化、自动化和无人化方向发展。

针对产量低和工作面较短的问题,可采用对拉工作面布置,以实现较大面积范围的集中开采。对于采掘接替紧张的问题,可采用回采巷道沿空留巷技术。

一、薄煤层滚筒采煤机采煤工艺的特点

对薄煤层滚筒采煤机的要求是:机身矮以保证有足够的过机高度,并应尽可能短以适应煤层的波状起伏;功率不低于100 kW,以形成较强的割煤、破岩和过断层能力;要有足够的过煤高度;尽可能实现工作面自开切口进刀;结构简单、可靠,便于维护和安装。

薄煤层滚筒采煤机分为骑输送机式和爬底板式两类,如图2-24所示。

骑输送机式采煤机由输送机机槽支承和导向,当电动机功率为100 kW时,其高度$h=350$ mm,过煤空间高度$E\geqslant160$ mm,过机空间富余高度$Y\geqslant90$ mm,输送机中部槽高180～200 mm。这种采煤机只能开采厚度大于0.8 m的煤层。

国内薄煤层滚筒采煤机以骑输送机式为主,该类采煤机正向双截割滚筒、大功率、大截深、高可靠性、多电机、无链电牵引、交流变频调速方向发展。为解决装机功率、机面高度和过煤空间之间的矛盾,截割电机直接横向布置在摇臂上,简化了传动系统,缩短了机身,提高了装机功率,使整机结构得到优化。多电机装机功率已达550～710 kW,牵引速度由2.5 m/min发展到5 m/min,截深由0.6 m发展到1.0 m。

爬底板式采煤机机身位于滚筒开出的机道内,可利用的空间高度不包括刮板输送机溜槽的高度,与骑输送机式相比过煤空间高,电机功率可以增大,具有较大的生产能力,同时工作面过风断面大、工作安全,可用于开采0.6～0.8 m的薄煤层。这类采煤机装煤效果差,结构较复杂,在输送机导向管和铲煤板上均有支承点和导向点,采煤机在煤壁侧也需设支承点。

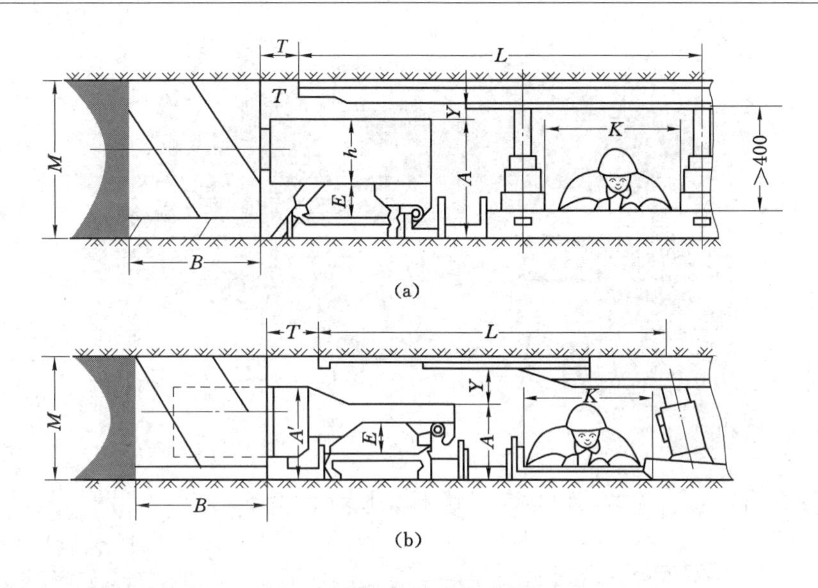

图 2-24　薄煤层滚筒采煤机

(a) 骑输送机式　(b) 爬底板式

M——煤厚；B——截深；h——电动机高度；E——过煤空间高度；A——过机空间高度；

Y——过机空间富余高度；T——端面距；L——顶梁前端至后柱中心线距离；K——行人宽度

薄煤层工作面顶板活动不剧烈，矿压显现相对缓和，要求支架的工作阻力相对较低。综采工作面液压支架在最低状态时，必须保证顶梁下面要有高 400 mm、宽 600 mm 的人行道。液压支架的特点是——结构紧凑，一般不设活动的侧护板，多为两柱掩护式；顶梁和底座厚度小，强度高，多为分体底座，以便于排矸；质量轻；大流量电液控制系统，以提高移架速度；通常为单向或双向邻架控制，以保证安全和减小劳动强度；为减小控顶距，一般为滞后支护。

我国生产的薄煤层综采液压支架多为两柱掩护式或支撑掩护式，工作阻力多在 1 800～3 200 kN 范围，最小支撑高度为 0.5 m，质量多为 5～8 t。

薄煤层机采工作面一般配备轻型、双边链、矮机身可弯曲刮板输送机。

滚筒采煤机与自移式液压支架配套形成的薄煤层综采工艺适应性强、产量大，技术已经成熟，可满足煤厚 0.8～1.3 m、煤质中硬以下的缓(倾)斜薄煤层开采，已成为我国薄煤层开采的主要发展方向。

二、薄煤层刨煤机采煤工艺的特点

如图 2-25 所示，刨煤机以专用的刮板输送机为导向，刨头由工作面两端的驱动装置通过刨链沿工作面全长往复运行，刨刀以给定的刨削深度将煤从煤壁刨下，通过刨头的犁形斜面将煤装入刮板输送机，从而实现落煤和装煤。机械化和控制水平较高的刨煤机综采工作面布置如图 2-26 所示。

刨煤机与单体液压支柱配合形成刨煤机普采工艺方式，与自移式液压支架配合形成刨煤机综采工艺方式。刨煤机工作面的装备和装备控制水平不同，技术经济效果差别较大。

国内引进的刨煤机截深可达 300 mm，可刨 $f=4$ 的煤层，刨速最高达 3 m/s，刨链直径 42 mm，最大装机功率 2×400 kW ，刨头质量已由 2 t 增至 5～6 t。与引进的控制系统、刮板输送机和国产的液压支架配套后，由工作面运输巷中的主控台 PROMOS 系统控制和监

图 2-25　刨煤机及主要配套装备

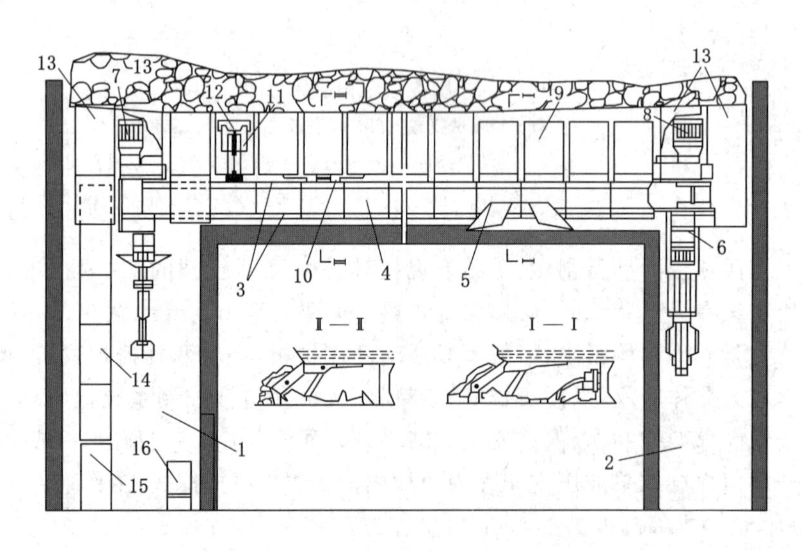

图 2-26　刨煤机综采工作面布置图

1——运输巷；2——轨道巷；3——刨头导轨；4——输送机；5——刨煤机刨头；6——刨头驱动部；7——机头架；8——机尾架；9——电液控制液压支架；10——成组锚固装置；11——调斜装置；12——推移装置；13——端头液压支架；14——转载机；15——胶带输送机；16——移动变电站

测刨煤机、破碎机、转载机和输送机的运行，由安装在液压支架上的 PM4 控制支架的定量推进、降柱、拉架和升柱，从而实现工作面自动控制和无人化开采，在 1.3 m 煤厚的工作面日产煤量可达 6 000 t。

机械化水平高的刨煤机工作面操作简单，作业人员可在巷道中遥控；能充分利用支承压力落煤，能耗较低；较小的截深能使瓦斯均匀释放。

与滚筒采煤机相比，刨煤机对地质条件要求较为苛刻。影响刨煤机使用的主要因素是煤层厚度、硬度、夹矸、倾角和地质构造。国内外刨煤机所采煤层厚度一般大于等于 0.6 m，多在 2 m 以下。国内外一般认为，煤厚小于 1.4 m 时使用刨煤机开采有利，煤厚大于 1.5 m 时使用滚筒采煤机有利。刨煤机工作面的煤层倾角应小于 25°，最好小于 15°，以避免上行刨煤阻力加大，机体稳定性下降；硬煤、特黏性煤，或煤层中夹矸厚度大于 200 mm 的条件下不宜采用刨煤机开采；煤层中硫化铁块度大、含量多，或断层多、落差大的条件下也不宜采用刨煤机开采。

煤层的可刨性研究结果如表 2-1 所列，随着煤层的可刨性变差，刨煤机开采的技术经济效果即随之变差。

表 2-1　　煤层的可刨性分类

分类	说　　明
极易刨	煤层赋存稳定，不粘顶，$f<2$，厚 0.8～1.4 m，无夹矸，节理发育，倾角小于 10°；底板无起伏且中硬以上，直接顶在 2～3 h 内允许裸露 0.3～1.1 m；无断层和涌水影响
易　刨	煤层赋存稳定，有少量粘顶，$f\leqslant 2$，含少量夹矸，夹矸不硬、节理较发育，厚 0.8～1.4 m，倾角小于 10°；底板局部起伏总体变化较小，直接顶较容易维护，周期来压明显；有少量断层影响，有涌水，瓦斯含量高，但不影响正常生产
一　般	煤层赋存较稳定，$2<f<3$，粘顶，含夹矸，倾角小于 15°，倾角和厚度变化较大；底板有起伏，啃底、飘刀现象时有发生，直接顶维护较容易，局部地段需采取防滑措施；受一定数量的断层影响，底板水、瓦斯和煤层自燃现象存在，但不影响正常生产
难　刨	煤层赋存不稳定，倾角大于 20°，倾角和厚度变化大，局部有缺失和尖灭现象，节理不发育，$3<f<4$，含有一定厚度的较硬夹矸或夹矸厚度大；底板起伏且松软，容易啃底、飘刀，直接顶维护困难，需采取防滑措施；断层发育，水和瓦斯涌出量较大，发火期短
极难刨	煤层赋存不稳定，$f>4$，倾角大于 25°，倾角和厚度变化大，节理不发育，含有一定厚度的较硬夹矸或含大量硫化铁结核；底板起伏且松软，极易啃底、飘刀，直接顶维护困难，需采取措施；断层极发育，水和瓦斯涌出量较大，发火期短

三、薄煤层螺旋钻采煤机钻采工艺的特点

1. 螺旋钻采煤机的结构和采煤原理

螺旋钻采煤机结构如图 2-27 所示，主要由液压推进部件、锁紧装置、减速器、电动机、传动部件、支撑液压缸、底托架、滑橇和螺旋钻具等组成。

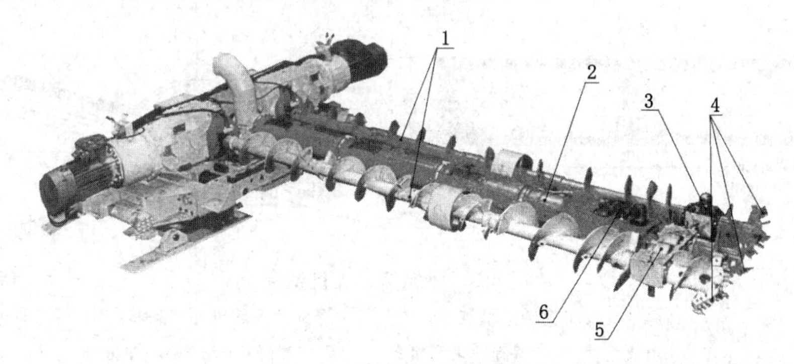

图 2-27　螺旋钻采煤机

1——螺旋钻杆；2——中间通风管；3——轴承座；4——钻头；5——变速器；6——控制箱

螺旋钻采煤机组布置在已开掘的平巷中，其钻头上装有截齿，用螺旋钻头向巷道两侧的煤层钻进，通过不断接长钻杆钻头钻采至一定距离。

螺旋钻机组下面设有滑板，滑板支撑在巷道底板上，钻机、操作台和动力装置连接在一

起，利用滑板沿巷道方向整体移动。定向机构保证钻机的传动架沿着煤层角度进行钻进。钻机组传递扭矩和钻压给钻具，使其从钻采孔里采出煤并完成采煤过程的送钻和退钻。钻杆的安装、拆卸、储存由安装在巷道顶部的单轨吊完成。机组采下来的煤由铺设在巷道里的刮板运输机运出。

螺旋钻采煤法机械化水平高，只在巷道中作业，有效地改善了作业环境，可采出用其他采煤方法难以开采的煤炭资源。这种采煤法采出率较低，多在60%左右，要求巷道净断面大于10 m^2，掘进率高。由于产量较小，多用于衰老矿井中的极薄煤层开采，或在开拓和准备巷道已开掘完毕条件下回收其他采煤方法不能开采的煤层。

我国研制的ZM(450～850)型螺旋钻采煤机技术参数如表2-2所列。

表 2-2　　ZM(450～850)型螺旋钻采煤机技术参数

向上钻进 /m	向下钻进 /m	煤层倾角 /(°)	钻头直径 /mm	钻煤宽度 /mm	功　率 /kW	长×宽×高 /mm	质　量 /t
70～85	35～45	0～±15	450～850	1230～2130	238.5/195/165	14840×3870 ×1880	58/40

2. 螺旋钻采煤机的采煤工艺

钻采巷净宽在4.4 m左右，净高在3.5 m左右，需采用锚网支护，巷内可布置SGW—40T型和SPJ—800型胶带输送机各一部。钻采巷内布置风筒，由通风机压入式通风。

螺旋钻采煤机钻采如图2-28所示。螺旋钻采煤机在钻采巷中先向上山方向钻采，钻头钻速一般为1.0 m/min，采出的煤直接落在刮板输送机上运出。三轴联动钻杆，每节1.54 m，通过单轨吊和钻机配合接长钻杆，达到设计采深或遇断层时退出钻杆，螺旋钻机整体前移，采宽间预留0.5～1.0 m煤柱后开始下一循环钻采。上山方向钻采完后再退回，调头钻采下山方向煤层。

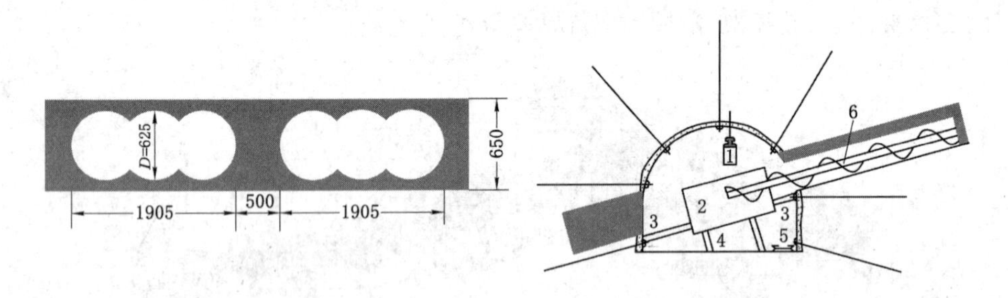

图2-28　螺旋钻采煤机钻采

(a) 螺旋钻采煤机钻采后的煤层形态　(b) 螺旋钻采煤机在回采巷道中

1——单轨吊；2——螺旋钻采煤机；3——固定油缸；4——调斜油缸；5——刮板运输机；6——节式钻杆

钻采巷内一般配备螺旋钻、单轨吊、刮板输送机司机及辅助人员6人。煤层厚度在0.65 m左右时，日产煤量为120 t左右。

第五节　煤层倾角加大后机采工艺的特点

倾角较大的缓(倾)斜煤层和中斜煤层主要采用走向长壁采煤法开采。随着煤层倾角加大,工作面上覆岩层重力沿层面的分量增大,导致采落的煤炭、垮落的矸石以及工作面内其他未固定的物体有沿底板向下滑动的趋势。煤层倾角小于35°时,垮落煤岩块一般能就地堆积。煤层倾角大于35°后垮落煤岩块下滑,这虽有利于工作面自溜运煤,但必须采取措施防止滑滚物体伤人、砸坏设备和冲倒支架。

煤层底板对金属的摩擦因数一般为0.35～0.40,相应的摩擦角为18°～20°。工作面淋水和降尘洒水,使摩擦因数降低,致使煤层倾角在12°时就有可能由于自重而引起工作面设备下滑。在沿层面的重力分量作用下,工作面内的采煤机、刮板输送机和液压支架均有向下滑动趋势,同时液压支架还有倾倒的趋势。煤层倾角越大这种趋势越严重,工作面机械化水平越高长壁工作面受煤层倾角影响越大。通常,煤层倾角大于15°时,液压支架需要采取防倒防滑措施,倾角大于25°时,需要采取防止煤(矸)窜出刮板输送机伤人的措施。

考虑冒落矸石的自然安息角为35°和水平分段放顶煤采煤法在开采55°以上特厚煤层时底板“死三角”丢煤较少,有些文献把35°～55°的煤层限定为大倾角煤层。在这类煤层中开采时,机采工作面装备出现下滑和倾倒的问题特别严重,在选择设备和工艺过程中需要采取特殊措施。

目前,我国已在平均倾角为53°的厚煤层中成功地应用了走向长壁综采放顶煤采煤工艺。其采取的主要措施是把运输平巷和端头几架支架水平布置,以增加下端头支架的稳定性,并通过能满足输送机和采煤机正常运行的一段圆弧与工作面连接。

针对35°～55°的中厚煤层条件,我国研制了综采全套装备,于20世纪末首先应用于四川绿水洞煤矿,获得成功后在全国开始推广,所采取的主要技术措施是采用横向布置的端头支架组,以保证工作面端头顶板和排头支架的稳定性。

一、刮板输送机防滑

1. 输送机下滑产生的影响

刮板输送机下滑使工作面输送机机头与运输平巷转载机机尾不能正常搭接,煤滞留于工作面端头;综采工作面的刮板输送机下滑往往还要牵动液压支架下滑,容易使拉架和推移输送机的千斤顶损坏。

2. 输送机下滑的原因

① 当煤层倾角大于12°～18°时,就有可能因自重而产生下滑。

② 推移不当,次数过多地从工作面上端开始往下推移。

③ 输送机机头与转载机机尾搭接不当,导致输送机底链返向带煤,或者底板没割平或移输送机时过多浮煤和硬矸进入底槽,导致底链与底板摩擦阻力过大,均能引起输送机下窜。

④ 采煤机由下向上割煤的阻力作用于刮板输送机。

多数情况则是上述几种因素综合作用的结果。

3. 防止输送机下滑的措施

① 防止煤、矸进入底槽,以减小底链运行阻力,有条件时采用封底式刮板输送机。

② 工作面适当伪斜(一般 2°～3°),下端运输平巷侧超前,上端回风平巷侧滞后,使输送机推移的上移量和下滑量在一定程度上抵消。伪斜工作面布置的参数如图 2-29 所示。图中,s 为工作面运输巷超前轨道巷的距离,θ 为仰采角。

③ 严格把握推移输送机顺序,尽可能由工作面下端开始自下而上地单向推移输送机。

④ 移输送机时,用单体支柱顶住机头(尾),将先移完的机头(尾)锚固后再继续推移,并在移输送机时不同时松开。

⑤ 煤层倾角大于 18°时,要安装防滑千斤顶,其中一种输送机防滑千斤顶如图 2-30 所示。

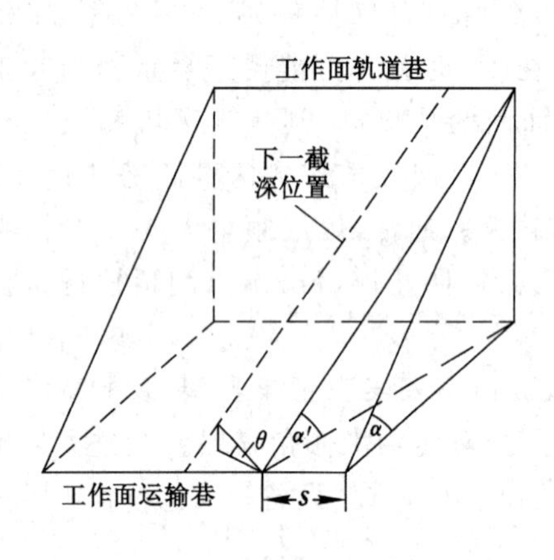

图 2-29　伪斜工作面布置图

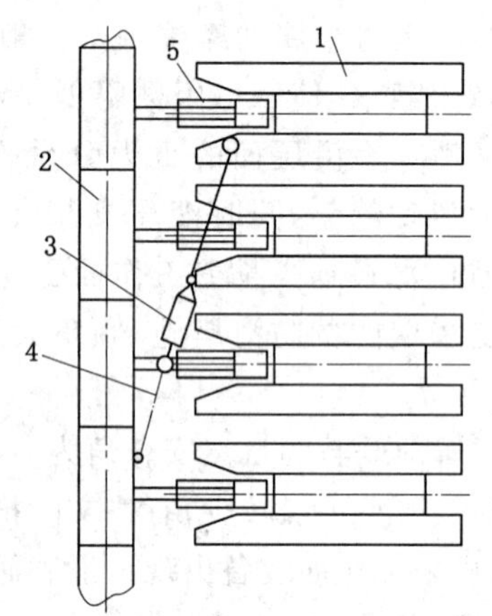

图 2-30　输送机防滑装置

1——底座；2——输送机；3——防滑千斤顶；4——链条；5——推移千斤顶

沿工作面每隔 10～15 m,在刮板输送机机槽与斜上方的液压支架底座之间布置一个防滑千斤顶,推移输送机时千斤顶处于拉紧状态,能使输送机前移却不下滑,移架时防滑千斤顶松开,移架后仍处于拉紧状态。安装专门防滑千斤顶,会增加操作工序、降低移架速度。

二、采煤机防滑

工作面倾角在 15°以上时,采煤机必须有可靠的防滑装置。必要时,有链牵引采煤机可在工作面上端配备防滑辅助牵引安全液压绞车,与采煤机同步牵引。

大倾角煤层工作面应优先选用无链电牵引采煤机并提高装机功率,特别是要提高牵引部功率。这种采煤机装备有可靠的制动器,防滑性能好,应优先选用。大倾角煤层工作面开采时,采煤机上行割煤速度应控制在3 m/min以内,停机时要将上下滚筒放在底板上,以增大防滑阻力;下行割煤时滚筒切入煤壁方可停机。

三、液压支架防滑和防倒

1. 液压支架下滑和倾倒的原因

液压支架的稳定性随煤层倾角加大而降低,出现的问题是——支架自身的重力 G 和顶板岩层作用在支架上的重力 W 沿煤层倾向的分力之和大于支架底座与底板间的摩擦力 F 时,支架便要向下滑动。如图 2-31 所示,以图中 A 点为力矩中心,逆时针方向的力矩大于顺时针方向的力矩时，支架便要倾倒，图中 h 和 h_0 分别为支架重心的高度和支架的高度。如接顶不好，支架在 B 点承受来自顶板的偏心载荷或受采空区大块矸石撞击时，则支架也容易倾倒。

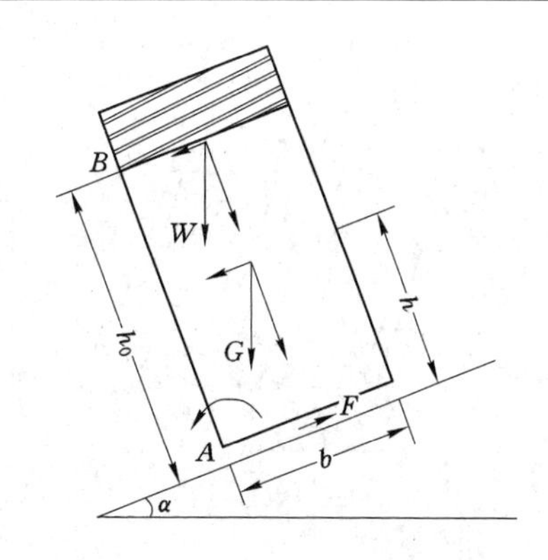

图 2-31　支架侧向稳定性分析

相关研究认为：

① 在自由状态(移架期间)，支架下滑和倾倒与支架的质量无关；

② 支架的高度和宽度与支架下滑无关；

③ 支架的宽高比对支架倾倒影响较大，宽高比越大，支架越不容易倾倒；

④ 初撑和工作状态支架的稳定性优于自由状态。

2. 防止液压支架下滑和倾倒的措施

① 始终由工作面下部向上移架，以防止采空区滚动矸石冲击支架尾部。

② 将推移千斤顶与支架底座的间隙缩至最小，加强输送机管理，严防输送机下滑牵引支架下滑。

③ 采用间隔移架并使支架保持适当迎山角，以抵消顶板下沉时的切向位移量。

④ 确保工作面下端头排头支架的稳定性。如图 2-32 所示，大倾角煤层中通常将工作面下部的 3～5 架排头支架两两彼此用千斤顶相连，构成排头支架组。

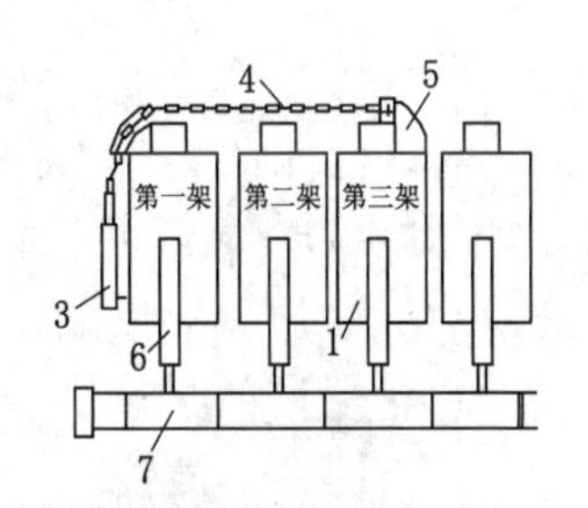

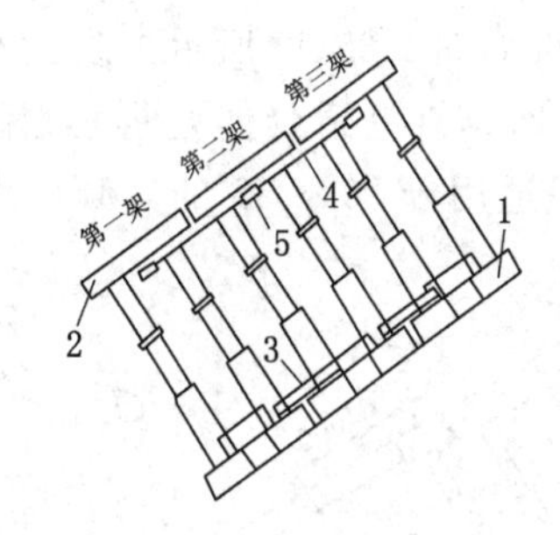

图 2-32　工作面排头支架顶梁和底座连接

1——底座；2——顶梁；3——千斤顶；4——链条；5——连接座；6——推移千斤顶；7——刮板输送机

⑤ 如图 2-33 所示，根据煤层倾角大小，工作面内邻架顶梁间与底座间也可设调梁和调底座的千斤顶。

⑥ 在大倾角煤层中拉架时要控制相邻支架顶梁高差小于顶梁厚度的三分之一，并要满足相邻支架侧护板在移架方向上有不小于 200 mm 的重合量，以防止咬架。

⑦ 带压移架。

⑧ 采用横向布置的端头支架组。如图 2-34 所示，大倾角煤层综采工作面下端头底板存在着难以支护的三角区域，变形破坏的可能性极大。一旦底板出现破坏，势必向上蔓延而造成底板大范围失稳，引起工作面支架下滑和倾倒。下端头设备多，加之浮煤、矸石和积水的影响，往往使支架推移困难。另外，工作面刮板输送机与平巷转载机搭接也

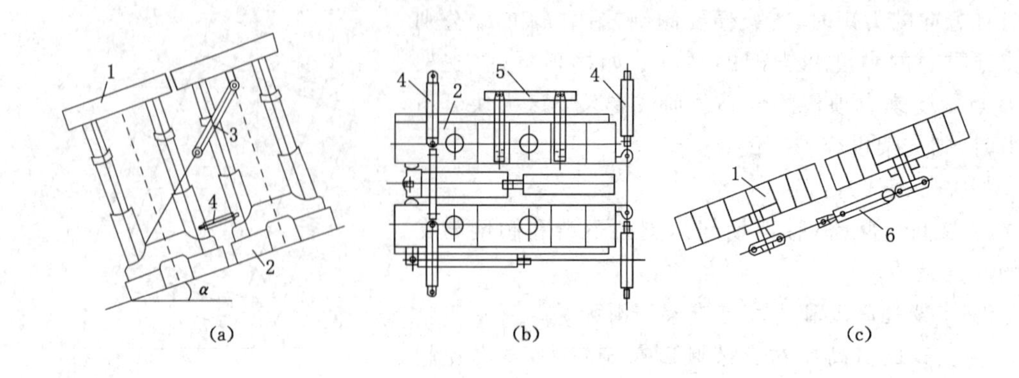

图 2-33　液压支架防倒防滑装置

(a) 顶梁与底座间　(b) 底座间　(c) 顶梁间

1——顶梁；2——底座；3——梁座斜拉千斤顶；

4——底座斜拉千斤顶；5——底座调节梁；6——顶梁斜拉千斤顶

比较困难。

解决端头问题的途径是采用横向布置的端头支架组，以控制端头底板的稳定性并为工作面排头支架提供支撑。

我国绿水洞煤矿采用的端头支架组及与采煤机、刮板输送机、转载机的配合如图 2-35(a)所示，同类型的支架如图 2-35(b)所示。该支架三架一组，单架宽 2 m，在巷道延伸方向上的移架步距为 0.8 m 可适用于 30°～55°的大倾角煤层工作面端头支护。

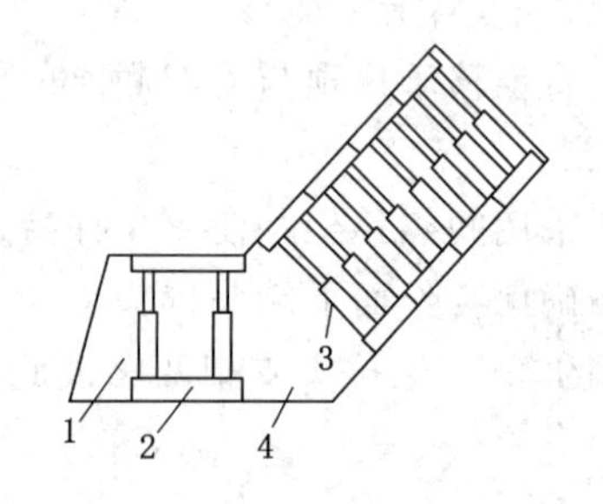

图 2-34　大倾角煤层工作面端头和底板三角区

1——运输平巷；2——工作面端头支架；

3——工作面排头支架；4——端头底板三角区

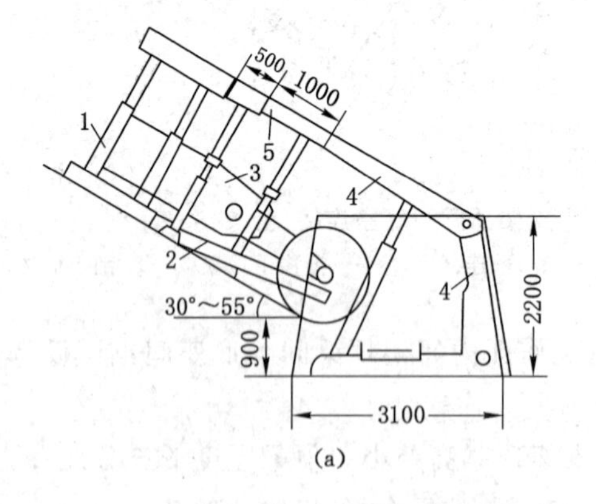

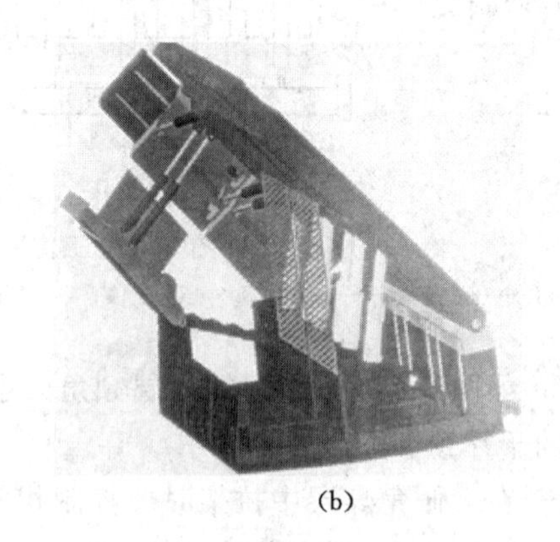

图 2-35　端头支架组及与采煤机、刮板输送机、转载机的配合

(a) 端头支架组及配合　(b) 端头支架组

1——工作面排头支架；2——工作面刮板输送机；3——采煤机；

4——端头支架组巷道部分；5——端头支架组工作面部分

第六节 大采高一次采全厚综采工艺的特点

大采高一次采全厚采煤法，是采用机械一次开采全厚达到和超过 3.5 m 的长壁采煤法。因受工作面装备稳定性限制多用于倾角较小的煤层，因受采高限制一般采用综采工艺。

大采高综采工作面一般装备成套设备，其特征是大功率采煤机、强力双中链刮板输送机和双伸缩立柱掩护式液压支架配套。

2006 年以来，我国晋城寺河煤矿开采倾角 1°～10°、采高 6.0 m 的厚煤层。其配套装备有——SL—500 电牵引采煤机，最大采高 6.2 m，截深 0.865 m，牵引速度 0～31.8 m/min；两柱支撑掩护式支架，其支撑高度为 2.8～6.2 m，架中心距 1.756 m，工作阻力 9 400 kN，支护强度为 1.08～1.11 MPa；封底式双中链刮板输送机，中部槽长 1.75 m，电机功率为 1 400 kW，运输能力为 2 500 t/h。

2012 年以来，我国神东大柳塔煤矿开采倾角 1°～3°、平均厚度为 6.94 m 的厚煤层。其配套装备有——7LS8 电牵引采煤机，最大采高 7.0 m，截深 0.865 m，牵引速度 0～25 m/min；ZY16800/32/70D 掩护式液压支架，支撑高度为 3.2～7.0 m，架中心距 2.05 m，工作阻力为 16 800 kN；中双链刮板输送机，中部槽长 2.05 m，电机功率为 4 800 kW，运输能力为 6 000 t/h。

2018 年 3 月，世界首个 8.8 m 超大采高智能综采工作面在神东上湾煤矿试生产，该工作面长 299 m，设计连续推进长度 5 254 m，采高 8.6 m。其配套装备有：MG1100/2925—WD 型交流电牵引采煤机，质量约 220 t，滚筒直径 4 300 mm；ZY26000/40/88D 型电液控制两柱掩护式液压支架，支架中心距 2.4 m，支护强度 1.71～1.83 MPa，质量约 100 t；SGZ1388/4800 型刮板输送机。工作面年生产能力在 16 Mt 以上。

一、大采高综采工作面矿压显现特点

大采高综采长壁工作面开采后，垮落带高度随采高增大而增加。如垮落的直接顶岩层不能填满采空区而在坚硬岩层下方出现较大的自由空间，折断后的基本顶岩层往往在靠直接顶附近难以形成“砌体梁”式平衡，在其回转运动过程中往往对下位岩层和工作面支架形成冲击载荷和在工作面前方煤体中形成较高的支承压力，同时在工作面引起强烈的周期来压。因此，大采高工作面基本顶来压更为剧烈，局部冒顶和煤壁片帮现象更为严重，煤壁片帮范围随采高增大而增加。因此，大采高工作面支架工作阻力一般均比较高。

二、大采高综采工作面采煤工艺的特点

大采高综采工作面采煤工艺过程与一般综采基本相同，但由于设备高度大、煤壁易片帮，与一般综采相比其采煤工艺有以下特点。

1. 控制初采高度

为了有利于在开切眼中进行大采高液压支架、采煤机、输送机等设备安装，开切眼的高度一般不宜超过 3.5 m，初采高度与开切眼高度一致。自开切眼开始，工作面保持初采高度推进，待直接顶初次垮落后，将采高逐渐加大至正常采高。在工作面和回采巷道均沿煤层底板布置、回采巷道高度小于工作面设计采高的情况下，一般通过工作面两端的 5～6 架支架，由巷道高度向设计采高平缓过渡。为使采空区顶板尽快垮落，根据顶板条件，在开切眼内可

采用退锚杆和退锚索的措施，必要时也可以采用爆破措施。

2. 防止煤壁片帮

工作面容易出现煤壁大面积片帮，片帮后端面距加大，顶板失去煤壁支撑，常造成冒顶事故。

防止煤壁片帮和架前漏顶是大采高工作面采煤的关键技术，其措施如下：

① 采煤机割煤后及时擦顶带压移架并立即打开护帮板，必要时将第一段护帮板用千斤顶使其向上翻转，临时支护顶板以减小端面距，并以第二段护帮板支撑煤壁，在采煤机通过前收起。

② 加快工作面推进速度。

③ 用木锚杆或快硬膨胀水泥尼龙绳锚杆或树脂可切割锚杆加固煤壁。

④ 用聚氨酯或其他化学树脂固结煤壁，增加煤体强度。

⑤ 在开采部署允许条件下采用俯采方式。

⑥ 提高液压支架的初撑力和工作阻力，以改善近煤壁处围岩的应力状态，减小端面顶板的下沉量和减轻煤壁片帮程度。

3. 液压支架防倒、防滑

大采高综采工作面的装备质量大，工作面倾角稍大时输送机和液压支架的下滑及支架倾倒问题将很突出。要满足大采高综采工作面对煤层倾角的要求，为增加支架的稳定性，有条件时可以选择宽度为 1.75 m、2.05 m 或 2.4 m 的支架。在开采过程中除了要采用普通综采工作面一般的防倒、防滑措施外，大采高综采工作面还应采取以下措施：

① 严格控制采高，尽量做到不留顶煤，使支架直接支撑顶板。当顶板出现冒顶时，应及时在支架顶部用木料接顶、背严刹紧，以有效地控制顶板。

② 对工作面排头、排尾的三架液压支架，用顶梁千斤顶、底座和后座千斤顶进行锚固，防止倒架。当工作面倾角较大时，中部支架也要增设防倒千斤顶，当工作面倾角大于 10°时，可在每 10 架液压支架范围增设一个斜拉防倒千斤顶。

③ 工作面端头应采用专用的端头支架，其应具有防倒防滑装置，并能够实现自移、推移输送机机头和转载机的功能，能与平巷的断面形状和支护形式相适应。

三、大采高一次采全厚综采的评价和适用条件

1. 大采高一次采全厚综采的评价

与分层综采相比，大采高综采工作面产量和效率大幅度提高；回采巷道的掘进率明显降低并减少了假顶铺设；减少综采设备搬迁次数，节省了搬迁费用；设备投资比分层综采大，但产量大、效益高。与综放开采相比，大采高综采工作面采出率高。其缺点是在采高增加后，液压支架、采煤机和输送机的质量都将增大。在传统的矿井辅助运输条件下，装备搬迁和安装均比较困难。另外，工艺实施过程中防治煤壁片帮，设备防倒、防滑和处理冒顶都有一定难度，对管理水平要求也高。

2. 大采高一次采全厚综采的适用条件

一般适用于地质构造简单、煤质较硬、煤层厚 3.5～8.6 m、赋存稳定、埋深不大、倾角一般小于 12°(最大不超过 20°)、顶底板稳定或较稳定的厚煤层。

复习思考题

1. 简述炮采工作面的装备、工艺过程、工艺特点和适用条件。
2. 简述普采工作面单滚筒采煤机单向割煤和双向割煤的工艺过程。
3. 简述普采和炮采工作面的支架布置方式、顶梁长度与采煤机截深或工作面进度的关系。
4. 绘图并用文字说明双滚筒采煤机在长壁工作面端部和中部斜切进刀的过程和特点。
5. 简述煤层倾角加大后采煤工艺的特点和设备防倒防滑措施。

第三章　长壁工作面的工艺参数、管理和设计

采煤工作面的工艺设计，是指根据煤层地质条件、矿井生产系统能力和技术管理水平，合理选择采煤工艺参数和设备并编制采煤工作面的作业规程。

第一节　采煤工作面的主要技术参数

一、采煤工作面长度

合理的工作面长度是实现安全高效采煤的重要条件。在一定范围加长工作面长度，有利于提高产量、效率和效益，并能降低巷道掘进率、相对减少工作面搬家次数和回采巷道间的煤柱损失。但是，工作面长度亦受设备、煤层地质条件和瓦斯涌出量等因素约束；同时，工作面长度增大，生产技术管理的难度也增大。因此，采煤工作面超过一定长度范围，其单产、效率和安全生产条件等都会下降或变化。

1. 影响工作面长度的因素

① 地质因素——煤层地质条件是影响工作面长度的重要因素。为了减少工作面开采困难，采区、盘区或带区内划分工作面时，对于已知的落差大于采高的断层、较大的褶曲、陷落柱、煤层厚度和倾角急剧变化带、火成岩侵入区，一般以这些地质条件作为工作面上下或左右边界。这些条件在设计时即限制了工作面长度。

小的地质构造往往在开掘回采巷道或在工作面开采时才会知道，它们常使割煤、运煤和支护产生困难。工作面越长，遇小构造的可能性越大，因此在地质构造复杂区域开采，工作面设计长度不宜太长。

普采或炮采工作面支护操作的难度随采高加大而增加；薄煤层工作面运料、行人、操作均很困难；煤层倾角较大时煤矸滚动造成的不安全因素增多，行人亦困难；顶板过于破碎或过于坚硬，均会使顶板管理趋于复杂。上述这些条件下工作面设计长度均不宜太长。

瓦斯涌出量亦会限制工作面长度。在低瓦斯矿井，工作面长度不受通风能力限制。在高瓦斯矿井，工作面的通风能力则是限制工作面长度的重要因素。工作面的实际风速应小于工作面允许的最大风速，工作面需要的风量应按产量进行配置。风流通过的最小断面由最小控顶距和采高决定，按通风能力允许的工作面长度（L）如式（3-1）计算：

$$L=\frac{60v\cdot M\cdot S\cdot C_{\mathrm{f}}}{q_{\mathrm{b}}\cdot B\cdot P\cdot N} \tag{3-1}$$

式中　v——工作面允许的最大风速，取值 4 m/s；

M——采高，m；

S——工作面最小控顶距，m；

C_{f}——风流收缩系数，一般取 0.9～0.95；

q_{b}——昼夜产煤 1 t 所需风量，$\mathrm{m}^3/\mathrm{min}$；

B——炮采工作面落煤一次的进度或普采和综采工作面的截深，m；

P——煤层产出率，即单位面积的出煤量，$P=M\rho C$，t/m^2；

ρ——煤的体积质量，t/m^3；

C——工作面采出率；

N——炮采工作面的昼夜落煤次数或普采和综采工作面的昼夜割煤刀数。

② 阶段斜长——井田划分阶段后，阶段斜长即已确定。走向长壁工作面在阶段内的数目和长度受阶段斜长限制，其数目只能是整数，倾斜长壁工作面长度可以不受阶段斜长限制。

③ 工作面效率——工作面一部分生产人员的工种与工作面长度没有明显关系，如采煤机司机、刮板输送机司机、泵站司机等；采煤机进刀的时间和进刀的长度是一定的，也与工作面长度无关。

加大工作面长度可以减少与工作面长度无关工种人员所占的比例、提高工作面效率，相对减少每班的进刀次数和进刀占用时间、增加纯割煤时间，有利于增加工作面的产量和效率。

④ 安全——我国开采的多数煤层特别是厚煤层，均有自然发火倾向，加快工作面推进速度，保证工作面有足够的月推进度，是防止采空区自然发火的有效措施。另外，长壁工作面矿山压力显现随工作面推进速度加快而趋于缓和。显然，工作面推进速度必然会随工作面长度加大而降低，从防止采空区自然发火和减缓工作面矿压显现方面考虑，工作面长度加大到一定范围后不宜再加长。

2. *长壁工作面长度*

工作面长度，特别是综采面长度的确定原则是——平均日产量最高，吨煤费用较低，有合理的推进速度，刮板输送机的铺设长度能满足要求，避免较大的地质构造影响。

根据技术分析和目前我国煤矿实践经验，在不受地质构造影响的条件下，缓(倾)斜厚及中厚煤层综采工作面长度不应小于 200 m，薄煤层综采工作面长度不应小于 100 m；普采工作面长度在中厚煤层中不应小于 160 m；炮采工作面长度可取值 80～120 m。

随工作面装备水平和管理水平的提高，国内外长壁工作面长度有逐渐加大趋势。2005 年以来，我国神东矿区榆家梁矿最长的工作面长度达 360 m。2018 年前后，国有重点煤矿正规综采工作面长度多在 240～350 m 范围内，最长的达 450 m。美国长壁工作面的平均长度在 1980 年为 151 m，1991 年为 218 m，1996 年为 251 m；最长的工作面长 335 m。2008 年前后，国外最长的工作面已达 450 m。

二、采煤工作面连续推进长度

采煤工作面推进长度受地质构造限制更大。不受地质条件限制时工作面合理的推进长度应从两方面考虑：工作面主要装备在不大修前提下保证正常生产所能承受的过煤能力；与工作面连续推进长度相匹配的准备方式、回采巷道掘进通风能力、运输巷中的运煤方式、工作面供电方式等。这方面的内容详见准备巷道布置和分析。

综采工作面的主要装备一般一年大修一次，近水平及缓(倾)斜煤层，不受断层等构造限制时，工作面的连续推进长度不宜少于一年的推进长度。

综采工作面合理的推进长度应以综采设备大修周期为基础，国产装备一般一个工作面的回采煤量控制在 60 万～125 万 t，大功率综采设备控制在 600 万 t 以上，采完这些煤量后装备升井大修，从而减少井下更换设备大件对生产的影响。工作面连续推进长度过小，工作面搬家频繁，设备能力特别是大功率综采设备的能力难以充分发挥，影响工作面经济效益。

2018 年前后，国有重点煤矿正规综采工作面连续推进长度多在 2 000～6 000 m 范围内。

1997 年，美国二十英里矿综采工作面连续推进长度达 5 280 m，工作面长为 250 m。2000 年以来，我国神东矿区一些矿井的工作面连续推进长度已达 6 280 m。

三、采煤机的截深

滚筒采煤机的截深有 0.5 m、0.6 m、0.8 m、1.0 m 和 1.2 m 几种，常用的有 0.6 m、0.8 m 和 1.0 m。

采煤机截深应根据工作面围岩条件、采高、支架形式、采煤机和输送机的能力等因素合理确定。

普采工作面应考虑截深与顶梁长度和支柱排距相配合。在顶板完整、采高不大的工作面，可用较大的截深(0.8 m 或 1.0 m)，顶梁长度和支柱排距应等于截深。顶板破碎、采高较大的工作面，可用 0.5～0.6 m 的截深，这时梁长为截深的两倍，视顶板条件可采用错梁或齐梁支护方式。

选择截深还应考虑煤层的硬度、节理、夹矸情况以及支承压力压酥煤体的宽度。支承压力削弱煤体强度的范围是有限的，因此截深过大可使采煤机功率急剧增加，并使装煤效果降低。

截深的选择有两种做法——一种做法是加大截深至 0.8～1.0 m，个别甚至加大至 1.2 m。在顶板条件比较好、采高小、地质构造简单、煤质松软的工作面，加大截深是提高工作面单产的一种途径。特别是在受地质条件限制、工作面长度较短的情况下，为了充分发挥机组的效能可适当加大截深。在煤层厚度较大但使用单滚筒采煤机、采用顶底刀截割方式时，把缩小滚筒直径和加大截深配合起来亦能收到满意效果。加大截深的优越性，在于增加每刀进度和产量，在不降低采煤机实际牵引速度情况下能缩短采煤机日运行时间，从而相应地减少辅助工作量。但截深过大会降低装煤效果、不利于控顶，且在煤硬时增加采煤机负荷，进刀较困难，同时亦会增加一次进刀的缺口工作量。另一种做法是减小截深。在顶板不稳定情况下，采用缩小截深、加大滚筒直径、实行浅截快跑作业，能充分利用矿压破煤，也是提高工作面单产的有效措施。

我国机采工作面采煤机截深最大为 1 m，一般为 0.6 m，也有的为 0.5～0.55 m。

在条件许可情况下适当加大截深，是今后发展的趋势。1995 年美国长壁工作面采煤机的最大截深为 1.4 m。

四、机采工作面的开机率

采煤机开机率，是指采煤机运转时间占每日 24 小时或采煤班作业时间的百分比。采煤机开机率综合反映工作面地质条件、工作面装备的可靠性、管理水平、矿井各生产系统的可靠性。

机采工作面的日开机率用式(3-2)表示：

$$K_r = \frac{t_1 + t_2 + t_3}{T_r \times 60} \times 100\% \tag{3-2}$$

式中 K_r——机采工作面日开机率，%；

t_1——采煤机纯割煤时间，min；

t_2——采煤机跑空刀时间，min；

t_3——采煤机进刀时间，min；

T_r——每天工作时间，24 h。

机采工作面采煤班开机率用式(3-3)表示：

$$K_b = \frac{t_1 + t_2 + t_3}{T_b \times 60} \times 100\% \tag{3-3}$$

式中　K_b——机采工作面采煤班开机率，%；

T_b——采煤班工作时数，h。

2010 年前后我国安全高效矿井采煤班开机率多在 70%以上，有的可达 92.6%。

提高采煤机开机率有以下两种途径：① 从工作面内部考虑，提高工作面装备的可靠性，能力、容量、速度等技术参数要有足够的富余系数；提高工作面的检修速度和质量；减少路途时间损失，缩短交接班时间，增加采煤机作业时间；缩短工作面端头作业时间；合理安排工种、工序，加强班组协作。② 从工作面外部考虑，提高采区、盘区或带区及全矿生产系统的可靠性，降低运输、通风、供电、排水、提升等生产系统的故障率；同时提高人员的素质和技术水平。

五、采煤工作面的生产能力

采煤工作面的生产能力，是指采煤工作面单位时间内生产煤炭的能力，时间单位可用日、月或年。

1. 炮采工作面的生产能力

炮采工作面日生产能力(Q_r)用式(3-4)表示：

$$Q_r = N \cdot L \cdot M \cdot B \cdot \rho \cdot C \tag{3-4}$$

式中　N——昼夜落煤次数，次；

L——工作面长度，m；

M——采高，m；

B——落煤一次的进度，m；

ρ——煤的体积质量，t/m^3；

C——工作面采出率，%。

2. 机采工作面的生产能力

单滚筒采煤机双向割煤，双滚筒采煤机单向割煤，往返一次割一刀煤的时间(T_c)如下：

$$T_c = (L - l)\left(\frac{1}{v_c} + \frac{1}{v_k}\right) + t_3 \tag{3-5}$$

采煤机双向割煤，往返一次割两刀，割一刀煤的时间(T_c)为：

$$T_c = (L - l)\left(\frac{1}{v_c}\right) + t_3 \tag{3-6}$$

式中　L——工作面长度，m；

l——工作面斜切进刀段长度，m；

v_c——采煤机割煤时的牵引速度，m/min；

v_k——双滚筒采煤机空牵引、清理浮煤或单滚筒采煤机返回割煤时的牵引速度，m/min；

t_3——采煤机进刀时间，min。

机采工作面采煤班割煤刀数(N_b)用式(3-7)表示：

$$N_b = \frac{T_b \times 60 - t_j}{T_c} \times K_1 \tag{3-7}$$

机采工作面昼夜割煤刀数(N_r)用式(3-8)表示：

$$N_r = \frac{24 \times 60 - t_z - n \times t_j}{T_c} \times K_1 \tag{3-8}$$

式中　t_j——交接班时间，min；

t_z——日准备时间，min；

n——日采煤班数；

K_1——采煤班割煤时间利用率，%。

则机采工作面日生产能力(Q_r)用式(3-9)表示：

$$Q_r = N_r \cdot L \cdot M \cdot B \cdot \rho \cdot C \tag{3-9}$$

式中　L——工作面长度，m；

M——采高，m；

B——普采和综采工作面截深，m；

ρ——煤的体积质量，t/m^3；

C——工作面采出率，%。

六、采煤工作面的采出率

工作面落煤损失，主要包括——未采出的工作面顶板方向的煤皮，遗留在底板上的浮煤，炮采工作面崩向采空区的煤和运输过程中泼洒的煤，放顶煤工作面端头和开切眼处未放落的顶煤，终采线处顶煤或底煤损失，以及采放的工艺损失。

工作面采出率计算用式(3-10)表示：

$$工作面采出率 = \frac{工作面实际采出煤量}{工作面实际储量} \times 100\% \tag{3-10}$$

《煤炭工业矿井设计规范》对工作面采出率的规定如下：厚煤层不低于93%，中厚煤层不低于95%，薄煤层不低于97%。

第二节　采煤工作面的循环作业

一、循环作业方式

1. *循环方式*

采煤工作面周而复始地完成破煤、装煤、运煤、支护和处理采空区等工序的过程，称为采煤循环作业。一般而言，炮采和普采工作面完成一个采煤循环的标志是回柱放顶，普通综采工作面完成一个采煤循环的标志是移架，而综放工作面完成采、放全部工序才算完成一个采煤循环。

完成一个循环作业后采煤工作面推进的距离，称为循环进度。采煤工作面一昼夜完成的循环数，称为循环方式。按循环方式不同，采煤工作面一昼夜内可以完成的循环方式有单循环和多循环两种。

在采煤工作面推进过程中，要求各作业班都要完成正规循环。正规循环，是指在规定的时间内保质保量地完成循环作业图中规定任务的循环。正规循环作业是工作面合理的生产组织形式，是提高单产和获得良好技术经济效果的一项重要措施。机采工作面应积极组织多循环作业，第一班末工作面未采完是允许的，但末一班必须把工作面做整齐。

正规循环率可用式(3-11)表示，一般要求大于80%。

$$正规循环率=\frac{月实际完成循环数}{月计划循环数}\times 100\% \tag{3-11}$$

2. 作业方式

采煤工作面必须定时专门检修设备，机械化装备水平越高对检修的要求越高。有些普采和炮采工作面需要专门安排人员处理采空区、完成回柱放顶工序。此外，在两巷中还要不断地超前工作面加强支护，缩短运输巷中的输送机，这些工作称为工作面准备工作。

作业方式，是指采煤工作面一昼夜内采煤班和准备班的配合方式。我国煤矿采煤工作面主要采用过的作业方式如表3-1所列。

表3-1　　我国煤矿采煤工作面采用过的作业方式

作业方式	工作制度
两采一准	三八制
三采三准(三班采煤，采准平行)	
两班半采煤，半班准备	
三采一准	四六制

《煤炭工业矿井设计规范》规定：井下应按四六制、地面应按三八制工作制度作业。

3. 炮采和普采工作面的循环作业

采用“三、五排”控顶时，炮采和普采工作面多采用两采一准作业方式：两班采煤，一班准备。在采煤班内，炮采工作面由人工完成落煤和装煤工序，普采工作面由采煤机完成落煤和装煤工序，两种工艺的工作面都要完成挂梁和支柱工序，每班支一排支柱；准备班回两排柱，检修设备并在两巷内超前支护，工作面形成单循环。循环进度即两个采煤班的工作面进度。

采用“三、四排”控顶时，炮采和普采工作面多采用三采三准作业方式，每个班都要落煤、装煤、挂梁、支柱、回柱放顶、检修设备和在两巷内超前支护，工作面形成多循环。循环进度即各采煤班的工作面进度，普采工作面则为采煤班进刀数与截深的乘积。

两采一准作业方式有专门的准备时间，由专人回柱放顶处理采空区，设备检修时间充裕，但出煤时间少，影响工作面单产的进一步提高。

三采三准作业方式要求每班既要采煤也要回柱放顶，每日可完成多个循环，出煤时间长，可充分利用工时和回采空间、提高设备利用率、缩短循环时间和工作面支柱的承压时间，有利于加快工作面的推进速度，但准备时间少，设备维修的时间亦少。

在顶板较稳定、回柱后即能冒落、支架布置比较简单、放顶工作量不十分大的工作面，确实能够在生产间隙中进行设备检修和定期强制检修，在矿井工作制度允许时可采用三采三准作业方式。目前不少高产队均采用这种方式。

在处理采空区工作量较小的情况下，回柱放顶工序也可安排在半个班内进行，从而产生了两班半采煤、半班准备的作业方式。

4. 综采工作面的循环作业

在采用三八制的综采工作面，其作业方式分为两采一准和两班半采煤、半班准备。在采用四六制的综采工作面，其作业方式就是三采一准。从目前大多数综采工作面来看，四六制，三班采煤、一班准备的形式是较合适的。考虑煤矿工作条件的特点，为减轻工人体力劳动、提高效率，应向每班纯工作 6 h 的四六制过渡。

二、工序安排

炮采工作面有落煤、装煤、挂梁、移输送机、支柱、回柱放顶等主要工序；普采工作面的主要工序可简化为割煤、挂梁、移输送机、支柱、回柱放顶；而综采工作面的主要工序已简化为割煤、移架和移输送机。这些工序在时间和空间上有一定顺序，并对采场围岩控制产生不同程度的影响。

1. 炮采和普采工作面的工序安排

破煤使煤体脱离煤壁，顶板失去一部分支撑，无支护空间的面积扩大。爆破落煤时会引起顶板下沉速度突然增大，其波及范围在爆破处上、下方各为 15～17 m，剧烈影响范围分别在上、下方 5～7 m。采煤机割煤时，其附近顶板剧烈运动并急剧下沉，其影响范围一般约为 25 m，采煤机前 10 m 左右、后 15 m 左右。同样，回撤工作面靠采空区一侧的支架时会使直接顶板的支撑点前移，从而导致顶板下沉急剧增加。周期来压时，由于基本顶周期折断垮落的影响，无论采煤、回柱放顶在工作面的任何部位进行，都要受到强烈影响。采煤和回柱放顶两工序如平行作业，特别是在同一位置平行作业，都可能对采场围岩控制产生不利影响，甚至出现冒顶事故。因此，采煤工作面应合理安排工序，尽量把对顶板影响较大的工序在时间上和空间上错开。

炮采工作面回柱放顶与爆破落煤对顶板下沉影响较大。一般情况下，回完柱后再爆破可以缩小控顶距离，还可以使已回出的支柱少受一次爆破引起的顶板压力影响。爆破滞后回柱的距离一般应大于 30 m。生产班中回柱或爆破时必须在支护(柱)完成和完好的条件下进行，一般应在该回柱或该爆破地点上下 30 m 范围将支柱支齐、支好并要达到规定的初撑力要求。

沿工作面方向，采煤机割煤和回柱放顶工序在空间上一般要错开 30 m，在时间上回柱放顶要超前割煤，这样就会使采煤机处于最小控顶距情况下割煤，以相对减少采煤机割煤时对顶板的影响。由于回柱在前、割煤在后，采煤机割煤后追机挂梁，因而使用回出的支柱和顶梁更加方便。

普采工作面的工序安排随割煤和支护方式不同而异。例如，采用单滚筒采煤机双向割煤，往返一次进两刀，工作面支架采用齐梁直线柱布置方式，其工序安排如下：当采高大于滚筒直径且粘顶煤不易落时，沿底割煤⟶处理粘顶煤⟶挂梁⟶移输送机⟶支柱⟶回柱放顶⟶设备检修。

如采用单滚筒采煤机往返一次进一刀，支架采用错梁直线柱布置方式，其工序安排如下：上行沿顶割煤⟶间隔挂梁⟶下行沿底割煤⟶间隔支柱。

由此，工序安排的程序如下：

① 割煤在前、挂梁在后，为防止割煤飞出煤块伤人，一般挂梁滞后采煤机割煤 5～15 m；

② 移输送机，其滞后采煤机的距离一般在 15～20 m 范围；

③ 支柱与移输送机之间的距离应根据顶板情况决定，一般支柱滞后移输送机最远不得超过 15 m；

④ 回柱放顶滞后支柱的距离不小于 15 m，一般为 20～30 m。

在顶板破碎、遇地质构造或煤壁严重片帮情况下，应根据具体情况采取措施，可提前预掏梁窝、挂梁或打贴煤帮临时支柱等。

2. *综采工作面的工序安排*

应以采煤机割煤为中心统一安排各工序，做到采煤机割煤、移输送机、移架三项工序的合理配合。

根据工作面顶板岩性和瓦斯涌出不同而选用及时支护或滞后支护的液压支架，国内多用及时支护的液压支架。

及时支护方式的采煤工艺过程如下：割煤──→移架──→移输送机。根据顶板情况，一般割煤后滞后采煤机 2～3 架支架移架，滞后移架 10～15 m 推移刮板输送机，顶板破碎时可跟机移架至采煤机的后滚筒。这种方式要求支架前柱与输送机的电缆托架间富余一个截深，宜在顶板破碎和易冒落、瓦斯涌出量大的煤层中使用。在采高和采深均较大、煤壁片帮比较严重的煤层中，有时要采取超前支护方式，即当煤壁刚发生片帮，不等采煤机割煤支架就利用前柱与输送机间的富余量向前挪移。其采煤工艺过程为移架──→割煤──→移输送机，此时应特别注意保持采煤机滚筒与支架顶梁或前探梁间的距离。

滞后支护方式的采煤工艺过程如下：割煤──→移输送机──→移架。这种方式宜在顶板较坚硬和不易冒落、瓦斯涌出量小的煤层中使用。为防止出现冒顶，滞后距离也不应过大，一般移输送机滞后采煤机不大于 15 m，移架滞后不大于 20 m。

三、劳动组织

劳动组织，是指正规循环中生产人员的组织形式和劳动定员。劳动组织与采煤工艺、作业形式、工序安排等有密切关系，合理的劳动组织应有利于完成正规循环作业，提高产量和效率。

1. *工种分类*

长壁工作面生产人员按工种不同可分为专业工种和综合工种。专业工种，一般要完成技术含量相对较高或有特殊要求或对安全生产影响较大的工作，一般占用人员虽不多，但要经过较长时间的专门培训，如采煤机司机、机电设备维修工、炮采工作面爆破工等。有时炮采和普采工作面内的回柱放顶工作也由专业工种完成。显然，分工过细会使生产人员的劳动量不均衡。综合工种一般要完成采煤工作面占用人员较多、劳动量较大、时间较长而工序不同的工作，如炮采工作面的装煤、挂梁、支柱等工作，综采工作面的移架和推移输送机等工作。

2. *劳动组织形式*

长壁工作面按工种不同，劳动组织形式一般有以下几种。

① 分段作业——是指把工作面全长分为若干段，把综合工种的工人分成若干组，每组负责一段内的综合工作。如普采工作面采用三采三准作业方式时，各段内的工人要完成挂梁、移输送机、支柱、回柱、放顶等工作。

② 追机作业——工作面生产人员按专业分组，炮采工作面各专业组沿工作面全长作业，如爆破工、挂梁支柱工、推移输送机工，往往由工作面一端工作到另一端；普采和综采工作面跟随采煤机作业，如采煤机司机、挂梁支柱工、推移输送机工等。

③ 分段追机作业——这种作业方式是上述两种作业方式的组合，将工作面划分为若干

段，将工人划分为若干组，每组负责一段内的综合工作；各组则轮流接力追机。这种形式可充分利用工时，也可减轻劳动强度，适用于较长的普采工作面或综采工作面。我国一些安全高效工作面多采用这种劳动组织形式。

四、正规循环作业图表

采煤工作面的循环方式、作业形式、工序安排和劳动组织，最终要由循环作业图表体现出来，包括循环作业图、劳动组织表、技术经济指标表、设备配备表、工作面布置图。

正规循环作业图，规定了各作业班的任务和完成任务的时间。它以工作面长度为纵坐标，以一昼夜的时间为横坐标，以不同的线条表示工作面各工序在时间和空间上的关系。

劳动组织表，反映作业班工人出勤人数、出勤时间和工种。技术经济指标表，反映工作面的地质技术条件和技术经济效果，内容有工作面长度、采高、煤层倾角、储量、可采期、进度、循环数、产量、工效、材料消耗、成本、含矸率等。设备配备表，则反映采煤工作面主要装备及为其服务的两巷装备技术参数。

五、采煤工作面作业规程的编制

采煤工作面作业规程，是指挥和组织工作面生产的技术文件，每个工作面开采前必须编制作业规程，并要执行严格的审批制度和执行程序。

1. 作业规程的内容

作业规程，是指某一具体工作面的采煤工艺设计。它规定了该工作面生产全过程的工艺、组织和措施，反映采煤工作面各项工序的安排和配合及其技术经济效果，是采区生产技术工作的一个基本文件。

采煤工作面作业规程应详细说明工作面的工艺设计，一般需包括下列内容：

① 概况——工作面位置及与井上下的关系、煤层、煤层顶底板、地质构造、水文地质、影响采煤的其他因素、储量和服务年限。

② 采煤方法——巷道布置、采煤工艺、设备配置。

③ 顶板控制——支护设计、工作面顶板控制、运输巷、回风巷及端头顶板控制、矿压观测。

④ 生产系统——运输、“一通三防”及安全监控、排水、供电、通信照明系统。

⑤ 劳动组织及主要技术经济指标——劳动组织、作业循环、主要技术经济指标。

⑥ 煤质管理——煤质指标和提高煤质的措施。

⑦ 安全技术措施——一般规定，顶板、防治水、爆破、“一通三防”及安全监控、运输、机电、其他措施。

⑧ 灾害应急措施和避灾路线。

2. 作业规程的审批和执行

工作面作业规程编制完成后，通常由采煤的主要技术负责人召集地测、机电、安全等部门对规程会审，提出意见或建议后由编制者修改，然后提交矿总工程师审批。经审查批复后，与该工作面生产有关的全体人员要学习和贯彻，自工作面投产起技术、机电、安全等部门均应严格按作业规程规定管理，生产人员必须严格执行作业规程中的有关规定。情况发生变化时，必须及时修改作业规程或补充安全措施。

第三节　综采工作面的主要设备配套

综采工作面的采煤机、刮板输送机和自移式液压支架在几何尺寸、生产能力和服务时间方面应合理配套，液压支架的架型、支护强度应与顶底板条件和采高相适应。这些是实现工作面安全高效采煤的前提。

一、综采设备的几何尺寸配套

主要装备要在工作面狭小的空间内正常运转，应做到互不影响，互为依存。

1. 采煤机的最大采高和卧底量要求

采煤机的纵向几何尺寸如图 3-1 所示，采用不同高度的底托架，采煤机有不同的机面高度，以适应不同的采高范围。

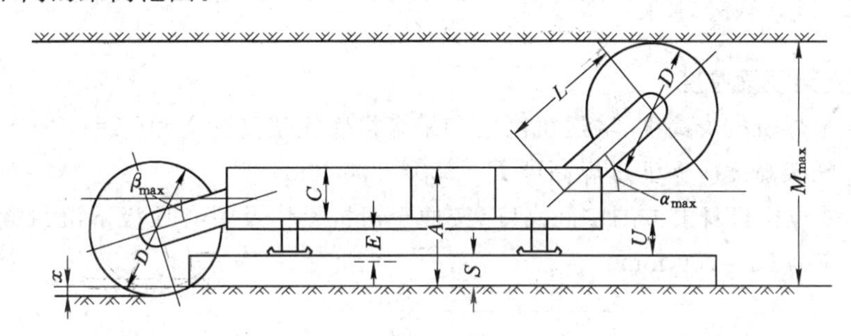

图 3-1　采煤机纵向几何尺寸

α_{max}——摇臂向上的最大摆角，(°)；L——摇臂长度，m；D——滚筒直径，m；A——机面高度($A=S+U+C$)，m；S——刮板输送机机槽高度，m；U——底托架高度，m；C——机体厚度，m；E——过煤高度，m；β_{max}——摇臂向下的最大摆角，(°)

采煤机的最大采高(M_{max})可用式(3-12)计算：

$$M_{max} = A - \frac{C}{2} + L \cdot \sin\alpha_{max} + \frac{D}{2} \tag{3-12}$$

在工作面出现底鼓、浮煤垫起输送机或底板起伏不平时，采煤机应能割至底板，采煤机的卧底量可用式(3-13)进行计算。式中，x 应为负值，一般不少于 150～300 mm，这表示采煤机卧底下切的能力。

$$x = A - \frac{C}{2} - L \cdot \sin\beta_{max} - \frac{D}{2} \tag{3-13}$$

为保证采煤机正常运行，所选采煤机的采高应有较大的可调范围，最小采高一般为 0.9～0.95 倍煤层最小厚度，最大采高一般为 1.1～1.2 倍煤层最大厚度。

2. 采高或煤厚对液压支架支撑高度的要求

液压支架应适应煤层厚度变化和顶板下沉，需在最大采高或煤厚时支得起并有一定富余，在最小采高或煤厚时能卸得掉。液压支架的最大和最小支撑高度按式(3-14)进行计算：

$$\left.\begin{aligned} H_{max} &= M_{max} - S_1 + h \\ H_{min} &= M_{min} - S_2 - a \end{aligned}\right\} \tag{3-14}$$

式中　H_{max}，H_{min}—— 支架的最大和最小支撑高度，m；

S_1，S_2—— 液压支架在前、后柱处的顶板下沉量，m；

M_{max}，M_{min}——最大采高或煤厚、最小采高或煤厚，m；

h——支架支撑高度富余系数，一般取 200 mm；

a——支架卸载高度，一般取 50 mm。

3. 液压支架与采煤机高度的配套要求

如式(3-15)所示，液压支架的最小支撑高度应大于采煤机机身高度，以保证采煤机在支架掩护下安全运行：

$$H_{min} > A \tag{3-15}$$

液压支架的最小支撑高度 H_{min} 应大于采煤机的滚筒直径，滚筒直径即采煤机最小采高 M_{min}，液压支架的最小支撑高度与滚筒直径的关系如式(3-16)所示：

$$H_{min} > M_{min} = D \tag{3-16}$$

如图 3-2 所示，在空间高度上液压支架的支撑高度 H 可用式(3-17)表示：

$$H = A + J + t \tag{3-17}$$

式中　t——支架顶梁厚度；

A——采煤机机身高度、输送机高度和采煤机底托架高度之和($A = C + S + U$)，但底托架高度应保证过煤高度 $E > 250 \sim 300$ mm；

J——采煤机机身上方的空间高度，按便于司机操作及留有顶板下沉量确定，最小值应为 90～250 mm。

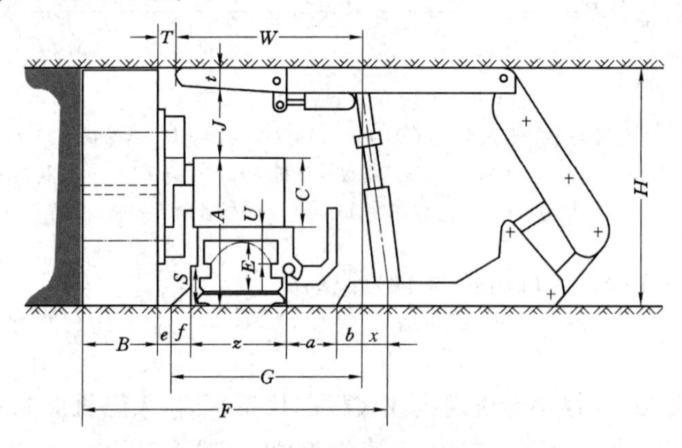

图 3-2　综采设备横向几何尺寸的配套要求

4. 综采设备横向几何尺寸的配套要求

考虑安全因素，支架前柱到煤壁的无立柱空间宽度 F 应越小越好，其尺寸组成如式(3-18)所示：

$$F = B + e + G + x \tag{3-18}$$

式中　B——截深，即采煤机滚筒宽度，mm；

e——煤壁与铲煤板之间的距离，为防止采煤机在输送机弯曲段运行时滚筒切割铲煤板，$e = 100 \sim 200$ mm；

x——立柱斜置产生的水平投影距离，mm；

G——输送机宽度，$G = f + z + a + b$，mm；

f——铲煤板宽度，一般为 150～240 mm；

z——输送机中部槽宽度，mm；

a——电缆槽和导向槽的宽度，通常为 360 mm；

b——前柱与电缆槽之间的距离，为避免输送机倾斜时挤坏电缆，应大于 200～400 mm；作为行人安全间隙，应大于 600 mm。

由于底板截割不平输送机会产生偏斜，为了避免采煤机滚筒截割到顶梁，支架梁端与煤壁应留有无支护间隙 T，此间隙为 200～400 mm。煤层薄时取小值，煤层厚时取大值。从前柱到梁端的长度如式(3-19)所示：

$$W = F - B - T - x \tag{3-19}$$

采煤机的截深应与液压支架的移架步距相等，以便及时保持最小控顶距下的端面距在 250～400 mm 之间，以减少或消除架前机道上方的局部冒顶。

液压支架的架宽应与输送机的中部溜槽长度相等，以使每节溜槽都有一个推移千斤顶与支架底座相连，从而完成推移输送机和拉架工序。架宽一般为 1.5 m，少数轻型支架的架宽为 1.25 m，有的重型支架架宽为 1.75 m、2.05 m、2.4 m。

二、液压支架的合理选择

液压支架的架型应当适合顶板条件，一般采用采高倍数(n)法确定液压支架的支护强度。《煤矿支护手册》认为：中等稳定以下顶板 n 值取 6～8；周期来压明显、顶板稳定条件下 n 值取 9～11；来压极强烈的坚硬顶板取值 $n \geqslant 11$。液压支架工作阻力与支护强度间的关系如式(3-20)所示：

$$q = \frac{P \cdot \eta}{(b + L) \cdot B} \times 10^{-3}, \text{MPa} \tag{3-20}$$

式中　P——支架立柱总工作阻力，kN；

b——梁端距，m；

L——顶梁长，m；

B——支架中心距，m；

η——支撑效率。

对于不同架型的支架 η 可取以下值：

支撑式支架 $\eta = 1$；

支撑掩护式支架 $\eta = 0.7 \sim 1$；

支顶式掩护支架 $\eta = 0.6 \sim 0.95$；

支掩式掩护支架 $\eta = 0.5 \sim 0.75$。

《综采技术手册》根据顶板类别建议：近水平、缓(倾)斜煤层条件下架型和支护强度的关系如表 3-2 所示。

选择液压支架时，还应考虑以下的条件和原则：

① 当煤层厚度大于 1.5 m、顶板有侧向推力或水平推力时，应选抗扭能力强的支架，一般不宜选用支撑式支架。

② 当煤层厚度为 2.5～2.8 m 以上时，需要选择有护帮装置的掩护式或支撑掩护式支架。煤层厚度变化大时，应选择调高范围较大的掩护式双伸缩立柱的支架。

③ 应使支架对底板的比压不超过底板容许的抗压强度。在底板较软条件下应选用有抬底装置的支架。

表 3 2　　顶板类别与架型、支护强度的关系

基本顶级别		Ⅰ			Ⅱ			Ⅲ				Ⅳ
直接顶类别		1	2	3	1	2	3	1	2	3	4	4
架　　型		Y	Y	Z	Y	Y 或 ZY	Z	ZY	ZY	Z 或 ZY	Z 或 ZY	Z($M\leqslant2.5$ m) ZY($M>2.5$ m)
支护强度/MPa	M=1 m	0.294			1.3×0.294			1.6×0.294				>2×0.294
	M=2 m	0.343(0.245)			1.3×0.343(0.245)			1.6×0.343				>2×0.343
	M=3 m	0.441(0.343)			1.3×0.441(0.343)			1.6×0.441				>2×0.441
	M=4 m	0.540(0.441)			1.3×0.540(0.441)			1.6×0.540				>2×0.540

注：Y——掩护式；Z——支撑式；ZY——支撑掩护式；M——采高，m；括号内数据系指掩护支架顶梁上的支护强度；Ⅳ级顶板应结合预裂和软化顶板的措施处理采空区。

④ 煤层倾角在15°～25°时，排头支架应设防倒防滑装置，煤层倾角大于25°时，工作面中部支架还需要设底调千斤顶。

⑤ 对于瓦斯涌出量大的工作面，应优先选用通风断面大的支架。

三、综采面设备的生产能力配套

工作面所需设备的生产能力配套，应当考虑同类设备的实际生产能力、所选设备能够实现的生产能力和发展计划需要的生产能力。工作面所需生产能力以小时生产能力为基础。

工作面所需小时生产能力如式(3-21)所示：

$$Q_x = \frac{Q_r \times K_j}{K_s(24 \times 60 - t_z)/60} \tag{3-21}$$

式中　Q_x——工作面所需小时生产能力，t/h；

Q_r——工作面所需日生产能力，t/d；

K_j——生产不均衡系数，取1.1～1.25；

K_s——时间利用系数，取0.6～0.8；

t_z——日准备时间，min/d。

采煤机的落煤能力是工作面生产能力的基础，其选型的主要依据是采高、倾角、煤层截割的难易程度和地质构造发育程度，主要确定的参数是采高、滚筒直径、截深、牵引速度和电机功率。

采煤机的牵引速度多在3.0～6.0 m/min范围内。采煤机可实现的小时生产能力如式(3-22)所示：

$$Q_s = 60 \cdot v_c \cdot M \cdot B \cdot \rho \tag{3-22}$$

式中　Q_s——采煤机可实现的小时生产能力，t/h；

v_c——采煤机割煤时平均牵引速度，m/min；

B——截深，m；

M——平均采高，m；

ρ——煤的体积质量，t/m³。

这就要求 $Q_s>Q_x$。

液压支架的移架速度应与采煤机的牵引速度相匹配。为了保证工作面采煤机连续割

煤，移架速度应不小于采煤机连续割煤的最大牵引速度。

工作面刮板输送机、平巷中的转载机、破碎机和可伸缩胶带输送机等设备的能力均应大于采煤机的生产能力，且要考虑生产不均衡系数，由工作面向外逐渐加大，通常按富余20%～30%考虑。

四、综采设备的服务时间配套

采煤机、液压支架和刮板输送机服务时间的配套，是指“三机”大修周期应相互接近，否则要在工作面生产过程中交替更换设备或进行大修，或部分设备“带病”运转，这将对正在生产的工作面造成影响，也会对设备造成损坏。

一般情况下，对液压支架通常以使用时间衡量，对采煤机常用连续割煤工作面推进的长度或采煤量衡量，而对刮板输送机则常用过煤量衡量。目前，由于没有一个统一的标准来衡量不同设备的大修周期，也就无法对设备提出服务时间配套要求。为此，需要有一个简化的标准，一般要求装备每产煤 100 万 t 以上大修一次。

目前，我国液压支架在工作面运行 1～2 a 后(设备较新时一般为 2 a)即上井大修，相应的采煤机、刮板输送机亦可同时大修。

随着大功率、高强度综采设备的出现，安全高效综采工作面单产比目前普通综采平均高出 3～4 倍以上，则各设备的服务时间配套也必须同步相适应。例如，美国综采面主要设备要求连续生产 600 万～700 万 t 不出大故障。

五、综采面的其他设备配套

在煤层较厚、较硬、煤的块度过大时，工作面或转载机上应设置破碎装置。设备配套还应考虑端头支护、转载机、带式输送机、喷雾泵、乳化液泵等的选择，同时还应考虑工作面与平巷的连接方式、巷道断面及布置、通风要求及移动变电站容量等问题。

六、智能化综采工作面要求

综采工作面智能化开采是指在不需要人工直接干预的情况下，通过对开采环境的智能感知、装备的智能调控、采煤作业的自主巡航，由综采装备独立完成的采煤作业过程。

利用网络技术、自动化控制技术、通信技术、计算机技术、视频技术，通过监测一体化软件平台，智能化综采工作面实现了采煤作业的自动化和远程遥控。

智能化综采技术的内涵是：装备具有智能化的自主作业能力；能实时获取和更新采煤工艺数据，包括地质条件、煤岩变化、设备方位、开采工序等；能根据开采条件变化自动调控作业过程。

以采煤机记忆截割、液压支架自动跟机及可视化远程监控为基础，以生产系统智能化控制软件为核心，实现地面或巷道综合监控中心对综采设备的智能监测与集中控制，以保证工作面割煤、推移输送机、移架、运煤、除尘等工序智能化运行。作业人员只需在监控中心，通过显示器观察工作面设备的运行情况，通过语音通信进行调度、联络、调控，通过操作台远程操控工作面的相关设备，实现在监控中心对所有的综采设备进行远程控制。

智能化综采工作面对装备的要求是：

采煤机应具备运行工况及位姿参数监测、机载无线遥控、滚筒切割路径记忆、远程控制和故障诊断功能，应能向第三方提供控制接口。

液压支架应配备电液控制系统，能跟随采煤机位置自动完成伸收护帮、移架、推移输送机、喷雾除尘等种动作，具备远程控制功能，宜与乳化液供液系统协同控制。

刮板输送机应具有软启动控制、运行状态监测、机尾链条张紧、故障诊断、与工作面控制系统的通信和自动控制功能，宜具有煤流负荷检测及其协同控制功能。

采煤机、液压支架、刮板输送机等装备实现协同控制和流程启停。

工作面所有装备实现集中、就地和远程控制。

第四节　特殊条件下采煤的技术措施

一、综采面的调斜和旋转

1．工作面需要调斜和旋转的条件

如图 3-3(a)所示，断层与回采巷道斜交，为了提高采出率，工作面开切眼平行断层布置；回采巷道与上下山或大巷斜交，为了提高采出率，工作面终采线调成与上下山或大巷平行；在煤层底板等高线方向变化较大的区域，为保持工作面等长、回采巷道平行布置、按中线掘进，工作面在回采巷道分段取直处转折。图中的综采工作面进行了 4 次折向，推进长度由 300 m 增加到 1 100 m，减小了区段平巷高差，有利于运输，避免了巷道积水并能回收采区边界和终采线附近的煤柱。

如图 3-3(b)所示，采区上部最后一个工作面采到上山附近后，为回收上山煤柱、工作面不搬家，通过旋转 90°来回收上山保护煤柱。

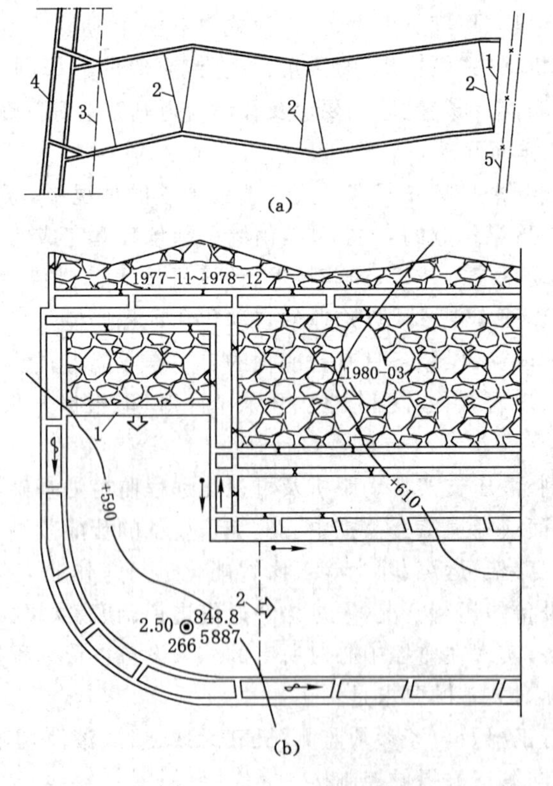

图 3-3　工作面调斜和旋转

(a) 工作面调斜　(b) 工作面旋转

1——原工作面位置；2——调斜或旋转后的工作面位置；3——上山煤柱线；4——上山；5——断层

工作面调斜和旋转的实质是控制工作面不同部位每次采煤的进度，逐次调斜工作面的位置和推进方向。通常转角小于45°时，称工作面调斜或调采；大于45°时，称工作面旋转或转采。

综采工作面调斜和旋转，特别是旋转要有良好的地质条件，煤层赋存稳定，顶板中等稳定以上，不受相邻工作面采动影响，煤层倾角最好在12°以下，采高不宜过大，否则支架稳定性会变差。

2. 工作面调斜的方法

工作面调斜分为实中心调斜和虚中心调斜两种。

确定旋转中心应考虑以下因素：

① 最好以工作面机头为中心旋转机尾端，以保证旋转期间工作面输送机机头与回采巷道中转载机机尾能正常搭接，使运输畅通。若以机尾为旋转中心时，则应采取措施，保证运输正常进行。

② 旋转中心处顶板要稳定，无地质构造，不受周围其他工作面的采动影响。

(1) 实中心调斜

实中心调斜如图3-4所示。

实中心调斜的工艺过程如下——采煤机割完调斜前的最后一刀煤时，旋转中心 O_1 端停移输送机，另一端则移够一个截深，并将输送机调成一条直线，然后采煤机割煤，其所割的每一刀煤均为一个小扇形。割每一刀煤工作面调斜的角度如式(3-23)所示：

$$\alpha' = \arctan \frac{B}{L} \tag{3-23}$$

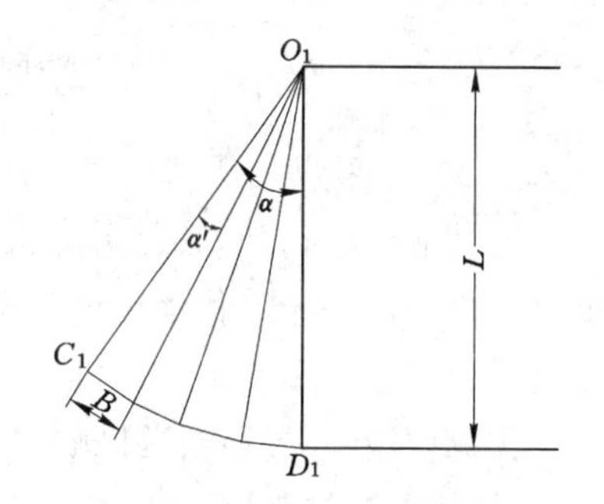

图3-4　工作面实中心调斜方法

式中　B——采煤机截深，m；

L——工作面长度，m。

这种调斜方法工艺简单，调斜范围较小。由于旋转端至中心的移架步距逐步变小，支架对顶板反复支撑次数逐渐增多，中心附近顶板管理困难。因此，实中心调斜方法主要适用于顶板稳定、调斜角度小的工作面。为顺利调斜，有时可将旋转中心附近的煤壁预先加固，如注黏结剂或打木锚杆等。

(2) 虚中心调斜

为改善旋转中心附近的顶板管理状况，可采用虚中心调斜。如图3-5所示，将调斜角 α 等分成若干小角 α'，将旋转中心 O_2 置于工作面以外，当采煤机割完一组通刀（长刀）和短刀后，工作面转过 α' 角，即完成一个调斜循环，使旋转中心 O_2 端的工作面亦保持一定前移量，以避免因工作面在该处长时间不推进而导致顶板、煤壁出现难以维护的问题。

虚中心调斜时需确定中心端的前移量 S 和每调斜循环（α' 角度的小扇形块内）的割煤刀数 n_d。S 即图中 AB 段，可根据顶板稳定性、调斜角度 α、工作面长度 L、支架和输送机性能以及每调斜循环的角度 α' 等因素确定。一般每调斜循环至少要割一通刀（长刀）煤，即

$$S = n \cdot f \cdot B \tag{3-24}$$

式中　n——调斜 α 角度的扇形块所需的循环数；

f——每调斜 α' 角度的小扇形块采煤机所割的通刀（长刀）数，通常 $f=1\sim2$；

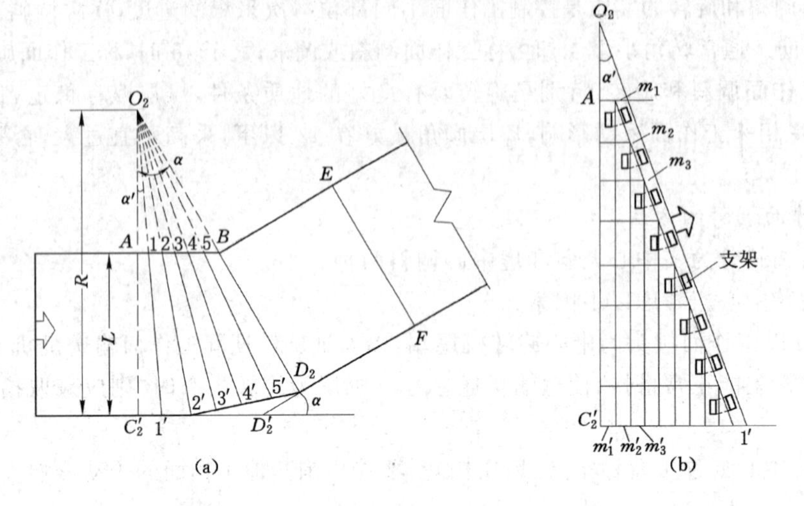

图 3-5　虚旋转中心调斜的划分和进刀安排

(a) 循环调斜角划分　(b) 每循环进刀和支架调向

B——采煤机截深。

所谓通刀(长刀),就是采煤机沿工作面全长割煤,如图 3-5(b)中 m_1-m_1';短刀就是采煤机割煤距离短于工作面长度的割煤,如 m_2-m_2'、m_3-m_3'等。

调斜工艺的要点如下:

① 割煤方式与移输送机顺序相适应;

② 割短刀时支架的移架方向保持不变,待割长刀时将输送机沿全工作面调直并割齐煤壁,全工作面支架排成直线,为下一 α'转角打好基础;

③ 若工作面窄端为运输机巷,则运煤基本不受影响。若宽端为运输机巷,调斜角小于20°时要扩巷,调斜角大于 20°时最好预先在平巷转折处掘出弧形巷道,铺设一部可弯曲输送机,以防止工作面输送机与转载机脱接。

有时也可以采用图 3-6 所示的虚实结合的旋转中心进行工作面调斜旋转开采。

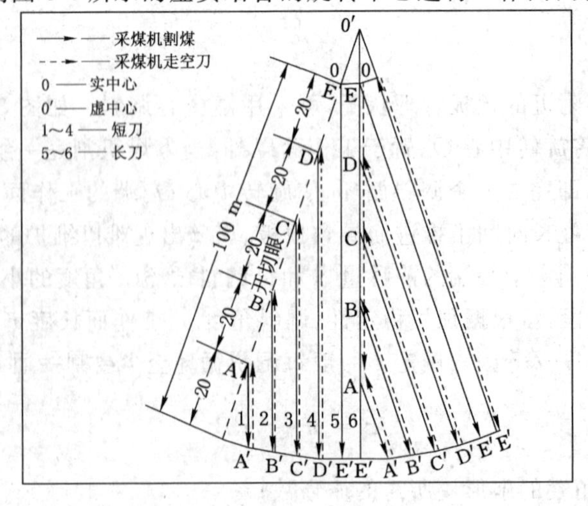

图 3-6　虚实结合的旋转中心调斜

机采工作面调斜，是通过推移刮板输送机，使其弯曲段逐次位于工作面不同位置处，采煤机滚筒沿刮板输送机不同弯曲段割入煤壁来实现的。每调斜循环的宽段割煤刀数 n_d 可近似地用工作面长度除以相邻两刀煤的错距确定，相邻两刀煤的错距应大于输送机容许的最小弯曲段长度，输送机最小弯曲段长度与采煤机截深有关，一般截深 0.6 m 时输送机最小弯曲段长度为 15 m，截深为 0.8 m 时输送机最小弯曲段长度为 20 m，截深为 1.0 m 时输送机最小弯曲段长度为 25 m。

需要指出的是，调斜期间工作面长度可能是变化的，而液压支架的架数一般不会变化，在采高 2.5 m 以下时，液压支架不能支撑的范围多通过增加单体液压支柱的方法实现对顶板的控制。

二、工作面的加长

一般情况下，综采工作面两巷呈平行布置，以保持工作面等长。受地质构造影响，综采工作面两巷需呈折线布置，以加长工作面连续推进长度、多回收边角煤和减少搬家次数。

1. 工作面对接加长

如图 3-7 所示，逐渐加长的工作面推进至对接处时，将两段工作面设备对接而后形成较长的工作面，该过程称为综采工作面对接。

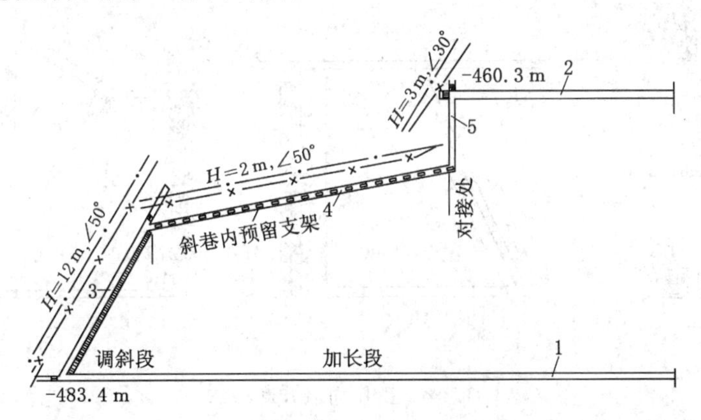

图 3-7　综采工作面对接加长和斜巷预留支架加长

1——运输平巷；2——回风平巷；3——开切眼；4——运料回风斜巷；5——工作面对接斜巷

在对接过程中，要超前掌握和控制支架对接间隙，加固对接处支护，在待接支架梁端处加设木垛和抬棚，提前铺设好待接面刮板输送机。对接完毕后还需对支架进行动态调整。

2. 工作面斜巷预留支架加长

如图 3-7 所示，为了多回收断层附近的储量，沿断层一侧布置回风运料斜巷，在斜巷内按一定间距预留液压支架，随工作面推进预留的支架逐架并入工作面支架，并接长刮板输送机，工作面逐渐得到加长。

三、工作面遇断层

采煤工作面生产期间常会遇到断层。应根据断层落差大小、断层走向与工作面的关系和工作面的工艺方式确定处理断层的方法。

1. 断层落差大于或等于采高

断层落差大于或等于采高时，炮采和普采工作面一般采取避开方法处理。走向长壁工作面遇走向断层时，若断层位于工作面两端，可加长或缩短工作面，留煤柱以避开断层；若断层位于工作面中部，根据断层延伸长度可分别采取开中巷法或开超前巷法避开断层，如图3-8(a)和(b)所示。遇倾向断层时，工作面要重新掘开切眼，采用搬家方法避开，如图3-8(c)和(d)所示。遇斜交断层时，若断层与工作面的斜交角$\beta<25°$，可调斜工作面，重新掘进开切眼，如图3-8(e)所示；若斜交角β为25°～60°，可采取留通道缩短工作面方法，重掘开切眼避开断层，如图3-8(f)所示；斜交角大于60°时，与走向断层的处理方法相似。

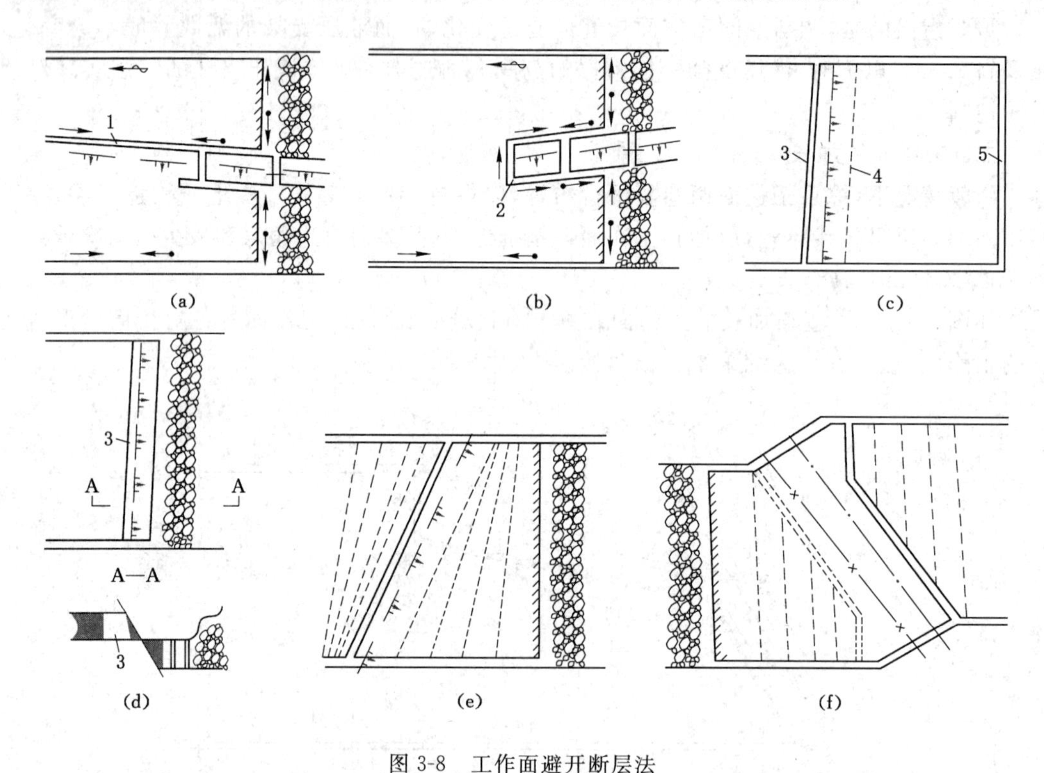

图3-8　工作面避开断层法

(a) 开中巷　(b) 开超前巷　(c) 开新切眼　(d) 沿断层掘切眼　(e) 调斜工作面　(f) 缩短工作面

1——中巷；2——超前巷；3——新切眼；4——终采线；5——原切眼

在断层落差大于或等于采高的条件下，综采工作面与断层走向平行或小角度斜交时，国内多采用搬家方法处理。国外使用大功率高强度采煤机的工作面，在断层落差小于采高3倍情况下，也可以采用不搬家硬过的方式进行开采。具体是硬过还是搬家，需要通过技术经济分析论证才能确定。

2. 断层落差小于采高

对于落差小于采高的断层，一般可以硬过。由于断层带内的岩石往往比较破碎，工作面过断层时容易造成冒顶，有时断层还可能涌水，因此需要制定专门的技术措施。

因装备少，炮采和普采工作面过断层相对较容易。综采工作面过断层时，容易使液压支架空顶或歪扭，导致液压支架倾倒或被压死。在处理断层带内岩石时，如果方法不当，容易损坏支架、采煤机和输送机等设备。工作面过断层时，出矸较多，对产量影响较大，所出的矸石多要通过运煤系统运至地面。断层落差和水平断距越大，过断层时产量下降越多，对矿井生产系统的影响越大。

工作面在通过断层之前,应确定断层的走向、倾向、落差、岩性和两盘的关系。工作面过断层一般采取平推硬过方法,根据断层的性质和位置不同,过断层主要应解决以下 3 方面的问题。

① 断层处的岩石处理——工作面断层处岩石硬度系数 f 小于 4～5 时,机采工作面可用采煤机直接截割,但牵引速度应减小;当岩石硬度再高时,一般应采用钻眼爆破方法破岩。要钻浅眼、少装药、放小炮,钻眼时应选择好炮眼位置和角度,爆破时应防止崩坏液压支架或单体液压支柱。要在支架前柱的前方悬挂挡矸胶带,必要时还需在支柱外面套上胶皮防护筒。炮烟对液压支架支柱表面的镀层腐蚀性较大,尤其对镀铜层影响更大,因此有的矿综采面不采用爆破方法,而是用风镐处理断层处的岩石。

② 过断层时底板坡度的控制——断层走向与工作面正交或大角度相交时,断盘两侧要留底煤和割底板,如图 3-9 所示,沿工作面方向使断层上下盘附近的坡度缓慢过渡,坡度控制在刮板输送机纵向允许的弯曲范围,使输送机能正常运行,原则上不挑顶。

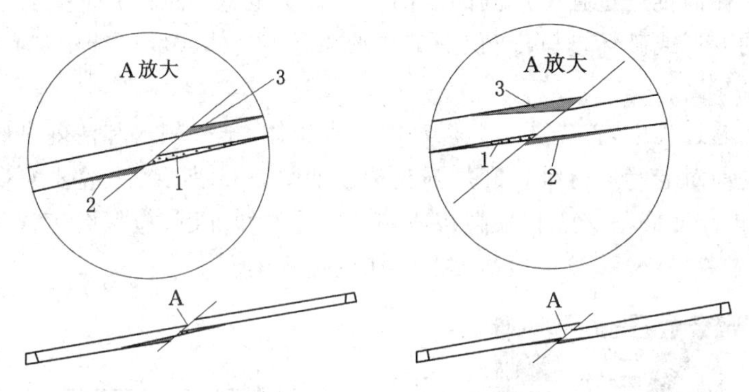

图 3-9　断层走向与工作面正交

1——割底部分；2——留底煤部分；3——留顶部分

断层走向与工作面平行或小角度相交时,在工作面推进方向上,上下盘间的坡度应满足设备运行稳定性要求,特别是综采工作面过断层,支架不是向下俯斜就是向上仰斜移动。如图 3-10 所示,综采工作面过断层时的坡度以 10°～12°为宜,最大不要超过 15°～16°,这就需要提前留底煤和割顶板。

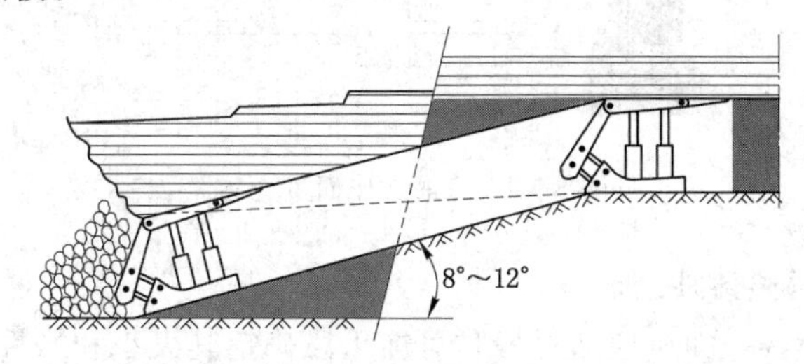

图 3-10　综采工作面仰斜过断层

③ 过断层时破碎顶板的控制——断层附近的煤层顶底板都遭到了破坏,因此需采取措施预防局部冒顶,其方法如下:减小截深、缩小控顶距,使顶板暴露面积不要过大;支架应超前支护,可架设超前梁和垂直断层面的抬棚,必要时加斜撑或木垛;为减少过断层时工作面破碎带的维护长度,有条件时将工作面与断层交线的夹角调整在 25°左右,使工作面逐段过断层,避免全工作面同时过断层。

综采工作面过断层时，液压支架可以采用隔架移架方式移架，当顶板特别破碎时，应随采煤机前滚筒割煤而立即移架，并应适当带压移架，尽量减少顶板松动。

断层处的破碎顶板也可采用锚杆或化学注浆方法予以加固。为防止片帮，可采用木锚杆加固煤壁。

一般情况下，工作面从上盘向下盘推进时，过断层的顶板压力较小，因为此时上盘顶板由煤体及下盘顶板和断层面的摩擦力支撑。因此，为了加快过断层的工作面推进速度，应在最小采高下减小割顶卧底量，使工作面快速通过。

如果工作面从下盘向上盘推进，此时由于断层切割，下盘顶板脱离岩体，几乎全部由支架支撑，因此过断层时顶板压力较大，对于综采工作面应割顶卧底，使液压支架在最大采高下过断层，以适应顶板压力大的要求。

四、综采工作面过老巷

习惯上把工作面推进过程中遇到的废旧巷道称为老巷，如工作面中切眼等。这些巷道已有程度不同的变形或破坏，有可能积聚矿井水和有害气体或堆积杂物，沟通后易造成通风系统紊乱或风流短路。

工作面过老巷过程中，首先要通风以冲淡有害气体、排放积水和清除杂物。在工作面移动支承压力影响前对老巷进行维护和加强支护。如图 3-11 所示，一般要架设与工作面垂直的抬棚，老巷维护高度应与支架和采高相适应。可能的情况下，应保持工作面与老巷有一定夹角，逐段通过老巷，支架移架时顶梁要及时托住抬棚梁。

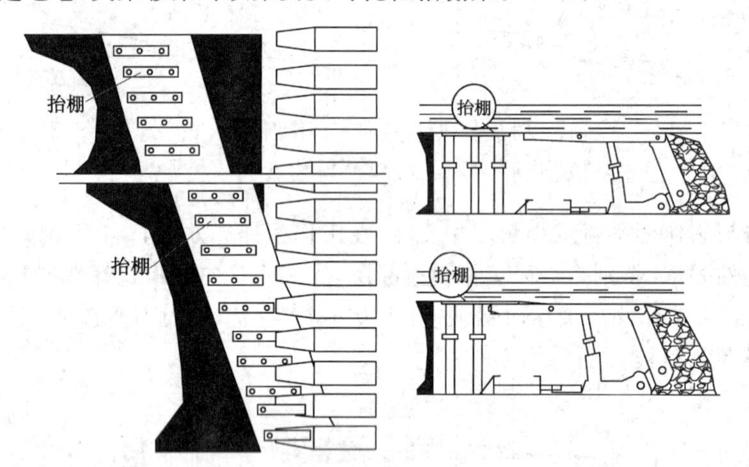

图 3-11　综采工作面过老巷

五、综采工作面遇陷落柱

综采工作面遇到陷落柱时，应通过各种可能手段确定其大小和岩性，然后确定是硬过或是绕过。

从安全生产角度分析，硬过陷落柱比绕过存在的不安全因素较多、进度较慢。

若陷落柱充填和胶结状况良好，矸石呈卵石状，无淋水或只有少量滴水，且面积小如直径小于 15～25 m，为保持工作面连续推进、减少搬家次数，可以考虑平推硬过；若地质构造情况不清，陷落柱充填和胶结状况不好，有较大淋水，矸石基本没有变形，压得不实且面积大，应采取另开切眼绕过的方法。

过陷落柱应采用控制爆破方法，严格控制采高。在临近陷落柱区前方 5～8 m 时逐步抬高输送机、降低采高，沿顶板开采，进入陷落柱区以后采用浅截深、多循环作业方式，同时对陷落柱区内外支架高度采用等差、逐步调高的方法，架间高差保持在 150～200 mm，以防咬架。采煤机装矸后立即移架，以减少控顶面积、防止漏矸。

如果陷落柱位于上、下端头附近或影响区扩大到两巷时，应在巷道内加设锚杆和木棚支护。

控制爆破时，对液压支架应采取两级保护措施，用铁板挡矸帘作为第一级保护，用旧风筒布作为支架立柱的第二级保护。

陷落柱及其周围可能聚集大量瓦斯，因而需要加强通风和瓦斯管理。采煤机装矸前，应在陷落柱区 20 m 内前后进行瓦斯检查，并在装矸中进行追机检查，在装矸中严格限制采煤机牵引速度，装矸时需要内外喷雾。

六、综采工作面的拆迁和安装

综采工作面设备多、体积大，拆迁和安装费时费工，需布置拆迁和安装的巷道和硐室，需要运载工具、起吊和牵引装置，需完成设备拆迁、运输、安装和调试等工作。按搬运工具不同，目前多用绞车和平板矿车，一部分矿井采用无轨胶轮车或单轨吊搬运。

1. 综采工作面的设备拆除

① 综采工作面设备拆除的顺序——一般综采工作面设备拆除顺序如下：先拆输送机的机头机尾，然后拆采煤机、输送机中部槽，最后拆除支架。

② 综采工作面设备拆除期间的顶板控制——综采工作面设备拆除期间，顶板控制方法主要有以下 3 种：金属网加木板梁，金属网加钢丝绳，金属网加钢丝绳加锚杆支护。在顶板完整条件下也可以不铺网。

在综采面距终采线 10～15 m 时，随工作面的推进沿顶板铺设金属网，直到终采线为止；当顶板稳定性差时用锚杆将金属网锚固在顶板上。在距终采线 6～8 m 时，若用木板梁控顶，则沿工作面煤壁方向在金属网和支架顶梁之间铺设木板梁，其间距与截深相同，其长度为 2 倍支架宽度并相互交错放置，如图 3-12(a)所示。

若用钢丝绳，则在支架前梁端网下沿煤壁方向铺设钢丝绳，沿工作面推进方向每割一刀煤铺一条，如图 3-12(b)和(c)所示。钢丝绳的两端固定在工作面两端的木板梁或锚杆上，若固定在木板梁上则应打好锚固柱。在距煤壁终采位置 3 m 时(以支架能转 90°为原则)不再移架，架设与工作面煤壁垂直的棚梁，并且连单层网或用撑棍、竹笆之类材料背好煤壁，必要时用锚杆加固煤壁。

在支架停止前移后，为了能继续割 2～3 刀煤，可将推移千斤顶加上一节加长段，以便继续前移输送机，至煤壁到达终采位置为止。这样，在终采线附近就形成了工作面装备的撤除通道。

用木板梁控顶，放置木板梁时需降架，操作不方便，安全性差，且采煤机需停止割煤，木材消耗量大。因此，一般只用于顶板较稳定、支架尺寸小、质量轻的综采工作面。用钢丝绳管理顶板省材料，可利用废旧钢丝绳，劳动强度小，操作安全，适用于顶板稳定性较差、吨位较大的重型综采设备工作面。当顶板稳定性差、拆迁中矿压显现强烈时，可辅以锚杆加固顶板和煤壁。必要时，还可配合锚索加固顶板。

③ 综采设备拆除的方法——在工作面设备拆除前，要先拆除机巷中的可伸缩胶带输送

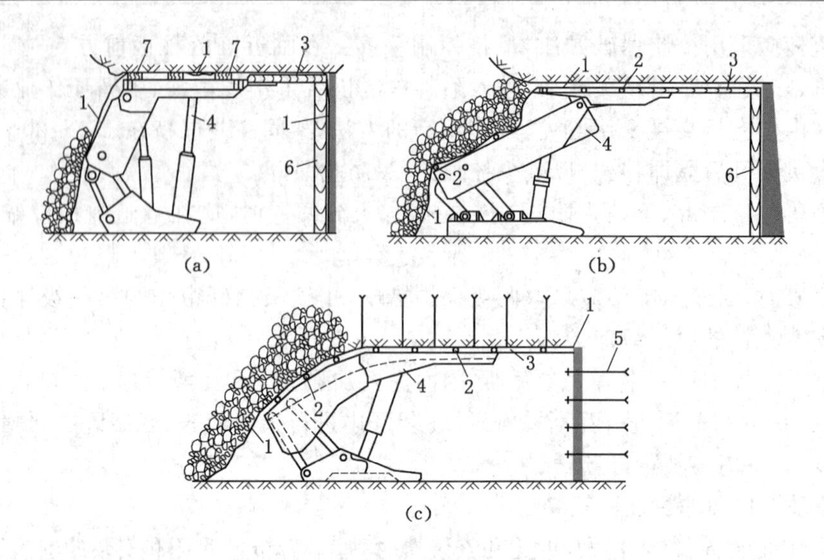

图 3-12　综采工作面设备拆除期间的顶板控制

1——金属网；2——钢丝绳；3——棚梁；4——液压支架；5——锚杆；6——贴帮柱；7——木板梁

机、桥式转载机和破碎机。在综采工作面，一般是先拆除输送机的机头或机尾，继之拆除采煤机和输送机机槽。这些工作能在液压支架正常掩护下进行，且设备的尺寸和质量相对较小，拆除容易。

拆除液压支架时，一般是先将前探梁降下或拆除，然后用绞车将支架拉出前移并调向90°，由回风巷绞车沿底板拖至出口处，装平板车外运。当底板较软时，也可将输送机拆掉机头、机尾和挡煤板等侧边附件，在机槽上设置滑板，支架在绞车拉力下前移上滑板并调向90°，然后连同滑板一起被绞车拉至出口处，装平板车外运。

支架的拆除顺序应根据顶板和运输条件而定，多为后退式，即从工作面的机巷端退向风巷端（装平板车端），这种拆除顺序有利于控顶；若机巷设有轨道、顶板条件好，也可由风巷端向机巷端拆除，即前进式；或由工作面两端向中间前进拆除，以加快拆除速度。

在拆除中，可以依次顺序拆除也可以间隔抽架，这取决于哪种方式对顶板控制有利并能加快速度。

直接撤出法如图 3-13(a)所示。利用绞车将支架向煤壁侧拉出 1.5～1.8 m，再将其调向运出。除撤除第一架支架打木垛外，其余每撤一架支架均沿工作面方向架设托棚。支架掩护撤出法如图 3-13(b)所示，先将端头第一架和第二架支架牵出调向，作为撤除其他支架的掩护架，依次用绞车拉出被撤支架、调向后运走，而后两架掩护架前移，直到整个工作面支架撤除。

我国神东矿区综采工作面快速搬迁回撤通道布置如图 3-14 所示。在工作面设计的终采线位置，预先掘出两条平行工作面的辅助巷道，两巷之间再掘若干条联络巷，一条辅助巷作为回撤支架的运输巷，另一条是将来工作面架前回撤通道，即当工作面推进到与该辅助巷贯通时就停止采煤，开始回撤设备和支架。两条辅助巷之间的联络巷即作为支架回撤后的运输通道。巷道均采用锚网联合支护，底板用水泥硬化。两辅助巷距离一般为 15～20 m。联络巷间距一般为 45～60 m，在顶板状况不好的情况下可减少至 10～20 m，以增加更多的出架通道，使支架的回撤更具灵活性，亦更有利于平行作业。

液压支架由 20 吨绞车牵引撤出工作面至联络巷或辅助巷，再由支架搬运车自带的液压

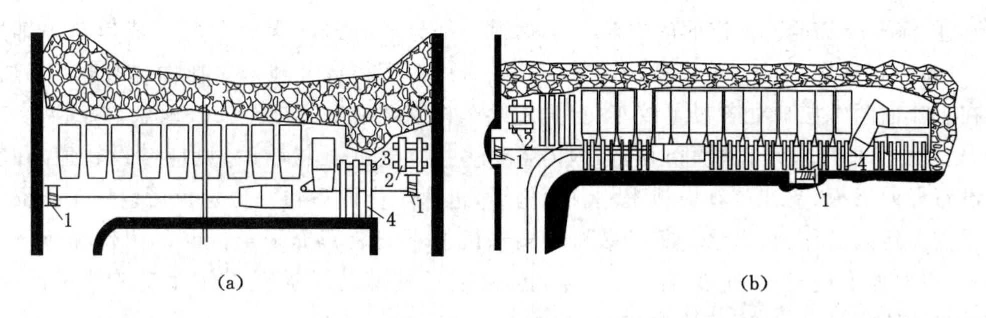

图 3-13　支架撤除法

(a) 直接撤出法　(b) 支架掩护撤出法

1——绞车；2——木垛；3——走向棚；4——托棚

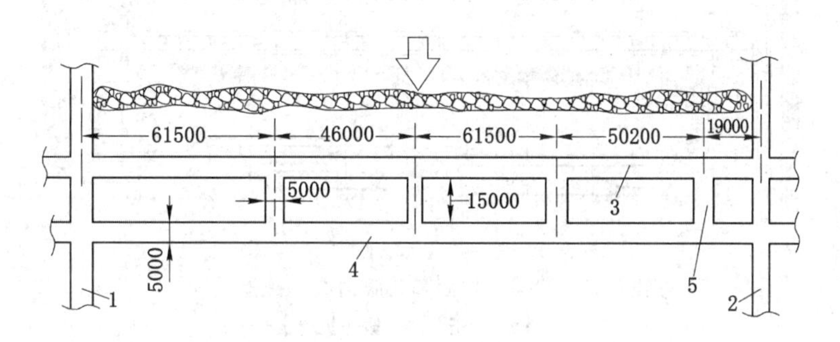

图 3-14　综采工作面回撤通道布置

1——工作面运输平巷；2——工作面回风平巷；3,4——辅助巷道；5——联络巷

绞车和铲板直接装车。在工作面高度、底板等条件许可时，支架搬运车可直接进入工作面装车。重载搬运车可将支架直接运至新工作面。卸车后的搬运车可用铲板将支架放置到位。采用这种方法，该矿区综采工作面回撤安装平均在 10 d 以内，最快为 4.9 d。

2. 综采工作面的设备安装

① 开切眼断面扩大和支护——综采工作面开切眼较宽，多在 6.0～8.0 m 范围内，有的达 8.5 m。通常以小断面掘通两端，在设备安装之前一般要对开切眼重新刷大断面。如果顶板稳定、压力较小，可一次先扩完然后安装设备；反之，如果顶板破碎、压力较大，可分段扩面、边扩面边安装，即将工作面分成 30～50 m 长的几段，扩完一段安装一段。这样会出现扩巷掘进与装备运输、安装相互干扰现象，并会降低安装速度。因此，一般只用于顶板压力大、安装时间较长的重型综采设备工作面。

视顶板情况，开切眼可采用与工作面推进方向一致的棚子加铺顶网支护或采用锚杆、锚索配合金属梁和金属网联合支护。

② 综采设备的组装——依据井巷条件和设备尺寸大小，新进的或上井大修后的综采设备可以在地面、井下巷道或工作面组装。地面组装效率高、质量好，组装后还可以进行整套设备的联合试运转，以确保井下安装完成后设备能正常运行，并可按照井下安装顺序在地面将设备排列好，从而提高井下安装的速度和效率。一些老矿井巷道系统复杂、断面小，特别是副立井直径小、罐笼宽度不够时，运输系统不能满足整体运输综采设备的要求，只好将设备解体后下井，在工作面与回风平巷交接处设临时组装硐室，将设备组装好后再运入工作面安装。

③ 综采设备运进工作面的方法——我国一部分矿井采用无轨胶轮车或单轨吊辅助运输，设备可直接运送至安装位置。多数矿井则采用绞车将设备拖入工作面，如图 3-15 所示，即在工作面两端出口处各设置绞车，首先用绞车将支架沿底板拖至安装地点，再用两台绞车转向、对位、调正。该方法简单易行，国内各矿多用。若底板松软时，则应铺设轨道，在轨道上设置导向滑板，支架放在滑板上用绞车拖运，进入工作面后再入位。也可以用工作面输送机将支架运入工作面，做法是先安装刮板输送机但不安装其靠采空区侧的附件和机尾传动装置，在机槽上设滑板，把支架置于滑板上，由刮板链带动滑板至工作面安装处对位调正。这种方法所需设备少、安装速度快。

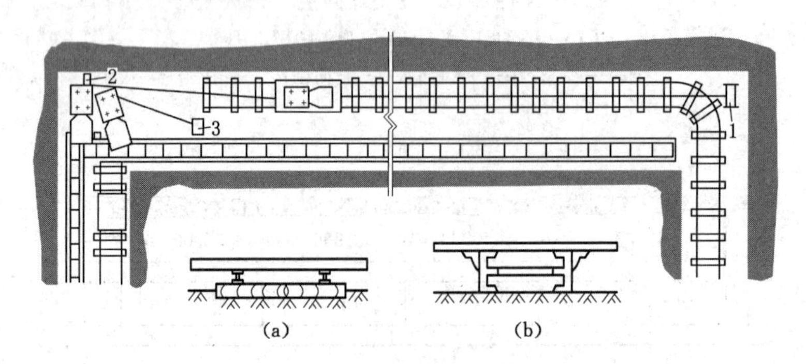

图 3-15　综采工作面开切眼内绞车拖运支架

(a) 轨道滑板　(b) 输送机滑板

1,2,3——小绞车

④ 综采设备的安装顺序——综采设备的安装顺序可分为前进式和后退式两种。

前进式安装，是指支架的安装顺序与运送方向一致，支架的运输路线始终在已安装好的支架掩护下，支架运进时架尾应朝前，以便于调向入位。前进式安装可采用分段扩面铺轨道、分段安装的方式，也可采用边扩面、边铺轨、边安装的方式，如图 3-16(a)所示。

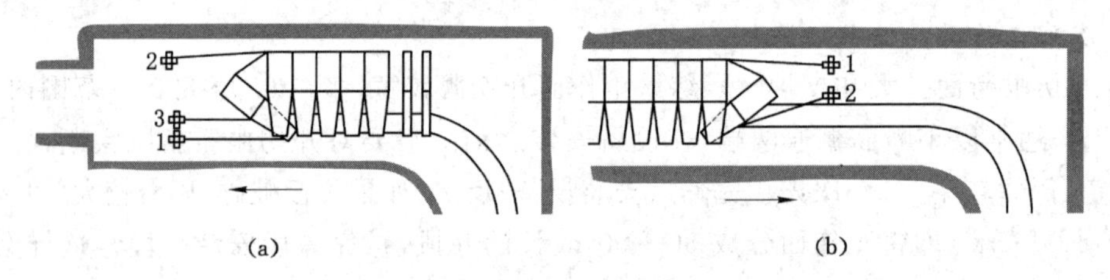

图 3-16　综采设备安装的顺序

(a) 前进式安装顺序　(b) 后退式安装顺序

1,2,3——小绞车

后退式安装时，一般开切眼需一次扩好并铺好轨道，或直接在底板上拖运，然后由里往外安装支架，支架安装完毕后再铺设工作面输送机中部槽，最后安装采煤机和输送机的机头和机尾，如图 3-16(b)所示。该方式适用于顶板条件好、安装时间短的轻型支架。

无论是前进式还是后退式均应注意：首先应根据转载机和带式输送机的中心线位置确定出工作面输送机的机头位置；然后根据机头位置确定排头支架的中心位置，进而预先测量出每架支架的精确中心点，以保证支架定位准确，便于支架与输送机机槽准确连接；支架入位后要立即装好前探梁和阀组，管路与乳化液泵站接通，随后升柱支护顶板。

第五节 采煤工艺的选择、应用和发展

一、采煤工艺的选择原则

由于开采条件和煤矿所有制的多样性以及地区资源赋存条件和经济发展的不平衡，我国煤矿目前炮采、普采和综采 3 种采煤工艺并存。在我国煤矿中，国有重点煤矿和地方国营煤矿以综采为主，而乡镇煤矿则以普采和炮采为主，也有一定数量综采。结合我国各类煤矿和各种煤层开采条件的实际，正确选择和发展与之相应的采煤工艺，使之符合安全、经济和采出率高的基本原则，是提高我国煤矿开采技术经济效果的总体要求。

对于具体矿井或矿井中具体块段的采煤工艺选择，应根据地质条件、煤层赋存条件、资源条件、开采技术条件、可能的设备投入和开采效果等因素，经技术和经济综合比较后确定。力求在安全、经济和高采出率方面均得到充分满足。

炮采工艺的主要优点是技术装备投资少，对各种地质条件适应性强，操作技术容易掌握，生产技术管理比较简单。炮采工艺在回收边角煤、断层密集切割带内开采、煤层倾角或厚度急剧变化带内开采、不稳定煤层开采、难采煤层开采及规模较小的乡镇煤矿中开采时，仍然是一种有效的采煤工艺。但炮采机械化水平低，人工劳动强度大，作业环境和安全条件差，单产和效率低。根据我国煤矿的技术政策，凡条件适于机采的炮采工作面，特别是在国有重点煤矿，都要逐步改造成为普采工作面。

以装备单体液压支柱和滚筒采煤机为主要特征的普采，是一种机械化的采煤工艺，与综采相比设备投入相对较少，对地质变化的适应性较强，工作面搬迁容易；与炮采相比，单产和效率较高，生产较安全。对推进距离短、形状不规则、小断层和褶曲较发育的工作面，综采的优势难以发挥，而采用普采则可取得较好的技术经济效果。因此，普采是我国小型矿井发展机械化的重点。

综采是我国煤矿跟踪和赶超世界先进水平的主要发展方向，综采机械化程度和单产高，可以使矿井生产高度集中，使工作面产量和劳动生产率大为提高、材料消耗和生产成本明显降低，工作面顶板事故可得到最大程度防治，有利于安全生产，是发展我国煤炭工业的主要技术途径。

综采优势的发挥有赖于全矿井良好的生产系统、较好的煤层赋存条件以及较高的操作和管理水平。尽管综采设备投资高，但安全、高产、高效生产必将会带来巨大效益。因此，有条件时应优先选用综合机械化采煤工艺。

20 世纪末期以来，应用高新技术，综采装备向大功率、高效能、高可靠性、自动化和智能化方向发展。采煤机装机功率在 1 000 kW 以上，最大 2 925 kW，大修周期 2～3 a，可采煤量 4～6 Mt；刮板输送机装机功率达 2 250 kW，中部槽宽 1.2 m，最大运输能力 4 000 t/h，过煤量可达 6 Mt 以上；液压支架架宽 1.75 m、2.05 m 和 2.4 m，最大支撑高度达 8.6 m，工作阻力在 10 000 kN 以上，最大达 26 000 kN，应用电液控制技术、高压大流量供液系统和编程微处理技术，在液压支架的移架速度达到了 6～8 s/架。在适宜的煤层条件下，这些综采成套设备的生产能力达到 3 000 t/h 以上，出现了日产 3 万～5 万 t、年产 8～10 Mt 的综采工作面。未来的综采发展趋势是更高层次上的高效开采自动化和智能化。

二、采煤工艺选择的相关规定

《煤炭工业矿井设计规范》的相关规定如下：

大型矿井应以综合机械化采煤工艺为主，条件适宜的中、小型矿井也宜采用综采工艺。

煤层厚度 7 m 以下，开采条件适宜时，宜采用一次采全高综采工艺；厚度 4～7 m，且不适宜采用一次采全高综采工艺时，应采用综采放顶煤工艺或分层综采工艺。

煤层厚度 7 m 以上，开采条件适宜时，宜采用综采放顶煤工艺或分层综采工艺。

不适宜综采时，可采用普采。

第六节　采煤工艺的应用示例

一、爆破采煤工艺

某炮采工作面斜长 160 m，煤层厚 0.4～2.0 m，平均厚 1.35 m，煤层倾角平均 21°。煤层顶板为砂页岩、厚 3.1 m，底板为细砂岩。煤尘有爆炸危险，瓦斯相对涌出量为 2.5 m^3/t。

工作面使用单体液压支柱和 HDJA—1200 型铰接顶梁、SGW—44 型可弯曲刮板输送机、液压移溜器和 4.2 kW 回柱绞车。

1. 炮眼布置

炮眼布置如图 3-17 所示，采用顶底眼分次装药爆破方法，同时采取挂帘子等措施，爆破效果好，爆破自装率达 33.8%。

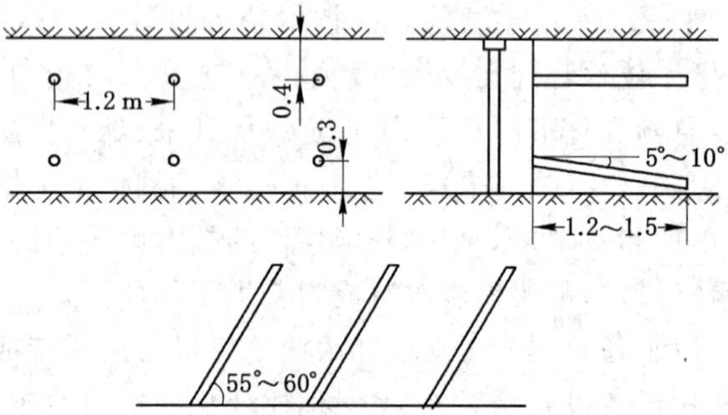

图 3-17　炮眼布置图

2. 工作面支护

如图 3-18 所示，工作面采用“三、四排”控顶，排距 1.2 m，柱距 0.7 m，无密集切顶，最大控顶距 5.1 m，最小控顶距 3.9 m。

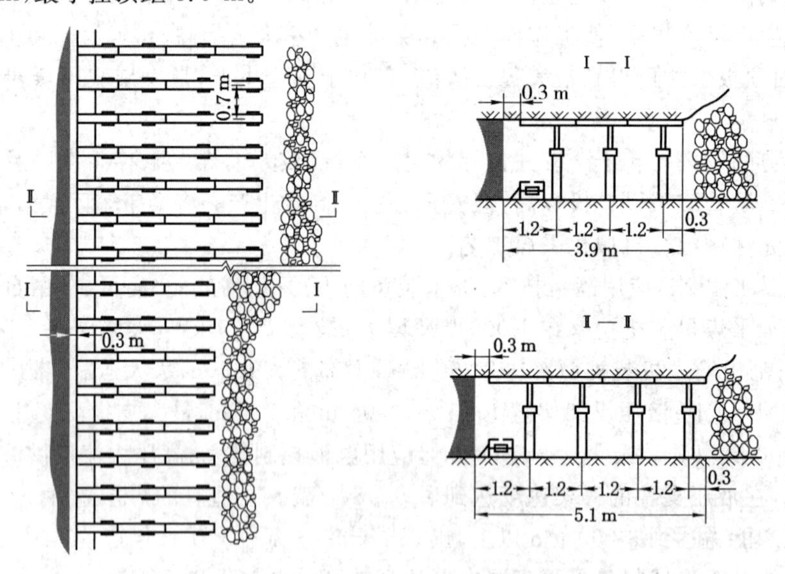

图 3-18　工作面支架布置图

3. 劳动组织和循环作业图表

采用分段追机作业方式，各工种在同一段内平行作业，完成采煤、支柱和移输送机等工序后，再进入下一段，每换一次工作地点需增加 20～23 min 辅助时间，每段 40～60 m。

循环作业图如图 3-19 所示，部分技术经济指标如表 3-3 所列。

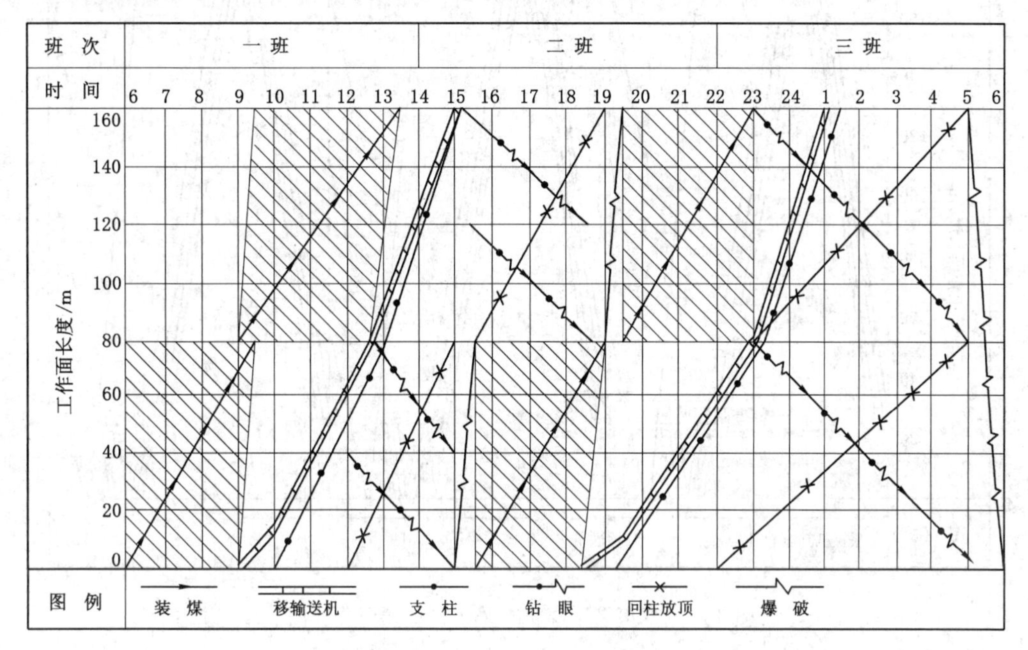

图 3-19　炮采工作面循环作业图

表 3-3　　爆破工艺工作面部分技术经济指标

项　目	单　位	数　量	项　目	单　位	数　量
月产量	万 t/月	2.48	坑木消耗	m^3/万 t	5.6
月进度	m/月	74.0	炸药消耗	kg/kt	144.5
工　效	t/工	8.5	雷管消耗	个/kt	575

二、双滚筒采煤机普通机械化采煤工艺

某矿长壁工作面长度为 170 m，煤层厚度为 2.2 m，煤层倾角为 4°～8°，矿井瓦斯相对涌出量为 1.5 m^3/t。

1. 配套设备

工作面设备——MG200/500 交流变频电牵引双滚筒采煤机、SGB—630 型刮板输送机各一部，DZ—25 型单体液压支柱，HDJA—800 型金属铰接顶梁。

2. 工艺过程

采煤机前滚筒割顶煤、后滚筒割底煤，往返进两刀，截深 0.8 m，在工作面端部斜切进刀，自开切口。

工艺过程为割煤、挂梁、推移输送机、支柱、回柱放顶。工作面采用齐梁齐柱正悬臂走向棚子支护，“三、四排”控顶，排距 0.8 m，柱距 1.0 m。

3. 劳动组织和循环图表

工作面三班作业，边采边准，设备检修在交接班时间和强制检修时间进行，循环作业图

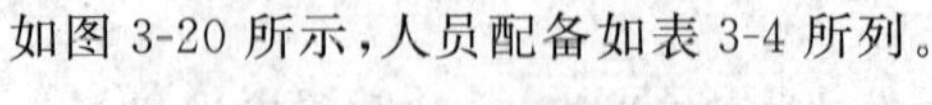
如图 3-20 所示，人员配备如表 3-4 所列。

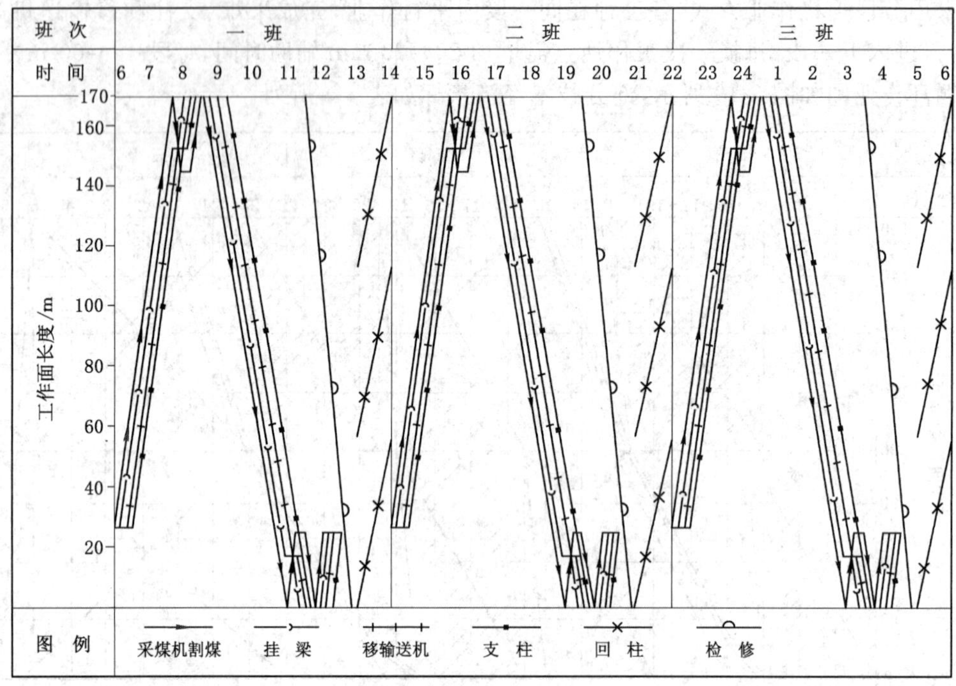

图 3-20　双滚筒采煤机普采工作面循环作业图

表 3-4　　　　　工作面人员配备

工　种	夜班/人	早班/人	中班/人	工　种	夜班/人	早班/人	中班/人
机组司机	2	2	2	采支工	18	18	18
输送机司机	1	1	1	端头维护工	3	3	3
泵站司机	1	1	1	运料工	2	2	2
转载机司机	1	1	1	工具员	1	1	1
机电维修	2	2	2	班　长	2	2	2

三、综合机械化采煤工艺

某矿综采工作面煤层赋存稳定，平均埋深 400 m，平均煤厚 2.5 m，平均倾角 8°。工作面长 200 m，采用"四六"作业制，三班采煤，一班准备。采煤机截深 0.6 m，日割 6 刀煤，工作面日推进 3.6 m。

综采工作面主要配套设备如表 3-5 所列，工作面循环作业图如图 3-21 所示。

表 3-5　　　　　综采工作面主要装备配套

名　　称	型　　号	名　　称	型　　号
采煤机	MXA—300/3.50	胶带输送机	SSJ—1200/3×200
刮板输送机	SCZ—764/500	破碎机	PCM200
液压支架	ZZ4800/17/28	乳化液泵站	GRB315/31.5
转载机	SZZ—764/160	移动变电站	KSGBY—1250/6

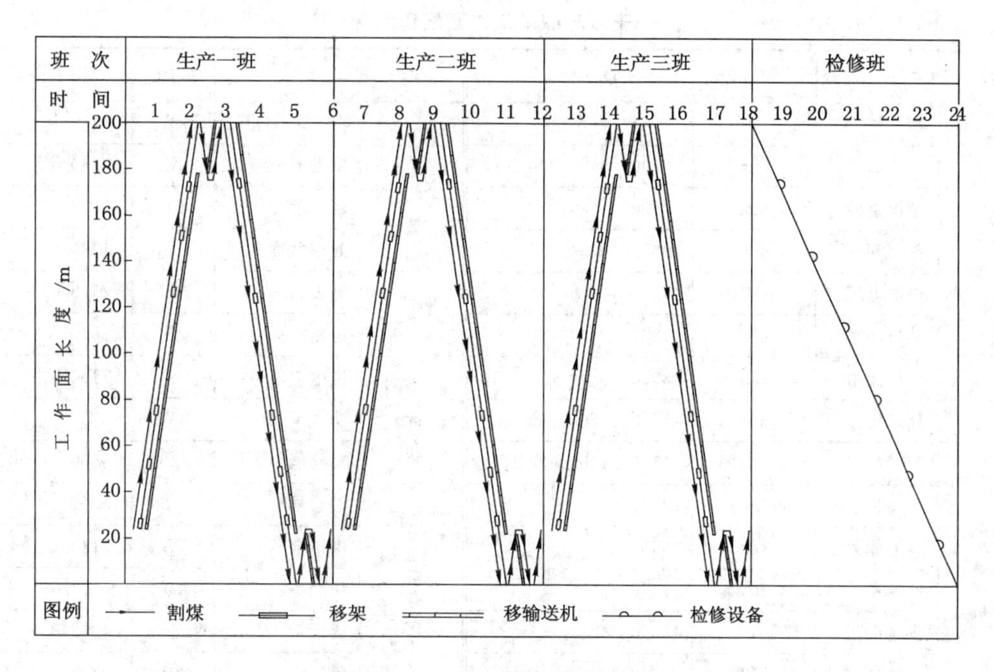

图 3-21　综采工作面循环作业图

四、综合机械化大采高采煤工艺

我国神东矿区地质构造简单、煤层赋存稳定、埋深小，煤层平均厚 4.9 m，倾角 1°～3°。从 2000 年开始该矿区进行亿吨矿区和千万吨综采工作面的安全高效建设。

1. 工作面配套设备

千万吨综采工作面配套设备如表 3-6 所列。

2. 工艺特点

① 装备特点——采煤机截割能力强，牵引速度快，整机强度高，具有破碎大块煤的能力。刮板输送机链条强度高，抗大块煤冲击能力强。液压支架移架步距为 0.865 m，可实现快速移架，稳定性好。

② 进刀方式——采用端部斜切进刀方式，刮板输送机弯曲段长 17 m，采煤机全长 15.3 m，端部斜切进刀段长度等于两倍采煤机长度和刮板输送机弯曲段长度之和，为 48 m。

③ 割煤方式——前滚筒割顶煤、后滚筒割底煤，双向割煤，往返一次进两刀，正常割煤时的采煤机牵引速度一般为 8～15 m/min。

④ 移架方式——移架滞后采煤机后滚筒 3 架，采煤机牵引速度小于 8 m/min 时采用单架依次顺序移架方式，牵引速度大于 8 m/min 时采用成组移架方式，移架速度为 14.5 s/4 架。

⑤ 作业方式——采用“八二七七”工作制度，即出煤班工作时间分别为 8 h、7 h、7 h，准备班停机检修 2 h；或采用“八八六二”工作制度，即出煤班工作时间分别为 8 h、8 h、6 h，准备班停机检修 2 h。

采用静态检修与动态检修相结合的方法检修装备，设备专列前移在准备班完成，每 5～7 d 移一次移动变电站，移一次占用 2 h。工作面循环作业图如图 3-22 所示。

表 3-6　　千万吨综采工作面配套设备

项目		单位	技术特征	项目		单位	技术特征
采煤机	型　号		SL500	转载机	功　率	kW	375
	采　高	mm	2700～5400		供电电压	V	1140
	滚筒直径	mm	2500		链　速	m/s	1.28
	截　深	mm	865		溜槽宽度	mm	1200
	供电电压	V	3300		铺设长	m	25.8
	装机功率	kW	1875		运输能力	t/h	3500
	生产能力	t/h	3000	破碎机	供电电压	V	1140
	外形尺寸	mm	15800×2060×2254		功　率	kW	375
刮板输送机	溜槽尺寸	mm	1756×1000×341		破碎能力	t/h	3500
	铺设长	m	245	乳化液泵	型　号		S300
	运输能力	t/h	3500		供电电压	V	1140
	链　速	m/s	1.68		功　率	kW	4×224
	供电电压	V	3300		流　量	L/min	4×318
	装机功率	kW	3×855		压　力	MPa	37.5
液压支架	高　度	mm	2550～5500		液箱容量	L	2728
	宽　度	mm	1750	带式机	带　宽	mm	1400
	工作阻力	kN	8638		带　速	m/s	4.0
	移架速度	s/架	8		运输能力	t/h	3000

⑥ 劳动组织——工作面人员配备如表 3-7 所列。

表 3-7　　千万吨综采工作面人员配备

项　目	生产一班/人	生产二班/人	准备班/人	生产三班/人
采煤机司机	2	2	2	2
支架工	2	2	3	2
三机司机	2	2	3	2
电　工	1	1	3	1
泵站工	0	0	1	0
超前维护	0	0	1	0
班　长	1	1	1	1
队长、书记	0	0	0	0
副队长	1	1	1	1
工程师	0	0	0	0
小　计	9	9	15	9

⑦ 经济指标——工作面主要技术经济指标如表 3-8 所列。

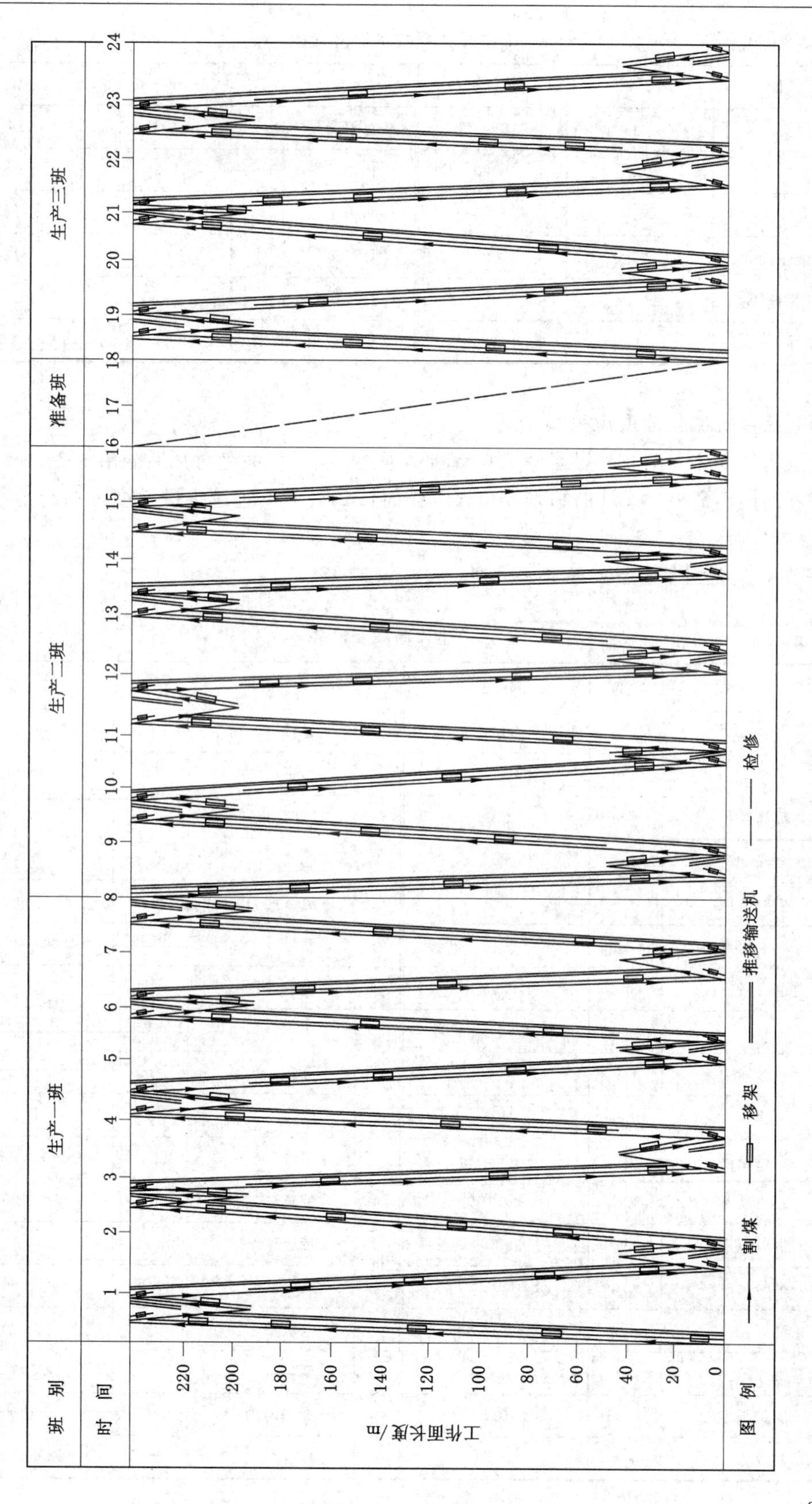

图 3-22　双滚筒采煤机综采工作面循环作业图

表 3-8　　　　工作面主要技术经济指标

项　目	单　位	数　量	项　目	单　位	数　量
工作面长	m	240～300	每刀产量	t	1420
推进长	m	6000	日循环数	个	22～30
采　高	m	4.5～5.3	回采工效	t/工	893
采煤班开机率	%	90	日产量	t	31240
平均截割速度	m/min	7.0	月产量	万 t	93.7
搬家时间	d	15	年产量	万 t	1000

五、综合机械化放顶煤采煤工艺

潞安王庄矿主采的 3 号煤层厚 7.0 m，平均倾角 3°，工作面绝对瓦斯涌出量 16.2 m^3/min，无煤与瓦斯突出危险。设计的综采放顶煤工作面长 214.5 m，连续推进长度 1 732 m。

1. 工作面配套设备

综放工作面配套设备如表 3-9 所列。

表 3-9　　　　综放工作面配套设备

项　目		单位	技术特征	项　目		单位	技术特征
采煤机	型号		MGTY400/930—3.3D	转载机	型号		SZZ—1200/400
	采高	mm	2000～3800		功率	kW	400
	滚筒直径	mm	1800		供电电压	V	3300
	截深	mm	800		链速	m/s	1.48
	供电电压	V	3300		运输能力	t/h	3000
	牵引速度	m/min	0～13.8	乳化液泵	型号		BRW—400/31.5
	卧底量	mm	366		供电电压	V	1140
刮板输送机	型号		SGZ960/2×700		功率	kW	250
	运输能力	t/h	1800		流量	L/min	400
	链速	m/s	1.2		压力	MPa	31.5
	供电电压	V	3300	胶带机	型号		DSJ140/230/3×400
	装机功率	kW	2×700		带宽	mm	1400
	供电电压	V	3300		带速	m/s	3.15
中部液压支架	型号		ZF7000/20/40		运输能力	t/h	2300
	高度	mm	2000～4000		电机功率	kW	3×400
	工作阻力	kN	7000	排头液压支架	型号		ZFG7500/22/36
	支护强度	MPa	0.9		工作阻力	kN	7500
	初撑力	kN	5710		高度	mm	2200～3600

2. 自动化综放工作面采煤工艺主要技术特点

采煤机机采高度为 3.6 m,放煤平均高度为 3.4 m,截深 0.8 m。工作面采用双向割煤、往返割两刀、端部斜切进刀方式,两刀一放,循环放煤步距 1.6 m。

综放工作面实现的自动化功能如下:

① 液压支架跟随采煤机自动操作,自动化动作包括伸缩护帮板、推前溜、升降前柱和后柱、拉后溜、移架、放顶煤。

② 采用先割示范刀,再设置参数由采煤机记忆,以实现进刀割煤自动化。

③ 采用双口双轮顺序放煤,放煤口滞后移架 15 架,第一轮自动放煤,第二轮人工放煤。实现了成组按时间控制自动放煤和人工单架找补的半自动放煤。

④ 通过随采煤机移动喷雾、移架喷雾、放煤喷雾、转载点喷雾和支架积尘潮化,实现喷雾降尘自动控制。

⑤ 通过水平光纤陀螺仪测定支架对应点输送机相对偏移量和电液控系统,确定出下一循环自动控制支架的前移步距,实现工作面自动取直。

⑥ 通过工作面及运输巷沿线的自动控制系统,实现对胶带机、破碎机、转载机、前后部刮板输送机等运输设备的集中控制。

3. 作业方式和劳动组织

工作面采用“三七一三”工作制,即三个班 7 h 生产、一个班 3 h 检修,日进 15 刀。工作面循环作业图如图 3-23 所示,工作面人员配备如表 3-10 所列。

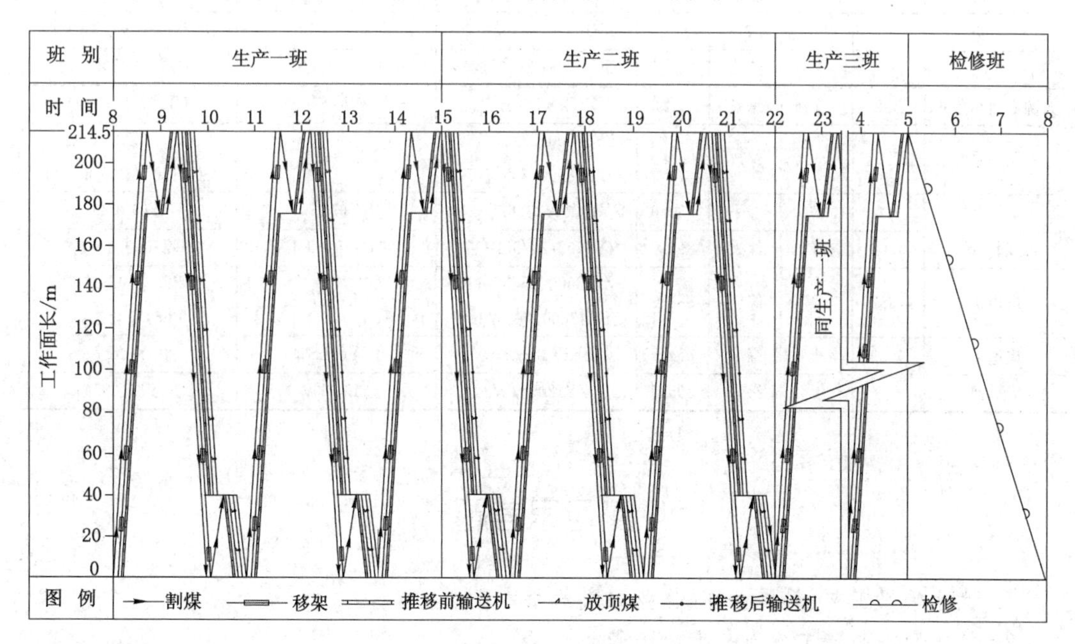

图 3-23　综放工作面循环作业图

4. 技术效果

工作面平均日产 24 648 t,最高日产 35 186 t,最高月产 74.32 万 t,最高工效 533 t/工,平均工效 373.5 t/工,工作面采出率 92.1%,从而实现厚煤层安全、高效和高采出率综放开采。

表 3-10　　综放工作面人员配备

生产班(一班、二班、三班)/人				检修班/人			
采煤机司机	2	胶带司机	1	支架检修工	3	班组长	2
移架工	2	胶带维护工	1	刮板输送机检修工	3	验收员	1
顶溜工	1	泵站司机	1	机组检修工	2	跟班队干	1
放煤工	2	跟班电工	1	胶带检修工	3		
端头(尾)工	4	抽水工	1	电气检修工	4		
清煤工	2	班组长	2	泵站检修工	1		
刮板输送机司机	2	验收员	1	喷雾检修工	2		
转载机司机	1	跟班队干	1	巷修及维护工	10		
小　计	25			小　计	32		

六、安全高效矿井综采工作面生产条件、装备及产量示例

2009 年前后,我国年产 800 万 t 以上的综采工作面生产条件、装备及产量如表 3-11 所列。

表 3-11　　安全高效矿井综采工作面装备及产量

煤矿	煤厚/m	倾角/(°)	工艺	年产量/万 t	液压支架	采煤机	刮板输送机
哈拉沟	5.28	1	综采	1174.9	JOY/175	JOY(7LS6/LWS580)	DBT3×1000
补连塔	6.6	1	综采	1159.5	ZY12000/28/63/176	JOY7LS7	DBT3×1000
上　湾	6	1.5	综采	1128.1	ZY10800/28/63/176	SL—1000	DBT3—ACF173×1000
平朔二号井	13.2	2	综放	957.8	ZFS10000/23/37/203	JOY(7L3A)	SGZ1000/2×1000
大柳塔活鸡兔井	3.5	1	综采	950.8	JOY(2×7625)/170	JOY(6LS—5)	JOY(700+522)
平朔一号井	12.91	5	综放	936.0	ZFS8000/23/37/166 ZFS8000/23/37/7	SL—750	SGZ1000/2×700(前) SGZ1200/2×700(后)
羊肠湾	7.0	8	综采	930.0	ZY10000/28/62D/200	JOY(7LS7)	AFC3×855
万利一矿	5.06	3	综采	896.0	ZY8600/24/50D/174	MG750/1915—CWD	SGZ1000/3×700
塔山矿	13.2	4	综放	882.8	ZF13000/25/38/113 ZFG13000/26.5/38/7	SL—500	PF6/1142(前) PF6/1342(后)
榆家梁	4.39	1	综采	854.9	EKF(162/210)	JOY(7LS6)	JOY(AF7)
寺　河	6.3	4	综采	805.9	ZY12000/173	SL—500	JOY(3×855)

复习思考题

1. 试述采煤工艺、采煤循环、作业方式的基本概念。
2. 简述影响长壁工作面长度的因素。
3. 简述提高机采工作面采煤机开机率的途径。
4. 简述采煤工作面作业规程的内容和编制方法。
5. 简述综采工作面设备配套的内容和要求。
6. 简述采煤工作面实中心和虚中心调斜的方法和区别。
7. 简述综采工作面设备拆除、安装时期的顶板控制方法,安装、拆除的顺序和过程。

第四章　单一走向长壁采煤法

单一走向长壁采煤法，是指长壁工作面沿走向推进，通过机械一次将整层煤采出的采煤法，主要用于近水平、缓(倾)斜和中斜煤层。20 世纪 80 年代以来，由于采用了新型综采设备，我国已有一定数量的矿井对 3.5～7.0 m 厚的近水平和缓(倾)斜煤层成功地实现了一次采全厚开采。

第一节　采区巷道布置和生产系统

一、采区巷道布置

单一走向长壁采煤法的采区巷道布置如图 4-1 所示。该采区划分为 3 个区段，准备该采区时，在采区运输石门接近煤层处开掘采区下部车场。从该车场向上，沿煤层同时开掘轨道上山和运输上山，至采区上部边界后通过采区上部车场与采区回风石门连通，形成通风系统。

采区巷道掘进的原则是：尽量平行作业，尽快形成全负压通风系统。

为准备第一区段内的采煤工作面，在该区段上部开掘工作面回风平巷。在上山附近第一区段下部开掘中部车场。用双巷布置和掘进的方法，向采区两翼边界同时开掘第一区段工作面运输平巷和第二区段工作面回风平巷，回风平巷超前运输平巷 100～150 m 掘进，两巷道间每隔 100 m 左右用联络巷连通，沿倾斜方向两巷道间的煤柱宽度一般为 8～20 m。采深较小、煤层较硬和较薄时取小值，反之取大值。

本区段的运输平巷、回风平巷和下区段的回风平巷掘至采区走向边界后，在长壁工作面始采位置处沿倾斜方向由下向上开掘开切眼。工作面投产后，开切眼就成为初始的工作面。

在掘进上述巷道的同时，还要开掘采区煤仓、变电所、绞车房和绞车房回风斜巷，在以上巷道和硐室中安装并调试所需的提升、运输、供电和采煤设备后，第一区段内的两翼工作面便可投产。

这种先开掘出回采巷道、然后采煤工作面由采区边界向上山方向推进的开采顺序，称为工作面后退式开采顺序。

随着第一区段工作面采煤的进行，应及时开掘第二区段的中部车场、运输平巷、开切眼和第三区段的回风平巷，准备出第二区段的工作面，以保证采区内工作面的正常生产和接替。

工作面推进到 19 位置后终采，上山两侧各留 15～20 m 宽的保护煤柱。

二、采区生产系统

采区生产系统，由采区正常生产所需的巷道、硐室、装备、管线和动力供应等组成。

1. *运煤系统*

运输平巷内多铺设胶带输送机运煤。根据倾角不同，运输上山内可选用胶带输送机、刮板输送机或自溜运输方式。

运到工作面下端的煤，经运输平巷和运输上山到采区煤仓上口进入采区煤仓，在采区运输石门的采区煤仓下口装车，而后整列车驶向井底车场。采区下部车场中也可以布置双石

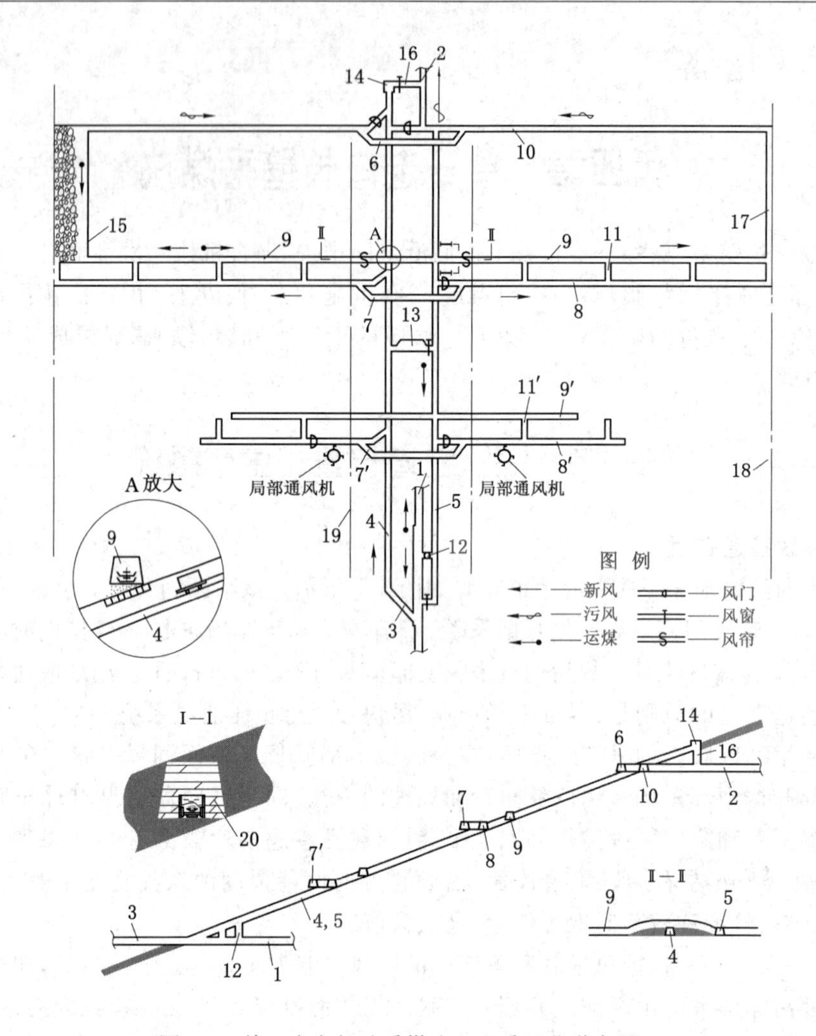

图 4-1　单一走向长壁采煤法上山采区巷道布置

1——采区运输石门；2——采区回风石门；3——采区下部车场；4——轨道上山；5——运输上山；6——采区上部车场；7,7′——采区中部车场；8,8′,10——区段回风平巷；9,9′——区段运输平巷；11,11′——区段联络巷；12——采区煤仓；13——采区变电所；14——采区绞车房；15——采煤工作面；16——采区绞车房回风斜巷；17——开切眼；18——采区走向边界线；19——工作面终采线；20——木板

门，分别铺设轨道和胶带输送机，此时采区煤仓中的煤经采区石门中的胶带输送机转运至大巷胶带输送机。

2. 通风系统

为排出和冲淡采煤和掘进工作面的煤尘、岩尘、烟雾以及由煤层及围岩中涌出的瓦斯，改善采掘工作面作业环境，必须源源不断地为采掘工作面和一些硐室供应新鲜风流。在采区上山没有与采区回风石门掘通之前，上山掘进通风只能靠局部通风机供风。

① 采煤工作面——新鲜风流从采区运输石门进入，经下部车场、轨道上山、中部车场、分两翼经下区段的回风平巷、联络巷、运输平巷到达工作面。工作面出来的污风进入回风平巷，右翼直接进入采区回风石门，左翼经车场绕道进入采区回风石门。为减少漏风，在靠近上山附近的运输平巷中用木板封闭，只留出运输机的断面并吊挂风帘。

② 掘进工作面——新鲜风流从轨道上山经中部车场分两翼送至平巷，经平巷内的局部通风机通过风筒压入掘进工作面，压入式局部通风机距回风口不得小于 10 m；污风流通过联络巷进入运输平巷，经运输上山排入采区回风石门。

③ 硐室——采区绞车房和变电所需要的新鲜风流由轨道上山直接供给，绞车房和变电所内的污风经调节风窗分别进入采区回风石门和运输上山。煤仓不通风，底部必须有余煤，煤仓上口直接由采区运输石门通过联络巷中的调节风窗供风。

3. 运料排矸系统

第一区段内采煤工作面所需的材料和设备由采区运输石门运入下部车场，经轨道上山由绞车牵引至上部车场，然后经回风平巷送至两翼工作面。区段运输平巷和下区段回风平巷所需的物料自轨道上山经中部车场运入。掘进巷道中所出的煤和矸石一般利用矿车从各平巷运出，经轨道上山运至下部车场。

4. 供电系统

高压电缆经采区运输石门、下部车场、运输上山至采区变电所或工作面移动变电站，经降压后分别引向采掘工作面的用电装备、绞车房和运输上山输送机等用电地点。

5. 压气和供水系统

掘进采区车场、硐室等岩石工程所需的压气、工作面平巷以及上山输送机装载点所需的降尘喷雾用水，分别由专用管路送至采区用气和用水地点。

三、采区内巷道的类型

构成采区完整生产系统必须开掘下列巷道。

1. 回采巷道

回采巷道直接服务于采煤工作面，由区段平巷和开切眼组成。区段平巷沿采区横向布置，其中区段运输平巷简称为机巷，区段回风平巷简称为风巷或轨巷。

2. 上山

上山服务于采区内的各区段，沿采区纵向布置，分运输上山和轨道上山。采区生产能力较大或瓦斯涌出量较大时，还需增设专用的通风或行人上山。

3. 车场

采区车场有上部车场、中部车场和下部车场之分，用其将上山与区段平巷或上山与阶段大巷相连。

4. 硐室

硐室用于安装采区机械和电气设备，贮存和转运煤炭，由绞车房、变电所和煤仓等组成。

5. 联络巷道

联络巷道附属于上述各类巷道，连接不同类型或相同类型的巷道。

四、区段参数

区段参数包括区段走向长度和区段倾斜长度。

1. 区段走向长度

区段走向长度，即采区走向长度。区段或采区一翼走向长度，即为采煤工作面连续推进长度。

我国 2005 版《煤炭工业矿井设计规范》对采煤工作面连续推进长度的下限规定如下——缓(倾)斜煤层综采，采区一翼走向长度和倾斜分带斜长不宜少于工作面一年的连续推进长度，普采采区一翼不宜少于 0.6 km；开采技术条件简单、不受断层限制、综采装备水平较高时，工作面推进方向上的长度不宜小于 3.0 km。

我国 2015 版《煤炭工业矿井设计规范》规定：近水平及缓倾斜煤层，在不受断层等构造限制时，其采区一翼不宜少于采煤工作面连续推进一年的长度，由此也就决定了区段走向长度的主要部分。

对于顶板破碎、巷道维护困难、地质构造复杂、自然发火期短或倾角较大的煤层以及装备水平低的小型矿井，采区走向长度可适当缩短。

随着煤巷综合机械化掘进技术的发展、煤巷支护技术的改进、长距离高可靠性胶带输送机和移动变电站的应用，掘进、维护、运输和供电对回采巷道走向长度的制约逐渐减少，区段走向长度有明显的加大趋势；另外，由于采煤工作面装备水平和单产提高，矿井内同时生产的采区和工作面数量减少，客观上也要求加大采区走向长度。

加大区段走向长度可以减少阶段内或井田内的采区数目，从而减少采区内的准备巷道掘进工程量、维护工程量、装备安装工程量、采区边界煤柱和上山煤柱损失以及减少采煤工作面搬家次数。

目前，我国一些现代化矿井的采区或盘区常布置多套上山或石门，从而实现了工作面跨上山或跨石门连续开采，部分工作面的连续推进长度已增加到 2 500 m 以上。我国综采工作面最长的连续推进长度已达 6 280 m。

2. 区段倾斜长度

如图 4-2 所示，区段倾斜长度为采煤工作面长度、区段煤柱宽度和区段上、下平巷宽度之和。

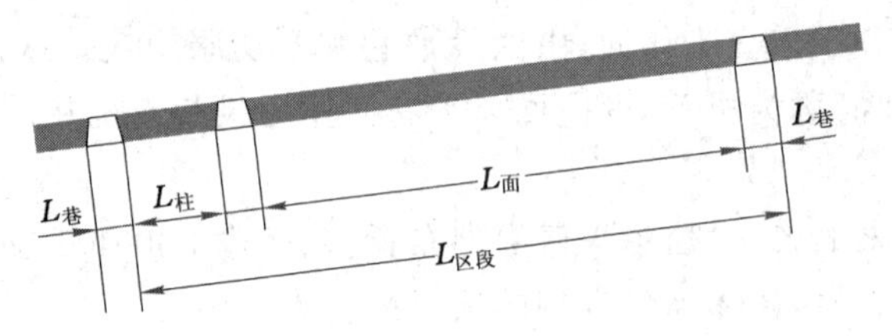

图 4-2 区段倾斜长度

区段煤柱的宽度（$L_{柱}$）——在双巷布置和掘进情况下一般为 8～20 m，在无煤柱护巷情况下为 0～5 m。区段巷道的宽度（$L_{巷}$）——一般为 2.5～5.5 m，炮采工作面和普采工作面一般为 2.5～3.5 m，综采工作面一般为 3.5～5.5 m。

我国煤矿长壁工作面长度一般为 120～350 m。炮采工作面长度一般小于普采和综采工作面长度，综采工作面长度不宜小于 200 m。

第二节 回采巷道布置分析

采煤工作面的运输平巷和轨道平巷必须布置在煤层中、与长壁工作面上、下出口相连，其断面应符合运输、通风、行人和安全等要求。

回采巷道布置，主要是指运输平巷和轨道平巷的布置，涉及坡度、方向、位置、断面、数目及与工作面开采的时空关系。

一、区段平巷的功能和装备

1. 运输平巷

运输平巷一般布置在工作面下端。其主要作用是运出煤炭和引入新风。

在综采工作面，为适应产量大和工作面快速推进的需要，运输平巷中均布置可伸缩胶带输送机与转载机配合运煤。

在一般的普采工作面，运输平巷中也多采用可伸缩胶带输送机与转载机配合运煤；在产量较小的普采和炮采工作面，运输平巷内可以铺设多部刮板输送机串联运输，一部刮板输送机长度一般为 100～200 m。

2. 轨道平巷

轨道平巷一般与工作面上端直接相连，一般铺设轨道、采用矿车运送设备和材料，并用于工作面生产期间排放污浊风流，故也称之为回风平巷。

二、区段平巷的坡度和方向

1. 区段平巷按中线和按腰线施工的差异

区段平巷总的延伸方向是煤层的走向方向，坡度相对较小，除在巷道设计、施工时要加以注明外，一般均以平巷对待。实际上，区段平巷并不是绝对水平的，在局部范围可能与煤层走向斜交，为便于排水和有利于矿车运输，可按 0.3%～1.0%的坡度布置和掘进；有些情况下为满足采煤工艺和合理的巷道布置要求，坡度可能变化更大一些。

区段平巷掘进时，用中线控制巷道的延伸方向、用腰线控制巷道的坡度或高低。按中线掘进，巷道相当于铅垂面与煤层层面相交后的交线；按腰线掘进，巷道相当于水平面与煤层层面相交后的交线。如图 4-3 所示，当煤层走向方向不变时，按中线或按腰线掘出的巷道是一致的；在煤层走向发生变化时，按中线或按腰线掘出的巷道相差较大，前者在煤层底板等高线图上是直线、方向不变但高低不平，后者随煤层底板等高线延伸的方向变化而变化而坡度却是一定的。

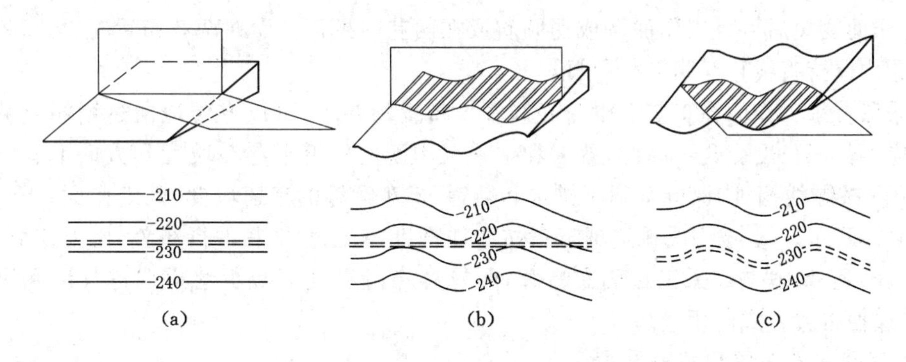

图 4-3　区段平巷按中线和按腰线掘进

(a) 按中线和腰线掘进　(b) 按中线掘进　(c) 按腰线掘进

在回风平巷内铺设轨道用矿车运输时，有利于矿车运输的巷道应当基本水平、只保持一定的流水坡度，可允许巷道有一定弯曲；在运输平巷中铺设输送机运输时，有利于输送机运输的巷道投影在水平面应保持直线，坡度可以有一定变化，以适应输送机直线铺设和运输要求。即使采用可弯曲刮板输送机运煤，也应尽量保持直线铺设，以便减少运行阻力、更好地发挥设备效能。

区段回风平巷按腰线掘进有利于轨道矿车运输和排水。区段运输平巷按中线掘进有利于输送机运输，但巷道高低不平，需设置多台小绞车以完成辅助运输任务，同时需通过小水泵排水。

对于铺设有胶带输送机或刮板输送机的运输平巷，必须按中线掘进或分段按中线掘进且应有较长的分段长度。

2. 采煤工艺对区段平巷坡度和方向的要求

在煤层走向方向不变条件下，回采巷道可以同时按有利于两种不同运输方式的坡度和方向掘进，所形成的工作面必定等长。在煤层走向发生变化条件下，区段平巷的坡度和方向必须考虑采煤工艺对工作面长度的要求。

由于搬运困难，综采工作面投产至终采前一般不再增添或撤除工作面内的液压支架，液压支架的架数在工作面内为定值，这必然要求工作面等长布置。因此，工作面轨道平巷必须与运输平巷平行布置，按中线掘进或分段按中线掘进，且要有较长的分段长度。综采工作面回采巷道一般采用如图 4-4(a)和(b)所示的布置方式。

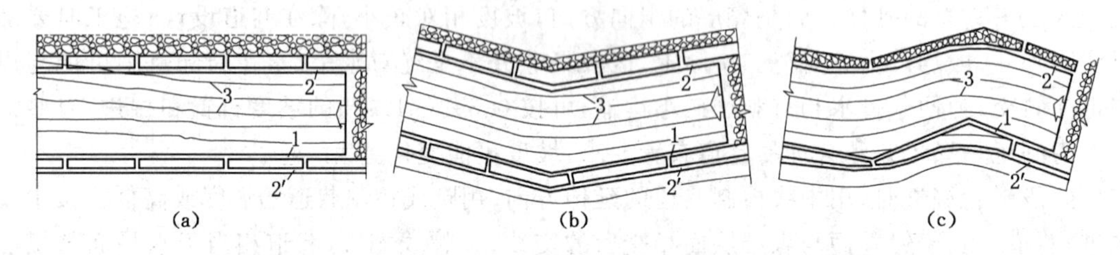

图 4-4　工作面回采巷道布置图

(a) 区段平巷按中线掘进　(b) 区段平巷分段按中线掘进　(c) 运输平巷分段按中线掘进，轨道平巷按腰线掘进

1——运输平巷；2——本区段轨道平巷；2′——下区段轨道平巷；3——煤层底板等高线

在实际生产中，由于煤层倾角不断变化，综采工作面变长后需在端部增添单体液压支柱支护，工作面变短后可将工作面调成伪倾斜或在两巷中扩帮。而在两巷布置时，力求做到上下两平巷均保持直线且互相平行布置。

炮采和普采工作面在工艺上没有必须等长布置的要求，可以方便地通过增添或减少支柱以适应工作面长度变化。因此，普采和炮采工作面的轨道平巷在坡度和方向上有以下两种选择：① 按腰线掘进，保持有利于排水和轨道、矿车运输的巷道坡度，而工作面却不等长，如图 4-4(c)所示。② 按中线掘进或分段按中线掘进，与运输平巷平行布置，使工作面等长，如图 4-4(b)所示，这与综采工作面布置相同，这样布置有利于减少巷道掘进长度和煤柱损失，目前这种布置方式应用较多。

三、区段平巷布置和掘进方式

采用后退式回采顺序的长壁工作面，其区段平巷的布置和掘进方式主要涉及区段回风平巷，可分为双巷布置、多巷布置、单巷布置和沿空留巷布置。

1. 双巷布置和掘进

如图 4-5(a)所示，本区段的运输平巷与下区段的轨道平巷同时掘进，两巷间一般留 8～20 m 的区段煤柱。对于严重冲击地压厚煤层，《煤矿安全规程》规定：煤层中的巷道应当布置在应力集中区外。双巷掘进时 2 条平行巷道在时间、空间上应当避免相互影响。

采用双巷布置和掘进方式时，运输平巷按中线或分段按中线掘进；而轨道平巷有两种情

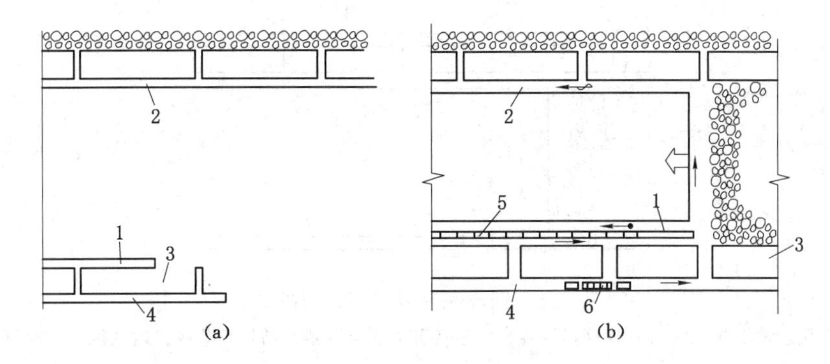

图 4-5　区段平巷双巷布置与掘进

(a) 掘进期间　(b) 生产期间

1——本区段运输平巷；2——本区段轨道平巷；3——区段煤柱；

4——下区段回风平巷；5——输送机；6——开关、泵站和电气设备

况：① 按腰线超前工作面运输平巷掘进，这既可探明煤层走向变化、为运输平巷确定方向，又便于辅助运输和排水，形成的巷道布置如图 4-4(c)所示；② 按中线或分段按中线掘进，与运输平巷平行布置，形成的巷道布置如图 4-5 和图 4-4(b)所示，这样掘进常会失去定向作用，亦不便于辅助运输和排水。普采和炮采工作面既可以采用前者也可以采用后者，目前多采用后者，综采工作面则必须采用后者。

在瓦斯含量较大、一翼走向长度较长的采区，采用双巷布置和掘进有利于掘进通风和安全。在综采工作面，可将胶带输送机和其他电气设备分别布置在两条巷道内。运输平巷随采随弃，布置电气设备的平巷加以维护，作为下一工作面的回风平巷。

采用双巷布置和掘进，下区段的轨道平巷受开采影响较小时，上下区段工作面接替容易；生产期间工作面下方有两条通道与上下山相连，通风、运料和行人均很方便。

由于留设了区段煤柱，双巷布置和掘进降低了采区采出率，本区段工作面开采对下区段回风平巷有一定影响，其影响程度取决于采深、采厚、煤柱宽度、煤层顶底板岩性。有些情况下虽有区段煤柱护巷，但巷道维护仍然较困难，常需要较高的维护费用且会增加联络巷的掘进费用及相应的密闭费用。在采深较大而又无瓦斯抽采要求的条件下，双巷布置和掘进已少用。

在采用连续采煤机掘进回采巷道且工作面装备机械化水平高的矿井，为充分发挥采掘装备的作用，多采用双巷或多巷布置和掘进方式。

针对瓦斯涌出量大，在风速已达到最高允许值后，回风巷风流中的瓦斯浓度仍不符合要求的条件下，一些矿井在工作面回风巷一侧曾布置过专用排瓦斯巷，利用其排放瓦斯，该巷也称瓦斯尾巷。由此形成了布置专用排瓦斯巷的回采巷道双巷布置与掘进方式，如图 4-6 所示。

针对高瓦斯问题，目前，采用同样的双巷布置与掘进方式，瓦斯抽采巷已取代了专用排瓦斯巷，利用该巷布置抽采管路，并与瓦斯抽采系统连通，在工作面生产之前或生产期间抽采瓦斯。瓦斯抽采巷也称低抽巷。

另外，不是专门针对瓦斯问题，有些矿井根据生产需要，在工作面一侧也布置两条回风巷，由此也形成了回采巷道双巷布置与掘进方式及工作面 U+L 形通风方式。

图 4-6 中的联络巷 4 是否布置密闭取决于巷道 3 的功能。

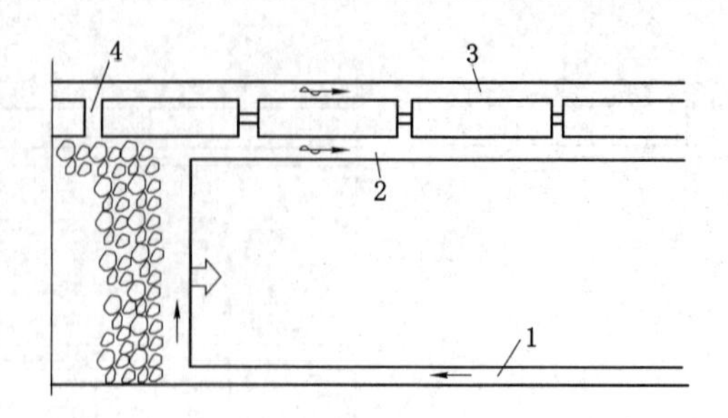

图 4-6　区段平巷双卷布置与掘进

1——区段运输平巷；2——区段回风平巷；3——专用排瓦斯巷或瓦斯抽采巷或回风平巷；4——联络巷

为了减少本区段工作面开采对下区段回风平巷的影响，少数矿井把区段煤柱加大到25～30 m甚至更大，如图 4-7 所示，所留的区段煤柱在下区段工作面生产期间用沿空掘巷方法回收。这种布置的主要缺点是增加了一条平巷和联络巷的掘进工程量，工作面边生产边开掘巷道存在采掘干扰，工作面通风、煤壁侧装备布置和管理趋于复杂，已较少使用。

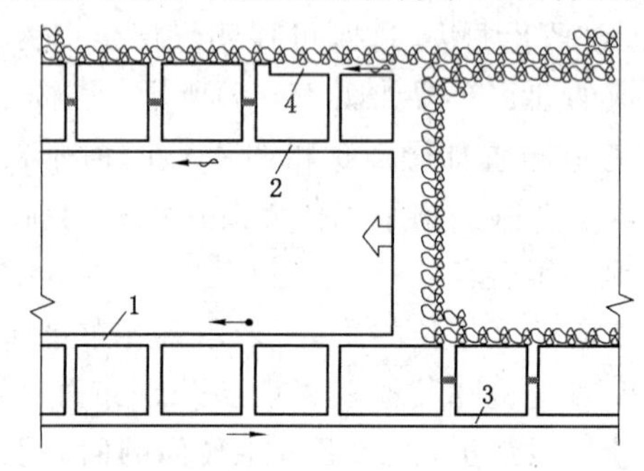

图 4-7　区段平巷双巷布置和掘进，沿空掘巷回收区段煤柱

1——本区段运输平巷；2——本区段回风平巷；3——下区段回风平巷；4——沿采空区边缘随采随掘平巷

2. 多巷布置和掘进

在国内外一些开采条件好、煤层瓦斯含量高且采用连续采煤机掘进回采巷道的高产高效矿井，为了充分发挥连续采煤机掘进巷道的优势和满足高产条件下通风安全要求，区段巷道常采用多巷布置和掘进方式，区段间留有煤柱，辅助运输多采用无轨胶轮车，这种布置和掘进方式如图4-8 所示。

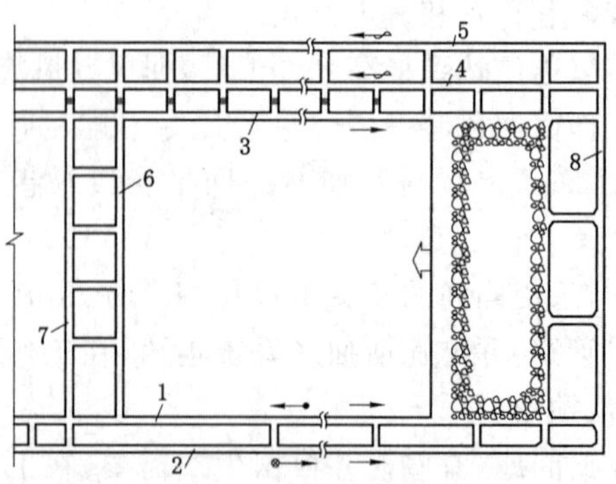

图 4-8　区段平巷多巷布置和掘进

1——运输进风平巷；2——运料进风平巷；3——进风平巷；4,5——回风平巷；6,7——撤架通道；8——瓦斯尾巷

3. 单巷布置和掘进

目前，在瓦斯涌出量不大、煤层赋存较稳定、涌水量不大时，区段平巷一般采用单巷布置和掘进。如图 4-9 所示，上区段的运输平巷和下区段的回风平巷均为单巷掘进，下区段的回风平巷一般在相邻工作面开采完毕、采空区上方一定范围岩层活动基本稳定后再开掘。

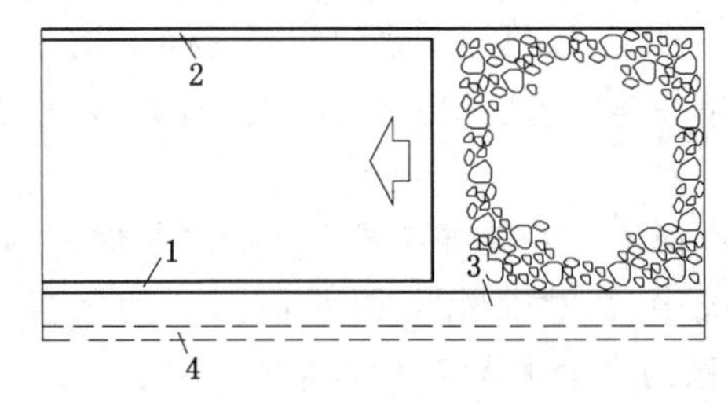

图 4-9　区段平巷单巷布置和掘进

1——本区段运输平巷；2——本区段回风平巷；3——区段煤柱；4——待掘的下区段回风平巷

区段平巷单巷布置和掘进可以使下区段的回风平巷避免受上区段工作面开采期间的采动影响，缩短了维护时间；巷道较长时掘进通风比双巷布置和掘进困难，且不利于区段间工作面接替，同时需要增大巷道断面，以满足生产需要。

在加强掘进通风管理、改用大功率通风机、减少风筒漏风等措施后，单巷掘进的长度一般可达 2 000 m，甚至更长。

根据下区段回风平巷与上区段工作面采空区之间的距离，下区段工作面回风平巷单巷布置和掘进可以进一步分为留煤柱护巷和沿空掘巷。

① 留煤柱护巷——留煤柱护巷的区段煤柱宽度一般为 6～20 m，同样也存在降低或避开侧向固定支承压力对下区段工作面回风平巷影响的问题。留煤柱护巷增加了煤炭损失，受侧向固定支承压力影响的回风平巷维护仍比较困难（特别是在深矿井中）。从发展趋势看，区段平巷单巷布置和掘进多采用沿空掘巷。

② 沿空掘巷——如图 4-10 所示，沿空掘巷就是沿采空区边缘开掘巷道，上下区段间不留煤柱或只留 3～5 m 宽的挡矸、阻水或阻隔采空区有害气体的隔离煤柱。理论和实践均证明，沿空掘巷有利于巷道维护且减少了区段煤柱损失。在瓦斯涌出量不大、煤层赋存稳定的条件下，我国煤矿特别是进入深部开采的煤矿，其回风平巷一般均采用单巷布置和掘进、沿空掘巷方式。

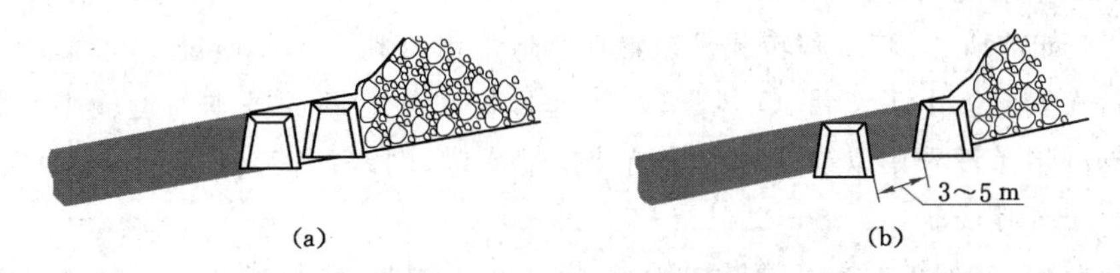

图 4-10　沿空掘巷的巷道位置

(a) 完全沿空掘巷　(b) 留小煤柱沿空掘巷

沿空掘巷虽然并没有减少区段平巷的掘进长度，但不留或只留很窄的煤柱既减少了煤炭损失，亦减少了区段平巷之间的联络巷道，特别是减少了巷道维护工程量，甚至基本上不需维修，易于推广。

沿空掘巷必须在采空区垮落的顶板岩层活动稳定后掘进，否则掘进的巷道要受移动支承压力的剧烈影响，掘进期间就需要维修、甚至难以维护。因此，掌握好掘进滞后于回采的间隔时间十分重要，需要根据煤层和顶板条件并通过观测和试验确定沿空巷道的位置和掘进与回采的间隔时间。一般情况下，间隔时间应不小于 3 个月，通常为 4～6 个月，个别情况下要求 8～10 个月，坚硬顶板比松软顶板需要的间隔时间更长。

回采巷道沿空掘巷的单一煤层采区内工作面的接替方式，取决于同时生产的工作面个数和采区巷道布置类型。

由一个采煤工作面生产保证单一煤层双翼采区的产量时，工作面可在同一区段内左右两翼跳采，区段间可以依次接替，这是沿空掘巷最简单的区段或工作面接替方式，如图 4-11(a)所示。单一煤层采区内多个采煤工作面同时生产时，区段间或区段内各工作面需要通过跳采接替，如图 4-11(b)所示。

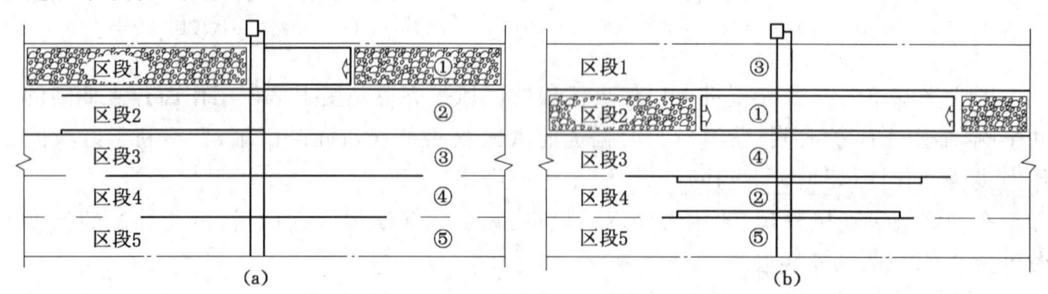

图 4-11　回采巷道沿空掘巷的采煤工作面接替

(a) 采区内一个工作面生产，区段间依次接替　(b) 采区内多工作面生产，区段间跳采接替

①～⑤——工作面开采顺序

跳采接替方式使生产系统分散、工作面搬家距离变远，相邻区段采空后回采中间区段时出现“孤岛”工作面，工作面和区段上下平巷的矿山压力显现强烈，在深部煤层开采时易诱发冲击地压。因此，应尽量减少采区内同采工作面个数、提高工作面单产，以实现回采巷道沿空掘巷和区段间依次接替。沿空掘巷在我国应用广泛，多用于开采近水平、缓(倾)斜、中斜中厚煤层和厚煤层。

③ 巷内设备布置——如图 4-12(a)所示，综采设备集中布置在区段运输平巷，一侧需设置转载机和胶带输送机，另一侧设置泵站及移动变电站等设备，故巷道断面较大，一般应在 12 m^2 以上。如前所述，胶带和转载机布置在巷道下帮有利于工作面进刀，布置在上帮有利于巷道中行人安全。由于产量大、风量大，工作面回风平巷断面基本与运输平巷相同或略小。可根据围岩条件采用以锚杆为主的锚、网、带或锚、网、索、带支护，或采用梯形金属棚、U 型钢拱形可缩棚支护。

在低瓦斯矿井，如果回采巷道断面较小、设备布置困难、煤层倾角小于 10°、工作面允许采用下行通风条件下，也可采用将配电点和变电站布置在区段上部平巷中，如图 4-12(b)所示，称综采设备分巷布置。为使机电设备布置在进风流巷道中，可采用工作面上部平巷进风、下部运输平巷回风的通风方式，但此种布置方式应尽量少用。

④ 高产高效综采工作面单巷加中切眼布置——采煤工作面的连续推进长度较大时，掘进工作面的通风是制约单巷掘进长度的主要因素，尤其是在高瓦斯条件下。

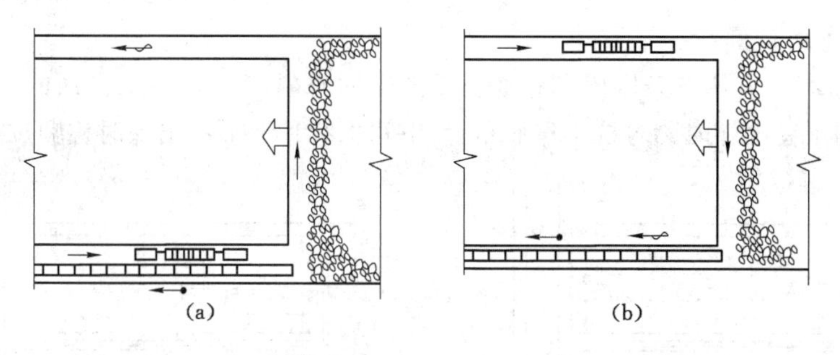

图 4-12　区段平巷单巷布置和掘进的综采设备布置图

(a) 设备集中布置　(b) 设备分巷布置

为克服长距离掘进工作面通风困难，一些综采工作面常在推进方向的中部布置中切眼，连通运输平巷和回风平巷，如图 4-13 所示。

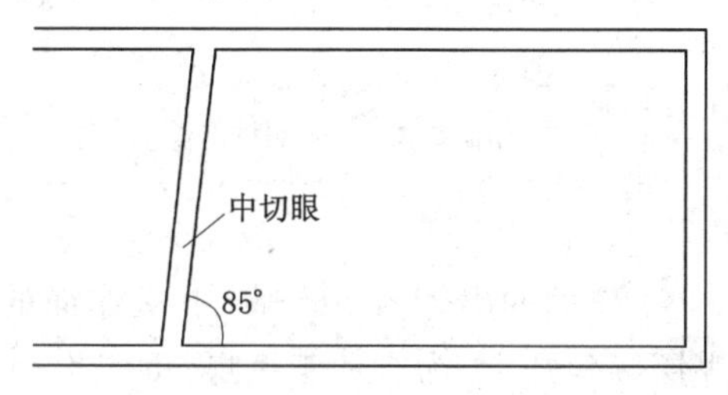

图 4-13　综采工作面单巷加中切眼布置图

中切眼位置可根据工作面连续推进长度和设备性能确定，应避开应力集中区，选择围岩稳定、无淋水地段，并要与区段平巷有 85°左右的交角，以利于采煤工作面分段通过。布置中切眼可以解决长距离单巷掘进的通风问题，并可缩短供风距离、减少风筒占用量、降低风阻、提高通风效率；还可加快巷道掘进速度，回风平巷掘进出煤可通过中切眼从运输平巷运出，而掘进所需材料则可由回风平巷运进；此外，还增加了安全避灾通道。采煤工作面生产时应加强通风管理，防止漏风；工作面通过中切眼前应提前加强中切眼支护。

4. 沿空留巷

工作面采煤后沿采空区边缘维护原回采巷道的护巷方法，称为沿空留巷。在图 4-14 中，就是保留本区段运输平巷作为下区段回风平巷。沿空留巷可完全取消区段煤柱，有利于区段间工作面接替；由于留巷期间所留巷道维护的难度较大，需要在巷旁支护或采取其他措施。该方法多应用在薄及中厚煤层中。

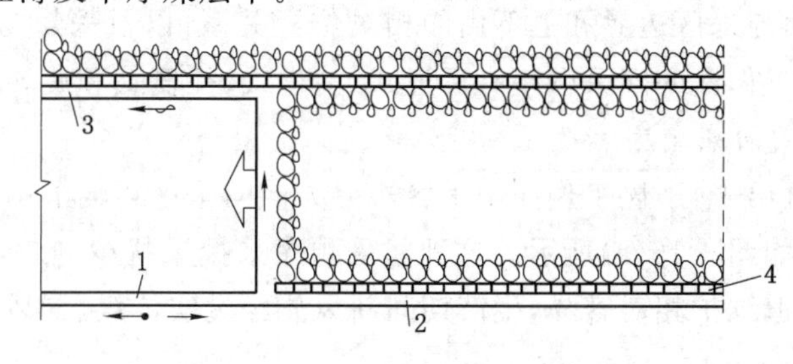

图 4-14　区段平巷沿空留巷

1——本区段运输平巷；2——下区段回风平巷；3——本区段回风平巷；4——巷旁支护

四、双工作面布置

如图 4-15 所示，利用 3 条区段平巷准备出两个同时生产的采煤工作面的布置，称为双工作面布置；中间平巷出煤时称对拉工作面布置，中间平巷和下平巷出煤时称顺拉工作面布置。

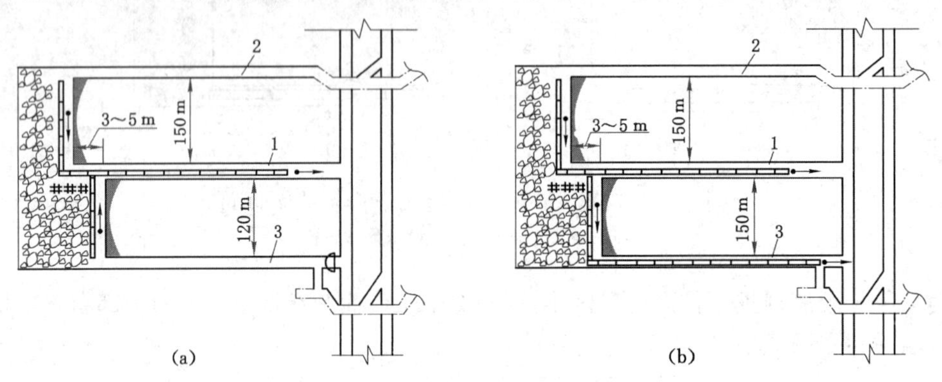

图 4-15 双工作面布置

(a) 对拉工作面布置 (b) 顺拉工作面布置

1——中间运输平巷；2——上轨道平巷；3——下平巷

对拉工作面生产期间，上工作面的出煤向下运输、下工作面的出煤向上运输，由中间共用的运输平巷运出。随着煤层倾角加大，为有利于运煤，下工作面的长度应比上工作面的长度短一些。上下两条区段平巷内铺设轨道，分别为上下两工作面运送材料和设备服务。

顺拉工作面生产期间，上下工作面的出煤均向下运输，由各自的运输平巷运出，两工作面可以等长布置。

双工作面有两种通风方式：① 中间运输平巷进风、上下区段平巷回风，或者上下平巷进风、中间平巷回风；② 由下平巷和中间运输平巷进风，上部轨道平巷集中回风。

生产期间上下工作面之间一般应保持一定错距，通常小于 5 m，该段多用木垛加强维护。双工作面布置可减少区段平巷的掘进量和维护量、提高产量。对拉工作面布置可提高运输平巷中的设备利用率，一般适用于薄煤层或厚度较小的中厚煤层、煤层倾角小于 15°、顶板中等稳定以上、瓦斯涌出量不大、工作面单产不高的炮采和普采工作面。顺拉工作面可缩短准备巷道维护时间，多用于煤层倾角大于 15°、顶板中等稳定以上、瓦斯涌出量不大、进入深部开采的工作面。

五、采煤工作面的回采顺序

根据长壁工作面与采区边界和上下山的相对位置关系，以及采煤与形成巷道在时间和空间上的关系，采煤工作面的回采顺序有后退式、前进式、往复式和旋转往复式等几种。

1. 工作面后退式回采顺序

回采巷道先开掘出来，采煤工作面由采区边界方向向采区运输上山方向推进，称为工作面后退式回采顺序，如图 4-16(a)所示。这种回采顺序采掘干扰少，在采煤前通过开掘巷道可探明煤层条件，巷道维护相对容易，生产期间新风先经过实体煤、漏风少，该回采顺序在我国煤矿普遍采用。

2. 工作面前进式回采顺序

回采巷道在工作面推进过程中通过沿空留巷形成，采煤工作面由采区运输上山附近向采

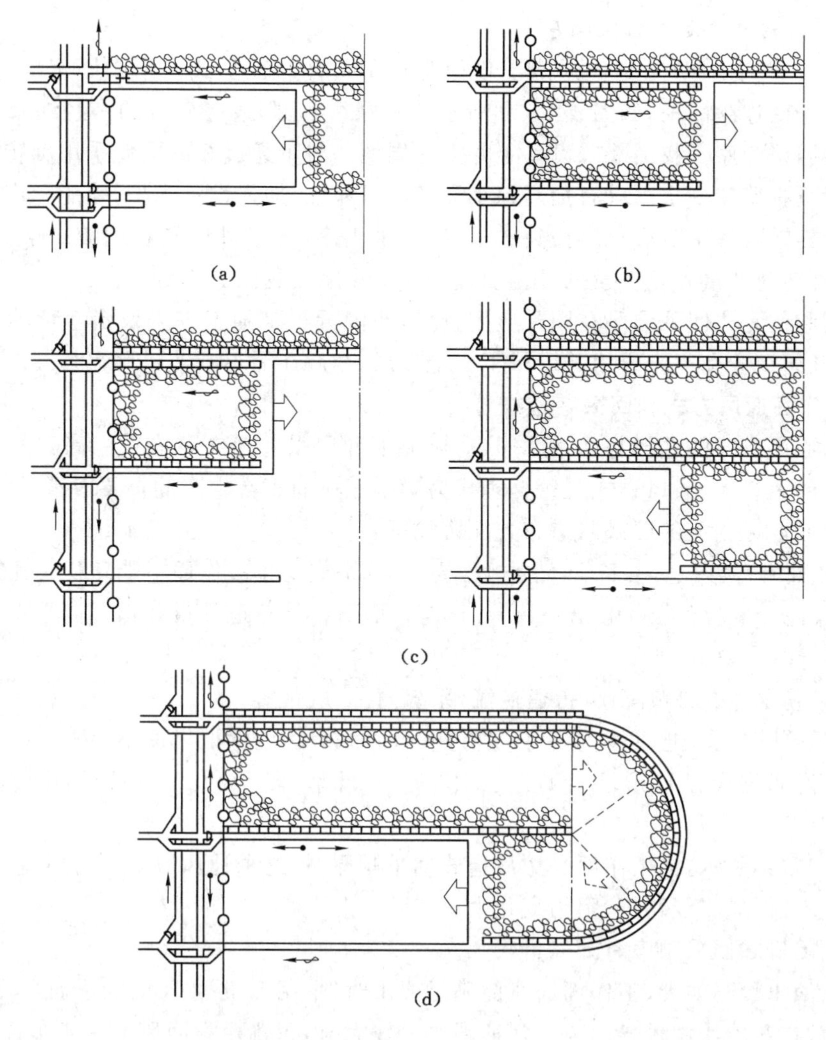

图 4-16　采煤工作面的回采顺序
(a) 后退式　(b) 前进式　(c) 往复式　(d) 旋转往复式

区边界方向回采，称为工作面前进式回采顺序，如图 4-16(b)所示。采用这种回采顺序，工作面上下平巷不需预先掘出，只需随工作面推进在采空区中保留下来，即沿空留巷。沿空留巷前进式采煤的优点是可减少平巷掘进工程量、提高采出率，但必须采取有效的手段维护巷道和防止漏风。由于工作面平巷不预先掘出，煤层赋存条件不明，形成巷道与采煤干扰大，生产期间新风先经过采空区、漏风大，巷道维护困难，因而这种回采顺序目前在我国少用。

《煤矿安全规程》规定：高瓦斯、突出、有容易自燃或者自燃煤层的矿井，不得采用前进式采煤方法。

3. 工作面往复式回采顺序

往复式回采顺序是前两种回采顺序的结合，如图 4-16(c)所示。往复式回采的主要特点是在上区段回采结束后工作面设备可直接搬迁至相邻工作面，可缩短设备搬运距离、节省搬迁时间，这对设备多的综采有利。在采区边界处布置有边界上山时，回采巷道不必沿空留巷，则应用更为有利。

4. 工作面旋转往复式回采顺序

旋转往复式回采顺序，是使采煤工作面旋转180°并与往复式回采顺序相结合，以实现工作面不搬迁而连续回采，如图4-16(d)所示。我国鸡西、阳泉等矿区的一些综采工作面曾试验过这种回采顺序。我国综采设备上井大修周期一般不超过2 a，因此采用旋转往复式回采顺序一般只宜旋转一次。只有提高综采设备的可靠性、加强设备维护，才能允许多次旋转往复。由于旋转式回采时边角煤损失较多、影响采出率，技术操作和管理较复杂，容易损坏装备，导致旋转时产量和效率较低，因此，这种回采顺序在我国应用更少。

前进式和往复式回采顺序在国外应用较多，我国近年来随着综采及沿空留巷和护巷技术的发展，开始试验和逐步应用并取得了一定效果，今后还需不断改进和完善。

六、工作面通风方式和回采巷道布置

工作面通风方式的选择与回采顺序、通风能力和回采巷道布置有关。高瓦斯矿井和高温矿井需要的风量大，通风方式是否合理成为影响工作面正常生产的重要因素。

与工作面通风相关的回采巷道布置原则如下：

① 工作面有足够风量并符合安全规程要求，特别应防止工作面上隅角积聚瓦斯。

② 无煤柱开采沿空掘巷和沿空留巷时，应采取防止从巷道两帮和顶部向采空区漏风的措施。

③ 风流应尽量单向顺流、少折返逆流，系统简单、风路短。

④ 根据通风要求，进、回风巷应有足够的断面和数目，应保证风速不超限。

工作面通风方式有U形、U+L形、Z形、Y形、H形、W形和三进两回等几种。

1. U形通风

如图4-17(a)所示，当工作面采用后退式回采顺序时，这种通风方式具有风流系统简单、漏风小等优点，但风流线路长、阻力变化大。

当采用前进式回采顺序时漏风量较大。

当瓦斯涌出量不太大、工作面通风能满足要求时，采用U形通风的巷道布置简单、维护容易。目前，在我国使用较普遍。当瓦斯涌出量较大时，布置两条回风平巷或布置专用瓦斯排放巷(见图4-6)，则称为工作面U+L形通风。

2. Z形通风

如图4-17(b)所示，由于进风流与回风流的方向相同，故也称为顺流通风方式。当采区边界布置有回风上山时，采用这种通风方式配合沿空留巷可使区段内的风流路线短而稳定。当同时采用往复式回采时，通风效果比U形好。

3. Y形通风

如图4-17(c)所示，当采煤工作面产量大、瓦斯涌出量大时，采用这种方式可以稀释回风流中的瓦斯。

对于综采工作面，上、下平巷均进新鲜风流有利于上、下平巷安装机电设备，可防止工作面上隅角积聚瓦斯和保证足够风量。这种方式也要求边界设有回风上山。当无边界回风上山、区段回风平巷设在上平巷进风平巷上部(留设区段煤柱护巷)时，则称为偏Y形通风(即图4-6中，将巷2改为进风巷时)。

4. H形通风

如图4-17(d)所示，H形通风与Y形通风的区别是：工作面两侧的区段运输、回风平巷

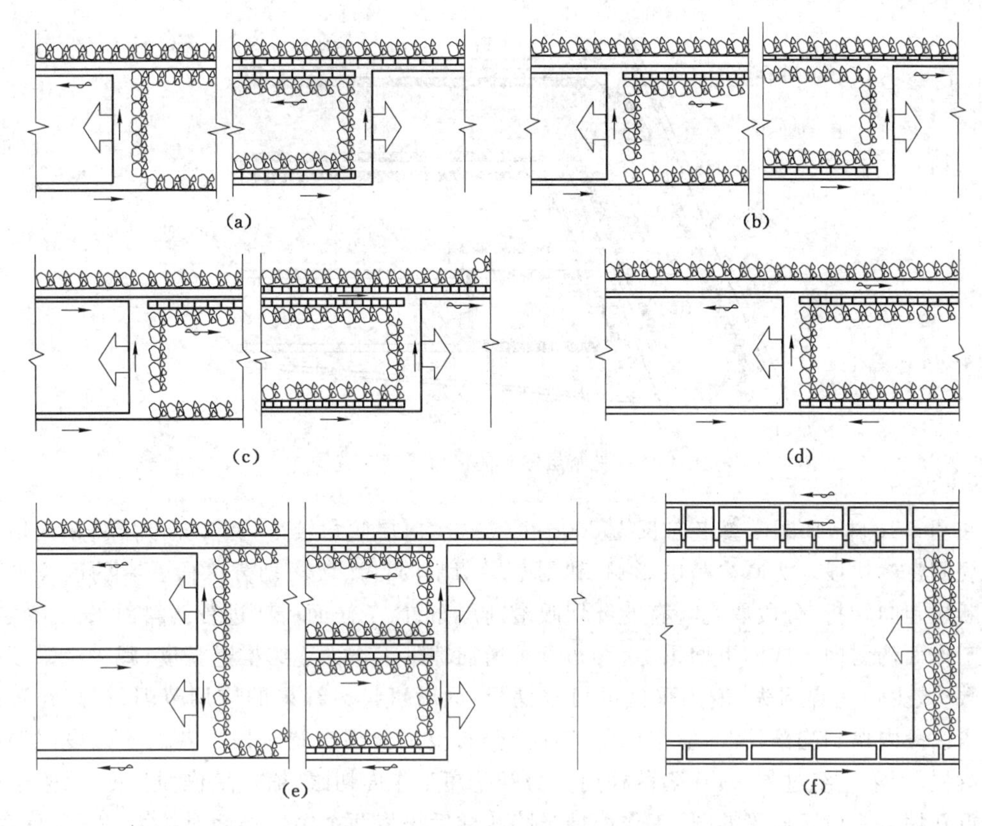

图 4-17 工作面通风方式示意图

(a) U形通风方式 (b) Z形通风方式 (c) Y形通风方式 (d) H形通风方式

(e) W形通风方式 (f) 三进两回通风方式

均进风或回风，增加了风量，有利于进一步稀释瓦斯。这种方式通风系统较复杂，区段运输平巷、回风平巷均要先掘后留，掘进和维护工程量较大，故很少采用。

5. W形通风

如图 4-17(e)所示，当采用双工作面布置时，可用上、下平巷同时进风(或回风)和中间平巷回风(或进风)的方式。采用W形通风方式有利于满足上、下工作面同采以实现集中生产的要求。这种通风方式的主要特点是不用设置第二条风道；若上、下平巷进风，在这些巷中回撤、安装、维修采煤设备等有良好作业环境；同时，易于稀释工作面瓦斯，使上隅角瓦斯不易积聚，且排放炮烟和煤尘的速度快。

6. 三进两回通风

如图 4-17(f)所示，在采高大、工作面连续推进长度大、产量高的高瓦斯矿井，回采巷道可采用多巷布置、三进两回通风方式。由于巷道多、巷道之间的横贯多，在开采过程中必须根据工作面推进位置及时封闭横贯以里的巷道，以抑制采空区瓦斯向工作面涌出。

七、地质构造对回采巷道布置的影响

地质构造，如断层、陷落柱、无煤带等均会对回采巷道布置产生影响。在这类条件下巷道布置应以不影响和少影响工作面正常开采为原则，并尽可能多回收资源。图 4-18 为采区内断层较多时区段平巷布置示例。

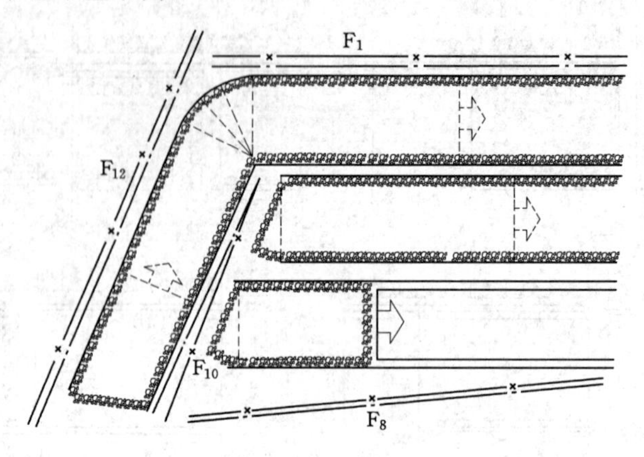

图 4-18　受断层影响的区段平巷布置图

在图 4-18 中，采区一翼走向长为 800～1 000 m，煤层倾角较小，有多条断层将采区切割成不规则自然块段。为减少断层影响，利用断层切割的自然块段划分区段。有的区段平巷根据断层走向转折，分段取直。有的开切眼沿断层布置，工作面初期进行调斜回采。折线布置使工作面伪斜向上或向下回采，这种布置可增加综采工作面连续推进长度、减少综采面搬迁次数、减少边角煤损失、增加采区的可采储量，同时可扩大综采的应用范围、提高经济效益。当区段内遇到陷落柱时，应根据陷落柱的分布范围合理布置区段平巷。若区段内局部有陷落柱，可采用绕过方法，在陷落柱前方另开一短工作面切眼、缩短工作面长度，沿陷落柱边缘重新掘进一段区段平巷，待工作面推过陷落柱后再将两个短工作面对接为一长工作面，如图 4-19(a)和(b)所示。当区段内陷落柱范围较大时，则必须跳过陷落柱重新布置开切眼，如图 4-19(c)所示。

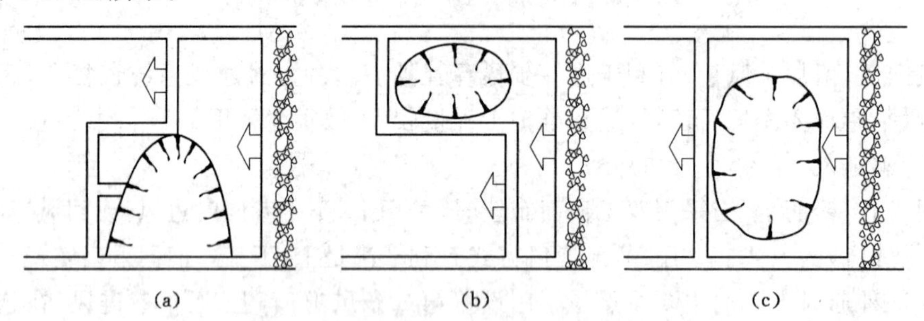

图 4-19　遇陷落柱时的区段平巷布置图

复习思考题

1. 绘图并用文字说明单一走向长壁采煤法的采区巷道布置、掘进顺序和生产系统。
2. 简述回采巷道按中线和按腰线施工的差异。
3. 不同采煤工艺对区段平巷的坡度和方向各有什么要求？
4. 简述区段平巷单巷布置和掘进、双巷布置和掘进以及沿空留巷的特点及应用条件。

5. 简述双工作面布置的特点、生产系统和应用条件。
6. 绘图并用文字说明高产高效综采工作面中切眼的用途。
7. 绘图并用文字说明采煤工作面不同回采顺序的特点。
8. 绘图并用文字说明工作面不同通风方式的回采巷道布置和护巷要求。
9. 简述受构造影响时区段平巷布置的特点。

第五章　倾斜长壁采煤法

长壁工作面沿煤层走向布置、沿倾向推进的采煤方法，称为倾斜长壁采煤法，主要用于倾角小于12°的煤层，可以选择炮采、普采和综采工艺。倾向长壁采煤法与走向长壁采煤法的主要区别在于，回采巷道布置的方向不同，相当于走向长壁采煤法中的区段旋转了90°，原区段变为倾斜分带，原区段平巷变为分带斜巷。

第一节　倾斜长壁采煤法的带区巷道布置和生产系统

一、带区巷道布置

一般在开采水平，沿煤层走向方向根据煤层厚度、硬度、顶底板稳定性和走向变化程度，在煤层中或岩层中开掘水平运输大巷和回风大巷。在水平大巷两侧沿煤层走向划分为若干分带，由相邻较近的若干分带组成并具独立生产系统的区域，叫作带区。单一煤层相邻两分带带区巷道布置如图5-1所示。

巷道掘进顺序——自运输大巷开掘带区下部车场、进风行人斜巷、煤仓，然后在煤层中沿倾斜掘进分带运输进风斜巷至上部边界。

大巷布置在煤层中且布置分带煤仓的条件下，为了达到需要的煤仓高度，分带工作面运输斜巷在接近煤仓处向上抬起变为石门进入煤层。同时，沿煤层倾斜向上掘进分带工作面回风运料斜巷。

运输进风斜巷和回风运料斜巷掘至上部边界以后即可沿煤层掘进开切眼，贯通斜巷4和5，在开切眼内安装工作面设备，经调试后沿俯斜推进的倾斜长壁工作面即可进行采煤。

近年来，一些矿井尝试使用无煤仓带区巷道布置，即运输斜巷的煤经胶带输送机直接转载至运输大巷内的胶带输送机上，取消了煤仓，使系统更加简单。

对于下山部分，则可由水平大巷向下俯斜开掘分带斜巷，至下部边界后掘出开切眼，布置沿仰斜推进的长壁工作面。

二、生产系统

由于带区巷道布置简单，各生产系统也相对比较简单。运输斜巷中多铺设胶带输送机运煤，回风运料斜巷中的辅助运输可采用小绞车，将其布置在巷道一侧，多级上运；也可采用无极绳绞车运输。机械化水平较高的生产矿井中，可采用无轨胶轮车、单轨吊、卡轨车和齿轨车辅助运输。

工作面主要生产系统如图5-1所示。

运煤：12 ⟶ 4 ⟶ 6 ⟶ 1，或 12 ⟶ 4 ⟶ 3；

通风：1(3) ⟶ 7 ⟶ 4 ⟶ 12 ⟶ 5 ⟶ 2，或 1 ⟶ 7 ⟶ 4 ⟶ 12 ⟶ 5 ⟶ 9 ⟶ 2；

运料：1 ⟶ 5 ⟶ 12，或 1 ⟶ 8 ⟶ 5 ⟶ 12。

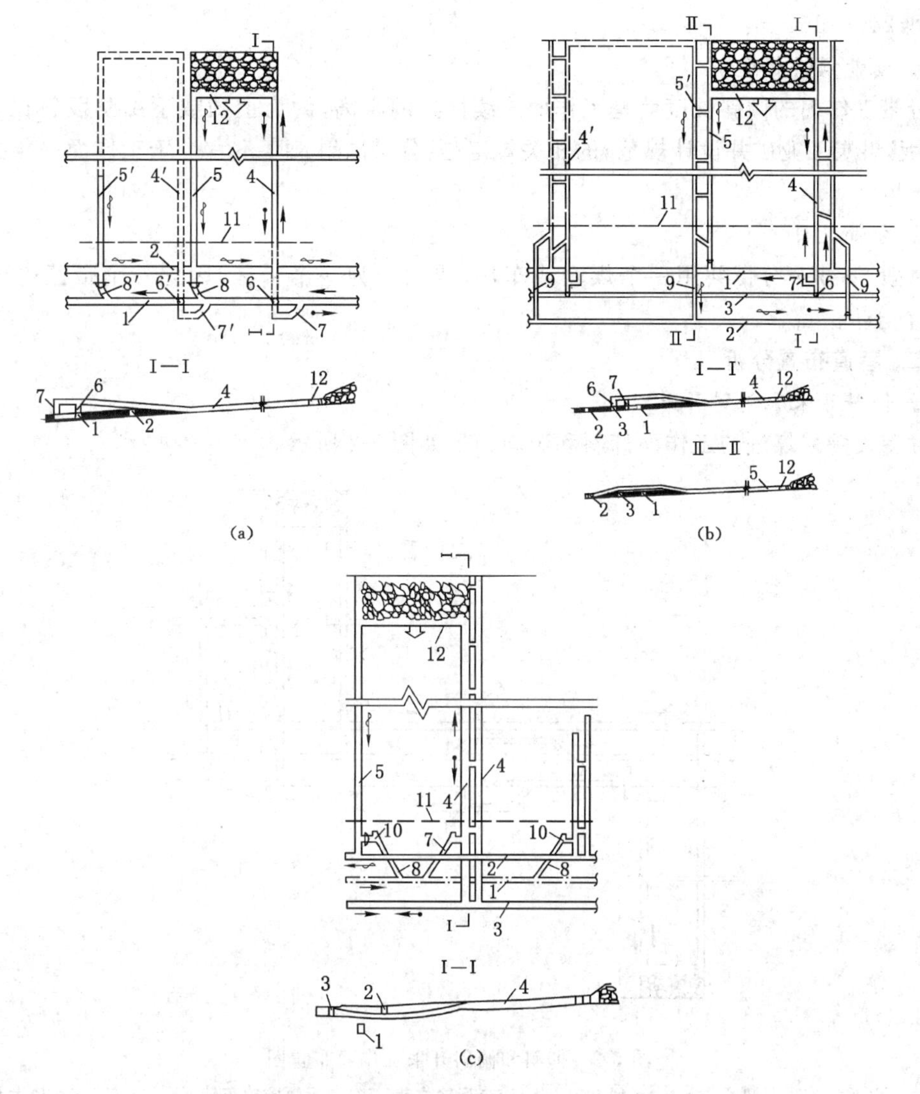

图 5-1 单一煤层相邻两分带带区巷道布置图

(a) 双煤层大巷 (b) 三煤层大巷 (c) 两煤一岩大巷

1——轨道运输或辅运大巷；2——回风大巷；3——胶带运输大巷；4——工作面运输进风斜巷；
5——工作面回风运料斜巷；6——煤仓或溜煤眼；7——进风行人斜巷；8——材料车场；
9——回风斜巷或联络巷；10——绞车房；11——工作面终采线；12——工作面

第二节 带区参数和巷道布置分析

一、带区参数

带区参数，包括分带工作面长度、分带倾斜长度、分带数目和带区走向长度。

1. 工作面长度

分带工作面长度同走向长壁工作面。由于煤层倾角相对较小，有利于先进的采煤装备发挥优势，因而在煤层厚度和采煤工艺方式相同时，倾斜长壁工作面相对比较长。综采工作面长度目前多在 200 m 以上，甚至可达 300 m 以上。我国神东矿区工作面长度已经达到 240~360 m。

2. 分带倾斜长度

分带工作面的倾斜长度就是工作面连续推进的距离，约为上山或下山阶段斜长。我国 2015 版《煤炭工业矿井设计规范》的相关规定是：分带倾斜长度不宜少于工作面一年的连续推进长度。

3. 分带数目

一般 2～5 个分带共用一个煤仓或车场，或划分为一个带区，因此一个带区内可能有 2～5 个分带。

二、巷道布置分析

1. 仰斜开采和俯斜开采

倾斜长壁采煤法的工作面仰斜和俯斜开采如图 5-2 所示。

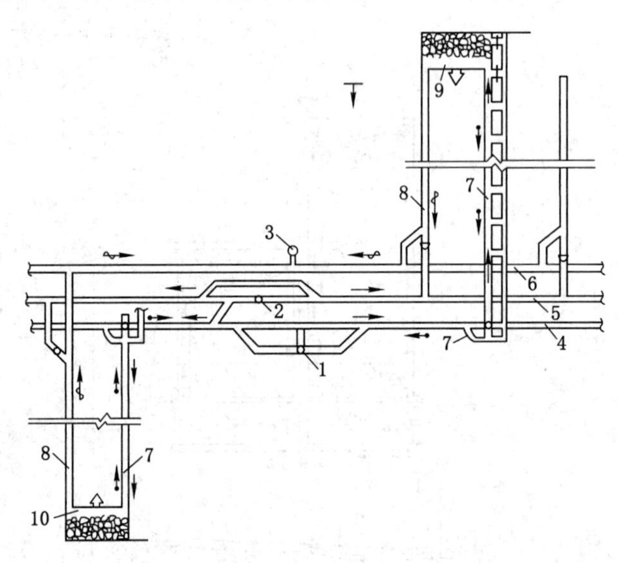

图 5-2　仰斜和俯斜开采工作面布置图

1——主立井；2——副立井；3——风井；4——胶带运输大巷；5——无轨胶轮车辅运大巷；6——回风大巷；7——运输进风斜巷；8——回风运料斜巷；9——俯斜开采工作面；10——仰斜开采工作面

一般情况下，当顶板较稳定、煤质较硬、顶板淋水较大或煤层易自燃、需在采空区进行注浆时，宜采用仰斜开采；当煤层厚度和煤层倾角较大、煤质松软、容易片帮或瓦斯含量较大时，宜采用俯斜开采。有时由于回风大巷位置不同，也影响采用仰斜或俯斜开采的选择，应通过技术经济分析比较后确定。

对于倾角较小或近水平煤层、进风和回风大巷并列布置在井田倾向中央、煤层条件又无特殊要求时，可采用仰斜和俯斜开采相结合方式，回采工作面均向大巷方向后退式推进。运输大巷以上部分采用俯斜开采、以下部分采用仰斜开采。这样，对于运输、通风和巷道维护均比较有利。

2. 单工作面和双工作面布置

倾斜长壁分带工作面可以单工作面布置和生产，相邻的两个薄煤层工作面也可对拉布置，同时生产。单工作面布置时，每个工作面至少有两条回采巷道，如图 5-2 中仰斜开采的工作面。对拉工作面的布置是两个工作面布置 3 条回采巷道,其中运输巷为两个工作面共用。

由于工作面沿煤层走向呈近水平布置,不存在走向长壁双工作面向下运煤和向上拉煤的问题,对拉工作面的两个工作面可以等长布置。另外,工作面风流也不存在上行和下行问题,两个工作面的通风状况几乎完全相同。

双工作面布置可减少一条运煤斜巷并节省一套运煤设备,在顶板比较稳定、工作面较短的薄煤层中,采用双工作面布置能够取得较好的技术经济效果。由于开采中厚及厚煤层的综采工作面生产能力大,双工作面同时生产时运输和通风能力难以满足要求,因此该条件下一般不布置成双工作面。

3. 工作面后退式、前进式和混合式回采顺序

如图 5-3 所示,当倾斜长壁工作面从运输大巷附近向上部或下部边界方向推进时,称为工作面前进式回采顺序;反之,工作面从上部或下部边界向大巷方向推进时,则称为工作面后退式回采顺序。两者相结合时,则称为工作面采用了往复式回采顺序。在开采薄及中厚煤层条件下,当上部边界设有大巷、满足生产系统时,则为往复式回采顺序创造了条件。

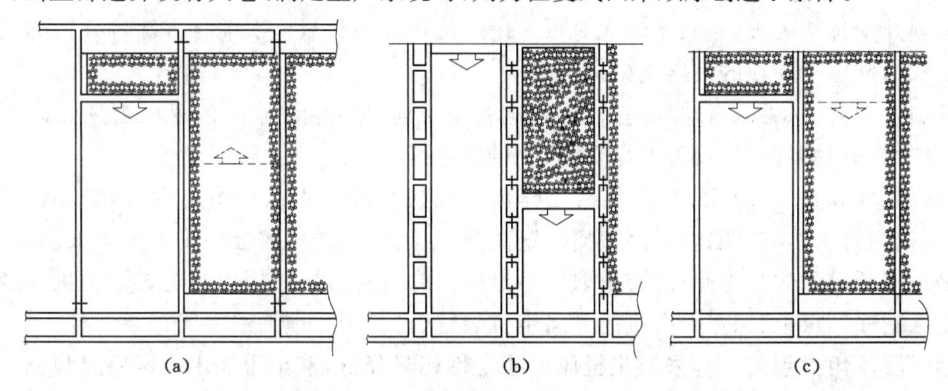

图 5-3　工作面后退式、前进式和混合式回采顺序

(a) 混合式,沿空留巷　(b) 后退式,双巷布置与掘进　(c) 后退式沿空留巷

不同回采顺序的优缺点与走向长壁采煤法基本相同。目前,我国多采用后退式回采顺序。

4. 回采巷道布置

倾斜长壁工作面两侧的回采巷道均为斜巷,仍可采用双巷布置和掘进、单巷布置和掘进及沿空留巷,分带斜巷间可设分带煤柱,也可无煤柱护巷,其选择原则同走向长壁工作面。沿空留巷、双巷布置和掘进如图 5-3 所示。

在煤层倾角较大(≥10°)而瓦斯涌出量又较大的条件下,为避免分带斜巷污风下行,总回风巷也可设置在上部边界。

第三节　倾斜长壁采煤法的工艺特点

在近水平煤层中,无论工作面采用仰斜开采还是俯斜开采,其工艺过程均与走向长壁采煤法相似。随着煤层倾角增大,工作面矿山压力显现规律和回采工艺均有一些特点。

一、仰斜开采的采煤工艺特点

如图 5-4 所示，由于受倾角影响，仰斜工作面的顶板将产生沿岩层层面指向采空区方向的分力，在此分力作用下顶板岩层受拉力作用，更容易出现裂隙和加剧破碎，顶板和支架有向采空区移动的趋势。因此，随着煤层倾角加大，仰斜长壁工作面的顶板越不稳定。

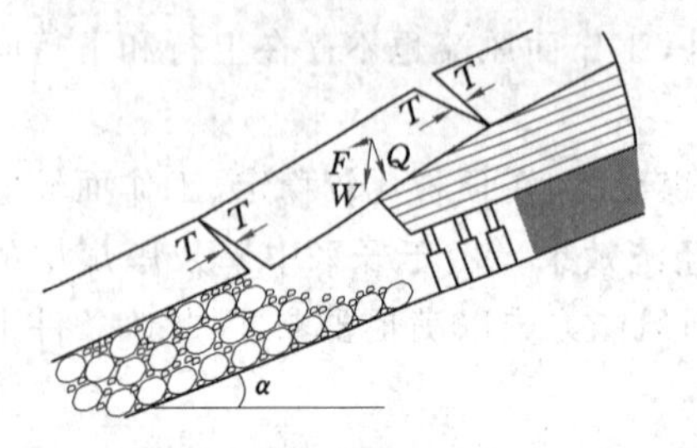

图 5-4　仰斜开采的顶板受力图

仰斜工作面采空区冒落矸石有向采空区移动的趋势，这时支架的主要作用是支撑顶板。因此，可选用支撑式或支撑掩护式支架。当倾角大于 12°时，为防止支架向采空区侧倾斜，普采和炮采工作面的支柱应斜向煤壁 6°左右并加复位装置或设置复位千斤顶，以确保支柱与煤壁的正确位置关系。

在煤层倾角较大时，仰斜工作面的长度不能过大，否则由于煤壁片帮造成机道碎煤量过多而使输送机难以启动。煤层厚度增加时，需采取防片帮措施。如打木锚杆控制煤壁片帮，液压支架应设防片帮装置等。

仰斜开采移架困难，当倾角较大时可采用全工作面小移量多次前移方法，同时优先选用配套大拉力推移千斤顶的液压支架。

仰斜开采时，水可以自动流向采空区，这有利于向采空区注浆防治煤层自燃。同时，工作面无积水，劳动条件好，设备不易受潮，装煤效果好。

当煤层倾角小于 10°时，仰斜长壁工作面采煤机和输送机工作稳定性尚好。随倾角加大，采煤机在自重影响下割煤时因偏离煤壁而减小截深；输送机也会因采下的煤滚向溜槽下侧而易造成断链事故。为此，需要采取一些措施，如减小截深、采用中心链式输送机、在输送机采空区侧加挡煤板、加强采煤机的导向定位装置、推移千斤顶加油液闭锁装置等。

当煤层倾角大于 17°时，采煤机机体的稳定性明显降低，甚至可能出现翻倒趋势。

二、俯斜开采的采煤工艺特点

如图 5-5 所示，对于俯斜工作面，沿顶板岩层的分力指向煤壁侧，顶板岩层受压力作用，使顶板裂隙有闭合趋势，这有利于顶板保持稳定。

俯斜长壁工作面采空区顶板冒落的矸石有涌入工作空间的趋势，支架除了要支撑顶板外，还要防止破碎矸石涌入。因此，要选用支撑掩护式或掩护式支架。由于碎石作用在掩护梁上，其载荷有时较大，故掩护梁应具有良好的掩护特性和承载性能。当煤层倾角较大、采高大于 2.0 m、降架高度大于 300 mm 时，易出现液压支架向煤壁侧倾倒现象。为此，移架时要严格控制降架高度并收缩支架的平衡千斤顶，拱起顶梁的尾部，使之带压擦顶移架，以有效防止支架前倾。

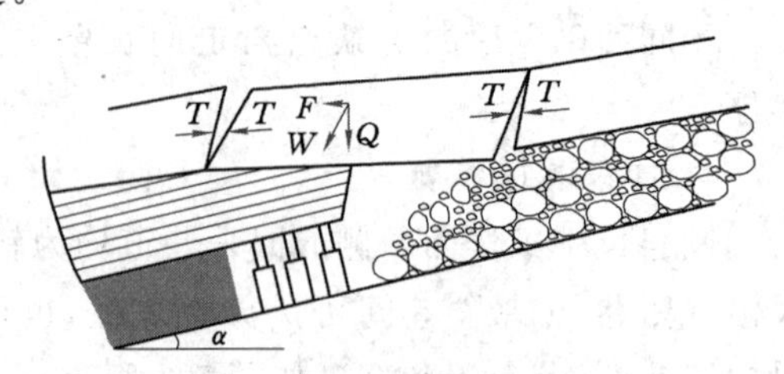

图 5-5　俯斜开采的顶板受力图

俯斜开采时，煤壁不容易片帮，工作面不易集聚瓦斯，但采空区的水却总是流向工作面，不利于对采空区注浆防治煤层自燃。随着煤层倾角加大，采煤机和输送机的事故亦会增加，装煤率也会降低。由于采煤机的重心偏向滚筒，俯斜开采势必加剧机组的不稳定，易出现机组掉道或断牵引链事故，并且常使采煤机机身两侧导向装置磨损严重。

当煤层倾角大于22°时，采煤机下滑，滚筒钻入煤壁，截割下来的煤难以装进输送机中。

第四节　倾斜长壁采煤法的评价和适用条件

一、倾斜长壁采煤法的评价

倾斜长壁采煤法取消了采(盘)区上(下)山，分带斜巷通过联络巷或带区煤仓直接与大巷相连，同走向长壁采煤法相比，倾斜长壁采煤法有以下优点：

① 巷道布置简单，巷道掘进和维护费用低，投产快。

② 运输系统简单，占用设备少，运输费用低。

③ 工作面容易保持等长，有利于综合机械化采煤。

④ 通风线路简单，通风构筑物少。

⑤ 对某些地质条件适应性强。如煤层顶板淋水较大或采空区需注浆防火时，仰斜开采有利于疏干工作面积水和采空区注浆；瓦斯涌出量大或煤壁易片帮时，俯斜开采有利于工作面排放瓦斯和防止煤壁片帮。

⑥ 技术经济效果好。实践表明，其工作面单产、巷道掘进率、采出率、劳动生产率和吨煤成本等几项指标都有提高和改善。

倾斜长壁采煤法存在以下缺点：

① 在目前多用矿车轨道辅助运输条件下，长距离倾斜巷道常使掘进、辅助运输和行人比较困难。

② 在不增加工程量条件下，煤仓和材料车场的数目较多，大巷装载点多。

③ 分带斜巷内存在下行通风问题。

二、倾斜长壁采煤法的适用条件

能否采用倾斜长壁采煤法，主要考虑煤层倾角大小和工作面连续推进长度。在开采区域不受走向断层影响且能保证足够工作面连续推进长度条件下，倾斜长壁采煤法适用于煤层倾角小于12°的煤层；随着煤层倾角加大，其技术经济效果逐渐变差，采取措施后可用于倾角为12°～17°的煤层。

值得注意的是，由于煤层赋存条件变化，一个矿井中有可能同时存在走向长壁采煤法和倾斜长壁采煤法。在煤层倾角较小条件下，走向长壁采煤法也能取得较好的技术经济效果。因此，在选择采用何种采煤法时应进行技术经济比较。

复习思考题

1. 试述倾斜长壁采煤法的主要特点，说明其优缺点和适用条件。为什么说煤层倾角是影响采用这种方法的最主要因素？

2. 试分析仰斜开采和俯斜开采的工艺特点。

第六章　厚煤层倾斜分层长壁下行垮落采煤法

用平行于煤层层面的斜面，把近水平、缓(倾)斜及中斜厚煤层划分为若干厚度为2.0～3.0 m的分层，而后采用垮落法由上向下逐层开采，相应的采煤法称为倾斜分层下行垮落采煤法。根据煤层倾角不同，各分层开采可以采用走向长壁采煤法或倾斜长壁采煤法。

为确保下分层开采安全，上分层开采期间一般要铺设人工假顶以隔开垮落的矸石和之下的煤层。

在同一个区段范围内上、下两个分层同时开采时，称为“分层同采”，反之，称为“分层分采”。

第一节　分层分采的采区巷道布置和生产系统

一、采区巷道布置

分层分采可进一步分为两种形式：① 在同一区段内待上分层全部采完后，再掘进下分层的回采巷道，而后进行回采；② 在同一采区内待各区段上分层全部采完后，再掘进下分层的回采巷道和回采，俗称“大剥皮”。前者可缩短人工假顶腐蚀时间，后者则相反。

厚煤层分层分采的采区巷道布置如图6-1所示。图中，厚煤层分3个分层。

由大巷开掘采区下部车场，运输上山和轨道上山布置在底板岩层中，一般距煤层底板10～15 m，两者沿走向水平距离为20～25 m，在层位上两条上山相错3～4 m(也可在同一层位)，上山掘至采区上部边界变平后与回风大巷相通，构成负压通风系统。回风上山沿煤层顶板布置，同时需要开掘采区煤仓、绞车房和变电所。

通过运输上山开掘区段运输石门和区段溜煤眼与区段运输平巷相连，通过轨道上山开掘区段进风运料石门与下区段回风平巷相连。

回采巷道双巷布置，也可以单巷布置、沿空掘巷。

二、生产系统

1. 运煤

运输上山和运输平巷中铺设胶带输送机，采煤工作面的运煤线路如下： 14 ⟶ 11 ⟶ 8 ⟶ 17 ⟶ 4 ⟶ 19 ⟶ 2。

2. 通风

采煤工作面： 1 ⟶ 3 ⟶ 5 ⟶ 7 ⟶ 10 ⟶ 12 ⟶ 11 ⟶ 14 ⟶ 13 ⟶ 9 ⟶ 22。

第一区段采完、第二区段工作面生产时，调整风门位置，污风由回风上山、回风石门进入回风大巷。

掘进工作面——所需的新鲜风流用局部通风机从轨道上山引入，污风经运输上山排至回风大巷。

硐室——采区绞车房和变电所所需的新风由轨道上山直接供给。

为使风流能按上述路线流通，在相应地点设置风门和调节风窗等通风设施，并根据生产

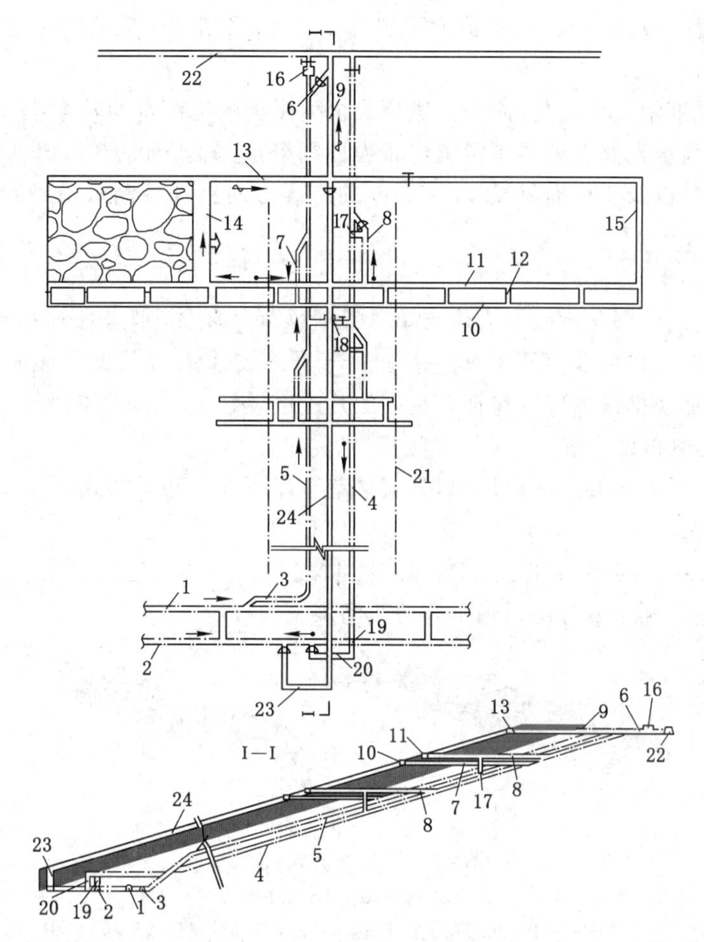

图 6-1　厚煤层倾斜分层走向长壁下行垮落采煤法分层分采采区巷道布置图

1——轨道运输大巷；2——胶带运输；3——采区下部车场；4——运输上山；5——轨道上山；6——采区上部车场；7——区段进风运料石门(中部甩入石门车场)；8——区段运输石门；9——回风石门；10——第二区段第一分层回风运料平巷；11——第一区段第一分层运输平巷；12——第一分层区段联络巷；13——第一区段第一分层回风运料平巷；14——第一区段第一分层工作面；15——第一区段第一分层开切眼；16——采区绞车房；17——区段溜煤眼；18——采区变电所；19——采区煤仓；20——行人斜巷；21——终采线；22——回风大巷；23——回风上山斜巷；24——回风上山

进程调整。

3. 运料排矸

采煤工作面运料排矸：1 ⟶ 3 ⟶ 5 ⟶ 6 ⟶ 9 ⟶ 13 ⟶ 14。

第二区段工作面生产时，装备由区段运料石门运入。

掘进工作面运料排矸——物料自轨道上山经中部甩入石门车场送入，掘进出矸由矿车从各平巷运至中部车场，经轨道上山运至下部车场。掘进出煤尽可能由运输石门进入运输上山，否则由矿车运至下部车场。

三、采煤方法参数

1. 倾斜分层厚度

根据我国目前的技术条件，由于受人工挂金属铰接顶梁和支设单体支柱限制，采用普采工艺时分层厚度一般为 2 m 左右，最大不超过 2.4 m；采用综采工艺时一般为 3 m 左右，一般不超过 3.5 m。

由于煤层厚度常发生变化，而人工假顶或再生顶板的下沉量均较大，必须保证底分层有足够的采高，使采煤机能在该层正常工作。为控制分层采高，有的矿井开采第一分层时，在开切眼、上下平巷以及工作面每隔 30～50 m 向底煤方向钻孔探测煤层厚度，以决定分层数和分层采高。

2．工作面长度

分层开采的工作面长度确定方法与单一长壁采煤法相同，但考虑增加铺网工序和网下作业带来的困难，工作面长度可略短一些。由于厚煤层多有自然发火倾向，为防止煤层自燃，工作面必须加快推进速度以保证有足够的月进度，因此工作面不能太长。

四、回采巷道布置分析

采用倾斜分层方法开采厚煤层时，分层平巷有以下 3 种布置形式。

1．倾斜布置

如图 6-2 所示，各分层平巷按 25°～35°角呈倾斜布置，一般适用于倾角小于 15°～20°的煤层。这种布置有利于从分层运输平巷往下溜煤。

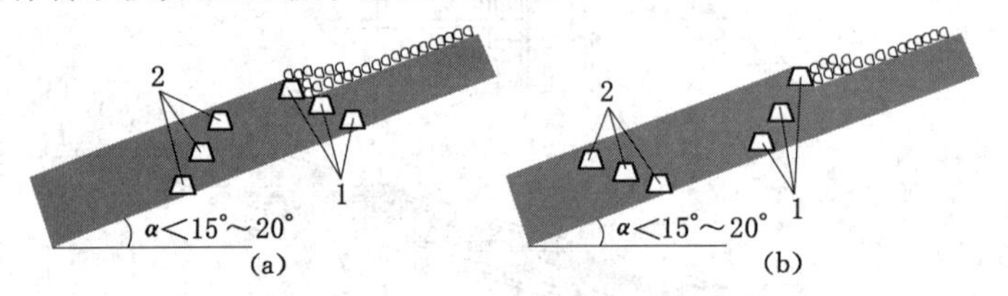

图 6-2　分层平巷倾斜布置

(a) 内错式　(b) 外错式

1——上区段分层运输平巷；2——下区段分层回风平巷

上区段分层运输平巷与下区段分层回风平巷之间常留有区段煤柱，其大小视煤层厚度、倾角、煤质松软程度等因素而定，一般情况下不小于 15 m，或更大一些。

相对于中下分层工作面长度变化，倾斜布置又有内错式和外错式之分。内错式布置的中下分层平巷内错半个至一个巷道宽度，使工作面变短、煤柱加大，巷道在采空区下方沿假顶掘进，容易维护，也容易向上漏风。

外错式布置，即将中下分层平巷置于上分层平巷外侧，使工作面变长，平巷位置处于上分层煤柱侧向固定支承压力影响范围。这样会使平巷维护困难，且在中下分层工作面的上、下出口处没有人工假顶，导致采煤和支护均较困难，因而这种布置应用较少。

2．水平布置

如图 6-3 所示，各分层平巷布置在同一水平标高上，区段煤柱呈一平行四边形。这种布置方式有利于辅助运输、行人和通风。分层运输平巷处于上分层采空区下方，压力小，易于维护；但分层回风平巷位于区段煤柱下方，承受固定支承压力作用，维护比较困难。对于区段煤柱尺寸，应注意使上、下区段分层平巷间的垂距不小于 5 m，因此一般用于倾角大于 20°～25°的煤层，否则区段煤柱太大。

3．垂直布置

如图 6-4 所示，各分层平巷沿垂直方向呈重叠式布置，区段煤柱呈近似矩形。在煤层倾角小于 8°～10°、特别是在近水平厚煤层条件下，这种布置方式可减小区段煤柱尺寸。同时，下分层平巷沿上分层平巷铺设的假顶掘进，容易掌握方向。

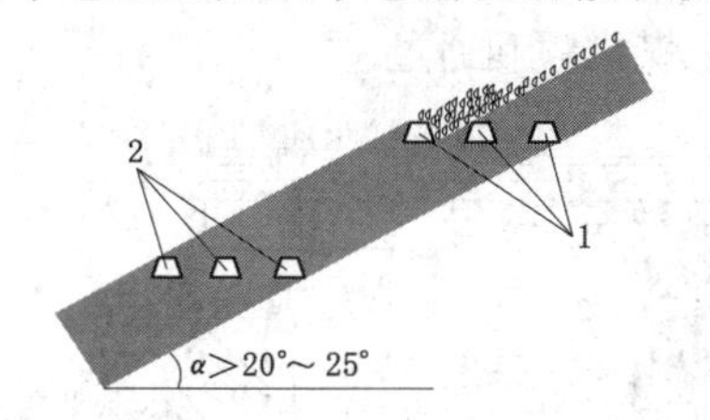

图 6-3　分层平巷水平布置

1——上区段分层运输平巷；

2——下区段分层回风平巷

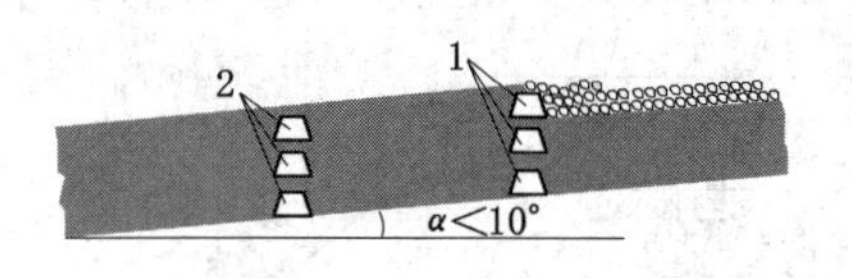

图 6-4　分层平巷垂直布置

1——上区段分层运输平巷；

2——下区段分层回风平巷

第二节　倾斜分层下行垮落采煤法的工艺特点和应用

一、顶分层采煤工艺的特点

顶分层工作面的顶板是煤层的原生顶板，底板是煤层，其采煤工艺与中厚煤层长壁采煤法基本相同。为了隔离顶分层开采后冒落的矸石与之下的煤层，并为之下分层安全开采创造条件，顶分层开采时增加了为之下分层铺设人工假顶或形成再生顶板的工作。

1. 人工假顶

人工假顶主要有金属网假顶或塑料网假顶。

① 金属网假顶——金属网假顶一般用 12～14 号镀锌铁丝编织而成，为加强网边抗拉强度，常用 8～10 号铁丝织成网边。常见的网孔形状有正方形、菱形和蜂窝形等。网孔尺寸一般为 20 mm×20 mm 或 25 mm×25 mm。

金属网假顶强度较高、柔性大、体积小、质量轻，便于运输和在工作面铺设且耐腐蚀，使用寿命长，铺设一次可服务几个分层。因此，目前在分层工作面得到广泛应用。由于菱形网在承载性能方面优于相同直径铁丝编成的经纬网，因此菱形网使用较多。

普采和炮采工作面的金属网需要人工铺设，综采工作面的金属网可以人工铺设或由液压支架自动铺设。金属网可以沿工作面底板铺设，也可以沿工作面顶板铺设。

人工铺顶网时，紧跟采煤机割煤后暴露的顶板将金属网卷沿平行于工作面的方向展开，用铁丝与原先的金属网连成一体。金属网长边搭接、短边对接。长边用 12 号或 14 号铁丝单丝或双丝每隔 100 mm 左右联一扣，联好网后移液压支架或挂梁支柱。

与铺底网相比，铺顶网可以同时服务于上下分层工作面的顶板管理，顶板较破碎情况下效果明显。铺顶网工作面放顶时，金属网将采空区与工作空间隔开，可阻挡采空区矸石向工作面窜入，工作面浮煤均位于金属网下，不与顶板矸石混杂，在下分层开采时这些煤可一并采出。

综采工作面利用液压支架机械化铺设金属网工艺已有很大发展。机械化铺网有两种方式：第一种是铺设顶网，一般是在液压支架的前探梁或顶梁下增设托架，如图 6-5(a)所示。将金属网卷装在托架上，网从托梁前端绕过后被紧压在顶板上，当支架前移时网卷自行展开，一卷网铺完后再换装上新网卷，并将新网的网边与旧网的网边连接。联网工作在支架托梁下方由手工完成，铺设的顶网长边垂直于工作面方向。这种方式的主要缺点是联网必须在靠近煤壁的托梁下方由手工完成，联网效率较低。由于网在靠近煤壁处下垂，当采高较低时，托梁下方没有足够的空间安置金属网卷，或金属网卷有碍于采煤机顺利通过。

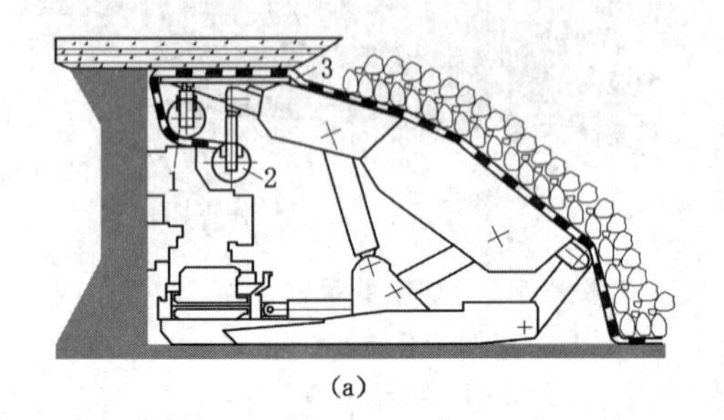

(a)

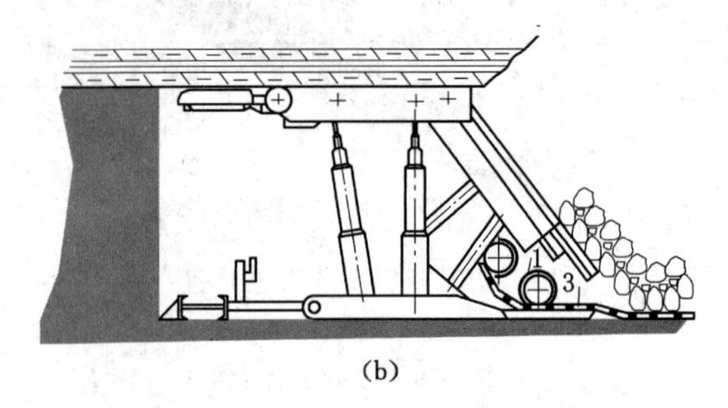

(b)

图 6-5　液压支架机械化铺顶、底网作业

(a) 铺顶网　(b) 铺底网

1——架中网卷；2——架间网卷；3——金属网

第二种机械化铺网方式，是利用液压支架铺底网。支架后端掩护梁下(有的支架则在底座前端)安设有架间网和架中网的网卷托架，前后排网卷交错间隔安放，网片长边搭接150～200 mm，短边搭接500 mm左右。支架前移时，网卷在底板上自行展开，如图 6-5(b)所示。联网工作在掩护梁下进行，与采煤作业互不干扰。

② 塑料网假顶——塑料网假顶由聚丙烯树脂塑料带编织而成，其铺设方法与金属网假顶基本相同。塑料网网带宽13～16 mm、厚0.8～0.9 mm，网片通常有5.6 m×0.9 m和2.0 m×0.9 m两种尺寸。塑料网较轻，其质量只有相同面积金属网的1/5左右，具有无味、无毒、阻燃、抗静电、柔性大、耐腐蚀等优点，进一步降低成本后将具有推广应用价值。

2. 再生顶板

顶分层开采期间，含泥质成分较高的直接顶垮落后，在上覆岩层压力作用下，加上顶分层回采时向采空区注水或灌浆，冒落矸石经过一段时间后就能重新胶结成为具一定稳定性和强度的再生顶板，下分层即可在再生顶板下直接回采，不必铺设人工假顶。再生顶板形成的时间和整体性与岩层的成分、含水性、顶板压力大小等因素有关，一般至少需要4～6个月，有的甚至需要1年时间。上下分层采煤工作面的滞后时间应大于上述时间。

二、假顶下采煤的工艺特点

1. 假顶下的支护和顶网管理

在人工假顶或再生顶板下采煤时，顶板是已垮落的岩石，故周期来压不明显，顶板管理的关键是护好破碎顶板。

假顶下护好破碎顶板的技术措施如下——选用浅截深采煤机并及时支护。在单体支柱工作面，一般采用正倒悬臂错梁齐柱支护方式，割煤后及时挂梁支护。当工作面片帮严重时，为防止顶网下沉冒顶，应提前在煤壁处预掏梁窝，挂上铰接顶梁、打贴帮柱进行超前支护。

我国有的煤矿采用Π型长钢梁组成对棚在工作面交替迈步前移护顶，如图 6-6 所示。这种钢梁对金属网假顶有较好的整体支护性能，能及时支护裸露的顶板，在移梁时有相邻顶梁支护顶板，可较好地解决中下分层顶网下沉和出现网兜等问题。

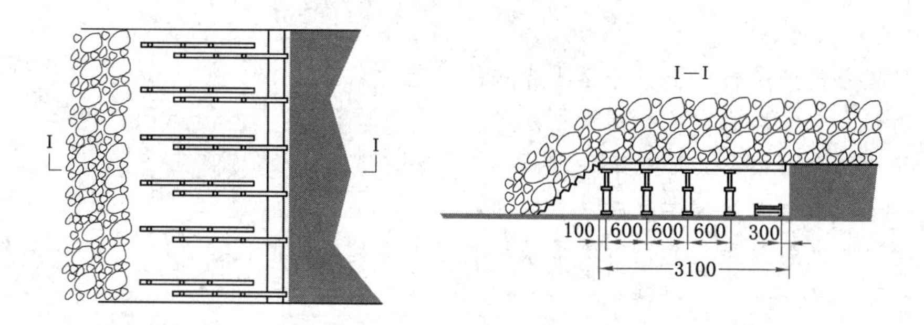

图 6-6　Π型长钢梁对棚网下支护作业

假顶下的综采工作面宜选用掩护式或支撑掩护式支架，应尽量缩小端面距。采煤机割煤后，应紧追采煤机擦顶移架、及时支护，其滚筒距顶网不应小于 100 mm，以免在煤壁处出现网兜或割破顶网。发现金属网有破损时应及时补网。

2. 假顶下的放顶工艺

由于人工假顶或再生顶板易下沉，故放顶时通常采用无密集支柱放顶。假顶在工作面放顶线处下落时对工作面支架的牵动力较大，往往会造成支架倾斜、歪扭，甚至造成支架被大面积推倒的冒顶事故。因此，在单体支柱工作面应注意加强支柱的稳定性，一般可沿放顶线最后一排支柱下支设单排或双排抬棚或打斜撑，以抵抗金属网下落时对支架产生的水平推力。放顶时可用木柱斜撑顶网，使其缓慢下沉到底板。沿放顶线倒悬臂铰接顶梁的梁头容易挂破顶网，在放顶前应先用带帽点柱将其替换。

初次放顶时应特别注意加强对顶网的管理，开帮进度不宜太大，工作面可架设适量的木垛、抬棚、斜撑等以增加支架的稳定性。为防止金属网对支架产生过大的牵制力，可先在底板上加铺一层底网，然后沿放顶线将顶网剪断，使顶网沿放顶线呈自然下垂状态。

三、倾斜分层下行垮落采煤法的应用

倾斜分层下行垮落采煤法可有效地解决近水平、缓(倾)斜及中斜厚煤层开采时的顶板支护和采空区处理问题，有利于在此类煤层条件下实现安全生产、提高资源采出率。

这种采煤方法在我国已有成熟的采煤工艺、巷道布置和技术管理等方面的经验。用于分层工作面的机械化采煤、运输和支护设备已有较大发展，新型假顶材料的研制、假顶和再生顶板的管理技术、分层开采时的通风和防灭火技术均取得了一定进展。

该采煤方法的主要缺点是铺设假顶和巷道掘进工程量大，生产组织和管理较复杂，防治煤层自燃难度较大，采掘接替紧张，技术经济效果差。

20 世纪 80 年代以来，随着我国厚煤层放顶煤及大采高开采技术的发展，目前已基本取代分层开采，特别是在安全高效矿井中，倾斜分层开采应用的比重有较大幅度下降。2006 年，我国有 219 处安全高效矿井、215 个百万吨采煤队，其中 59.1%的队采用综采一次采全高，39.5%的队采用综采放顶煤开采，仅有 3 个队采用分层综采。

复习思考题

1. 简述倾斜分层、分层分采、分层同采的基本概念。

2. 绘图并用文字说明倾斜分层走向长壁下行垮落采煤法分层分采的采区巷道布置、掘

进顺序和生产系统。

3. 简述倾斜分层长壁下行垮落采煤法的工艺特点。

4. 简述人工假顶的类型和铺设方法。

5. 简述再生顶板及其形成条件。

6. 简述人工假顶下采煤时应注意的问题。

7. 请说明倾斜分层长壁下行垮落采煤法呈下降趋势的原因。

第七章　长壁放顶煤采煤法

开采近水平、缓（倾）斜或中斜厚煤层时，先采出煤层底部长壁工作面的煤，随即放采上部顶煤的采煤方法，称为长壁放顶煤采煤法。

综采放顶煤技术起源于20世纪50年代的欧洲，真正获得发展并逐步成熟则归功于我国。2000年以来，放顶煤采煤法已成为我国煤矿开采厚煤层的主要方法，综放开采技术已成为放顶煤开采的主要技术，长壁工作面所应用的煤层倾角已经达到53°。

第一节　放顶煤采煤法的分类

一、按厚煤层赋存条件和采放次数分类

1. 一次采全厚放顶煤

如图7-1(a)所示，沿煤层底板布置放顶煤工作面，一次采放煤层全厚，这是我国目前使用最多的放顶煤方法。如图7-1(a)，采面采高2.0～3.0 m，放顶煤高度是采面采高的1～3倍，一般适用于厚4～12 m的缓（倾）斜厚煤层，煤层倾角小于15°效果最佳。

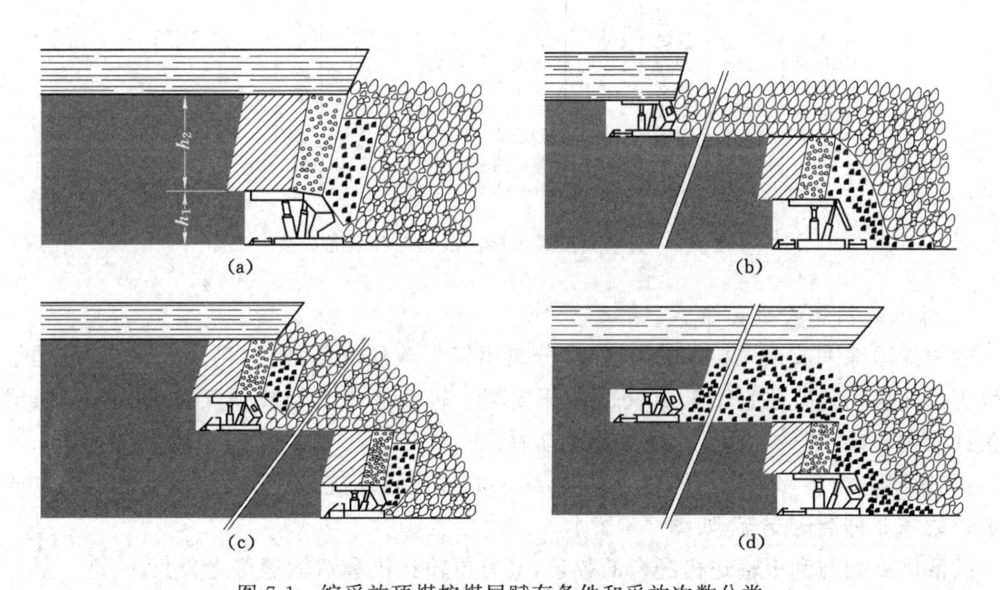

图7-1　综采放顶煤按煤层赋存条件和采放次数分类

(a) 一次采全厚放顶煤　(b) 预采顶分层网下放顶煤　(c) 倾斜分层放顶煤　(d) 预采中分层放顶煤

2. 预采顶分层顶网下放顶煤

如图7-1(b)所示，将煤层划分为两个分层，沿煤层顶板下先采一个2～3 m的顶分层长壁工作面。铺网后，再沿煤层底板布置放顶煤工作面，将两个工作面之间的顶煤放出。一般适用于厚12～14 m、直接顶坚硬或煤层瓦斯含量高、需预先抽采的缓（倾）斜煤层。

有的矿井前期已采过顶分层，后来将余下的部分用放顶煤开采，也属于这种方法。

当煤层瓦斯含量较大时，预采顶分层可起到预先释放瓦斯作用，便于进行瓦斯抽采工作。

3. 倾斜分层放顶煤

如图 7-1(c)所示，煤层厚度大于 15～20 m 时，用平行于煤层层面的斜面，将煤层分为两个或两个以上厚 8～10 m 的倾斜分层(段)，而后依次放顶煤开采。南斯拉夫维林基矿曾用此法开采了厚 80～150 m 的褐煤。我国石炭井矿区开采 20 m 以上厚煤层也设计选用了该方法。

4. 预采中分层放顶煤

如图 7-1(d)所示，先在中分层布置普通的采煤工作面，让该面上部顶煤冒落，只采不放，堆积于采空区；再在下分层布置综放工作面采底层煤，并将中分层开采后之上的原实体顶煤和已堆积在采空区的顶煤放出。这种方法在防治煤层自燃方面难度较大，因而我国少用。

二、按放顶煤工艺和相应设备分类

我国应用和发展的放顶煤开采技术，按采煤工艺方式不同可分为综采放顶煤、普采放顶煤和炮采放顶煤采煤工艺。根据装备不同，还可进一步分类，如图 7-2 所示。

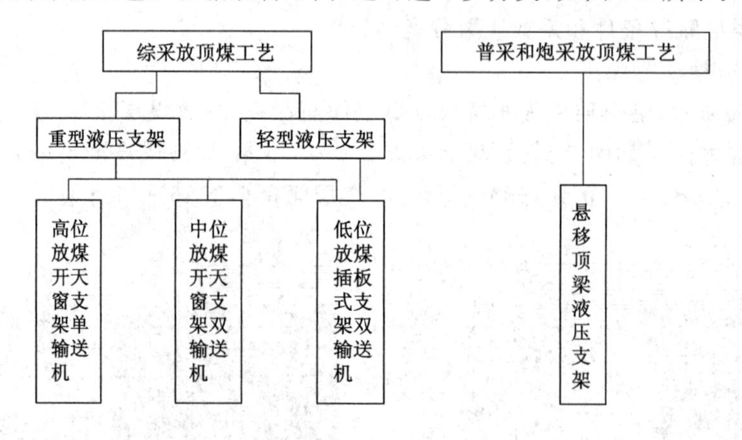

图 7-2　长壁放顶煤采煤法按工艺和装备分类

1. 综采放顶煤液压支架

随着我国综采放顶煤技术的发展，又分离出轻型液压支架放顶煤技术。它一般是指放顶煤工作面采用单架质量小于 10 t 的液压支架。轻型液压支架放顶煤技术适合于煤层地质条件相对较差、开采块段较小的中小型矿井。

按其结构、类型和放煤口的位置不同，综采放顶煤液压支架可分为高位放煤、中位放煤和低位放煤 3 种液压支架，如图 7-3 所示。

按液压支架与刮板输送机配合的数量，又有单输送机和双输送机之分。

① 采用高位放煤液压支架，在支架前端只铺设一部输送机；顶煤从掩护梁上方窗口放入，通过架内溜煤板装入支架前方的输送机。这种支架控顶距小、稳定性好，运输系统和工作面端头维护简单；其缺点是通风断面小、煤尘大，采放不能平行作业，放煤期间行人困难。由于放煤窗口高，冒落在架后的顶煤无法回收，因而降低了采出率。目前这类支架已少用。

② 中位放顶煤液压支架的放煤窗口设在掩护梁下部，支架前端和后端分别铺设前后两部输送机，后部输送机铺在液压支架底座上。与高位放顶煤支架相比，支架的稳定性好，煤尘较小，采放可平行作业，回收率较高，但后部空间小，大块煤通过困难，移架阻力较大，冒落

(a)　(b)　(c)

图 7-3　综采放顶煤液压支架

(a) 高位放煤开天窗单输送机　(b) 中位放煤开天窗双输送机　(c) 低位放煤插板式支架双输送机

于支架后方窗口以下的顶煤也不能回收。这类支架已逐步被低位放煤支架所取代。

③ 双输送机低位放顶煤支架的主要优点是顶梁较长，一般有铰接前梁、伸缩梁和护帮板，控顶距大，可提高顶煤冒放性，有利于中硬顶煤破碎。使用插板机构低位放顶煤，后输送机铺在底板上，使放煤口加大且位置降低，能够最大限度地回收顶煤，采出率高，放煤时煤尘小。经多年实践，目前现场主要使用这种支架，其架型又分为短尾梁和长尾梁两种，如图 7-4 所示。

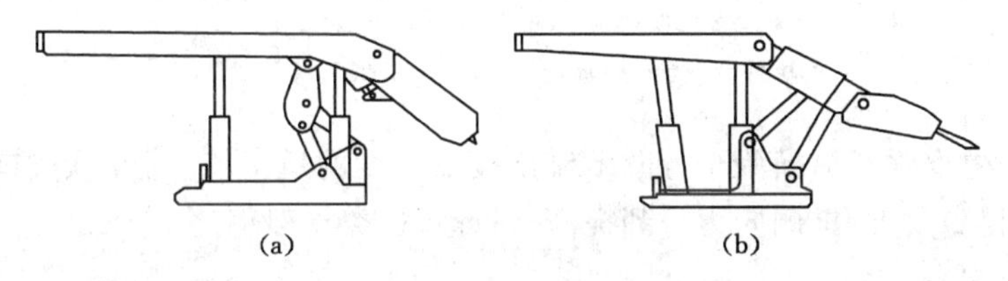

(a)　(b)

图 7-4　低位放顶煤液压支架

(a) 短尾梁　(b) 长尾梁

2. 放顶煤悬移顶梁液压支架

悬移支架是悬移顶梁单体组合式液压支架的简称，也称为滑移顶梁液压支架。这种支架可用于放顶煤工作面，也可用于一次采全高工作面。根据开采条件不同，悬移支架又分机采型、炮采型、集中控制型、注液枪控制型、带尾梁型、挡矸型、充填型、铺网型和无网型。悬移支架具有体积小、质量轻、运输方便、造价低等优点，特别适宜没有条件使用综采设备的中小型煤矿。

(1) 顶梁前后排列布置的悬移支架

顶梁前后排列布置的悬移支架如图 7-5 所示，前后可滑移的顶梁由梁间的弹簧钢板连接。移架时前梁卸载，后梁仍保持支撑状态，并通过弹簧钢板将前梁和下方的单体液压支柱悬吊起来，前后梁内的移架千斤顶伸出，前梁前移。前梁支撑后让后梁卸载，通过缩回移架千斤顶使后梁前移。

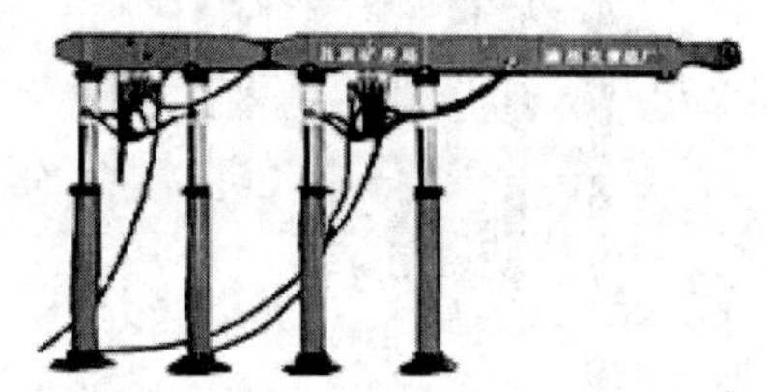

图 7-5　顶梁前后排列布置的悬移顶梁支架

这种支架最早用于急(倾)斜煤层的水平分段放顶煤工作面，曾获得较好的技术经济效果，而后在近水平和缓(倾)斜煤层中有过一定数量应用。这种支架的主要问题是——顶梁前后排列，侧向稳定性较差，侧向稳定性随煤层倾角加大而变差，煤层倾角超过 20°时侧向稳定性差和移架时向下方偏移的问题突出；支架长度较大，易出现超载现象；连接两梁的弹簧钢板受力较大，易出现断裂。这种支架已少用，目前已被组合式悬移顶梁支架替代。

(2) 顶梁并列布置的悬移支架

顶梁并列布置的悬移支架如图 7-6 所示，由并列支撑顶板的左右顶梁、顶梁间移架千斤顶、单体液压支柱和连接装置组成，每根梁下有 2～4 根单体液压支柱。移架时，一架支撑，另一架悬挂在支撑的顶梁上，通过移架千斤顶带动左右架迈步前移。

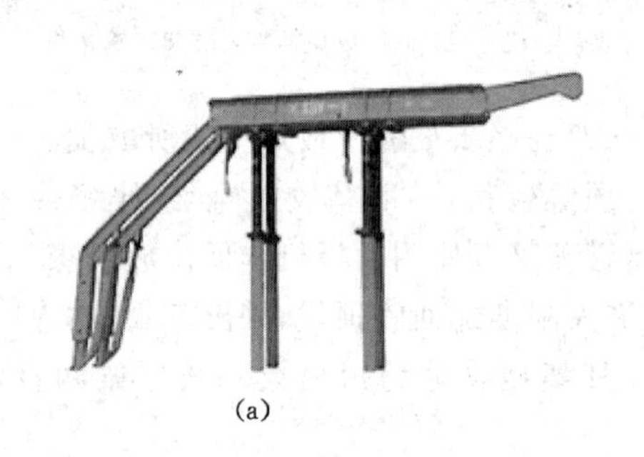
(a)

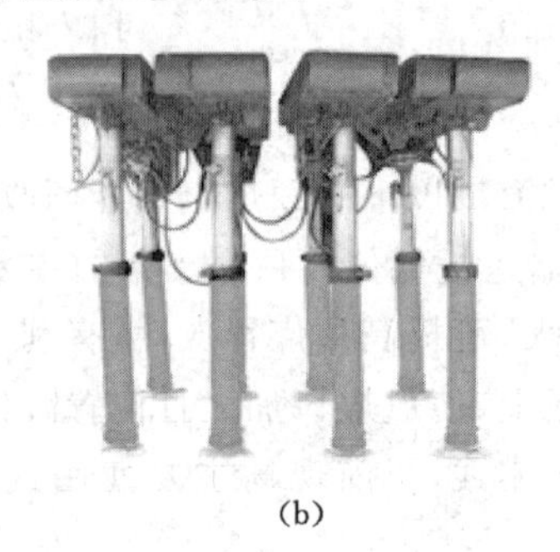
(b)

图 7-6　顶梁并列布置的悬移顶梁支架

(a) 并列顶梁带尾梁型　(b) 并列顶梁无尾梁型

支架这样布置增强了纵横两个方向上对顶板不平度的适应能力，与顶梁前后排列的支架相比，稳定性得到改善，抗侧向力得到提高。目前，这类支架也逐渐少用。

(3) 组合式悬移支架

2000 年以来，针对悬移支架存在的问题，我国发展了分体顶梁和整体梁组合式悬移支架，这种支架如图 7-7 所示，工作面支架通过前后托梁使顶梁连接为整体，极大地提高了支架的稳定性。移架时所移支架的支柱可以全部同时提起，由托梁承载前移的顶梁和支柱的重力，移架速度加快，且保持了综采支架整体性好、能自移的优点，同时具有不铺顶网、不剪网、适用性强、下井安装方便等优点，已较多地用于中小煤矿长壁放顶煤工作面。

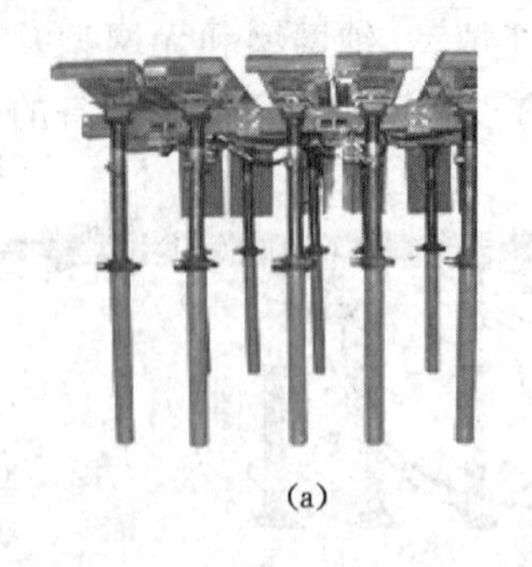
(a)

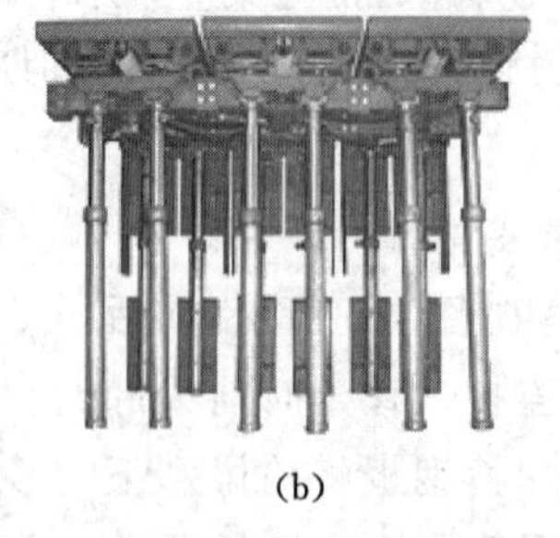
(b)

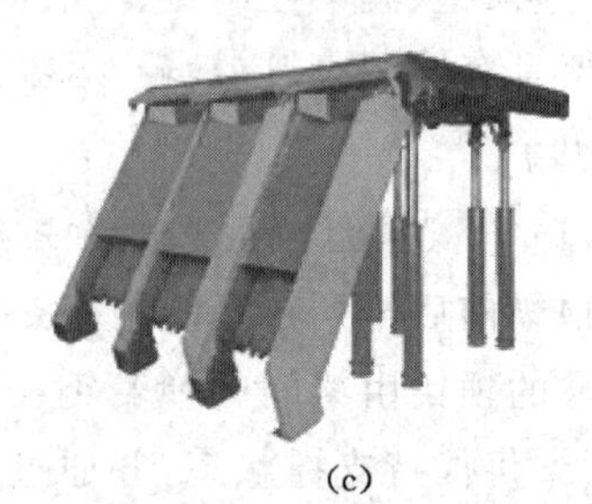
(c)

图 7-7　组合式悬移顶梁支架

(a) 分体顶梁　(b) 整体顶梁　(c) 整体顶梁

三、回采巷道布置的分类

我国多采用一次采全厚放顶煤法，相应的回采巷道布置如图 7-8 所示。分工作面一侧单巷布置和多巷布置。多巷布置是装备布置、巷道维护、瓦斯排放和提高顶煤冒放性的要求。

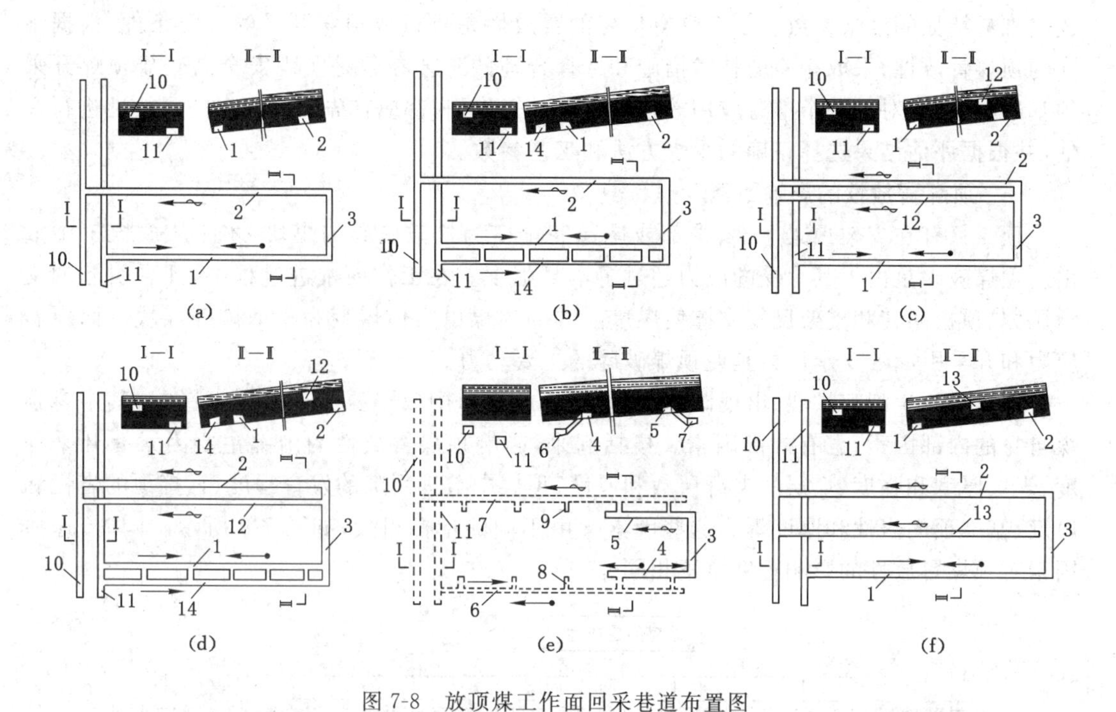

图 7-8　放顶煤工作面回采巷道布置图

1——运输平巷；2——回风平巷；3——工作面；4——超前运输平巷；5——超前回风平巷；6——区段运输集中平巷；7——区段回风集中平巷；8,9——联络斜巷；10——回风上山；11——运输上山；12——瓦斯排放巷；13——辅助爆破巷；14——进风平巷

工作面两侧沿煤层底板各布置一条巷道，一条用于运煤兼进风，另一条用于回风，如图 7-8(a)所示。这种布置，掘进和维护工程量少、系统简单，可实现无煤柱开采，有利于提高回收率和防止煤层自然发火，是长壁放顶煤工作面的基本布置方式。

为解决装备多、大断面巷道维护困难或长距离单巷掘进通风困难的问题，在工作面运输平巷一侧进行双巷布置，回风平巷一侧单巷布置，形成图 7-8(b)所示的布置方式。

瓦斯涌出量大的综放工作面一般沿顶板开掘一条回风巷，用以专门排放瓦斯。瓦斯排放巷的通风瓦斯浓度一般允许达到 2%～3%，这就形成如图 7-8(c)和图 7-8(d)所示的布置方式，由此形成一进两回或两进两回工作面通风方式。瓦斯排放巷一般内错 10 m 左右，布置在工作面回风平巷一侧的顶煤中。

在煤层特别松软破碎的条件下，为改善回采巷道维护状况，加大工作面连续推进长度，需开掘区段岩石集中巷，并通过联络斜巷与超前工作面掘进的回采巷道相连，以形成生产系统，这就形成了图 7-8(e)所示的布置方式。

在坚硬煤层和顶板条件下，为了实现放顶煤开采，需要在两巷间布置一条或多条辅助爆破巷，工作面开采期间，在这些巷内进行超前工作面松动爆破和注水，以改善顶煤的冒放性，这就形成了图 7-8(f)所示的布置方式。

第二节　长壁综放工作面的顶煤冒放性、放出规律和矿压显现规律

顶煤冒放性，是指顶煤本身冒落并可放出的特性。它是顶煤在支承压力作用下冒落和放出难易特征的度量参数。顶煤具有良好的冒放性是进行放顶煤开采的必要条件，根据不同的顶煤冒放性，采取相应的技术措施和选择合理的工艺参数是实现安全高效放顶煤开采的基础。因此，对每一个准备应用放顶煤开采的工作面，都应首先对其顶煤的冒放性进行评估，并根据评估结果选择正确的采煤方法和工艺参数。

一、顶煤冒放性的影响因素

顶煤只有在支架顶梁上部、中部或尾部完全变为松散破碎的煤块，才能从放煤口中放出。顶煤破碎是由于其承受的应力超过了本身强度。在工作面推进过程中，开采引起的支承压力、顶板回转和支架反复支撑使煤壁前方的顶煤由实体煤变为松散破碎煤块。而原岩应力和开采引起的支承压力是使顶煤破碎的主要动力。

顶煤从原生裂隙扩展、出现破坏，到最后从放煤口中放出要受许多因素影响，其中有顶煤自身的内部因素，也有外部因素。概括起来，影响顶煤冒放性的内部主要因素有开采深度、煤层厚度和强度、煤层的夹矸层数和厚度、顶煤中节理裂隙的发育程度、直接顶的岩性和厚度、基本顶的岩性和厚度等。这些因素又由不同的指标组成，如图 7-9 所示。同时，这些因素对顶煤冒放性的影响程度也不相同。

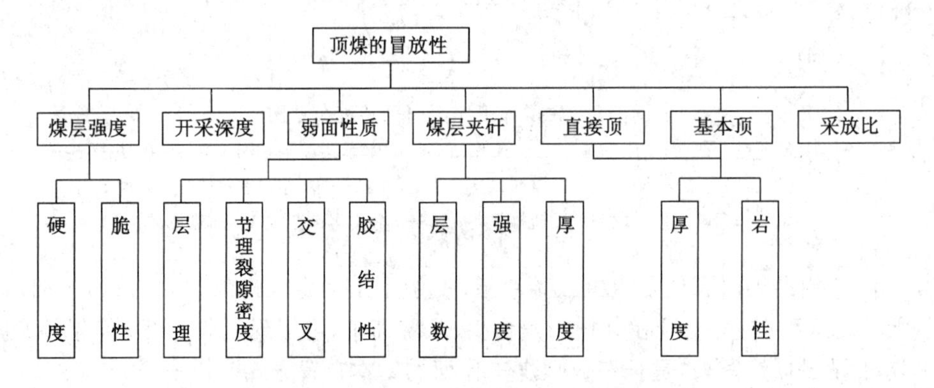

图 7-9　影响顶煤冒放性的内部主要影响因素递阶结构图

二、顶煤冒放性的评价和分类方法

由于顶煤冒放性影响因素很多、影响情况复杂，分类过程中影响因素的取舍、指标的取值和样本之间的亲疏等方面均没有明确的界限，具有很强的模糊性。为更多地考虑各种因素对顶煤冒放性的影响，并尽可能消除分类过程中对指标区分和取值带有的主观性，增加分类结果的准确性，多选用模糊聚类分析方法对顶煤冒放性进行分类。

1. 顶煤冒放性评价的指标体系

综放开采顶煤冒放性分类评价指标——煤层的硬度系数(f)，煤层赋存深度(H)，顶煤节理裂隙发育程度(j)，夹石层厚度指标(h)，随采随冒直接顶对采空区充填程度(K_c)，基本顶级别(F)，采放高度比(k)。

采用有限元计算分析与专家问卷调查相结合方式，确定影响顶煤冒放性 7 项指标的权

重排序和权值分配值，专家问卷调查应不少于10份，某一数值离散较大时应重新进行。

我国一些矿区顶煤冒放性影响因素的排序和权值范围如表7-1所列。

表7-1　　我国部分矿区顶煤冒放性的影响因素排序和权值范围

项　　目	权重排序	权值范围
煤层硬度(f)	1	0.25～0.38
节理裂隙发育程度(j)	2	0.15～0.36
煤层赋存深度(H)	3	0.15～0.30
比煤硬夹石层厚度指标(h)	4	0.07～0.15
采放高度比(k)	5	0.07～0.14
直接顶对采空区充填程度(K_c)	6	0.04～0.06
基本顶级别(F)	7	0.02～0.04

2. 顶煤冒放性的分类结果

应用以上方法，可将我国放顶煤工作面的顶煤冒放性划分为5类，如表7-2所列。

表7-2　　我国放顶煤工作面的顶煤冒放性分类

顶煤冒放性类别		指　标　描　述
1类	可放性好	顶煤强度低，$f<1.0$，能够自行垮落，垮落块度较小(<300 mm)；无硬夹石层；节理裂隙很发育；煤层厚度小于15 m；采深大于300 m；直接顶能够随采随冒并对采空区充填较好
2类	可放性较好	顶煤强度中等，$f=1\sim2.5$；结构简单，含夹石层，但夹石强度较小、层数较少，夹石层厚度较小；节理裂隙发育；煤层厚5～12 m；顶板能够随采随冒，采深大于200 m，有时会出现大于1.5 m的大块
3类	可放性一般	节理裂隙中等发育，含夹石层，但夹石强度较小、层数较少、夹石层厚度较小；冒落顶煤块度较大，放出流动性较差，为使顶煤顺利放出，虽不需进行顶煤预破碎的辅助工作但必须加强放顶煤支架的二次破碎功能，采深大于100 m
4类	可放性差	顶煤强度较大，$f>3$；节理裂隙不很发育；结构较简单，夹石层较硬、厚度大于0.4 m；直接顶较薄；需采取预破碎等措施方能使顶煤顺利放出
5类	难　放	顶煤强度大，$f>4$；结构较复杂，夹石层坚硬；节理裂隙不发育；直接顶较薄且较坚硬，不能随采随冒；采深小于100 m

三、放矿理论和顶煤放出规律

1. 放矿椭球体理论

放矿椭球体理论认为：矿石在采场破碎后是按近似椭球体形状向下自然流动的，即原来所占的空间为一旋转椭球体，如图7-10所示。在放矿过程中形成的椭球体，称为放出椭球体，停止扩展而最终形成的椭球体，称为松动椭球体，放矿后形成放出漏斗和移动漏斗。

放出椭球体长轴为$2a$，近似于顶部待放矿石的高度h，短轴为$2b_1$。放矿过程中，高度为h的水平矿岩分界面将下降为一漏斗面，由于下降时矿石和岩石的滚动，漏斗面实际上由一定厚度的混矸层组成。

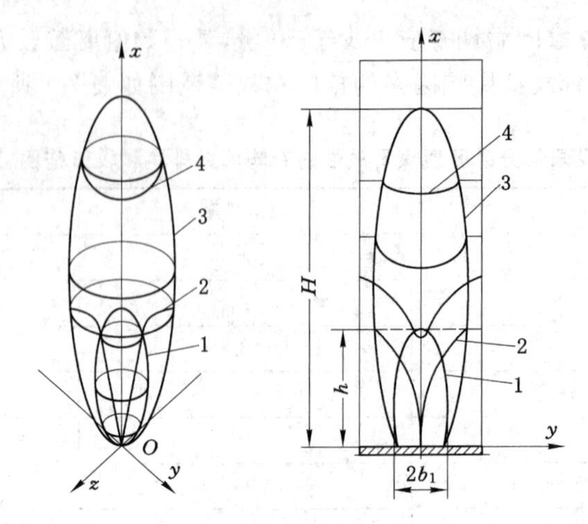

图 7-10　放矿椭球体的概念

1——放出椭球体；2——放出漏斗；3——松动椭球体；4——移动漏斗

生产实践表明，放出椭球体短轴与长轴的关系如式(7-1)：

$$2b_1 = (0.25 \sim 0.3)h \tag{7-1}$$

根据放矿理论，放矿椭球体表面上的颗粒将大体上同时到达放矿口。因而在放矿的同时，放出椭球体周围的矸石也将向放矿口流动、充填放矿留下的空间，从而形成松动椭球体。

2. 顶煤放出规律和主要影响因素

需要指出，综放开采的顶煤放出过程与金属矿山放矿过程有许多相似之处，由于介质及边界条件的差异，顶煤放出有自身的规律和特点。

如图 7-11 所示，按顶煤不同的稳定性，顶煤将在采空区边缘形成一个暂时相对稳定的固定帮，其高度为 H，并成为采空区松散煤矸运动时的约束边界，这将会改变顶煤的运动参数，也会改变放出体和松动体的形状，放出体实际上是一个偏转的椭球缺。

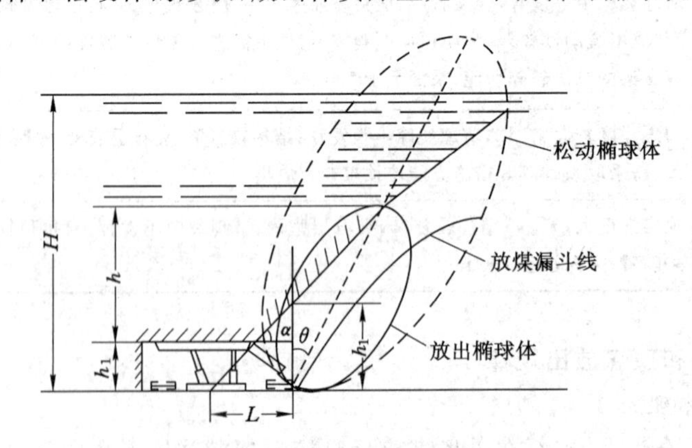

图 7-11　固定帮对放出椭球体的影响

H——直接顶与煤层厚度之和；h——放煤高度；h_1——机采高度；

L——放煤口中心与固定帮的水平距离；α——顶煤垮落角；θ——偏转角

在相同放出高度和放出口位置也相同的条件下，放出体体积将随着 α 角的减小而减少。因此，适于采用放顶煤开采的煤层，其顶煤垮落角 α 一般应大于 45°～60°。当 α＞110°时，放出煤量成为一个定值，顶煤垮落角不再影响放出量。

放煤口位置对放出体的影响是十分明显的，放煤口距固定帮的水平距离 L 越大，椭球缺的缺损越小，放出体积越大，即每次放出的煤量越大。

当放煤厚度 h 小于固定帮最小极限影响厚度 h_j（$h_j = L \cdot \tan\alpha$）时，放出椭球体发育较完整，不受固定帮影响。从我国目前使用的中位或低位放顶煤液压支架的参数分析：当放煤厚度 $h<3\sim5$ m 时，中硬以下的顶煤放出椭球体参数大体上不受固定帮影响。

实际上，轴偏转角 θ、放出体体积和形状是放煤厚度 h、顶煤垮落角 α 和水平距离 L 3 个变量的函数，同时这 3 个变量又互相制约，改变任何一个变量都会影响其他两个变量并最终影响放出体本身的参数。

3. 放顶煤开采顶煤位移的特点

根据对顶煤运移规律的综合研究，可以得出顶煤位移规律如下：

① 煤体的坚固性系数不同，顶煤始动点位置不同。煤的坚固性系数越低，煤层越软，顶煤开始移动得越早，顶煤始动点超前工作面的距离越远；煤的坚固性系数越大，煤层越硬，顶煤开始移动得越晚，顶煤始动点超前工作面的距离越近。对于距煤壁同一距离的顶煤则有如下关系——软煤总位移量＞中硬煤总位移量＞硬煤总位移量。

② 一般认为，顶煤总位移量大于 100 mm 时，顶煤具备可放条件，因此软煤在工作面煤壁前方 2～4 m 位置已具备可放条件；中硬煤在工作面煤壁后方 2 m 处即支架上方才达到可放条件；而硬煤在工作面煤壁后方 4 m 处即已经接近放煤口位置才达到可放条件；为此，软煤需要控制端面顶煤的提前冒落，而硬煤则需对顶煤进行注水软化或松动爆破等。

③ 软煤的顶煤移动角大于 90°，放煤是一种滑落运动；中硬煤的顶煤移动角在 80°左右，放煤是一种顶煤垮落后的坠落运动；硬煤的顶煤移动角更小，放煤更类似于悬臂梁自由端断裂破坏后的坠落；当硬煤的顶煤移动角＜50°时，顶煤将很难放出。

④ 不同高度的顶煤始动点位置不同，无论软煤、中硬煤或硬煤，顶煤位置越高，其始动点位置超前工作面距离越远；距煤壁同一距离时，上位顶煤的总位移量大于下位顶煤的总位移量。

⑤ 在顶煤开始移动初期，主要以水平移动为主，随着工作面接近顶煤，垂直位移逐渐增大，在支架上方垂直位移量超过水平位移量，具体位置随煤的坚固性系数不同而不同；煤越软，强度越低，次生裂隙数量越多，顶煤变形量越大，而且裂隙间距小，煤体较破碎、块度小，有利于放煤；煤越硬，强度越高，次生裂隙数量越少，顶煤变形量越小，而且裂隙间距加大，顶煤体较完整、块度大，不利于放煤。

四、放顶煤工作面的矿压显现规律

尽管综放工作面采放的高度比普通综采的采高成倍增加，采空区冒落的煤矸厚度也随之增大，但综放工作面的矿压显现比想象的要缓和一些，并没有随采厚加大而大幅度增加。

1. 支架阻力不高

支架工作特性普遍表现为初撑特性，阻力缓慢上升或阻力下降。支架的初撑力不大，软煤工作面的平均初撑力仅为硬煤的 51.7%。工作阻力亦较小，多数未达到额定工作阻力，仅为额定工作阻力的 55.3%，而软煤工作面支架的平均工作阻力仅为硬煤工作面支架的 55.6%。其原因可能是：支架上方和后方形成了一定空间，使顶煤和顶板有充分的空间移动和垮落，对采场具有较大影响的“结构”向上部岩层发展，从而使采场远离支承压力影响区以及因受到“大结构”保护而使支架表现为较低荷载状态下的“给定载荷”工作特性。

2. 支架前柱阻力一般大于后柱

支架前柱的平均工作阻力为后柱的1.16倍，硬煤工作面支架前柱工作阻力平均为后柱的1.02倍，中硬煤工作面支架前柱的工作阻力平均为后柱的1.23倍。主要原因是：支架上方及前方的煤体在支承压力作用下提前破碎、让压，使采场破断垮落的层位向上发展，上覆岩体对煤体的合力作用点向煤壁前方转移，使工作面前方煤体内的支承压力影响区远离煤壁；顶煤上方的下位岩体对支架上方顶煤体的合力作用点也随支架的支撑力中心前移。

3. 工作面来压不明显

有些放顶煤工作面甚至未出现初次来压和周期来压，来压时动载系数比同等条件下普通综采工作面小，动载系数平均仅为1.29左右，其中硬煤工作面平均动载系数为1.36，中硬煤平均为1.34，软煤平均为1.21。主要原因是：由于顶煤相对于岩层较软，受压后裂隙发育，使支承压力集中区向煤体远处转移，来压时的峰值点远离工作面；支架上覆破裂顶煤也能吸收一部分顶板来压时的冲击载荷，使支架在来压时的工作阻力有所缓和。

第三节 长壁放顶煤工作面的工艺参数和工艺过程

与普通综采相比，放顶煤工作面增加了放煤工序，完成采煤和放煤的全部工序，才算完成一个采煤循环。一般情况下，工作面一半以上的煤需经过放煤工序放出，因此从时间上和空间上应合理安排工作面采煤和放煤的关系，确定放煤方式时尽可能简化放煤操作，加快放煤速度，使放煤速度与采煤机截割速度大体上相匹配；确定最佳的放煤步距，使其利于提高采出率和降低含矸率；尽量实行采放平行作业，充分利用放顶煤开采一次采全厚的优势；循环工作制度应有一定灵活性，以便为增产留有余地。

一、长壁综放工作面的参数分析

1. 工作面长度和推进长度

放顶煤采煤工作面长度，应主要考虑顶煤破碎、顶煤放出、煤炭损失、月推进度、产量和效率等因素影响。

由于工作面长度对顶板破断和支承压力都要产生影响，为有利于顶煤放出，工作面长度不宜太小，一般不应小于80 m。

由于目前综放工作面的区段煤柱和端头放煤问题尚未得到完全解决，从减少煤炭损失考虑，适当加大工作面长度可以减少这部分损失所占的比例。

与单一煤层和分层工作面不同，综放工作面长度除受采煤机生产能力、输送机铺设长度、煤层自然发火期等因素影响外，还受顶煤厚度影响，顶煤越厚，在后输送机能力一定情况下，放顶煤的时间就越长，当放顶煤时间超过采煤机割煤时间时，就会出现停机等待放顶煤现象。因此，对于煤层厚度大、主要由放煤能力决定单产的工作面，工作面长度不宜太大。

单架支架的放煤时间一般为2.5～6 min，工作面长度宜在一个生产班内将工作面的顶煤放完，由此决定的工作面长度取决于同时放煤的支架数、每架支架放煤时间和每班工作时间。

对于地质构造简单、赋存稳定、低瓦斯、近水平煤层，工作面长度和月推进度是相互关联的，工作面长度和推进度的最佳组合应使工作面产量最大、效率最高。工作面太短，辅助工时比例增加；工作面太长，设备故障率增加。

对于有自然发火倾向的煤层，从防灭火角度考虑，为增加月推进度工作面不宜过长。另外，对于需要进行瓦斯抽采的高瓦斯煤层，也应结合瓦斯抽采工艺参数和抽采效果要求来考虑最佳的工作面长度。

我国的放顶煤工作面长度一般为 120～300 m。

对于日产万吨的高产高效工作面，已有的研究认为：当煤层厚度较小、采煤机割煤时间大于放煤时间时，工作面最佳长度为 180～200 m；当煤层厚度大、放煤时间长时，工作面最佳长度为 150～180 m。随着年产千万吨工作面出现，放顶煤工作面长度呈加长趋势。

综采放顶煤工作面的连续推进长度一般不宜小于 800～1 000 m。除考虑工作面搬迁等因素外，还应考虑减少工作面初采和末采时煤炭损失所占比例。工作面连续推进距离越长，这部分煤炭损失所占比例就越小。

工作面运输巷中的输送机选型也是限制综放工作面连续推进长度的主要因素之一。目前，国产单机驱动的可伸缩带式输送机长度在 1 000 m 左右，采用中间驱动装置的可达 2 000 m 左右。

确定综放工作面连续推进长度还需考虑综放设备的大修期。综放设备中采煤机的大修期最短，按采煤机割煤 1 500～2 700 h 不大修计算，工作面连续推进长度可在 2 000～2 700 m 之间。

2. *循环放煤步距*

如图 7-12 所示，在工作面推进方向上，两次放顶煤之间工作面的推进距离，称为循环放煤步距。

合理选择放煤步距，对于提高采出率、降低含矸率十分重要。它与顶煤厚度、松散程度和放煤口的位置有关，还与顶煤冒落时的垮落角有关，最佳的放煤步距应是顶煤垮落后能从放煤口全部放出的距离。合理的放煤步距应使顶煤上方的矸石与采空区后方的矸石同时到达放煤口，这样才能最大限度地放出顶煤。

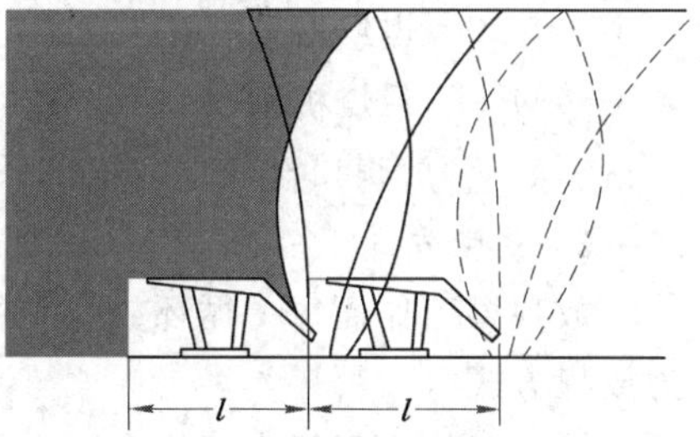

图 7-12　循环放煤步距示意图

如图 7-13 所示，放煤步距过小，当支架前移后顶煤 A 完全垮落，顶煤上方和后方基本被矸石包围，打开放煤口放煤时，破碎顶煤与矸石一同向放煤口移动，由于放煤步距较小、顶煤尚未全部放出，但采空区后方矸石已到达放煤口，一部分顶煤遂被支架隔在上方，从而造成煤炭损失。

如图 7-14 所示，放煤步距过大，预计放出的煤体体积 A 亦比较大。在支架不断前移时，堆积在采空区的待放破碎顶煤范围也比较大，打开放煤口放煤时，随着顶煤不断放出，上方矸石也不断向放煤口移动，由于待放的顶煤较多，在上方矸石到达放煤口后其后面仍有一部分顶煤未被放出，亦会造成顶煤损失。

合理的放煤步距与顶煤厚度、采煤机截深、破碎煤体的特性（黏结性、含水性、破碎顶煤块度）等多因素有关，确定时必须综合考虑。

综放工作面的放煤步距应与移架步距或采煤机截深成倍数关系，一般有一刀一放、两刀

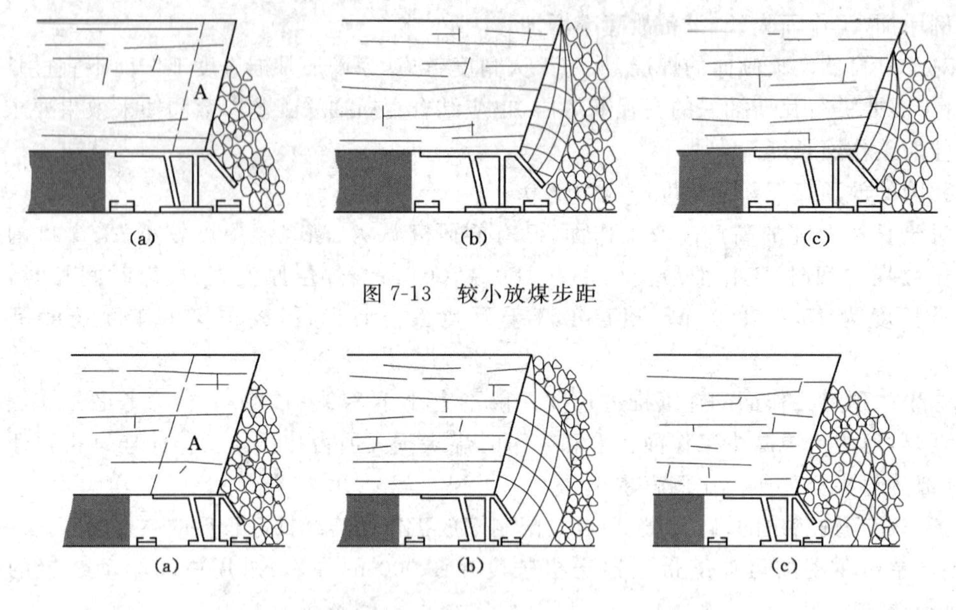

图 7-13　较小放煤步距

图 7-14　较大放煤步距

一放或三刀一放 3 种组合。一般情况下，顶煤厚度大时，放煤步距应大一些；反之，应取小值。

确定放煤步距时，可借鉴式(7-2)经验公式：

$$L=(0.15\sim 0.21)[(H-M)-h] \tag{7-2}$$

式中　L——放煤步距，m；

H——煤层厚度，m；

M——采煤机割煤高度，m；

h——放煤口至煤层底板的垂高，m。

3. 放煤方式

放顶煤工作面每一循环放煤顺序、次数、同时打开的放煤口数和放煤量的配合方式，称为放煤方式。

综放工作面每架支架均有一个放煤口，低位放顶煤支架为连续放煤口，中位和高位放顶煤支架为不连续放煤口。

相邻两放煤口放煤时，放煤口上部散体煤的放出椭球体、放出漏斗运动规律将互相影响，必然会在一定程度上影响煤炭采出率和含矸率；放煤方式不同，影响程度不同。

打开放煤口，一次将能放的煤全部放完，则称单轮放煤；每架支架的放煤口需打开多次才将顶煤放完的，则称多轮放煤。

同时打开的放煤口数主要取决于运送顶煤的刮板输送机运输能力。

放煤方式可分为顺序放煤和间隔放煤。顺序放煤，是指按支架排列顺序，如第 1 架、第 2 架、第 3 架……，依次打开放煤口放煤的方式；间隔放煤，是指按支架排列顺序每隔 1 架或多架，如第 1 架、第 3 架、第 5 架……，或第 1 架、第 4 架、第 7 架……，依次打开放煤口放煤的方式。

无论是顺序放煤还是间隔放煤，都可以单轮或多轮放煤。单轮顺序放煤、多轮顺序放煤和单轮间隔放煤是我国常用的放煤方式。

① 单轮顺序放煤——是指从端头处可以放煤的第 1 架支架开始放煤，一直放到放煤口见矸，煤放完后关闭放煤口，再打开第 2 架支架的放煤口；以此类推。该放煤方式操作简单、容易掌握，放煤速度较快。单轮顺序放煤的煤岩分界面变化如图 7-15 所示。

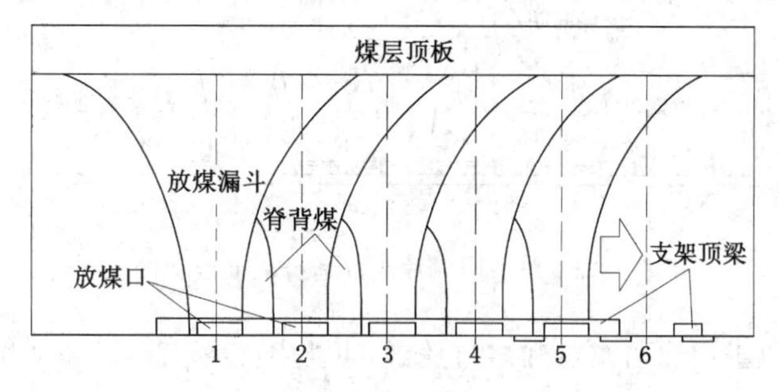

图 7-15　单轮顺序放煤煤岩分界面变化图

为了提高单轮顺序放煤的速度，可采用单轮顺序多口放煤方式，其放煤能力可提高 1 倍，而含矸率可能降低。当顶煤强度不高（软煤层）、放煤流畅、煤流均匀时，可获得较高的产量和较低的含矸率。

② 多轮顺序放煤——如图 7-16 所示，采用多轮顺序放煤方式，原始煤岩分界面在放煤过程中能均匀下降，第一放煤漏斗的矸石不会很快进入第二放煤口，可减少煤中混矸，也可在一定程度上提高顶煤的放出率。多轮顺序放煤的主要缺点是每个放煤口必须打开多次才能将煤放完，总的放煤速度较慢；其次，要求每次均匀放出顶煤的 1/2 或 1/3，操作上难以掌握，若放煤不均匀，煤岩分界面下降就不均匀，这样就会增加混矸。

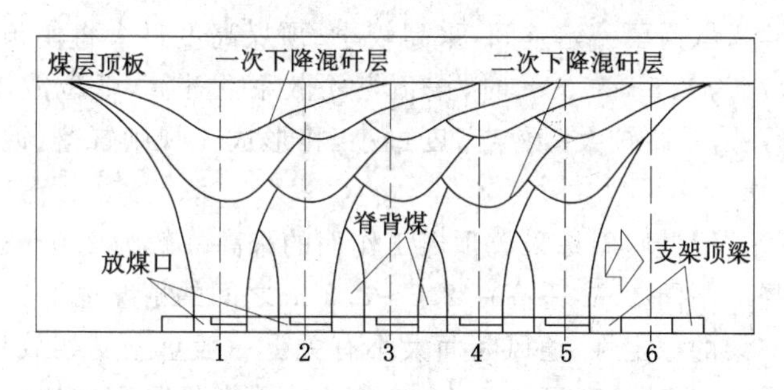

图 7-16　多轮顺序放煤煤岩分界面变化图

煤层厚度小于 6 m、顶煤较薄、采用多轮放煤时，第二次打开放煤口时容易混矸，一般应采用单轮放煤；煤层厚度大于 8～10 m、单轮放煤时，放煤椭球体短半径和放煤漏斗的直径均较大，第 1 放煤口放完再放第 2 或第 3 放煤口时都容易混矸，采用多轮放煤可使煤岩分界面均匀下降，放出的顶煤含矸率较低。顶煤太厚时，移架后中部顶煤冒落破碎情况一般较差，多轮放煤可使上部顶煤逐步松碎，有利于放煤。

单轮放煤速度较快时，顶煤有时放不干净，需要在放完煤后重新打开放煤口补充放煤。这种补充放煤并非所有放煤口都进行补放，补充放煤不属于多轮放煤方式。

③ 单轮间隔放煤——单轮间隔放煤，是指间隔一架或多架支架打开一个放煤口，每个放煤口一次放完，如图 7-17 所示。该放煤方式扩大了放煤间隔，可避免邻近放煤漏斗中矸

石窜入放煤口，以减少混矸。

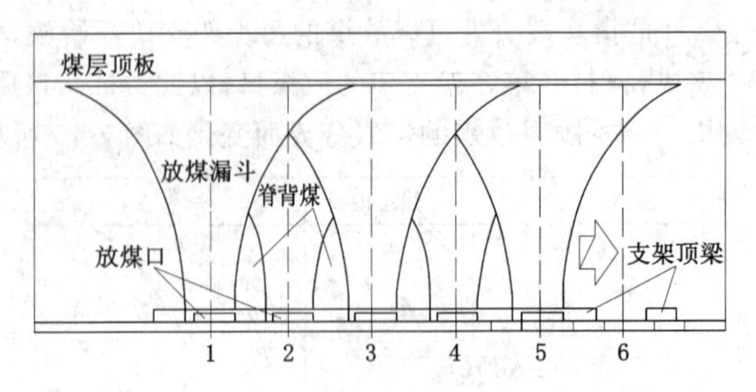

图 7-17 单轮间隔放煤煤岩分界面变化图

单轮间隔放煤便于增加出煤点和多口放煤，可提高工作面产量和加快放煤速度。

现场对单轮顺序放煤和单轮间隔放煤进行了大量试验，对比分析后认为：从两种放煤方式的平均单口放出率看，在不考虑窜矸情况下，单轮间隔放煤的放煤效果比较理想，其平均顶煤回收率较单轮顺序放煤高 4%～6%；从工作组织看，由于放煤时间远远长于割煤时间，因此提高工作面工效的最有效途径即缩短放煤时间。单轮顺序放煤每次只有一个放煤口在工作，不能有效发挥放顶煤开采的优势，在后部运输机运输能力满足条件下，单轮间隔放煤可以同时安排两个甚至更多的放煤口同时作业，从而可缩短整个工作面放煤时间、提高设备开机率，从而达到高产高效目的。

4. 采放比

采放比，是指放顶煤工作面采煤机机采高度(或爆破高度)与顶煤高度之比。合理的采放比应根据煤层厚度、煤的硬度和节理发育程度以及工作面推进速度等因素确定。

顶煤放出前破碎松散需要一定空间，采高较小、顶煤高度过大将使顶煤破碎不充分、放出困难，当采煤机采高为 2.5～3.0 m 时，按顶煤松散系数计算，低位放煤支架的顶煤厚度应小于 8～10 m。另外，采高较大、顶煤高度过小，将形成无规则冒落、混矸严重，且架前易超前冒顶、增大含矸率。

目前，我国近水平、缓(倾)斜综采放顶煤工作面的采高一般为 2.0～3.0 m，根据工作面通风、防尘、支架选择的不同要求，采高在 2.6～3.2 m 之间的情况也不少见。

采煤机采高与支架的稳定性、通风断面大小有关。一般重型支架放顶煤工作面采高在 2.5 m 以上，煤质中硬以上时采高可达 2.8～3.0 m。采煤机采高增加后，有利于通风和顶煤充分破碎，但不利于防治煤壁片帮、亦会增加支架质量。

顶煤高度决定着循环放煤时间，放煤时间过长必然增加循环作业时间、影响工作面推进速度，对控制工作面矿压显现和预防煤层自然发火均不利。

采放比理想的状态是所放顶煤充分松散破碎后增加的高度等于底层工作面采高。对于一次采全厚综放开采，根据煤层厚度不同，我国的采放比一般在 1∶0.8～1∶3.0 之间。

我国近水平、缓(倾)煤层综放工作面已有经验是：煤质中硬以下、节理发育时，以采放比为1∶1～1∶2.4 为宜，即采高 2.5～3.0 m，放煤高度为 2.5～7.2 m，采放高度为 5.0～10.2 m；煤质中硬以上、节理发育时，采放比以 1∶1～1∶1.7 为宜，即采高为 2.5～3.0 m，放煤高度为 2.5～5.2 m，采放高度为 5.0～8.1 m。

《煤矿安全规程》规定，缓(倾)斜、中斜厚煤层的采放比小于 1∶3，且未经行业专家论证的，严禁采用放顶煤开采。

5. 采出率

(1) 工作面煤炭损失的构成

综放工作面的煤炭损失分为两部分：一部分属于正常损失，即目前技术水平尚不能避免的损失；另一部分属非正常损失，与地质条件和技术决策有关。

① 难以避免的煤炭损失，有工艺损失、工作面上下端头损失、初采损失、末采损失等。

工艺损失——工艺损失是综放工作面煤炭损失的主要部分。在正常放煤过程中，由于顶煤和直接顶在向下放落过程中形成一个混合带，而为了减少含矸率故不得不丢失一部分顶煤；或因放煤顺序不当，造成矸石提前窜入放煤口上方从而导致煤炭丢失；刮板输送机溜槽以下的煤；在工作面长度方向上支架间脊背煤损失，与架型有关，高位和中位液压支架的损失较大，低位插板式支架损失最少。工艺损失与放煤方式、放煤步距、顶煤的冒放性、煤厚、架型等因素有关，一般可占工作面全部损失的二分之一～三分之二，损失率为7%～12%。

工作面上下端头损失——一部分是随工作面推进，两条回采巷道上方的顶煤无法回收而丢失；另一部分是端头上方的顶煤，一般情况下上下端头各有两架支架不放煤，这是由普通支架或过渡支架、端头支架不具有放煤功能而引起的，或为保证端头顶板稳定性不放煤，这部分损失约占4%。工作面越短，两端头损失所占比例越大。

初采损失——是指放顶煤工作面从开切眼起到正常放顶煤期间的顶煤损失。由于顶煤的冒放性和直接顶板的垮落性不同，为防止直接顶初次垮落或基本顶初次来压时冲击采场，初采时须留部分顶煤于采空区，这样采出率将降低0.5%～0.8%。一般情况下，在工作面初采的10～15 m范围顶煤放出率不大于50%。

末采损失——主要是为了保持终采撤出工作面设备时有一个较完整的顶板(煤)，从终采线前10 m开始铺顶网停止放煤引起的，其损失的煤炭大体上是初采损失的一倍，即1%～1.5%。将终采线布置在煤层顶部，终采前工作面逐步由底板爬至顶板的末采方式，除了工艺困难外，煤炭损失亦将增加2倍左右，目前极少采用。

正常的放顶煤工作面煤炭损失为上述几项损失之和，工作面采出率大致在82%～85%。

② 非正常原因引起的煤炭损失，这部分损失大体上可以分为两类：

一类是由地质构造引起的损失，如工作面通过落差较小的断层，在断层上下盘所留的顶底煤；底板有褶曲或底板凹凸不平而必须留的底煤；或为解决底板十分松软、吸水膨胀、支架容易陷底问题而有意保留的底板煤皮等。这类损失往往难以预计，有时丢煤也较多。特别是留底板煤将造成大面积煤炭损失。在地质条件复杂的工作面开采时，采出率明显低于地质条件简单的综放工作面。

另一类非正常损失与技术决策有关，顶煤坚硬、冒放性差或含有硬夹石层、冒落不及时、冒落后大块煤多、支架放煤口小(高、中位放煤支架)亦将引起一定煤炭丢失。当煤层厚度较大(大于10 m)而采高又较小时，顶煤放出率也会降低。

(2) 区段或分带隔离煤柱损失

区段或分带隔离煤柱引起的煤炭损失目前一般为7%～15%。放顶煤工作面间留区段或分带煤柱，采区采出率一般很难达到国家规定的75%的要求。当区段或分带间采用沿空掘巷方式时，煤柱损失可降至3%以下。

(3) 提高放顶煤开采采出率的措施

① 减少初采损失——减少初采损失有效的方法是采用开切顶巷技术和深孔爆破技术。

在工作面开采前，在切眼外上侧沿顶板施工一条与切眼平行的辅助巷道，称切顶巷，并在巷道的一帮钻眼爆破，以扩大切顶效果。据鲍店煤矿观测：工作面推进 3.4 m 时顶煤开始冒落，工作面推进 7.8 m 时直接顶垮落，比相邻工作面的垮落步距减少 5.2 m，可使工作面采出率提高 0.31%。据南山矿观测，工作面推过切顶巷后，顶煤全部垮落，而没有采用切顶巷时采出 24 m 后顶煤才全部冒落。

深孔爆破应在工作面未采动区内实施，如在两巷中。为保证作业安全，在开切眼或工作面内严禁采用炸药爆破方法处理顶板和顶煤。

另外，在锚网支护的开切眼内采煤前卸掉锚杆螺母和锚索托盘，有利于顶板垮落和提前放煤。

通过采用以上措施，一般初采损失可减少约 50%，推进长度 500 m 左右的工作面，其初采损失大约在 0.5%。

② 减少端头损失——目前，大多数放顶煤工作面均用过渡支架或正常放顶煤支架进行端头维护。由于机头、机尾过渡槽较高，支架放煤口打开后过煤困难，一般工作面在端头不放顶煤。为减少端头损失，应在条件允许情况下，将工作面输送机的机头和机尾尽量向巷道方向布置，使工作面内支架能够全部放煤。目前解决端头放煤的途径有以下 3 种：加大巷道断面尺寸，将机头和机尾布置在巷道中，取消过渡支架；采用立式(电机垂直工作面布置)侧卸刮板输送机；采用带有高位放煤口的端头支架，实现端头和两巷放顶煤。

③ 减少放煤工艺损失——对于尚未投产的矿井，关键是根据煤层地质条件正确选取放顶煤支架的架型。对于已投产的工作面，改善放煤工艺参数，试验和选定合理的放煤方式和放煤步距，有可能在较短的时间内明显提高采出率。

为减少后部刮板输送机中部槽之下的顶煤损失，峰峰矿区在后部刮板输送机中部槽后部上边缘加焊了宽 350 mm 的钢板，以占据中部槽之下的空间。

此外，对放煤方向、放煤顺序和放煤最大高度等因素也应加以考虑。俯斜开采的工作面顶煤采出率最高，走向长壁工作面由下端向上端放煤次之，由上端向下端放煤较差，而仰斜开采的工作面采出率最低，倾角越大放煤方向对采出率影响越明显。

二、综采放顶煤的工艺过程

1. 放顶煤的工艺过程

① 割煤——放顶煤综采工作面一般采用双滚筒采煤机沿工作面全长割煤，工作面两端多采用斜切进刀方式。截深一般为 0.6～0.8 m，采高一般为 1.8～3.2 m。

② 移架——为维护端面顶煤的稳定性，液压支架一般装有伸缩前探梁和防片帮装置。采煤机割煤后应立即伸出前探梁支护新暴露的顶煤。

③ 移前输送机——移架后即可推移前输送机。若采用一次推移到位，可以在距采煤机约 10 m 处逐节一次完成输送机推移。若采用多架协调操作分段移输送机，可在采煤机后方 5 m 左右开始推移输送机，每次推移不超过 300 mm，分 2～3 次将前输送机推移至煤壁，并保证前输送机弯曲段不小于 12～15 m，输送机推移后呈直线状，不得出现急弯。

④ 放顶煤——应根据架型、放煤口位置及几何尺寸、顶煤厚度及破碎状况，合理确定循环放煤步距。多为“一刀一放”或“两刀一放”，可以从工作面一端开始，顺序逐架依次放煤，

如果顶煤厚度较大也可采用多轮放顶煤。单轮放煤时掌握好“见矸关口”的尺度。有些煤矿规定：矸石占放出物的1/3时停止放煤。

若遇到大块煤不易放出时，可反复伸缩插板，小幅度上下摆动尾梁，使顶煤破碎后顺利放出。放煤结束后关好放煤口并确保过煤高度不小于500 mm。放煤与移架间距应不小于20 m。

实验室和现场实测均表明，放出率和含矸率是相关联的，如图7-18所示。放煤时见到大量矸石涌入放煤口时再关闭，放出率提高的同时含矸率也将增加，有的达7%～10%。因此，何时关闭放煤口必须根据工作面的具体情况，综合考虑商品煤的社会和经济效益，选择最佳的放出率与含矸率之差时(Δ)关闭放煤口。

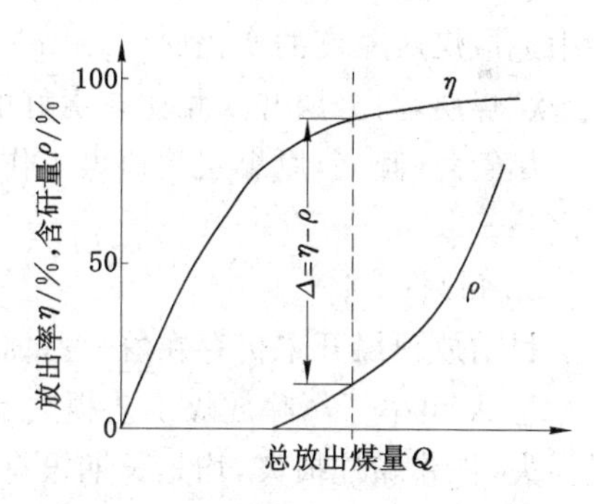

图7-18　放出率、含矸率与放出煤量的关系

η——放出率；ρ——含矸率

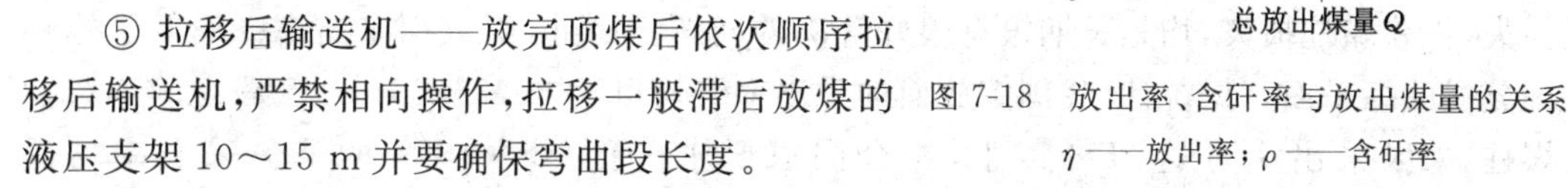

⑤ 拉移后输送机——放完顶煤后依次顺序拉移后输送机，严禁相向操作，拉移一般滞后放煤的液压支架10～15 m并要确保弯曲段长度。

2. 放煤时可能出现的问题和处理措施

放煤时可能出现的问题是——碎煤成拱放不下来、大块煤堵口放不出来、过硬的顶煤难以垮落。

处理碎煤成拱的办法，主要是通过摆动支架尾梁或掩护梁，一般情况下都能破坏碎煤形成的拱。若无效，可采取降架、升架破坏成拱，但此法对支架会有所损害。

处理大块煤堵口放不下来的问题，可通过支架上的插板等机构破碎或松动顶煤，促其下落。在工作面顶板稳定情况下，可以适当摆动支架尾梁将顶煤松动破碎。严禁采用炸药爆破方法处理卡在放煤口的大块煤(矸)。落在输送机上的大块煤应及时由人工破碎，以免在工作面端头因输送机上的煤过高而产生阻煤现象。

对于顶煤和顶板过硬难以垮落的问题，应预先对顶煤或顶板进行高压注水和预裂爆破，预裂爆破应在工作面未采动区进行并制定专门的安全技术措施。注水软化顶煤处理范围大，不影响工作面生产，不但可使顶煤产生大量裂隙，而且还具有良好的降尘作用。

我国大同矿区在坚硬顶板和硬煤条件下，沿顶板开掘平行于工作面两巷的3条工艺巷，在工艺巷内对顶煤和顶板进行弱化处理，对顶板实施深孔爆破，对煤层高压注水和深孔爆破，成功地在“两硬”煤层中应用了综放技术。

第四节　放顶煤采煤法的评价和适用条件

一、放顶煤采煤方法的评价

1. 优越性

与分层开采相比，放顶煤采煤方法在技术和经济上的优越性如下：

① 高产高效——由于综采放顶煤实现了采放平行作业，能使一面多点同时出煤，一个工作面相当于多个工作面同时生产，单产和工效可提高80%～100%以上。

② 巷道掘进率低——一般要比分层开采低100%～200%，可大幅度减少巷道掘进费用

和维护费用，改善采掘接续状况，为生产集中化创造了条件。

③ 工作面搬家次数减少——一般同等条件下搬家次数较分层开采可减少一半以上。

④ 吨煤成本低——可大幅度减少材料消耗和吨煤工资支出，与分层开采相比可减少坑木、金属网、截齿、电耗、工资等支出。

⑤ 对地质条件和煤层赋存条件变化适应性强——综采放顶煤可在近水平、缓（倾）斜煤层中适应煤层厚度的变化（4～12 m）。对于落差不超过割煤高度的断层，对于破碎顶板和“三软”煤层，与分层开采相比有更好的适应性。

尽管急（倾）斜厚煤层放顶煤工作面相对较短，但目前仍是厚煤层开采最有效的开采方法之一。

2. 问题

目前放顶煤开采仍存在着一些需要研究解决的问题，主要包括如下几个方面。

① 采出率——除放煤工艺损失不可避免外，工作面初末采损失、端头损失、区段巷道顶煤损失、护巷煤柱损失，均是长期没有很好解决的问题。因此，综放面采出率一般低于能够合理分层的综采面。据统计，我国综放面的采出率平均可达 81%～83%。区段之间不留护巷煤柱，采区采出率可达 75%以上，符合国家要求；而留煤柱开采的采区采出率均低于 75%。

② 支架与配套设备的系列化研制——液压支架是综放开采的关键设备，对于不同类型的煤层地质条件，要求支架的架型参数均不同。目前，我国已经生产了以低位放煤为主的多种新型综放支架。但工作面的过渡支架和端头支架的研制仍是一个薄弱环节。端头缺少合适的支架和放煤手段，影响采出率的提高，而丢煤又会造成相邻工作面自然发火的隐患。端头手工作业支护不仅劳动强度大、安全条件差，而且严重制约工作面推进速度，影响全套设备高产高效潜力的发挥。此外，与液压支架配套的工作面输送机，特别是后输送机亦需要根据综放面的特点不断优化改进。

③ 瓦斯灾害防治——一次采出厚煤层全厚的岩层运动、支承压力分布、顶煤运移和裂隙发育等因素对瓦斯析出的影响及采空区瓦斯溢出、运移和聚集情况与分层开采有很大不同。在工作面后方的采空区上部可聚积部分高浓度瓦斯，随着顶煤冒落这部分瓦斯将涌入工作面。因此，建立在分层开采基础上的厚煤层防治瓦斯的技术体系必须随着放顶煤整层开采的出现而加以调整或重新建立，相关理论亦有待修改。

《煤矿安全规程》规定：煤层有突出危险的，严禁采用放顶煤开采。

如何有效地消除煤与瓦斯突出危险更是急需解决的问题。

④ 自然发火防治——综放开采的自然发火问题仍比较严重，有一些工作面常因煤炭自燃而来不及撤出设备即被迫将工作面封闭。目前，主要防火措施是：向采空区灌注黄泥浆、向采空区注入惰性气体（氮气）、用阻燃物质灌注高冒区、向采空巷道一侧灌阻燃物质封隔采空区、向工作面终采线上方顶煤预注阻燃物质。

实践证明，加快工作面推进速度是防治自然发火最有效的技术措施。

⑤ 煤尘防治——放顶煤工作面的煤尘比分层开采高 1～2 倍以上。采煤机割煤、支架操作时的架间漏煤和放煤作业均是粉尘的来源。高位放煤时放煤工序产生的粉尘较大，顶煤破碎严重时架间漏煤产生的粉尘也会对工作面产生严重影响。在低位放煤时，工作面粉尘尤其是呼吸性粉尘的主要来源仍然是采煤机割煤。我国综放工作面防尘尽管采取了一些

措施，也取得了很好的效果，但仍有大量的工作要做。

⑥ 沿底煤巷矿压控制技术——回采巷道沿煤层底板掘进，巷道上部均留有不同厚度顶煤，与岩层顶板相比，巷道掘进和维护均比较困难，特别是“三软”煤层和深部煤层。寻求最佳的矿压控制技术，使回采巷道满足生产要求，也是目前急需解决的问题。

二、放顶煤采煤方法的适用条件

放顶煤开采对煤层的可放性及其赋存条件有一定的要求，其适用条件可概括如下。

① 煤层厚度——一般认为一次采出的煤层厚度以 5～10 m 为佳。顶煤厚度过小易发生超前冒顶、增大含矸率；煤层太厚破坏不充分，亦会降低采出率。放煤高度一般控制在 1～3 倍采高内，大于 3 倍采高时，须经行业内专家论证，轻型支架放顶煤的厚度可适当减小。对于厚度变异系数大的煤层，采用放顶煤开采比用其他开采方法能取得更高的采出率和更好的经济效益。

② 煤层硬度——顶煤破碎主要依靠顶板岩层压力，其次是支架的反复支撑作用。因此，放顶煤开采时煤的硬度系数一般应小于 3，否则需采取预破碎顶煤或其他弱化措施。

③ 煤层埋深——煤层埋深不宜小于 100 m。

④ 煤层结构——煤层中含有坚硬夹石层会影响顶煤放落。因此，硬夹石层厚度不宜超过 0.4 m，否则需采取措施。顶煤中夹石层厚度占煤层厚度的比例也不宜超过 10%～15%。煤层节理裂隙越发育对放煤越有利。

⑤ 顶板条件——直接顶应具有随顶煤下落的特性，其冒落高度不宜小于煤层厚度的 1.0～1.2 倍，基本顶悬露面积不宜过大，以免工作面支护设备受顶板冲击压力影响。否则，需要采取强制放顶、预裂爆破等措施。

⑥ 煤层倾角——长壁综采放顶煤技术已成功地应用在平均倾角为 53°的煤层中，随煤层倾角加大，相应的防倒防滑技术和管理也趋于复杂且技术经济效果随之变差，而近水平、缓(倾)斜煤层中则能够取得最佳的技术经济效果。

⑦ 自然发火、瓦斯和水文地质条件——对于自然发火期短、瓦斯涌出量大、煤尘有爆炸危险的煤层，需采取相应的措施后才能采用放顶煤采煤法。放顶煤开采后有可能沟通火区的，水文地质条件复杂，采放后有可能与地表水、老窑积水和强含水层导通的煤层，以及有煤(岩)与瓦斯(二氧化碳)突出危险的煤层，为保证安全严禁使用放顶煤开采。

⑧ 在工作面支护方面，严禁采用单体支柱放顶煤开采。

复习思考题

1. 简述放顶煤采煤方法的原理和主要应用类型。
2. 放顶煤开采工作面的矿压显现规律与普通综采工作面有何不同?
3. 说明放煤方式与放煤步距的种类。
4. 放顶煤开采的煤炭损失主要包括哪几项? 如何提高工作面的采出率?
5. 简述放顶煤采煤方法的主要优缺点和适用条件。
6. 简述严禁放顶煤开采的条件。

第八章 急(倾)斜煤层采煤法

第一节 急(倾)斜煤层开采概述

一、急(倾)斜煤层的地质特征

在我国煤炭储量和产量中,急(倾)斜煤层所占比例虽不到5%,但在新疆、青海、甘肃等边远地区和四川、贵州、海南、福建等南方缺煤地区的产量中却占相当大的比重。

急(倾)斜煤层的形成,是由于地壳不均衡沉降而发生沉积和冲蚀作用及后期的褶皱和断裂运动的结果。其地质条件多样,煤层倾角有从45°~90°的各种变化,甚至出现倒转现象,从而有薄、中厚、厚及特厚煤层。多数矿井开采煤层群,一般厚度变化较大,加上成煤后受构造运动强烈挤压,使煤层形态复杂化,有的甚至变为扁豆状、串珠状或藕节状。由于煤层受不同程度的揉皱、错动以至破坏,一般节理发育,有的呈鳞片状,煤质变脆,开采时容易冒落。一般情况下,煤层顶底板岩层的层理和裂隙比较发育,易冒落;井田地质构造均比较复杂,绝大多数分布在褶皱带或断裂带附近。采深较浅的矿井瓦斯含量较小,有些矿井有煤与瓦斯突出危险;多数矿井受煤层自然发火和煤尘爆炸的威胁比较大。

二、急(倾)斜煤层开采的特点

1. 井田开拓特点

井田内储量相对较少,矿井大多属中小煤矿;一般采用立井开拓,地面为山地地形时多用平硐开拓。井田均划分为阶段,每个阶段布置一个开采水平,水平间多采用暗立井延深,大巷多布置在底板岩层中,因沿倾斜行人和辅助运输等困难,一般只采上山阶段。

2. 采准巷道布置特点

采矿工程图一般采用立面投影图或层面图。前者是将地质信息和采掘工程投影在与煤层走向平行的立面上,后者是投影在与煤层层面平行的斜面上。

采区内一般沿煤层真倾斜方向开掘3~5条平行的采区上山,如图8-1所示,因断面较小,净断面多在1 m^2左右,称为上山眼。以溜煤眼和运料眼分别代替运输上山和轨道上山。为了安全,分段设行人眼,该眼沿倾斜每隔10~20 m错开布置,其中多吊挂粗绳,供行人上下之用。有的还专门布置有溜矸眼和通风眼等。

上山眼多用垛盘支护,煤层较薄和较硬时溜煤眼、溜矸眼、通风眼也可以不支护。

为了减少行人和辅助运输困难,控制煤的自溜,有些矿井采用1~2条角度为25°~30°的伪倾斜折返上山代替一组真倾斜上山小眼,如图8-2所示。用1条时断面较大,用木板等隔开,一侧铺设溜槽溜煤,一侧行人、运料和通风。

在急(倾)斜近距离煤层群开采时,一组近距离煤层往往共用一组上山眼,布置在该组的最下一层煤中,各层之间用区段石门联络。

由于赋存和开采条件复杂,双翼采区的走向长度一般为500~800 m,单翼采区的走向长度一般为250~500 m。采用伪倾斜柔性掩护支架采煤法时,双翼采区的走向长度可达

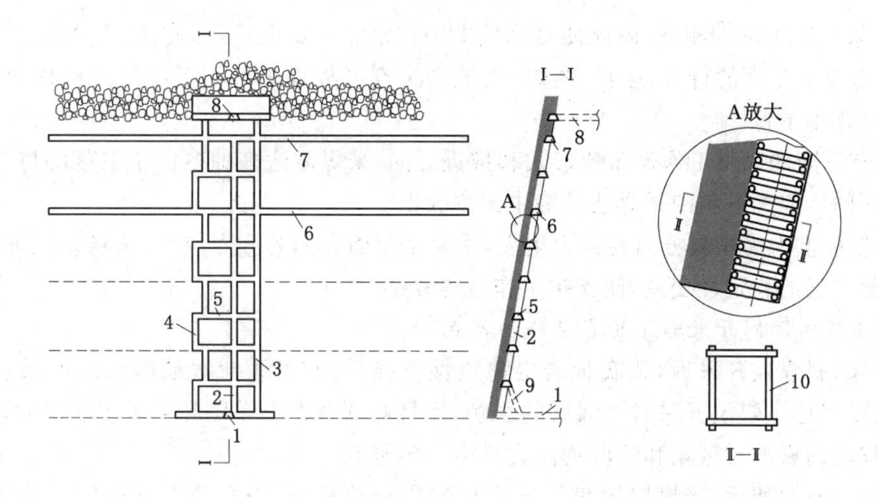

图 8-1　采区真倾斜上山眼布置图

1——采区运输石门；2——采区溜煤眼；3——运料眼；4——行人眼；5——联络巷；6——区段运输平巷；7——区段回风平巷；8——采区回风石门；9——采区煤仓；10——垛盘支护

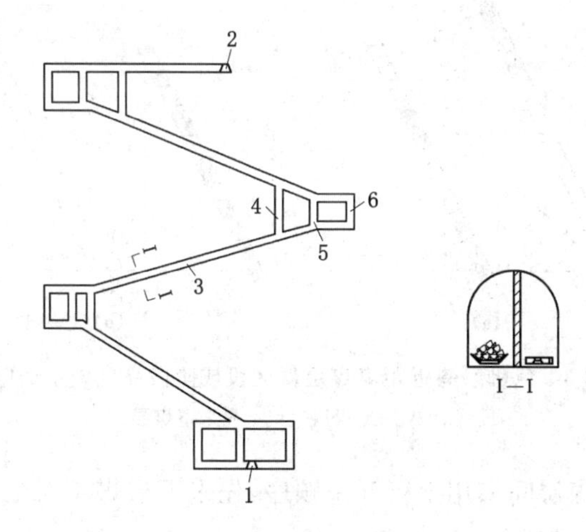

图 8-2　采区伪倾斜折返上山布置图

1——运输石门；2——回风石门；3——伪倾斜折返上山；4——溜煤眼；5——运料眼；6——行人眼

800～1 000 m,甚至更长一些。

采区内区段的划分和区段上下平巷的布置一般同缓(倾)斜煤层,巷道断面和尺寸均相对较小。

沿真倾斜方向在煤层中布置上山的采区一般只设下部车场,不设中部车场和上部车场。上山眼中运煤采用自溜方式,辅助运输和行人均比较困难。

巷道的掘进率一般比较高。

3. 采煤工艺特点

① 采煤工作面采下的煤块能自动下滑,从而简化了工作面的装运工作,但下滑的煤块和矸石容易冲倒支架和砸伤人员,工具、支护材料也要下滑,需要专门存放。

由于垮落矸石下滑,工作面采空区下部矸石充填较满,相应的垮落带和导水裂缝带范围较小，而采空区上部则相反，由此便对采场支护和水体下安全开采提出特殊要求。

② 采煤工作面的行人、运料、落煤、支护和采空区处理等各项工序的操作均比较困难，一般机械化水平低。

③ 有不同的采煤工作面布置形式和推进方向，采煤方法多种多样。采落的煤与采空区冒落矸石间无隔离设施的采煤法一般采出率较低。

④ 顶板重力沿倾斜方向的分力增大，垂直于层面方向的分力减小，采场矿压显现缓和，但工作面支架的稳定性变差，使支护工作变得复杂。

4. 煤层间不同开采顺序的岩层移动特点

急(倾)斜煤层开采后，顶底板岩层稳定性下降，均有沿倾向滑动趋势。如果层间距较小，不仅要考虑下煤层开采对上煤层的影响，而且必须考虑上煤层开采对下煤层的影响。采后岩层移动的影响对区段和阶段的高度产生一定限制。

如图 8-3(a)所示，当煤层倾角大于底板岩层移动角时，先开采上部煤层会造成底板移动，可能给相邻的下层煤开采带来困难，使附近的井巷移动。因此，为使下部煤层和附近的井巷不受影响，区段或阶段高度应满足式(8-1)要求。

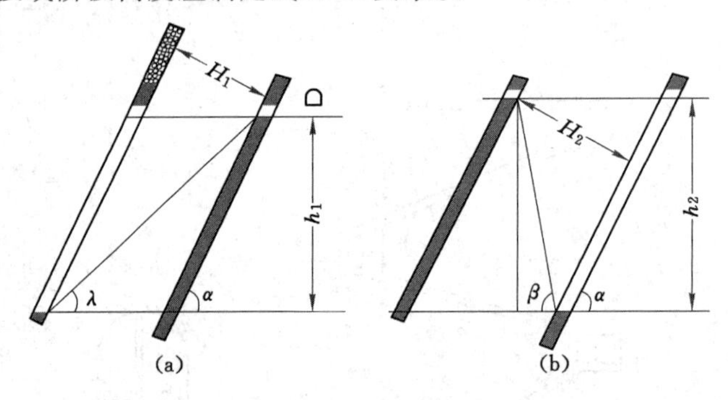

图 8-3　急(倾)斜近距离煤层群区段或阶段高度确定的限制

(a) 先采上煤层　(b) 先采下煤层

如图 8-3(b)所示，煤层间采用上行开采顺序，先采下层煤不对上层煤造成破坏，区段或阶段高度应满足式(8-2)要求。

$$h_1 \leqslant \frac{H_1 \cdot \sin\lambda}{\sin(\alpha-\lambda)} \tag{8-1}$$

$$h_2 \leqslant \frac{H_2 \cdot \sin\beta}{\sin(\alpha+\beta)} \tag{8-2}$$

式中　H_1，H_2——上下煤层的间距，m；

α——煤层倾角，(°)；

λ——上煤层底板岩层移动角，(°)；

h_1，h_2——区段或阶段高度，m；

β——下煤层顶板岩层移动角，(°)。

三、我国急(倾)斜煤层采煤方法的发展

中华人民共和国成立前，我国主要采用柱式体系采煤法开采急(倾)斜煤层。20 世纪 50 年代初，我国推行了倒台阶采煤法、水平分层采煤法、巷道长壁和沿俯斜推进的掩护支架采煤法。1965 年，淮南矿区在倾斜条带平板型掩护支架采煤法的基础上，发展和创造了伪倾斜柔性掩护支架采煤法，并在许多矿区得到推广，从而大幅度提高了劳动生产率。

20 世纪 80 年代中后期，芙蓉、广旺等矿区创造了俯伪斜分段走向密集采煤法。该采煤法逐渐代替了倒台阶采煤法。20 世纪 80 年代末，窑街、梅河、乌鲁木齐矿区成功地发展了水平分段综合机械化放顶煤采煤法。同时，北京、靖远矿区和华亭煤矿试验成功了滑移顶梁支架铺顶网水平分段放顶煤采煤法，大幅度提高了劳动生产率和经济效益。

目前，在厚 2 m 以下煤层中主要采用俯伪斜分段走向密集采煤法；在倾角 55°以上、2～6 m 厚的煤层中主要采用伪倾斜柔性掩护支架采煤法，同时发展了架后放煤技术；对 15 m 以上的厚煤层多采用水平分段放顶煤采煤法，靖远矿区发展了长壁放顶煤采煤法，所采煤层的倾角已达到 53°。

第二节　俯伪斜走向长壁分段水平密集采煤法

这种采煤方法的主要特点是：采煤工作面成直线，按俯伪斜方向布置，沿走向推进；用分段水平密集切顶、挡矸、隔离采空区与工作空间；工作面分段爆破落煤，煤炭自溜运输。

如图 8-4 所示，煤层倾角为 α，俯伪斜工作面与水平面夹角为 β，一般要求 β 为 30°～35°。在该角度范围，煤炭可在溜槽中有控制地自溜，亦便于人员行走和作业。工作面与倾斜方向的夹角(φ)如式(8-3)所示：

$$\varphi = \arccos\left(\frac{\sin\beta}{\sin\alpha}\right) \tag{8-3}$$

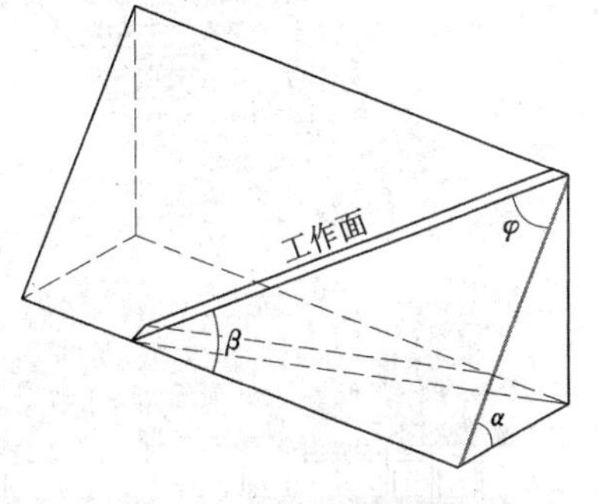

图 8-4　俯伪斜工作面的夹角

一、工作面和回采巷道布置

如图 8-5 所示，运输平巷和回风平巷分别布置在上下两端，工作面伪倾斜角为 30°～35°，斜长可达 80～90 m。为了溜煤、通风、行人和溜煤眼掘进方便，工作面下部的溜煤眼不少于 3 个，掘成漏斗状并铺设溜槽。也有的一些工作面直接与运输平巷相连，取消了溜煤眼和超前掘进巷，巷道布置更加简化。

二、采煤工艺

支设分段水平密集支柱是采煤工艺的主要特点。由于俯伪斜工作面控顶区向上"敞开"，为防止冒落顶板，特别是来压时大块岩块冲击控顶区空间，沿倾斜方向划分为若干分段。每个分段沿走向布置密集支柱，一般为带帽点柱，上方铺竹笆、荆笆或塑料网。密集支柱的作用是阻挡每个分段向下滚落的矸石，并形成一个天然的冒落矸石充填带，其不仅能保护工作空间，还可起支撑、切断顶板和控制底板的作用，以减缓基本顶来压影响。

1. 工作面初采

如图 8-6 所示，初采由开切眼与区段回风平巷交接处开始，按工作面伪倾角要求自上而下推进，工作面长度逐渐增大。

为便于初采时工作面出煤和人员通行，开切眼沿伪倾斜方向布置。随着工作面向下推进，开切眼自上而下逐段报废。当工作面下端距回风平巷 4 m 时开始支设分段密集支柱。

当第一分段密集支柱长度达 5 m 而直接顶仍不垮落时，采取强制放顶措施。随着工作面继续推进，不断增设新的分段密集支柱。当工作面煤壁到达图 8-6 中 6 所示位置时，初采

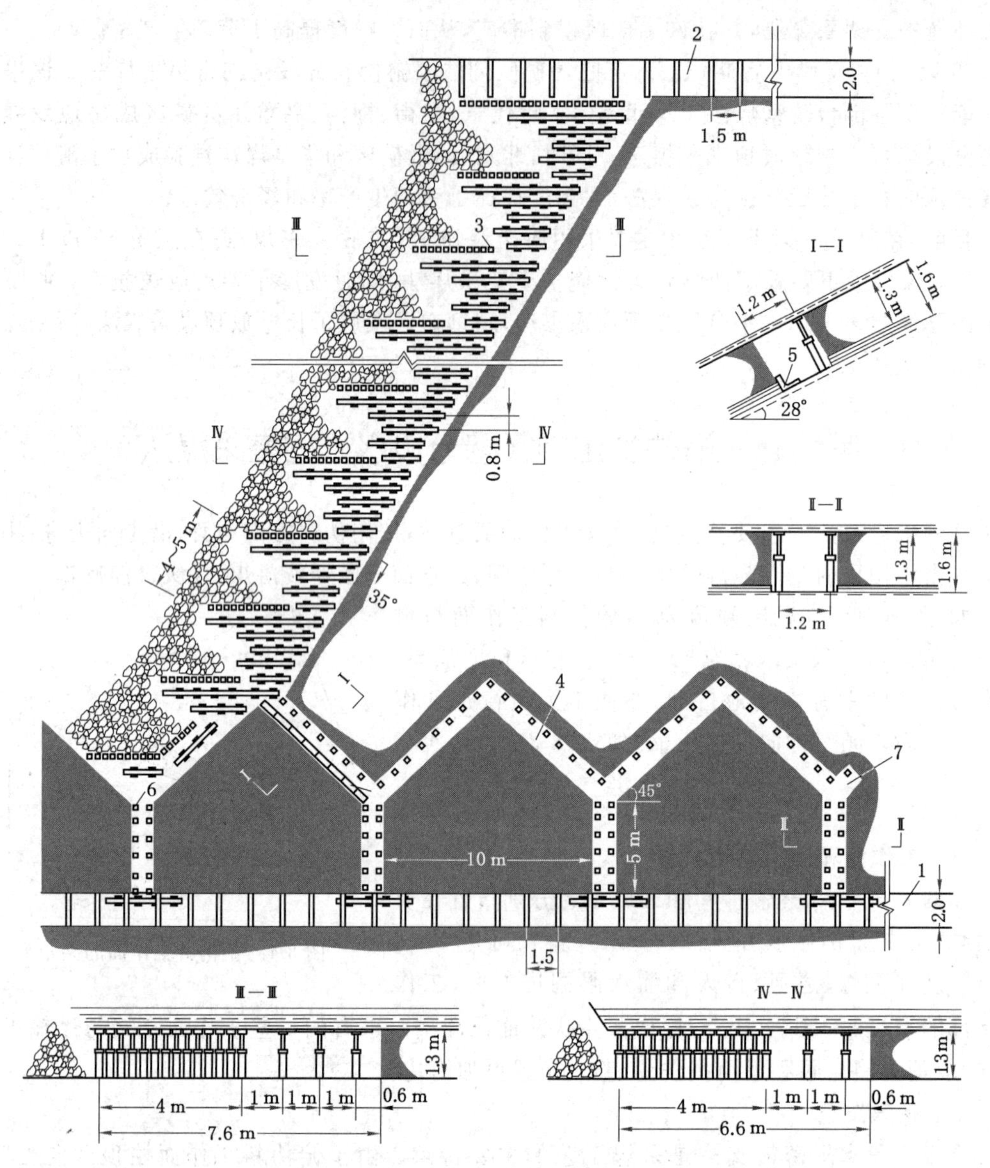

图 8-5　俯伪斜走向长壁分段水平密集采煤法

1——运输平巷；2——回风平巷；3——密集支柱；4——“人”字形溜煤眼；
5——单边钢板溜槽；6——带帽点柱；7——超前掘进巷

工作结束。

2. 工作面正常回采

工作面采用爆破落煤，自下而上分段爆破。工作面铺设搪瓷溜槽运煤，煤炭自溜装入区段运输平巷中的刮板输送机。

采用金属支柱和铰接顶梁支护，倒悬臂齐梁齐柱布置，一般柱距 0.8 m、排距 1.0 m。沿煤层倾向每隔 4～5 m 设置一排密集支柱，每排沿走向长 4 m，间距一般不超过 0.3 m。

随工作面推进，煤壁前方不断添加密集支柱，采空区方向不断回撤密集支柱，放顶前后始终保持 13～15 根带帽点柱。相邻两排密集支柱沿煤层走向保持 1.0～1.5 m 的错距。

采用全部垮落法处理采空区。当回风平巷下方采空区出现大面积悬顶时，除采用人工强制放顶外，可将上区段采空区的冒落矸石放入本区段采空区。

分段密集支柱沿走向方向的支设长度与顶板岩性、采高、采空区冒落矸石的安息角、煤层瓦斯涌出量及相邻两排密集支柱的间距等因素有关。分段密集支柱过长，工作面控顶距增大，顶板压力随之增大，造成回柱困难，同时在密集支柱下方的“三角区”易积聚瓦斯。分段密集支柱支设长度过短，则不能有效地起到挡矸作用。根据广旺旺苍矿经验，在顶板中等稳定条件下，分段密集支柱的走向长度以 4.0 m 为宜，最长不宜超过 5.0 m。

3. 工作面收尾

当工作面上端推进到距收作眼 4 m 时，工作面进入收尾阶段，如图 8-7 所示。这时工作面长度逐渐缩短，为满足收尾时的通风、运料和行人需要，收作眼应始终保持畅通。为此，在收作眼靠工作面一侧应设保护煤柱，其宽 4 m、倾斜长 5 m。

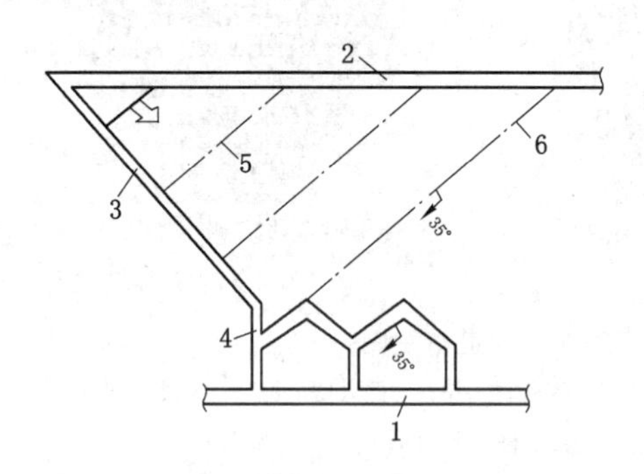

图 8-6　工作面初采

1——区段运输平巷；2——区段回风平巷；
3——开切眼；4——溜煤行人眼；
5——调整中的工作面煤壁；6——调整好的工作面煤壁

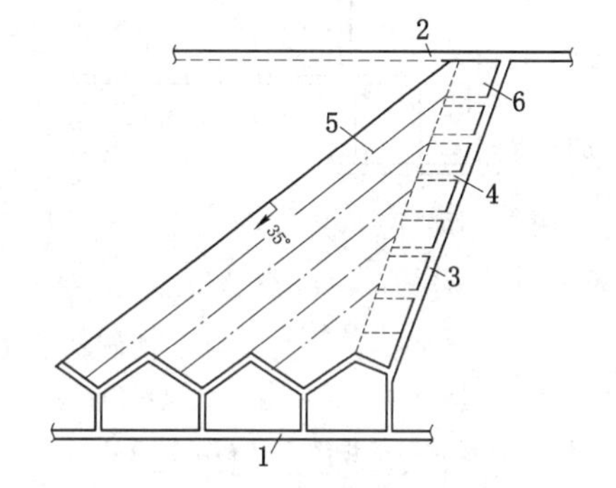

图 8-7　工作面收尾

1——区段运输平巷；2——区段回风平巷；
3——收作眼；4——联络巷；
5——收尾中的工作面煤壁；6——煤柱

三、评价和适用条件

这种采煤方法的主要优点——工作面沿俯伪斜直线布置，可减缓煤矸下滑速度，有利于防止冲倒支架和砸伤人员，改善了安全生产条件；工作面较长，为提高单产和改善工作面近煤壁处的通风状况及实现机械化采煤提供了条件，回采工效比较高。

该采煤方法存在的主要问题——工作面支柱和回柱的工作量仍很大，工人操作还不够方便；分段密集支柱下方的“三角区”通风条件较差、易积聚瓦斯；顶板有淋水时作业环境比较差。

该采煤法适用于倾角 40°以上、顶板中等稳定、底板稳定、煤厚不超过 2.0 m 的低瓦斯煤层，或不宜采用伪倾斜柔性掩护支架采煤法的不稳定急(倾)斜薄及中厚煤层。

第三节　伪倾斜柔性掩护支架采煤法

伪倾斜柔性掩护支架采煤法的长壁工作面沿伪倾斜方向布置，沿走向方向推进，用柔性掩护支架隔离采空区，工人在掩护支架下作业。

一、工作面和回采巷道布置

伪倾斜柔性掩护支架采煤法工作面和回采巷道布置如图 8-8 所示。

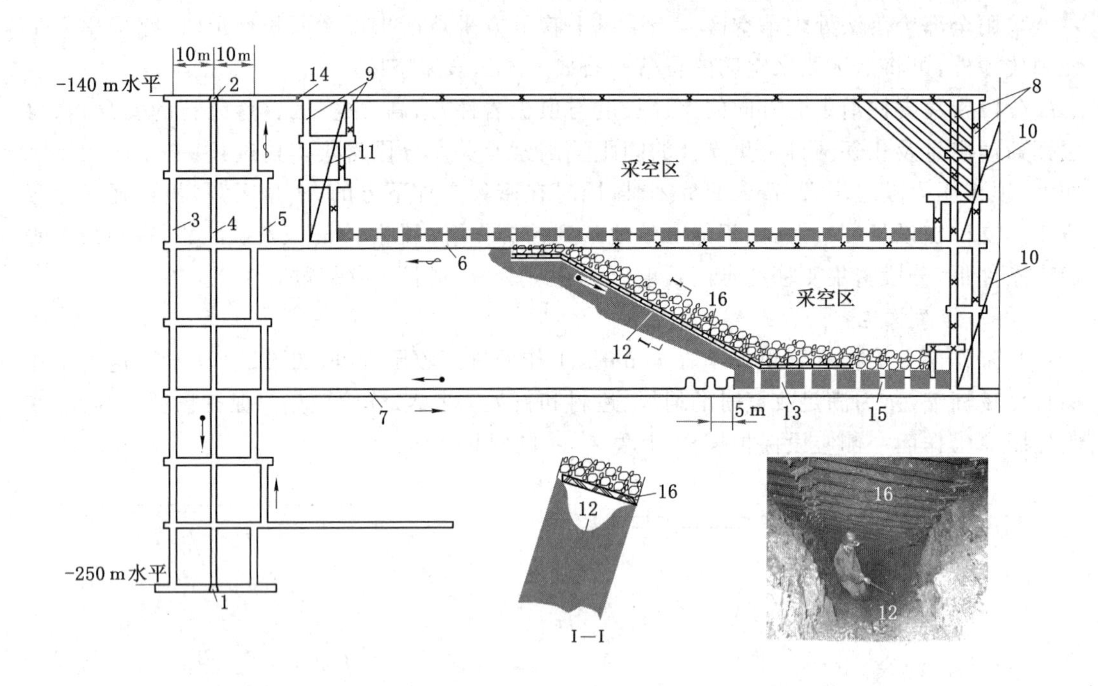

图 8-8　伪倾斜柔性掩护支架采煤法巷道布置图

1——采区运输石门；2——采区回风石门；3——运料眼；4——溜煤眼；5——行人眼；6——区段回风平巷；7——区段运输平巷；8——初采斜巷；9——收作眼；10——架尾移动轨迹线；11——架头移动轨迹线；12——伪倾斜工作面(地沟)；13——溜煤小眼；14——永久封闭；15——小眼临时封闭；16——掩护支架

将采区沿倾斜方向划分为若干区段，布置一组采区上山眼，向采区边界方向掘进区段运输平巷 7 和区段回风平巷 6。采区一翼长度可达 400～500 m，根据地质条件不同，区段垂高为 18～40 m。

在采区边界沿真倾斜方向开掘一组开切眼 8。在采区边界处的回风平巷 6 中安装掩护支架，并在此处钻眼爆破，爆破下来的煤则由 8 自溜至运输平巷 7。原沿真倾斜的工作面则逐渐调斜。

随工作面推进，超前 15 m 扩大回风平巷 6 作为掩护支架的安装巷，安装由钢梁、钢丝绳、金属网或荆(竹)笆组成的掩护支架，支架随推进在自重和上部冒落矸石作用下下移，逐步形成如图 8-8 所示的伪倾斜工作面。

工作面由采区边界推进，到上山眼附近时开掘一组收作眼 9，逐渐调低支架、拆除和回收柔性掩护支架。

当煤层赋存稳定、区段垂高大、伪倾斜工作面较长时，为了缩短钻眼爆破时间、提高劳动生产率，有的矿井还在区段内划分分段工作面。如在一个区段内加掘中间平巷，在中间分段平巷内铺设一台刮板输送机，然后沿走向每隔一台输送机距离掘一小溜煤眼，将煤溜入区段运输平巷的输送机内。

二、柔性掩护支架的结构

1. 平板形掩护支架

采用长度比煤层厚度小 0.3～0.5 m 的直钢梁，煤层厚度在 2 m 以下时用 9 号或 11 号工字钢,煤厚在 2 m 以上时用 12 号工字钢、平行排列,在煤层走向方向上每米宽度排放为 3～5 根。

钢梁排好后,用直径为 22～43.5 mm 的钢丝绳、钢夹板和螺栓将钢梁连成柔性掩护支架主体,如图 8-9 所示。

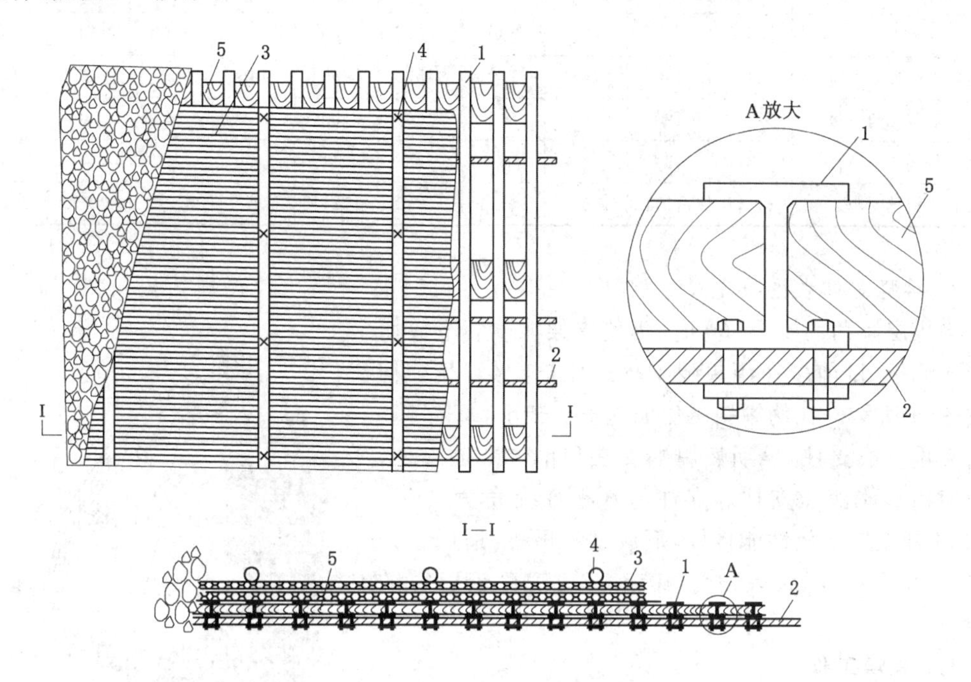

图 8-9　平板形柔性掩护支架结构图

1——工字钢；2——钢丝绳；3——荆笆条；4——压木；5——撑木

架宽小于 2 m 时用 2 根钢丝绳,架宽 2～3 m 时用 2～3 根,架宽大于 3 m 时用 3～5 根。为防止钢丝绳松捻,两端应做好封口。每段钢丝绳长 15～20 m,接头处用 5～6 副绳卡搭接。连成掩护支架主体后,在上方铺设 1～2 层金属网,或就地取材用荆笆或竹笆代替,用压木和铁丝固定。

这种平板形柔性掩护支架主要用于厚 2～5 m 的煤层。

2. 八字形掩护支架

当煤层厚度较小、支架下方地沟断面小或通风条件不良时,为了加大工作面断面或为了架后放煤,可采用八字形柔性掩护支架,其结构如图 8-10 所示。我国淮南矿区八字形支架技术参数如表 8-1 所列。

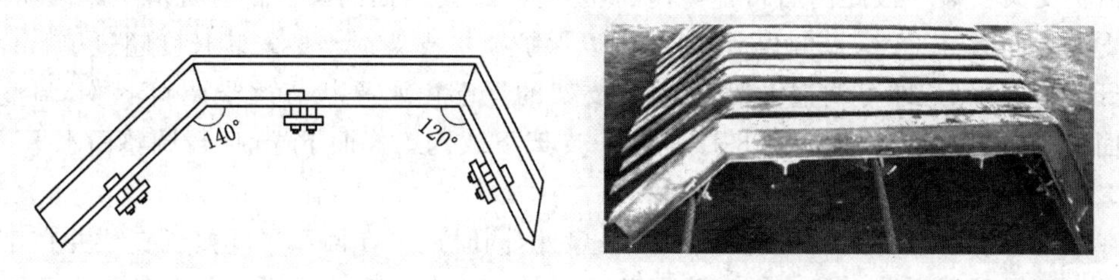

图 8-10　八字形柔性掩护支架

表 8-1　　淮南矿区八字形掩护支架的技术参数

架宽/mm	1100	1300	1450	1600	1880	2200	3050	4320	4500	5000
上肢长/mm	465	465	450	450	600	700	870	1070	1095	1100
中肢长/mm	466	666	650	800	820	965	1600	1970	2100	2500
下肢长/mm	355	335	480	530	530	640	800	1500	1500	1700
上肢与中肢夹角/(°)	140	140	145	150	150	155	145	155	155	145
中肢与下肢夹角/(°)	120	120	155	160	160	160	156	160	160	160
钢丝绳/根	3	3	3	3	4	4	4	6	6	6
上中下肢钢丝绳/根	1,1,1	1,1,1	1,1,1	1,1,1	1,2,1	1,2,1	1,2,1	2,2,2	2,2,2	2,2,2

3. 单腿支撑式掩护支架

当煤层倾角为45°～60°时，为使支架能顺利下放而不切入底板，目前多使用单腿支撑式掩护支架，其结构如图8-11所示。在伪倾斜工作面掩护支架下，每隔1 m左右支设一根支柱，早期使用木支柱和单体摩擦支柱，目前使用单体液压支柱。支柱与水平面交角为75°～80°。这种支架下放性能良好，下放过程可控，适用于开采厚1.45～4.6 m、倾角为40°～60°、赋存较稳定的煤层。

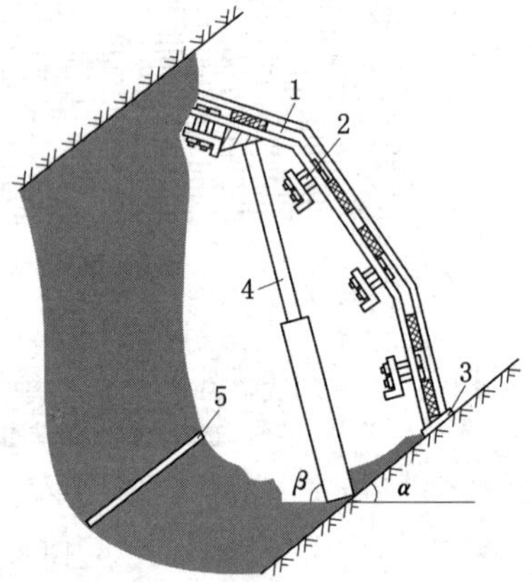

图 8-11　单腿支撑式掩护支架

1——走向钢梁；2——钢丝绳；3——滑橇板；4——单体支柱；5——炮眼

三、采煤工作

在生产过程中，要完成支架的安装、拆除和地沟内的正常采煤工作。

1. 柔性掩护支架安装

在回风平巷内安装掩护支架并逐步下放支架使工作面成伪倾斜。如图8-12所示，煤层较厚时，安装支架前先将回风平巷扩大到煤层顶底板，并从初采斜巷以外5 m处开始挖地沟。地沟呈倒梯形断面。架宽2.2～3.2 m时地沟深0.8 m，上宽1.4 m，下宽1.0 m。

地沟挖好一段后即可安装掩护支架。钢梁从初采斜巷以外3～5 m处开始铺设。钢丝绳和钢梁用螺栓和夹板连接好一段距离后就可以在钢梁上铺金属网或竹笆。随着铺梁，不断挖地沟并接长钢丝绳。钢丝绳接头处的搭接长度应不小于2 m，并需用5个绳卡夹紧。连接钢梁和钢丝绳时应注意将绳拉紧，各条钢丝绳的拉紧程度要力求一致。

掩护支架安装一段距离后将平巷内的支架拆除，使上面的煤柱自行冒落或爆破崩落，使掩护支架上面有2～3 m厚的煤矸垫层，用以保护掩护支架。支架安装长度超过15 m，并冒落好矸石垫层以后，即可调整支架下放，使支架的尾端由水平状态逐步调斜下放，调整至与水平面成25°～30°的夹角，如图8-13所示。支架下放到工作面下端时，再调整回水平位置。

2. 正常采煤

在正常采煤阶段，除了在掩护支架下采煤外，同时还要在回风平巷接长支架并在工作面下端支架放平位置拆除一段支架。为了防止支架在下放过程中下滑，应使煤和矸石冒落点距伪倾斜工作面上部拐点的距离保持在5 m以上。

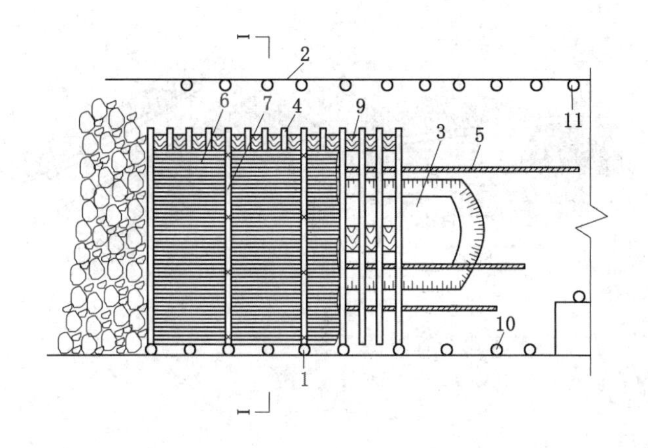

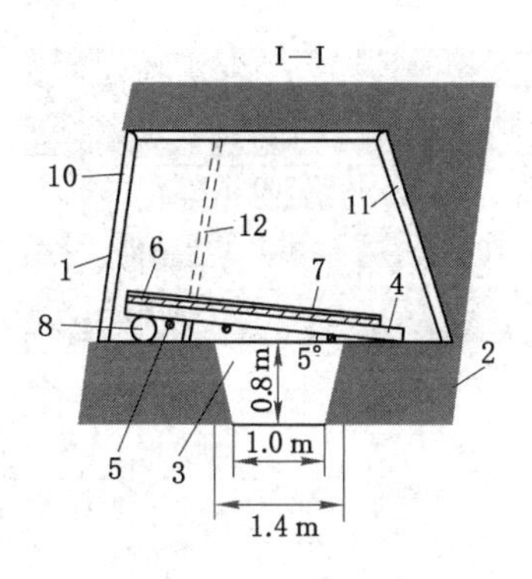

图 8-12　掩护支架安装

1——顶板；2——底板；3——地沟；4——钢梁；5——钢丝绳；6——竹笆；7——压木；8——垫木；9——撑木；10,11——扩巷后支护；12——护巷前支护

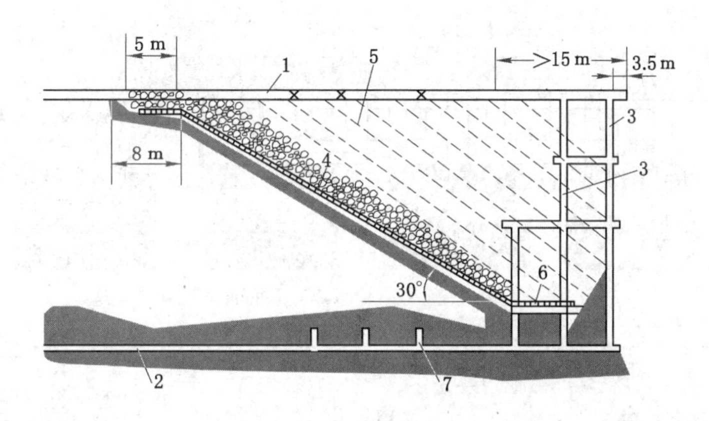

图 8-13　掩护支架调斜

1——区段回风平巷；2——区段运输平巷；3——初采斜巷；4——掩护支架；5——支架移动轨迹线；6——支架放平位置；7——溜煤小眼

(1) 地沟内钻眼、爆破和出煤

掩护支架下采煤，包括在地沟内钻眼、装药、爆破、铺溜槽出煤和调整支架等项工作。

炮眼布置应根据架宽和煤的硬度而定。架宽为 2 m 或 2 m 以下时，仅布置单排炮眼即可，眼距为 0.5～0.6 m，眼深 1.2～1.6 m；架宽 2～3 m 时，一般要钻双排炮眼，眼距和眼深同上，排距为 0.4～0.5 m，如图 8-14 所示；架宽 3.0 m 以上、顶底板侧煤质又较硬时，应增加帮眼，帮眼的水平位置是架子下放后的位置，炮眼深度以不超出支架两端为限。

工作面爆破后即自下而上铺设溜槽，煤装入溜槽自溜到下部运输巷中。

随着出煤，掩护支架自动下落，应随时注意调整，使掩护支架落到预定位置。一般用点柱控制掩护支架，使其在工作面中保持平直。平板型支架的钢梁应垂直顶底板并根据煤层倾角不同而保持 2°～5°仰角(煤层倾角为 90°时仰角为 0°，煤层倾角为 60°时仰角为 5°)。煤清完后，支架整体沿走向推进一定距离，一般为 0.8～0.9 m。然后拆除溜槽，再进行下一个循环的钻眼爆破、出煤和调架工作。

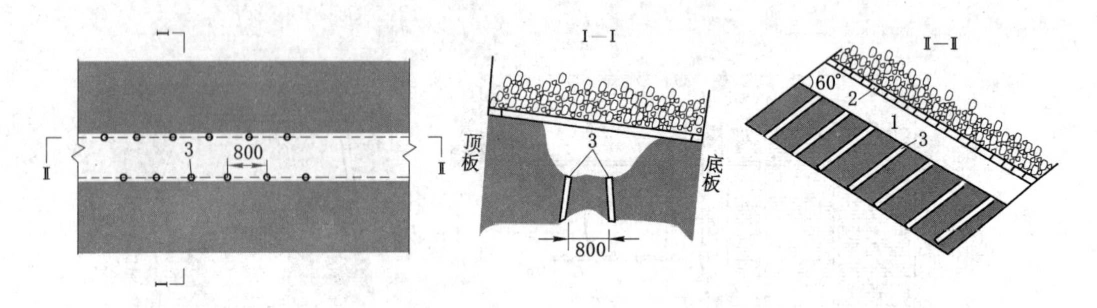

图 8-14　双排炮眼布置图

1——地沟；2——掩护支架；3——炮眼

(2) 拆除支架

随工作面推进，应不断拆除和回收下放到水平段的掩护支架。拆除的方法如图 8-15 所示。

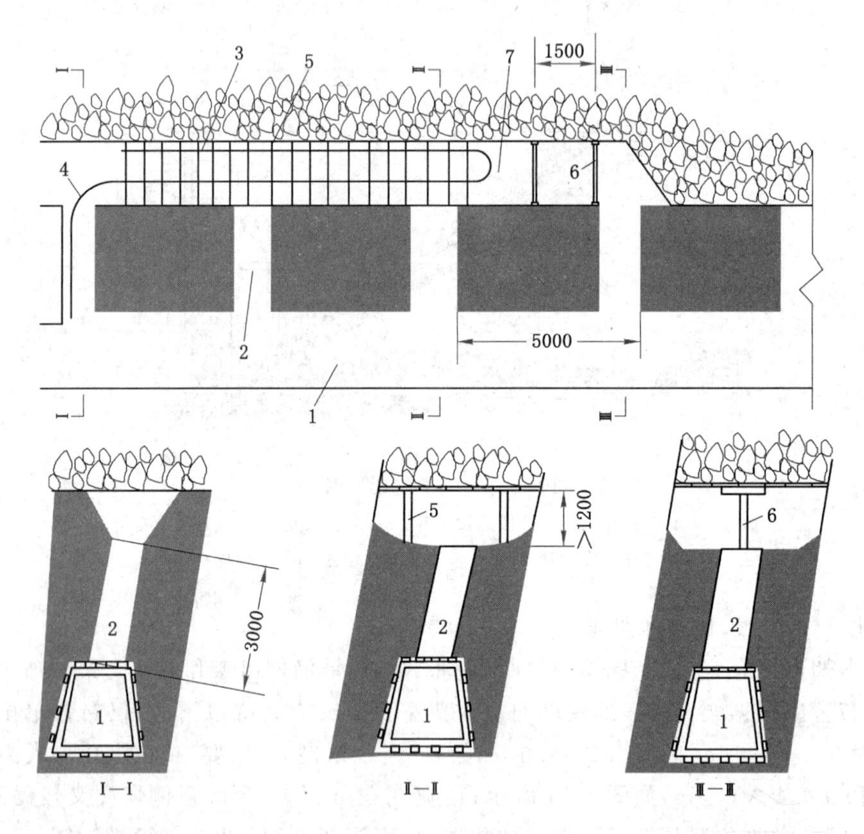

图 8-15　掩护支架拆除和回收

1——区段运输平巷；2——溜煤眼；3——钢梁；4——钢丝绳；

5——点柱；6——放顶点柱；7——支架放平处

在工作面下端掩护支架放平处，将巷道断面扩大、露出钢梁两端并及时打上点柱托住钢梁，应使支架下面的空间保持 1.2 m 以上高度，以便于拆架时工人操作。

卸掉螺栓，将钢丝绳经过小眼拉到运输平巷内，然后拆除点柱、回收钢梁。将回收的钢丝绳和钢梁经采区运料眼运回支架安装地点,重复使用。

四、工作面收尾

工作面推进到终采线前,在终采线靠工作面一侧掘进两条收作眼,两眼相距 8～10 m,并沿倾斜每隔 5 m 用联络巷连通。支架安装到收作眼处不再继续接长,然后利用收作眼将支架前端逐渐下放,即逐渐减小工作面的伪倾斜角度,并拆除上端多出的一段支架,最后使支架下放到回收支架处的水平位置,如图 8-16 所示。在拆除支架过程中应始终保持掩护支架落平部分与区段运输平巷不少于 3 个溜煤眼相通,以满足通风、行人和回收掩护支架的需要。但最多不应超过 5 个溜煤眼,以避免压力过大给拆除支架造成困难。

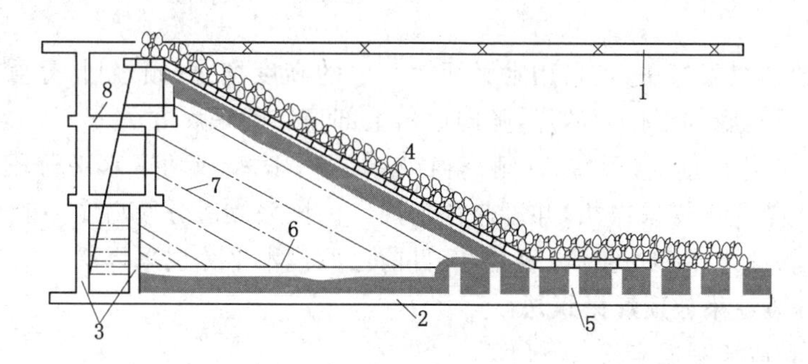

图 8-16　工作面收尾

1——区段回风平巷;2——区段运输平巷;3——收作眼;4——掩护支架;5——溜煤眼;6——支架放平位置;7——支架移动轨迹线;8——联络巷

五、改进和发展

近年来,柔性掩护支架采煤法又有一些改进和发展。在巷道和支架布置方面,有些工作面不再开掘地沟,而将柔性支架直接布置在巷道顶板侧;有些工作面不再开掘溜煤眼,工作面直接与运输平巷相连。如图 8-17 所示,在支架安装和拆除方面,有些工作面的开切眼和收作眼按 30°的伪倾斜角布置,支架直接在斜巷内安装和拆除;每米排放6～7 根钢梁,取消梁上的金属网或荆(竹)笆。在采煤工艺方面,发展了工作面内架下侧向放煤技术,由上向下,每 5～10 m 布置一个放煤口放煤。

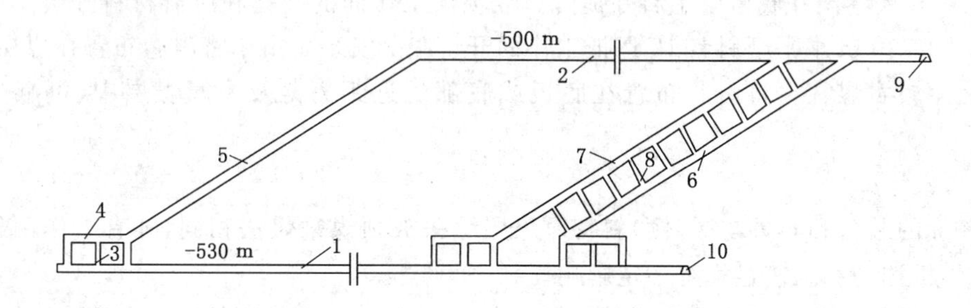

图 8-17　开切眼和收作眼

1——区段运输平巷;2——区段回风平巷;3——溜煤小眼;4——联络平巷;5——伪倾斜开切眼;6,7——伪倾斜收作眼;8——联络巷;9——区段回风石门;10——区段运输石门

六、评价和适用条件

该采煤法的优点是——工作面沿走向推进,工作面较长,倾角较小,系统简单,连续推

进；支架依靠重力自行下放，简化了顶板管理，减轻了单体支柱架设和撤除的繁重体力劳动；工作空间矿压显现缓和，煤炭能自溜运输。

该采煤法的不足之处是——炮采工艺机械化程度低，支架材料的运输、安装、拆除，钻眼爆破，拆移溜槽等仍是以体力劳动为主，支架不能调宽，对煤层厚度和倾角变化的适应性较差。

伪倾斜柔性掩护支架采煤法适用于厚1.5～6 m、倾角大于55°、厚度稳定的急(倾)斜煤层。当煤层倾角小于55°时，架下需加单腿支撑支柱，否则支架不容易下放。

第四节　水平分段放顶煤采煤法

水平分段放顶煤采煤法，是指用水平面按一定的高度把急(倾)斜特厚煤层分成若干分段，在分段内先采出底部工作面的煤，随即放出上部顶煤的采煤方法。

20世纪80年代后期，我国在急(倾)斜特厚煤层中试验成功了水平分段综采放顶煤和悬移顶梁液压支架放顶煤采煤法，并迅速得到推广。该采煤法分段高度一般为6～12 m，由于掘进率低、机械化水平和产量高、效益好，目前已取代水平分层采煤法。

一、水平分段综采放顶煤采煤法

1. 工作面和回采巷道布置

工作面垂直于煤层走向水平布置，区段运输平巷一般沿底板、区段回风平巷一般沿顶板，在同一水平面上布置。采用综采放顶煤时，要安装采煤机、泵站、放顶煤液压支架等，为有利于大型设备安置多采用溜煤眼和斜巷联合布置方式。

我国最早采用水平分段放顶煤采煤法的窑街二矿，其开采的煤层厚25 m、倾角55°，阶段划分为5个分段，每个分段高10 m，巷道布置如图8-18所示，综放工作面布置如图8-19所示。

工作面长25 m，采煤机割煤高度2.5 m，放煤高度7.5 m。选用MLS_3P170双滚筒采煤机，出煤过程就是斜切进刀过程，截深0.6 m。FY280—14/28双输送机插板式放顶煤液压支架支护和放煤，两刀一放，由底板向顶板方向两轮顺序放煤、两架支架同时放煤，日进3 m。

工作面采放出的煤由区段运输平巷8运至溜煤眼11，在＋1 650 m运输石门5装车，通过＋1 650 m大巷至井底后由主斜井提升。放顶煤工作面的装备和所需材料等由副斜井下放，通过＋1 700 m水平至斜巷12运抵工作面开切眼7安装。由于将斜巷布置在煤层顶板，故需要占用较宽煤柱。将斜巷布置在底板或底部的近距离薄及中厚煤层中，可减少煤柱损失。

2. 工艺特征

工作面的装备和布置与缓(倾)斜特厚煤层综采放顶煤采煤法相同，唯有工作面长度较短，对采煤机选型和工艺过程有一定影响。

我国较长的水平分段综采放顶煤工作面为70 m。由于工作面长度仍较短，目前多采用短机身采煤机。如MGD150—NW型单滚筒采煤机，摇臂主轴布置在机身中间、能回转270°，在与SGD—730/90W刮板输送机配套使用时，可运行至机头和机尾，割透工作面两端头，不残留三角煤，无须人工开缺口。

乌鲁木齐六道湾矿在综采放顶煤采煤法工业试验中，引进了法国MS950—400型正面截割短工作面采煤机，摇臂在垂直工作面的平面内上下摆动，滚筒依靠水平推进的千斤顶向

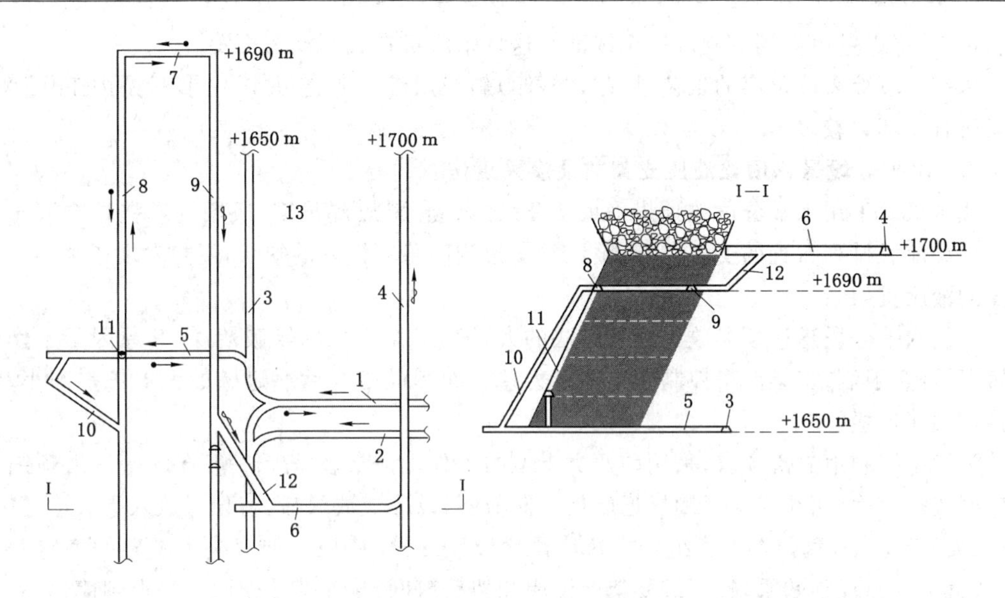

图 8-18　水平分段综采放顶煤采煤法巷道布置图

1——主斜井；2——副斜井；3——+1650 运输大巷；4——+1700 回风大巷；5——+1650 运输石门；6——+1700 回风石门；7——开切眼；8——区段运输平巷；9——区段回风平巷；10——进风斜巷；11——溜煤眼；12——回风斜巷

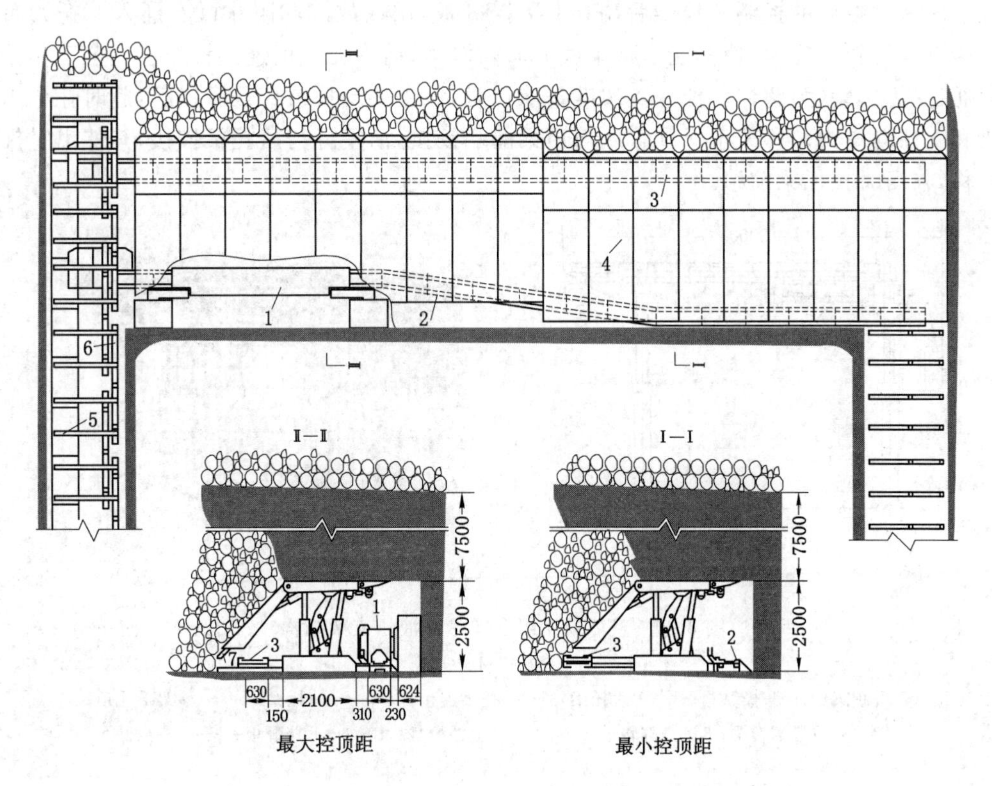

图 8-19　水平分段综采放顶煤工作面布置图

1——采煤机；2——前部输送机；3——后部输送机；4——液压支架；5——运输平巷输送机；6——加强支护；7——液压支架放煤插板

煤壁进刀，将煤壁由上到下割成一个扇面。这种采煤机在我国没有再发展。

水平分段综采放顶煤的工艺过程与缓(倾)斜煤层综放工艺基本相同，只是因工作面较短而每日循环数较多。

二、水平分段悬移顶梁液压支架放顶煤采煤法

我国煤矿采用水平分段放顶煤采煤法开采急(倾)斜煤层早期，所用的悬移顶梁液压支架是顶梁前后排列布置的支架，为克服该类支架侧向稳定性差的缺点，逐步发展了顶梁并列布置的液压支架。

采用水平分段悬移顶梁放顶煤采煤法的大多数工作面采用爆破落煤，其原因是工作面较短、受资金限制、支架前梁控制端面的能力差。而爆破落煤后靠煤壁的无支护空间小，便于控制端面顶板。

为了有控制地放落顶煤，采用前两类支架的工作面爆破落煤后一般在煤壁侧沿顶铺设金属网或塑料网，而在采空区侧靠近底板方向剪网，以形成放煤口，将顶煤放入刮板输送机。

2000 年以来，我国发展了组合式悬移顶梁液压支架，从根本上解决了支架的稳定性问题，改善了端面控制效果，且不需要架前铺网和架后剪网，从而使工作面工序得到简化。

1. 整体顶梁组合式悬移支架结构

用于炮采工作面的整体顶梁组合式悬移支架结构如图 8-20 所示，顶梁为长方形整体箱式结构。移架千斤顶和主管路系统布置在顶梁内，顶梁前端有护帮翻转梁和翻转千斤顶，以实现落煤后对端面的控制。顶梁后端有上下挡矸板，用以放煤和阻止矸石涌入。托梁布置在顶梁下方的轨道槽内，使其能沿顶梁底面向前滑动，前后托梁由连接杆相连。全工作面的支架通过托梁套联为整体。任一支架准备前移时，该支架支柱被卸载后提起，此时托梁承载顶梁和支柱的重力。移架千斤顶缸底与顶梁前端铰接，活塞杆与后托梁铰接，其伸出时推顶梁前移，收缩时拉托梁前移。

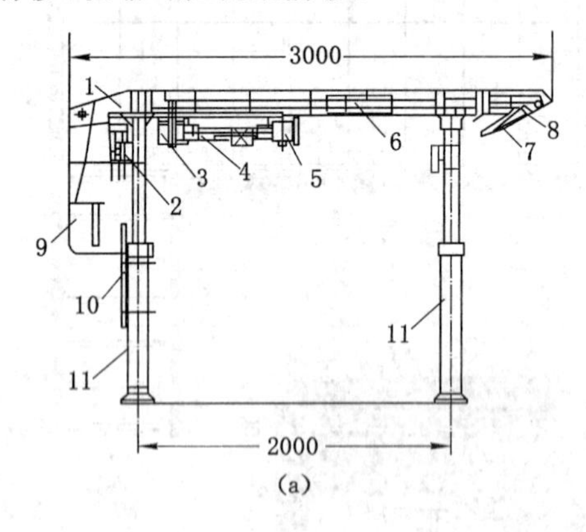

(a)

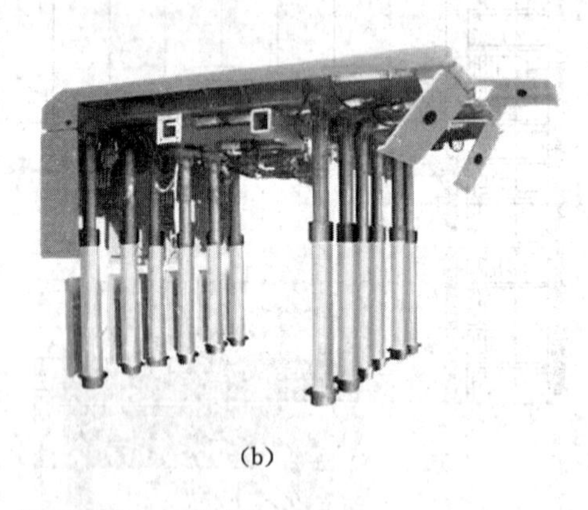
(b)

图 8-20　整体顶梁组合式悬移液压支架结构

(a) 结构　(b) 实体

1——顶梁；2——操纵阀；3——后托梁；4——托梁连接杆；5——前托梁；6——移架千斤顶；7——护帮翻转梁；8——翻转千斤顶；9——上挡矸板；10——下挡矸板；11——立柱

这种支架的特点是——整体性好，可用于松软底板，移架时顶梁由托梁承载，全工作面的支架通过托梁联为整体，稳定性好，工作阻力可选范围大，一部输送机实现了工作面放顶煤开采。

整体顶梁组合式悬移支架炮采放顶煤工作面如图 8-21 所示。

图 8-21　整体顶梁组合式悬移支架炮采放顶煤工作面

2. 工作面布置

水平分段悬移顶梁液压支架炮采放顶煤工作面布置如图 8-22 所示，煤层平均厚 20 m，倾角 50°左右，水平分段高度 6 m，其中采高 2 m，放煤高度 4 m。

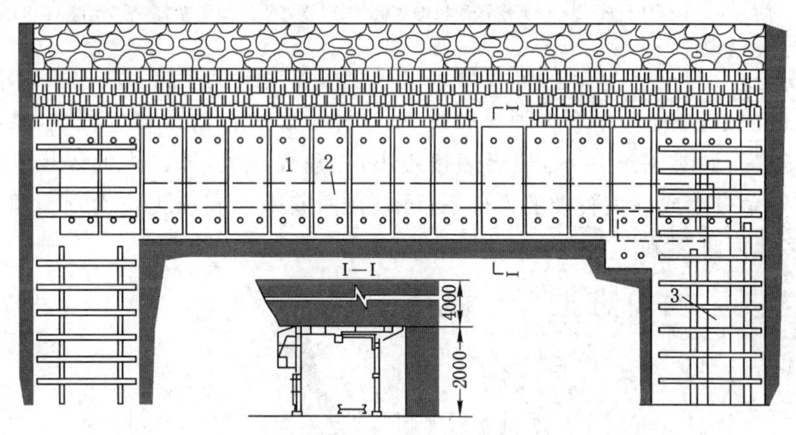

图 8-22　水平分段悬移顶梁液压支架炮采放顶煤工作面布置图

1——悬移顶梁液压支架；2——刮板输送机；3——转载机

3. 采煤工艺过程

采煤工艺过程包括爆破落煤、装煤、移架，放顶煤、移输送机等工序，循环进度 0.8 m。爆破前每 3 m 用单体液压支柱支撑托梁，刮板输送机移过后摘除托梁下的单体液压支柱。移架及工艺过程如图 8-23 所示。

三、水平分段放顶煤采煤法评价及适用条件

水平分段放顶煤采煤法降低了巷道掘进率，提高了产量和效率，在条件允许时应优先选用。

一般在煤层厚度大于 15 m 且无煤与瓦斯突出危险时，应优先采用综采放顶煤开采，并使用短机身采煤机，水平分段高度一般在 10 m 左右。

组合式悬移顶梁液压支架可用于厚度为 10～25 m 的急(倾)斜煤层开采，水平分段高度一般在 8 m 左右。

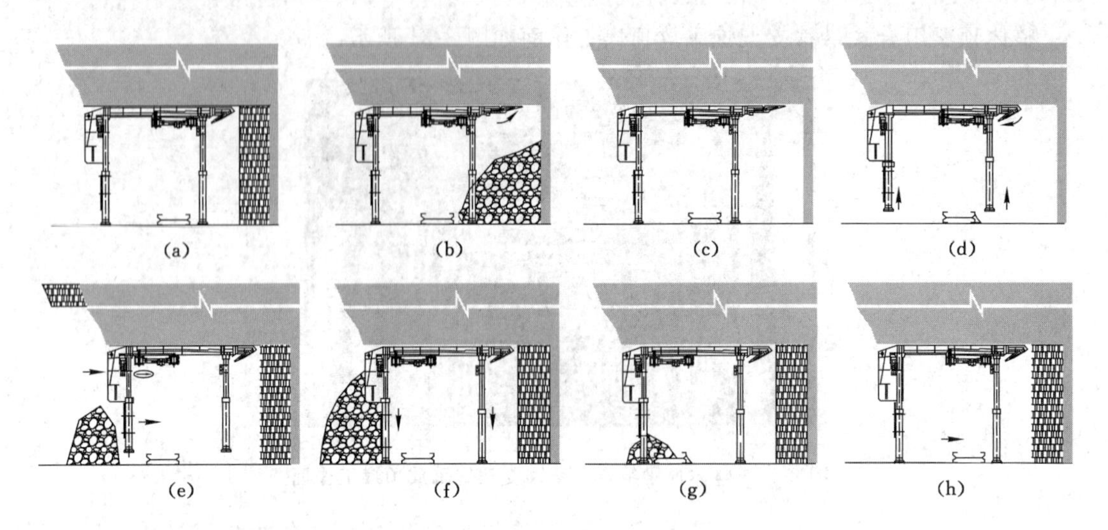

图 8-23　悬移顶梁液压支架炮采放顶煤工作面移架和工艺过程

(a) 循环起始位置　(b) 爆破落煤后翻出翻转梁护顶　(c) 人工装煤　(d) 提立柱

(e) 移架千斤顶活塞杆伸出推动顶梁和立柱前移　(f) 降立柱支撑顶板

(g) 提挡矸板放煤　(h) 推移刮板输送机,缩回移架千斤顶活塞杆,托梁前移

《煤矿安全规程》规定,急(倾)斜煤层水平分段放顶煤采煤法的采放比不能小于 1∶8。

需要指出的是,煤层倾角影响顶煤回收率,这种采煤法在放顶煤过程中,靠底板侧会留出一个三角煤区,如图 8-24 所示,煤层倾角越小,三角煤越大,该区内的煤越难以放出。在煤厚较小或倾角较小或顶煤较硬的条件下,可以在两巷采取超前工作面预裂顶煤的技术措施,以期较多地回收资源。

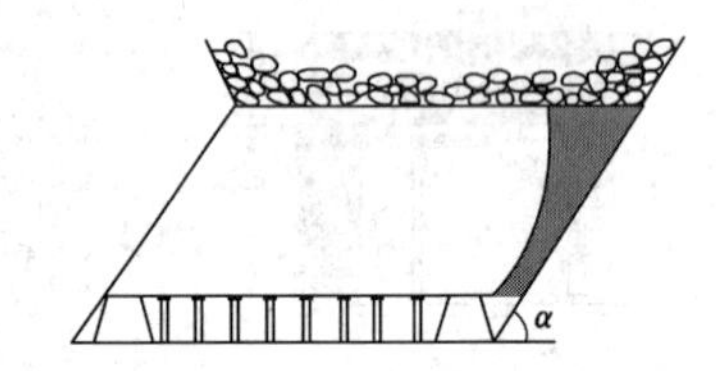

图 8-24　靠底板处难以放出的三角顶煤

第五节　水平、圆弧过渡工作面综采长壁放顶煤采煤法

为克服水平分段放顶煤工作面较短、产量仍较低的缺点,2003 年前后我国靖远王家山煤矿在煤层倾角 38°～49°、煤层厚 13.5～23 m 的易燃特厚煤层中试验成功了长壁综采放顶煤技术。2011 年前后,靖远宝积山煤矿在煤层倾角 45°～62°、平均厚 11 m 的条件下,也成功地采用了长壁综采放顶煤采煤技术,较好地解决了大倾角和急(倾)斜特厚煤层走向长壁综采放顶煤开采的技术难题。

一、工作面和回采巷道布置

如图 8-25 所示,工作面开切眼采用水平、圆弧过渡布置方式并有 3°伪斜度。运输平巷沿煤层顶板布置,回风平巷沿煤层底板破 1/2 三角岩石布置,瓦斯排放巷略高于回风平巷、沿煤层顶板布置，与回风平巷采用联络巷连接。王家山煤矿工作面的走向长度为 590 m、工作面长度为 115 m。

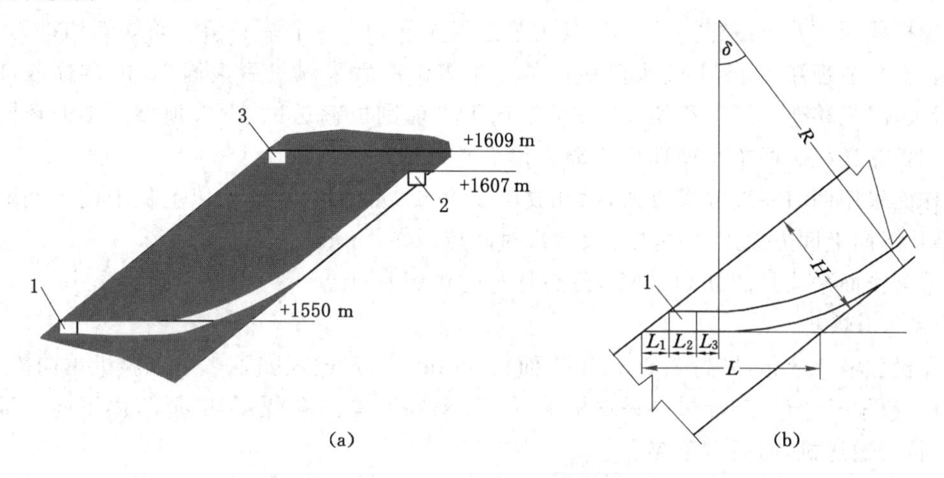

图 8-25　水平、圆弧过渡工作面布置图

(a) 工作面布置　(b) 过渡段参数

1——运输平巷；2——回风平巷；3——瓦斯排放巷

为保证刮板运输机和采煤机正常运行并在水平段留有余地，合理的圆弧段半径可以由式(8-4)计算：

$$R=\frac{L-L_1-L_2-L_3}{\tan\left(\frac{\delta}{2}\right)} \tag{8-4}$$

式中　L_2——运输平巷净宽，为 4.0 m；

L_3——3 副过渡支架宽度，为 4.5 m；

δ——煤层倾角，王家山煤矿取 38°；

L——煤层水平厚度，$L=H/\sin\delta$，m；

L_1——运输平巷与煤层顶板构成的三角煤宽度，$L_1=H_1/\tan\delta$，m；

H——煤层厚度，王家山煤矿取 15.5 m；

H_1——运输平巷高度，为 2.8 m。

将以上参数代入，王家山煤矿采用的圆弧段半径 R 为 38.76 m。

二、工作面主要装备

工作面主要装备如表 8-2 所列。

表 8-2　　水平、圆弧过渡综放工作面主要装备

装　　备	王家山煤矿	宝积山煤矿
双滚筒采煤机	MG200/500—QWD	MG250/600—QWD
刮板输送机	SGN730/160	SGZ730/200
基本液压支架	FQ3600/16/28	ZF4800/17/28
过渡液压支架	ZFG4800/19/30	ZFG5200/20/32
端头液压支架	ZT14400/20/31	ZZFT12000/20/35

三、工艺过程及措施

1. 王家山煤矿

采煤机截深 0.6 m，采高 2.6 m。其工艺过程如下——在上端头留三角煤斜切进刀，下行割煤。上行清理浮煤，至上端头割所留的三角煤。滞后采煤机后滚筒 15 m 顺序收前探梁、护帮板，跟机移架。滞后移架 15 m 从上向下推前刮板输送机，不放顶煤的小循环同时拉后部刮板输送机。两个小循环后移端头和端尾支架。

工作面采用两刀一放放煤方式，循环放煤步距 1.2 m。60 号支架以上从上向下间隔放煤，其余从下向上间隔放煤。每架支架放煤时间控制在 4 min 左右。

首采工作面平均月产 0.064 Mt，最高月产达 0.071 Mt。

2. 宝积山煤矿

采煤机截深 0.6 m，采高 2.6 m，工作面长 85 m。工艺过程如下——采煤机单向割煤，上行割煤，移架，下行清理浮煤。采煤机下行至下端头后留三角煤斜切进刀，由下向上推前输送机、拉后输送机，而后放顶煤。

采用两刀一放的放煤方式，循环放煤步距 1.2 m，由下向上两轮间隔放煤，端头支架不放煤。

工作面平均月产 0.055 Mt，最高日产达 2 600 t。

工作面采取的主要技术措施是：

① 工作面下端水平布置，确保端头支架稳定。

② 支架底座上增设抬底底调千斤顶，当支架陷入底板时靠其将支架带压前移。

③ 工作面伪倾斜推进，运输平巷侧超前回风平巷侧 9 m。

④ 将支架底座与推移千斤顶间的间隙缩至最小，支架底座上增设防滑千斤顶以斜推和斜拉前后输送机。

⑤ 带压移架。

⑥ 由下向上移架和推拉输送机。

⑦ 支架上挂尼龙网以防煤矸滚动伤人。

四、评价和适用条件

该采煤法较好地解决了煤层倾角为 45°左右的特厚煤层放顶煤长壁开采的相关技术难题，有效地抑制了煤层倾角加大后长壁工作面装备的下滑和倾倒，产量和效益较高，掘进率低，安全。该采煤法适用于倾角 35°～53°、可放性较好的特厚煤层；工作面水平、圆弧过渡的方法也可用于大倾角煤层普通综采工作面。

复习思考题

1. 试述急(倾)斜煤层的开采特点。
2. 试述急(倾)斜煤层不同开采顺序对阶段或区段高度的限制要求。
3. 试述俯伪斜走向长壁分段水平密集采煤法的工作面布置、工艺过程和适用条件。
4. 试述水平分段放顶煤采煤法的工作面布置、工艺过程和适用条件。
5. 试述伪倾斜柔性掩护支架采煤法的工作面布置、工艺过程和适用条件。
6. 试述水平、圆弧过渡工作面综采放顶煤采煤法的特点。

第九章　柱式体系采煤法

柱式体系采煤法可分为房式采煤法和房柱式采煤法，有时房式采煤法也称为巷柱式采煤法。

在煤层内开掘一系列称为煤房的巷道，煤房左右用联络巷相连，这样就形成一定尺寸的煤柱。煤柱可留下不采，用以支撑顶板，或在煤房采完后再将煤柱按要求尽可能采出，前者称为房式采煤法，后者称为房柱式采煤法。

按装备不同，柱式体系采煤法可分为传统的钻眼爆破工艺和高度机械化的连续采煤机采煤工艺两大类。传统的爆破落煤工艺与煤巷钻眼爆破掘进基本相同，高度机械化的柱式体系采煤法主要在美国、澳大利亚、加拿大、印度和南非等国应用。

机械化水平低的柱式体系采煤法在我国乡镇煤矿中有一定应用。近年来我国部分大型和特大型现代化矿井也引进了连续采煤机等配套设备，提高了机械化程度。部分矿井用于回收边角煤柱或地质破坏带煤柱。

第一节　房式采煤法

房式采煤法的特点是只采煤房不回收煤柱，用房间煤柱支撑上覆岩层。煤房宽度取决于采高、采深、顶底板稳定性和设备。采用连续采煤机开采时的煤房宽度多为 5～7 m，钻眼爆破开采时的煤房宽度多小于 4 m。以下对高度机械化的房式采煤法进行介绍。

一、盘区巷道布置和主要技术参数

1. 盘区巷道布置示例

美国某矿采用房式采煤方法的巷道布置如图 9-1 所示。有主巷 5 条，盘区准备巷道 3 条，在盘区巷两侧布置煤房，形成区段。区段内 6 个煤房同时推进。房宽 7 m，煤柱尺寸为 8 m×8 m。区段间煤柱宽度为 8 m，因受地质构造影响煤房长约 220 m。

2. 房式采煤法的技术参数

① 平巷数目——根据运输、行人、工作面推进速度、顶板管理方式和通风能力综合确定平巷数目，因为掘进和采煤合一，因而多条巷道并列布置对生产和通风更有利。通常主副平巷为 5～8 条，一般中间数条进风、两侧回风，区段平巷为 3～5 条。由于通风和安全需要，还需同时开掘横向联络巷贯通每条平巷。

② 煤柱尺寸——煤柱尺寸由上覆岩层厚度、煤层和底板强度确定，常留设 8～20 m 宽的煤柱。

③ 煤房采高、采宽和截深——连续采煤机采高可达 4 m，当煤层厚度小于 4 m 时应一次采全高；对于厚度过大的煤层只能开采优质部分，其余弃于采空区。煤房因采用锚杆支护，宽度一般不应超过 6 m，否则应采用锚杆和支柱两种支护方式；如果煤层顶板破碎时宽度通常仅为 5 m。截深应确保采煤机司机始终处于永久锚杆支护的安全范围，即最远时司机刚好在最后一排锚杆之下，这样要求截深一般为 5～6 m。

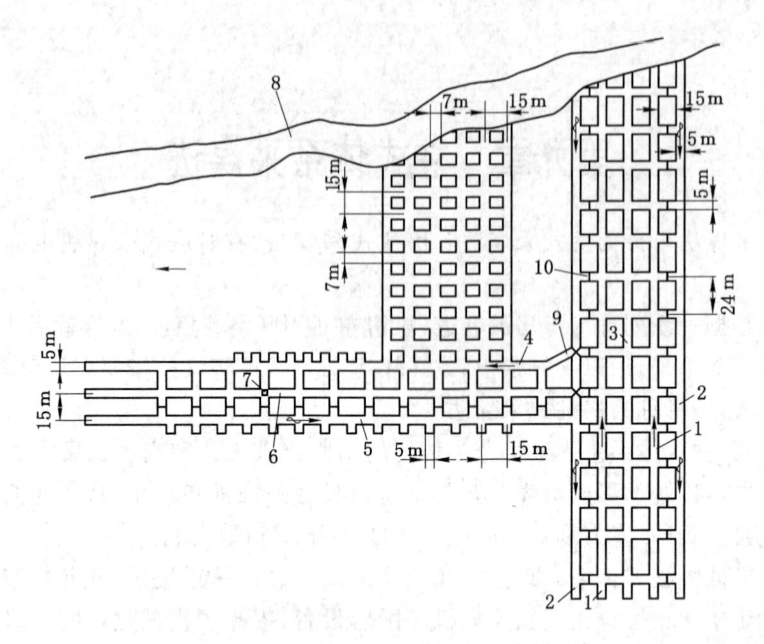

图 9-1　美国某矿房式采煤法巷道布置图

1——进风平巷；2——回风平巷；3——胶带运输平巷；4——盘区进风平巷；5——盘区回风平巷；6——盘区胶带运输平巷；7——转载机；8——地质破坏不可采区域；9——风桥；10——风墙

二、采煤工艺

按运煤方式不同，连续采煤机采煤工艺可分为间断运输工艺系统和连续运输工艺系统两种。

1. 连续采煤机—梭车间断运输工艺系统

典型的连续采煤机间断运输工艺系统配套设备如下——1 台连续采煤机、1 台锚杆机、最少 2 台梭车或蓄电池运煤车、1 台给料破碎机、1 台蓄电池铲车、1 套移动变电站、充电设备和足够的备用蓄电池。

在中厚和厚煤层中使用的横滚筒连续采煤机如图 9-2 所示。

图 9-2　横滚筒连续采煤机

这种采煤机的滚筒宽度为 2.9～3.2 m，采煤机机身长 9～10 m，可以同时完成割煤和装煤工作。

梭车如图 9-3 所示，容量一般为 7～30 t，车高 0.7～1.6 m，车长 8 m 左右。梭车设有电缆卷筒和电机，可在运距 150 m 以内拖电缆行车，车底装有刮板输送机，用于装载和卸载。梭车布置在连续采煤机之后，承接采煤机截割下来的煤，并往返于连续采煤机和破碎机之间。

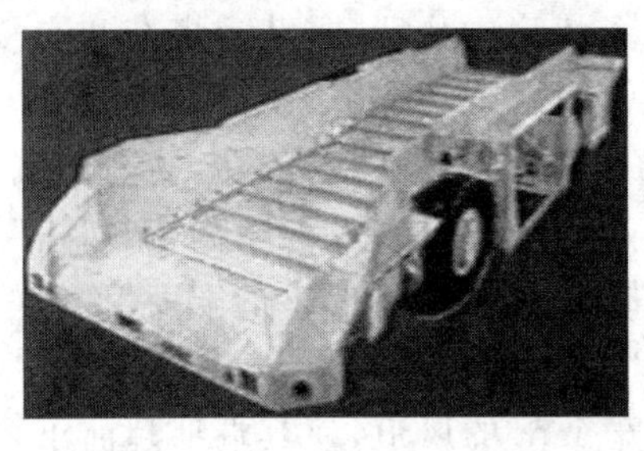

图 9-3　梭车

梭车快速把所载煤炭卸入给料破碎机料斗，再由输送机送入破碎机，大块煤被破碎后均匀地转载到带式输送机外运。

铲车用于运送人员、搬运物料和设备、清理工作面残留浮煤和杂物。

锚杆机用于安装锚杆以支护围岩，大多为拖电缆胶轮自行式。安装锚杆是作业中耗时较多的一道工序，采煤机与锚杆机轮流进入煤房作业。先采煤到一定进度后采煤机退出至另一煤房采煤，锚杆机进入进行支护。

连续采煤机间断运输工艺系统主要用于中厚煤层和厚煤层，有时也用于厚度较大的薄煤层中。该系统在大柳塔矿同时掘进 5 条煤房时的应用如图 9-4 所示。

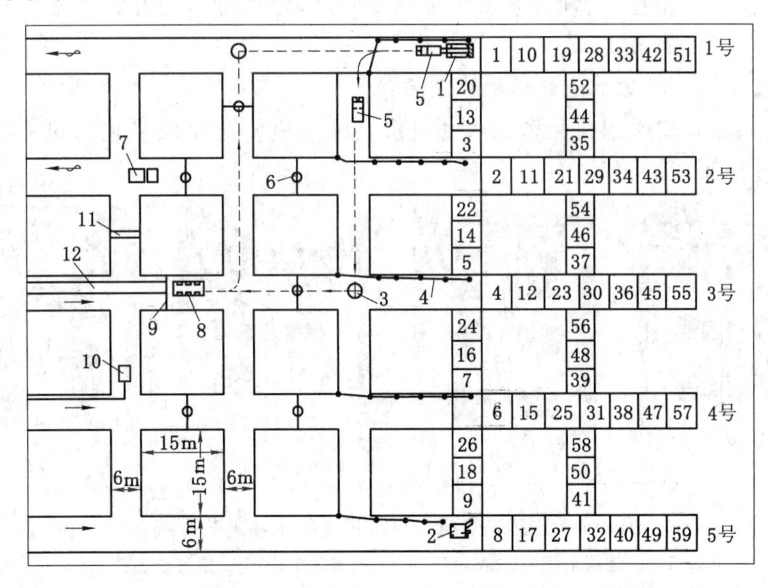

图 9-4　连续采煤机间断运输采煤工艺系统

1——连续采煤机；2——锚杆机；3——转车点；4——纵向风障；5——运煤梭车；6——风帘；7——铲车；8——给料破碎机；9——防火帘；10——移动变电站；11——永久风墙；12——带式输送机

大柳塔矿开采的近水平煤层平均厚 4.2 m，1 号和 2 号煤房为回风巷，3 号至 5 号煤房为进风巷。煤房和联络巷均为矩形断面，宽 6.0 m，高等于煤厚。平巷间和联络巷间中心距均为 21.0 m，留设 15.0 m×15.0 m 的煤柱。3 号进风巷中铺设带式输送机、供水和排水管路。3 号进风巷和 2 号回风巷之间的联络巷内设置挡风墙，以减少风量损失。其余各煤房之间根据通风需要设置风帘或风障。图中连续采煤机正在第 1 条煤房中作业，锚杆机在第 5 条煤房中支护。图中虚线表示连续采煤机在第 1 条煤房中作业、重载运煤车和空载运煤车的路线，掘进顺序如图中所示的各块编号次序。

连续采煤机采煤过程可分为“切槽”和“采垛”两个工序。如确定先在煤房左侧掘进，待采煤机调正到位后切割正前方煤壁，当深度达 5～6 m 时停止，这一工序称为“切槽”工序。然后，采煤机退出，调整到煤房另一侧，再切割剩余的煤壁，掘至所要求的宽度，称为“采垛”工序。

连续采煤机工作时应及时架设纵向风障，形成宽 1 m 的风道，使其端部超前于采煤机司机，以保持工作面良好的通风条件。

采煤机每一个切割循环进一刀，即前进约一个滚筒直径的距离。

连续采煤机通过蟹爪装载机构和中部输送机将煤装入后部的梭车。通常一台采煤机配两部梭车，一部在采煤机后部等待装煤，已装满煤的另一部驶向给料破碎机处，快速卸煤后再返回。

当采煤机掘至规定距离后立即转移到另一条煤房，这时锚杆机亦刚好完成邻近煤房的钻锚工作，随即移到这条煤房开始钻眼和安装锚杆。锚杆机的作业顺序是——定位、钻眼到设计深度、装锚杆、拧紧螺母使其达到预定扭矩值，多用树脂锚固剂，其参数应根据巷道尺寸和围岩条件确定。

与传统工艺系统相比，这种工艺系统机械化程度高，作业人员少。一般采用三班作业，每班配备 7～9 人，工效较高。

2. 连续采煤机—输送机连续运输工艺系统

这种工艺系统是将采煤机采落的煤通过多台输送机转运至胶带输送机上，其工艺系统如图 9-5 所示。

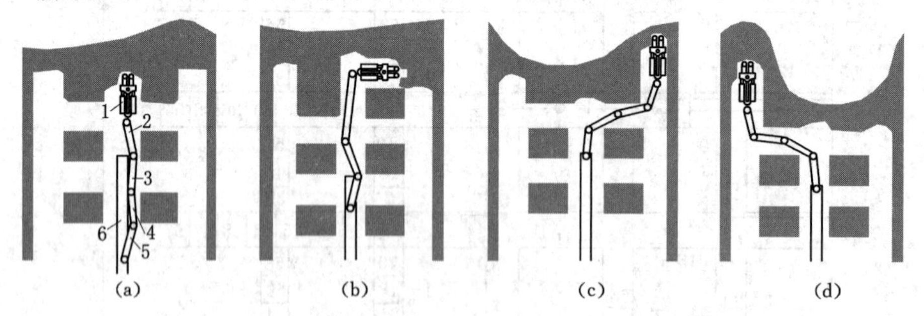

图 9-5　连续采煤机—输送机连续运输工艺系统

1——连续采煤机；2,3,4,5——万向接长机；6——胶带输送机

这种连续运输系统主要用于近水平薄煤层，采煤房或掘巷时既不挑顶也不卧底。由于设备高度受到限制，故用连续运输替代了梭车。运输系统由多台带有履带行走装置的短刮板输送机铰接而成。采煤机后第一台为桥式转载机，设有一个容量较大的受载容器，后面多台万向接长机，每台约 10 m 长，便于转弯运行，最后一台万向接长机尾部与胶带输送机尾部相接。

薄煤层一般采用纵向螺旋滚筒采煤机，该采煤机及工艺过程如图9-6所示。两个带截齿的纵向螺旋滚筒一次钻进1.1 m，可左右摆动45°，一次采宽可达6～7 m，利用两滚筒相向对滚将破落的煤推装到连续采煤机中的刮板输送机上，运到采煤机尾部。

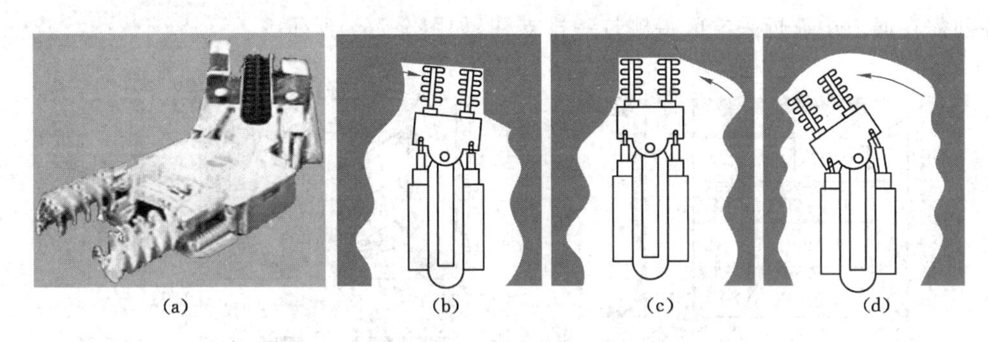

图9-6　薄煤层纵向螺旋滚筒采煤机及割煤方式

(a) 纵向螺旋滚筒采煤机　(b) 钻进后向右割煤　(c) 依枢轴转，清煤后回中位　(d) 向左割煤

采煤后若顶板不太稳固，可先用金属支柱临时支护，而后再用锚杆永久支护，边打锚杆边回撤临时支柱。一般一台采煤机配备2台顶板锚杆机。

近年来，连续运输系统在中厚煤层中使用呈上升趋势。与梭车运煤系统比较，连续运输系统的优点是——运输能力大，连续生产时间长，可以使采煤机的生产能力得到充分发挥；设备爬坡力强，对底板比压较小；设备运输可靠，运行环境比较安全，不易洒落浮煤；运输成本低。其缺点是——设备初期投入高，整套设备比梭车(按3台计)约高30%；设备搬家倒面工艺较复杂；对顶板完整性要求较高。

三、适用条件和注意问题

房式采煤法一般适用于近水平薄或中厚煤层，与长壁开采配合也可用于厚煤层，但一般要求瓦斯含量小、采深不超过300 m、顶板坚硬或顶板中等稳定以上或地面建筑设施需保护等条件下。房和柱的尺寸应根据围岩性质和开采条件确定。为便于设备运行，房宽应不小于5 m。在坚硬顶板条件下，一般房宽略大于柱宽，留设条状煤柱，但所留煤柱的宽度应使煤柱能起到支撑顶板作用，以防止基本顶大面积来压或直接顶冒顶；在地面需要保护的情况下，一般柱宽略大于房宽、留设块状煤柱，以保持其稳定性，采出率一般不超过40%。

第二节　房柱式采煤法

房柱式采煤法——煤房间留设不同形状的煤柱，采煤房时煤柱暂时支撑顶板，采完煤房后有计划地回收所留的煤柱，如顶板稳定可直接回收全部煤柱；反之，则要保留部分煤柱。

一、块状煤柱房柱式采煤法

通常以4～5个以上的煤房为一组同时掘进，煤房宽5～7 m，房间煤柱宽15～25 m，每隔一定距离用联络巷贯通，形成方块或矩形煤柱。采煤房时工艺过程和参数同房式采煤法，煤房掘进至预定长度后即可回收房间煤柱。因煤柱尺寸和围岩条件不同，煤柱回收工艺主要有以下3种。

1. 袋翼式

一般采用袋翼式回收尺寸较大的块状煤柱。在煤柱中采出2～3条通道作为回收煤柱时的通路(袋),然后回收其两翼留下的煤(翼),通道的顶板仍用锚杆支护。通道不少于2条,以便连续采煤机、锚杆机轮流进入通道作业。当穿过煤柱的通道打通时,连续采煤机即斜过来对着留下的侧翼煤柱采煤,侧翼采煤时不再支护,边采边退出。为了安全,回收侧翼煤柱前需在通道中靠近采空区每侧打一排支柱,如图9-7(a)所示。

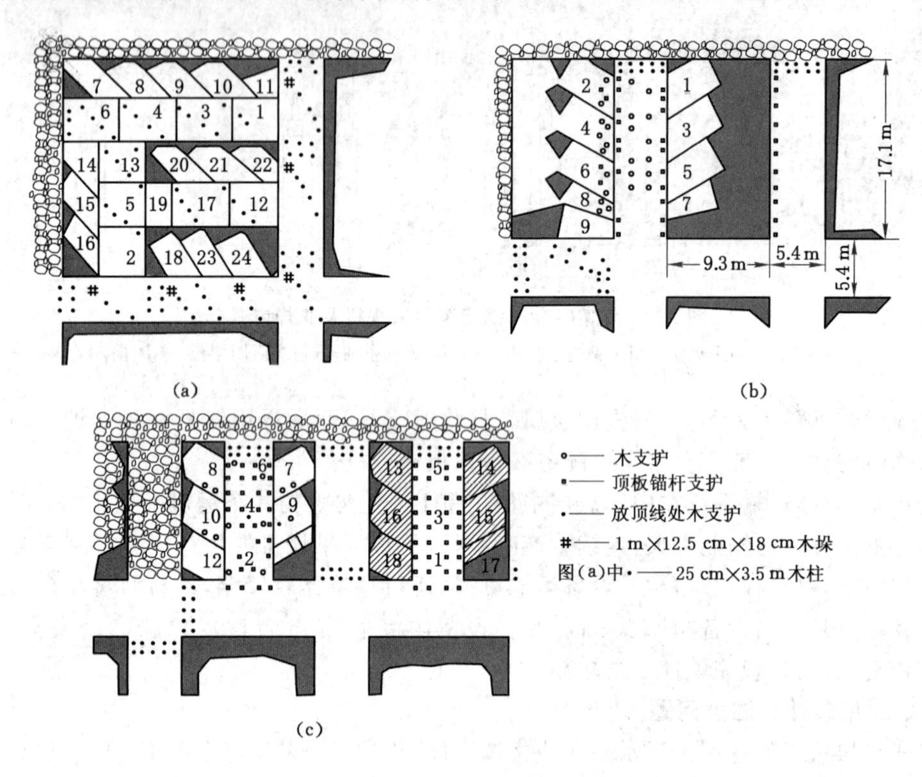

图9-7　房柱式采煤法煤柱回收

(a) 袋翼式　(b) 外进式　(c) 劈柱式

2. 外进式

当煤柱宽度在10～12 m时,可直接利用原煤房向两侧煤柱截割,如图9-7(b)所示。

3. 劈柱式

当煤柱尺寸较小时,一般采用劈柱式,如图9-7(c)所示。在煤柱中间形成一条通路,连续采煤机与锚杆机分别在两个煤柱通路中交叉轮流作业,然后再分别回收两侧煤柱。

二、条状煤柱房柱式采煤法

针对传统的房柱式采煤法随采深增加出现的地压增大、采出率下降等问题,澳大利亚首先在“汪格维里”煤层中发展了“汪格维里”采煤法,在巷道布置、煤体切割和煤柱回收方面有所不同。

如图9-8所示,盘区准备巷道长度按胶带输送机长度确定,可达500～600 m,有条件时可达1 000 m。在盘区准备巷道一侧或两侧布置长条状房柱,一组长条状房柱宽约15 m,长65～90 m。

条状煤柱房柱式采煤法回采顺序一般采用后退式,两侧布置时也可一侧前进另一侧后退。回采时首先在15 m宽的条状房柱中采出煤房,煤房宽6 m,单头掘进,掘进至边界后

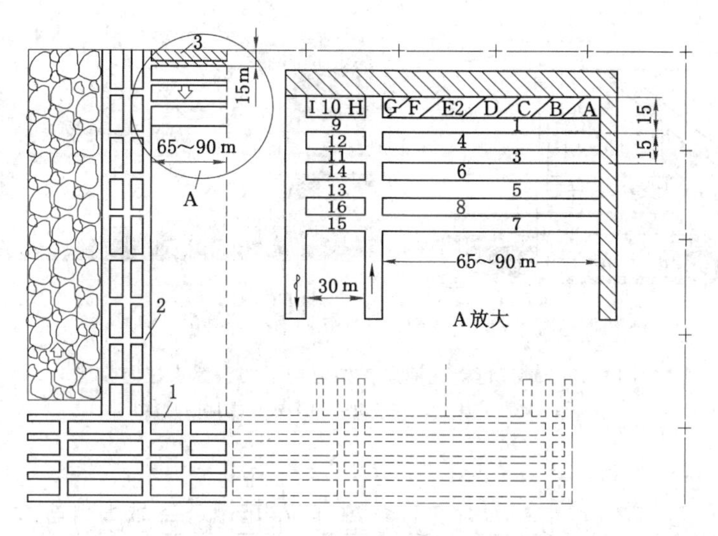

图 9-8　条状煤柱房柱式采煤法巷道布置图

1——主平巷；2——盘区平巷；3——条形煤柱

(65～90 m 长)，后退回收剩余的 9 m 煤柱；如此逐条进行。由于煤房是单头掘进、房间无联络巷，因而条状煤柱是连续的。回收顺序如图中编号，煤柱回收后其顶板似长壁工作面，能充分冒落。

我国神东矿区哈拉沟煤矿条状煤柱房柱式采煤法巷道布置如图 9-9 所示，煤柱回收如图 9-10 所示，在履带行走式液压支架掩护下，煤房煤柱回收率为 84.9%，工作面回收率为 82.3%。

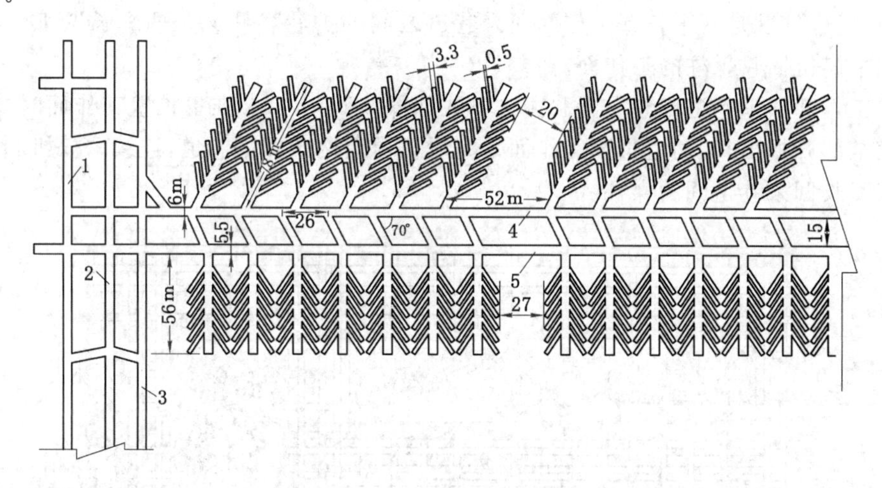

图 9-9　哈拉沟煤矿条状煤柱房柱式采煤法巷道布置图

1——辅运中巷；2——胶运中巷；3——辅运二中巷；4——胶运平巷；5——辅运平巷

三、适用条件

房柱式采煤法主要适用于近水平薄或中厚煤层，顶板中等稳定以上，瓦斯含量小，采深一般不超过 300 m，房和柱的尺寸应根据围岩性质和开采条件确定。为便于设备运行，房宽应不小于 5 m。

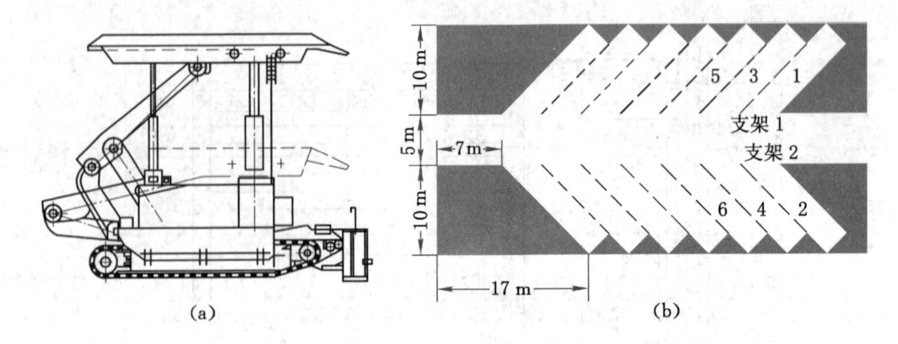

图 9-10 履带行走式液压支架掩护下的双翼煤柱回收法
(a) 履带行走式液压支架 (b) 双翼煤柱回收法

第三节 房柱式与长壁工作面配合的采煤法

利用连续采煤机及其配套设备多巷快速开掘煤房的优势，为长壁综采工作面掘进回采和准备巷道，长壁工作面采后回收巷道间所留煤柱，由此形成房柱式与长壁工作面配合的采煤法。

房柱式与长壁工作面配合的采煤法掘进速度快，一次能同时掘进 3～4 条平巷，可为上下两个区段长壁工作面服务，不仅有利于采掘衔接，而且可充分发挥长壁综合机械化开采和连续采煤机房柱式开采的优点。

在两个长壁工作面之间开掘一组煤房，煤房间留设煤柱，这些煤房遂形成长壁工作面的回采巷道，而煤柱既是两个长壁工作面回采巷道之间的护巷煤柱又是两个长壁工作面采完后用连续采煤机回收煤柱的工作面。

长壁工作面回采巷道四巷布置和掘进方式如图 9-11 所示。准备长壁工作面时，将 4 条回采巷道全部开掘出来，两边长壁工作面采完后仍保留两条回采巷道，连续采煤机利用这两条巷道来回收回采巷道间的煤柱。

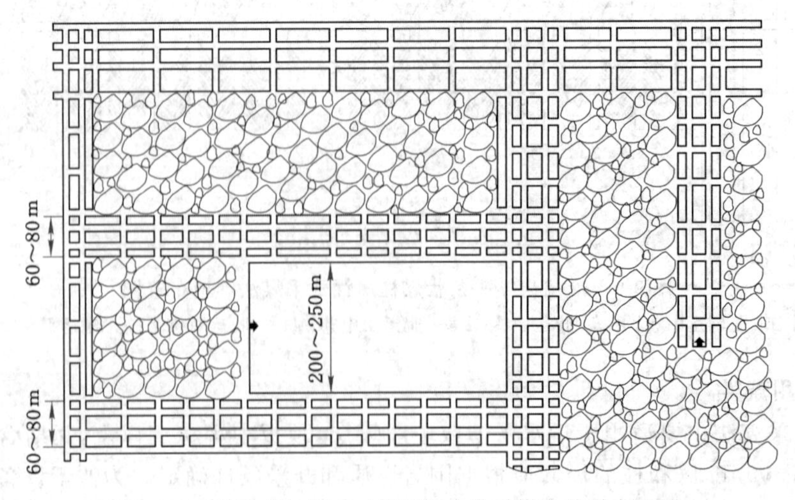

图 9-11 房柱式与长壁工作面配合的采煤法巷道布置图

这样，长壁工作面开采时形成多巷进风和多巷回风的通风方式，设备布置、运煤、运料、行人等均可分巷设置。这是机械化水平高、工作面推进速度快、产量大、瓦斯涌出量亦大的长壁工作面开采部署的一种模式。

20 世纪 90 年代以来，美国发展了长壁综采，而回采巷道布置和掘进则采用连续采煤机房柱式开采的模式；我国神东、晋城等矿区的一些安全高效矿井也采用这种方式。这种采煤方法同样必须具备房柱式开采的适用条件。

第四节　高度机械化的柱式体系采煤法评价和适用条件

一、优缺点

与综合机械化长壁开采比较，可将以连续采煤机为标志的高度机械化房柱式采煤法的优点归纳如下：

① 设备投资少，一般一套设备仅为长壁综采价格的 1/3～1/6。

② 采掘设备相同，采掘合一，掘煤房即采煤，建井工期短、出煤快，特别是对于有煤层露头并用平硐开拓的矿井。

③ 设备运转灵活，多为胶轮或履带行走，自身搬迁、拆装方便，容易适应煤层变化，容易把不规则带、边角煤和断层切割区的煤回采出来。

④ 支护简单，以锚杆支护为主，大部分为煤层巷道，矸石量少并可在井下处理，有利于地表环境保护。

其主要缺点如下：

① 采出率低，一般为 50%～60%，回收煤柱时可提高到 70%～75%。

② 通风条件比较差，进、回风巷并列布置，通风构筑物多、漏风大，通风管理困难，多头串联通风。

③ 对地质条件要求较严格，不适用于倾角大、厚度大及顶板稳定性差的煤层，也不适用于近距离煤层群开采。

④ 同等地质条件下产量一般低于长壁综采。

二、适用条件

高度机械化的柱式体系采煤法的适用条件如下：

① 开采深度较浅，一般覆盖层厚度不宜超过 300～500 m，煤层厚 0.8～4.0 m，近水平煤层。

② 顶板中等稳定以上，底板坚硬、较平整且干燥无积水。

③ 煤质为中硬或中硬以上，没有坚硬的夹矸或较多的黄铁矿。

④ 瓦斯涌出量低，煤层不易自燃。

⑤ 单一煤层或非近距离煤层。

对于不全部具备上述条件的矿井或煤层，也有采用连续采煤机房柱式开采的实例。在生产矿井中应用这种采煤方法时，已形成的巷道系统和断面应与设备尺寸相适应，决定使用该方法时应慎重。

下列情况可考虑试用：

① 采用平硐开拓的中小型矿井，其产量和效率比长壁普采工作面开采要高。

② 大型和特大型矿井可采用房柱式和长壁综采工作面相配合的开采方法，利用连续采煤机为综采工作面掘进回采巷道和回收煤柱。

③ 开采“三下”压煤，只采煤房、不回收煤柱，按条带采煤法的要求设计采出条带和保留条带宽度，以达到减少地表下沉和变形的目的。

《煤矿安全规程》规定，以下条件下严禁采用连续采煤机开采：

① 突出矿井或者掘进工作面瓦斯涌出量超过 3 m^3/min 的高瓦斯矿井。

② 倾角大于 8°的煤层。

③ 直接顶不稳定的煤层。

复习思考题

1. 试述房式采煤法与房柱式采煤法的区别。
2. 试述高度机械化的房式采煤法的装备类型和工艺过程。
3. 试分析块状煤柱房式采煤法与条带煤柱房式采煤法的主要优缺点。
4. 汪格维里采煤法与传统的柱式开采体系相比有什么特点？
5. 为什么柱式体系采煤法多用多巷布置？
6. 试述高度机械化的柱式体系采煤法的优缺点和适用条件。
7. 试分析房柱式采煤法与长壁综采的优势组合。
8. 试分析严禁采用连续采煤机开采的条件和原因。

第十章　采煤方法的选择和发展

第一节　选择采煤方法的原则和影响因素

一、采煤方法选择的原则

采煤方法选择是否合理，直接影响矿井的安全和各项技术经济指标。所选择的采煤方法必须符合安全、先进、经济、采出率高、因地制宜的基本原则。

1. 生产安全

煤矿地下开采的安全风险比较突出，安全生产是煤矿企业日常的、重要的任务。安全为了生产，生产必须安全。应当充分利用先进技术和提高科学管理水平，以保证井下生产安全，不断改善劳动条件。对于所选择的采煤方法，应仔细检查采煤工艺的各个工序及各生产环节，务使其符合《煤矿安全规程》的各项规定。

要合理布置巷道，保证巷道维护状况良好，满足采掘接替要求，建立妥善的通风、运输、行人以及防火、防尘、防瓦斯积聚、防水和处理各种灾害事故的系统和措施。

要正确确定和安排采煤工艺过程，切实防止冒顶、片帮、支架倾倒、机械或电器事故以及避免其他可能危及人身安全和正常生产的各种事故发生。针对可能出现的安全隐患，制定完整、合理的安全技术措施并建立制度以保证实施。采用高新技术，加强全方位的生产系统监测监控。

2. 技术先进

采用先进的采煤技术和装备，工作面机械化程度高、易于实现自动化、工人劳动强度低，有利于单产和效率提高。

3. 经济上合理

经济效果是评价采煤方法优劣的一个重要依据，特别是在市场经济条件下。通常，适合于某一具体条件的采煤方法可以有多种，不同的采煤方法需要有不同的装备和劳动力投入，其主要经济指标，如产量、效率、材料和动力消耗、巷道掘进量和维护量等是不相同的，甚至相差很大。一般要求是——采煤工作面单产高、劳动效率高、材料消耗少、煤炭质量好、成本低。

4. 采出率高

煤炭是不可再生资源，减少煤炭损失、提高采出率是国家对煤矿企业的一项重要技术政策，生产矿井必须贯彻实施。减少煤炭损失也是防止煤炭自燃、减少井下火灾的重要措施。提高采出率对于延长矿井实际服务年限、降低吨煤基建投资和掘进率，也具有重要的现实意义。

5. 因地制宜

由于煤层赋存条件是多种多样的，因而采煤方法也是多种多样的，因装备不同而不同、因装备发展而发展，同一种采煤方法的机械化水平也有不同的层次，每一种采煤方法又有自身的适用条件范围，机械化水平高的采煤方法所受的限制相对较大，必须充分考虑选择的采煤方法能适应煤层地质条件、装备能充分发挥作用。

以上原则要求是密切联系和相互制约的，应综合考虑，力求得到充分满足。

二、采煤方法选择的影响因素和依据

为了满足上述基本原则，在选择和设计采煤方法时必须充分考虑各种地质因素和技术经济因素。

1. 地质因素

① 煤层倾角——煤层倾角及其变化直接影响采煤工作面的落煤方法、运煤方式、采场支护和采空区处理方式等的选择，也直接影响巷道布置、运输、通风和采煤方法各种参数的确定。采煤方法选择随煤层倾角加大而逐渐趋于困难。

② 煤层厚度——煤层厚度影响采场围岩控制技术选择、装备能否充分发挥作用和技术经济效果，薄及中厚煤层通常采用一次采全厚采煤法，厚及特厚煤层可以采用分层开采也可采用大采高或放顶煤采煤法。

③ 煤层和围岩岩性——煤层的软硬程度和结构特征、围岩的稳定性等均直接影响采煤机械、采煤工艺和采空区处理方法的选择。煤层及围岩性质还直接影响巷道布置及其维护方法，也影响采区、盘区或带区中各种参数的确定。

④ 煤层地质构造和可采块段大小——埋藏条件稳定、开采块段较大的煤层有利于综采；埋藏条件不稳定、煤层构造较复杂宜用普采；开采块段内走向断层多时宜采用走向长壁采煤法；煤层倾角小而倾向断层多时，宜采用倾斜长壁采煤法。

⑤ 煤层的含水性、瓦斯涌出量和煤的自燃倾向性——煤层及围岩含水量大时，需要在采煤之前预先疏干，或在采煤过程中布置排水和疏水系统。煤层含瓦斯量大时，需布置预抽瓦斯的巷道，同时采煤工作面应采取专门的通风措施。有煤与瓦斯突出危险的煤层开采前必须采取抽采措施或开采保护层的措施，消除煤与瓦斯突出危险，这将影响巷道布置和开采顺序。煤层的自燃倾向性和发火期直接影响巷道布置、巷道维护方法和采煤工作面推进方向，决定是否需要采取防火灌浆措施或选用充填采煤法。

2. 技术因素

技术发展和装备水平对采煤方法的选择影响很大。近年来，我国采煤方法不断创新，新方法、新工艺、新装备的推广应用为采煤方法选择提供了技术基础。放顶煤采煤法、大采高一次采全厚采煤法、伪倾斜柔性掩护支架采煤法等得到广泛应用。

近年来，国内外工作面工艺技术、装备能力、开采强度不断提高，工作面单产水平增长较快，采煤方法选择时应考虑不同装备水平的工艺方式，单产水平应与矿井各环节生产能力配套并留有发展余地。

顶板管理和支护技术发展也影响采煤方法选择。在坚硬顶板条件下一些矿井采用高阻力支架支护，并对顶板注水软化，成功地采用垮落法处理采空区。

综放支架、组合顶梁悬移支架在急(倾)斜煤层中成功地应用，使水平分段放顶煤采煤法代替了传统的水平分层采煤法。

随着采空区充填技术的发展，矸石充填、膏体充填、高水材料充填采煤法已逐渐取代传统的水砂充填采煤法。

3. 经济和管理因素

选择采煤方法的同时还要选择相应的装备，现代化采煤装备要依靠资金投入，无论是总量还是分摊到吨煤储量上，不同层次的矿井所能承受的装备投资是不同的。矿井的经济效益由投入和产出决定，高投入应有高回报，而不是相反。

不同的采煤工艺方式和不同技术层次的采煤方法要求的管理水平不同，机械化水平越高，相应的技术管理水平要求也越高。要通过各种方法提高职工的整体技术水平和管理水平，以适应现代采煤方法的发展要求。另外，管理水平在一定程度上亦影响采煤方法的选择。

4. 技术政策、法规和规程

选择采煤方法时，必须严格遵守国家当前颁布或执行的相关技术政策，如《煤炭工业技术政策》、《煤矿安全规程》、《煤炭工业矿井设计规范》、《建筑物、水体、铁路及主要井巷煤柱留设与压煤开采规范》等。

第二节 采煤方法的发展方向

一方面，国民经济发展对煤炭的需求量不断加大、对煤质的要求逐渐提高；另一方面，开采条件趋于复杂，瓦斯、突水、火灾、冒顶、机械伤害等安全问题随开采难度加大而越来越突出，浅部矿区正向深部发展，开采导致的地面沉陷、水资源破坏、矸石对生态环境的影响亟待有效解决，安全、高效、经济、绿色开采，数字化、智能化开采是采煤方法发展的方向。

① 对近水平、缓(倾)斜、中斜煤层长壁式开采，关键是不断改进采煤工艺，出路在于提高我国煤矿总体的机械化水平。应多层次地、因地制宜地应用和发展先进的、适用的机械化采煤技术。

发展综采是我国跟踪和赶超世界先进水平的主要方面，目前已奠定了坚实基础，今后要巩固现有成果，扩大应用综采工作面全自动化控制技术，提高设备可靠性、开机率和工时利用率，提高工作面单产水平和经济效益。在条件适宜的矿井中发展智能化综采技术，同时要研制困难条件下，如三硬、三软、大倾角、大采高、极薄煤层和构造复杂等条件下的综采技术和装备，进一步扩大综采应用范围。

配备大功率、高可靠性采运设备及高强电液控制液压支架，加大工作面尺寸，是我国中厚及厚煤层综采工作面进一步提高产量的主要途径。

以采用采煤机落煤、装煤和单体液压支柱支护为特征的普采工艺在当前仍不失为一种较实用的技术。它具有投资较少、单产和效率较高、生产较安全等优点，在我国乡镇煤矿中应得到推广应用。

② 走向长壁采煤法技术简单、应用成熟，具有广泛的适应性，是我国开采缓(倾)斜、中斜煤层应用最广泛的方法。应结合矿井煤层开采条件和采煤工艺发展改进巷道布置，优化系统和参数，为集中、稳产、高效和安全生产创造良好条件。

倾斜长壁采煤法生产系统简单、工程量少，在倾角 12°以下的煤层中应用能取得良好的技术经济效果，应大力推广。

③ 近水平、缓(倾)斜和中斜厚煤层在我国煤矿生产中占有相当大的比重，合理地开采这类煤层可以采用不同的技术途径。

我国已有多个矿井成功地采用大采高综采开采 3.5～8.6 m 厚的煤层，该采煤法简化了巷道布置，减少了巷道掘进和维护工程量。在煤层倾角不大、煤层和顶底板岩性适宜的矿井，可加以重点应用和推广。在提高大采高工作面设备可靠性基础上，推广应用电液控制的两柱掩护式支架，加快工作面推进速度，提高开机率，大采高综采势必成为厚煤层实现安全高效开采的重要途径。

厚煤层放顶煤采煤法是开采技术的新突破。该采煤方法可简化巷道布置、降低巷道掘进率、提高采煤工效、降低吨煤生产费用。应进一步研究提高煤炭采出率的途径和防止自燃和瓦斯积聚等措施，以保证工作面正常、安全生产。

在适宜条件下，采用大采高综放开采可以实现工作面年产千万吨的单产水平。

④ 薄煤层工作面内作业困难，应提高薄煤层工作面采、支、运工序的机械化、自动化程度，减少操作人员。采用大功率、高强度薄煤层滚筒采煤机或刨煤机并配备电液控制液压支架，是我国薄煤层开采实现安全高效的主要途径。目前，厚 1.2 m 以上的薄煤层已实现单面年产 100 万 t；而厚 1.2 m 以下薄煤层高效开采仍存在大量难题，适应该条件下的高可靠性“三机”及自动控制技术尚有待研制和开发。由计算机控制的定量割煤刨煤机与配有电液系统的液压支架配套，是实现薄煤层工作面自动化开采的重要发展方向之一。

⑤ 急(倾)斜煤层的产量在我国煤炭总产量中所占比重虽不大但分布却比较广。

伪斜柔性掩护支架采煤法在层厚变化不大的厚及中厚煤层中应用，能取得较好的技术经济效果。近年来发展的侧向放煤技术和简化巷道布置的方法，进一步扩大了应用范围，值得推广和进一步研究。

水平分段放顶煤采煤法为开采急(倾)斜特厚煤层提供了安全高效的机械化采煤方法。在煤层厚度较大条件下，这种采煤方法单产和工效高、工艺简单、掘进巷道少、吨煤费用低，有条件的矿井应积极推广。而水平、圆弧过渡工作面综采长壁放顶煤采煤法是在煤层倾角为 45°～62°的煤层中放顶煤技术的重大突破，也值得推广和深入研究。

⑥ 建筑物下、铁路下、水体下呆滞煤量的开采日益成为我国煤矿开采的紧迫问题，充填采煤法是从根本上解决“三下”采煤问题的方法。我国有长期使用水砂充填的经验和成熟的技术，但近年来水砂充填采煤法的应用范围和产量均在减少，随着对环境保护的要求日益提高，矸石充填、膏体充填、高水材料充填采煤法已有较大发展并在不断完善，已逐渐取代水砂充填采煤法，应继续研究和开发。廉价高性能充填材料的研制是充填采矿的关键，应进一步加强。

⑦ 利用连续采煤机为长壁综采工作面掘进回采巷道，形成房柱式与长壁工作面配合的采煤方法，是充分发挥长壁综合机械化开采和连续采煤机房柱式开采的优势、实现高产高效的途径。

⑧ 我国东部矿区面临的是深矿井开采和难采煤层开采问题，研究这类条件下的采煤工艺、矿压控制技术、热害治理技术以及与之适应的装备、回采巷道布置、开采部署等是采煤方法发展的重要分支。

复习思考题

1. 选择采煤方法的原则有哪些？

2. 选择采煤方法的影响因素有哪些？

3. 根据我国煤矿开采技术的现状，浅谈我国采煤方法应该在哪些方面加强研究和发展。

第二编

准备方式

Zhunbei Fangshi

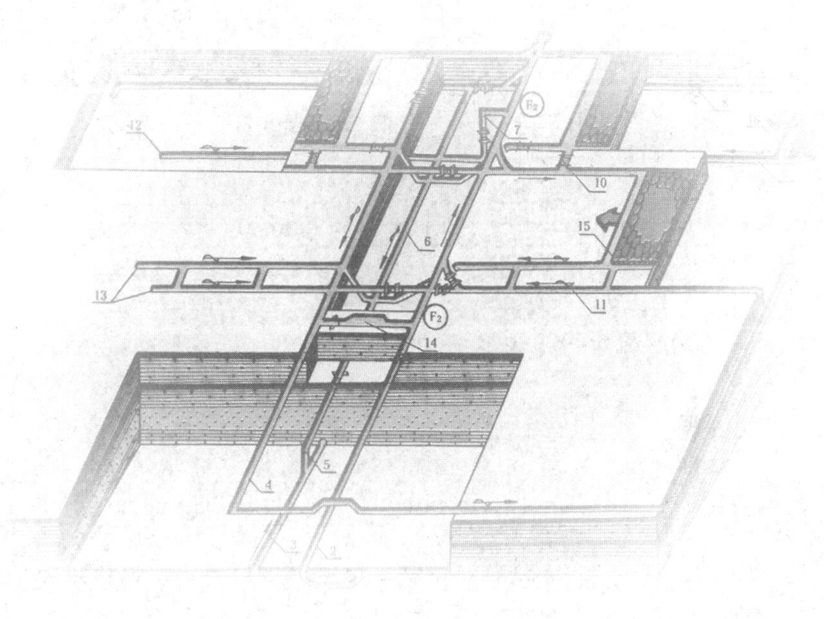

第十一章　准备方式的类型

第一节　准备方式的分类

为建立采区、盘区和带区完整的运输、通风、动力供应、排水、行人等生产系统，应在已有开拓巷道的基础上再开掘一系列准备巷道，或与回采巷道相连，或服务于整个采区、盘区和带区生产。

为准备采区、盘区或带区而开掘的主要巷道，称为准备巷道。

准备巷道在一定时期为全采区、盘区或带区服务，或为数个区段或分带服务，准备巷道包括上下山、车场、区段或分带集中巷、采区石门、绞车房、变电所和煤仓等。

准备巷道的布置方式，称为准备方式。准备方式确定的原则如下——生产系统完善；巷道布置简单，掘进和维护工程量少；有利于集中生产、提高工作面单产和采出率；能充分发挥设备的效能；有利于工作面正常接替和保证安全。

采区式、盘区式和带区式是我国煤矿的基本准备方式。由于盘区和带区受煤层倾角限制，因此采区式是我国煤矿常用的准备方式。

一、按与开采水平的相对位置分类

如图 11-1 所示，采区、盘区或带区位于为其服务的开采水平之上时，分别称为上山采区、上山盘区、上山带区；反之，称为下山采区、下山盘区、下山带区。

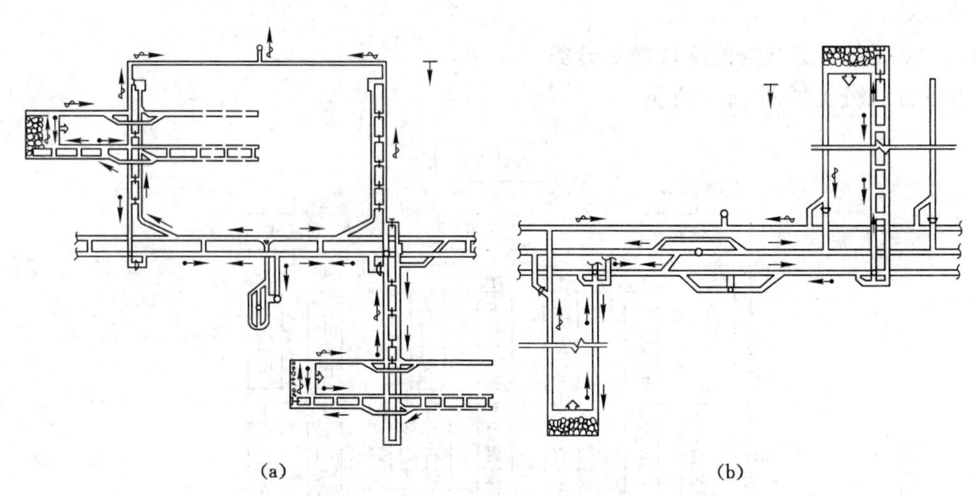

图 11-1　上下山采区和带区

(a) 上下山采区　(b) 上下山带区

在煤层倾角较小、瓦斯和矿井涌水量亦较小的条件下，一个开采水平往往既服务于上山阶段又服务于下山阶段，多采用上下山采区、盘区或带区准备方式。当煤层倾角较大时，一般只采用上山采区准备方式。在近水平煤层条件下，将盘区运输上山改为与阶段运输大巷同标高的盘区运输石门，电机车牵引矿车可以直接由运输大巷进入盘区石门装车，这样的准备方式称为石门盘区准备方式。

二、按主要巷道的位置、组数和开采部署分类

采区上下山或盘区石门布置在采区或盘区走向中部，为采区或盘区两翼服务的准备方式，称为双翼采区或盘区，如图 11-2(a)所示。这样布置的服务范围较大，可以相对减少上下山、石门和车场等准备巷道的工程量，是应用广泛的一种准备方式。

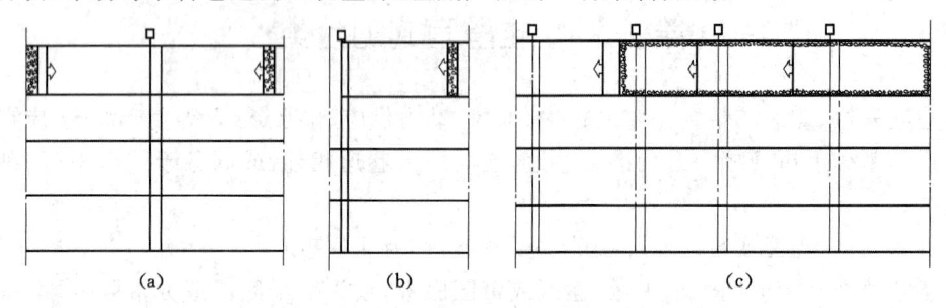

图 11-2　按主要巷道位置、组数和开采部署分类的准备方式

(a) 双翼采区(盘区)　(b) 单翼采区(盘区)　(c) 跨多上山(石门)采区(盘区)

当采区或盘区范围受断层、无煤带、岩浆岩侵入等自然因素影响，或受地面建筑物、构筑物、河流、湖泊、水库等影响而走向长度较短时，采区上下山或盘区石门只能布置在采区或盘区一翼，形成采区或盘区单翼准备方式，如图 11-2(b)所示。

沿煤层走向每隔一定距离，在煤层底板岩层中布置一组上下山或石门，生产期间采煤工作面跨几组上下山或石门连续推进，形成跨多组上下山或石门的准备方式，如图 11-2(c)所示。这种准备方式一般应用于地质条件简单、工作面采用综采或综放工艺条件，以减少工作面搬迁次数。

三、按准备巷道服务的煤层数目分类

准备方式分类如图 11-3 所示。

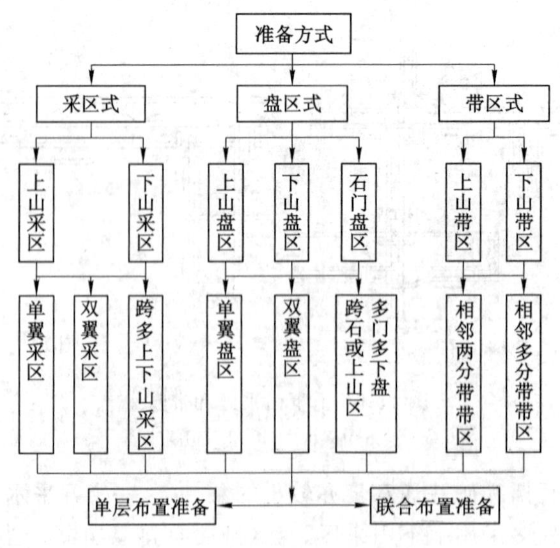

图 11-3　准备方式的分类

如图所示，按准备巷道服务的煤层数目不同，可以分为单层布置准备和联合布置准备。单层布置准备，是在各开采煤层中单独布置准备巷道，形成相互独立的生产系统。联合布置准备是在几层开采煤层中布置一组共用的准备巷道，为多层煤服务。

对于层间距较小的近距离煤层群，布置一部分共用的准备巷道开采，可以减少准备工程量、获得较好的经济效果。

联合布置准备的标志是共用巷道，多层煤可以共用的巷道有上下山、盘区石门、区段或分带集中巷、车场、煤仓。联合程度越高，共用的巷道就越多。

根据采区或盘区内煤层数目、厚度和层间距离不同，联合布置准备分为煤层间共用上下山或石门的联合准备方式和煤层间既共用上下山或石门又共用区段集中平巷的联合准备方式。

第二节　采区式准备方式

煤层群开采时，在阶段内沿煤层走向每隔相当于采区走向长度的距离由阶段胶带运输大巷和轨道运输大巷开掘采区胶带运输石门和轨道运输石门，布置采区下部车场，由阶段回风大巷开掘采区回风石门，为采区服务。根据煤层的间距不同，采区式准备方式有以下几种。

一、煤层群单层准备方式

在采区石门贯穿的各煤层中均独立布置采区上下山、装车站和车场，如图 11-4 所示。煤层间由采区石门联系。

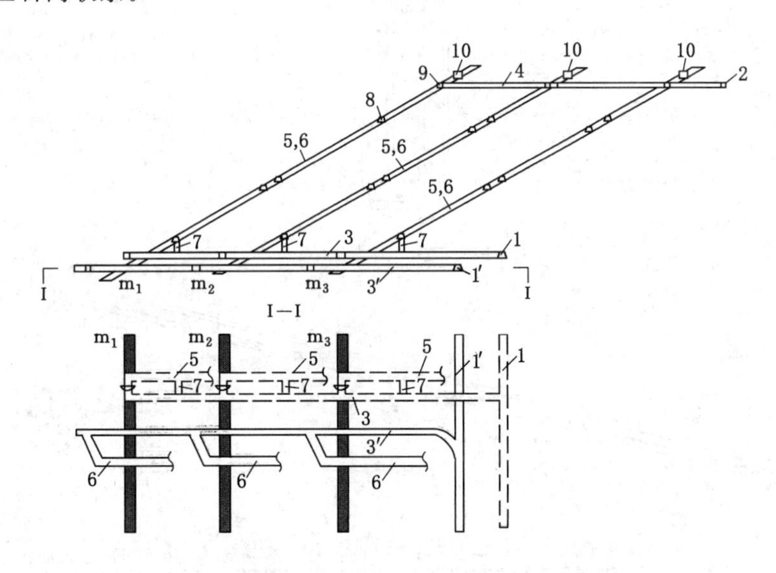

图 11-4　煤层群单层准备方式

1，1′——运输大巷；2——回风大巷；3，3′——采区运输石门；4——采区回风石门；5——运煤上山；6——轨道上山；7——采区煤仓；8——区段运输平巷；9——区段回风平巷；10——上部车场绞车房

各煤层内的采区巷道布置同单一薄及中厚煤层，采区巷道布置比较简单。需要解决的主要问题是——确定采区走向长度，合理划分区段，选择采区车场形式，选择上下山数目；对

于单一薄及中厚煤层，上下山一般布置在煤层中；对于厚煤层，还需要确定上下山是布置在煤层中还是布置在底板岩层中。

二、煤层群共用上下山联合准备方式

煤层群共用上山联合准备方式如图 11-5 所示，采区划分为 4～5 个区段，开采缓(倾)斜薄及中厚煤层或较薄的厚煤层两层，煤层间距小于 20 m，两层煤层共用一组 3 条上山，称之为集中上山。

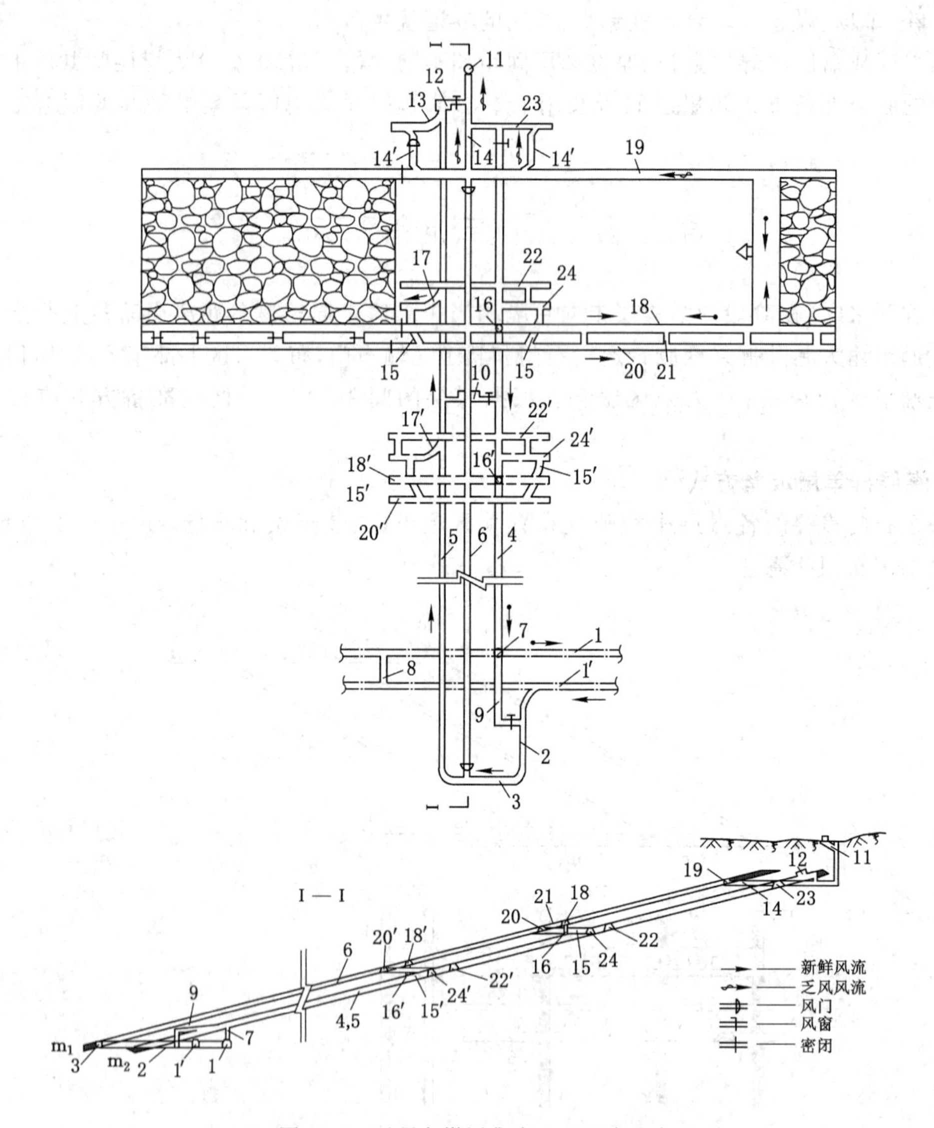

图 11-5　近距离煤层集中上山联合准备方式

1——胶带运输大巷；1′——轨道运输大巷；2——采区石门；3——采区下部车场绕道；4——运输上山；5——轨道上山；6——回风上山；7——采区煤仓；8——大巷联络巷；9——行人斜巷；10——采区变电所；11——采区风井；12——采区上部车场绞车房；13——采区上部车场甩车道；14——采区回风石门；14,15,15′——区段石门；16,16′——区段溜煤眼；17,17′——采区中部车场甩车道；18,18′——m_1煤层区段运输平巷；19,20,20′——m_1煤层区段回风平巷；21——m_1煤层区段联络巷；22,22′——m_2煤层区段运输平巷；23,24,24′——m_2煤层区段回风平巷

1. 巷道布置

按照煤层群联合布置采区必须设置专用回风巷的要求布置3条上山，运输上山和轨道上山布置在下部 m_2 煤层中，回风上山布置在上部 m_1 煤层中。m_2 煤层中的采区巷道布置及生产系统与前述的单层准备的采区基本相同。

通过区段石门14′、15和溜煤眼16，m_1 煤层与 m_2 煤层中的巷道联系。在 m_1 煤层中只开掘集中回风上山6、区段运输平巷18、区段回风平巷19和开切眼便可进行采煤。

由于煤层距地表较近，采区上部边界布置了回风井11而没有布置回风大巷。

2. 开采顺序

煤层和区段间采用下行开采顺序，先采 m_1 煤层，后采 m_2 煤层。

为减小 m_1 煤层工作面开采对 m_2 煤层工作面回采巷道的影响，m_2 煤层工作面的回采巷道开掘在 m_1 煤层工作面的采空区下方，且开掘时岩层活动已趋于稳定。

3. 生产系统

m_1 煤层第一区段工作面生产期间形成的生产系统如图11-5所示，m_2 煤层第二区段工作面生产期间形成的生产系统如图11-6所示。m_1 煤层工作面的装备和生产期间所需材料通过轨道上山、上部车场和中部车场中的区段石门进入工件面回风平巷。m_2 煤层工作面的装备和生产期间所需材料通过轨道上山、上部车场和中部车场直接进入工件面回风平巷。

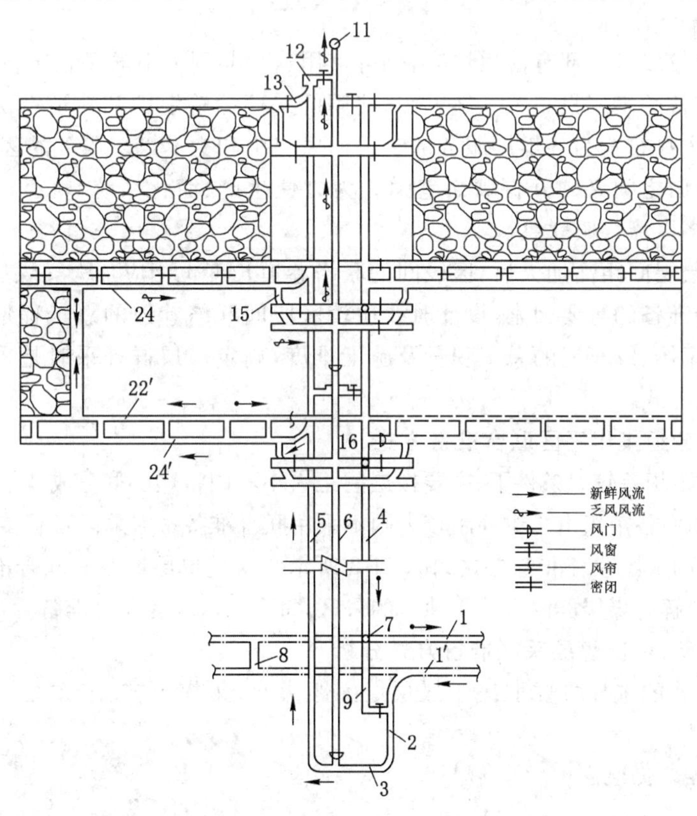

图11-6　m_2 煤层第二区段工作面生产期间形成的生产系统

第一区段 m_2 煤层工作面和第二区段 m_1 煤层工作面同时生产期间，运输上山和轨道上山同时进风，所形成的生产系统如图11-7所示。

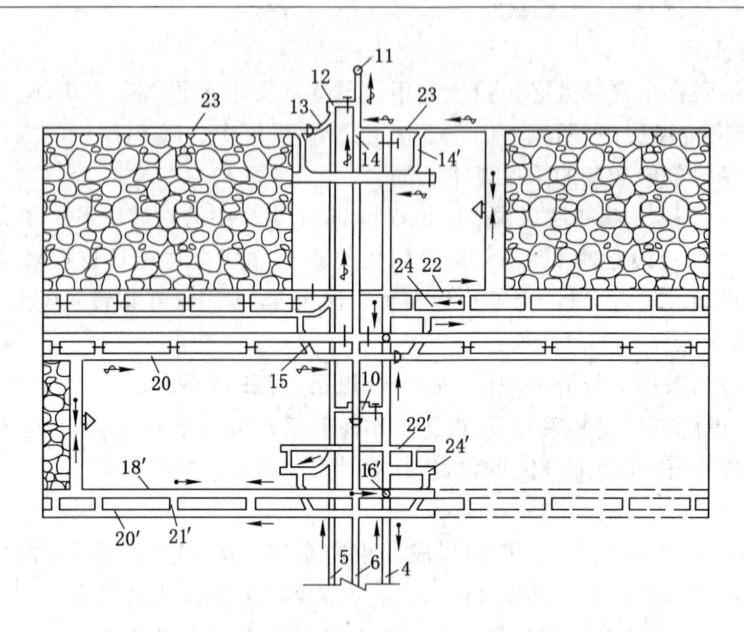

图 11-7　上下区段工作面同时生产期间形成的生产系统

4. 巷道布置分析

在煤层数目较多且下部有薄煤层时，仍可使用这种共用上山的联合准备方式。

由于联合准备的煤层只布置一组上山，共用的采区运输上山和轨道上山布置在下部煤层中，上部煤层中只布置为各煤层服务的专用回风上山和为本煤层服务的区段平巷，因此区段平巷到采区上山之间必须开掘联络巷道。为方便生产、简化系统，轨道运输多以石门联系，输送机运输多以溜煤眼联系。

显然，当煤层层间距离加大后，区段间的联络巷道长度也相应加大。煤层层间距是影响单层准备和联合准备的重要因素，设计时要比较区段间联络巷道的总工程量和煤层群单层准备的上下山、车场、绞车房的总工程量及施工难度，确定煤层群开采时是采用单层准备方式还是联合准备方式。

三、煤层群分组集中采区联合准备方式

在煤层层间距相差较大条件下，主要按层间距大小不同将煤层群分成若干组，每个组内采用集中联合准备，而各个组由于组间距较大则不采用联合准备。由采区石门贯穿若干组煤层。

由两个分组的采区联合准备方式如图 11-8 所示。这是单层准备和联合准备方式的结合和应用，也可以理解为煤层群内有若干独立的采区，每个采区均为联合准备。

四、缓(倾)斜、中斜煤层采区准备方式分析

采区准备方式的选择主要取决于煤层层间距大小、采煤工艺、工作面单产和采区生产能力。

1. 联合准备的优缺点

(1) 主要优点

① 在工作面单产不高情况下，采区内较多的工作面同时生产有利于通过增加同采工作面个数来提高采区生产能力。

② 减少了上山、车场、硐室掘进工程量、维护费和设备安装费。

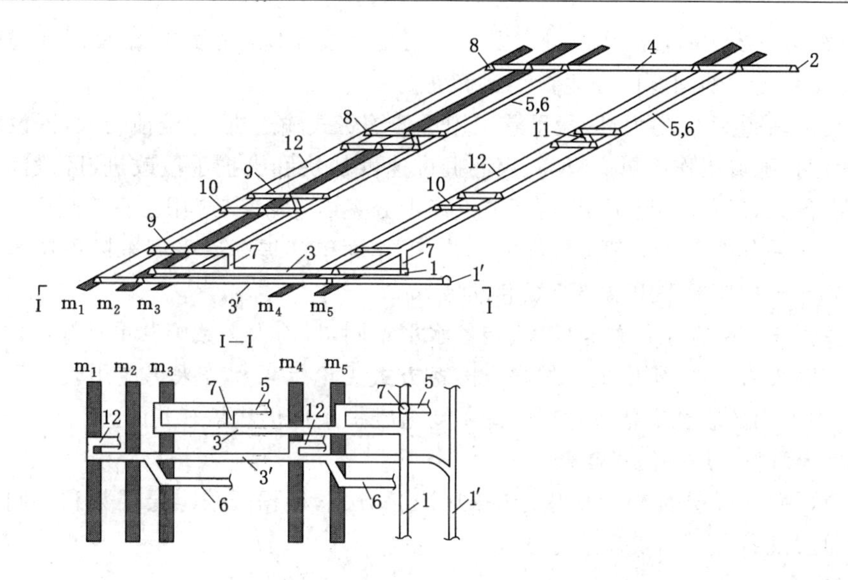

图 11-8　煤层群分组集中采区联合准备方式

1——胶带运输大巷；1′——轨道运输大巷；2——回风大巷；3——采区胶带运输石门；3′——采区轨道运输石门；4——采区回风石门；5——运煤上山；6——轨道上山；7——采区煤仓；8——区段平巷；9——区段运煤石门；10——区段轨道石门；11——溜煤眼；12——采区回风上山

③ 联合准备的集中上山可以布置在稳定的底板岩层中，可按设计的坡度和方向施工，使巷道质量容易保证，亦便于高效能的运输设备安装和运转。

(2) 主要缺点

准备新采区的时间长；辅助运输环节多；巷道之间联系和通风系统比较复杂且要求具备较高的生产管理水平。

2. 采煤工艺、掘进和支护技术对准备方式的影响

在普通机械化采煤或爆破采煤工艺条件下要求采区生产能力较大时，采区内最多可以有两个工作面同采。当煤层间距较小如小于 20～30 m 时，各煤层间共用集中上山联合准备只需增加一部分层间联络巷道工程量，就可以减少较多的上山和车场工程量，这种准备方式仍然是有利于减少掘进工程量和组织生产的；当煤层间距更小如 10～15 m 时，层间联络巷道工程量将明显减少。

20 世纪 70 年代以来，随着综采发展和工作面单产提高，矿井生产由集中在采区发展到集中在工作面，安全高效矿井由一个工作面或两个工作面保证全矿产量，基于以下原因，采区准备又有单层化布置的发展趋势。

① 综采工作面单产高，平均为普采的 3 倍以上，为炮采的 6 倍以上。我国已有一批年产千万吨及以上的工作面。采区内不需要多个工作面同时生产，往往只布置一个工作面便可达到采区生产能力，没有必要开掘为多个工作面同时生产所需要的巷道。

② 综采工作面推进速度快而岩巷的掘进技术发展较慢、掘进速度没有发生明显变化，而煤巷掘进技术已经发生了根本变化，采用综合掘进机开掘煤层巷道可以大大提高掘进速度。我国已有一批月进千米以上的煤巷施工队伍。为保证采掘平衡和减少辅助运输量，要求尽量多掘煤巷、少掘岩巷。

③ 随着支护技术的发展和改进以及金属可缩性支架、高强锚杆、锚梁网和锚带网的使用，使一般煤巷支护的问题已经逐步得到解决。

④ 由于综采生产能力大，区段平巷采用可伸缩带式输送机，运输能力大，铺设距离长。

以上表明，随着工作面单产提高、煤巷掘进速度加快和支护手段改进，区段间共用集中平巷联合准备方式的优点已不明显，而缺点却十分突出，因而其应用已日趋减少。

在一些开采条件和装备条件较好的矿井，工作面单产提高后采用采区单层布置较为有利。这些矿井已成功地采用单层全煤巷准备方式。

由于我国煤层赋存条件差异较大、装备水平不同，目前大多数国营重点煤矿的采区上下山多布置在底板岩层中，集中上山的联合准备方式无论综采和普采仍应用较多。对于深矿井而言，集中上山的联合准备方式对于改善巷道维护条件仍然是有利的。

五、急(倾)斜煤层采区式准备

开采急(倾)斜煤层的矿井采用上山采区准备方式，根据开采煤层层数和层间距不同采区可采用单层准备方式和联合准备方式。

1．单层准备方式

每个开采煤层单独布置一组采区上山眼，形成独立的通风、运输系统。上山眼大多布置在煤层内、沿底板按倾斜方向掘进。上山眼至少有 3 条，分别为溜煤眼、运料眼和行人眼。采区内有矸石运出时还需增设溜矸眼；涌水量大时则应专门布置泄水眼。

为了减少上山眼数目、降低其掘进工程量以及提高行人、溜煤的安全性，有的矿井采用伪倾斜折返上山代替一组上山小眼(见图 8-2)。

2．联合准备方式

如图 11-9 所示，急(倾)斜近距离煤层群开采时，一组近距离煤层往往共用一组上山眼，上山眼布置在该组的最下一层煤中，各煤层之间用区段斜巷或区段石门联系。

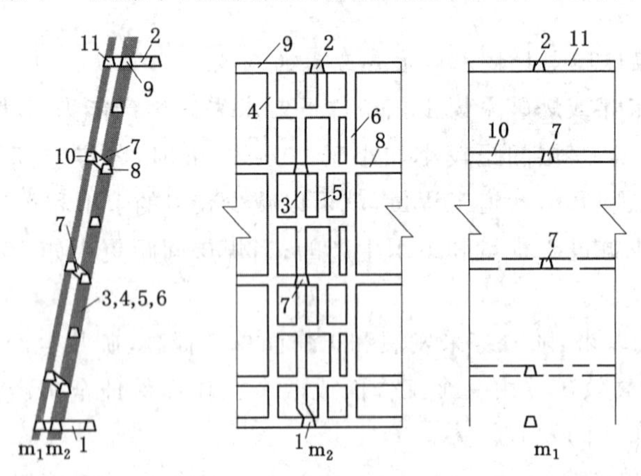

图 11-9　急(倾)斜近距离煤层集中煤层上山联合准备方式

1——采区运输石门；2——采区回风石门；3——溜煤上山眼；4——溜矸上山眼；5——行人上山眼；6——运料上山眼；7——区段联络斜巷；8——m_2 煤层区段运输平巷；9——m_2 煤层区段回风平巷；10——m_1 煤层区段运输平巷；11——m_1 煤层区段回风平巷

生产实践表明，在煤层中布置上山眼有较多缺点，如运料眼断面小，运送物料困难，不利于提高采区生产能力和运输机械化；行人眼中风速大、煤尘飞扬，工人行走体力消耗大；溜煤眼、溜矸眼容易堵塞，处理堵塞事故比较困难。在地质条件变化大时，上山眼不易保证匀直，上述缺点更加突出。特别是在松软厚煤层中布置上山眼维护困难，不仅维修工程量大，也易影响正常生产，而且上山煤柱采出率低、煤损大；另外，急（倾）斜煤层工作面单产低，同采工作面多、生产分散。为了克服上述缺点，近年来在层数较多、总采厚较大的近距离煤层采区中，采用了岩石集中上山联合准备方式。把运料上山眼改为轨道运输的伪倾斜上山并布置在底板岩层中，除运料外还兼作排矸、行人、通风之用。这种联合准备方式如图 11-10 所示。

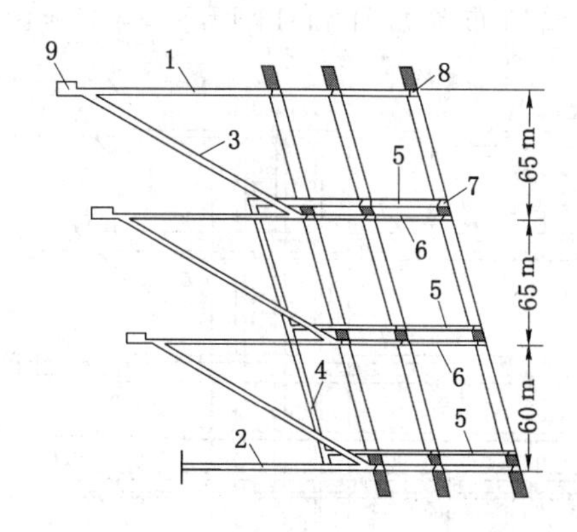

图 11-10　急（倾）斜煤层采区岩石上山联合准备方式

1——采区回风石门；2——采区运输石门；3——轨道上山；4——运输上山；5——区段运输石门；6——区段轨道石门；7——区段运输平巷；8——区段回风平巷；9——绞车房

在图 11-10 中，采区沿倾斜划分为 3 个区段。在底板岩层中掘进采区运煤上山和轨道上山并以区段石门贯穿所有煤层。运煤上山由采区运输石门向上掘进，连通区段石门。轨道上山按伪倾斜由区段轨道石门或采区运输石门向上掘进，连通采区回风石门。回采上一区段各煤层时，区段运输石门 5 做运煤、进风用，物料设备由回风水平运进采区，经采区回风石门及各煤层的区段回风平巷运至采煤工作面，轨道上山可用做行人。回采第二区段时，区段轨道石门 6 和轨道上山 3 用作运料、回风、行人；下区段出煤由区段运输石门 5 通达采区煤仓上口。

根据开采急（倾）斜煤层群矿井的经验，对于煤层数目较多、层间距不大、工作面单产低、采区生产能力较大（大于 0.25～0.30 Mt/a）的矿井，采用岩石轨道上山与煤层上山相结合的联合准备方式是比较适宜的。

第三节　盘区式准备方式

盘区式准备有上山盘区、下山盘区和石门盘区准备方式之分。根据盘区内主要巷道服务的煤层数目不同，又可分为单层布置和联合布置盘区。自水平运输大巷开掘石门作为盘区主要运煤巷道的盘区，称为石门盘区。石门盘区的岩巷掘进工程量大，准备时间长；辅助运输环节多，不利于综采装备搬运；运输系统不连续。目前，已不再使用。

由于煤层倾角较小，盘区内区段一般不按等高线划分而布置成规则的矩形。盘区内同一煤层区段间的开采顺序不受限制，可以采用上行开采顺序或下行开采顺序。

一、上(下)山盘区单层准备方式

由于煤层倾角较小，盘区辅助运输对盘区斜长限制较小，盘区斜长一般较大，相应的区段数目也较多。

大巷多布置在煤层中，盘区上山多沿煤层布置，机械化水平高、瓦斯涌出量大、生产能力大的盘区多布置三条上(下)山。无煤与瓦斯突出危险、瓦斯涌出量不大、生产能力不大的盘区可布置两条上(下)山。上(下)山间距一般为 15～20 m，两侧一般各留宽 20～30 m 的煤柱。三条上山单层准备盘区巷道布置如图 11-11 所示，两条上山单层准备盘区巷道布置如图 11-12 所示。

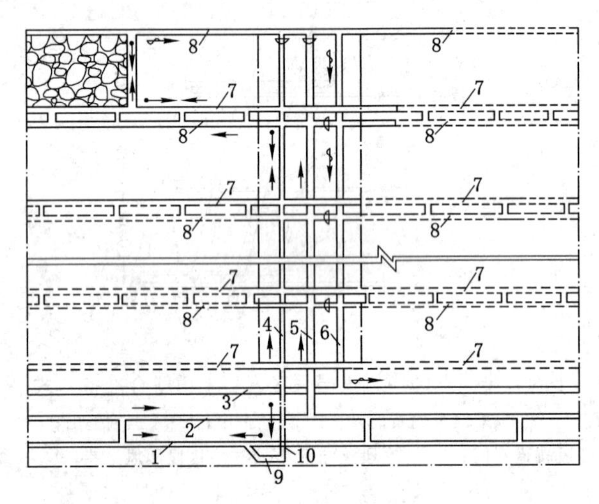

图 11-11　三条上山单层准备盘区巷道布置图

1——胶带运输大巷；2——辅助运输大巷；3——回风大巷；4——盘区运输上山；5——盘区辅助运输上山；6——盘区回风上山；7——区段运输平巷；8——区段回风平巷；9——进风行人斜巷；10——盘区煤仓

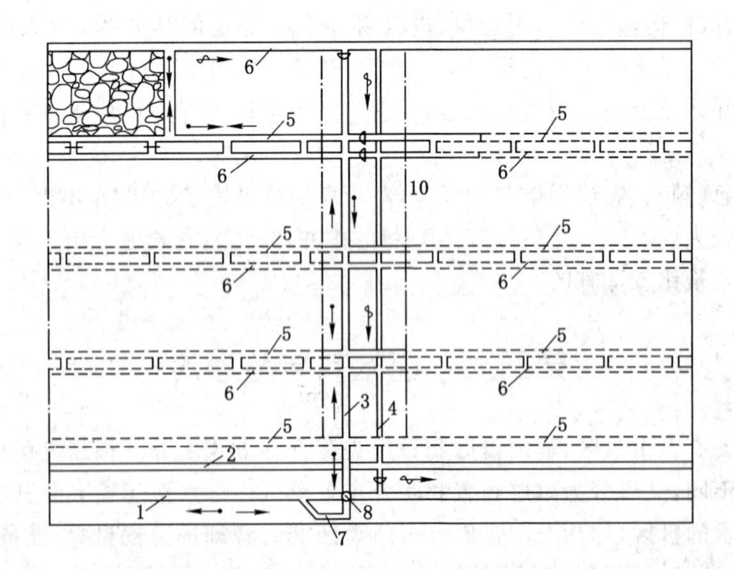

图 11-12　两条上山单层准备盘区巷道布置图

1——胶带运输大巷；2——辅助运输大巷；3——盘区运输上山；4——盘区辅助运输上山；5——区段运输平巷；6——区段回风平巷；7——进风行人斜巷；8——盘区煤仓

运输上(下)山一般采用胶带输送机运煤，生产能力小时也可以采用无极绳绞车配合矿车运煤。辅助运输的轨道上(下)山一般采用无极绳绞车运输或小绞车运输，为了便于无极绳绞车配合矿车运输，中部车场处将铺设道岔的一段轨道上(下)山调成平坡并与区段平巷相连，即中部车场为平车场布置形式。在机械化水平高的矿井中，辅助运输多采用无轨胶轮车或单轨吊运输。

单层准备的上山盘区第一区段生产期间的生产系统如图 11-11 和图 11-12 所示，第二区段生产期间的生产系统如图 11-13 所示。

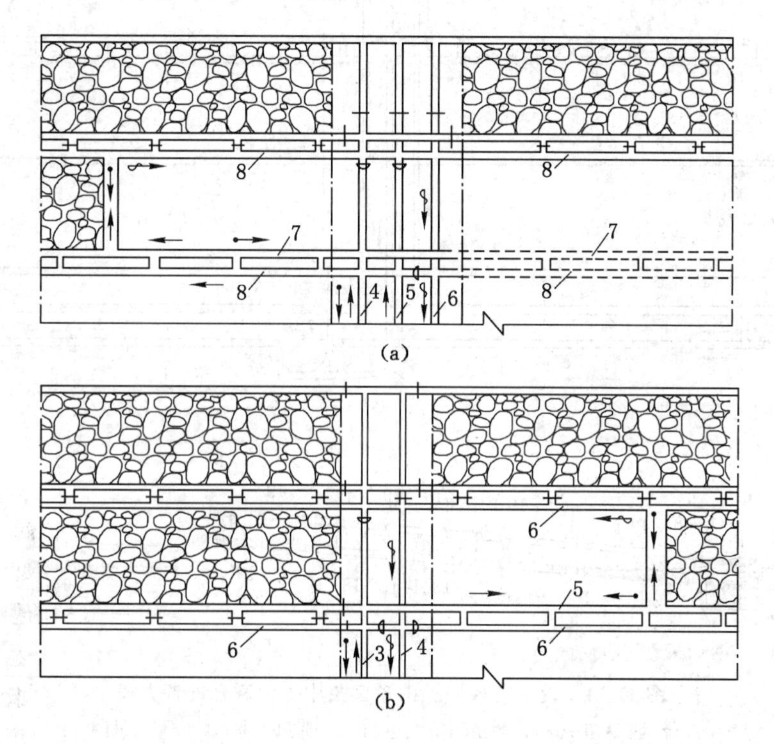

图 11-13　单层准备上山盘区第二区段生产期间的生产系统

(a) 三条上山布置　(b) 两条上山布置

单层准备系统简单，有利于机械化水平高的综采装备搬运，亦有利于工作面集中生产，故目前应用较多。

二、上(下)山盘区联合准备方式

上山盘区集中上山联合准备方式如图 11-14 所示，盘区内开采两层中厚煤层，自上而下为 m_1 和 m_2 煤层，煤层间距在 15 m 左右，煤层平均倾角 5°，地质构造简单，瓦斯涌出量低。

1. 巷道布置

三条大巷布置——胶带运输大巷和轨道运输大巷布置在 m_2 煤层底板岩层中，回风大巷布置在 m_2 煤层中。

三条上山布置——为两层煤服务的运输上山布置在 m_2 煤层中，为两层煤服务的回风上山布置在 m_1 煤层中，各煤层中均布置轨道上山。运输上山通过盘区煤仓与胶带运输大巷相连，通过进风斜巷与轨道运输大巷相连。轨道上山通过盘区材料上山和甩车道与轨道运输大巷相连。回风上山通过回风斜巷与回风大巷相连。

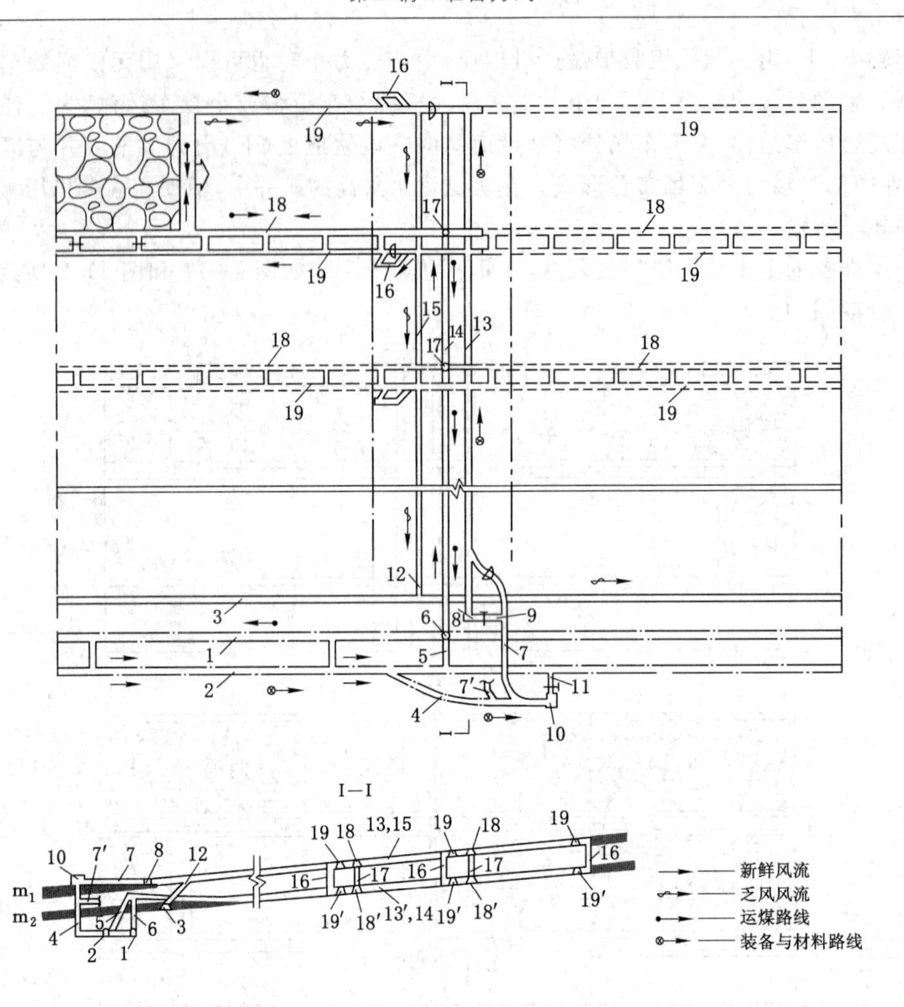

图 11-14　近距离煤层上山盘区集中上山联合准备方式

1——胶带运输大巷；2——轨道运输大巷；3——回风大巷；4——盘区材料上山；
5——运输上山进风斜巷；6——盘区煤仓；7——m_1煤层甩车道；7′——m_2煤层甩车道；
8——无极绳绞车房；9——绞车房通风巷；10——盘区材料上山绞车房；11——绞车房通风巷；
12——回风斜巷；13——m_1煤层盘区轨道上山；13′——m_2煤层盘区轨道上山；
14——盘区运输上山；15——盘区回风上山；16——运料通风斜巷；17——区段溜煤眼；
18——m_1煤层区段运输平巷；19——m_1煤层区段回风平巷；
18′——m_2煤层区段运输平巷；19′——m_2煤层区段回风平巷

m_1煤层和m_2煤层中的回采巷道呈垂直布置，通过区段溜煤眼和运料通风斜巷相连。

2. 生产系统

m_1煤层第一区段工作面生产期间的生产系统如图 11-14 所示，m_2煤层第一区段工作面生产期间的生产系统如图 11-15 所示。

为维护生产系统，上下煤层工作面在上山附近需留设煤柱。当开采的近距离煤层群为厚煤层或煤层层数较多时，为改善上(下)山维护状况，可将上(下)山布置在煤层底板岩层中。

这种准备方式的特点是各煤层共用运输上山和回风上山，每个煤层中均布置用于辅助运输的轨道上山，这样有利于装备的辅助运输。

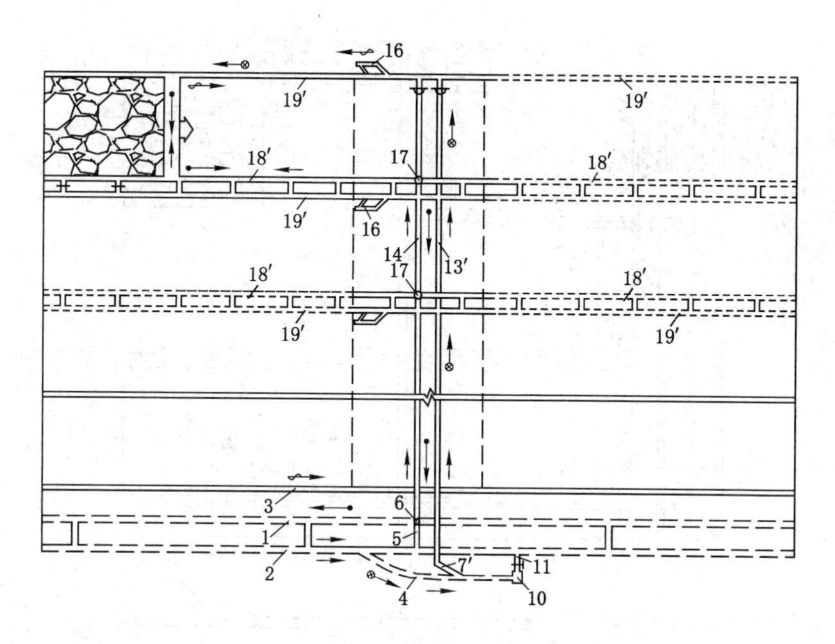

图 11-15 近距离煤层上山盘区 m_2 煤层工作面生产系统

第四节 带区式准备方式

我国煤矿在走向断层少、倾斜长度大的近水平煤层中多采用带区式准备方式、倾斜长壁采煤法开采。根据带区内准备巷道服务的工作面数目，带区准备方式可分为相邻两分带工作面组成的带区和相邻两个以上工作面组成的多分带工作面带区。

相邻两分带工作面带区准备方式的特点，是相邻的两个分带工作面共用一套生产系统。多分带工作面带区准备方式的特点，是带区内布置两个以上的分带工作面(一般为 4～6 个)并共用一套生产系统。

根据带区准备巷道服务的煤层数目，相邻两分带工作面组成的带区可以进一步分为单一煤层带区准备方式和近距离煤层群带区联合准备方式。

一、单一煤层相邻两分带工作面带区准备方式

在第五章图 5-1 已对单一煤层相邻两分带工作面带区准备方式进行过介绍。不设分带煤仓的单一煤层相邻两分带工作面带区准备方式如图 11-16 所示。

1. 巷道布置

三条大巷布置——胶带运输大巷和回风大巷布置在煤层中，辅助运输大巷布置在煤层底板岩层中。工作面运输进风斜巷与回风运料斜巷采用单巷布置和掘进方式，视采掘工作面机械化程度、采掘接替关系和回采巷道维护难度不同，也可以采用双巷布置和掘进方式或沿空留巷。工作面运输进风斜巷直接与胶带运输大巷平面相交，与回风大巷空间相交。运输斜巷中的胶带输送机直接搭接在胶带运输大巷中的胶带输送机上，取消分带煤仓。工作面回风运料斜巷直接与回风大巷平面相交。在辅助运输大巷附近布置为相邻两个分带服务的进风运料联络斜巷，联络斜巷的坡度视采用的辅助运输方式不同而不同。

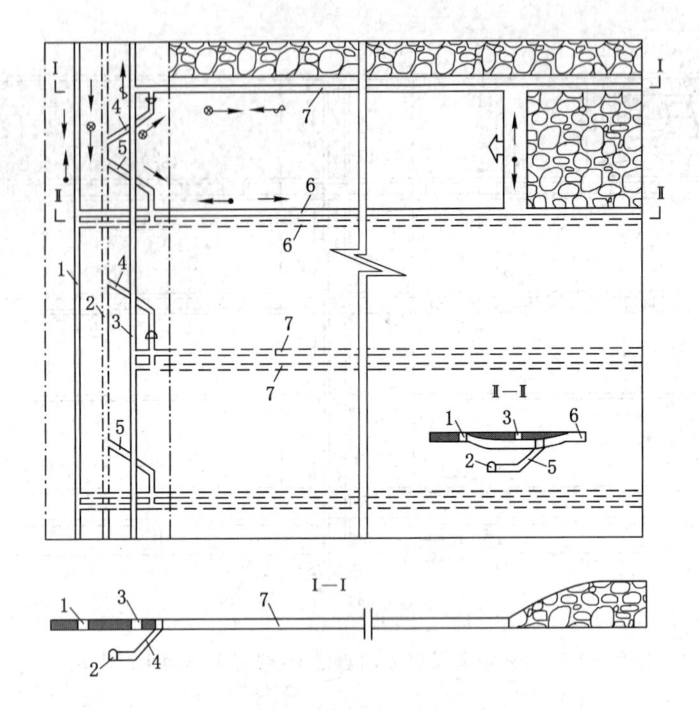

图 11-16　单一煤层相邻两分带工作面带区准备方式

1——胶带运输大巷；2——辅助运输大巷；3——回风大巷；4,5——进风运料联络斜巷；

6——分带运输进风斜巷；7——分带回风运料斜巷

2. 生产系统

工作面生产系统如图 11-16 中所标示。

二、近距离煤层群相邻两分带工作面带区联合准备方式

近距离煤层群联合准备方式如图 11-17 所示。

1. 巷道布置

三条大巷布置——胶带运输大巷和辅助运输大巷布置在 m_3 煤层底板岩层中，回风大巷布置在 m_3 煤层中。在相邻两分带之间布置共用的分带煤仓和进风行人斜巷，与分带工作面运输进风斜巷相连，为各煤层相邻工作面转运煤炭和引入新鲜风流。在相邻两分带两侧布置材料运输斜巷和甩车道，与工作面回风运料斜巷相连。相邻工作面回采巷道可以沿空掘巷，也可以采用双巷布置和掘进方式。在开采薄煤层且机械化程度低的矿井中，同一煤层的相邻工作面也可以布置成同采的对拉工作面。

2. 生产系统

为避免和减小上煤层工作面对下煤层巷道的开采影响，一般情况下上煤层采完后再开掘下煤层对应的分带斜巷。

m_1 煤层分带工作面生产系统如图 11-17 中所标示。

三、单一煤层相邻多分带工作面带区准备方式

单一煤层相邻多分带工作面带区联合准备方式如图 11-18 所示。这种布置方式既可以用于单一煤层，也可以用于近距离煤层群。当下煤层为薄及中厚煤层或下煤层中的巷道容易维护时，运输大巷也可以开掘在下煤层中。

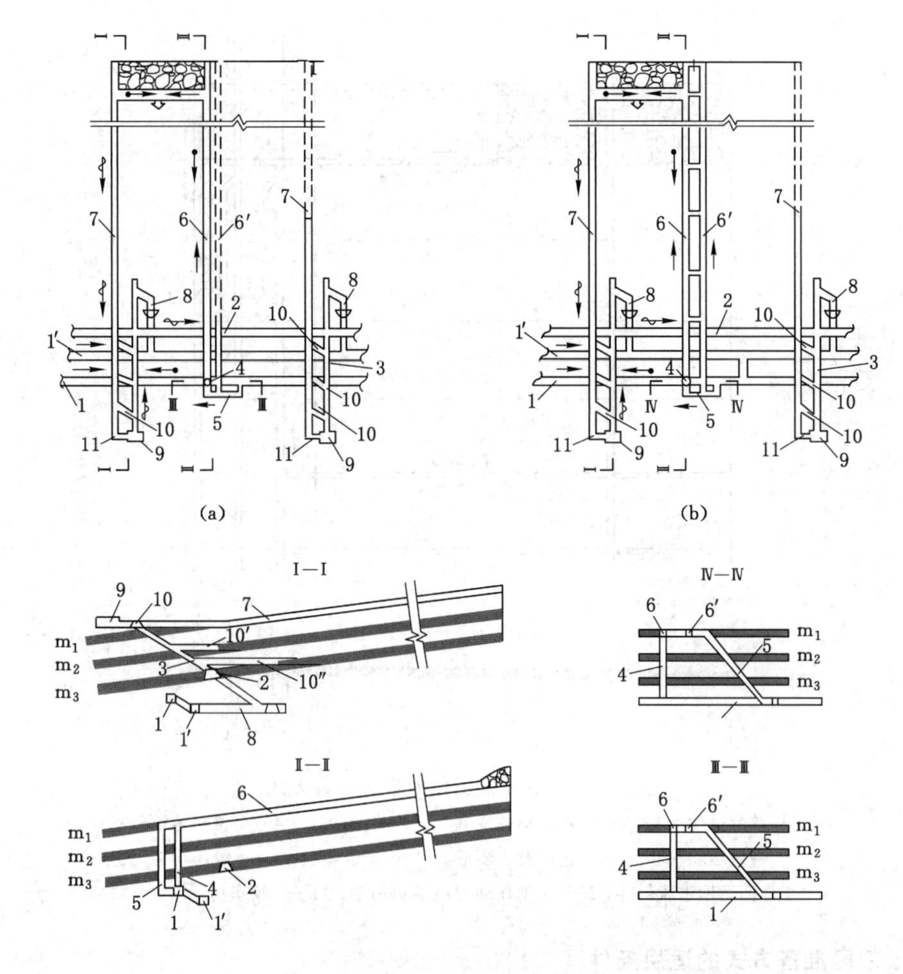

图 11-17　近距离煤层群相邻两工作面带区联合准备方式

(a) 相邻两分带工作面回采巷道沿空掘巷　(b) 相邻两分带工作面回采巷道双巷布置和掘进

1——胶带运输大巷；1′——辅助运输大巷；2——回风大巷；3——材料运输斜巷；4——分带煤仓；5——进风行人斜巷；6,6′——工作面运输进风斜巷；7——工作面回风运料斜巷；8——分带下部车场；9——绞车房；10,10′,10″——至 m_1、m_2、m_3 煤层中的甩车道；11——绞车房通风道

1. 巷道布置

胶带运输大巷和辅助运输大巷布置在煤层底板岩层中，回风大巷和带区运煤平巷布置在煤层中。

胶带运输大巷通过带区煤仓和进风行人斜巷与带区运煤平巷相连，回风大巷直接与分带工作面回风运料斜巷相连。辅助运输大巷通过材料运输斜巷与回风大巷相连。由于布置有为各分带工作面运煤的平巷，从而减少了分带煤仓数目。这样布置也相应减少了分带车场数目。

相邻分带工作面间的回采巷道可以沿空掘巷，也可以采用双巷布置和掘进方式。

2. 生产系统

分带工作面生产系统如图 11-18 中所标示。

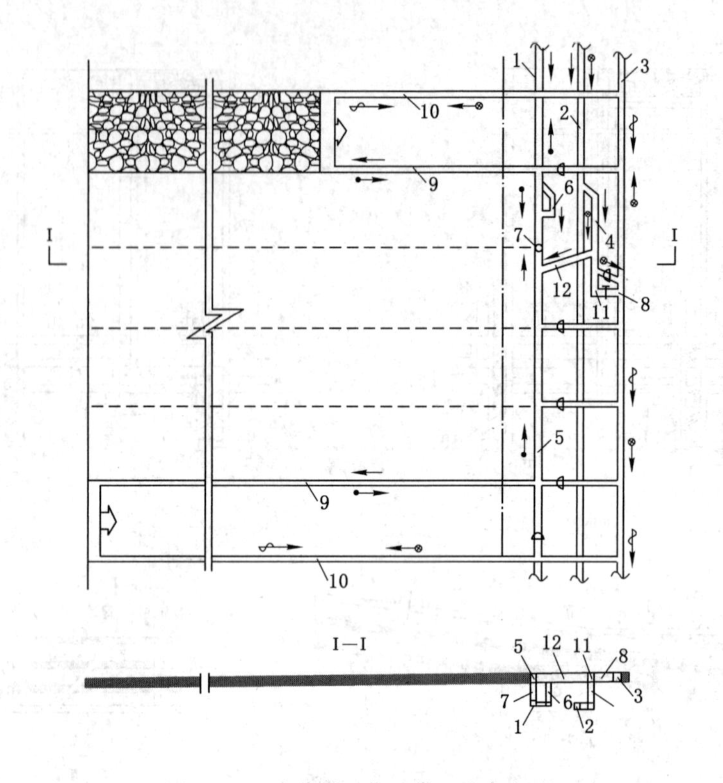

图 11-18 多分带工作面带区准备方式

1——胶带运输大巷；2——辅助运输大巷；3——回风大巷；4——材料运输斜巷；
5——带区运煤平巷；6——进风行人斜巷；7——带区煤仓；8——绞车房通风道；
9——工作面运输进风斜巷；10——工作面回风运料斜巷；11——绞车房；12——联络巷

四、带区准备方式的适用条件

带区准备方式不需要开掘上(下)山，大巷掘出后便可以开掘工作面运输斜巷、回风斜巷、开切眼和必要的硐室和车场，因此巷道布置简单。

目前我国带区准备一般用于煤层倾角小于12°的缓(倾)斜和近水平煤层，尤其是在开采近水平煤层时技术经济效益显著。当对采煤工作面设备采取有效的技术措施后，可应用于倾角为12°～17°的煤层。对于煤层倾角较小、倾向断层较多的区域，在能划分规则分带的条件下，采用带区准备方式比较有利。

复习思考题

1. 说明准备方式的含义、要求和分类。
2. 说明采区式准备方式的类型和应用。
3. 说明盘区式准备方式的类型和应用。
4. 说明带区式准备方式的类型和应用。
5. 试说明采区式和盘区式准备的异同点和选择应用条件。

第十二章　准备巷道布置和参数分析

第一节　采区上下山布置

一、上下山位置

实际应用中，因受煤层倾角、瓦斯和矿井水限制，上山采区常多于下山采区，采区下山的布置原则同采区上山。以下就采区上山布置加以分析。

二、采区上山位置的选择

采区上山可布置在煤层中或底板岩层中。对于煤层群联合布置的采区，其位置有布置在煤层群的上部、中部或下部的问题。

1. *煤层上山*

上山布置在煤层中，掘进容易、费用低、速度快，联络巷道工程量少，生产系统较简单并可补充勘探资料。其主要问题是受煤层倾角变化和走向断层影响较大，特别是生产期间维护比较困难，受工作面采动影响较大。

改进支护、加大上山煤柱尺寸可以改善上山维护条件，但会增加一定的煤炭损失。煤层上山的维护难度取决于采深、煤层的强度和厚度、顶底板岩性、煤柱大小和服务时间。在维护不困难的条件下，应优先选择煤层上山。

在下列条件下可以考虑布置煤层上山：

① 开采薄或中厚煤层的单一煤层采区，采区服务年限短。

② 浅部开采只有两个分层的单一厚煤层采区，煤层顶底板岩层比较稳定，煤层中硬以上，上山不难维护。

③ 煤层群联合准备的采区，下部有维护条件较好的薄及中厚煤层。

④ 为部分煤层服务、维护期限不长、专用于通风或运煤的上山。

采用煤层上山时，随着采煤工作面向上山方向推进，上山将逐渐承受工作面前支承压力影响，其受采动影响的程度与煤柱宽度和处于一侧采动还是两侧采动有关。布置在厚煤层中的采区上山因受两侧采动影响维护往往相当困难，特别是在深矿井中。

2. *岩石上山*

对单一厚煤层采区和联合准备采区，特别是在深矿井中，为改善上山的维护条件，目前多将上山布置在煤层底板岩层中，其技术经济效果比较显著。岩石上山与煤层上山相比，掘进速度慢，准备时间长，受煤层倾角变化和走向断层影响小，特别是维护条件好、维护费用低，原因是巷道围岩较煤层坚硬，同时上山又离开煤层一段距离，受采动影响变小。从维护而言，上山应布置在整体性强、分层厚度大、强度高的稳定岩层中，并需与煤层底板保持一定距离。这是因为，支承压力是按照衰减和扩展规律向底板岩层传播的，距煤层底板越远上山受采动影响越小。另一方面，从掘进工程量来说，上山与煤层底板距离加大后联络巷道的工程量就要增加。一般条件下，视围岩性质不同，采区岩石上山与煤层底板间的法线距离一般为 15～30 m，达到一定法线距离后应优先考虑岩性选择。

3．上山的位置和坡度

联合布置的采区集中上山通常都布置在下部煤层或其底板岩层中。主要考虑因素，是适应煤层下行开采顺序、减少煤柱损失和便于维护。否则，为了保护煤层上部的上山和车场巷道，必须在其下部煤层中按岩层移动角留设宽度较大的煤柱，下部煤层距上山越远，所要保留的煤柱尺寸越大。

有煤（岩）与瓦斯（二氧化碳）突出危险的矿井，上山应布置在岩层或非突出煤层中。

在下部煤层距含水或涌水量特别大的底板岩层很近的条件下，如在华北和华东的某些矿井中，煤系底板距含水丰富的奥陶系灰岩很近、开掘上山有透水淹井危险时，可将上山布置在煤层群的中部。

采区上山的倾角一般应与煤层倾角一致。当煤层倾角有变化时，为便于使用应使上山尽可能保持适当的固定坡度。另外，在岩层中开掘的岩石上山有时为了适应胶带输送机运煤或实现煤炭自溜运输需要，可以穿层布置。

三、采区上山数目及其相对位置

1．上山条数

采区上山至少要有两条才能形成完善的生产系统，一条用于运煤，称为运输上山；一条用于辅助运输、多铺设轨道，称为轨道上山，如图 12-1 所示。

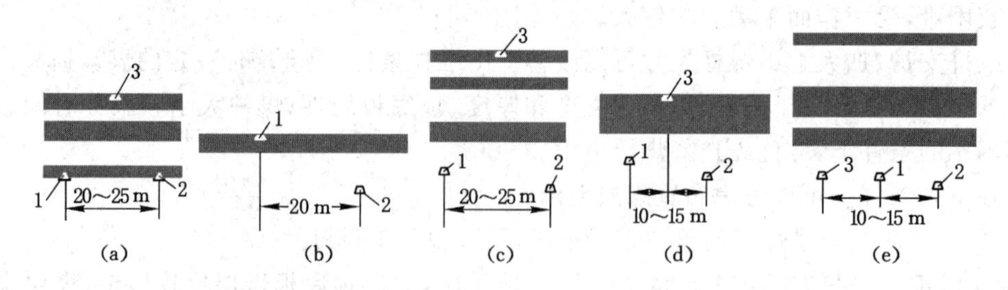

图 12-1　采区上山的位置和数目

1——轨道上山；2——运输上山；3——通风、行人上山

《煤矿安全规程》第一百四十九条规定："高瓦斯、突出矿井的每个采（盘）区和开采容易自燃煤层的采（盘）区，必须设置至少 1 条专用回风巷；低瓦斯矿井开采煤层群和分层开采采用联合布置的采（盘）区，必须设置 1 条专用回风巷。采区进、回风巷必须贯穿整个采区，严禁一段为进风巷、一段为回风巷。"

专用回风巷，是指采区巷道中专门用于回风、不得用于运料和安设电气设备的巷道。在煤（岩）与瓦斯突出区，其还不得行人。

除必须布置 3 条上山的条件以外，根据生产发展、开采条件变化和安全要求，还可以增设第三条用于专门通风和行人的上山条件如下：

① 生产能力大的厚煤层采区，或煤层群联合准备采区。

② 生产能力较大、瓦斯涌出量或涌水量也很大的采区，特别是下山采区。

③ 生产能力较大、经常出现上下区段同时生产、需要简化通风系统的采区。

④ 运输上山和轨道上山均布置在底板岩层中、需要探明煤层赋存情况或为提前掘进其他采区巷道的采区。

增设的上山一般专做通风用，也可兼作行人和辅助提升运输(临时)用。增设的上山、特别是服务期不长的上山多沿煤层布置，以便减少掘进费用并能起到勘探煤层赋存情况的作用。

2. 上山配置

按上山的层位和数目布置一组上山的采区，其配置主要有双煤上山、一岩一煤上山、双岩上山、三煤上山、两岩一煤上山和三岩上山等六种类型。布置煤层上山还是岩石上山主要取决于维护条件，上山的数目取决于服务的煤层层数、储量、采区生产能力、瓦斯和通风系统复杂程度、安全和进一步勘探的要求。

3. 上山间的相互位置

采区上山之间在层面上需要保持一定水平距离。采用两条岩石上山布置，其间距一般为 20～25 m；采用三条岩石上山布置，两上山之间的水平距离可缩小至 10～15 m。上山间距过大时，上山间的联络巷长度增大，若是煤层上山还需相应增大煤柱宽度。上山间距过小，不利于保证施工质量和上山维护，也不便于利用上山间的联络巷做采区机电硐室，而且中部车场布置比较困难。

采区上山之间在垂面上的相互位置，既可以在同一层位上也可使两条上山之间在层位上保持一定高差。为便于运煤和布置区段溜煤眼，运输上山可以布置在比轨道上山层位低 3～5 m 处；如果采区涌水量较大，为有利于运输上山运煤和便于布置中部车场，则可将轨道上山布置在低于运输上山层位位置；若适于布置上山的稳固岩层厚度不大、使两条上山保持一定高差即会造成其中一条处于软弱破碎岩层中时，则需采用在同一层位布置上山的方式；当两条上山均布置在同一煤层中而煤层厚度又大于上山断面高度时，一般都是轨道上山沿煤层顶板掘进、运输上山沿煤层底板布置，以便于处理区段平巷与上山的交叉关系；也可以使两条上山均沿顶板布置，从而有利于施工和维护。

4. 采区边界上山和多组上山布置

一般情况下一个采区均布置一组上山。该组上山布置在采区走向一翼时，即形成单翼采区；若布置在采区走向中央时，便形成双翼采区。

除了在中部设置一组上山外，有的矿在采区一侧或两侧边界还各设置 1～2 条边界上山。设置采区边界上山的主要作用如下：

① 当采区瓦斯涌出量大、需采用 Z 形或 Y 形等通风方式时，采区边界需要布置一条回风上山。

② 在区段间留煤柱护巷、工作面采用往复式开采条件下，一般要在采区一翼边界再开掘两条上山。

③ 工作面跨过上山开采后需要在采区一翼形成生产系统。

④ 为满足上下区段工作面沿空掘巷的时间要求。

⑤ 在较好的地质条件和开采技术条件下，为增加工作面连续推进长度、减少工作面搬家次数、改善采掘接替关系，一个采区可以布置多组上山，以实现工作面跨上山开采。

我国兖州矿区开采厚煤层的采区即采用边界上山和中间上山相结合的布置方式，如图 12-2 所示。其布置特点是——在距离煤层 10～20 m 的底板岩层内布置一组或多组采区中间上山，上山的间距以适应综采工作面过溜煤眼时煤层平巷中胶带输送机的运输长度；在各胶带输送机上山与煤层运输平巷相交位置处用溜煤眼连通，以形成工作面运输系统；采区各轨道上山用 Y 形联络巷与上下平巷连通，形成辅助运输系统；在终采线以外布置综采工作面的设备撤除联络巷，其长度应以能够容纳移动变电站为准，并尽量考虑能为上、下两个工作面服务。

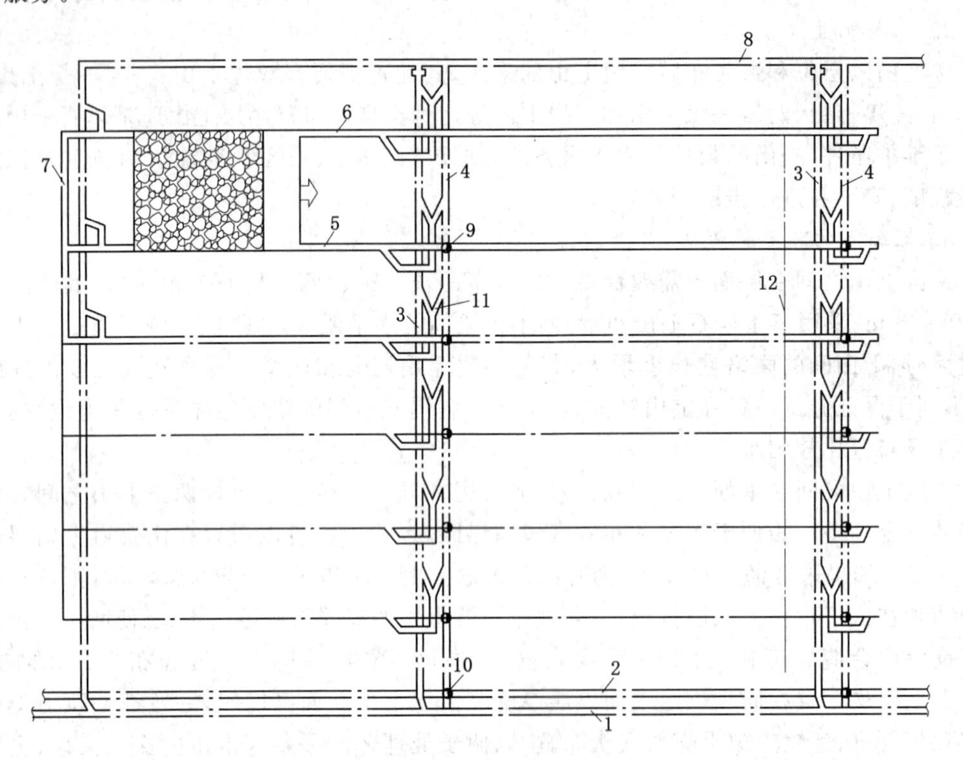

图 12-2　边界上山和中间上山相结合的多组采区上山布置图

1——轨道大巷；2——运输大巷；3——轨道上山；4——运输上山；5——运输平巷；6——轨道平巷；7——开切眼；8——回风大巷；9——溜煤眼；10——采区煤仓；11——Y形联络巷；12——工作面终采线

四、采区上(下)山运输

1. 运煤

采区运煤上(下)山内设备的运输能力应大于同时生产的工作面生产能力的总和。综采和普采采区应大于等于工作面的设备能力，炮采采区则应按采区日产量乘以 1.5 的运输不均衡系数及每班运煤时间为 5～6 h 进行计算。

开采近水平、缓(倾)斜及中斜煤层的矿井，其采区上(下)山的主要运输设备是胶带输送机，也可以根据采区运输量、上(下)山角度和运输设备性能选用刮板输送机、自溜、缠绕式绞车或无极绳绞车牵引矿车运输。

① 胶带输送机运输——胶带输送机的运输能力大、运输可靠、费用低，在采区生产能力大、上山倾角在 16°及以下、下山倾角在 18°及以下条件下可以广泛使用。当煤层倾角稍大、采用岩石上(下)山时，可按胶带输送机角度要求调整上(下)山倾角。

胶带输送机的带宽有 800 mm、1 000 mm、1 200 mm 和 1 400 mm 等 4 种，其能力分别为 350 t/h、630 t/h、700～1 000 t/h 和 2 500 t/h。

新型的大倾角胶带输送机由下向上运输，可以在倾角为 25°左右时运行，扩大了胶带输送机的使用范围，但设备投资亦会相应增加。

② 自溜运输——自溜运输设备简单、运输费用低而运输能力较大，适应于倾角大于 30°的

采区上山，多用于倾角大的煤层。对于开采倾角接近25°左右的煤层，采区上山布置在煤层底板岩层中也可适当加大上山的倾角后用自溜运输。采用铁溜槽或铁板衬底的混凝土溜槽自溜运输时，采区上山的倾角以30°～35°为宜。采用搪瓷溜槽时，上山的倾角可以减小，由于需考虑搪瓷磨损后摩擦因数增大，倾角不宜小于30°。在自溜运煤上山中，沿延伸方向可以采用支柱或木板将其隔为两部分空间，一空间溜煤、一空间用于行人、通风和处理堵塞事故。

自溜运煤的可靠性和安全条件较差，在中斜煤层和急(倾)斜煤层中有一定应用。

③ 绞车牵引矿车运输——采区上下山中用缠绕式绞车或无极绳绞车牵引矿车运煤，仅适用于工作面产量低、采区生产能力小、煤层倾角不大的采区。这时区段平巷也应相应地采用矿车运煤，即所谓“矿车进采区”的运输方式。一般缠绕式绞车适用于坡度为0°～25°的采区上下山，无极绳绞车适用于坡度为0°～10°的采区上下山。由于绞车运输能力小、运输不连续，对工作面出煤的影响较大，故不适于机械化工作面生产需要，在乡镇小煤矿中有一定应用。

2. 辅助运输

采区辅助运输包括采掘工作面设备、支护材料、掘进出煤和矸石的运输。与运送煤炭相比，采区辅助运输量相对较小。掘进出煤可以用胶带输送机运输，也可以用矿车运输；掘进出矸应用矿车运输；采煤工作面的设备则用平板车运输。

目前，采区辅助运输一般采用绞车牵引矿车的运输方式，采区内各铺轨巷道的轨距应与铺轨大巷的轨距一致，即均采用600 mm轨距或900 mm轨距。

我国一些煤矿、特别是机械化水平高的矿井，已采用相当数量的新型辅助运输方式，其运输方式有齿轨车、卡轨车牵引矿车运输方式、单轨吊运输方式或无轨胶轮车运输方式等几种，形成了机械化直达式辅助运输系统。这是辅助运输发展的方向。

第二节　区段(分带)集中巷和瓦斯抽放(采)巷布置

区段(分带)集中巷，指的是为一个区段或分带的几层煤层或几个分层服务的巷道，前者为平巷，后者为斜巷。以下以区段为例介绍区段集中巷布置。

一、区段集中巷布置

1. 区段集中巷的作用

布置区段集中巷的目的，是为了实现同一区段内上下煤层或分层工作面在保持一定错距的条件下同时生产，以此增加采区生产能力。通过与上(下)山和回采巷道的不同联系，区段集中巷为同时生产的各工作面提供生产系统。

在布置区段集中巷的条件下，同时生产的工作面两巷可以超前工作面一定距离随采随掘并随采随废，客观上减少了两巷的维护时间，改善了维护状况。另外，集中巷内可以布置可靠的能力较大的集中运输系统，从而减少设备占用台数。

随着综采技术的发展和工作面集中生产的要求，区段布置集中巷已不适应综采工作面快速推进和快速准备的要求。随着煤巷支护技术的发展，回采巷道超前掘进的优势已不明显。由于掘进工程量大、生产环节多、生产系统复杂，目前已少用或不用区段集中巷，特别是区段岩石集中巷，只有在必须布置底板岩石瓦斯抽放(采)巷的条件下，瓦斯抽放(采)巷才兼作区段岩石集中巷。

2. 区段集中巷的布置类型

根据煤层赋存条件、维护条件和生产需要不同，为煤层群服务的区段集中巷布置方式大致有以下五种，如图 12-3 所示。

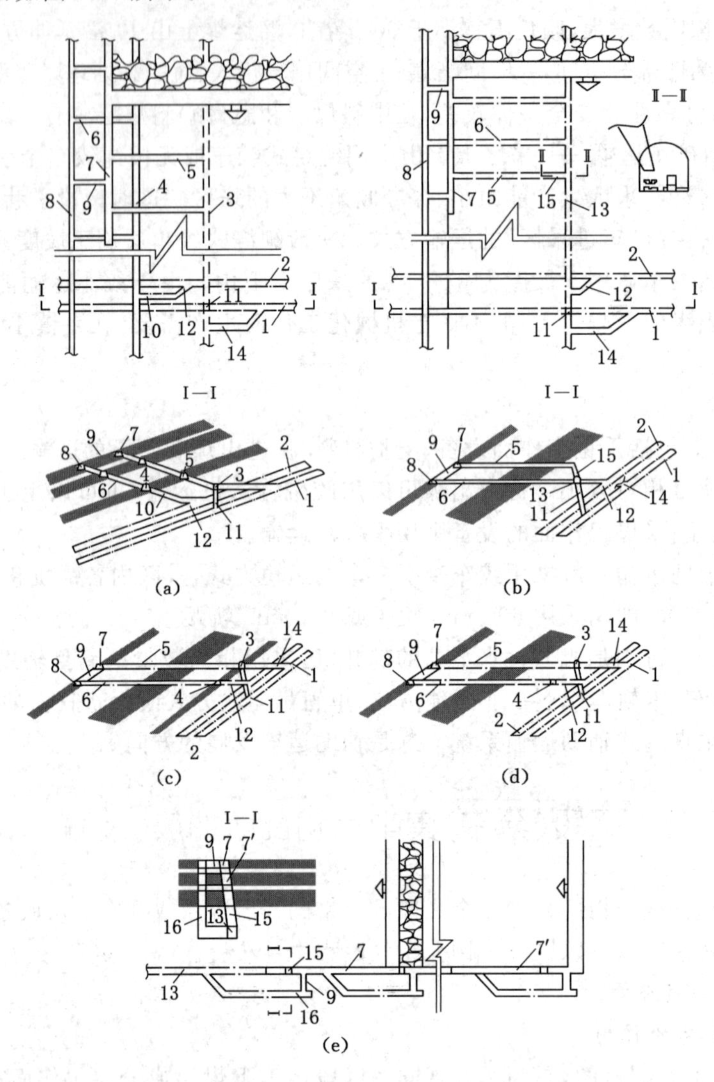

图 12-3　煤层群开采区段集中巷布置方式

(a) 机轨一煤一岩，层间斜巷联系　(b) 机轨合一，层间石门联系　(c) 机轨双煤，层间石门联系

(d) 机轨双岩，层间石门联系　(e) 机轨合一，层间斜巷联系

1——运输上山；2——轨道上山；3——运输集中平巷；4——轨道集中平巷；5——层间运输石门或斜巷；6——层间轨道石门或斜巷；7——上区段上煤层超前运输平巷；7′——上区段下煤层超前运输平巷；8——下区段上煤层回风轨道平巷；9——联络巷；10——区段轨道石门或斜巷；11——区段溜煤眼；12——中部车场甩车道；13——机轨合一集中平巷；14——联络石门；15——层间溜煤眼；16——进风行人斜巷

区段集中巷有煤层中布置和岩层中布置之分，煤层中布置的特点是掘进速度快，可缩短准备时间，能提前探明煤层变化，易受采动影响，维护比较困难。因此，多布置在容易维护的薄及中厚煤层中。岩层中布置的特点则相反，虽维护容易但掘进速度慢、准备时间长、掘进

费用高。

将胶带运输和轨道运输集中在一条断面较大的岩石巷道内，便形成机轨合一集中巷布置。这样布置减少了一条巷道和一部分联络巷道，掘进和维护工程量相应减少；可以充分利用巷道断面，胶带输送机的安装和拆卸可以利用同一巷道中的轨道运输。机轨合一巷的断面较大，一般净断面在 9 m^2 以上。在与采区上山和通往煤层超前平巷的联络巷道连接处，存在输送机和轨道交叉的问题，需要加大巷道高度，设备和线路布置及交岔点施工均比较复杂。

3. 区段集中巷与超前平巷间的联系方式

根据煤层倾角和主要用途，区段集中平巷通过石门、斜巷或立眼三种联系方式与工作面超前平巷联系。

在煤层倾角较大、各煤层平巷的标高相同的条件下，区段轨道集中平巷与各煤层回风平巷多通过石门联系，区段运输集中平巷通过溜煤眼和石门与各煤层超前运输平巷联系。这种联系方式施工方便，可以利用区段石门布置采区中部车场，辅助运输环节少，人员行走方便。在煤层倾角较小时石门较长，掘进工程量大，且石门铺设输送机运煤占用设备较多，所以，石门联系一般用于倾角大于 15°～20°的煤层。

斜巷联系方式适用于倾角较小、层间距离较大的煤层，以便减少掘进工程量。这种联系方式可以实现煤炭自溜，占用设备少，但施工条件较差，辅助运输和行人不方便，特别是综采工作面设备运送比较困难。为便于行人和通风，工作面前方必须保持与两条斜巷联通。为了便于运料和溜煤，斜巷的角度也可以各不相同，溜煤时倾角应在 30°以上。

近水平煤层的机轨合一巷与超前平巷一般采用垂直溜煤眼和进风行人斜巷联系，前者为了溜煤，后者为了运送设备、材料和行人通风。

4. 区段集中巷与上山间的联系方式

为了便于轨道运输和中部车场布置，轨道上山与轨道集中平巷之间多采用石门联系。煤层倾角小时，为减少工程量可改用斜巷联系，但这样布置可增加辅助运输的困难，一般需要在斜巷上部安设绞车，斜巷倾角为 20°～25°。如果选择连续运输方式，则斜巷倾角需符合运输设备的要求。

为了便于煤炭运输，不论运输集中平巷与超前运输平巷之间的联系方式如何，采区运输上山与运输集中平巷之间都广泛采用溜煤眼联系方式。溜煤眼较长时则可以设立为区段煤仓，以便充分发挥运输设备能力，保证生产连续进行。

二、区段(分带)瓦斯抽放(采)巷布置

区段(分带)瓦斯抽放(采)巷，指的是为一个区段或分带抽出煤层、岩层和采空区中瓦斯的巷道，抽出的瓦斯利用时称为抽采，如排放在大气中则称为抽放。

对于高瓦斯煤层或煤与瓦斯突出危险煤层，开采前需要降低瓦斯浓度和压力，消除煤与瓦斯突出危险。根据所采煤层层数、煤与瓦斯突出危险程度、采煤工艺和保护的对象不同，有时需要在煤层底板或顶板中布置不同类型的瓦斯抽放(采)巷。

对于煤与瓦斯突出危险的单一煤层，在回采巷道掘进期间采取措施后仍不能有效降低瓦斯浓度和压力的情况下，需要在回采巷道掘进前通过底板岩层中布置的瓦斯抽放(采)巷预抽回采巷道位置附近的瓦斯，以保障回采巷道掘进安全。底板岩石瓦斯抽放(采)巷布置如图 12-4 所示。

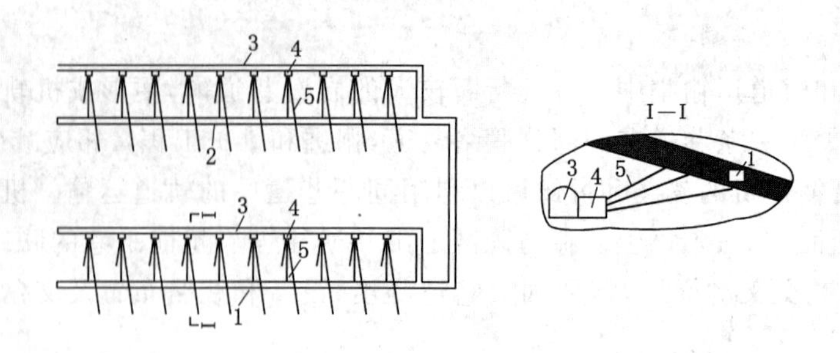

图 12-4　底板岩石瓦斯抽放(采)巷布置图

1——工作面运输平巷；2——工作面回风平巷；3——底板岩石瓦斯抽放(采)巷；4——钻场；5——钻孔

对于下部煤层为煤与瓦斯突出危险的煤层群，在底板岩层中布置瓦斯抽放(采)巷，在该巷内按一定间距布置钻场，在钻场内布置若干钻孔。底板岩石瓦斯抽放(采)巷及钻孔布置如图 12-5 所示。上保护层开采后，通过钻孔抽放(采)煤与瓦斯突出危险的煤层中的瓦斯，以保障采掘工作面安全。

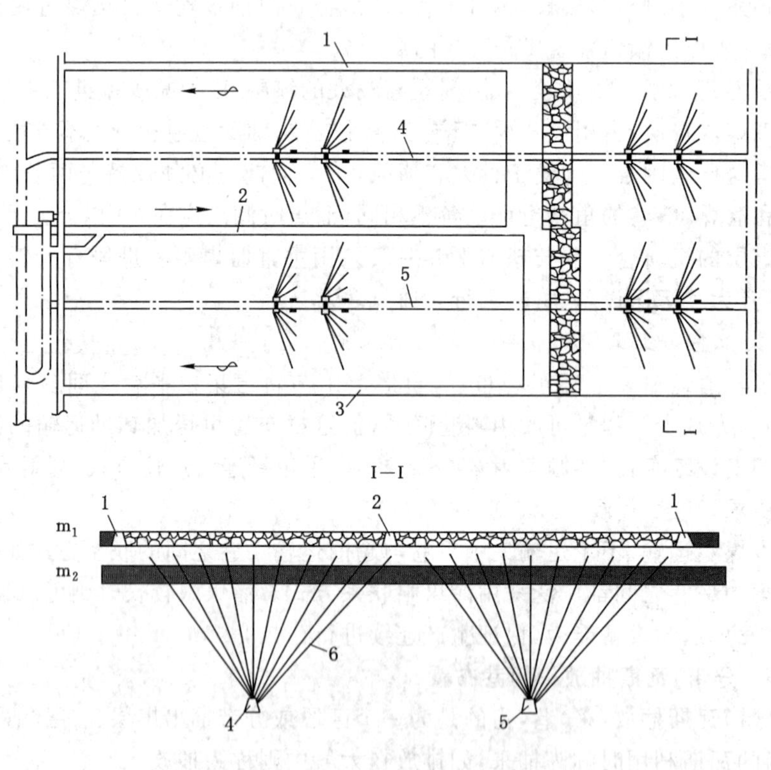

图 12-5　底板岩石瓦斯抽放(采)巷布置图

1——工作面上回风巷；2——工作面进风运输巷；3——工作面下回风巷；
4,5——底板岩石瓦斯抽放(采)巷；6——钻孔

对于上部煤层为煤与瓦斯突出危险的煤层群，需要在顶板岩层中布置瓦斯抽放(采)巷，也称高抽巷，顶板岩石瓦斯抽放(采)巷布置如图 12-6 所示。下保护层开采后，通过高抽巷抽放(采)煤与瓦斯突出危险的煤层中的瓦斯，以保障采掘工作面安全。高抽巷的位置要位于下位煤层开采形成的裂缝带中，以便有效地抽放(采)充分释放的瓦斯。

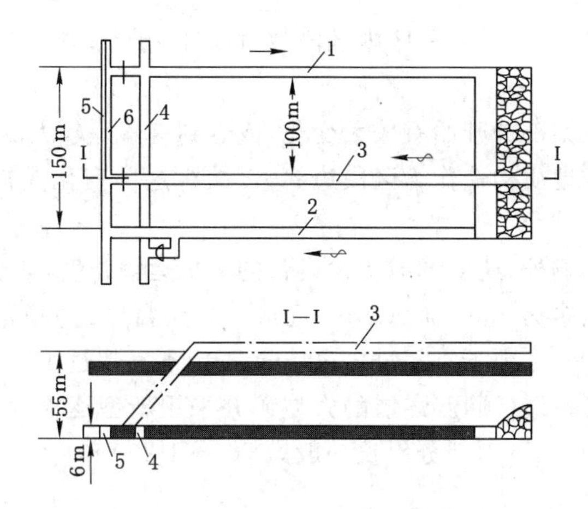

图 12-6　顶板岩石瓦斯抽放(采)巷布置

1——工作面运输平巷；2——工作面回风平巷；3——顶板岩石瓦斯抽放(采)巷；
4——运输上山；5——回风上山；6——瓦斯抽放(采)管

第三节　采(盘)区参数及其对生产系统的要求

一、采区倾斜长度

采区的倾斜长度即阶段斜长，通常在矿井开拓部分确定阶段高度时就已确定。在大巷位置已定情况下，各采区的斜长可能因煤层倾角变化而不同，但对于每一个采区而言基本上是一个已经确定的数值。

采区沿倾斜一般要划分成若干区段，区段倾斜长度为采煤工作面长度、区段煤柱宽度和区段上下平巷宽度之和。

合理的采煤工作面长度应是一个合理范围而不应局限于某一数值，且随工作面装备技术水平提高而加长。目前缓(倾)斜厚及中厚煤层综采工作面长度一般不宜小于 200 m，薄煤层综采工作面长度一般不应小于 100 m；普采工作面长度在中厚煤层中一般不宜小于 160 m。2018 年前后，国有重点煤矿正规综采工作面长度多在 240～350 m 范围内。

在开采多煤层的联合准备采区内，由于各煤层的赋存条件和开采技术条件不同，可能采用不同的采煤工艺方式，因此各煤层的工作面合理长度可能不相同，应在分析各煤层合理的工作面长度基础上统筹考虑选定一个对采区内各煤层均比较合理的工作面长度。一般应以采区内主采煤层为准兼顾其他煤层，以便取得较高的采区产量和技术经济效果。

采区内同时有炮采和普采工作面，工作面长度的差别主要在于运输设备不同。在煤层厚度相差不很大条件下，最好在炮采工作面也装备与普采工作面相类似的运输设备，使工作面长度加大以与普采工作面一致。

根据煤层厚度、硬度、顶底板岩性、埋深和护巷方法不同，区段护巷煤柱的宽度一般为 0～20 m。

区段巷道的宽度一般为 2.5～5.5 m，炮采和普采工作面取小值，综采工作面取大值。

采区斜长除以区段斜长如为整数时，即可依此数值划分区段；不是整数的情况下，需要按与其相近的整数调整工作面长度，以适应采区内区段数划分为整数的要求。

对于近水平和缓(倾)斜煤层,采区内区段数可取3～6个;对于中斜和急(倾)斜煤层,区段数可取2～3个。

当遇到煤层倾角从某部分开始有较大变化,或遇到有落差较大的走向断层时,区段的划分应考虑以地质变化或地质构造作为区段边界,以减少这些变化或构造对采煤工作面正常生产的影响。

除受煤层变化的影响外,还要考虑运输设备的单机运输长度,如绞车的容绳量。我国煤矿实际的采区倾斜长度多为600～1 000 m;近水平煤层盘区的倾斜长度较大,一般情况下较合理的倾斜长度为——上山不宜超过1 500 m,下山不宜超过1 200 m。

我国新建的一些开采缓(倾)斜煤层的大型矿井采用新型运输设备开采时,上山部分斜长一般为1 000～1 500 m,下山部分斜长一般为700～1 200 m。

二、采区走向长度

采区走向长度,单翼采区布置时约等于工作面连续推进长度,双翼采区布置时约等于两倍工作面连续推进长度。应根据采区内煤层地质条件、开采机械化水平、采准巷道布置方式和可能取得的技术经济效果决定。

加大采区走向长度,可以相对减少采区上(下)山、车场和硐室的掘进量,减少上(下)山煤柱和采区间煤柱损失,减少采煤工作面搬迁次数,增加采区储量和服务年限,有利于保持必需的工作面错距、增加采区生产能力,有利于采区和矿井的合理集中生产。

1. 影响采区走向长度的地质因素

采区走向长度在很大程度上受煤层地质构造限制,如较大的倾向或斜交断层、煤层变薄带、冲刷带、煤层倾角或厚度急剧变化带、岩浆岩侵入煤层形成的较厚岩墙。采煤工作面通过这些地带既困难又不安全。对于落差较大的倾向断层或斜交断层,不仅采煤工作面无法通过,而且还需留设煤柱。在这些情况下,为减少无效掘进、开采困难和煤柱损失,应充分利用这些条件作为采区边界,同时尽量使采区有合理的走向长度。

在地面存在建筑物、村庄、铁路、河流、湖泊、水库而井下需留设煤柱的条件下,也应尽量利用这些煤柱边界作为采区边界。

当由于构造和留设煤柱等原因使采区走向长度较短时,为了保持采煤工作面有一定的连续推进长度,可在采区一侧布置上山而形成单翼采区。

煤层顶板很破碎时,如果采区走向长度很大又缺乏有效的支护手段,则区段平巷的维护就很困难。这时不仅会增加区段平巷的维护费用,而且可能由于维护状况不好而影响区段平巷运输。在这种情况下就应适当地缩短采区走向长度。

煤层的自燃倾向性亦影响采区走向长度,开采发火期短的煤层时,其采区一翼不宜太长。

2. 影响采区走向长度的技术因素

技术因素主要涉及区段巷道的运输、掘进通风、供电和采煤机械化程度,随着技术进步采区走向长度是逐渐加大的。

区段平巷内采用刮板输送机运煤时,采区走向长度不宜过大,一般为800～1 000 m。这时采区一翼为400～500 m,需要多台刮板输送机串联使用。

当区段平巷或集中巷采用胶带输送机运煤时,一台输送机铺设长度可达800～1 200 m,由于可以串联多部胶带输送机,则运输对采区走向长度的限制已较小。

区段平巷采用单巷掘进时，因受掘进通风限制，采取措施后采区一翼长度一般可达1 000 m以上，工作面加中切眼后一翼长度可达2 000 m以上。采用双对旋大功率局部通风机，单巷掘进的通风距离可达2 500 m。

区段平巷采用双巷掘进时，局部通风机可以随掘进迎头前移而前移，掘进通风对采区走向长度的限制也较小。

供电对采区走向长度的影响取决于供电电压等级和供电方式，采用380 V供电系统时，采区一翼走向长度不应超过400 m；采用660 V供电系统时，采区一翼供电距离可达700～1 000 m。如果供电距离超过1 000 m，必须采用升高电压的措施或采用移动变电站供电系统。目前我国综采工作面采用移动变电站供电的电压等级分两个等级：1 140 V和3 300 V。

对于综合机械化开采的采区，应以每个工作面能连续推进1年时间为宜，单翼开采的采区走向长度不小于1 000 m，有条件时可达2 000 m以上；双翼开采时，采区走向长度以不小于2 000 m为宜。

对于缓（倾）斜煤层，在地质构造简单、煤层稳定且不受自然条件或地质条件限制时，普采的双翼采区走向长度一般为1 000～1 500 m。

3. 影响采区走向长度的经济因素

合理的采区走向长度，不但要求在技术上可行，而且应当在经济上合理，使吨煤费用比较低。

采区走向长度的变化必将引起采区巷道的掘进费、维护费、通风费、工作面搬家费和工作面成本发生变化。

采区上（下）山、采区车场、采区硐室的掘进费和相应的机电设备安装费将随采区走向长度增大而减少；区段平巷维护费则随采区走向长度增加而增大；而区段平巷的掘进费受采区走向长度变化的影响不大。因此，在客观上必然存在着一个经济上合理的采区走向长度。

4. 采区走向边界的确定

我国一些煤矿的实践表明，地质条件复杂的矿井，采区也应有较大的采区尺寸，以便为在受自然条件限制和分割的煤层块段内布置巷道、形成完善的生产系统、扩大采区储量、充分发挥采区设备和设施的效用提供有利条件。

对于顶板破碎、巷道维护困难、地质构造复杂或自然发火期短的煤层以及装备水平低的小型矿井，采区走向长度应适当缩短。

煤层赋存稳定、地质构造简单、不受自然条件限制的条件下，应按技术上能够达到的采区走向长度和经济上合理的采区走向长度确定采区走向边界，采区间进行垂直划分，其境界线应与煤层倾斜线一致。对近水平煤层，采区境界线应便于工作面布置，避免出现不规则的犬齿状和难以开采的三角煤。

有条件时，应在井筒附近划分中央采区，以利于减少建井初期工程量和缩短建井期。

在开采多煤层条件下，当上下煤层（组）有相互采动影响关系时，为避免造成复杂的压茬关系而导致上煤层（组）采后下煤层（组）开采困难，上下煤层（组）的采区边界应当划分一致。

多水平开采的矿井，由于下水平的回风、运料常利用上水平的采区石门或上山等巷道，划分下水平采区时应照顾上水平的巷道布置现状，有时要求上下水平的采区石门和采区上山相互对应，即要求上下水平的采区尽量划分一致。

因某种原因暂不能开采的块段，如某些临时煤柱、待迁村庄压煤等可暂不划分采区，作为呆滞煤量。

三、采区生产能力

采区生产能力，是指采区内同时生产的采煤工作面和掘进工作面产煤能力及采区生产系统能够保证的能力，一般以万 t/a 表示。

采煤工作面的生产能力是采区生产能力的基础，其取决于煤层厚度、工作面长度和年推进度。

单个采煤工作面的生产能力(A_m)可由式(12-1)计算得到：

$$A_m = L \cdot v \cdot M \cdot \rho \cdot C_m \tag{12-1}$$

式中　L——采煤工作面长度，m；

v——工作面年推进度，m/a；

M——煤层采高或放顶煤工作面采放高度，m；

ρ——煤的体积质量，t/m^3；

C_m——工作面采出率，薄煤层取值 0.97，中厚煤层取值 0.95，厚煤层取值 0.93。

采煤工作面的年推进度，按采煤设备的技术性能和采煤循环图表计算。厚度大于 3.2 m 一次采全高的煤层和厚度小于 1.4 m 的薄煤层综合机械化采煤工作面年推进度不应小于 1 000 m；煤层厚 1.4～3.2 m 的综合机械化采煤工作面年推进度不应小于 1 200 m；普通机械化采煤工作面年推进度不应小于 700 m；在急(倾)斜煤层中，采用伪倾斜柔性掩护支架采煤法的工作面，其年推进度不应小于 450 m，采用伪俯斜走向分段密集采煤法的工作面，其年推进度不应小于 540 m。

采区生产能力与采区内同时生产的工作面的个数有关，应严格控制采区内同时生产的和同时掘进的工作面个数。一个采区内同时生产的采煤工作面个数一般为 1～2 个。《煤矿安全规程》规定：一个采(盘)区内同一煤层的一翼最多只能布置 1 个采煤工作面和 2 个煤(半煤岩)巷掘进工作面同时作业。一个采(盘)区内同一煤层双翼开采或者多煤层开采的，该采(盘)区最多只能布置 2 个采煤工作面和 4 个煤(半煤岩)巷掘进工作面同时作业。

目前，我国综采工作面的生产能力平均为 1.0～2.0 Mt/a，普采工作面的生产能力平均为 0.25 ～0.30 Mt/a，炮采工作面的生产能力为 0.10～0.20 Mt/a，急(斜)煤层炮采工作面的生产能力为 0.05～0.10 Mt/a。

采区生产能力 A_c(Mt/a)为：

$$A_c = k_1 k_2 \sum_{i=1}^{n} A_{mi} \tag{12-2}$$

式中　n——同时生产的采煤工作面数；

k_1——采区掘进出煤系数，可取值 1.1；

k_2——工作面之间出煤影响系数，$n=2$ 时取值 0.95。

采区生产能力是一个综合指标，它还取决于采区运输、通风、装车站等环节的能力。

采区的运输能力应大于式(12-2)计算的采掘工作面能力之和。通风能力应满足该产量所需的风量和风速要求，采区装车站的通过能力也应大于该能力之和。

采区的生产能力应根据地质条件、煤层生产能力、机械化程度和采区内工作面接替关系等因素确定。采区的服务时间应符合采区正常接替和稳产需要，一般应大于准备出新采区的时间。

四、采区采出率

采区内留设的煤柱，有一部分可以回收，有的煤柱往往不能完全回收，致使煤炭资源有一定损失。因此，采区实际采出的煤量常低于实际储量。采区内采出的煤量与采区内工业储量之比的百分数称为采区采出率，用式(12-3)进行计算：

$$\text{采区采出率} = \frac{\text{采区工业储量} - \text{开采损失}}{\text{采区工业储量}} \times 100\% \tag{12-3}$$

采区开采损失，包括采区内留设的各种煤柱损失和工作面采煤过程中的落煤损失。

采区内可能留设的煤柱，有区段煤柱、上下山煤柱、采区边界煤柱、断层煤柱、大巷煤柱等。

国家对不同煤类的采区采出率规定如下：

1. 特殊和稀缺煤类采区采出率规定

① 厚煤层不应小于 78%，其中采用一次采全高的厚煤层不应小于 83%；

② 中厚煤层不应小于 83%；

③ 薄煤层不应小于 88%。

2. 其他煤类采区采出率规定

① 厚煤层不应小于 75%，其中采用一次采全高的厚煤层不应小于 80%；

② 中厚煤层不应小于 80%；

③ 薄煤层不应小于 85%。

为了提高采区采出率，在采区巷道布置上应积极采取措施少留煤柱或不留煤柱，并尽量减少落煤损失。

五、采区煤柱尺寸

1. 按支承压力影响程度留设的煤柱

采区内留设的第一类煤柱，是为了减小工作面开采引起的支承压力对邻近井巷的影响而留设的。这类煤柱应根据采深、煤层硬度、厚度、顶底板岩性、要保护井巷的重要性、所在的层位、开采边界条件和维护时间来确定。这类煤柱的尺寸与矿山压力大小和煤柱自身的强度有关，矿山压力越大，这类煤柱的尺寸就应越大，反之尺寸应减小。采深大、采高大、煤层松软、多侧采空、维护时间较长，煤柱的尺寸应相应大一些；反之，尺寸可以小一些。

这类采区煤柱的尺寸与很多因素有关，而且各因素之间的关系又很复杂。到目前为止，虽然有许多煤柱尺寸的计算方法，但均不能全面和准确地反映所有因素对这类煤柱尺寸的影响。因此，这类采区煤柱尺寸的确定必须通过具体矿井进行实际观测和总结大量现场实测资料加以解决，多采用工程类比法留设。

① 上(下)山煤柱——上(下)山如开掘在煤层底板岩层中，只要有一定岩层厚度应优先考虑跨上(下)山开采，不留保护煤柱。上(下)山如开掘在煤层中，在 200～500 m 埋深条件下，对于薄及中厚煤层上山一侧和两上山间需留设宽 20 m 左右的煤柱；对于厚煤层，采区上(下)山一侧留设宽 30～40 m 的煤柱，两上(下)山间留宽 20～25 m 的煤柱。在深矿井开采中，采区上(下)山一侧的煤柱尺寸还要加大或不留煤柱。

② 区段煤柱——对于采用双巷掘进和布置的回采巷道，区段运输平巷和轨道平巷之间留设的区段煤柱宽度，在 200～500 m 埋深条件下，对于一般煤质和围岩条件的近水平、缓

(倾)斜煤层、薄及中厚煤层不小于 8～15 m,厚煤层不小于 15～20 m。为了有利于维护,深矿井中应优先考虑沿空掘巷,只留 3～5 m 宽的煤柱。

③ 大巷煤柱——若大巷开掘在底板岩层中,应优先考虑跨大巷开采,大巷之上的采区上下边界可以不留煤柱。大巷若开掘于煤层中,在 200～500 m 埋深条件下,本煤层中大巷一侧的煤柱宽度在近水平煤层中不小于 40 m,在缓(倾)斜煤层中为 25～40 m,在中斜煤层中为 15～25 m,在急(倾)斜煤层中为 10～15 m。

在煤层倾角较小的条件下,可以加大上山(下)煤柱和大巷煤柱的宽度,以改善煤柱保护巷道的维护条件,而后采用长壁工作面回收这些煤柱。

2. 隔离煤柱

采区内留设的第二类煤柱属于隔离煤柱,包括采区边界煤柱和断层煤柱。

① 采区边界煤柱——采区边界煤柱的作用是将两个相邻采区隔开,防止万一发生火灾、水害和瓦斯涌出时相互蔓延;避免从采空区大量漏风,影响生产采区风量。采区边界煤柱一般宽 5～10 m,煤层厚度小取小值,反之取大值。

② 断层煤柱——为了防止矿井水通过断层涌入生产采区采掘空间,需要留设断层煤柱,其尺寸取决于断层的断距、含水和导水情况。落差很大的断层,断层一侧的煤柱宽度不小于 30 m;落差较大的断层,断层一侧煤柱宽度一般为 10～15 m;落差较小的断层通常可以不留设断层煤柱。

采区边界煤柱与井田边界煤柱合并或与断层煤柱合并后可以减少采区煤柱损失。

3. 按岩层移动影响程度留设的煤柱

采区内留设的第三类煤柱,是为了保护煤层之上的井巷工程、地面建筑物和构筑物而留设的。这类煤柱应按下位煤层开采后引起的岩层移动角留设。

六、采区煤仓容量

随着机械化程度提高、采区产量增大,相应的采区煤仓容量呈增大趋势。另一种趋势是——在提高运输可靠程度的基础上,一些矿井取消了采区(带区)煤仓,上山或分带斜巷中的胶带直接与大巷胶带搭接。采区煤仓容量以 200～300 t 的较多,也有的达 1 000 t 以上。

为保证采区正常生产,采区煤仓容量可按以下方法计算。

1. 按采煤机连续作业割一刀煤的产量计算

$$Q = Q_0 + L \cdot M \cdot B \cdot \rho \cdot C_m \cdot K_t \cdot n \tag{12-4}$$

式中 Q——采区煤仓容量,t;

Q_0——防煤仓漏风煤量,取 5～10 t;

L——工作面长度,m;

M——采高,m;

ρ——煤的体积质量,t/m³;

B——采煤机截深,m;

C_m——工作面采出率,%;

K_t——同时生产工作面系数,综采取 $K_t=1$,普采取 $K_t=1+0.25n$;

n——采区内同采工作面数。

2. 按运输大巷列车间隔时间内采区高峰产量计算

$$Q = Q_0 + Q_h \cdot t_i \cdot a_d \tag{12-5}$$

式中　t_i——列车进入采区装车站的间隔时间，一般取 20～30 min；

Q_h——采区高峰生产能力，t/h（高峰期的小时产量一般为平均小时产量的1.5～2.0倍）；

a_d——不均衡系数，机采取1.15，炮采取1.5。

3. 按采区高峰生产延续时间计算

$$Q = Q_0 + (Q_h - Q_t)t_{he} \cdot a_d \tag{12-6}$$

式中　Q_t——采区装车站通过能力，t/h；

t_{he}——采区高峰生产延续时间，机采取1.0～1.5 h，炮采取1.5～2.0 h。

当上（下）山和大巷均采用胶带输送机运煤时，采区煤仓的容量最小可按1～2 h采区高峰产量确定。

七、采区生产系统要求

采区必须实行分区通风。

对于准备采区，必须在采区构成通风系统之后方可开掘其他巷道。

下山采区在开掘回采巷道之前还必须形成完整的排水系统。

采煤工作面必须在采区构成完整的通风、排水系统后方可回采。

第四节　准备方式的改革和发展

在矿井生产的开拓、准备和回采三个环节中，准备起着承上启下的作用，既要适应井田开拓又要有利于采煤。我国煤矿准备方式经过长期的改革和发展，在简化系统和集中生产方面积累了丰富经验。地质和开采技术条件的多样性和复杂性、技术结构和管理体制的多层次性，决定了准备方式在不同类型的矿井中发展的不平衡。

一、多样化

在我国国有重点煤矿中，目前主要采用采区式、带区式和盘区式准备。采区式准备是我国煤矿的主要准备方式。倾角12°以下的煤层中以带区式准备为主，盘区式准备的产量比重呈下降趋势。

二、大型化

大型化的含义，包括采区、带区和盘区尺寸增大，相应的储量增多、生产能力增强等几个方面。随着采用新设备、新工艺和机械化程度的不断提高，生产更加集中，采煤工作面长度、采煤工作面连续推进长度、采区走向长度逐渐加大，采煤工作面单产水平和采区生产能力不断得到提高。大型化减少了工作面搬迁次数，降低了准备巷道掘进率，减少了煤柱损失，为现代化采矿设备充分发挥效能提供了有利条件。

采区、带区和盘区的大型化体现在以下方面：

① 新设计的炮采和普采双翼采区不受地质条件限制时，其走向长度应在1 000～1 200 m以上，有的达1 500 m；综采采区走向长一般为3 000 m，有的已达4 000 m以上。

② 大型采区、煤层上山采区为了达到投产快和避免煤的长距离折返运输，上山布置在井筒一侧的单翼采区呈发展趋势，走向长度已达2 000 m以上。

③ 采用带区式准备，上山部分分带斜长一般为1 000～1 500 m，有的达2 000～6 000 m；下山部分分带斜长为700～1 200 m。

④ 改造合并采区和盘区、扩大采区和盘区尺寸、普采采区联合布置等举措使采区生产能力加大。

三、高产高效集中化

集中生产，可以减少采掘设备、辅助设备和人员的占用数量，降低巷道掘进率和维护量，改善采掘接替关系和矿井安全管理条件，提高经济效益。

随着综采工作面产量的成倍增加，一方面采区内已经没有必要靠多工作面同采来保证采区产量，另一方面随着综采工作面快速推进和煤巷综掘速度加快，布置大量的区段岩石集中平巷的准备方式已不能适应工作面单产提高后的采掘接替要求，亦不利于高产高效安全生产。煤层间或厚煤层分层间采用共用的区段岩石集中平巷或分带岩石集中斜巷的准备方式已逐渐减少或取消。

1985 年以来，我国煤矿生产由向采区集中逐渐发展到向工作面集中，矿井产量增加，采区、盘区和带区内同采的工作面数减少，安全高效矿井由 1～2 个工作面达产和保产。我国已有上百个一矿一面或一矿两面大型矿井和特大型矿井，到 2008 年，已有 10 个煤矿的综采工作面年产量达到和超过 1 000 万 t。在这些矿井中，采区、带区和盘区的概念已经淡化或消失，今后将会有更多的高度生产集中化的矿井出现。

提高工作面单产、减少同时生产的工作面数目，势必带来进一步简化采区、带区和盘区的巷道布置和生产系统，减少矿井内同时生产的采区、带区和盘区数目，最终实现全矿井的安全高效生产，是准备方式今后发展的重要方向。

四、单层化和全煤巷化

20 世纪 80 年代以来，我国煤矿在开采条件好的矿井中实行了新的单层开采全煤巷布置，在单一煤层中集中开拓、集中准备、集中回采和采用全煤巷布置，改变了我国沿用的开拓和准备布局，在采掘运装备、辅助运输方式、支护手段、布置参数、机械化水平和新技术应用等方面提高到了一个新的水平。这种方式的优点如下：

① 大幅度或全部取消岩石巷道，最大限度地利用综掘设备、加快进度、降低成本、减少辅助工作量和改善地面环境。

② 减少了大量联络巷道工程量和费用，特别是减少了岩石联络巷，施工方便，减少了矿井生产环节，简化了系统，缩短了矿井建设工期和开采准备时间。

③ 为运煤系统连续化创造条件，一矿一层一面生产，便于采用胶带输送机连续运输，简化了运输系统、便于实现集中控制，大幅度提高了运输效率。

④ 有利于改革辅助运输方式，单层化全煤巷布置减少了联络巷，便于实现辅助运输的机械化、连续化而直达运输。

我国大量的综采采区仍以集中上山联合准备为主，上山大多布置在底板岩石中，这有利于跨上山开采、取消上山煤柱、改善上山维护条件。由于我国煤矿地质和开采技术条件差异很大，在相当长的时期内、特别是在向深部开采发展的矿井中，采区、带区和盘区内布置一定数量的岩石巷道仍然是必要的。

五、辅助运输新型化

随着采掘工作面机械化程度提高、设备质量加大、工作面推进速度加快、采煤工作面设备搬家和安装愈益频繁，辅助运输的问题逐渐凸显。矸石、材料、设备和人员运输要求更加快速、便捷、连续。

自20世纪90年代以来，我国神东、兖州、晋城等大型矿区采用无轨胶轮车替代传统矿车、轨道和绞车运输方式，显著提高了辅助运输效率，为安全高效生产提供了运输保障。

近年来，我国许多煤矿还成功地使用了单轨吊、无极绳连续牵引车、齿轨车和卡轨车等新型辅助运输装备，且这些装备有继续扩大使用范围的趋势。

第五节　采区(带区或盘区)的设计程序和内容

采区、带区和盘区是矿井生产的主要组成部分。目前，我国绝大多数煤矿仍是以采区、带区或盘区为单位组织生产的。采区(带区或盘区)设计，是新建矿井初步设计的重要内容，也是生产矿井经常性的设计工作。

采区(带区或盘区)服务年限少则3～4 a，多则7～8 a，有的达10 a以上。采区(带区或盘区)设计合理与否，不仅直接影响设计区内的生产和安全，还直接关系全矿井生产任务的完成和各项技术经济指标的改善。

采区(盘区或带区)设计，必须贯彻执行国家煤炭工业政策、规程、规范；为矿井合理集中生产和持续稳产高效创造条件；在满足安全和生产前提下尽量简化系统、减少巷道掘进工程量和维护工作量；有利于采用新技术，发展机械化和自动化；减少煤炭损失。

一、设计依据

1. 已批准的采区(盘区或带区)地质报告

地质说明书中应有详细的采区(盘区或带区)地质特征、地质构造情况，煤层赋存条件和煤层稳定程度，区域瓦斯分布及是否有煤与瓦斯突出危险，自然发火期，水文地质特征，煤种和煤质，钻孔布置和各类储量的比例等。

地质报告中的图纸应包括采区(盘区或带区)井上下对照图、煤层底板等高线图、储量计算图、勘探线剖面图、钻孔柱状图等。

2. 对设计采区(盘区或带区)的要求

根据新建矿井初步设计确定的原则，或根据生产矿井的生产、接替和发展计划，对设计采区(盘区或带区)在生产能力、工艺方式、采准巷道布置、生产系统改造、主要技术经济指标和安全生产等方面提出的要求。

二、设计程序

采区(盘区或带区)设计，一般是根据矿井设计和矿井改扩建设计以及生产技术要求，由矿主管单位提出设计任务书，报局(集团公司)批准，而后由矿或局(集团公司)的有关设计单位根据批准的设计任务书进行设计。

设计通常分两阶段进行——第一阶段进行采区(盘区或带区)方案设计；根据批准的方案设计第二阶段进行采区(盘区或带区)单项工程施工图设计。

方案设计除了需要阐述采区(盘区或带区)范围、地质条件、煤层赋存状况、生产能力、储量和服务年限等基本情况外，需着重论证和确定以下问题——采准巷道布置、生产系统、采煤方法、采掘工艺及装备、采区(盘区或带区)参数、采掘衔接、机电设备选型及布置、安全技术措施等。

根据已批准的采区(盘区或带区)方案设计要求，还需完成该区域的单项工程施工图设计，如主要巷道断面、车场、巷道交岔点及主要硐室等具体的设计，确定出尺寸和支护方式，预算出工程量和材料消耗量，绘制出图纸和表格。

方案设计和施工图设计是紧密联系的整体和局部的关系。前者的多种技术方案需通过单项工程施工来实现，确定时应充分考虑施工的可能性和合理性；后者应以批准的方案设计为依据，必要时应根据实际情况变化和施工的具体要求进行修改并报上级批准，使设计更加完善、更加符合施工和生产要求。

三、设计内容

采区（盘区或带区）设计主要解决的问题是——生产能力、尺寸范围、区段或分带划分、巷道和硐室布置、车场形式、采煤工艺、采掘接替、煤柱留设、机电装备、工程、资金和劳动力投入等技术和经济问题。

采区（盘区或带区）设计完成后需提交编制的设计说明书和图纸。

1. 设计说明书内容

① 采区（盘区或带区）位置、边界、开采范围、地面建筑物或构筑物、开采对地面的可能影响、与邻近开采区域的关系；可采煤层最大和最小垂深、相邻的采空区和积水；与邻近开采区域的压茬关系等。

② 所采煤层的走向、倾向、倾角及其变化规律；所采煤层的煤质、煤层厚度、层数、层间距、硬度、节理裂隙发育程度；夹矸的层数、厚度和分布；顶底板岩性、厚度、物理力学性质等；瓦斯涌出情况及其变化规律，瓦斯涌出量及确定依据；煤尘爆炸性；煤层自然发火性和发火期；地温情况等。

区内断层分布及对开采的影响；井上、下水文地质条件；含水层、隔水层的特征和发育变化规律；矿井突水情况、静水位和含水层水位变化；断层的导水性；现生产区域的最大和正常涌水量，邻近区域小煤窑的涌水和积水情况等。地质资料的可靠性、存在的问题和审查结论。

③ 确定生产能力，计算储量和服务年限，确定同采工作面数目。

④ 确定准备方式和开采顺序，划分区段或分带；确定采掘工作面安排及运煤、通风、辅助运输、供电、排水、压气、充填和灌浆等生产系统。不同方案、特别是对准备方式方案进行技术经济分析对比的内容、数据和图表，所选方案的理由。

⑤ 采煤方法和采掘工作面的装备和布置。

⑥ 机电设备的选型计算，所需设备型号和数量；信号、通信及照明设备等。

⑦ 洒水、掘进供水、压气、充填和灌浆等管道的选择和布置。

⑧ 风量计算和分配。

⑨ 安全技术及组织措施，涉及预防水灾、火灾、瓦斯、煤尘和穿过较大断层等地质复杂地段的原则意见，供编制采掘工作面作业规程参考并在施工中实施。

⑩ 巷道掘进工程量。

⑪ 主要技术经济指标——走向长度、倾斜长度、区段或分带数目、可采煤层数目和煤层总厚度、煤层倾角、煤的体积质量、采煤方法、采空区处理方法、工业储量、可采储量、机械化程度、生产能力、服务年限、采区采出率、掘进率、巷道总工程量、准备时间等。

2. 设计图纸

设计图纸包括方案设计图和施工图，计有：

① 地质柱状图、采区（盘区或带区）井上下对照图、煤层底板等高线图、储量计算图和剖

面图等。

② 采区(盘区或带区)巷道平面图和剖面图(比例尺:1∶1 000,1∶2 000或1∶5 000)。

③ 采区(盘区或带区)采掘机械配备平面图(比例尺:1∶1 000,1∶2 000或1∶5 000)。

④ 采煤工作面布置图(比例尺:1∶50或1∶200)。

⑤ 采区(盘区或带区)通风系统示意图。

⑥ 高瓦斯矿井瓦斯抽采系统图。

⑦ 采区(盘区或带区)管线布置图(包括防尘、洒水、灌浆或降温管路布置等)。

⑧ 采区(盘区或带区)运输系统图(比例尺:1∶1 000,1∶2 000或1∶5 000)。

⑨ 采区(盘区或带区)供电系统图(比例尺:1∶1 000,1∶2 000或1∶5 000)。

⑩ 采区(盘区或带区)避灾路线图(比例尺:1∶1 000,1∶2 000或1∶5 000)。

⑪ 采区(盘区或带区)车场线路和巷道布置图(比例尺:1∶200或1∶500)。

⑫ 采区(盘区或带区)巷道断面图(比例尺:1∶50或1∶20)。

⑬ 采区(盘区或带区)巷道交岔点图(比例尺:1∶50或1∶100)。

⑭ 采区(盘区或带区)硐室布置图(比例尺:1∶200)。

前10项图纸属方案设计附图,后4项图纸属施工图。一般情况下可满足设计要求,也可根据实际情况和要求增删。

采区(盘区或带区)设计的编制和实施是矿井生产技术管理工作的一项重要内容,一般由矿总工程师负责组织地质、采煤、掘进、通风、安全、机电、劳资和财务等部门共同完成和审定。

复习思考题

1. 如何正确划分采区?
2. 采区上山布置方式有几种类型?各有什么优缺点?
3. 选择采区上山位置时应考虑哪些因素?
4. 上下山中运输设备的类型有哪些?
5. 采区上下山的数目有什么要求?
6. 采区生产能力如何确定?
7. 影响采区走向长度的地质、技术和经济因素有哪些?
8. 采区内各种煤柱的类型和留设依据是什么?
9. 准备方式的发展趋势怎样?
10. 采区、盘区或带区设计的主要内容有哪些?
11. 采区、盘区或带区设计的依据有哪些?

第十三章　采区车场

采区车场，是采区上下山与运输大巷、回风大巷或区段平巷连接处的一组线路、巷道和硐室的总称。采区车场，一般布置在采区内运输方式改变或车辆存储过渡、转载工作的地方，涉及甩车道、储车线和一些联络巷道，还包括煤仓和绞车房等硐室。

按位置不同，采区车场可分为上部车场、中部车场和下部车场。准备方式不同，车场形式和线路布置也不相同。

我国煤矿少数矿井采用新型辅助运输方式，绝大多数矿井的辅助运输仍以轨道、矿车和绞车为主。轨道线路设计是采区车场设计的重要内容，应与采区运输方式、生产能力和巷道工程相适应，保证车场内调车方便、可靠，操作简单、安全，提高工作效率和尽可能减少车场的开掘和维护工作量。

在采区车场线路设计的基础上，需根据线路布置要求进一步设计车场巷道断面、交岔点和硐室，形成完整的采区车场施工图设计。

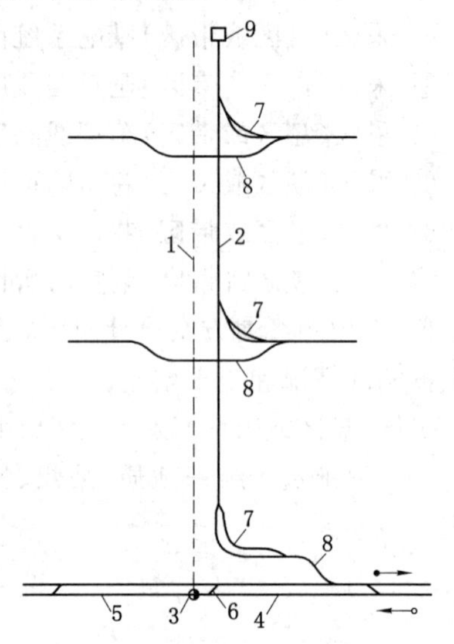

图 13-1　采区车场线路布置图

1——运输上山；2——轨道上山；3——采区煤仓；4——空车存车线；5——重车存车线；6——道岔；7——材料存车线；8——绕道；9——绞车房

图 13-1 为采区车场线路布置。为设计和绘图方便，单线表示单轨线路，双线表示双轨线路。采区车场线路，由甩车场或平车场线路、装车站线路和绕道线路组成。在设计轨道线路时，首先进行线路总体布置、绘出草图，然后计算各线段和各连接点尺寸，最后计算线路布置的总尺寸，做出线路布置的平面图和剖面图。

第一节　轨道线路设计基础

一、矿井轨道

矿井轨道由铺在巷道底板上的道床、轨枕、钢轨和连接件等组成。

1. 轨型

钢轨的型号，简称轨型，用每米长度的质量（kg/m）表示。矿用钢轨有 15 kg/m、18 kg/m、22 kg/m、30 kg/m、38 kg/m 和 43 kg/m 等多种轨型。使用时应根据运输设备类型、使用地点、行车速度和频繁程度等进行选择，一般可按表 13-1 选用。

2. 轨距

轨距，是指单轨线路上两条钢轨轨头内缘之间的距离，如图 13-2 中 S_t 所示。

表 13-1 **井巷铺轨轨型**

使用地点	运输设备	轨型/(kg/m)
斜井	箕斗、人车、运送液压支架的设备车	30，38
	1 吨、1.5 吨矿车	22
平硐、大巷、井底车场	7 吨及以上电机车；3 吨及以上矿车；2.40 Mt/a 及以上矿井运送液压支架的设备车	30
	1 吨、1.5 吨矿车	22
采区巷道	2.40 Mt/a 及以上矿井运送液压支架的设备车	30，22
	1 吨、1.5 吨矿车	22，18

我国煤矿井下轨道线路为窄轨线路。目前，标准轨距有 3 种：600 mm、762 mm 和 900 mm，常用的是 600 mm 和 900 mm 两种。一般而言，1 吨和 1.5 吨固定箱式矿车、3 吨底卸式矿车和大巷采用胶带运输时的辅助运输矿车多采用 600 mm 轨距；而 3 吨固定箱式矿车和 5 吨底卸式矿车多采用 900 mm 轨距。

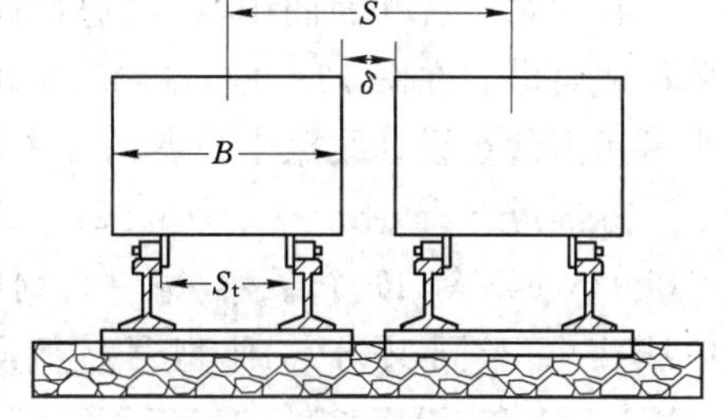

图 13-2 轨距和轨中心距

3. *双轨线路中心距*

如图 13-2 中 S 所示，双轨线路中心距，是指两条线路中心线之间的距离，简称轨中心距。

直线段双轨线路中心距 S 用式(13-1)表示：

$$S \geqslant B + \delta \tag{13-1}$$

式中 B——矿车或机车的宽度，mm；

δ——两车内侧的距离，mm。

《煤矿安全规程》第九十二条规定："在双向运输巷中，两车最突出部分之间的距离必须符合下列要求：采用轨道运输的巷道：对开时不得小于 0.2 m，采区装载点不得小于 0.7 m，矿车摘挂钩地点不得小于 1.0 m。"

为了设计和施工方便，双轨线路有 1 100 mm、1 300 mm、1 400 mm、1 500 mm、1 600 mm、1 700 mm、1 800 mm、1 900 mm、2 200 mm 和 2 500 mm 等新的标准线路中心距，如表 13-2 所列。之前，井下直线段还有 1 200 mm 的线路中心距。

表 13-2 **双轨线路的中心距**

运输设备	600 mm 轨距/mm		900 mm 轨距/mm	
	直线	曲线	直线	曲线
1 吨固定箱式矿车	1100	1300		
1.5 吨固定箱式矿车	1300	1500	1400	1600
7 吨、10 吨、14 吨架线式电机车	1300	1600	1600	1900
3 吨固定箱式矿车		1600	1800	
3 吨底卸式矿车	1500	1700		
5 吨底卸式矿车	1600	1800	1800	2000
8 吨、12 吨蓄电池电机车	1300	1600	1600	1900

在双轨曲线段巷道中，由于车辆运行时发生外伸和内伸现象，线路中心距一般比直线段还要加宽 200～300 mm，其值选取见表 13-2 所列。

二、道岔

道岔，是指使车辆由一条轨道线路上转到另一条轨道线路上的装置。

1. 道岔的分类和型号

窄轨道岔分单开、对称、渡线、交叉渡线、对称组合、菱形交叉和四轨套线道岔 7 种类型。井下常用的有单开、对称和渡线道岔 3 种。单开道岔由尖轨、辙叉、转辙器、曲轨和护轮轨组成，如图 13-3 所示。由图可知，主线与岔线间的联系为一段曲线。

图 13-3　单开道岔

在线路布置平面图中，道岔通常简画，主线和岔线用粗线绘出。在图 13-4 中，左侧为常用道岔结构，右侧为常用道岔在设计线路中的表示方法。

标准道岔有 615、715、915、622、722、922、630、730、930、938、643 等 11 个系列，每一系列中按辙叉号码和曲线半径不同又分多种型号。例如：ZDK615/2/4，ZDC615/3/15，ZDX930/6/3022，ZJC615/3，ZJD622/6/2516，ZDZ622/3/1515，ZTX938/5/50 等。其符号含义如下：

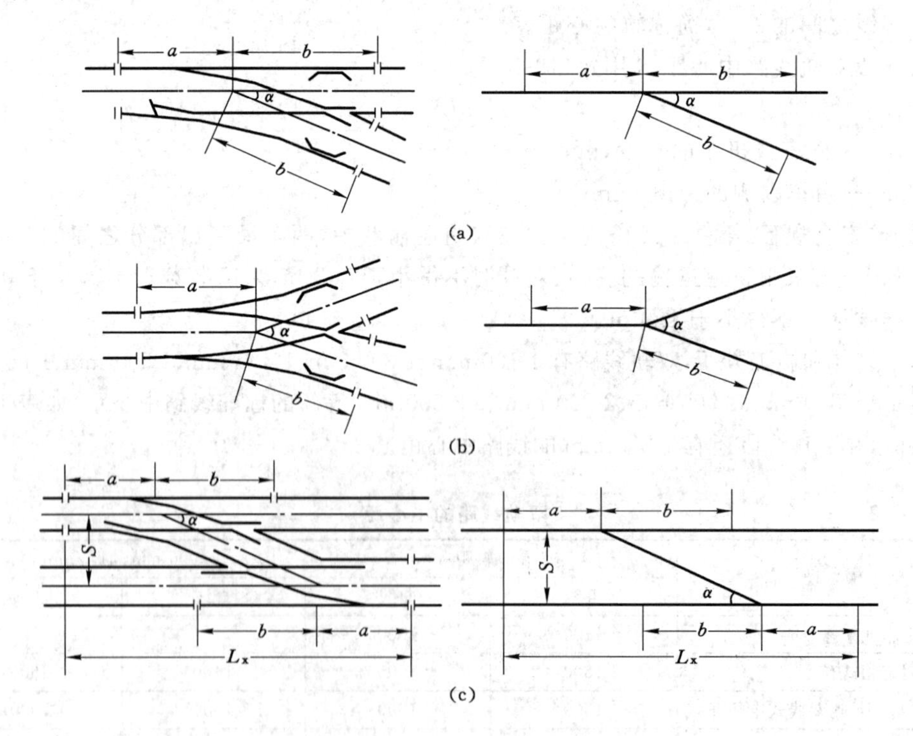

图 13-4　常用道岔的类别和单线表示图

(a) 单开道岔　(b) 对称道岔　(c) 渡线道岔

① ZDK、ZDC、ZDX 、ZJC、ZJD、ZDZ、ZTX 代表窄轨单开、对称、渡线、菱形交叉、交叉渡

线、对称组合和四轨套线道岔。

615、622、930 和 938 数字中的“6”和“9”分别代表 600 mm 和 900 mm 轨距；“15”、“22”、“30”和“38”分别代表轨型，单位为 kg/m。

② 第二段数字，即两斜线间或第一斜线后的数字为辙叉号，辙叉号(M)与辙叉角(α)的关系如图 13-5 和式(13-2)所示：

$$\left.\begin{aligned} M &= \frac{AC}{BC} = \frac{1}{\tan\alpha} \\ \alpha &= \arctan\frac{1}{M} \end{aligned}\right\} \tag{13-2}$$

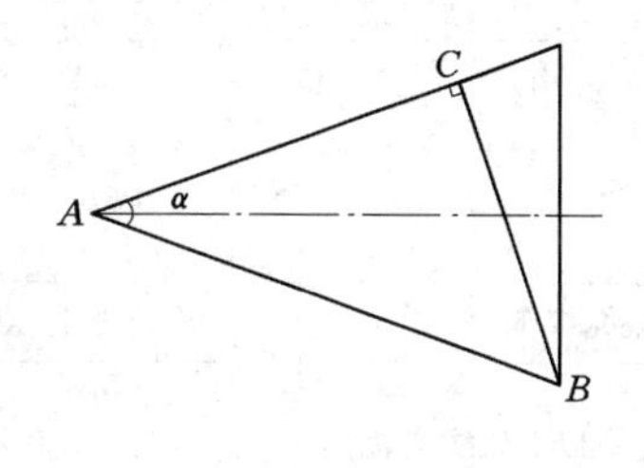

图 13-5　辙叉号与辙叉角关系图

辙叉号码有 2、3、4、5、6、7、8 和 10 号等 8 种，其相应的辙叉角分别为 26°33′54″、18°26′06″、14°02′10″、11°18′36″、9°27′44″、8°07′48″、7°07′30″和 5°42′38″。

③ 道岔型号中的尾数，对于单开和对称道岔，代表道岔曲线半径，单位为 m；对于渡线、交叉渡线和对称组合道岔，前两位数代表曲线半径，单位为 m，后两位数代表轨中心距，单位为 dm。

④ 单开道岔和渡线道岔有左向和右向之分，道岔手册中所列均为右向道岔，表示沿着从 a 到 b 的行进方向，道岔岔线在右侧；左向道岔应在尾数末加“左”字。例如，DX618/4/1213 左，表示左向渡线道岔。

2. 道岔的选择

根据轨道类型、轨距、曲线半径、电机车类型、行车速度、行车密度、车辆运行方向、车场集中控制程度和调车方式等要求，可选择电动的、弹簧的或手动的各种型号道岔。选用道岔时应考虑以下几个方面因素：

① 与基本轨的轨距一致。

② 与基本轨的轨型相适应，可以选用比基本轨轨型高一级的道岔，但不允许选用低一级的道岔。

③ 与行驶车辆的类别相适应，由于曲线半径和辙叉角不同，加之运行车辆的轴距（矿车或机车前后轴中心距）不同，有的道岔允许行驶 20 吨及以下的电机车，有的只能行驶 1 吨矿车。

④ 与车辆的行驶速度相适应。道岔曲线半径大于通过车辆最大轴距的 7 倍时，允许行车速度 $v \leqslant 1.5$ m/s；曲线半径大于车辆最大轴距的 10 倍时，允许行车速度 $v \leqslant 3.5$ m/s；曲线半径大于车辆最大轴距的 15 倍时，允许行车速度 $v \leqslant 5$ m/s；行车速度再高时，曲线半径应大于车辆轴距 20 倍以上。

斜井串车提升时，单开道岔不得小于 6 号，曲线半径不得小于 25 m。

除标准窄轨道岔外，不少矿井常使用简易道岔。这种道岔结构简单，无统一的规格，轨距多为 600 mm。改变运输线路时只需拨动岔尖的位置即可；但其稳定性较差，多用于临时线路或服务时间短的线路中。

三、平面曲线线路

1. 曲线半径选取

为使车辆通过弯道时其轮缘在曲线轨道上都能正常内接，选取曲线半径时不得小于允许的最小值，其大小与车辆行驶速度和车辆轴距有关，可参考表 13-3 选取。

表 13-3　　曲线半径选取值

运输设备		轨距/mm	曲线轨道半径/m		
牵引设备	矿车		最小	一般	建议
人力	1 吨(1.5 吨) 固定	600	6	6～15	9
		900	9	9～15	9
无极绳绞车	1 吨固定	600	15	30～50	30
5 吨及以下架线电机车	1 吨(1.5 吨) 固定	600	12	12～15	12
		900	15	15～20	15
10 吨及以下架线电机车 12 吨及以下蓄电池机车	1 吨(1.5 吨) 固定	600	12	15～20	15
	3 吨底卸式	600	20	25～30	25
	5 吨底卸式	900	20	30～40	35
14 吨架线电机车	5 吨底卸式	900	25	30～40	40
20 吨架线电机车	5 吨底卸式	900	40	40～50	45

如图 13-6 所示，在平面曲线连接计算时，通常巷道转角 δ 为已知，曲线半径 R 选定后由几何关系即可得出相应的切线长度 T 和曲线段弧长 K，曲线段连接点参数 δ、R、T、K 在设计图中应集中标注。

$$T = R \cdot \tan\frac{\delta}{2} \tag{13-3}$$

$$K = \frac{\pi R\delta}{180} = \frac{R\delta}{57.3} \tag{13-4}$$

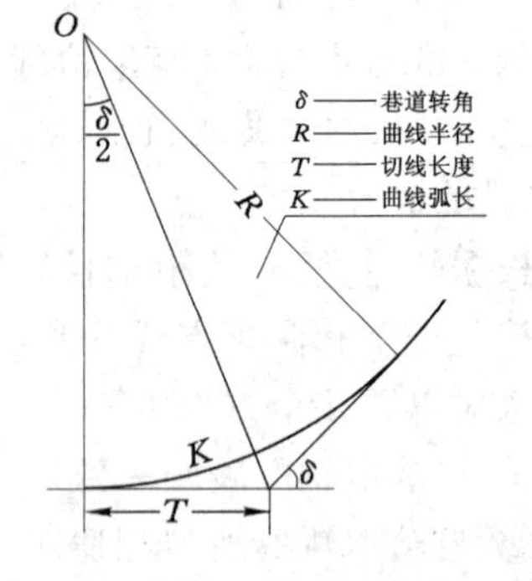

图 13-6　单轨线路平面曲线连接图

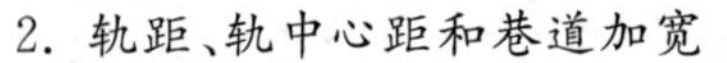
2. 轨距、轨中心距和巷道加宽

① 轨距加宽——矿车在直线段行驶时，车轮的轮缘与钢轨平行，在侧向不挤压钢轨；而在弯曲段行驶时，车轮轮缘与钢轨相割，前轴的外轮挤压外轨、后轴的内轮挤压内轨。如果弯曲段与直线段的轨距仍相同，当轴距较大且曲线半径较小时，车轮将被钢轨卡住，或被挤出轨面而掉道。因此，曲线段轨距应较直线段适当加宽。

弯道轨距加宽值与曲线半径和车辆轴距有关。机车运输时，加宽值一般为 10～20 mm，曲线半径大时取下限；串车运输时一般取 5～10 mm。

② 轨中心距和巷道加宽——如图 13-7 所示，矿车或机车的宽度为 B、长度为 L、轴距为 S_B，由于矿车或机车有一定长度，在曲线段运行时外侧顶角处会产生外伸现象，外伸量为 Δ_1，而内侧中部则产生内伸现象，内伸量为 Δ_2，因此，双轨线路中心距在曲线段处需要加宽，巷道也需要加宽。曲线段双轨线路中心距需要加宽的值如表 13-2 所列。

原煤炭工业部颁发的标准巷道断面设计规定：机车运输的曲线巷道在外侧应加宽 200 mm，在内侧要加宽 100 mm。

双轨线路中心距在曲线段加宽时，一般内轨不动，外轨线路曲线半径增加 ΔS，线路中心

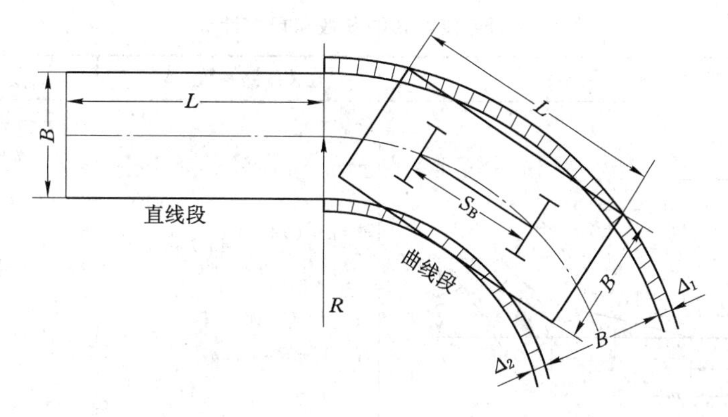

图 13-7　曲线段矿车的内伸与外伸

距由 S 增加到 $S+\Delta S$。

双轨线路的线路中心距以及相应巷道加宽的起点应从曲线起点以前的直线段开始，加宽的起点位置如图 13-8 所示。一般情况下，直接与曲线巷道相连的巷道，加宽段长度不宜小于 5 m。对于双轨中心距加宽的长度 L_0 一般也取 5 m，只运行 1 吨矿车时可取 2 m。

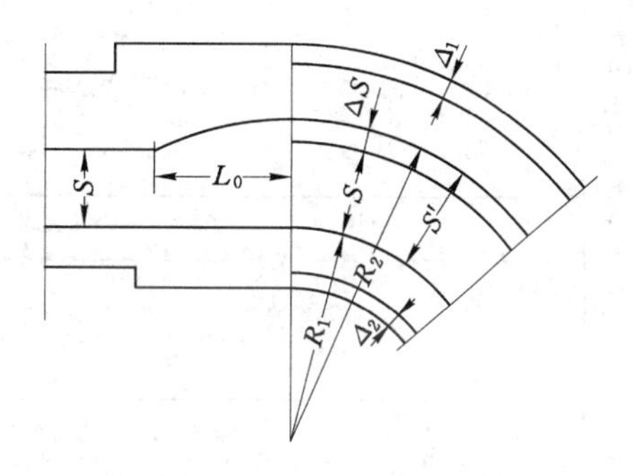

图 13-8　曲线段巷道和双轨线路中心距加宽

3. 外轨抬高

为抵消离心力作用下矿车对外轨的挤压、减少磨损和运行阻力，保证车辆在曲线段内正常行驶，需将弯曲段的外轨抬高一个 Δh 值。外轨抬高量 Δh 值与曲线半径、轨距和车辆运行速度有关。轨距为 900 mm 时，Δh 为 10～35 mm；轨距为 600 mm 时，Δh 为 5～25 mm。运行速度越快、曲线半径越小，Δh 值应越大。抬高应从直线段开始，以 0.003～0.01 的坡度逐渐递增，并在弯曲段处达到需要值。

四、轨道线路的平面连接

将平面上的若干直线段线路用道岔线路或曲线线路连接在一起，便形成平面上的连接线路。确定连接线路的参数和尺寸以后才能施工。

1. 单开道岔非平行线路连接

用单开道岔和一段曲线线路把方向不同的两条直线线路连接起来，被连接的两条直线线路布置在互成一定角度的两条巷道内。这种线路连接的参数计算如表 13-4 所列。

2. 单开道岔平行线路连接

用单开道岔和一段曲线线路使单轨线路变为同一巷道内的双轨线路，为使线路中心距达到预定值，在道岔岔线末端与曲线之间插入直线段 c。这种线路连接的参数计算如表 13-4 所列。

3. 对称道岔平行线路连接

用对称道岔和两段曲线线路使单轨线路变为同一巷道内的双轨线路，在道岔岔线末端与曲线之间插入直线段 c。这种线路连接的参数计算如表 13-4 所列。因对称道岔的辙叉角较大，则连接长度 L 相对较短。另外，对称道岔的 b 值为岔线实际长度 b_1 的投影值。

表 13-4　　平面连接线路的参数和尺寸计算

连接线路类型和线路图	连接线路参数计算	备　注
单开道岔非平行线路连接	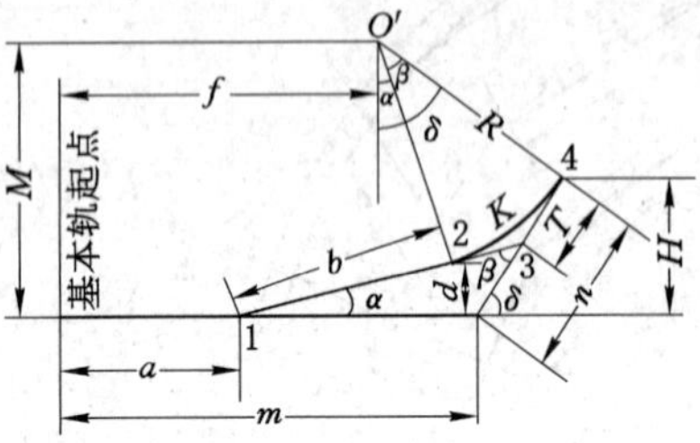 $\beta=\delta-\alpha$ $T=R\cdot\tan\dfrac{\beta}{2}$ $m=a+(b+T)\dfrac{\sin\beta}{\sin\delta}$ $d=b\cdot\sin\alpha$ $M=d+R\cdot\cos\alpha$ $H=M-R\cdot\cos\delta$ $n=\dfrac{H}{\sin\delta}$ $f=a+b\cdot\cos\alpha-R\cdot\sin\alpha$	a,b——道岔外形尺寸 α——辙叉角 m,n——轮廓尺寸 R——曲线半径 δ——巷道转角
单开道岔平行线路连接	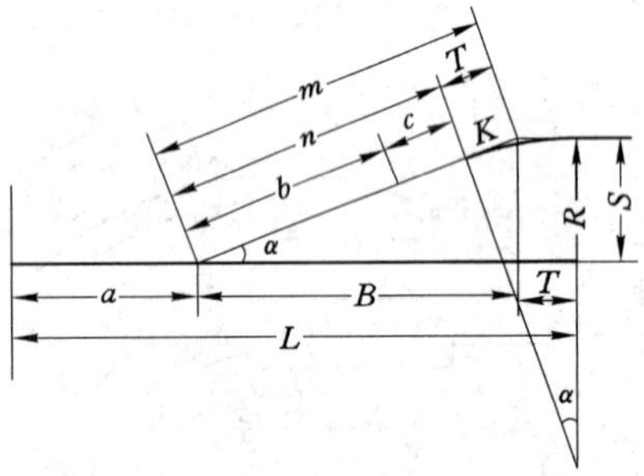 $B=S\cdot\cot\alpha$ $m=S\cdot\csc\alpha$ $T=R\cdot\tan\dfrac{\alpha}{2}$ $n=m-T$ $c=n-b$ $L=a+B+T$	a,b——道岔外形尺寸 α——辙叉角 R——曲线半径 L——连接长度 m——连接系统斜长 c——连接系统参数，$c\nless 0$ S——线路中心距
对称道岔平行线路连接	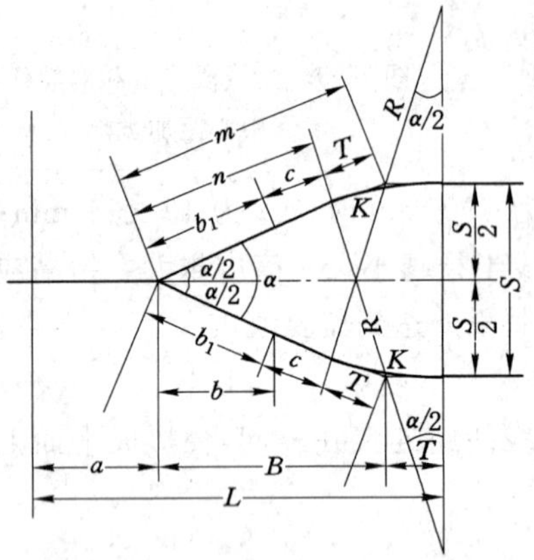 $B=\dfrac{S}{2}\cot\dfrac{\alpha}{2}$ $T=R\cdot\tan\dfrac{\alpha}{4}$ $m=\dfrac{S}{2}\csc\dfrac{\alpha}{2}$ $n=m-T$ $b_1=\dfrac{b}{\cos\dfrac{\alpha}{2}}$ $c=n-b_1$ $L=a+B+T$	a,b_1——道岔外形尺寸 α——辙叉角 R——曲线半径 L——连接长度 m——连接系统斜长 c——连接系统参数，$c\nless 0$ S——线路中心距
线路平行移动	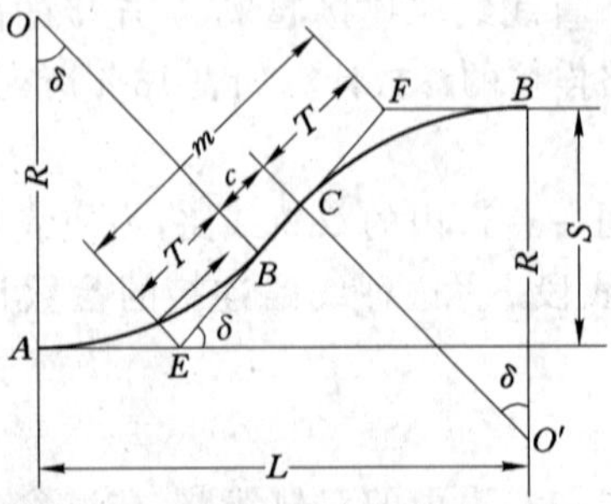 $c=S_B+2x_1$ $L=2R\cdot\sin\delta+c\cdot\cos\delta$ $m=2T+c=2R\cdot\tan\dfrac{\delta}{2}+c$ $\delta<90°$	c——插入直线最小长度 S_B——矿车轴距 x_1——外轨抬高递减距离

根据已知条件，以上 3 种轨道线路平面连接方式都可以从《窄轨道岔线路连接手册》中

直接查出。

4. 线路平行移动

将线路平行移动距离 S,其间必须有两条反向曲线才能把线路连接起来。为使车辆在线路上平稳运行,两条反向曲线之间须插入缓和直线段 c。这种线路连接的参数如表 13-4 所列。

五、平面线路坡度

为有利于空重矿车运行和排水,平面线路在纵断面上一般均有坡度。

线路坡度,是指在线路纵断面上两点之间的高差与其水平距离比值的百分值。当线路坡度很小时,可以用两点的斜长代替两点的水平距离。

对不同的运输方式,可选用不同的线路坡度。大巷采用电机车运输时,重车向井底车场方向运行、空车向采区方向运行,为了充分发挥机车效能,线路应按等阻力坡度设计,即重列车下坡和空列车上坡的阻力相等。

通常,机车运输的线路向井底车场方向取 0.3%～0.5%的坡度,这样同时亦有利于巷道水沟自流排水。

平巷中采用绞车串车或人力推车时,线路坡度原则上也可按等阻力坡度和流水坡度考虑。一般也为 0.3%～0.5%,有时可略大一些。

矿车在坡道上利用其重力或惯性运行称为自动滚行。在自动滚行中,主要是利用轨道的坡度控制速度。3 吨矿车空重车坡度一般分别为 0.9%和 0.7%;1 吨矿车分别为 1.1%和 0.9%。

需要指出的是:巷道坡度大于 0.7%时,应严禁人力推车;不得在自动滚行的坡度上停放车辆,确需停放时必须用可靠的制动器将车辆稳住。

六、竖曲线

采区上下山和甩车道中的轨道线路布置在斜面上,称斜面线路。线路由斜面过渡到平面时,为了避免线路以折线状突然拐到平面上,斜面线路与平面线路之间需设置竖曲线连接,以使车辆运行平稳、可靠。

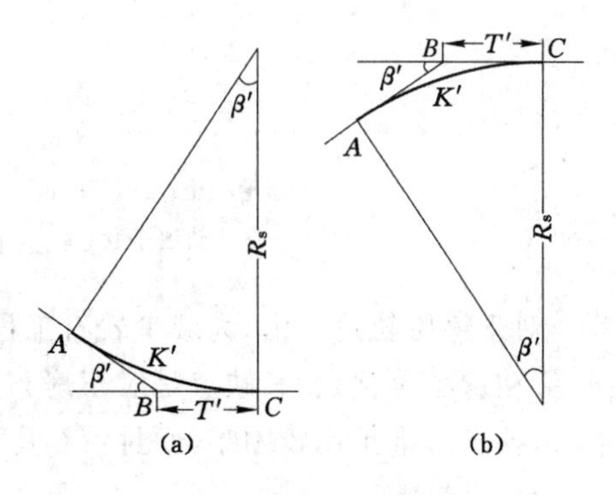

图 13-9　纵面线路中的竖曲线

(a) 采区下部车场中的正向竖曲线

(b) 采区上部车场中的反向竖曲线

竖曲线是纵面上的曲线,如图 13-9 所示。图中 A 点称为竖曲线的上端点或下端点;C 点称为竖曲线的起坡点或落平点;B 点为斜面与平面的交点,β' 为斜面线路与平面线路的夹角,即竖曲线的转角,通常为已知;R_s 为竖曲线半径,由设计者选定。在 β' 和 R_s 确定后,竖曲线切线 T' 及圆弧段长度 K' 可由计算得出。

竖曲线半径对线路工程和运行影响较大。R_s 过大,一是使车场线路布置不紧凑,增加了车场巷道工程量,二是可推后摘挂钩点位置,增长了提升时间。R_s 过小,又会出现矿车变位太快,易使相邻两矿车上缘挤撞,造成矿车在竖曲线处车轮悬空而掉道。车场线路设计中,竖曲线半径 R_s 一般取值如下——1.0 吨、1.5 吨矿车取 9 m、12 m 或 15 m,3.0 吨矿车取 12 m、15 m 或 20 m。

第二节 采区上部车场

采区上部车场,是采区上山与采区上部区段平巷和阶段回风大巷之间的一组巷道和硐室的总称。在下山采区,则是采区下山与采区上部区段平巷和阶段运输大巷之间的一组巷道和硐室的总称。

一、采区上部车场的形式和选择

按轨道上山与上部区段回风平巷或回风石门的连接方式不同,上部车场分为两类——平车场和甩车场。

1. 甩车场

如图 13-10 所示,轨道上山通过斜面上的甩车道与区段轨道平巷或石门相连,绞车房位于阶段回风大巷或采区回风石门标高以上,绞车将矿车沿轨道上山提升至甩车道标高以上,然后经甩车道甩车至上部区段的轨道平巷中,在轨道平巷中设存车线和调车线。甩车场使用方便、安全可靠、效率高、劳动量小。单向甩车场只在上山一侧布置甩车道,上山另一侧的运输通过绕道实现,双向甩车场在上山两侧均布置甩车道。双向甩车所需的交岔点断面较大,施工和维护比较困难。

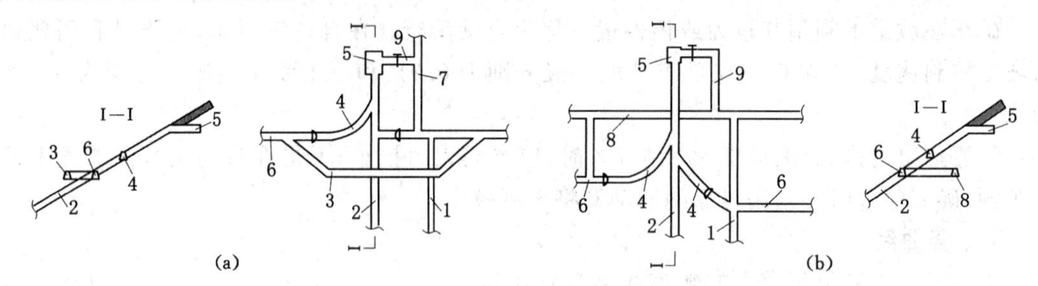

图 13-10 采区上部甩车场

(a) 单向甩车场 (b) 双向甩车场

1——运输上山;2——轨道上山;3——绕道;4——甩车道;5——绞车房;

6——区段轨道平巷;7——回风石门;8——总回风道;9——回风通道

对于煤层轨道上山,为减少岩石工程量可采用甩车场。甩车场具有通过能力大、调车方便、劳动量小等优点;其缺点是绞车房布置在回风大巷或石门标高之上,当上部为松软风化带时,绞车房维护比较困难,而且绞车房回风有一段下行风、通风条件较差。

2. 平车场

如图 13-11 所示,采区轨道上山的上端与阶段回风大巷之间用水平巷道连接并在其间布置存车线和调车线,绞车房布置在岩石中、与阶段回风大巷标高相同。采区上部平车场线路的特点是设置反向竖曲线,上山经反向竖曲线变平,然后设置平台,在平台上调运矿车。

根据提升方向与矿车在车场运行方向来区分,绞车牵引矿车沿轨道上山提至平车场平台后摘钩,矿车顺着行进方向运行的这种车场称为顺向平车场,反之称为逆向平车场。在顺向平车场内,矿车经轨道上山提至平车场的平台后摘钩,然后进入回风大巷或回风石门,在行进过程中矿车不改变方向。该车场调车方便、通过能力较大。在逆向平车场内,矿车经轨道上山提至平车场平台,待最末一辆矿车驶过道岔后停车摘钩,再反向经道岔送至轨道平巷

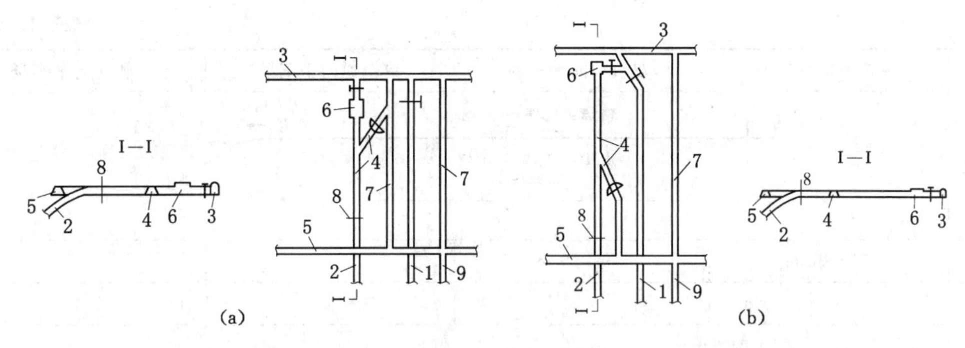

图 13-11　采区上部平车场

(a) 顺向平车场　(b) 逆向平车场

1——运输上山；2——轨道上山；3——阶段回风大巷；4——平车场；
5——区段轨道平巷；6——绞车房；7——回风石门；8——变坡点；9——回风上山

中。该车场调车时间较长，通过能力较小。

两种平车场如何选择，主要根据轨道上山、绞车房和回风巷道的相对位置决定。上山变坡点与绞车房之间距离较小或车场巷道直接与总回风道联系时可采用顺向平车场；上山变坡点与绞车房之间距离较大或煤层群联合布置采区并有采区回风石门与各煤层回风巷及总回风巷相联系时可采用逆向平车场。

在采区上部为松软风化带时，为改善绞车房的维护条件，可选择平车场。此外，在煤层群联合布置时回风石门较长，为便于与回风石门联系亦多选用平车场。

凡用逆向平车场的地方均可以用甩车场代替。

无论选用甩车场还是平车场，采区上部车场设计时均应充分考虑绞车房的维护条件。

二、采区上部车场的线路布置

在上部车场线路布置中，可根据提升量大小选用 4 号或 5 号道岔。单道变坡和不设高低道的双道变坡轨道线路应以 0.3%～0.5%的坡度向绞车房方向下坡，车场内水沟应以 0.3%～0.4%的坡度向上山方向下坡。采区上部甩车场的线路布置和计算同中部甩车场，平车场的线路布置和计算如表 13-5 所列。

表 13-5　　　　采区上部平车场的线路布置和计算

名称	单轨顺向平车场	双轨顺向平车场	单轨逆向平车场	双轨逆向平车场
形式	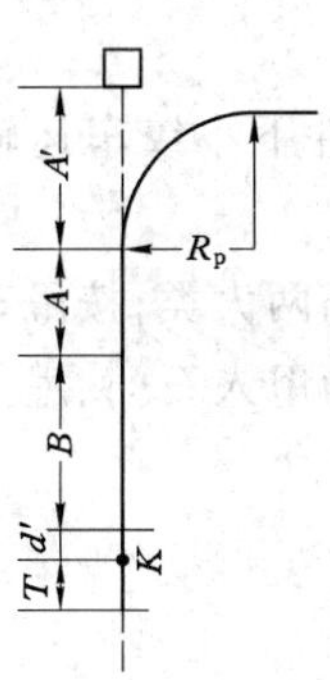	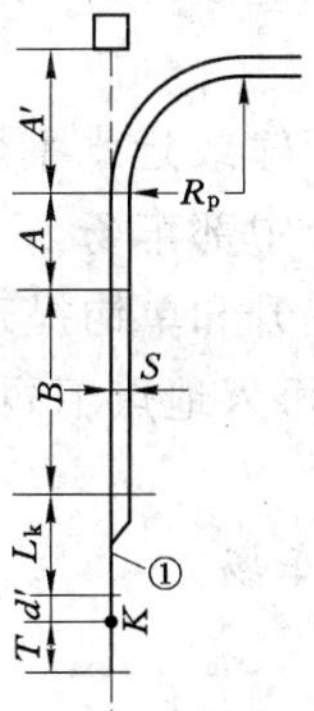	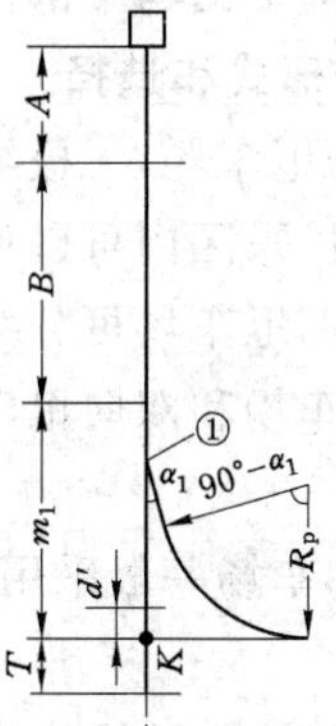	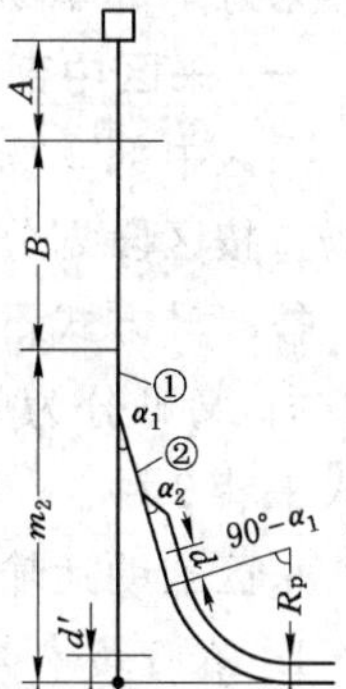

续表 13 5

名称	单轨顺向平车场	双轨顺向平车场	单轨逆向平车场	双轨逆向平车场
坡度	轨道：0.3% ～0.5% 水沟：0.3% ～ 0.4% L_{AK}　K　T　R_s　β　β			
A'	10～30 m	10～30 m		
A	5 m		5～10 m	
B	一钩串车长			
T	$R_s \cdot \tan\frac{\beta}{2}$			
R_p	非综采采区 6～12 m，综采采区 12～20 m			
R_s	非综采采区 9～15 m，综采采区 12～20 m			
L_k		$a+S\cdot\cot\alpha_1+R\cdot\tan\frac{\alpha_1}{2}$		
d'	1.5～2.0 m			
m_1			$a+b\cdot\cos\alpha_1+R_p-R_p\cdot\sin\alpha_1$	
m_2		$a_1+\left[b_1+a_2+S\cdot\cot\alpha_2+R_p\cdot\tan\frac{\alpha_2}{2}+d+(R_p+S)\tan\frac{90^\circ-\alpha_1}{2}\right]\cos\alpha_1$		
L_{AK}	$d'+B+A+A'$	$d'+L_k+B+A+A'$	m_1+B+A	m_2+B+A
符号	A'—— 平曲线起点至绞车房外壁距离，m； B —— 一钩串车长，m； R_s—— 竖曲线半径，m； L_k—— 单开道岔平行线路连接尺寸，m； m_1——单开道岔单轨非平行线路连接尺寸，m； m_2——单开道岔双轨非平行线路连接尺寸，m； S——双轨轨道中心距，m； L_{AK}——变坡点至绞车房外壁距离，m，其最小值为 $A+B+C$，C 值与绞车型号有关：JT800×600—30 为 12 m；JT1200×1000—30 为 19 m；JT1600×1200—30 为 23 m；2JT1600×900—20 为 35 m；XKT1×2.0×1.5 为 29 m		A ——过卷安全距离，m； T——竖曲线切线长，m； R_p——平曲线半径，m； K——变坡点； β——上山倾角，(°)； d'——变坡点至阻车器间距，m； d——反向曲线之间插入的直线段，m；	

第三节　采区中部车场

采区中部车场，是指上下山与中部区段平巷连接处的一组巷道和硐室的总称。

一、采区中部车场的形式和选择

采区中部车场一般为甩车场，无极绳绞车运输或近水平煤层条件下小绞车运输时为平车场。按区段划分的数目，采区内可以设置多个中部车场。

按提升方式不同，中部甩车场可分为双钩提升和单钩提升甩车场两大类；按甩车场的甩车方向，又可分为单向甩车场和双向甩车场；按甩入地点不同，又分为甩入石门、甩入绕道和甩入平巷 3 种。

采区辅助运输的中部车场一般采用单钩甩车场。

1. 石门式中部车场

当煤层群采用联合布置、轨道上山布置在下部煤层中或煤层底板岩层中时，往往采用甩入石门式中部车场，在石门中布置储车线和调车线。

图 13-12 所示为双石门布置，由轨道上山 2 提升的矿车通过甩车道 6 甩入中部轨道石门 9 中，再进入区段轨道平巷 4。而各区段运输平巷 3 中的煤经过运输石门 8 和区段溜煤眼 7 溜入运输上山 1 中。下区段工作面生产期间，打开风门污风进入回风上山。

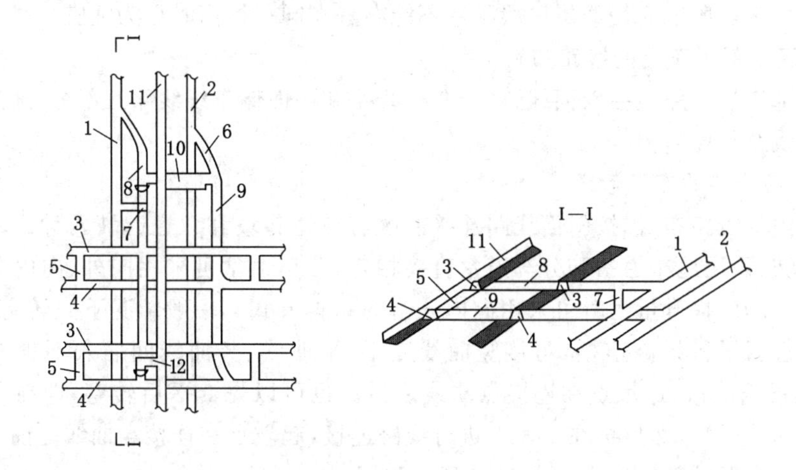

图 13-12　甩入石门式中部车场

1——运输上山；2——轨道上山；3——区段运输平巷；4——区段轨道平巷；
5——联络巷；6——甩车道；7——区段溜煤眼；8——区段运输石门；9——区段轨道石门；
10——采区变电所；11——回风上山；12——回风联络巷

2. 绕道式和平巷式中部车场

双翼采区轨道上山和运输上山沿同一层位布置时，为避免车场与运输上山交叉需开掘绕道，可采用甩入绕道式甩车场。

上山布置在单一薄及中厚煤层中的单向甩车绕道式中部车场如图 13-13(a)所示。甩车道 3 由斜面进入平面后再延伸至顶板绕道 4，在绕道中布置储车线和调车线。由轨道上山 2 提升的矿车通过甩车道 3 甩入绕道 4，再进入两翼区段轨道平巷 5。

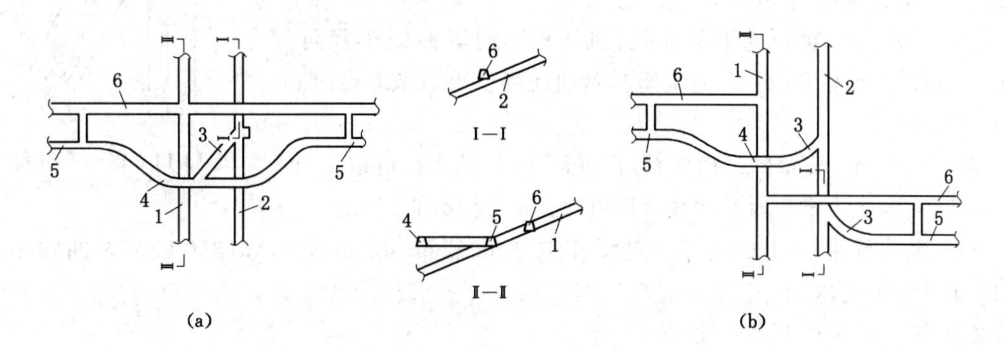

图 13-13　甩入绕道式和甩入平巷式中部车场

(a) 单向甩车绕道式　(b) 双向甩车一侧甩入绕道另一侧甩入平巷式

1——运输上山；2——轨道上山；3——甩车道；4——绕道；5——区段轨道平巷；6——区段运输平巷

上山布置在单一薄及中厚煤层中、双向甩车的中部车场如图 13-13(b)所示。轨道上山两侧均布置甩车道,一侧甩入区段轨道平巷 5,另一侧甩入绕道 4,储车线分别设在上山附近的绕道和平巷中。双向甩车通过能力大、两翼相互影响少,但增加了甩车道和交岔点的工程量,施工比较复杂,为了便于维护,两交岔点应错开一定距离。这对于采区内因保护煤柱、地质构造或无煤区等影响而使两翼区段平巷不能布置在同一标高时更为适宜。

二、采区中部甩车场的线路布置

采区中部车场线路包括斜面线路、竖曲线线路和平面储车线线路三部分,通过竖曲线将斜面和平面线路相连。

1. 甩车场线路的布置形式

甩车场内的线路布置,按斜面线路连接系统有单道起坡和双道起坡两种。一般情况下宜用双道起坡,采用甩车道岔和分车道岔直接相连,分车道岔可采用向外、向内分岔的布置方式,围岩条件好、提升量大时可采用向内分岔的布置方式。一般情况下先转弯后变平,即先在斜面上进行平行线路连接,再接竖曲线变平,平曲线、竖曲线间插入不少于矿车轴距 1.5～2.0 倍的直线段,起坡点在连接点曲线之后。也可以先变平后转弯,即在分车道岔后直接布置竖曲线变平,然后再在平面上进行线路连接,起坡点在连接点曲线之前。单双道起坡甩车场线路布置的基本形式如表 13-6 所列。

2. 甩车场线路主要参数的选择

(1) 提升牵引角

矿车是沿轨道行进的。如图 13-14 所示,矿车行进方向 N 与钢丝绳牵引方向 P 的夹角 θ,称为矿车提升牵引角。由于此角必然产生横向分力 F,θ 角度越大横向分力也越大,运输可靠性则越差。减小提升牵引角的方法是——采用小角度道岔(4 号或 5 号);单道变坡二次斜面回转角或双道变坡二次斜面回转角($\alpha_1+\alpha_2$)一般不大于 30°;双道变坡方式的甩车道岔与分车道岔直接连接。

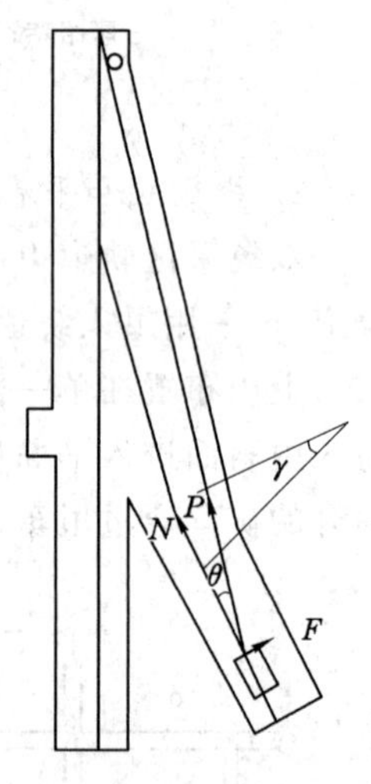

图 13-14 提升牵引角

(2) 道岔和曲线半径

作为辅助提升一般采用 4 号或 5 号道岔。5 号道岔为甩车道岔,4 号道岔为分车道岔。

对于 600 mm 轨距的平面曲线,机械调车时其曲线半径可取 9 m、12 m、15 m 和 20 m;人力推车时其曲线半径可以取 6 m、9 m、12 m 和 15 m。

对于 900 mm 轨距的平面曲线,机械调车时,其半径可取 12 m、15 m 和 20 m;人力推车时其曲线半径可取 9 m、12 m 和 15 m。

对于竖曲线半径,1.0 吨、1.5 吨矿车取 9 m、12 m、15 m 或20 m;3.0 吨矿车曲线半径取 12 m、15 m 或 20 m。

(3) 储车线的坡度和长度

不设高低道的甩车场储车线坡度应为 0.3%～0.4%、向上山方向下坡。设高低道的甩车场储车线坡度可按表 13-7 选取。在计算高低道最大高差 ΔH 时,为方便设计直线和曲线段可按平均坡度计算,一般空车线 i_g 取 1.1%,重车线 i_d 取 0.9%,而后再进行部分调整。

表 13-6　　用车场斜面线路的布置方式

起坡点	单道起坡		双道起坡			
类别	斜面线路一次回转	斜面线路二次回转	分车道岔向内分岔 斜面线路一次回转	分车道岔向外分岔 斜面线路一次回转	分车道岔向外分岔 斜面线路二次回转	斜面线路先变平后转弯
布置方式	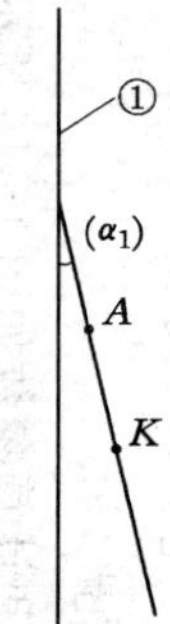	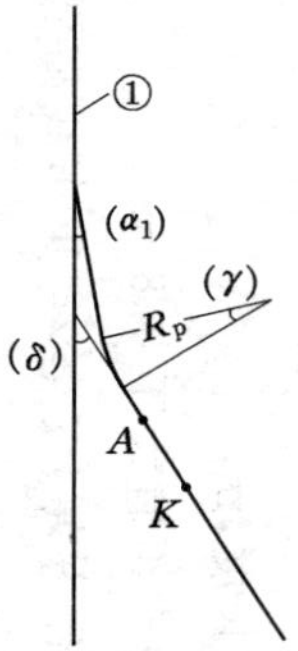	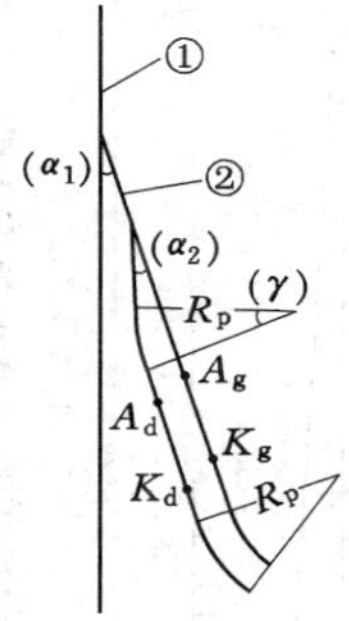	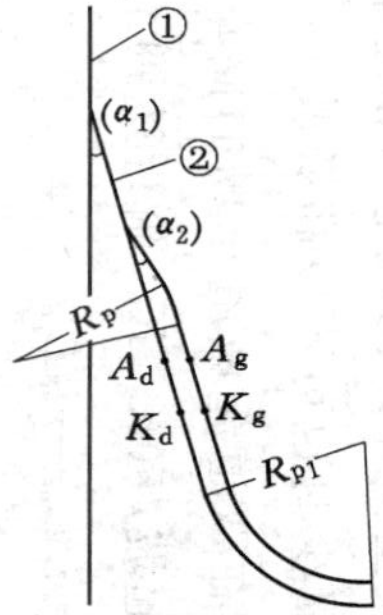	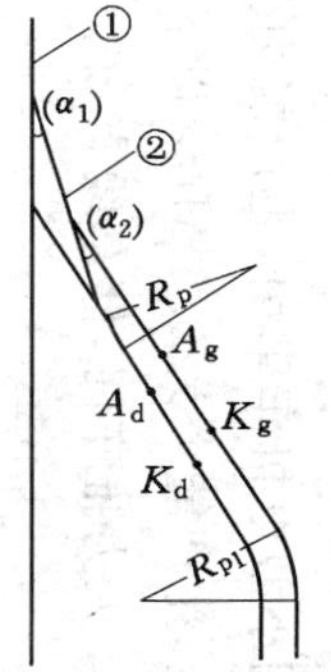	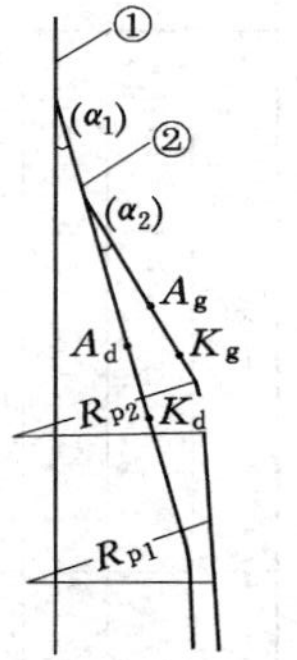
图注	①——甩车道岔；②——分车道岔；R_p——斜面曲线半径；α_1——斜面一次回转角(甩车道岔角)；α_2——斜面转角(分车道岔角)；γ——斜面转角；K——起坡点；A——竖曲线上端点；R_{p1}——平曲线半径；R_{p2}——平曲线半径；K_g——高道起坡点；K_d——低道起坡点；A_g——高道竖曲线上端点；A_d——低道竖曲线上端点；δ——二次斜面回转角					
优点和缺点	提升牵引角小，交岔点断面小，易于维护；空重车倒车时间长，推车劳动量大，运量小	交岔点短，工程量小，易维护；提升牵引角大不利操车，调车时间长，推车劳动量大	提升牵引角小，钢丝绳绳磨损小，提升能力大；交岔点长，断面大	提升牵引角小，钢丝绳绳磨损小，操车方便，斜面线路短，利于减少提升时间；交岔点长，对施工和维护不利	提升能力大，交岔点短，空间大，便于操作，提升牵引角小	提升牵引角小，线路布置紧凑，提升时间短；交叉点断面大，对施工和维护不利
适用条件	提升量小，围岩条件好	围岩条件差，提升量小	围岩条件好，提升量大	围岩条件好，提升量大，广泛采用的形式之一	围岩条件差，提升量大，广泛采用的形式之一	围岩条件好，提升量大，由于交岔点和落平后断面太大，用得少

表 13-7　　甩车场储车线的坡度

矿　　车	线路形式	空车线 i_g/%	重车线 i_d/%
1.0 吨、1.5 吨	直线	0.7～1.2	0.5～1.0
	曲线	1.1～1.8	0.9～1.5
3 吨	直线	0.6～0.9	0.5～0.7
	曲线	1.0～1.5	0.8～1.2

作为辅助提升，甩入的中间巷道采用小型电机车牵引，生产能力为 0.9 Mt/a 及以上的采区，其储车线有效长度按 1.5 列车确定，生产能力为 0.9 Mt/a 以下采区按 1.0 列车确定。甩入的中间巷道采用小绞车、无极绳绞车、人力推车时，储车线有效长度可按 2～3 钩串车长度确定。

(4) 双道起坡甩车场的高道和低道

储车线内设置高道和低道的目的，是使空重车线内的重车和空车均能实现自溜滚行，减少人工推移量，采用 1 吨矿车或辅助运输量少时也可不设高低道。

① 高低道高差——如图 13-15 所示，在双道起坡甩车场的储车线内，由坡度相反的空重车线形成高道和低道，其高差在竖曲线起坡点（K_g、K_d）附近达到最大值 ΔH：

$$\Delta H = i_g L_{zg} + i_d L_{zd} \tag{13-5}$$

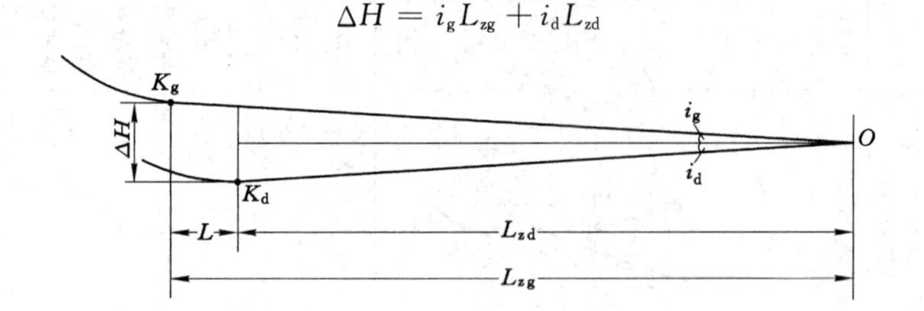

图 13-15　双道起坡甩车场高低道存车线

式中　i_g，i_d——高道、低道坡度，%；

L_{zg}，L_{zd}——高道、低道储车线有效长度，m。

一般 ΔH 为 0.5 m 左右，设计规范规定不宜大于 0.8 m。

② 高低道竖曲线起点错距——为操作方便、安全，空重车线高低道竖曲线最好是在同一点起坡（落平），使摘挂钩点之间没有前后错距，或者高道起坡点适当超前低道起坡点一定错距 L，一般为 1.5 m 左右。设计规范规定最大错距不大于 2 m。

③ 高低道线路中心距——600 mm 轨距，1 吨矿车高低道线路中心距取 1.9 m，1.5 吨矿车取 2.1 m。900 mm 轨距，高低道线路中心距取 2.2 m。

3. 单道起坡二次回转甩车场线路的布置

单道起坡二次回转甩车场线路的布置和计算参数如图 13-16 所示、表 13-8 所列。

线路设计的作图方法有两种，一是斜面线路按真实尺寸作图，称之为层面图；二是将斜面尺寸投影到平面上，这需要计算车场线路在平面图上的尺寸、纵剖面图上各点标高和各段坡度，在近水平煤层中的斜面线路可以不换算。平面图上标注尺寸时，仍可标注斜面真实尺寸，但需用括号括起来。

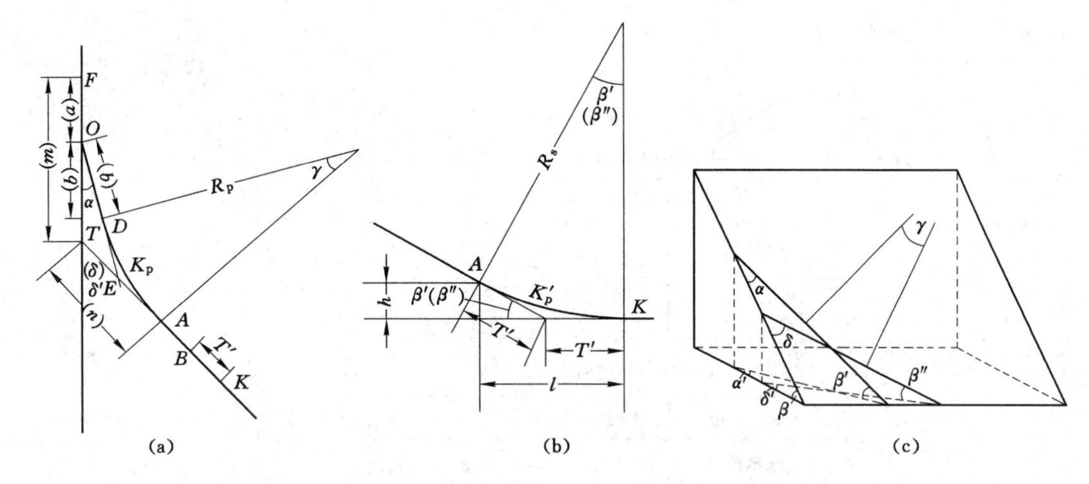

图 13-16　单道起坡二次回转甩车场线路的布置和参数计算

(a) 线路布置　(b) 竖曲线参数　(c) 真倾斜角和伪倾斜角

表 13-8　　单道起坡甩车场线路的参数计算

项目			公式	备注
斜面线路	一次平面回转角		$\alpha'=\arctan(\tan\alpha/\cos\beta)$	a,b——道岔外形尺寸 α——道岔角 β——轨道上山倾角 δ'——斜面线路二次回转角的水平投影角，一般为 30°～35°，采区标准设计平面回转角为 35° R_p——斜面曲线半径 R_s——竖曲线半径
	二次层面回转角		$\delta=\arctan(\cos\beta\tan\delta')$	
	一次伪倾斜角 二次伪倾斜角		$\beta'=\arcsin(\sin\beta\cos\alpha)$ $\beta''=\arcsin(\sin\beta\cos\delta)$	
	线路连接		$n=(R_p\cos\alpha+b\sin\alpha-R_p\cos\delta)/\sin\delta$ $m=a+[b+R_p\tan(\gamma/2)]\sin\gamma/\sin\delta$	
	斜面曲线	转角	$\gamma=\delta-\alpha$	
		切线	$T=R_p\cdot\tan(\gamma/2)$	
		弧长	$K_p'=R_p\pi\gamma/180=R_p\gamma/57.3$	
竖曲线	切线		$T'=R_s\cdot\tan(\beta'/2)$	
	起终点高差		$h=R_s\cdot(1-\cos\beta')$	
	水平投影		$l=R_s\cdot\sin\beta'$	
	弧长		$K_p'=\pi R_s\cdot\beta'/180=R_s\cdot\beta'/57.3$	

竖曲线和斜面曲线一般是分开布置的，即竖曲线在斜面曲线之后，二者不重合，A—K 段为竖曲线。在各部分尺寸计算出后，绘线路平面图，按斜面线路投影值绘图，但尺寸标注仍用斜面尺寸(用括号括起)。然后，再计算甩车场纵面图上各段的坡度和各控制点的标高。

设 O 点的标高为±0，则各点间的高差和标高计算如下：

O 点与 D 点高差——$\Delta h_{OD}=b\cdot\sin\beta'=b\cdot\cos\alpha\cdot\sin\beta$；$D$ 点标高：$h_D=-\Delta h_{OD}$；

D 点与 E 点高差——$\Delta h_{DE}=T\cdot\sin\beta'=T\cdot\cos\alpha\cdot\sin\beta$；$E$ 点标高：$h_E=h_D-\Delta h_{DE}$；

E 点与 A 点高差——$\Delta h_{EA}=T\cdot\sin\beta''=T\cdot\cos\delta\cdot\sin\beta$；$A$ 点标高：$h_A=h_E-\Delta h_{EA}$；

A 点与 K 点高差——$\Delta h_{AK}=T'\cdot\sin\beta''=T'\cdot\cos\delta\cdot\sin\beta$；$K$ 点的标高为：$h_K=h_A-\Delta h_{AK}$。

计算完毕后，可绘制线路纵面坡度图，如图 13-17 所示。若已知起坡点 K 的标高，也可反算道岔岔心的标高。

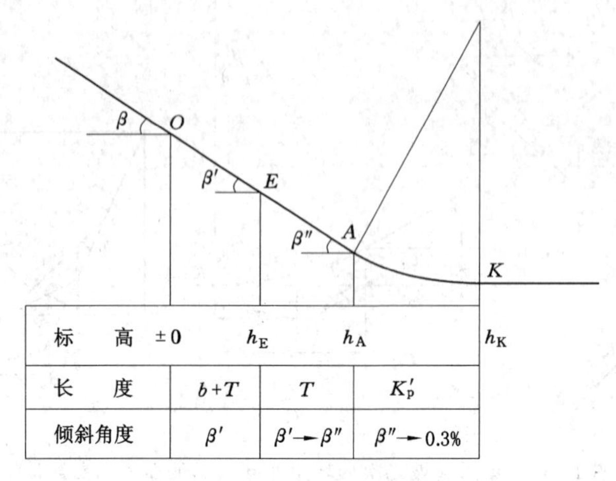

图 13-17　线路纵面坡度图

4. 双道起坡甩车场线路的布置

双道起坡的实质，是在斜面上分别设甩车道岔和分车道岔，使线路在斜面上变为双轨，空车和重车线分别设置竖曲线起坡。落平后的双轨存车线长度约为 2～3 钩串车长，再接单开道岔连接点变为单轨线路。

第四节　采区下部车场

采区下部车场，是指采区上山与阶段运输大巷相连接的一组巷道和硐室的总称。

大巷采用胶带输送机运煤时，采区下部车场得以简化，由煤仓下口将煤直接转运至胶带输送机上；有些生产矿井通过提高生产系统的可靠性取消了采区煤仓，将上下山中的胶带输送机与大巷中的胶带输送机直接搭接，使采区车场转运煤的环节最大限度地简化。

大巷采用矿车运煤时，采区下部车场由装车站线路和辅助运输车场线路组成。

装车站是煤炭从采区上山到运输大巷的转运站，由空、重车存车线和装车点等构成。辅助运输提升车场一般多为平车场。

采区装车站线路布置取决于装车站的调车方式、装车站所在位置、煤仓个数以及是否在井田边界等因素。大巷采用底卸式矿车运煤时，因为底卸式矿车要求车辆有固定卸载方向，采区装车站线路布置形式应与井底车场布置形式相对应。即：若井底车场的卸煤线路为环形布置，采区装车站线路也应是环形的；若井底车场为折返式布置，采区装车站线路也必须是折返式布置。

根据装车站装车位置不同，采区下部车场可分为大巷装车式、石门装车式和绕道装车式。无论何种形式，装车站应有足够的通过能力。

一、大巷装车式下部车场

1. 车场形式

采用轨道运输的大巷装车式下部车场如图 13-18 所示。采区煤仓中的煤直接在大巷内装入矿车，大巷装车式下部车场可分为顶板绕道式和底板绕道式下部车场。

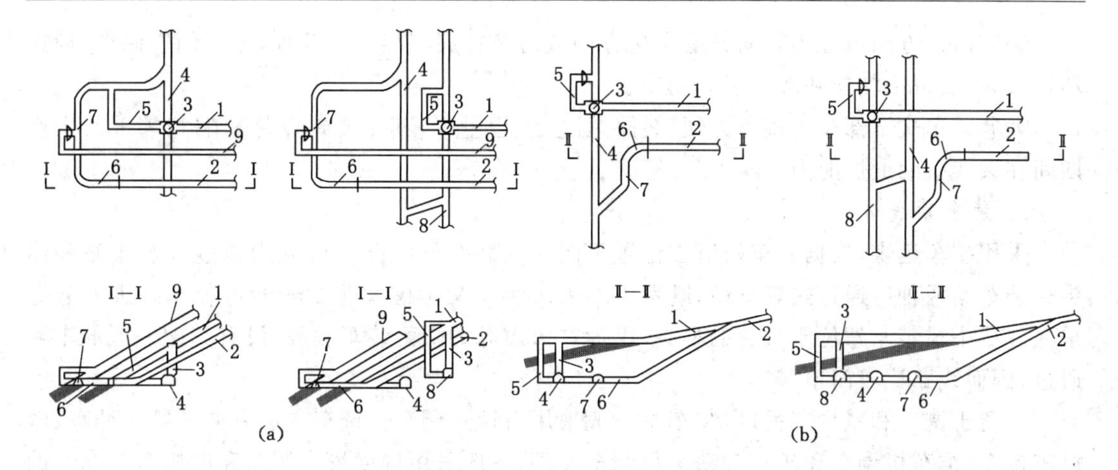

图 13-18　大巷装车(载)式下部车场

(a) 顶板绕道　(b) 底板绕道

1——运输上山；2——轨道上山；3——采区煤仓；4——轨道运输大巷；
5——行人斜巷；6——材料车场；7——绕道；8——胶带运输大巷；9——回风上山

为了满足采区掘进出煤、出矸和进料，在采区下部车场的辅助提升部分轨道上山通过绕道与大巷相连。

若绕道位于大巷顶板方向，称大巷装车顶板绕道式下部车场；若绕道位于大巷底板方向，则称大巷装车底板绕道式下部车场。

在煤层倾角小于 12°条件下一般采用底板绕道式，煤层倾角加大后一般采用顶板绕道式。为行车安全，绞车提升的线路起坡角不宜大于 25°。

采区下部车场绕道与运输大巷的位置关系如表 13-9 所列。

表 13-9　　采区下部车场绕道与运输大巷的位置关系

形式	图　　示	适用条件	布置特点
顶板绕道	$\Delta\beta$, β, β_1, 1, 2	$\beta>25°$	为防止矿车变位太快、运行不可靠，在接近下部车场处将上山上抬 $\Delta\beta$ 角，使起坡角达到 25°
	β, β, 1, 2	$\beta=20°\sim25°$	轨道上山不变坡，直接设竖曲线落平
	β, $\Delta\beta$, 1, β_1, 2	$\beta=12°\sim19°$	为减少下部车场工程量，轨道上山提前下扎 $\Delta\beta$ 角，使起坡角达 20°～25°
底板绕道	β, $\Delta\beta$, β_1, 2, 1	$\beta<12°$	为减少下部车场工程量，轨道上山提前下扎 $\Delta\beta$ 角，使起坡角达 20°～25°

注：1——运输大巷；2——绕道；β——煤层倾角；β_1——轨道上山起坡角。

绕道出口方向可分为朝向井底车场方向或背离井底车场方向两种，为了便于调车、通风和行人，一般采用朝向井底车场方向布置。

大巷装车式下部车场调车方便、线路紧凑、工程量少，其主要缺点是影响相邻采区生产期间在大巷中的通过能力。

2. 装车站线路

采用矿车运煤，根据装车站所在位置不同大巷装车站线路又可分为通过式装车站和尽头式装车站两种。通过式装车站，既考虑本采区装车又考虑大巷车辆通过装车站进入邻近采区。尽头式装车站位于大巷的尽头，仅为井田边界的采区装车服务，没有其他采区的车辆通过，因而线路比较简单。

为便于调车和减少工程量，装车站一般采用折返式调车。调车方法有调度绞车调车、电机车调车、推车机调车和矿车自动滚行调车 4 种，一般采用调度绞车调车和电机车调车。调度绞车调车的装车站线路布置如图 13-19 所示。

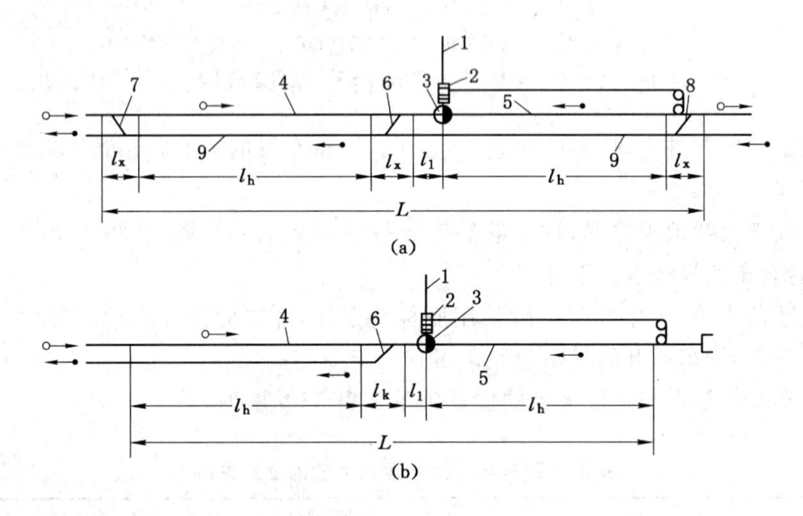

图 13-19　调度绞车调车的大巷装车站线路布置图

(a) 通过式装车站　(b) 尽头式装车站

1——运输上山；2——调度绞车；3——煤仓；4——空车存车线；5——重车存车线；6——装车点渡线道岔或单开道岔；7,8——通过线渡线道岔；9——通过线

图 13-19(a)所示为通过式装车站线路布置。机车牵引空列车从井底车场方向大巷的空车线驶来，进入装车站的空车存车线 4，机车摘钩后单独进入 l_1 段，不过煤仓，把已装满的重列车拉出，经渡线道岔 6 进入通过线 9、驶向井底车场。

空列车在调度绞车牵引下，实行整列车不摘钩装煤。调度绞车常设在煤仓同侧的壁龛中，钢丝绳通过滑轮导向。这样操作方便，不需信号联系，调度绞车的开、关只需一个装车工人兼管。列车装完煤后机车把重车拉出时，把钢丝绳也一起拉出。待列车尾部通过渡线道岔 6 后，可在不停车情况下快速摘下钢丝绳钩头，再挂在空列车上，这样可以省去人力拉钢丝绳的工序。

在生产采区靠近井田边界方向的一侧，有时一个新采区正在准备，有相当数量的矸石、材料需要运输，或有相邻两采区同时生产，则需要设渡线道岔 7 和 8 和通过线 9。此时用于邻近采区的空列车由井底车场驶来，经过道岔 7 进入通过线 9，然后经道岔 8 又回到大巷空车线、驶向下一采区。列车绕过存车线而运行的这一段线路，称为通过线。这种装车站线路布置称为通过式。

井田边界采区的装车站线路布置如图13-19(b)所示，称“尽头式”。其调车方法与通过式完全相同。线路上不设渡线道岔，只在装车站附近设一个单开道岔。尽头式装车站需妥善解决巷道的通风问题，一般通过斜巷与运输上山相连。

通过式装车站线路总长度 L 用下式计算：

$$L = 2l_h + 3l_x + l_1 \tag{13-6}$$

尽头式装车站线路总长度 L 用下式计算：

$$L = 2l_h + l_k + l_1 \tag{13-7}$$

式中　l_h——空、重车存车线长度，一般各为1.25列车长，底卸式矿车为一列车长加5 m；

l_x——渡线道岔连接点长度，600 mm轨距取4号或5号道岔，900 mm轨距取5号道岔，m；

l_k——单开道岔连接点长度，600 mm轨距取4号道岔，900 mm轨距取5号道岔，m；

l_1——机车和半个矿车长度，m。

3. 装车站通过能力

装车站通过能力用式(13-8)进行计算：

$$A_n = \frac{60N \cdot G \cdot N_r \cdot T_s}{T_z K_b (1 + K_g)} \tag{13-8}$$

式中　A_n——装车站年通过能力，t；

N——一列车的矿车数量，辆；

G——矿车载质量，t；

N_r——年工作日，取330 d；

T_s——日生产小时数，取16 h；

T_z——列车进入车场平均间隔时间，取4～5 min；

K_b——不均匀系数，机采取值1.15～1.20，炮采取值1.5；

K_g——矸石系数，取值0.1～0.25。

4. 辅助运输提升车场线路

辅助提升车场线路中，平曲线和竖曲线间应插入矿车轴距1.5～3.0倍的直线段。由电机车调车，运送材料、设备和矸石的下部车场进出车线长度取0.5列车长，人力推车时进出车线长度取5～10辆矿车长。高低道两起坡点的最大高差不宜大于0.8 m，起坡点前后错距不大于2 m。当上山倾角较大、高低道高差也较大时，甩车线可上抬3°角；当上山倾角较小、高低道高差也较小时，提车线可下扎3°角。上抬角和下扎角均不应超过5°。高道存车线的坡度取1.1%，低道存车线的坡度取0.91%。

绕道交岔点道岔一般选用4号或5号岔道。为避免装煤车站与辅助提升车场互相干扰，绕道车场线路与装车站线路不应在同一股轨道上接轨。

(1) 顶板绕道线路的布置和计算

顶板绕道线路的布置如图13-20所示。

根据运输大巷通过线与轨道上山落平点车场绕道内侧的相对位置，计算大巷通过线与轨道上山低道竖曲线切线交点(P)的水平距离 Y 和车场绕道内侧线路的水平距离 L，而后

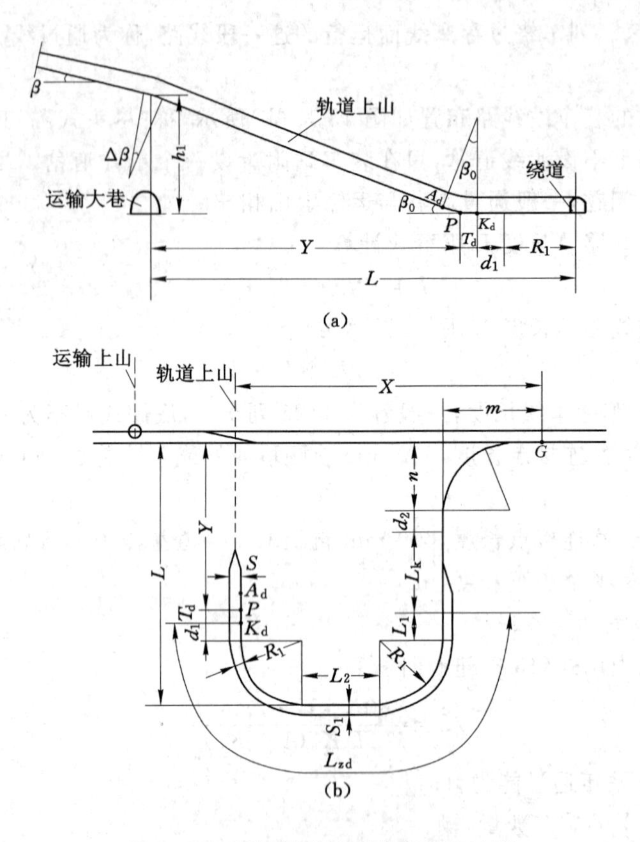

图 13-20　顶板绕道线路的布置和计算

(a) 起坡点位置　(b) 平面线路

分别计算各分段尺寸，计算公式如式(13-9)所示：

$$\left.\begin{aligned}Y &= h_1 \cdot \cot\beta_0 \\ L &= Y + T_d + d_1 + R_1 \\ L_1 &= L - R_1 - L_k - d_2 - n \\ L_2 &= L_{zd} - d_1 - L_1 - \pi R_1 \\ X &= m + 2R_1 + L_2 + S/2\end{aligned}\right\} \tag{13-9}$$

式中　h_1——大巷通过线轨面至轨道上山轨面之间的垂线距离，一般取 15～20 m；

β_0——轨道上山起坡角，为减少工程量一般取 20°～25°；

T_d——低道竖曲线切线长度，m；

d_1——平竖曲线之间插入的直线段长度，m；

R_1——绕道内侧弯道的曲线半径，m；

L_1——绕道出口端存车线直线段长度，m；

L_2——直线段长度，m；

L_{zd}——绕道内侧存车线长度，m；

d_2——平曲线与道岔间的插入段，一般取 2 m；

L_k——单开道岔平行线路连接长度，m；

n,m——单开道岔平行线路连接轮廓尺寸，m；

X——绕道出口交岔点道岔基本轨起点 G 至轨道上山轨道中心距离，m；

S——空重车线摘挂钩点活动段双轨中心距，m；

S_1——直线段双轨中心距，m。

(2) 底板绕道线路的布置和计算

底板绕道线路的布置和计算如图 13-21 所示。

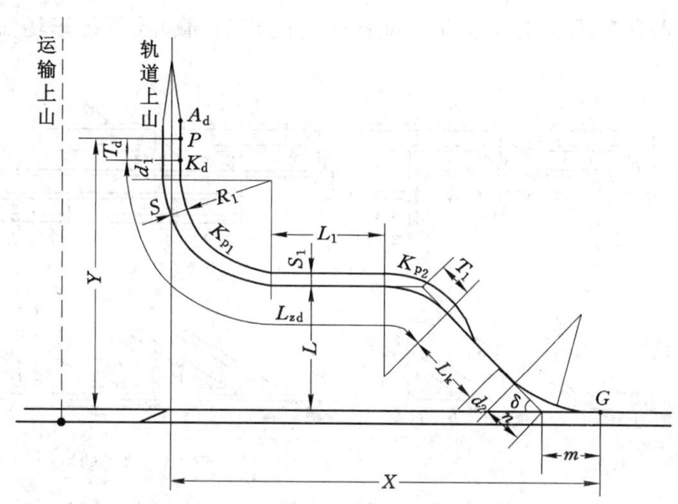

图 13-21　底板绕道线路布置及计算

该线路与通过线接轨，底板绕道卧式布置时由于 X 值较大，绕道交岔点道岔不应与通过线渡线道岔重合。一般可采用加大装车站线路中的存车线长度(外移渡线道岔)来保证。

采用底板绕道时，为了减少上山在岩层中的工程量，L 值应尽量小一些，但一般不小于 15～20 m，以利于大巷和绕道的维护。由于 L 值较小，为便于异向曲线连接，绕道转角 δ 通常可取 30°～45°。其计算公式如式(13-10)所示：

$$\left.\begin{aligned} Y &= T_d + d_1 + R_1 + S_1 + L \\ d_2 &= L/\sin\delta - T_1 - L_k - n \qquad (\text{应大于 2 m}) \\ L_1 &= L_{zd} - d_1 - K_{p1} - K_{p2} \\ X &= m + L\cdot\cot\delta + T_1 + L_1 + R_1 + S/2 \end{aligned}\right\} \tag{13-10}$$

式中　Y——大巷通过线与轨道上山低道竖曲线切线交点(P)的水平距离，m；

L——绕道线路(靠大巷侧)与大巷通过线的间距，m；一般应大于 15～20 m；

δ——绕道线路转角，一般取 30°～45°；

K_{p1}，K_{p2}——分别为存车线弯道内、外轨道线路弧长，m；

其余含义同式(13-9)。

(3) 斜面线路和竖曲线线路

轨道上山下部车场多用双道起坡。双道起坡可以设高低道，也可以不设高低道。后者起坡点没有前后错距，线路尺寸计算比较简单。

设高低道的竖曲线布置有 3 种方法。

当起坡点前后错距小于 2.0 m 时，可采用高低道竖曲线半径相同的布置方式。

当高低道最大高差 ΔH 较大、上山起坡角 β_0 较小时，为使起坡点前后错距不大于 2.0 m，可采用高道竖曲线半径大于低道竖曲线半径的布置方式。也可以采用使起坡点前后错距为零的布置方式。

二、石门装车(载)式下部车场

1. 车场形式

对于煤层群联合准备或单层准备的采区，当采区石门较长时可以利用采区石门布置装车(载)站和辅助提升车场。煤层群联合准备的石门装车(载)式下部车场如图 13-22 所示。

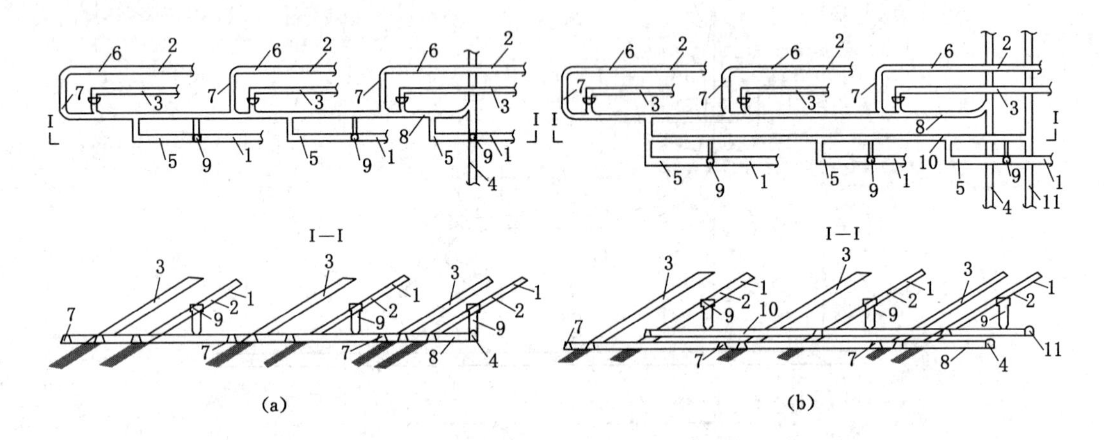

图 13-22　石门装车(载)式采区下部车场

(a) 轨道运输石门装车式　(b) 胶带运输石门装载式

1——运输上山；2——轨道上山；3——回风上山；4——轨道运输大巷；5——行人斜巷；6——材料车场；7——绕道；8——采区轨道石门；9——采区煤仓；10——采区胶带石门；11——胶带运输大巷

当煤层群分组较多且石门长度又很长时，可根据煤层分组需要在采区石门中设多个煤仓和装车(载)点。

石门装车式下部车场的工程量较小、调车方便、通过能力大，且不影响大巷的正常运输，有条件时应尽量采用。

2. 装车站线路

石门装车式车场线路布置如图 13-23 所示，取决于装车点数目多少。

大巷进入石门的线路一般只设单轨。如果石门中装车点较多且可能同时有两台机车运行时，可以设双轨线路

3. 辅助提升车场线路

辅助提升车场线路布置如图 13-24 和图 13-25 所示，斜面线路和竖曲线线路布置同前。

三、绕道装车式下部车场

1. 车场形式

对于大巷采用矿车运输且生产能力很大的矿井，如不具备石门装车条件、采用大巷装车对大巷的运输能力影响较大时，可以采用绕道装车式采区下部车场。如图 13-26 所示，绕道装车式车场是将装车站布置在与大巷平行的另一条巷道内。绕道装车不影响大巷的运输能力，但需要增加绕道工程量。

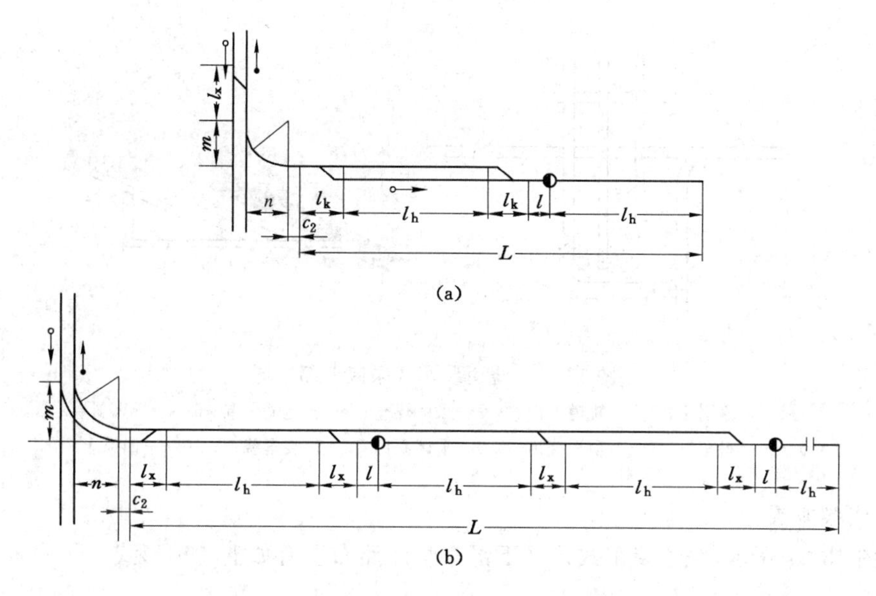

图 13-23　石门装车式车场线路布置图

(a) 一个装车点　(b) 两个装车点

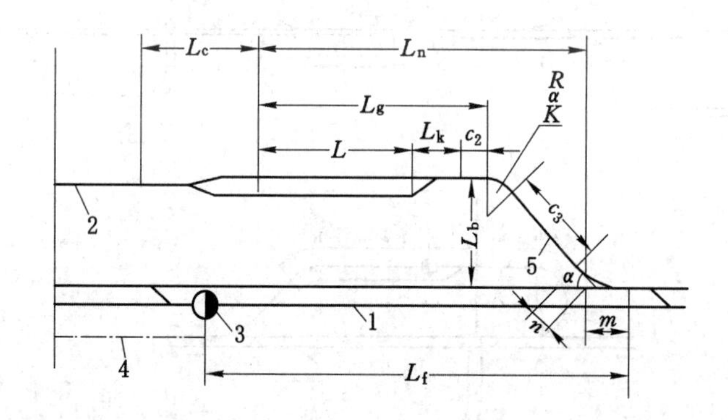

图 13-24　轨道上山距石门较近时的辅助提升车场线路布置

1——石门；2——轨道上山；3——煤仓；4——运输上山；5——辅助提升车场

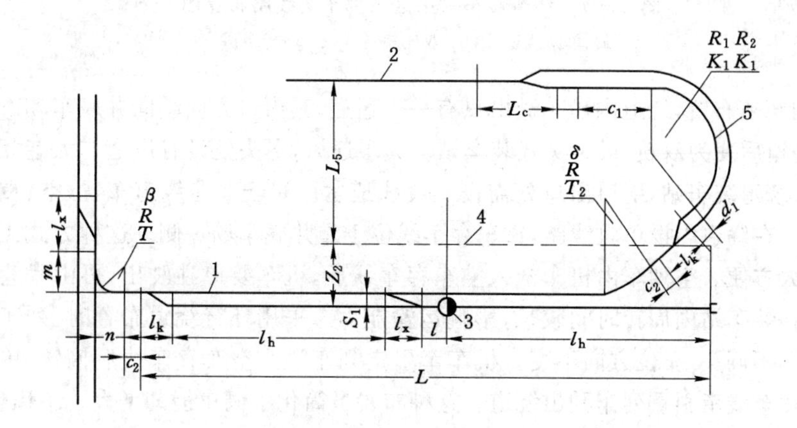

图 13-25　轨道上山距石门较远时的辅助提升车场线路布置

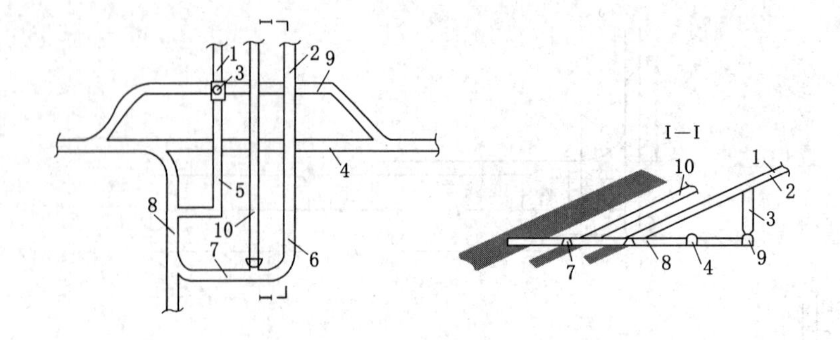

图 13-26　绕道装车式采区下部车场

1——运输上山；2——轨道上山；3——采区煤仓；4——运输大巷；5——行人斜巷；
6——材料车场；7——顶板绕道；8——采区石门；9——装车绕道；10——回风上山

2. 线路布置

如图 13-27 所示，绕道装车式采区下部车场线路布置有如下几种形式。

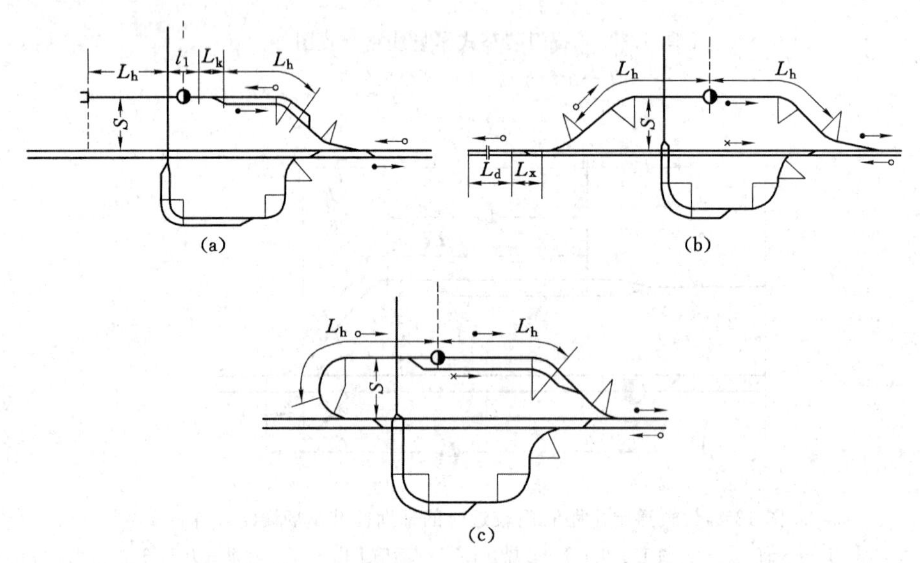

图 13-27　绕道装车式采区下部车场线路布置图

(a) 单向绕道　(b) 双向绕道　(c) 环行绕道

对于单向绕道布置，绕道内矿车进出只有一个通道，其出口方向朝向井底车场。单轨线路从大巷进入绕道后变为双轨，设尽头式装车站。为了通风，尽头处设有风道与大巷相通。为使空列车能进入绕道装车站，绕道出口处需设一渡线道岔。对于双向绕道布置，空、重列车各有进、出口通道。在绕道内设单轨线路，重车存车线位于靠井底车场一侧。这种方式工程量虽较小，但调车不太方便。空列车由机车推入空车存车线后，机车要单独驶出，再由大巷进入重车存车线，机车在装车站内周转时间较长，影响运输能力。采用环行绕道布置时，列车在绕道内环行运行，列车不调头、车位方向不变。机车牵引空列车进入空车存车线后摘钩、单独过通过线，进入重车存车线牵引重列车驶出绕道。这种布置虽简化了调车但却增大了工程量。

第五节　新型辅助运输方式和车场

井下辅助运输，是指除煤炭以外的材料、设备、人员和矸石的运输。辅助运输的特点是：双向运输，物品多样；运输量小，工作量大；货流不均衡；线路复杂，分支多；运送的装备向重型化发展。

如图 13-28 所示，按动力源不同，辅助运输方式可分为牵引式和自行式两大类。前者，是指牵引设备安装在固定地点、通过钢丝绳向设备车辆传递动力的方式；后者，是指牵引设备直接安装在设备车辆上，通过齿轮或液压系统传递动力的方式。

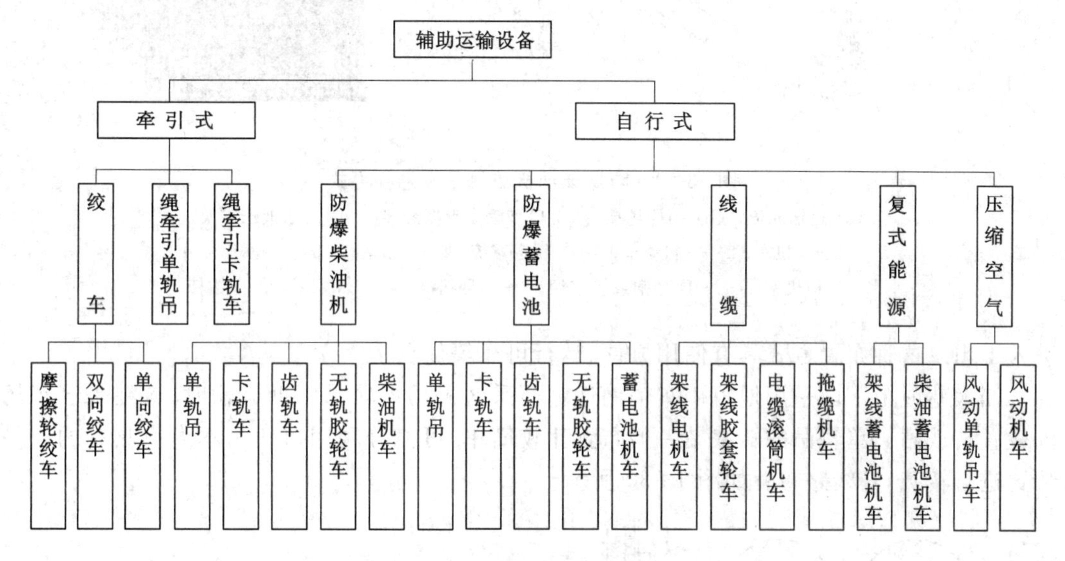

图 13-28　辅助运输分类框图

按有无轨道和轨道位置，辅助运输方式又可分为天轨式、地轨式和无轨式。

过去我国一般都是在主要大巷中采用电机车牵引矿车，在上下山斜巷中采用缠绕式或无极绳绞车牵引矿车，其他地点多用小绞车或人拉肩扛的多段运输方式。

随着矿井向生产集中化、机械化和设备重型化发展，我国近年来发展了单轨吊、卡轨车、齿轨车和无轨运输车等新型辅助运输方式。这些新型辅助运输方式均具有运输能力较大、可在起伏不平的巷道中实现连续运输、有一定的爬坡能力并能实现自动化控制和集装化运输等特点。

一、单轨吊

如图 13-29 所示，单轨吊以特殊的工字钢为轨道悬吊吊车运行，其运输系统包括单轨吊轨道网络系统和单轨吊机车设备两部分，前者包括直轨道、弯轨道和道岔，后者包括机车、起吊梁、集装箱等，按动力源不同分柴油机车和蓄电池机车。防爆柴油机单轨吊列车编组分机车和承载车辆两部分。机车的主、副司机室分别挂在列车首尾，专用的轨道可用锚杆悬挂、U 型钢拱形棚悬挂或矿用工字钢悬挂。

当大巷和采区的辅助运输均采用单轨吊时，整个辅助运输系统可不需转载而直接进入采区。此时，在采区下部可设一简单车场，运输量不大时甚至可以不设车场。为调度方便，一般多采用材料绕道车场，即大巷至上山口处取平，由大巷进入车场绕道存车线，然后直接

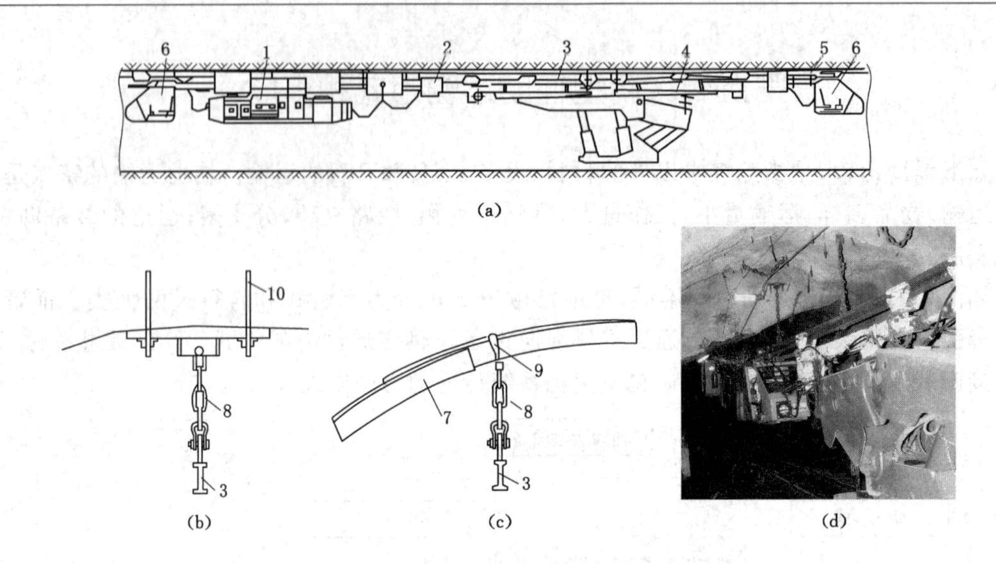

图 13-29　防爆柴油机单轨吊及悬挂方式

(a) 运输原理　(b) 锚杆悬挂　(c) U 型钢拱形棚悬挂　(d) 运送液压支架

1——机车；2——制动车；3——轨道系统；4——吊运梁；5——拉杆；

6——司机室；7——U 型钢或工字钢；8——悬挂链；9——卡具；10——锚杆

进入上山。这种布置方式具有使用方便、运行可靠等优点。

当大巷或上下山采用地轨矿车辅助运输而采区采用单轨吊辅助运输时，应在采区车场内设置转载站。单轨吊的转载站一般布置比较简单，可充分利用单轨吊本身所具有的起吊装置进行转载，其线路布置如图 13-30 所示。

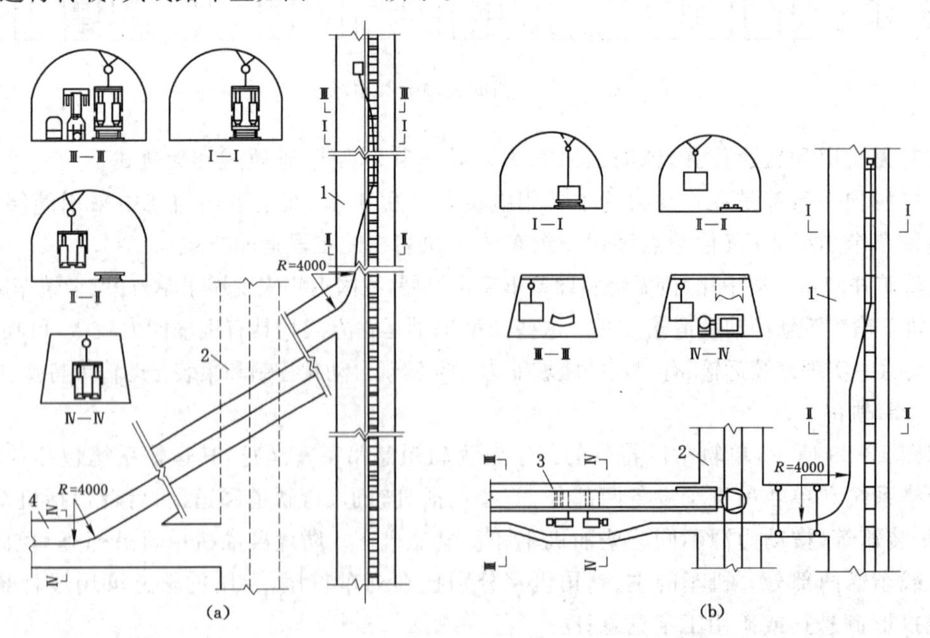

图 13-30　地轨车—单轨吊直接转载方式

(a) 由上山进入区段轨道巷　(b) 由上山进入区段运输巷

1——轨道上山；2——运输上山；3——区段运输巷；4——区段轨道巷

转载点的单轨吊直接布置在地轨轨道中线上方，这样就可以利用自身的起吊梁吊起矿车里的集装货物并拖吊其进入上下山或区段巷道运至工作面。如单轨吊本身无起吊装置，也可利用单轨轨道的高低差进行起吊。如图13-31所示，在转载点将吊轨高度降低，使工人很容易地将货物吊挂到单轨吊上。然后单轨吊前行，由于轨道逐渐升高可使货物自然脱离原车，从而实现转载。

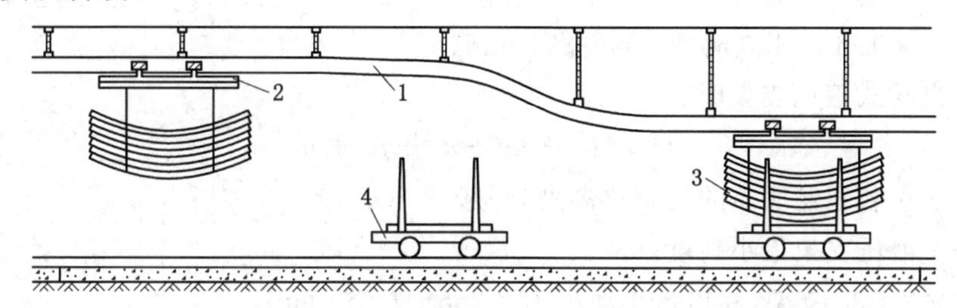

图13-31　利用单轨高低差进行转载起吊

1——单轨吊轨道；2——单轨吊；3——货物；4——平板车

以上两种方式简单可靠，不需其他辅助装置即可实现转载，效率较高，但需要增加巷道高度，只有在巷道坡度不太大时才较为适用。

如图13-32所示，对于仅有辅助运输设备的轨道运输巷，单轨吊车辅助运输要求的巷道最小高度 H 用式(13-11)进行计算：

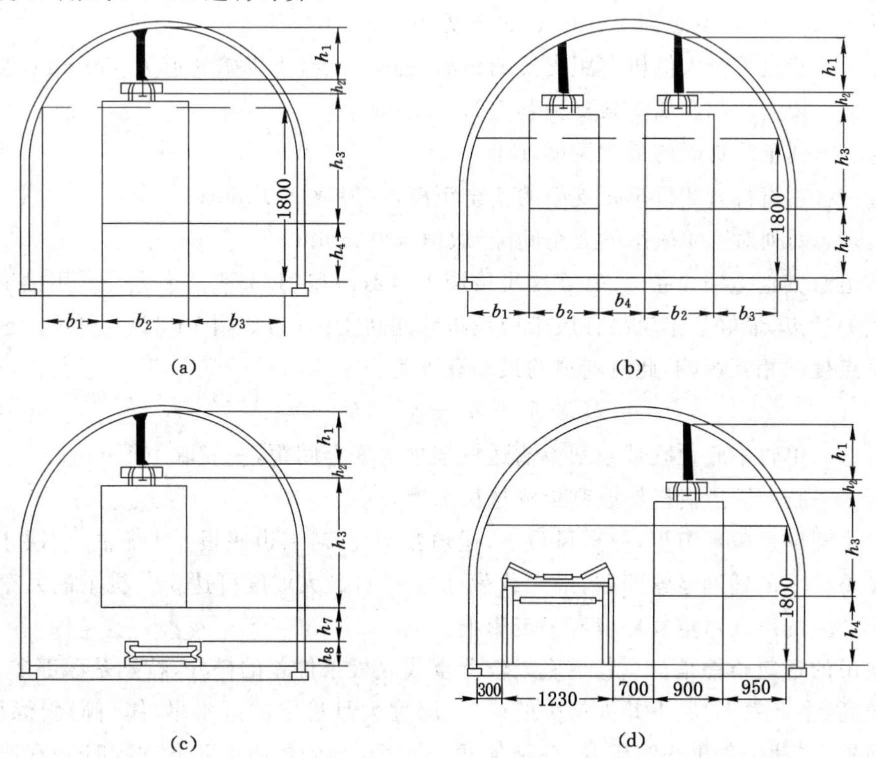

图13-32　单轨吊车运行所需断面

(a) 单行单轨吊车　(b) 双行单轨吊车　(c) 单轨吊车与刮板输送机设在同一巷内

(d) 单轨吊车与胶带输送机设在同一巷内

$$H \geqslant h_1 + h_2 + h_3 + h_4 \tag{13-11}$$

式中　h_1——吊轨顶面至巷道棚梁吊挂点的距离，约 300 mm；

h_2——吊轨轨高，Ⅰ140E 轨道高 155 mm；

h_3——单轨吊车本身高度，一般为 1 100～1 300 mm；

h_4——运输物件底或单轨吊车底至巷道底面的安全高度，一般斜巷时取 400～500 mm，平巷时取 200～300 mm。

当运送自移式液压支架时：

$$H \geqslant h_1 + h_2 + h_4 + h_5 + h_6 \tag{13-12}$$

式中　h_5——重载运输所需的复合梁高度，一般取 200 mm；

h_6——液压支架最小高度，mm。

如运送 ZY—35 支架，巷道最小净高为 2 255～2 855 mm。

在确定巷道高度时，还应考虑巷道顶底板移近量。

单轨吊运行中摆动幅度较大，上下约 200 mm，左右各为 150 mm，摆角可达 15°。因此，在装备和安全间隙所需宽度基础上，巷道宽度还应有所增加。巷道要求的最小宽度 B 如图 13-32 和式(13-13)、式(13-14)所示：

$$B_{单行} = b_1 + b_2 + b_3 \tag{13-13}$$

$$B_{双行} = b_1 + 2b_2 + b_3 + b_4 \tag{13-14}$$

式中　$B_{单行}$，$B_{双行}$——巷道高 1.8 m 处的宽度，mm；

b_1——巷道不行人侧机车距支架的距离，锚喷、混凝土砌碹巷道为 350 mm，混凝土支架支护和金属支架支护巷道为 450 mm；

b_2——列车装货时的最大宽度，m；

b_3——巷道行人侧机车距支架的安全距离，一般取 950 mm；

b_4——两列对开单轨吊的安全间隙，取值 500 mm。

当巷道有其他运输设备时，其宽度可按图 13-32(c)和(d)选取。为充分利用拱形巷道上部空间大的特点，最好让单轨吊在胶带或刮板输送机上运行，如图 13-32(c)所示。这样可避免在交岔点处的相互影响，此时巷道的最小高度为：

$$H \geqslant h_1 + h_2 + h_3 + h_7 + h_8 \tag{13-15}$$

式中　h_7——单轨吊底距胶带或刮板输送机架顶的安全间距，一般取 400 mm；

h_8——胶带输送机机架或刮板输送机高度，mm。

单轨吊辅助运输环节少，安全风险小，运输效率高，对巷道底板要求不高，解决了较大载荷和坡度条件下的辅助运输问题，最大载荷可达 35 t，最大坡度可达 30°，机车最大宽度1 m，柴油机车产生的尾气对空气环境有一定影响。

单轨吊的适应条件是——巷道底鼓较严重或底板条件差的矿井，特别是深部矿井；机械化水平较高、生产效率高、下井人员少的矿井；厚度大且稳定的近水平、缓(倾)斜煤层、大巷沿煤层布置、岩巷工程量小的矿井；巷道倾角小于 15°、运送 15 t 以下货物时适宜选用蓄电池单轨吊机车；巷道倾角大于 15°、运送载荷大于 15 t 时适宜选用柴油单轨吊机车。我国新汶矿区孙村煤矿在煤层倾角 25°、垂深 1 300 m 的深部水平，成功地实现了所有采区单轨吊辅助运输。

二、无轨胶轮运输车

无轨胶轮车以柴油机或蓄电池为动力，不需铺设轨道，通过驱动胶轮在巷道中行驶，机身较低，一般为1～1.7 m。无轨胶轮车前端的工作机构可以实现快速变换，由铲斗更换为铲板、集装箱、散装前卸料斗或起底带齿铲斗；可以乘人、运送装备，有的车上还可装设绞车、钻机、锚杆机等；也有专用的运人车、救护车、牵引起吊车和修理车。

无轨胶轮车使用灵活、机动，转载环节少，运输能力大，安全可靠，初期投资低，可以直接在较硬的巷道底板上运行（$f \geqslant 4$），如巷道底板较软，需混凝土硬化底板0.3～0.5 m。一般车体较宽，行驶中要求巷道两侧的安全间隙比有轨运输大，因此对巷道条件要求较高，特别是对巷道断面尺寸要求较大，对开的巷道宽度一般应大于5.5 m。一般在采区内不设车场和有关硐室，在对开的大巷可以设错车道。

无轨胶轮车的适应条件是——煤层赋存浅、平硐或小倾角斜井开拓的近水平煤层矿井，可实现从地面至井下各点的不转载连续运输；近水平煤层综采工作面搬家以及与连续采煤机配合使用；适应的巷道倾角应不大于12°，重载爬坡能力一般最好≤10°。巷道倾角大于8.5°时，连续纵坡长度应不大于500 m；巷道倾角为5.7°～8.5°时，连续纵坡长度一般应不大于700～800 m；超过上述值时应设缓坡段，缓坡段坡度应小于1.7°～3.4°；巷道倾角小于5.7°时，一般无特殊要求。

井下正在运行的无轨胶轮车如图13-33所示，无轨胶轮车辅助运输的巷道断面布置如图13-34所示。

图13-33　运行中的无轨胶轮车

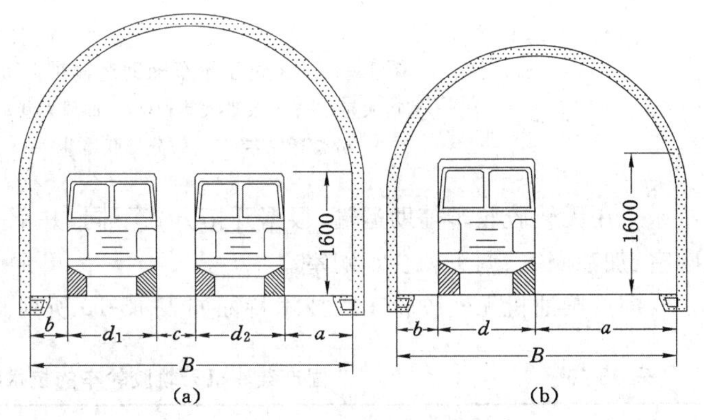

图13-34　无轨胶轮车断面布置
(a) 双车运行　(b) 单车运行

双车运行巷道宽度 B 由式(13-16)计算：

$$B = a + b + d_1 + d_2 + c \tag{13-16}$$

单车运行巷道宽度 B 由式(13-17)计算：

$$B = a + b + d \tag{13-17}$$

式中　B——巷道宽，mm；

a——人行道宽，主运巷道取1 200 mm以上，其余一般取800～1 000 mm；

b——车辆边缘至巷道壁最小距离，主运巷道一般取500 mm，其余一般取300～500 mm；

d,d_1,d_2——无轨胶轮车宽度，mm；

c ——无轨胶轮车对开车辆最突出部分之间的安全距离，一般不小于500 mm。

巷道转弯处的宽度 B 应根据无轨胶轮车的转弯半径和安全间距由式(13-18)计算：

$$B \geqslant (R_1 - R_2) + 1200 + 500 \tag{13-18}$$

式中　R_1——机车转弯的外半径，mm；

R_2——机车转弯的内半径，mm。

无轨胶轮车辅助运输带区下部车场布置如图13-35所示。

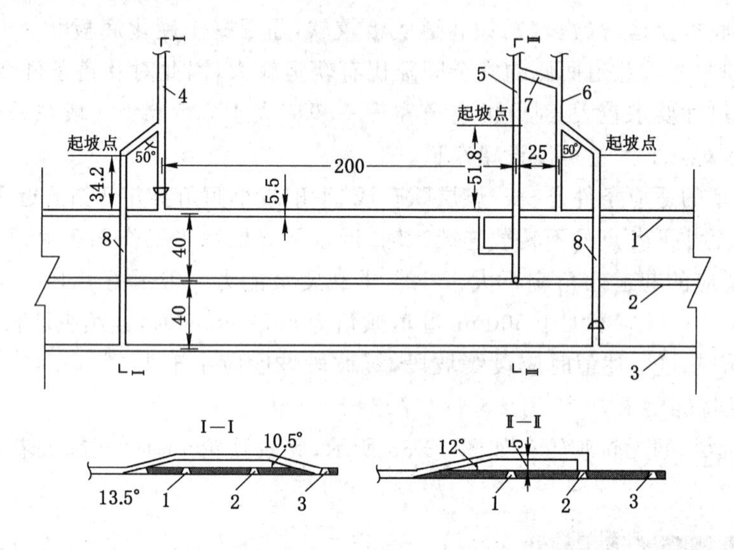

图13-35　无轨胶轮车辅助运输带区下部车场布置

1——辅运大巷；2——胶带大巷；3——回风大巷；4，6——分带回风巷；5——分带运输巷；7——分带联络巷；8——回风联络巷

采用无轨胶轮车辅助运输，根据开拓方式不同，井下一般需开掘车辆存放库硐室、检修硐室、加油硐室、调头和会车硐室。

国产柴油机无轨胶轮车的技术特征如表13-10所列。

表13-10　　**国产柴油机无轨胶轮车的技术特征**

型　　号	长×宽×高/mm	功率/kW	最大牵引速度/(m/s)	最大载质量/t	水平曲率半径/m	垂直曲率半径/m	最大爬坡/(°)
FNJ—30	4100×1850×1800	30	2.7	1.8	≥5.7	≥50	18
WY—20运煤车	5986×1500×1800	17	3.4	2.0	≥5.9	≥50	8
DZY—16支架车	8600×2790×1463	66	3.3	16.0	≥6.2	≥50	12
WCQ—3A轻型车	4750×1750×1950	75	6.9	3.0	≥5.0	≥20	14
WCQ—3C轻型车	5000×1700×2000	45	6.9	3.0	≥5.0	≥20	14
TY6/20FB客货车	8280×2542×1780	74	6.9	6.0	≥6.0	≥50	15
TY3061FB自卸车	5740×2076×2100	48	15.5	2.5	≥6.7	≥50	15

三、卡轨车

除了一般行走的垂直车轮外，卡轨车还在车架两侧下部装有为防止车轮脱轨的水平滑轮。该滑轮卡在槽钢轨道的槽内或普通轻轨的轨腰处。

绳牵引卡轨车由液压马达驱动，钢丝绳牵引储绳车，再由牵引储绳车牵引承载车辆而实现运输。

卡轨车承载能力大、弯道半径小，对巷道起伏变化适应性强。由于增加了卡轨滚轮系统，能有效地防止脱轨掉道，因而能以较高速度安全可靠地运输单重较大的设备。绳牵引卡轨车能适应较大角度的巷道，柴油机卡轨车自重较大、爬坡能力有限，一般不大于8°～10°。卡轨车对有底鼓的巷道适应能力差，由于车体活动节点多，检修和维护工作量较大。

当大巷和采区均采用卡轨车辅助运输时，由于不需要进行货物转载，因此采区车场布置相对简单。采用柴油机卡轨车时，可完成直达多点的辅助运输，一般在采区下部车场内设置一条供调度牵引车的复线。中部和上部车场则更简单，只需设置单开道岔和曲线弯道直接进入区段巷即可，其弯道曲率半径应符合所选运输设备的要求。图13-36为使用卡轨车或齿轨车的采区中部车场示意图，机车可直接通过上山与区段巷间的中部车场联络巷进入区段巷内。

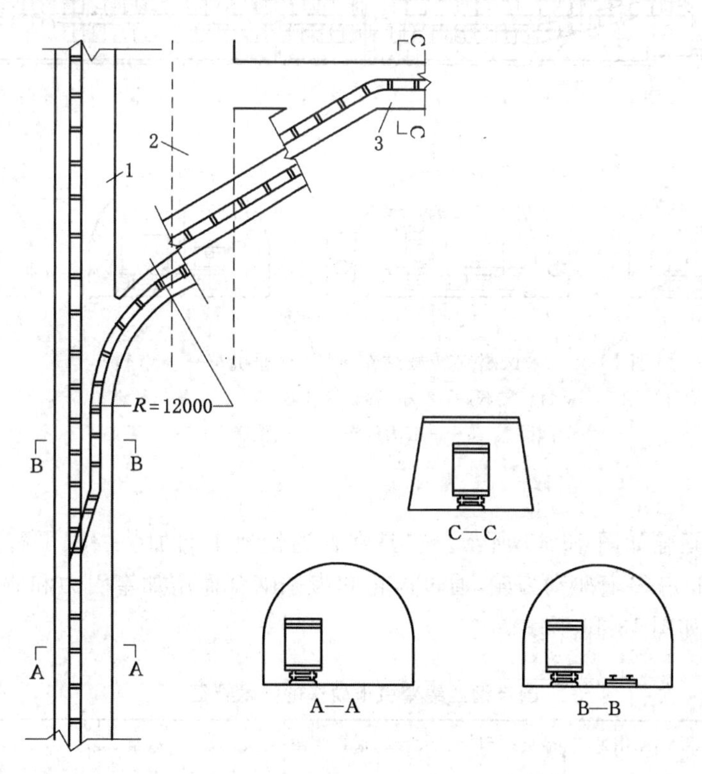

图13-36　卡轨车或齿轨车辅助运输的采区中部车场

1——轨道上山；2——运输上山；3——区段轨道巷

采用钢丝绳牵引卡轨车分段运输时，需在车场内设置牵引绳转换系统，车场的线路坡度应取平，在采区下部车场内一般设有绞车房。由于是无极绳牵引方式，因此无须大直径绞车，绞车房的尺寸也可相应减小。

当大巷采用普通电机车运输、上山采用卡轨车运输时，需设置转载站。转载站一般布置在采区下部车场内，线路布置如图 13-37 所示。大巷来的材料车采用顶车方式进入材料转载站，转载站内线路布置如图 13-38 所示。

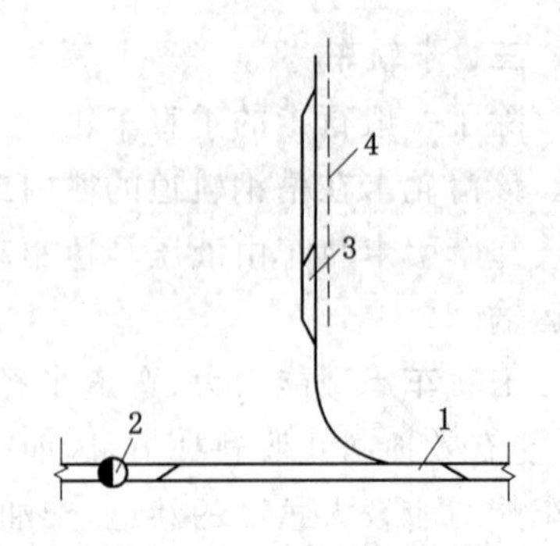

图 13-37　采区下部车场线路布置

1——大巷；2——煤仓；3——材料换装站；4——卡轨轨中心线

绳牵引卡轨车的适应条件如下——斜长大于 600 m 的斜井、上下山及工作面两巷以及巷道倾角大于 12°、需运送大型设备的斜巷，运输距离一般不大于 1 500 m，倾角一般不大于 25°。柴油机卡轨车一般选用在倾角小于 8°的巷道内。

国产钢丝绳牵引卡轨车的技术特征如表 13-11 所列。

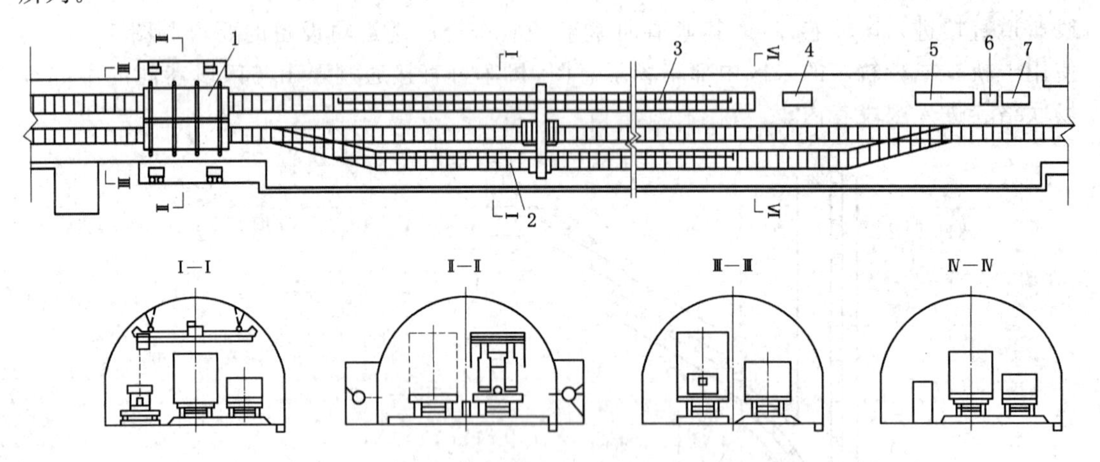

图 13-38　采区材料转载站布置图（普通机车←→卡轨车）

1——重材料转载站；2——移动换装站；3——卡轨车轨道；4——紧绳装置；5——液力绞车；6——控制台；7——泵站

四、齿轨车

齿轨车及其运输如图 13-39 所示。它是在普通钢轨中间加装一根平行的齿条作为齿轨，在机车上增加 1～2 套驱动齿轮，通过齿轮和齿条啮合而增加牵引力和制动力。齿轨与普通轨道的关系如图 13-40 所示。

表 13-11　国产钢丝绳牵引卡轨车的技术特征

型　号	功率/kW	牵引速度/(m/s)	最大牵引力/kN	水平曲率半径/m	垂直曲率半径/m	最大爬坡/(°)	运距/km	轨　道　类　型
KCY—6/600	110	0～1.0	马达并 60	≥4	≥15	20	1.0～2.0	18 号槽钢，600 mm 轨距
KCY—6/900	110	0～2.1	马达串 30	≥4	≥15	20	1.0～2.0	18 号槽钢，900 mm 轨距
KSP—8/600	132	0～2.5	40～80	≥6	≥15	14	1.0～2.2	>22 kg/m，600 mm 轨距
KSP—8/900	132	0～2.5	40～80	≥6	≥15	14	1.0～2.2	>22 kg/m，900 mm 轨距

续表 13-11

型　号	功率/kW	牵引速度/(m/s)	最大牵引力/kN	水平曲率半径/m	垂直曲率半径/m	最大爬坡/(°)	运距/km	轨　道　类　型
KJS—6/600	40	0～0.3	60	≥6	≥15	10	1.0～2.0	>22 kg/m, 600 mm 轨距
KJS—7/600	110/55	0～1.2	70	≥9	≥15	12	1.0～2.0	>22 kg/m, 900 mm 轨距
KJS—8/600	160	0～1.5	80	≥9	≥12	20	1.0～2.0	>22 kg/m, 900 mm 轨距
KWY—8/600	132	0～3.0	80	≥6	≥15	20	1.0～2.0	18 号槽钢,600 mm 轨距
SPK—90/600	170	0～3.0	90	≥7	≥15	25	1.0～3.0	>22 kg/m, 600 mm 轨距
SPK—90/900	170	0～3.0	90	≥12	≥15	25	1.0～3.0	>22 kg/m, 900 mm 轨距
F—1A	170	0～1.5 0～3.0	马达并 90 马达串 45	≥7 ≥9	≥15 ≥15	25	1.0～3.0	18 号槽钢,600 mm 轨距 18 号槽钢,900 mm 轨距

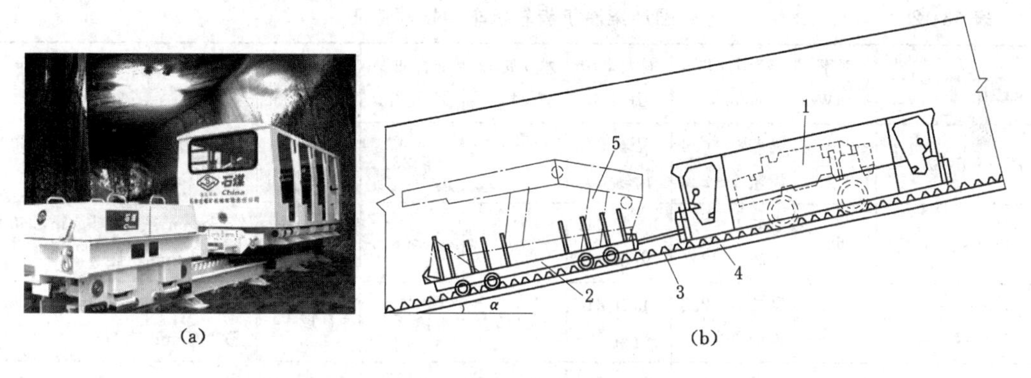

图 13-39　齿轨车和齿轨卡轨机车运输支架示意图

(a) 齿轨车　(b) 齿轨车运输支架

1——齿轨车；2——重载平板车；3——齿轨；4——普通轨；5——支架

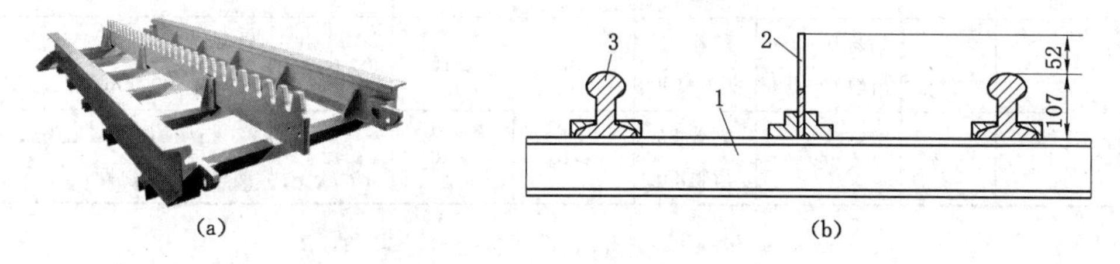

图 13-40　齿轨与普通轨道的关系

(a) 实体图　(b) 结构图

1——槽钢轨枕；2——齿条；3——普通轨

在齿轨车基础上改造轮系，增加卡轨或护轨轮，使之在运行过程中始终卡住轨道而防止车辆脱轨，即成为齿轨卡轨车；如再在黏着驱动轮上挂胶以增加黏着驱动力，则形成胶套轮齿轨卡轨车。

根据动力传递方式不同，齿轨车分为液压传动和机械传动两种。

齿轨车最大的优点是在近水平煤层的矿井中可以实现大巷、上下山至工作面两巷的连续运输；可以在起伏不平的巷道内行驶，区间坡度最大可达 14°。齿轨车自重大、造价较高，对轨道铺设质量和技术参数要求高，采区内运输时要求巷道弯曲半径大于 10 m。在线路坡度小于 3°运行时其轨道与普通电机车轨道相同，齿轨车靠轮子黏着钢轨运行。当线路坡度大于 3°时需铺设齿轨。

由于齿轨车属于自牵引形式，因此采区车场布置十分简便。一般只需在采区下部车场内设置一段长约 20 m 的调车储车线即可。

如图 13-36 所示，当齿轨车需要进入区段巷道时，将通过道岔进入联络区段巷的弯道中，然后拐入区段巷内。

齿轨车的适应条件是——开采近水平、缓(倾)斜煤层的矿井，运距不限，易于实现由井筒(斜井或平硐开拓的浅埋煤层)或井底车场、大巷、采区至工作面的连续不转载运输；齿轨车适应于倾角小于 8°的斜巷；齿轨卡轨车应用的斜巷最大倾角可达 14°，设计一般不大于 8°～12°。

国产柴油机齿轨机车的技术特征如表 13-12 所列。

表 13-12　　国产柴油机齿轨机车的技术特征

型号	功率/kW	牵引速度/(m/s)	最大牵引力/kN	水平曲率半径/m	垂直曲率半径/m	最大爬坡/(°)	轨道类型
JX—90KBZ	66	黏着 0～4.4 齿轨 0～2.3	黏着 24 齿轨 60	≥10	≥23	10	22 kg/m 或 30 kg/m，600 或 900 mm 轨距
CJ66FB	66	黏着 0～1.4 齿轨 0～2.8	黏着 24 齿轨 80	≥10	≥18	10	22 kg/m 或 30 kg/m，600 或 900 mm 轨距
KZP—8/600 KZP—8/900	69	黏着 0～2.5 齿轨 0～2.0	黏着 21 齿轨 80	≥10	≥15	12	22 kg/m 或 30 kg/m，600 或 900 mm 轨距
JCP—8/600 JCP—8/900	69	黏着 0～3.0 齿轨 0～2.0	黏着 28 齿轨 80	≥10	≥20	12	22 kg/m 或 30 kg/m，600 或 900 mm 轨距
CK66A	66	0～3.5	黏着 35 齿轨 60	≥10	≥20	10	22 kg/m 或 30 kg/m，600 或 900 mm 轨距
CK—66	66	黏着 0～3.0 齿轨 0～1.5	黏着 36 齿轨 100	≥8	≥15	18	异型 22 kg/m 或 30 kg/m，600 或 900 mm 轨距
CK112	112	0～5.5	黏着 30 齿轨 90	≥10	≥20	12	22 kg/m 或 30 kg/m，600 或 900 mm 轨距

第六节　采区硐室

采区硐室主要包括采区煤仓、采区绞车房和采区变电所等。

一、采区煤仓

设置一定容量的采区煤仓可以有效地提高工作面设备的利用率，充分发挥运输系统的潜力，保证连续均衡生产。

1. 井巷式煤仓

(1) 煤仓形式

如图 13-41 所示，按中轴与水平面的夹角不同，井巷式煤仓有垂直式煤仓、倾斜式煤仓、混合式煤仓和水平煤仓 4 种。垂直式煤仓断面一般为圆形,其受力条件好，断面利用率高,不易形成死角和发生堵塞现象,便于维护,施工速度快。倾斜式煤仓多为拱形断面,倾角不小于 60°,一般为 60°～65°。倾斜式煤仓可以增加长度和容积,便于与上下口巷道连接,仓口结构简单,可减少煤炭破碎,但施工不方便并需采用耐磨材料铺底。混合式煤仓具有垂直式煤仓和倾斜式煤仓的特点。当大巷和采区上山在同一煤层中时可设水平煤仓,巷道底板式水平煤仓直接利用巷道做煤仓,容量一般为 400～1 000 t。这种煤仓设备投资少,搬运安装容易,操作简单。通常垂直圆形煤仓使用较多。

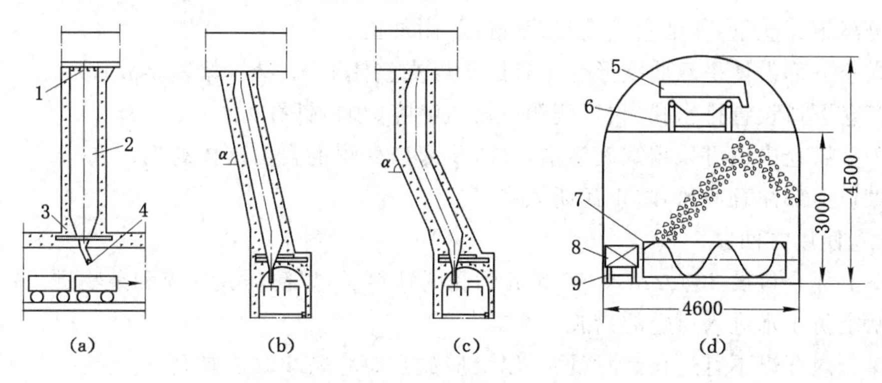

图 13-41　煤仓的形式和结构

(a) 垂直煤仓　(b) 倾斜煤仓　(c) 混合式煤仓　(d) 巷道底板式水平煤仓

1——上部收口；2——仓身；3——下口漏斗及溜口闸门基础；4——溜口和闸门；

5——卸煤犁；6——胶带机；7——装煤螺旋；8——装煤机；9——刮板机

(2) 煤仓的容量和尺寸

煤仓的容量可根据采区生产能力及第十二章相关内容进行计算,参考值如表 13-13 所列。

表 13-13　　采区煤仓容量

采区生产能力/(Mt/a)	煤仓容量/t
＜0.30	50～100
0.30～0.45	100～200
0.45～0.60	200～300
0.60～1.00	300～500
＞1.00	＞500

为便于布置和防止堵塞,圆形垂直煤仓虽以“短而粗”为好,但为了缩短煤仓高度而过于加大断面时,不仅施工困难而且会降低有效容积。为减少煤仓无效容积,随着断面加大必须有相应的煤仓高度。煤仓高度越大,无效容积越小,如果以煤仓有效容积不小于 90%来计算,则煤仓高度不应小于直径的 3.5 倍。

目前服务于采区的煤仓,圆形垂直煤仓直径一般为 2.5～10 m,以直径 4～6 m 的煤仓应用较多。倾斜煤仓拱形断面的宽度一般大于 3.0 m,高度应大于 2 m。

采区煤仓高度以 20 m 为宜,过高易使煤压实起拱,造成堵塞,一般不宜超过 30 m。采区生产能力大于60万t/a时，煤仓高度可为20～40 m。采区煤仓的直径和容量有加大的趋势。

(3) 防止煤仓事故的措施

为防止煤仓使用过程中发生堵仓、黏仓、溃仓等事故，应注意以下两方面的问题。

在煤仓设计和施工方面：

① 在保证生产系统合理前提下，煤仓应选在围岩稳定、中硬以上岩层，不穿越富含水层；

② 提高施工质量，保证仓壁光滑、耐磨损、耐冲击；

③ 煤仓下部设计呈双曲线形仓斗有助于煤炭整体下流，减少堵塞事故；

④ 煤仓下口设置排水孔，收口侧壁设压风喷嘴、预留钎孔；

⑤ 垂直煤仓中也可采用螺旋溜槽，以减少入口处煤的自由落体高度；

⑥ 煤仓上部注意通风，防止瓦斯积聚。

在煤仓使用方面：

① 在上部仓口设300 mm×300 mm网孔的铁箅子，以防止大块煤和杂物进入；

② 制定防止水进入煤仓的措施；

③ 煤仓内存煤不宜过长，停产两天以上应放空煤仓防止煤炭黏仓；

④ 定期清理煤仓，保证仓底和仓壁光滑；

⑤ 处理堵仓事故的空气炮、水炮要定期检验，以保证设备完好；

⑥ 煤仓底部留5～10 t煤做仓底，防止落煤砸坏放煤闸门和防止漏风。

2. 机械式水平煤仓

广泛采用的井巷式煤仓常增加岩石巷道和硐室的工程量，人为造成输送机煤流爬坡。20世纪70年代以来，国外逐步发展了机械式水平煤仓，从而弥补了井巷式煤仓的不足。机械式水平煤仓又称为金属活动式巷道煤仓。常见的有箱体静储式水平煤仓、活动列车式水平煤仓和活动仓底式水平煤仓。

箱体静储式水平煤仓如图13-42所示。该类煤仓是以带有高壁储煤仓的重型运输机为骨架的装配式煤仓，可以设置在需要转载和储存的运输环节之间的巷道中。

活动列车式水平煤仓如图13-43所示，由多节底部带有胶带输送机的列车组成，这些列车与外运输送机搭接，其上布置有来煤胶带机。移动胶带机和活动列车间的相对位置，可实现储煤和外运煤。

活动仓底式水平煤仓的储煤与运煤原理同活动列车式水平煤仓，只是煤仓为整体结构，底部设置有双排链输送机。

机械式水平煤仓具有岩石工程量小、便于拆卸和移动、可反复使用、安装地点灵活、可调节卸煤量、防止块煤破碎、使用安全、易实现自动控制等优点；但这种煤仓钢材消耗量大、构造复杂、造价较高，所需巷道断面大。

二、采区绞车房

1. 绞车房的位置

绞车房应当布置在围岩稳定的薄及中厚煤层中或底板岩层中，不受岩层移动影响，避开大的地质构造和含水层以及有煤与瓦斯突出危险的地段。与相邻巷道之间一般要有10 m以上的煤岩柱，以利于维护。

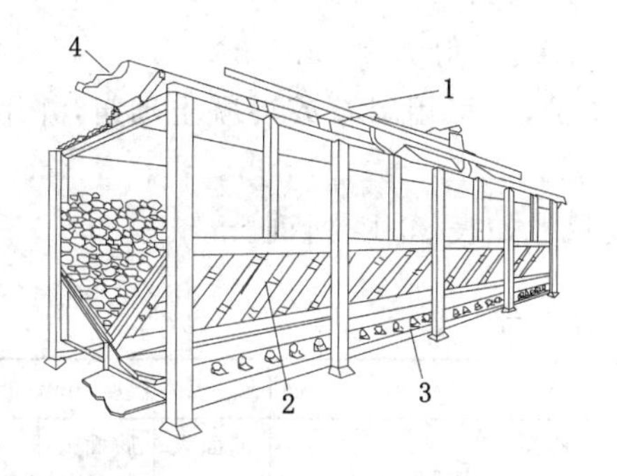

图 13-42 箱体静储式水平煤仓

1——卸煤犁；2——液压闸门；

3——输出胶带机；4——胶带机

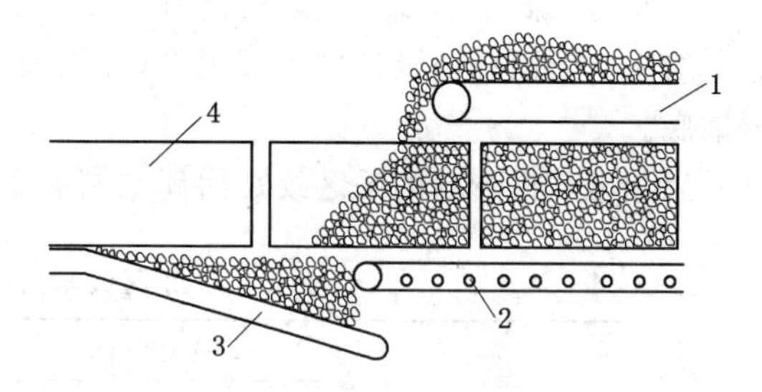

图 13-43 活动列车式水平煤仓

1——来煤胶带机；2——封底胶带机；

3——外运胶带机；4——活动列车

2. 绞车房的通道

绞车房应有两个安全出口，分别为绳道和通风通道，通风通道应安设调节风窗。

绞车房的设备均由绳道运入，绳道的尺寸应能使设备最大部件通过，其宽度通常为 2 000～2 500 mm，视绞车型号而异，长度不小于 5 m。绳道中心线应与提升中心线重合，断面可与上下山断面一致。绳道内一般只设单边人行道，人行道的位置最好与轨道上下山人行道一致，以利于行人和安全。

风道主要用于回风、存放电气设备，必要时还可运送设备和行人。如图 13-44 所示，按与绞车的相对位置风道可以布置在左侧、右侧和后侧，应根据巷道布置、车场形式、绞车房施工和通风情况确定。一般情况下，为有利于电动机散热，风道应靠近电机一侧布置，宽度一般为 1.2～1.5 m。

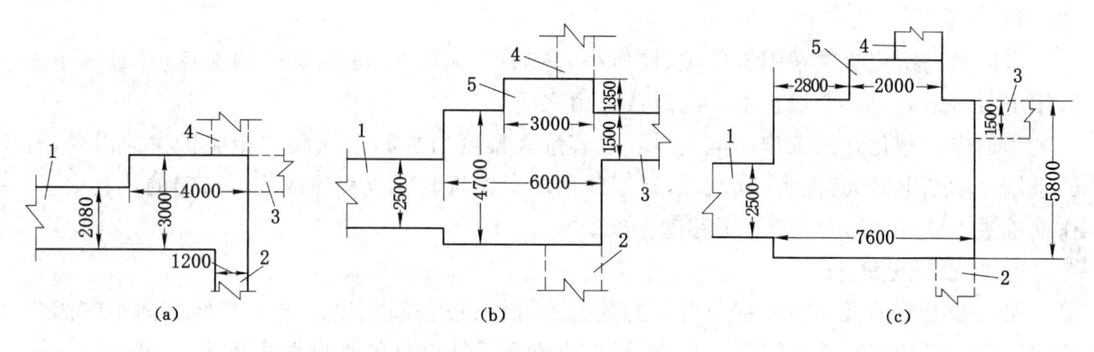

图 13-44 绞车房及风道布置图

(a) 滚筒直径 800 mm (b) 滚筒直径 1200 mm (c) 滚筒直径 1600 mm

1——钢丝绳通道；2——风道(布置方式之一)；3——风道(布置方式之二)；

4——风道(布置方式之三)；5——电动机壁仓

3. 绞车房的断面尺寸和支护

绞车房内布置原则是——保证安全生产、易于安装检修并尽可能紧凑，以减少工程量。

根据绞车基础尺寸和与四周硐壁的距离决定绞车房的平面尺寸。绞车基础前面和右侧(司机操作台的右侧)与硐壁的距离要考虑能进出电动机；后面以布置部分电气设备后尚能适应司机活动并能从后面行人；左侧只考虑行人方便和安全。一般为 600～1 000 mm。

绞车房的高度与绞车的规格型号及安装要求有关，一般为 3～4.5 m。

绞车房断面一般设计成半圆拱形，多用锚喷支护，也可用料石或混凝土砌筑，并用混凝土铺底。

采用半圆拱形状的采区绞车房硐室断面主要尺寸如表 13-14 所列。

表 13-14　　采区绞车房的主要尺寸

绞车型号		宽度/mm			高度/mm			长度/mm		
		左侧人行道	右侧人行道	净宽	自地面起壁高	拱高	净高	前面人行道宽	后面人行道宽	净长
原系列	JT800×600－30	600	1000	3000	1200	1500	2700	800	1200	4000
	JT1200×1000－24	700	950	4700	800	2350	3150	1000	1000	6000
	JT1600×1200－30	700	1050	5800	1200	2900	4100	1200	1560	7600
	JT1600×900－20	850	1020	6400	900	3200	4100	1200	1560	7600
新系列	JTB1.6×1.2	700	1020	8000	1150	4000	5150	1200	1000	7800
	JTB1.6×1.5	700	1020	8000	1150	4000	5150	1300	900	7800
	JTY1.2×1.0B	1150	1050	5000	1500	2500	4000	970	1600	7300
	JTY1.6×1.2	1300	1700	5700	1450	2850	4300	1000	800	9000

三、采区变电所

采区变电所是采区供电的枢纽。由于低压输电的电压降较大，故合理选择采区变电所位置和尺寸是保证采区正常生产、减少工程费用的重要措施。

1. 位置

采区变电所应布置在围岩稳定、地压小、易维护、无淋水、通风良好的地点，尽量位于采区用电负荷中心。一般设在上山附近或上山之间。

为适应机械化开采工作面电气设备总容量大幅度增加和采区尺寸相应扩大的需要，有的采用移动变电所，其位置一般在靠近工作面的运输机巷中或相邻区段（分带）的轨巷中，工作面推进 100～200 m 时变电所移动一次。

2. 尺寸和支护

采区变电所的尺寸由硐室内设备的数目和规格、设备间距以及设备与墙壁间距等因素确定。变电所的高度应根据行人高度、设备高度和吊挂电灯的高度要求确定，一般为 2.5～3.5 m，通道高度一般为 2.3～2.5 m。

采区变电所内高压与低压电气设备宜分别集中在一侧布置，硐室宽度一般为 3.6 m，当电气设备较少时也可以混合布置在一侧，硐室宽度为 2.5～3 m。

变电所应采用不可燃材料支护，尽量采用锚喷支护。底板用混凝土铺底并高出邻近巷道底板 200～300 mm 且具 0.3%的坡度，以防矿井水流入变电所。

变电所长度超过 6 m 时，必须在硐室两端各设一个出口通道，宽度一般为 2 m。在硐室与通道连接处，必须安装向外开启的防火栅栏两用门。

复习思考题

1. 请说明道岔的组成、作用和基本形式。
2. 说明 ZDK615/2/4、ZDX930/6/3022 标准道岔的符号含义。
3. 说明平面曲线线路的外轨抬高、轨距、轨中心距加宽的理由和其值如何选取。
4. 说明轨道线路连接点的种类、特点和参数计算。
5. 说明采区车场的含义、作用和组成。
6. 说明采区上部、中部、下部车场的基本类型和如何选用。
7. 试述单道、双道起坡甩车场的特点、斜面线路参数和剖面各点标高的计算。
8. 试述新型辅助运输方式和车场布置。
9. 试述采区煤仓的形式。

第三编

井田开拓

Jingtian Kaituo

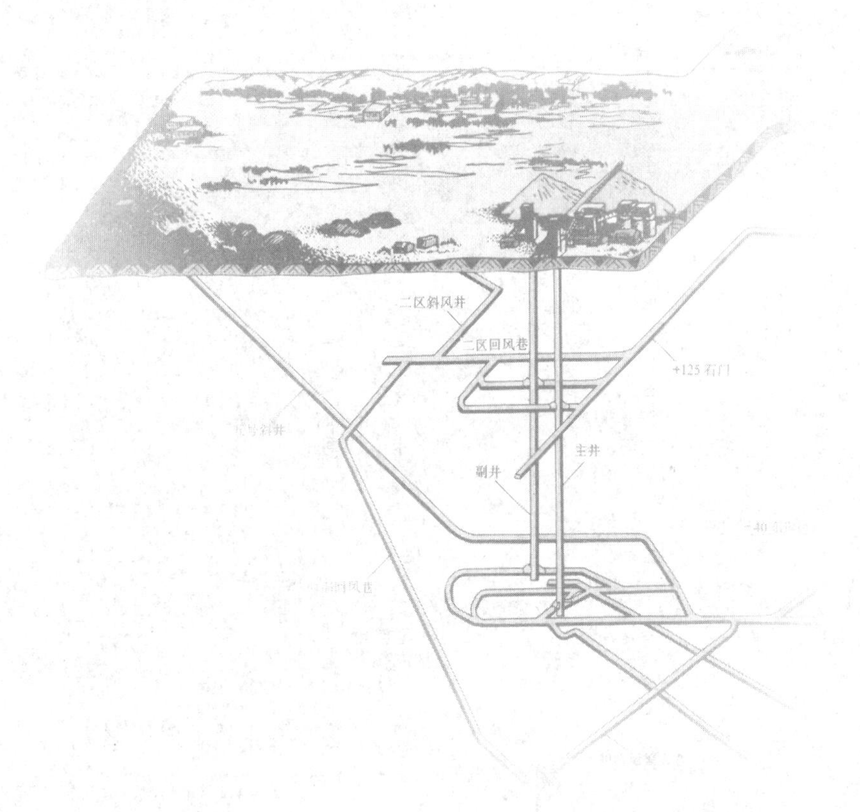

第十四章　井田开拓的基本概念

第一节　煤田划分为井田

面积很大和储量丰富的煤田，一般均要划分为若干较小的部分，每一个部分由一个矿井开采。在采矿工程中，通常是把按地质条件和开采技术水平划定的由一个矿井开采的范围称为井田。

一、井田划分的原则

煤田划分为井田，是矿区总体设计的一项重要任务，划分时应保证各井田均有合理的尺寸和境界，使煤田各部分都能得到合理开发。应根据地质构造、储量、水文地质条件、煤层赋存状态、煤质分布规律、开采技术条件、矿井生产能力和开拓方式，并结合地貌地物等因素，进行技术经济比较后加以确定。实际的井田范围和形状差异很大，划分时一般应遵循以下原则。

1. 与矿井的生产能力相适应

生产能力较大的矿井，一般机械化程度较高、服务年限较长，因而需要有足够的储量与之相适应，井田的境界范围应该大一些。生产能力较小的矿井服务年限较短，其储量可少一些，井田的境界范围可小一些。

2. 充分利用自然条件

利用自然条件划分井田如图 14-1 所示。为了尽可能地减少因留煤柱而造成的煤炭损失，提高资源采出率，减少开采技术上的困难，保护地面设施，应尽量利用地形、地物、地质构造、水文地质以及煤层特征等自然条件作为划分井田的依据，如大断层、褶曲、河流、湖泊、干线铁路、公路、城镇等。对煤层厚度或倾角变化剧烈的地区，也可利用剧烈变化处作为井田

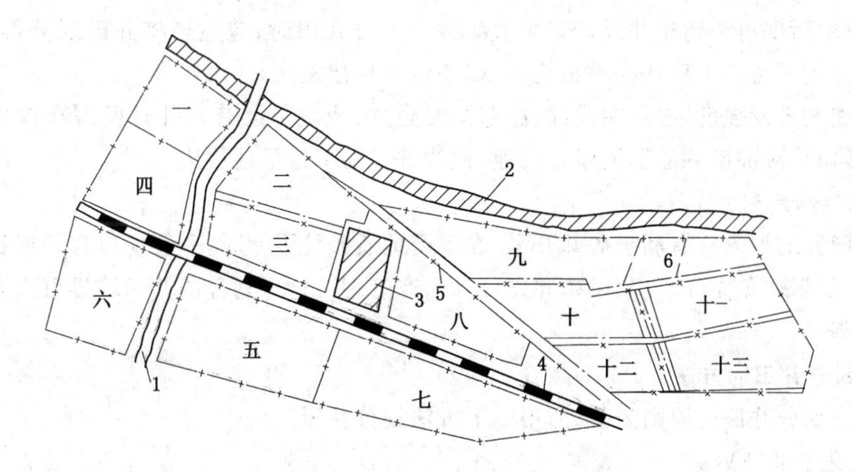

图 14-1　利用自然条件做井田边界

1——河流；2——煤层露头；3——城镇；4——铁路；5——大断层；6——小煤窑；

一、二、三、四、五、六、七、八、九、十、十一、十二、十三 ——矿井

界线，以便于相邻矿井采用不同的采煤方法和设备。在地形复杂的地区，如地表为沟谷、丘陵、山岭等地区，划定的井田范围和境界应便于选择合理的井筒位置和布置工业场地。

3. 应有合理的尺寸和足够的储量

要保证矿井有合理的形状、尺寸和足够的储量，一般情况下井田的走向长度应大于倾斜长度，并使井田走向长度在合理范围之内。

这样划分井田，可以保证矿井有合理的开发强度、开采水平有足够的储量和服务年限；避免因井田走向长度过小、矿井数目较多而造成矿井水平接替紧张、延深频繁，总的延深工程量较大；避免因多水平同时生产而造成矿井提升、运输、通风复杂化，以保证矿井稳产高产。同样，也要避免因井田尺寸过大而造成矿井通风、运输困难，出现因矿井数目过少、开采强度过低而不能充分利用已探明储量的问题。我国合理的井田走向长度为——中型矿井不小于 4 km；大型矿井不小于 8 km。

我国大多数国有重点煤矿的井田走向长度均大于 4 km 且以 4～8 km 居多。现在，新设计建设的特大型矿井的走向长度最大已超过 20 km。

4. 统筹兼顾、照顾全局

应处理好与相邻矿井的关系，包括矿井与露天矿、大型矿井与小型矿井、生产井与新建井、浅部井与深部井以及新建井之间的关系，不要因为一个矿井的划分而影响另一个井田的合理境界。

① 决定矿井与露天矿的境界时，应主要考虑露天矿的最大经济合理剥采比。露天矿剥采比确定后，即确定了最大采深，亦即确定了各自的井田境界。

② 划分老矿井与新矿井、浅部井与深部井境界时，应考虑采矿技术的进步，给矿井发展留有余地。通常认为，扩建矿井较新建同等生产能力的矿井可节省投资 30%～40%。

③ 划分井田时还要考虑井筒位置的选择，使建井后矿井开拓、准备和生产管理等尽可能合理，特别是对于地形复杂的山区更应注意。

5. 留有余地

当煤层可采厚度较大、开采条件好时，为了加快新区建设、节约初期投资，可先建成中小型矿井，待中后期再扩建矿井或新建大型矿井。划分井田时，应适当将井田划分得大一些，或在井田范围外留一个后备区暂不建井，以备将来扩建发展。

当需加大开发强度，必须在浅部、深部同时建井，或浅部已有矿井开发需在深部另建新井时，应考虑给浅部矿井的发展留有余地，使浅部矿井不过早地报废。

6. 直(折)线划分

井田境界的划分应有利于矿井开采，在不受地质条件限制时，一般应以直线或折线作为井田境界，尽量避免曲线，以利于矿井设计和生产管理。这样划分的井田境界可由若干平面坐标点控制。

二、划分井田的方法

以上述划分井田的原则为基础，用以下方法划分井田。

1. 按地质构造划分

按地质构造划分井田，是指按大断层、大的褶曲轴、岩浆岩侵入区、无煤带等划分井田，这是优先考虑的方法。

2. 按煤层赋存形态划分

为便于不同矿井划分生产水平，通常按煤层赋存深浅进行划分，即按某一标高划分；有时则是按煤层的不同产状（如倾角）、结合储量分布划分井田。

3. 按煤质、煤种分布划分

在煤质和煤种变化较大的矿区，为了减少同一矿井开采不同的煤质和煤种、便于煤质管理，有时以煤质、煤种分界线划分井田边界。

4. 按地形地物界线划分

对于需要井下留煤柱保护的河流、湖泊、水库、铁路和建筑物，可以考虑以保护煤柱为界划分井田。

5. 人为划分井田

不受自然和地质条件限制时，可以人为划定井田边界。如图 14-2 所示，一矿和二矿之间是按垂直面划分的，一矿、二矿、三矿、四矿与五矿之间是按水平划分的，一矿、二矿与三矿、四矿之间是按煤组划分的。

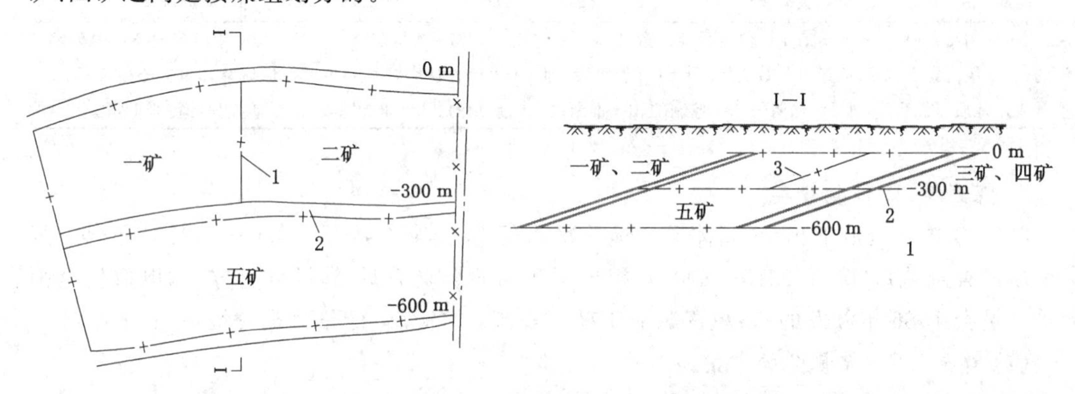

图 14-2　人为划分井田边界

1——按垂直面划分；2——按水平划分；3——按煤组划分

煤层倾角较小时，无论在煤层走向方向上还是在倾向方向上均用垂直划分。

人为划分井田边界，应保持井田边界整齐划一，以利于井下巷道布置和开采，避免矿井之间的复杂“压茬”关系。

第二节　矿井资源/储量、设计生产能力和服务年限

一、矿井资源/储量

1. 固体矿产资源/储量分类

为了促进国际经济交流、与国际储量分类框架接轨，我国国家质量技术监督局于 1999 年 6 月 8 日发布国家标准《固体矿产资源/储量分类》(GB/T 17766—1999)。

新的固体矿产资源/储量分类方案属于技术经济型综合分类。该方案采用三维形式立体分类框架，依据矿产勘查的工作阶段（用地质可靠程度表示）、可行性评价程度和经济意义，把矿产资源/储量分为三大类 16 种类型，并用三维形式框架图和矩阵形式表表示。其矩阵形式分类表如表 14-1 所列。

表 14-1　　　　**固体矿产资源/储量分类表**

经济意义	地质可靠程度			
	查明矿产资源			潜在矿产资源
	探明的	控制的	推断的	预测的
经济的	可采储量(111)			
	基础储量(111b)			
	初步可采储量(121)	初步可采储量(122)		
	基础储量(121b)	基础储量(122b)		
边际经济的	基础储量(2M11)			
	基础储量(2M21)	基础储量(2M22)		
次边际经济的	资源量(2S11)			
	资源量(2S21)	资源量(2S22)		
内蕴经济的	资源量(331)	资源量(332)	资源量(333)	资源量(334)?

注：表中所用编码(111～334)，第1位数表示经济意义，即1＝经济的，2M＝边际经济的，2S＝次边际经济的，3＝内蕴经济的；?＝经济意义未定的；第2位数表示可行性评价阶段，即1＝可行性研究，2＝初步可行性研究，3＝概略研究；第3位数表示地质可靠程度，即1＝探明的，2＝控制的，3＝推断的，4＝预测的。b＝未扣除设计、采矿损失的可采储量。

2. 煤炭资源/储量分类

2002年国土资源部出台《固体矿产地质勘查规范总则》(GB/T 13908—2002)和《煤、泥炭地质勘查规范》(DZ/T 0215—2002)，提出了我国的煤炭资源/储量分类方案，以取代全国储量委员会1986年颁发的《煤炭资源地质勘探规范》中的煤炭储量分类分级体系。

(1) 煤炭资源/储量分类方案

煤炭资源/储量分类方案同《固体矿产资源/储量分类》。

(2) 煤炭资源/储量分类依据

可行性评价程度，亦分为概略研究、初步可行性研究和可行性研究三种。

经济意义，亦分为经济的、边际经济的、次边际经济的和内蕴经济的四种。

经济的——其数量和质量是依据符合市场价格的生产指标计算的。在可行性研究或初步可行性研究当时的市场条件下开采，在技术上可行，经济上合理，环境等其他条件允许，即每年开采煤炭的平均价值能满足投资回报要求。或在政府补贴或其他扶持条件下开发是可能的。通常把未来矿山企业的年平均内部收益率大于煤炭行业基准内部收益率10%、净现值大于零的煤炭资源划为经济的。

边际经济的——在可行性研究或初步可行性研究当时，其开采是不经济的但接近于盈亏边界，只有在将来由于技术、经济、环境等条件的改善或政府给予其他扶持的条件下才可变成经济的。通常把未来矿山企业的年平均内部收益率大于零而低于煤炭行业基准内部收益率10%、净现值等于零或接近于零的煤炭资源划为边际经济的。

次边际经济的——在可行性研究或初步可行性研究当时，开采是不经济的或技术上不可行的，需大幅度提高矿产品价格或技术进步使成本降低后方能变为经济的。通常把未来矿山企业的年平均内部收益率和净现值均小于零的煤炭资源划为次边际经济的。

内蕴经济的——仅通过概略研究做了相应的投资机会评价，未做可行性研究或初步可行性研究。由于不确定因素多，因而无法区分其是经济的、边际经济的，还是次边际经济的。

探明的煤炭资源/储量在地质可靠程度方面必须符合下列条件：

——煤层的厚度、结构已经查明，煤层对比可靠，可采煤层的连续性已经确定，煤类、煤质特征及煤的工艺性能已经查明，岩浆岩对煤层、煤质的影响已经查明；

——煤层底板等高线已严密控制，落差等于和大于 30 m 的断层已经详细查明（在地震地质条件好的地区落差等于和大于 20 m 的断层已经详细查明）；

——各项勘查工程（物探、钻探、采样及其他等）已达到勘探阶段的控制要求。

可采储量（111）——探明的经济基础储量的可采部分。勘查工作程度已达到勘探阶段的工作程度要求，并进行了可行性研究，证实其在计算当时开采是经济的、计算的可采储量及可行性评价结果可信度高。

探明的（可研）经济基础储量（111b）——同（111）的差别在于本类型是用未扣除设计、采矿损失的数量表述。

初步可采储量（121）——同（111）的差别在于本类型只进行了初步可行性研究，估算的可采储量可信度高，可行性评价结果的可信度一般。

探明的经济基础储量（121b）——同（121）的差别在于本类型是用未扣除设计、采矿损失的数量表述。

探明的边际经济基础储量（2M11）——勘查工作程度已达到勘探阶段的工作程度要求。可行性研究表明，在确定当时开采是不经济的，但接近盈亏边界，只有当技术、经济等条件改善后才可变成经济的。估算的基础储量和可行性评价结果的可信度高。

探明的边际经济基础储量（2M21）——同（2M11）的差别在于本类型只进行了初步可行性研究，估算的基础储量可信度高，可行性评价结果的可信度一般。

探明的次边际经济资源量（2S11）——勘查工作程度已达到勘探阶段的工作程度要求。可行性研究表明，在确定当时开采是不经济的，必须大幅度提高矿产品价格或大幅度降低成本后，才能变成经济的。估算的资源量和可行性评价结果的可信度高。

探明的次边际经济资源量（2S21）——同（2S11）的差别在于本类型只进行了初步可行性研究，资源量估算可信度高，可行性评价结果的可信度一般。

探明的内蕴经济资源量（331）——勘查工作程度已达到勘探阶段的工作程度要求。但未做可行性研究或初步可行性研究，仅做了概略研究，经济意义介于经济的至次边际经济的范围内，估算的资源量可信度高，可行性评价可信度低。

控制的煤炭资源/储量在地质可靠程度方面必须符合下列条件：

——煤层的厚度、结构已基本查明，煤层对比可靠，可采煤层的连续性已基本确定，煤类、煤质特征及煤的工艺性能已基本查明，岩浆岩对煤层、煤质的影响已基本查明；

——煤层底板等高线已基本控制，落差等于和大于 50 m 的断层已经基本查明；

——各项勘查工程（物探、钻探、采样及其他等）已达到详查阶段的控制要求。

初步可采储量（122）——勘查工作程度已达详查阶段的工作程度要求，初步可行性研究结果表明开采是经济的，估算的可采储量可信度较高，可行性评价结果的可信度一般。

控制的经济基础储量（122b）——同（122）的差别在于本类型是用未扣除设计、采矿损失的数量表述的。

控制的边际经济基础储量（2M22）——勘查工作程度达到了详查阶段工作程度要求，初步可行性研究结果表明，在确定当时开采是不经济的但接近盈亏边界，待将来技术经济条件改善后可变成经济的。估算的基础储量可信度较高，可行性评价结果的可信度一般。

控制的次边际经济资源量(2S22)——勘查工作程度达到了详查阶段的工作程度要求，初步可行性研究表明，在确定当时开采是不经济的，需大幅度提高矿产品价格或大幅度降低成本后才能变成经济的。估算的资源量可信度较高，可行性评价结果的可信度一般。

控制的内蕴经济资源量(332)——勘查工作程度达到了详查阶段的工作程度要求。未做可行性研究或初步可行性研究，仅做了概略研究，经济意义介于经济的至次边际经济的范围内，估算的资源量可信度较高，可行性评价可信度低。

推断的煤炭资源量在地质可靠程度方面必须符合下列条件：

——煤层的厚度、结构已初步查明，煤层对比基本可靠，煤类和煤质特征已大致确定；

——煤层产状已初步查明，煤层底板等高线已大致控制；

——各项勘查工程(物探、钻探、采样及其他等)已达到普查阶段的控制要求。

推断的内蕴经济资源量(333)——勘查工作程度达到了普查阶段的工作程度要求。未做可行性研究或初步可行性研究，仅做了概略研究，经济意义介于经济的至次边际经济的范围内，估算的资源量可信度低，可行性评价可信度低。

此外，还有预测的煤炭资源量(334)？——预测的资源量属于潜在煤炭资源，有无经济意义尚不确定。

3. 矿井资源/储量的类型和计算

《煤炭工业矿井设计规范》(GB 50215—2015)分别给出了矿井初步可行性研究、可行性研究和初步设计资源/储量类型和计算公式。矿井资源/储量类型包括矿井地质资源量、矿井工业资源/储量、矿井设计资源/储量、矿井设计可采储量四类。

(1) 矿井初步可行性研究资源/储量类型及计算(基于详查地质报告)

矿井地质资源量，是指详查地质报告提供的查明煤炭资源的全部。如图 14-3 所示，其包括控制的内蕴经济的资源量 332、推断的内蕴经济的资源量 333。

矿井工业资源/储量，是指地质资源量中控制的资源量 332，经分类得出的经济的基础储量 122b、边际经济的基础储量 2M22，连同地质资源量中推断的资源量 333 的大部(图 14-3)。

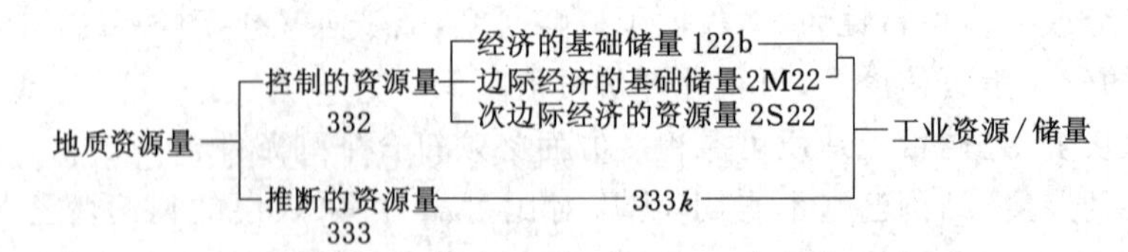

注：k——可信度系数，取 0.7～0.9。地质构造简单、煤层赋存稳定的矿井，k 值取 0.9；地质构造复杂、煤层赋存不稳定的矿井，k 值取 0.7。下同。

图 14-3　初步可行性研究(基于详查地质报告)的矿井工业资源/储量归类框架

矿井工业资源/储量按式(14-1)计算：

$$矿井工业资源/储量 = 122b + 2M22 + 333k \tag{14-1}$$

矿井设计资源/储量，是指矿井工业资源/储量减去设计计算的断层煤柱、防水煤柱、井田境界煤柱、地面建(构)筑物煤柱等永久煤柱损失量之后的资源/储量。

矿井设计可采储量，是指矿井设计资源/储量减去工业场地和主要井巷煤柱的煤量后与采区采出率之积。

(2) 矿井初步可行性研究资源/储量类型及计算(基于勘探地质报告)

矿井地质资源量，是指勘探地质报告所提供的查明煤炭资源的全部。如图 14-4 所示，其包括探明的内蕴经济的资源量 331、控制的内蕴经济的资源量 332、推断的内蕴经济的资源量 333。

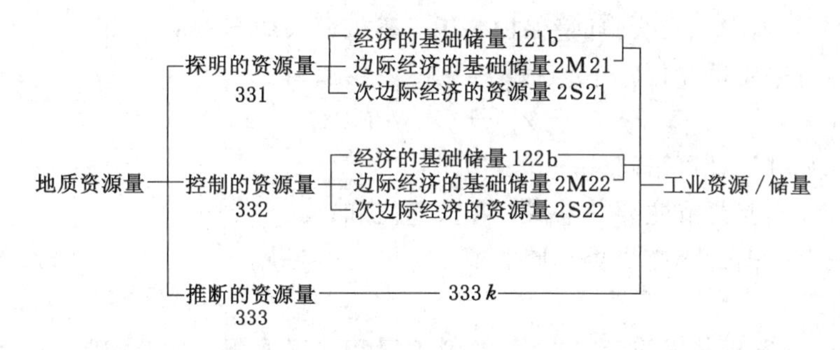

图 14-4　初步可行性研究(基于勘探地质报告)的矿井工业资源/储量归类框架

矿井工业资源/储量，是指地质资源量中探明的资源量 331 和控制的资源量 332，经分类得出的经济的基础储量 121b 和 122b、边际经济的基础储量 2M21 和 2M22，连同地质资源量中推断的资源量 333 的大部(图 14-4)。

矿井工业资源/储量按式(14-2)计算：

$$\text{矿井工业资源/储量}=121\text{b}+122\text{b}+2\text{M}21+2\text{M}22+333k \tag{14-2}$$

矿井设计资源/储量、矿井设计可采储量的类型及计算同前。

(3) 矿井可行性研究和初步设计资源/储量类型及计算(基于勘探地质报告)

矿井地质资源量，是指勘探地质报告提供的查明煤炭资源全部。如图 14-5 所示，其包括探明的内蕴经济的资源量 331、控制的内蕴经济的资源量 332、推断的内蕴经济的资源量 333。

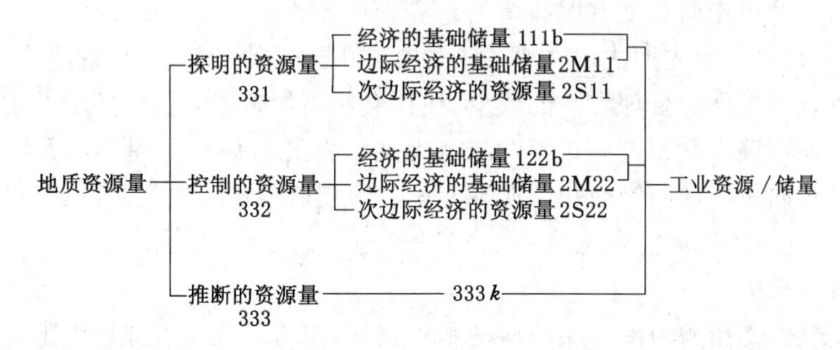

图 14-5　可行性研究和初步设计(基于勘探地质报告)的矿井工业资源/储量归类框架

矿井工业资源/储量，是指地质资源量中探明的资源量 331 和控制的资源量 332，经分类得出的经济的基础储量 111b 和 122b、边际经济的基础储量 2M11 和 2M22，连同地质资源量中推断的资源量 333 的大部(图 14-5)。

矿井工业资源/储量按式(14-3)计算：

$$矿井工业资源/储量=111b+122b+2M11+2M22+333k \tag{14-3}$$

矿井设计资源/储量按式(14-4)计算：

$$Z_s = Z_g - P_1 \tag{14-4}$$

式中　Z_s——矿井设计资源/储量；

Z_g——矿井工业资源/储量；

P_1——断层煤柱、防水煤柱、井田境界煤柱、地面建(构)筑物煤柱等永久煤柱损失量及因法律、社会、环境保护等因素不得开采的损失量之和。

矿井设计可采储量按式(14-5)计算：

$$Z_k = (Z_s - P_2)C \tag{14-5}$$

式中　Z_k——矿井设计可采储量；

P_2——工业场地和主要井巷煤柱损失量之和；

C——采区采出率，按煤类不同取值。

二、井田尺寸

井田尺寸，一般指井田的走向长度、倾斜长度和井田面积，最初由矿区总体设计时的井田划分确定，在生产过程中有可能调整。

1. 井田走向长度

井田走向长度，是指井田沿煤层走向或主要延伸方向的长度，是表征矿井开采范围的重要参数。井田走向长度加大后可增加开采水平内采区、盘区或带区个数，有利于加大采区、盘区、带区和矿井的开采强度；在开采水平垂高不变情况下，可增加开采水平储量、延长水平服务年限，有利于开采水平接替；还可以更充分地利用工业场地、井筒、井底车场等设施，减少其分摊于开采吨煤的成本费用。而过长的井田走向长度，则会增加井下煤和物料的运输距离、加大运输工作量、加长通风线路长度、增大通风阻力，并会增加工作人员的井下行走距离和时间，降低工作效率。除煤层赋存条件、地质构造和矿区开发条件外，影响井田走向长度的最重要因素是矿井的开采强度和矿山设备的技术水平及能力。目前国营重点煤矿的特大型、大型矿井其走向长度多在 8 km 以上，随着机械化水平提高、生产能力提升，以及矿山开采设备的改进，井田走向长度有明显增大趋势。

井田走向长度是一个先期决定并服务于整个井田开采的参数，从设计决定到矿井生产、报废，期间随着技术发展和合理参数的改变，往往会使当初确定为“合理”的井田走向长度变为“不合理”，因而在确定井田走向长度时应考虑技术发展趋势和合理的参数匹配。矿井一经建成投产，其走向长度便因为受相邻矿井建设的限制而很难再改变。因此，矿区总体设计和划分井田时要充分考虑到上述因素。

2. 井田倾斜长度

井田倾斜长度，是指井田沿煤层倾向的水平宽度，与之对应还有井田上下边界的垂直高度和开采煤层的倾斜长度。井田倾斜长度是表征矿井开采深度的参数，一般情况下它制约着开采水平的垂高和数目、上下山的长度与阶段数目的划分。井田倾斜长度与井型密切相关。我国煤矿矿井的井田倾斜长度一般为数千米，开采近水平煤层的矿井其井田倾斜长度最大可达 10 km，小煤矿井田倾斜长度多为数几十米到数百米。

据 1995 年统计，我国 61.1% 的矿井井田倾斜长度大于 2 km。在 0.90～2.40 Mt/a 的矿井中，井田倾斜长度超过 3 km 的矿井有 98 处，占 60.1%；2.40 Mt/a 以上的大型矿井中，井田倾斜长度超过 3 km 的占 85%。由此可见，随着井型加大而井田倾斜长度加长的趋势十分明显。

与井田走向长度不同的是，井田倾斜长度是可以动态变化的。随着矿井向深部发展和技术进步的需要，有可能变更原来的井田下部边界、扩大井田范围。

3. 井田面积

井田面积与设计生产能力相关。我国煤矿矿井的井田面积一般为数平方千米至数十平方千米，小煤矿的井田面积多小于 1 km^2。据 1995 年统计，在我国主要煤矿中，54.3%的矿井井田面积大于 10 km^2，0.90 Mt/a 及以上的大型矿井及特大型矿井的井田面积大多超过 20 km^2，有的甚至可达 100 km^2。例如，晋城寺河煤矿井田面积为 91.2 km^2；神东大柳塔煤矿的井田面积达 131.5 km^2；陕西黄陵一号井井田面积为 242 km^2。

4. 井田形状

受煤田地质构造、煤层赋存特征、地形地貌、资源归属、开采技术和经济条件等因素的影响，井田具有各种不规则的形状，比较多的是长轴(边)沿煤层走向的四边形、扇形、多边形或其他复杂的组合形状。井田形状有规则的也有不规则的，多数情况下是不规则的。在划分井田时，除非条件不允许，应尽量按规则的几何形状进行划分。

三、矿井设计生产能力

1. 矿井设计生产能力

矿井设计生产能力简称为生产能力或设计能力，是煤矿建设和生产的主要指标。它在一定程度上可综合反映矿井的生产技术面貌，是选择井田开拓方式的重要依据之一。

为了标准化、系列化以及便于生产建设和管理，根据矿井设计生产能力不同，我国煤矿把矿井划分为特大型、大型、中型和小型矿井四种类型，具体指标详见第一章有关内容。

特大型、大型矿井一般产量大、装备水平高、生产集中、效率高、成本低、服务年限长、增产潜力大，是我国煤炭工业的支柱和骨干；特大型、大型矿井初期工程量大、建井期长、施工技术要求高、重型设备多，因而吨煤投资高、生产管理复杂。相对而言，中型、小型矿井的初期工程量较小、建井期短、初期投资少、技术和装备均简单、管理相对容易；但中型、小型矿井生产较分散、效率低、成本高、矿井服务年限短、矿井接替频繁。因此，综合考虑矿井生产能力的诸多影响因素，合理确定矿井设计生产能力就显得尤为重要。

我国国有重点矿井生产能力呈增大趋势。1977 年平均生产能力为 0.53 Mt/a，1995 年平均生产能力达 0.78 Mt/a，至 20 世纪 90 年代末平均生产能力已接近 0.90 Mt/a。目前我国神东矿区已建设成亿吨矿区、千万吨矿井群，其中布尔台煤矿设计生产能力已经达到 20.0 Mt/a。

2. 影响矿井生产能力的因素

(1) 储量条件

储量，是矿井建设的重要依据，取决于井田面积、可采煤层层数和厚度。矿井生产能力应与井田的储量相适应。在煤层厚度较大、地质构造简单的条件下，储量越丰富矿井生产能力应越大。储量不很丰富、煤层生产能力不大，或储量虽较丰富但多为薄煤层、开采条件差，或地质构造较复杂、煤层有煤与瓦斯突出危险时，宜建中型、小型矿井。

(2) 影响开采工艺的地质条件

地质条件对开采工艺的影响是综合性的，影响因素涉及断层、褶曲、煤层厚度及其稳定性、煤层倾角、围岩性质、岩浆岩侵入情况、瓦斯及水文地质条件。

煤层倾角小、厚度大、赋存稳定、构造简单、顶底板岩性较好、瓦斯及水文条件简单，则开采工艺性好，适于机械化开采并能获得较高的单产水平，相应地可建大型或特大型矿井。反之，开采工艺性差，即使有足够的储量但工作面单产低，矿井设计生产能力则不宜太大或应受到限制。

(3) 采煤工艺与矿井技术装备水平

采煤工艺的技术层次和装备技术水平及其合理应用程度，决定工作面单产高低和矿井的开采强度。一方面，采煤工艺和装备的选择应与具体矿井煤层地质条件的开采工艺性相适应，采煤工艺和装备在很大程度上反映技术与地质因素的综合影响；另一方面，在具体矿井条件下，矿井技术装备水平应与矿井的开采强度相适应，由此确定矿井总体的技术装备水平。

在近代煤矿发展阶段，矿井提升、运输、通风等主要设备的能力曾是提高矿井生产能力的主要障碍，随着现代采矿设备的发展，它们已不再成为技术上限制矿井生产能力的因素。

(4) 矿山经济和社会因素

在市场经济条件下，投入与产出、投资与回报的关系和经济效益要求，势必更多地影响矿井设计生产能力的确定。

一般情况下，储量丰富、煤层地质条件和开采工艺性好的矿井，宜建特大型、大型矿井。

煤层赋存深、表土层很厚、冲积层含水丰富、井筒需要特殊工艺施工时，为扩大井田开采范围、减少开凿井筒数目、节约建井工程量和降低吨煤投资，矿井设计生产能力宜定得大一些。

对煤层生产能力较大、地形地貌复杂的矿区，工业场地的选择和布置较困难，为避免过多的地面工程井田范围可划得大一些，矿井的生产能力也应定得大一些。

对于煤层赋存不稳定、地质构造复杂的矿区，宜先建设生产勘探井，待掌握地质变化规律后再适当改建或扩建矿井。

矿井设计生产能力应当根据矿井资源条件、外部建设条件、国家对煤炭资源配置及市场需求、经济效益等各相关因素综合分析，并经多方案比较后确定。边远地区受交通条件制约，产出煤炭又不能就地转化或当地市场空间较小，即使资源条件很好也不宜建设特大型、大型矿井；而有些西部矿区，由于西电东输的实施，带来了煤炭资源开发就地发电的市场机遇，且资源条件好，则可建设和大型发电厂相匹配的特大型、大型矿井。我国东部矿区因地理位置的优势，只要开采条件允许、特别是安全开采条件允许且符合国家资源合理配置的宏观政策，储量和服务年限符合设计规范要求，则设计生产能力宜大不宜小。

3. 矿井开采能力

矿井开采能力，是指在具体矿井煤层地质条件下、一定的开采布置和采掘工艺所能保证的稳定的采煤能力。它取决于矿井内同时生产的采煤工作面的生产能力、个数和掘进出煤能力。

井下同时生产的采煤工作面个数取决于采煤机械化程度和工作面单产水平。在我国机械化水平较高的矿区，已建设成一批一矿一面或一矿两面保产、单工作面日产万吨的矿井。

我国神东矿区已建设成一批年产千万吨工作面。

提高装备水平、提高工作面单产和单进水平、减少同采的采区(盘区或带区)个数和工作面个数,是安全高效矿井建设的方向和途径。

为了集中生产,在矿井正常生产期间,通常应以一个开采水平生产来保证矿井设计生产能力或矿井产量。矿井同时生产的采区(盘区或带区)个数,应体现合理集中生产和保证正常接替的原则,一般不宜越过3个,条件适宜时可考虑一矿一区一面或一矿两区两面。

《煤炭工业矿井设计规范》规定:煤(岩)与瓦斯(二氧化碳)突出矿井,其同时生产的采煤工作面不应超过2个(不包括开采保护层的工作面),其他矿井以1～2个保证矿井生产能力。大型或特大型矿井,当井田储量丰富,下部厚煤层被上覆薄及中厚煤层所压,长期难以达产时,同时生产的采煤工作面不应超过3个。

4. *矿井辅助生产环节能力*

影响、制约矿井生产能力的矿井辅助生产环节,主要有提升、运输、辅运、通风、供电、排水等环节。这些环节的能力应满足矿井设计生产能力要求,并应有一定的富余能力。

四、矿井服务年限

1. *矿井设计服务年限*

矿井设计服务年限,是指矿井设计时按矿井设计可采储量、设计生产能力并考虑储量备用系数所计算出的矿井设计开采年限,简称矿井服务年限。

矿井设计可采储量(Z_k)、设计生产能力(A)和矿井设计服务年限(T)三者之间在数学上的关系如式(14-6)和图14-6所示:

$$T=\frac{Z_k}{AK} \tag{14-6}$$

式中　K——储量备用系数,一般取1.3～1.5。

为了保证设计矿井在生产期间有足够的储量和服务年限,故设置了储量备用系数。

矿井开采过程中实际服务年限缩短的主要原因有以下几点:

① 矿井增产——因矿井各生产环节设计时就留有一定富余能力,矿井投产后产量常会超过设计生产能力;

② 地质损失增加——如煤层露头风化带降低、煤层变薄、断层增多、岩浆岩侵入、火灾和小窑开采,这些都会使可采储量减少;

③ 采出率降低——受地质构造和采矿技术影响,实际采出率达不到设计要求。

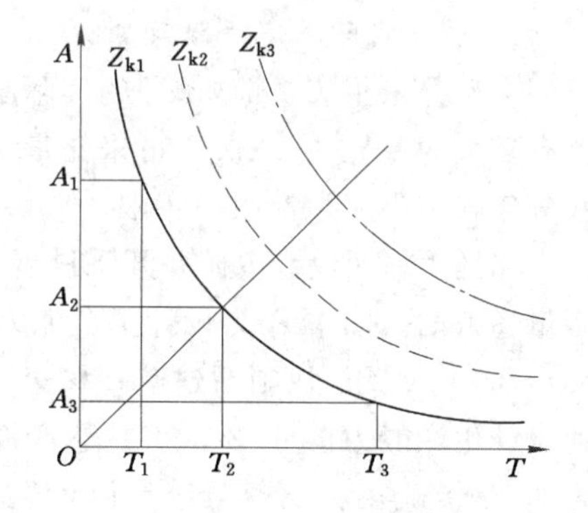

图14-6　矿井设计生产能力与设计服务年限的关系

考虑实际可采储量可能减少和实际产量可能提高,我国从20世纪60年代设置了储量备用系数。

矿井的设计生产能力(A)与设计服务年限(T)在数学上成反比。为了获得好的技术经济效果,实际确定时要求两者相适应,即在储量一定或可以扩大的条件下,矿井的设计生产能力和服务年限均应比较大或同步增长,特大型、大型矿井的服务年限要长一些,中型、小型矿井的服务年限可以适当短一些。这是由于特大型、大型矿井装备水平高、基建工程量大、吨煤生产能力投资高、为其服务和配套的企业规模大,因而对国民经济的影响大。为了充分利用这些投资、实现矿区均衡生产、充分发挥附属企业的效能、避免出现矿井接续紧张,大型矿井的服务年限应该长一些,而小型矿井则相反。

合理的矿井服务年限应在开采合理的条件下,使吨煤成本低、经济效益好。

近年来,国内外矿井有服务年限变短的趋势。我国兴隆庄、东滩、燕子山、西曲、大兴、潘集一号和济宁三号井等矿井,年设计生产能力为 3.0～5.0 Mt,服务年限为 81～139 a,而俄罗斯、美国的一些矿井年设计生产能力为 3.0～11.0 Mt,服务年限为 25～45 a。

根据矿井设计服务年限的发展趋势,《煤炭工业矿井设计规范》(GB 50215—2015)对新建矿井和水平的设计服务年限给出的下限值要求如表 14-2 所列。

表 14-2　**新建矿井设计服务年限**

矿井设计生产能力/(Mt/a)	矿井设计服务年限/a	第一开采水平设计服务年限/a		
		煤层倾角<25°	煤层倾角 25°～45°	煤层倾角>45°
10.00 及以上	≥70	≥35	—	—
3.00～9.00	≥60	≥30	—	—
1.20～2.40	≥50	≥25	≥20	≥15
0.45～0.90	≥40	≥20	≥15	≥15
0.21～0.30	≥25	—	—	—
0.15	≥15	—	—	—
0.09	≥10	—	—	—

2. 矿井实际服务年限及划分

在矿井未报废之前,矿井的实际服务年限是不确定的,与设计服务年限有一定差异,甚至有较大的差异,它取决于可采储量计算的准确性、变化程度和矿井历年产煤量。矿井实际服务年限多小于设计服务年限。

如图 14-7 所示,按矿井开采进展,大致可将实际服务年限划分为达产期、均衡生产期和产量递减期。图中 A 为设计生产能力,$Q(t)$为历年产量,T 为设计服务年限。

通常情况下,我国新建矿井移交生产的标准是达到设计生产能力的 60%。矿井达产期又称为产量递增期,是指矿井从投产至达到设计生产能力的时间,即图中的 t_1 段。大型矿井一般为 3 a,中型矿井一般为 2 a,小型矿井一般为 1 a。井型大的矿井,如首采区条件复杂、工作面多且单产不高、移交工程量不够或标准低时,达产时间相对较长。显然,适当缩短矿井达产期有利于矿井建设和发展。

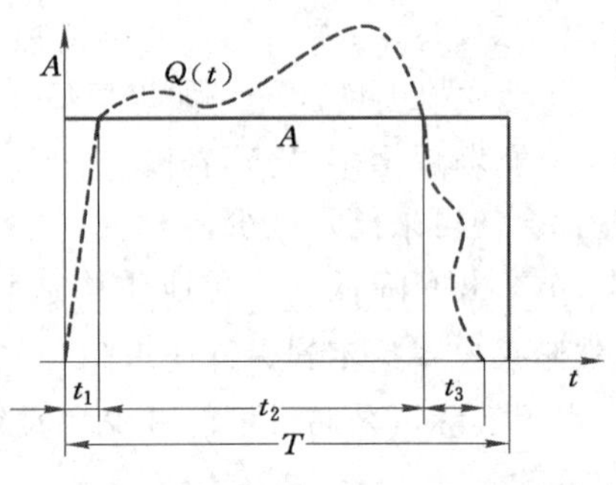

图 14-7　矿井设计服务年限与实际服务年限的关系

均衡生产期,是指矿井达产后以高于或略高于矿井设计生产能力生产的时期,也是矿井主要的生产时期,即图中的 t_2 段。由于矿井设计工作制度上留有余地，在各辅助生产环节的能力确定时均考虑了不均衡系数。更主要的是，随着开采技术不断进步、工作面单产提高，均衡生产期内矿井年产量一般会高于矿井设计生产能力。在储量丰富或有后备储量划入的矿井，还可以进行一次或多次改扩建或技术改造，以提高矿井生产能力和实现在更高水平上维持均衡生产。均衡生产期是矿井发挥投资效益的最好时期，应充分加大这段时期在矿井服务年限中的比例。

产量递减期，是指矿井开始减产至报废的时期，即图中 t_3 段。经过充分开采至最终水平，矿井的储量趋于枯竭，余下的开采块段地质条件较差，或进入深部，或开采边角块段，或开采薄煤层或难采煤层，已难以安排工作面的正常接替，同时生产环节增多，矿井产量开始下降。加大前期开采强度、储量又不能扩大时，矿井就会过早地进入产量递减期。有的矿井产量递减期可达 8～10 a 以上。

第三节　井田开拓的内容和开拓方式分类

为整个矿井和各水平开采进行的总体性的井巷布置、工程实施和开采部署，称之为井田开拓。

井巷布置和工程实施，包括设计和开掘由地表通达采区、盘区或带区的各种井巷。开采部署，是对井田内各开采煤层的开采方法和顺序做出总体性安排。

井田开拓解决的是矿井全局性的生产建设问题，是矿井开采的战略部署。

一、井田开拓的内容

井田开拓所要解决的问题是——在一定的矿山地质和开采技术条件下，根据矿区总体设计的原则规定，对矿井开拓巷道布置和生产系统的技术方案做出抉择，对井田内各部分煤层的开采做出原则性安排，主要内容如下：

① 井田内的再划分，划分阶段、开采水平、采区、盘区或带区，确定水平高度、水平数目、水平位置标高和阶段斜长；

② 确定井筒(硐)位置和工业场地位置；

③ 确定井筒(硐)形式、数目、功能、装备、断面、支护、深度(长度)和配置；

④ 确定井底车场形式、能力、线路和硐室；

⑤ 确定运输大巷和总回风道位置、数目、装备、断面、支护、方向和坡度；

⑥ 开掘井筒(硐)、井底车场、主石门、运输大巷、总回风道、采区石门等为全矿或开采水平服务的开拓巷道；

⑦ 确定各煤层、各采区、盘区或带区的开采顺序、采掘接替和配采方式；

⑧ 确定并实施开拓延深方案；

⑨ 确定技术改造和改扩建方案。

二、井田开拓方式的分类

开拓巷道在井田内的总体布置方式，称为井田开拓方式。

井田开拓涉及的内容较多，能够反映开拓方式主要特征的技术参数有井筒(硐)形式、开采水平数目、运输大巷布置方式和准备方式。

煤矿井田开拓方式分类如图 14-8 所示。

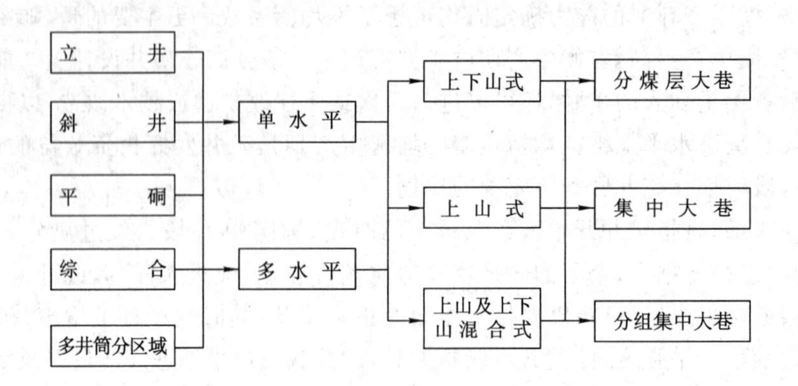

图 14-8　井田开拓方式的分类框图

三、确定井田开拓方式的原则

开拓方式中的每一项技术参数确定得是否合理，关系矿井的基建工程量、初期投资、建设速度和整个矿井生产的长远利益，从而影响矿井的经济效益。矿井开拓方案一经实施，再发现不合理而改动必将耽误许多时间、浪费巨大投资。因此，确定开拓问题需要根据国家政策、综合考虑地质和开采技术等诸多条件、经过全面比较之后加以确定。在解决开拓问题时应遵循下列原则：

① 贯彻执行国家有关煤炭工业的技术政策，在保证生产可靠和安全的前提条件下尽量减少开拓工程量，尤其是减少初期建设工程量，以节约基建投资、加快矿井建设。

② 合理集中开拓部署，简化生产系统，避免生产分散，做到合理集中生产。

③ 合理开发资源，减少煤炭损失。

④ 贯彻执行煤矿安全生产的有关规定，建立完善的生产系统，使主要井巷保持在良好的使用和维护状态。

⑤ 适应当前国家的技术水平和设备供应情况，并为采用新技术、新工艺、发展采煤机械化、综合机械化、自动化创造条件。

复习思考题

1. 试述井田开拓的基本概念。
2. 试述煤田划分为井田的原则和方法。
3. 试述矿井资源/储量的类型和计算方法。
4. 试述影响矿井设计生产能力的因素。
5. 试述矿井设计生产能力、设计服务年限和可采储量的数学关系和实际关系。
6. 试述考虑储量备用系数的原因。
7. 试述矿井实际服务年限的划分。
8. 试述井田开拓的主要内容。
9. 试述井田开拓方式的分类。
10. 试述确定井田开拓方式的原则。

第十五章　井田开拓方式

井筒(硐)形式与开采水平数目、上下山开采和不同的大巷布置方式交叉组合,形成多种类型的井田开拓方式。而井筒(硐)形式是井田开拓方式中最重要的标志。

第一节　立井开拓

立井开拓,是指利用直通地面的垂直井巷作为主、副井的开拓方式。

一、立井开拓方式示例

1. 立井多水平开拓方式

如图 15-1 所示,井田内有缓(倾)斜可采煤层两层,煤层间距较近、赋存较深,地表为平原地带,表土层较厚且水文条件较复杂。井田沿倾斜划分为两个阶段,阶段下部标高分别为 −300 m 和 −480 m,井田设置两个开采水平,每个阶段内划分为 6 个采区。

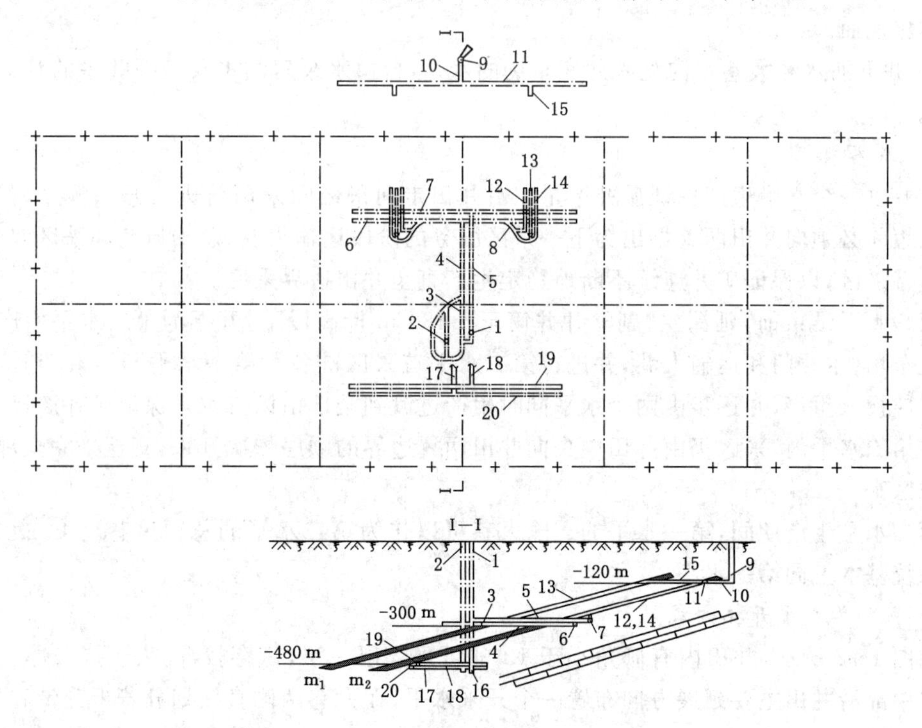

图 15-1　立井多水平上山式开拓(采区式准备)方式

1——主立井;2——副立井;3——一水平井底车场;4——一水平轨道运输主石门;5——一水平胶带运输主石门;6——一水平轨道运输大巷;7——一水平胶带运输大巷;8——采区下部车场;9——回风井;10——总回风石门;11——总回风大巷;12——运输上山;13——回风上山;14——轨道上山;15——采区回风石门;16——二水平井底车场;17——二水平轨道运输主石门;18——二水平胶带运输主石门;19——二水平胶带运输大巷;20——二水平轨道运输大巷

(1) 开掘顺序

在井田中部开掘主、副立井，井筒掘至－300 m标高以下后开掘第一水平的井底车场和主石门；而后，在煤层底板岩层中开掘主要运输大巷并向井田两翼延伸；当运输大巷掘至各采区下部边界中部时开掘采区运输石门。在开掘主、副立井的同时，在井田浅部走向中央开凿风井至－120 m回风水平，而后开掘总回风石门和总回风巷；沿总回风巷在首采区走向中部附近开掘采区回风石门。至此，为第一水平首采区服务的开拓巷道开掘完毕。

在首采区内开掘准备巷道和回采巷道，在开掘的各类井巷内安装相应的设备、形成生产系统，经试运转并符合要求后矿井即可投产。

(2) 主要生产系统

① 工作面生产的煤从采区运输上山进入采区煤仓，卸载至胶带运输大巷，转运至胶带运输主石门，而后卸载到井底煤仓，最后由主井箕斗提升至地面。

② 掘进所出的矸石则用矿车装运至井底车场，由副井罐笼提升至地面。

③ 井下所需物料和设备，由地面矿车(或材料车、平板车)装载，经副井罐笼下放至井底车场，由电机车拉至采区、转运至使用地点。

④ 新鲜风流由副井进入井下，经井底车场、主要运输大巷、采区下部车场进入采区轨道上山，而后进入采煤工作面；污浊风流经采区回风石门至总回风巷，再经总回风石门由边界风井排出地面。

⑤ 井下涌水经大巷水沟流入井底车场的水仓，再由水泵房的水泵经副井中的管道排至地面。

(3) 采掘接替

矿井以一个水平生产保证矿井产量。沿井田走向采区间采用前进式开采顺序，首采区开采结束前必须向井田两翼掘出为下一采区服务的阶段运输大巷、总回风巷和采区巷道，准备出接替采区，以保证矿井连续不断地稳定生产直至井田边界采区。

第一水平结束前，延深主、副立井井筒至－480 m标高以下，开掘为第二水平生产服务的井底车场、主石门和运输大巷，并进行第二水平首采区准备。第一水平开始减产时，第二水平即应投入生产，并逐步由两个水平同时生产过渡到全部由第二水平保证矿井产量。

在第二水平内，采区仍由井田中央向井田两翼边界的顺序依次开采，直至采完全部井田内的采区。

第二水平生产期间，第一水平的运输大巷可以作为第二水平的总回风巷。第二水平的生产系统基本上同第一水平。

2. 立井单水平开拓方式

如图15-2所示，井田内有倾角小于12°的可采煤层一层，赋存较深，表土层较厚。在井田倾向中部沿井田主要延展方向布置一个开采水平，在大巷两侧直接划分若干分带和带区。

(1) 开掘顺序

在井田中部开掘主、副立井，掘至开采水平标高以下后，开掘井底车场；在煤层中开掘大巷并向井田两翼延伸；当大巷掘进位置超过1～2个分带工作面后，即可开掘分带斜巷至带区上部边界，并沿煤层走向掘出工作面开切眼。

在开掘的各井巷内安装相应的设备、形成生产系统，经试运转并符合要求后，矿井即可投产。

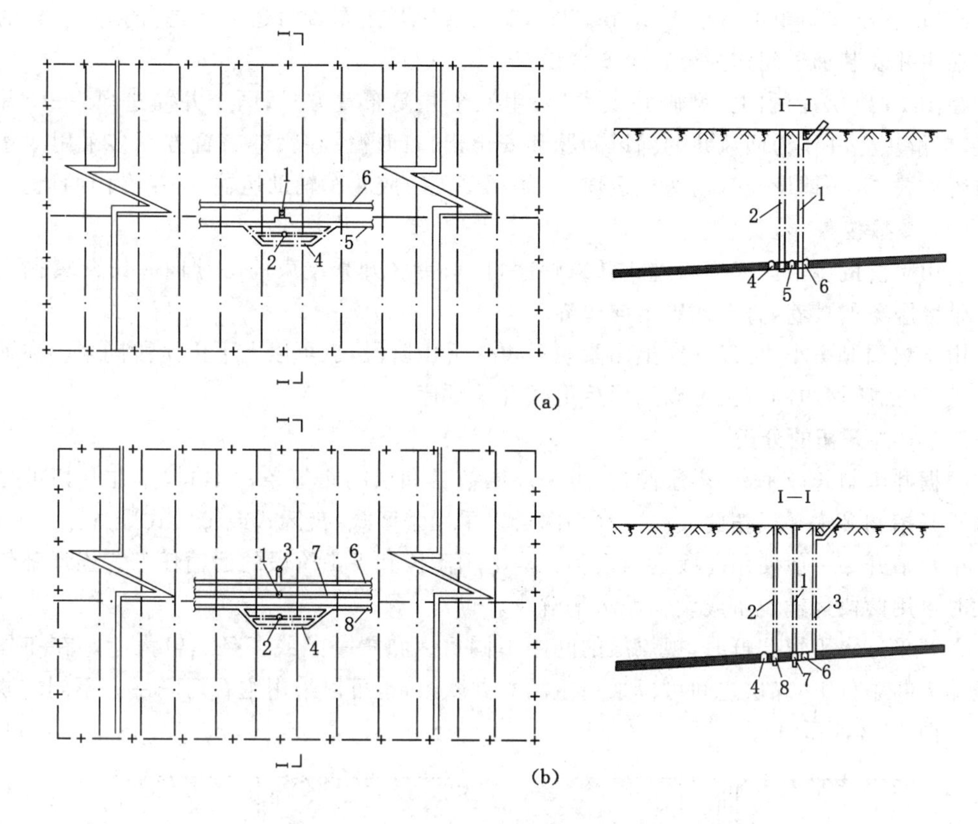

图 15-2　立井单水平开拓(带区式准备)方式

(a) 双立井双大巷布置　(b) 三立井三大巷布置

1——主立井；2——副立井；3——专用回风井；4——井底车场；5——轨道运输大巷

6——回风大巷；7——胶带运输大巷；8——无轨胶轮车辅运大巷

(2) 主要生产系统

① 图 15-2(a)中,工作面采出的煤经分带斜巷运至带区煤仓,在大巷内装车后由电机车牵引矿车至井底车场,卸载到井底煤仓,由主井箕斗提升至地面。图 15-2(b)中,分带斜巷中的煤或带区煤仓中的煤可以直接转运至胶带运输大巷,而后进入井底煤仓。

② 井下所需物料和设备经副井罐笼下放至井底车场,由电机车牵引或由无轨胶轮车运送至分带材料车场。

③ 图 15-2(a)中,新鲜风流由地面经副井、井底车场、轨道运输大巷进入分带行人进风斜巷;采煤工作面的污浊风流由分带的回风运料斜巷至回风大巷,再经主井排出地面。

这种开拓方式的生产系统比较简单、运输环节少,建井速度快、投产早,适用于井田面积小、设计生产能力不大、瓦斯涌出量小的中小型矿井。

图 15-2(a)中没有单独开凿回风井,而采用箕斗井兼作回风井。《煤矿安全规程》第一百四十五条规定:"生产矿井现有箕斗提升井兼作回风井时,井上下装、卸载装置和井塔(架)必须有防尘和封闭措施,其漏风率不得超过 15%。装有带式输送机的井筒兼作回风井时,井筒中的风速不得超过 6 m/s,且必须装设甲烷断电仪。"

《煤矿安全规程》第八十七条规定:"每个生产矿井必须至少有 2 个能行人的通达地面的

安全出口,各出口间距不得小于 30 m。”图 15-2(a)中开拓布置时还应考虑开掘一个新的井筒或在主井安装梯子间作为第二个安全出口。

在图 15-2(b)所示的大型矿井中,多采用三个井筒布置方式,两个井筒进风,一个井筒回风,以解决主井作为回风井的漏风问题和安全出口问题。在大巷布置方面多采用 3 条大巷布置方式:一条铺设胶带输送机运煤,一条用于无轨胶轮车辅助运输,一条专门回风。

(3) 采掘接替

上山阶段的各带区采用前进式开采顺序,首采带区开采结束前必须向井田两翼掘出为下一带区服务的大巷,直至井田走向边界。

由于煤层倾角小,可以采完上山阶段后再采下山阶段,也可以上下山阶段同采。在前者情况下,下山阶段内的带区可以采用后退式开采顺序。

二、立井开拓的分类

根据井田斜长或垂高、煤层倾角、可采煤层数目和层间距等条件不同,立井开拓可分为单水平开拓和多水平开拓两大类。水平内可以采用采区式、盘区式或带区式准备。

单水平开拓一般使用一段运输设备完成上山阶段和下山阶段的运输任务。当局部斜长过大时可用两段运输设备或设辅助水平解决。

在开采近水平煤层群时,视煤层的间距不同可以布置一条或多条运输大巷。在布置多条运输大巷条件下,煤层之间可以采用主暗立井联系,也可以采用主石门联系。不同的联系方式如图 15-3 所示。

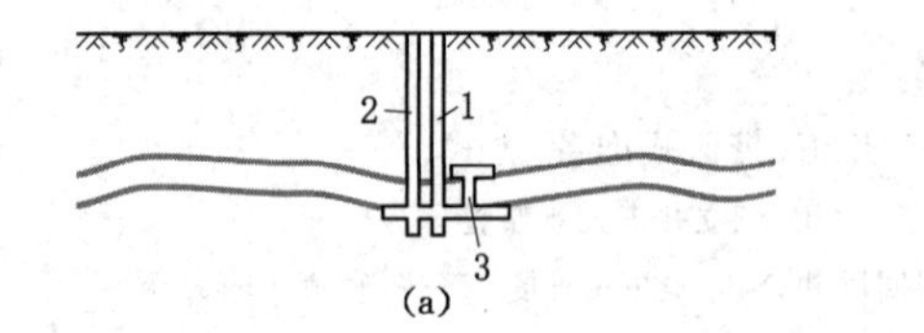

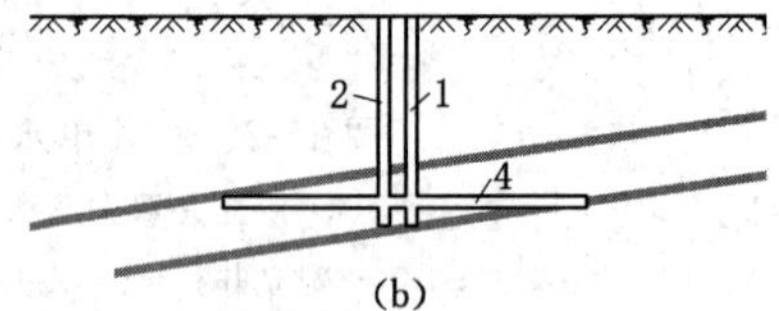

图 15-3　立井单水平开拓方式

(a) 主暗立井联系　(b) 主石门联系

1——主立井；2——副立井；3——主暗立井；4——主石门

在井田斜长太大或可采煤层间距大而倾角小或急(倾)斜煤层条件下,利用一个开采水平开采全井田有困难时,则需要设置两个或两个以上的开采水平,形成多水平开拓方式。生产矿井一般以一个开采水平保证矿井产量。

根据煤层倾角、瓦斯、涌水量和阶段划分等条件,一个开采水平可能只采上山阶段或开采上、下山两个阶段,多水平开拓又分为上山式、上下山式和上山及上下山混合式开拓,如图 15-4 所示。

在井田内赋存近水平煤层群条件下,煤组间距较大(一般大于 100 m)时,还可以采用立井多水平分煤组开拓方式,如图 15-5 所示。

急(倾)斜煤层立井多水平上山式开拓如图 15-6 所示,井筒多布置在煤层底板岩层中,各阶段均采用上山式开采,一般每一个阶段设一个开采水平。

根据煤层数目多少、层间距不同,水平大巷又有分(煤)层大巷、集中大巷和分组集中大巷之分。

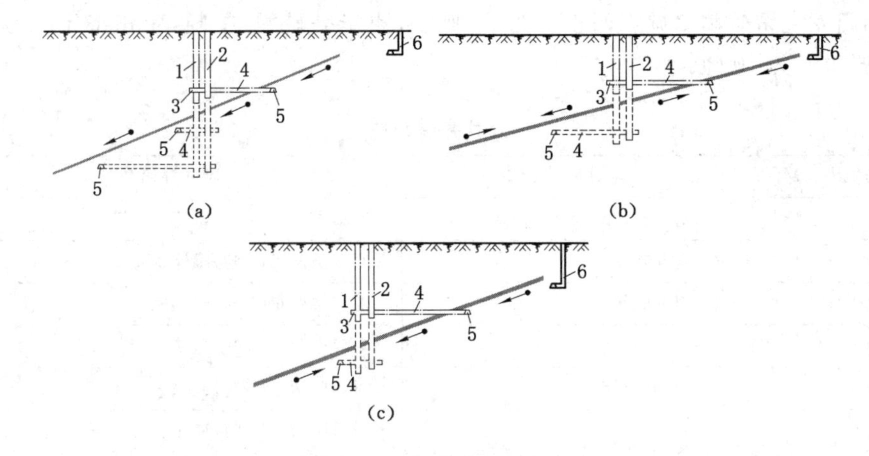

图 15-4 立井多水平开拓方式

(a) 上山式 (b) 上下山式 (c) 多水平上下山混合式

1——主立井；2——副立井；3——井底车场；4——主石门；5——水平运输大巷；6——回风井

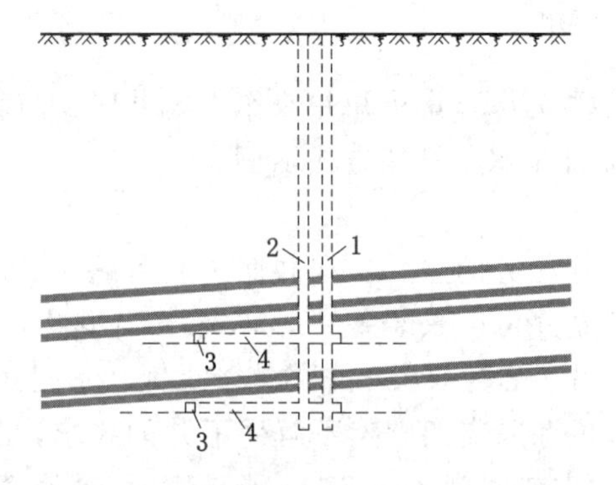

图 15-5 近水平煤层群立井多水平分煤组开拓

1——主立井；2——副立井；

3——水平运输大巷；4——主石门

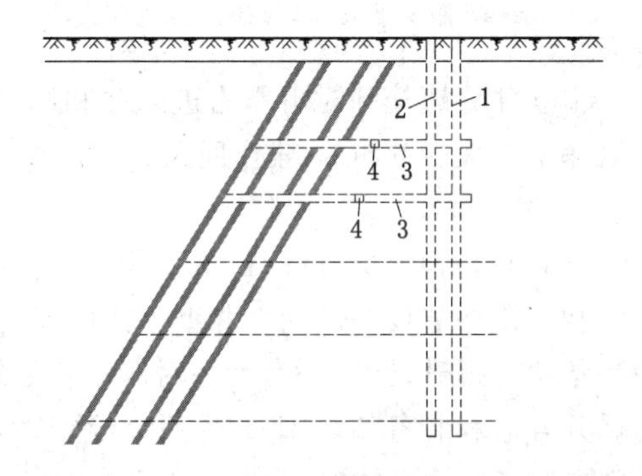

图 15-6 急(倾)斜煤层立井多水平上山式开拓

1——主立井；2——副立井；

3——主石门；4——水平运输大巷

三、立井开拓的井筒配置

采用立井开拓时，一般在井田中部开凿一对圆形断面的立井，装备两个井筒。井筒断面根据提升容器类型、数量、外形尺寸、井筒内装备和通风要求确定。按技术标准化要求，井筒断面直径按 0.5 m 进级，直径 6.5 m 以上的井筒和采用钻井法、沉井法施工的井筒可不受此限制。按井筒内的提升设备和功能，立井开拓一般有一个主井和一个副井，也有多个主井或副井的情况。新汶巨龙矿设计生产能力为 6.0 Mt/a，工业场地内布置了两个主井、一个副井和一个回风井。

1. 主立井

主立井是提升煤炭的立井，大中型矿井的主立井可装备一对或两对箕斗，小型矿井的主立井可装备一对罐笼。

我国大中型矿井主立井井筒提升装备系列如表 15-1 所列。

目前我国已经能够生产 20～50 吨系列的立井大型箕斗，并在全国各大型煤矿中推广应用，国外最大的立井箕斗容量为 45 吨。国内淮南谢桥矿主井箕斗为 20 吨，兖州济宁三号井为 22 吨，潞安屯留矿和永城陈四楼矿为 25 吨，甘肃华亭矿为 32 吨，兖州济宁二号井为 34 吨，淮南张集矿为 40 吨。

表 15-1　　立井井筒装备

矿井生产能力/(Mt/a)	主井井筒装备	副井井筒装备
0.30	一对双层两车(1 吨)罐笼	一对单层单车(1 吨)罐笼
0.60	一对 6 吨箕斗	一对双层两车(1 吨)罐笼
0.90	一对 9 吨箕斗	一对双层两车(1.5 吨)罐笼
1.20	一对 12 吨箕斗	一对双层两车(3 吨)罐笼
1.50	一对 16 吨箕斗	一对双层两车(3 吨)罐笼
1.80	一对 16 吨箕斗	一对双层两车(3 吨)罐笼 一个双层两车(3 吨)罐笼带重锤
2.40	两对 12 吨箕斗(一对 24 吨箕斗)	一对双层四车(1.5 吨)罐笼，一个双层两车(5 吨)
≥3.00	两对 20～40 吨箕斗	一对双层四车(1.5 吨)罐笼，一对双层四车(5 吨)

注：双层四车罐笼，即罐笼共 2 层，每层内存放 2 辆矿车，共 4 辆矿车。

主立井为罐笼井时可作为进风井和回风井。主立井为箕斗井并兼作进风井时，井筒中的风速不得大于 6 m/s，兼作回风井时的要求见立井单水平开拓方式示例。

2. 副立井

副立井是担负提升矸石、下放物料、升降人员等任务的立井。在井筒中装备罐笼、敷设管道和电缆并装设梯子间。井型不大的矿井其副立井可以只装备一对罐笼，现代化大型矿井装备两套提升设备，一套为一对双车双层罐笼，另一套为双层单车罐笼带重锤。不同井型的提升容器和装备如表 15-1 所列。近年来，为满足综采支架整架不解体下井的要求，在副井中要装备一个宽罐笼，净宽一般要达到 1.5 m。支架宽度为 1.75 m 或更宽时，罐笼宽度需要相应加宽。

副立井一般多为进风井。

3. 混合提升井

混合提升井是兼有主副井功能的立井，在我国主要有两种情况：① 生产矿井改扩建时，为了同时提高主、辅提升能力，而新开一对立井不具备条件或不经济时可在原工业场地内新开凿一个立井，装备一对箕斗和一对罐笼，同时担负提煤和辅助提升任务；② 应用于更小规模的小型矿井，可以只装备 1 个井筒，用罐笼完成提煤和辅助提升的全部任务，但需另开凿一个井筒作为专用风井，在井筒内设置梯子间作为第二个安全出口。这样即可降低建井费用，同时也会降低安全性和可靠性。

4. 专用回风井

高瓦斯矿井、有煤(岩)与瓦斯(二氧化碳)突出危险的矿井必须设专用回风井。

第二节　斜井开拓

斜井开拓，是指利用直通地面的倾斜井巷作为主、副井的开拓方式。它在我国也有广泛应用并有多种形式。按斜井与井田内划分方式的配合不同，可分为集中斜井和片盘斜井两大类。

集中斜井与立井一样，也分单水平、多水平和上山式、上下山式和混合式等多种开拓方式。

一、斜井开拓方式示例

1. 集中斜井多水平开拓

如图 15-7 所示，井田内赋存有缓(倾)斜可采煤层两层，煤层埋藏不深，地表为平原，表土层不厚，且水文条件简单。井田沿倾斜划分为两个阶段，阶段下部标高为－100 m 和－280 m，设置两个开采水平，每个阶段内划分为 6 个采区。

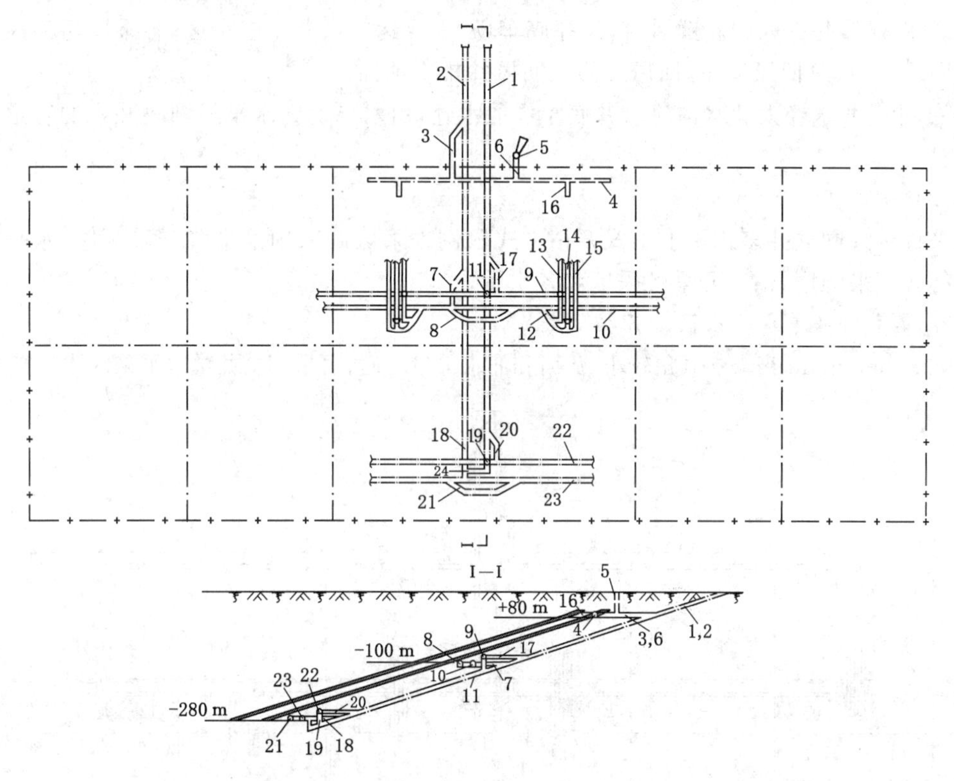

图 15-7　集中斜井多水平上山式开拓方式

1——主斜井；2——副斜井；3——＋80 m 辅助车场；4——＋80 m 总回风道；5——回风井；6——总回风石门；7——一水平轨道石门；8——一水平井底车场；9——一水平胶带运输大巷；10——一水平轨道运输大巷；11——一水平井底煤仓；12——采区下部车场；13——采区运输上山；14——采区回风上山；15——采区轨道上山；16——采区回风石门；17——一水平主斜井联络石门；18——二水平轨道石门；19——二水平井底煤仓；20——二水平主斜井联络石门；21——二水平井底车场；22——二水平胶带运输大巷；23——二水平轨道运输大巷；24——井底联络巷

(1) 开掘顺序

在井田走向中部自地面向下按斜井设备要求的倾角开掘主斜井、副斜井，副斜井掘至＋80 m 回风水平后开掘辅助车场和总回风道。两斜井掘至－100 m 标高后，开掘副斜井轨道石门和一水平井底车场，在最下部的可采煤层底板岩层中掘一水平运输大巷，待其掘至两侧采区中部后开掘首采区运输石门。

在开掘斜井的同时，在井田上部边界大致走向中央开掘回风井、总回风石门和总回风道，在首采区走向中部附近开掘采区回风石门。至此，为第一水平首采区服务的开拓巷道即开掘完毕。

在首采区内开掘准备巷道和回采巷道。在开掘的各井巷内安装相应的设备并形成生产系统，经试运转且符合要求后矿井即可投产。

(2) 主要生产系统

① 从采区运出的煤经运输大巷至井底车场，卸入井底煤仓，再由主斜井内的胶带输送机运至地面。

② 掘进所出矸石、井下所需物料和设备，则由副斜井轨道矿车提升和下放。

③ 由副斜井进入的新鲜风流，经井底车场、主要运输大巷至各采区；各采区污浊风流经采区回风石门、总回风道、总回风石门至回风井排出地面。

④ 井下涌水经大巷水沟流入井底车场的水仓，由水泵房的水泵经副斜井中的管道排至地面。

(3) 采掘接替

采掘接替同立井多水平上山式开拓方式示例。采区间采用前进式开采顺序，水平间采用下行式开采顺序，依次开采各采区和各水平。

2. 集中斜井单水平采区式开拓方式

如图 15-8 所示，当煤层倾角较小、瓦斯和涌水量较小时，可采用斜井单水平采区式开拓方式。

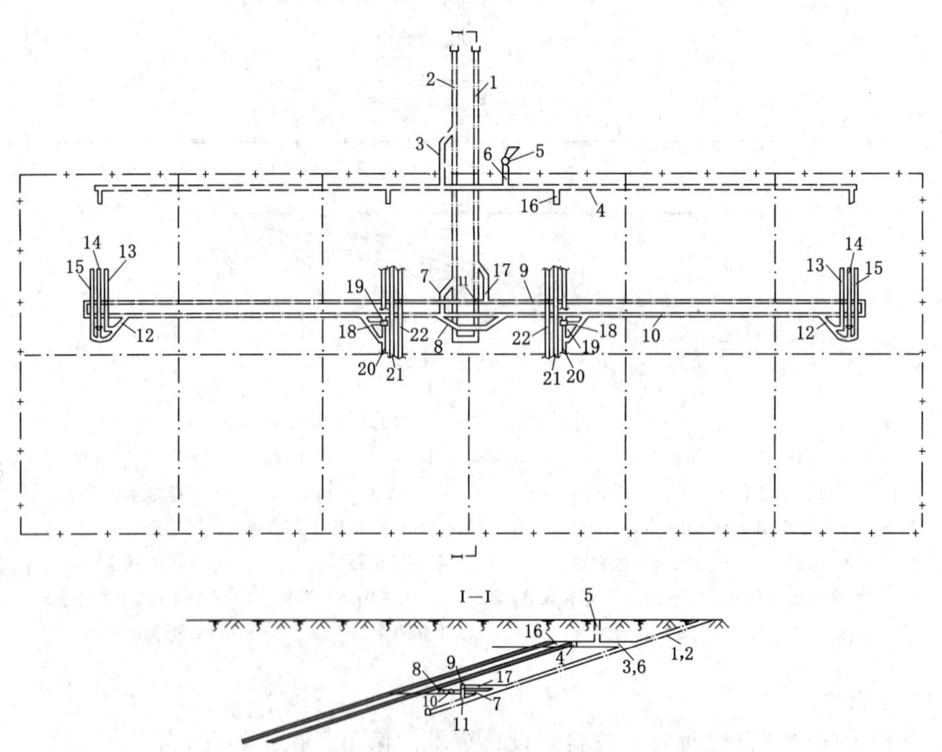

图 15-8　集中斜井单水平采区式开拓方式

1——主斜井；2——副斜井；3——辅助车场；4——总回风道；5——回风井；6——总回风石门；7——开采水平轨道石门；8——井底车场；9——水平胶带运输大巷；10——水平运输大巷；11——井底煤仓；12——采区下部车场；13——采区运输上山；14——采区回风上山；15——采区轨道上山；16——采区回风石门；17——主斜井联络石门；18——下山采区上部车场；19——绞车房；20——轨道下山；21——回风下山；22——运输下山

采用集中斜井单水平上下山采区式开拓，与多水平上山采区式开拓的区别，是不延深主副斜井，利用原水平开采下山阶段，可减少一个开采水平的开拓工程量。下山采区生产期间，可利用对应的上山采区中的一条上山回风。

3. 集中斜井单水平带区式开拓方式

近水平煤层埋藏不深时，可采用斜井单水平带区式开拓。如图 15-9 所示，自地面向下开掘穿岩斜井至开采水平后，根据井田延展的主要方向布置开采水平大巷，在大巷两侧采用带区式准备方式。

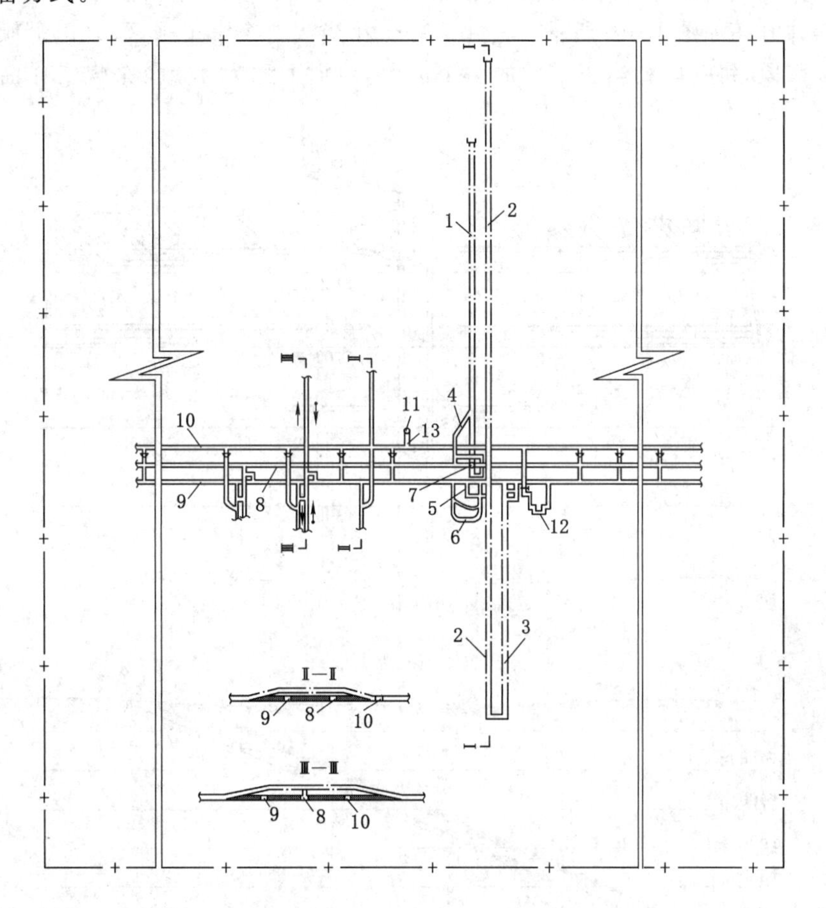

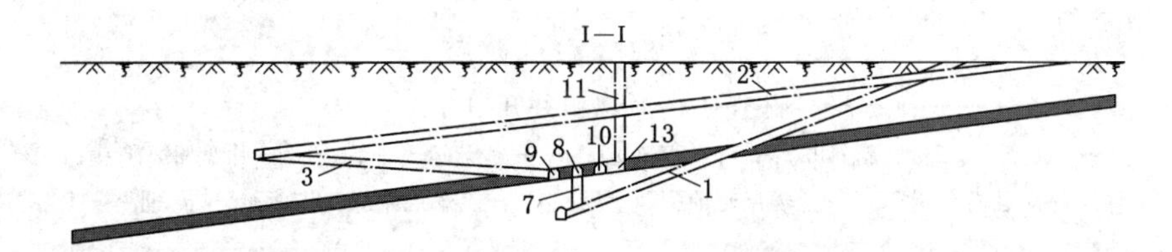

图 15-9　集中斜井单水平带区式开拓方式

1——主斜井；2——无轨胶轮车副斜井；3——副斜井折返段；4——主斜井行人联络巷；5——中央变电所和水泵房；6——中央水仓；7——井底煤仓；8——胶带运输大巷；9——无轨胶轮车辅运大巷；10——回风大巷；11——回风井；12——炸药库；13——总回风石门

该开拓方式的主要特点是——主斜井倾角16°，采用胶带输送机运煤，副斜井倾角多小于8°，折返布置，采用无轨胶轮车辅助运输。三条大巷均布置在煤层中，随分带工作面开采逐渐向井田两翼边界延伸。

这种开拓方式已成为浅埋深近水平煤层主要的开拓方式，习惯上把适合无轨胶轮车运行的斜井称为缓坡斜井。

4. 片盘斜井开拓

片盘斜井开拓是最简单的井田开拓方式之一，在小型矿井中应用很广。

片盘斜井开拓如图15-10所示。其井下部分相当于一个下山采区，井田沿倾斜方向按标高划分为数段，每一段相当于采区的一个区段，习惯上称为片盘。采煤工作面在片盘上布置。

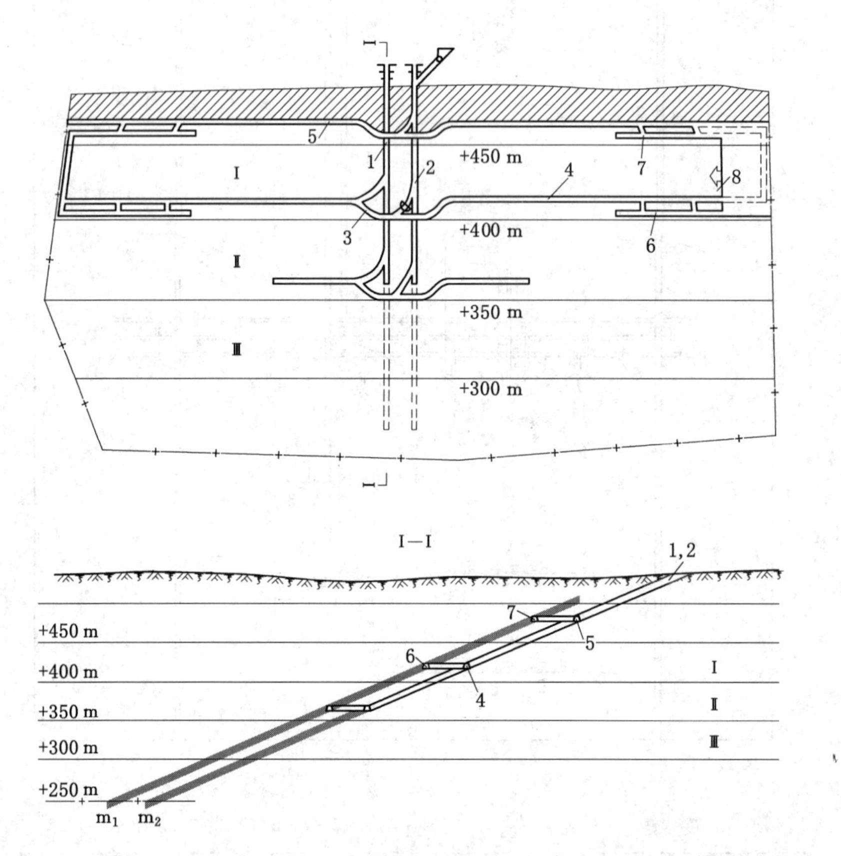

图15-10 片盘斜井开拓方式

1——主斜井；2——副斜井；3——片盘车场；4——片盘运输平巷；5——片盘回风平巷；
6——上煤层超前运输平巷；7——上煤层超前回风平巷；8——上煤层采煤工作面；Ⅰ，Ⅱ，Ⅲ——片盘序号

(1) 开掘顺序

自地面向下沿 m_2 煤层开掘一对斜井，直至第一片盘之下20～30 m，在第一片盘上部 m_2 煤层中开掘片盘甩车场和第一片盘回风平巷，在第一片盘下部 m_2 煤层中开掘片盘甩车场和片盘运输平巷，而后经平石门或斜石门在 m_1 煤层中逐段开掘超前运输平巷、回风平巷和开切眼，即可开始在第一片盘 m_1 煤层工作面内采煤。

(2) 主要生产系统

① 采出的煤炭和掘进出矸,经片盘运输平巷由矿车运至片盘甩车场,而后由主斜井提至地面。

② 新鲜风流自主斜井进入,经片盘运输平巷、石门、超前平巷进入采煤工作面;污浊风流经超前回风平巷、石门、片盘回风平巷由副斜井排出。

(3) 特点

片盘斜井的特点是井田沿倾斜划分片盘,每片盘整段回采,沿走向不分采区,工作面从井田边界向井筒方向连续推进采煤,井田走向长度一般不超过 2.0 km。

片盘内煤层的储量一般不大,每一片盘的服务年限不长,上下片盘生产接续频繁。因此,一般设计以一对斜井开拓,装备一个井筒,多采用单钩串车提升,车场较简易。

片盘斜井一般为小型矿井。随着采掘机械化水平的提高,一些片盘斜井的主井和平巷采用胶带输送机运煤,生产能力可达到中型矿井水平。

按提升的段数不同,分一段或多段片盘斜井开拓。井田斜长为一段时一般不超过 1.2 km,两段时一般不超过 2.0 km。

主副斜井一般沿煤层真倾斜方向布置。煤层倾角较大时,也可沿煤层伪倾斜方向掘进,这时,保护井筒的煤柱也要按伪倾斜留设,使工作面与井筒煤柱线斜交。

当开采厚煤层或煤层群、布置煤层斜井不合理时,井筒也可布置在底板岩层中,并以片盘石门连通各煤层。当矿区浅部以片盘斜井群开发时,可以联合相距较近的几个片盘斜井,在地面以窄轨相互连接,共用一套地面工业设施。

片盘斜井建井工程量小、投资省、建井快,有利于早出煤、早见效,且初期生产系统简单、生产成本较低。但其井田走向尺寸小、生产能力低,随采深增大其技术经济指标呈下降趋势。当一段提升设备满足不了要求时可多段提升,这将导致生产环节和设备占用量增多、经济效益下降。因此,很少采用三段及三段以上的片盘斜井开拓。

二、斜井开拓的井筒配置

1. 井筒的数目和断面

采用斜井开拓时,一般开掘的井筒数目较多。新建矿井一般在井田走向中部开凿一对斜井作为主井和副井。新建的特大型或大型矿井根据需要可以开掘两个副斜井。用斜井开拓的生产矿井,随生产发展和开采向深部扩展,可以增开副斜井或主斜井。

斜井断面多为拱形,有些小型矿井采用梯形断面。断面大小应根据提运设备类型、下井设备外形最大尺寸、管缆布置、人行道宽度、操作维修要求和所需通过风量确定。装有带式输送机的斜井井筒兼作回风井时风速不得超过 6 m/s;兼作进风井时风速不得超过 4 m/s,且要采取必要的安全技术措施。

2. 井筒的功能和装备

斜井井筒提升有多种运提设备可供选用。随井型大小和开采条件不同,井筒的功能和装备也有所不同。

(1) 主斜井

主斜井担负提升煤炭的任务,趋势是装备胶带输送机,大中型矿井的主斜井多装备胶带输送机并设检修用的提升绞车设备,装备已由能力小、长度短、多段接力式的胶带输送机换代为运输能力和铺设长度大的强力胶带输送机或钢丝绳牵引胶带输送机。带宽 0.8 m 以上、带速 1.8 m/s 以下的钢丝绳牵引胶带输送机，还可用于运送人员。

有些中型矿井的主斜井采用箕斗提升(倾角较大时)或双钩串车提升(倾角不大时)或无极绳绞车提升(倾角较小时)。采用箕斗提升的斜井，其通风要求同立井。

小型矿井的主斜井也可采用双钩或单钩串车提升。

(2) 副斜井

副斜井兼具辅助提升、敷设管缆等功能。我国各类井型矿井的副斜井绝大多数采用串车提升，大型矿井采用双钩串车提升，特大型矿井可掘进和装备两个副斜井，中小型矿井的副斜井可采用单钩串车提升。随着技术进步，我国煤矿的一些副斜井，特别是开采浅埋深近水平煤层的矿井，采用了适合无轨胶轮车运行的缓坡斜井，少数矿井装备了单轨吊。

(3) 混合提升井

井型小的矿井可以只装备一个井筒，采用单钩串车提升，完成提煤和辅助提升任务。

(4) 行人井

有些斜井开拓的矿井还专门开掘有行人斜井，其中装设架空乘人装置。

3. 井筒的倾角

斜井井筒的倾角由井巷布置和提升设备的要求确定。

采用普通胶带输送机运输的斜井，为防止原煤沿胶带下滑，井筒倾角一般不超过 16°；采用近年来研制和应用的大倾角胶带输送机，已使胶带输送机斜井井筒的倾角上限扩大至 25°～28°。

采用箕斗提升的斜井井筒倾角过小时，可导致箕斗装煤不满，倾角过大则井筒施工困难，且道床结构较复杂，故其倾角一般取 25°～35°。

采用串车提升的斜井井筒倾角超过 22°时，满载重车运行时易抛撒煤矸，倾角越大抛撒越严重，越易导致矿车掉道，故井筒的倾角不宜大于 25°。井筒倾角又不宜过小，小于 6°时带绳空矿车下放不易调节到位。当井筒斜长小于 300 m、空车牵引钢丝绳阻力不大时，井筒倾角最小可为 14°。

采用无极绳绞车提升的斜井井筒倾角超过 12°时，矿车绳卡极易滑脱且摘挂钩操作不便，为确保生产安全井筒倾角一般不大于 12°。

采用无轨胶轮车辅助运输的缓坡斜井倾角一般不大于 8°。

为便于井口工业场地和井底车场的布置及建井时的通风，主副井筒的倾角宜大体一致。

4. 井筒的方向

根据矿井地形、煤层赋存状况和采用的提升方式不同，以煤岩层为参照，井筒的方向有沿层、穿层和反斜 3 类。

(1) 沿层斜井

沿煤层斜井和沿岩层斜井均为沿层斜井，一般沿煤岩层的真倾斜方向开掘。此时，斜井的倾角和方向与煤岩层一致。

沿煤层开掘斜井，具有联络巷道和建井岩巷工程量少、施工容易、掘进速度快、初期投资较省、掘进出煤可满足建井期间用煤的需要，工期短、见效快且可获得补充地质资料等优点。其缺点是井筒维护比较困难，保护井筒的煤柱损失较大，当煤层有自然发火倾向时对防火和处理井下火灾不利；如煤层沿倾斜方向有波状起伏或断层切割，势必造成井筒倾角变化而不利于矿井提升。因此，煤层起伏变化不大、无自然发火倾向、无煤与瓦斯突出危险、围岩稳定且最下部为薄及中厚煤层时，采用煤层斜井较为有利。当不利因素较严重、布置煤层斜井不合理时，应将斜井布置在煤层(组)下部稳定的底板岩层中，距煤层的法线距离一般以 20～30 m 为宜。岩层斜井与煤层斜井相比较，其优点是变形量小、维护工作量少、费用低、安全条件较好；但其施工进度慢、建井工期长、投资大、井巷工程量大，且排矸还会污染地面环境。

在特殊情况下，为减缓井筒倾角和照顾井底位置，沿层斜井也可沿煤岩层的伪倾斜方向布置。由于井筒穿过各水平时要逐步偏离井田中央，使上下水平两翼井田长度不均而增加井筒长度，因此这种布置方式较少采用。

(2) 穿层斜井

当煤层倾角与要求的井筒倾角不一致时，可以采用穿层斜井。穿层斜井的井筒倾斜方向与煤层倾斜方向一致，可分为顶板穿层斜井和底板穿层斜井，两者如图 15-11 和图 15-12 所示。

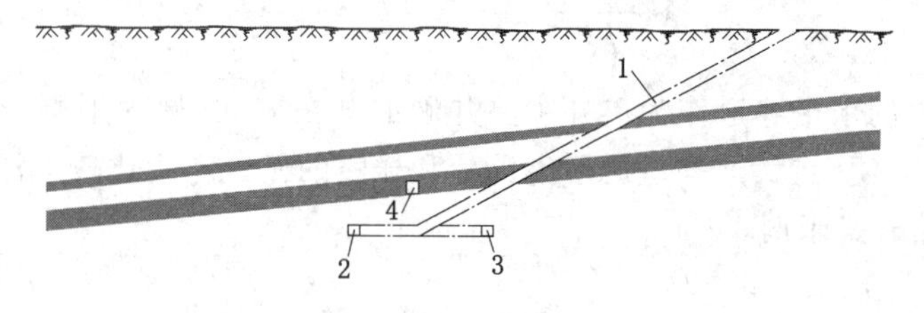

图 15-11　顶板穿层斜井

1——斜井；2——井底车场；3——运输大巷；4——回风大巷

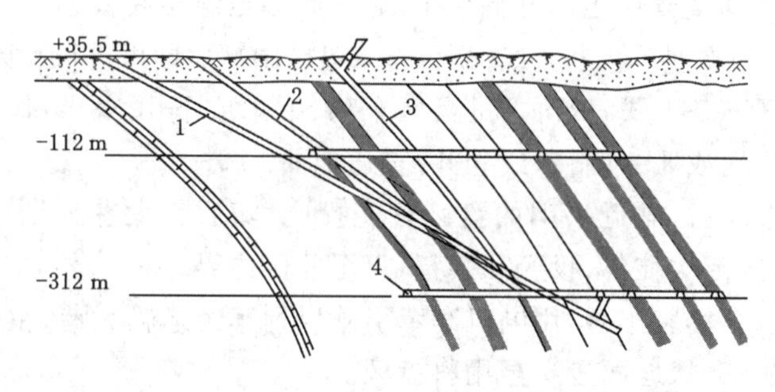

图 15-12　底板穿层斜井

1——主斜井；2——副斜井；3——回风斜井；4——大巷

图 15-11 所示为斜井从顶板岩层穿向煤层，井筒倾角大于煤层倾角，主要用于开采倾角小的缓(倾)斜煤层和近水平煤层。

图 15-12 所示为斜井从底板岩层穿向煤层，井筒倾角小于煤层倾角，主要用于煤层倾角较大、井口位置受限制的条件。

(3) 反斜井

当煤层赋存不深、倾角不大、井田沿倾斜方向尺寸小、因施工技术和装备条件等原因不便采用立井、受井上下条件限制又无法布置与煤层倾斜方向一致的斜井时，可以采用反斜井，反斜井的井筒倾斜方向与煤层倾斜方向相反，如图 15-13 所示。这种方式是根据井上下特定条件选定井筒位置，目的是使工业场地位置合理、井筒到达煤层的距离较短，但压煤多、环节多、延深方式复杂，由于井位受限制而不适于一般情况。

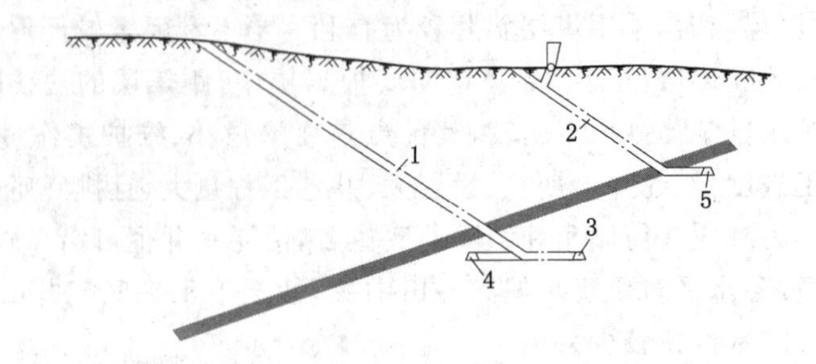

图 15-13　反斜井开拓方式

1——反斜井；2——回风斜井；3——井底车场；4——运输大巷；5——回风大巷

第三节　平硐开拓

利用直通地面的水平巷道作为矿井主要井硐的开拓方式，称为平硐开拓方式。平硐开拓系统简单、施工方便，在我国一些地形为山岭和丘陵的矿区应用比较广泛。

一、平硐开拓方式示例

1. 垂直煤层走向的平硐开拓

垂直煤层走向平硐开拓如图 15-14 所示。煤层赋存于山岭地区，地形复杂，在井田范围只开采一层煤层，倾角近水平、有波状起伏。井田划分为 12 个盘区。在山坡下标高为＋800 m 处选定的工业场地内，垂直煤层走向开掘主平硐，平硐掘至煤层底板岩层后掘轨道运输大巷，平行于该大巷在煤层内掘回风大巷，二者掘至首采盘区中部后即可进行盘区准备。

采用上下山盘区准备方式，依次掘进盘区车场、上山或下山、区段平巷和开切眼。盘区运输上山通过回风平硐或风井(斜井或立井)直通地面。

矿井生产系统形成后，靠近平硐的盘区首先投产，随后将大巷逐渐向井田走向两侧延伸，其左右两侧的盘区依次准备、投产和接替，直至井田边界。

采出的煤在盘区车场装车后，用电机车牵引载煤列车经运输大巷、主平硐直至地面。物料则由电机车牵引矿车，从地面运送至用料盘区。

新鲜风流自平硐进入，经轨道运输大巷进入盘区运输上山，经区段运输巷进入工作面；污浊风流经区段回风平巷、轨道上山，由盘区风井排出地面。下山盘区回风可由盘区下山经联络风道、相对应的盘区轨道上山、盘区风井排出地面。当其他上山盘区没有设置盘区风井时，其他盘区的污浊风流可经回风大巷和图中所示的盘区轨道上山、盘区风井排至地面。

井下涌水经大巷和平硐内的水沟自流出平硐外。

视地形与煤层赋存状态的关系不同，垂直煤层走向平硐可以从顶板或底板方向进入煤层，相当于开采水平主石门。根据煤层赋存特征，井田内可采用采区式、盘区式和带区式准备。

2. 走向平硐开拓

沿煤层走向开掘的平硐如图 15-15 所示。近水平煤层条件下井田划分为若干带区，在井田一翼沿走向在煤层中开掘 3 条平硐，延伸后形成胶带运输大巷、无轨胶轮车辅运大巷和回风大巷，在每个带区开掘风井。这种开拓方式与我国神东矿区开拓模式相同或接近，由于

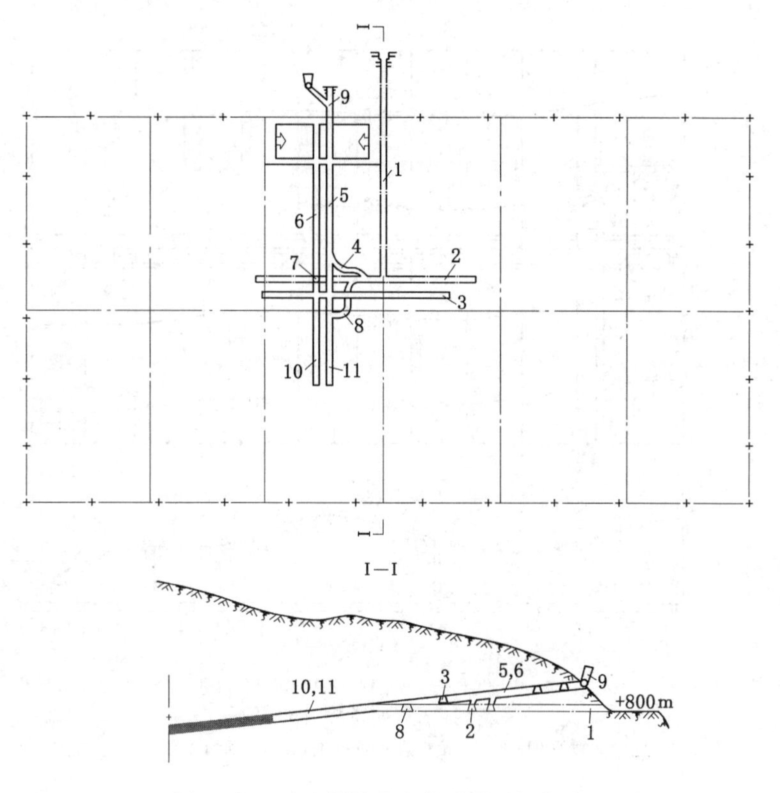

图 15-14　垂直煤层走向的平硐开拓方式

1——主平硐；2——轨道运输大巷；3——回风大巷；4——上山下部车场；
5——轨道上山；6——运输上山；7——盘区煤仓；8——下山上部车场；
9——风井；10——运输下山；11——轨道下山

受地形和煤层走向变化限制，进入井下的一段是倾角更小的缓坡井巷（6°或以下）。

走向平硐可沿煤层底板岩层或沿煤层掘进。当受煤层风化和地形侵蚀影响，平硐硐口部分也可斜交于煤层走向，待进入稳定岩（煤）层后再改为沿煤层走向掘进。

根据煤层赋存特征和地形条件不同，走向平硐开拓有以下多种方式：

① 开采近水平煤层的矿井，平硐大致沿煤层走向掘进，井内也可采用盘区式布置。

② 开采倾角不大的缓（倾）斜煤层的矿井，可在平硐的上下两侧布置采区，进行上下山开采。

③ 开采急（倾）斜、中斜和倾角较大的缓（倾）斜煤层的矿井，主平硐以上采用上山开采，当上山斜长较大又不便或不利于设立开采水平时，可在上山的适当位置设辅助水平。

④ 视设计生产能力和运输装备不同，平硐与大巷条数不同，一般为 1～3 条。

当地形和煤层条件适宜、在山谷两侧同时具有开掘走向平硐条件时，可在山谷两侧各开走向平硐，共设一个工业场地，称为对开走向平硐。

走向平硐开拓是最简单的开拓方式。由于煤层和地形侵蚀关系，能以走向平硐开拓时，平硐至第一采区（盘区或带区）的距离一般较短，因而初期工程量较少、投资省、施工容易、建井期短，井下生产系统简单。另一方面，走向平硐开拓的矿井具有单翼生产特点，同时生产的采区个数不宜过多。

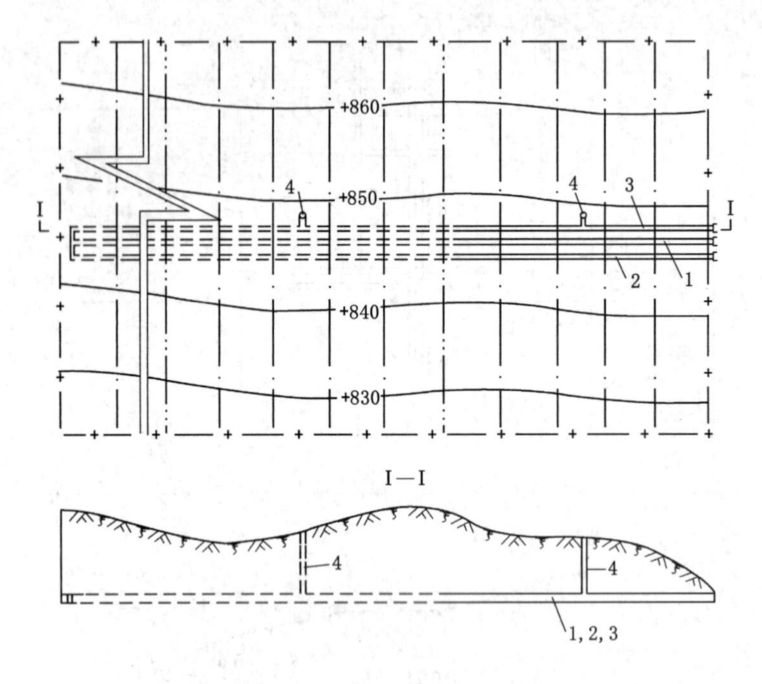

图 15-15　走向平硐开拓方式

1——胶带运输平硐；2——无轨胶轮车平硐；3——回风平硐；4——风井

3. 阶梯平硐开拓

阶梯平硐开拓是用上下标高不同的主平硐开拓井田的方式，是典型的平硐多水平开拓方式。当煤层赋存于地形高差大的山岭地带时，如果用一条主平硐服务于其标高以上的全部上山煤层开采势必造成上山运输、通风和巷道维护上的困难，初期工程量和基建投资大、工期长，生产费用增高，在这种情况下如煤层和地形条件适宜，即可采用阶梯平硐开拓，如图 15-16 所示。

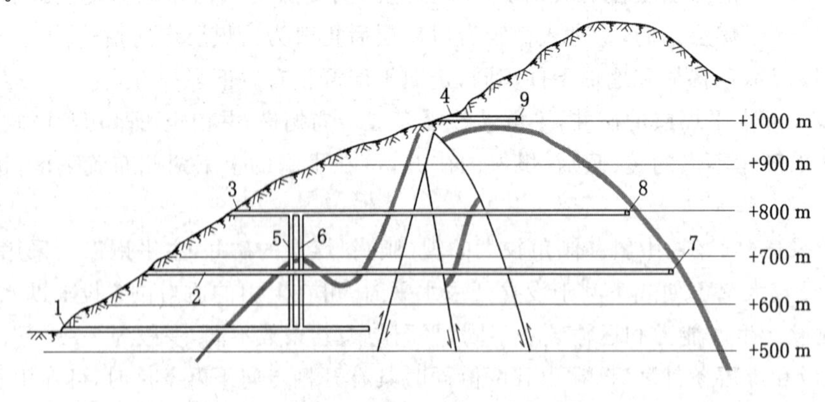

图 15-16　阶梯平硐开拓方式

1——主平硐；2,3——阶梯平硐；4——回风平硐；5——集中轨道上山；
6——集中溜煤上山；7,8——阶段运输大巷；9——回风大巷

井田内按煤层的标高划分为若干个开采水平(阶段)，对有条件的上部若干开采水平，每一开采水平开掘一条主平硐，服务于该水平开采。视煤层与地形的相对位置关系不同，主平

硐可沿煤层走向或垂直煤层走向掘进，相应地具有走向平硐或垂直走向平硐的特点。

由于按煤层标高划分水平，煤层倾角不会偏小，故一般划分成采区实行上山式开采。就全井田看，上、下平硐形成阶梯式布置，先采上平硐的煤层，后转入下平硐开采。上、下平硐之间可用上山和车场连接，上平硐的出煤可由专用的运煤上山或下平硐某一采区的上山下放到下平硐集中外运。

采用阶梯平硐时，应注意上下平硐、矿井前期和后期的生产建设关系，合理安排工业及民用建筑和设施，使之能充分利用。

二、平硐开拓的井硐配置

采用平硐开拓时，一般以一条主平硐并配以合适的辅助和通风井硐开拓井田。

1. *主平硐*

平硐断面应根据运输设备的类型、下井设备最大外形尺寸、管路和电缆布置、人行道宽度、操作维修要求和所需通过的风量确定。在南方一些矿区，平硐穿过富含岩溶水的石灰岩层时，为防夏季暴雨、井下涌水量突然暴涨造成井下水灾，平硐的水沟断面必须满足暴雨时矿井最大涌水量时的泄水要求。为利于流水和行车，平硐的坡度一般取 0.3%～0.5%；一些地方小煤矿采用非标准矿车，其运行阻力系数较大，为便于重车下行平硐的坡度可取更大的数值。采用轨道运输的主平硐一般铺设双轨。一些采用平硐开拓的小型矿井，为减小平硐断面也可只铺单轨，必要时应在平硐中设错车线，局部线段仍需扩大平硐断面。在一些现代化大型矿井主平硐中，由于铺设带式输送机、实现了井下与地面煤流的连续运输，大大提高了运煤效率和生产连续性，这时需要另开担负辅助运输任务的副平硐。

2. *副平硐*

副平硐的断面和坡度确定与主平硐相同。为便于施工和生产，主、副平硐的标高位置应当相等。我国绝大多数副平硐均铺设轨道、采用矿车轨道运输。开采煤层倾角平缓时，可采用无轨胶轮车辅助运输。

当矿井生产能力不太大、平硐口至煤层距离较大时，也可以不开掘副平硐，只开掘主平硐，通过矿车轨道运输，实现煤、矸、物料和人员的统一运送。

3. *通风井硐*

根据矿井通风需要和煤层与地形条件，可在适当位置开掘为全矿或若干个采区、盘区或带区服务的风井或通风平硐。当只开一条主平硐而无副平硐时，一般在回风水平开回风平硐或回风斜井（立井）。在山岭地区，宜充分利用地形开掘回风井（硐）。

第四节　井筒（硐）形式的分析和应用

井筒（硐）是井下至地面出入的咽喉，是全矿井生产的枢纽。井筒（硐）形式的选择，对于建井期、基建投资、矿井劳动生产率和吨煤生产成本都有重要影响。

立井、斜井和平硐三种井筒（硐）形式各有特点。一般情况而言，立井最为复杂，斜井次之，平硐最为简单。而在决定具体矿井的井筒（硐）形式时，必须从自然地质条件、技术水平和经济因素等方面条件综合考虑。

一、立井开拓的特点和应用

立井开拓的适应性强，不受煤层倾角、厚度、埋深、瓦斯和水文等自然条件限制，当表土层为富含水的冲积层或流沙层时，井筒可采用特殊方法施工。

在采深相同条件下，若立井井筒短，相应的管缆敷设长度短、提升速度快、提升能力大，对辅助提升特别有利，对于采深大的大型矿井副井采用立井更具优越性。

井筒断面大，能下放外形尺寸较大的材料和设备。井筒支护条件好且易于维护。井筒通风断面大、通风阻力小，允许通过的风量大，有利于矿井通风。在深矿井开拓中，立井的优势最为明显。

立井开拓的主要缺点是——井筒施工技术复杂、需用设备多，要求有较高的技术水平；井筒装备复杂、成井速度较慢，开凿费用较高、基建投资大；另外，立井直接延深比较困难、对生产干扰大。

立井开拓应用的一般原则是：

① 煤层赋存深、表土层厚、水文地质条件复杂、井筒需用特殊施工法施工时，一般应采用立井开拓。

② 当井田的地形地质条件不利于采用平硐或斜井开拓时，均可考虑采用立井开拓。

③ 对于倾斜长度大的井田，采用立井多水平开拓能较合理地兼顾浅部和深部开采。

二、斜井开拓的特点和应用

与立井开拓相比，斜井开拓的井筒掘进技术和施工设备比较简单，掘进速度较快，地面工业场地建筑、井筒装备、井底车场和硐室也比较简单。斜井一般无须大型提升设备，同类井型的斜井提升机亦较立井提升机型号小，因而初期投资较少、建井期较短。斜井井筒延深施工较容易，对生产干扰少。

装备胶带输送机的斜井可实现井下煤流到地面的连续运输，运输能力大、效率高，煤流运输系统的转折连接灵活并可接受多点来煤，对生产水平过渡期的提煤有利；当矿井需增产而要求加大提升能力时，更换或改造带式输送机也比较容易。作为大型矿井的主井，斜井在技术和经济上都是十分优越的。

断面不大、铺设轨道的主斜井，无论采用箕斗或是串车提升，其提升能力均不大、效率不高，逐渐被胶带输送机斜井替代，而采用无轨胶轮车辅助运输的缓坡斜井在浅埋深近水平煤层中呈上升趋势。

与立井开拓相比，斜井开拓的主要缺点是——在相同煤层条件下，斜井井筒长度比立井井筒长，围岩不稳定时井筒维护费用高；采用绞车提升时，提升速度慢、提升能力较低，钢丝绳磨损严重、动力消耗多、提升费用高，对辅助提升不利；井田斜长大时，采用多段绞车提升的转载环节多、效率低；由于斜井的井筒长，因而相应的通风线路和管缆也较长；瓦斯涌出量大的大型斜井，为满足通风的要求有时需增开风井。当表土为富含水的冲积层或流沙层时，斜井开掘技术复杂，有时难以通过。

斜井开拓在开采煤层埋深不大的条件下技术经济效果显著，因而在我国有广泛应用。

斜井开拓应用的一般原则是：

① 适用于井田内煤层赋存不深（一般垂深＜400 m）、表土层不厚、无流沙层、水文地质条件简单、开采缓（倾）斜和中斜煤层的矿井。在主井垂深加大到 500 m 以内时，需经技术经济论证其合理性。

② 煤田浅部或井田面积小、储量有限、煤层露头发育良好、表土层不厚、水文地质条件简单、倾角不大（$\ngtr 35°$）的薄及中厚煤层的矿井，可考虑采用片盘斜井。当煤层赋存不稳定、

地质构造复杂又有建井(生产勘探井)必要时,也可采用片盘斜井开拓。

③ 沿层布置的斜井能方便地适应不同开采水平数目、位置标高、巷道布置各种方案的需要,有利于井田的合理开拓布置,适于煤层倾角与井筒装备要求的倾角相一致的条件。

底板岩层斜井有利于维护,可减少或不留井筒煤柱;多水平开采时各开采水平主石门的总长度短,可节约岩巷工程量。采用胶带输送机运煤时,可直接利用斜井井筒为中央采区服务,这样可少开或不开中央采区上山,减少矿井的初期工程量。其主要缺点是建井时的井筒掘进岩石工程量较大,对井型较大、服务年限较长、开采水平多、井筒装备要求较高的矿井采用底板岩层斜井是适宜的。

开掘在煤层中的斜井,其井筒施工技术和装备简单、掘进速度快、建井期短、初期投资少;但井筒维护比较困难,不利于井下防火,还需多留井筒煤柱并受煤层倾角变化和走向断层影响。这种方式的适用条件是煤层埋藏浅、冲积层薄、地质构造简单、沿煤层倾斜方向无大的褶曲和断层、煤层无自燃倾向的矿井。井筒宜设在煤系下部、围岩稳定的薄或中厚煤层中,并应加强井筒支护。

④ 穿层斜井的井筒需穿过顶板或底板到达煤层,井筒延伸与煤层层位的关系是由远及近、交会又由近及远,井口和井底位置确定是否合理是成功应用这种开拓方式的关键。

顶板穿层斜井适用的煤层条件是——冲积层薄、煤层埋藏较浅(一水平垂深不大于300 m)的近水平煤层或井田斜长不大的缓(倾)斜煤层。

底板穿层斜井开拓的井筒维护条件好,可不留或少留井筒煤柱,但井筒长度较沿层斜井长,适于井口位置受限制、开采煤层倾角较大的矿井。

⑤ 反斜井的井筒方向与煤层倾斜方向相反,井筒穿过煤层后继续延伸将以更大幅度远离煤层,难以适应多水平开拓井底位置合理的要求,故用于井口位置受限制的单水平开拓的矿井较为合理。当用于多水平开拓时,需采用暗斜井延深、形成多段提升,这样会增加转载环节,若非特殊条件限制一般不宜采用。

⑥ 辅助提升运输的线路长、转运环节多、提升能力和效率低,是斜井开拓的薄弱环节。我国除浅埋深近水平煤层矿井采用无轨胶轮车辅助运输外,斜井开拓的副井则多采用串车提升,在可预见的将来大多数斜井辅助提升仍将是这种方式,解决这一问题的主要方向是增加副井个数。对大型矿井特别是煤层埋深较大的矿井,应增开新立井作为副井,以形成综合开拓方式。

⑦ 通风线路长、敷设管缆长也是斜井开拓的缺点。为解决此问题,可在浅部开凿采区风井。斜井开采转入深部后可开分区风井或深部风井,还可应用大直径钻孔结合敷设管缆,以解决局部性的矿井通风、排水和供电问题。我国有些深矿井在井下采用移动压风站,从而取消了由地面至井下的压风管路系统。

三、平硐开拓的特点和应用

与立井和斜井相比,平硐的施工技术和装备简单、施工条件较好、掘进速度快,可加快矿井建设。井下出煤由平硐直接外运,不需提升转载,因而运输环节少、系统简单、运输设备少、费用低,运输能力大。平硐水平以上的矿井涌水可自流排出,不用排水设备,且不需要掘水泵房、水仓等硐室。也不必开掘工程量大的井底车场和硐室,地面不建井架和绞车房,生产系统中的转载环节较少、简单可靠,是最有利的井田开拓方式。作为倡导的技术方向,在我国应得到优先发展。平硐开拓的应用主要取决于煤层赋存和地形条件,其合理选择和应用应注意以下原则:

① 应有合适的煤层赋存和地形条件,最主要的是平硐水平标高以上有足够的储量(上下山开采时包括下山部分的储量),使平硐水平的开采年限不低于相应井型矿井的水平服务年限的规定。合适的地形条件和平硐长度(平硐口到煤层的距离)是能否使用平硐开拓的重要条件。平硐见煤距离过大,建井工程量过大,均不利于平硐的使用。具体条件下是否采用平硐开拓,应通过技术经济比较后确定。

② 在平硐的数目和主副平硐的配置方面,由于平硐的运输能力大,因而一般只掘进一条主平硐,阶梯平硐的每一阶梯(开采水平)也只布置一条主平硐。主副平硐的配置基本上有两种类型:在地形起伏高差不大的丘陵地带,当煤层倾角平缓时,根据井型、工程量、辅助运输和通风需要,配合主平硐开掘1～2条副平硐,主、副平硐的标高一致,为平面式配合;在地形高差大、煤层上下界高差大的地区,可不掘副平硐,只开掘一条主平硐,使之承担主、辅运输任务,而在上部回风水平适当位置开掘回风平硐或风井。

③ 在平硐的坡度方面,一般按重车下坡和流水坡度设计平硐坡度。视承担的任务、所在的层位和装备的不同,平硐的坡度各有不同。无轨胶轮车辅助运输技术的发展和煤层中布置井巷的要求和趋势,今后将会出现更多的缓坡平硐。

④ 走向平硐及垂直走向平硐的选择和应用决定于煤层和地形条件,在硐口和矿井工业场地选定后,即确定了二者中的取舍。阶梯平硐适用的条件是上部煤层垂高大、平硐到煤层的距离不太大,并要有合适的地形条件,能使上下阶梯平硐的硐口相距较近,便于布置共用的工业场地、地面运输系统和外运设施。

⑤ 平硐硐口和工业场地可设在山坡下、沟谷旁,地形多属山岭或丘陵地带。要避开可能有滑坡和岩崩地段,不受暴雨季节山洪暴发的威胁,同时要估计到邻近地区工农业建设后地形地貌可能的改变以及由此而带来的影响。如山谷下游建水库可能导致水位升高,河谷淤积可能导致过水断面缩小,堤坝、路基建成后可能阻碍洪水宣泄等,都会增加对平硐防水的要求,从而影响平硐位置和标高的确定。

⑥ 平硐内一般不设井底车场(硐口车场)。当硐口受地形限制,工业场地狭窄,硐外不便布置煤的卸载、存贮、外运系统和设施时,或矿井有某种特殊需要(如矿井用压入式通风,防止主平硐漏风,避免列车频繁进出主平硐),也可在平硐内适当位置设硐口车场,开掘调车、卸煤、存贮和转运煤的巷道和硐室。这样会增加建井工程量和基建投资,是否采用此种方式,需经过全面的技术经济比较后确定。

⑦ 位于山岭地区的平硐一般地形复杂,工业场地、工业及民用建筑布置和地面运输的合理解决是特殊的重要问题。

⑧ 除近水平煤层及单水平上下山开采的平硐外,其他平硐开拓矿井在后期为开采平硐水平以下的煤层,需开凿暗立井或暗斜井或另开立井或斜井,从而形成平硐与立井或平硐与斜井相结合的综合开拓方式。这两种情况是大多数平硐开拓矿井后期发展的基本模式。

第五节　综合开拓

矿井采用立井、斜井、平硐等任何两种或两种以上的开拓方式,称为综合开拓方式。综合开拓的实质是结合具体矿井煤层开采条件,使不同井硐形式进行优势组合。按不同井硐的组合方式,综合开拓可分为斜井—立井、平硐—斜井、平硐—立井三种基本类型。

一、斜井—立井综合开拓

1. 主斜井—副立井综合开拓

主斜井—副立井开拓可充分发挥主辅提升能力大、系统简单、通过风量大、技术经济效果好的优点，是大型、特大型矿井比较合理的开拓方式。

大多数的主斜井—副立井开拓都是生产矿井扩建后逐步形成的，各有其不同的原有开拓方式、改造重点和形成过程。

① 原为斜井开拓的矿井，特别是采用胶带输送机提煤的斜井，进入深部开采后，为解决辅助提升和通风问题遂在井田深部新开凿副立井，从而形成主斜井—副立井开拓。

我国采用斜井开拓的某大型矿井，转入深部开采后因瓦斯涌出量增加，为解决辅助提升和通风问题遂在井田深部位置新打一立井，从而使生产能力扩大至 2.40 Mt/a，如图 15-17 所示。

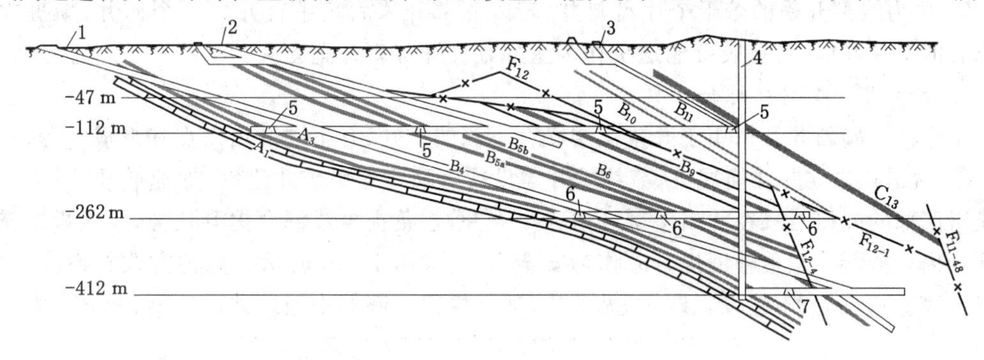

图 15-17　大型矿井的主斜井—副立井综合开拓方式

1——主斜井(胶带斜井)；2——副斜井；3——斜风井；4——新开凿副立井；5,6,7——水平运输大巷

② 原为立井开拓的矿井，井型扩大后原有立井已不能满足增产要求遂新开凿主斜井，从而形成主斜、副立或主斜、主立与副立井相组合的开拓方式。

如图 15-18 所示，我国某矿原采用立井多水平上下山开拓，第二水平延深时开掘了主斜井和副立井，延深改扩建完成以后核定生产能力达到 4.00 Mt/a。

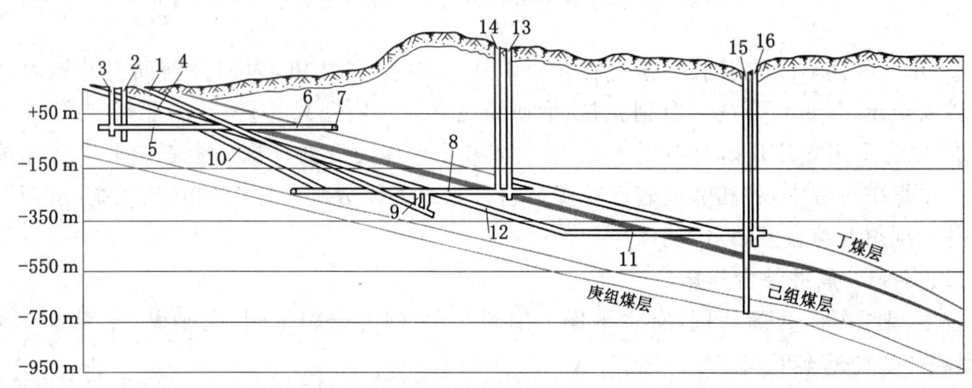

图 15-18　大型矿井的主斜井—副立井综合开拓方式

1——新开凿主斜井；2——一水平主立井；3——副立井；4——戊组采区回风井；5,6——一水平戊组和丁组主石门；7——一水平分组运输大巷；8——二水平主石门；9——二水平井底煤仓；10——二水平暗斜井；11——三水平主石门；12——三水平暗斜井；13——二水平材料立井；14　二水平回风立井；15——三水平材料立井；16——三水平回风立井

③ 新建矿井采用主斜井—副立井开拓，这些矿井大多具有良好的煤层地质和开采条件，一般是煤层赋存不深、倾角平缓、构造简单、储量丰富的井田。这类条件下的综合开拓如图 15-19 所示。

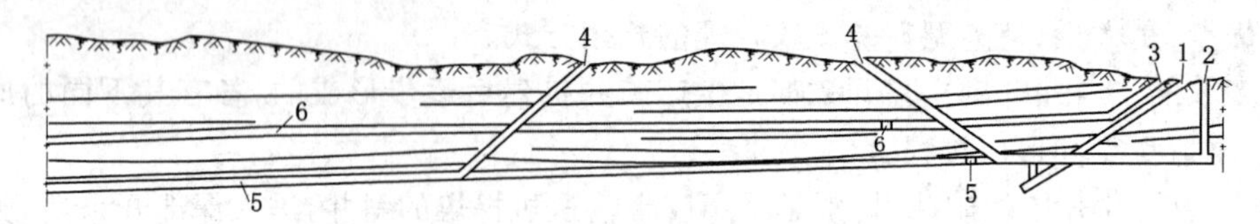

图 15-19 大型矿井的主斜井—副立井、副斜井综合开拓方式

1——主斜井；2——副立井；3——副斜井；4——回风井；5——水平运输大巷；6——辅助水平运输大巷

④ 原为浅部开采的若干个片盘斜井，转入深部开采后集中合并为一个矿井，新掘或改造原有的斜井井筒、装备胶带输送机作为主井并在深部新开副立井。

2. 主立井—副斜井综合开拓

主立井—副斜井开拓用于开采煤层赋存不深的矿井，有不同的出发点和形成过程。

① 为了减少立井井筒掘进、节约矿井建设投资又要加快矿井建设、加速矿井开拓，在开发煤田浅部的井田时只在井田中部开凿一个立井，担负提煤或混合提升任务，又从煤层露头向下开掘一个斜井担负辅助提升并作为安全出口，如图 15-20 所示。这种方式的系统简单，基建工程量和投资省，建设工期短、见效快，适于煤田浅部的小型矿井。

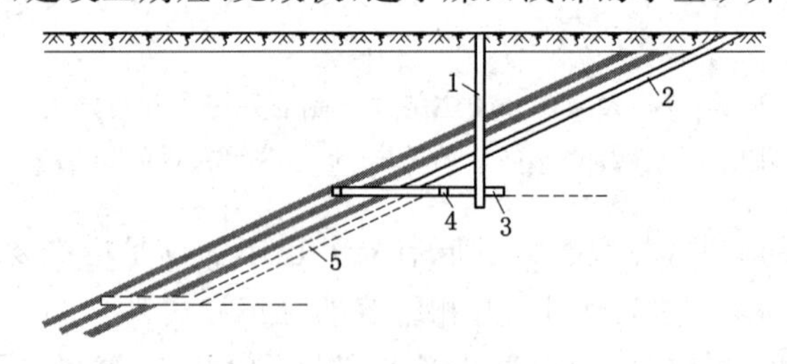

图 15-20 主立井—副斜井综合开拓方式

1——主立井；2——副斜井；3——井底车场；4——水平运输大巷；5——下山

② 开采赋存不深的近水平煤层的大型矿井，采用立井开拓，为加大辅助提升能力并增设矿井安全出口，再新开凿一个副斜井，形成为主立井—副立井、副斜井的开拓方式。

③ 原为采用立井开拓的小型矿井，扩大矿井生产能力后新开掘一个副斜井。或在关闭和整合小煤矿过程中，将相邻的若干小煤矿合并重组并充分利用原有的开拓系统，从而形成主立井—副斜井综合开拓方式。

二、平硐—斜井综合开拓

按主、副井(硐)配置不同，有主平硐—副斜井，主斜井—副平硐，主平硐、主斜井—副平硐、副斜井 3 种基本形式。

1. 主平硐—副斜井综合开拓

一般主平硐兼具副井的大部分功能，如辅助运提、通风和行人等，采用主平硐开拓的矿井可归入平硐开拓。在特殊情况下，平硐上山部分斜长很大又有合适的地形条件时，可将平硐上山划分为若干水平，在上部水平适当位置开凿斜井以担负上部水平掘进施工的排矸任务(经斜井提出并舍弃在上部山区)和人员、材料的提升，起副井作用，井下出煤则经上山下运至主平硐，由主平硐运出。也有原采用平硐开拓的矿井，按扩大井型和改扩建的需要又在适当位置新掘副斜井，以增加矿井辅助提升能力，从而形成主平硐—副斜井开拓方式。

2. 主斜井—副平硐综合开拓

对于开采浅埋深近水平煤层的大型矿井，有合适的煤层和地形条件，可开掘副平硐用于辅助运输，开掘主斜井装备胶带输送机，从而形成主斜井—副平硐综合开拓方式，如图15-21所示。这种开拓方式具有生产系统简单、连续，辅助运提简便、可靠的优点。

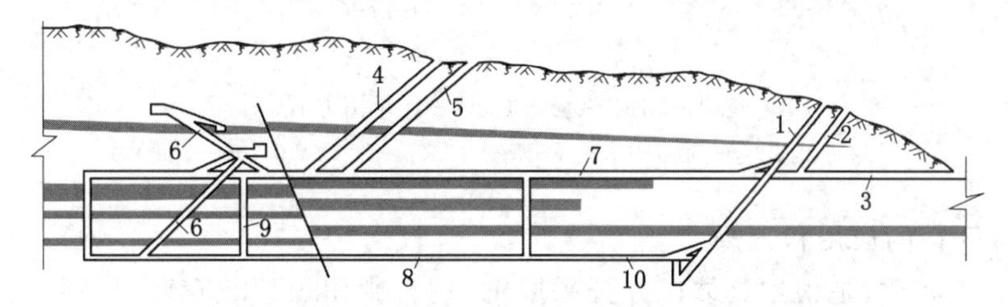

图 15-21　主斜井—副平硐开拓方式

1——主斜井；2——副斜井；3——副平硐；4——排矸井；5——回风井；6——暗斜井；7——辅运大巷；8——带式输送机大巷；9——盘区煤仓；10——车场

3. 主平硐、主斜井—副平硐、副斜井综合开拓

如图15-22所示，上组煤层采用平硐开拓，下组煤层采用斜井开拓。在上组煤层布置3条平硐，一条铺设胶带输送机运煤，另两条作为无轨胶轮车运送材料设备和人员的进回车道。为下组煤层服务的主副斜井分别开掘在3条平硐两侧，使平硐和斜井共用工业场地。这样分煤组开拓，可充分利用和发挥两种开拓方式优势，上下煤组工作面生产互不干扰，有利于管理和安全生产。

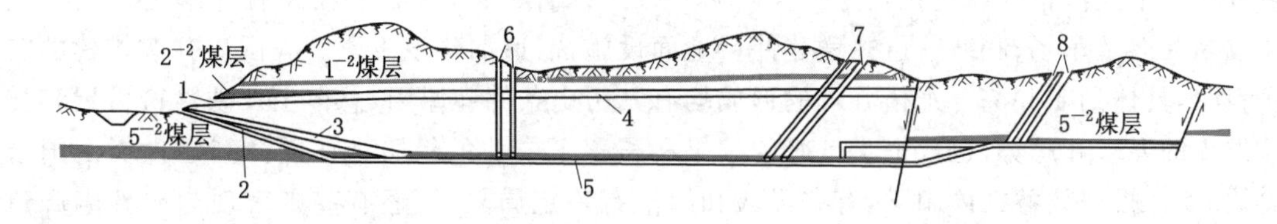

图 15-22　主平硐、主斜井—副平硐、副斜井综合开拓方式

1——平硐；2——主斜井；3——副斜井；4——2^{-2}煤层中央大巷；5——5^{-2}煤层中央大巷；6，7，8——进回风井

三、平硐—立井综合开拓

平硐—立井开拓一般为主平硐—副立井开拓方式。一些主平硐很长的矿井(多为垂直走向平硐)，特别是高瓦斯矿井，井下需要的风量大，长平硐通风的风阻大，难以满足矿井通风需要。地形和煤层条件合适时，可在平硐接近煤层的适当地点开凿一个立井，用井底车场与平硐连接，做进风井用，并可担负辅助提升、敷设管缆的任务，如图15-23所示。这种条件下的副立井往往具有暗立井的某些性质，其绞车房设在山上地面，但提升上界只到平硐水平。开采平硐水平以下的煤层时，副立井承担全部辅助提升任务。

对煤层倾角较大、采用平硐开拓的矿井，当其转入平硐水平以下煤层开采时，可以新开凿立井，原有主平硐与暗立井或与暗斜井配合，担负辅助运提任务，可形成主立井—副平硐、暗立(斜)井开拓方式。

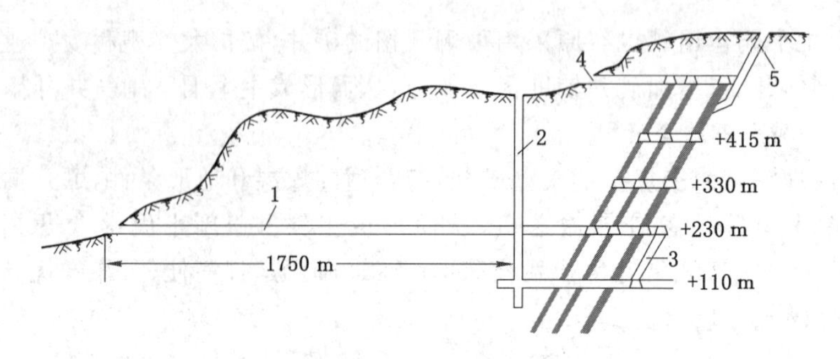

图 15-23　平硐—立井综合开拓方式

1——主平硐；2——副立井；3——暗斜井；4——回风平硐；5——回风井

四、综合开拓的应用和选择

综合开拓的实质，是根据具体矿井开采要求，切合井田煤层赋存和开采技术的特点，充分发挥不同井硐形式的优越性，扬长避短，从而实现主、副井的优势组合。综合开拓是在矿井生产发展和开采技术进步的过程中形成和发展的。首先是在生产矿井改扩建中实施具体改造方案、形成新的方式，而后在新建矿井中进一步完善设计和发展。预计今后采用综合开拓的矿井将会增加。

矿井选择和应用综合开拓的主要原则如下：

① 结合矿井煤层赋存特征和开采要求，发挥不同井硐形式优越性，建立简单、有效、安全可靠的开拓系统，以取得良好的技术效果和经济效益。

采用综合开拓应统筹全井田的开采，做好主、副井的选择和配合，照顾前、后期生产的协调和结合。对于新建矿井，井硐形式选择是开拓方式确定的重要内容，需经过全井田开采的多方案技术经济论证后优化确定。生产矿井改用综合开拓，势必要在原有井硐之外新开主井或副井以及车场、联络巷道并增建井口地面设施，需追加建设投资。我国矿井改扩建的实践表明，具体的矿井综合开拓方式的形成均有其历史条件和原因，总体上反映生产发展和技术进步的要求和趋势，也取得了良好的效果和积累了成功的经验。在以往基建投资由国家拨款、不计投资效益的体制下，有些经验和结论有一定局限性，还有些则表现为矿井生产建设的曲折过程，并不是成功的范例。在市场经济条件下，需要注重经济效益和投资效果，生产矿井改用综合开拓更需要经过技术经济论证。

② 做好不同形式井硐的井上下联系和配合。对于斜井—立井开拓的矿井，如果斜井、立井的井口相邻、共用一个工业场地，则地面可合理布置，但井底相距较远，井底车场、井下巷道联系不太方便，需要增加井下联络巷道长度；如果斜井与立井的井底相邻，可共同布置井底车场以使井下联系方便；若井口相距较远，地面工业场地布置就比较分散，生产调度和联系不便且占地较多，并相应增加煤柱损失和地面建设投资。具体的矿井选择立井、斜井配合方式，主要决定于上述两方面因素的消长关系。对于平硐与斜井、立井综合开拓的矿井，关键是充分利用特殊的地形和煤层条件，做出特殊条件下的合理安排。

③ 主斜井—副立井开拓是大型矿井比较理想的开拓方式，可用于开采埋藏不深、近水平煤层的矿井，或井田斜长大、下部煤层深的矿井。对于井田倾斜延展宽、下部采深大、用斜井开拓的矿井，当其转入深部开采时，在井田深部适当位置增凿立井以改善矿井辅助提升和通风，是首选的改造方案，由此形成的主斜井—副立井开拓是必然和合理的。

④ 主立井—副斜井开拓是简易的经济的开拓方式，只适用于井田斜长不大、能以一个水平开采(包括上下山开采)的小型矿井。具体矿井是否采用这种方式，还要结合矿井周边条件考虑，如矿井有可能扩界延深或扩大井型增产就不宜采用这种方式，以免造成矿井开采布置的不合理。

⑤ 应用平硐与斜井(立井)的综合开拓，应深入研究煤层赋存特征和地形条件，选择合适的工业场地和井(硐)口位置，做好平硐水平上山部分和下山部分开采的工程布置和生产过渡，使井上下工程能协调、衔接，地面设施能充分利用并处理好矿井前后期的生产建设关系。

第六节　多井筒(硐)分区域开拓

多井筒(硐)分区域开拓，是指把大型矿井井田划分为若干个具有独立通风系统的开采区域并共用主井的井田开拓方式。

一、多井筒分区域开拓示例

如图 15-24 所示，英国塞尔比矿井田走向长 24 km、倾斜宽 16 km，井田面积 250 km^2。井田内共有 5 个可采煤层，上部 B 煤层较稳定，厚 2.00～3.25 m，倾角 3°～5°，埋深 250～1 300 m。矿井设计生产能力为 10 Mt/a，划分成 5 个生产能力为 2.0 Mt/a 的开采区域，每个分区域开凿两个立井，分别承担辅助运输和通风任务。井田走向中部开凿两个集中出煤斜井，装设两台 2 000 t/h 强力带式输送机运煤。两条岩石集中运输巷贯穿井田，分区域大巷通过煤仓与集中运输巷相连。该矿生产期间，集中出煤，分区进回风、提矸、运料、升降人员，从而提高了矿井生产能力和技术经济效果。

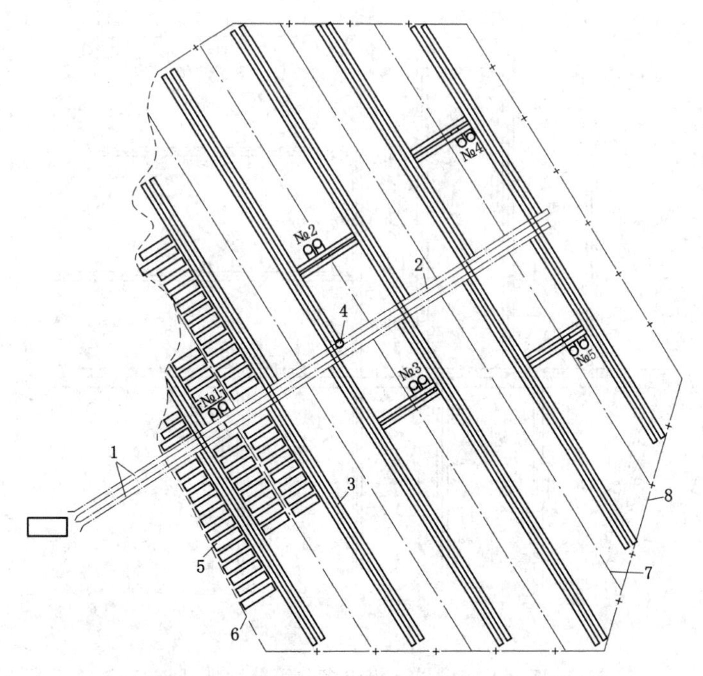

图 15-24　英国塞尔比矿多井筒分区域开拓方式

1——双主斜井；2——双岩石运输大巷；3——分区主要运输大巷；4——分区煤仓；5——倾斜长壁工作面；6——煤层露头；7——分区界线；8——井田边界；№1，№2，№3，№4，№5——分区副立井(进、回风井)

多井筒分区域开拓是随着矿井生产集中化、井型和井田面积大型化而发展形成的。20世纪60年代以来,国内外出现了一批年产数百万吨到千万吨的特大型矿井。这些矿井的井田面积很大,相应的通风线路和井下运输距离加长,辅助提升任务加重,人员上下井时间长。于是,将井田划分成若干分区,分区内部可采用采区式、盘区式或带区式准备,各分区内开凿井筒担负分区的进风和回风任务,有时还安装提升设备担负辅助提升工作,各分区出煤集中由全矿井的主井运出,由此遂形成多井筒分区域开拓方式。另一方面,一些生产矿井由于矿井改扩建、井型和井田尺寸扩大,因而有设立分区要求,或者将相邻矿井合并则合并前原矿井井筒可资利用,遂殊途同归地也形成了多井筒分区域开拓。

二、多井筒分区域开拓方式的类型

按功能划分,多井筒分区域开拓有3种基本形式:① 集中出煤、分区通风和辅助提升——分区有完备的功能,除独立通风外还可以提升矸石、下放材料和升降人员。② 集中出煤、分区通风和排矸——分区内有进回风井,安装有提升设备,在实现分区独立通风的同时可由分区井筒提升矸石并就近排弃。③ 集中出煤、分区通风——分区内有进回风井,只实现分区内独立通风。

除第一种分区域开拓方式外,其他两种我国都有应用。分区划分多以断层、河流保护煤柱和适宜的通风距离等作为依据,其开拓类型依据井田范围、能力、井上下地质条件、矿井建设和扩建的具体情况分析确定。

我国大柳塔矿下煤组采用多井筒分区域开拓方式(图15-25)。该矿原设计生产能力为6.0 Mt/a,2000年生产原煤960万t,全矿316人。井田东西长13.8 km、南北宽10.4 km,

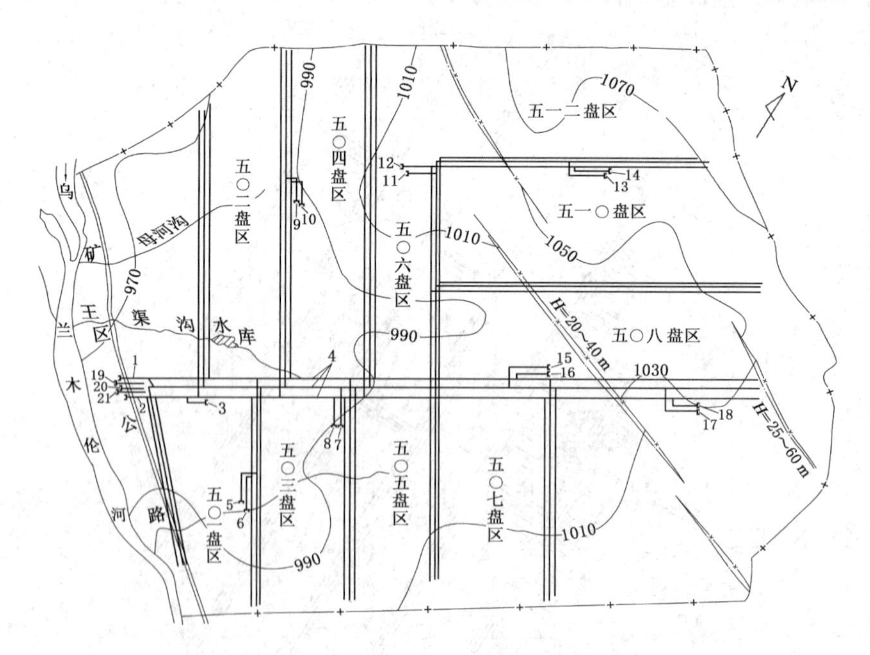

图15-25 大柳塔矿下煤组多井筒分区域开拓方式

1——主斜井;2——副斜井;3——五当沟风井;4——5-2煤中央大巷;5,6——双庙进回风井;7,8——双沟进回风井;9,10——杨家壕进回风井;11,12——刘家圪堵进回风井;13,14——苏家壕进回风井;15,16——白家沟进回风井;17,18——蛮兔沟进回风井;19——主平硐;20——1号副平硐;21——2号副平硐

可采储量 9.07 亿 t。上组煤采用平硐开拓，下组煤采用斜井开拓，两组煤间距 150 m。目前，该矿已和相邻的活鸡兔矿合并，形成更大生产能力的特大型矿井。

我国黄陵一号矿设计生产能力 4.20 Mt/a，井田走向长 11～24 km、倾斜宽 11～16 km，井田面积 242.5 m^2，可采储量 4.7 亿 t，设计服务年限 86 a。井田内主采煤层平均厚 2.0 m，倾角 3°～5°。如图 15-26 所示，井田划分为 5 个分区，采用主平硐多井筒分区域开拓。沿煤层倾向设置两条集中运输大巷和集中运料大巷，大巷与平硐直接相连。每个分区内设置一对立井，作为分区的进风井和回风井，分区内沿煤层走向设置两条分区运输大巷和分区运料大巷，在分区运输大巷与矿井集中运输大巷胶带输送机搭接处，通过容量 100 t 的水平活动煤仓相连。

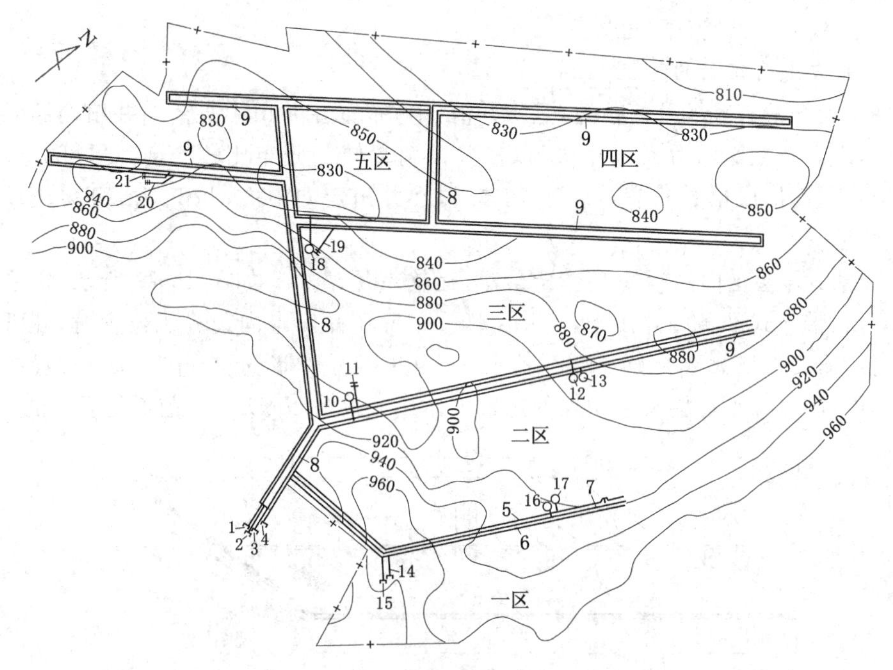

图 15-26　黄陵一号煤矿主平硐多井筒(硐)分区域开拓

1——主平硐；2,3——副平硐；4——回风平硐；5——二分区运输大巷；6——二分区回风大巷；7——二分区轨道大巷；8——集中运输大巷；9——分区运输大巷；10——二分区回风立井；11——三分区回风斜井；12——三分区回风立井；13——三分区进风立井；14——一分区进风斜井；15——一分区回风斜井；16——一分区回风立井；17——一分区进风立井；18——五分区回风立井；19——三分区进风立井；20——五分区进风斜井；21——五分区回风斜井

分区走向长 8.0～14.0 km，倾斜长 2.0～6.4 km，生产能力为 1.2～3.0 Mt/a。

矿井开拓巷道以煤巷为主，除平硐和分区立井为岩石巷道外，其他主要运输巷道、分区巷道和盘区内巷道全部为煤层巷道，煤层巷道约占矿井井巷总工程量的 90%。

三、评价和适用条件

多井筒分区域开拓利用主斜井或主平硐集中出煤，效率高，可解决特大型、大型矿井长距离辅助运输和通风困难问题，生产高度集中，分区可分期建井，建井速度快。一般认为，这种开拓方式适用于矿井设计生产能力为 5 Mt/a 及以上、井田面积大、井田走向长度大于 10 km、瓦斯涌出量大、通风线路长的矿井。

第七节　井筒(硐)位置

井筒(硐)形式、数目和配置确定后,还需要正确选择其位置。有不少情况,井筒(硐)的位置和形式是一起确定的。主副井筒(硐)形式和位置一经确定并施工后,在整个矿井服务期间很难更改,或更改要付出较大代价。因此,合理确定井筒(硐)位置,对于井下开拓部署、地面设施布局和运输线路布置有决定性影响;不仅能减少初期井巷工程量、缩短建井工期、减少工业场地占地面积和煤炭损失、降低运输费用、节省投资,而且对于矿井迅速达产和正常生产接替、提高矿井技术经济效益也具有十分重要的作用。

一、主、副井的井筒(硐)位置

1. 沿井田走向有利的位置

沿井田走向的有利的井筒位置,是指井筒(硐)布置在井田中央。当井田两翼储量分布不均匀时,宜布置在储量分布的中央,以使井田两翼储量分布比较均衡。尽可能避免井筒(硐)偏于一翼而形成单翼开采。井筒(硐)布置在井田走向中央,井田双翼开采较单翼开采有以下优点。

① 沿井田煤层走向的运输工作量最小,运输费用最少。如图15-27所示,在采用立井单水平开拓、带区式准备的井田中,当井筒(硐)布置在井田走向边界1位置时,井下运输大巷中煤的运输工作量大致为$U\times L/2$,其中,U为井田可采储量;当井筒(硐)布置在井田走向中央2位置时,井下运输大巷中煤的运输工作量大致为$U\times L/4$。前者是后者的2倍。

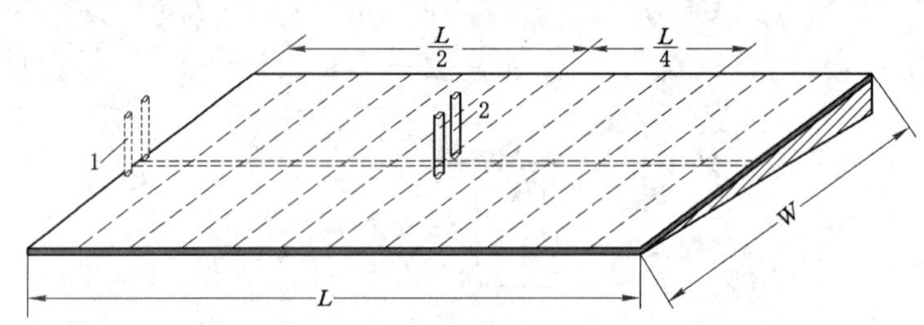

图15-27　井筒沿煤层走向位置不同的大巷运输工作量之比较

1——主副井筒位于井田走向边界位置;2——主副井筒位于井田走向中央位置

在多水平开拓、采区式或盘区式准备的矿井中,大巷中煤的运输工作量与井筒位置的关系大体上与单水平开拓、带区式准备的井田相同。另外,辅助运输工作量、通风费用等与运煤工作量的增、减趋势相同。

② 配风量比较均衡,通风线路较短,通风阻力较小。井筒偏于一翼时通风路线长、风压大,当产量集中于一翼时一翼配风量成倍增加、风压亦更大,若降低风压就要加大巷道断面,则需增加巷道工程量。

③ 两翼产量比较均衡,两翼开采的年限和结束的时间均较接近,有利于水平接替。井筒偏于一翼时,一翼过早采完,之后产量集中于另一翼,从而加大了配采和开采水平间过渡的难度。

使井筒靠近井田走向中央只是考虑储量后的一般原则。从煤层地质条件的开采工艺性考虑,宜将井筒布置在靠近地质可靠程度高的储量(即探明的和控制的储量)地段,使首采区和初期开采的地段具有较好的地质条件，以便矿井投产后能迅速达到设计生产能力、及早取得良好的技术经济效益。在实际工作中，还要考虑其他因素的综合影响。

生产矿井形成单翼井田的原因是——地质勘探资料不足，井筒需要靠近地质可靠程度高的储量范围；受地面地形限制，工业场地位置不容易选择；矿井后期改扩建时向井田走向一翼扩大了井田范围；采用走向平硐开拓井田。

2. 沿井田倾向有利的位置

对于不同开拓方式的矿井，沿井田倾向有利的井筒位置有不同的情况。平硐开拓主要取决于地形条件；斜井井筒沿倾向的位置主要是选择合适的层位、倾角、井口和井底位置。

立井开拓时，确定井筒沿井田倾向位置的原则是——石门工程量少；少压煤；有利于第一水平开采。如图 15-28 所示，沿井田煤层倾向井筒位于Ⅱ位置，即位于井田倾斜中部时，总的石门工程量和石门中的运输工作量最少，初期石门工程量也较少；而井筒位于Ⅰ位置和Ⅲ位置，即位于井田上下边界时，总的石门工程量最多，Ⅰ位置初期石门工程量最小，Ⅲ位置初期石门工程量最多。只考虑石门工程量，井筒位于Ⅱ位置是有利的。

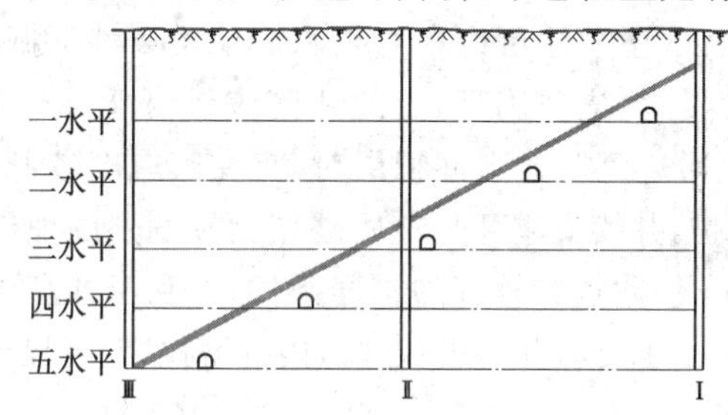

图 15-28　立井井筒沿井田倾向的位置与石门工程量关系

如图 15-29 所示，从保护井筒和工业场地的煤柱损失看，井筒位于Ⅰ位置的工业场地煤柱尺寸最小，位于Ⅲ位置煤柱尺寸最大，而位于Ⅱ位置煤柱尺寸较小。

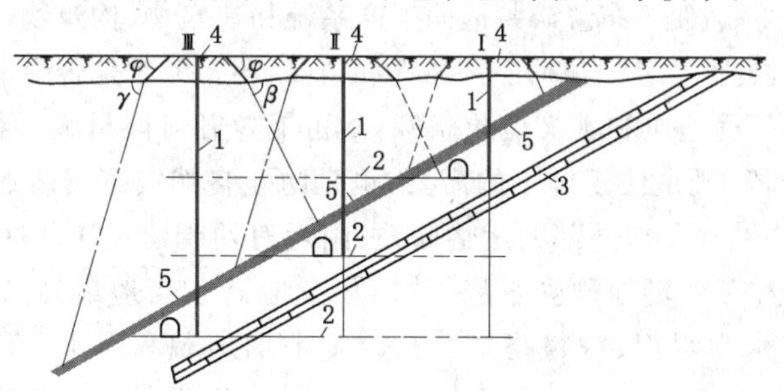

图 15-29　立井井筒沿井田倾向的位置与工业场地煤柱和延深的关系

φ——松散层移动角；γ——上山方向岩层移动角；β——下山方向岩层移动角

1——井筒；2——石门；3——富含水层；4——地面工业场地；5——工业场地及井筒保护煤柱

从图 15-29 还可以看出，如果煤系基底有含水量大的岩层不允许井筒穿过时，井筒位于Ⅲ位置能直接延深到深部，对开采井田深部及向下扩展有利；而在Ⅰ、Ⅱ位置，井筒只能直接开凿至一、二水平，深部需用暗立井或暗斜井延深。

上述井筒位置在浅部和深部利弊的消长关系亦随矿井煤层条件而异，设计者需综合考虑，在相互矛盾的影响因素中做出正确选择。

对于缓(倾)斜煤层单水平开采的矿井,从井下运输和开采有利出发,井筒应位于井田中部,使上山部分斜长略大于下山部分斜长。

对于缓(倾)斜、中斜煤层多水平开拓的矿井,如煤层的可采总厚度大,为减少保护井筒和工业场地煤柱损失及减少初期工程量,可使井筒靠近井田浅部大致中偏上的适当位置,并应使保护井筒的煤柱不占和少占初期投产采区的储量。

对于开采急(倾)斜煤层的矿井,由于工业场地煤柱损失随煤层倾角增大而明显增大,井筒位置变化引起的石门长度变化较小,而对保护井筒煤柱尺寸变化幅度影响很大,尤其是可采煤层总厚度大的矿井,大量煤柱损失就成为严重的问题,故井筒宜靠近井田浅部。开采特厚煤层时,井筒还可设在煤层底板岩层中。

开采近水平煤层的矿井,使井筒靠近储量中央是一般性的原则,还应结合地质构造、地形、地貌等因素综合考虑。

3. 井筒穿过各种地层的合理位置

为便于井筒开凿施工、减少掘进困难和费用,应使井筒通过的表土和岩层具有较好的水文、围岩和地质条件。虽然特殊凿井法可以在复杂水文地质条件下掘砌井筒,但所需的施工设备多、工艺复杂、掘进速度慢、掘进费用高,因此井筒应尽可能不通过流沙层、较厚的冲积层和较大的含水层。当必须通过巨厚含水冲积层时,宜在其厚度较薄处通过。

为便于井筒的掘进和维护,井筒应避开受地质破坏比较剧烈的地带和可能受采动影响的地段。井筒位置还应使井底车场附近有较好的围岩条件,有利于井底大断面硐室的掘进和维护。为减少保护井筒煤柱损失,也可将井筒设在井田内的薄煤带、无煤带或煤质较差的地段。

4. 地面工业场地的合理位置

为合理布置工业场地,应充分利用荒山、坡地、劣地,尽可能不占用良田、少占农田,尽量不妨碍农田水利建设,尽量避免拆迁村庄和改道河流,也不要占用重要文化古迹和园林。同时,还应注意符合下列要求:

① 要有足够的场地,便于布置矿井地面生产系统和建筑物、构筑物,如主、副井提升机房、井口车场、地面煤仓、装车站等。根据矿井条件和需要,还要考虑是否为以后的发展留有余地。

② 要有较好的工程地质和水文地质条件,尽可能避开可能滑坡、岩崩、泥石流、溶洞、流沙、采空区等不良地段,既是便于施工的需要,也是防止自然灾害侵袭的需要。

③ 要便于供电、供水和与外部的运输联系,附近有便于建设居住区、排矸场的地点。

④ 要避免井筒和工业场地遭受水患,井筒位置应高于当地最高洪水位,其位置经附近工农业基本建设(如水库堤坝、铁路路基等)、改变地形地貌和泄水条件后仍能不受洪水威胁。在平原地区还应考虑工业场地内雨水、污水排出是否便利。在森林地区,工业场地与森林之间应有足够的防火距离。

⑤ 要充分利用地形,使工业场地布置和地面运输合理,并使平整场地的工程量较少。

5. 井筒和工业场地位置的选择

综上所述,选择井筒和工业场地位置既要力求做到对井下开采有利,又要注意使地面布置合理,还要有利于井筒的开凿和维护,而能否或如何达到这些要求,又与矿井的地质、地形、水文、煤层赋存情况等因素密切联系。在具体条件下,要同时满足这些要求往往是很困难的,这就必须深入调查研究,综合分析影响因素,分清主次矛盾,尽量寻求较合理的方案。

一般情况下,如地面工业场地选择不太困难,应首先考虑对井下开采有利的位置;如矿井地面为山峦起伏、地形复杂的山区，就应首先考虑地面运输和工业场地的有利位置，并结合考虑对井下开采有利的位置；如表土为很厚的冲积层、水文地质条件复杂时，就应结合对井下开采有利和冲积层较薄的地点综合考虑。

各矿井的条件千差万别，能提出的可行、合理方案各不相同，都应作为个案处理，没有统一的模式和规范的方法。具体矿井井筒位置的确定，往往是结合开拓方式的选择提出若干个方案，由方案比较法加以确定。

二、风井的布置和位置

风井是担负矿井通风任务的井筒(硐)，有进风井和回风井之分。通常，主、副井均兼有风井功能，生产现场简称回风井为风井。

根据矿井通风需要，可开掘专用的回风井。风井布置应根据矿井煤层赋存特征、井田范围和井型大小及瓦斯等条件，结合矿井开拓和通风方式的要求合理地加以确定。通风方式不同，风井的布置和位置常不相同。

1. *中央并列式通风*

进、回风井均布置在井田中央的同一个工业场地内，称为中央并列式通风，如图 15-30 所示。根据不同矿井条件又有不同的方式。以罐笼或串车提煤的中小型矿井，一般是主井进风、副井回风。以胶带输送机提煤的斜井，一般由副井进风，另外掘一个风井。采用立井开拓时，以箕斗提煤的立井一般以副井进风，可用箕斗井回风，此时要在井田上部边界设置安全出口；或者不用箕斗井回风而在工业场地内另掘一个专用的中央回风井〔图 15-2(b)〕；采用专用的中央回风井可以加快矿井建设、减少回风井漏风、改善箕斗井的运行条件，这种方式已在一些立井开拓的矿井中应用，并取得了良好效果。

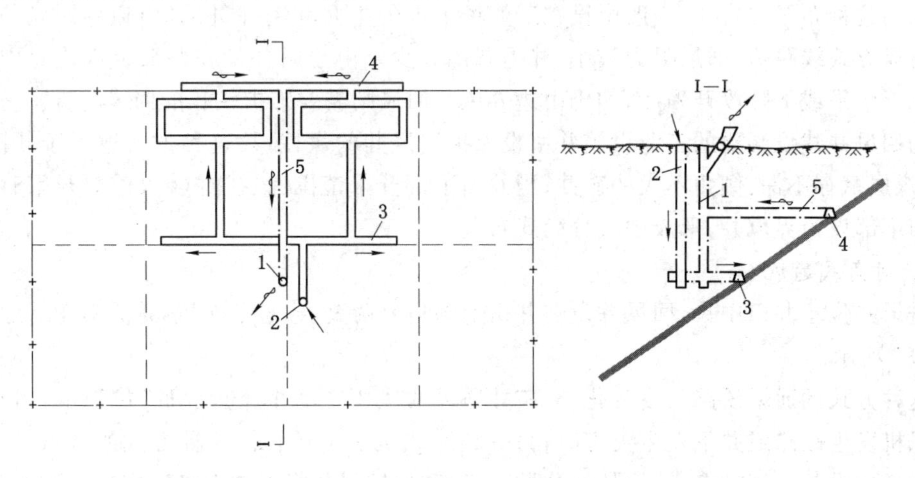

图 15-30　中央并列式通风方式

1——主井；2——副井；3——运输大巷；4——回风大巷；5——回风石门

中央并列式通风方式的优点是——工业场地布置集中、管理方便、保护井筒的煤柱损失较少、构成矿井通风系统的时间短；兼作回风井的中央并列式通风方式的缺点是——通风线路长、通风阻力大、井下漏风多，故这种方式适用于井田范围和井型不大、瓦斯涌出量和自然发火均不严重的矿井。对于井田面积和瓦斯大的大型矿井，其投产初期开采范围不大，也可采用这种方式；待矿井向两翼和深部发展后再改用其他布置形式。开采缓(倾)斜或近水平煤层、煤层埋藏较深、矿井生产能力较大、瓦斯含量大且回风流中温度、湿度也大而采用立井开拓又不宜利用箕斗井回风的矿井,可布置专用的中央回风井。

2．中央分列式通风

进风井布置在井田中央、回风井布置在井田上部边界走向中部,称为中央分列式通风,也称中央边界式通风,如图15-31所示。

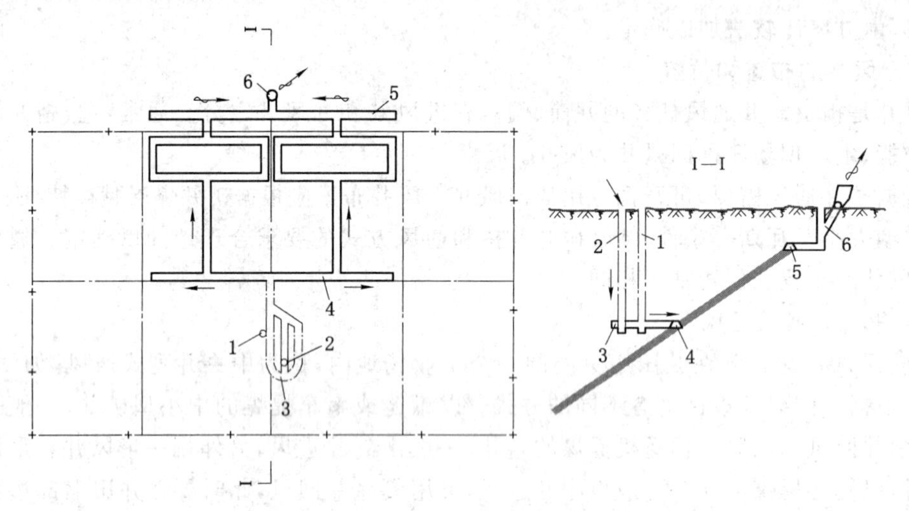

图15-31　中央分列式通风方式

1——主井;2——副井;3——井底车场;4——运输大巷;5——回风大巷;6——回风井

采用这种布置方式时,一般由设在工业场地内的主井和副井进风、由边界回风井回风。这种通风方式线路短、通风阻力较小、井下漏风较少。由于风井设在井田上部边界中央,矿井转入下水平或下阶段开采后,如仍由边界风井回风则需要维护较长的回风巷道。另外,还需要为回风井建设必要的工业设施并留设保护回风井的煤柱,故这种方式适用于井田走向较长、煤层赋存不深、倾角不大的矿井;当井田下部开采范围大、矿井转入深部开采时,也可在井田下部设边界风井,形成中央分列式布置。

3．对角式通风

进风井位于井田中央,回风井设在井田上部边界两翼、成对角布置,称为对角式通风,如图15-32所示。

这种方式的通风线路长度变化小、矿井通风的风压变动小、通风机工作稳定,当矿井一翼通风机发生故障或井下发生灾害时,另一翼通风机还可运转。这种方式的缺点是——回风井和通风设备占用较多,工业场地分散,占地和保护煤柱损失较多,建井时主、副井与回风井贯通的距离长,需要较长的施工时间。这种方式适用于对通风要求很严格的大型矿井。井田走向较长、井型较大、煤层埋藏较浅、瓦斯和煤炭自然发火严重的矿井,采用两翼对角式布置比较合理。一些井田面积大、原有回风井采用其他布置的矿井,后期可改用这种方式。

4．采区式通风

如图15-33所示,采区式通风的回风井设在各采区,一般由井田中央进风,由井田上部边界各采区的回风井回风。这种方式的通风线路更短,各采区通风方便、灵活,通风阻力小,建井时可以几个采区同时施工,加快了矿井建设;其缺点是回风井及所需通风设备较多,故

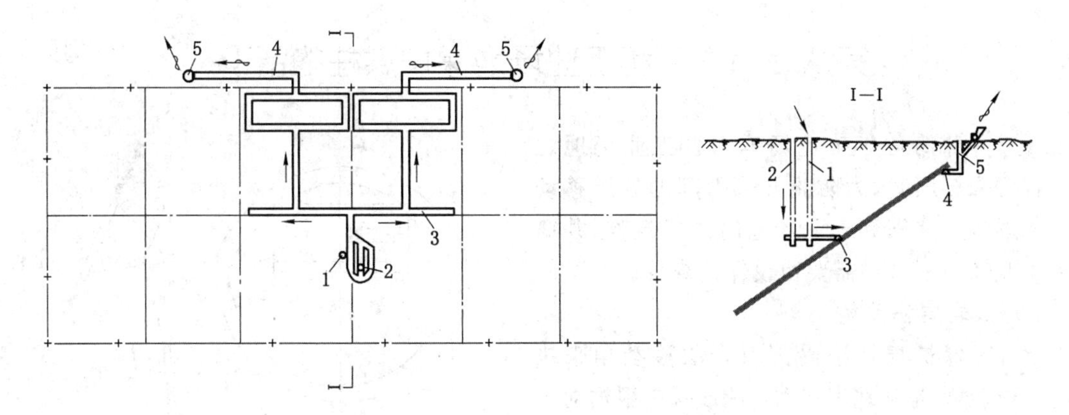

图 15-32　对角式通风方式

1——主井；2——副井；3——运输大巷；4——回风大巷；5——回风井

适用于煤层赋存浅的矿井，或因地表高低起伏较大、无法开掘浅部总回风道，在此条件下采用采区风井布置比较合理。

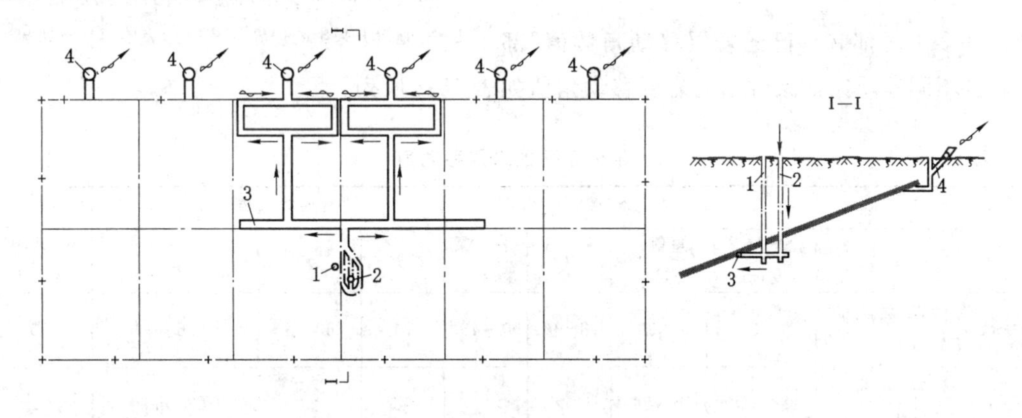

图 15-33　采区式通风方式

1——主井；2——副井；3——运输大巷；4——回风井

5. 混合式通风

由上述诸种方式混合组成，如中央边界式与对角式混合，中央并列式与对角式混合等。其特点是进、回风井的数量较多、系统复杂、通风能力大、布置较灵活。这种通风方式大多是在生产矿井扩大井田开采范围、进行改扩建或生产矿井合并等情况下形成的，其应用也应根据具体条件确定。

6. 分区域通风

采用多井筒分区域开拓时，各分区域分别设进风井和回风井，通风系统基本独立、安全性好，几个分区域可以同时施工，有利于处理矿井事故。但这种方式占用风井和通风机较多，场地分散，占地面积大，井筒保护煤柱亦较多。

应该强调指出，与主、副井布置相比较，风井布置更具有时限性和局部性，在矿井长达数十年的服务期内，阶段性地改变通风系统是正常的，如井田走向长的矿井投产初期采用中央并列式，随开采范围扩展中后期可改为中央分列式或对角式，因而风井的布置比较灵活。

第八节　井筒和工业场地保护煤柱的留设

立井井筒位于工业场地内且工业场地之下有可采煤层时，为防止开采引起的岩层移动和变形危及井筒和工业场地内的建筑物，井筒和工业场地下方均需要留设保护煤柱。

一、岩层移动角

井下保护煤柱边界需由岩层移动角来决定。移动角，是从地表移动观测成果中根据对建筑物有害的临界变形值而确定的，分基岩移动角和松散层移动角，后者与煤层倾角无关。相对于井下采空区，基岩沿走向方向的移动角 δ、上山方向的移动角 γ 和下山方向的移动角 β 如图15-34所示。

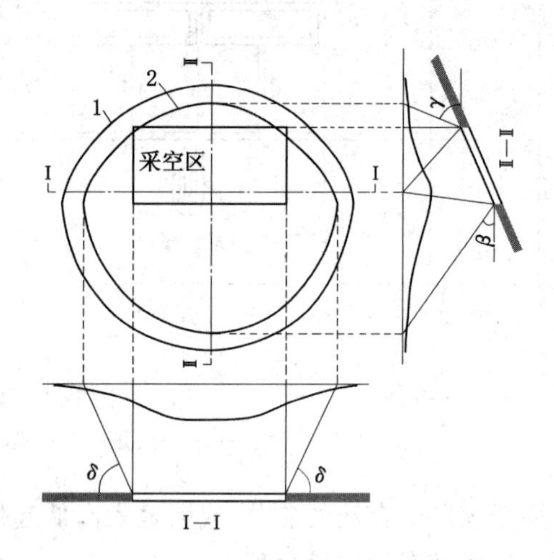

图 15-34　地表下沉盆地与岩层移动角

1——地表开采影响边界；2——地表临界变形边界

许多矿区都有自己的岩层移动角数值，部分矿区不同地质采矿条件下的岩层移动角值如表15-2所列。

表 15-2　部分矿区的岩层移动角

地质采矿条件						基岩移动角/(°)			松散层移动角 φ/(°)
矿区	主要岩层	松散层厚度/m	倾角 α/(°)	采厚/m	采深/m	δ	γ	β	
峰峰	砂岩，页岩，砂质页岩	0～30	8～30	8～9	90～460	74	$63+\alpha$	$74-0.6\alpha$	56
淮南	砂岩，页岩，砂质页岩	18～128	20～84			66	70 ($\alpha<55$)	$66-22\sin\alpha$	41
鸡西	砂岩，页岩，砂质页岩	2～10	3～24	0.7～2.4	23～456	77	77	$77-(0.6\sim0.7)\alpha$	
枣庄	页岩，砂质页岩，薄层灰岩		0～30 多为8～15	10～11	36～300	76	76	$87-\alpha$	45
徐州	砂岩，页岩，灰岩，砂质页岩	30～70	10～30	4～6.5		74	$69-0.4\alpha$	$78-0.78\alpha$	40～50
阜新	砂岩，砂质页岩，页岩		10～31	22	50～350	72	75	$73(\alpha<10)$ $83-0.9\alpha$ $(10\leqslant\alpha\leqslant30)$	50

二、井筒和工业场地建筑物的受保护面积

井筒和工业场地建筑物受保护面积分两部分，一部分是地面建筑物本身的面积，另一部分是在建筑物周围增加了围护带后扩展的面积。

增加围护带的目的，是抵消留设保护煤柱时移动角的误差引起的煤柱尺寸不足和抵消因井上下位置关系确定不准确而造成保护煤柱的尺寸和位置的误差。

立井井筒保护煤柱的围护带宽度一般按 20 m 设计，工业场地保护煤柱的围护带宽度一般按 15 m 设计。

用垂直剖面法设计井筒和工业场地建筑物保护煤柱时，保护面积的确定分以下 3 种情况：

① 工业场地内建筑物的外边界与煤层走向平行或正交，在建筑物外边加围护带，得到的受保护面积如图 15-35(a)所示。

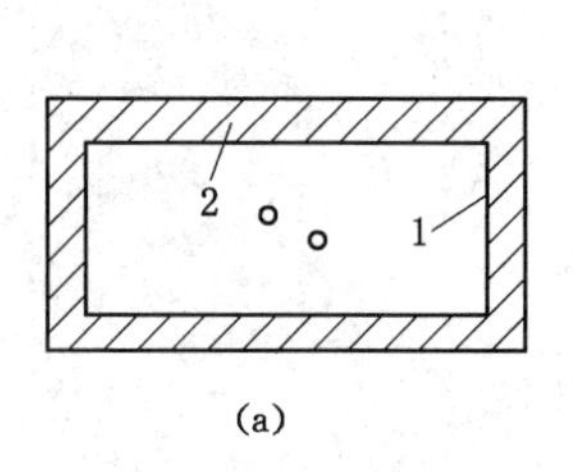

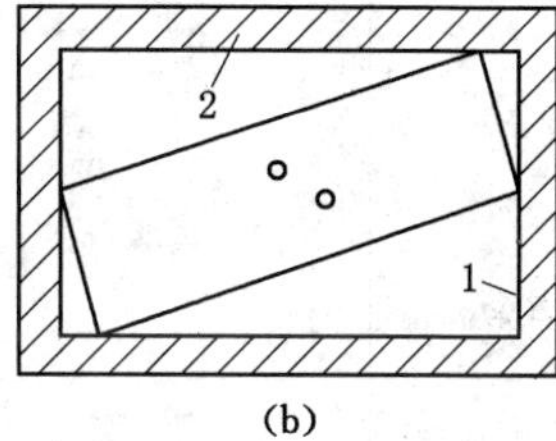

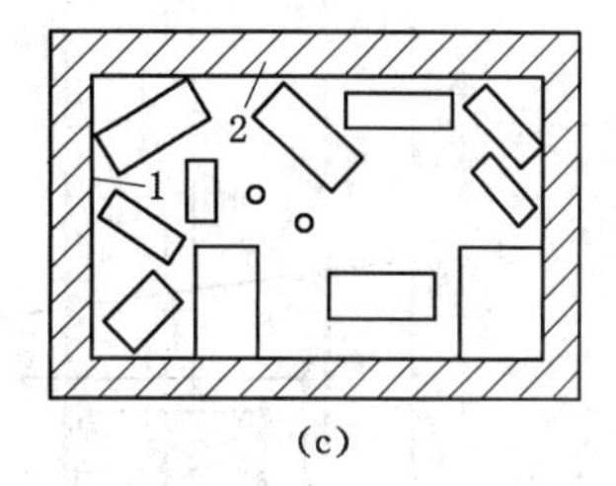

图 15-35　垂直剖面法确定井筒和工业场地保护面积

1——用矩形框住的受护工业场地边界线；2——围护带

② 工业场地内建筑物的外边界与煤层走向斜交，通过建筑物外边界的 4 个角点作与煤层走向和倾向平行的直线各两条，形成过 4 个角点的矩形，再增设围护带，遂得到受保护面积，如图 15-35(b)所示。

③ 工业场地内有多种建筑物且延伸方向互不平行，过建筑物群的最外边界角点作与煤层走向和倾向平行的直线各两条，形成受护工业场地矩形，再增设围护带，便可得到受保护面积，如图 15-35(c)所示。

三、用垂直剖面法留设立井井筒和工业场地保护煤柱

垂直剖面法即作图法，作沿煤层走向和倾向的剖面，在剖面图上由移动角确定煤柱宽度，并投影到平面图上，从而得到保护煤柱边界。

以图 15-36 为例，说明用垂直剖面法留设井筒和工业场地保护煤柱的步骤。图中的煤层底板等高线标高是为了说明该方法所加的。

① 在煤层底板等高线图上，过要保护的工业场地建筑物或建筑物群最外角点，分别作平行于煤层走向和倾向的各两条直线，交 a'、b'、c'、d'，形成矩形。

② 在矩形 $a'b'c'd'$ 四周加 15 m 宽的围护带，形成地表保护范围 $abcd$，地表要保护范围的边界为 mn 和 qk。

③ 过 ad 线段或 bc 线段中点，作沿煤层倾向的剖面 Ⅰ—Ⅰ。

④ 将煤层底板等高线、上覆岩层和要保护的工业场地边界投影到平行于煤层走向的垂面内，形成所谓的 Ⅱ—Ⅱ 投影面。

⑤ 在 Ⅰ—Ⅰ 和 Ⅱ—Ⅱ 面上，过 m、n 和 q、k 四点，按松散层移动角 φ 画直线与基岩相交于 m_1、n_1 和 q_1、k_1；在 Ⅰ—Ⅰ 剖面上，过 m_1 和 n_1 两点，按下山移动角 β 和上山移动角 γ 画直线与煤层交于 n_2 和 m_2。

在 Ⅱ—Ⅱ 剖面上，过 q_1 和 k_1 点按走向移动角 δ 画直线，与煤层相交于与 n_2 同标高的 q_2 和 k_2 点、与 m_2 同标高的 q_3 和 k_3 点。

⑥ 将 m_2 和 n_2 及 q_2、q_3、k_2 和 k_3 投影到煤层底板等高线图上，得 A、B、C、D 四点，连接 A、B、C、D，即得平面图上的保护煤柱边界。

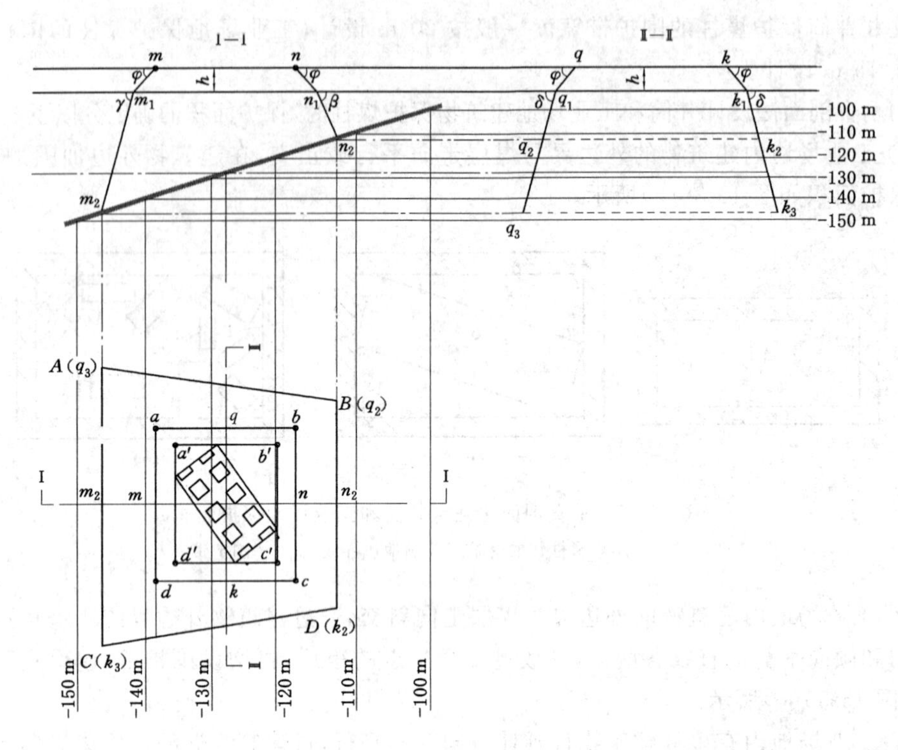

图 15-36　垂直剖面法留设立井井筒和工业场地保护煤柱

在平面图上用垂直剖面法设计的立井井筒和工业场地保护煤柱形状是一对称的梯形，梯形的上下短边和长边平行于煤层走向。因扩大了地表保护范围，在开采影响下地表工业场地内建筑物安全性较高。

如图 15-37 所示，为了提高精度，在沿煤层倾向的剖面上，垂直剖面法所留的保护煤柱尺寸还可以由式(15-1)计算。

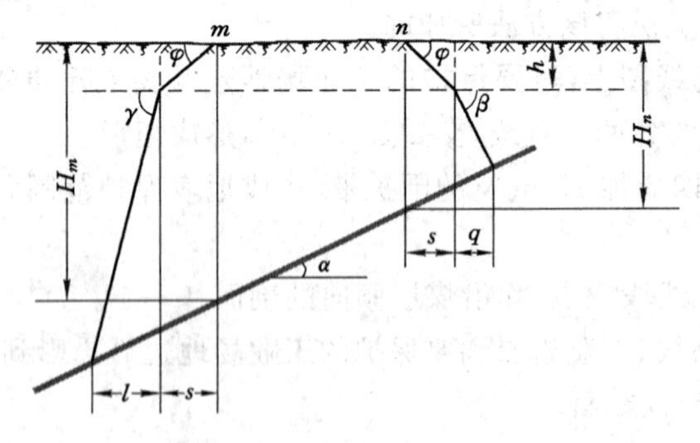

图 15-37　在煤层倾向剖面上保护煤柱尺寸的计算

$$\left.\begin{aligned} q &= \frac{(H_n - h) - h \cdot \cot\varphi \cdot \tan\alpha}{\tan\beta + \tan\alpha} \\ l &= \frac{(H_m - h) + h \cdot \cot\varphi \cdot \tan\alpha}{\tan\gamma - \tan\alpha} \\ s &= h \cdot \cot\varphi \end{aligned}\right\} \tag{15-1}$$

式中　H_n，H_m——对应于地表 n、m 两点处煤层的埋深，m；

　　　h——表土层厚度，m。

四、用垂直剖面法留设斜井井筒保护煤柱

按斜井与煤层的相对位置关系，有煤层顶板斜井、煤层斜井和煤层底板斜井之分。煤层中布置的斜井在本煤层中需根据支承压力影响程度留设斜井煤柱，在底板岩层中布置的斜井也要根据支承压力影响程度留设或不留设斜井煤柱，而布置在煤层顶板岩层中的斜井则要按岩层移动角留设煤柱。

按表 15-3 所列的技术参数为例，说明垂直剖面法留设斜井井筒保护煤柱的方法，留设过程如图 15-38 所示。

表 15-3　　　　斜井井筒和基岩移动角参数

斜井斜长 /m	斜井倾角 /(°)	煤层倾角 α /(°)	煤层厚度 /m	围护带宽度 /m	γ /(°)	δ /(°)	β /(°)
300	25	25	2	20	70	70	50

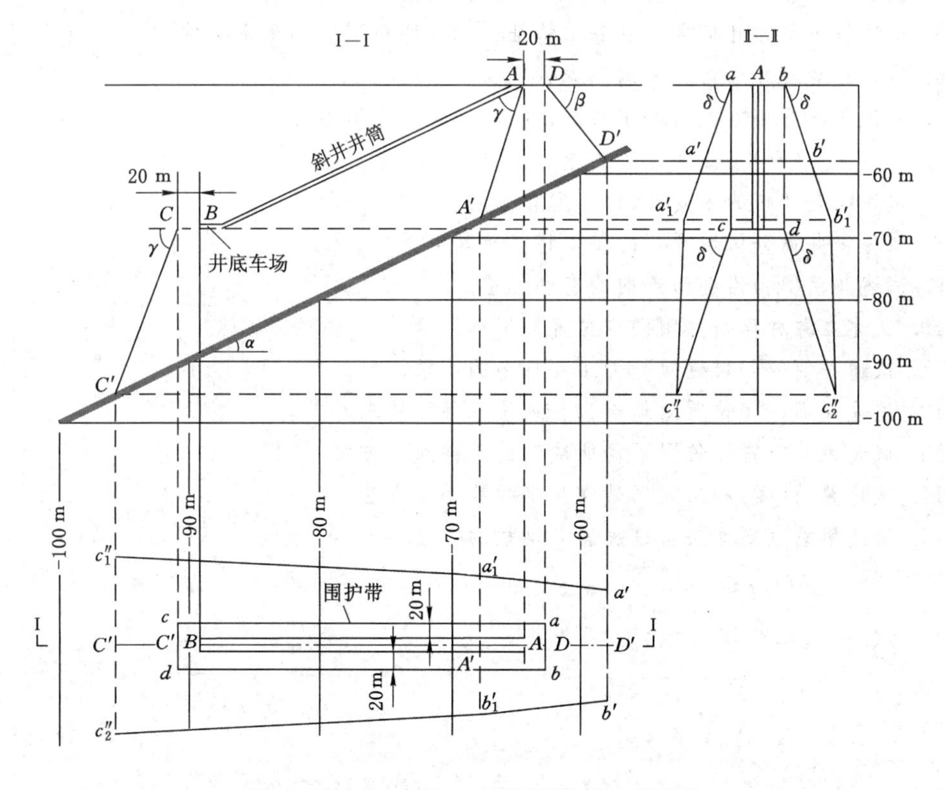

图 15-38　垂直剖面法留设斜井井筒保护煤柱

① 在煤层底板等高线图上布置斜井和要保护的井底车场 AB。

② 沿斜井中线作地层剖面Ⅰ—Ⅰ。

③ 沿走向方向在斜井两侧各留 20 m 宽的围护带，沿倾向方向在斜井上下两端各留 20 m 宽的围护带，则 A 点延长至 D 点，B 点延长至 C 点。由此形成需要保护的范围 $abcd$。

④ 将煤层底板等高线、地层和需要保护的斜井边界投影到平行于煤层走向的垂面内，形成所谓的Ⅱ—Ⅱ投影面。

⑤ 在Ⅰ—Ⅰ剖面上，自 C 点按上山移动角 $\gamma = 70°$ 作直线交煤层于 C' 点；由 D 点按下山移动角 $\beta = 50°$ 作直线交于煤层 D' 点；由 A 点按上山移动角 $\gamma = 70°$ 作直线，交煤层于 A' 点。

⑥ 在Ⅱ—Ⅱ投影面上，由围护带边界点 a、b 按走向移动角 $\delta = 70°$ 作直线，与 D' 点投影线相交于 a'、b' 点，与 A' 点投影线相交于 a'_1、b'_1 点。由井底车场围护带边界点 c、d 按走向移动角 $\delta = 70°$ 作直线，与 C' 点投影线相交于 c_1'' 和 c_2'' 点。

⑦ 将Ⅰ—Ⅰ剖面上的 D'、A'、C' 和Ⅱ—Ⅱ投影面上的 a'、b'、a'_1、b'_1、c''_1、c''_2 投影到平面图上，连接投影点 a'、b'、a'_1、b'_1、c''_1、c''_2，则形成斜井井筒保护煤柱边界。

复习思考题

1. 试述综合开拓和分区域开拓的基本概念。
2. 试述立井开拓方式的基本特征、类型、井筒配置和适用条件。
3. 试述集中斜井开拓方式的基本特征、类型、井筒配置和适用条件。
4. 试述片盘斜井开拓方式的基本特征。
5. 试述平硐开拓方式的基本特征、类型、配置和适用条件。
6. 试述井筒(硐)形式的比较和选择。
7. 试述综合开拓的主要目的、类型和应用。
8. 试述多井筒分区域开拓的基本特征及其适用性。
9. 试述井筒(硐)沿井田走向的有利位置。
10. 试述立井井筒沿井田倾向位置的影响因素。
11. 试述井筒(硐)位置对地面工业场地的要求。
12. 试述井筒(硐)位置对地层工程地质条件的要求。
13. 试述风井布置和位置不同所决定的矿井通风方式。
14. 试述井筒(硐)和工业场地保护煤柱的留设方法。
15. 试述用垂直剖面法留设反斜井煤柱的方法。

第十六章　井田开拓的基本问题

第一节　开采水平划分

开采水平划分的目的，是有计划、按顺序、安全合理地开采煤层，减少煤炭损失；布置开采水平大巷、井底车场；减少同时掘进的巷道工程量和巷道维护工程量；利于生产组织和管理，获得好的技术经济效果。

开采水平划分应根据煤层赋存条件、地质条件、开采技术与装备水平、资源/储量和生产能力等因素，综合比较确定。正确划分开采水平，应分析合理的阶段斜长、上下山开采条件、辅助水平的应用。

一、开采水平的设置

根据井田斜长或垂高大小、开采煤层数目多少、层间距大小和倾角陡缓的不同，井田内可设一个或多个开采水平。如井田斜长不大、煤层倾角较缓，可将井田划分为两个阶段，上山部分、下山部分各采一个阶段，形成单水平开拓；如井田斜长和煤层倾角较大、划分的阶段数目较多，就需要设置两个或更多开采水平，上山式准备时每个开采水平担负一个上山阶段的开采，上下山式准备时，每个开采水平担负上、下山两个阶段的开采。

开采水平的划分与井田内阶段的划分是密切联系的。井田内划分的阶段数目取决于井田斜长、阶段垂高或阶段斜长。

阶段垂高，又称阶段高度，是指阶段上下边界之间的垂直距离。阶段上下边界一定，阶段高度即为定值；而阶段斜长则随煤层倾角大小不同而变化，同一井田的两翼、甚至相邻的两个采区，因煤层倾角不同而斜长不等的情况是常见的现象。

开采水平垂高，又称水平高度，是指开采水平服务范围上下边界之间的垂直距离。一个开采水平只采一个上山阶段，阶段垂高就是开采水平垂高。采用上下山开采时，一个开采水平服务于上、下山两个阶段开采，开采水平高度就是上、下山两个阶段的高度之和。在极少数情况下，一个开采水平服务于两个上山阶段的开采，其中的一个上山阶段下部增设辅助水平，这时开采水平高度就是两个上山阶段的总垂高。

对开采近水平煤层的矿井，井田内各煤层的斜长可能很长但其垂高并不大，这样的井田也不划分为阶段，而直接划分为盘区或带区。如开采煤层不多、上下可采煤层的间距不大，可以采用单水平开拓。如开采的煤层或煤组较多、上下可采煤层或煤组的间距较大，就要按煤层或煤组划分水平，各煤层或煤组分别设置开采水平，形成多水平开拓。在这种情形下，开采水平垂高可以理解为两个水平间的垂直距离，而与煤层的斜长没有直接联系。这与阶段划分开采水平是不相同的。

二、开采水平垂高的确定

合理的开采水平垂高，是以合理的阶段斜长为前提的，并能使开采水平服务范围有足够的储量、合理的服务年限、井田开采有良好的技术经济效果。

1. 合理的阶段斜长

合理的阶段斜长，是指在具体矿井条件下，采用合理的采煤工作面参数、采区巷道布置和生产系统及设备所能达到的阶段斜长。阶段斜长受技术可能性、生产稳定性和经济合理性制约，表现为技术上所能达到的上限值合理区间主要受以下几个方面的制约。

① 合理的区段数——合理的阶段斜长应保证在采煤工作面长度合理的前提下能划分出足够的区段数。为保证采煤工作面和采区的正常接替，采区内应有足够的区段数。对缓(倾)斜煤层的阶段，区段数可取 3～5 个；对中斜和急(倾)斜煤层的阶段，区段数可取 2～3 个。由此即可计算出阶段斜长的合理下限值。

② 煤的运输——对于开采缓(倾)斜和中斜煤层的大中型矿井，上山采用胶带输送机运煤时，其上山斜长一般不因运煤而受限制。而对于急(倾)斜煤层，煤层中过高的溜煤眼长度使掘进和维护都比较困难，溜煤过程中容易冲毁溜煤眼内的支架或发生堵眼事故，故布置在煤层中的溜煤眼高度不宜超过 70～100 m。

对于上山采用矿车运煤的小型矿井，上山斜长受绞车能力限制，应根据所要求的采区生产能力、上山断面容许通过的绞车尺寸和采用的绞车型号验算所能达到的最大阶段斜长。

③ 辅助提升运输——轨道上下山中一般采用一段单卷筒绞车提升。绞车太大时，井下运输和安装都受到限制，故轨道上下山中所用提升绞车的卷筒直径一般不大于 1.6 m，这样缠绳 4 层时可达 880 m。对生产能力大的采区，可采用卷筒直径为 2.0 m 的提升绞车，卷筒容绳量缠 4 层时最大可达 1 130 m。但实际允许上下山斜长多低于此数值。因此，选用该运输提升方式时绞车容绳量限制阶段斜长。

在煤层倾角较小的条件下，由于受开采技术和设备限制较小，可以选用无极绳绞车或新型辅助运输设备，如无轨胶轮车、单轨吊机车等，阶段斜长可以适当加大。

倾角小于 12°的煤层、采用带区式准备时，带区倾斜长度不宜少于采煤工作面连续推进一年的长度。

对于开采近水平煤层的盘区，盘区上山长度一般不宜超过 2 000 m，盘区下山长度不宜超过 1 500 m。

2. 足够的开采水平储量和服务年限

开拓一个水平要掘进许多巷道，井型越大开拓工程量越大，相应的投资也越多，为了充分发挥这些工程和投资的作用，需要有足够的水平服务年限。从有利于矿井生产和水平接替考虑，开拓一个新水平一般需 3 a 以上，生产水平的过渡时间一般也需要 2～3 a，故水平接替的生产建设交互影响的时间一般需 5 a 以上。为使矿井生产少受开拓延深和生产水平过渡的影响，应有最低的水平服务年限。2015 版《煤炭工业矿井设计规范》重新规定了矿井第一水平设计服务年限的下限值(见表 14-2)，由此即确定了与最低水平服务年限相应的开采水平垂高下限值。

3. 经济上有利的水平垂高

从技术与经济统一的观点看，技术上合理的水平垂高应能获得良好的经济效果。经济上有利的水平垂高则受两方面相互矛盾因素的影响和制约。一方面，开采水平需要开掘井底车场和硐室、大巷、采区车场和硐室，配备必要的设备，这些开拓工程量和装备费是不因水平垂高的大小变化而增减的，水平垂高越大可采煤量越多，分摊于吨煤可采储量的工程费和装备费越小。另一方面，水平垂高越大阶段斜长也越大，随之增加采区上下山的维护工程量、加大开采水平的排水高度和排水费，从而使吨煤生产费用有所增加；同时，过大的阶段斜长还会需要较大的上下山运输设备并增加生产管理的复杂性。确定经济上有利的水平垂高，就是在具体矿井和现有技术条件下研究两方面因素的消长关系以寻求最佳平衡点。

4. 开采水平垂高的发展趋势

开采水平垂高受煤层地质条件和开采技术条件等多因素影响，其取值的变化是开采技术水平和生产集中化程度的综合反映。20 世纪 50 年代，我国矿井的采区、采煤工作面尺寸均比较小，开采强度低，当时规定的阶段斜长为：缓(倾)斜和中斜煤层为 250～450 m，急(倾)斜煤层不小于 100 m；实际矿井的开采水平垂高一般不大于 100 m。随着矿井开采强度加大，特别是 20 世纪 70 年代以后采煤机械化水平的提高、采煤速度的加快，水平服务年限缩短，开采水平接替紧张，生产矿井普遍有加大水平垂高的要求，而新型运输设备的应用、巷道布置与巷道支护的改进又为加大水平垂高提供了技术保证，矿井开采水平垂高遂逐渐加大。1994 年版《煤炭工业矿井设计规范》规定：在大中型矿井中，缓(倾)斜、中斜煤层的阶段垂高为 150～250 m，急(倾)斜煤层的阶段垂高为 100～150 m。2005 年版《煤炭工业矿井设计规范》规定：在大中型矿井中，缓(倾)斜、中斜煤层的阶段垂高为 200～350 m，急(倾)斜煤层的阶段垂高为 100～250 m。

三、上、下山开采的应用

对倾角不大的缓(倾)斜煤层和近水平煤层，为扩大开采水平的垂高和服务范围，增加水平可采储量，可以考虑采用一个开采水平既服务于上山阶段又服务于下山阶段的开采，即采用上下山相结合的开采。

1. 上山开采与下山开采的比较

上山开采与下山开采比较指的是：利用原有开采水平进行下山开采与另设开采水平进行上山开采的比较。如图 16-1 所示，上山开采和下山开采在采煤工作面生产方面没有多大差别，但在采区运输、提升、通风、排水和掘进等方面有许多不同之处。

① 运输和提升方面——上山开采时，煤矸向下运输，运输能力大，耗费动力少，但从全矿看煤矸在上山中和井筒中的运输方向相反，存在折返运输。下山开采时，煤矸向上运输，全矿没有折返运输，总的运输工作量较少。用普通胶带输送机运煤时下山的倾角不得大于 18°；用矿车运煤时运输能力小。

② 排水方面——上山开采时，采区内的涌水可直接流入井底水仓、一次排至地面，排水系统简单。下山开采时，各采区都需要解决采区内的排水问题。下山采区内的涌水必须先排至阶段的上部水平、然后再排至地面。采区下山要一次掘出，在下山阶段下部开掘排水硐室、水仓和安装排水设备，这样将会增加总的排水工作量和排水费用。此外，排水系统发生故障，如水仓淤塞、管路损坏等，亦将影响下山采区的生产，而上山开采则不会出现该类问题。

③ 掘进方面——下山掘进期间的装载、运输、排水等工序比上山掘进时复杂，因而掘进速度较慢、效率较低、成本较高，尤其当下山坡度大、涌水量大时，下山掘进更为困难；而上山掘进则较为容易。另外，下山掘进要比上山掘进需要采取更多的安全技术措施，特别是需要采取防止跑车的技术措施。

④ 通风方面——上山开采时，新鲜风流由上山进入采区，污浊风流经回风上山、回风大巷流往风井，新鲜风流和污浊风流均向上流动，沿倾斜方向的风路较短。下山开采时，新鲜

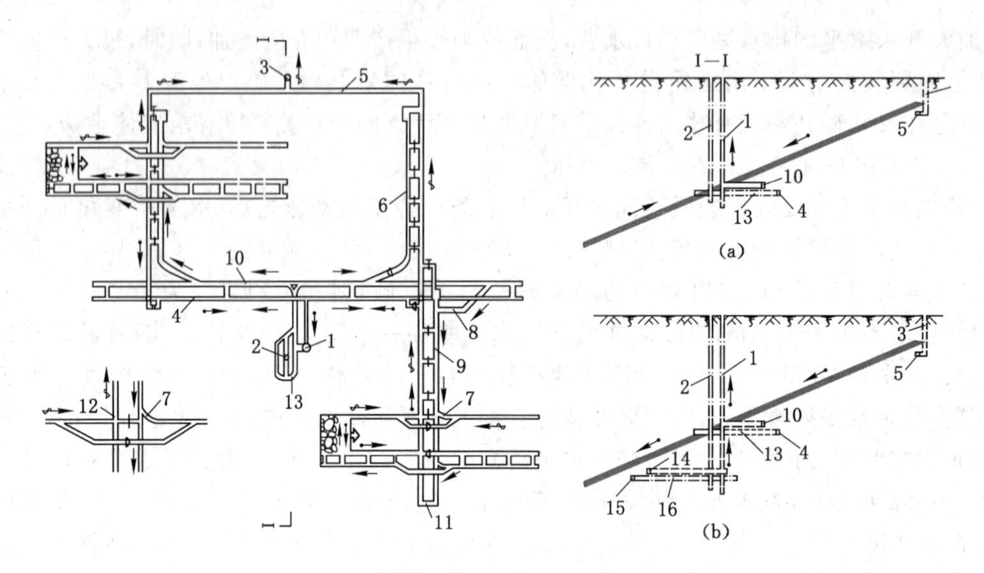

图 16-1　上山开采和下山开采的比较

(a) 上、下山开采　(b) 上山开采

1——主井；2——副井；3——回风井；4——一水平胶带运输大巷；5——总回风巷；
6——采区上山；7——下山采区中部车场；8——下山采区上部车场；9——采区下山；
10——一水平轨道运输大巷；11——下山采区水仓；12——易漏风处；13——一水平井底车场；
14——二水平胶带运输大巷；15——二水平轨道运输大巷；16——二水平井底车场

风流由进风下山进入采区，存在下行风问题；经工作面后的污浊风流要通过回风下山、维护在采空区内的一条上山流向上山阶段的回风道和风井，通风线路长；加之进风和回风下山相距较近，有若干联络巷连通，中间用风门控制，而进风下山和回风下山内风流的流动方向相反，两下山之间的风压差较大、易漏风，通风管理比较复杂；而当瓦斯涌出量大时下山通风更为困难，往往还要多开一条通风下山。

下山开采的主要优点，是能充分利用原有开采水平的井巷和设施，一个开采水平可为两个阶段服务，从而减少开采水平数目、节省开拓工程量和建设费用，并可增加开采水平储量、延长水平服务年限。

总体上看，上山开采在生产技术方面较下山开采优越得多，故一般多采用上山开采。

下山开采的缺点和弊病，随开采煤层的倾角变小而弱化，在一定条件下，实行上、下山开采在技术上是可行的、在经济上是有利的。

2. 下山开采的应用

下山开采常与上山开采配合应用，且一般是先采上山部分而后转入下山开采。应用下山开采有不同的情况和条件，需采取相适应的措施。

① 在倾角为 16°及以下的煤层、瓦斯含量低、涌水量不大的条件下，采用下山开采的缺点并不严重，而节约开拓工程量、加大开采水平垂高的优点却十分突出，这时应采用上、下山相结合的开采方式。

② 当井田深部受自然条件限制、可采储量不多、深部境界高低不一、设置开采水平有困难或不经济时，可在最终开采水平以下布置一部分下山采区。例如，井田深部境界以斜交断层划分，就不可避免地要开采部分下山块段。多水平开拓的深井，深部开采的条件比较恶

劣，如煤层倾角不大，最终水平可采用上、下山开采。有时，还可通过一些下山采区开采来勘探井田深部的煤层。

③ 一些多水平开采的矿井，由于开采强度大、井田走向长度短、水平接替紧张，而原有生产水平保证不了矿井产量时，可在井田内靠近井筒部分布置一个或几个下山采区，担负一部分产量任务。同时，通过采区下山开掘一部分下水平的大巷、车场和硐室，以加快下水平的开拓延深。这种下山采区是生产水平过渡的临时措施，待大部分生产转入下水平时将改为上山开采。这种方式虽对完成当时的矿井产量任务和开拓延深有利，但会减少下水平的可采储量、缩短下水平的服务年限。这是一种非常规的应急方法，使用时应当慎重。

上、下山开采时，为减少下山开采的困难，一般下山阶段的斜长要小于上山阶段的斜长。为尽可能使下山采区利用上山采区的车场、装车站、煤仓等巷道和硐室，上、下山的采区划分应尽可能一致，相对应的上、下山尽可能靠近。

下山开采时，必须按规定形成完善的供电、通风、排水、监测等系统后再组织生产。如要将下山掘至下山采区底部并完善水仓之后才能掘进回采巷道和进行采煤。

3. 主下山开采与下山开采的区别

如图 16-2 所示，主下山指的是集中下山、中央下山或主副暗斜井，往往布置在井田某一开采水平中央，向下延深至下一开采水平，而后布置井底车场和大巷。该开采水平之上的各采区仍为上山开采，这与下山开采有本质区别。

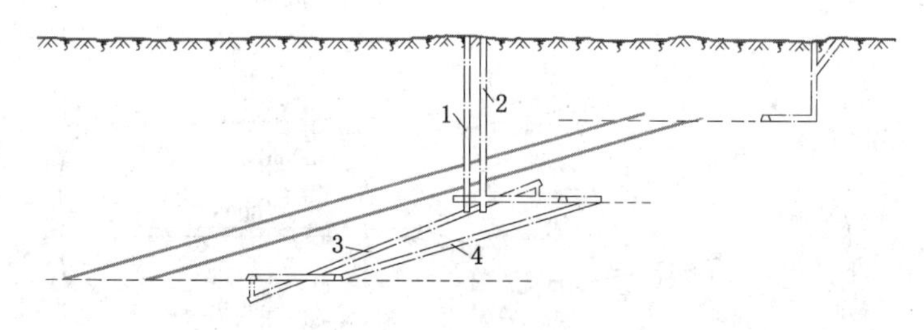

图 16-2　多水平暗斜井延深上山式开采

1——主立井；2——副立井；3——主暗斜井；4——副暗斜井

四、辅助水平的应用

辅助水平，是指在开采水平内，因生产需要而增设有运输大巷的水平位置和所服务的开采范围。辅助水平也应布置大巷和车场，但与井筒连接的井底车场多为简易车场，通过上山或下山与开采水平连通，承担辅助水平开采的运输、通风等任务而不直接向井底运煤，辅助水平的煤运至开采水平、由开采水平井底车场运至地面。

辅助水平的车场、硐室和设施等均较简单，且不设置主井装载系统。

1. 阶段辅助水平

当矿井水平垂高有必要而又划分得很大时，开采水平以上的煤层如划为一个阶段，则阶段斜长过大、上山辅助运输设备选型困难、安全上不可靠，这时可将开采水平以上的煤层划分为两个阶段，在两个阶段间设辅助水平，利用辅助水平开采上一阶段。如图 16-3 所示，某矿平硐水平以上的煤层侵蚀高度不一，上组煤斜长过大，于是将上组煤划分为两个阶段并设置辅助水平，开掘辅助水平大巷 6 并利用主上山 4、5 与开采水平连接，从而扩大平硐的开采范围、发挥了平硐的优越性。

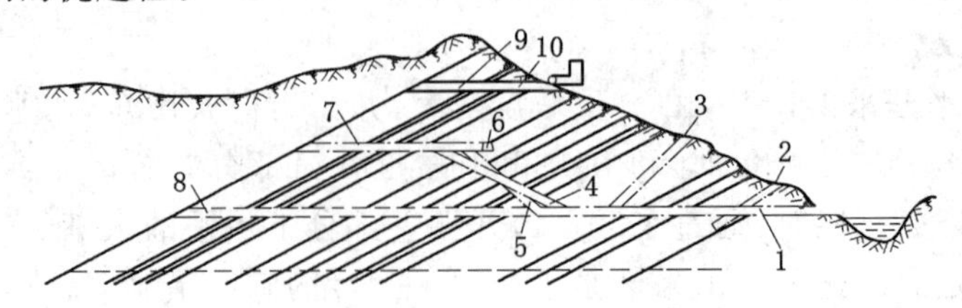

图 16-3　阶段辅助水平设置

1——主平硐；2——斜井；3——进风斜井；4——主运煤上山；5——主轨道上山；
6——辅助水平运输大巷；7——辅助水平石门；8——后期主石门；9——回风石门；10——回风平硐

2. 中间辅助水平

采用多水平上、下山开采的矿井，上水平下山采区的掘进、排水、通风和辅助提升比较困难，下水平的回风问题亦需要妥善解决，可在两开采水平之间设辅助水平，使这些问题得到较合理的解决。这种辅助水平也称中间水平。

图 16-4 所示为中间辅助水平应用的一个典型例子。图示矿井开采缓(倾)斜煤层群，井田设置两个开采水平，分别设在－600 m 和－1 050 m，在两开采水平之间设辅助水平，其标高为－850 m。由于井田左翼煤层倾角甚缓且井田上部煤层露头侵蚀深度较浅，上山斜长过大，故在该翼－450 m 处设中间辅助水平，只为左翼的辅助运输服务。开采一水平时，上、下山采区出煤均经－600 m 胶带输送机大巷 5 运出，辅助运输由轨道大巷 6 承担。开采一

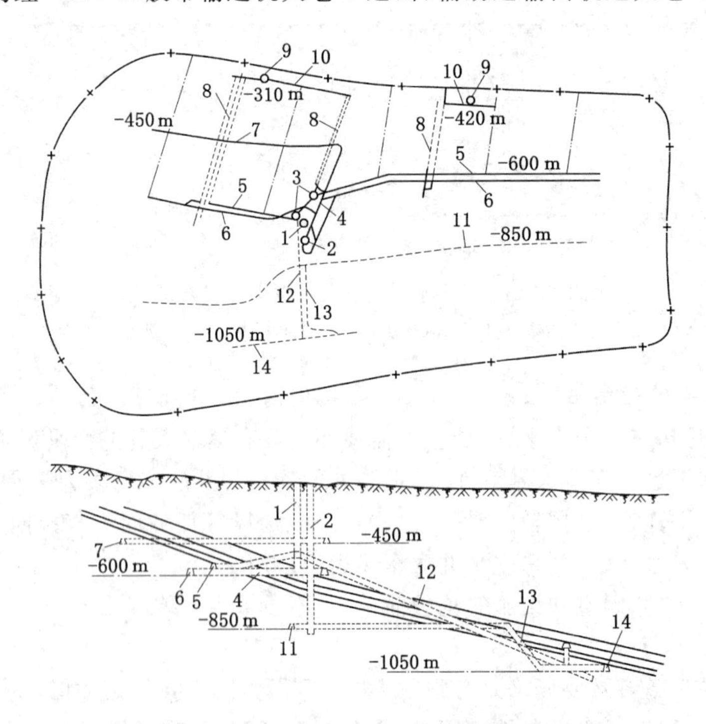

图 16-4　多水平上、下山开采时的辅助水平设置

1——主井；2——副井；3——煤仓；4——主石门；5——－600 m 胶带输送机大巷；
6——－600 m 轨道运输大巷；7——－450 m 辅助水平轨道巷；8——采区上山；9——回风井；10——总回风道；
11——－850 m 辅助水平轨道巷；12——二水平胶带输送机暗斜井；13——二水平轨道暗斜井；14——二水平大巷

水平下山采区前，延深副井至－850 m水平并掘辅助水平轨道大巷11，一水平下山采区的开采即可由－850 m辅助水平进风、泄水、排矸，而出煤仍运至－600 m水平。

二水平开拓采用暗斜井延深，二水平出煤经胶带输送机暗斜井12运至一水平煤仓3，二水平出矸则经轨道暗斜井13运至－850 m辅助水平，由副井提出。由于辅助水平只担负进风、排水、辅助运输的任务，较开采水平简易，两开采水平间距达450 m，故矿井总的工程量仍是比较少的。

3. 急(倾)斜煤层阶段间的辅助水平

对于开采急(倾)斜煤层的矿井，由于受溜煤、运料、人员上下等技术和安全条件限制，阶段垂高较小，水平可采储量少，水平服务年限短；如果井田走向长度短，则水平接替将更为紧张，频繁的水平延深和生产过渡势必给生产技术管理增加许多困难。为此，一些矿井加大了开采水平垂高，一次延深两个阶段高度，如图16-5所示，在两个阶段间设辅助水平，上阶段出煤利用设在井筒附近的溜井下放到下阶段，再从下阶段提至地面。很明显，这种方式增加了上阶段出煤的运输环节和总的提升工作量，长距离溜煤使煤破碎并存在堵塞溜煤眼的危险，而节约的工程量并不多，除非迫不得已一般不宜采用。

4. 近水平煤层煤组(层)间辅助水平

如图16-6所示，一些开采近水平煤层的矿井，采用分煤组(层)开拓，即为主采煤组(层)设开采水平并布置为全矿井服务的大巷、井底车场及设施，而在主采煤组(层)以上或以下的煤组(层)设辅助水平，开掘为该煤组(层)开采服务的辅助水平巷道，并用暗井与开采水平连通，煤则经溜井下放或暗井提升。这种布置方式相应地增加了运输转载环节，在煤组(层)间距较远、之上的储量不甚丰富或只是局部可采，盘区或带区内既不能联合布置开采又不宜单设开采水平时，这种布置方式仍是合理的。

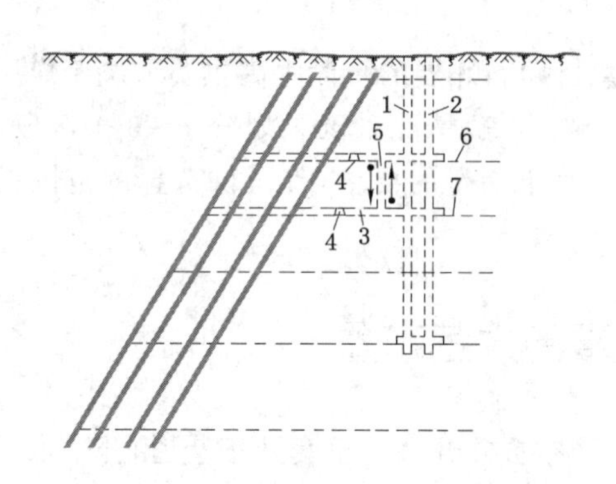

图16-5　急(倾)斜煤层阶段间的辅助水平

1——主立井；2——副立井；3——主石门；

4——水平运输大巷；5——溜井；

6——辅助水平；7——开采水平

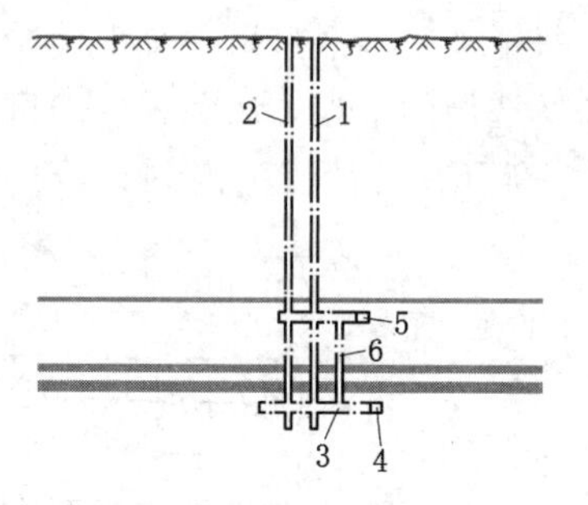

图16-6　近水平煤层煤组(层)间的辅助水平

1——主立井；2——副立井；

3——井底车场；4——开采水平运输大巷；

5——辅助水平运输大巷；6——溜井

综上所述，应用辅助水平能加大水平垂高，但设置辅助水平却会增加井下运输环节，使生产系统趋于复杂。在具体矿井条件下通过技术经济论证后再决定取舍。

五、合理划分和设置开采水平

划分开采水平，应以合理的水平垂高和合理的阶段斜长为基本依据，结合上、下山开采和辅助水平的正确选用，并需适合具体矿井的地质和开采条件。

1. 近水平煤层开采水平的划分与设置

划分开采水平时，主要考虑开采水平在煤组内的合理位置和标高。若上下可采煤层相距不远，井田内可以只设一个开采水平，采用单水平开拓，一般将开采水平设在煤组底部，布置集中运输大巷和联合布置盘区或带区。要合理确定开采水平的标高位置，防止水平大巷距开采煤层太近或太远、甚至穿越开采煤层顶板从而被迫留煤柱或使煤仓布置困难的情况发生。如井田内可采煤层数目较多、上下可采煤层相距较远，就应划分煤组，分煤组设开采水平。分煤组开采水平一般设在分煤组的底部。如相距较远的煤层(组)只是局部开采或储量不丰富，就需考虑设置辅助水平。

2. 缓(倾)斜、中斜煤层开采水平的划分和设置

应结合井型大小、采煤机械化要求，从保证采煤工作面、采区有合理的尺寸出发，研究合理的阶段斜长和垂高。由于地质条件的多样性和复杂性，井田各部分煤层的倾角亦会不同，一定的阶段垂高可能对应不同的阶段斜长，这时就要以储量的主要部分(一般是倾角较小的部分)来确定合理的阶段斜长和垂高；再结合上、下山开采及辅助水平的应用，综合确定合理的开采水平垂高。对倾角在16°以下的缓(倾)斜煤层，在安全上没有特殊要求时宜按上、下山开采考虑。

以合理的开采水平垂高划分开采水平时，还必须结合井田的地质构造特点适当地进行调整。如煤层倾角变化较大或者有较大落差的走向断层切割时，就可在基本满足合理水平垂高的基础上，以这些自然条件划分开采水平，以便为各煤层块段的开采创造良好条件。确定开采水平的标高位置时，还应考虑与相邻矿井的关系，如果与相邻矿井有合并前景，则宜使两矿的开采水平标高相一致，以便为未来可能的矿井合并或原有井巷利用创造条件。

3. 急(倾)斜煤层开采水平的划分和设置

通常，每个开采水平只采一个上山阶段，而急(倾)斜煤层的阶段垂高主要取决于煤层的赋存条件、所选用的采煤方法和采(带)区巷道布置。一般情况采区只划分2～3个区段，相应的阶段垂高可在设计规范内调整，再考虑开采水平储量的要求，其可供选择的范围是较小的。

第二节　开采水平的大巷布置

开采水平划分后，为进行采煤需要在开采水平布置并开掘一整套开拓巷道，开采水平布置解决的主要问题是确定大巷布置、大巷与煤层(组)、采(带)区的联系方式和井底车场的形式。

大巷担负着开采水平的煤、矸石、物料和人员的运输以及通风、排水、敷设管线的任务。对大巷的基本要求是便于运输、利于掘进和维护、能满足矿井通风和安全需要。根据矿井生产能力和矿井地质条件的不同，运输大巷可选用不同的运输方式和设备，而不同的运输设备又对大巷有不同的要求。

一、大巷的类型、运输方式和布置原则

1. 大巷的类型

按在矿井生产系统中的作用划分，大巷可分为运输大巷和回风大巷。由于开采水平的

运输大巷最为重要，起着生产主导作用，因而回风大巷需要配合运输大巷进行布置。对于多水平开采的矿井，上水平的运输大巷常用做下水平的回风大巷，故通常大巷即指运输大巷。

按运输功能划分，大巷可分为主要运输(运煤)大巷和辅助运输大巷。主要运输大巷采用矿车轨道运输时，运煤和辅助运输由同一条大巷承担。主要运输大巷采用胶带输送机运煤时，需另设辅助运输大巷。如果矿井生产能力不是很大、辅助运输工作量比较小时，也可以设置一条胶带输送机运输和轨道运输合在同一巷道中的大巷(机轨合一大巷)。

按大巷所在的层位划分，有岩层大巷和煤层大巷之分。按大巷在开采水平上的布置划分，有分层大巷、集中大巷和分组集中大巷及平行多大巷之分。

2. 大巷的运输方式和设备

目前我国大部分大中型矿井的大巷采用胶带输送机运煤，一部分采用矿车运煤，而矸石、物料多采用矿车运输；个别矿井采用单轨吊或无轨胶轮车运输，实现了从大巷到采(带)区、工作面辅助运输的连续化，这是辅助运输的发展方向。

大巷采用矿车轨道运煤时，应根据运量、运距选择机车和矿车。根据我国煤矿装备标准化、系列化和定型化的要求，不同设计生产能力的矿井其大巷运输矿车类型可参照表 16-1 选取。

表 16-1　　大巷矿车运输的矿车类型

矿井设计生产能力/(Mt/a)	矿车类型	轨距/mm
2.4～3.0	5 吨底卸式 5 吨底侧卸式	900(底卸式) 600(底侧卸式)
0.9～1.8	3 吨底卸式 3 吨底侧卸式	600
0.45～0.6	1 吨固定式 1.5 吨固定式	600
0.3 及以下	1 吨固定式 1 吨侧卸式	600

采用矿车运输时，牵引电机车的选取主要决定于矿井瓦斯等级。低瓦斯矿井大巷运输多使用架线电机车，但巷道必须使用不燃性材料支护。高瓦斯矿井使用矿用防爆特殊型蓄电池电机车或矿用防爆柴油机车，若要使用架线电机车，沿煤层或穿过煤层的大巷必须砌碹或锚喷支护，并采取符合《煤矿安全规程》规定的措施。

采用胶带输送机运煤时，一般需另设一条辅助运输大巷。大巷采用矿车或胶带输送机运煤各有特点。

大巷采用矿车运煤，可同时统一解决煤、矸石、物料和人员的运输问题，能适应矿井两翼生产的不均衡且能满足井下不同煤种的煤层分采分运要求，对巷道弯曲没有多大要求限制，运煤过程中产生的煤尘较少，对通风安全较为有利。另外，运量少的长距离运输不会增加过多的费用，机动灵活且运费低。采用平硐开拓、底卸式矿车运煤的矿井，煤列车可直接运出地面卸载。另一方面，矿车运输是不连续运输，不容易实现自动化，普通矿车装卸载复杂，井型越大列车的调度工作越复杂，其运输能力受到一定限制。

大巷采用胶带输送机运煤时，运输能力大、效率高，装卸载设备少、卸载均匀，易于实现自动化，可与采区运输衔接、组成井下煤流连续运输。当矿井采用斜井开拓且采用胶带输送机提升煤炭时，可实现由井下到地面的连续运输，对简化矿井生产系统有利。胶带运输对大巷的坡度没有严格要求，而要求大巷直或分段直。在井田走向长度大、生产采区和装煤点多时，要求铺设的胶带输送机长度大，可能使运煤设备的能力利用不充分，还需要另开掘一条大巷解决辅助运输问题。

因此，矿车轨道运输适于运距长、线路平、拐弯多、不同煤种分运等情况；胶带运输则适于运量大、运距较短、不存在多煤种分运、巷道虽有起伏但比较直的条件。

3. 大巷的数目

根据煤层倾角、矿井瓦斯情况、矿井生产能力和机械化水平等因素，开采水平上为一层或一组煤层开采服务的大巷一般有 1～3 条，个别情况多于 4 条。

大巷采用矿车运煤时，开采水平上一般布置 1～2 条大巷，如图 16-7 中的(a)、(b)、(c)、(d)图所示。煤层倾角较大时一般一条大巷布置，其兼作进风大巷，相应的回风大巷布置在标高相差较大的回风水平。近水平煤层条件下一般双大巷布置，一条兼作进风大巷，另一条回风。两大巷均布置在开采水平附近，标高相差不大。两条大巷一般平行布置，掘进期间每隔一定距离用联络巷贯通，以解决通风、材料运输和行人问题。生产期间联络巷需设置风门或风墙，以隔开进风流和回风流。

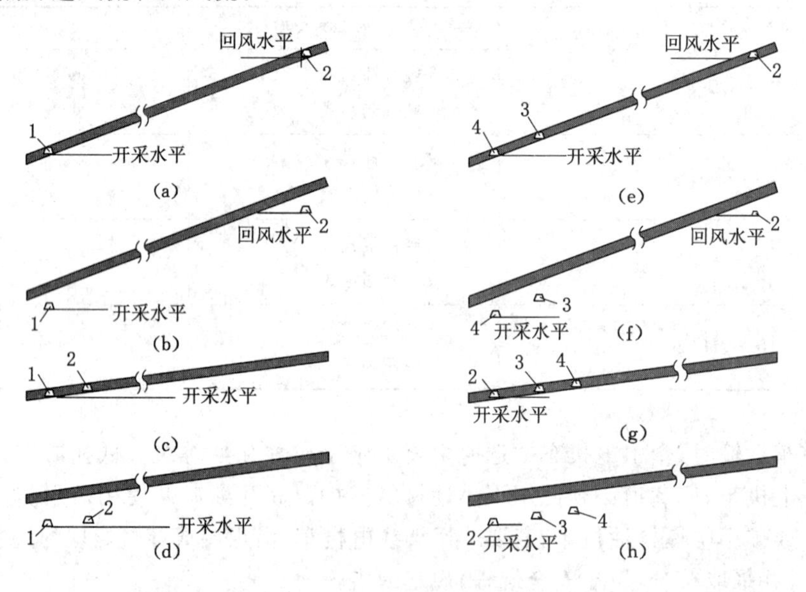

图 16-7 开采水平大巷的布置数目

1——轨道运输大巷；2——回风大巷；3——胶带运输大巷；4——辅助运输大巷

大巷采用胶带输送机运煤时，开采水平上一般布置 2～3 条大巷。如图 16-7 中的(e)、(f)、(g)、(h)图所示。煤层倾角较大时一般布置两条大巷，一条铺设胶带输送机，另一条用于辅助运输，其多铺设轨道。两条大巷均可兼作进风大巷，相应的回风大巷布置在标高相差较大的回风水平。近水平煤层条件下一般布置三条大巷，一条铺设胶带输送机，另一条用于辅助运输，现代化矿井多装备无轨胶轮车，这两条大巷均可兼作进风大巷，第三条大巷则专用于回风。这三条大巷均布置在开采水平附近，标高相差不大。

为便于处理多条大巷在空间上的交叉关系并便于胶带输送机大巷泄水，胶带输送机大巷可略高于辅助运输大巷，错距一般为 3～5 m。

4. *大巷的断面和支护*

大巷的断面应能满足运输、通风、行人和管缆敷设的需要，符合《煤矿安全规程》的规定。

轨道运输大巷一般取双轨断面，对于生产能力不大的中小型矿井，根据实际需要也可以取单轨巷道断面。大巷铺单轨时，应在井底车场和采区之间设双轨错车场，其有效长度应大于一列车长度，且线路应有 30%的富余通过能力。当矿井产量大、瓦斯涌出量大、供风量大、要求巷道断面较大、支护又困难时，可考虑布置两条断面较小的运输大巷。

胶带大巷的断面应随胶带的宽度及其与辅助运输的配合方式而定，并应满足检修要求，设检修道时检修道与胶带输送机之间应留适当安全距离。

一些生产矿井将胶带输送机和轨道布置在同一条大巷，形成机轨合一布置。这种方式布置紧凑、少掘一条大巷，但大巷断面大、交岔点处施工困难，且为便于胶带输送机跨越轨道和架线需抬高胶带输送机和巷道高度，更不利于施工；一条巷道中布置两套运输系统，有可能在一定程度上相互干扰；另外，大巷进风使煤尘飞扬，亦不利于安全生产，大型矿井一般不宜采用。

大巷的断面应满足风速要求。采用轨道矿车运输时，大巷允许风速不大于 8 m/s，设计时留有余地，一般不大于 6 m/s。采用胶带输送机运输时，大巷允许风速不得超过 6 m/s，设计时可取 4 m/s。

大巷的服务年限较长，应优先考虑采用锚网喷支护，视围岩条件不同也可采用砌碹或金属支架支护。对于中小型矿井中的服务年限不长的大巷，也可采用其他支护方式。

高瓦斯矿井使用架线电机车运输的大巷，沿煤层或穿过煤层的大巷必须砌碹或锚喷支护。大巷布置在易自燃煤层时，也必须砌碹或锚喷支护。

5. *大巷的方向和坡度*

大巷的方向应与煤层走向大体一致。当煤层因褶曲、断层等地质构造影响而局部走向变化大时，为了提高列车运行速度、缩短线路和巷道长度、节约工程量，应尽量避免大巷转弯过多，使大巷尽量取直；但应注意不要因取直巷道而造成大巷维护不利和开采困难。例如，距煤层过近，一方面大巷受开采影响大、不利于维护，另一方面不能或不利于布置采区、盘区或带区煤仓。在大巷穿至开采煤层顶板情况下，大巷下方还需要留煤柱，这对开采不利。

铺设胶带输送机的大巷更要求巷道取直，当大巷不能成一直线时，可布置成段数较少的折线。由此需增加胶带输送机铺设的台数，从而涉及采用胶带输送机运煤是否合理的问题，应在选择大巷运输方式时经分析比较后确定。

对于开采近水平煤层的矿井，煤层走向变化大，同时往往还会有小的波状起伏、局部隆起或低洼。井田划分盘区或带区时，为便于布置工作面并使其有合理的推进长度，大巷延伸的方向应与井田内煤层的主要延展方向一致。当井田内开采煤层数目较多、需分煤层(组)布置大巷时，上下煤层(组)内的大巷方向应保持一致，其平面位置尽量重叠，以减小保护大巷的煤柱和有利于上下煤组(层)配采。

大巷的坡度应以有利于运输和排水为原则。采用电机车运输的矿井，一般应使大巷向井底车场方向有 0.3%～0.5%的下坡。对井下涌水量很大的矿井，或采用水砂充填采煤法、大巷流水含泥量较多的矿井，为了疏水和防止流水中泥沙沉淀淤积水沟，大巷坡度可取上限。

采用胶带输送机运煤的大巷，其方向及坡度尽可能与轨道大巷一致。为便于两条大巷在井底车场内的布置、避免巷道交叉跨越困难，胶带输送机大巷向井底车场方向的一段应逐步抬高，以便与井底车场煤仓上口的配仓巷连接。抬高的坡度和长度需根据井底煤仓上部标高和抬高的范围加以确定。

对于开采近水平煤层、大巷采用胶带输送机运煤且辅助运输采用无轨胶轮车（或单轨吊车、卡轨车、齿轨车）的矿井，根据煤层延展方向和井田地质构造情况，大巷宜按有利于各带区、工作面开采的方向布置，可以沿走向、倾向或伪倾斜方向布置。大巷坡度则主要由所采用的运输设备的技术特征确定，并应随煤层的起伏而变化，甚至布置成为一条坡度不大的缓坡大巷。

二、大巷的布置方式

根据井田内可采煤层的层数、层间距和服务的煤层数目不同，运输大巷可以分层布置、集中布置或分煤组集中布置。

1. 分层大巷布置

采用分层布置方式时，井筒开凿至开采水平之后开掘井底车场、开采水平运输石门（或称主要石门或中央石门，简称主石门），直至最上层的可采煤层，并开掘回风井、阶段回风石门，如图 16-8 所示，图中Ⅰ—Ⅰ剖面习惯上称为水平切面。在最上层煤中掘分层运输大巷和回风大巷、布置采区，然后按一定的开采顺序在下部煤层中掘该层的分层运输大巷、回风大巷，布置采区并顺序采煤。

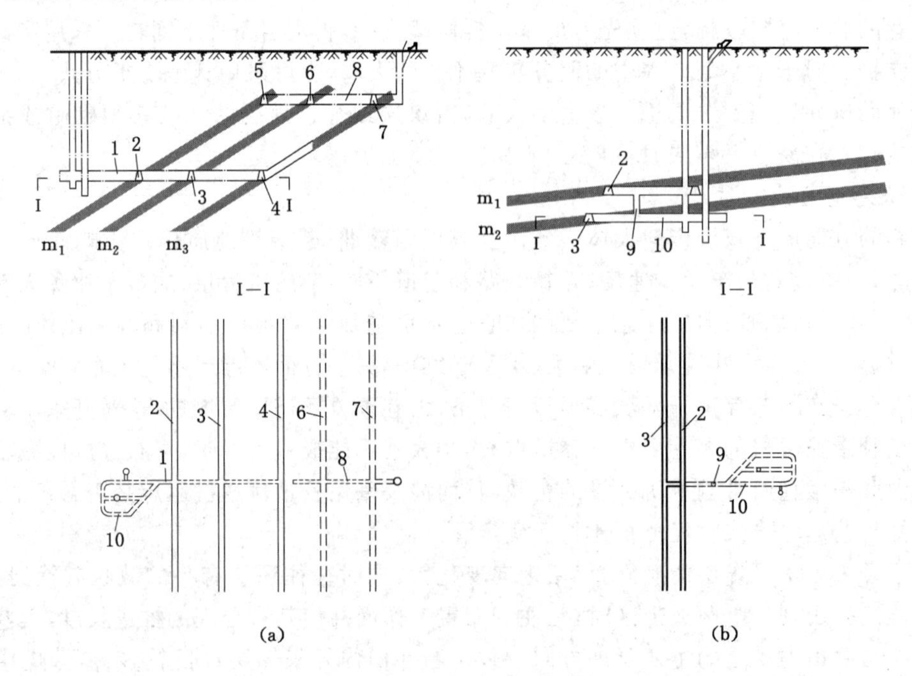

图 16-8　分层大巷布置图

(a) 主要石门联系　(b) 溜眼联系

1——主石门；2——m_1 煤层运输大巷；3——m_2 煤层运输大巷；4——m_3 煤层运输大巷；5——m_1 煤层回风大巷；6——m_2 煤层回风大巷；7——m_3 煤层回风大巷；8——阶段回风石门；9——溜眼；10——井底车场

这种布置方式的特点，是在各可采煤层中均布置大巷，相应地在各煤层中单层准备采区，就每一个采区而言，工程量较小。各大巷和煤层之间可通过主石门联系，初期石门工程量不大。对于近水平煤层，采用主石门联系各煤层大巷需掘很长的石门，在技术和经济上均不合理。大巷间可以采用主要溜井或暗井联系，即在溜井上部(或暗井下部)设置辅助水平。这种情况下的大巷布置应结合辅助水平的应用统一考虑。

由于建井时可首先进行上部煤层的开拓和准备，初期工程量较少，加之沿煤层掘进、施工技术和装备均较简单，因而初期投资较少、建井速度较快。这种布置方式总的大巷开拓工程量较大，大巷煤柱留设较多，煤层较软而采深又较大时维护较困难，其余缺点则与矿井机械化水平、工作面单产或生产集中程度有关。在机械化水平较低和生产分散的矿井中，大巷内轨道、管线的占用量较多，总的同采采区数目多，占用辅助生产人员也多，生产管理不方便。

20 世纪 50 年代及以前，矿井开采强度和技术水平低，相当多的矿井广泛采用这种方式；其后这些矿井下水平开拓和新建矿井的大巷布置多改用集中大巷或分组集中大巷布置。但当矿井开采的某一煤层距离其他煤层远、用其他布置方式在技术上有困难、经济上不合理时，也可采用这种方式。值得注意的是，随着高产高效综采技术、煤巷综掘技术和煤巷支护技术的发展，以开采一个煤层、一个工作面而保证矿井产量的模式具有良好的技术经济效果，因而在利用新技术的基础上分层大巷布置方式又有更多采用的前景。

2. 集中大巷布置

采用集中大巷布置方式时，井筒掘至开采水平后即掘井底车场、集中大巷，到达采区位置后开掘采区运输石门、进行采区准备，并开掘回风井、回风大巷和采区回风石门，这种大巷布置方式如图 16-9 所示。根据煤层间距大小和分组情况不同，采区内可以采取集中联合准备、分组联合准备、单煤层准备。

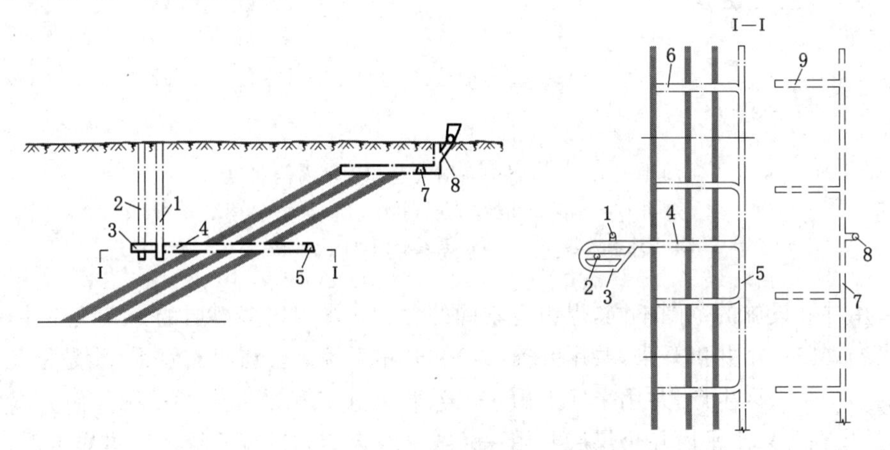

图 16-9　集中运输大巷和采区石门布置

1——主井；2——副井；3——井底车场；4——主要石门；5——集中运输大巷；
6——采区运输石门；7——集中回风大巷；8——回风井；9——采区回风石门

这种布置方式的优点是——开采水平内只布置一条或一组集中大巷，故总的大巷开拓工程量较少；大巷一般布置在开采煤组的底板岩层或下部煤岩较坚硬的煤层中，易于维护，大巷的维护工作量较少；可以跨大巷开采，不留大巷煤柱；由于以采区石门贯穿各煤层，可同时进行若干个煤层的准备和回采，生产区域比较集中，开采强度可较大，有利于提高井下运输效率。这种布置方式的主要问题是——矿井投产前要掘主石门、集中大巷和采区石门，之后才能进行上部煤层的准备和回采，煤组间距大时初期建井工程量较大、建井期较长；每一采区需要掘采区石门，如煤层间距大、采区石门多，采区石门的总长度就很大，从而可能造成在技术和经济上的不合理。这种方式适于煤层层数较多、层间距不太大而井田走向长度又较大的矿井。20 世纪 60 年代以后，相当多的矿井均采用了这种布置方式。

3. 分组集中大巷布置

如图 16-10 所示，分组集中大巷布置的特点是将煤层划分为若干分组，每个分组开掘一条或一组集中大巷，分组内煤层间用采区石门或区段石门联系，分组集中大巷间通过主要石门联系。井筒开掘至开采水平后开掘井底车场、主要石门，分煤组布置大巷，在各煤组内布置采区，进行各采区的准备。这种布置方式可看作前两种方式的中间过渡形式，它兼有前两种方式的部分优点。当井田内开采煤层的间距有大有小、全部煤组用单一的集中大巷布置或都按分层大巷布置均不合理时，可以根据各煤层相距的远近和煤质等因素，将所有煤层划分为若干煤组，每一煤组布置集中大巷、各煤组分别布置采区。因此，合理划分煤组是必要的前提条件。

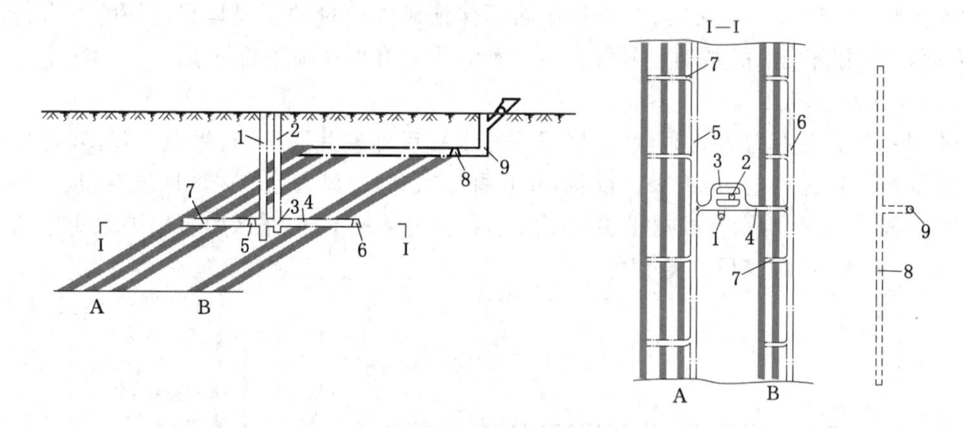

图 16-10　分组集中运输大巷和采区石门布置

1——主井；2——副井；3——井底车场；4——主要石门；5——A 煤组集中运输大巷；6——B 煤组集中运输大巷；7——采区运输石门；8——回风大巷；9——风井

按共用井巷设施的范围不同，煤组有不同的含义。煤田内多煤层的分煤组建井，是指煤组内的煤层划归一个井田开采，共用井筒(硐)和开拓系统。分煤组布置采区，是指几个煤层的块段划归一个采区生产，共用采区上山、车场、联络巷道和采区生产系统。而分煤组布置大巷，则是指在开采水平内几个煤层共用一条或一组大巷和运输系统。从本质上看，上述各种情况都是为了集中生产，应考虑的因素也基本相同，但其具体参数和应用条件则并不完全一致。划分煤组的原则和应注意的问题如下：

① 层间距较近的煤层应划分为一组，这样不仅采区石门掘进工程量增加的不大，而且又能充分利用集中大巷或分组集中大巷，并便于布置联合采区，使生产集中又便于配采。

② 有些煤层距主采层的间距虽较大，但因赋存条件或地质构造影响只有局部块段可采、储量较少而不宜单独布置大巷，可根据具体条件将其与较近的煤层划为一组。

③ 根据用户需要和提高煤炭质量和售价要求，对不同煤种和煤质的煤层可分别划组，

以便分采分运、保证原煤质量和提高经济效益。

④ 对瓦斯涌出量差异很大的几个煤层，在技术和安全上必要时也可分别划组，以便于风量分配和瓦斯管理。对涌水量大、有突然涌水威胁的煤层，可分煤层布置大巷，以便于防治水患。

4. 分层大巷、分组大巷和集中大巷的应用

大巷采用何种布置方式，主要决定于矿井开采的煤层层数、层间距、倾角、开采强度、维护的难易程度和安全要求等因素。煤层间距大、倾角缓、石门长度大、井田走向短、维护容易，可用分层大巷布置；煤层层间距小、倾角较大、石门长度短、井田走向长、维护困难，宜用集中大巷布置。由于我国煤矿一般多是开采近距离煤层群，故以集中大巷布置和分组集中大巷布置居多。实际矿井应用的情况是——层间距小于 50 m 的煤层或深矿井一般采用集中布置，分组集中布置的分组间距一般大于 70 m。在具体矿井条件下选用何种大巷布置方式，通常是结合矿井煤层条件和开拓布置情况提出若干个可行方案，进行技术、经济和安全等方面的综合比较。比较的项目主要有各方案的开拓工程量和巷道掘进费、巷道维护费、运输费、煤柱损失、安全生产条件等。在某些情况下，虽有集中布置的条件，但从煤层开采有利考虑，有时仍然采用分组集中布置。

① 多水平开采的矿井，上下两个水平同时生产时，上水平不仅应保证本水平的运输和进风，而且又要保证下水平的回风。要使上下水平的进风与回风互不干扰，就必须分别布置大巷。采用分组集中布置大巷，可较为方便地解决这一问题。图 16-11 是这种布置方式的原则性说明。

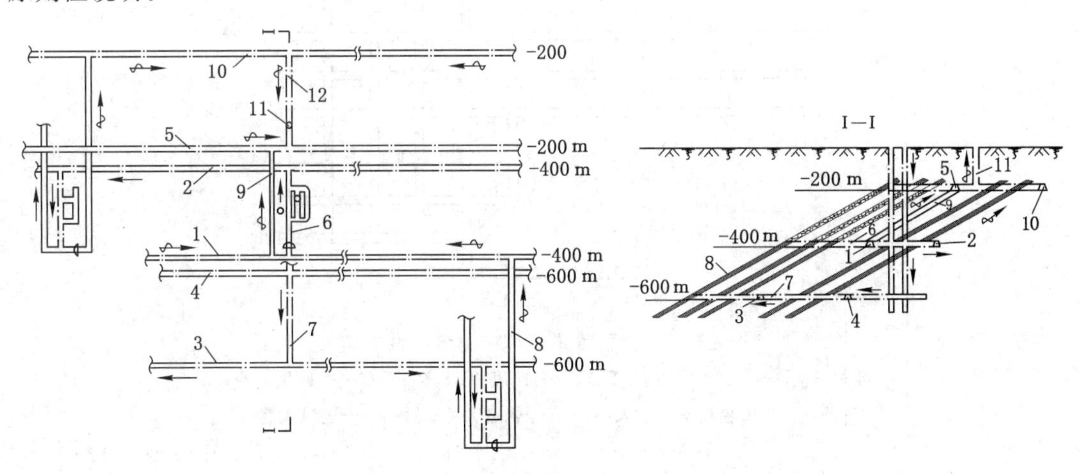

图 16-11　上下水平同采时的分组集中运输大巷布置

1,2,3,4——分组集中大巷；5,10——分组回风巷；6,7——主要石门；

8——采区回风上山；9——中央回风上山；11——回风井；12——回风石门

上水平开始生产时，上煤组分组集中大巷 1 担负运输和进风任务。待上、下水平同采时，上水平的上煤组已采完而下水平的上煤组正在开采，矿井生产以开采上水平的下煤组和下水平的上煤组保证产量。这时分组集中大巷 1 改为下水平的回风大巷，下水平由主要石门 7、分组集中大巷 3 进风，各采区回风经采区回风上山 8、分组集中大巷 1、中央回风上山 9、回风石门后从回风井排出地面。为避免新风与污浊风混合，应在适当地点设置风门、风

桥、风墙等通风设施。

② 对于可采煤层多、煤层总厚度大的矿井，当井筒在开采水平位置就对应在煤组的上部或顶板方向时，如果在煤系底板岩层中设大巷、再掘采区石门进行上煤层的采区准备，需要开掘主石门、采区石门，这样初期工程量较大、建井时间长，且要增加反向运输工作量。为此，可在上部煤层设分组集中大巷、先期开采上部煤层、使矿井提前投产，待开采转入下部煤层后或改用集中大巷布置，或仍然采用分组集中大巷布置，再根据后期发展及采区联合布置等因素确定。

5. 多大巷布置

对于开采近水平煤层的矿井，由于进风和回风的需要或主辅运输分离的要求，通常是沿煤层主要延展方向平行布置一对或一组 3 条大巷，一条铺设胶带运煤，一条用作辅助运输，一条用于回风。当井田范围很大或采用分区域开拓时，成对或成组的大巷可不受煤层走向和倾向限制，而根据服务的盘区、带区或分区域划分的具体情况，沿有利于开采的方向采用对角、转折或分支布置，形成多大巷布置方式，这是近水平煤层大巷布置独具的特点。

当矿井采用连续采煤机房柱式开采时，采掘设备同一、采掘工艺合一，为发挥采掘成套设备的效能，要求煤层大巷掘进实行多头轮流作业，因而在煤层内成组布置平行大巷，每组大巷由 3～12 条组成，形成煤层多大巷布置。这是美国煤矿典型的大巷布置方式。我国黄陵一号矿也采用这种布置方式，如图 16-12 所示。

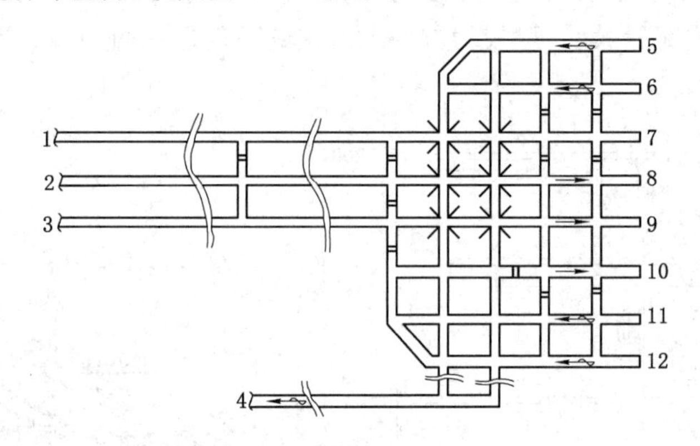

图 16-12　我国黄陵一号矿的多大巷布置

1——主平硐；2，3——副平硐；4——回风井；5，6，11，12——回风大巷；7——胶带输送机运输大巷；8——轨道大巷；9，10——进风大巷

该矿采用平硐开拓，平行布置 8 条大巷，大巷宽 5 m，大巷间距为 20 m，每隔 25 m 用联络巷连接，形成 20 m×25 m 的巷间煤柱，在大巷两侧布置盘区。为便于两侧盘区的进风和回风，需在适当位置设风墙、风桥、风帘等设施。为降低通风风压、减少漏风，大巷风速应控制在 2.5～3.0 m/s，据此确定大巷断面和条数。这种布置方式属于分层大巷布置，适于开采近水平薄及中厚煤层的矿井。要求的条件是——顶板和煤层中等稳定以上，底板比较平整，瓦斯涌出量不大，煤层不易自燃，维护条件好，采深不大于 300～500 m。

三、运输大巷位置的选择

确定运输大巷在煤组中的具体位置，是与选择运输大巷的布置方式密切联系的。由于运输大巷不仅要为上水平开采的各煤层服务，而且还将作为开采下水平各煤层的总回风道，其总的使用期限达十余年至数十年，因而为了便于维护和使用且不受开采各煤层的采动影响，一般将运输大巷设在煤组的底板岩层中，采深不大时也可设在煤组底部煤质坚硬、围岩稳固的薄及中厚煤层中。

1. 煤层大巷

煤层中布置的大巷，称为煤层大巷。通常，分层运输大巷多布置在煤层中，条件适宜的分组集中大巷和集中大巷有时也布置在煤层中。大巷布置在煤层中，掘进施工容易、掘进速度快，有利于采用综掘，沿煤层掘进还能进一步探明煤层赋存情况。但是，煤层大巷常有以下缺点：

① 维护困难，维护费用高。若受采动影响，维护更加困难，大巷内频繁的维修工作势必影响井下正常运输。此外，路轨、架线、管路、水沟等的维修工作量也很大。应当指出，煤层大巷的维护难度与采深、煤厚和顶底板岩性密切相关，浅部开掘在薄及中厚煤层中的大巷维护条件相对较好，随采深加大、煤层变厚、顶底板岩性变差其维护才趋于困难。

② 当煤层起伏、褶曲较多时，如大巷按一定坡度沿煤层掘进，则巷道弯曲转折多，机车运行速度受限制，运输能力会相应降低；如大巷按一定方向沿煤层掘进，则大巷起伏不平，不能用机车运输。此时，虽可用胶带输送机运煤，而物料及矸石仍需采用轨道运输，这样将会增加牵引绞车设备；为排除巷道低洼处积水还要增加小型排水设备，同时还会增加巷道维护工作量。如果大巷既要保证一定坡度又要按照一定方向掘进，则巷道只能部分沿煤层、部分切穿岩层，岩石掘进工程量大时则失去了煤层大巷优点。井田内断层较多时，亦很难保证大巷各段都进入煤层。

③ 在煤层埋深 300～500 m 的开采条件下，须在煤层大巷上下两侧各留 30～40 m 以上的煤柱，埋深加大后煤柱尺寸还需加大，因此采用煤层大巷布置资源损失大。

④ 当煤层有自然发火危险时，一旦发火失控就必须封闭大巷而导致封闭侧停产，同时因煤柱受采动影响破坏而密闭效果不好，处理火灾更加困难。

煤层大巷的应用随开采技术的进步而演变。20 世纪 50 年代前期，我国绝大多数矿井采用煤层大巷布置；从 20 世纪 50 年代后期起，许多矿井改为岩石大巷布置；20 世纪 80 年代以后，随着综采综掘技术的发展、生产集中化程度的提高、巷道支护技术的改进和少掘岩巷的要求，又加强了煤层大巷应用的研究，在煤层赋存稳定、开采深度不大、维护不困难的条件下要求优先考虑采用煤层大巷，但不得布置在有煤与瓦斯突出和冲击地压危险的煤层中。另外，以下条件也应考虑采用煤层大巷：

① 开采近水平煤层、采煤速度快且埋深不大的现代化矿井，能以开采一个煤层而保证矿井产量，煤质中硬以上、顶底板较坚硬时可考虑将大巷设在煤层内。此时需加强巷道支护并留设宽 100 m 左右的大巷保护煤柱。

② 煤组底部有煤质坚硬、围岩稳固、无自然发火危险且埋深不大的薄或中厚煤层，经技术经济比较后可在该煤层中布设煤层大巷。

③ 煤组中距其他煤层较远的单层薄或中厚煤层，储量不多、开采年限不长时，可单设煤层大巷。

④ 井田走向长度短、煤层厚度不大、大巷服务年限不长、巷道维护不困难的中、小型矿井可采用煤层大巷。

⑤ 煤层赋存不稳定、地质构造比较复杂的小型矿井，采用煤层大巷对探明地质构造、及

早布置和准备采区有利，亦可采用煤层大巷。

2. *岩石大巷*

在岩层中布置的大巷，称为岩石大巷，一般均作为集中大巷或分组集中大巷。岩石大巷能适应地质构造变化，便于保持一定的方向和坡度，可在较长距离呈直线布置、弯曲转折少，利于提高列车运行速度和大巷通过能力；巷道维护条件好、维护费用低，并可少留或不留煤柱，对预防火灾和安全生产也有利；另外，岩石大巷布置比较灵活，有利于设置采区、盘区或带区煤仓。其主要缺点是岩石掘进工程量较大、要求的掘进设备多、掘进速度慢，掘进出矸多需要地面堆放，对保护环境不利。

选择大巷在岩层中的位置时主要考虑如下因素——大巷至煤层的距离；大巷所在岩层的岩性；采区、盘区或带区车场和煤仓的布置。以下是采用岩石大巷应注意的主要问题和一般布置原则：

① 大巷至煤层的距离大小直接关系大巷受采动影响的程度，开采形成的支承压力按逐渐衰减的规律通过煤柱传递至煤层底板，在底板岩层中形成应力升高区。为减小和避开支承压力的不利影响，岩石大巷应与煤层保持一定距离。我国各矿区的煤层围岩性质和采深各不相同，岩石大巷至煤层的距离亦不等，一般为 15～30 m，在深矿井中还应加大。

为避开固定支承压力形成的底板岩层应力升高区，我国一些矿井常采用跨大巷开采，即在采区最下方的一个区段布置跨大巷开采的采煤工作面，开采期间大巷要经受移动支承压力影响，工作面开采后大巷处于采空区下方，不承受固定支承压力作用，至多承受原岩应力的作用，维修一次后能长时保持稳定。跨大巷开采是深矿井改善大巷维护状况的有效方法，有条件时应当采用。

② 确定岩石大巷位置时，选择合适的层位极其重要。为有利于大巷维护，应选择强度高、分层厚度大、整体性强的岩层，如砂岩、石灰岩、砂质页岩等，同时应避免在岩性松软、吸水膨胀、易风化、分层厚度小的岩层中布置大巷。在与煤层的距离达到一定值后，大巷层位选择应优先考虑岩性。

③ 开采急（倾）斜煤层的矿井，一般常采用多水平开拓，运输大巷或作为下水平的回风大巷，或者在下水平开采时上水平仍在开采，都需要继续维护，应保证大巷在下水平开采时仍不受采动影响。当倾角大于 60°时，煤层采动后不仅顶板岩层要垮落下沉，底板岩层也会向下滑动。为使运输大巷免受底板滑动影响，应将其布置在底板滑动线之外，如图 16-13 所示。应留适当尺寸的安全岩柱，其宽度 b 可取为 10～20 m。

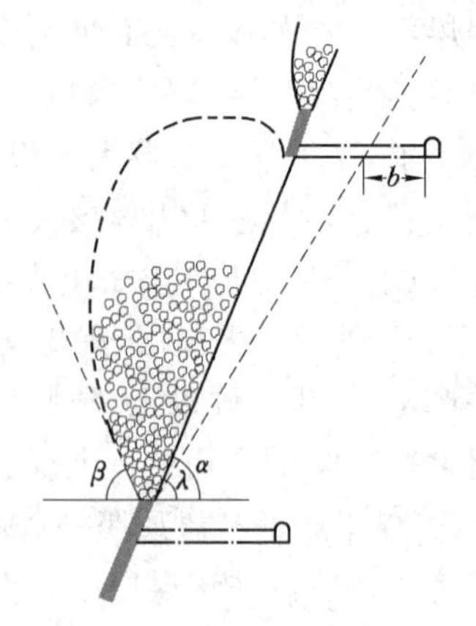

图 16-13　急（倾）斜煤层大巷位置

β——岩层顶板移动角；

λ——岩层底板滑动角；

α——煤层倾角

④ 当煤层底板岩层水文地质条件复杂时，应区别情况慎重对待。如我国一些煤田的煤系基底为奥陶纪石灰岩，其中溶洞发育、含水丰富，甚至有时与地面河流有密切水力联系。为防止井下突然涌水淹没矿井，大巷应与这些岩层保持一定安全距离。对水文情况复杂的岩层，经过调查研究，在采取了必要的防、堵、排措施后仍可将大巷布置在该岩层中。我国江南、西南一些矿井即成功

地将大巷布置在茅口灰岩中，改善了巷道维护状况，取得了较好的技术经济效果。

⑤ 在极少数情况下，煤组底部岩层水文地质条件复杂，煤组内煤岩均较松软，只有顶部有岩性较好的岩层，迫不得已亦可考虑将大巷布置在顶板岩层中。由于采动影响，顶板岩石大巷不能为开采下水平服务，故是否采用应通过技术经济比较确定。

⑥ 大巷通过断层时应尽可能与断层面大角度相交，避免沿断层开掘巷道，以减少断层带内掘进和维护方面的困难。

⑦ 为控制岩石大巷的方向和位置，使其与煤层能保持设计的合理距离，可以在煤层内布置一条副巷(也称为配风巷)，超前于岩石大巷掘进，预先探明煤层走向变化，及时调整大巷方向。当煤层赋存稳定、构造简单、大巷预定位置有钻孔控制时，也可不掘副巷。

3. 大巷与煤层底板等高线的相对位置

大巷与煤层底板等高线的相对位置关系如图 16-14 所示。在煤岩层走向发生变化条件下，可分为大巷水平投影与煤层底板等高线平行或相交两种情况。

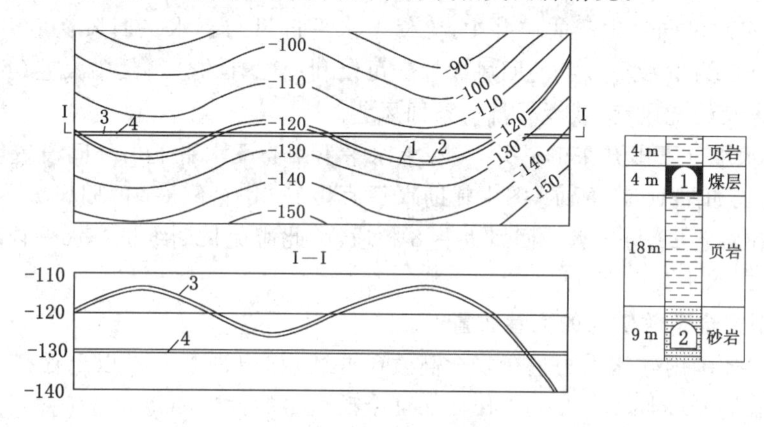

图 16-14　大巷与煤层底板等高线的相对位置关系

1——－120 m 轨道运输煤层大巷；2——－140 m 轨道运输岩石大巷；
3——－120 m 附近胶带运输煤层大巷；4——－130 m 胶带或轨道运输岩石大巷

大巷的水平投影与煤层底板等高线平行，煤层大巷 1 和岩石大巷 2 都可以保持相同的标高，岩层中的大巷还可以保持层位不变，这有利于矿车轨道运输，但却会加长掘进和维护的距离，且不利于胶带运输。

大巷的水平投影与煤层底板等高线相交，煤层大巷 3 必定高低不平，这不利于矿车轨道运输和大巷排水，但可实现胶带运输。大巷布置在岩层中，如果保持标高不变，如图中的 4 必然要穿越不同岩层，这不利于施工和维护，但轨道和胶带两种运输方式都能很好地实现。如果大巷要保持岩层层位不变，必定高低不平，这不利于矿车轨道运输和大巷排水。

四、回风大巷的布置

回风大巷也称为总回风道，其布置原则与运输大巷布置基本相同。对于具体矿井来说，回风大巷和运输大巷常采用相同的布置方式。实际上，上水平的运输大巷常作为下水平的回风大巷，是同一条大巷在不同时期起不同的作用。

1. 第一水平回风大巷的设置

第一水平回风大巷的设置应根据不同情况区别对待之：

① 采用采区通风方式的矿井，第一水平可不设回风大巷。多井筒分区域开拓方式的矿井也不设全矿性的回风大巷。

② 开采近水平煤层的矿井，回风大巷可位于运输大巷一侧平行并列布置，且两大巷标高大致相同，设在下部煤层中或设在下部岩层中。

③ 井田划分为阶段的矿井，根据煤层和围岩情况及开采要求，回风大巷可设在煤组较稳固的底板岩层中，煤组下部有煤质较硬、围岩稳定的薄或中厚煤层时，也可在其中布置回风大巷。

④ 当井田上部冲积层厚、含水丰富时，应沿井田上部煤层侵蚀带留设防水煤柱，则回风大巷可设在防水煤柱中。

⑤ 为便于回风大巷的掘进和维护，回风大巷标高宜一致。当井田上部边界标高不一致时，回风大巷可按不同标高分段布置，分段间需设必要的辅助运输设备。

2. 多水平同采的回风大巷设置

① 在一些多水平同时生产的矿井中，为使上水平进风与下水平回风互不干扰，有时需在上水平布置一条为下水平服务的回风大巷。可以利用原有的分组集中大巷（见图16-11），或利用上水平大巷的配风巷，或者另掘一条回风巷。

② 采用多水平上下山开采的矿井，可在上水平下山与下水平上山之间设置辅助水平大巷，这种布置方式如图 16-15 所示，图中辅助水平大巷 12 用作下水平的回风大巷，并开掘二水平回风石门和斜巷 13 与一水平回风大巷 8 相通，由此避免长期维护一水平较多的采区上下山，从而实现二水平集中回风。

五、特大型安全高效矿井的大巷布置

近 20 多年来，国内外均大力进行安全高效矿井建设，出现了一批以现代科学技术手段和技术装备武装的、以同采 1～2 个工作面保证全矿产量的大型和特大型矿井。这些矿井井田地质构造简单、煤层赋存稳定、埋藏较浅，开采有显著的经济效益和鲜明的技术特点。从影响和推动矿井开采部署和大巷布置改革考虑，其主要技术特征表现在以下方面：

① 采掘工作面高速度推进——采煤工作面日推进在 10 m 以上，最高可达 30 m 以上，相应地要求加快工作面准备。采取配套的综掘或掘进机械化作业线后，掘进速度更快，综掘月进度可达 2 000 m。

② 采出煤流高强度运送——工作面采出、输送机巷运出煤流的强度高达 1 000 t/h 以上，日产可达万吨以上。

③ 矿井生产高度集中——由 1～2 个工作面保产，同期只在一层煤或其一翼开采，生产区域高度集中。

④ 开采布置参数大——工作面长度可超过 300～400 m，工作面推进方向长度可超过 3 000～6 000 m。一个工作面回采的块段（分带或区段）煤炭储量可达数百万吨，从回采面积和储量看大体上相当于以往的一个采区、盘区或带区。此外，回采巷道的断面大，所通过的煤流、风量大，就其强度和功效而言，相当于以往一个大型矿井的大巷水平。

⑤ 采区、盘区或带区的概念淡化——大巷两侧直接划分大尺寸分带，以往独立的采区、盘区或带区的概念趋于模糊和淡化。

这些矿井大巷布置的主要特点如下：

① 结合煤层赋存条件，矿井采用平硐、缓坡斜井或平硐—缓坡斜井综合开拓方式，主要

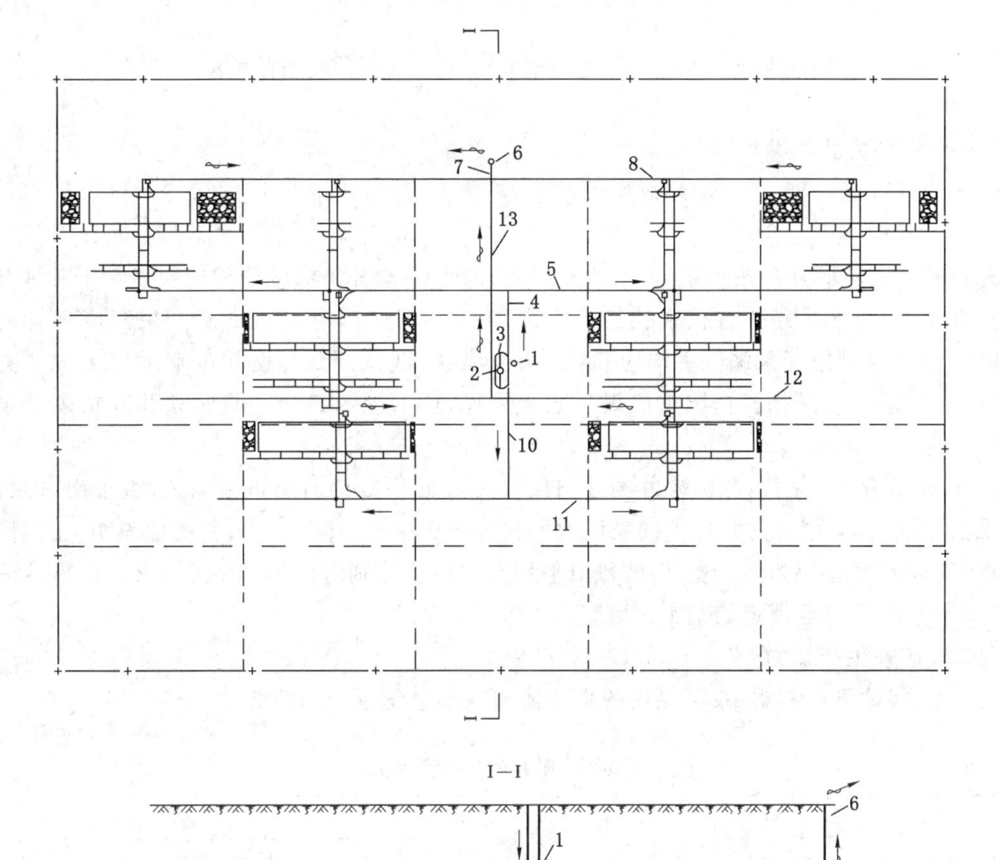

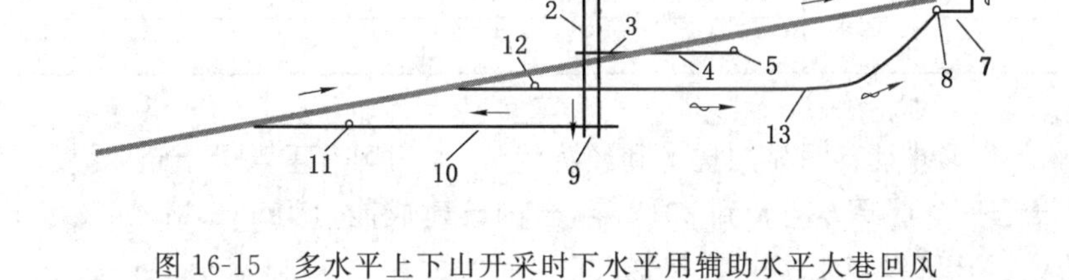

图 16-15　多水平上下山开采时下水平用辅助水平大巷回风

1——主井；2——副井；3——一水平井底车场；4——一水平主石门；5——一水平运输大巷；
6——回风井；7——阶段回风石门；8——一水平阶段回风大巷；9——二水平井底车场；
10——二水平主石门；11——二水平运输大巷；12——辅助水平大巷；13——二水平回风石门和斜巷

大巷布置在主采煤层中，由一条胶带运输大巷、1～2 条无轨胶轮车辅助运输大巷和 1 条回风大巷组成。大巷与井筒(硐)直接相连，不设井底车场。大巷两侧直接布置分带工作面，巷道支护全部实现锚杆化。

② 在近水平煤层条件下，改传统的大巷水平布置为随煤层起伏而具有一定坡度的布置，主运输采用强力胶带输送机，辅助运输采用以防爆低污染柴油机为动力的无轨胶轮车，从地面到采煤工作面辅助运输实现不转载连续运输。配合使用连续采煤机掘巷，使煤巷掘进速度加快。

③ 为满足采煤工作面通风、运输的需要，一般回采巷道布置多采用多巷布置方式(3 条巷、4 条巷或 5 条巷)。这样就可避免运煤、运料、进回风、排水、瓦斯抽放、行人、设备列车和移动变电站等之间的相互干扰。

第三节 井田开拓的特征、参数和发展

一、开拓方式的井田特征

我国开采近水平、缓(倾)斜煤层的矿井,其能力、数量比重分别占79.5%和69.1%。各种开拓方式均有广泛应用。而在表土层厚度、矿井平均开采深度等方面亦有明显差异。立井开拓矿井在不同井型条件下,其表土层平均厚度、平均开采深度均相应明显大于其他几种开拓方式,表明立井开拓有很强的适应性。1995年我国国有重点煤矿开采深度平均已达428.8 m,立井开拓开采深度平均为522.4 m。其中,我国开采深度在800 m以上的矿井有25处,大多为立井开拓。全国重点煤矿表土层厚度平均为25.30 m,而立井开拓表土层厚度平均为75.84 m。

在20世纪50年代,我国矿井的井田尺寸一般偏小。特别是华东地区,由于南方缺煤、开采强度较大,大型矿井井田走向长度有的仅为3 000～5 000 m。最新统计表明,全国国有重点煤矿,特大型、大型、中型、小型井田平均走向长度分别为9.21 km、7.7 km、5.95 km和4.2 km,与设计规范规定的基本一致。

二、矿井生产能力

从表16-2可以看出:我国煤矿的生产能力在新世纪呈增加趋势。

表16-2 我国煤矿矿井数与产量的关系

年份	2003	2005	2007	2010	2012	2018
矿井数/万	8.10	2.48	1.60	1.12	1.01	0.59
产量/亿 t	16.7	21.1	25.5	32.4	36.6	36.8

大型、特大型矿井具有明显的技术和经济优势,作为国有重点骨干企业,发展大型、特大型矿井的建设是一个重要方向。到2012年,全国已建成能力为1.2 Mt/a及以上的大型矿井850处,10.0 Mt/a及以上的井工和露天矿45处。

三、井筒(硐)形式

根据1995年对599处国有重点煤矿的统计,国有重点煤矿(不包括露天矿)井筒(硐)应用形式如表16-3所列。

表16-3 1995年国有重点煤矿井筒(硐)形式统计 单位:处～Mt/a

井型/(Mt/a) 开拓方式	小型矿井 $A<0.45$	中型矿井 $0.45\leqslant A<1.2$	大型矿井 $1.2\leqslant A<3.0$	特大型矿井 $A\geqslant 3.0$	国有重点煤矿
立井开拓	25～5.35	88～59.30	53～78.05	9～30.00	175～172.70
斜井开拓	145～30.65	59～37.02	30～43.50	3～10.00	237～121.17
平硐开拓	27～5.58	26～17.55	7～11.10	1～4.00	61～38.23
综合开拓	37～8.59	50～5.94	26～41.30	13～47.40	126～103.23
合　计	234～50.17	223～119.81	116～173.95	26～91.40	599～435.33

20 世纪 90 年代末，我国立井开拓的能力和数量比重分别占 37.11%和 29.22%。

随着胶带输送机的发展，为矿井向运输连续化、大型化发展创造了重要条件，斜井应用数量的比例遂逐渐增加。20 世纪 90 年代末，我国采用斜井开拓的生产能力和数量比重已分别达 26.04%和 39.57%。

平硐开拓一直是我国推荐采用的一种重要形式，但由于受地形和地质条件限制，我国应用比例始终不高。直到 20 世纪 90 年代末仍只占 8.22%和 10.18%，主要集中在西南地区和华北、西北部分地区。

随着矿井开拓延深、技术改造的发展，我国煤矿综合开拓的应用比重亦呈发展趋势，特别是主斜井、副立井综合开拓在深部开采、技术改造矿井中得到了较广泛的应用。20 世纪 90 年代末，我国采用综合开拓的生产能力和数量比重已分别达 28.63%和 21.04%。

四、开采水平的设置和水平垂高

各种矿井开拓广泛采用单水平或多水平开拓。根据 438 处矿井(其中不包括片盘斜井)的统计，单水平开拓的矿井有 84 处，占统计处数的 19.18%，其生产能力合计为 8 182 万 t/a，占总生产能力的 20.23%。单水平大多在井田倾斜尺寸较小、煤层倾角较小等条件下采用。

根据 310 处矿井的统计，大型矿井的水平垂高最大，平均为 193.71 m；而中、小型矿井平均垂高分别为 170.8 m 和 158.19 m。随着技术的进步，开采水平垂高有进一步加大的发展趋势。

五、开采水平大巷的布置

国有重点煤矿大部分开采两组以上煤层。据 468 处矿井统计，开采两组以上煤层的矿井有 365 处，占 78%。我国矿井应用分组集中布置大巷较为广泛。

近几年来，虽有在煤层中布置大巷的发展趋势，但大部分矿井的大巷仍布置在底板岩层中。根据 325 处矿井统计，有 275 处采用岩石大巷，42 处采用煤层大巷，而只有 8 处采用煤岩混合大巷。特大型矿井的大巷采用胶带运输机运输发展较快、形成连续运输，一些大型矿井因地制宜也采用机车与胶带机混合运输。大巷采用胶带输送机运输仍是发展趋势。

六、我国煤矿井田开拓的发展方向

随着科学技术进步和煤炭生产发展要求，我国井田开拓朝着生产集中化、矿井大型化、运输连续化、系统简单化方向发展。这将使我国煤矿的技术面貌一定程度上发生变化。

1. 生产集中化

在现代化、安全高效矿井的建设过程中，必将形成更多的、安全高效的、一矿一井一面或两面的现代化矿井。在有条件的情况下特别是在浅部，要多开掘煤巷、少开掘岩巷，尽量实现单一煤层集中开采，降低开拓和生产巷道掘进率，简化生产系统，使矿井生产系统朝高度集中、简单可靠的方向发展。

2. 矿井大型化

主要举措是增大矿井生产能力以及相应加大水平垂高和采区、盘区或带区的尺寸等。我国西部的一些煤矿多为人为划定的境界，邻近井田适合旧井田开发的，可以利用老井设施建设大型矿井。我国东部老矿区的一些煤矿浅部分散开发，进入深部开采后应集中开发，减少工程费用，加大开发强度、简化生产环节、提高生产能力。

3. 运输连续化

随着生产集中化和矿井大型化的发展、设备功率和能力加大和日产万吨以上工作面的出现，要求煤炭运输从工作面至地面(或井底)实现不间断连续的胶带输送机运输，以保证生产能力的充分发挥。因此，斜井开拓、主斜井副立井开拓必将得到进一步发展，同时还会推广应用各种新型辅助运输设备，如无轨胶轮车、单轨吊、卡轨车、齿轨车等，从而使辅助运输实现简单化。

复习思考题

1. 试述开采水平垂高和辅助水平的基本概念。
2. 试述开采水平垂高的合理确定方法。
3. 试述影响合理阶段斜长的因素。
4. 试述开采水平的布置方式。
5. 试述上、下山开采的优缺点和适用条件。
6. 试述辅助水平的类型、作用和应用条件。
7. 试述阶段运输大巷采用矿车运输和采用胶带输送机运输的优缺点及对大巷布置的要求。
8. 试述大巷的数目、断面、方向、坡度和支护方式。
9. 试述开采水平大巷的布置方式、特点、煤层间的联系方式和适用条件。
10. 试述煤层大巷和岩石大巷的优缺点和适用条件。
11. 试述大巷位置的科学选择。
12. 试述井田开拓的发展方向。

第十七章　井底车场

井底车场，是指位于开采水平、井筒附近的一组巷道和硐室的总称。井底车场是连接井筒提升与大巷运输的枢纽，担负着煤、矸、物料、人员的转运任务，并为矿井的排水、通风、动力供应、通信和调度服务，对于保证矿井正常生产和安全生产具有重要作用。

按井筒形式不同，井底车场可分为立井、斜井和立井—斜井井底车场。如图17-1所示，按运输大巷的运输方式不同，井底车场可分为大巷采用轨道矿车运煤的井底车场和胶带运输机运煤的井底车场。按矿车不同，井底车场可分为固定矿车运煤和底卸式矿车运煤的井底车场。按列车或无轨胶轮车在井底车场内的调运方式不同，井底车场可分为环行车场和折返式车场两大类。对于少数采用无轨胶轮车、单轨吊车、卡轨车或齿轨车作为辅助运输的矿井，其井底车场具有明显的设备特点。

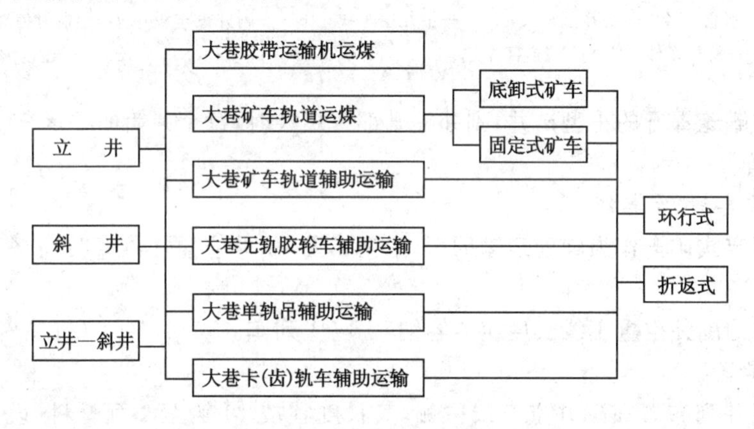

图17-1　井底车场分类框图

第一节　井底车场的构成

井底车场，由线路、布置线路的巷道、完成特定功能的装备和硐室组成。

一、井底车场的线路

大巷采用固定式矿车运煤的立井刀式环行井底车场如图17-2所示。井底车场内的轨道线路包括主井空重车线、副井空重车线、材料车线、回车线、调车线和人车场线路等。由于井型和运煤方式不同，井底车场内的线路数目和长度亦各不相同。

1. 主井重车线、空车线

井底车场内一般只设一条空重车线，特大型矿井根据需要也可设两条空重车线。

大巷采用固定式矿车运煤时，大、中型矿井的空重车线长度应各为1.5～2倍列车长度。

采用底卸式矿车运煤时，主井空重车线长度视线路布置和调车方式确定，并应能各容纳1列车。

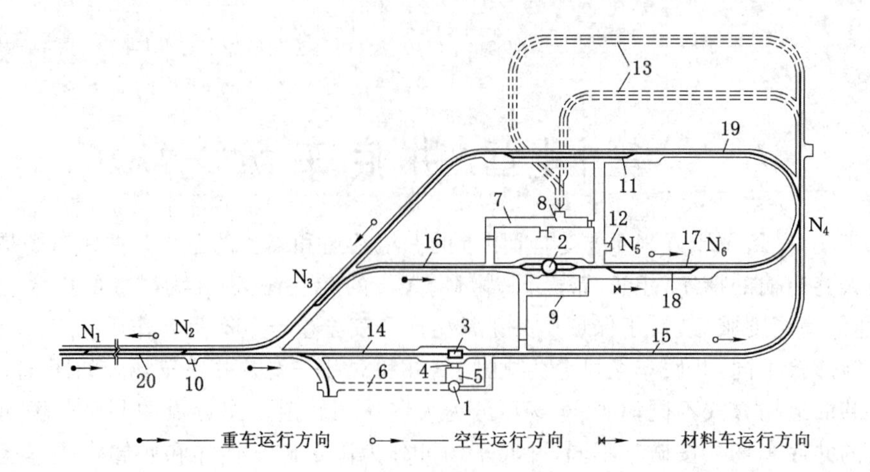

图 17-2　大巷采用固定式矿车运煤的立井刀式环行井底车场

1——主井；2——副井；3——翻笼硐室；4——煤仓；5——箕斗装载硐室；6——清理井底斜巷；7——中央变电所；8——水泵房；9——等候室；10——调度室；11——人车停车场；12——工具室；13——水仓；14——主井重车线；15——主井空车线；16——副井重车线；17——副井空车线；18——材料车线；19——绕道回车线；20——调车线；N_1,N_2,N_3,N_4,N_5,N_6——道岔编号

主井采用罐笼提升的小型矿井，副井提升部分煤炭时，每个井筒的空重车线长度应各容纳 1～1.5 列车。

2. 副井重车线、空车线

对采用固定式矿车作为辅助运输的大、中型矿井，副井空重车线长度宜各为 1～1.5 倍列车长度。

小型矿井的副井空重车线长度应能容纳 0.5～1 列车。

3. 材料车线

材料车线并列布置在副井空车线一侧，其长度宜按 10 辆至 1 列材料（设备）车的长度确定。

4. 调车线

调车线，是指调动空重车辆和电机车运行的线路，其长度应大于 1 列车的长度与电机车的长度之和。

5. 人车线

人车线设在副井回车线内，其长度一般为 1 列车人车长度再加 15～20 m。

6. 回车线

回车线应根据来车方向、调车方式、坡度要求和回车要求等因素确定。为了调车方便，一般主副井空车线、副井重车线均设自动滚行坡度，其高差损失由回车线上坡（空列车不大于 1.0%）弥补。在主井重车线内，矿车进入翻笼需借助于设在翻笼前的推车机来实现。

二、调车方式

采用矿车运煤和辅助运输时，根据运送的煤、矸或物料不同，矿车在井底车场内需要有序的调度以完成卸载、编组、升井、进入或驶出井底车场等作业，总称为调车。

井底车场的调车方式随大巷运输方式、设备和井底车场形式不同而不同。在采用无轨胶轮车、单轨吊车、卡轨车或齿轨车作为辅助运输的矿井中，这些设备在井底车场也需要调车。

现以大巷采用固定式矿车运煤的立井刀式环行井底车场为例(图 17-2),说明固定式矿车在井底车场的调车方式和过程。固定式矿车列车主要有以下 4 种调车方式。

1. 顶推调车

电机车牵引重列车驶入车场调车线 20,电机车摘钩、驶过道岔 N_2,进入调车线的另一股线路,过 N_1 道岔回到列车尾部,将列车顶入主井重车线 14。然后,电机车经过道岔 N_1 和绕道回车线 19 进入主井空车线 15,牵引空列车驶出井底车场。矿车在井底车场内呈环行运行。这种调车方式的电机车作业时间较长,影响井底车场的通过能力。

2. 甩车调车

电机车牵引重列车行至自动分离道岔 N_1 前 10～20 m 处减速但不停车,并在行进中电机车与重列车摘钩,电机车加速驶过自动分离道岔 N_1 后的一瞬间,该道岔自动复位,重列车借助惯性驶向主井重车线 14。这种调车方式不需停车,缩短了调车时间,可提高车场通过能力,但要求电机车司机熟练掌握行车速度和操作技术。有条件时应尽可能采用。

3. 专用设备调车

电机车牵引重列车驶进调车线 20 后,电机车摘钩驶向回车线、空车线,牵引空列车驶出井底车场。重列车停车后,由专用调车机车或设在调车线上的调度绞车或推车机等专用调车设备来完成调车。

4. 顶推拉调车

在调车线上始终存放一列重车,在下一列重车驶入调车线的同时将原存重列车顶入主井重车线,新牵引进来的重列车暂留在调车线内,待下一列重车顶推进入车场。这种调车方式虽简化了调车作业,但却造成了机车短时间内既要顶推上一列车又要牵引本次列车,如顶推距离长,则不利于机车维护。

三、井底车场硐室

井底车场硐室,分主井系统硐室、副井系统硐室和其他硐室。大巷采用固定式矿车运煤的立井刀式环行井底车场硐室如图 17-2 所示。

1. 主井系统硐室

主井系统硐室有卸载硐室、井底煤仓、箕斗装载硐室、清理井底撒煤硐室和排水泵房硐室等。大巷采用固定式矿车运煤时,卸载硐室包括推车机硐室和翻笼硐室。大巷采用底卸式或侧卸式矿车运煤时,卸载硐室即卸载站硐室。大巷采用胶带输送机运煤时,煤流可直接卸入井底车场煤仓。

箕斗装载硐室一般位于井底车场运输水平之下,上接井底煤仓并与立井井筒直接相连。硐室中安设箕斗装载设备,将井底煤仓的煤定量地装入箕斗。确定井筒位置时,应注意将箕斗装载硐室布置在坚硬稳定的岩层中。

翻笼硐室布置在主井重车线末端,硐室中安设推车机和翻笼设备。煤车经推车机送入翻笼后,翻车机旋转一周就将煤卸入井底煤仓。

箕斗在装煤过程中不可避免地会有部分煤炭撒落到井底,为了清理撒煤而设置清理井底撒煤硐室,在其中需安设提升绞车,并经清理斜巷将矿车送入井底,清除出的煤炭经斜巷提升至运输水平,然后由矿车运至翻笼卸入煤仓。清理井底撒煤斜巷的出口应布置在主井的重车线一侧。

井底煤仓上接翻笼硐室,或胶带输送机卸载端,下连箕斗装载硐室。当采用斜井开拓时，煤仓下接主斜井胶带输送机。井底煤仓宜选用圆形直仓，煤仓的有效容量一般为矿井设计日产量的0.15～0.25倍，大型矿井取小值，中型矿井取大值。井底设多个煤仓时，煤仓间的净岩柱尺寸不应小于最大煤仓掘进直径的2.5倍。

为了保证清理撒煤工作正常进行和防止箕斗装载设备被水淹没，必须及时排除井底积水。通常在清底设备下面或其附近，在井筒一侧开掘一个排水泵房硐室，内装两台水泵，一台工作，一台备用。井底积水排入井底车场水沟，再流入水仓。

2. 副井系统硐室

副井系统硐室有主变电硐室（井下中央变电硐室）、主排水泵房（中央水泵房）、水仓及清理水仓硐室和等候室等。

主排水泵房和主变电硐室应联合布置，以缩短向主排水泵房的供电距离，从而保证在矿井突然发生水灾时仍能继续供电和排水。两硐室一般布置在副井井筒与井底车场连接处附近，以缩短排水管路。为便于设备的检修和运送，主排水泵房应靠近副井空车线一侧。水泵房与主变电所之间用耐火材料砌筑隔墙并设置铁板门。为防止井下突然涌水淹没矿井，主排水泵房和主变电硐室通往井底车场的通道应设置密闭门。

主排水泵房经斜管子道与井筒相连接，连接处需高出主排水泵房地面标高7 m以上并应在连接处设平台，以保证矿井发生水灾时，关闭水泵房的防水门后水泵房仍能增添排水设备和正常排水。水仓是两条独立的互不渗漏的巷道，可以轮流清理，其入口一般设在空车线车场标高最低点处。

等候室，是井下人员上井前等候的场所，设在靠副井井筒处，其应有两个通道与车场内的巷道相连接。

3. 其他硐室

大巷采用电机车运输时，应设井下机车修理间。大巷采用架线式电机车运输时，需设变流室，变流室宜靠近主变电硐室布置。大巷采用蓄电池电机车运输时，需设井下变流室和充电室，变流室和充电室应相互连接。

大巷采用无轨胶轮车辅助运输时，立井和斜井井底车场内一般应设置车辆检修硐室、车辆加油硐室，缓坡斜井开拓时这些硐室也可设在地面。立井井底车场内还需设置综采设备换装硐室。

井下调度室应设在列车出入井底车场的咽喉通路附近。

井下爆破材料库布置必须符合《煤矿安全规程》的规定，应选择在干燥、通风良好、运输方便和容易布置回风道的地点，距井筒、井底车场的重要巷道及硐室应有必要的安全距离，有单独的回风道与矿井总回风道相连接，以保证独立通风。

近年来，一些新建矿井由于岩石工程量大幅度减少，井下不再设置爆破材料库。

其他硐室还有消防材料库、人车站、工具库等，其位置应根据线路布置、各自功能和要求确定。

四、井底车场通过能力

井底车场通过能力，是指车场内的卸载能力和线路通过能力。

采用机车运输时，井底车场通过能力与井底车场形式、卸载方式、矿车载质量和调车方式有关。一般情况下卸载能力均大于线路通过能力，故通常所说的井底车场通过能力是指线路通过能力。

大巷采用电机车牵引矿车运输时，井底车场通过能力可按式(17-1)计算：

$$N=\frac{330\times16\times60\times10^{-4}nG}{1.15(1+K_g)t}=\frac{31.68\times nG}{1.15(1+K_g)t} \tag{17-1}$$

式中 N——井底车场通过能力，万 t/a；

n——每一列车所载的矿车数，辆；

G——每辆矿车的实际载质量，t；

1.15——运输不均衡系数；

t——列车进入井底车场的平均间隔时间，min；

K_g——矿井矸石系数，一般取10%～25%。

《煤炭工业矿井设计规范》(GB 50215—2015)规定："井底车场设计通过能力，应满足矿井设计所需通过的货载运量要求并应留有大于30%的富余能力。"

大巷采用胶带输送机运煤时，井底车场的煤流通过能力就是胶带输送机自身的运输能力。

第二节 井底车场的形式和选择

井底车场布置形式应根据大巷运输方式、通过井底车场的货载运量、井筒提升方式、井筒与主要运输大巷的相互位置、地面生产系统布置和井底车场巷道及主要硐室所处围岩条件等因素，经技术经济比较确定。按照矿车在井底车场内的运行特点，井底车场可分为环行式和折返式两大类。用固定式矿车运煤时，两类车场均可选用；用底卸式矿车运煤时，则一般选用折返式井底车场，当矿车能在采区车场中环行时也可以选取环行井底车场。

一、大巷采用固定式矿车运煤的井底车场

1. 环行式井底车场

环行式井底车场的特点，是空、重矿车在车场内环行运行。按照井底车场内空、重车线与主要运输巷道(大巷或主石门)平行、斜交或垂直的位置关系，又可分为卧式、斜式和立式3种基本类型。按井筒形式不同，又可分为立井环行式和斜井环行式车场。

(1) 立井环行式井底车场

立井卧式、立式和斜式环行式井底车场如图17-3所示。

主井、副井距主要运输巷道较近时，卧式车场可利用主要运输巷道做绕道回车线和调车线，从而可节省车场开拓工程量。

立式车场利用主要运输巷道做调车线时，需专门开掘车场绕道，故车场的巷道工程量较大，当井筒距主要运输巷道较远时可采用这种车场。

卧式和立式车场调车虽比较方便，但巷道交岔点和弯道较多，电机车在弯道上顶推调车安全性较差，需慢速运行。

图17-2所示的环行刀式车场也是一种立式车场，其工程量有所减少，在直线段上顶推重车比较安全。若采用甩车调车，不仅可提高车场的通过能力，也适用于井筒距运输大巷较远的条件。

斜式车场能利用主要运输巷道做调车线和部分回车绕道，右翼来重列车驶过 N_1 道岔后顶推重列车进入主井重车线比较方便；左翼驶来的重列车则需在主要运输巷道内调车。

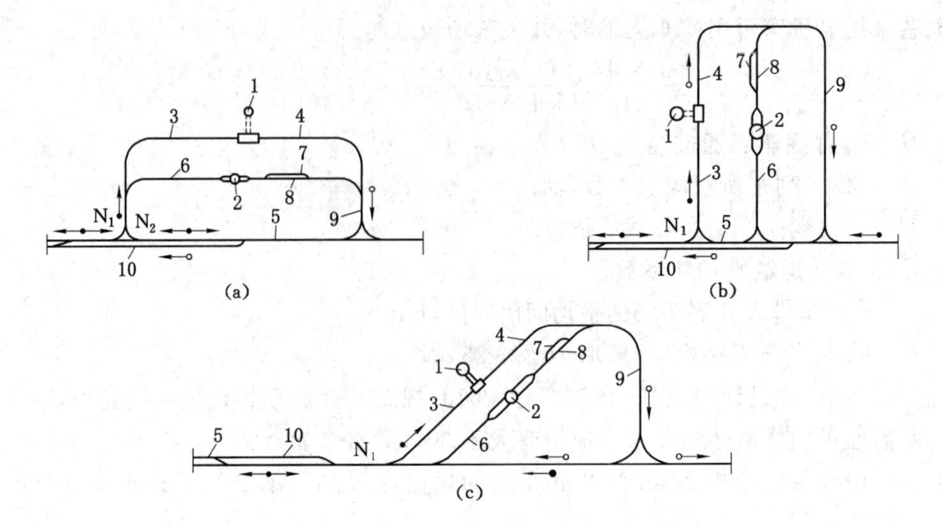

图 17-3　立井环行式井底车场

(a) 卧式车场　(b) 立式车场　(c) 斜式车场

1——主井；2——副井；3——主井重车线；4——主井空车线；5——主要运输巷道；

6——副井重车线；7——材料车线；8——副井空车线；9——回车线；10——调车线

这种车场的机车顶推重列车进入重车线的弯道角度较小，作业比较安全。当井筒距运输大巷较近且地面出车方向要求与大巷按图示方向斜交时，可采用这种车场形式。

(2) 斜井环行式井底车场

斜井环行式井底车场与立井环形式井底车场基本相同，也可分为卧式、立式和斜式 3 种基本类型。斜井环行式车场与立井环行式车场的区别，在于副井空、重车线的布置同副井与井底车场的连接方式不同。由于绝大多数副斜井均采用串车作为辅助提升，副斜井的空、重车线可平行布置在同一巷道的两股线路上，可以采用平车场或甩车场与副斜井连接。

斜井刀式(立式)环行井底车场如图 17-4 所示，该车场采用了平车场形式。

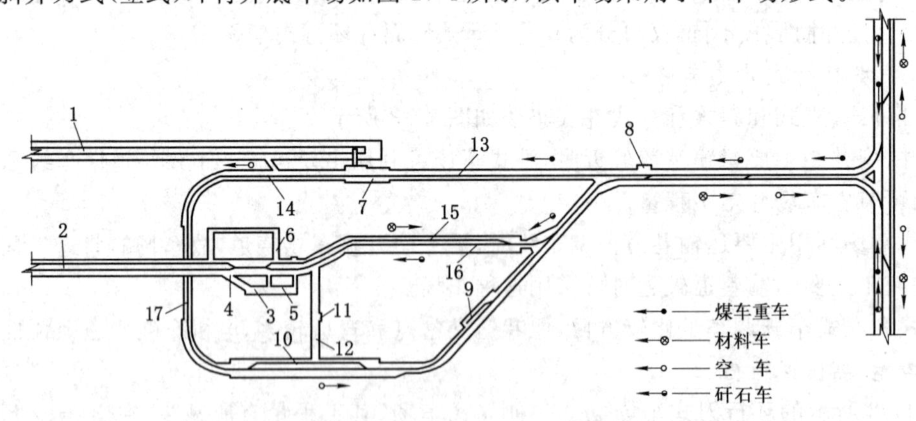

图 17-4　斜井刀式(立式)环行井底车场

1——主斜井；2——副斜井；3——主排水泵房；4——管子道；5——中央变电所；6——等候室；

7——翻笼硐室；8——调度室；9——电机车库及修理间；10——人车场；11——材料及工具库；

12——通道；13——主井重车线；14——主井空车线；15——副井空车线(材料车线)；

16——副井重车线(矸石车线)；17——回车线

当斜井需要延深时,副斜井下部应采用甩车场。采用甩车场形式的斜井斜式环行井底车场如图 17-5 所示。

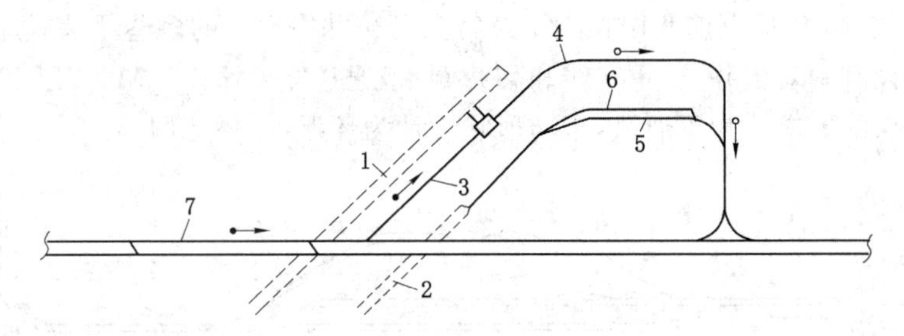

图 17-5　斜井斜式环行井底车场

1——主斜井；2——副斜井；3——主井重车线；4——主井空车线；5——副井空车线；6——副井重车线；7——调车线

斜井环行式井底车场的通过能力较大、工程量亦较大,故适用于主斜井采用胶带输送机或箕斗提升、副斜井采用串车提升的大、中型矿井。

环行式井底车场的优点是:调车方便、通过能力较大,一般能满足大、中型矿井生产需要;电机车不过翻车机硐室,对有煤尘爆炸危险的矿井而言比较安全。其缺点是:巷道交岔点多,大弯度曲线巷道多,施工复杂,掘进工程量大,电机车在弯道上行驶速度慢,顶推调车不够安全,用固定式矿车运煤时翻笼卸载能力受限制,从而影响车场能力进一步提高。

2. 折返式井底车场

(1) 立井折返式井底车场

折返式井底车场如图 17-6 所示,其特点是空、重列车在车场内同一巷道的两股线路上折返运行,可不另设绕道,利用主要运输巷道做主井空、重车线和调车线,从而简化了线路结构、减少了巷道开拓工程量,交岔点和弯道少,电机车在直线段顶推重车比较安全。

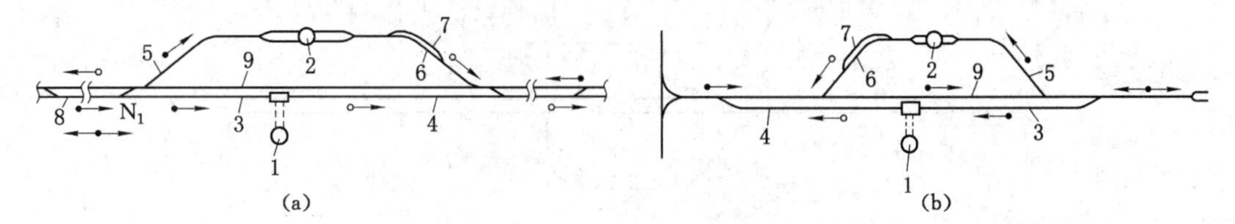

图 17-6　立井折返式井底车场

(a) 梭式车场　(b) 尽头式车场

1——主井；2——副井；3——主井重车线；4——主井空车线；5——副井重车线；6——副井空车线；7——材料车线；8——调车线；9——通过线

按列车从井底车场两端或一端进出车不同,折返式车场可分为梭式车场和尽头式车场。

梭式车场可以从两翼来车,右翼来的煤矸重列车驶过 N_1 道岔进入调车线 8,机车摘钩后反向顶推重列车进入重车线;左翼来的重列车进入调车线,机车摘钩、经 N_1 道岔返回列车尾部顶推列车进入重车线。然后,各自经通过线 9 牵引空列车返回。

尽头式车场与梭式车场相似,但空、重列车只能由车场一端进出,车场巷道内另一端的线路为尽头,尽头处设有通风通道,便于车场线路尽头处通风。

由于调车时电机车需在井底车场的两股轨道上折返运行,占用了调车线和通过线,使其他列车不能入场且一翼调车不够方便，故车场通过能力一般较小，原先多用于中、小型矿井。为了充分利用这种车场的优点、扩大其应用范围，可用增设进、回车线的方法提高车场的通过能力。20 世纪 70 年代以前我国在大型及特大型矿井中设计的多巷尽头式车场如图 17-7 所示。该车场设有两套主井空、重车线和翻笼硐室，通过能力达 3.0 Mt/a 以上，可满足分别运提两种牌号煤的要求。为了通风，车场形状设计为环形，非环行调车。

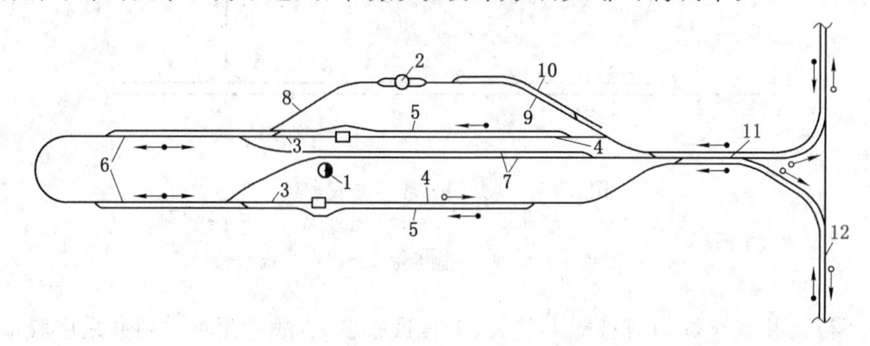

图 17-7　大型矿井多巷尽头式井底车场

1——主井；2——副井；3——主井重车线；4——主井空车线；5——进车线；6——尽头顶车线；7——机车车线；8——副井重车线；9——副井空车线；10——材料车线；11——空列车线；12——运输大巷

(2) 斜井折返式井底车场

主井采用胶带输送机或箕斗提升的斜井折返式车场，与前述立井折返式车场相似，其主要区别在于副井存车线的布置和副斜井与井底车场的连接方式。斜井梭式井底车场如图 17-8 所示。该车场利用运输大巷布置主井空、重车线和调车线，副井空、重车线布置在大巷顶板一侧绕道中，斜井井筒倾角小时也可将绕道及空、重车线布置在大巷底板一侧。

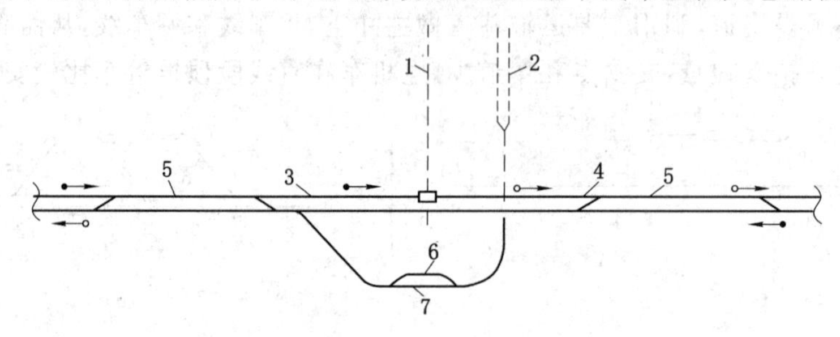

图 17-8　斜井梭式井底车场

1——主井；2——副井；3——主井重车线；4——主井空车线；5——调车线；6——材料车线；7——矸石车线

总体而论，折返式井底车场可以利用主要大巷或石门做存车线和调车线，车场巷道工程量小，巷道交岔点和弯道少，有利于施工，车场线路较简单，机车在直线巷道内调车，行车比较安全。其缺点是电机车要从卸载硐室通过，煤尘有爆炸危险时安全性差，需采取安全措施。另外，采用固定式矿车运输时，巷道线路少的折返式井底车场通过能力小。

二、大巷采用底卸式矿车运煤的井底车场

1. 底卸式矿车的卸载原理

底卸式矿车和煤列车在卸载站卸煤的原理如图 17-9 所示。正常运行时，底卸式矿车同

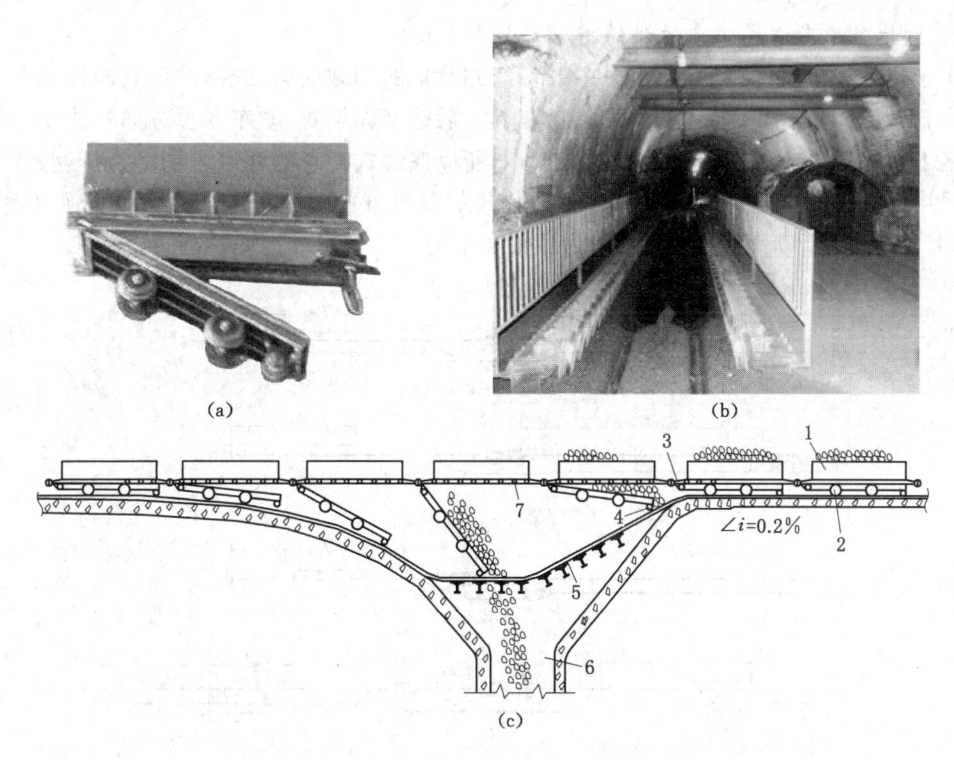

图 17-9　底卸式矿车和煤列车在卸载站卸煤的原理

(a) 底卸式矿车　(b) 卸载站　(c) 卸载原理

1——底卸式矿车；2——矿车车轮；3——缓冲器；4——卸载轮；

5——卸载曲轨；6——煤仓；7——支承托辊

固定式矿车一样沿轨道运行，进入卸载站后滚行至卸载坑，矿车车厢上两侧的翼板支撑于卸载坑两侧的支承托辊上而使矿车悬空。矿车底架前端与车厢为铰链连接，后端可向下打开。矿车车厢悬空并沿托辊向前移动时，矿车底架借其自重和载煤重力自动向下张开，车厢底架后端的卸载轮沿卸载曲轨向前下方滚动，车底门遂逐渐开大。由于所载煤炭重力和矿车底架自重的共同作用，使矿车受到一个水平推力，推动列车继续前进。矿车通过卸载中心位置后煤炭全部卸净。随后，卸载轮滚过曲轨拐点逐渐向上，车底架与车厢逐渐闭合。当矿车通过卸载坑后，整个矿车又回复到轨道上，进入主井空车线。这样，一列车卸载不摘钩、不停车，只需 1 min 左右时间。

底卸式矿车与同样容量的固定式矿车相比，车厢较窄，因而可减少巷道宽度、节省巷道工程量。

大巷采用底卸式矿车运输使煤的运输和卸载大为简化，调车辅助时间少、卸载快，缩短了矿车在井底车场的周转时间，提高了井底车场的通过能力，并可减少运煤车辆、节约翻车设备和日常运转费用。而辅助运输，仍需采用容量较小的固定式矿车、材料车和平板车。为此，井底车场内还应布置为辅助运输和提升服务的空、重车线和行车线路。

近年来，我国有些大型矿井的大巷运煤仍采用 3 吨或 5 吨底卸式矿车。

我国一些采用平硐开拓的矿井，底卸式矿车卸载站设在地面，煤列车可直接拉出地面卸载。

2. 大巷采用底卸式矿车运煤的折返式井底车场

由于底卸式矿车的车底门只能一端打开，卸载坑的卸载曲轨、线路坡度只能按某一端进车来设置，这就要求每次进入卸载站的矿车其前后端不能倒置，矿车车位方向不能改变。由于采区下部车场装车站一般采用折返式调车，所以底卸式矿车的井底车场多为折返式车场。大巷采用底卸式矿车运煤时，井底车场内的空、重车线布置和调车方式主要有下列 4 种，如图 17-10 所示。图 17-10(a)(b)(c)均为尽头式车场。

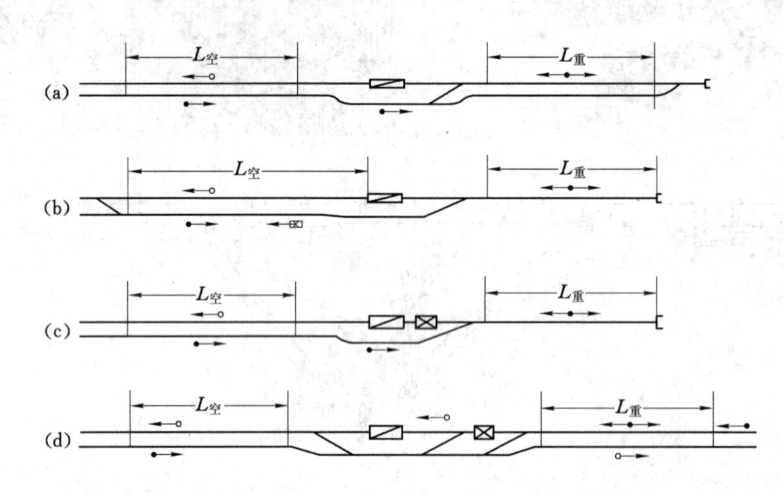

图 17-10　底卸式矿车井底车场的线路布置和调车方式

(a) 机车牵引列车过卸载坑(无调车机车)　(b) 机车顶推列车滑行过卸载坑(机车不过坑)

(c)(d) 机车牵引列车过卸载坑(有调车机车)

在图 17-10(a)中，重列车驶过卸载坑侧的通过线进入尽头重车线，机车摘钩后从另一股线返回，在列车尾部挂钩牵引列车过坑。

在图 17-10(b)中，重列车进入尽头重车线，机车摘钩后反向顶推列车过坑，电机车不过坑、由通过线返回、进入空车线，再牵引空列车驶出卸载站。由于列车滑行过坑卸载速度不好控制，列车要经过一段滑行后才能自动停止，所以需增加空车线的长度，通常在 1.5 列车长度以上。由于列车滑行不易控制和线路需要加长，应用较少。

在图 17-10(c)中，采用了专用机车调车的线路布置。专用机车设在卸载坑靠尽头一侧附近，重列车进入尽头重车线，专用机车尾随而入，牵引机车摘钩后专用机车与重列车挂钩，牵引重列车过卸载坑，原牵引机车尾随入专用机车原处等待下一个列车。这种调车方式速度快，采用较多，但车场中需设一台专用机车。

在图 17-10(d)中，梭式车场采用了专用机车调车的线路布置。右翼来车时，专用机车驶入卸载坑侧通过线，让重列车牵引通过卸载坑。专用机车进入空车线，在列车尾部挂钩，牵引空列车驶回右翼，原牵引机车驶入专用机车位置等待左翼来车。左翼来车时调车与图 17-10(c)相同。

为了处理固定式矿车运输的掘进出煤，底卸式矿车卸载站一般也设有翻笼设备和线路，共用井底煤仓。

图 17-11 所示为大型矿井底卸式矿车运输的折返式井底车场。为满足矿井产量大、两种牌号煤分卸分提的要求，井底车场设置两个底卸式矿车卸载站，为解决掘进出煤另设置一

个翻笼卸载硐室。斜井底卸式矿车折返式井底车场如图 17-12 所示。

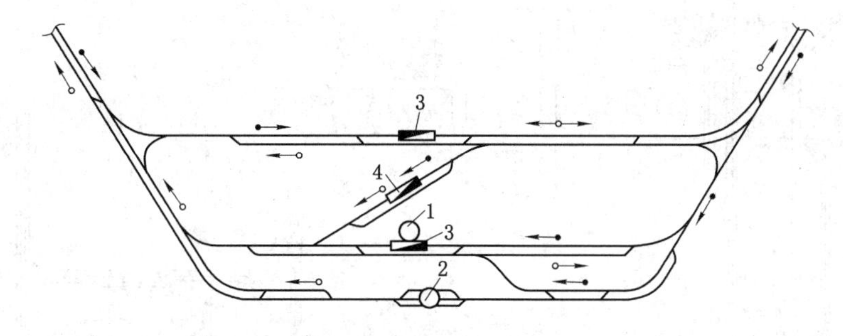

图 17-11　立井底卸式矿车运输折返式井底车场

1——主井；2——副井；3——底卸式矿车卸载站；4——翻笼卸载站

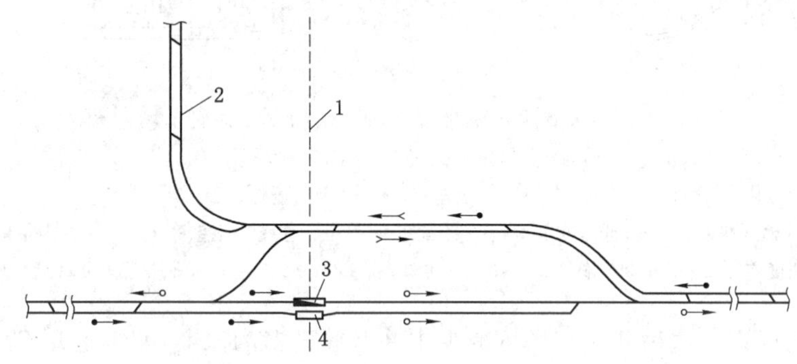

图 17-12　斜井底卸式矿车折返式井底车场

1——主斜井；2——副斜井；3——底卸式矿车卸载站；4——翻笼卸载站

三、大巷采用胶带输送机运煤的井底车场

在运输大巷采用胶带输送机运煤的矿井中，一般采用运煤和辅助运输两套大巷运输系统。因此，井底车场布置应使胶带输送机大巷和井底煤仓、主井装载系统连接，使轨道运输或无轨胶轮车运输大巷与副井提升系统连接。

采用斜井开拓的矿井，胶带输送机大巷通过井底煤仓与主斜井提升系统直接连接，井底煤仓位于井底车场水平以下，联系方便，车场形式和线路结构均比较简单。

采用立井开拓的矿井，为使车场系统简单、便于施工，一般将胶带输送机大巷在进入井底车场前抬高，井底煤仓和箕斗装载硐室也相应抬高。于是，井底车场自然就分成了上下两大部分，上部分担负煤的存贮和转载，包括胶带机头硐室、煤仓、配煤巷、箕斗装载硐室和联络巷等，相当于一个车场的运煤系统；下部分为辅助运输提升服务并担负井底车场所有的其他职能，相当于一个一般性的井底车场。

大巷采用胶带输送机运煤的立井井底车场如图 17-13 所示。该井底车场采用上装式煤仓，为便于安排运输大巷和轨道大巷在井底车场的相对位置，避免复杂交叉跨越造成施工上的困难，运输大巷在进入井底车场前要抬高，井底煤仓和箕斗装载硐室也要抬高，其附设的检修巷道和硐室亦相应地提高，从而组成井底车场的上部分车场，如图 17-13(a)所示。采区来煤经运输巷 3、配仓输送机巷 4 入井底煤仓 5，仓内贮煤则经装载输送机巷 6 向主井箕斗装载。为便于设备和巷道维修，各硐室与副井间还有单轨巷道连接。

图 17-13(b)为井底车场的下部分车场，它位于开采水平，与普通用矿车运输的副井车

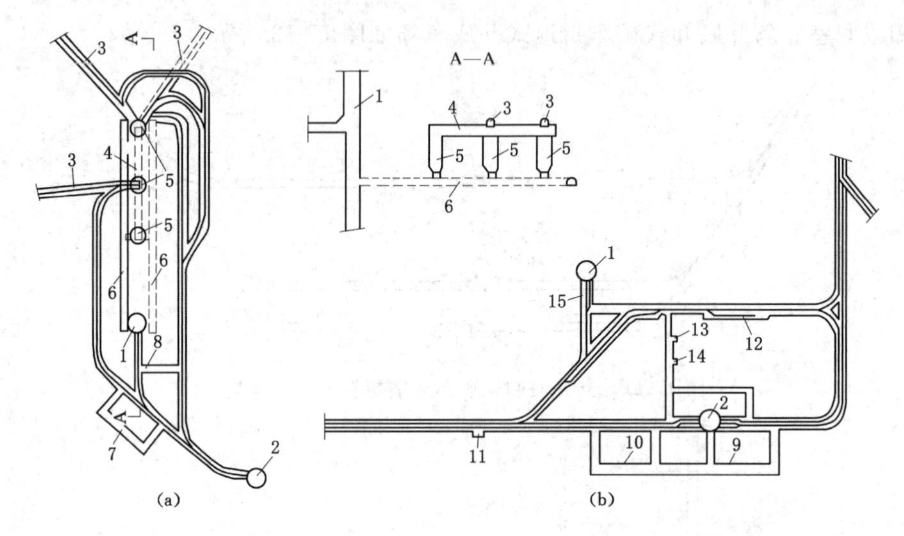

图 17-13　大巷采用胶带输送机运煤的立井井底车场
(a) 上部分车场　(b) 下部分车场
1——主井；2——副井；3——运输巷；4——配仓输送机巷；5——煤仓；
6——装载输送机巷；7——低压变电所；8——配电所；9——主变电硐室；10——主排水泵硐室；
11——调度室；12——电机车修理间；13——工具室；14——医疗室；15——清理井底撒煤硐室

场系统没有大的区别。这种井底车场可减少主井井筒开凿的深度，缩短主井提煤高度，主井井筒撒煤可在下部车场水平清理，比较方便。

四、无轨胶轮车辅助运输的井底车场

矿井采用平硐、斜井或平硐—斜井综合开拓方式时，大巷与井筒(硐)直接相连，一般不设井底车场，无轨胶轮车从地面到采煤工作面实现不转载连续运输。副斜井角度较大、采用轨道串车提升以及矿井采用立井或主斜井—副立井综合开拓方式时，一般要在井底车场设矸石、设备和材料换装站，使用专用换装机械设备进行转载。

无轨胶轮车辅助运输的立井井底车场如图 17-14 所示。

无轨胶轮车辅助运输的斜井井底车场如图 15-9 所示。

五、小型矿井井底车场的形式和特点

1. 井底车场的特点

一方面，由于生产能力小、设备比较简单，小型矿井对井底车场通过能力的要求相对较低；另一方面，由于开采条件一般较差、生产不均衡性大且掘进率较高、矸石量可能较多，故井底车场应有较大的富余能力。小型矿井的机械化程度一般较低，井下所需的材料和运送的设备较少，材料车下井后可与空车混合编组驶向采区，故不必在井底车场内设专用材料车线。由于开采范围不大，一般也不设人车线。小型井一般采用罐笼、矿车或串车提升，井下不设翻笼硐室和煤仓。井底车场硐室也较简单，爆炸材料库等硐室也可不设。

2. 井底车场的形式

小型矿井的井底车场也可分为立井井底车场和斜井井底车场且各有其特点。

(1) 立井井底车场

小型矿井井下均采用矿车运输，立井多采用罐笼提升，装备两个或一个井筒，实行混合提升，井底车场也分环行式和折返式两类，如图 17-15 所示。

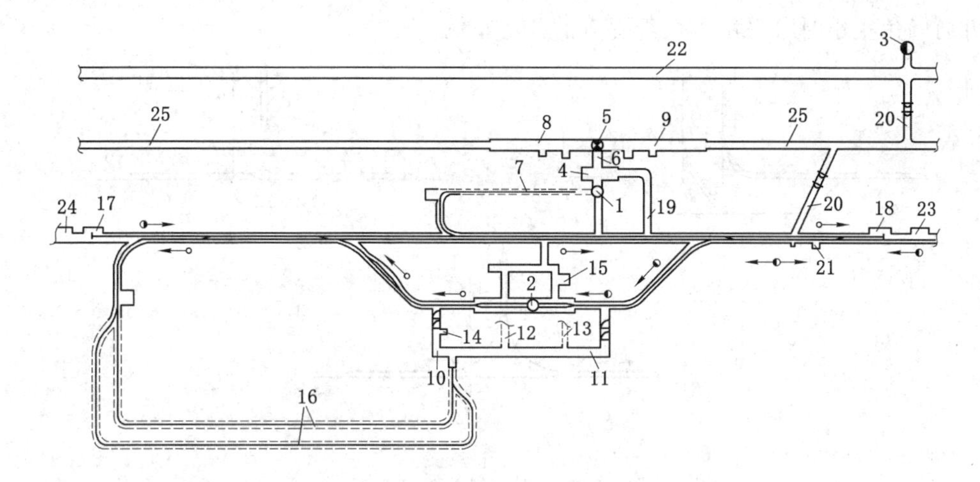

图 17-14　无轨胶轮车辅助运输的立井井底车场

1——主立井；2——副立井；3——回风井；4——箕斗装载硐室；5——井底煤仓；6——装载带式输送机巷；7——主井清理撒煤斜巷；8——西部输送机机头硐室；9——东部输送机机头硐室；10——主水泵房；11——主变电所；12——管子道；13——电缆道；14——消防材料室；15——等候室；16——水仓；17——西部材料换装站；18——东部材料换装站；19——行人斜巷；20——行人巷；21——调度室；22——回风大巷；23,24——机车修理和加油硐室；25——胶带运输大巷

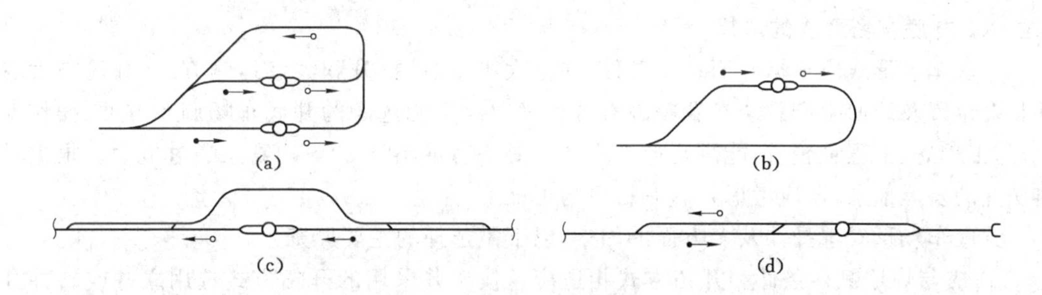

图 17-15　小型立井井底车场

(a) 装备两个井筒的立井环形式井底车场　(b) 装备一个井筒的立井环形式井底车场

(c) 装备一个立井的梭式车场　(d) 装备一个立井的尽头式车场

图 17-15(a)所示为装备两个井筒的立井环行式井底车场，除固定一个井筒升降人员外，两个井筒都担负煤、矸石和物料的提升任务。图 17-15(b)所示为装备一个井筒的立井环行式井底车场，由于采用混合提升，井底车场的线路也很简单，井底车场的通过能力较小，适于井型更小的矿井。图 17-15(c)所示为装备一个立井的梭式车场，利用大巷做车场巷道，仅开一绕道为两翼空、重列车调车服务。图 17-15(d)所示为装备一个立井的尽头式车场，利用主石门做车场巷道，无交岔点和弯道，空、重车线设在井筒一侧的两股轨道上，重车自左侧入罐笼时向右侧顶出下放的空车，空车需经罐笼再调到左侧存车线，调车不方便，只能用于井型更小的矿井。

(2) 斜井井底车场

小型斜井多采用矿车运输和串车提升，根据井型大小可装备两个或一个井筒。视井筒倾角、提升设备及是否再延深等不同，其井底车场形式各不相同。

如图 17-16 所示，需要延深的矿井，斜井下部采用甩车场；不需延深井筒时可采用平车场；井筒倾角很小时可采用无极绳提升的井底车场。

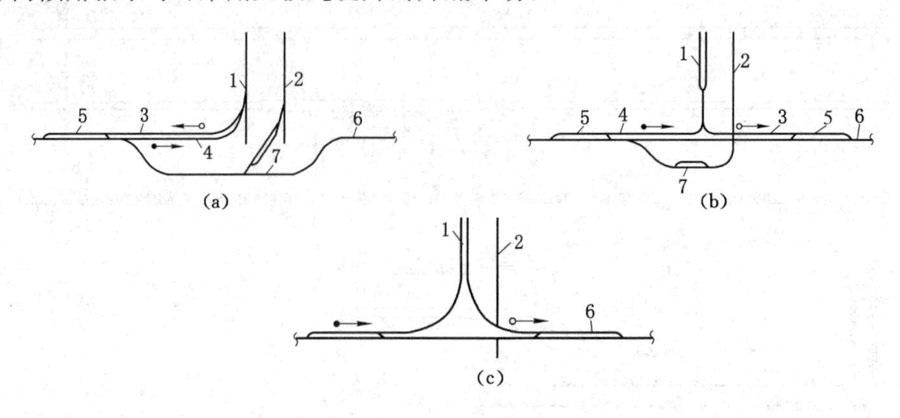

图 17-16　小型斜井井底车场

(a) 串车提升的斜井甩车场　(b) 串车提升的斜井平车场　(c) 无极绳绞车提升的斜井平车场

1——主斜井；2——副斜井；3——主井空车线；4——主井重车线；

5——调车线；6——大巷；7——绕道

随着我国煤炭科学技术的进步和发展，一些采用斜井开拓的小型矿井，其主斜井也装备了胶带输送机并成为发展趋势，相应的井底车场也随其改变而改变。

六、井底车场形式的选择

井底车场形式应根据井田地质条件、井型大小、井筒提升和大巷运输方式、井筒与大巷的相对位置及地面生产系统布置等因素合理确定。应使选定的井底车场调车方便、操作安全、施工较易、工程量较省，能满足矿井生产需要并有不小于 30% 的富余通过能力。根据具体矿井的发展前景，还应考虑是否有扩建的可能。

井底车场形式选择涉及多方面的因素，以下是选择的主要原则：

① 应与煤层赋存条件和开拓方式相适应。按矿井采用的开拓方式选用立井或斜井井底车场，并根据主、副井筒与大巷的相对位置、井筒出车方向选择井底车场形式。

② 应与矿井设计生产能力相适应。大、中型矿井要求井底车场通过能力较大，应优先选用适合胶带运输的井底车场。大巷采用矿车运煤时，宜选用环行式或折返式车场。特大型矿井可用增设主井复线、卸载站的方法提高井底车场的通过能力。小型矿井对井底车场通过能力的要求不难满足，应尽可能利用大巷或主石门作为车场的空、重车线。

③ 应与大巷运输和井筒提升方式相适应。根据矿井大巷运输方式和设备，选用适于固定式矿车、底卸式矿车或胶带输送机运输条件的井底车场形式。

④ 开采不同煤种煤质的煤层、要求分采分运的矿井，井底车场应分别设置不同煤种的存车线路、卸载和箕斗装煤系统。

⑤ 充分考虑地面和井下条件。矿井工业场地设在地形复杂地段时，地形限制地面生产系统布置和井口出车方向，应据此确定井底出车方向和与大巷的连接方式，采用与之相适应的井底车场形式。如井底车场附近岩性较差就不宜采用巷道断面太大的车场。井下需风量很大时，采用立式环行或多巷折返式车场可增大巷道通风断面。

⑥ 充分考虑围岩性质对车场内巷道和硐室维护的影响。应尽可能把多数巷道和硐室布置在强度高、厚度大和整体性强的岩层中，特别是进入深部开采的矿井更应注意。

⑦ 井底车场巷道和主要硐室不得布置在有煤(岩)与瓦斯(二氧化碳)突出危险的煤(岩)层中以及有冲击地压危险的煤层中。

一般而言,井底车场形式选择是井田开拓中的局部性问题,是在主、副井筒位置、大巷布置、井筒提升和大巷运输方式等已经原则确定的基础上进行的,因而井底车场的选择必将受这些原则性的技术决定的制约。具体选择和设计时,应先绘出主副井筒位置及其提升方位角、大巷或主石门位置,然后拟定井底车场的形式和线路及巷道布置,通过对不同井底车场方案的技术经济比较而后择优选用。

复习思考题

1. 简述井底车场的基本概念。

2. 井底车场按井筒形式、大巷运输方式、矿车类型及运行线路不同是如何分类的?

3. 以立井刀式环行井底车场为例,说明井底车场的组成、线路长度要求、硐室布置和调车方式类型。

4. 斜井井底车场与立井井底车场的区别有哪些?

5. 简述底卸式矿车的卸煤原理和对井底车场线路布置的要求。

6. 简述大巷采用胶带输送机运输的井底车场与矿车运输的井底车场的区别。

7. 简述选择井底车场形式时需要考虑的因素和原则。

第十八章　矿井的采掘接替、开拓延深和技术改造

第一节　矿井的采掘关系

掘进和采煤，是煤矿生产过程中两个基本环节，采煤必须掘进，掘进为了采煤。矿井采掘关系，是指矿井采煤与掘进之间的相互协调和配合的关系。按照生产过程中采煤工作面不断地从一个地点转移到另一个地点的需要，合理安排相应的巷道掘进工作，做到采掘并举、掘进先行，是矿井正常、均衡、稳定生产的基本保证。如果掘进工程滞后采煤，不能按时准备出采煤工作面，必将造成无采煤接续工作地点而导致生产被动、产量下降的局面，称之为“采掘失调”。如果掘进工程超前过多，亦会造成巷道掘出后长时间闲置不用，且需投入人力和物力维护，从而给生产增加不必要的开支并带来一定的巷道维护困难。因此，必须根据矿井生产规模、煤层间允许的开采顺序及水平、阶段、采区（盘区或带区）、区段或分带间合理的开采顺序，安排好正常的采煤工作面接替和相应的巷道掘进工程，以保证协调的矿井采掘关系。

一、配采

矿井在设计和生产过程中，为了满足用户需要，保证矿井产量和煤质的要求，达到均衡、有效、合理地开采井田范围的煤层，根据煤层煤质和赋存条件、分布特点及开采技术的不同，在相互衔接的各时期对各采区、工作面开采程序和部署所做的统筹安排，称为配采，也称配产。

配采，包括不同厚度煤层、不同煤类煤质的煤层、上下组煤层、分布在矿井两翼的煤层、不同开采技术的煤层以及适于采用综采、普采、炮采工艺的煤层之间在产量比重上的合理搭配，各水平（过渡时期）、采区、盘区、带区间的产量安排，还包括正规工作面、边角煤或巷道煤柱回收之间产量安排上的搭配。

配采的具体内容不同，所遵循的原则亦各有侧重。

1. 同采的薄煤层和厚煤层配采

为防止吃肥丢瘦、甚至薄煤层在厚煤层开采后被破坏，造成矿井后期生产被动、产量下降、储量减少，应该采取薄、厚煤层之间产量按一定比例关系搭配开采，一般情况下应与其储量所占的比重大体相同。

2. 不同煤类或不同煤质的煤层配采

对于同时开采动力煤和炼焦煤的矿井，一般按其储量所占比重或按地面洗煤厂的设计能力确定两者的产量比重并进行分采分运；对煤质中所含灰分或硫分高低相差悬殊的同一类煤层应根据混合后所要求达到的灰分或硫分含量指标确定相应的产量比重、进行搭配开采，以满足用户要求和提高矿井生产效益。

3. 上、下组煤层或同一组内上、下部煤层配采

上、下组煤层或同一组内上、下部煤层同时开采的矿井，为避免出现上下压茬现象，应使

上部煤层的开采强度不低于下部煤层的开采强度且应要避免在其开采范围的相互采动影响。矿井生产初期上部煤层的产量比重应大于下部煤层，到一定开采范围后产量比重再做适当调整。

4. 矿井两翼配采

双翼开采的矿井，其两翼的产量比例应与储量分布的比例大体一致，以防止一翼迅速采完而形成后期矿井长时间的单翼开采，以及由此所带来的难以保证矿井产量、运输紧张、通风不利、管理复杂、技术经济效果下降等问题。

5. 保护层与被保护层配采

对有煤与瓦斯突出或冲击地压危险、需要先开采保护层的矿井，瓦斯涌出量大、需要预先进行瓦斯抽采的矿井，保护层与被保护层应按一定比例开采。

6. 不同采煤工艺间配采

综采、普采和炮采等几种采煤工艺同时存在时，其产量的比重安排应力求与相适应的可采煤层储量比重相一致，使矿井的产量、人员、设备和技术经济指标趋于稳定。

7. 正规工作面与边角煤配采

受断层切割、井田边界不规则和煤层赋存状态变化等条件影响，采区、盘区或带区内可能既有正规工作面也有回收零星块段或边角煤的工作面；开采水平内既有正规采区、盘区或带区也有被断层切割破坏的不规则区域，各开采区域生产结束后还可能有上、下山或大巷等保护煤柱回收问题，这些都需要在正规工作面和采区、盘区或带区开采过程中，特别是在水平接替的过渡时期进行合理安排，避免长期搁置和维护生产系统，否则会增加巷道维护量并可能带来因地压大、围岩破碎而造成开采困难和增加煤炭损失。

在矿井生产过程中，随着采掘工程的扩展和延深，对煤层地质条件的了解会更接近于实际，生产技术和管理水平亦将不断提高。因此，各类煤层的合理配采、不同开采技术条件煤层的合理配采并不是一成不变的，需要根据条件的变化适时作出调整。

配采原则主要是通过编制采煤工作面和采区接替计划而具体体现的。

二、采煤工作面接替

按矿井产量计划要求，一个采煤工作面开采结束后即由另一个准备好的采煤工作面投入生产，所形成的相互衔接关系，称为采煤工作面接替。

在矿井生产期间，每隔一定时间即需要编制中长远的(5～10 a)采煤工作面接替计划，在此基础上每年均要编制年度采煤工作面接替计划。采煤工作面接替计划，是安排采煤队生产和编制掘进工程进度计划的依据。采煤工作面接替计划，包括接替工作面的安排和与接替有关的工作。

编制采煤工作面接替计划的步骤和方法如下：

① 根据已批准的采区、盘区或带区设计，在图纸上测绘和计算各个采煤工作面的技术参数，如工作面长度、推进长度、采高、煤层厚度、可采储量等，掌握煤层构造变化及其分布。

② 确定各工作面所采用的采煤工艺，安排采煤队组，估算预期的日进度、产量，计算可采期。

③ 编排工作面接替顺序。当全矿同时生产的采煤工作面数目较多时，其接替顺序可能有若干不同的组合排序方式。这时应按开采程序合理、保证矿井产量、生产集中、便于采煤队组发挥各自优势及各项配采要求，通过对比分析选取较为合理的方案，编制出采煤工作面

接替计划图表。

④ 基于初步编制的接替计划图表，检查和核实图表中有关的巷道掘进、设备安装能否如期完成；运输、通风等辅助生产环节的系统和能力是否适应。根据相关问题调整接替计划或提出采取的措施，最后确定采煤工作面接替计划，正式编制计划图表。

三、采区、盘区或带区接替

为保持矿井正常均衡生产，所安排的生产采区、盘区或带区之间的相互衔接关系，称为采区、盘区或带区接替。采区、盘区或带区接替，是一个老采区、盘区或带区产量逐渐下降，新采区、盘区或带区产量逐渐增加的过程。采区和盘区过渡时间应在 1 a 以上，带区间的过渡时间取决于带区内共用生产系统的分带数目和准备方式。由于准备出新采区、盘区或带区一般需要开掘较多的巷道工程、所需时间较长，故应提前编制接替计划。

采区、盘区或带区接替，是为采煤作业提供新的生产区域，是矿井安排开拓和准备巷道施工计划的依据。采区、盘区或带区接替与采煤工作面接替两者相互关系密切、互有影响，接替计划的编制应相互参照、相互配合。

编制采区、盘区或带区接替计划应遵循的原则如下：保证上、下煤层（组）在采区、盘区或带区之间有合理的开采顺序。在井田走向方向上一般采用前进式开采顺序，在已经形成生产系统的下山阶段也可采用后退式开采顺序。为保证矿井产量长期均衡稳定，应力求采区、盘区或带区生产能力稳定，使开采的工作面数目较少，新区、老区生产过渡时间较短，以适应开采技术发展的趋势。

编制采区、盘区或带区接替计划的步骤和方法如下：

① 以矿井设计中的水平和采区、盘区或带区划分为基础，针对掌握的煤层地质条件，根据技术发展和采用新型设备的需要，调整或重新划分采区、盘区或带区。

② 根据最新的地质资料，核实各区的可采储量，选择采煤方法，确定生产能力，计算服务年限。

③ 根据现有生产采区、盘区或带区的采煤工作面开采计划，预计各区开始减产到新区投入生产的时间。

④ 充分考虑近期生产的需要和便于施工准备，兼顾矿井的长远发展，安排采区、盘区或带区接替计划。

⑤ 对所安排的接替计划，从矿井整体开发布局上，从矿井运输、通风系统的合理性上，从矿井施工力量配置上，检查并核实其实现的可能性。如有问题，在做适当调整后确定接替计划，编制成采区、盘区或带区接替计划图表。

新老区接替时有关的工作包括老区结束时的巷道煤柱回收，设备拆除和采空区封闭，新区的开拓准备、设备安装、生产系统的形成、安全条件检查、验收和试运转、试生产等。

四、开采水平接替

对于多水平开拓的矿井，原有开采水平的煤层经过较长时间充分开采后，必须向新开采水平转移，并逐步由新水平生产替代原水平生产，这一过程称为水平接替。

从原有开采水平开始减产、新水平投产到最终全部转入新水平生产的一段时间，称为开采水平过渡时间，该时间一般需要数年或更长。

新水平开拓需要延深井筒或增开新的井筒，开掘井底车场、大巷，准备新采区、盘区或带区，以及更换或增加大型机电设备等，工程庞大而艰巨，对矿井生产和技术经济效果影响较大。开采条件好、储量丰富的矿井，往往开拓延深与矿井改扩建同时进行。因此，需要进行新水平开拓延深设计或矿井改扩建设计，其计划往往需要专业施工队伍实施。

对于生产矿井所编制的水平接替计划，一般仅限于提出接替水平投产的时间，以便在这一时间之前能够完成有关的各项工作，诸如提请有关部门设计、设计审批、筹措资金、联系基建单位、施工等，使新水平得以按时投入生产。

水平接替计划中，新水平投产时间的计算应留有富余时间。在原水平生产能力开始递减前的1.0～1.5 a应完成新水平的基本井巷掘进工程和设备安装工程。

开采水平接替期间应进行的工作有下列几项：

① 原有生产水平结束开采前的采煤工作面安排，煤柱回收、报废巷道封闭、留用巷道和设备的维修等。

② 按新水平开拓延深设计或矿井改扩建设计施工。

③ 协调新水平施工与原水平生产之间的关系。

④ 在两个水平同时生产的过渡期间，实施主副井提升、运输、通风、排水等方面的技术措施。

五、掘进工程安排

矿井采掘关系的具体安排体现在采煤工作面、采区（盘区或带区）和水平接替计划上，以及在此基础上所做的开拓、准备、回采巷道掘进工程安排和年度采掘计划上。

巷道掘进工程安排基于已定的开拓和准备巷道布置方案，按配采提出的采煤工作面和采区、盘区或带区接替要求，结合掘进施工力量等因素，确定各类巷道的施工顺序和进程，以保证采煤工作面、采区、盘区或带区和开采水平的正常接替，使掘进工程与采煤生产相互匹配，从而达到采掘关系的协调平衡。

1. 掘进工程安排的步骤和方法

① 根据已批准的开采水平、采区、盘区或带区以及采煤工作面设计，列出待掘进的巷道名称、类别、断面，并在设计图上测出长度。

② 根据掘进施工和设备安装的要求，编排各类巷道掘进必须遵循的先后顺序。

③ 按照采煤工作面、采区、盘区或带区和开采水平接替时间要求，再加上富余时间，确定各巷道掘完的最后期限，并根据这一要求编排各巷道的掘进先后顺序。

④ 根据现有掘进队的能力和巷道掘进任务，安排各掘进队（组）的掘进任务，编制巷道掘进计划表，其内容包括巷道名称、工作量、进度、施工队组、开工和完工时间等。

⑤ 根据巷道掘进计划表，检查与其施工有关的运输、通风、动力供应、供水等辅助生产系统能否保证和需要采取的措施，最后确定巷道掘进工程安排计划。

2. 掘进工程安排应注意的问题

① 分析连锁工程，分清各巷道掘进时的先后、主次关系，确定合理的施工顺序。

② 尽早构成掘进巷道的全风压通风系统，为多条巷道同时施工创造条件。

③ 掘进工程量的测算应符合实际并留有余地。

④ 按岩巷、煤巷、半煤岩巷的不同类别分别安排施工队伍，使各掘进队的施工条件、设备相对稳定，并尽可能使其施工地点相对稳定、搬家地点较近。

⑤ 巷道掘进完成的时间应留有一定富余时间，以免发生意外情况时接替不上。在现生产的采区、盘区或带区内，采煤工作面结束前10～15 d应完成接替工作面的巷道掘进和设

备安装工程；在现有开采水平内，每个采区、盘区或带区减产前1～1.5个月，应完成接替采区、盘区或带区内接替工作面的掘进工程和设备安装工程；在现有开采水平产量开始递减前1～1.5 a，应完成下一个开采水平的基本井巷工程和准备、安装工程。

生产矿井出现采掘关系紧张或失调问题，主要是因为所掘巷道进度没有按计划完成，或巷道掘进计划编制有误，导致采煤工作面接替不上、生产缺乏场地。由回采巷道掘进进度不足造成的采掘失调较少且比较容易得以补救和扭转被动局面；而由开拓和准备巷道的掘进进度不足所造成的采掘失调比较严重，且难以在短时间补救，故应尽量避免。

六、采掘比和掘进率

采掘比和掘进率是反映采掘关系状况的常用指标。

1. 采掘比

采掘比，是指在一定时期内采煤工作面个数与掘进工作面个数之比，有时也指采煤工作面工人人数和掘进工作面工人人数之比。

采掘比反映矿井每个采煤工作面需要配备几个掘进工作面为其做准备，可由式(18-1)表示：

$$\text{采掘比} = \frac{\text{年平均采煤工作面个数}}{\text{年平均掘进工作面个数}} \tag{18-1}$$

矿井采、掘工作面个数比与采煤工艺、掘进工艺方式和装备等有关。目前，我国煤矿的采掘比通常在1∶1.5～1∶2.5之间，一般为1∶2左右。

2. 掘进率

掘进率，是指井田在一定范围或一定时间内，掘进巷道的总长度与采出总煤量之比。通常以“m/万 t”计。

掘进率有设计掘进率和统计掘进率之分。设计掘进率，是指在一定开采布置条件下，一定开采范围内应掘巷道总长度与可采出煤量的比值。它反映掘进和采煤在定量上应有的比例关系。统计掘进率，反映生产矿井一定时期内掘进率的实际情况，又可分生产掘进率、开拓掘进率和生产矿井总掘进率。可分别由式(18-2)、式(18-3)和式(18-4)表示：

$$\text{生产掘进率(m/万 t)} = \frac{\text{准备和回采巷道掘进总长度(m)}}{\text{矿井产量(万 t)}} \tag{18-2}$$

$$\text{开拓掘进率(m/万 t)} = \frac{\text{开拓巷道掘进总长度(m)}}{\text{矿井产量(万 t)}} \tag{18-3}$$

$$\text{生产矿井总掘进率(m/万 t)} = \frac{\text{生产矿井全部井巷掘进总长度(m)}}{\text{矿井产量(万 t)}} \tag{18-4}$$

在保证矿井安全生产的前提下，生产矿井应力求用最少的巷道最大限度地采出煤炭。

七、“三量”及其规定

为了及时掌握和检查各矿井的采掘关系是否正常和合理，按开采准备程度可将矿井计划开采的可采储量划分为开拓煤量、准备煤量和回采煤量，简称为“三量”。同时亦规定了相应的可采期。

1. “三量”的划分和计算范围

(1) 开拓煤量

开拓煤量，是指在井田范围已掘进的开拓巷道所圈定的尚未采出的可采储量。

$$Z_k = \sum (Z_{kd} - Z_s - P_k)C \tag{18-5}$$

式中　Z_k——开拓煤量；

Z_{kd}——已开拓范围内的地质储量；

Z_s——已开拓范围内的地质损失，是指因地质、水文等原因而不能采出的煤量；

P_k——已开拓范围内的可采期内不能开采的煤量，是指留设的临时和永久煤柱损失；

C——采区采出率。

所谓已开拓范围，是指为开采该部分储量所需要的开拓巷道已掘完的部分，包括主井、副井、风井、井底车场、主石门、运输大巷、采区石门、必要的回风石门和总回风道。采用煤层大巷时，大巷超过采区上山 100 m 时才可将该采区划入已开拓部分。采用集中大巷和采区石门布置时，集中大巷应超过采区石门 50 m、采区石门已掘出才可将该采区划入已开拓部分。若未掘完，这一部分煤量则不能列入开拓煤量。

(2) 准备煤量

准备煤量，是指在开拓煤量范围内，采区、盘区或带区内准备巷道均已开掘完毕时所掘巷道圈定的可采储量，也就是矿井已生产和准备采区、盘区或带区所保有的可采储量。同样，准备巷道未掘完亦不能计入相应的准备煤量。

$$Z_z = \sum (Z_{cd} - Z_s - Z_d)C \tag{18-6}$$

式中　Z_z——准备煤量；

Z_{cd}——已生产或准备采区、盘区或带区所保有的地质储量；

Z_s——采区、盘区或带区内的地质损失；

Z_d——呆滞煤量，指准备范围内的可采期内不能开采的煤量；

C——采区采出率。

(3) 回采煤量

回采煤量，是指在准备煤量范围内已为回采巷道切割的可采储量，也就是已生产和准备接替的各采煤工作面尚保有的可采储量。

2. “三量”可采期的计算和规定

生产矿井或投产矿井的“三量”实际可采期按式(18-7)计算：

$$\left.\begin{aligned} T_k &= \frac{Z_k}{A} \\ T_z &= \frac{Z_z}{A_y} \\ T_h &= \frac{Z_h}{a} \end{aligned}\right\} \tag{18-7}$$

式中　T_k, T_z, T_h——开拓、准备和回采煤量的可采期；

Z_k——期末开拓煤量(生产矿井)或移交时的开拓煤量(投产矿井)；

A——当年计划年产量(生产矿井)或设计生产能力(投产矿井)；

Z_z——期末准备煤量(生产矿井)或移交时的准备煤量(投产矿井)；

A_y——当年平均月计划产量(生产井)或平均月设计生产能力(投产矿井)；

Z_h——期末回采煤量(生产矿井)或移交时的回采煤量(投产矿井)；

a——当年平均月计划产量(生产矿井)或平均月设计产量(投产矿井)。

“三量”可采期可作为掌握采掘关系的参考指标。我国曾规定：T_k——一般为 3～5 a 以上；T_z——一般为 1 a 以上；T_h——一般为 4～6 月以上。

矿井的“三量”是客观存在的，为了实现采掘平衡，保证正常的水平、采区（盘区或带区）和工作面接替，具体矿井中的“三量”应有合理的可采期且“三量”间也应有合理的比例。

2018 年 9 月，国家煤矿安监局发布了《防范煤矿采掘接续紧张暂行办法》，按可能存在的安全风险，规定了“三量”的可采期。

矿井开拓煤量可采期：煤与瓦斯突出矿井、水文地质类型极复杂矿井、冲击地压矿井不得少于 5 a；高瓦斯矿井、水文地质类型复杂矿井不得少于 4 a；其他矿井不得少于 3 a。

矿井准备煤量可采期：水文地质条件复杂和极复杂矿井、煤与瓦斯突出矿井、冲击地压矿井、煤巷掘进机械化程度与综合机械化采煤程度的比值小于 0.7 的矿井不得少于 14 个月；其他矿井不得少于 12 个月。

矿井回采煤量可采期：2 个及以上采煤工作面同时生产的矿井不得少于 5 个月；其他矿井不得少于 4 个月。

第二节　矿井的开拓延深

矿井开拓延深，是指多水平开拓的生产矿井为生产接替而进行的下一开采水平的井巷布置和工程实施。

一、矿井开拓延深的特点

与新井建设相比，矿井开拓延深有以下方面特点。

1. 井巷工程量大，施工期较长

进行开拓延深的矿井，需要从原水平延深原有的井筒或新开暗井，或从地面增开井筒，在新的开采水平范围还需开凿井底车场、掘进大巷、准备新的采区、盘区或带区，井巷工程量大，有的几乎接近于新井建设。其施工技术、特别是延深立井时的施工技术比较复杂，施工期一般常在 3～5 a 以上。

2. 可利用已有的生产系统和设备

矿井原有水平生产时已建成一套用于生产系统的井巷工程和设施，新水平开拓延深时可充分地加以利用。这样可以减少一部分开拓延深的工程量和费用、缩短施工时间，但有时也可能因此会给新水平的合理开拓形成某些限制。

3. 延深与生产相互干扰

新水平的延深工程施工与原水平的正常生产同时进行，相互之间势必有一定影响，在提升、运输、通风等方面都会有所干扰，组织管理工作比较复杂。多数生产矿井均是自行组织开拓延深工程的施工，在施工与生产之间的配合上比较容易统筹安排、相互协调配合。

4. 可与矿井技术改造或改扩建相结合

原开采水平的生产使矿井积累了生产经验，掌握了可采煤层的特点和地质构造情况，随着技术进步，在新水平开拓延探时往往需要在原有生产技术基础上应用新技术、新工艺。矿井可以在新水平的开拓、巷道布置、采煤方法、生产系统以及设备更新等方面进行技术改造。开采煤层条件好、储量丰富、工作面单产高的矿井，还可以进行与开拓延深相结合的矿井改扩建，以扩大矿井生产规模。

二、矿井开拓延深的方案

在最初的矿井设计中，虽然也包括矿井开拓延深的一些内容，但在矿井投产若干年、准确地掌握了煤层地质条件后，随着生产发展和技术进步原设计中考虑的延深方案往往可能不再适应最新发展的需要，因而在矿井开拓延深时还需要重新研究确定开拓延深方案，进行新水平开拓延深设计。

矿井新水平的开拓延深方案，应包括井田新水平开拓的全部内容，而从矿井延深角度而言主要内容是井筒布置，有利用原井筒直接延深、暗井延深和因深部提升或通风不能满足需要而增加新井筒等几种方式。

1. 主井和副井直接延深

如图 18-1 所示，这种延深方式是将主、副井直接延深至下一开采水平。

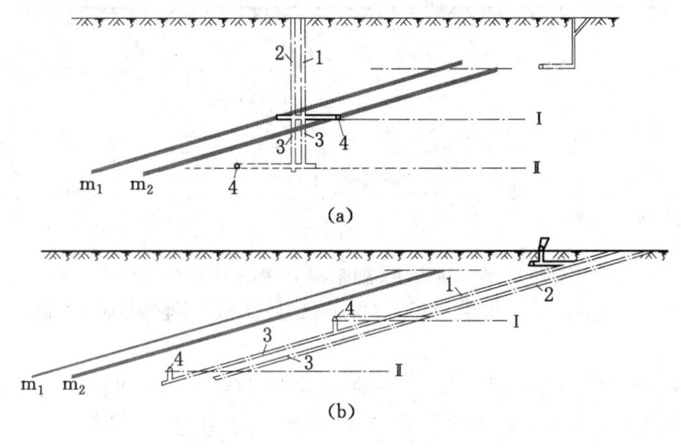

图 18-1　主井和副井直接延深

(a) 立井直接延深　(b) 斜井直接延深

1——主井；2——副井；3——延深的主副井；4——运输大巷

直接延深主、副井的特点，是可以充分利用原设备、设施，投资少，提升系统单一，转运环节少，井底车场工程量相对减少。但延深后矿井的提升能力相对而言会有所降低。

对原有水平的主、副立井进行直接延深，施工和生产之间干扰大，施工组织比较复杂；接井时，破保安岩柱或拆保护盘、安装罐梁罐道，技术安全要求严格，需在一段时间停止该井筒的提升，影响矿井生产。为延深井筒需掘进一些辅助巷道，这些临时工程在施工后常难以利用。而对原有水平的主、副斜井进行直接延深，延深施工容易，基本上不影响矿井正常生产。

主、副井直接延深方式的适用条件如下：

① 地质构造和水文地质条件等不影响井筒直接延深和新水平的井底车场布置。

② 井筒断面和提升设备能力均能满足延深水平的生产要求。

③ 若提升设备能力满足不了延深水平的生产要求但经过论证更换提升设备合理时，也可以采用。

2. 暗井延深

当原有井筒因某种原因不能延深或延深原有井筒在技术经济上不合理时，可以采用暗斜井或暗立井延深。

采用暗斜井延深，是我国煤矿开拓延深中应用较多的一种形式。它是指在原有水平上布置暗斜井上部车场并与原生产水平的井底车场相连接，主、副暗斜井延深至下部水平后布置井底车场、主石门、大巷等开拓工程，形成新的开采水平。暗斜井的方向、层位、倾角、提升装备选择等与斜井开拓的分析相同。

利用暗斜井延深，生产与施工的相互干扰小；暗斜井的位置、方向、倾角、提升方式的选择均可不受原有井筒限制，可按有利于下部水平开采进行布置；原有井筒的提升能力不降低，设备可以继续使用，暗斜井可按需要选用合适的设备，当采用胶带输送机时还可简化转载系统，有利于深部水平开采。这种延深方式的主要问题是——增加了暗斜井的上部车场和硐室的工程量；增加了暗斜井的提运设备和转运环节；当矿井井型很大时，暗斜井的辅助提升能力和巷道通风断面可能不足，需设两条副暗斜井或另开专用通风井。

利用主、副暗斜井开拓延深的示例如图 18-2 所示。

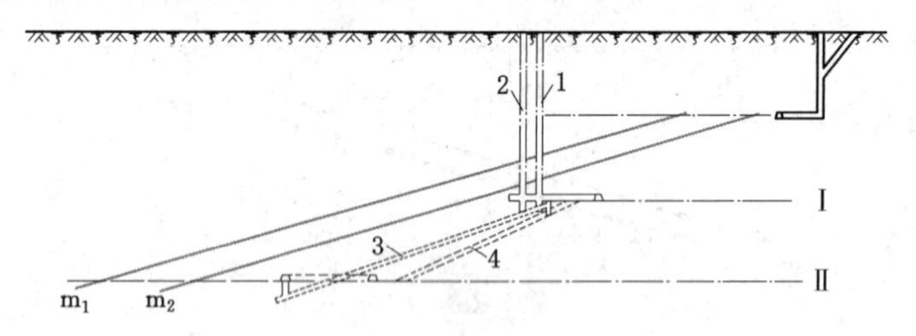

图 18-2　利用主、副暗斜井进行开拓延深

1——主井；2——副井；3——延深的主暗斜井；4——延深的副暗斜井

开采中斜或急(倾)斜煤层的矿井，当井筒不宜延深时，可用暗立井延深。图 18-3 所示的矿井，因下部煤层倾角变大，斜井继续延深势必穿至煤组上部且提升能力不足，因而采用了暗立井延深。

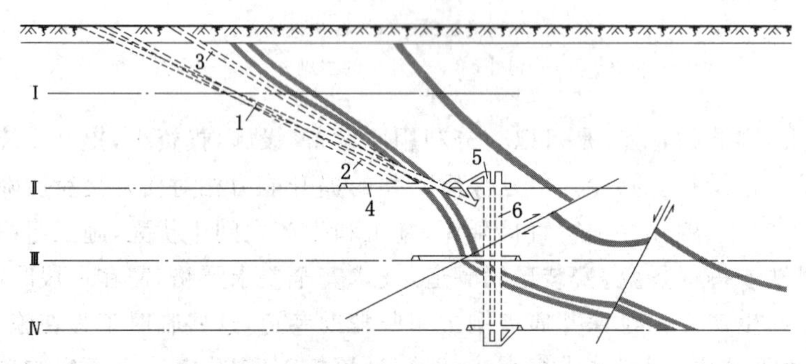

图 18-3　利用主、副暗立井进行开拓延深

1——主斜井(箕斗)；2，3——副斜井；4——主石门；5——主暗立井；6——副暗立井

暗井延深一般适用于下列条件：

① 原井筒受地质条件限制无法向下延深，如华北地区一些矿井，煤层底板有含水较大的奥陶系灰岩，因此多采用暗井延深。

② 提升设备能力满足不了新水平要求又没有条件更换设备。

③ 原有井筒延深至新水平的位置不合理，难以布置井底车场，或石门长度过大，或穿入顶部煤层、所压煤柱太多等。

④ 山岭地带，煤层浅部为平硐开拓，平硐标高以下有较多储量。一般多采用暗斜井，也

有采用主暗斜井和副暗立井的，主暗立井使用较少。

3．直接延深与暗井延深相结合

根据地质条件和主、副井提升能力，可采用副井直接延深、主井采用暗斜井，或主井直接延深、副井采用暗井的混合延深方式。

这种延深方式如图 18-4 所示。施工时先开凿暗井，然后自下而上反接主井或副井。这样，对现有水平的生产影响较小，施工也比较方便。

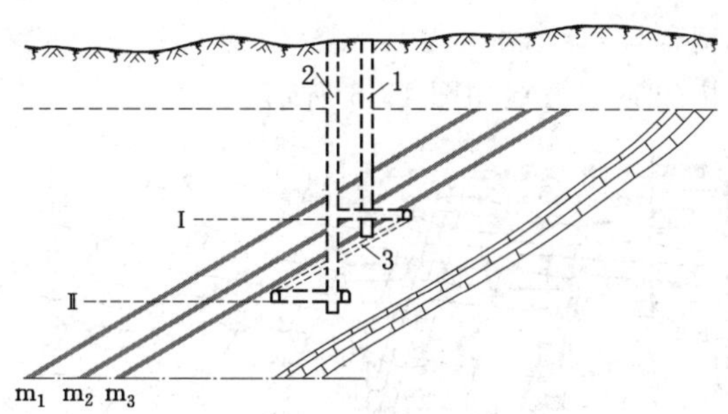

图 18-4　直接延深与暗井延深相结合的开拓延深

1——主井；2——副井；3——主暗斜井

一些主井采用箕斗提升的大中型矿井，由于装载硐室工程量较大以及上下水平过渡期间因通过式箕斗提升安全可靠性较差，主井多数不直接延深，而采用主暗斜井延深方式。

4．新开凿井筒与延深井筒相结合

该方式是指从地面新开凿井筒通达延深水平，另外用暗井延深或直接延深副井或主井。这种开拓延深方式往往与矿井改扩建相结合，以增加矿井生产能力。或者在深部水平开拓提升高度增加较大，以及瓦斯涌出量增加的情况下，原有井筒延深后的提升能力或通风能力不能满足需要，则新开凿一个主井或副立井以弥补原有井筒能力不足。

我国煤矿既有新开凿副井、延深主井的情况，也有新开凿主井、延深副井的情况，如图 18-5 所示。

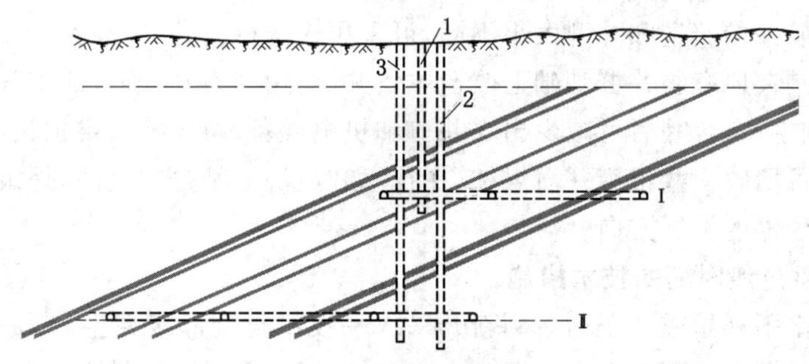

图 18-5　新开凿主井与延深副井相结合的开拓延深

1——原主井；2——原副井；3——新主井

而新开凿一个副井与主暗斜井延深相结合进行新水平开拓延深的情况较多，在某些特殊情况下，也可以采用新开凿一对斜井或一对立井的方案进行开拓延深。显然这时的开拓延深工程几乎与新建矿井相同，但仍可以利用一部分原有的井巷工程、设施以及工业场地。

这种开拓延深方式的特点是——能大幅度扩大矿井生产能力；便于采用先进的技术装

备，开拓延深与生产相互影响小；但要改造原地面生产系统，需增加基建费用。

大型矿井延深时多要新增一个井筒，以提高生产能力和减少生产与延深相互影响。

5. *多矿井深部联合集中开拓延深*

当煤田浅部以小井群开发时，随着开采向深部发展，如果每个小井都各自向下延深势必造成井口多、占用设备多、总的延深工程量大、每个井的生产环节多、生产分散。在这种条件下，几个矿井在深部可以联合在一起集中开拓延深。其中，浅部采用片盘斜井群开发的矿区在向深部发展时最为典型。

多矿井深部集中开拓的原则方案如图 18-6 所示。

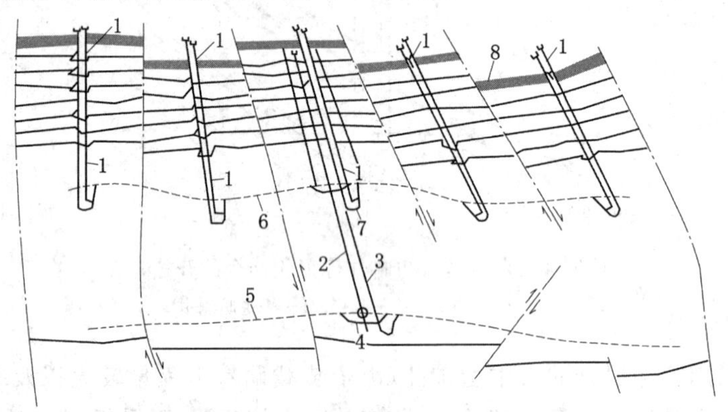

图 18-6　多矿井深部联合集中开拓延深

1——原有片盘小井群；2——新建主斜井；3——新建副斜井；4——新建井底车场；5——新建运输大巷；6——新建回风大巷；7——原有斜井井底车场；8——煤层露头风化带

这种方案的基本要点是——将各小井的深部合并为一个井田并建立统一的开采水平；改造原有井筒或新开凿井筒作为统一的出煤井，集中提升全矿井的出煤；根据条件可利用原有的部分井筒做副井，以担负部分辅助提升和通风任务；改造地面生产系统，设立统一的运煤系统，尽可能利用原有设备和设施。

根据联合后矿井的储量和井型大小不同，可采用输送机斜井、箕斗斜井或串车斜井作为主井。这种方案是在原有斜井群基础上改造主斜井、利用旧斜井，改造的工程相对而言不太大，延深时不影响生产，合并后可减少出煤井口和机电设备、减少井巷维护长度，可使生产集中、效率提高，并可回收一些报废井筒煤柱，在技术和经济上都是有利的，是隶属关系相同的小井群深部开拓延深的发展方向。

三、生产水平过渡时期的技术措施

矿井原开采水平开始减产至结束到新开采水平投产至全部接替生产，是矿井生产水平的过渡时期。该时期内上下两个水平同时生产，增加了提升、通风、排水的复杂性，应根据开拓延深方式采取必要的技术措施。

1. *提升措施*

对于采用暗斜井或多井筒多水平生产的矿井，上下水平出煤可由两套提升设备分担，一般没有太大困难；而对于直接延深原有井筒的矿井，特别是箕斗提升的立井，就必须采取专门的技术措施，才能满足不同水平煤炭提升的生产需要。

① 利用通过式箕斗提煤，两水平分班出煤。通过式箕斗，即通过式装载设备，也就是将

启闭上水平箕斗装载煤仓闸门的下部框架改造成一个可伸缩的悬臂，提上水平煤时悬臂伸出，提下水平煤时悬臂收回，让箕斗通过。如水平过渡期不长，可采用这种方法。

② 将上水平出煤经溜井下放到新水平，主井在新水平集中提煤。这种方法提升系统单一，提升机运转维护条件较好，但要多开上水平向下的溜井，增加下水平提煤的工作量，如果上水平的余煤量多，长期向下溜煤就会增加提升工作量和提升费用。

③ 上水平开采下山采区作为过渡。在主要生产转入下水平前，上水平采用下山开采，煤仍由上水平集中提升；在主要生产转入下水平后，将原来的下山采区改为上山开采，集中于下水平提煤。这种方法可推迟生产水平接替，有利于矿井延深，但采区提运系统前后期要倒换方向，需多掘一些车场巷道；另外只有在煤层倾角不大时才能采用下山开采。

④ 利用副井提升部分煤炭，相应地需适当改建地面生产系统，增建卸煤设施。

2. 通风措施

在生产水平过渡期间，保证上水平的进风和下水平的回风互不干扰关键在于安排好下水平的回风系统。根据我国一些矿区的经验，可以采用以下方法；

① 利用上水平维护的采区上山为下水平对应的采区回风。为防止新风、污风相混，在大巷与上山之间设置必要的通风设施。由于上水平采区上山维护时间长，故以利用岩石上山为宜。

② 利用上水平运输大巷的配风巷做过渡时期下水平的回风巷。

③ 采用分组集中大巷布置的矿井，可利用上水平上组煤层的运输大巷为下水平上组煤层回风(参见图 16-11)。

3. 排水措施

常采用 4 种排水方法中的一种——一段排水；两段独立排水；两段接力排水；两段联合排水。即指将上下两个水平的排水管路连成一套系统，设三通阀门控制，从而使上下水平均可排水至地面。

第三节　矿井的技术改造和改扩建

矿井技术改造，是指在坚持科学技术进步的前提下，利用矿井原有的基础和设施，用现代新技术、新工艺、新装备、新材料对原有的井巷工程、生产系统、装备、工艺等进行更新和改造。在这一过程中，仍保持原有生产能力的称为矿井技术改造；而通过技术改造扩大矿井生产能力的，则称为矿井改扩建。

一、技术改造的内容和要求

1. 矿井技术改造的特点

煤矿企业在技术改造方面有其自身的特点。

① 由于矿井开采范围煤炭资源有限，服务年限与生产能力成反比，储量被采完后矿井即报废，因而矿井技术改造后多数矿井并不大规模地扩大生产能力。

② 矿井开采一般遵循先浅后深、先近后远、先易后难、先优后劣的原则。随着时间推移、采深加大、工作场所变远，总的趋势是资源日益贫瘠、自然条件越来越恶劣、开采条件日益困难，如瓦斯、地温、地下水、矿山压力等造成的开采困难不断增大，所需井巷越来越长，提升、运输、通风等越来越困难。这些因素必将导致矿井的生产技术经济指标下降，因而需要

通过技术改造来抵消或减轻这些因素的不利影响。

③ 技术改造不但与设备的更新改造有关，也与井巷布置的改进有关。

2. 矿井技术改造的内容和目的

(1) 矿井技术改造和改扩建的内容

① 提高以采掘为中心的提升、运输、通风、排水、供电、压风和地面设施等各生产环节的机械化和自动化水平，简化生产环节。

② 改革井巷布置和开采部署，使其有利于集中生产、简化系统、提高单产，以适应生产条件和现代采矿装备的要求，相应地对井下生产系统和地面设施进行改建或扩建。

③ 改善井下生产条件和环境，对矿井各生产环节和井下环境进行监测和控制，特别是利用计算机自动监测系统进行信息的收集、监控和处理，提高安全生产的可靠程度。

(2) 矿井技术改造的目的

经过技术改造后，矿井应在技术上有明显的进步和提高，应达到下列目的：

① 保持或增加煤炭产量，提高效益，增加企业收入。

② 改善煤矿生产技术经济指标。

③ 提高资源采出率。煤炭是不可再生的矿产资源，提高资源采出率可以延长矿井服务年限、降低吨煤基建投资和掘进率。

④ 提高环境保护和安全生产水平。为职工创造一个良好的环境和工作条件，最大限度地减少和降低安全风险。

⑤ 增加煤炭品种供应，提高煤炭质量。发展原煤洗选加工，提高商品煤质量。

⑥ 降低能源消耗。更新改造效率低、能耗大的旧式设备和系统。

3. 矿井技术改造的要求

为使矿井技术改造能够达到预期效果，应满足以下要求：

① 查明矿井储量和地质条件，要求资源/储量和地质条件准确可靠。

② 有足够的资金并能合理使用，使技术改造在较短时间完成。

③ 尽量采用先进的技术和装备。围绕综合机械化，通过技术改造应大幅度提高综合机械化程度和工作面单产水平。在此基础上改革井巷布置，更新提升、运输、通风设备，使地面辅助生产实行专业化和集中化。

④ 充分利用原有井巷、系统和设施。为了减少技术改造的工程量、节省资金、缩短工期，应充分利用矿井原有生产条件。

⑤ 各环节的能力应科学配套。技术改造的重要内容是改造生产的薄弱环节。经过技术改造后的矿井各环节的生产能力必须相互适应，即采掘、运输、提升、通风和地面设施的能力应科学配套，有的环节还应适当地留有余地。

⑥ 选取适宜的技术改造内容和范围。根据矿井条件，合理地选取单个矿井全面技术改造、邻近矿井合并改造或矿井主要生产系统薄弱环节技术改造等内容。

二、技术改造的主要措施和途径

1. 提高矿井生产的机械化和集中化水平

提高采掘工作面的机械化水平、单产和单进水平，以及在此基础上提高矿井生产集中化程度，对矿井生产技术面貌的改变具有主导作用，也是进行其他环节技术改造的基本依据。

① 更新工艺装备，提高采掘机械化水平——首先应致力于提高采掘工作面机械化水

平。采煤工作面机械化水平有多个层次，分普通机械化开采和综合机械化开采。而普采或综采的设备性能亦在不断改进和提高。技术改造时应力求使之上档次、上水平，使采煤工作面的单产水平有显著提高。在提高掘进工作面机械化水平方面也有多个层次，有从钻孔爆破到采用机械设备钻孔、机械化装岩，到使用掘进机综合机械化掘进，还有使用连续采煤机配锚杆钻机掘进。矿井技术改造时应力求提高掘进工作面机械化水平，同时改革巷道支护方式，积极发展锚杆支护新工艺，提高掘进工作面单进水平。

② 提高矿井生产集中化程度，建设安全高效矿井——在提高采掘工作面机械化水平和提高单产、单进水平的基础上，力求减少矿井同时生产的采煤工作面数目，提高矿井生产的集中化程度，简化矿井生产系统。通过矿井技术改造，逐步向建设安全高效矿井的目标迈进。生产条件好的矿井力求实现基本上由1～2个采煤工作面生产保证矿井产量的格局。

2. 改进准备巷道布置，为工作面生产创造有利条件

随着综采技术的迅速发展，使得工作面单产大幅度提高、推进速度加快；所要求的采准巷道断面加大，掘进机械化亦要求相应提高；采区、盘区或带区运输设备向着连续化、大运量、长距离发展；促使准备巷道布置及改革向着如下方向发展：

① 加大工作面和采区、盘区或带区尺寸——发展机械化采煤，提高工作面单产，必须适当加大工作面长度，尽可能加大工作面连续推进长度，减少工作面搬迁次数，由此需要加大开采区域的尺寸。

② 降低岩石巷道比重——在工作面单产增大、推进速度加快、巷道支护改革和维护效果改善之后，需要并有条件地减少准备巷道的岩石工程量。其中，最为明显的是要取消或减少区段岩石集中平巷或分带岩石集中斜巷。

③ 区段间或分带间无煤柱护巷——采用沿空掘巷技术可以减少或基本上取消区段或分带巷道之间的保护煤柱，使这些巷道避开矿山压力峰值区，既有利于巷道维护又可以提高采区采出率，因而应用较多。沿空留巷技术目前正在大力试验和推广运用之中。

④ 跨采——由原来的单组中央上下山或石门布置改为多组上下山或石门布置，其中一组可布置在采区或盘区边界，由双翼开采改为跨上下山或石门的单向连续推进开采，这样可大幅度增加采煤工作面连续推进长度、减少搬家倒面的次数和工作量。

⑤ 设较大容量煤仓——为了缓解高峰出煤时间对大巷运输所增加的负荷、提高运煤系统的可靠度，保证采煤工作面生产期间不出现或少出现中断，从而提高采区、盘区或带区的生产能力，技术改造中多设置较大容量的采区、盘区或带区煤仓。同时，在矿井技术改造中还普遍地增设井底缓冲煤仓或扩大井底煤仓容量。

值得注意的是，有些生产矿井在提高大巷运输能力、可靠性和改造井底煤仓后，不设采区、盘区或带区煤仓，采区、盘区或带区胶带输送机运送的煤流直接与大巷胶带输送机搭接，也取得了好的技术经济效果。

3. 矿井合并改造，实现合理集中生产

在矿井技术改造中，为了实现矿井的合理集中生产，提高矿井生产技术水平和技术经济效果，一些矿井采取了合并集中改造、扩大井田范围、提高开采强度等措施，亦取得了良好的效果。

① 生产矿井间的合并集中改造——生产矿井之间的合并，有的是将衰老矿井并入发展中的矿井，有的是为了合理集中生产、提高经济效益而进行的生产矿井之间的合并，如对浅

部片盘斜井群进入深部后结合矿井新水平开拓延深进行合并改造，对中小型相邻矿井根据不同条件和需要所进行的合并集中改造。

② 新老矿井的合并集中改造——一些20世纪五六十年代开发建设的矿区，根据当时的生产技术水平划分的矿井数目多、井田尺寸小、密度大。随着生产技术发展，在陆续建设新井和已生产的矿井技术改造过程中，有的新井并入老井，有的老井并入新井，通过技术改造重新划分了井田境界，使矿区和矿井达到合理集中生产。如淮北闸河矿区原规划布置23对矿井，通过技术改造逐步合并为9对矿井。

③ 扩大井田范围、提高开发强度的矿井技术改造——在生产矿井井田境界之外尚有较为丰富的储量、煤层开采条件较好的情况下，矿井技术改造时往往考虑扩大井田范围、提高开发强度或延长矿井服务年限，以提高矿井技术改造投资的经济效益。

4. 通过矿井改扩建扩大生产规模

矿井改扩建也是矿井技术改造的一种类型。生产矿井进行改扩建，原则上应具备以下条件：

① 煤层开采条件好，有足够的探明储量，改扩建后能够保持较长的服务年限，或者地处缺煤地区、迫切需要近期就地解决煤炭供应的矿井。

② 生产矿井已经达到设计生产能力，部分生产环节仍有较大潜力，扩建所需增加的工程、设备和投资较少。

③ 改扩建完成后矿井能够很快达到扩建生产规模，能够提高效率和降低成本。

④ 改扩建施工过程中基本不影响矿井的正常生产。

有条件的生产矿井通过技术改造扩大生产能力，与建设新矿井相比不需要增加大量设备和人员，不必进行大量的井下和地面工程建设，可以充分利用已有井巷工程设施和机械装备，可节省资金，能够在较短时间内达到增产目的。一般而言，上述改扩建矿井比新建一个与增长规模相同的矿井有利，改扩建矿井的吨煤投资约为新建井的一半。

三、生产系统薄弱环节的技术改造

当矿井开采能力潜力很大而辅助生产环节限制矿井产量提高，或个别环节技术落后、阻碍矿井技术经济指标改善时，可针对薄弱环节进行技术改造，以提高矿井综合生产能力。

1. 提升系统改造

在矿井产量或开采深度增加后，主副井提升能力不足往往成为技术改造后矿井增加产量的瓶颈。为提高矿井提升能力，对提升系统的改造措施有——改装箕斗、加大容量，或更换大容量箕斗；罐笼提升改为箕斗提升；斜井串车提升改为胶带输送机或箕斗提升；提升绞车由单机拖动改为双机拖动；加大提升速度或减少辅助时间；缩短一次提升时间和增加每日的提升时间；增加井筒数目，增加提升设备，以及斜井单钩改双钩、立井罐笼单层改双层、单车改双车提升等。

2. 井底车场改造

对于大巷采用矿车运输的矿井，其井底车场的通过能力即为井底车场运输线路的通过能力和翻笼卸载能力。

一般情况下，运输线路的通过能力限制较严，提高运输线路通过能力的途径主要是缩短列车进入井底车场的间隔时间。为此，可采用改进调车方式、增设行车复线、增设井底缓冲煤仓等举措。

一般情况下，井底车场翻笼卸载能力均能满足生产需要。当矿井采用载质量小的固定式矿车而井型扩大时，可能出现翻笼能力不足问题，可采用增设翻笼和卸载线路的方法加以解决。根据情况需要，也可结合井下运输方式改进，如采用底卸式矿车运煤，为此需对井底车场进行较全面改造。

3. 大巷运煤系统改造

对于矿车轨道运输大巷，提高大巷运输能力的措施有——改善轨道维护，提高行车速度，减少运输事故；对采用单轨大巷的矿井，可增设错车场、减少调车时间；增加电机车的工作台数；加大电机车黏着质量或改用重型电机车；改用载质量大的矿车或由固定式矿车改用底卸式矿车。

对于大巷采用无极绳绞车牵引而运输能力不能满足矿井增产需要的矿井，可改用其他运输方式和设备，当改用电机车运输时应根据电机车牵引要求调整巷道坡度。

对于采用胶带输送机运输的大巷，提高大巷运输能力的措施有——改换或增加电机，加快胶带输送机运行速度；改用能力大、强度高的胶带输送机，以及采用大巷运输的自动控制系统等措施。

4. 辅助运输环节改造

对于井下材料、设备、人员等辅助运输，目前我国大多数矿井仍采用传统的矿车轨道运输方式，也就是大巷电机车、上下山绞车及无极绳，运输环节和占用人员较多，运输能力和效率较低。在建设现代化矿井、安全高效矿井时，急需对辅助运输环节进行技术改造。其发展方向是采用新型单轨吊车、无轨胶轮车、卡轨车和齿轨车，从而实现一条龙直达运输。

5. 通风安全系统改造

当矿井改扩建增产幅度较大、要求增加风量，或通风系统不合理、需要进行技术改造时，应根据不同情况采取适当措施，如增加进、回风井，改造回风巷道以降低通风网路的通风阻力，改造通风系统，改革通风方式，改换能力大、效率高的通风机等。

当矿井向深部发展、瓦斯涌出量增大、单靠通风冲淡瓦斯不能奏效时，则需采取预先抽放瓦斯的措施。

为保证矿井安全生产，技术改造中还应根据需要针对防火灌浆、洒水降尘、预防煤与瓦斯突出、降低井下温度等采取相应的措施。为提高矿井通风安全管理水平和可靠程度，矿井技术改造中宜增设自动监控系统。

6. 地面生产系统改造

主要是改造地面运输、煤的存贮和装车、矸石排放系统，使井上下各生产环节的能力配套。例如改矿车运输为胶带运输，井口调车自动滚行，采用道岔联动化，扩建地面煤仓和贮煤场，增加同时装车的轨道线路数等。

设有选煤厂而洗选能力不足以及矿井压气、供电、排水或充填能力不足等，也应根据需要进行相应的技术改造。

复习思考题

1. 简述采掘平衡在煤矿生产中的意义。
2. 简述“三量”的规定和要求、用“三量”反映采掘关系的合理性。

3. 简述矿井开拓延深方式的类型和特点。

4. 简述矿井技术改造的内容和要点。

5. 简述矿井技术改造的主要措施和途径。

6. 简述矿井生产系统薄弱环节技术改造的内容。

第十九章　矿井开采设计

矿井建设前必须进行全矿的开采设计。在矿井投产后的整个生产期间，亦必须随生产发展对井田每一部分的开采进行设计。矿井开采设计，是一种综合性的设计，既要对全矿的开采部署、井巷布置进行设计，又要对生产系统、辅助环节、安全措施妥善安排；既需对开采部分在总体上、各环节的相互配合上形成总的部署，又需对其每一局部有详细的设计，以便于施工。矿井开采设计分为两部分，首先要确定全矿或某一开采部分的开拓部署、井巷布置、生产系统等主要技术原则，如新建矿井的初步设计（扩大初步设计）、矿井改扩建设计、生产矿井的新水平开拓延深方案设计、采区、盘区或带区设计；其次，根据已批准的初步设计或方案设计完成单项工程施工图设计，如采区车场、井底车场、硐室、巷道交岔点设计等。

第一节　矿井开采设计的程序和内容

一、矿井建设的程序

矿井建设项目按进程可分为初步可行性研究、可行性研究、初步设计、施工设计和工程实施等阶段。

1. *矿井初步可行性研究*

初步可行性研究，是指对矿井建设项目经济意义的初步评价，应根据批准的井田详查或勘探地质报告进行，其研究报告可以为矿井建设的可行性研究提供决策依据。

2. *矿井可行性研究*

可行性研究，是指对矿井开发建设经济意义的详细评价，是对拟建矿井的必要性、技术可行性和经济合理性进行科学论证和具体分析研究，其结果可以为该矿井建设项目投资决策提供依据，应根据批准的井田勘探地质报告进行。

矿井建设初步可行性研究报告和可行性研究报告的编制原则如下：

① 通过市场调查分析，并遵照国家对煤炭资源开发和配置的宏观指导，综合研究并提出项目建设的必要性。

② 通过对资源、外部建设条件的调查分析和矿井开发设计方案的论证比较，综合研究并提出项目建设的可行性。

③ 通过对矿井建设项目的技术经济综合分析研究和财务评价，提出项目建设的合理性。

3. *矿井初步设计*

矿井初步设计，是指在矿井可行性研究的基础上，为选择和确定拟建矿井重大技术决策的初步方案和所需设备以及为编制矿井主要技术经济指标和总概算等进行的设计。

矿井初步设计的依据——已批准（核准）的矿井建设可行性研究报告，井田勘探地质报告，国家建设方针、政策、规程和规范，设计计划任务书。设计计划任务书，是生产管理部门向设计部门委托设计任务的一项指令性文件。该任务书规定了拟建项目的任务和设计内容、技术方向、设计阶段、设计原则、计划安排以及配套工程的发展计划和要求。其主要内容包括：矿井建设目的、根据、规模、顺序、速度、开发强度、机械化程度、生产协作条件、产量和品种、设计原则和效果、投资估算等。

矿井初步设计是指导矿井建设的技术经济文件，经批准后是安排矿井建设计划和组织实施的依据。初步设计应能指导施工图设计，作为控制工程投资、设备选型订货和矿井验收移交及生产考核的依据。

4. 矿井施工设计

矿井施工设计，是指为矿井施工提供施工图纸、预算和有关说明书所做的设计，包括矿井施工组织设计和施工图设计。

二、矿井建设设计的内容

1. 矿井初步可行性研究的主要内容

① 建议项目提出的必要性和依据。

② 拟建规模和建设地点的初步设想。

③ 资源情况、建设条件、协作关系和引进技术设备的国别、厂商的初步分析。

④ 投资估算和资金筹措设想，利用外资时应说明利用外资的可能性及偿还贷款能力的测算情况。

⑤ 项目的进度安排。

⑥ 经济效益和社会效益的初步分析。

2. 矿井可行性研究的主要内容

(1) 总体说明

① 概述——矿井位置、隶属关系、设计依据和编制过程。

② 矿井建设综合评价——主要特点，资源可靠性，用户，外部协作配套条件，推荐方案的技术经济效益，综合评述。

③ 存在的主要问题和建议。

(2) 井田概况和建设条件

① 井田概况——交通，自然地理，地震参数，矿区建设和规划概况，区域经济。

② 矿井建设的外部条件——运输，电源，水源条件评述，建筑条件供应，协作项目有关问题及其评述。

③ 矿井建设的资源条件——地质构造和煤层特征，水文地质条件，开采条件评述，查明的矿产资源、勘查程度评价和补充勘探意见。

④ 市场供应情况——市场前景预测，包括进入国际市场的前景分析。

(3) 井田开拓和开采

① 井田境界和可采储量——井田境界的合理性，井田尺寸与面积，资源/储量和可采储量的计算及其分析。

② 矿井设计生产能力和服务年限——矿井工作制度，矿井设计生产能力的论证和确定，矿井和水平的服务年限。

③ 井田开拓——开拓方式的论证和确定，井筒数量和用途，井口和工业场地的位置，水平划分，运输大巷与总回风巷布置，通风方式等的方案比选，采区划分和开采顺序评述。

④ 井筒、井底车场和大巷运输——井筒装备和布置，大巷运输方式论述与设备选型，井

底车场形式的确定。

⑤ 井下开采——采煤方法选择，采煤机械选型论证和配置，工作面尺寸和生产能力确定，移交及达到设计能力时采区、工作面数目、位置的方案比选确定，采掘生产接替安排，移交及达到设计能力时的井巷工程量。

⑥ 通风和安全——通风系统与风量确定，瓦斯、煤尘、自燃、煤与瓦斯突出、水害、冲击地压、热害等灾害分析与预防措施以及安全装备。

(4) 矿井的主要设备

① 提升设备——提升方式的方案比选和设备选型。

② 通风设备——通风设备选型。

③ 排水设备——排水方式比选和设备选型。

④ 压风设备——压风系统设备选型。

(5) 地面设施

① 主井地面工艺布置——煤质特征、用户要求、产品方案和加工方式；地面生产系统方案比选和主要设备选型。

② 副井地面工艺布置——辅助运输方式、工艺布置和设备选型、排矸方式确定。

③ 地面运输——地面运输方式比选，标准轨铁路运输时运网衔接方案比选。

④ 工业场地总平面布置——工程地质、洪水位和井口标高确定，总平面布置比选，占地指标及场地平整。

⑤ 供电——电力负荷估算、供电方案和系统衔接比选。

⑥ 供水——生产和生活用水量估算、水源方案比选和供水系统确定。

⑦ 供热——生产和生活热力负荷估算、供热方案和系统布置、设备选型。

⑧ 工业、行政、公共建筑——主要建(构)筑物的结构形式，各类建筑总面积。

⑨ 居住区——位置比选、平面布置方案比选、与地方城镇建设规划协调问题评述。

⑩ 环境保护和综合利用——环境影响评价和治理措施(烟、尘、噪声、塌陷区、污水、矸石等)，工业场地和居住区绿化，煤、矸石等其他有益矿产的综合利用。

⑪ 重大改迁和保护工程——河流、国铁、区域电源线路、城镇和文物、大型水利工程设施的改迁和保护的论述。

(6) 建井工期

① 建井工期——施工准备，主要工程施工方法方案比选和确定，井巷主要连锁工程确定，三类工程综合进度表，建井工期估算。

② 产量递增安排和达产时间。

(7) 技术经济分析和评估

① 企业组织、劳动定员和劳动生产率——项目管理体制，机构设置，劳动定员配置方案，对技术和管理人员的素质要求，人员培训计划。

② 投资估算和资金筹措——建设资金估算范围、依据、方法和总投资估算，逐年投资分配，流动资金估算，贷款利息计算，资金来源。

③ 生产成本估算——估算依据和估算结果。

④ 产品销售——售价和销售收入。

⑤ 财务评价——计算出财务内部收益率，投资回收期、偿还期，投资利润率、利税率，年

利润总额和利税总额。

⑥ 国民经济评价。

⑦ 不稳定性分析——盈亏平衡点分析，敏感性分析，抗风险能力分析。

⑧ 技术经济总评价——综合论述矿井建设的技术经济合理性，矿井主要技术经济指标。

(8) 附图

矿井交通位置图、矿井地质地形图、主要煤层地质图、矿井水文地质图、井田开拓图、移交采区布置图、地面主要生产工艺系统图、工业场地总平面图、矿井地面总布置图、井巷和土建及机电安装综合进度图表。

3. *矿井初步设计的主要内容*

(1) 总说明

① 初步设计编制依据，编制情况。

② 设计指导思想。

③ 矿井(井田)特点、设计确定的主要技术原则和主要技术经济指标。

④ 存在的主要问题和建议。

(2) 井田概况和地质特征

① 概述井田自然地理、交通、电源、水源、区域经济和建设材料。

② 概述井田地质构造、地层、煤层和煤质情况，水文地质、开采技术条件以及其他有益矿产的开采和利用评价。重点对地质报告进行全面分析研究，应对勘查程度、开采技术条件和资源可靠性等作出评价并提出补充勘探意见。

(3) 井田开拓

井田开拓是矿井设计的重要部分，对矿井生产经营有长远影响，关系矿井地面与井下整体布局，对建设工程量、建设工期、基建投资、生产技术面貌和经济效益有重大作用，需经全面技术经济方案论证并综合政策、经验、技术、经济诸多因素决定。

按矿井初步设计要求，它包括下列内容：

① 井田境界与资源/储量的确定。

② 矿井设计年生产能力和服务年限的确定。

③ 选择井田开拓方式，井筒位置、数目和用途，水平划分，主要运输大巷和总回风巷布置，采区划分和配采安排。

④ 井筒、井底车场和硐室布置。

(4) 大巷运输和设备

① 运输方式选择——煤炭和辅助运输方式的比较和选定。

② 主要运输设备选型——当煤炭采用矿车运输时，计算机车类型和数量及其配套的附属设备(矿车、整流设备等)的型号和数量。当煤炭采用胶带运送时，应对输送机型号、长度、带宽、运输速度、运输能力、输送机功率等进行选择和计算。

③ 辅助运输设备选型——分别计算运送人员、设备、材料、矸石等机车的类型、型号和数量。

(5) 采区布置和装备

① 采煤方法——根据地质构造、煤层稳定性和开采条件分析比较选择采煤方法，选择

工作面采煤、装煤、运煤方式和设备选型，确定工作面顶板管理方式，选择计算支架设备。

② 采区布置——初期采区数目、位置选择，移交采区巷道布置，采区特征和采区煤炭、矸石和辅助运输方式及设备选型。

③ 采煤工作面布置——移交时的采煤工作面布置、数量、工作面长度、推进度、产量。

④ 巷道掘进——移交生产和达到设计能力时的掘进工作面数量、组数。掘进机械设备配备，巷道断面和支护方式，移交时井巷总工程量。

(6) 通风和安全

① 概述邻近矿井和本井田的瓦斯、煤尘、自燃、煤与瓦斯突出、突水和地温等情况。

② 矿井通风——通风方式和通风系统选择及其依据，矿井风量计算及依据，矿井风压和等积孔计算；附矿井通风系统图。

③ 灾害预防和安全装备——预防瓦斯及煤与瓦斯突出的措施、预防井下火灾的措施、防治矿井冲击地压的措施等。

(7) 提升、通风、排水和压缩空气设备选型与计算

(8) 地面生产系统

包括煤质及其用途、煤的加工、生产系统和辅助设施等。

(9) 地面运输

包括概况、铁路专用线、场外公路和其他运输。

(10) 总平面布置和防洪排涝

(11) 电气

包括供电电源、电力负荷、送变电、地面供配电、井下供配电、监控与计算机管理和矿井通信等。

(12) 地面建筑物和构筑物

(13) 给水和排水

(14) 采暖、通风和供热

包括采暖与通风、井筒防冻、锅炉房设备、室外热力管网等。

(15) 职业安全卫生

(16) 环境保护

(17) 建筑防火

(18) 节能

阐述建筑、供电、机电设备、供热、给排水及环保等节能设计和节能措施。

(19) 建井工期和产量递增计划

(20) 技术经济分析

矿井初步设计完成后，需提交设计说明书、设计附图、机电设备和器材清册、矿井初步设计概算书、矿井初步设计安全专篇。

初步设计和安全专篇同时报批。安全专篇规定的安全设施必须和主体工程同时设计、同时施工、同时投入生产和使用。

安全专篇的主要内容一般有——前言，矿井概况及安全条件，矿井通风，粉尘灾害防治，瓦斯灾害防治，矿井防灭火，矿井防治水，井下其他灾害防治，矿井集中安全监测监控，矿井安全检测及其他装备，矿山救护队，劳动定员和概算，附图等。

三、生产矿井开采设计

矿井整个生产期间对井田每一部分的开采都需要进行设计。按设计开采范围不同，可分为全矿性的设计，如矿井改扩建设计、新水平开拓延深设计；局部性的设计，如采区、盘区或带区设计和采煤工作面设计。

矿井改扩建设计的程序、内容和深度与新建矿井的矿井设计基本相同。

矿井新水平开拓延深设计也采用两阶段设计：首先进行开拓延深方案设计，相当于新建矿井的初步设计，然后根据批准的方案设计再进行各单项工程的施工图设计。由于矿井的开拓延深需尽可能利用原有的井巷工程、生产系统、设备和设施，故延深设计涉及的范围一般较新井设计窄一些，其所受制约也严一些。

采区、盘区或带区通常也采用两段设计：首先确定采区、盘区或带区的主要技术方案，再根据方案设计编制区内各项单项工程的施工图设计。

采煤工作面设计，是在已经开拓和准备的采区、盘区或带区范围内进行的，主要是根据区段或分带范围内的煤层赋存和地质构造情况，确定机巷、风巷、开切眼、中切眼、联络巷等巷道的具体位置和掘进要求，如巷道的方向、标高和坡度等，确定对区段或分带范围的地质变化，如断层、变薄带、陷落柱等的处理方法，选择机巷和风巷内的运输设备和设施。对开采煤层数目较多、地质条件比较复杂的联合布置采区、盘区或带区，应对每个采煤工作面进行设计。一些矿井的开采煤层数目不多、地质条件较简单，在采区、盘区或带区设计内已有具体安排，可不另进行采煤工作面设计，只完成工作面作业规程，在掘进工作面各回采巷道时需根据条件变化及时调整。

第二节　矿井开采设计方法

矿井设计是综合性的，一般均涉及采矿、机电、机制、土建、控制、自动化、给排水、经济等多个专业，需要各种专业配合和协作才能完成。矿井开采设计，包括井田开拓、准备方式和采煤方法以及巷道掘进、矿井提升、运输、通风、排水、动力供应等各个生产环节，应综合运用多方面的工程技术和科学知识加以完成。

对于采矿工程专业而言，矿井开采设计主要应解决井田开采的技术方案和确定各项开采参数，如确定井田开拓方式，新水平开拓延深方案，采区、盘区或带区巷道布置，生产系统和机电装备，对井田或阶段再划分，设置开采水平，确定阶段垂高或斜长，确定采区、盘区或带区走向长度和工作面长度，选择采煤方法等。

一、矿井开采设计的步骤

完成矿井设计时，应结合具体条件正确地、灵活地运用相关技术原则和方法，使所选用的方案和参数在技术上是优越的、经济上是合理的。

所谓技术上是优越的，是指所选用的方案生产环节简单、可靠、安全，采用了适合该矿具体条件的先进技术，有利于采用新技术和新工艺，有利于实现生产过程的机械化、综合机械化和自动化，有利于集中生产、简化生产系统、提高资源采出率和加强生产技术管理。

所谓经济上是合理的，是指所选用的方案吨煤生产能力的基建投资少，特别是初期投资少，劳动生产率高，吨煤生产费用低，建设时间短，投资效果好，投资回收期短、利润高。

由于矿井地质条件的多样化和技术条件的多层次性，加之所解决问题的性质、影响范围各不相同，研究和确定开采设计方案需要采用不同的方法。在我国目前条件下，通常采用如下的方法和步骤。

1. 提出技术上可行的方案

全面系统地分析各种设计基础资料，明确设计内容、性质和要求，以及设计应达到的目标等。熟悉和掌握设计任务或设计所要解决的总体或局部的内、外部条件，如井田的地质地形条件、交通情况和与邻近井田的关系等。根据井田的自然地质条件和采矿技术条件，深入细致地分析和研究设计中的有关问题，提出若干个在技术上可行和安全上可靠的方案。

2. 对方案进行技术比较和筛选

对提出的可行方案进行详细的技术分析和粗略的经济比较，否定一些在技术经济上比较容易鉴别为不合理的方案；将剩余的(一般不少于 3 个)方案取长补短、使其更加完善；如果能够明显地判定出哪一个方案最好，就可以确定其为最终采用方案；如果不能明显地判定各方案在技术经济上的优劣，则必须对剩余的方案进行详细的经济比较。

3. 对方案进行经济比较

对上述 3 个及以上的方案详细地进行经济费用计算和比较。在进行开拓方案的经济比较时应考虑下列费用：

① 基本建设费，其中有井巷开凿费，建筑物和构筑物的修建费以及一些特殊设备费等。

② 生产经营费，其中有巷道维护费、运输提升费、排水费和通风费等。

4. 对方案进行多目标综合评价优选

对方案进行经济比较后，应对技术分析和经济比较结果进行综合分析，权衡各方案的利弊、抓住关键问题选择一个确实是各方案中能够较好地体现煤炭工业技术政策、技术上先进、有利于生产和施工、经济效益和社会效益及环境效益均好的方案。

应当指出，若将各方案的生产费用和基本建设费用简单相加后进行比较，而把所需费用总额最小者确定为经济上最有利的方案，势必会突出生产经营费用的作用(与基本建设费用相比，生产经营费用占较大比重)而不能反映出方案的投资效果。因此，必须将有关因素均考虑进去，进行方案的多目标综合评价。如在某些情况下，虽然某一方案费用略高，但其初期投资少、建井工期短、可以早出煤，也许不失为一个最优方案。

5. 方案说明

是指按设计任务书的要求，对方案作出详细的文字说明，并绘出设计图纸。

二、矿井开采设计方法

1. 方案比较法

方案比较法的实质，是对不同的方案进行技术经济分析和对比，从中选出一种相对最优的方案。该方法是我国目前确定矿井开采设计方案时应用最广泛的方法。

(1) 方案比较的内容

由于煤矿开采的影响因素很多，需解决问题的性质和涉及范围不尽相同，因而在进行开拓方案设计时，应根据参加比较的方案特点、差别和复杂程度，确定方案比较的具体项目、内容和重点。在通常情况下，应比较的主要项目和内容有以下几类。

① 工程量——应分别按实物单位进行计算，其中包括：井巷工程量(井巷长度或掘进体积、硐室掘进体积)；地面建筑工程量，涉及建筑物建筑面积和构筑物(轨道、管路、线路)长

度；机电设备安装工程量(设备台数或成套设备套数、管路和线路长度)；其他工程量(占用农田面积、平整土地土石方数)。

② 基本建设投资——分别按价值单位计算井巷和地面建筑、机电设备安装及其他工程的费用。在计算基建投资时，应当特别注意初期投资的计算。

③ 基本建设工期。

④ 机电设备和主要材料需用量。

⑤ 生产经营费用——按矿井生产过程计算生产经营费用，其中包括巷道维护费、运输提升费、通风费和排水费等。

⑥ 其他——包括矿井设计生产能力，煤炭采出率，巷道掘进率，生产过程机械化程度，安全可靠程度等。

由于煤层赋存条件、地形条件、开采技术条件、区域经济条件各不相同，对于具体矿井的井田开拓方案比较的主要内容或侧重点可能不同，开拓方案可以比较的项目和项目涉及的内容如表 19-1 至表 19-6 所列。井筒形式不同时，形式和位置方案应结合在一起进行全面比较，井筒形式相同的方案则位置需单独比较。开采煤层群时，运输大巷可分层、集中或分组集中布置，高瓦斯矿井可采用大断面单巷或小断面双巷，还有煤层大巷和岩石大巷之区别。

表 19-1　　矿井设计生产能力方案

项　目	比　较　内　容
矿井设计生产能力	生产能力，服务年限，均衡生产年限，第一水平服务年限
采区和工作面	初期移交生产和达到设计能力时的采区数目、位置，探明的和控制的储量，服务年限，采区接续，初期移交生产和达到设计能力时的采煤工作面数目、分布及其装备水平、长度、年进度
提升系统	主、副井井筒(或平硐)数量，长度和布置，提升容器及数量，提升能力
通风系统	风井数目及工程量，总回风道及工程量，通风设备及构筑物
压风系统	压风设备及构筑物
供电系统	供电负荷，输变电线路和设备
地面运输	铁路接轨点、线路选择及长度，公路线路选择及长度，桥涵设置
地面建筑	行政生活建筑，居住区建筑和设施，通勤设备
工业场地及占地	工程地质条件，工业场地布置，供电、供水、通信、公路、排矸系统，环境保护措施，井(硐)口及工业场地占地，铁路、公路占地，防洪排涝占地，居住区占地，其他占地和迁村等
井巷工程量	移交生产时井巷工程量，达到设计生产能力时总井巷工程量
劳动定员	原煤生产人员、服务人员、其他人员、矿井总定员
劳动生产率	全员效率
基建投资(万元)	移交生产时投资，达到设计生产能力时总投资，吨煤投资
建设工期	移交生产时连锁工程工期和总工期
原煤成本	吨煤成本
返本期	基建投资返本期

表 19-2　**井筒形式方案**

项　目	比　　较　　内　　容
井筒(平硐)特征及装备	井筒(平硐)位置、用途、数目、深度或长度,井筒(平硐)断面、支护形式、深度或长度,井筒(平硐)装备(设施)
采区和工作面	初期移交生产和达到设计能力时的采区数目、位置、服务年限,采区接续,初期移交生产和达到设计能力时的采煤工作面数目、分布及装备水平、长度、年进度
提升系统	提升容器类型及数量,装载、卸载设备,提升设备及能力,井塔(井架)结构及建筑体积,大型设备及长材料的提升
井底车场和硐室	井底车场形式、调车方式和通过能力,主井系统硐室(翻笼硐室、底卸式矿车卸载坑、煤仓及装载硐室、清理撒煤硐室),副井系统硐室(副井井筒与井底车场连接处、推车机硐室、矸石系统的车场巷道及硐室、清理井底硐室)
运输大巷(石门)	大巷(石门)断面及支护,大巷(石门)布置方式及长度,大巷(石门)煤柱
通风及安全	通风方式,风井数量及特征(初期、后期),总回风道布置、断面及长度,通风网路及风压,安全出口
施工技术条件	冲积层厚度、岩性、涌水量,工业场地的工程地质条件、稳定性及基岩含水性,井筒通过强含水层的技术措施,水、电等的输送条件,井筒延深方式,主要施工方案和装备
煤　柱	井筒(平硐)及工业场地煤柱量,煤质和煤类
占　地	工业场地占地及居住区占地,铁路、公路占地,迁村数量及户数
工程量	井筒、井底车场及硐室、运输大巷(石门)工程量,铁路、公路及工业场地土(石)方工程量
建设工期	施工准备工期,井巷连锁工程工期,总工期
基建投资(万元)	井巷工程投资(初期、后期),设备费和安装费,建筑及其他费用
生产经营费(万元/a)	井筒提升费,大巷(石门)运输费,井筒排水费,通风费,地面运输费,可比部分总生产经营费

表 19-3　**井筒(平硐)位置方案**

项　目	比　　较　　内　　容
井下运输	各水平两翼资源/储量及分布,各水平煤及矸石的平均运距、运输量,运输大巷(石门)位置,井底车场形式
采区和工作面	初期移交生产和达到设计能力时的采区数目、位置、服务年限、接续,初期移交生产和达到设计能力时的采煤工作面数目、分布及其装备水平、长度、年进度
水平划分	水平标高,阶段划分,水平资源/储量和服务年限
煤　柱	井筒(平硐)煤柱量及其与首采区关系,工业场地煤柱量,大巷(石门)煤柱量
施工技术条件	冲积层厚度、成分、涌水量,采空区、岩溶水、滑坡性质、构造及影响,井筒延深方式,施工技术措施
地面运输	铁路接轨点,线路选择及长度,公路线路选择及长度,桥涵设置
防洪排涝条件	井口(硐口)标高,防洪排涝措施(填方、筑堤、改河、疏渠)
工业场地	工程地质条件、工业场地布置,供电、供水、通信、公路、排矸系统,环境保护措施
占　地	井(硐)口及工业场地占地,铁路、公路占地,防洪排涝占地,居住区占地,其他占地及迁村等

续表 19-3

项　目	比　　较　　内　　容
工程量	井筒(平硐)工程量(初期、后期),井底车场及硐室工程量(初期、后期),运输大巷(石门)工程量(初期、后期),风井、总回风道及石门工程量(初期、后期)
建设工期	井巷连锁工程长度和工期,总工期
基建投资(万元)	井巷工程投资,设备费、安装费,地面运输投资,土地购置费,地面建筑,其他
生产经营费(万元/a)	井筒提升费、排水费,井下通风费、排水费、运输费,地面运输费
其　他	水源、地面铁路、管线的维护条件等,通勤条件

表 19-4　　开采水平划分方案

项　目	比　　较　　内　　容
水平划分	水平标高,阶段垂高和斜长
储量和服务年限	水平上、下山资源/储量及比例,水平上、下山服务年限,水平均衡生产年限及接替
工程量	井筒、井底车场及硐室工程量(初期、后期),运输大巷(石门)、总回风道工程量(初期、后期),采区准备巷道(石门、煤仓、上下山)工程量
基建投资(万元)	井巷工程投资(初期、后期),设备费,安装费
建设工期	井巷连锁工程工期,总工期
生产经营费(万元/a)	井筒提升费、排水费,大巷(石门)运输费,井巷维护费

表 19-5　　运输大巷布置方案

项　目	比　　较　　内　　容
大巷位置	大巷所处层位岩性,有无动压影响
大巷特征	断面、支护形式及数目,大巷运输方式、设备,煤柱
工程量	大巷工程量(初期、后期)
建设工期	井巷连锁工程工期、总工期
基建投资(万元)	大巷投资(初期、后期)
生产经营费(万元/a)	大巷维护费

表 19-6　　总回风道布置方案

项　目	比　　较　　内　　容
布置方式	总回风道数量、位置、标高与防水煤(岩)柱的关系
工程量	巷道断面、支护形式,巷道长度
施工工期	井巷工程工期
基建投资(万元)	巷道投资
生产经营费(万元/a)	巷道维护量,维护费
其　他	安全性

(2) 方案比较的注意事项

① 提出技术上可行和安全上可靠的方案并进行技术分析，是方案比较的重要步骤和基础，必须认真全面地研究各种条件和因素，不应遗漏方案，并要排除安全上禁止的方案；对方案中应当列入的对比项目，应进行反复核对，以免遗漏。

② 在进行经济计算时只考虑重要项目的费用。这是因为，各种费用的重要程度是相对的，例如费用为几千万元，则几万元的数字比较意义就不大，可以不列入比较。

③ 相同费用项目可以不比较；对影响不大、差别很小的费用项目也可不进行比较。应当指出，对于哪些项目是重要的、影响不大的或相同的，应进行具体分析。通常情况下，重要项目包括井巷工程费、地面建设费、煤的运输提升费、井巷维护费；而对于低瓦斯矿井的通风费、涌水量小的矿井其排水费，可作为影响不大的项目不予计算。但是，如果比较的方案是专门研究通风或排水问题时，则必须进行比较。

对于某项费用是否相同的问题，也应具体问题具体分析。例如，两方案采用相同的井底车场和地面设施，当两方案设计生产能力相同时，可看作相同的项目而不予比较；但如两方案设计生产能力不同，则分摊于吨煤生产能力的投资就不同，这时就不能认为是相同的项目而必须进行全面的计算和比较。

④ 生产经营费用，一般是按一个水平或全矿服务期间的消耗总值计算。对于各项费用单价的选取必须比较可靠并应适合比较方案的自然和技术条件，而且应当出自同一来源，尽可能使方案比较的数字和结果符合客观实际，否则单价本身不准确其比较结果就会失去意义。由于开采条件和地区经济差异，因而生产经营费中的单价往往差异较大。再加上生产费用单价较难准确确定且波动变化较大。目前，一些设计部门往往对生产费用不再进行比较或详细比较。

⑤ 在进行大的方案比较之前，可先把一些相同类型的局部方案进行比较，求出合理的局部方案后再进行整体的方案比较。

⑥ 在进行经济比较时，应将基本建设费用与生产经营费用分别列出。因为基本建设费用是以投资或贷款的形式集中拨付的，需考虑发挥投资效果；而生产经营费用则是逐年列入生产成本支付的。此外，还应把基本建设费用的初期投资和后期投资分别列出，以利于全面分析经济效果、得出比较优越的方案。

⑦ 应分别计算出各方案的矿井建设期限并作为方案比较的参数之一。因为缩短建设工期不仅可以提前为市场供应煤炭，而且还可节约施工费用。

⑧ 各方案的差别应以百分比表示，将总费用最小的方案定为100%，其他各方案的费用与其进行比较。如果各方案在经济上相差不大，就要根据技术上的优越性、安全上的可靠程度、初期投资的大小、施工的难易程度、建设工期的长短、材料设备供应条件等因素综合考虑、合理选定。

⑨ 由于原始资料不可能十分精确，如费用单价、煤层储量和煤层赋存条件等，所以计算出的费用常会有误差，误差一般估计为10%以下。这样，如果两个方案费用差额不超过10%时，即认为两方案在经济上是等价的。有些项目的设计方案虽然相差在10%以内但差值的绝对额很大时也不能忽略，此时应以差值额作为对比标准。

⑩ 在进行最终评价时，一定要正确估计各项影响因素在所研究方案中的重要程度，以便根据给定的目标选取最优方案。

对于一个具体的煤炭生产企业而言，经济评价虽然是确定方案的主要标准，但不能作为唯一的标准，有利于井下施工、正常生产和安全生产也是主要的标准。因而应根据具体情况，综合分析研究各影响因素的主次关系择优选用。

2. 确定各类参数的常用方法

矿井开采设计方案中的各种参数，通常可用统计分析法、标准定额法和数学分析法等方法加以确定。

(1) 统计分析法

统计分析法，就是根据现有生产矿井的实际情况，针对需要解决的问题进行调查统计，借以分析某些技术参数之间的关系、某些参数的合理平均值或可取值范围。例如，统计一定条件下的工作面长度与其技术经济指标之间的关系，以寻求合理的采煤工作面长度；统计一定条件下的巷道维护费用，以确定相似条件下的费用参数；统计分析现有矿井的平均先进的技术经济指标，作为设计类似矿井的参考数值等。

(2) 标准定额法

标准定额法，是以规范、规程和规定的形式对开采设计中的某些技术条件或参数值作出具体规定，而后据此规定条件而确定某设计方案中的其他有关参数。例如，在井田范围和矿井生产能力一定的条件下，根据采区走向长度和倾斜长度的规定，可计算矿井划分的采区数目；根据规定的矿井工作制度(年工作日数、日提升小时数和生产班数等)，计算各生产环节的能力；根据规定的巷道内允许风速计算巷道的最小断面等。在一些具体矿井条件下，受原有技术条件限制，也可看作标准定额法的具体应用。例如，按辅助运输设备的能力确定上山或下山的长度；按局部通风机的供风能力确定巷道的掘进长度等。

(3) 数学分析法

数学分析法，通常以吨煤费用最低为准则，列出吨煤费用与欲求参数之间的函数关系，采用求极值的原理求解开采设计方案中某些参数的有利值，故也称之为微分求极值法，适用于设计项目为定量参数、初始数据为确定型、变量数目较少的情况。在解决具体问题时，首先需设法列出目标函数与参变量之间的函数关系式，然后用微分法求最高(如产量、盈利和效率)或最低(如成本、材料消耗、能源消耗)的极值，该极值就是在经济上(或其他指标)最优的参数值。该函数关系可为单变量函数，也可为多变量函数。这种方法多用以研究合理的工作面长度、采区或盘区走向长度、矿井生产能力、矿井分区数目和井田尺寸等定量参数的最优值。变量数目越多，求解越困难，所以一般只用到 3 个变量。

3. *矿井开采设计方案的多目标综合评价优选*

在矿井开采设计的不同方案对比选择中，往往不能只依据某一项指标的高低，而需要考虑多项指标，比如矿井生产能力、基建投资、建设工期、生产成本、资源采出率、机械化程度等，这就是多目标综合评价和优化问题。特别是在多目标的目标之间，由于各项指标的量纲不同，往往不可能直接用同一单位去度量，而且有些目标之间可能还相互矛盾。因此，如何统筹兼顾多种目标选择合理的设计方案，就成为一个复杂的问题。

多目标综合评价决策方法的实质，是将计量单位不同的评价指标转换成无量纲指标值，转换后的无量纲指标可以按方案不同进行运算，以求得综合数量指标并据以评价方案的优劣。

根据国内外的经验，评价指标的选择应该以设计人员掌握的资料，选取对决策有重大影响的一些指标，并相应确定这些指标的重要性系数，使综合的无量纲指标值更符合实际。具体操作步骤可归纳如下：

① 建立比较完善的评价指标体系，正确选择评价参数。

② 对要评价的参数进行量化和正规化。

③ 合理确定各评价指标的权重系数。

④ 求各方案的综合评价值，选出最优方案。

在采用上述各种方法进行矿井优化设计的过程中，还可以应用层次分析法、模糊数学法等多种系统工程方法。采用系统工程方法进行矿井优化设计时，由于影响矿井工艺系统的因素很多且随条件和时间而变化，所得最优结果也只是相对的，因此还需要做大量的基础工作、不断加以完善。

4. *矿井设计方案的经济评价*

在矿井设计方案的经济比较中，对所计算出的费用如何评价以及如何计算有关费用，有不同的经济评价方法。以往，经济比较的主要项目是基本建设投资和生产经营费用并采取两者相加的静态分析方法。

目前，设计方案的经济评价有了进一步发展，已将动态评价方法引入方案比较之中，对不同方案进行静态和动态的全面经济评价，从中决定取舍。

① 总算法——是指把各方案在比较中所计算的基本建设投资和生产费用相加，作为总费用，以其多少来评价方案优劣。该法将基本建设投资与生产费用同等对待，没有考虑不同时间对企业经济效益的影响，属静态分析方法。

② 单位折算费用法——是指以额定还本期内的吨煤投资与单位生产费用之和作为经济评价指标，在方案比较中以单位折算费用低的作为最佳方案。此法考虑到投资偿还问题，未考虑时间因素的影响，仍属静态分析方法。

③ 折现法——矿井基本建设投资是在几年内陆续投入的，生产经营费用是在矿井投产的许多年内支出的。折现法注重考虑不同时间投资和费用的价值，并分年度折算到矿井建设的起始年份或投产年份，而后对各方案进行比较。折现法是一种考虑时间价值的动态分析方法。

第三节　新建矿井开拓设计方案比较示例

为了进一步说明矿井开拓设计方案的确定方法，现举例简要说明如下。

一、井田概况

某矿位于平原地区，井田范围内地表标高为＋80～＋90 m，表土和基岩风化带厚度（垂高）为 50～60 m。表土层中含有厚度不一的流沙层，井田中部流沙层较薄，靠井田境界处较厚。

井田上以＋30 m、下以－420 m 的煤层底板等高线为界，井田两侧系人为划定边界。井田走向长 9 000 m、倾斜长 1 740 m。井田内煤系地层共有 4 层可采煤层，倾角均为 15°左右。由上而下各煤层的名称、厚度、间距和顶底板情况如表 19-7 所列。井田内各煤层赋存稳定，地质构造简单，无大断层。煤质中硬，属优质煤。煤尘无爆炸危险，煤无自燃倾向。煤的平均体积质量为 1.32 t/m^3。该矿煤岩层瓦斯涌出量较大，涌水量也较大，矿井正常涌水量为 380 m^3/h。

表 19-7　　　　　　　　　　　**某矿的煤层地质条件**

煤层	厚度/m	层间距/m	顶　　板	底　　板
m_1	1.94	15	直接顶为厚 8 m 的页岩，基本顶为厚 4 m 的砂岩	直接底为厚 10 m 的页岩，下为厚 40 m 的砂岩
m_2	1.90	20	页岩、砂页岩、砂岩互层	
m_3	1.60	15	页岩、砂页岩、砂岩互层	
m_4	2.00		页岩、砂页岩、砂岩互层	
合　计	7.44			

井田内 m_4 煤层的底板等高线图和沿井田中部的地质剖面如图 19-1 所示。

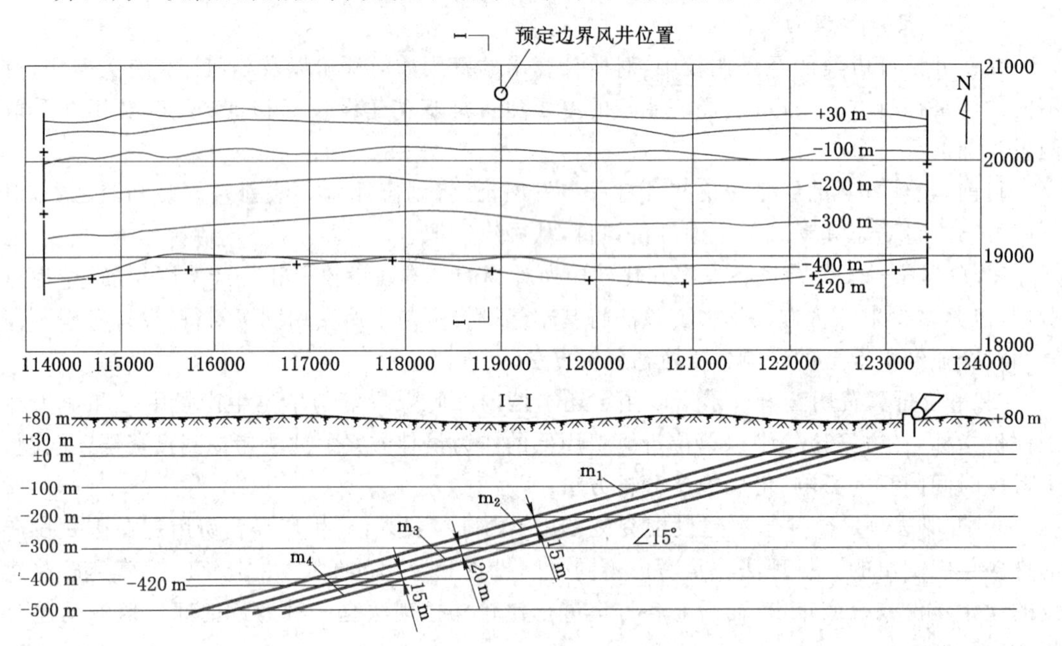

图 19-1　某矿 m_4 煤层底板等高线图和井田中部地质剖面图

二、储量计算

1. *矿井地质资源量*(Z_z)

$$Z_z = 9000 \times 1740 \times (1.94 + 1.90 + 1.60 + 2.00) \times 1.32$$
$$= 15379.3728 \text{ 万 t}$$

2. *矿井工业资源/储量*(Z_g)

根据勘查程度，在矿井地质资源量中 60％是探明的、30％是控制的、10％是推断的。

根据煤层厚度和煤质，在探明的和控制的资源量中，70％的是经济的基础储量，30％的是边际经济的基础储量，则矿井工业资源/储量由式(14-3)计算。

式中，探明的、控制的基础储量和推断的资源量的计算如下：

$$111b = 15379.3728 \times 60\% \times 70\% = 6459.337 \text{ 万 t}$$
$$122b = 15379.3728 \times 30\% \times 70\% = 3229.668 \text{ 万 t}$$
$$2M11 = 15379.3728 \times 60\% \times 30\% = 2768.287 \text{ 万 t}$$
$$2M22 = 15379.3728 \times 30\% \times 30\% = 1384.144 \text{ 万 t}$$

由于地质条件简单，可信度系数 k 值取 0.8，即有：

$$333k = 15379.3728 \times 10\% \times k = 1239.038 \text{ 万 t}$$

则有：

$$\begin{aligned} Z_g &= 111b + 122b + 2M11 + 2M22 + 333k \\ &= 6459.337 + 2768.287 + 3229.668 + 1384.144 + 1239.038 \\ &= 15080.474 \text{ 万 t} \end{aligned}$$

3. *矿井设计资源/储量（Z_s）*

矿井设计资源/储量按下式计算：

$$Z_s = Z_g - P_1$$

其中，P_1 为永久煤柱损失量，为简化示例，按矿井工业资源/储量的 3%估算，则有：

$$Z_s = 15080.474 - 15080.474 \times 3\% = 14628.060 \text{ 万 t}$$

4. *矿井设计可采储量（Z_k）*

矿井设计可采储量按下式计算：

$$Z_k = (Z_s - P_2)C$$

其中，P_2 为工业场地和主要井巷煤柱煤量，为简化示例，按矿井设计资源/储量的 2%估算，则有：

$$Z_k = (14628.060 - 14628.060 \times 2\%) \times 80\% = 11468.4 \text{ 万 t}$$

三、矿井设计生产能力和服务年限计算

参照大型矿井服务年限（T）的下限（大于 50 a）要求，T 取 60 a，矿井储量备用系数（K）取 1.4，则矿井设计生产能力（A）计算如下：

$$A = \frac{Z_k}{TK} = \frac{11468.4}{60 \times 1.4} = 136.5 \text{ 万 t/a}$$

根据煤层赋存情况和矿井设计可采储量，按《煤炭工业矿井设计规范》规定，将矿井设计生产能力（A）确定为 1.2 Mt/a，再计算矿井服务年限：

$$T = \frac{Z_k}{AK} = \frac{11468.4}{120 \times 1.4} = 68.26 \text{ a}$$

在计算矿井服务年限时，考虑矿井投产后可能由于地质损失增大、采出率降低和矿井增产的原因而使矿井服务年限缩短，设置了备用储量 Z_b。备用储量用下式计算：

$$Z_b = \frac{Z_k}{1.4} \times 0.4 = \frac{11468.4}{1.4} \times 0.4 = 3276.68 \text{ 万 t}$$

在备用储量中，估计有 50%为采出率过低和受不可预知地质破坏因素影响所损失的储量。矿井开拓设计时认定的设计采出的储量约为：

$$11468.4 - (3276.68 \times 50\%) = 9830.1 \text{ 万 t}$$

四、开拓方案和技术比较

1. *井筒布置*

由于井田之上地形平坦、不存在平硐开拓条件，表土层较厚且有流沙层、斜井施工困难，所以确定采用立井开拓（主井装备箕斗），并按流沙层较薄、井下生产费用较低的原则确定井筒位于井田走向中部流沙层较薄处。

为避免采用箕斗井回风时封闭井塔等困难和减少穿越流沙层开凿风井的数目，决定采用中央分列式通风方式，回风井布置在井田上部边界的走向中部。

于是，井田需要开凿主立井、副立井和回风立井3个井筒。

2. 阶段划分和开采水平设置

根据井田条件和《煤炭工业矿井设计规范》的有关规定，该井田可划分为2～3个阶段，设置1～3个开采水平。

阶段内采用采区式准备方式，每个阶段沿走向划分为6个走向长1 500 m的采区，采区划分为若干区段。在井田每翼布置一个生产采区，为减少初期工程量、缩短建井时间，采区间采用前进式开采顺序。

因井田内瓦斯和涌水量均较大，若采用上下山开采下山部分开采在技术上困难较多，故决定阶段内均采用上山开采，由于井田斜长较大、倾角为15°左右，因此排除了单水平上下山开采的开拓方案。

这样，阶段划分和开采水平设置遂形成两个方案，一是井田划分为两个阶段，设置两个开采水平；二是井田划分为3个阶段，设置3个开采水平。

3. 阶段和开采水平参数

(1) 水平垂高

两阶段、两水平方案——870×sin 15°＝225.1 m。

三阶段、三水平方案——一水平垂高为740×sin 15°＝191.5 m；二、三水平垂高为500×sin 15°＝129.4 m。

(2) 开采水平实际出煤量

两阶段、两水平方案——第一、第二阶段出煤量：9830.1/2＝4915.05万t。

三阶段、三水平方案——第一阶段出煤量：(9830.1/1740)×740＝4180.62万t；第二、第三阶段出煤量：(9830.1/1740)×500＝2824.74万t。

(3) 开采水平服务年限

两阶段、两水平方案——第一、第二水平服务年限：68.26/2＝34.13 a。

三阶段、三水平方案——第一水平服务年限：(68.26/1740)×740＝29 a；第二、第三水平服务年限：(68.26/1740)×500＝19.61 a。

(4) 采区服务年限

开采水平内每翼一个采区生产，矿井由两个采区同采保证产量，考虑1 a的产量递增和递减期。

两阶段、两水平方案——采区服务年限：(34.13/3)＋1＝(11.38＋1) a；

三阶段、三水平方案——采区服务年限：一水平采区为(29/3)＋1＝(9.7＋1) a；二、三水平采区为(19.61/3)＋1＝(6.54＋1) a。

(5) 区段数目和区段斜长

两阶段、两水平方案——每个阶段划分为5个区段，区段斜长为870/5＝174 m。

三阶段、三水平方案——一水平划分为4个区段，区段斜长为：740/4＝185 m；二、三水平划分为3个区段，区段斜长为：500/3＝167 m。

(6) 区段采出煤量

两阶段、两水平方案——每个水平划分为6个采区，每个采区5个区段，每个区段出煤量为：4915.05÷6÷5＝163.84万t。

三阶段、三水平方案——一水平6个采区，每个采区4个区段，每个区段出煤量为：

4180.62÷6÷4＝174.19 万 t；二水平 6 个采区，每个采区 3 个区段，每个区段出煤量为：2824.74÷6÷3＝156.93 万 t。

井田内所划定阶段的主要参数如表 19-8 所列。

表 19-8　　阶段主要参数

阶段划分数目	阶段斜长/m	水平垂高/m	水平实际出煤/万 t	服务年限/a		区段数目/个	区段斜长/m	区段采出煤量/万 t
				水平	采区			
2	870	225	4915.05	34.13	11.38＋1	5	174	6×163.84
3	740	191	4180.62	29.00	9.7＋1	4	185	6×174.19
	500	129	2824.74	19.61	6.54＋1	3	167	6×156.93
	500	129	2824.74	19.61	6.54＋1	3	167	6×156.93
说　明	在采出煤量计算中，把备用储量的一半划归地质损失，另一半划归矿井因增产而开采的储量；把增产储量合并计入开采水平实际采出的煤量中；采区服务年限按设计平均服务年限加上 1 年的产量递增、递减期计算。							

4. 大巷布置

考虑各煤层间距较小，宜采用集中大巷布置。为减少煤柱损失和保证大巷有良好的维护状况，大巷布置在 m_4 煤层底板下方垂距为 30 m 的厚层砂岩层内。上阶段的运输大巷留做下阶段的回风大巷。

5. 上山布置

采区采用集中岩石上山联合准备，井田一翼的中央采区上山布置在距 m_4 煤层底板 30 m 以下的砂岩层中并在采后加以维护，留做下阶段的总回风通道和安全出口，其余采区上山位于距 m_4 煤层底板约 20 m 的砂岩层中并在采区采后报废。

6. 开拓延深方案

考虑两种井筒延深方案，一是主副立井直接延深，二是暗斜井延深。

根据前述各项决定，在技术上可行的开拓方案有下列 4 种，如图 19-2 所示。

方案 1 和方案 2 的区别在于第二水平是用暗斜井延深还是直接延深立井。两方案的生产系统均较简单可靠。

两方案对比：第 1 方案需多开立井井筒（2×225 m）、阶段石门（800 m）和立井井底车场，并会相应地增加井筒和石门的运输、提升、排水费用；第 2 方案则多开暗斜井井筒（倾角 15°，2×870 m）和暗斜井的上、下部车场，并相应地增加斜井的提升和排水费用。

对两方案的基建费和生产费粗略比较如表 19-9 所列。粗略比较后认为——第 1 和第 2 方案的费用相差并不大。考虑方案 1 的提升、排水工作的环节少、人员上下较方便，在方案 2 中未计入暗斜井上、下部车场的石门运输费用，以及方案 1 在通风方面优于方案 2，所以决定选用方案 1 作为详细经济比较的方案。

方案 3 和方案 4 的区别亦仅在于第三水平是用立井直接延深还是采用暗斜井延深。粗略比较结果如表 19-10 所列，方案 4 的总费用比方案 3 约高 3.5％，两者相差不到 10％，仍可视为近似相等。但是，方案 4 终究费用略高一些，加之考虑方案 3 的提升、排水等环节均比方案 4 更少，即生产系统更为简单可靠一些，所以决定选用方案 3 作为详细经济比较的方案。

留下的方案1和方案3相比，方案3的总费用、基建费和生产费均要比方案1低，两方案需要通过详细经济比较才能确定其优劣。

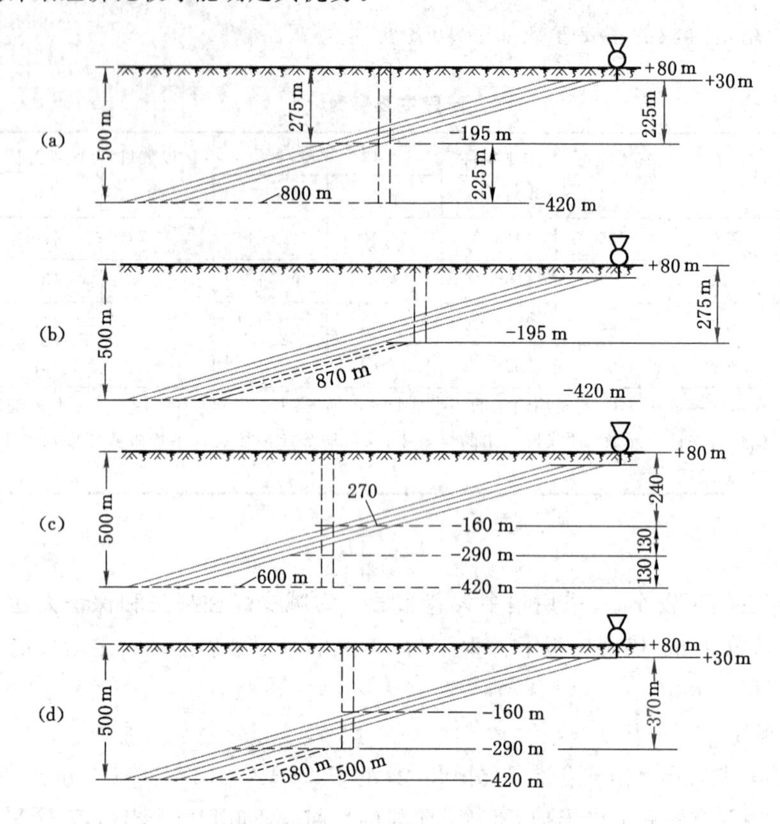

图19-2　技术上可行的四种开拓方案

(a) 方案1（立井两水平直接延深）　(b) 方案2（立井两水平加暗斜井延深）

(c) 方案3（立井三水平直接延深）　(d) 方案4（立井三水平加暗斜井延深）

表19-9　　方案1和方案2粗略比较费用表

方案	方案1		方案2	
基建费/万元	立井开凿	2×225×3=1350	主暗斜井开凿	870×1.05=913.5
	石门开凿	800×0.8=640	副暗斜井开凿	870×1.15=1000.5
	井底车场	1000×0.9=900	上下斜井车场	(300+500)×0.9=720
	小　计	2890	小　计	2634
生产费/万元	立井提升	1.2×4915.05×0.5×8.5=25067	暗斜井提升	1.2×4915.05×0.87×4.8=24630
	石门运输	1.2×4915.05×0.8×3.81=17977	立井提升	1.2×4915.05×0.275×10.2=16544
	立井排水	$380\times24\times365\times34.13\times1.525\times10^{-4}=17326$	排水(斜、立井)	$380\times24\times365\times34.13\times(0.63+1.27)\times10^{-4}=21586$
	小　计	60370	小　计	62760
总　计	费用/万元	63260	费用/万元	65394
	百分率	100%	百分率	103.37%

表 19-10　　方案 3 和方案 4 粗略比较费用表

方案	方案 3		方案 4	
基建费/万元	立井开凿 石门开凿 井底车场	2×130×3＝780 600×0.8＝480 1000×0.9＝900	主暗斜井开凿 副暗斜井开凿 上下斜井车场	580×1.05＝609 500×1.15＝575 (300＋500)×0.9＝720
	小　计	2160	小　计	1904
生产费/万元	立井提升 石门运输 立井排水	1.2×2824.74×0.5×8.5＝14406 1.2×2824.74×0.60×3.81＝7749 380×24×365×19.61×1.525×10^{-4}＝9955	暗斜井提升 立井提升 排水(斜、立井)	1.2×2824.74×0.58×4.8＝9437 1.2×2824.74×0.37×9.2＝11538 380×24×365×19.61×(0.53＋1.4)×10^{-4}＝12599
	小　计	32110	小　计	33574
总　计	费用/万元	34270	费用/万元	35478
	百分率	100%	百分率	103.5%

五、开拓方案的详细经济比较

对方案 1 和方案 3 有差别的建井工程量、生产经营工程量、基建费和生产经营费分别计算，计算结果如表 19-11 至表 19-14 所列并汇总于表 19-15 中。方案 1 和方案 3 初期和后期大巷工程量如图 19-3 所示。

表 19-11　　开拓方案 1 和方案 3 的建井工程量

期　间	项　目	方　案　1	方　案　3
初　期	主井井筒/m 副井井筒/m 井底车场/m 主石门/m 运输大巷/m	275＋20 275＋5 1000 0 1700	240＋20 240＋5 1000 270 1700
后　期	主井井筒/m 副井井筒/m 井底车场/m 主石门/m 运输大巷/m	225 225 1000 800 6000＋7700	260 260 2×1000 0＋600 6000＋2×7700

表 19-12　　开拓方案 1 和方案 3 的生产经营工程量

项　目	方　案　1	项　目	方　案　3
运输提升/(万 t・km)	工程量	运输提升/(万 t・km)	工程量
采区上山运输		采区上山运输	
一区段	2×1.2×983.04×4×0.174＝1642.07	一水平一区段	1.2×1045.14×3×0.185＝696.06
二区段	2×1.2×983.04×3×0.174＝1231.55	二区段	1.2×1045.14×2×0.185＝464.04
三区段	2×1.2×983.04×2×0.174＝821.04	三区段	1.2×1045.14×1×0.185＝232.02
四区段	2×1.2×983.04×1×0.174＝410.52	二、三水平	
		一区段	2×1.2×941.58×2×0.167＝754.77
		二区段	2×1.2×941.58×1×0.167＝377.39

续表 19-12

项　目	方　案　1	项　目	方　案　3
大巷和石门运输		大巷和石门运输	
一水平	1.2×4915.05×2.25 =13270.64	一水平	1.2×4180.62×2.52 =12642.19
二水平	1.2×4915.05×3.05 =17989.08	二水平	1.2×2824.74×2.25 =7626.80
立井提升		三水平	1.2×2824.74×2.85 =9660.61
一水平	1.2×4915.05×0.275 =1621.97	立井提升	
二水平	1.2×4915.05×0.5 =2949.03	一水平	1.2×4180.62×0.24 =1204.02
		二水平	1.2×2824.74×0.37 =1254.18
		三水平	1.2×2824.74×0.5 =1694.84
维护采区上山 /(万 m·a)	$1.2\times2\times6\times2\times870\times12.38\times10^{-4}$ =31.02	维护采区上山 /(万 m·a)	$1.2\times6\times2\times740\times10.7\times10^{-4}$ =11.40 $1.2\times2\times6\times2\times500\times7.54\times10^{-4}$ =10.86
排水/万 m^3		排水/万 m^3	
一水平	$380\times24\times365\times34.13\times10^{-4}$ =11361.19	一水平	$380\times24\times365\times29\times10^{-4}$ =9653.52
二水平	$380\times24\times365\times34.13\times10^{-4}$ =11361.19	二水平	$380\times24\times365\times19.61\times10^{-4}$ =6527.8
		三水平	$380\times24\times365\times19.61\times10^{-4}$ =6527.8

表 19-13　　**开拓方案 1 和方案 3 的基建费**

项　目		方案 1			方案 3		
		工程量/m	单价/(元/m)	费用/万元	工程量/m	单价/(元/m)	费用/万元
初期	主井井筒	295	30000	885	260	30000	780
	副井井筒	280	30000	840	245	30000	735
	井底车场	1000	9000	900	1000	9000	900
	主石门	0	8000	0	270	8000	216
	运输大巷	1700	8000	1360	1700	8000	1360
	小　计			3985			3991
后期	主井井筒	225	30000	675	260	30000	780
	副井井筒	225	30000	675	260	30000	780
	井底车场	1000	9000	900	2000	9000	1800
	主石门	800	8000	640	600	8000	480
	运输大巷	13700	8000	10960	21400	8000	17120
	小　计			13850			20960
共计(初期+后期)				17835			24951

表 19-14　　开拓方案 1 和方案 3 的生产经营费

项目		方案1 工程量/(万 t・km)	方案1 单价/〔元/(t・km)〕	方案1 费用/万元	方案3 工程量/(万 t・km)	方案3 单价/〔元/(t・km)〕	方案3 费用/万元
运输提升费	采区上山						
	一区段	1642.07	5.08	8341.7	696.06	6.69	4656.6
	二区段	1231.55	6.52	8029.7	464.04	7.60	3526.7
	三区段	821.04	7.59	6231.7	232.02	8.34	1935.0
	四区段	410.52	8.32	3415.5			
	一区段				754.77	7.62	5751.3
	二区段				377.39	8.35	3151.2
	小计			26018.6			19020.8
	大巷及石门						
	一水平	13270.64	3.92	52020.9	12642.19	3.85	48672.4
	二水平	17989.08	3.81	68538.4	7626.80	3.92	29897.1
	三水平				9660.61	3.81	36806.9
	小计			120559.3			115376.4
	立井						
	一水平	1621.97	13.2	21410.0	1204.02	13.5	16254.3
	二水平	2949.03	8.5	25066.8	1254.18	10.0	12541.8
	三水平				1694.84	8.5	14406.1
	小计			46476.8			43202.2
运提费合计				193054.7			177599.4
维护采区上山费		工程量/(万 m・a)	单价/〔元/(m・a)〕	费用/万元	工程量/(万 m・a)	单价/〔元/(m・a)〕	费用/万元
		31.02	350	10857.0	22.26	350	7791.0
排水费		工程量/万 m^3	单价/(元/m^3)	费用/万元	工程量/万 m^3	单价/(元/m^3)	费用/万元
	一水平	11361.19	0.839	9532.0	9653.52	0.732	7066.4
	二水平	11361.19	1.525	17325.8	6527.80	1.129	7369.9
	三水平				6527.80	1.525	9954.9
小计				26857.8			24391.2
合计				230769.5			209781.6

表 19-15　　开拓方案 1 和方案 3 的费用汇总

项目	方案1 费用/万元	方案1 百分率/%	方案3 费用/万元	方案3 百分率/%
初期建井费	3985.0	100	3991.0	100.15
基建工程费(初期+后期)	17835.0	100	24951.0	139.90
生产经营费	230769.5	110	209781.6	100
总费用	248604.5	105.91	234732.6	100

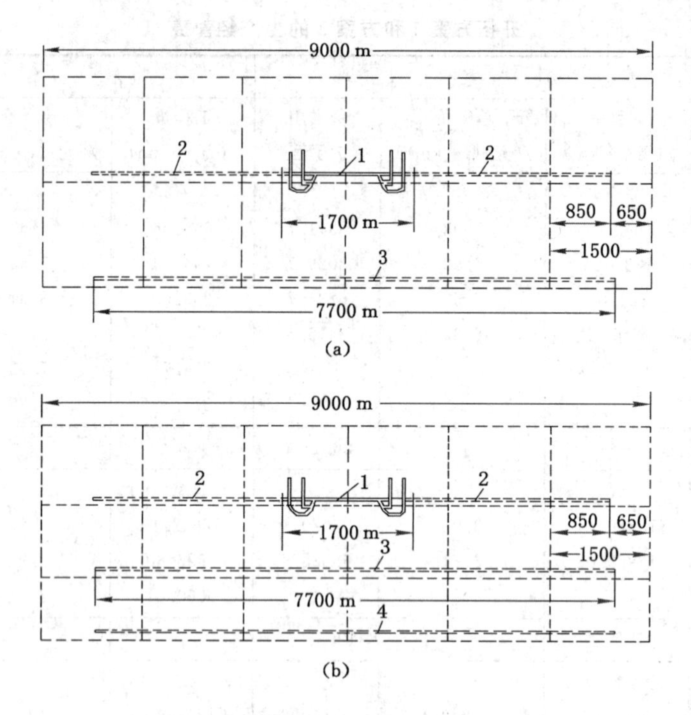

图 19-3　大巷开掘的初期与后期工程量

(a) 两水平开拓方案　(b) 三水平开拓方案

1——初期大巷；2,3,4——不同水平的后期大巷

在上述经济比较中需要说明的是：

① 两方案的各采区上山的开掘单价近似相同，总开掘长度相同，即两方案的采区上山总开掘费用近似相同，故未对比计算；另外，采区上部、中部和下部车场的数目在两方案中虽略有差别，但基建费的差别较小，故也未予计算。

② 在初期投资中，方案 3 可少掘运输上山和轨道上山各 130 m，在比较中未列入。

③ 立井、大巷、石门和采区上山的辅助运输费均按运输费用的 20%估算。

④ 井筒、井底车场、主石门、阶段大巷及总回风巷等均布置在坚硬岩层中，维护费用较低，故未比较其维护费用的差别。

⑤ 采区上部、中部和下部车场的维护费均按采区上山维护费用的 20%估算。采区上山的维护单价按受采动影响与未受采动影响的平均维护单价估算。

由对比结果可知，方案 1 和方案 3 的总费用近似相同，相差只有 5.91%。所以，还需进一步做综合评价优选。

六、开拓方案综合比较

从前述技术经济比较结果看——虽然方案 1 的生产费用比方案 3 高 10%，但其基建投资费用却明显低于方案 3，低 39.9%。由于基建费的计算误差一般比生产经营费的计算误差小得多，所以可以认为方案 1 相对较优。从建井工期看——虽然方案 1 初期需多掘主、副井筒各 35 m、运输及轨道上山各 130 m，但却可少掘 270 m 的主石门。因此，方案 1 的建井工期仍大致与方案 3 相同。从开采水平接续来看——方案 3 需延深两次；方案 1 仅需延深一次立井，对生产的影响少于方案 3。

综上所述可认为——方案 1 和方案 3 在技术和经济方面均不相上下，但方案 1 的基建投资较少，开拓延深对生产的影响略少一些。所以决定采用方案 1，即矿井采用立井两水平开拓；第一水平位于－195 m，第二水平位于－420 m，两水平均只采上山阶段；阶段内沿走向每 1 500 m 划分一个采区，阶段内划分 6 个采区。

本示例也可以通过综合评价优选的方法确定开拓方案。

复习思考题

1. 简述方案比较法的基本概念。
2. 简述矿井开采设计的依据。
3. 简述矿井初步设计的内容。
4. 简述矿井开采设计的步骤和进行方案比较时应注意的问题。

第四编

特殊开采

Teshu Kaicai

第二十章　深矿井开采

生产矿井采掘工作面的垂深随煤炭不断采出而增加。机械化水平的提高、开采规模扩大和国民经济对煤炭需求的增加，加速了矿井向深部发展。

我国国有重点煤矿的平均采深——1980 年为 288 m；1995 年为 423 m；2005 年增加至 500 m 左右，平均每年增加 9 m。我国已有一批垂深超过 1 200 m 的深矿井，2010 年新汶孙村煤矿的采深已达 1 400 m。从深部煤炭储量来看，国有重点煤矿最终采深在 800～1 199 m 的有 141 处，在 1 200～1 600 m 的有 30 处，而目前浅部开采的一部分矿井最终亦要进入深部开采。

国际上一些主要采煤国家也相继进入深部开采，德国和俄罗斯的一些煤矿采深达 1 400～1 500 m，加拿大超过千米的煤矿深井有 30 处，南非卡里顿维尔金矿采深达 3 800 m，而开凿的井筒垂深已达 4 146 m。

深井开采的主要问题是——巷道矿压显现强烈，维护困难；地温升高成为热害，开采条件恶化；冲击地压、煤与瓦斯突出危险加大，瓦斯涌出量增加；通风、提升和勘探困难；生产技术效果和经济效益下降。针对深矿井开采出现的问题需要采取相应的技术措施，由此形成的深矿井开采技术，既是当前一些矿区和矿井面临的问题，也是我国煤炭工业在长远发展中需要十分重视和研究解决的问题。

由于煤层赋存条件、技术装备水平和开采技术上的差异，以及在深部开采中出现问题的程度不同，目前国际上尚无统一的根据采深划分深矿井的定量标准。不同的国家对深矿井的界定各不相同——英国和波兰定为 750 m；日本定为 600 m；俄罗斯定为 800 m；德国把 800～1 200 m 定为深部开采而把大于 1 200 m 定为超深开采。我国对深矿井的界定尚无明确规定，《中国煤矿开拓系统》一书提出按采深将矿井划分为 4 类，各类矿井的采深范围如表 20-1 所列。

表 20-1　　中国煤矿开拓系统按采深对矿井的分类

矿井类别	浅矿井	中深矿井	深矿井	特深矿井
采深 H/m	<400	$400\leqslant H\leqslant 800$	$800\leqslant H\leqslant 1200$	$\geqslant 1200$

由于地质条件不同，各矿在向深部发展过程中所遇到的问题与采深的关系也有一定差异。例如，冲击地压发生的临界深度，在唐山矿为 520 m，在孙村矿为 720 m；而瓦斯涌出量常随采深增加而加大的特点在新汶和徐州矿区表现却不明显；潘集矿在采深 500～600 m 时即出现了热害问题，而开滦矿区在采深 900～1 000 m 时却仍无热害问题；在巷道矿压显现方面，采深大于 700 m 的矿井普遍出现了比较严重的底鼓现象。由此可知，深矿井开采技术的应用不能严格地限于某一采深。

按开拓系统受地形影响和形成过程的不同，可将我国已有的深矿井划分为以下 3 类：

第一类深矿井——由开采浅部煤层逐渐通过延深而形成深矿井。这类深矿井的开采水平、在籍巷道和生产环节较多，生产系统复杂，矿山压力、瓦斯和地温等问题随采深加大逐渐出现和发展。我国这类深矿井较多。

第二类深矿井——在深部新建的矿井。这类矿井的第一开采水平的深度就比较大，投产后即开始出现深矿井矿压和地温等开采问题，其生产系统比较简单。

第三类深矿井——地表地形复杂地区采用平硐开拓的矿井。这类深矿井的开采水平标高并不很大，但由于开采水平之上的覆岩较厚而使矿井的实际埋深较大。

第一节　深矿井巷道的矿压控制

一、深矿井开采的巷道矿压显现特征

1. 巷道围岩的三种应力状态

采深对巷道影响的本质，是应力对巷道围岩的影响，原岩应力随采深增加而加大。深井巷道一般开掘在原岩应力状态，随着开采边界形成巷道遂受到不同程度的开采影响。采用垮落法处理采空区的长壁工作面在开采过程中，煤壁前方形成移动支承压力；工作面终采后在煤体内形成固定支承压力。由此形成原岩应力、移动支承压力和固定支承压力三种应力状态。两种支承压力首先要对布置在本煤层中的回采巷道产生影响，按照衰减和扩展规律，这些支承压力还要在煤层底板岩层中传播，布置在煤层底板岩层中的多数巷道亦要承受不同程度的支承压力影响。移动支承压力对巷道围岩的影响是短时的和一次性的，固定支承压力对巷道围岩的影响则是长时间的和持久的。

巷道围岩的变形破坏除了取决于围岩的应力外，还取决于围岩的强度。在其他条件一定的情况下，围岩强度越高，巷道围岩变形破坏越不明显。

浅部开采，由于原岩应力基数较小，即使应力集中系数较大、围岩强度较小，围岩应力的绝对值与围岩强度之比仍然较小，因而巷道变形并不明显。我国多数矿井浅部的上下山、大巷和斜井等巷道均布置在煤层中，无论跨采还是留煤柱保护至今都能保持完好。到了深部，由于原岩应力本身较高，不受开采影响下也存在着变形破坏严重的问题，而在开采影响下，即使应力集中系数较小，对于同一岩层而言其围岩应力与围岩强度之比必然会随采深增加而加大。可见，各类巷道变形随采深增加而加大是一种必然趋势。

2. 巷道矿压显现的特征

巷道矿压显现随采深增加而加大。一般而论，在采深超过 600～700 m 后，软岩条件下采深在 500 m 左右，巷道即会开始出现深井矿压显现特征，随着采深增加，以下特征会更加明显。

① 流变已成为深矿井巷道变形的主要特征。随着时间延续，深部煤柱下方的多数巷道围岩变形不止。流变速率与开采边界条件和岩性有关。

某矿埋深 800 m 井底车场的进车线和轨道大巷流变速率与岩性和开采边界相互间的关系如图 20-1 所示。由图 20-1 可知，在深部，维护在煤柱下方、布置在砂岩段中的巷道仍能保持良好的维护状态；布置在泥岩段中的巷道处于流变状态；跨采结束后，维护在采空区下方、布置在泥岩中的巷道也能保持相对稳定。

② 采煤工作面开采加剧了巷道围岩变形，采深越大，开采影响范围越大、影响程度越强烈。

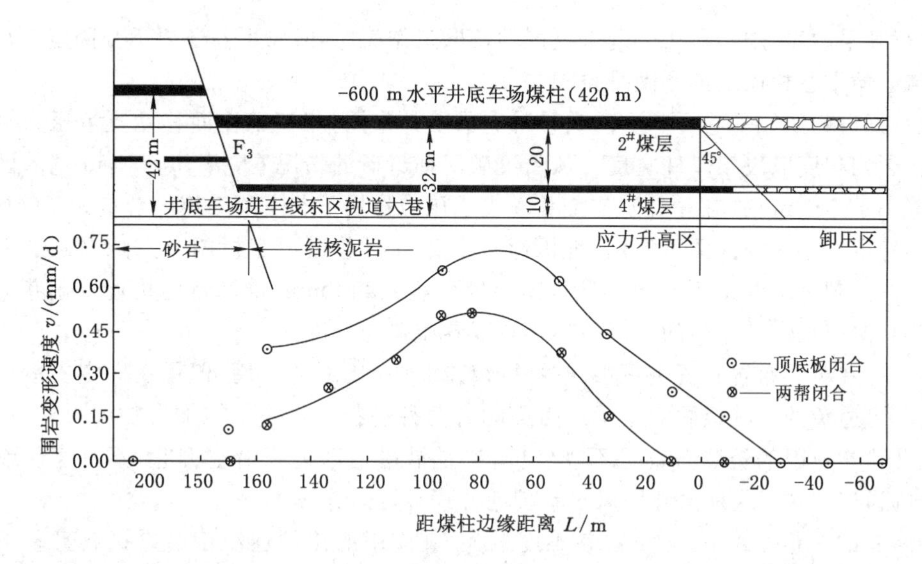

图 20-1　埋深 800 m 井底车场的进车线和轨道大巷流变速率与岩性和开采边界的关系

③ 巷道已从使用期间维护困难发展到掘进期间就维护困难。掘出之后即不得不废弃的各类巷道均有增加趋势。

④ 由岩性差异引起的巷道围岩变形差异强烈地表现出来。采深对软岩巷道、煤层巷道尤其是“三软”煤层巷道影响强烈。

⑤ 多数留设的巷道保护煤柱已达不到保护巷道的目的,却反而对巷道维护不利。

⑥ 巷道对支架的工作特性要求高,现有支架条件下想完全依靠支架来阻止巷道围岩变形是不可能的。

岩性较差、埋深 800 m、两侧采空后宽 420 m 的保护煤柱下方井底车场水泵房变形如图 20-2 所示。该照片可在一定程度上反映深部岩性、支护和保护煤柱的问题。

图 20-2　埋深 800 m 的水泵房变形情况

二、回采巷道的矿压控制

1. 掘进和布置方式选择

回采巷道必须沿煤层掘进而无法选择围岩,更难以避开移动支承压力的作用。区段间采用下行开采顺序、用垮落法处理采空区的长壁工作面，其回风平巷还要承受固定支承压力作用，与运输平巷相比维护要困难得多。

双巷掘进的回风平巷要承受两次移动支承压力作用，相邻工作面移动支承压力对其影响较大，影响程度取决于煤柱宽度。从新汶矿区孙村矿的情况看，留 15～20 m 宽的区段煤柱，埋深小于 600 m 时，在相邻工作面移动支承压力作用下巷道顶底板闭合量为 300 mm 左右，变形稳定后略加维修便可复用；埋深超过 600 m 后巷道顶底板闭合量随埋深加大而急剧增加；埋深超过 700 m 后巷道顶底板闭合量可达 1 200 mm，维修量已接近重掘巷道工程量。因而，深部采煤工作面的回风平巷不宜双巷布置与掘进。

回风平巷单巷布置和掘进可以减少一次移动支承压力的作用，但承受固定支承压力的作用是不可避免的。减轻固定支承压力影响有两种途径——一是靠加大护巷煤柱宽度，这对深矿井非常有限的资源而言是不现实的；二是沿采空区边缘沿空掘巷，不留煤柱或只留 3～5 m 宽的窄煤柱，这是深井回风平巷护巷方式最好的选择。

在所有的护巷方式中，沿空留巷难度最大，其应用的比例远小于沿空掘巷且呈下降趋势。沿采空区边缘由运输平巷保留下来的回风平巷要承受两次移动支承压力的作用，留巷期间巷道支架要承受裂隙带岩层取得平衡前的强烈下沉，由此引起的巷道顶底板闭合量与采高和巷道宽度成正比，直接顶越薄、顶板越坚硬、悬顶长度越大，沿空留巷越困难。因而，在现有支护条件下，深部采用垮落法处理采空区的长壁工作面，直接顶比较稳定、厚度较小、周期来压明显，采高大的煤层中不宜沿空留巷，否则要采取专门技术措施。

2. 改善支护技术

在条件适合时，回采巷道应优先考虑锚杆、钢带、金属网和锚索联合支护方式，以达到加强围岩自身承载能力、提高掘进速度、加大净断面和减轻工人劳动量的目的。施工期间，应及时支护并需保证锚杆安装时的预紧力；在必须使用棚子支护时宜用可缩性棚子。在回风平巷完全沿空掘巷情况下，巷道的顶板和侧帮均比较破碎，还要求支架把巷道围岩护好。工作面开采期间，应加大超前支护距离并满足初撑力要求。

3. 其他

加快采煤工作面推进速度、缩短回采巷道服务时间、适当加大巷道断面，也是改善回采巷道维护状况、减少维修次数的综合措施。

另外，在满足层间距要求的条件下，深部煤层群间可考虑采用上行开采顺序，先采岩性和维护条件较好的下部煤层，而后再采之上岩性较差、巷道维护困难的煤层。

三、开拓和准备巷道的矿压控制

1. 巷道布置和保护方式

开拓和准备巷道的变形破坏，既与布置方式有关又与保护方式有关。按保护方式不同，开拓和准备巷道可分为留煤柱保护、跨采保护和掘前预采保护。巷道层位选择决定了巷道围岩强度。而巷道与煤层底板的垂距、不跨采情况下巷道与终采线或工作面煤壁的水平距离、跨采情况下是先跨采还是后跨采，这些因素决定巷道位置处实体岩层中的应力大小和作用时间长短。我国大部分矿井习惯上留设煤柱保护斜井、井底车场、硐室、大巷和上下山。这些煤柱保护的井巷经受一定程度的移动支承压力作用后还要经受固定支承压力的长期作用，两种支承压力对下方或前方井巷的影响程度取决于埋深和巷道位置处实体岩层中的应力集中系数大小。在其他条件一定的情况下，与煤层底板的垂距越大、与终采线或工作面煤壁的水平距离越大，巷道位置处实体岩层中的应力集中系数越小。

实践证明：采深达到一定值后留设煤柱对下方和前方的井巷维护是极为不利的。在其他条件一定的情况下，与维护在采空区下方的井巷相比，深部维护在煤柱下方的井巷其变形量和维护费要高得多，甚至可高达十几倍。为避免固定支承压力长期作用，我国一部分矿井采用了跨采斜井、井底车场、硐室、大巷和上下山的保护方式。跨采期间，这些井巷要充分经受移动支承压力作用；跨采后，位于采空区下方巷道位置处实体岩层中的应力集中系数值最小，因而有利于维护。

2. 开拓和准备巷道矿压控制的措施

巷道布置和保护方式对深部开拓和准备巷道的维护状况影响很大。通过巷道布置，充分利用围岩自身强度以减小围岩应力集中系数，通过开采改变巷道边界条件以缩短固定支承压力作用时间，是深部保护开拓和准备巷道的根本性措施。

深部能够沿层布置的开拓巷道，如斜井、大巷、井底车场及各硐室，应布置在强度高、厚度大和整体性强的岩层中，并应加大与首采煤层的垂距。进入深部开采后，布置在砂岩层中能够沿层布置的开拓巷道与首采煤层的垂距应加大到35～40 m，随着采深加大或岩性变差垂距还应加大。垂距达到一定值后，岩性和垂距不一致时应优先考虑岩性。

对于预计要经受较大移动支承压力作用的采区上下山，其布置原则同开拓巷道。由于服务时间相对较短，因而与首采煤层的垂距和岩性的要求可略放宽一些。

对于岩性无法选择、正常开掘后不采用特殊措施将承受较大变形破坏的重要井巷，应考虑采用掘前预采的技术措施。孙村矿在开拓延深的同时，对原生产系统进行了大规模技术改造，把煤柱下方的原生产系统报废，在采空区下方重新开掘巷道而形成新的生产系统。从而简化了系统，显著改善了开拓巷道的维护状况。

对已有的具备跨采条件的开拓和准备巷道，可以考虑在两侧固定支承压力形成前将上部的煤层按顺序采完，使之在移动支承压力影响后不再承受固定支承压力而维护在采空区下方。

对于斜井、上下山等井巷，可采用在工作面开切眼附近就先跨采的技术，在工作面初次来压之前即跨过这些井巷，以减小移动支承压力的影响。新水平延深设计时，应充分考虑跨采的可能。

在支护方面，砌碹和刚性金属棚子支架已不适应深矿井巷道围岩变形特征，这类支架在深部不宜再用。锚网喷支护有较强的抗动压特性，深部巷道成巷时应优先考虑选用，并应提高锚杆的初锚力、长度和强度，相应的构件也应在力学性能方面进行合理配合。我国新汶矿区一部分锚杆的安装扭矩已达到400 N·m及以上。

对于局部必须穿越软岩或破碎带的巷道，宜采用锚网喷和U型钢支架联合支护方式。

第二节　深矿井采场的矿压控制

一、采场矿压显现与采深的关系

采场围岩控制的一般原则是——支架(柱)的支撑力应能支撑垮落带岩层的重力，其可缩量应能适应裂缝带岩层的下沉。

垮落带岩层的高度与采高、煤层附近岩层的碎胀系数和基本顶的分层厚度有关——与采高成正比，与围岩碎胀系数成反比。在这些参数一定情况下，垮落带岩层的高度是一定的，因而作用在支架上的垮落带岩层重力大致是一定的而与采深无关。垮落带之上的第一层裂缝带基本顶在触矸处的下沉量也与采深无关，因而由裂缝带基本顶的下沉而引起的支架或末排支柱处的顶板下沉量大致是一定的，也与采深无关。

就支架(柱)承受的垮落带岩层重力和裂缝带岩层下沉而言，与采深的相关性不大。

另外，由于采煤工作面煤壁前方的煤体要承受裂缝带岩层传递来的一部分本身的重力和上覆岩层的重力，因而长壁工作面煤壁前方势必形成移动支承压力，其绝对量随采深加大而增加，煤壁片帮、端面距加大和来自煤壁的冲击地压均与采深直接相关。

二、采场岩性变化的特点

从已调查的新汶、开滦和徐州等矿区深矿井主采煤层顶底板情况来看，随着采深加大，顶板岩层有逐渐变碎和强度降低的变化趋势。在这些矿井，煤系地层中的岩层随着采深加大，断层、裂隙、层理和节理逐渐发育，弱面随之增多；同一层岩层其分层厚度逐渐减小、粒度变细，强度亦有所降低。深部岩性的这些变化已使浅部为基本顶的岩层在深部逐渐变为直接顶，且由稳定变为不稳定，从而周期来压变得不明显和减弱，直接顶由悬顶距较大变为没有悬顶，回柱后能立即垮落，工作面顶板趋于破碎。

三、采场矿压控制的特点

深矿井开采的采场矿压控制的特点，由深部采煤工作面围岩特性和可能发生的冒顶事故类型决定。

在顶板变碎和强度有所降低的情况下，深矿井采场出现漏垮型冒顶事故的可能性加大。因而，除要防治压垮型和推垮型冒顶事故外，必须加强对漏垮型冒顶事故的防治。

为降低煤壁片帮程度、加快工作面推进速度、缩短支承压力作用时间，深部应优先选择综采工艺方式。综采工作面应选用端面距不大、工作阻力较高且又能及时支护的支撑掩护式液压支架。

普采工作面防治漏垮型冒顶事故关键在于提高支柱密度、背严背实顶板，把直接顶护好，并应保证支柱有足够的初撑力和支护系统刚度。煤壁附近无支护的机道上方和工作面上下出口处容易出现局部漏垮型冒顶，这些地方是防治的重点，可以分别或同时采取下列措施——铺网、沿推进方向加Π型长钢梁配合单体支柱护顶、加贴帮柱、预掏梁窝、超前锚杆，必要时采用化学注浆方法加固煤壁或顶板。

第三节 深矿井冲击地压的防治

井巷或工作面周围的煤岩体由于弹性变形能的瞬时释放而产生突然剧烈破坏的动力现象，称为冲击地压。冲击地压是矿山压力的动力现象，亦称为煤爆或岩爆。冲击地压发生时，煤岩体突然发生破坏、冒落或抛出，在能量突然释放的同时还伴随有声响、震动和冲击波。

随着采深加大和开采范围扩大，虽然采取了一些必要措施，但我国发生冲击地压的矿井数和总的冲击次数仍呈增加趋势。

一、影响冲击地压发生的因素

我国煤矿发生冲击地压的典型条件是——煤的强度较高，性脆，顶板一般为厚度和强度均较大的砂岩，有一定采深。

关于冲击地压有各种理论，无论用什么样的理论解释其发生的机理，冲击地压总是在高应力条件下发生的。积聚大量的弹性能是发生冲击地压的动力源，影响冲击地压发生的自然条件是采深和地质构造以及煤层和顶底板岩层的物理力学特性。根据高应力源不同，冲击地压可分为重力型、构造应力型和二者并有的重力构造型。

采深对高应力的影响并不是独立的和唯一的因素，往往是同其他利于形成高应力的地质和开采技术因素共同发生影响和作用。由于其他利于形成高应力集中而引发冲击地压的因素在不同的矿区有较大差异，因而发生冲击地压的临界深度亦有较大不同。在煤岩自身的冲击倾向一定的条件下，典型的利于形成高应力集中而引发冲击地压的地质和开采技术因素有厚层难冒坚硬顶板、地质构造和柱式体系采煤法。当其中的一种因素比较突出或全部因素均比较突出时，这些因素便对冲击地压的发生起主要作用，发生的临界深度往往较小；当以上因素不突出或没有以上因素时，采深则对发生冲击地压起主要作用，称为深矿井重力型冲击地压。

二、深井重力型冲击地压的发生特点

从我国新汶、开滦和徐州等矿区深矿井中发生的冲击地压情况来看，深矿井重力型冲击地压有如下特点：

① 多数冲击地压发生在采煤工作面的回采巷道，一部分发生在采煤工作面。

② 受固定支承压力作用，采煤工作面回风平巷中发生的次数多于运输机平巷中发生的次数。这类冲击地压多与移动支承压力作用有关，在移动支承压力和固定支承压力峰值叠加区最容易发生。

某矿移动支承压力与侧向固定支承压力峰值叠加区发生冲击地压的边界条件如图20-3所示。在图20-3中，工作面埋深为838～905 m，由于留设了6～8 m宽的区段煤柱，回风平巷变形严重，经多次维修后仍无法使用遂被迫沿倾向方向下拉31 m补掘新回风平巷。

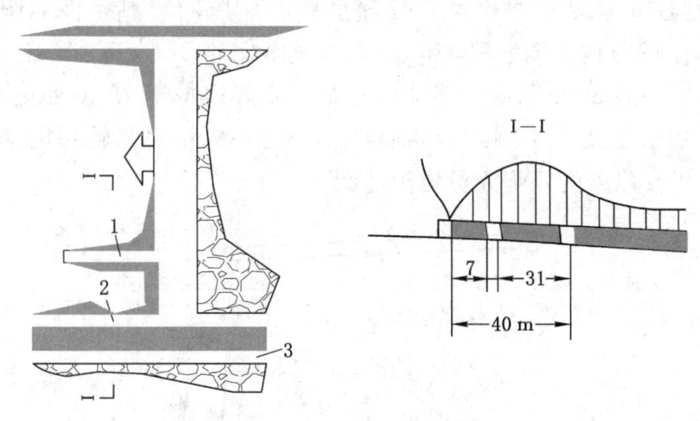

图20-3　移动支承压力与侧向固定支承压力峰值叠加区发生冲击地压的边界条件

1——补掘新回风平巷；2——原回风平巷；3——上区段运输平巷

该巷掘至32 m时因爆破而诱发了冲击地压。巷内支架大部分被摧垮，巷道断面缩小了三分之一，工作面上部10 m范围刮板输送机被推移了0.3～0.5 m，并有8棵单体液压支柱被推倒。

③ 回收多侧采空的煤柱或在煤柱下方开掘巷道容易发生冲击地压。煤柱是产生应力

集中的地点，多侧采空的煤柱受多个方向集中应力的叠加，对本煤层开采和下煤层开采均有影响。

某矿在三侧采空的煤柱下掘巷引发的冲击地压边界条件如图 20-4 所示。在图 20-4 中，所掘运输平巷埋深 897 m，进入煤柱下方 15 m 后因受固定支承压力影响巷道片帮逐渐加剧，平均片帮深度达 1.5 m，矿震和煤炮不断，掘进头煤壁压酥、塌落，严重时每班无须爆破工即可攉出一个棚距的进度。当掘至煤柱下方 40 m 时，爆破诱发了冲击地压，约 8 t 煤炭被抛出，在距掘进头 10 m 范围底鼓达 0.5 m 左右。

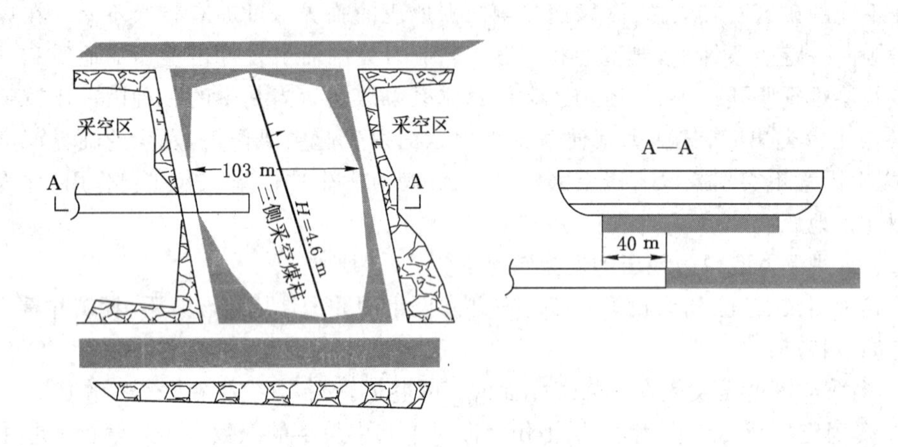

图 20-4　三侧采空的煤柱下掘巷引发冲击地压的边界条件

④ 柱式体系采煤法易引发冲击地压。在采用房柱式、巷柱式、刀柱式、短壁小阶段、漏斗式采煤法的矿井中，由于开掘巷道多、巷道交岔点多，因而发生冲击地压的可能性要高于长壁采煤法矿井。

某矿采用房柱式采煤法回收煤柱时发生冲击地压的边界条件如图 20-5 所示。在图 20-5 中，两侧采空的煤柱上端埋深 826 m，下端埋深 841 m。煤房中心距 8 m，煤房间煤柱净宽 4.5 m，沿倾向每隔 20 m 开掘一贯眼。在第三个煤房掘至 22 m 处掘贯眼时迎头爆破诱发了冲击地压，煤房底鼓 0.8～1.0 m，顶板冒顶长达 10 m，刮板输送机位移 1.5 m，约 150 t 煤炭被抛出，100 m 以外的躲炮人员均被冲倒。

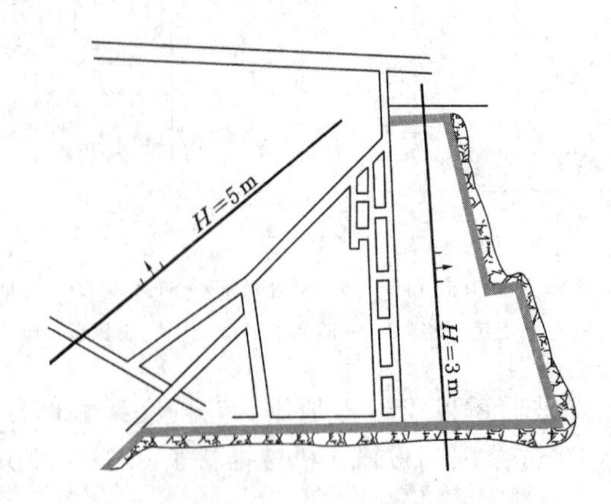

图 20-5　房柱式采煤法回收煤柱引发冲击地压的边界条件

陶庄矿属于水旱并采的深矿井，1966 年至 1983 年共发生破坏性的冲击地压 134 次，其中水采区发生 113 次。我国其他水采矿井如八一矿、台吉矿和房山矿等，亦都是冲击地压严重的矿井。

⑤ 顶板剧烈活动期间易发生冲击地压。华丰矿共发生 46 次破坏性冲击地压，其中有近一半发生在顶板剧烈活动期间，5 次发生在直接顶初次垮落期间，5 次发生在基本顶初次来压期间，11 次发生在基本顶周期来压期间。

⑥ 掘进爆破易诱发冲击地压。这是因为，爆破要产生震动，一方面能使煤层中的应力迅速重新分布而增加煤体应力，另一方面可迅速解除煤壁边缘的侧向约束阻力。

在逐渐加深和增多的深矿井中，发生冲击地压的深矿井呈增加趋势，厚层坚硬顶板、地质构造发育和采用柱式体系采煤法，这些因素中的其中一项存在或同时存在，必将使深矿井发生冲击地压的频次和强度加剧。

三、深矿井冲击地压的防治措施

对于有冲击地压倾向的煤层，防治冲击地压应采取综合技术措施，所有的技术措施均应围绕以下目的：

① 降低应力集中程度或使应力峰值向煤体深处转移；

② 改变煤岩的力学性能，削弱其积蓄和骤然释放弹性能的能力；

③ 预测危险区域；

④ 减轻危害程度。

根据我国几十年来防治冲击地压的实践，已发生冲击地压的矿井采取一定措施后发生的次数已有明显减少，像门头沟、陶庄、华丰和孙村等深矿井在防治冲击地压方面都有许多成功的经验，所采取的综合防治技术措施如图 20-6 所示。

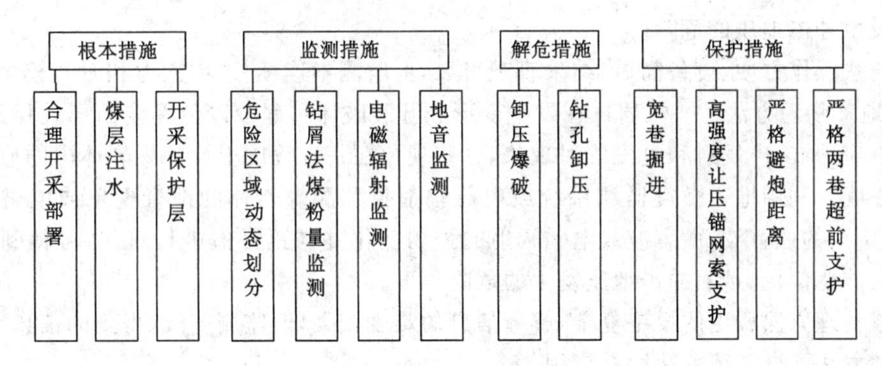

图 20-6　深井冲击地压防治综合技术措施框图

由于地质和生产技术条件的复杂性，加之目前的技术还不能确切掌握冲击地压发生的时间和地点，因而生产中仍不可避免地存在一些有发生冲击地压危险的地段。防治冲击地压除必须采取根本措施外，监测措施、解危措施和防护措施也是必不可少的。

1. 根本技术措施

根本技术措施是战略性的，旨在消除产生冲击地压的条件。

① 合理开采部署——有冲击地压危险的矿井或煤层必须实施合理开采部署这一根本措施。

新采区或新区段的投产应保证合理的开采顺序，避免形成多侧采空的煤柱后再回收。采煤工作面的回风平巷应力求沿空掘巷，杜绝在移动支承压力和固定支承压力峰值叠加区补掘巷道。首采煤层或上部煤层应尽量多采、不留或少留煤柱。在没有进行有效的处理前，避免在固定支承压力峰值区开掘本煤层的巷道或在同组底部煤层中开掘巷道。应尽量布置岩石上下山并对这些上下山进行跨采，避免留设两侧采空甚至三侧采空的上下山保护煤柱；杜绝两侧同时开采而使保护煤柱变得越来越小。杜绝采用房柱式采煤法回收已留的煤柱。

② 煤层注水——煤层注水的作用在于改变煤体结构、软化煤层、增加塑性变形，使煤体的强度和积蓄弹性能的能力下降，从而使冲击倾向减弱。多数煤层注水后其冲击倾向均会降低一个等级。同时，注水可以使支承压力峰值降低，使峰值位置向煤体深处转移，从而达到改变煤体（或局部煤体）应力状态的目的。

③ 开采保护层——开采保护层的目的是为了消除或减轻邻近煤层发生冲击地压的危险。煤层开采后，可在开采区间附近的顶板和底板中形成应力降低区，位于应力降低区的被保护层所承受的应力下降，发生冲击地压的危险程度亦相应减小。开采下保护层的效果明显好于开采上保护层。

2. 监测技术措施

监测冲击地压的方法分为3类，分别是以钻屑法为主的岩石力学方法，以电磁辐射、地音和微震监测为主的地球物理方法和经验类比方法。

① 岩石力学方法——是指通过在煤层中钻小直径（41～52 mm）钻孔，根据打钻至不同深度时排出的煤粉量及其变化规律和有关动力现象来判断煤体内应力集中情况和冲击危险的方法。当实测煤粉量大于危险煤粉量指标，或在打钻过程中出现卡钎、跳动、吸钎、震动、孔内冲击而造成夹钎或打不进去、煤粉颗粒增大或声响等动力现象时，就可确定监测孔附近煤岩有发生冲击地压的危险。

钻屑法操作方便、设备简单、结果直观可靠，但监测不连续、占用人力和时间较多。

② 地球物理方法——煤岩体在发生变形和开裂破坏过程中以弹性波的形式释放能量，同时产生应力波、声发射和电磁辐射现象，这些现象在一定程度上反映煤岩体内的应力变化和破坏程度。利用地音微震监测系统或电磁辐射仪监测煤岩体的地音现象或电磁辐射信号，分析所测的地音波、微震波或电磁辐射的强弱变化并与正常值进行对比，可得到冲击地压发生的前兆信息、预测冲击地压发生的危险程度。

地球物理方法所用的设备复杂，解释信息的难度较大，但监测连续、得到的信息丰富，可作为辅助方法配合其他方法综合应用。

③ 经验类比法——经验类比法是根据已发生的冲击地压规律，对待采区域的地质和生产条件进行类比分析，由经验判断待采区域的冲击地压危险程度，常用该类方法划分重点监测区域和指定监测范围。

3. 解危技术措施

解危措施是战术性的，旨在对已经形成冲击地压危险或可能具有冲击危险的地段进行解危处理，主要包括钻孔卸压和爆破卸压。钻孔卸压是利用较大直径的钻孔形成的空间提前释放煤体深处的高应力。目前钻孔卸压呈发展趋势，钻孔直径多在110 mm及以上，有的达150 mm。巷道掘进迎头大孔径卸压钻孔布置及钻具如图20-7所示，卸压钻孔的技术参数应根据冲击地压危险程度调整。

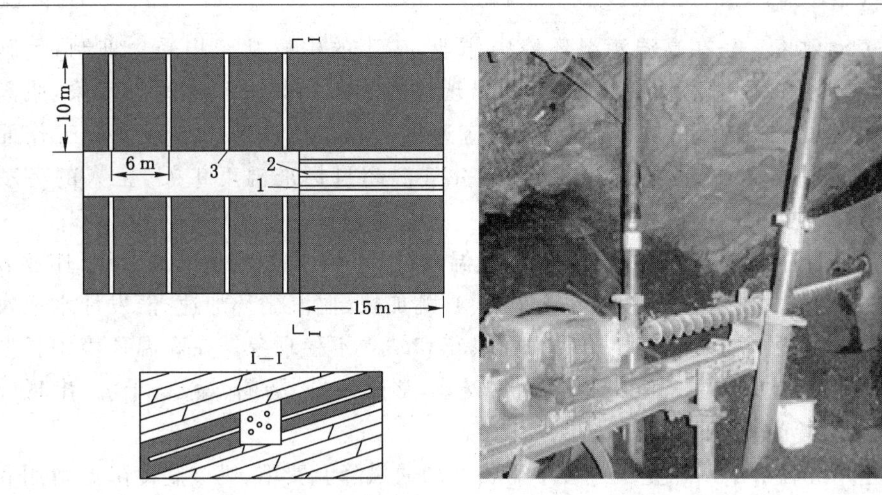

图 20-7　巷道掘进迎头大孔径卸压钻孔布置及钻具

1——巷道掘进迎头；2——迎头卸压钻孔；3——巷帮卸压钻孔

在长壁工作面开采前，我国一些深矿井在两巷中也实施了大孔径钻孔卸压措施，取得了很好的效果。

爆破卸压是利用炸药爆炸的力量增加和扩大煤岩体的裂隙，从而改变煤岩体的力学特性；或在应力集中区借助于爆震波的影响，人为诱发强度较小的冲击地压，从而避免发生危害程度较大的冲击地压。

4. 防护技术措施

防护措施是被动的，其目的是在发生小规模冲击地压时尽量避免和减轻危害程度。有条件时采煤工作面应优先选用综采工艺，回采巷道应有足够的断面，以适应中等以下冲击变形的要求并采用高强度让压支护，以适应大变形要求。

第四节　深矿井热害的治理

一、地温问题

1. 井下热源

使井下气温增高的热量来自煤层围岩散热、运转的大型机电设备散热、空气压缩热、煤岩和支护材料氧化放热和人体散热，主要热源是煤岩体释放出的热量。另外，地面季节性的气候变化也对井下气温有明显影响。我国矿山的恒温带深度多在 20～30 m，个别矿区为 30～50 m，地温梯度为 1.8～4.8 ℃/100 m。地温随采深加大而增加，到一定深度后地温成为多数深矿井的自然灾害。

兖州东滩矿在埋深 710 m 处地温为 33～35 ℃，徐州三河尖矿在埋深 737 m 处地温为 37.2 ℃，这两个矿在建井期间或在投产初期就出现了高温热害问题。新汶孙村矿埋深 800 m 的－600 m 水平平均岩温为 34.9 ℃，部分采掘工作面风温达 30～32 ℃。

2. 高温作业环境问题

一般而言，深矿井高地温同时亦存在着高湿度作业环境。高温作业环境对井下作业人员的安全、健康和矿井生产经营都有较大影响。

① 降低劳动效率——在高温潮湿环境中作业，矿工的中枢神经将受到抑制，大脑皮层兴奋过程减弱，条件反射潜伏期延长，容易出现注意力不易集中和嗜睡等现象，肌肉工作能力下降，作业的准确性和协调性降低，反应速度变慢。这些势必导致采煤工作面产量或掘进工作面进度降低。苏联学者指出，矿井气温超过标准温度 1 ℃，工人的劳动效率即降低 6%～8%。

② 危害工人身体健康——井下作业地点气温超过 28 ℃，随着温度升高，当班作业人员在高温环境中的生理机能逐渐由渗汗散发体温、心跳加快、血液循环加速、蒸发汗水散发热量发展到急促喘气和心跳加速，甚至出现头昏眼花和站立不稳现象。在高温环境中长期工作，将会对身体产生严重伤害。健康状况一般较差，常感头晕、胸闷、燥热、干渴，出现吐酸水、昏倒、体重减轻、心率增高和发高烧现象。

③ 增大生产经营成本——生产过程中需要增加通风降温费用、机械制冷降温费用和高温补助费用，从而增加了矿井生产经营成本。

④ 影响机电设备运行——我国矿用一般型机电设备均要求环境温度小于等于 40 ℃，矿用隔爆型机电设备要求环境温度小于等于 45 ℃，机电设备长期在极限值附近运行故障率势必上升。

二、热害等级的划分及相关规定

《煤炭资源地质勘探地温测量若干规定》指出：平均地温梯度不超过 3 ℃/100 m 的地区为地温正常区，超过 3 ℃/100 m 的地区为地温异常区。原始岩温高于 31 ℃的地区为一级热害区，原始岩温高于 37 ℃的地区为二级热害区。

《煤矿安全规程》第六百五十五条规定："当采掘工作面空气温度超过 26 ℃、机电设备硐室超过 30 ℃时，必须缩短超温地点工作人员的工作时间，并给予高温保健待遇。""当采掘工作面的空气温度超过 30 ℃、机电设备硐室的空气温度超过 34 ℃时，必须停止作业。""新建、改扩建矿井时，必须进行矿井风温预测计算，超温地点必须有降温设施。"

对于深矿井的热害问题，井下应采取综合措施。对于一级热害区，一般通过缩短通风线路长度、适当加大巷道断面、降低通风阻力、适当加大风量，以及改造通风薄弱环节等，以达到通风降温目的。对于二级热害区，或通风降温不能解决热害问题时，一般要采取机械制冷降温措施。

按载冷或制冷方式不同，国内外矿井机械制冷降温系统分冰冷和水冷两种。按对矿井高温热害的治理范围不同又有集中式、局部式或移动式之分。集中式是机械制冷降温的主要方式。高温热害矿井要根据热害程度、输冷距离、降温系统复杂程度、冷量损失、降温效果、所需的工程量和资金等因素，在综合对比分析后确定所用的系统。

三、集中式机械降温冰冷系统

采用冰冷系统的矿井需要在地面制成片冰或泥状冰，一般通过管路输送至井下的融冰池，而后形成低温水，再用低温水泵送至采掘工作面需要降温的地点，并通过多种途径进行热交换。

2004 年孙村煤矿进行了冰冷降温系统的工业试验，取得成功后在全国一部分高温矿井推广，该系统如图 20-8 所示。矿井冰冷降温系统由制冷、制冰、输冰、融冰、输冷、散冷等子系统组成。由于制冷和制冰机组均布置在地面，该系统也叫作地面集中冰冷降温系统。

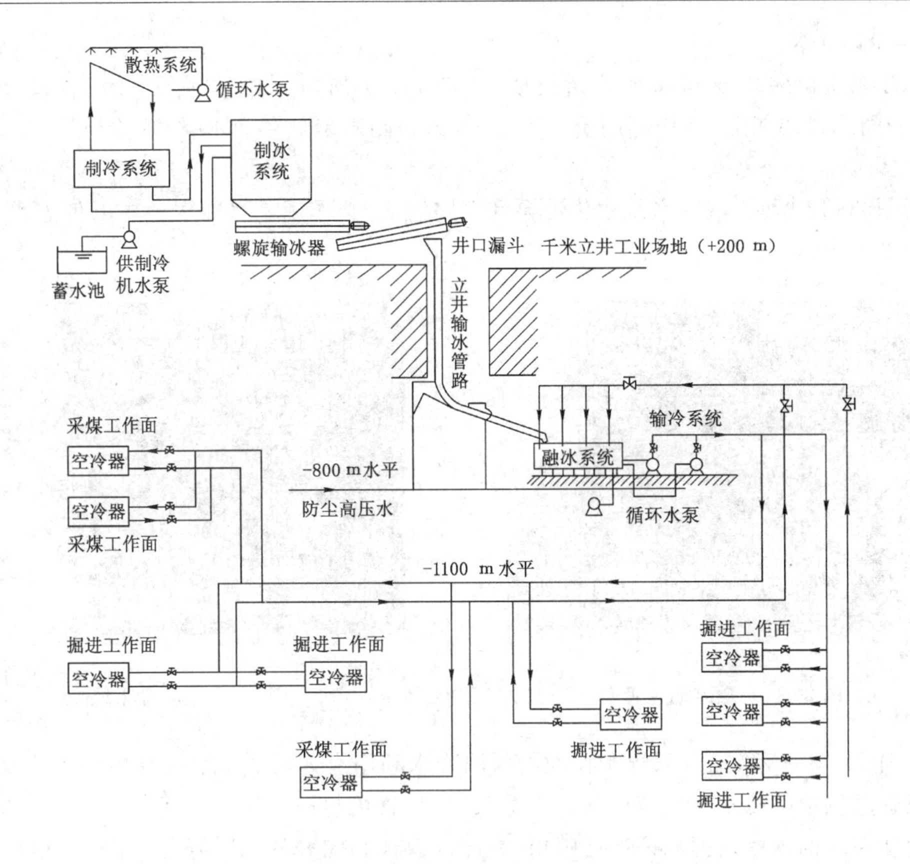

图 20-8　矿井冰冷降温系统

1. 制冷制冰系统

制冷制冰系统建在地面工业场地内。该系统由制冷机组、制冰机组和辅助设备组成，产冰能力为 550 t/d，制冰机和片冰制作如图 20-9 和图 20-10 所示。

图 20-9　制冰机

图 20-10　片冰制作

2. 输冰系统

两台螺旋输冰机将片冰输送至立井井口漏斗，由此处进入立井内敷设的输冰管道，而后滑落至－800 m 水平井底车场底部，再通过倾斜管道滑至融冰池。

3. 融冰系统

融冰系统由融冰池和加水管路组成，如图 20-11 所示。融冰池宽 3 m、高 1.2 m、长 50 m，中间用过滤网隔开，一侧用于输入融冰，另一侧用于贮存冷水。

4. 输冷和散冷系统

如图 20-12 所示，输冷系统由供冷泵和管路组成，其作用是将冷水池中的低温水送入工作面用冷地点。

图 20-11　融冰池及管路

图 20-12　输冷系统

如图 20-13 所示，输入采煤工作面的低温冷水利用有 3 种方式：① 利用喷雾式空冷器，将保温管路供给的冷水在风流中通过大喷头喷射，直接与风流接触而降低风温。② 用冷水直接向新裸露的煤壁表面和采空区喷射，在冷却煤体和围岩的同时降低风温。③ 在工作面附近进风平巷内铺设裸管，利用裸管内的低温水直接与空气进行热交换。

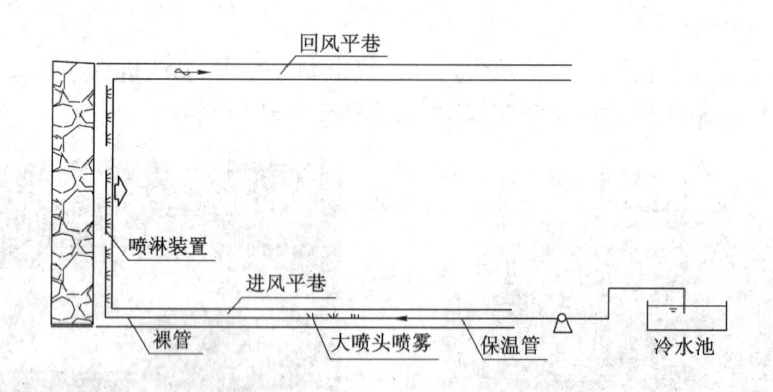

图 20-13　采煤工作面低温冷水的利用方式

输入掘进工作面的低温冷水也有 3 种利用方式：① 在掘进工作面附近区域进行除尘洒水冷却；② 在迎头和回风段内安设喷雾装置，进行喷淋冷却；③ 将空冷器安设在局部通风机后方 5 m，对局部通风机出风进行冷却。空冷器的主要功能是冷却空气，与局部通风机串联使用。如图 20-14 所示，空冷器内布置了一定数量的螺旋状铜管，冷却水在铜管内流动，热空气进入空冷器后在铜管外流动，其热量被冷却水吸收并带走，从而使热空气得到冷却，而加热后的水可返回融冰池再次融冰。

图 20-14　空冷器

5. 降温效果

孙村矿采用冰冷却降温系统机械降温后，在埋深 1 200～1 400 m 的采掘工作面，温度均可降至 28 ℃以下，降幅达 3～7 ℃。

6. 评价

冰冷降温系统的优点是——① 含冷量大，获得相同冷量所需的冰量仅为水冷系统水量的 1/4～1/5。② 井口至井底直到采掘工作面均为开放式系统，各自相对独立，能较好地适应矿井安全生产要求，不需要高低压转换。③ 还可以通过运冰车将冰运到采掘工作面直接降温。这种系统的缺点是——① 制冷效率低，能耗高。② 片冰输送和融冰池与回水交换过程中冷量损失较大。③ 系统运行管理和控制方面要求较高。

四、集中式机械降温水冷系统

一定压力下液体气化时需要吸收热量，所吸收的热量来自被冷却对象，由此引起被冷却对象温度降低，水作为被冷却对象，冷却水通过末端装置与空气进行热交换，即形成矿井降温水冷系统。

根据制冷站所处位置不同，矿井降温水冷系统分为井下集中式、地面集中式两种。

1. 井下集中式水冷系统

如图 20-15 所示，这种系统的制冷机组布置在井下，通过管道向采掘工作面提供冷水。该系统简单，供冷管道短，冷量损失少，不需要高低压转换装置，仅有冷水循环管路，但需要在井下开凿大断面硐室，井下集中产生的冷凝热排放困难。我国新汶新巨龙、兖州赵楼等矿采用的就是这种系统。

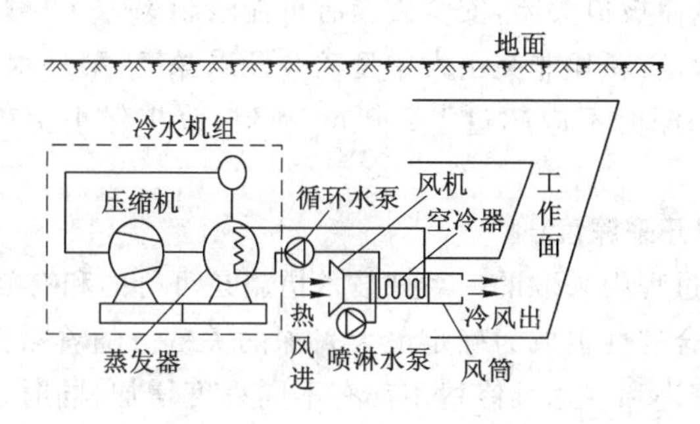

图 20-15　井下集中制冷系统

2. 地面集中式水冷系统

地面集中式水冷系统分为两种情况——一种是全部设备均设在地面，对矿井总进风风流进行冷却，故亦称为地面冷却风流系统，该系统布置如图 20-16 所示。由于冷却降温后的低温风流不断被井下热源加热，降温效果变差，故这种方式适用于开采深度较小、风流距离短、生产系统简单和生产比较集中的高温矿井。

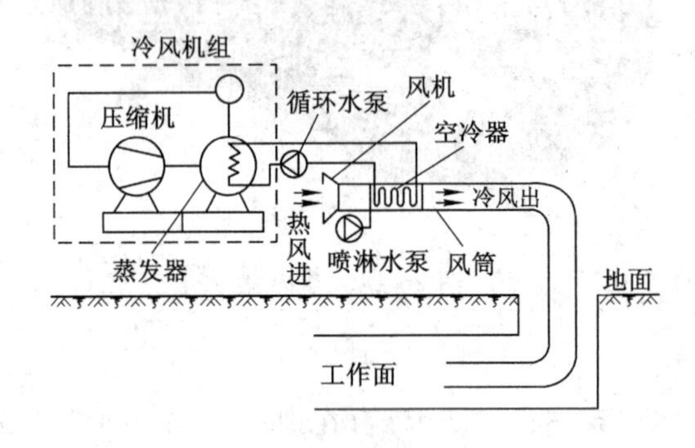

图 20-16　地面集中制冷系统

另一种地面集中式水冷系统是井下冷却风流系统。该系统的制冷机组位于地面，制备出的载冷剂（冷水）通过隔热管道被送至井下采掘工作面。由于从地面到井下一般高差较大，载冷剂输送管道中的静压较大，所以井下需增设高低压转换装置，且入井的载冷剂管路需隔热处理。我国新集刘庄矿即采用这种系统。

第五节　深矿井开采的合理开采深度

深矿井开采的极限深度受资源、技术、安全和经济等因素制约，一些深矿井在资源枯竭后自然关闭；另外一些深矿井有可能在深部还有煤炭储量的条件下因受安全、技术或经济因素制约而关闭。

一、技术和安全上的极限开采深度

一方面，随着采深加大，深矿井开采在安全和技术上的难度亦逐渐加大。另一方面，随着技术进步，国内外在研究和解决深矿井开采的技术和安全难题方面已经积累了一些成功经验，2010 年孙村矿的最大采深已达 1 400 m，从矿压控制、降温技术、冲击地压防治方面来看，最大采深在技术上还没有达到极限，但解决的难度越来越大。与孙村矿相邻的深矿井，原张庄矿因受淹井影响而被迫关闭，安全因素有可能限制深矿井的极限开采深度。

《煤矿安全规程》规定：新建非突出大中型矿井开采深度（第一水平）不应超过 1 000 m，改扩建大中型矿井开采深度不应超过 1 200 m，新建、改扩建小型矿井开采深度不应超过 600 m。

二、经济上的合理开采深度

目前，深矿井开采过程中采取的一系列技术措施是可行的和有效的，但均需要增加资金投入。因此，经济上的合理性也成为确定最大采深的关键。随着采深增大，矿井的提升、运输、通风、排水、采煤、掘进和巷道维修费用都有不同程度增加，同时还要增加实施机械制冷降温和防治冲击地压等技术措施的投入。要保持在经济上合理，关键是保持吨煤成本不上升或不急剧上升。为克服深矿井开采的不利因素，必须依靠科技进步，用先进的技术和管理手段使深矿井开采在技术上不但可行和安全可靠，而且又能控制成本和节支增收。在开采布置上，应合理集中生产，简化生产系统，减少生产环节，提高机械化水平和工作面单产，对薄弱环节进行技术改造。采用这些措施之后，使矿井生产经营处于收支平衡状态的最大采深就是深矿井经济上合理的最大采深。

复习思考题

1. 深矿井开采可能给生产和经营带来哪些影响？
2. 哪些开拓布置和开采部署方式有利于减缓支承压力对深部井巷的作用？
3. 采深在冲击地压中所起的作用是什么？
4. 开采技术因素对冲击地压有怎样的影响？
5. 防范冲击地压为什么要采取综合技术措施？
6. 高温热害矿井的热害治理技术有哪些？
7. 如何保证深矿井经济上合理的最大采深？

第二十一章　垮落法开采引起的岩层和地表移动

第一节　开采引起的岩层移动

长壁工作面煤层开采后，采用垮落法处理采空区，采出空间周围的岩层遂失去支撑而向采空区内逐渐移动、弯曲和破坏。这一过程随着采煤工作面的不断推进，逐渐地从采场向外、向上(顶板)扩展，直至波及地表、引起地表下沉，形成所谓的下沉盆地。

开采引起围岩的移动和破坏在时间和空间上是一个复杂的运动、破坏过程，其特点如下：

① 上覆岩层移动和破坏具有明显的分带性，从采空区至地表覆岩破坏范围逐渐扩大、破坏强度逐渐减弱。在缓(倾)斜中厚煤层条件下，只要采深与采高之比达到一定值($H/m>40$)，覆岩的破坏和移动就会出现 3 个代表性的部分，自下而上分别为垮落带、裂缝带和弯曲下沉带，如图 21-1 所示。

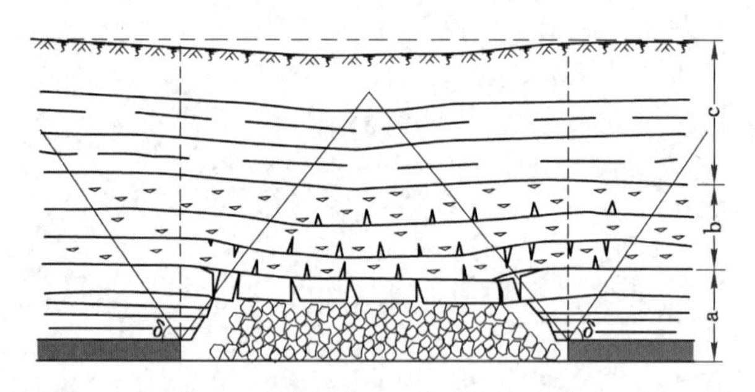

图 21-1　采动覆岩移动破坏的三带分布图

a——垮落带；b——裂缝带；c——弯曲下沉带

② 覆岩移动状态可划分为 5 个区，如图 21-2 所示。

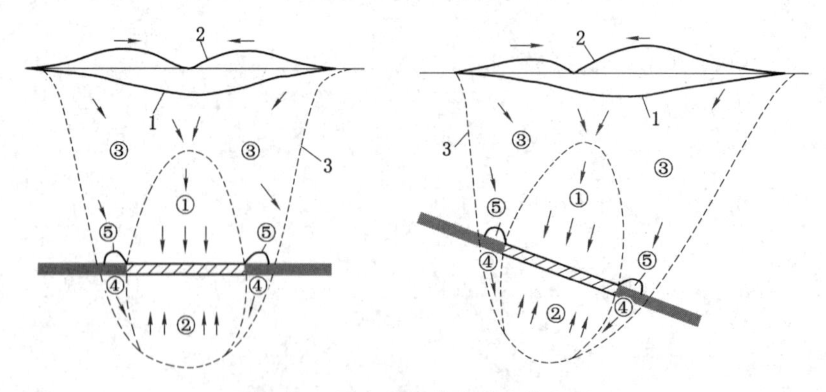

图 21-2　覆岩内部移动状态分区图

1——地表下沉曲线；2——地表水平移动曲线；3——开采影响边界

①——垂直下移区；②——垂直上移区；③——垂直和水平移动区；④ 底板下移区；⑤——支承压力区

垂直下移区内的岩层在重力作用下做垂直于煤层方向的运动。垂直上移区内的岩层在侧向和底板应力作用下向上移动。垂直和水平移动区内的岩层在覆岩自重和水平应力作用下向采空区中心方向移动。底板下移区内的岩层在支承压力作用下向底板卸压区移动。支承压力区的岩层则承受采空区上覆岩层转移来的重力。

一、"三带"的形成

1. 垮落带

垮落带，又称冒落带，是指由采煤引起的上覆岩层破坏并向采空区垮落的岩层范围。垮落带位于覆岩的最下部，煤层采空后，上覆岩层失去平衡，从紧靠煤层的顶板岩层开始冒落并逐渐向上发展，直到开采空间被冒落岩块充满。

冒落岩块由于碎胀，体积较冒落前增大，增大比率可用碎胀系数表示。碎胀系数大小与岩性和采厚有关，硬岩和采厚较大时其值大，反之较小，平均约为1.2～1.6。在自由堆积状态下，由于冒落岩块碎胀而逐渐充填开采空间，导致垮落带发展到一定高度后垮落自行停止。常见岩石的碎胀系数如表21-1所列。

表21-1　　**常见岩石的碎胀系数**

岩　石	初始碎胀系数 K_p	残余碎胀系数 K_s
砂	1.06～1.15	1.01～1.03
黏　土	1.20	1.03～1.07
碎　煤	1.20	1.05
黏土页岩	1.40	1.10
砂质页岩	1.60～1.80	1.10～1.15
硬砂岩	1.50～1.80	

垮落带的碎落岩块在上覆岩层沉降压力作用下被逐渐压实，甚至有部分可形成再生顶板。厚煤层分层开采时，冒落岩块受重复采动多次破坏，岩体碎度增大，碎胀系数减小。

垮落带内岩块之间空隙多、连通性强，是水体和泥沙溃入井下的通道，也是瓦斯逸出或聚集的空间。

2. 裂缝带

裂缝带，又称断裂带或裂隙带。垮落带上方的岩层产生断裂或裂缝，但仍保持其原有层状的岩层带即为裂缝带。裂缝带位于垮落带之上，具有与采空区相通的导水裂缝。裂缝大致分为两种：一种是垂直或斜交于岩层的新生张裂缝，主要是由于岩层向下弯曲受拉产生的，这种裂缝可部分或全部穿过岩石分层，但其两侧岩体基本能保持层状连续性；另一种是沿层面的离层裂缝，这种裂缝主要是因为岩层间力学性质差异较大，岩层向下异步弯曲移动所致。离层裂缝占据一定空间，致使上部覆岩和地表下沉量减小。地表下沉总量之所以小于开采煤层厚度，除冒落岩块碎胀外，裂缝带的离层也是其中主要原因。离层裂缝是贮水和导水的通道。裂缝带之上的岩体也有裂隙，可以间接导水和积水，但因垂直裂隙不发育故不与下部裂隙沟通。裂缝带下部，垂向裂缝逐渐发育增强，离层裂缝和垂向裂缝连通，导水性明显增强并能向下渗流至采空区，故将垮落带和裂缝带合称为导水裂缝带。导水裂缝带若波及水体，可将水导入井下。但由于裂缝宽度和途径转折限制，一般不透过泥沙，特别是其上部透泥沙的可能性很小。

导水裂缝带随开采区域扩大而向上发展，当开采区域扩大到一定范围时，裂缝带高度遂达到最大。这时开采区域继续扩大，裂缝带高度则基本上不再发展，并随着时间的推移岩层移动趋于稳定，裂缝带上部裂缝逐渐闭合，裂缝带高度也随之降低。一般而言，在采空区形成两个月左右后裂缝带发育最高。厚煤层分层开采时，裂缝带总高度虽比开采一个分层加大，但比一次采全高（如放顶煤开采）形成的裂缝带高度要小得多。

3. 弯曲下沉带

弯曲下沉带又称整体移动带，是指裂缝带顶部至地表的岩层。弯曲下沉带基本呈整体移动，特别是带内为软弱岩层和松散土层时。在垂直剖面上，弯曲下沉带上下各部分下沉量差值很小。弯曲下沉带上部一般很少出现离层，但其下部可能出现离层。弯曲下沉带中的离层裂隙仅局部充水而不与导水裂缝带连通。弯曲下沉带上方地表一般常形成下沉盆地，盆地边缘往往出现张裂隙，其深度为 3～5 m，一般不超过 10 m，其宽度向下渐窄，直至一定深度便闭合消失。因此，弯曲下沉带具有隔水保护层的作用。

以上“三带”各自特征虽明显不同，但其界面是逐渐过渡的，因而具体划分时应合理掌握。并不是在所有的开采条件下都会形成“三带”。例如，采用充填法处理采空区时，在覆岩中则不存在垮落带；在浅部厚煤层开采条件下，开采后覆岩冒落破坏可能直达地表，亦不会存在弯曲下沉带。

二、“三带”的空间轮廓形状

在其他条件一定时，“三带”的空间轮廓形状主要与煤层倾角有关。

1. 倾角≤35°的煤层

垮落带大致呈对称的枕形，边界一般在采空区边界内。导水裂缝带一般呈马鞍形，边界一般位于采空区边界以外，其最高点位于采空区上方，如图 21-3(a)所示。弯曲下沉带沿走向和倾斜方向均为基本对称的下沉盆地。

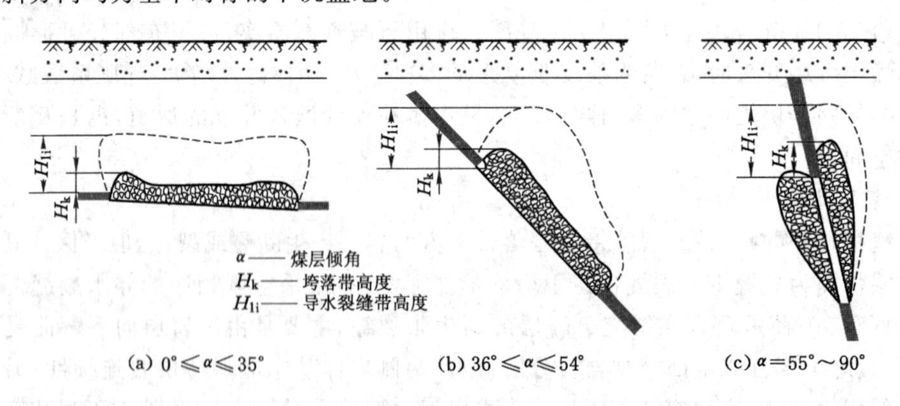

图 21-3　垮落带、导水裂缝带的空间形态

2. 36°<倾角≤54°的煤层

垮落带为不对称的平枕或拱枕，边界位于采空区边界以内，上方略大于下方。导水裂缝带为上下大小不对称的凹形枕，上轮廓线大致呈抛物线，马鞍形消失或残留不明显，与采空区边界齐或略偏外，如图 21-3(b)所示。弯曲下沉带沿倾向呈非对称下沉，上山方向较下山方向下沉量大，沿走向一般仍为对称下沉。

3. 倾角>55°的煤层

垮落带为耳形或上下非对称拱形。导水裂缝带与垮落带形态相似，二者上边界均大大超越采空区边界，如图 21-3(c)所示。在大角度条件下，导水裂缝带的上边界发展到一定程度即会引起沿煤层上部抽冒发生，甚至达到地表，形成地表塌陷坑。

三、分层开采条件下垮落带和导水裂缝带的高度

覆岩的破坏高度主要取决于岩性、采高、采空区处理方法、煤层倾角和开采充分程度。

1. 倾角<54°的煤层

(1) 垮落带高度

① 理论计算——若煤层覆岩内存在极坚硬岩层，煤层采后能形成悬顶，而开采空间及垮落岩层本身的空间只能由碎胀岩石填满，其垮落带最大高度计算公式为式(21-1)：

$$H_k = \frac{M}{(K_0 - 1)\cos\alpha} \tag{21-1}$$

式中　M——煤层开采厚度，m；

K_0——垮落岩石的残余碎胀系数；

α——煤层倾角，(°)。

若煤层顶板为坚硬、中硬、软弱和极软弱岩层或其互层时，开采空间和垮落岩层本身的空间可由顶板下沉和垮落岩石碎胀后填满，其垮落带最大高度计算公式为式(21-2)：

$$H_k = \frac{M - W_{max}}{(K_0 - 1)\cos\alpha} \tag{21-2}$$

式中　W_{max}——垮落过程中的顶板下沉量，m。

其余符号同前。

② 统计经验公式——当煤层顶板为坚硬、中硬、软弱、极软弱岩层或其互层时，垮落带最大高度的统计公式如表 21-2 中所列。

表 21-2　**垮落带最大高度统计公式**

覆岩岩性(单向抗压强度及主要岩石名称)	计算公式/m
坚硬(40～80 MPa，石英砂岩、石灰岩、砾岩)	$H_k = \frac{100M}{2.1M + 16} \pm 2.5$
中硬(20～40 MPa，砂岩、泥质灰岩、砂质页岩、页岩)	$H_k = \frac{100M}{4.7M + 19} \pm 2.2$
软弱(10～20 MPa，泥岩、泥质砂岩)	$H_k = \frac{100M}{6.2M + 32} \pm 1.5$
极软弱(<10MPa，铝土岩、风化泥岩、黏土、砂质黏土)	$H_k = \frac{100M}{7.0M + 63} \pm 1.2$

注：公式中的±项为中误差；M 为累计采厚；

公式的应用范围——单层开采厚度 1.0～3.0 m，累计采厚不超过 15 m。

(2) 导水裂缝带高度

当煤层顶板为坚硬、中硬、软弱、极软弱岩层或其互层时，导水裂缝带最大高度统计公式如表 21-3 中所列。

表 21-3 导水裂缝带最大高度统计公式

覆岩岩性	计算公式之一/m	计算公式之二/m
坚 硬	$H_{li}=\dfrac{100M}{1.2M+2.0}\pm 8.9$	$H_{li}=30\sqrt{M}+10$
中 硬	$H_{li}=\dfrac{100M}{1.6M+3.6}\pm 5.6$	$H_{li}=20\sqrt{M}+10$
软 弱	$H_{li}=\dfrac{100M}{3.1M+5.0}\pm 4.0$	$H_{li}=10\sqrt{M}+5$
极软弱	$H_{li}=\dfrac{100M}{5.0M+8.0}\pm 3.0$	

注：公式中的±项为中误差；M 为累计采厚；

公式的应用范围——单层开采厚度 1.0～3.0 m，累计采厚不超过 15 m。

2. 倾角为 55°～90°的煤层

当煤层顶板为坚硬、中硬、软弱、极软弱岩层或其互层时，倾角为 55°～90°的煤层开采后形成的垮落带和导水裂缝带最大高度统计公式如表 21-4 中所列。

表 21-4 倾角为 55°～90°的煤层垮落带和导水裂缝带最大高度统计公式

覆岩岩性	垮落带高度/m	导水裂缝带高度/m
坚 硬	$H_k=(0.4\sim0.5)H_{li}$	$H_{li}=\dfrac{100Mh}{4.1h+133}\pm 8.4$
中硬、软弱	$H_k=(0.4\sim0.5)H_{li}$	$H_{li}=\dfrac{100Mh}{7.5h+293}\pm 7.3$

注：h 为开采阶段垂高，m。

四、放顶煤开采条件下垮落带和导水裂缝带的高度

根据现场实测，我国煤矿采用综放开采，在软弱和中硬覆岩顶板条件下的垮落带和导水裂缝带高度统计如表 21-5 所列，如图 21-4 和图 21-5 所示。

表 21-5 综放开采软弱、中硬覆岩顶板条件下垮落带和导水裂缝带高度

煤 矿	工作面	采放高度/m	倾角/(°)	采深/m	H_k/m	H_{li}/m
多伦协鑫矿	1703^{-1}	9.58	7	302	54	112
多伦协鑫矿	1703^{-1}	9.09	7	312	51	111
五庄矿	6206	5.2	2～5	297	19.35	—
五庄矿	6206	5.7	2～5	295	35.7	—
北皂矿	—	3.6	3	230	—	30
谢桥矿	1212	4	12～21	—	—	44.96
谢桥矿	1121	4.8	12～21	—	—	54.79
谢桥矿	1121	6	12～21	—	—	67.88
潘一矿	2622	5.8	4～8	—	—	65.25
任煤矿	7212	4.7	17	355～399	21	56
白庄矿	7507	4.9	—	—	—	63.69

续表 21-5

煤矿	工作面	采放高度/m	倾角/(°)	采深/m	H_k/m	H_{li}/m
阳泉五矿	8203	6.6	—	—	＞30.0	—
新集一矿	1303	7.76	8	117	—	83.94
新集一矿	1303	5.73	8	117	—	60.69
济宁二号矿	1034	3.7	0～10	—	—	42.28
大水头煤矿	西 202	9.49	8	516	—	100.88
大水头煤矿	东 202	12.5	8	422	—	122.1
下沟矿	ZF2801	9.9	2	316～347	—	111.81
下沟矿	ZF2801	9.9	2	316～347	—	125.81
孔庄矿	—	5.29	25	83	—	61
南屯矿	$63_上10$	5.77	2～8	约 400	25	70.7
南屯矿	$93_上01$	5.65	12～19	—	28	67.5
下石节矿	213、214	16	4～8	—	62.43	—
张集矿	1212	3.9	4～8	—	—	49.05
张集矿	1221	4.5	4～8	—	—	57.45
谢桥矿	1221	5	12～21	—	—	73.28
鲍店矿	1303	8.7	4～15	352～517	—	71
济宁三号矿	1301	6.3	0～10	445～515	—	66.56
济宁三号矿	1301	6.3	0～10	445～515	—	68.6
济宁三号矿	1301	6.3	0～10	445～515	—	66.5
济宁三号矿	$43_下03$	6.67	0～11	445～515	21.7	—
兴隆庄矿	4320	8	8	305～400	36.8	86.8
兴隆庄矿	5306	7.1	6～13	—	—	74.4
兴隆庄矿	1301	6.36	6～13	—	—	72.9
某 3 号煤矿	—	6.5	2～6	263	—	83.9
杨庄矿	301	6.4	—	69～130	34	62
朱仙庄矿	Ⅱ865	13.43	15	480	55.57	130.78

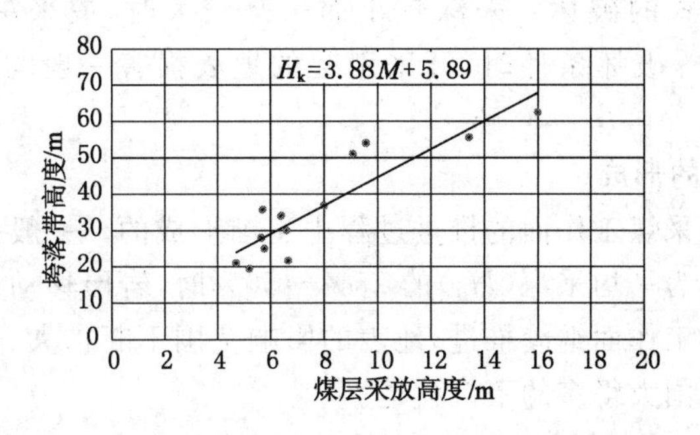

图 21-4　综放开采软弱、中硬覆岩顶板条件下垮落带高度

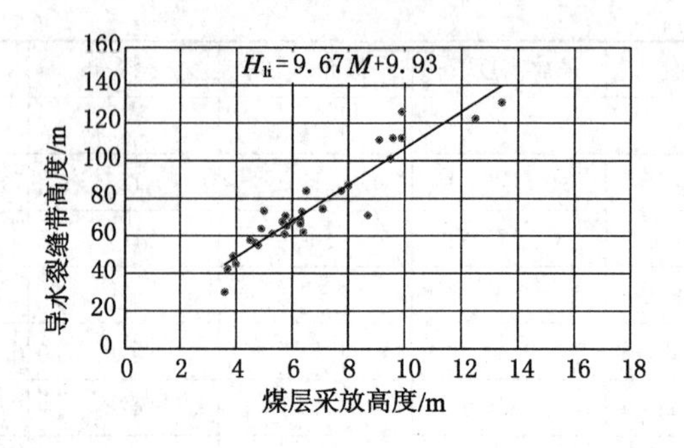

图 21-5　综放开采软弱、中硬覆岩顶板条件下导水裂缝带高度

采用数理统计回归分析方法，也可以得出综放开采条件下的垮落带和导水裂缝带高度统计公式如表 21-6 所列。

表 21-6　**综放开采条件下垮落带和导水裂缝带高度统计公式**

覆岩岩性	垮落带高度计算公式/m	导水裂缝带高度计算公式/m
中硬	$H_k=\frac{100M}{0.49M+19.12}\pm4.71$	$H_{li}=\frac{100M}{0.26M+6.88}\pm11.49$
软弱	$H_k=\frac{100M}{-1.19M+28.57}\pm4.76$	$H_{li}=\frac{100M}{-0.33M+10.81}\pm6.99$

第二节　开采引起的地表移动

地表移动和变形可分为连续型和非连续型两类。地表连续型移动和变形，是指采动损害反映在地表为连续的下沉盆地。在近水平、缓(倾)斜、中斜煤层开采条件下，采深与采高之比大于 40、长壁工作面、全部垮落法处理采空区时，或留大面积煤柱管理顶板且支撑煤柱有足够的强度和长期稳定性时，或采用全部或部分充填法处理采空区时，开采引起地表的移动和变形一般均为连续分布下沉盆地。

地表非连续移动和变形，是指采动损害反映在地表后地表出现较大的裂缝、台阶下沉、塌陷坑和漏斗等形式的破坏。采深较小而采高较大时，或采深较小、煤层倾角较大时，或存在较大的断层等破坏条件时，开采引起的地表损害一般均为非连续型地表移动或变形。

一、地表移动盆地的形成

地表移动盆地是在采煤工作面的推进过程中逐渐形成的。一般条件下，当采煤工作面推进至距开切眼的距离为平均采深(H_0)的 25%～50%时，岩层移动即开始波及至地表，引起地表下沉。随着采煤工作面继续推进，地表的影响范围不断扩大、下沉值不断增加，遂在地表形成一个比开采范围大得多的下沉盆地。

图 21-6 所示为地表移动盆地随工作面推进而形成的过程。工作面推进至 1、2、3、4 不同位置时，对应地表即依次出现 W_1、W_2、W_3、W_4 移动盆地。它们是随采煤工作面的推进而

形成的，故称动态移动盆地。工作面开采结束后，地表移动还将持续一段时间，最终形成稳定的盆地。通常所说的移动盆地，就是指最终形成的移动盆地，又称为稳态移动盆地。

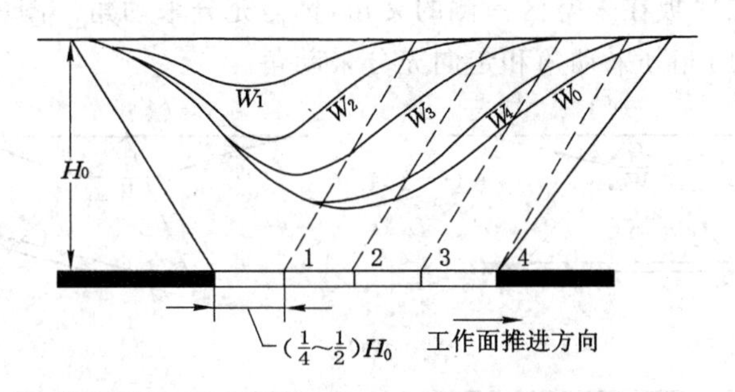

图 21-6　地表移动盆地的动态形成过程示意图

二、地表移动盆地的特征

地表移动盆地主断面，是指与开采边界方向垂直并通过地表最大下沉值的垂直剖面。为了研究方便，常选取下沉盆地的主断面进行研究。在主断面上地表移动盆地的范围最大、移动最充分、移动量最大。如图 21-7 所示，根据采动对地表影响的程度可将地表下沉盆地划分为以下 3 种类型。

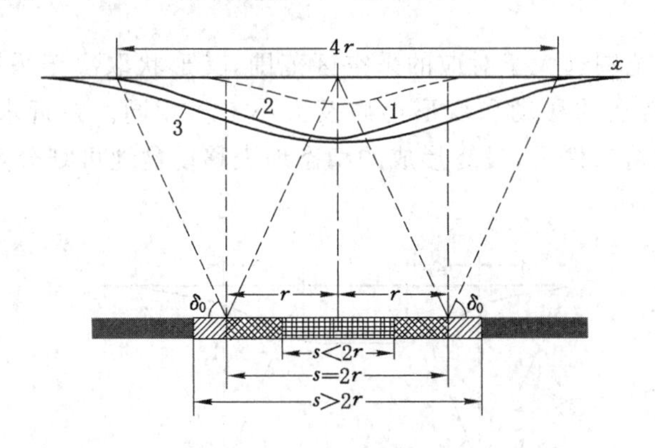

图 21-7　开采引起地表下沉盆地的 3 种类型

1——非充分采动下沉盆地；2——充分采动下沉盆地；3——超充分采动下沉盆地

① 非充分采动下沉盆地——当地表任意点的下沉值均小于该地质和采矿条件下的最大下沉值 W_{max} 时，相应的盆地称为非充分采动下沉盆地。

② 充分采动下沉盆地——当地表下沉盆地主断面上某一点的下沉值达到该地质和采矿条件下的最大下沉值 W_{max} 时，相应的盆地称为充分采动下沉盆地。

③ 超充分采动下沉盆地——当地表最大下沉点的下沉值不再随开采范围扩大而增加时，相应的盆地称为超充分采动下沉盆地。该盆地的底部多为平底。

通常，采空区的长度和宽度均达到 $1.2H_0 \sim 1.4H_0$ 时，地表可达到充分采动。因而，采煤工作面沿一个方向(走向或倾向)达到临界开采尺寸而另一个方向未达到临界开采尺寸时也属于非充分采动。

引入充分采动的目的是为了更准确地研究地表移动盆地的性质。充分采动范围用充分采动角(ψ)确定。如图 21-8 所示,在充分采动或超充分采动条件下,在移动盆地主断面上,将地表下沉曲线上的最大下沉点或盆地平底边缘点投影在地表水平线上,该投影点和采空区边界的连线与煤层底板在采空区一侧的夹角,称为充分采动角。图中的 ψ_1、ψ_2、ψ_3 分别为下山充分采动角、上山充分采动角和走向充分采动角。

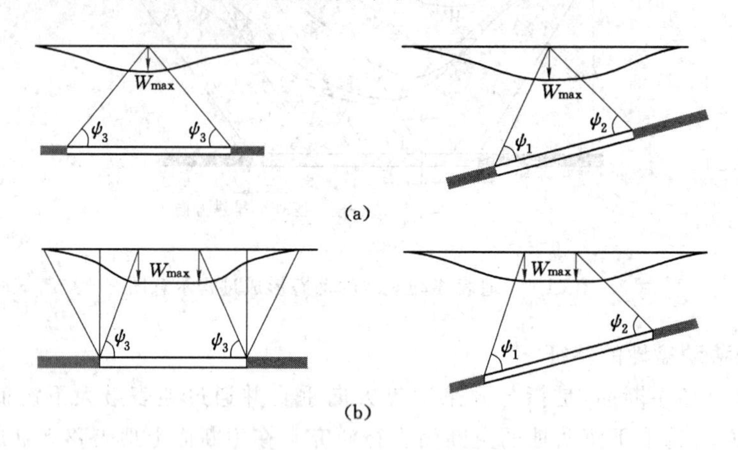

图 21-8 地表移动盆地的充分采动角

(a) 充分采动 (b) 超充分采动

地表移动盆地的范围远大于对应的采空区范围,其形状取决于采空区形状和煤层倾角。在移动盆地内,各点的移动和变形性质及大小不尽相同。在近水平煤层开采、地表平坦且无大的地质构造条件下,最终形成的稳态地表移动盆地可划分为如图 21-9 所示的 3 个区域。

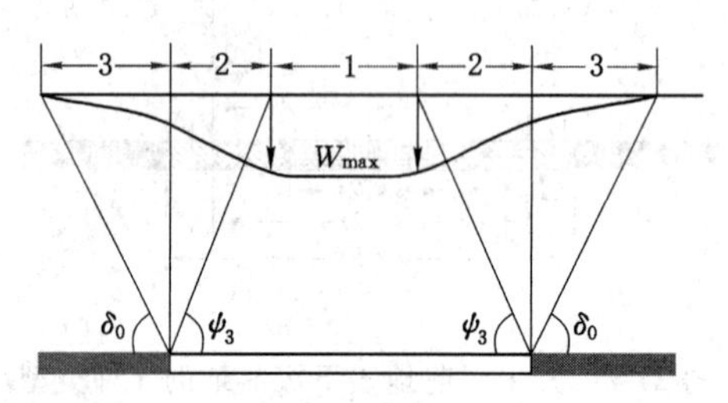

图 21-9 地表移动盆地的 3 个受力区

1——中性区;2——压缩区;3——拉伸区

① 中性区——在该区域地表下沉均匀,达到最大下沉值 W_{max},其他移动变形值(地表水平移动值 U、倾斜值 i、水平变形值 ε 和曲率值 k)近似为零,一般不出现明显的裂缝。

② 压缩区——在该区域地表下沉值不等,各点向盆地中心方向移动、呈凹形,产生压缩变形,一般不出现裂缝。

③ 拉伸区——在该区域地表下沉不均匀,各点向盆地中心方向移动、呈凸形,产生拉伸变形。当拉伸变形超过一定值时地表产生拉伸裂缝。

三、地表移动盆地的范围和主要角度参数

如图 21-10 所示,地表移动盆地的范围可用各种角度参数加以确定。

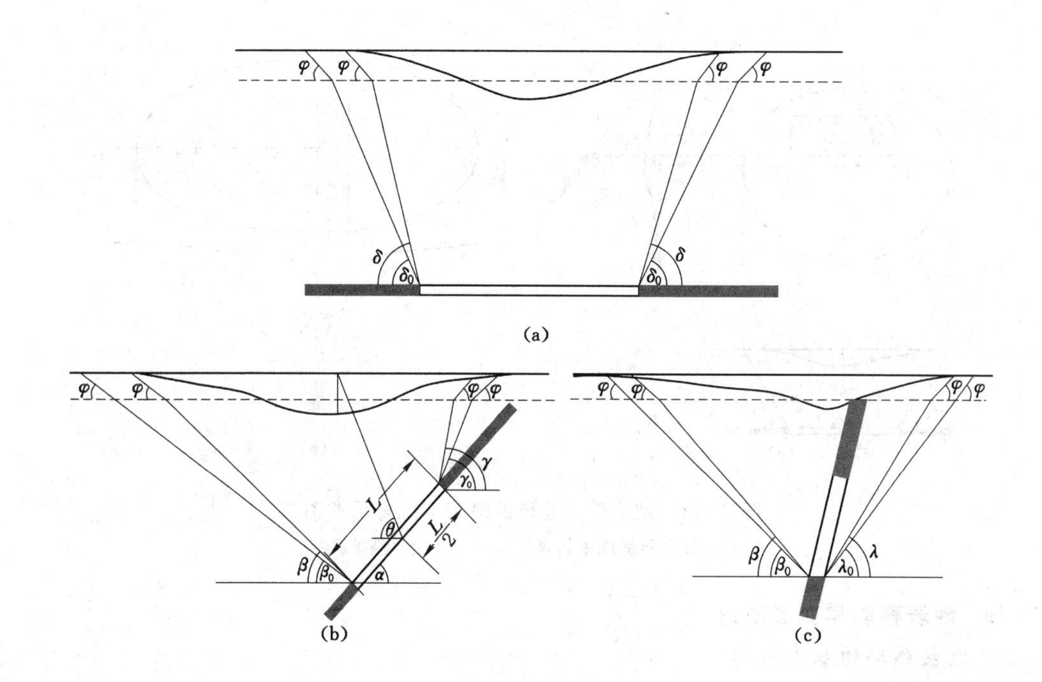

图 21-10　地表移动盆地边界的确定

(a) 水平煤层或缓(倾)斜、中斜煤层走向　(b) 缓(倾)斜、中斜煤层倾向　(c) 急(倾)斜煤层

1. 边界角

在充分采动或接近充分采动条件下，地表移动盆地主断面上盆地边界点(下沉 10 mm)至采空区边界的连线与水平线在煤柱一侧的夹角，称为边界角。边界角用以确定下沉影响范围和边界。由于观测误差和观测点埋设处随季节变化，下沉值为零的点实际上不能准确确定，故将下沉值为±10 mm 的点作为下沉盆地的边界。β_0、γ_0、δ_0 依次分别为下山边界角、上山边界角和走向边界角，急(倾)斜煤层底板边界角用 λ_0 表示。

2. 移动角

地表的移动和变形会引起地面建筑物不同程度的破坏，不需修理即能保持正常使用所允许的一组地表最大变形值，称为临界变形值，其倾斜变形、水平变形和曲率变形分别如下：

$$i = \pm 3\ \text{mm/m}$$

$$\varepsilon = 2\ \text{mm/m}$$

$$k = 0.2 \times 10^{-3}/\text{m}$$

在达到或接近充分采动时的移动盆地主断面上，地表最外的临界变形点和采空区边界点的连线与水平线在煤柱一侧的夹角，称为移动角。移动角又分为表土或松散层移动角、基岩移动角。表土或松散层移动角用 φ 表示；下山移动角、上山移动角和走向移动角分别用 β、γ 和 δ 表示，急(倾)斜煤层底板移动角用 λ 表示。

3. 最大下沉角

在移动盆地倾向主断面上，由采空区中点与地表移动盆地平底中点的连线与水平线之间在煤层下山方向一侧的夹角(θ)，称为最大下沉角，如图 21-11 所示。利用最大下沉角可以确定下沉盆地最大下沉点所在的位置。

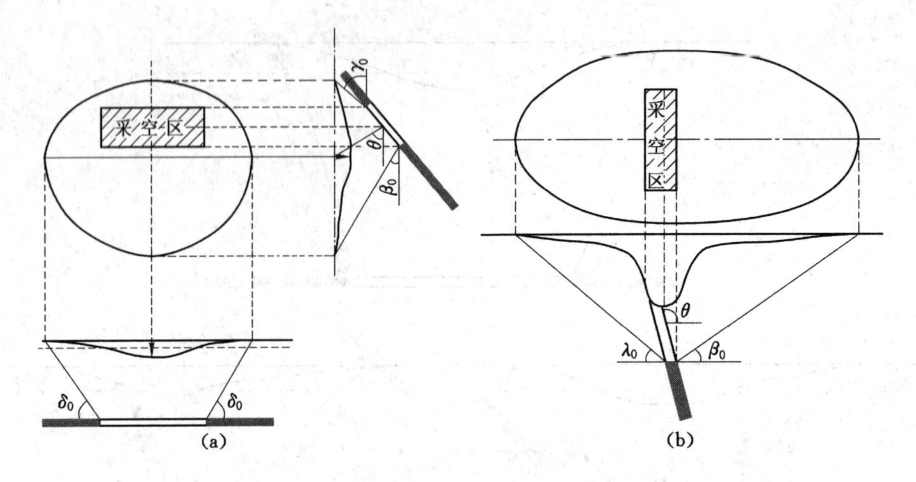

图 21-11　地表移动盆地的最大下沉角示意图

(a) 缓(倾)斜或中斜煤层　(b) 急(倾)斜煤层

四、地表移动和变形预计

1. 地表移动的基本概念

地表移动和变形预计的内容有——开采影响范围;开采影响范围内地表移动和变形的最大值及其位置;地表移动盆地主断面上的地表移动和变形值;开采影响范围内地表任意点的移动和变形值。

(1) 地表点的移动和变形

开采引起的地表点的移动和变形是一个复杂的时间—空间现象,可以从一个点相对于某一段时刻的运动来描述其运动规律,在此基础上分析其变形问题。图 21-12 所示为地表某点从 t_1 到 t_2 时刻的相对位置。可以将点的移动 V_0 分解为在 x,y,z 方向上的分量 U_x、U_y、W,其关系如式(21-3)所示:

$$\left.\begin{aligned} U_{\max} &= \sqrt{U_x^2 + U_y^2} \\ V_0 &= \sqrt{U_{\max}^2 + W^2} \end{aligned}\right\} \tag{21-3}$$

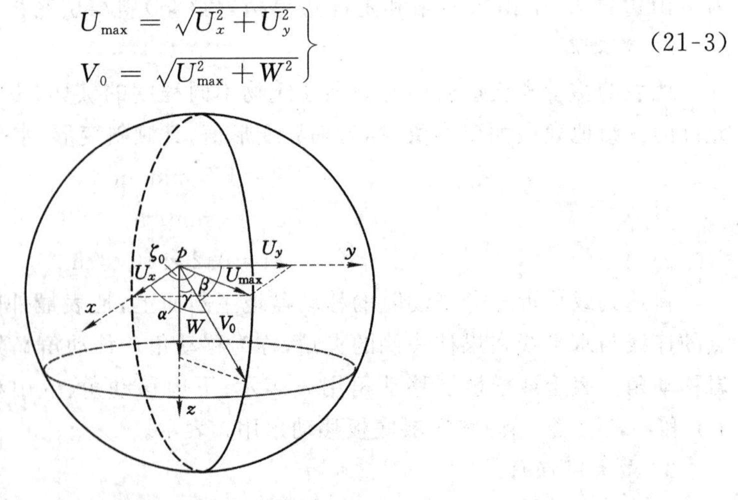

图 21-12　受采动影响的地表任意点的移动向量

描述地表移动盆地内移动和变形的指标是——下沉量(W)、倾斜变形(i)、曲率变形

(k)、水平移动(U)、水平变形(ε)、扭曲和剪切变形。目前，对于前 5 种指标的研究比较充分，而对于扭曲和剪切变形的研究尚处于起步阶段，仅限于对重要建筑物的受损分析和用于抗变形建筑物设计。

(2) 地表下沉盆地主断面上的移动和变形

在地表移动盆地内地表各点的移动方向和移动量各不相同。一般是在移动盆地主断面上，通过设点观测研究地表的移动和变形。图 21-13 给出了某移动盆地主断面上部分点在地表移动前和移动结束后各测点的高程和测点间距，据以分析地表点的移动和变形。

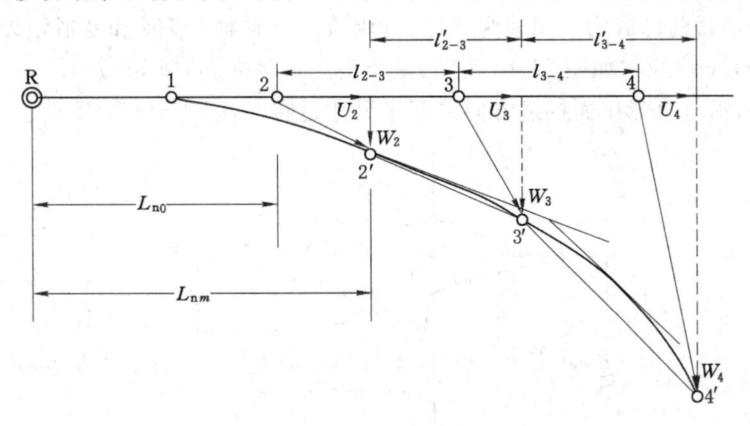

图 21-13　地表移动变形分析图示

需要指出，这些移动向量并不是点的移动轨迹，点的移动轨迹是一条复杂的曲线，这里只研究地表点的最终移动结果。在图 21-13 中，取 2、3、4 三个具体的点和一个任意的 n 点为研究对象，给出移动盆地内地表移动和变形的计算公式如式(21-4)至式(21-8)所示：

① 点 n 的下沉值：

$$W_n = H_{n0} - H_{nm}\text{, mm} \tag{21-4}$$

② 点 n 的水平移动值：

$$U_n = L_{nm} - L_{n0}\text{, mm} \tag{21-5}$$

③ 点 2 至点 3 间的倾斜值：

$$i_{2-3} = \frac{W_3 - W_2}{l_{2-3}} = \frac{\Delta W_{2-3}}{l_{2-3}}\text{ , mm/m} \tag{21-6}$$

④ 点 3 曲率值：

$$k_{2-3-4} = \frac{i_{3-4} - i_{2-3}}{(l_{2-3} + l_{3-4})/2}\text{, }10^{-3}\text{/m} \tag{21-7}$$

⑤ 点 2 至点 3 间的水平变形值：

$$\varepsilon_{2-3} = \frac{U_3 - U_2}{l_{2-3}} = \frac{\Delta U_{2-3}}{l_{2-3}}\text{, mm/m} \tag{21-8}$$

式中　H_{n0}，H_{nm}——分别为地表 n 点在首次和 m 次观测时的高程，mm；

L_{n0}，L_{nm}——分别为地表 n 点首次观测和 m 次观测时至观测线控制点 R 间的水平距离，mm。

下沉，是指某点移动向量的垂直分量，正值表示测点下降，负值表示测点上升。水平移动，是指某点移动的水平移动分量，正值表示测点向盆地中心方向移动，负值表示测点向盆地边缘方向移动。倾斜，反映盆地的测点间沿某一方向的坡度，正值表示向盆地中心方向倾斜，负值表示向盆地边缘方向倾斜。地表曲率，是指相邻两线段的倾斜差与两线段中间点的水平距离的比值，它反映在观测线断面上的弯曲程度，正值表示地表下沉曲线为凸曲线，负值表示地表下沉曲线为凹曲线。水平变形，是指相邻两点的水平移动差与两点间水平距离的比值，是指地表点间单位长度的变化，正值表示地表处于拉伸状态、发生拉伸变形，负值表示地表处于压缩状态、发生压缩变形。

2. 用概率积分法预计地表移动和变形

概率积分法目前已成为我国较为成熟、应用最广泛的地表移动和变形预计方法之一。

半无限开采（$\alpha<50°$）如图 21-14 所示，是指沿工作面推进方向在 $x=[0,+\infty]$ 区间内的煤层已被开采，沿垂直工作面推进方向的开采尺寸足够大，已达到充分采动。

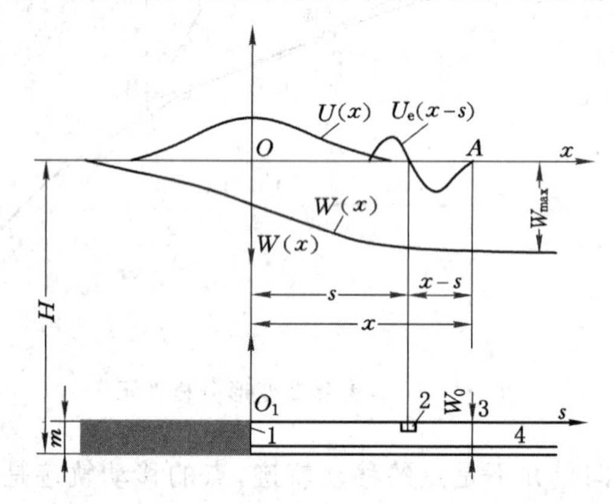

图 21-14　半无限开采的地表下沉和水平移动

1——煤壁；2——开采单元；3——下沉前的顶板原始位置；4——下沉后的顶板假设位置

概率积分法认为：任意开采条件下都可以把整个开采分解为无限多个微小单元的开采，整个开采对地表的影响等于所有开采单元的影响叠加之和。观测表明，在近水平煤层开采条件下，或沿地表移动盆地煤层走向的主断面内，下沉盆地的下沉曲线呈正态分布且与概率密度的分布一致。因此，整个开采引起的下沉盆地的剖面方程式可表示为概率密度函数的积分表达式。

(1) 地表移动盆地走向主断面上的地表移动和变形

走向主断面地表下沉 $W(x)$、倾斜 $i(x)$、曲率 $k(x)$、水平移动 $U(x)$ 和水平变形 $\varepsilon(x)$ 计算如式(21-9)所示：

$$\left.\begin{aligned}
W(x) &= \frac{W_{\max}}{2}\left[\frac{2}{\sqrt{\pi}}\int_0^{\frac{\sqrt{\pi}}{r}x} e^{-\lambda^2}\,d\lambda + 1\right] \\
i(x) &= \frac{dW(x)}{dx} = \frac{W_{\max}}{r}e^{-\pi\frac{x^2}{r^2}} \\
k(x) &= \frac{d^2W(x)}{dx^2} = -2\pi\frac{W_{\max}}{r^3}x\cdot e^{-\pi\frac{x^2}{r^2}} \\
U(x) &= bW_{\max}e^{-\pi\frac{x^2}{r^2}} \\
\varepsilon(x) &= -\frac{dU(x)}{dx} = -2\pi b\frac{W_{\max}}{r^2}x\cdot e^{-\pi\frac{x^2}{r^2}}
\end{aligned}\right\} \tag{21-9}$$

$$\lambda = \frac{\sqrt{\pi}(x-s)}{r}$$

式中　W_{max}——地表最大下沉值，$W_{max}=q \cdot m \cdot \cos\alpha$，mm；

q——地表下沉系数；

m——煤层开采厚度，mm；

α——煤层倾角，(°)；

r——主要影响半径，$r=\frac{H}{\tan\beta}$，m；

b——水平移动系数；

H——煤层埋深，m；

$\tan\beta$——主要影响角正切。

(2) 地表移动盆地走向主断面上的地表移动和变形的最大值及其位置

地表移动盆地走向主断面上的地表最大下沉 W_{max}、倾斜 i_{max}、曲率 k_{max}、水平移动 U_{max}、水平变形 ε_{max} 计算式及其出现的位置如式(21-10)所示：

$$\left.\begin{array}{ll} x=\infty, & W_{max}=q \cdot m \cdot \cos\alpha \\ x=0, & i_{max}=\frac{W_{max}}{r} \\ x=\pm 0.4r, & k_{max}=\mp 1.52\frac{W_{max}}{r^2} \\ x=0, & U_{max}=b \cdot W_{max} \\ x=\pm 0.4r, & \varepsilon_{max}=\mp 1.52b\frac{W_{max}}{r} \end{array}\right\} \tag{21-10}$$

(3) 地表移动盆地倾向主断面上的地表移动和变形

地表移动盆地倾向主断面上的地表的下沉、倾斜和曲率的计算公式与式(21-9)基本相同，仅是在计算倾向主断面上山一侧移动变形值时，以 y/r_2 代替 x/r，在计算倾向主断面下山一侧移动变形值时，以 y/r_1 代替 x/r。

地表移动盆地倾向主断面上的水平移动和水平变形计算式如式(21-11)所示：

$$\left.\begin{array}{l} U_{1,2}(y)=U_{max}e^{-\pi\frac{y}{r_{1,2}}} \pm W(y)\cot\theta \\ \varepsilon_{1,2}(y)=\varepsilon_{1,2-max}\left[-4.31\frac{y}{r_{1,2}}e^{-\pi\frac{y}{r_{1,2}}} \pm i(y)\cot\theta\right] \end{array}\right\} \tag{21-11}$$

式中　r_1——倾向主断面下山边界的主要影响半径，m；

r_2——倾向主断面上山边界的主要影响半径，m。

$$\left.\begin{array}{l} r_1=\frac{H_1}{\tan\beta} \\ r_2=\frac{H_2}{\tan\beta} \end{array}\right\} \tag{21-12}$$

式中　H_1——下山方向的计算采深，$H_1=H_1'-d_1\sin\alpha$，m；

H_2——上山方向的计算采深，$H_2=H_2'-d_2\sin\alpha$，m；

H_1'，H_2'——实测的下山方向和上山方向的采深，m；

d_1，d_2——下山方向和上山方向的拐点偏移距，m。

计算下山一侧的水平移动 $U_2(y)$ 和水平变形 $\varepsilon_2(y)$ 时，式(21-11)中对应的计算式第二项取正号，计算上山一侧的水平移动 $U_1(y)$ 和水平变形 $\varepsilon_1(y)$ 时，式(21-11)中对应的计算式第二项取负号。

倾向主断面 y 坐标的原点为由下山计算边界(考虑拐点偏移距)，按开采影响传播角 θ 作直线与地面的交点。

(4) 两个方向均为有限开采时的预计

两个方向均为有限开采时，应用两个半无限开采叠加进行计算，同时考虑与计算主断面垂直的另一个主断面是否达到充分采动情况，在计算主断面的公式中需乘以一个采动系数 C_x、C_y。

① 走向主断面内各点的移动和变形如式(21-13)所示：

$$\left.\begin{aligned}
W^0(x) &= C_y[W(x) - W(x-l)]\\
i^0(x) &= C_y[i(x) - i(x-l)]\\
k^0(x) &= C_y[k(x) - k(x-l)]\\
U^0(x) &= C_y[U(x) - U(x-l)]\\
\varepsilon^0(x) &= C_y[\varepsilon(x) - \varepsilon(x-l)]\\
C_y &= \frac{W^0_{\max,y}}{W_{\max}}
\end{aligned}\right\}\tag{21-13}$$

x 对应煤层的走向方向；y 对应煤层的倾向方向，以下同。在充分采动条件下，$C_x=1$，$C_y=1$。

② 倾向主断面内各点的移动和变形如式(21-14)所示：

$$\left.\begin{aligned}
W^0(y) &= C_x[W(y) - W(y-L)]\\
i^0(y) &= C_x[i_1(y) - i(y-L)]\\
k^0(y) &= C_x[k_1(y) - k_2(y-L)]\\
U^0(y) &= C_x[U_1(y) - U_2(y-L)]\\
\varepsilon^0(y) &= C_x[\varepsilon_1(y) - \varepsilon_2(y-L)]\\
C_x &= \frac{W^0_{\max,x}}{W_{\max}}
\end{aligned}\right\}\tag{21-14}$$

在式(21-13)和式(21-14)中：$W^0_{\max,y}=W^0\left(\dfrac{L}{2}\right)$，表示在 y 方向未达到充分采动、在 x 方向达到充分采动条件下计算的地表下沉最大值；$W^0_{\max,x}=W^0\left(\dfrac{l}{2}\right)$，表示在 x 方向未达到充分采动、在 y 方向达到充分采动条件下计算的地表下沉最大值。

3. 预计参数的确定

用概率积分法预计地表移动和变形时应确定的主要参数有——地表下沉系数 q；主要影响角正切 $\tan\beta$；下沉曲线拐点偏移距 d；水平移动系数 b。

(1) 地表下沉系数 q

地表下沉系数，是指在充分采动条件下，地表最大下沉值 $W_{\max}$ 与煤层法线厚度 m 在铅垂方向的投影的比值，与采空区处理方法和覆岩岩性有关，地表下沉系数的经验值如表 21-7 所列。

表 21-7　　地表下沉系数

采空区处理方法	充分采动地表下沉系数 q
全部垮落法	0.45～0.95
带状充填法(外来材料)	0.55～0.70
干式全部充填法(外来材料)	0.40～0.50
风力充填法	0.30～0.40
水砂充填法	0.06～0.20

(2) 主要影响角正切 $\tan\beta$

主要影响角正切 $\tan\beta$ 的值与覆岩岩性有关，覆岩岩性越软 $\tan\beta$ 值越大；反之，覆岩岩性越硬 $\tan\beta$ 值越小。一般条件下，我国矿区的 $\tan\beta$ 值为 1.0～3.8，常见值为 1.2～2.6。

主要影响半径和主要影响角正切 $\tan\beta$ 的关系如式(21-15)所示：

$$r = \frac{H}{\tan\beta} \tag{21-15}$$

主要影响半径与采深成正比、与 $\tan\beta$ 成反比。采深越大和覆岩越坚硬，受采动影响的地表范围越宽，下沉盆地越平缓；反之，采深越小、覆岩越软，受采动影响的地表范围越狭窄、下沉盆地越陡峭。

可依据观测的地表最大下沉值和最大倾斜值来确定主要影响半径。

通过 $r=\frac{W_{max}}{i_{max}}$ 或 $\tan\beta=\frac{Hi_{max}}{W_{max}}$，或者在充分采动条件下由图 21-15 所示的几何关系，在主断面实测下沉曲线上确定下沉值为 $0.16W_{max}$ 或 $0.84W_{max}$ 的点，求出 r 值。若由两个点求得的 r 值稍有不同，可取其平均值。

(3) 拐点偏移距 d

下沉曲线拐点偏移原理如图 21-16 所示。

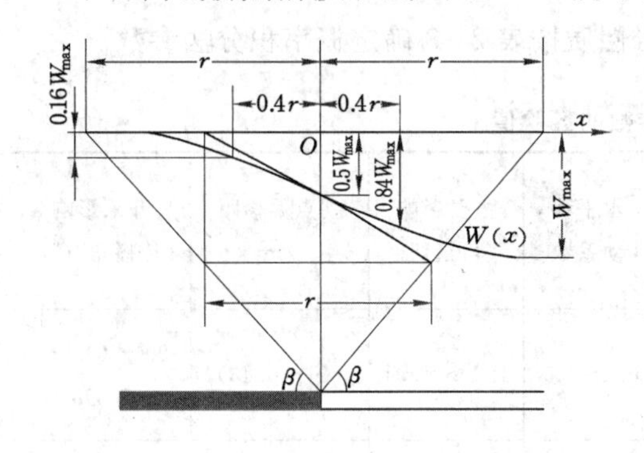

图 21-15　r 和 $\tan\beta$ 的几何意义

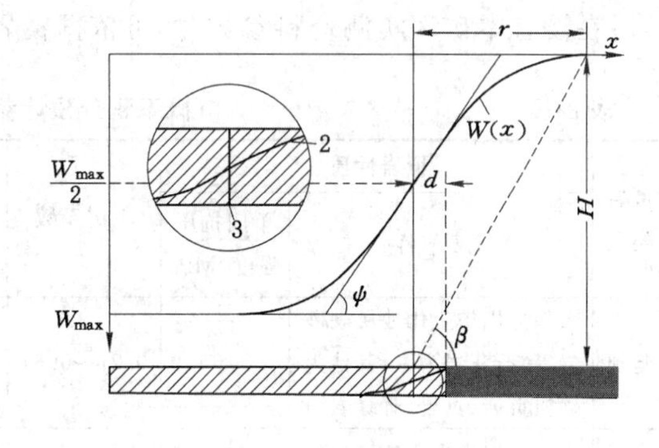

图 21-16　拐点偏移原理

在充分采动条件下，可在实测下沉曲线上依据下列特征点确定拐点位置：

① 下沉值为 $\frac{1}{2}W_{max}$ 的点；

② i_{max}，U_{max} 出现的点。

拐点偏移距与采深、覆岩岩性和煤层的硬度有关。采深越大、覆岩岩性和煤层越坚硬，拐点偏移距越大;反之则越小。我国煤矿的下沉曲线拐点偏移距在(0.05～0.30)H 的范围内。

(4) 水平移动系数 b

如式(21-16)所示,水平移动系数是在充分采动条件下地表最大水平移动值与最大下沉值之比。我国煤矿的水平移动系数一般在 0.1～0.4 之间。

$$b=\frac{U_{\max}}{W_{\max}} \tag{21-16}$$

(5) 开采影响传播角 θ_0

水平移动和水平变形与开采影响传播角有关,水平煤层开采时,开采影响沿铅垂线方向向上传播,当煤层和覆岩倾斜时,开采影响沿着介于与岩层层面线垂直的直线和铅垂线之间传播。如图 21-17 所示,A、D 为实际开采边界,由于顶板悬顶影响,计算开采边界为 B 和 C,其下山和上山方向的拐点偏移距分别为 $S_{下}$ 和 $S_{上}$。

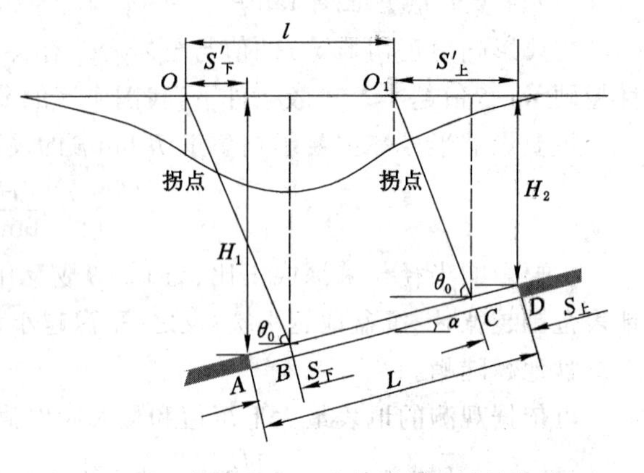

图 21-17　倾向主断面内地表移动计算参数

由于煤层倾斜,开采从 B 点至上山方向无穷远处之间的煤层时,该半无限开采引起的地表下沉曲线的拐点不再位于计算开采边界 B 点的正上方,而是向下山方向偏移,位于 O 点处。同理,开采从 C 点至上山方向无穷远处之间的煤层时,该半无限开采引起的地表下沉曲线的拐点位于 O_1 点处。

开采影响传播角定义为:在移动盆地倾向主断面上,按拐点偏移距求得的计算开采边界和地表下沉曲线拐点在地表水平线上的投影点的连线与水平线在下山方向的夹角。

(6) 概率积分法预计参数的经验值

在没有本矿区实测资料参数时,可依据覆岩性质按表 21-8 确定概率积分法参数。

表 21-8　　概率积分预计参数的经验值

覆岩类型	覆岩性质		下沉系数	水平移动系数	主要影响角正切	拐点偏移距/m	开采影响传播角/(°)
	主要岩性	单向抗压强度/MPa					
坚硬	大部分以中生代地层硬砂岩、硬石灰岩为主,其他为砂质页岩、页岩、辉绿岩	>60	0.27～0.54	0.2～0.3	1.20～1.91	(0.31～0.43)H	90°−(0.7～0.8)α
中硬	大部分以中生代地层中硬砂岩、石灰岩、砂质页岩为主,其他为软砾岩、致密泥灰岩、铁矿石	30～60	0.55～0.84	0.2～0.3	1.92～2.40	(0.08～0.30)H	90°−(0.6～0.7)α
软弱	大部分为新生代地层砂质页岩、页岩、泥灰岩及黏土、砂质黏土等松散层	<30	0.85～1.00	0.2～0.3	2.41～3.54	(0～0.07)H	90°−(0.5～0.6)α

复习思考题

1. 何谓“三带”？影响“三带”空间形态的主要因素有哪些？
2. 地表移动盆地的边界角、移动角、最大下沉角是如何定义的？
3. 简述开采引起地表移动和变形的基本规律。
4. 简述地表移动盆地的类型。
5. 用概率积分法预计地表移动和变形的基本原理是什么？

第二十二章　“三下一上”采煤

第一节　建(构)筑物下采煤

我国多数煤矿均不同程度地存在着建筑物压煤问题。建筑物下开采对煤炭工业可持续发展具有重要意义。

一、地表移动和变形对建筑物的影响

地下开采对地表建筑物的损害，主要是由采动引起的地表在垂直方向的移动和变形（下沉、倾斜、曲率、扭曲）、水平方向的移动和变形（水平移动、水平拉伸与压缩变形）以及地表平面内的剪切变形造成的。不同性质的地表移动和变形对建筑物的影响是不同的。

采动引起地表发生的移动和变形，破坏了建筑物与基础之间的初始平衡状态。伴随着力系的重新建立，使建筑物的结构中产生附加应力，从而导致建筑物变形；而当这些变形超过了建筑物的抗变形能力时，建筑物就被破坏。

一般而言，建筑物在地表沉陷过程中会经受地表动态移动和变形的影响，如图 22-1 所示。

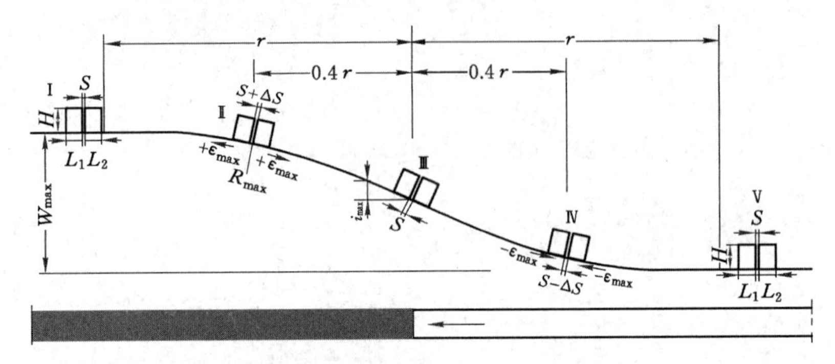

图 22-1　地表建筑物承受动态移动和变形过程示意图

Ⅰ——初始状态；Ⅱ——最大拉伸变形位置；Ⅲ——最大倾斜位置；
Ⅳ——最大压缩位置；Ⅴ——地表稳态下沉盆地的平底；r——主要影响半径

1. 开采沉陷对建筑物的损害

① 下沉——一般而言，当建筑物所处的地表出现均匀下沉时，建筑物的结构并不会产生附加应力，因而对其本身也就不会带来损害，但当地表下沉量过大、地下水位又很高时，则会造成建筑物周围长期积水或受潮，从而改变建筑物所处环境、降低地基强度并影响建筑物的使用，甚至会使建筑物破坏或废弃。

② 倾斜——地表倾斜势必引起建筑物歪斜，导致建筑物重心偏离、产生附加力矩，承载结构内部亦将产生附加应力，使基础承载压力重新分布。倾斜对底面积小而高度大的建筑物损害明显。

③ 曲率——曲率使原来建筑物的基础由平面变为曲面，从而破坏建筑物荷载与基础力间的初始平衡状态。在正、负曲率作用下分两种情况——一种是建筑物全部切入地基，另一种是部分切入地基，如图 22-2 所示。

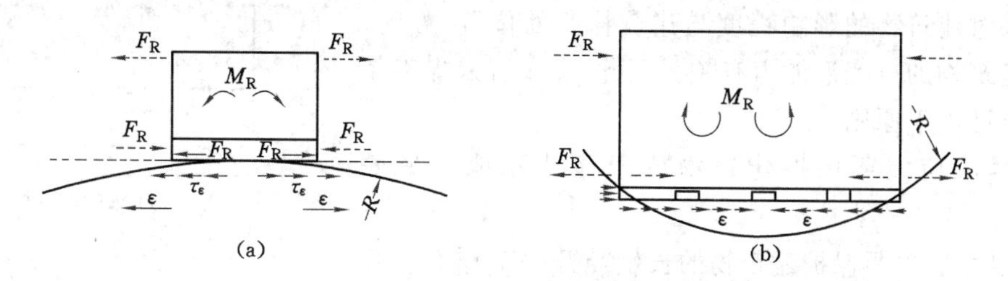

图 22-2 曲率对建筑物的影响

(a) 正曲率作用下建筑物的受力状态 (b) 负曲率作用下建筑物的受力状态

F_R——地表曲率附加力；M_R——地表曲率附加力矩

在正、负曲率作用下，地基反力重新分布，使建筑物墙壁在竖直面内受到附加的弯矩和剪力作用，其值超过建筑物基础和上部结构的极限强度时，建筑物就会出现裂缝。在正曲率变形作用下，建筑物产生倒八字形裂缝，裂缝最大宽度在其上端；在负曲率变形作用下，建筑物产生正八字形裂缝，裂缝的最大宽度在其下端。

在采深较小、建筑物整体尺寸较大的条件下，曲率变形对建筑物的损害较为严重。一般而论，当采深与采厚之比 $H/M<40$ 时，地表将产生较宽的裂缝、塌陷坑等非连续型移动和变形破坏，对建筑物损害极为严重；当采深采厚比 $H/M>300$ 时，地表曲率变形则对建筑物影响很小。

④ 水平变形——水平变形对建筑物的破坏作用很大。由于建筑物抵抗拉伸的能力远远小于抵抗压缩的能力，故较小的地表拉伸变形就能使建筑物产生开裂性裂缝，砖砌体的结合缝和建筑物的结构点易被拉开。当水平拉伸变形大于 1.5 mm/m 时，一般砖石承重的建筑物墙体就会出现细小的竖向裂缝。当压缩变形较大时，建筑物也会产生比较严重的破坏，可使建筑物墙壁和地基压碎、底板鼓起，产生剪切和挤压裂缝，使门窗被挤成菱形，砖砌体产生水平裂缝，纵墙或围墙产生褶曲或屋顶鼓起，如图 22-3 所示。

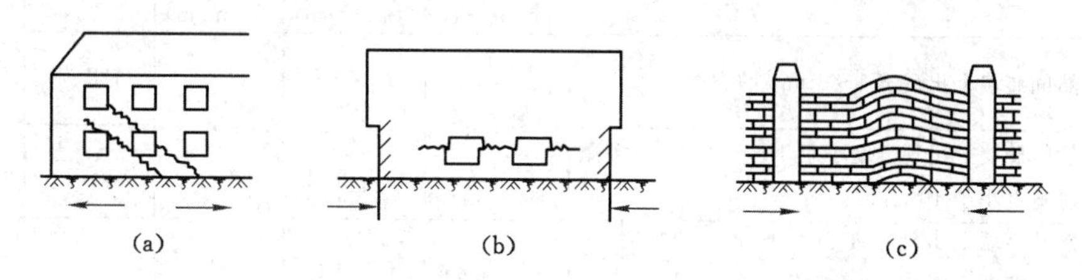

图 22-3 水平变形引起的建筑物损坏

(a) 水平拉伸变形损害 (b)(c)——水平压缩变形损害

2. 移动盆地内不同位置的移动和变形对建筑物的影响

在移动盆地内不同位置的建筑物受到的影响差别也很大。如图 22-4 所示，位于地表移动盆地底部位置的建筑物 a 受影响程度最小；位于移动盆地平底至靠近开采边界部分建筑物 b 受压缩变形；位于移动盆地压缩变形区以外的建筑物 c 受拉伸变形；位于拉伸变形区与

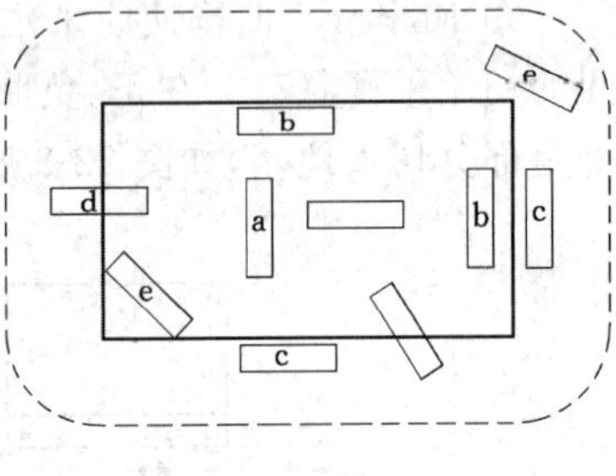

压缩变形区过渡的位置建筑物 d 倾斜变形最大；位于靠近开采边界拐角内外位置的建筑物 e 受到复杂的变形破坏，对建筑物最为不利。

开采对建筑物的影响程度与建筑物所处位置、方向、大小和建筑物的抗变形能力有关。因此，在布置采煤工作面时应遵循以下原则：

① 尽量使主要保护建筑物位于移动盆地的平底位置。

图 22-4　建筑物位置与变形的关系

② 尽量使主要保护建筑物的长轴与开采工作面或开采边界平行。

③ 应避免建筑物与开采工作面或开采边界斜交。

④ 根据建筑物的抗拉、抗压变形能力和移动盆地的拉伸、压缩变形区，通过综合分析确定有利的开采方案。

⑤ 根据建筑物的重要性确定开采方案。

二、建筑物的损坏等级和保护等级

1. 建筑物的损坏等级

开采沉陷对建筑物的损害程度，一是取决于地表移动和变形量，这与建筑物在沉陷盆地的位置有关，二是取决于建筑物自身抵抗变形的能力。我国矿区涉及采动损害的建筑物主要是工业和民用建筑及农村村庄建筑物，其多为砖混结构楼房，砖混、砖木结构和土筑平房等。由于建筑物结构和抵抗变形能力不同，因此在划分破坏等级标准时应区别对待。

现行的《建筑物、水体、铁路及主要井巷煤柱留设与压煤开采规范》将长度或变形缝区段内长度不大于 20 m 的砖混结构建筑物破坏分为 4 个等级，如表 22-1 所列，其他结构类型的建筑物可参照执行。

表 22-1　　砖混结构建筑物的损坏等级

<table>
<tr><th rowspan="2">损坏等级</th><th rowspan="2">建筑物损坏程度</th><th colspan="3">地表变形值</th><th rowspan="2">损坏分类</th><th rowspan="2">结构处理</th></tr>
<tr><th>水平变形 ε /(mm/m)</th><th>曲率 k /(10⁻³/m)</th><th>倾斜 i /(mm/m)</th></tr>
<tr><td rowspan="2">Ⅰ</td><td>自然间砖墙上出现宽 1～2 mm 的裂缝</td><td rowspan="2">≤2.0</td><td rowspan="2">≤0.2</td><td rowspan="2">≤3.0</td><td>极轻微损坏</td><td>不修或简单维修</td></tr>
<tr><td>自然间砖墙上出现宽度小于 4 mm 的裂缝；多条裂缝总宽度小于 10 mm</td><td>轻微损坏</td><td>简单维修</td></tr>
<tr><td>Ⅱ</td><td>自然间砖墙上出现宽度小于 15 mm 的裂缝，多条裂缝总宽度小于 30 mm；钢筋混凝土梁、柱上裂缝长度小于 1/3 截面高度；梁端抽出小于 20 mm；砖柱上出现水平裂缝，缝长大于 1/2 截面边长；门窗略有歪斜</td><td>≤4.0</td><td>≤0.4</td><td>≤6.0</td><td>轻度损坏</td><td>小　修</td></tr>
<tr><td>Ⅲ</td><td>自然间砖墙上出现宽度小于 30 mm 的裂缝，多条裂缝总宽度小于 50 mm；钢筋混凝土梁、柱上裂缝长度小于 1/2 截面高度；梁端抽出小于 50 mm；砖柱上出现小于 5 mm 的水平错动；门窗严重变形</td><td>≤6.0</td><td>≤0.6</td><td>≤10.0</td><td>中度损坏</td><td>中　修</td></tr>
</table>

续表 22-1

损坏等级	建筑物损坏程度	地表变形值			损坏分类	结构处理
		水平变形 ε /(mm/m)	曲率 k /(10^{-3}/m)	倾斜 i /(mm/m)		
Ⅳ	自然间砖墙上出现宽度大于 30 mm 的裂缝，多条裂缝总宽度大于 50 mm；梁端抽出小于 60 mm；砖柱出现小于 25 mm 的水平错动	>6.0	>0.6	>10.0	严重损坏	大 修
	自然间砖墙上出现严重的交叉裂缝、上下贯通裂缝，以及墙体严重外鼓、歪斜；钢筋混凝土梁、柱裂缝沿截面贯通；梁端抽出大于 60 mm；砖柱出现大于 25 mm 的水平错动；有倒塌的危险				极度严重损坏	拆 建

注：建筑物的损坏等级按自然间为评判对象，根据各自然间的损坏情况按表分别进行；表中砖混结构建筑物主要指矿区农村自建砖石和砖混结构的低层房屋。

2. 建筑物的保护等级

建筑物的保护等级是根据建筑物的重要性、价值、用途和损坏后造成的后果进行划分的。表 22-2 所列为矿区建筑物的保护等级。

表 22-2　　矿区建筑物保护等级划分

保护等级	主 要 建 筑 物
特	国家珍贵文物建筑物、高度超过 100 m 的超高层建筑、核电站等特别重要工业建筑物等
Ⅰ	国家一般文物建筑物、在同一跨度内有两台重型桥式吊车的大型厂房及高层建筑等
Ⅱ	办公楼、医院、剧院、学校、长度大于 20 m 的二层楼房和二层以上多层住宅楼，钢筋混凝土框架结构的工业厂房、设有桥式吊车的工业厂房、总机修厂等较重要的大型工业建筑物，城镇建筑群或者居民区等
Ⅲ	砖木、砖混结构平房或者变形缝区段小于 20 m 的两层楼房，村庄民房等
Ⅳ	村庄木结构承重房屋等

注：凡未列入表中的建筑物，可以依据其重要性、用途等类比其等级归属。对于不易确定者，可以组织专门论证审定。

在矿井、开采水平、采区设计时，对建筑物应当划定保护煤柱。保护等级为特级、Ⅰ级、Ⅱ级建筑物必须划定保护煤柱。建筑物受护范围应当包括受护对象及其围护带。围护带宽度必须根据受护对象的保护等级确定，可以按表 22-3 规定的数值选用。

表 22-3　　建筑物各保护等级的围护带宽度

保护等级	特	Ⅰ	Ⅱ	Ⅲ	Ⅳ
围护带宽度/m	50	20	15	10	5

三、构筑物的保护等级

按构筑物的重要性、价值、用途以及受开采影响引起的后果，对矿区范围内的构筑物保护等级划分如表 22-4 所列。

表 22-4　　矿区构筑物保护等级划分

保护等级	主要构筑物
特	高速公路特大型桥梁、落差超过 100 m 的水电站坝体、大型电厂主厂房、机场跑道、重要港口、国防工程重要设施、大型水库大坝等
Ⅰ	高速公路、特高压输电线塔、大型隧道、输油(气)管道干线、矿井主要通风机房等
Ⅱ	一级公路、220 kV 及以上高压线塔、架空索道塔架、输水管道干线、重要河(湖、海)堤、库(河)坝、船闸等
Ⅲ	二级公路、110 kV 高压输电杆(塔)、移动通信基站等
Ⅳ	三级及以下公路等

注:凡未列入表中的构筑物,可以依据其重要性、用途类比确定。对于不易确定者,可以进行专门论证审定。

在矿井、开采水平、采区设计时,对构筑物应当划定保护煤柱。保护等级为特级、Ⅰ级、Ⅱ级构筑物必须划定保护煤柱。构筑物受护范围应当包括受护对象及其围护带。围护带宽度必须根据受护对象的保护等级确定,可以按表 22-5 规定的数值选用。

表 22-5　　构筑物各保护等级的围护带宽度

保护等级	特	Ⅰ	Ⅱ	Ⅲ	Ⅳ
围护带宽度/m	50	20	15	10	5

四、建筑物、构筑物下压煤开采的技术政策

对于建筑物、构筑物之下所压的煤炭资源,2017 版《建筑物、水体、铁路及主要井巷煤柱留设与压煤开采规范》的相关规定是:

符合下列条件之一者,建(构)筑物之下压煤允许开采:

① 预计的地表变形值小于建(构)筑物允许地表变形值。

② 预计的地表变形值超过建(构)筑物允许地表变形值,但本矿区已取得试采经验,经维修能够满足安全使用要求。

③ 预计的地表变形值超过建(构)筑物允许地表变形值,但经采取本矿区已有成功经验的开采措施和建(构)筑物加固保护措施后,能满足安全使用要求。

符合下列条件之一者,建(构)筑物之下压煤允许进行试采:

① 预计地表变形值虽然超过建(构)筑物允许地表变形值,但在技术上可行、经济上合理的条件下,经过采取加固保护措施或者有效的开采措施后,能满足安全使用要求。

② 预计的地表变形值虽然超过建(构)筑物允许地表变形值,但国内外已有类似的建(构)筑物和地质、开采技术条件下的成功开采经验。

③ 开采的技术难度虽然较大,但试验研究成功后对于煤矿企业或者当地的工农业生产建设有较大的现实意义和指导意义。

五、减小地表移动和变形的开采技术措施

采取合适的开采技术措施,可以有效地减小或控制采动引起的地表移动和变形,以达到保护建(构)筑物的目的。

1. 减少地表下沉的开采技术措施

地表变形与地表下沉成正比,减少地表下沉的同时亦会减少地表变形。通过改变采空

区处理方法控制顶板下沉量而达到减缓和减少地表沉陷量。常用的方法有充填开采方法和条带开采(部分开采)方法。

(1) 充填采煤法

采用充填法处理采空区,能够有效地减少地表下沉。按运送充填物料的动力不同,充填采煤法可分为水力充填、风力充填、机械充填和自溜充填。充填采煤法可用的充填材料有河砂、矸石、粉煤灰、废油页岩等。

使用充填法处理采空区需要设置专门的充填设备和设施,同时还需要有充足的充填材料,矿井初期需要较大的投入,生产期间在吨煤成本中亦会增加充填费用。

(2) 条带采煤法

条带采煤法,是指将被开采的煤层划分成若干条带、然后相间地进行开采的一种采煤方法。采出条带开采后,由保留条带支撑顶板和上覆岩层,是减小地表移动和变形的有效方法。该采煤法采出率低,一般仅为40%～60%,掘进率高,开采工艺复杂,效率较低而成本较高。

条带采煤法的主控参数是采出条带宽度、保留条带宽度和采出率。条带尺寸设计的目的是达到地面安全、经济效益和采出率方面的综合平衡。为防止地表出现波浪形下沉盆地,采出条带宽度一般不宜大于埋深的三分之一。为使保留条带能够长期稳定,保留条带应有足够的宽度和强度,可按式(22-1)计算:

$$a \geqslant 6.56 \times 10^{-3} Hh + \frac{b}{3} - \frac{b^2}{3.6H} \tag{22-1}$$

式中 a——保留条带的宽度,m;

H——埋深,m;

h——采高,m;

b——采出条带宽度,m。

根据我国开采经验,在采深较小、煤层上覆岩层中至少有一层坚硬厚岩层时,采用条带开采方法能够取得较好的技术经济效果。条带开采时,最大采深一般不应大于500 m。采出率为40%～60%,最大为65%。采宽、留宽与采深的大致关系如表22-6所列。

表22-6 **条带开采的采留宽度与采深关系**

采深 H/m	采宽 b/m	留宽 a/m	采出率 C/%
>400	0.1H	0.1H	50
200～400	30	30	50
100～200	20～25	20	50～55
70～100	12～15	8～10	60

条带开采引起的地表移动和变形规律与全部开采相似。与全部开采相比,其特点是——地表下沉系数 q 较小,为0.03～0.15;主要影响角正切 $\tan\beta$ 较小,一般为1.2～2.0;水平移动系数 b 较小,为0.2～0.3。

条带开采的地表下沉比全部开采小得多,其开采可能引起相邻已采煤层形成的老采空区(全采)活化,由此引起的地表下沉不容忽视,在预计或分析观测成果时应予以考虑。

条带采煤法的适用条件是——地面建筑物十分密集、结构复杂的建筑物、有重要纪念意义的建筑物、铁路隧道等，由于技术和经济上的原因它们不适于采取建筑物加固或充填开采措施；地面排水困难；煤层埋深小于 400～500 m；煤层层数少，厚度比较稳定、断层少。

(3) 覆岩离层带注浆减沉法

利用煤层开采后覆岩断裂过程中形成的离层空间，借助高压注浆泵，从地面通过钻孔向离层带空间注入充填材料，以占据空间、支撑离层上位岩层，减缓岩层的进一步弯曲下沉，从而达到减缓地面下沉的目的，其工艺原理如图 22-5 所示。

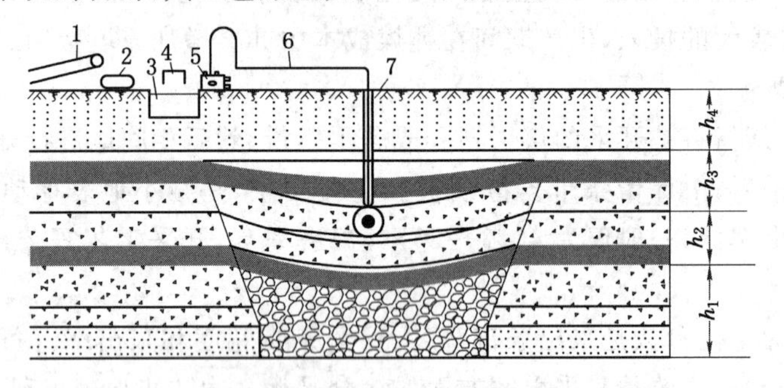

图 22-5　离层带充填注浆工艺

1——胶带输送机；2——充填浆液搅拌机；3——贮浆池；4——搅拌机；5——高压注浆泵；6——注浆管；7——套管；h_1——垮落带；h_2——裂缝带；h_3——离层域；h_4——同步弯曲域

为了达到较好的注浆效果，注浆材料应有良好的脱水性和流动性，一般选择粉煤灰并配以倍量的水做充填料，粉煤灰粒径为 0.1～1.0 mm。

覆岩离层是一个动态过程，从层间渐变到突变发生层裂，随着工作面推进而扩展、闭合，离层区域由小到大、由下至上、由前向后分布发展。离层占据的空间量先是由少增多、而后减少。离层带注浆必须把握好这一动态时空过程，合理选择注浆位置和时间。

通常，在近水平煤层条件下，注浆孔布置在采煤工作面推进方向的中部；倾斜煤层开采时注浆孔布置在沿采煤工作面方向中央偏上位置；在推进方向上滞后于工作面，用 φ 角 (65°～75°) 确定，如图 22-6 所示。

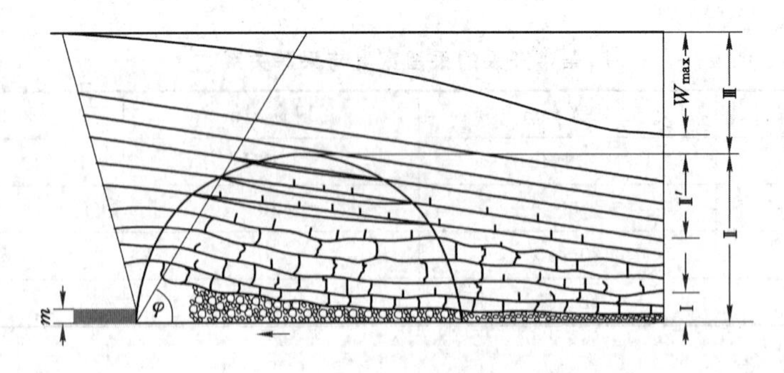

图 22-6　采动覆岩破坏和移动分带示意图

Ⅰ——垮落带；Ⅱ——导水裂缝带；Ⅱ′——离层带；Ⅲ——弯曲下沉带

为避免充填浆液通过导水裂缝带漏入采空区，注浆孔孔底一般到裂缝带中上部位置。注浆孔有效半径一般为 80～100 m，最大不超过 150 m。注浆初期应通过浆液压力将离层裂隙扩展沟通，初始注浆压力一般为 6～8 MPa，随着离层裂隙沟通注浆压力下降，当离层空间浆液注满时，注浆压力则逐渐回升。

离层带高压注浆后，可减少下沉量 3.6%～80%，浆液占采出煤量的体积比为 5%～60%。从目前实际运用情况看，该项技术减沉效果不稳定，尚需进一步试验研究。

2. 减少地表变形的开采技术措施

(1) 协调开采

协调开采，是指利用开采引起地表移动和变形的分布规律，通过合理的开采布局、开采顺序、方向、时间等途径以减缓和减少开采引起的地表变形。

① 减小开采边界影响的叠加——如图 22-7(a)所示，在开采两层煤条件下，为减小开采过程中地表动态变形的叠加，将两工作面错开一定距离($L=0.4r_1+0.4r_2$)，使第一个工作面形成的压缩变形与第二个工作面开采形成的拉伸变形相互部分抵消。同样，在多煤层的永久开采边界通过这种错距留设边界煤柱，也能有效地消除煤柱边界变形叠加影响。

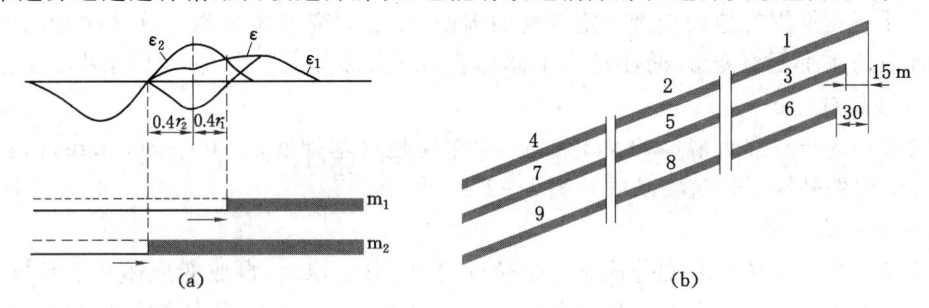

图 22-7 错距协调开采

(a) 两层煤协调开采 (b) 多煤层区段间协调开采

为了防止多煤层开采时留设的区段煤柱引起地表变形叠加，可采取多区段协调开采顺序，如图 22-7(b)所示，图中数字是煤层和区段的开采顺序。

② 多工作面协调开采——在有些条件下，可以布置多个工作面同时开采，一是使得保护建筑物位于开采形成的稳态下沉盆地的盆底部分，二是使多个工作面开采形成的地表动态变形能相互抵消一部分。多工作面错距布置、同时开采如图 22-8 所示。

③ 对称背向开采——不同类型的建筑物对不同的变形敏感程度不同，如点式高层建筑物对于倾斜变形非常敏感，由于基础面积小而坚固，抵抗水平变形的能力较强。如图 22-9 所示，可以采用对称背向开采来保护这类建筑物。这种开采方式能使地表倾斜变形较小，当两工作面相距 $0.8r$ 时，地表最大压缩变形将达到单一工作面开采时的两倍。

(2) 控制开采

① 限厚开采(微分层开采)——在厚煤层开采条件下，地面建筑物对开采有保护要求时，可采用限厚开采方法，限制一次开采煤层厚度，以减小地表的最大变形程度。如在特厚湿陷性黄土覆盖层条件下，通过这种方法可以控制采动地表裂缝破坏程度。

② 间歇开采——在厚煤层分层开采或煤层群开采时，先采一个分层或煤层，待开采该层所引起的地表移动和变形趋于稳定后，再开采相邻的分层或煤层。

分层间歇开采在本质上是限制同时开采的采厚，可以消除各煤层或分层开采影响的相互叠加，但采用该方法有可能会给巷道维护和采掘接替带来一定困难。

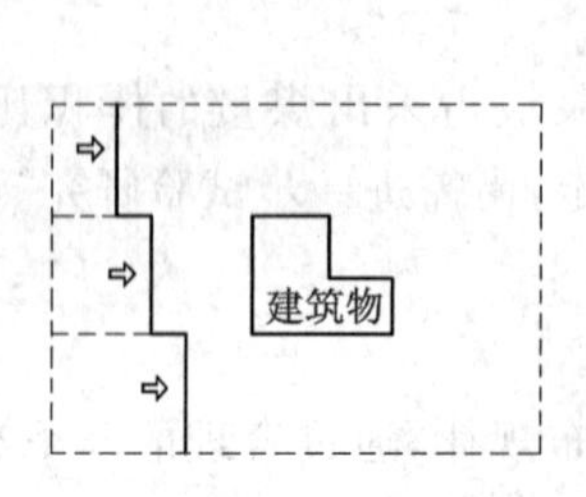

图 22-8　多工作面错距布置同时开采

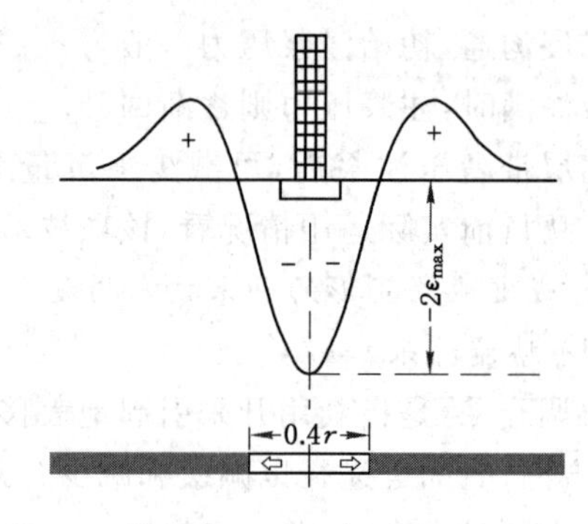

图 22-9　对称背向开采

六、建(构)筑物地面保护措施

1. 设置变形缓冲沟

在建筑物周围的地表挖掘一定深度的沟槽，称之为变形缓冲沟。这些缓冲沟能有效地吸收地表的水平压缩变形，减小地表土体对基础埋入部分的压力，也可以减小水平变形对基础底面的影响。

缓冲沟应设在靠近墙体的突出部位，沟深应超过基础底面 200～300 mm，沟宽不小于 600 mm，沟的外缘距建筑物基础外侧 1～2 m。

2. 设置变形缝

将建筑物从屋顶到基础分成若干个长度较小、刚度较大、自成变形体系的独立单元，单元之间的缝隙称之为变形缝。地表曲率变形在建筑物上引起的附加弯矩与建筑物长度的平方成正比。设置变形缝，可以减小建筑物地基压力分布的不均匀性，减小地表变形在建筑物上产生的附加内力，从而提高其适应地表变形的能力。

3. 设置钢拉杆

钢拉杆可承受地表正曲率变形产生的拉应力，设置钢拉杆是减小地表正曲率和水平拉伸变形对建筑物墙体影响的有效措施之一。

钢拉杆一般设于建筑物外的檐口或楼板水平上，并以闭合形式将建筑物外墙箍住。当地表正曲率和水平拉伸变形较大时，还应在建筑物内墙两侧同时设置钢拉杆。当在两侧同时设置钢拉杆时，其直径应相同。钢拉杆可采用直径为 10～30 mm 的 2 号钢或 3 号钢。

4. 设置钢筋混凝土圈梁

钢筋混凝土圈梁的作用，在于提高建筑物的整体性和刚度，增强砖面砌体的抗弯、抗剪和抗拉强度，且在一定程度上防止或减少裂缝等破坏现象。

一般情况下，基础圈梁的宽度为 250～400 mm、高度为 250～500 mm。纵向受力钢筋应沿截面两侧对称布置，箍筋直径不小于 6 mm，箍筋间距不大于 300 mm。

5. 设置基础联系梁

当砖墙承重的建筑物无横墙或内横墙间距较大时，为减少纵墙基础圈梁承受的横向弯矩、提高建筑物的刚度，应每隔 9 m 左右设置一根钢筋混凝土基础联系梁。基础联系梁的底部应设置厚 200 mm 的砂垫层，以减小地表水平变形和曲率的影响。砂垫层底部的土层应夯实，在砂垫层与基础联系梁之间设置两层油毡层。

6. 堵砌门窗

采用堵砌门窗的办法可提高墙体抵抗变形的能力，一般用于加固仓库等建筑物。

七、村庄下采煤的途径

1. 村庄下压煤开采的特点

我国煤矿村庄下压煤问题十分突出，村庄下压煤开采的特点如下：

① 建筑物分布较分散，煤柱多呈不规则形状，建筑物结构差异较大，基础处理较差，抗变形能力较低。

② 中东部矿区一般地下潜水位较高，开采保护成本较高。而在西部矿区多处于丘陵山区，采煤沉陷会伴随工程地质灾害问题出现，地面建筑物保护困难。

③ 在山区或丘陵地区就近搬迁新址选择困难，远距离选择搬迁新村亦使农民耕种作业困难。

④ 西部地区干旱缺水，采用水砂充填采煤法困难，可采用矸石机械充填法保护村庄。

⑤ 解决好村庄下采煤的问题不仅是经济问题，也是社会问题，涉及煤炭开采和农业生产、农民生活和工农关系以及社会稳定等问题。

2. 村庄下采煤的技术途径

(1) 不迁村全采、采后维修

我国近年来新建的村庄建筑物在结构上较老建筑物有较大改善，大部分属于砖瓦木、砖混结构，以平房居多，少数为二层楼房。在采深大于临界安全开采深度时，可以采用垮落法一次全采，采后对零星土木结构及老建筑物进行维修加固或重建。

地表的最大水平变形 ε_{max} 与建筑物允许的最大变形$[\varepsilon_0]$的关系如式(22-2)所示：

$$\left.\begin{aligned}&\varepsilon_{max}=1.52b\frac{W_{max}}{r}=1.52b\cdot q\cdot\cos\alpha\cdot\tan\beta\frac{M}{H}\times10^3\leqslant[\varepsilon_0]\\&\frac{H}{M}\geqslant\frac{1.52b\cdot q\cdot\cos\alpha\cdot\tan\beta}{[\varepsilon_0]}\times10^3\end{aligned}\right\}\tag{22-2}$$

从经济和开采后修复的工程量考虑，一般对于砖混、砖瓦木结构村庄建筑物，其允许的变形量$[\varepsilon_0]\leqslant4.0$ mm/m；对于土木、土坯建筑物，其允许的变形量$[\varepsilon_0]\leqslant2.0$ mm/m。采前应对建筑物的基础和工程地质条件予以详细分析，应控制开采后受损维修的建筑物在总数的15%以内，才能达到较好的技术经济效果。

(2) 条带采煤法开采

村庄下采用条带采煤法开采较多，应严格控制采宽和留宽比例，保留条带应有足够的强度和长期稳定性。条带开采的煤层以一层为好，一般不超过2～3层，否则会产生较大的采动影响和应力集中，经一定的时间后建筑物会滞后破坏。

(3) 矸石充填开采

井下建立矸石运送系统，直接利用井下掘进矸石或地面矸石，根据煤层倾角和采煤工艺不同，通过风力充填机、自溜、抛矸机抛矸、刮板输送机运矸或管道输送等方法，将矸石充填到工作面采空区。矸石充填量一般达到采空区空间的55%以上即可满足地面建筑物保护的要求。

(4) 村庄搬迁与新农村建设相结合

我国农村小城镇化建设是发展农业、解决“三农”问题的重大举措，借助于国家有关政策和资金扶持，可以在一定程度上解决企业在村庄搬迁选址、协调和资金投入方面的困难。

第二节　铁路下采煤

一、铁路下采煤的特点

铁路下采煤，是指在不影响列车安全运行的前提下进行采煤，主要是指在铁路线路下采煤，也包括在桥涵、隧道和车站等下面采煤，后者同建筑物下开采。

我国铁路保护等级如表 22-7 所列，相应的围护带宽度如表 22-8 所列。

表 22-7　　铁路保护等级划分

保护等级	铁　路　等　级
特	国家高速铁路、设计速度 200 km/h 的城际铁路和客货共线铁路等
Ⅰ	国家Ⅰ级铁路、设计速度 160 km/h 及以下的城际铁路等
Ⅱ	国家Ⅱ级铁路等
Ⅲ*	Ⅲ级铁路等
Ⅳ**	Ⅳ级铁路等

注：* 为某一地区或者企业服务具有地方运输性质、近期年客货运量小于 10 Mt 且大于或等于 5 Mt 的铁路；** 为某一地区或者企业服务具有地方运输性质、近期年客货运量小于 5 Mt 者的铁路；铁路车站按其相应铁路保护等级保护；其他铁路配套建筑物(构筑物)，依据其重要性、用途等划分其保护等级；对于不易确定者，可以组织专门论证审定。

表 22-8　　铁路各保护等级的围护带宽度

保护等级	特	Ⅰ	Ⅱ	Ⅲ	Ⅳ
围护带宽度/m	50	20	15	10	5

注：对于特级保护等级的有砟轨道铁路，特殊情况下围护带宽度可适当减少，但不得小于 30 m。
特级铁路保护煤柱按边界角留设，其他铁路保护煤柱按移动角留设。

国家铁路是国家运输的大动脉，列车运行速度快、运输量大，列车运行密度大、间歇时间短，相应的铁路技术标准要求高。在国家铁路下采煤时线路维护工作困难。

运量小、只为某一地区或者企业服务的铁路行车速度慢，技术标准相对低，在之下开采后线路相对容易维护。

我国的铁路多为有轨缝线路。这种线路比较适应地表变形，也比较容易维修。这就为我国铁路下采煤提供了有利条件。我国在铁路下开采的经验都是在标准轨缝铁路下开采取得的，相应的研究大多集中在矿区只运输煤炭的专用线之下。

铁路下采煤有如下特点：

① 铁路是延伸性的建筑物，相互之间为一个整体。某一个区域出了问题，必然影响全线通车，因此必须全面统筹考虑。

② 铁路在不中断线路营运条件下，可以通过起道、拨道、调整轨缝等措施消除线路的移动和变形，这对一般的建筑物来说是很难做到的。只要残余移动和变形不超过有关技术标准，线路就能保证列车安全运行。铁路维修均要求在短期内完成。

③ 铁路下采煤应杜绝地表发生突然的、局部的陷落和较大的台阶式下沉等非连续型破坏。

二、地表移动和变形对线路的影响

铁路线路由钢轨、轨枕、道床、路基、连接件和道岔等组成。钢轨是线路最重要的部分，它直接承受列车载荷并通过轨枕和道床将载荷传至路基。

铁路下采煤时，地表移动和变形必然会通过路基反映到线路上。连续、平缓和渐变的地表下沉和移动是铁路下安全采煤的先决条件。

1. 倾斜变形

沿线路方向的倾斜会使线路原有的坡度发生变化，超限的坡度使上坡列车的牵引力不足和使下坡列车的制动力不足。垂直线路方向的横向倾斜将使两股钢轨下沉不等，在直线段可使列车重心偏移，在曲线段会改变外轨抬高高度。

2. 曲率

线路相邻段不均匀倾斜将导致垂直方向上原有竖曲线的曲率半径发生变化，地表下沉曲线的正负曲率使线路原有的曲率半径增大或减小。

3. 横向水平移动

线路横向水平移动的大小和方向与铁路相对于开采空间的相对位置有关。一般情况下可使线路直线段弯曲，使弯曲段的半径增大或减小；当线路的方向与采煤工作面推进方向一致时，位于下沉盆地主断面内的线路，其横向水平移动较小；当线路的方向与采煤工作面推进的方向垂直且采煤工作面需越过线路的条件下，线路主断面内横向水平移动总是指向采煤工作面；当线路不在下沉盆地的主断面内时，横向水平移动往往指向采空区。

如图 22-10 所示，线路与采空区斜交时，线路将由直线变为 S 形。线路的横向水平移动还会使线路的轨距发生变化。

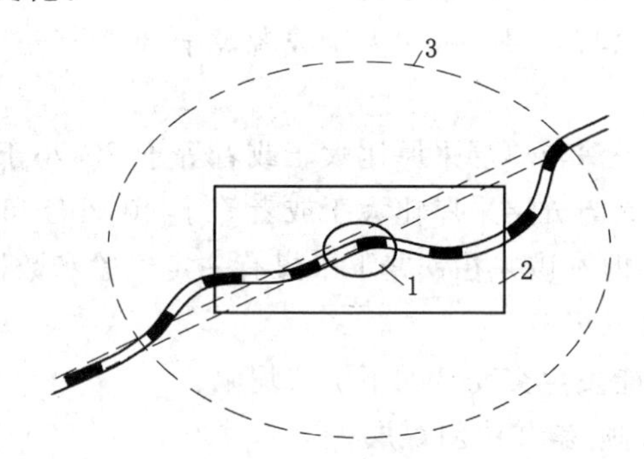

图 22-10　与采空区斜交的线路水平移动

1——地表下沉盆地平底区；2——采空区；3——地表下沉盆地的边界

4. 纵向水平移动和变形

平行线路方向的水平移动及其相应的变形与地表水平移动和变形分布范围大致相同，即在地表受拉伸区内线路受拉伸变形，在地表受压缩区内线路受压缩变形。

拉伸变形使轨缝增大，可能拉断鱼尾板或切断连接螺栓；压缩变形可使轨缝缩小或闭合，使钢轨接头处或钢轨产生附加应力。

三、铁路下采煤的开采技术措施

1. 满足采深与采厚比要求

采用垮落法处理采空区，长壁工作面在铁路下方开采时，煤层的深度和厚度之比要满足规定的数值。

2017 版《建筑物、水体、铁路及主要井巷煤柱留设与压煤开采规范》的相关规定是：

取得试采成功经验的矿区，符合下列条件之一者，铁路压煤允许采用全部垮落法进行开采。

(1) Ⅲ级铁路条件

薄及中厚单一煤层的采深与单层采厚比大于或者等于 60。

厚煤层及煤层群的采深与分层采厚比大于或者等于 80。

(2) Ⅳ级铁路条件

薄及中厚单一煤层的采深与单层采厚比大于或者等于 40。

厚煤层及煤层群的采深与分层采厚比大于或者等于 60。

(3) 不满足上述条件，但本矿井在铁路下采煤有成功经验和可靠数据的铁路

符合下列条件之一者，铁路(指有缝线路)压煤允许采用全部垮落法进行试采。

(1) 国家Ⅰ级铁路条件

薄及中厚单一煤层的采深与单层采厚比大于或者等于 150。

厚煤层及煤层群的采深与分层采厚比大于或者等于 200。

(2) 国家Ⅱ级铁路条件

薄及中厚单一煤层的采深与单层采厚比大于或者等于 100。

厚煤层及煤层群的采深与分层采厚比大于或者等于 150。

(3) Ⅲ级铁路条件

薄及中厚单一煤层的采深与单层采厚比大于或者等于 40，小于 60。

厚煤层及煤层群的采深与分层采厚比大于或者等于 60，小于 80。

(4) Ⅳ级铁路条件

薄及中厚单一煤层的采深与单层采厚比大于或者等于 20，小于 40。

厚煤层及煤层群的采深与分层采厚比大于或者等于 40，小于 60。

(5) 不满足上述条件，但本矿井在铁路下采煤有一定经验和数据的铁路

2. 防止地表突然下沉或塌陷

在下列条件下地表可能发生突变性的下沉或塌陷：

① 浅部的近水平、缓(倾)斜或中斜煤层；

② 顶板坚硬、煤层露头附近的急(倾)斜煤层；

③ 浅部有采空区积水、岩溶和充水裂缝带空间，矿井深部疏水之后。

开采浅部的近水平、缓(倾)斜和中斜厚煤层时，应分层开采并适当减少第一和第二分层采高。

开采急(倾)斜煤层时，在露头附近当煤层顶板坚硬、不易冒落时，需采用人工强制放顶并留有足够尺寸的煤柱，且应防止采空区上部煤柱抽冒。

对于浅部有采空区积水或煤层上方覆岩为石灰岩含水层或充水裂缝带空间时，应防止采动时疏干浅部积水造成地表突然塌陷。

3. 减少地表下沉

减少地表下沉最有效的方法是采用全部充填法，其次是采用条带采煤法。

4. 消除和减轻地表变形的叠加影响

采用无煤柱护巷、顺序开采和协调开采等方法，可以减少和减轻地表变形的叠加，减少地表变形对铁路的影响。

5. 合理布置工作面

应尽量将开采区域布置在铁路的正下方，使线路处于移动盆地的主断面上且工作面推进方向与铁路线路平行，以减少线路的横向水平移动和变形。

四、铁路下开采的地面维修技术措施

① 路基维修——在开采过程中，随着线路的下沉和横向移动，对路基要进行阶段性的抬高和加宽，使其尽量恢复到开采前的状态。

② 线路下沉维修——采用起道和顺坡的方法消除线路下沉，使线路纵断面恢复到原有状态。

③ 线路横向移动维修——采用拨道和改道的方法消除横向水平移动对线路的影响。

④ 线路纵向移动维修——线路纵向移动主要反映在轨缝变化上，因此必须调整轨缝，消除其有害影响。

在开采过程中，为保证安全行车应加强线路的巡检，及时发现和排除故障，在采动影响剧烈地段需设专人检查。

第三节 水体下采煤

在开采煤层上方的地表水体下或地下水体下采煤，称为水体下采煤。

地下开采引起的岩层移动和变形，可能改变水体与开采空间之间的水力联系。弱的水力联系可增加矿井排水费用，强的水力联系有可能使开采影响范围的地表水或地下水和泥沙突然溃入井下，对矿井安全生产造成威胁。

水体下采煤必须采取适当的措施，保证开采过程中不发生灾害性的透水、溃沙事故，避免因矿井涌水量突然增大而严重恶化井下作业环境。

一、影响水体下安全采煤的因素

1. 水体类型

矿区的水体可分为地表水和地下水两大类。根据含水层的数目、类型和各含水层之间的水力沟通关系，又可分为单纯水体和复合水体。

① 地表水——赋存在地球水圈和积聚在海洋、湖泊、河流、水库、灌渠、山谷冲沟、洪区、沼泽、坑塘以及地面沉陷积水区中的水，统称为地表水。

② 地下水——赋存在地球岩石圈和积聚在岩石空隙中的水，称为地下水。如古近纪、新近纪和第四纪沉积的砂层水、基岩水、岩溶水和采空区水等。从采矿工程角度出发，可将地下含水层按埋藏条件分为松散层含水层和基岩含水层两种。

一般情况下，地表水特别是大型地表水贮存量大、补给充分且常常互相连通，较大的地表水体一旦与矿井采空区沟通，必将严重威胁井下生产和人员安全，或造成淹井事故。另外，开采疏漏地表和近地表水，亦会损害区域生态环境、加剧荒漠化进程。地下水比地表水距开采煤层更近且赋存情况不易掌握，对在其下方的开采活动安全威胁更大。

影响水体下开采的因素很多，在开采前需要掌握水体的类型、水量、煤层到水体间岩层的结构和力学特性、隔水层厚度及地质构造等可能形成的水力通道，从而确定合适的防护措施和开采方法。

2. 煤岩层的隔水和导水性能

煤岩层的隔水性能视岩性、成岩情况和矿物成分而异。一般将透水性能很微弱的岩层称为隔水层。

对于沉积岩来说，成岩的颗粒越细，隔水性能越好。黏土的粒径小于 0.005 mm，具有良好的隔水性能。砂的粒径在 0.05～2.0 mm 之间，砾的粒径大于 2.0 mm，两者的隔水性均都比较低且易含水。砂砾中含有小于 10%、11%～30%和大于 30%的黏土时，其隔水性能分别属差、弱和良好。岩石中的隔水矿物成分主要是指岩石中黏土和可溶性矿物成分的含量。岩石中含黏土、蒙脱石、高岭土、铝土、伊利石、水云母等矿物成分越多，岩石的隔水性能越好。

岩石颗粒间胶结物的性质也对隔水层的性能有明显影响，若颗粒间为硅质或钙质胶结，则岩石的强度大且不易风化和泥化，开采前为良好的隔水层，开采后受压力作用也不易恢复其隔水性能。若颗粒间为铁质胶结，则岩石强度较小、较易风化和泥化，这类岩石受压后可部分恢复隔水性能。

在采动影响条件下，隔水层的隔水性能取决于隔水层的厚度和其位置。一般位于垮落带和导水裂缝带下部范围的隔水层，随着煤层开采顶板垮落而被破坏，形成导水通道。位于导水裂缝带上部的压缩区范围、厚度较大的隔水层，即使受到岩层断裂破坏，在上覆岩层重力作用下仍能逐渐恢复其隔水性能，而位于导水裂缝带上部的拉伸区范围，特别是位于永久边界煤柱上方拉伸区的隔水层，在短期内则很难恢复其隔水性能。

二、水体下采煤的理论依据

1. “三带”理论

在开采煤层覆岩中形成的“三带”及其水体类型，是确定水体下安全开采的主要依据。

对于地表水体、松散层和基岩中的强、中含水层水体、要求保护的水源等水体，不允许导水裂缝带波及，同时还需要有相应的保护煤(岩)柱。对于弱含水层水体，允许导水裂缝带波及含水层。对于极弱含水层水体或可以疏干的含水层，允许导水裂缝带进入，同时亦允许垮落带波及。

2. 隔水层理论

水体底面与煤层之间应有相应厚度的隔水层，才能实现水体下安全采煤。隔水层的厚度取决于隔水层的隔水性能、物理力学性质、颗粒结构和需要隔离水体的类型。

三、水体下采煤的开采方案

矿井涌水的形式、涌水量的大小及其对生产的危害程度取决于两个条件——一是充水水源的富水性和补给、径流、排泄条件；二是井巷和开采煤层与充水水源间相对隔水层的厚度及其破坏程度。应在分析研究矿井充水条件和预测矿井涌水量的基础上，充分利用隔水层和隔水构造，制定出经济合理的防治水措施和开采措施，合理选择水体下采煤的开采方案。

1. 留安全煤(岩)柱顶水开采

顶水开采的实质就是留设安全煤(岩)柱，把上覆水体与开采形成的覆岩破裂带隔离开，以阻止上覆水体和泥沙溃入井下，从而达到安全开采目的。当留设防水煤(岩)柱实现安全顶水开采时，不仅可以防止上覆水体溃入井下，甚至矿井涌水量也不会增加。当留设防砂煤(岩)柱和防塌煤(岩)柱时，若上覆水体离煤层较远也能实现顶水开采，但上覆水体会渗入井下，使矿井涌水量有所增加。当上覆水体距煤层较近时，煤(岩)柱只能隔离泥沙而对水体仅起疏降作用，在这种情况下采面淋水会加剧，从而会增加矿井的排水量。

2. 疏干或疏降水体开采

疏降开采，是指利用矿井排水设备、巷道和钻孔，或两者结合的方法，疏干上覆水体或降低含水层水位。当上覆水体含水量小、补给有限时，可采取疏干措施；当上覆水体水量大、补给充足时，可采用降低水位措施，从而使煤层处于水位之上或安全水压之下开采。

疏干或疏降水体的开采方法一般适用于下列 3 种情况：

① 当煤层的直接顶板为含水层时，可采用疏干或降低含水层水位的方法，先疏干而后开采。

② 在煤层上方一定高度，导水裂缝带可能波及含水石灰岩或砂岩等岩层时，应根据含水层与煤层距离的大小和岩性，采用先疏干后开采的方法，或采用边开采边疏降的方法。

③ 当开采上限接近第四系全砂松散含水层时，如果含水层的补给源不充足，一般也应采用疏干或疏降开采方法。在松散层为弱含水层的情况下，可采取边开采边疏干或疏降的方法；在松散层为强含水层情况下，视疏水效果和经济效益情况，亦可考虑采用预先疏干或疏降的开采方法。

3. 顶疏结合开采

当煤层顶板有多层含水层且含水层和隔水层相间排列时，可对位于导水裂缝带以上的强含水层实行顶水开采，而对位于导水裂缝带以内的弱含水层则实行疏降开采。这种开采的关键在于能否首先实现顶水开采，因此需详细分析防水煤(岩)柱的构成并采用相应的减少煤(岩)柱破坏的开采措施，使开采引起的导水裂缝带高度不波及强含水层。其次是实现采煤工作面无淋头水的要求。

4. 合理选择开采方法和开采措施

① 充填法开采——充填法开采可使覆岩不出现垮落带，只有导水裂缝带和弯曲下沉带，从而大大减小覆岩的破坏高度。

② 条带采煤法开采——采用条带采煤法开采可以减小导水裂缝带高度。一般是在接近水体并对矿井安全生产威胁较大的地点才采用此法。

③ 分层间歇式开采——分层间歇式开采引起的覆岩垮落带高度和导水裂缝带高度比一次采全厚时小得多。这对水体下安全开采十分有利。

④ 伪倾斜或仰斜长壁开采——为了使顶板涌水不流向工作面作业区，可将长壁工作面布置成伪倾斜或仰斜，工作面下出口超前、上出口滞后，使顶板水流向采空区。当含水层富水性较强、采空区涌水量大时，带区内应设置专用疏水巷道。

⑤ 走向小阶(区)段开采——在水体下采用水平分层或伪倾斜柔性掩护支架采煤法开采急(倾)斜煤层时，区段的垂高不宜太大，一般为 15～35 m，第一、第二区段的垂高一般为 15～20 m，相邻两个区段开采的间歇时间应控制在 3～4 个月。为杜绝防水煤柱本身抽冒过高，还应采取“按尺定产，严禁超限开采”的措施。顶板为坚硬岩层时，应采取人工强制放顶措施，以便使顶板随工作面推进而开裂和垮落、部分地充填采空区，从而抑制防水煤柱抽冒。

四、水体下采煤的安全煤(岩)柱留设

1. 水体的采动等级和允许的采动程度

根据水体的类型、流态、规模、赋存条件以及水体的允许采动程度,可将地下开采影响的水体划分为 3 个等级。如表 22-9 所列,不同采动等级的水体必须留设相应的安全煤(岩)柱。

表 22-9　　矿区的水体采动等级和允许采动程度

<table>
<tr><th colspan="2">水体采动等级</th><th>水　体　类　型</th><th>允许采动程度</th><th>要求留设安全煤(岩)柱类型</th></tr>
<tr><td rowspan="3">水体下</td><td>Ⅰ</td><td>① 直接位于基岩上方或底界面下无稳定的黏性土隔水层的各类地表水体
② 直接位于基岩上方或底界面下无稳定的黏性土隔水层的松散空隙强、中含水层水体
③ 底界面下无稳定的泥质岩类隔水层的基岩强、中含水层水体
④ 急(倾)斜煤层上方的各类地表水体和松散含水层水体
⑤ 要求作为重要水源和旅游地保护的水体</td><td>不允许导水裂缝带波及水体</td><td>顶板防水安全煤(岩)柱</td></tr>
<tr><td>Ⅱ</td><td>① 底界面下为具有多层结构、厚度大、弱含水的松散层或松散层中、上部为强含水层,下部为弱含水层的地表中、小型水体
② 松散层底部为稳定的厚黏性土隔水层或松散弱含水层的松散层中、上部孔隙强、中含水层水体
③ 有疏降条件的松散层和基岩弱含水层水体</td><td>允许导水裂缝带波及松散孔隙弱含水层水体,但不允许垮落带波及该水体</td><td>顶板防砂安全煤(岩)柱</td></tr>
<tr><td>Ⅲ</td><td>① 松散层底部为稳定的厚黏性土隔水层的松散层中、上部孔隙弱含水层水体
② 已经或接近疏干的松散层或基岩水体</td><td>允许导水裂缝带进入松散孔隙弱含水层,同时允许垮落带波及该弱含水层</td><td>顶板防塌安全煤(岩)柱</td></tr>
<tr><td rowspan="2">水体上</td><td>Ⅰ</td><td>① 位于煤系地层之下的灰岩强含水体
② 位于煤层之下的薄层灰岩具有强水源补给的含水体
③ 位于煤层之下的作为重要水源或旅游资源保护的水体</td><td>不允许底板采动导水破坏带波及水体,或与承压水导升带沟通,并有能起到强阻水作用的有效保护层</td><td>底板强防水安全煤(岩)柱</td></tr>
<tr><td>Ⅱ</td><td>① 位于煤系地层之下的弱含水体,或已疏降的强含水体
② 位于煤层之下的无强水源补给的薄层灰岩含水体
③ 位于煤系地层或煤系地层底部其他岩层中的中、弱含水体</td><td>允许采取安全措施后底板采动导水破坏带波及水体,或与承压水导升带沟通,但防水安全煤(岩)柱仍能起到安全阻水作用</td><td>底板弱防水安全煤(岩)柱</td></tr>
</table>

2. 顶板安全煤(岩)柱的留设方法

目前,国内水体下采煤留设的顶板安全煤(岩)柱有以下几种。

(1) 顶板防水安全煤(岩)柱

顶板防水安全煤(岩)柱属于隔离煤柱。其作用主要是防止煤层开采后形成的导水裂缝带波及上覆水体,避免上覆水体涌入井下,从而使矿井涌水量不明显增加。如图 22-11 所示,顶板防水安全煤(岩)柱的最小高度 H_{sh} 应大于导水裂缝带高度 H_{li} 和保护层厚度 H_b 之和,即:

$$H_{sh} \geqslant H_{li} + H_b \tag{22-3}$$

当煤系地层无松散层覆盖或采深较小时，则应考虑地表裂缝深度 H_{dili}，即：

$$H_{sh} \geqslant H_{li} + H_{b} + H_{dili} \tag{22-4}$$

如松散含水层富水性为强或中等，且直接与基岩接触、基岩风化带亦含水，则应考虑基岩风化带深度 H_{fe}，即：

$$H_{sh} \geqslant H_{li} + H_{b} + H_{fe} \tag{22-5}$$

(2) 顶板防砂安全煤(岩)柱

顶板防砂安全煤(岩)柱的作用是防止垮落带进入或接近松散层底部、确保泥沙不溃入井下，但允许导水裂缝带波及松散层弱含水层或已疏干的松散强含水层。这样矿井涌水量会略有增加，或只是短时间增加。如图 22-12 所示，顶板防砂安全煤(岩)柱的最小高度 H_{sha} 应大于垮落带高度 H_k 和保护层厚度 H_b 之和，即：

$$H_{s} = H_{k} + H_{b} \tag{22-6}$$

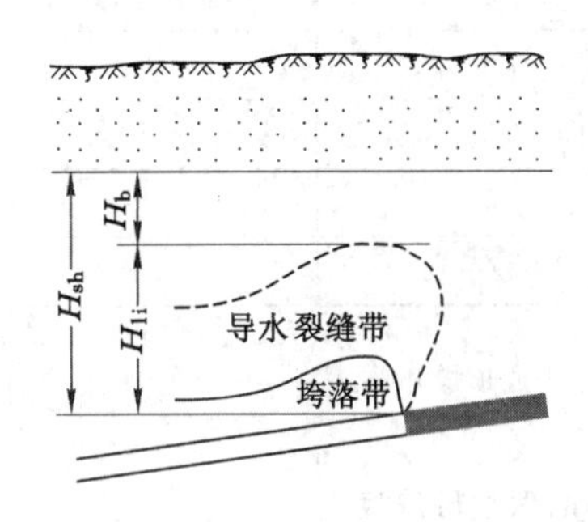

图 22-11 顶板防水安全煤(岩)柱的留设

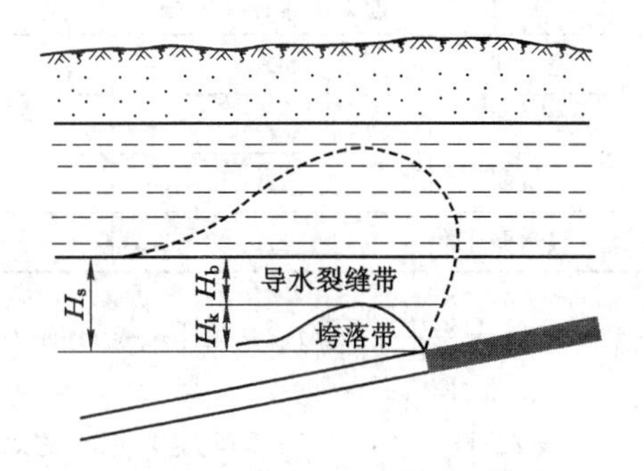

图 22-12 顶板防砂安全煤(岩)柱的留设

(3) 顶板防塌安全煤(岩)柱

顶板防塌安全煤(岩)柱不仅允许导水裂缝带波及松散弱含水层或已疏干的松散含水层，而且还允许垮落带接近松散层底部，如图 22-13 所示。顶板防塌安全煤(岩)柱的垂高等于或接近垮落带高度，即 $H_t \approx H_k$。

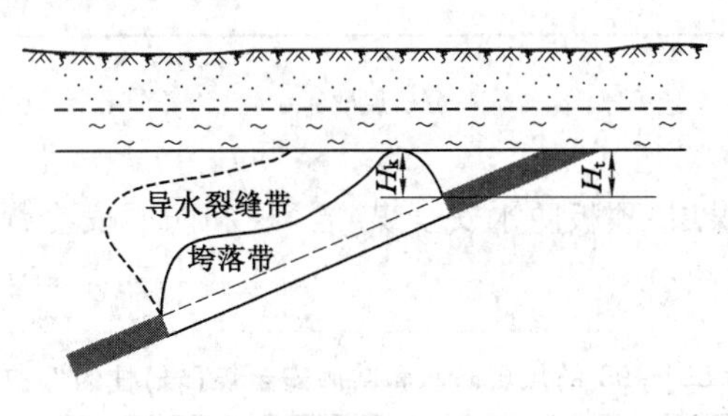

图 22-13 顶板防塌安全煤(岩)柱的留设

顶板防塌安全煤(岩)柱虽能防止上覆弱含水层和黏土层塌入井下，但矿井涌水量仍然还会增加。

由于抽冒导致安全煤(岩)柱不稳定，上述留设方法不适用于 55°～90°的急(倾)斜煤层。

(4) 顶板安全煤(岩)柱的保护层厚度

保护层具有安全保证作用，在顶板防水安全煤(岩)柱中，保护层可把上覆水体和导水裂缝带隔离开，使水体不能进入导水裂缝带。在顶板防砂安全煤(岩)柱中，它把松散层和垮落带隔离开，使水和泥沙不能进入垮落带。

保护层的另外作用是——当预测的垮落带或导水裂缝带偏小时，通过保护层的补偿可以确保该带不波及水体。保护层厚度可根据地质条件决定。一般而言，对于缓(倾)斜和中斜煤层，非放顶煤开采保护层厚度可取 2～14 m，急(倾)斜煤层的保护层厚度可取 5～24 m。实际生产中应根据不同的隔离条件、覆岩类型综合分析确定。

对于倾角为 0°～54°的煤层，顶板防水安全煤(岩)柱的保护层厚度可按表 22-10 选取；顶板防砂安全煤(岩)柱的保护层厚度可按表 22-11 选取。

表 22-10　倾角为 0°～54°的煤层防水安全煤(岩)柱的保护层厚度

覆岩类型	覆盖层和隔水层类型			
	松散层底部黏性土层厚度大于累计采厚/m	松散层底部黏性土层厚度小于累计采厚/m	松散层底部无黏性土层/m	松散层全厚小于累计采厚/m
坚　硬	$4A$	$5A$	$7A$	$6A$
中　硬	$3A$	$4A$	$6A$	$5A$
软　弱	$2A$	$3A$	$5A$	$4A$
极软弱	$2A$	$2A$	$4A$	$3A$

注：$A=\frac{\sum M}{n}$；$\sum M$—— 累计采厚，m；n ——分层层数；本表不适用于放顶煤开采。

表 22-11　倾角为 0°～54°的煤层防砂安全煤(岩)柱的保护层厚度

覆岩类型	覆盖层和含水层类型	
	松散层底部黏性土层或弱含水层厚度大于累计采厚/m	松散层全厚大于累计采厚/m
坚　硬	$4A$	$2A$
中　硬	$3A$	$2A$
软　弱	$2A$	$2A$
极软弱	$2A$	$2A$

注：$A=\frac{\sum M}{n}$；$\sum M$—— 累计采厚，m；n ——分层层数。

倾角为 55°～90°的煤层，顶板防水安全煤(岩)柱和防砂安全煤(岩)柱的保护层厚度可按表 22-12 选取。

表 22-12　倾角为 55°～90°的煤层防水和防砂安全煤(岩)柱的保护层厚度

覆岩岩性	倾角为 55°～70°的煤层				倾角为 71°～90°的煤层			
	a/m	b/m	c/m	d/m	a/m	b/m	c/m	d/m
坚　硬	20	22	18	15	22	24	20	17
中　硬	15	17	13	10	17	19	15	12
软　弱	10	12	8	5	12	14	10	7

注：a——松散层底部黏性土层厚度小于累计采厚；b——松散层底部无黏性土层；
c——松散层全厚为小于累计采厚的黏性土层；d——松散层底部黏性土层厚度大于累计采厚。

水体下综放开采的安全煤(岩)柱保护层厚度的留设方法目前尚无规定,一些文献建议按垮落带和导水裂缝带统计公式中的最大负误差折算的采高加安全增量计算保护层厚度,计算结果如表22-13所列。

表22-13 放顶煤开采的安全煤(岩)柱保护层厚度

安全煤(岩)柱类型	含水层富水性	公式误差率/%	折算采高/m	安全增量/m	保护层厚度/m
中硬覆岩防水	中等	−7.73	0.97*M*	2*M*	3.0*M*
	强	−7.73	0.97*M*	3*M*	4.0*M*
软弱覆岩防水	中等	−5.20	0.68*M*	2*M*	2.7*M*
	强	−5.20	0.68*M*	3*M*	3.7*M*
中等覆岩防砂	弱	−1.55	0.08*M*	2*M*	2.1*M*
软弱覆岩防砂	弱	−13.32	0.83*M*	2*M*	2.8*M*

注:*M*——采放高度;公式误差率,是指表21-6中的负误差率。

防水安全煤(岩)柱保护层是为了防止导水裂缝带进入水体或含水层而设置的,其厚度应从松散底部的隔水层顶面向下计算。若松散层底部无隔水层,就应从基岩顶面向下计算。因此,防水安全煤(岩)柱的保护层由松散层和基岩组成或全部由基岩组成。防砂安全煤(岩)柱的保护层是为防止垮落带进入或接近松散层而设置的,其厚度应从松散层底面向下计算,保护层全部由基岩组成。

五、水体下采煤的安全技术措施

1. 试探开采

试探开采包括以下几方面内容:

① 先远后近——先采远离水体下面的煤层、后采邻近水体下面的煤层;

② 先厚后薄——先采隔水层厚的区域煤层、后采隔水层薄的区域煤层;

③ 先深后浅——先采较深部的煤层、后采较浅部的煤层;

④ 先简单后复杂——先采地质条件简单的煤层、后采地质条件复杂的煤层。

2. 分区隔离开采

分区开采是水体下开采减少灾害损失的一个重要措施。分区开采有两种做法:一是在同一井田内隔离采区进行开采,二是建立若干单独井田同时开采,其实只是建立适合独立开采的区域,各分区间由防水隔离煤柱和永久性防水闸门隔离,以缩小可能发生水灾的影响范围。

3. 坚持有疑必探、先探后采的原则

遇到接近溶洞、含水断层或含水丰富的含水层时,接近可能与河流、湖泊、水库等相沟通的断层时,接近被淹井巷、老采空区时,打开隔离煤柱放水时等不可预见性情况时,在掘进工作进行之前必须探水前进。

第四节 承压含水层上采煤

我国华北石炭二叠纪煤田,煤系基底为巨厚层石灰岩等可溶性岩层,其岩溶发育、富水性强、有一定水压。在华南晚二叠世煤田,煤系底板均为富含岩溶水的灰岩。我国华北、华东和西北及华南的大部分矿区,都不同程度地受岩溶承压水威胁,随着采深加大,其威胁日益严重。承压水上采煤导致的水害约占整个矿井水害的50%,已成为制约煤炭安全生产的重大矿井灾害之一。奥灰水的水压随采深增加而增加,一般为1.47～3.43 MPa,在深部可达9.18 MPa。带压含水层水穿越含水层和煤层底板之间的煤(岩)柱,以突然方式大量涌入采掘空间的现象,称为煤层底板突水。采用专门的技术和安全措施开采邻近承压含水层上的煤层,称为承压含水层上采煤。

一、开采引起的煤层底板破坏规律

长壁工作面开采引起的支承压力在煤层底板岩层中传播,在一定范围和程度上可破坏煤层底板的完整性,而带压含水层的水亦会沿顶界面岩层的裂隙导升。在承压含水层距开采煤层较近时,开采形成的底板集中应力可增加下部含水层水压力,承压水向开采形成的煤层底板自由面方向扩张导升,从而使承压水扩张导升区内的岩层强度降低或破坏。一旦承压水扩张破坏区与开采煤层底板支承压力破坏区沟通,便会形成底板突水通道而发生底板突水灾害。

1. 煤层底板岩层中的"下三带"

随着采煤工作面推进,煤层底板岩层中将形成导水破坏带、阻水带和承压水导升带,称之为"下三带",如图22-14所示。

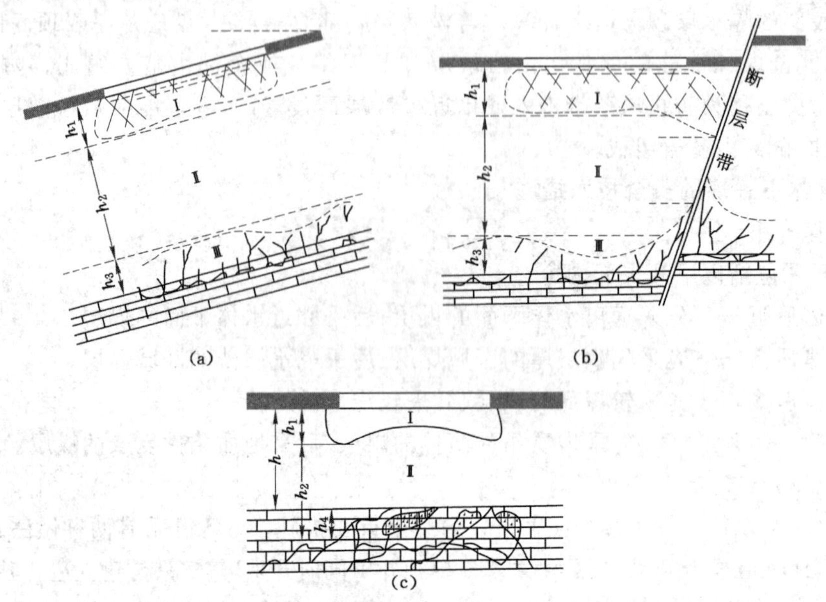

图22-14　底板岩层的"下三带"空间分布

(a) 倾斜正常岩层　(b) 水平岩层并有断层切割　(c) 底板含水层顶部存在充填隔水带

Ⅰ——导水破坏带;Ⅱ——阻水带(保护层带);Ⅲ——承压水导升带

① 导水破坏带——煤层底板受开采引起的支承压力作用,岩层连续性遭受破坏,其导水性因裂隙产生而明显改变。导水性明显改变的裂隙带在空间分布的范围,称导水破坏带。开采煤层底面至导水裂隙分布范围最深部边界的法线距离称导水破坏深度(h_1),简称底板破坏深度。

在导水破坏带岩层中一般存在竖向、层向和剪切3种裂隙。竖向裂隙,分布在紧靠煤层的底板最上部,是底板膨胀时由层向张力破坏形成的张裂隙。层向裂隙,主要沿层面以离层形式出现,一般在底板浅部较发育。它是在采煤工作面推进过程中,由于底板受支承压力作用而产生压缩—膨胀—再压缩等反向位移而使薄弱结构面离层所致。剪切裂隙,是由采空区与煤壁区岩层反向受剪切形成的,一般有两组,呈分别反向交叉分布。这 3 种裂隙相互穿插、无明显分界。

② 阻水带——阻水带,也称保护层带,是指底板岩层保持采前完整状态及其原有阻水性能基本不变的部分。阻水带位于导水破坏带与承压水导升带之间,其厚度是承压水导升带最上边界至导水破坏带最下边界的最小法线距离(h_2)。当底板含水层顶部存在被泥质物质充填且厚度稳定的隔水带时(h_4),该带可作为阻水带的一部分。

③ 承压水导升带——承压水沿含水层顶面以上隔水岩层中的裂隙导升,导升承压水的充水裂隙分布范围,称为承压水导升带,其上部边界至含水层带的最大法线距离,称含水层原始导升高度(h_3)。由于裂隙发育的不均匀性,因而底板承压水导升带上部参差不齐,断层附近的承压水导升高度一般大于正常岩层的导升高度,有时甚至接近或穿越煤层。有的矿区隔水层底部为隔水软岩、无导水裂隙,则其导升高度为零。

导水破坏带的总体形态在倾向和走向剖面上均大致呈倒马鞍形,在工作面周边的破坏深度较大且向煤壁内延伸,中间破坏深度较小。由于断层附近裂隙发育并可能受支承压力作用活化,故破坏带在断层带处比正常区要大。

2. 煤层底板“下三带”状况和承压水上采煤的安全性

承压含水层之上能够安全采煤的前提是:底板采动导水破坏带没有波及水体,或者没有与承压水导升带沟通。

应用“下三带”理论,可以对承压含水层上煤层开采的安全性进行预测,可能的情况与采煤的安全性如表 22-14 所列。

表 22-14 煤层底板“下三带”状况和开采的安全性

序号	1	2	3		4
类型	保护层带厚且强度高	保护层带薄或强度不够	无保护层带(无阻水带)		断裂异常处承压水导升带高度接近或切穿煤层
			破坏带与导升带沟通	破坏带与含水层相接	
安全性	安全	不够安全	不安全	易突水	很危险
措施	正常开采	缩小工作面长度,减少破坏带深度,增加保护层带厚度	改变采煤方法,减少底板破坏深度,疏水降压或底板改造,增加保护层带厚度		留足防水煤(岩)柱,改变采煤方法,对导水破坏带以下断裂带封堵加固
图示	 Ⅰ Ⅱ Ⅲ	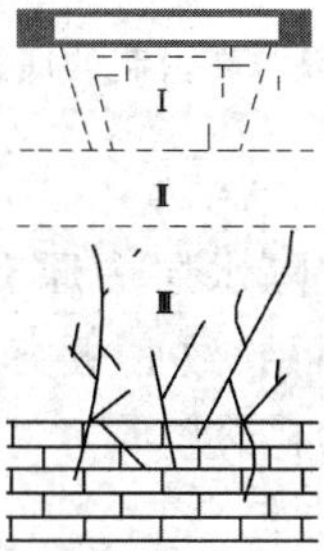 Ⅰ Ⅱ Ⅲ	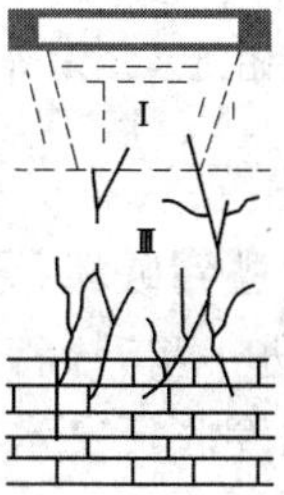 Ⅰ Ⅲ	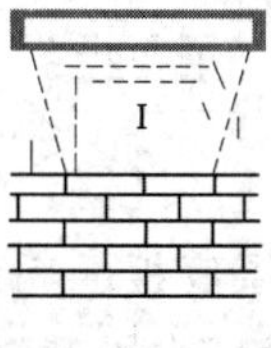 Ⅰ	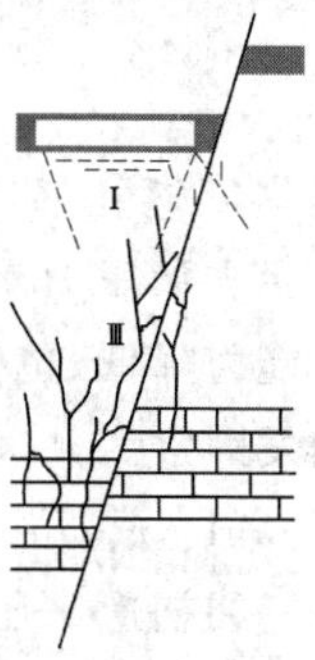 Ⅰ Ⅲ

在生产中，对承压水上开采多采用基于阻水系数的安全性评价原则——当岩层破裂时的临界压力 p_b 大于承压水体的水压 p_w 时，水压不具备压裂条件，可进行安全开采；当岩层破裂时的临界压力 p_b 小于承压水体的水压 p_w 时，再用水压 p_w 与保护层总阻水能力 $\sum Z$ 比较，若 $\sum Z > p_w$ 时则安全，若 $\sum Z < p_w$ 时则不安全。

二、影响底板突水的主要因素

影响底板突水的主要因素有——承压含水层的水量和水压、底板隔水层的阻水能力、地质构造、矿山压力。

1. 承压含水层的水量和水压

承压含水层的水量和水压是底板突水的基本条件。带压水对底板中的构造裂隙不断地进行软化、冲蚀而形成通道，由含水层上升进入底板隔水层、弱化底板隔水层的隔水能力。在其他条件相同时，水压越大底板突水的概率越大，水量越丰富危害越严重。

2. 底板隔水层的阻水能力

底板隔水层的阻水能力是底板突水的抑制条件。隔水层的阻水能力取决于隔水层的厚度、强度和裂隙发育程度。隔水层的阻水能力一般以单位厚度所能承受的水压值表示。

3. 地质构造

断层是引发底板突水的主要地质构造。采掘工作面底板突水灾害的 80% 均发生在断层破碎带附近。其主要原因如下：

① 断层附近岩层破碎，岩体内有大量裂隙，隔水能力和阻水能力均较低，遂成为底板突水通道。

② 断层两盘岩层的相对移动改变了煤层与含水层的相对位置，使隔水层的有效厚度减小或消失，从而增加了底板突水危险。

③ 断层附近的承压水导升高度比地质条件正常处的承压水导升高度增高，也就是减小了隔水层的有效厚度，从而增加了底板突水可能，如图 22-15 所示。

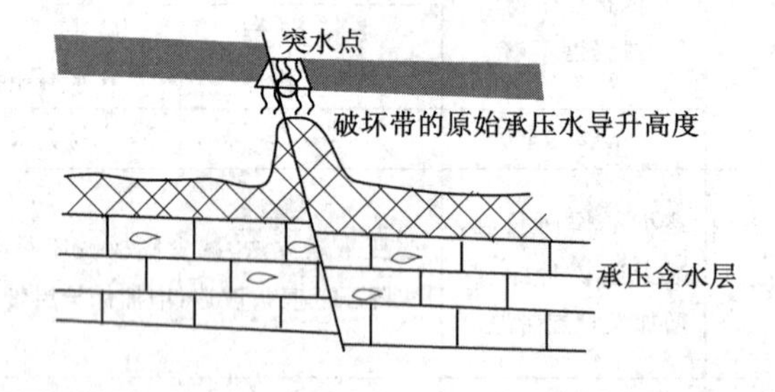

图 22-15　断层附近承压水导升带增高引起的底板突水

4. 矿山压力

支承压力使煤层底板的完整性遭到破坏，导致隔水层中原有的构造裂隙发展、扩大，阻水能力降低，也使承压水导升高度进一步升高，从而导致底板突水危险增加，是底板突水的诱发因素。开采引起的矿山压力诱发底板突水有如下规律。

(1) 底板突水多发生在初次来压或周期来压期间

在初次来压和周期来压期间，基本顶来压时的支承压力剧增，对底板的破坏更为严重，因此容易诱发底板突水。而在无周期来压或周期来压不明显的工作面，由于支承压力较小，对底板破坏较轻,故底板突水发生较少。

(2) 底板突水多发生在以下地点

① 工作面底板突水多发生在工作面端头附近。这是由于工作面端头附近的支承压力叠加、顶板不易垮落,或垮落后不易压实,致使端头附近的底板破坏程度更加严重。

② 采空区底板突水多发生在采空区周边内侧附近,如开切眼附近、采区边界及区段煤柱内侧 4～7 m 范围、工作面末排支柱外侧附近和终采线附近等。因为这些地点一侧是由煤柱或其他支撑物支撑,顶板垮落不充分,底板膨胀碎裂,从而形成能量释放的自由面。

③ 工作面推进速度慢或停止推进时,支承压力作用时间较长,底板变形有充分的发展和深延时间,致使底板破坏加重,因而容易发生底板突水;而当工作面推进速度快时,采空区下方底板尚未形成较大裂缝就会由膨胀碎裂状态变为压缩状态,这有利于防止底板突水。

三、承压含水层上采煤的开采方案

根据我国煤矿的开采实践,在承压含水层上采煤可采用以下开采方案。

1. 疏水开采方案

是指利用各种疏水工程和设备,将承压水的水位降低至开采水平以下再进行开采。该方案能够从根本上消除底板突水、确保矿井安全生产,同时可将抽排的水综合利用。但疏水工程量大、设备多、电耗大,因而投资大、生产成本高,由疏水引起的水位降低容易造成地表下沉,对环境保护不利。该方案主要适用于承压含水层水量不太大、补给水源有限的区域。

2. 堵截补给水源与疏水相结合的开采方案

是指在开采范围(如井田或井田内某一区域)的外围采用帷幕注浆堵水的方法截断补给水源,然后在开采范围内进行疏水、将承压水的水位降低至开采水平以下再进行开采。该方案能确保矿井生产安全,但投资大、生产成本高。一般用于煤层埋藏较浅、水源补给通道集中且已被探明的区域。

3. 带压开采方案

是指依靠有足够厚度和阻水能力的隔水层保护所进行的开采方案。由于在开采过程中,承压水的水位高于开采水平,底板隔水层要受到承压水压力的作用,故称之为带压开采。该方案的优点是采前无须专门疏排水,因而投资少、生产成本低;其缺点是存在突水风险,特别是水文地质和地质构造复杂的区域,底板突水的可能性更大。因此,采用带压开采方案时,首先应对其可行性进行论证,并要采取安全措施,还要有足够的备用排水能力。该方案适用于水文地质和地质构造较简单、隔水层具备良好的阻水性能、承压含水层的水量和水压不太大的区域。

4. 综合治理、带压开采方案

是指采用疏水、堵截补给水源和带压开采相结合的方法所进行的开采方案。开采前,在查清开采区域水文地质和地质构造的基础上,对其外围堵截补给水源,然后带压开采。在开采过程中,视涌水量和水压的大小进行适当的疏水降压,从而达到安全开采的目的。该方案具有相对安全和经济等优点,适用范围较广,近年来已在我国许多矿区采用。

四、承压含水层上开采的技术措施

① 合理选择开采顺序——坚持先易后难、先浅后深、先简单后复杂的原则,对受承压水

威胁的煤层进行全面规划，合理选择开采顺序。对于条件相同的煤层，应有计划地进行试采，总结经验、找出规律后再逐步推广。

② 分区隔离防护开采——在采区四周留设隔离煤柱，连通采区的巷道内设置防水闸门，一旦发生底板突水事故即关闭防水闸门，使采区与外界隔离，以缩小水害的影响范围。

③ 合理选择采煤方法——采用全部充填法和条带采煤法开采可有效地减轻开采对底板的破坏程度，有利于防止底板突水。采用垮落法开采近水平和缓(倾)斜厚煤层时，倾斜分层采煤法对底板的破坏要比一次采全厚较轻一些。

④ 减小工作面长度——这样可增加底板抗破坏能力，工作面匀速快速推进可使采动后底板的裂隙难以得到充分扩展，从而减小底板的破坏深度。

尽量避免或减少采掘工作面穿过断层等地质构造。遇有充水或导水性较强的断层及其他与含水层有直接水力联系的地质构造时，工作面不宜直接穿过，应留设足够尺寸的隔离煤柱。巷道掘进需要穿过断层时，应探水前进，根据具体情况采取局部注浆堵水或注浆加固等措施。

⑤ 做好防探水工作——防探水工作的内容和原则同水体下采煤。

复习思考题

1. 简述开采引起的地表移动和变形对地表建筑物的损害特征。
2. 简述哪些开采方法可以有效地减小地表移动和变形，简述这些方法的基本原理。
3. 简述条带采煤法的采出条带宽度、保留条带宽度、采出率要求和适用条件。
4. 简述水体下采煤的理论依据和方法。
5. 简述水体下采煤的安全煤(岩)柱类型、留设方法和应用条件。
6. 简述水体下采煤的安全技术措施。
7. 简述煤层底板“下三带”的空间分布特征及其主要影响因素。
8. 简述承压水上开采时采煤诱发底板突水的基本规律。

第二十三章　上行开采顺序采煤法

煤层间、厚煤层分层间和煤组间先采标高低的煤层、分层或煤组而后采标高高的煤层、分层或煤组，称为上行开采顺序，如图 23-1 所示。

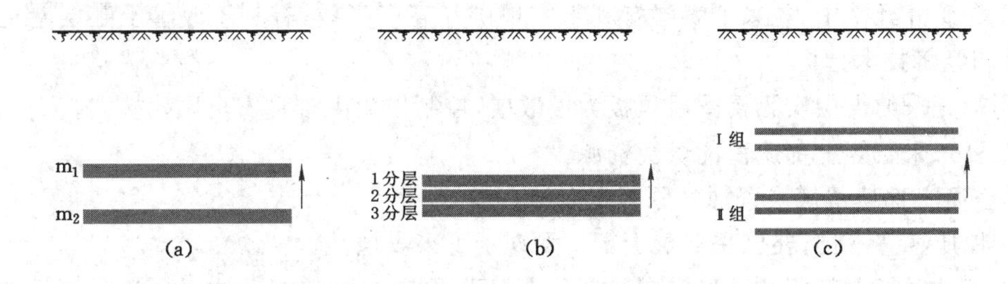

图 23-1　煤层间、厚煤层分层间和煤组间的上行开采顺序示意图

(a) 先采 m_2 煤层、后采 m_1 煤层的煤层间上行顺序开采

(b) 先采第 3 分层、次采第 2 分层、最后采第 1 分层的分层间上行顺序开采

(c) 先采第Ⅱ组煤层、后采第Ⅰ组煤层的煤组间上行顺序开采

根据采空区处理方式，上行开采顺序有厚煤层分层充填上行顺序开采、厚煤层分层恒底式上行顺序开采和煤层群垮落上行顺序开采。

水砂充填采煤法上行顺序开采详见相关章节。

第一节　煤层间垮落上行顺序采煤法

一、近水平、缓(倾)斜和中斜煤层煤层间垮落上行顺序采煤的条件

煤层相距较近时用垮落法处理采空区，先采下煤层后上煤层将随下煤层采空区上覆岩层垮落而遭受破坏，严重时上煤层常无法开采，因此煤层间一般采用下行开采顺序。

在某些特定条件下，下行开采顺序亦可能限制矿井开采的安全、生产能力增长和新建矿井的建设速度，增加巷道工程量和维护量，在开采技术、经济效益和安全生产方面并不是最优的；而上行开采顺序在特定条件下则能够避免上述缺陷，在技术、经济或安全方面可能优于下行开采顺序。

1. 可以采用上行顺序采煤的条件

其先决条件是——先采下部煤层而不破坏上部煤层的完整性和连续性，且能给矿井带来较大经济效益。其他条件如下：

① 上部煤层为劣质煤或薄煤层或不稳定煤层、开采困难，而下部煤层为厚煤层、上下煤层间距较大；开采设备利用率、经济效益和矿井达产期因开采顺序不同而差别很大。

② 上部煤层开拓困难、需要巨额投资，下部煤层开拓容易且上下煤层间距较大。

③ 下部煤层为国家急需的煤种。

④ 矿井生产系统形成后，在拟先采的煤层之上又发现了新的煤层。

2. 需要采用上行顺序采煤的条件

其先决条件是——在安全上和技术上是优越的。其他条件如下：

① 上部煤层有冲击地压危险或有煤(岩)与瓦斯(二氧化碳)突出危险,下部煤层作为保护层开采。

② 上部煤层含水丰富,先采下部煤层有利于疏水。

③ 上部煤层的顶板为坚硬顶板,需降低上部煤层顶板的初期和周期来压强度。

④ 采用条带采煤法开采有一定层间距的多层煤层,为使保留条带不受重复开采影响。

⑤ 深矿井开采中,先采下煤层有利于实现矿井高产高效,有利于改善上煤层巷道的维护条件和经济技术指标。

⑥ 拟先采的煤层实际揭露后顶板为松散层,控制极为困难且安全风险极大。

⑦ 复采采空区上部遗留的煤炭资源。

采空区上部遗留煤炭资源的原因是多种多样的：

① 地质勘查不详,在已采煤层上部又发现了可采煤层。

② 设计时把上部薄及不稳定煤层划分为不可采煤层,生产过程中虽发现其可采但已来不及布置采煤工作面,只好放弃上部煤层而先采下部煤层。

③ 因为要完成生产任务和经济指标,必须先开采下部主采煤层,而主采煤层与上部非主采煤层在空间上的开采错距却不能满足时空关系,只好注销上部非主采煤层的部分储量。

④ 因下行开采顺序与采区部署和生产能力之间产生矛盾而丢弃了上部非主采煤层的部分储量。

⑤ 中华人民共和国成立之前外来势力对我国煤炭资源进行掠夺式开采,使上部非主采煤层大量遭到丢弃。

对于上述上部未采的煤炭资源,只需增加少量巷道工程量就可以回收,特别是对于一些储量不足的老矿区或矿井,利用已有井巷和设备开采这些上部未采的煤炭资源,对于延长矿区和矿井服务年限具有重要的现实意义。

二、近水平、缓(倾)斜和中斜煤层煤层间垮落上行顺序开采的判别方法

上下煤层之间的层间距和下位煤层的采厚是影响能否采用上行顺序开采的主要技术因素,各种判别方法均围绕层间距和采厚进行。

1. 比值判别法

① 两层煤间的判别——上下煤层层间距与下煤层厚度的比值 K 计算如图 23-2 和式(23-1)所示：

$$K=\frac{H}{M_2} \tag{23-1}$$

式中　H——m_1、m_2 煤层的层间距,m；

M_2——m_2 煤层的厚度(采高),m。

我国垮落上行顺序开采的生产实践和研究证明：当比值 $K>7.5$ 时,先采下位 m_2 煤层,后在上位 m_1 煤层中可以进行正常采掘活动。我国也有比值在 6 左右的条件下成功地应用上行顺序开采的实践。

② 多层煤间的判别——煤系地层内有 $n+1$ 层煤层,m_1 煤层之下有 n 层煤,当先采下位的 n 层煤时,可用综合比值 K_z 判别,如图 23-3 和式(23-2)所示：

$$K_z=\frac{1}{\frac{1}{K_1}+\frac{1}{K_2}+\cdots+\frac{1}{K_{n-1}}+\frac{1}{K_n}} \tag{23-2}$$

式中　$K_1=\frac{H_1}{M_2},K_2=\frac{H_2}{M_3},\cdots,K_{n-1}=\frac{H_{n-1}}{M_n},K_n=\frac{H_n}{M_{n+1}}$

$H_1,H_2,\cdots,H_n$——$m_2,m_3,\cdots,m_{n+1}$煤层分别与 m_1 煤层的层间距，m；

$M_2,M_3,\cdots,M_{n+1}$——$m_2,m_3,\cdots,m_{n+1}$煤层的厚度，m。

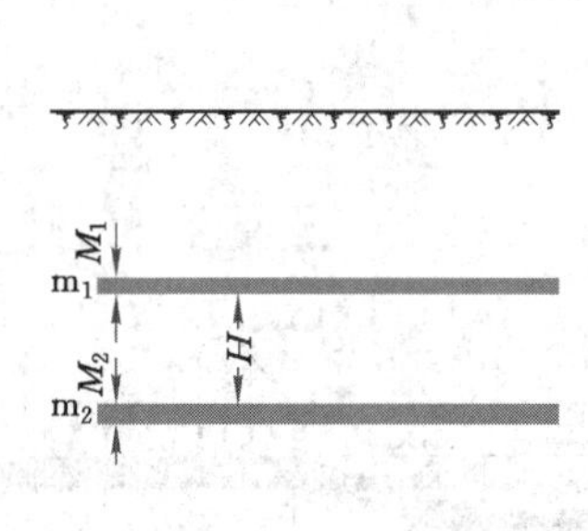

图 23-2　两煤层间上行顺序开采的比值判别

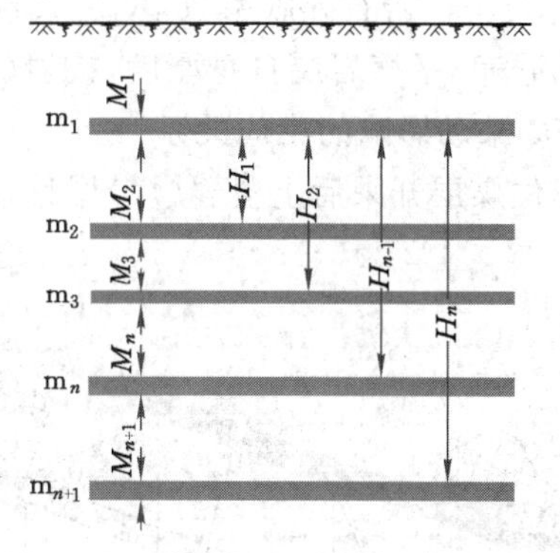

图 23-3　m_1 煤层与下位 n 层煤层间上行顺序开采的综合比值判别

我国垮落上行顺序开采的生产实践和研究表明，当综合比值 $K_z>6.3$ 时，m_1 煤层之下的 n 层煤层先采后，在 m_1 煤层中可以进行正常采掘活动。

2. “三带”判别法

① 基本原理——当上位煤层位于下位煤层开采引起的垮落带之内时，上位煤层的结构遭到严重破坏，导致下位煤层先采后上位煤层无法开采。

当上位煤层位于下位煤层开采引起的导水裂缝带之内时，上位煤层的结构只发生中等程度破坏，下位煤层开采后采取一定技术和安全措施后上位煤层可以开采。

当上位煤层位于下位煤层开采引起的导水裂缝带之上时，上位煤层只发生整体移动，其结构没有破坏，下位煤层开采后上位煤层可以正常开采。

② 垮落带和导水裂缝带高度——对应于不同的岩性，下位煤层开采后上覆岩层中形成的垮落带和导水裂缝带高度可用表 21-2、表 21-3 和表 21-7 给出的公式进行计算，也可采用钻孔注水法进行实测。

③ 判别——根据“三带”基本原理，用计算或实测的垮落带和导水裂缝带高度与煤层间距对比，便可决定能否采用上行开采顺序。

3. 围岩平衡法

下位煤层开采必然引起上覆岩(煤)层在一定范围变形和破坏，横向变形和纵向离层会产生大量采动裂隙，随时间延长采动裂隙又会重新闭合压实，而纵向剪切变形则表现为台阶错动，从而破坏煤层的整体性，是影响上行顺序开采的最大障碍。

在上覆岩层中，能够形成不发生台阶错动的平衡岩层结构的岩层，称为平衡岩层。从下位煤层顶板至平衡岩层顶板的高度，叫作围岩平衡高度。

煤层间能够上行开采的基本准则是——当采场上覆岩层中有坚硬岩层时，上位煤层应位于距下位煤层最近的平衡岩层之上；当采场上覆岩层均为软岩层时，上位煤层应位于导水裂缝带内；上位煤层的开采应在下位煤层开采引起的岩层移动稳定之后进行；上行顺序开采必要的层间距 H 可按式(23-3)估算：

$$H > \frac{M}{K_1 - 1} + h \tag{23-3}$$

式中　M——下位煤层采高，m；

K_1——岩石碎胀系数，$K_1 = 1.20 \sim 1.30$；

h——平衡岩层自身厚度，按岩(煤)层柱状图确定。

三、采动影响的空间关系

下位煤层开采后上覆岩(煤)层移动盆地的特点如图 23-4 所示。

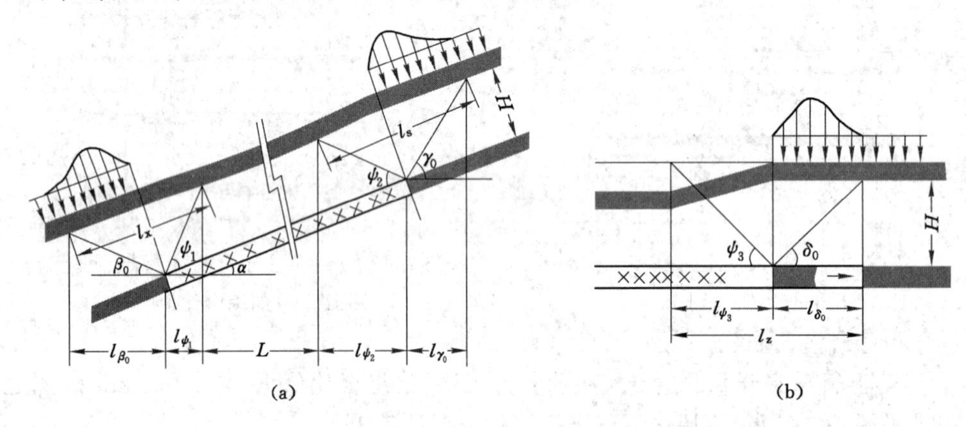

图 23-4　下位煤层开采后上覆岩(煤)层的移动盆地

(a) 垂直煤层走向剖面　(b) 平行煤层走向剖面

由图 23-4(a)可知，下部边界影响区斜长和上部边界影响区斜长可分别用式(23-4)和式(23-5)计算：

$$l_x = H[\cot(\alpha + \beta_0) + \cot \psi_1] \tag{23-4}$$

$$l_s = H[\cot(\gamma_0 - \alpha) + \cot \psi_2] \tag{23-5}$$

式中　H——上下煤层的间距，m；

α——煤层倾角，(°)；

β_0——下山边界角，(°)；

ψ_1——下山充分采动角，(°)；

γ_0——上山边界角，(°)；

ψ_2——上山充分采动角，(°)。

沿走向可分为始采边界影响区、最大下沉区和停采边界影响区。始采边界影响区和停采边界影响区大致相同。

由图 23-4(b)可知，走向边界影响区范围 $l_z = l_{\psi_3} + l_{\delta_0}$，即：

$$l_z = H(\cot \psi_3 + \cot \delta_0) \tag{23-6}$$

式中　δ_0——走向边界角，(°)；

ψ_3——走向充分采动角，(°)。

边界角和充分采动角可根据覆岩性质按岩层移动参数选取。显然，下部、上部和走向边界影响区应力应变最大，当煤层间距较近时对上部工作面布置和生产有一定影响。

四、急(倾)斜煤层上行顺序开采

如图 23-5 所示，在急(倾)斜煤层中采用上行顺序开采时，上下煤层的层间距 H、阶段或区段垂高 h 还应满足式(23-7)的条件，使下位煤层开采不致影响上位煤层。

$$\left.\begin{aligned} H &> h\frac{\sin(\alpha+\beta)}{\sin\beta} \\ h &< H\frac{\sin\beta}{\sin(\alpha+\beta)} \end{aligned}\right\} \tag{23-7}$$

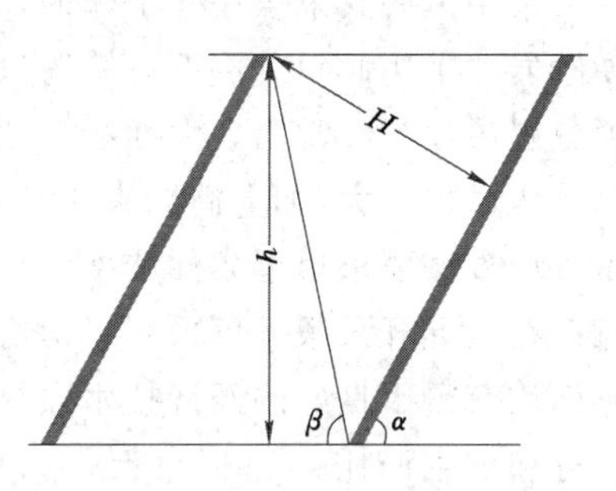

图 23-5　急(倾)斜煤层上行顺序开采的层间距计算

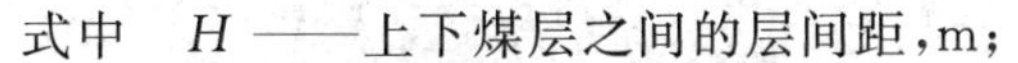
式中　H ——上下煤层之间的层间距，m；

h——区段或阶段垂高，m；

α——煤层倾角，(°)；

β——顶板岩层移动角，(°)。

五、垮落上行顺序开采应注意的问题

① 上煤层开采应在下煤层开采引起的岩层移动稳定后进行，上煤层开始采煤的时间应滞后于下煤层采动影响的时间。

② 避免在下煤层之上的岩层或煤层中先开掘巷道。否则，先掘出的巷道可能受开采影响而改变方向和坡度，甚至变形破坏。对于下煤层之上已有的巷道，应根据重要性和层间距在下煤层开采前适当加固。

③ 在层间距较近的条件下，下煤层开采应采用无煤柱开采技术，否则残留的煤柱将影响上煤层工作面的正常作业。

第二节　厚煤层分层恒底式上行顺序采煤法

一、厚煤层分层恒底式上行顺序采煤法

该采煤法，是将厚煤层划分为相当于中厚煤层的若干分层，各分层工作面依次沿煤层底板布置。第一分层工作面的顶板是实体煤，该分层工作面回柱放顶或移架后，上覆煤层垮落下沉，经注水压实、重新胶结后成为具有一定稳定性和强度的再生煤体。采完第一分层后，间隔一定时间仍沿煤层底板在已垮落并胶结的煤体中重新布置工作面，此时第二分层工作面的顶板即经过了一次垮落、破碎而又重新压实的煤体。待第二分层采完后，滞后一定时间再沿煤层底板布置第三分层工作面；以此类推，直至沿煤层底板将厚煤层全部采完。

各分层工作面可以采用炮采、普采或综采工艺，为加速破碎煤体胶结，在炮采和普采工作面回柱放顶时，往往要对采空区进行注水；综采工作面可以通过在回风巷内预埋注水管向采空区注水。各分层工作面两巷和开切眼多采用外错布置，终采线多呈内错布置。

二、恒底式采煤法的适用条件

1. 煤层条件

采用恒底式采煤法的工作面，其开采煤层的共同特点是——煤层松软、厚度变化较大、易破碎、黏结性强，煤体冒落后在上覆岩层重压和水或泥浆作用下容易重新胶结而形成再生煤体，且煤层不易自燃、瓦斯含量不大的低瓦斯厚煤层。

2. 顶板条件

采用恒底式采煤法的工作面，其开采煤层的顶板多起伏不平，或软弱破碎，或为厚层坚硬砂岩。采用倾斜分层下行垮落法开采时顶板极难控制，或煤壁片帮严重、冒顶事故多，或顶分层放顶后经常出现大面积悬顶、垮落块度大，中分层开采时大块矸石错动常导致采场局部矿压显现增大，加上周期来压影响，经常会发生冒顶。

该方法要求煤层条件严格，仅限于在能够形成再生煤体的煤层条件下使用。我国一些煤矿在以上开采条件下采用了恒底式采煤法，在顶板管理、安全生产、回采巷道掘进和维护方面均获得了良好的经济技术效果，提高了机械化水平、采出率、单产和工效，降低了厚煤层灰分和坑木消耗。

复习思考题

1. 试述垮落上行顺序采煤法的应用条件。
2. 试述垮落上行顺序采煤法的判别方法。
3. 试述恒底式采煤法的适用条件。

第二十四章　充填采煤法

充填采煤法，是一种用充填材料充填采煤工作面采空区以控制岩层移动和变形的采煤方法。该方法可以缓和工作面支承压力产生的矿压显现，改善采场和巷道维护状况，有效减少地表下沉和变形，提高采出率，保护地面建筑物、构筑物、生态环境和水体。

按向采空区输送充填材料的动力不同，充填采煤法可分为水力充填、机械充填、自溜充填和风力充填几种。

我国早在20世纪初就开始应用水砂充填采煤法。1957年应用充填采煤法的煤炭产量已达总产量的15.6%。目前，我国水砂充填技术已经十分成熟。由于回采工序多、工艺复杂、充填系统投资大、吨煤充填成本高等原因，20世纪70年代以后我国应用的规模逐渐减少，目前通过该充填方法开采的煤炭产量已明显下降。

自溜充填只适用于急（倾）斜煤层开采。我国北票台吉矿、淮南孔集矿、四川中梁山矿曾有过应用，其共同特点是用矿车将矸石运至工作面回风平巷并在工作面后方将矸石抛入采空区。该充填采煤法由于工序多、工效低，目前已少用。

机械矸石充填对充填材料要求不严格，使用设备较少，近年来在我国一些矿区有相当多的发展并有推广趋势。

充填采煤法可用的充填材料较多，有河沙、矸石、粉煤灰、废油母页岩等。由于充填材料耗量大、成本相差较多又直接影响输送费用，因而充填材料是决定充填成本的重要因素。充填材料选择的原则是——数量和质量基本上能满足所用充填方法的要求，且价格低廉、便于输送，有利于安全和环境保护。

充填采煤主要用于“三下”开采，特别是在建筑物下和村庄下开采。是否选用充填采煤法取决于地面安全、煤价、产量、搬迁可能、搬迁成本、待采储量的紧缺程度、充填材料供给和充填技术复杂程度等因素的综合平衡。

第一节　矸石充填采煤法

矸石机械充填或风力充填采煤法，是一种利用机械或风力将充填材料——矸石抛入或输入采空区的充填采煤法。

一、普采抛矸机抛矸充填

1. 充填系统

将岩巷和半煤岩巷（煤、矸分装）掘进矸石用矿车运至井下矸石车场，经翻车机卸载后，矸石经装载破碎机破碎，而后进入矸石仓。通过矸石仓下口，胶带或刮板输送机将破碎后的矸石运入上下山，而后由胶带或刮板输送机转载进入采煤工作面回风平巷，再由工作面采空区可伸缩胶带输送机运至工作面采空区抛矸胶带输送机尾部，由抛矸胶带输送机向采空区抛矸充填。

抛矸胶带输送机如图24-1所示。该机带速可达8 m/s，矸石最大抛出距离可达5.0 m，用抛矸动能使矸石接顶,可提高堆矸密度和充填质量。抛矸胶带输送机带有胶带调高和储带装置,使抛矸可高低调整,并有横向滑轨使之能左右滑动,一次充填宽度可达 4 m 左右。

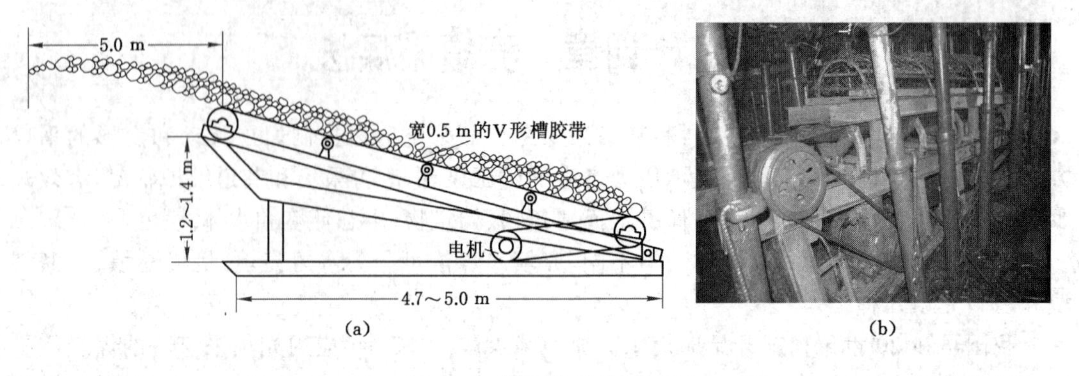

图 24-1　抛矸胶带输送机

(a) 示意图　(b) 井下实际图

2. 充填工艺

普采工作面矸石充填如图 24-2 所示。工作面采用单体液压支柱配合金属铰接顶梁支护,排距 1 m,柱距 0.9 m,工作面推进 6 排支柱后做充填准备。在第 3 排支柱处挂竹笆做充填挡墙,采空区中间沿倾斜方向铺设可伸缩胶带输送机和抛矸胶带输送机,矸石由回风平巷胶带输送机运入,开动抛矸机,按由下而上的顺序开始抛矸,矸石被抛入待充填地点。

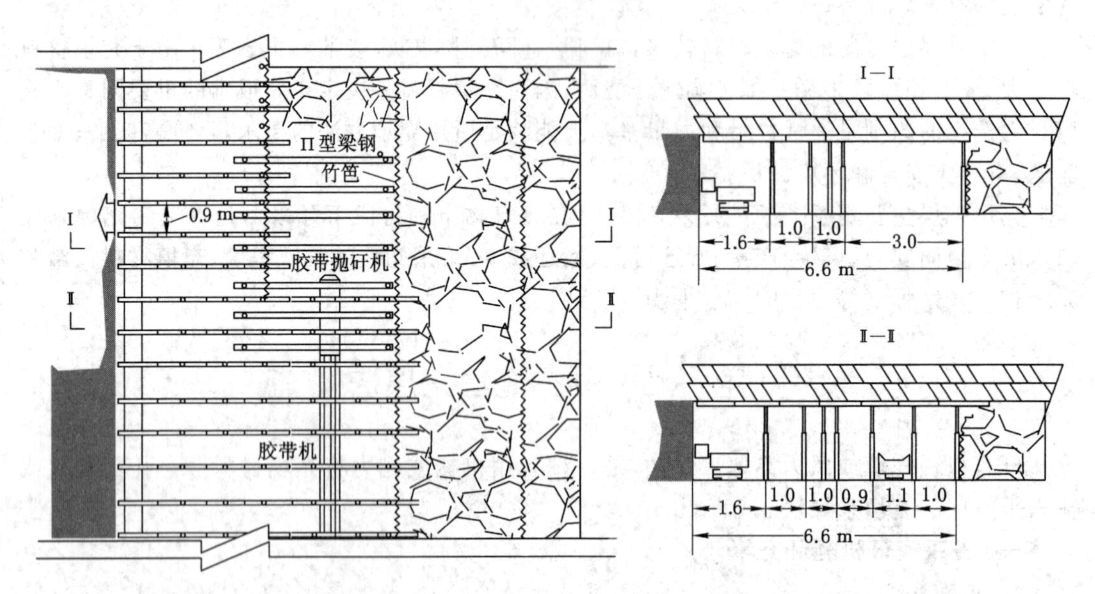

图 24-2　普采工作面抛矸机抛矸充填图

3. 评价和适用条件

我国新汶泉沟煤矿和鄂庄煤矿于 2006 年最早开始试验和使用这种充填采煤法。该充填法利用井下矸石充填采空区,充填系统简单,机械化程度较高,装备投资少,充填效果好,对于保护地面建筑物有效,但需要较多的矸石,充填地点较远时运送矸石的距离长。该充填法多用于薄及中厚煤层普采或炮采工作面回收井筒煤柱、工业场地煤柱，煤层有一定倾角有利于充填密实。如果用于村庄下开采时，则需要较多的矸石储备。

二、综采刮板输送机卸矸充填

1. 充填系统

综采工作面刮板输送机卸矸充填的工作面布置及充填液压技术如图 24-3 所示。

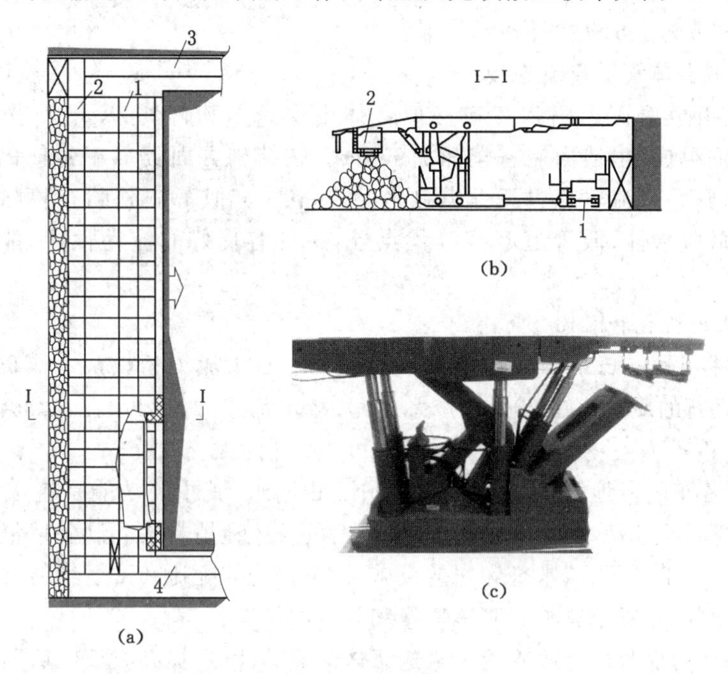

图 24-3 综采工作面刮板输送机卸矸充填

(a) 平面图 (b) 剖面图 (c) 充填液压支架

1——前部运煤刮板输送机；2——后部卸矸充填刮板输送机；

3——轨道平巷运矸胶带输送机；4——运输平巷转载机

充填装备，由后端带悬梁的自移式液压支架和充填刮板输送机组成。在自移式液压支架挡矸板后端增加后悬梁等配件，采用可调高挂链悬挂充填刮板输送机溜槽，悬挂是为了增加充填垂直高度。输送机中部溜槽按顺序连接，并与机头和机尾组成整部刮板输送机。每两节中部溜槽设置 1 个溜矸孔，溜矸孔开在溜槽的中板上。在溜矸帮上增设带插板的插槽，以控制矸石的充填顺序和充填范围。把溜槽由插接式连接改造为由螺栓连接。

由电机车牵引矸石矿车至采区矸石车场，通过翻车机卸载，矸石经转载机、破碎机进入矸石仓。破碎后的矸石由上山或下山中的胶带输送机转载至综采工作面轨道平巷，而后由平巷中的胶带输送机运至综采工作面液压支架后方的充填刮板输送机，而后在采空区卸载。

2. 充填工艺

采煤机进刀后，从输送机机头或机尾开始移架，并推移工作面前方的刮板输送机。顺直支架后悬挂的充填刮板输送机，先开动充填刮板输送机，再启动轨道平巷及以外的其余矸石充填系统。刮板机上链运输矸石，下链推平矸石。每次打开两个溜矸孔，自下而上地进行充填。采空区充填完毕后，随工作面采煤机割煤和支架推移进入下一个循环。

充填是在支架掩护下进行的，可保证充填设备安全，同时设备的维修亦在整体前移支架达到维护空间时进行，充填过程无须人员进入充填区。

3. 评价和适用条件

我国新汶翟镇煤矿于2007年最早开始试验和使用这种充填采煤法。该充填系统相对简单、机械化程度高、产量较普采矸石充填大、充填效果较好，但采充仍不能平行作业，需要的矸石量大，充填地点远时输送矸石的距离大。可用于综采开采块段且地面有需要保护的建筑物、构筑物或村庄的条件下。

三、普采似膏体管道自流充填

该充填法由金属矿山引入煤矿。似膏体由煤矸石粉碎物、火电厂粉煤灰、水泥、河沙、水和减水剂组成，由地面制备车间加工而成，在结构方面类似于膏体的结构流。充填时，通过钻孔、管路自流输入井下采煤工作面采空区。似膏体胶结充填除具备膏体充填的高悬浮性、低脱水性、低管道摩擦等优点外，还具有良好的流动性能，能满足管道输送自流充填要求。

1. 似膏体的组成和配比

煤矸石粒径小于5 mm；水泥的强度等级为32.5；水泥∶粉煤灰∶煤矸石的质量比为1∶4∶15；煤矸石的质量比在70％～72％之间；减水剂添加量为水泥与粉煤灰质量之和的1.0％～1.5％。

似膏体制备车间占地面积较大，可建在矸石山附近，其主要功能是将水泥(凝结材料)、粉煤灰、破碎煤矸石、减水剂混合加水，制成合格的胶体充填料浆。制备站包括储存水泥(凝结材料)、粉煤灰、煤矸石、减水剂和水的设施，以及保证按配比和浓度给料、给水的计量和输送设备、搅拌设备等，还应有检查浆体质量和数量的仪表。

配料中添加粉煤灰可以改善管道输送浆体的流动性能、提高充填体后期强度、降低水泥单耗和充填材料成本。似膏体制备工艺流程如图24-4所示。

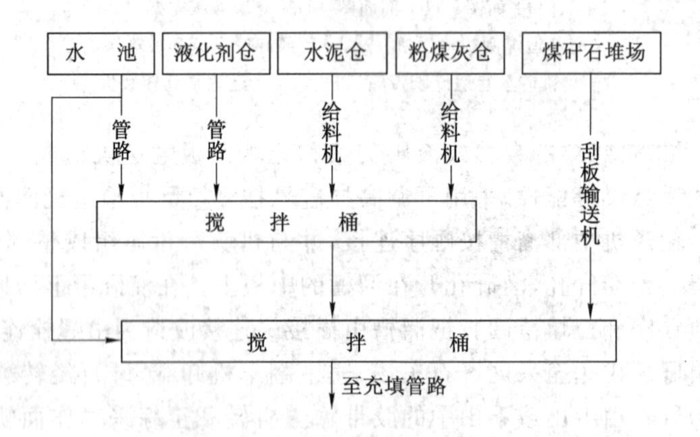

图24-4　似膏体制备工艺流程图

2. 似膏体充填工艺流程

从地面至采区总回风巷打直径为121 mm的充填钻孔，钻孔内下套管，井下按充填路线和管道坡度连接管路，充填管路直径为108 mm，钢管内衬耐磨材料。管路上设三通阀，另设一套水管，以备管路堵塞时通过三通阀用高压水处理。

充填材料在制备站制成后，由充填管路通过地面充填钻孔向正在生产的普采或炮采工作面采空区输送。浆体的体积质量为1.3 t/m³，充填能力为100～120 m³/h。

为提高效率、减少充填对工作面的干扰，在保证顶板安全的前提下，当形成9.6 m跨度的采空区时，在靠近最外一排液压支柱位置用竹笆布置充填隔离，随后开始充填，充填步距为6.4 m，充填隔离与煤壁距离为3.2 m，充填完毕工作面向前推进8个循环后，再进行下一次充填，即采用"采八充一"充填模式。

为使井下掘进矸石不上井，也可以在第七和第八两排支柱位置充填井下掘进矸石，其余6排充填似膏体。矸石的运送和充填同抛矸机抛矸充填采煤法，这样可减少矸石提升费用和占地面积。采用这种方式的普采工作面采空区煤矸石似膏体充填如图24-5所示。

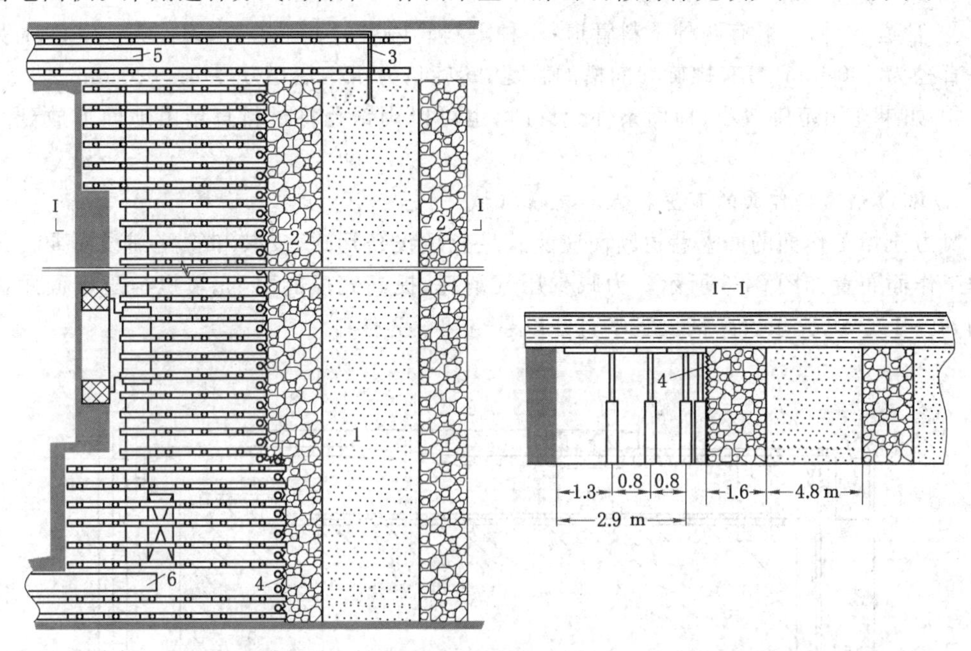

图24-5　普采工作面采空区煤矸石似膏体充填

1——似膏体；2——矸石充填墙；3——似膏体充填管；4——竹笆；5——运矸胶带；6——运煤转载机

3. 评价和适用条件

我国新汶孙村煤矿于2006年最早开始试验和使用这种充填采煤法。2008年，该矿采用仰斜长壁工作面布置，采空区全部似膏体充填，去掉了矸石墙。充填后，地表下沉接近于零。该充填系统相对简单、机械化程度高、充填效果较好、充填能力较大；但充填亦影响采煤作业，工作面产量约在15万t/a，管理较为复杂，地面似膏体制作相对复杂和要求严格、投资较多，且需要从地面布置钻孔至充填区域，一般用于浅部、煤层倾角大于10°的普采或炮采开采块段，同时地面有需要保护的建筑物、构筑物或村庄等条件，也可用于水体下或承压水上采煤。

四、综采风力抛矸充填

矸石风力充填技术于20世纪初开始应用于煤矿。

1. 风力充填材料及其输送

对充填材料的要求是——沉缩率低、不自燃(挥发物含量不超过2%，含硫量不超过5%～8%)、腐蚀性小。因此，洗煤厂选后的矸石是比较理想的充填材料。

风力充填材料的粒度(直径)不宜大于充填管管径的1/3～1/2。如充填管管径为225 mm,材料粒度可达100 mm,比较理想的配比是:粒径为0～20 mm的占20%,粒径为20～50 mm的占60%,粒径为50～60 mm的占15%,粒径为60 mm以上的占5%。

用风力长距离管道输送大颗粒物料不仅能力低、压风消耗量大,而且管路磨损严重,故充填材料入井和输送一般不用风力管道运输。国外运送充填材料的方式大致可分为以下几种:

① 矿车运送。

② 箕斗下料,一般箕斗容量为6～12 t。

③ 管道下料,一般有两种下料管道:一种下料管内壁衬有耐磨管,管径为325 mm;另一种是直径为500 mm、带有螺旋导向槽的管道,螺旋角为45°,溜槽壁厚20～30 mm。

④ 如果充填范围较小、地面条件允许时,也可以用钻孔将材料直接由地面下放到采区料仓。

2. 风力充填工作面的布置特点和充填机械

风力充填工作面的回采巷道断面应能满足充填设备运送、安装和管路铺设需要。风力充填工作面布置如图24-6所示。为减少压气消耗、提高充填能力,充填机与工作面距离一般为50～100 m,充填管路铺设宜平直并以悬空架设为佳。

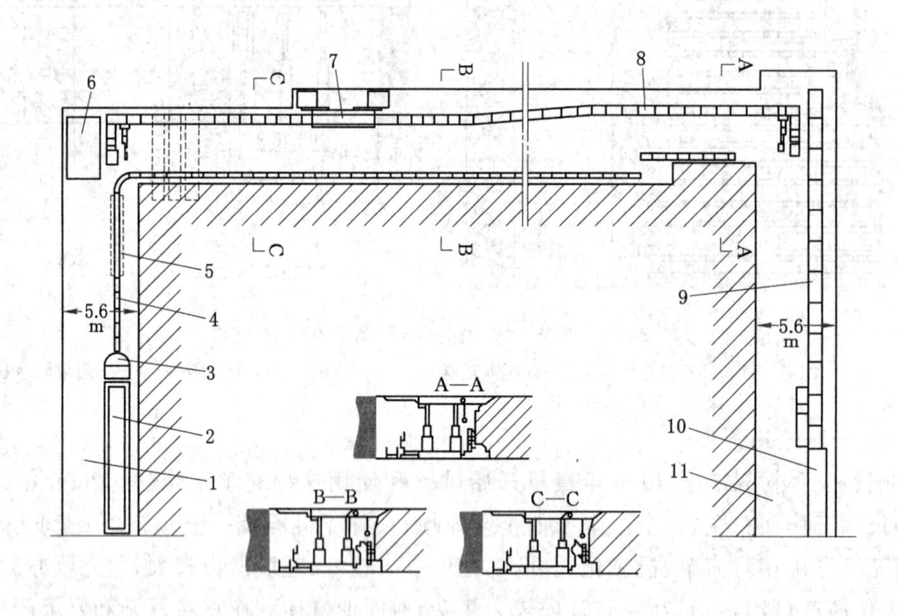

图24-6　风力充填工作面布置

1——回风平巷;2——胶带输送机;3——风力充填机;4——充填管路;5——伸缩管;6——支护工作台;7——采煤机;8——输送机;9——转载机;10——胶带输送机;11——运输平巷

充填机是决定充填效率的关键设备,应根据充填的目的、方式、系统能力以及所用的充填材料合理选择。充填机按充填材料的粒度不同,可分为充填大粒度用和充填粉末用两类;按喂料方式不同,则有立式、卧式、螺杆式和罐式等类型。

风力充填管路一般为特殊加工的耐磨无缝钢管,管径150～300 mm,供风压力应不小于0.45 MPa。

3. 风力充填工艺

风力充填工作面应选用与充填配套的液压支架,充填管路架在专门的管子上或悬吊在支架的后伸梁上,用油缸调节管路的升降和前后移动。每次充填后,充填体均被专门的挡板(用支撑式支架时)或掩护支架的掩护梁挡板挡住。下次充填时支架前移,老的充填体按安息角塌落,与顶板所成的空角将被新的充填料填满。

充填工作由充填出口后退进行,配合的液压支架有所不同,充填时的排料方式和每次充填长度也不同。一般采煤机割两刀煤充填一次,充填步距为 1.2～1.6 m。每次充填长度 6～9 m,为 4～6 架液压支架的距离,工作面每向前推进 50～100 m 充填机前移一次。

由于充填工作是在架后进行的,与工作面之间由掩护梁或充填挡墙隔开,因此充填工作可与工作面采煤作业平行进行。

4. 评价和应用

风力充填在国外应用较多,与水力充填相比风力充填系统较为简单、不需排水和排泥系统,可应用于缺水地区或近水平煤层,较易实现采充平行作业。我国曾在鸡西城子河矿和淮北袁庄矿试用过。由于其设备费用高、管路磨损快、耗电量大、充填成本较高、粉尘大,工业试验后没有继续使用,今后能否在我国推广有待进一步研究。

第二节　水砂充填采煤法

水砂充填采煤法,是一种利用水力通过管道把充填材料砂粒送入采空区的充填采煤方法。

一、水力充填系统

采用水力充填采煤法的矿井,其水力充填系统如图 24-7 所示。该系统由充填材料开采、加工和选运子系统、贮砂和水砂混合子系统、输砂管路子系统和供水及废水处理子系统等组成。

地面用矿车将采出、破碎和筛分后的成品砂运到贮砂仓贮存。在注砂室,砂与水混合成砂浆,经充填管路送至采煤工作面采空区,并在采空区脱水,砂子形成充填体,废水经采区流水上山和流水道流入采区沉淀池,经沉淀后的澄清水流入水仓,用水泵经排水管将水排至地面贮水池,以供循环使用。水力充填的自然压头值,是指注砂室出砂口与管路末端的标高差。输砂管路长度与压头之比称为充填倍线,充填倍线越小,输砂越容易。我国的水力充填大部分是利用水的自然压头,一般充填倍线控制在 6 以下。由于砂浆输送过程中固体颗粒对管壁磨损剧烈,我国使用最多的是加铬铸铁管,其管径多为 152 mm 和 178 mm。

二、倾斜分层走向长壁水砂充填采煤法的采准巷道布置

采用水砂充填采煤法开采的厚及特厚煤层,其分层间均采用上行开采顺序,以保证顶板总是较完整的实体煤或岩层、底板为充填材料。

由于增加了输砂管路系统和疏水及废水处理系统,采准巷道布置有如下特点:

① 采区上山的数目一般多于两条,除运输上山和轨道上山外,又增加了流水上山。

② 按煤层倾角不同,分层平巷间可采用水平布置、倾斜布置或重叠布置。

③ 充填管路有两种布置方式:一种是材料道兼管子道的布置方式。这种方式巷道系统简单,但巷道内轨道要求的坡度经常与充填管路要求的坡度相反。为抵消由于巷道逆坡造

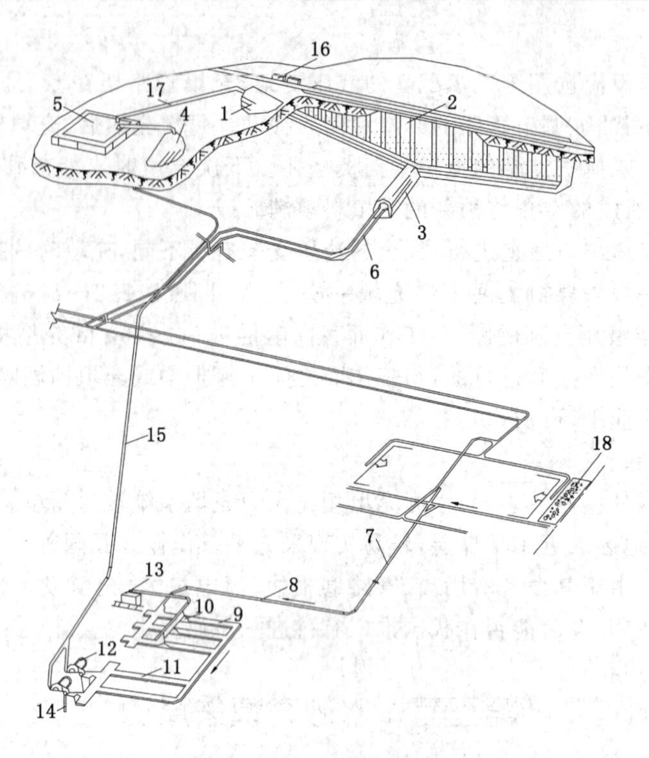

图 24-7　水力充填系统图

1——行人斜井；2——砂仓；3——注砂室；4——斜井；5——地面清水池；6——注砂管；7——流水上山；8——流水道；9——沉淀池；10——排泥罐；11——水仓；12——水泵；13——排泥矿车；14——吸水井；15——排水管；16——运砂矿车；17——供水管；18——已充填的采空区

成的充填管路出现的上坡，前端的充填管路可布置在巷道顶板方向，接近工作面开切眼位置时充填管路降低至底板位置。另一种布置方式是将材料道与管子道分别布置，这样管子道标高需要高于材料道标高，以利于充填。该方式掘进率高，适合于采区产量大、瓦斯涌出量大和走向长度大的采区。

④ 分层运输平巷的疏水有两种方式：一种是煤水在分层运输平巷内分家，如图 24-8 所示，采用这种方式时需在采空区保留一段分层运输道；另一种是煤水同向，如图 24-9 所示，

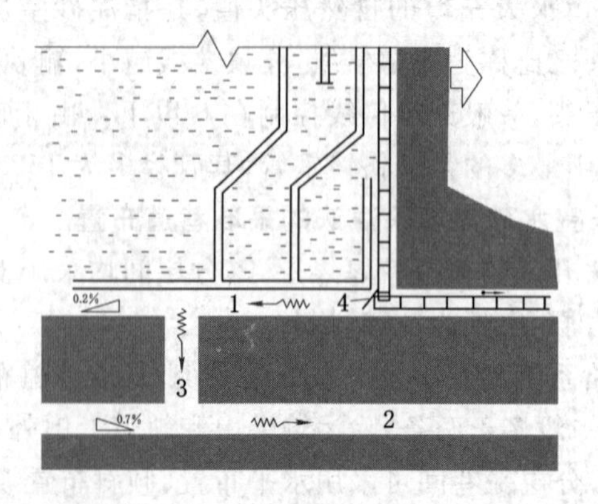

图 24-8　分层运输平巷内煤水反向流动

1——分层运输平巷；2——流水道；3——联络巷；4——挡水板

这种情况下将输送机设在分层平巷下帮，其下部设水沟并在巷道中设立柱并钉上半截门子，工作面污水经下机头排至水沟。

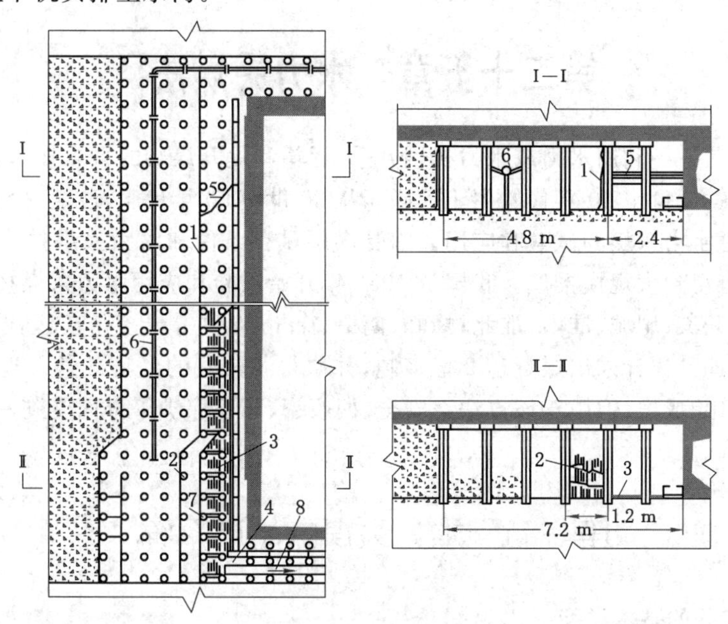

图 24-9　走向长壁水砂充填采煤法工作面布置

1——拉帮门子；2——半截门子；3——底铺；4——顺水门子；5——撑木；6——充填管；7——临时沉淀池；8——水沟

三、采煤工艺

我国采用水砂充填采煤法的工作面多采用炮采工艺，也有少数工作面采用普采工艺。

工作面破煤、装煤、运煤、支护等工序与垮落法相同，由于采用全部充填法管理顶板，采场矿压显现不明显，基本上没有周期来压，支承压力也较小，顶板移动和下沉量也较小。因此，工作面控顶距可以适当加大，支护密度可以减小，根据实际情况可采用点柱等简单支护方式控顶，但生产过程中增加了充填和污水处理等工序。

四、评价和适用条件

水砂充填采煤法充填致密，可减少煤尘危害，能有效控制地表下沉和变形。井上下充填系统复杂，设备和设施投资大，充填材料贵，从而大大提高了吨煤成本，采煤工艺落后，实现机械化有一定困难，劳动效率低。基于这些原因，该充填法现已逐渐少用或不用。

复习思考题

1. 试述矸石充填采煤法的分类、特点和工艺过程。
2. 试述水砂充填采煤法的充填系统、工艺过程和发展趋势。

第二十五章　水力采煤法

水力采煤，是一种利用水力或水力机械开采、运输和提升煤炭的采煤技术，简称水采。

水力采煤在20世纪40年代始用于苏联。从20世纪50年代起，波兰、捷克、日本、德国等国相继进行过水力采煤的试验和应用。因受煤层赋存条件和水力采煤技术等制约，在大多数国家均没有得到大规模推广。我国从1956年开始试验和应用水力采煤技术，先后在枣庄、北票、南票、开滦、肥城、淮南、淮北、峰峰、鹤壁、徐州、新汶等十多个矿区推广应用，至20世纪90年代后期已累计采出煤量达2亿多吨，并取得了较好的经济效益。近年来，我国的水力采煤技术日趋成熟，但由于该方法在安全、回收率、环境保护等方面受到一定限制，应用的比重不断下降。

第一节　水力采煤的生产系统

一、水采矿井的基本类型

水力采煤可以分为水枪射流破煤和高压(超高压)射流配合机械设备破煤两类。目前，我国的水力采煤均采用水枪射流破煤。

按生产系统的水力化程度和提升运输方式划分，水采矿井可以分为全部水力化矿井、分级运提的全部水力化矿井、水旱结合的部分水力化矿井。

1. 全部水力化矿井

这类水采矿井的产量均利用水力完成，其生产系统如图25-1所示。通过高压供水泵2，将清水池1中的清水变为水压为6～20 MPa的高压水，经供水管路3向采煤工作面的水枪4供水。由水枪喷嘴喷射出的高速射流冲击煤体而使煤破落。破落下来的煤和水混合成为煤浆，从采煤工作面经过有一定坡度的溜槽5自流到采区煤水仓9。煤水仓中的煤浆由煤水泵13经煤水管路14排到井底煤水仓15，再用煤水泵将其排到地面选煤厂17进行洗选和脱水。煤水泵的排煤粒度有一定限制，在煤水硐室入口处设有脱水筛6，由其分离粒度超限的煤块，并用输送机7将煤块送至破碎机8中加以破碎。破碎后，将粒度符合要求的碎块送回采区煤水仓9中。

矿井的矸石、材料和设备等的运提仍采用旱运、旱提方式，因此其辅助运输系统与旱采矿井大体相似，只是运输能力较小。

2. 分级运提的全部水力化矿井

这种水采矿井与全部水力化矿井的主要区别，在于煤的运输和提升采用水旱分级运提方式，即粒度较小的煤从采区到地面采用水力运提，而粒度较大的煤则采用旱运、旱提方式。我国目前按2 mm、3 mm、6 mm或25 mm分级，大于分级粒度的采用旱运、旱提。

3. 水旱结合的部分水力化矿井

这类矿井中仅部分产量是利用水力完成的，又可进一步再分为以下两种类型：

① 水旱两套生产系统的矿井——这种矿井既有水采采区也有旱采采区，矿井设有水采

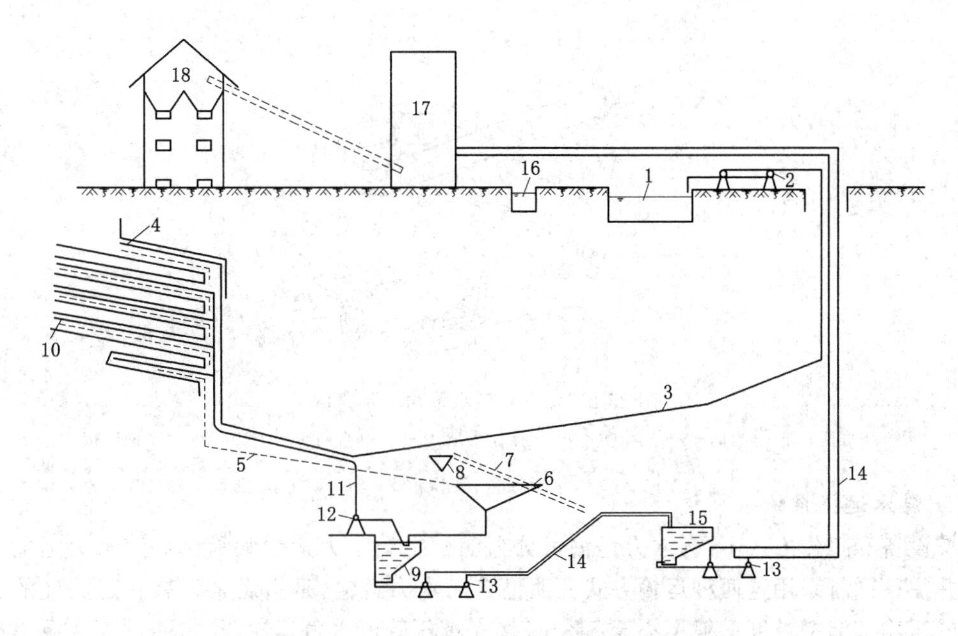

图 25-1　全部水力化矿井生产系统图

1——清水池；2——高压供水泵；3——高压供水管路；4——采煤工作面水枪；5——溜槽；6——脱水筛；7——胶带输送机；8——破碎机；9——采区煤水仓；10——掘进水枪；11——掘进供水管路；12——掘进供水泵；13——煤水泵；14——煤水管路；15——井底煤水仓；16——补给循环水；17——选煤厂；18——铁路煤仓

和旱采两套生产系统。

② 用水力完成部分生产环节的矿井——这种矿井只有一部分生产环节用水力完成，而其余部分则采用旱采设备和生产方法进行。例如，采用水力落煤和运煤，而用箕斗或罐笼提升煤炭。

二、水采矿井的生产系统

水采生产系统主要包括——高压供水系统、煤水运提系统和脱水系统。

1. 高压供水系统

高压供水系统，包括供水水源、高压供水泵、高压供水管和水枪。

① 高压供水方式视水源的补给方式不同可分为开式供水和闭式供水两种。开式供水时，水采各生产环节用水全部由水源供给，而生产用过的水不再复用、作为废水排放。闭式供水时，生产用过的水经澄清净化后再输回供水系统予以循环使用，又称循环供水。

② 高压供水泵，是高压供水系统的核心设备。常用的供水泵有往复泵和离心泵两类。目前，我国水采矿井多采用分段式多级离心式供水泵。

③ 高压供水管，按设置地点和使用时间可分为主干管、支干管和支管。常用的管径有100 mm、125 mm、150 mm、200 mm、225 mm、250 mm和300 mm几种。

④ 水枪，是形成高压水射流和控制射流冲击方向而进行破煤的主要工具，按操作和移动支设方式可分为手动水枪和液控水枪。目前，我国主要采用手动水枪，应用比较广泛的L—W型水枪外形如图25-2所示，其工作参数为——压力12～20 MPa，流量180～300 m^3/h，有效射程15～20 m。

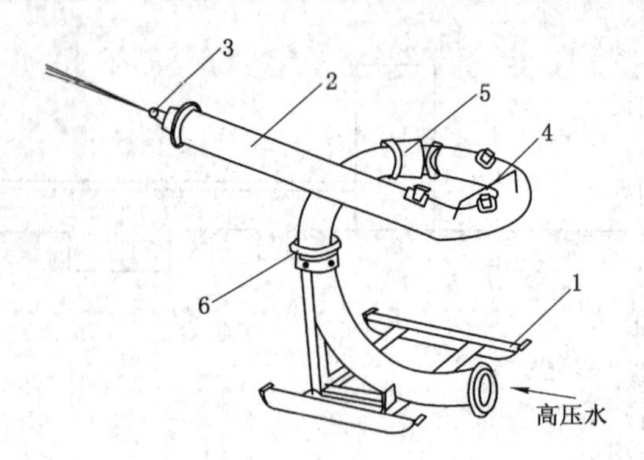

图 25-2　L—W 型水枪结构示意图

1——底座；2——枪筒；3——喷嘴；4——操作手把；5——垂直回转接头；6——水平回转接头

2. 煤水运提系统

按设备和工作方式不同，水力运输可分为明槽自溜水力运输和承压管道水力运输。水采矿井往往同时采用这两种运输方式。明槽自溜水力运输，是指煤浆沿有一定坡度的溜槽自溜的运输。溜槽坡度一般不小于5%～7%。承压管道水力运输，是指通过煤浆泵提高压力，利用其与煤浆出口的压力差而驱使煤浆沿管道输送从而实现煤浆通过管道的运提。

3. 脱水系统

脱水系统，是一种把煤浆分离成煤和水的系统，使煤中的水分达到国家规定的标准，同时使脱出的水能够循环使用。

三、水采矿井的开拓特点

水采矿井与旱采矿井的开拓原则基本一致。由于在工艺上的差异，水采矿井的开拓具有以下特征：

① 井田划分——由于水采的生产能力较高、增产潜力大而采出率较低，采出率一般比旱采长壁工作面低5%～10%，因此在井田划分时矿井的可采储量应多一些，开采范围应大一些。

② 开采水平划分——基于同样的原因，加之水采的回采速度快、巷道掘进率高，易造成采区与水平接续紧张，因此需要适当加大开采水平或阶段高度。

③ 开采水平大巷布置——大巷布置与选用的水力运输方式有关，当巷道用承压管道水力运输时，其坡度一般为0.3%～0.5%；当采用明槽自溜水力运输时，其坡度一般为5%～7%。井田一翼的长度小于1 000～1 500 m时，常用明槽自溜水力运输，否则宜选用承压管道水力运输。

④ 井巷断面——由于水力运提设备简单、空间尺寸小，巷道断面亦较小。因煤层和工作面生产能力不同，巷道净断面一般为4.5～7.0 m^2。

第二节　水力落煤和水力采煤方法

一、射流的破煤作用和破煤能力

从水枪喷嘴射入空气中的高速水流束，称为水枪射流。视喷嘴出口处的水压不同，射流可分为低压（≤0.4～1 MPa）、中压（<6～15 MPa）、高压（15～35 MPa）和超高压（≥35～

60 MPa)。国内外水力采煤均以应用中、高压射流为主。

射流破煤一般分为两步：第一步用射流在煤体中切割出有一定面积和深度的裂隙或空洞，俗称掏槽；第二步用射流逐步破落洞隙周围的煤体，称为落煤。

单位时间水枪冲下的煤量，称为水枪落煤能力。根据煤层厚度、倾角和硬度不同，水枪的落煤能力一般为 60～300 t/h。

从水枪喷嘴出口到冲击点的射流行程，称为射程，水枪的落煤能力随射程增加而下降。我国现用水枪的有效射程一般小于等于 15～20 m。

二、水力采煤方法

目前，我国水采矿井普遍采用短壁无支护水力采煤法，其特点如下：

① 以水射流实现落煤和运输两个主要环节，把落煤和运输简化为一个连续的工序。

② 以短壁式布置的采煤工作面具有较强的机动性和灵活性。

③ 回采空间不支护，作业人员不进入采煤工作面，这样便减轻了工人劳动强度、简化了工作面顶板管理。

④ 水采工作面一般采用扩散式通风方式，因此对瓦斯管理不利。

1. 倾斜短壁水力采煤法

(1) 采准巷道布置

倾斜短壁采煤法又称漏斗式采煤法，即采煤工作面大致沿走向布置、沿倾斜推进。该方法是我国在缓(倾)斜煤层中常用的水采方法。

倾斜短壁水力采煤法分为单面冲采(单面漏斗)和双面冲采(双面漏斗)两种方式。双面冲采的采区准备巷道布置如图 25-3 所示。

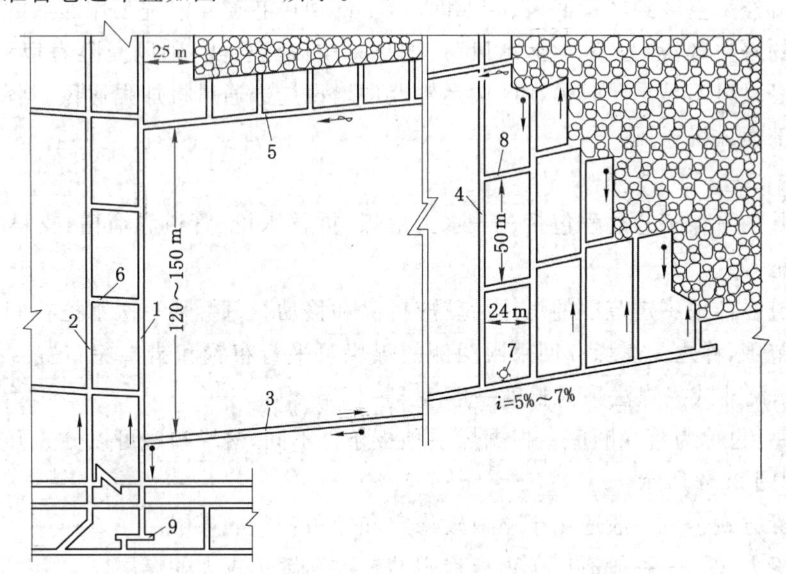

图 25-3　倾斜短壁水力采煤法采准巷道布置图

1——煤水上山；2——轨道上山；3——区段运输巷；4——回采眼；5——区段回风巷；6——上山联络巷；7——局部通风机；8——回采眼联络巷；9——煤水硐室

为了保证溜槽水力运输通畅，区段运输巷的坡度一般为 5%～7%。为了避免底煤丢失，区段运输巷和回采眼需沿煤层底板掘进。回采眼的间距根据水枪的有效射程和回采眼的维护情况来定，通常为18～24 m。掘进区段巷道的同时可在采区下部开掘煤水硐室，完善通风构筑物和完成设备安装后就可以进行采煤。由于受水采工艺限制，采区内均采用后退式下行开采顺序。

采用单面冲采，安设在回采眼中的水枪自上而下依次冲采回采眼一侧的煤带，其回采眼间距一般在10～16 m之间，其他与双面冲采方式相同。

采区斜长主要取决于开采水平划分。目前我国水采矿井多采用双翼采区，开采急(倾)斜煤层时，采区一翼的长度通常为200～500 m，最长达600 m以上；开采缓(倾)斜煤层时，采区一翼的长度通常为500～800 m，最长已达1 000 m以上。

根据回采眼的维护状况可适当加长或缩短区段斜长，一般为120～150 m。若维护困难可缩短至60～80 m。

(2) 采区生产系统

① 运煤系统——水枪冲采下来的煤沿溜槽由回采眼4、经区段运输巷3和煤水上山1运到采区煤水硐室9。

② 高压供水系统——高压供水管路沿与运煤系统线路相反的路线铺设，并与回采眼中的水枪连接。

③ 运料系统——由于是无支护采煤且设备简单，故辅助运输量较小。因为采区多采用倾斜巷道，因此运料比较困难。通常情况下，设备和材料在轨道上山中采用矿车提升，而在区段巷道中采用吊挂无极绳或单轨吊车运输。

④ 通风系统——新鲜风流沿采区上山到区段运输巷道3，然后经回采眼4到采煤工作面。污浊风流经采空区到区段回风巷5和采区上部回风巷道。清洗工作面后的污浊风流要流经已冒落的采空区，称为“采空区窜风”。如果采空区已冒实，则风流阻力很大，可能会导致采煤工作面供风不足。此时需在区段运输巷中增设局部通风机加强通风。各掘进工作面也是采用局部通风机通风。

(3) 采煤工艺

水采矿井的采煤工艺过程包括——水力落煤，拆移水枪、管道和溜槽，支设护枪支架和重新安设水枪等。

水枪射流在冲采一定范围的煤体后就应拆除和移动。每拆移一次水枪在回采巷道一侧计划冲采的范围，称之为煤垛。回采眼两侧的煤垛可平行布置和错半垛布置。采垛的宽度多为4～8 m，漏斗式采煤法采垛长度一般为8～15 m。

冲采顺序，也称为落垛顺序。根据煤层顶板条件不同，落垛顺序可以分为开式、闭式、半闭式3类，如图25-4所示。

开式落垛方式——一般适用于顶板较稳定和倾角较小的煤层。

闭式落垛方式——一般适用于顶板稳定性较差和倾角较大的煤层。

半闭式落垛方式——适用条件介于前两种落垛方式之间。

2. 走向短壁水力采煤法

走向短壁水力采煤法常用于倾角较大的缓(倾)斜、中斜和急(倾)斜煤层开采，采煤工作面大致沿煤层倾向布置、沿走向推进，如图25-5所示。

走向短壁水力采煤法的生产系统、煤垛参数等与倾斜短壁水力采煤法相似。

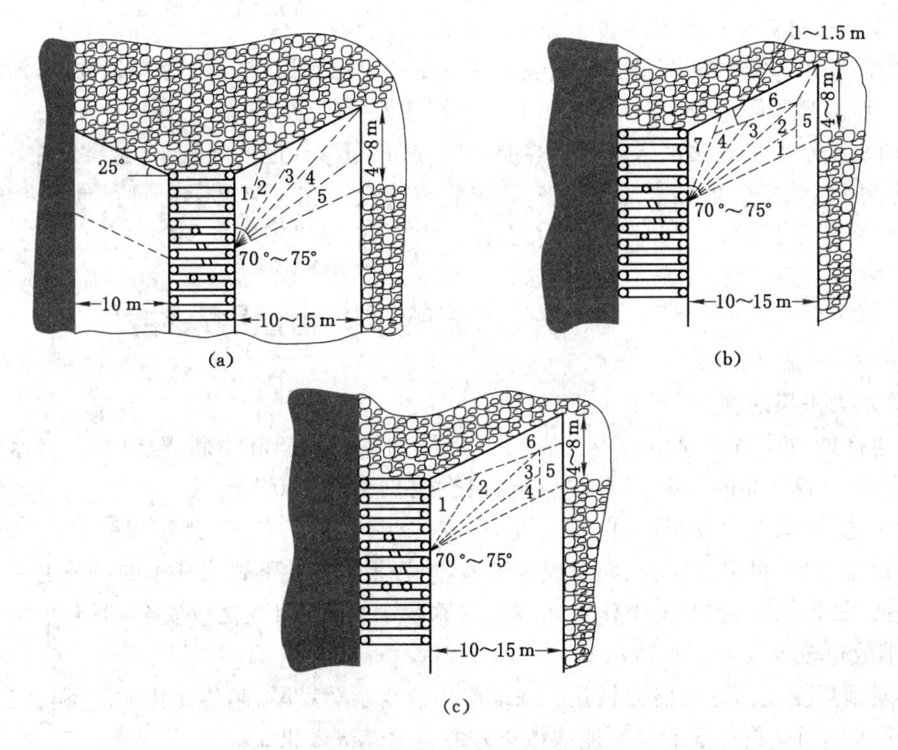

图 25-4　倾斜短壁水力采煤法的落垛顺序

(a) 开式　(b) 闭式　(c) 半闭式

1~7——采垛内的冲采顺序

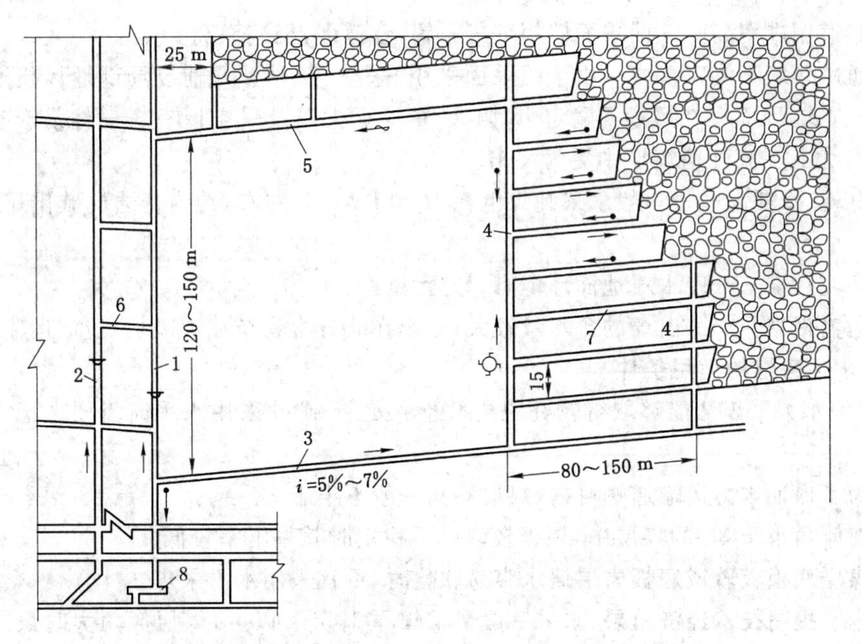

图 25-5　走向短壁水力采煤法采准巷道布置

1——煤水上山；2——轨道上山；3——区段运输巷；4——分段上山；

5——区段回风巷；6——上山联络巷；7——回采巷；8——煤水硐室

3. 倾斜短壁与走向短壁水力采煤法之比较

倾斜短壁水力采煤法回采巷道沿倾斜方向布置，巷道坡度较大、运料条件差，溜槽运煤能力强。而当煤层倾角较大时，煤水可能冲出溜槽，存在安全隐患。

走向短壁水力采煤法回采巷道沿煤层走向方向布置，巷道坡度较小、运料条件好。当煤层倾角较小时，为了保证煤水运输通畅，回采巷道的掘进方向与煤层走向方向的夹角较大，采区的三角煤尺寸较大。同时需要多掘分段上山，巷道掘进率高。

第三节　水力采煤法的评价和适用条件

一、水力采煤的优点

① 生产能力较高、增产潜力大，在3～8 m厚的缓(倾)斜和中斜煤层中，一套水采生产系统的年生产能力可达0.6～0.8 Mt，开采条件好时可达1.0 Mt。

② 工艺简单、效率较高，工作面采用无支护采煤，简化了采煤工序。

③ 设备简单、材料消耗少、吨煤成本较低，约为相同条件下普采成本的三分之一。

④ 回采时人员均在巷道中作业而不进入采煤工作面，因此比较安全，同时顶板、机电、运输等事故也较少。

⑤ 对地质变化的适应能力较强。在地质构造复杂及煤厚、倾角变化大的不稳定煤层中应用水采常比同样条件下的旱采能取得更好的技术经济效果。

二、水力采煤的问题

① 采出率低——回采过程中易发生垛内顶板向采空区窜矸或顶板提前垮落，迫使水枪停射而结束对煤垛的冲采，从而降低了采出率。

② 巷道掘进率高——回采面以短壁式布置，巷道多，掘进率高。

③ 通风系统不够完善——由于回采面采用“采空区窜风”并辅以局部通风机通风的扩散式通风方式，因而存在风量不稳定、风阻大、窜风量大以及采空区有害气体易产生安全隐患等问题，尤其在高瓦斯煤层中更为突出。

④ 电耗、水耗大——一般水采吨煤电耗为40 kW·h左右，约为普通机械化开采的1.5～2.0倍。

⑤ 环境污染——废水对地面环境有一定污染。

⑥ 运输困难——采出煤的含水量较大，冬季在北方容易结冰成大块，造成运输困难。

三、水力采煤的适用条件

为了使水力采煤法能够取得较好的技术经济效果，矿井采用水采时需要考虑以下几个方面因素：

① 为了保证水力运输通畅可靠，煤层倾角一般不小于7°。

② 在倾角小于35°的煤层中，顶板较软或不稳定时其采出率较低。

③ 煤层底板较软或底板岩层遇水容易软化时，不宜采用水力采煤。

④ 为了提高技术经济效果，水采一般要求煤厚1.5 m以上，煤层倾角大时煤厚也应大于1 m。

⑤ 煤层硬度大和裂隙不发育时常导致水枪破煤能力降低。因此，煤层为中硬或中硬以上时不宜采用水采。

⑥ 水采的通风系统不够完善，因此水采宜用于瓦斯含量低的煤层。

⑦ 缺水地区不宜采用水力采煤法。

⑧ 由于冲击地压危险随采深增加而加大，因而深矿井中不宜采用水力采煤法。

⑨ 2016 版《煤矿安全规程》规定：有下列条件之一的，严禁采用水力采煤。突出矿井，以及掘进工作面瓦斯涌出量大于 3 m^3/min 的高瓦斯矿井；顶板不稳定煤层；顶底板容易泥化或者底鼓的煤层；容易自燃煤层。

总之，水力采煤可适用于倾角大于 7°、煤厚超过 1 m 的煤层，目前应首先着重于顶底板稳定的急（倾）斜煤层、不规则和厚度不稳定煤层，或在残煤储量丰富、煤质中硬以下、水源和电力充足、采深不太大的矿区发展。

复习思考题

1. 何谓水力采煤？水采矿井可分为哪几种类型？
2. 简述全部水力化矿井主要包括哪些生产系统？
3. 与旱采矿井相比，简述水采矿井的开拓特点。
4. 简述水力采煤的优点和其适用条件。

第五编

非煤固体矿床开采

Feimei Guti Kuangchuang Kaicai

第二十六章　非煤固体矿床开采概述

非煤固体矿床分金属矿床和非金属矿床两大类,亦可分为露天开采和地下开采两种。本编只介绍非煤固体矿的床地下开采。

第一节　基本概念

一、矿产资源及其分类

矿物,是指由地质作用所形成的、一般为结晶态的天然化合物(绝大多数为无机化合物)或单质。具有均匀且相对固定的化学成分和确定的晶体结构;在一定物理化学条件下保持稳定;是组成岩石和矿石的基本单元。

岩石,是指由地质作用所形成的造岩矿物的天然集合体,是组成地球岩石圈的最主要物质。

矿产,是指一切埋藏在地壳中的有开采价值、可供人类利用的物质,如铜、铁、云母、天然气、石油、煤等。

矿产资源,是指由地质作用形成的、赋存于地壳内部或地表、呈固态、液态或气态的具有经济价值或潜在经济价值的自然资源。

我国现行《矿产资源法实施细则》中的矿产资源分类细目,按矿物所含元素或化石的种类所划分的矿产种类共有 173 个种类。共分为四大类——能源矿产 13 种,金属矿产 59 种,非金属矿产 95 种,水气矿产 6 种。

1. *能源矿产*(13 种)——煤、煤层气、石煤、油页岩、石油、天然气、油砂、天然沥青、铀、钍、地热、页岩气、天然气水合物。

2. *金属矿产*(59 种)——铁、锰、铬、钒、钛;铜、铅、锌、铝土矿、镍、钴、钨、锡、铋、钼、汞、锑、镁;铂、钯、钌、锇、铱、铑、金、银;铌、钽、铍、锂、锆、锶、铷、铯;镧、铈、镨、钕、钐、铕、钇、钆、铽、镝、钬、铒、铥、镱、镥;钪、锗、镓、铟、铊、铪、铼、镉、硒、碲。

3. *非金属矿产*(95 种)——金刚石、石墨、磷、自然硫、硫铁矿、钾盐、硼、水晶(压电水晶、熔炼水晶、光学水晶、工艺水晶)、刚玉、蓝晶石、夕线石、红柱石、硅灰石、钠硝石、滑石、石棉、蓝石棉、云母、长石、石榴子石、叶蜡石、透辉石、透闪石、蛭石、沸石、明矾石、芒硝(含钙芒硝)、石膏(含硬石膏)、重晶石、毒重石、天然碱、方解石、冰洲石、菱镁矿、萤石(普通萤石、光学萤石)、宝石、黄玉、玉石、电气石、玛瑙、颜料矿物(赭石、颜料黄土)、石灰岩(电石用灰岩、制碱用灰岩、化肥用灰岩、熔剂用灰岩、玻璃用灰岩、水泥用灰岩、建筑石料用灰岩、制金用灰岩、饰面用灰岩)、泥灰岩、白垩、含钾岩石、白云岩(冶金用白云岩、化肥用白云岩、玻璃用白云岩、建筑用白云岩)、石英岩(冶金用石英岩、玻璃用石英岩、化肥用石英岩)、砂岩(冶金用砂岩、玻璃用砂岩、水泥配料用砂岩、砖瓦用砂岩、化肥用砂岩、铸型用砂岩、陶瓷用砂岩)、天然石英砂(玻璃用砂、铸型用砂、建筑用砂、水泥配料用砂、水泥标准砂、砖瓦用砂)、脉石英(冶金用脉石英、玻璃用脉石英)、粉石英、天然油石、含钾砂页岩、硅藻土、页岩(陶粒页岩、砖瓦用页岩、水泥配料用页岩)、高岭土、陶瓷土、耐火黏土、凹凸棒石黏土、海泡石黏土、伊利石黏土、累托石黏土、膨润土、铁矾土、其他黏土(铸型用黏土、砖瓦用黏土、陶粒用黏土、水泥配料用黏土、水泥配料用红土、水泥配料用黄土、水泥配料用泥岩、保温材料用黏土)、橄榄岩(化肥用橄榄岩、建筑用橄榄岩)、蛇纹岩(化肥用蛇纹岩、熔剂用蛇纹岩、饰面用蛇纹岩)、玄武岩(铸石用玄武岩、岩棉用玄武岩)、辉绿岩(水泥用辉绿岩、铸石用辉绿岩、饰面用辉绿岩、建筑用辉绿岩)、安山岩(饰面用安山岩、建筑用安山岩、水泥混合材用安山玢岩)、闪长岩(水泥混合材用闪长玢岩、建筑用闪长岩)、花岗岩(建筑用花岗岩、饰面用花岗岩)、麦饭石、珍珠岩、黑曜岩、松脂岩、浮石、粗面岩(水泥用粗面岩、铸石用粗面岩)、霞石正长岩、凝灰岩(玻璃用凝灰岩、水泥用凝灰岩、建筑用凝灰岩)、火山灰、火山渣、大理岩(饰面用大理岩、建筑用大理岩、水泥用大理岩、玻璃用大理岩)、板岩(饰面用板岩、水泥配料用板岩)、片麻岩、角闪岩、泥炭、矿盐(湖盐、岩盐、天然卤水)、镁盐、碘、溴、砷等。

4. *水气矿产(6 种)*——地下水、矿泉水、二氧化碳气、硫化氢气、氦气、氡气。

二、矿石、矿体和矿床

1. *矿石*

矿石,是指从矿体中开采出来的且在当前技术和经济条件下有利用价值,即能以工业规模从中提取有用物质并能由此获得经济效益的矿物集合体。

采下的矿石遇水、受潮和受压后,经过一定时间结成整块的性质,称为矿石的结块性。结块性对放矿、装矿和运输都有影响,甚至可能限制某些采矿方法的应用。

矿石的氧化性,是指硫化矿石(化学成分为硫化物)采下后在水和空气的作用下变成氧化矿石(化学成分为氧化物)的性质。硫化矿石的氧化可降低选矿的回收率,并且使矿石结块或引起自燃。

矿石的自燃性,是指高硫矿石氧化生热并自发燃烧的性质。具有自燃性的矿石对采矿方法选择有特殊要求,不能采用使采下矿石在采场大量长时间堆放的采矿方法。

上述矿石的结块性、氧化性和自燃性简称为矿石的“三性”。

2. *矿体*

矿体,是指矿床中具有经济价值并达到开采和利用工业指标的部位。矿体均有其确定的空间范围,其边界是按相应的工业指标(如矿石的品位、可选性等)进行圈定的。它是构成矿床的基本组成单元,是矿山开采的对象。按形状不同,矿体有层状、脉状、透镜状、巢状、柱状等之分。

按倾角分类,矿体可分为水平、缓倾斜、倾斜和急倾斜矿体。

① 水平矿体——矿体倾角小于 5°。

② 缓倾斜矿体——矿体倾角为 5°～30°。

③ 倾斜矿体——矿体倾角为 30°～55°。

④ 急倾斜矿体——矿体倾角大于 55°。

按厚度分类,矿体可分为极薄、薄、中厚、厚和极厚矿体。

① 极薄矿体——矿体厚 0.8 m 以下,回采时需要采掘围岩。

② 薄矿体——矿体厚 0.8～4 m。

③ 中厚矿体——矿体厚 4～15 m。

④ 厚矿体——矿体厚 15～40 m。

⑤ 极厚矿体——矿体厚 40 m 以上。

矿体周围无开采价值或尚无开采价值的岩石，叫作围岩。通常将矿体上部的岩层统称为上覆岩层，把位于矿体下部的岩层统称为下伏岩层。

矿体中有用成分单位含量达不到工业要求而无开采价值或尚无开采价值的部分，称为夹石。围岩与夹石统称为废石。矿体与围岩的界线有时是明显的，有时是不明显的。

按埋藏深度分：埋藏深度小于 800 m 一般称为浅部矿体；埋藏深度大于或等于 800 m 的一般称为深部矿体。

3. 矿床

矿床，是指由一定的地质作用在地壳中的相应部位所形成且其所含有用矿物或煤、石油等有用物质的质和量具有工业开采和利用经济价值的地质体。一个矿床可以只由一个矿体构成，但通常均由数个乃至几十、上百个矿体组成。

(1) 矿床的分类

自然界的矿床千差万别、种类繁多，因而矿床的分类方法亦有多种。

按矿体形态不同，可分为层状、脉状和块状矿床。

① 层状矿床——多为沉积或沉积变质矿床，赋存条件和有用矿物组分稳定，含量较均匀。

② 脉状矿床——由于岩浆热液和气化作用，矿物质充填于地壳裂隙中而生成的矿床。

③ 块状矿床——主要是热液充填、接触交代、分离和气化作用形成的矿床。

按矿体与围岩形成的先后不同，可分为同生矿床和后生矿床。同生矿床，是指矿床与其围岩是在同一地质作用下、在同一地质时期或近于同一地质时期形成的矿床，例如沉积矿床。后生矿床，是指矿体与其围岩是在不同的地质作用下且矿体形成时期明显晚于围岩形成时期的矿床，例如侵入沉积岩中或充填于岩石裂缝中的脉状矿床。

根据工业利用价值，矿床可分为工业矿床和非工业矿床。工业矿床，是指在当前技术和经济条件下可以开采利用的矿床。非工业矿床，是指当前技术经济条件下不能开采利用或尚不能开采利用的矿床。而对于某些非金属矿床，工业上利用的往往就是岩石本身，所以工业矿床与非工业矿床的概念是相对而言的，随着科学技术水平的发展是可以改变的。

根据矿床中有用成分的性质和用途，也可分为金属矿床、非金属矿床和可燃有机岩矿床。

(2) 矿岩稳固性

矿岩稳固性，是指岩体在采出空间允许暴露面积的大小和暴露时间长短的性能。通常根据矿岩允许暴露面积的大小可把矿岩的稳固性分为以下几种：

① 极不稳固的——掘进巷道或开辟采场时，不允许有暴露面积，需用超前支护的方法维护采掘空间；

② 不稳固的——允许暴露面积在 50 m^2 以内；

③ 中等稳固的——允许暴露面积在 50～200 m^2 以内；

④ 稳固的——允许暴露面积在 200～800 m^2 以内；

⑤ 极稳固的——允许暴露面积在 800 m^2 以上。

非煤矿床的矿岩稳固性大多较好，允许暴露较大的面积和较长的时间而无须支护，从而使采场顶板管理大为简化。

非煤矿床一般不存在瓦斯问题。但开采硫化矿时，在一定条件下(硫化)矿尘具有爆炸性。一般认为，含硫大于10%的硫化矿尘具有爆炸性，发生爆炸的浓度为250～1 500 g/m^3，引燃温度为435～450 ℃。

(3) 矿石的硬度

按照矿岩普氏系数 f，矿岩的硬度可分为以下几种：① 软矿岩——$f<3\sim4$，机械开采；② 中硬矿岩——$f=4\sim9$，爆破开采；③ 硬矿岩——$f>10$，爆破开采。

三、矿石品位

矿石品位，是指矿石或矿体中所含有用组分(元素、化合物或矿物)的含量比。对于金属矿石，一般是指其中的金属元素或其氧化物、硫化物的含量；对于非金属矿石，是指其中的非金属元素或有用矿物的含量。

由于价值和稀有程度不同，矿石品位的单位也不同，有的可用百分数表示。对于金、铂等贵重金属矿，由于矿石中有用成分的含量很少，通常用g/t或mg/t表示；对于原生金刚石矿，矿石中有用成分的含量更少，其品位常用k/t、k/m^3 或 mg/m^3 表示；有些非金属矿石，如云母矿石，其品位则用kg/m^3 表示。

按品位高低，金属矿石又可以分为富矿和贫矿。例如，磁铁矿矿石品位超过50%为富矿，介于30%～50%则为贫矿；而铜矿石的品位大于1%为富矿，小于1%则为贫矿。

1. 边界品位

边界品位，对于单个矿石试样而言，它是指在当前技术、经济条件下，能满足工业利用要求所需达到的最低品位。矿石品位达到或超过边界品位的部分视为矿体，否则视为围岩。部分矿石的边界品位和工业品位如表26-1所列。

表26-1　　**部分矿石的边界品位和工业品位**

矿　石	磁铁矿	黄铜矿	金　矿	磷　矿	云母矿	金刚石矿
边界品位	20%	0.2%～0.3%	1～2 g/t	5%～6%	1 kg/m^3	20 mg/m^3
工业品位	25%	0.4%～0.5%	3～5 g/t	10%～11%	4 kg/m^3	30 mg/m^3

2. 工业品位

矿体中的有用成分的分布一般是不均匀的，即矿石品位一般是分布不均匀的。工业品位，是指对于一个矿体或矿段而言，在当前技术经济条件下工业利用对其矿石平均品位所要求的下限值，也称为最低工业品位。

边界品位是划分矿体与围岩的质量标准，而工业品位则是划分“表内储量”(工业矿体)和“表外储量”(非工业矿体)的质量依据。

四、矿石品位和储量计算

1. 矿石损失和损失率

由于地质和开采技术等方面的原因，非煤矿床的一部分工业储量不能采出或采下的矿石不能运出，因而使得采出的工业储量会减少。凡在矿床开采过程中造成矿石数量减少的现象，称为矿石损失。矿石损失的大小用矿石损失率表示。开采过程中损失的矿石量与工业储量的百分比，称为矿石损失率，如式(26-1)或式(26-2)所示：

$$q=\frac{Q_0}{Q}\times100\% \tag{26-1}$$

$$q = \left(1 - \frac{\alpha' - \alpha''}{\alpha - \alpha''} \cdot \frac{T}{Q}\right) \times 100\% \tag{26-2}$$

式中　q ——矿石损失率，%；

Q——工业储量，t；

Q_0——开采过程中损失的矿石量（工业储量），t；

α ——工业储量的平均品位，%；

α'——采出矿石的品位，%；

α''——混入采出矿石中的废石品位，%；

T——采出矿石量，t。

若矿石回收率为 K，可得采出的纯矿石量与工业储量的百分数为：

$$K = 1 - q \tag{26-3}$$

2. *矿石贫化和贫化率*

矿石贫化，是指采出矿石品位低于工业储量平均品位的现象。造成矿石贫化的主要原因是矿床开采过程中的废石混入，其次是高品位矿石损失或高品位粉矿流失。废石混入主要发生在回采过程中，矿体边界控制不好以及在覆盖岩石层下放矿等都可能混入废石而造成矿石贫化。

矿石贫化的程度一般用矿石贫化率表示。矿石贫化率，指的是采出矿石品位降低的百分率，即：

$$\rho = \frac{\alpha - \alpha'}{\alpha} \times 100\% \tag{26-4}$$

式中　ρ ——矿石贫化率，%。

由于废石混入是造成矿石贫化的主要原因，所以常用废石混入率说明矿石贫化的程度。废石混入率，是指混入采出矿石中的废石量与采出矿石量的百分比，即：

$$\gamma = \frac{R}{T} \times 100\% \tag{26-5}$$

式中　γ ——废石混入率，%；

R——混入采出矿石中的废石量，t。

一般很难获得混入采出矿石中的废石量 R，所以常用式(26-6)计算废石混入率：

$$\gamma = \frac{\alpha - \alpha'}{\alpha - \alpha''} \times 100\% \tag{26-6}$$

矿石损失和贫化不仅造成矿产资源损失，影响矿山企业的经济效益和使矿井寿命缩短，而且还会对矿区环境造成严重污染。此外，开采高硫矿床（矿石含硫量在 18%～20%以上）时，损失的矿石自燃可引起矿井火灾。可见，减少矿石损失和贫化对于充分回收有限的、不可再生的矿产资源，对提高社会效益和矿山经济效益，以及对矿山安全生产均有十分重要的意义。

第二节　矿床的划分和开采顺序

一、回采单元划分

非煤矿床回采单元的划分方式视矿体倾角大小而定。

1. 阶段和矿块的划分方式

井采缓倾斜、倾斜和急倾斜矿体时，矿床采用阶段、矿块划分方式如图 26-1 所示。

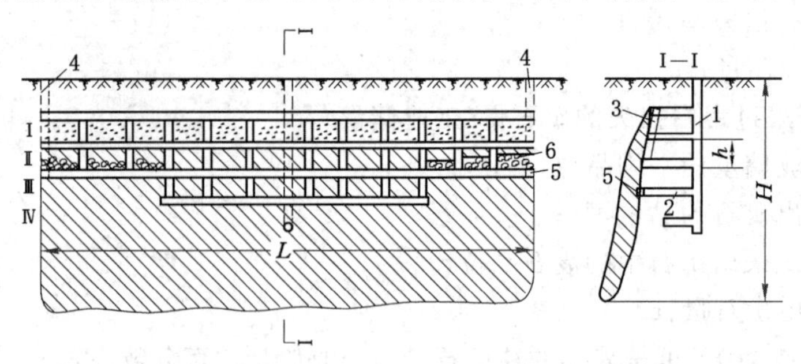

图 26-1　阶段和矿块的划分方式

Ⅰ——已采完阶段；Ⅱ——回采阶段；Ⅲ——开拓和采准阶段；Ⅳ——开拓阶段；

1——主井；2——石门；3——天井；4——风井；5——阶段运输巷；6——矿块

L——矿体走向长度；H——矿体埋藏深度；h——阶段高度

先将井田划分为阶段，再将阶段沿矿体走向划分成矿块作为最基本的独立回采单元。阶段布置需在其下部标高布置阶段运输平巷，在上部标高布置阶段回风平巷。

影响阶段高度的矿床地质条件主要是——矿体倾角和厚度，矿岩稳固性和矿床勘查的类型等。在技术上，除了应满足阶段正常接替要求以外，还应考虑所采用的采矿方法、生产探矿的需要和天井的施工技术。在经济上，增大阶段高度有利于减少矿井基建费用，但有可能使矿井生产经营费增加。因此，存在着使两者之和（一般用吨矿成本表示）最小的经济合理的阶段高度。

开采缓倾斜矿体的阶段高度一般不超过 20～25 m，开采倾斜和急倾斜矿体的阶段高度一般为 40～60 m。

在阶段内沿矿体走向每隔一定距离掘进天井，以连通阶段运输巷和阶段回风巷，将阶段划分为矿块，进行回采准备工作。

如图 26-2 所示，矿块可以沿矿体走向布置或垂直矿体走向布置，视矿体厚度而定。通常，开采中厚以下矿体时，可沿走向布置矿块；开采厚和极厚矿体时，可沿垂直走向布置矿块。矿块长度与矿体厚度、矿岩稳固性以及采矿方法等因素有关，一般为 30～50 m。

2. 盘区、矿壁的划分方式

开采水平或微倾斜矿体时，矿床可采用盘区、矿壁划分方式。如图 26-3 所示，先将矿床划分为盘区，再将盘区划分为矿壁作为最基本的独立回采单元。盘区尺寸一般为（200～400）m×（200～400）m。

盘区开采时，通常在其一侧或中央布置一对上（下）山，其中一条用于运输和进风，另一条用于回风。矿壁回采时，掘进运输平巷与盘区上（下）山相通，构成生产系统。图 26-3 中切割巷道 9 作为起始回采的自由面，相当于采煤工作面的开切眼。

非煤矿床中水平和微倾斜矿体较少，因此除少数条件适合的（沉积）矿床以外，一般多采用阶段布置方式。

二、开采顺序

非煤矿床井田采用的开采顺序原则是——先近后远、先浅后深、先易后难、先富后贫、综

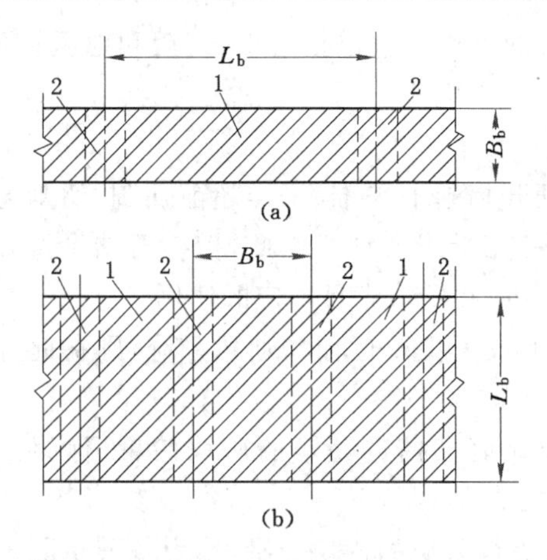

图 26-2　矿块布置方式

(a) 沿走向布置矿块　(b) 垂直走向布置矿块

1——矿房；2——矿柱；

L_b——矿块长；

B_b——矿块宽

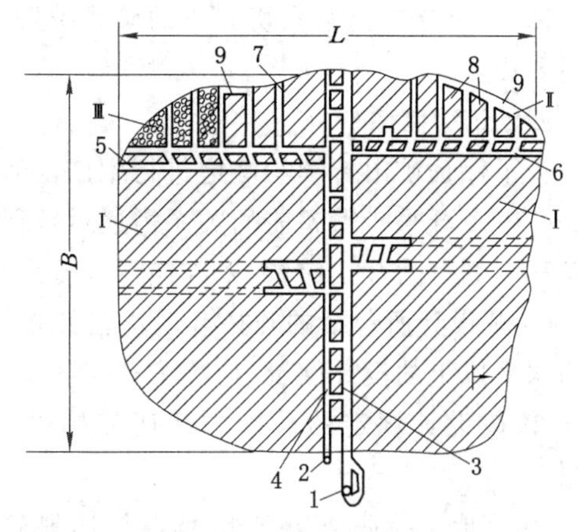

图 26-3　盘区和矿壁的划分

Ⅰ——开拓盘区；Ⅱ——采准盘区；Ⅲ——回采盘区

1——主井；2——风井；3——主要运输巷；

4——主要回风巷；5——盘区上山；6——盘区下山；

7——矿壁运输平巷；8——矿壁；9——切割巷道

合利用。矿床阶段间一般采用下行式开采顺序，只有在极少数特殊情况下，才采用上行式开采顺序。例如，矿床上贫下富而国家急需该种矿产，或地表无废石场地、需利用矿床下部采空区堆放废石，从而不得不采用上行开采。

按回采工作与主井（主要开拓巷道）的位置关系，阶段中矿块的开采顺序也有前进式、后退式和混合式 3 种。在非煤矿山一般认为，只有当井田走向长度较大、矿体赋存简单且矿岩稳固时，采用前进式开采才比较合理；否则，应采用后退式开采。这是由非煤矿床的赋存特点决定的。一方面，矿体形状、产状的复杂多变性常常要求开采过程中对矿床进行补充勘探，后退式开采无疑可以满足这一需要；另一方面，由于非煤矿床井田尺寸一般较小，后退式开采初期工程量大、基建时间长的缺点并不突出。

开采近距离矿脉群时，一般也采用下行式开采。应当注意，开采倾角大于下盘岩层移动角的急倾斜矿体时，将引起下盘岩层移动。此时，即使按下行顺序开采，对下盘的矿体也会造成影响。在这种情况下，可以通过适当降低阶段高度或选择适当的采矿方法，如充填采矿法来减轻对下盘矿体的影响。

三、矿床开采的步骤

非煤矿床地下开采的全过程划分为矿床开拓、矿块采准切割（采切）和回采 3 个步骤。

矿床开拓，是指为整个矿井或阶段开采进行的总体性的井巷布置、工程实施和开采部署。需要从地表向矿体掘进一系列井巷和硐室，形成行人、提升、运输、通风、排水、供电、供风等系统。为此目的掘进的井巷，称为开拓井巷。

采准，是指在已经开拓的阶段掘进一系列巷道，将阶段划分为矿块，并在矿块内为行人、通风、运料、凿岩和放矿等创造条件的采矿准备工作。切割，是指在已经采准完毕的矿块中开辟自由面和自由空间，为回采创造爆破和放矿条件的工作。采准与切割总体上都是回采的准备工作，因而统称为采准切割，简称采切。为进行切割工作掘进的巷道（如切割天井、拉底巷道等），称为切割巷道。

回采，是指在已经采切完毕的矿块中采出矿石的过程。它包括落矿、运搬和地压管理 3 项主要作业。

四、三级储量

为了保证矿山持续均衡地进行生产，必须保证开拓超前采准、采准超前切割、切割超前回采。各个开采步骤超前的关系需通过获得一定的储量来实现。因此，把矿石储量按开采准备程度划分为开拓储量、采准储量和备采储量 3 级，并要求满足一定的比例。

① 凡设计所包括的开拓巷道均已开掘完毕、形成了主要运输和通风系统，则在此开拓巷道水平以上的设计储量，均称为开拓储量。

② 按设计规定的采矿方法所需掘进的采准巷道已掘进完毕的矿块储量，称为采准储量。

③ 完成了拉底或切割槽、辟漏等切割工程、可进行采矿的矿块储量，称为备采储量。

我国提倡的三级矿量保有期限定额如表 26-2 所列。

表 26-2　　三级矿量保有期限定额

三级矿量	黑色金属矿/a	有色金属矿/a
开拓矿量	3～5	3
采准矿量	1.5～2	1 左右
备采矿量	0.5～1	0.5 左右

复习思考题

1. 名词解释——矿石品位，边界品位，工业品位，矿石贫化，采准，切割。

2. 非煤矿床按成因分为哪几类？其各类的赋存特点是什么？

3. 某矿开采铁矿床，已知一矿块的工业储量为 84 kt，工业储量平均品位为 60%。该矿块采出矿石量为 80 kt，采出矿石的品位为 57%，若混入的废石品位为 15%，试计算：

① 矿石损失率；② 矿石贫化率；③ 废石混入率；④ 金属回收率。

4. 某矿开采磷矿床，已知一矿块工业储量为 63 kt，工业储量平均品位（P_2O_5 的平均含量）为 24%。该矿块采出矿石量为 57 kt，采出矿石品位为 21%，若混入废石的品位为 4%，试计算：

① 矿石回收率；② 矿石贫化率；③ 废石混入率。

5. 分析非煤矿床的矿体形状、产状，矿石的结块性、氧化性、自燃性及矿岩稳固性对开采有何影响。

第二十七章　矿床开拓

第一节　矿床开拓分类

矿床开拓方法大致上可分为单一开拓和联合开拓两大类。

用一种主要开拓巷道开拓整个矿床的方法，叫作单一开拓法。有的矿体埋藏较深，或矿体深部倾角发生变化，矿床的上部用某种主要开拓巷道开拓，而下部则根据需要改用另一种开拓巷道开拓，这种方法叫作联合开拓法。

常用的矿床开拓方法如表 27-1 所列。

表 27-1　　矿床开拓方法分类

开拓方法		主要开拓巷道布置
单一开拓法	平硐开拓	平硐沿矿体走向；平硐与矿体走向相交
	竖井开拓	竖井穿过矿体；竖井在矿体上盘；竖井在矿体下盘；竖井在矿体斜翼
	斜井开拓	斜井在矿体下盘；斜井在矿体中
	斜坡道开拓	折返式；螺旋式
联合开拓法	平硐盲竖井开拓	矿体上部为平硐，深部为盲竖井
	平硐盲斜井开拓	矿体上部为平硐，深部为盲斜井
	竖井盲竖井开拓	矿体上部为竖井，深部为盲竖井
	竖井盲斜井开拓	矿体上部为竖井，深部为盲斜井
	斜井盲竖井开拓	矿体上部为斜井，深部为盲竖井
	斜井盲斜井开拓	矿体上部为斜井，深部为盲斜井
	斜坡道盲井开拓	矿体上部为斜坡道，深部为盲井

按作用不同，开拓巷道可分为主要开拓巷道和辅助开拓巷道。主要开拓巷道，是指提升矿石的井筒和运输矿石的平硐或斜坡巷；辅助开拓巷道，是指副井、风井、充填井、矿石溜井、石门和阶段运输巷等起辅助作用的巷道。

第二节　矿床开拓方法

国内非煤矿山的生产能力普遍较小，这主要是由于非煤矿床的规模一般较小。由于矿体多呈急斜、地表多为山区或丘陵，非煤矿床地下开拓多以竖井为主，其次是平硐，斜井开拓相对较少。

一、平硐开拓法

平硐开拓法以平硐为主要开拓巷道，是一种最方便、最安全、最经济的开拓方法。由于受地形限制，只有矿床赋存于山岭地区、矿产埋藏在周围平地的地平面以上才能使用。

平硐以上各中段采下的矿石，一般用矿车中转，经溜矿井或辅助盲竖井下放到平硐水平，再由矿车经平硐运出地表，如图 27-1 所示。上部中段废石可经专设的废石溜井再经平硐运出地表，或平硐以上各中段均有地表出口时从各中段直接排往地表。

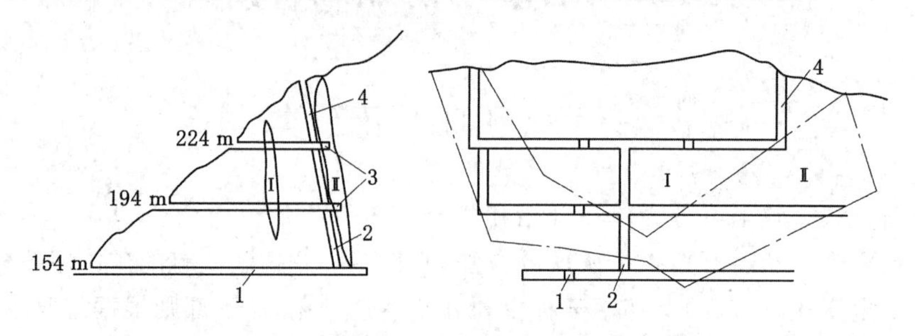

图 27-1　下盘平硐开拓法

Ⅰ，Ⅱ——矿体编号；1——主平硐；2——溜井；3——上部中段平巷；4——回风井

主平硐的运输方式，一般采用电机车运输，也有采用汽车或胶带输送机运输的。

二、竖井开拓法

竖井开拓法以竖井为主要开拓巷道。主要用于开采急倾斜矿体（一般矿体倾角大于 45°）和埋藏较深的水平和缓倾斜矿体（倾角小于 15°）。这种方法便于管理，生产能力较高，在金属矿山使用较普遍。

根据竖井与矿体的相对位置不同，又可分为穿矿体竖井开拓、上盘竖井开拓、下盘竖井开拓和侧翼竖井开拓 4 种。

1. 穿矿体竖井开拓

竖井穿过矿体的开拓如图 27-2 所示。这种开拓的优点是：石门长度都较短，基建时三级矿量提交较快；其缺点是为了维护竖井必须留有保安矿柱。由于井筒保安矿柱占用的矿量较多，该方案在稀有金属和贵重金属矿床中应用较少。在生产过程中编制采掘计划和统计三级矿量时，井筒保安矿柱占用的矿量一般是要扣除的，有可能在矿井生产末期进行回采，并需采取特殊措施。这不仅可增加采矿成本，而且回采率极低。因此，该方案的应用受到限制，只有在矿体倾角较小（一般在 20°左右）、厚度不大且分布较广或矿石价值较低时方可使用。

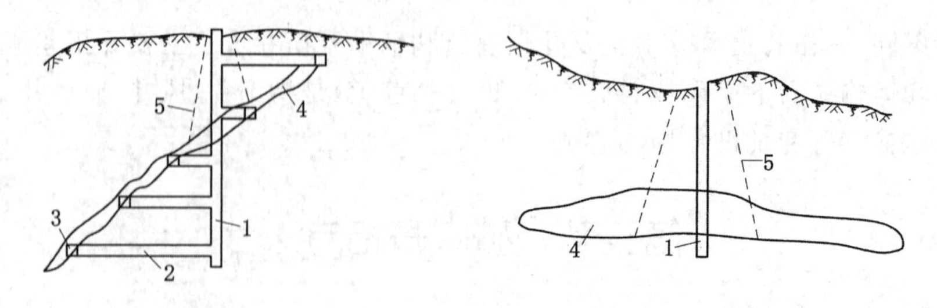

图 27-2　穿矿体竖井开拓法

1——竖井；2——石门；3——平巷；4——矿体；5——移动界线

2. 下盘竖井开拓

下盘竖井开拓如图 27-3 所示，是急倾斜矿体常用的开拓方法。

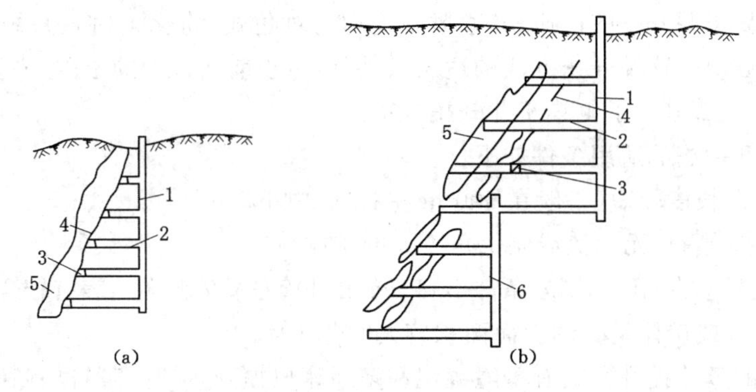

图 27-3　下盘竖井开拓法

(a) 下盘竖井开拓方案(一级提升)　(b) 下盘竖井开拓方案(二级提升)

1——竖井；2——石门；3——平巷；4——移动界线；5——矿体；6——盲竖井

竖井布置在矿体下盘的移动界线以外且应保留安全距离，从竖井掘若干石门与矿体连通。该开拓方法的优点是——井筒维护条件好又不需要留设保安矿柱；其缺点是：深部石门较长，尤其是矿体倾角变小时石门长度随开采深度的增加而急剧增加。一般而言，矿体倾角60°以上采用该方案最为有利，矿体倾角在55°左右作为小矿山亦可采用这种方法。因小矿山提升设备小，为开采深部矿体可采用盲竖井(二级提升)以减少石门长度。

3. 上盘竖井开拓

竖井布置在矿体上盘移动带范围外并留出安全距离，掘进石门使之与矿体连通。该开拓方法的适用条件如下：

① 下盘岩层含水或较破碎、地表有其他永久性建筑物等，在技术上不可能在矿体下盘掘进竖井。

② 矿床下盘为高山或无法布置工业场地，地面运输困难且费用高、在如图 27-4 所示的地形条件下，上盘开拓在经济上更为合理。

4. 侧翼竖井开拓

侧翼竖井开拓，是将主竖井布置在矿体走向一端的移动范围以外并留出安全距离，如图 27-5 所示。

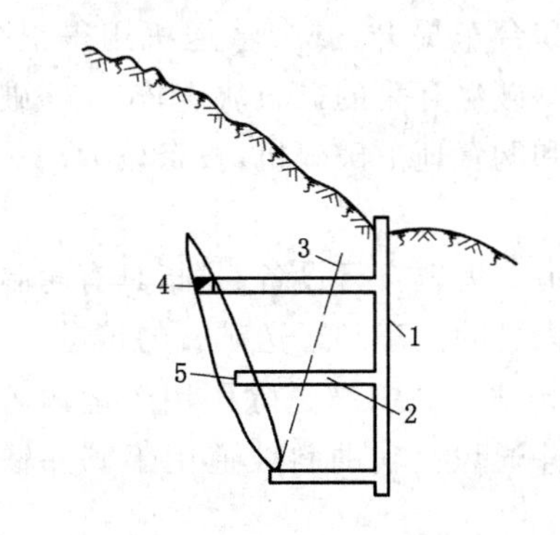

图 27-4　上盘竖井开拓法

1——上盘竖井；2——阶段石门；3——移动界线；
4——中段脉内平巷；5——矿体

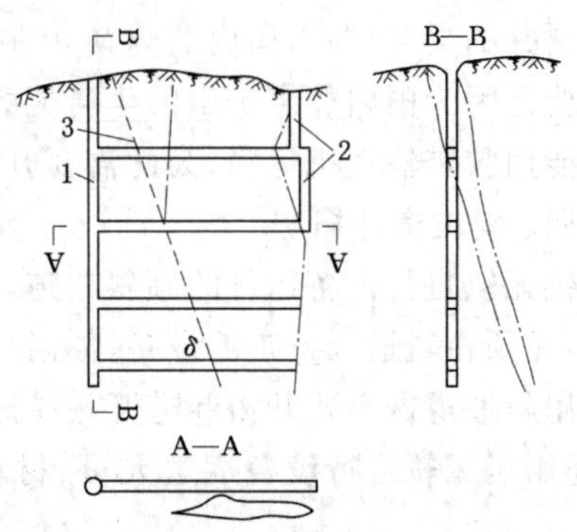

图 27-5　侧翼竖井开拓法

1——竖井；2——回风井；3——移动界线

凡采用侧翼竖井开拓的矿床，其通风系统均为对角式，简化了通风系统，风量分配和通风管理也比较方便。这种开拓方法的适用条件是：由于前面提到的原因，小型矿山凡适用竖井开拓条件的，大都采用了侧翼竖井开拓方案。

侧翼竖井开拓法的适用条件如下：

① 矿体走向长度较短(一般在 500 m 左右)的中小矿山。

② 矿体为急倾斜、无侧伏或侧伏角不大的矿体。

③ 矿体上下盘的地形和围岩条件不利于布置井筒且矿体侧翼地表有较合适的工业场地。

④ 矿体较厚或矿体呈缓倾斜而面积较大的薄矿体。

非煤矿山的竖井提升方式有单绳缠绕和多绳摩擦提升，提升容器也有箕斗和罐笼两种。竖井的井筒断面，除圆形以外，矩形也比较常见，这是由非煤矿床的围岩稳固性决定的。

三、斜井开拓法

斜井开拓法以斜井为主要开拓巷道，适用于开采缓倾斜矿体，特别适用于开采矿体埋藏不太深而矿体倾角为 15°～45°的矿床。斜井开拓法施工简便、中段石门短、基建工程量少、基建期短、见效快，但斜井生产能力低。因此更适用于中小型金属矿山，尤其是小型矿山。

根据斜井与矿体的相对位置，可分为下盘斜井开拓和脉内斜井开拓两种，如图 27-6 和图 27-7 所示。

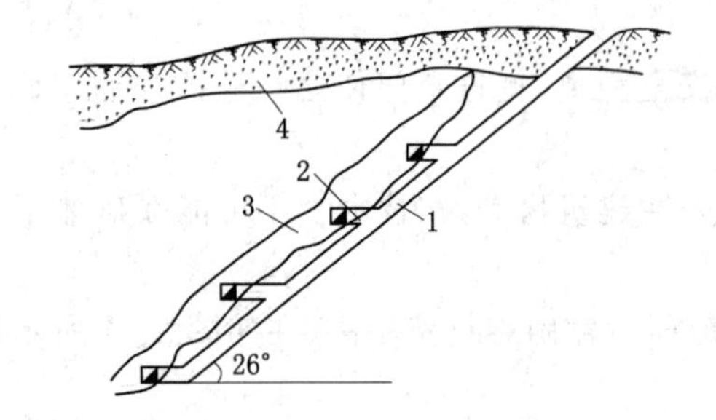

图 27-6　下盘斜井开拓法

1——斜井；2——中段石门；3——矿体；4——覆上层

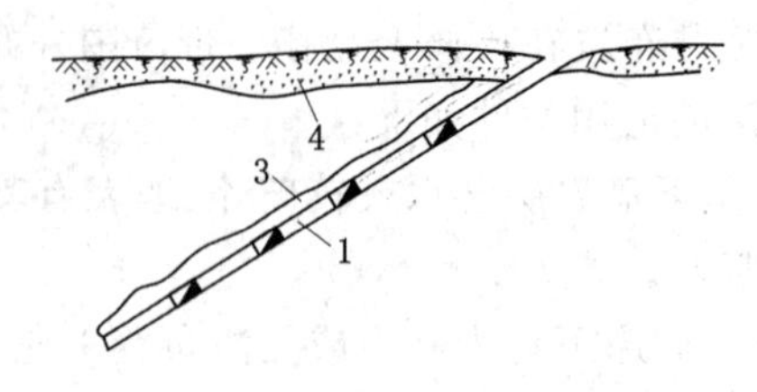

图 27-7　脉内斜井开拓法

1——斜井；3——矿体；4——覆上层

斜井的提升方式，国内非煤矿山主要有串车、箕斗和台车提升，胶带输送机用得很少。这主要是因为国内非煤矿山的生产能力普遍较小，其次爆破法开采的矿石块度较大，需破碎后才能用胶带输送机运输，为此需要开凿地下破碎硐室和购置地下破碎机，投资较大。

四、斜坡道开拓法

供无轨自行设备运行的倾斜巷道，称为(无轨)斜坡道。无轨自行设备，是指具有轮胎或履带，无须在轨道上行走的设备，如凿岩用的台车、运送人员的汽车和运送矿石的铲运机等。

用斜坡道做主要开拓巷道开拓矿床，称为斜坡道开拓法。主斜坡道除了用于运输矿石外，还用于无轨自行设备运送人员、材料和设备以及矿井通风。辅助斜坡道用于矿井辅助运输。

折返式斜坡道开拓法如图 27-8 所示，主斜坡道 1 位于矿体下盘岩层移动范围以外，通过阶段石门 2 与阶段运输巷 3 相通。

在矿床埋深不大的新建中小型非煤矿山采用斜坡道开拓法，可使矿井生产环节减少至

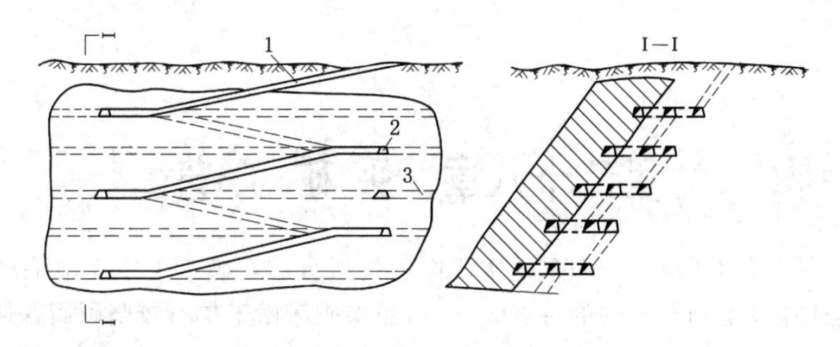

图 27-8 折返式斜坡道开拓法(立面图)
1——主斜坡道;2——阶段石门;3——阶段运输巷

最少,可实现较高程度的掘、采、装、运、卸综合机械化,是非煤矿床开采的发展方向之一。

五、联合开拓法

由两种或两种以上主要开拓巷道开拓一个矿床的方法,称为联合开拓法。其主要开拓巷道可以有多种可能的组合形式,如浅部用竖井、平硐或斜井开拓,深部用盲竖井或盲斜井开拓,这取决于矿区地形、矿体埋藏深度以及浅部和深部矿体的赋存特征(倾角)等因素。

复习思考题

1. 名词解释——主要开拓巷道,斜坡道,竖井开拓法,联合开拓法。
2. 非煤矿床开拓与煤矿井田开拓有哪些相同或相似之处?
3. 与煤矿井田开拓相比,非煤矿床开拓有何特点?请分析说明原因。

第二十八章　采矿工艺

与煤矿开采相似,非煤矿床回采的主要作业包括将矿石破落下来运出采场和进行地压管理,但在具体作业上则有不同的特点。首先,非煤矿床由于矿石较坚硬而普遍采用凿岩爆破法落矿。其次,矿石运搬很少使用输送机,而是广泛采用耙运设备或无轨运搬设备将采下来的矿石从工作面运搬到运输水平。第三,在采场地压管理方面,或者利用矿石和围岩的自身的强度和稳固性而很少进行人工支护,或者采用充填或崩落围岩卸压等措施。

第一节　落　　矿

将矿石从矿体上分离下来并破碎成一定块度的采矿过程,称为落矿。合理的落矿方法应当是——作业安全;在设计的崩矿范围内崩矿完全,对设计崩矿范围外的矿岩破坏最小;大块少且矿石块度均匀;能满足矿块生产能力的要求,并在综合考虑其他作业的情况下使落矿费用最低。

按矿体的硬度和物理化学性质不同,落矿方法有爆破落矿、机械落矿、水力落矿之分。爆破落矿法多用于较硬矿体,机械和水力落矿法多用于较软矿体。

对爆破落矿法的要求是——① 作业安全;② 落矿范围内崩矿完全,对设计崩落范围外的矿岩破坏最小;③ 大块少且块度均匀;能满足矿块生产能力要求;④ 落矿费用低。

评价落矿效果的主要指标是——① 凿岩劳动生产率;② 实际落矿范围与设计范围的差距;③ 碎石的破碎质量。

根据钻孔深度不同,凿岩爆破落矿分浅孔落矿、中深孔落矿和深孔落矿三种。

一、浅孔落矿

浅孔,是指深度不大于3～5 m、孔径一般为30～46 mm的炮孔。

1. 炮孔布置

在可一次采全厚的缓倾斜薄矿体中,炮孔一般采用水平布置方式。如图28-1所示,开采缓倾斜中厚矿体时,需采用上向或下向梯段分层回采,炮孔既可水平布置也可向上或向下垂直布置〔图28-1(b)(c)〕。开采急倾斜矿体时,可采用下向或上向分层法回采,炮孔也可采用水平或垂直布置。

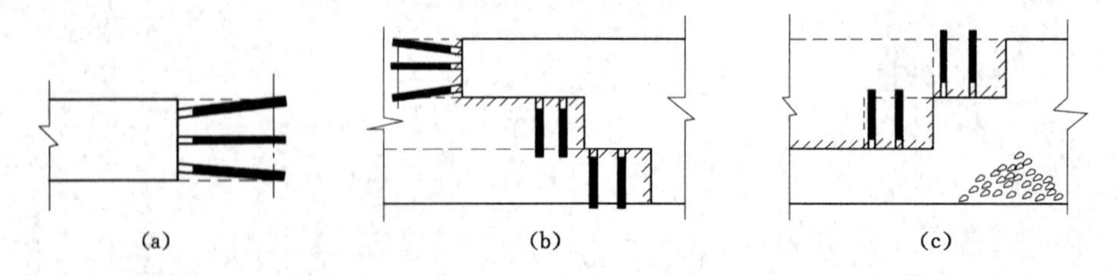

图28-1　浅孔落矿的炮孔布置图
(a) 单层回采　(b) 下向梯段分层回采　(c) 上向梯段分层回采

2. 凿岩设备

根据炮孔方向和矿石的硬度,浅孔落矿可采用不同的设备。中硬以下的矿石可采用电动凿岩设备配合割岩机掏槽。非煤矿床中应用最普遍的是风动手持式凿岩机和气腿式凿岩机。其中,凿上向炮孔的有 YSP—45 型,凿水平、倾斜和下向炮孔的设备类型较多,如 7655 型、YT—26 型、YT—27 型、YT—28 型等。

3. 浅孔落矿评价

浅孔落矿在我国非煤矿床开采中应用相当普遍。这种落矿方法的主要优点是:炮孔布置较均匀,装药量较少,因而矿石破碎质量好、大块率低,且炮孔布置灵活、矿石损失贫化小。其缺点是:劳动强度大,材料消耗高,且人员在裸露顶板下作业安全性较差。此外,落矿时矿尘浓度大,落矿能力小。因此,一般用于厚 5～8 m 以下的不规则矿体。

二、中深孔落矿

中深孔,是指孔深不大于 15 m、孔径一般为 50～70 mm 的炮孔。凿岩时采用接杆钎子,故又称接杆炮孔。

1. 炮孔布置

钻凿中深孔一般在凿岩巷道或凿岩硐室中进行,炮孔布置方式有扇形和平行布置两类,如图 28-2 和图 28-3 所示。每类中又有垂直布置和水平布置两种,其中扇形孔、特别是垂直扇形孔应用较多。

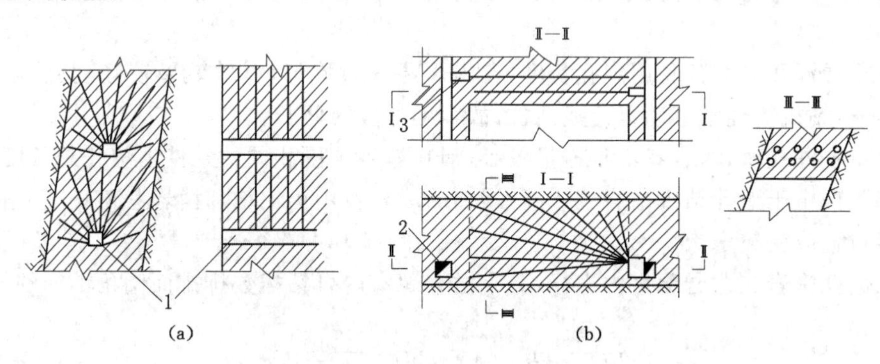

图 28-2　扇形中深孔布置图

(a) 垂直扇形孔　(b) 水平扇形孔

1——凿岩巷道;2——凿岩天井;3——凿岩硐室

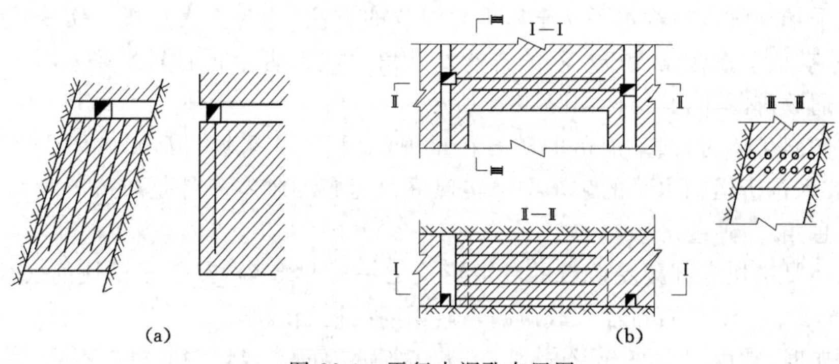

图 28-3　平行中深孔布置图

(a) 垂直平行中深孔　(b) 水平平行中深孔

2. *凿岩设备*

钻凿中深孔通常采用风动导轨式中型凿岩机和重型凿岩机，主要的型号有 YG—40 型、YG—80 型、YGZ—70 型、YGZ—70A 型、YGZ—70D 型和 YGZ—90 型等。其中 YG—40 型、YGZ—70 型、YGZ—70A 型和 YGZ—70D 型等可安装在钻架或柱架上凿岩，而 YG—80 型、YGZ—90 型则可安装在凿岩台车上作业。

3. *中深孔落矿评价*

与浅孔落矿相比，中深孔的落矿能力大，可使回采时的凿岩、装药爆破和出矿在时间和空间上互不干扰，为多工序平行作业创造条件，因而在采用分段巷道和天井凿岩硐室内凿岩的采矿方法中获得了广泛应用，同时凿岩作业的安全性也较浅孔落矿有所改善。中深孔落矿的炮孔呈扇形布置，炸药在爆破范围分布不均匀而易产出大块。根据研究和试验，如在最小抵抗线 W 与孔间距 a 之积不变条件下，将最小抵抗线减小至普通爆破法的一半左右，则可显著降低大块产出率。此外，中深孔落矿，矿体边界处的矿石损失和贫化也不易控制。

三、深孔落矿

孔深大于 15 m 的炮孔，称为深孔，其直径一般大于 90 mm。由于炮孔深度大，如果采用普通凿岩机，凿岩速度将随孔深的增加急剧降低，因此多采用潜孔凿岩机凿岩。

深孔落矿时的炮孔方向，常呈垂直布置和水平布置，且又分为平行孔、扇形孔和束状孔 3 种。

平行布置深孔能充分利用炮孔长度，孔内炸药分布均匀，爆破效果较好，但需掘进专用的凿岩巷道，钻机需经常移动以便换孔位，故辅助作业时间长。

扇形布置深孔时，凿岩巷道工程量较小，但在爆破范围相同的条件下炮孔总长度会增加 50%～60%。由于潜孔钻机凿岩效率高，增加的凿岩费用仍比增加凿岩巷道长度的费用低，所以扇形布置应用较多。

束状炮孔凿岩在凿岩硐室内进行，一个凿岩硐室内可钻凿数排排面倾角不同的炮孔。

第二节　采场矿石运搬

将回采崩落的矿石从采场运搬至阶段运输水平的过程，称为矿石运搬。

一、重力运搬

矿石从采场到阶段运输水平完全靠重力溜放的方法，称为重力运搬。实现重力运搬的基本条件是，矿体下盘倾角大于矿石的自然安息角。重力运搬时的漏斗多采用不带二次破碎巷道的普通放矿漏斗，其结构如图 28-4 所示。

开采急倾斜矿体时，回采崩落的矿石在重力作用下，从采场自溜到矿块底部的放矿漏斗，并直接装入位于运输水平的矿车中。实现重力运搬的基本条件是矿体下盘倾角大于矿石的自然安息角。

放矿漏斗是矿块底部接受矿石的巷道形式之一(图 28-4)，其位于矿块的底柱内，间距为 4～6 m 至 6～8 m，矿石自溜入放矿漏斗后用闸门控制装车。

漏斗放矿时，常由于大块、矿石黏结、粉矿多等原因而造成堵漏或放矿不畅，解决的方法之一是在漏斗下部安装振动出矿机，如图 28-5 所示。

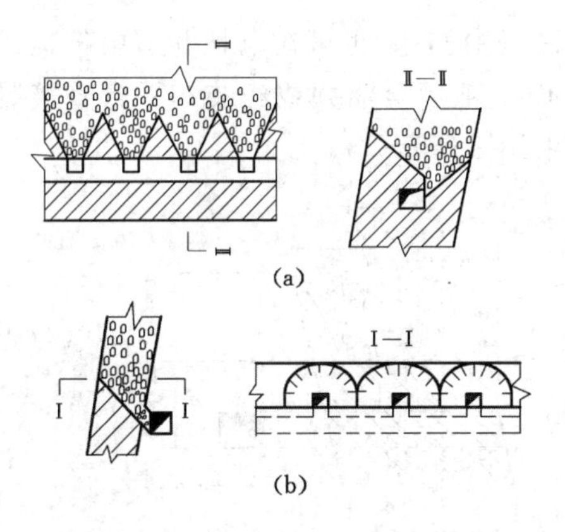

图 28-4　普通放矿漏斗结构图

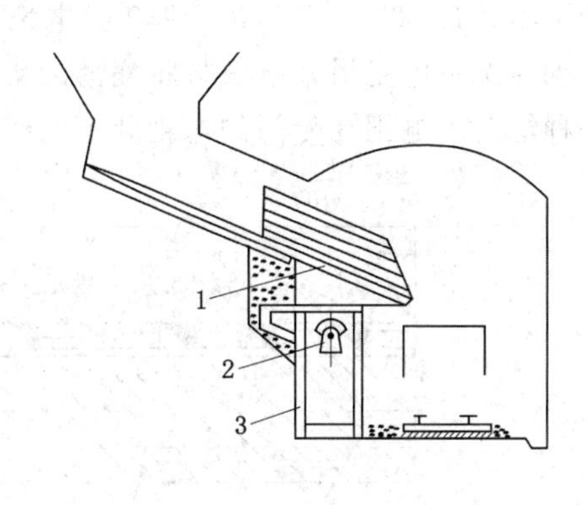

图 28-5　振动出矿机放矿

1——振动台；2——振动器；3——机架

二、耙斗装岩机运搬

1. 耙斗装岩机

耙斗装岩机由耙斗、牵引钢丝绳和绞车组成，也称为电耙。其耙斗有箱形和篦式两种，分别用于耙运软碎和坚硬块状矿石。耙斗斗箱的容积为 0.1～0.6 m^3，其结构如图 28-6 和图 28-7 所示。

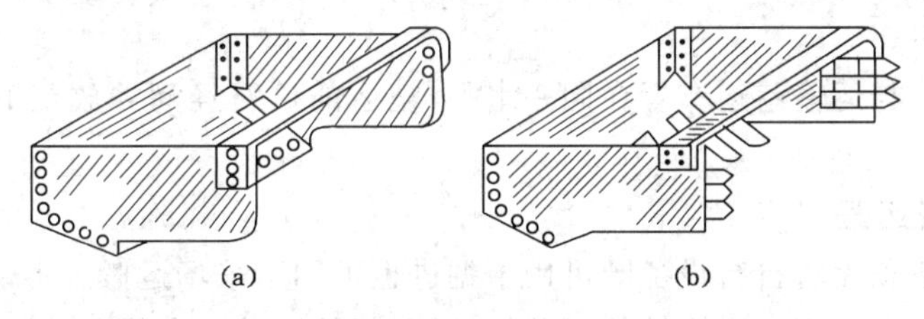

图 28-6　箱形耙斗结构图

(a) 刃板　(b) 刃齿

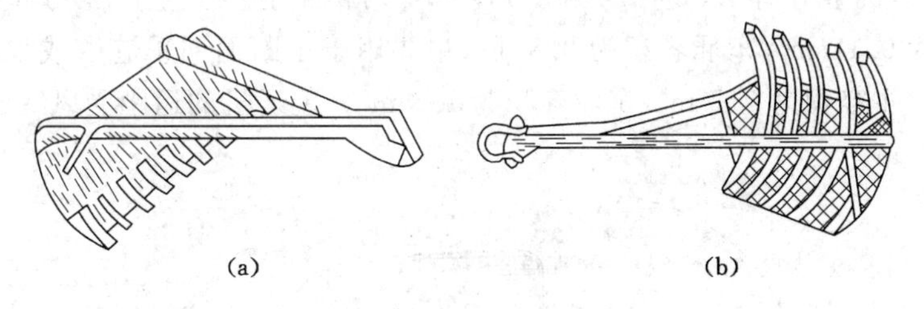

图 28-7　蓖形耙斗结构图

(a) 单面耙斗　(b) 双面耙斗

牵引耙斗的绞车有双滚筒和三滚筒两种，其功率为 5.5～55 kW。双滚筒电耙绞车只能直线耙运矿石，耙运宽度较小。在耙运宽度较大的采场中可使用三滚筒电耙绞车。

用电耙运搬矿石，随耙运距离增大耙运效率将急剧降低。电耙的有效运搬距离向下耙运时不超过 60 m，水平耙运时一般不超过 40～50 m，运距分别为 30～40 m 和 20～30 m 以下时效果最好。

电耙作业一般在水平或微倾斜的平面上进行。在斜面上作业时，向上或向下耙矿的倾角分别不超过 10°～15°和 25°～30°。电耙可以在采场中作业，也可在电耙巷道中耙运矿石。前一种情况下电耙沿采场底板将崩落的矿石自上而下耙运至溜井或经装车平台直接装车。后一种情况下电耙在专门的电耙巷道内作业，如图 28-8 所示。

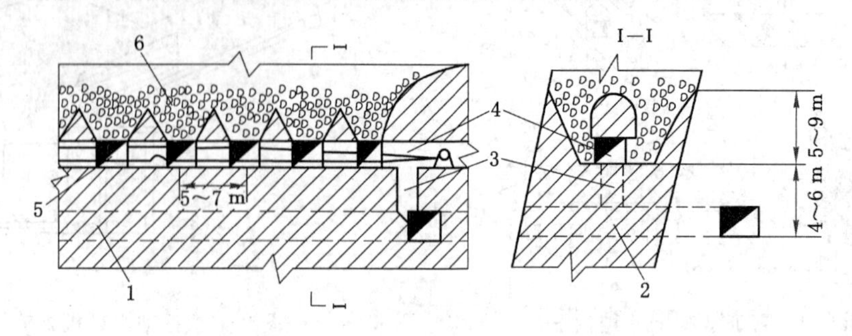

图 28-8　电耙在电耙巷道内耙运矿石

1——阶段运输巷；2——穿脉巷道；3——矿石溜井；4——电耙巷道；5——漏斗穿；6——漏斗

2. 电耙巷道布置

如图 28-8 所示，矿块留有底柱时，电耙巷道一般布置于运输巷道上方 3～6 m 处的底柱内，其间用矿石溜井联系。溜井的容量不应小于一列车的矿石容量。矿块没有底柱时，电耙巷道直接布置在运输巷道顶板，耙运的矿石经装车台直接装车，由于耙矿与运输互相干扰，这种布置应用不多。

电耙巷道也可与运输巷道布置在同一水平，耙运的矿石经溜井放至下一阶段的运输巷道集中出矿。

三、自行设备运搬

有轨自行设备和无轨自行设备既可用于掘进也可用于采场运搬。

装运机是专门为地下矿山设计的一种长、矮和窄的风动运搬设备，可完成装、运、卸 3 种作业，其外形如图 28-9 所示。该机自身带有一个储料车厢，满载后运至溜井卸矿。国产、应用较广泛的装运机型号有 ZYQ—12 和 ZYQ—14 两种。前一种生产能力和外形尺寸均较小，铲斗容积为 0.12 m^3，车厢容积为 0.8 m^3，主要用于小断面回采巷道或采场。后一种外形尺寸较大，铲斗容积为 0.3 m^3，车厢容积为 1.8 m^3。装运机的运距受风绳长度限制，一般不超过 60～80 m。

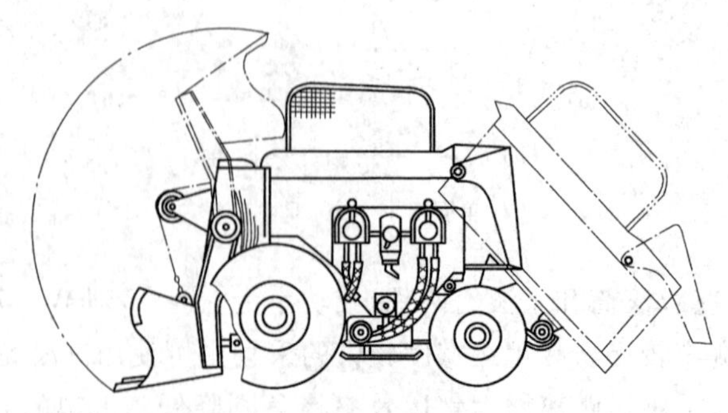

图 28-9　ZYQ—14 型装运机

铲运机与装运机的主要区别是本身不带储料车厢，而是带一个大容积的铲斗，铲斗装满后直接运往溜井卸载。铲运机的结构如图 28-10 所示，机身分前后两部分，中间铰接。铲运机操作轻便、转弯灵活，且前后轴都是驱动轴、爬坡能力大。目前，铲运机多由柴油驱动，运距不受限制，速度快，生产能力较高，但排出的废气难以净化，故有被电力驱动铲运机代替的可能。

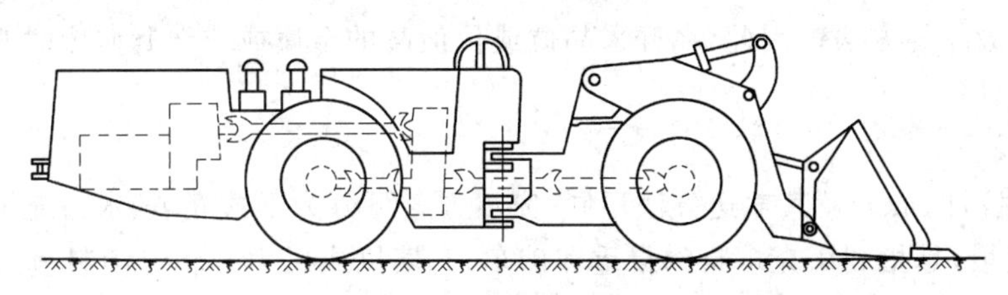

图 28-10　DZL—50 型铲运机

采用自行设备运搬，受矿巷道为平底式或堑沟式。一般在运输平巷与受矿巷道之间布置若干条装矿巷道，运搬设备在装矿巷道的一端装载，经运输平巷在溜井卸载。采用装运机或铲运机时，装矿巷道的断面一般高 3～3.2 m、宽 3～5 m、长 8～10 m。

四、矿石运搬方法评价

采场矿石运搬是矿块回采工作过程中的主要作业之一，其费用约占矿块回采总费用的 30%～50%，运搬能力大小直接影响采场生产能力和生产集中程度。

重力运搬最为简单，矿柱占用的矿量少、费用低。因此，在开采急倾斜薄和极薄矿脉且采用浅孔落矿时应用广泛。其主要缺点是放矿能力小、闸门易损坏。

无轨自行设备运搬的优点是：同一设备既可用于回采又可用于掘进，铲运机还可用于清除路障和运输材料。这种设备既可在同一阶段内的几个工作面间运搬，又可在几个阶段内的工作面间互相调度，机动灵活。此外，这种运搬设备能力大、效率高，可配合其他回采设备实现回采工作面的综合机械化。无轨运搬设备的主要缺点是：设备昂贵、维修工作量大、操作技术水平要求高，以及装运机带有风绳、运距受限制，而柴油驱动的铲运机易造成井下空气污染，使通风费用增高。

第三节　采场地压管理

非煤矿山井下采场地压管理主要包括采场维护和采空区处理两部分。采场地压管理的基本方法，可分为人工支护、留矿柱维护采场、崩落围岩和充填采空区等方法。

一、人工支护

在矿石或围岩不稳固的情况下，采场需要人工支护，以保证回采工作安全进行。非煤矿山采场支护主要有木材支护、锚杆(锚喷)支护、锚杆桁架支护和长锚索支护，金属支架和液压自移式支架用得很少。由于强度低、成本高且易腐朽和发生火灾，木材支护使用现已逐渐减少。

长锚索支护已成为非煤矿山采场支护的主要方法之一，用于加固上盘或下盘围岩，有时也用于加固矿体。锚索长 5～50 m 不等。

二、留矿柱维护采场

类似于煤矿房柱式开采，将矿块划分为矿房和矿柱，回采矿房时利用矿岩自身的稳固性和矿柱的支撑作用维护采场围岩稳定而不进行人工支护，待矿房采完后再回采矿柱并同时处理采空区。

三、充填采空区

采用充填采空区的方法回采矿块，不仅矿柱矿量少，也是目前所有采矿方法中矿石贫化最低、回收率最高的方法。因此，在开采品位或价值高的金属或非金属矿床时充填法得到了相当广泛的应用。

1. 充填方式

按充填材料的成分及其输送方法不同，充填方式可分为干式充填、水力充填和胶结充填3种。干式充填，是指利用充填料的自重和矿车、充填机或风力等将充填料直接送入采空区的充填方式。水力充填，是指以水为媒介，使充填料沿充填管道或充填钻孔输送到充填点的充填方式。胶结充填，是指在充填料中加入胶凝材料、使松散的充填料凝结，从而形成具有一定强度的充填体的充填方式。

2. 胶结充填材料

胶结充填材料由胶凝剂、骨料和水组成。按充填材料成分不同又分为混凝土胶结充填料和尾砂胶结充填料两种。混凝土胶结充填料，由粗细骨料、水泥和水组成。尾砂胶结充填料，由选矿厂尾砂、水泥和水组成，不用粗骨料。

3. 胶结充填料的制备和输送

胶结充填料的制备方法必须与输送方式密切配合，不同的制备和输送方式构成为不同的制备系统。国内目前采用的混凝土制备系统有间歇搅拌式、连续搅拌式和半分离制备系统3种。尾砂胶结充填料制备系统有砂浆中加入水泥粉的制备系统和尾砂浆中加入水泥浆的制备系统两种。

间歇搅拌式制备系统是将水泥、骨料和水按一定比例送入搅拌机搅拌，然后用间歇式的输送工具，如电耙、矿车或汽车等将充填料送入充填地点。有时也用混凝土输送机或压气罐等风力输送设备，但压气消耗量大、成本高。

连续搅拌式制备系统是将搅拌后的充填料通过管路以自溜方式连续送入充填地点。

半分离制备系统是将骨料和水泥分别送至井下待充地点的搅拌站，加水搅拌后送入充填地点。这种制备系统的输送距离最短，混凝土的离析现象和堵管事故最少，其缺点是需设置多种输送系统，管理不便。

尾砂浆中加入水泥粉的制备系统如图28-11所示。先在尾砂浆中加入一定量水泥粉，搅拌后制成水泥尾砂浆，然后借自重或由砂浆泵经管路输送至充填地点。

与混凝土胶结充填相比，尾砂胶结充填由于不用粗骨料，故便于输送、制备工艺简单、效率高、投资少。其主要缺点是充填体的强度较低，若要达到混凝土胶结充填的同样强度，则需要的水泥量会大得多。

四、崩落围岩卸压

崩落围岩的目的是人为地释放围岩在开采过程中积累的变形能并以崩落的岩石充填采空区，以减轻围岩压力。同时，还可形成一定厚度的缓冲垫层，预防围岩突然垮落时造成破坏。非煤矿山崩落围岩的方法分为自然崩落和强制崩落两类。

对于长壁垮落采煤法，放顶工序必须在回撤支柱后进行，而且放顶的范围要求严格控制。而非煤矿床开采过程中，围岩的崩落既有边采边放顶也有在矿块回采后放顶的情况。

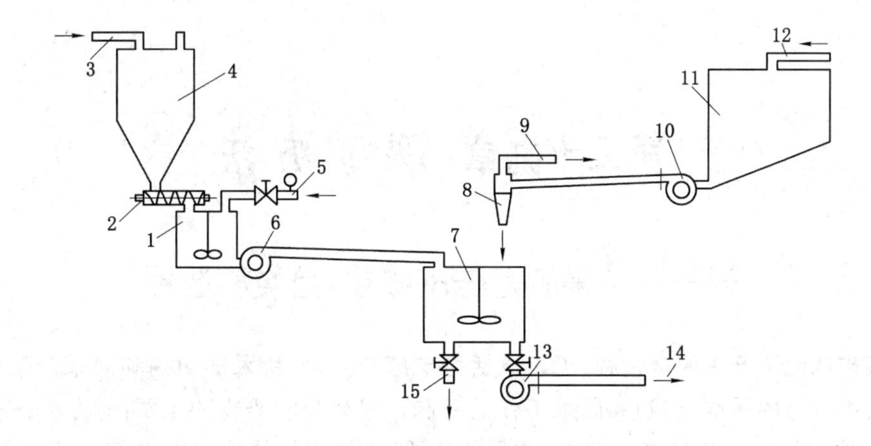

图 28-11　尾砂浆中加水泥粉的制备系统

1——水泥浆搅拌桶；2——喂料机；3——散装水泥库道；4——水泥库；5——供水；
6——砂泵；7——水泥尾砂浆；8——水力旋流器(分离尾砂中泥粒的设备)；9——溢流；10——砂泵；
11——尾砂池；12——尾砂通道；13——砂泵；14——充填管道；15——自流充填管道

非煤矿床开采时，有些情况下矿石崩落后岩石也随之垮落，且直接覆盖在崩落的矿石层上，因而放矿时往往会造成较大的矿石损失和矿石贫化。

非煤矿床的围岩一般较坚硬，故强制崩落围岩管理地压的方法应用较多，适用于自然崩落条件的相对较少。

复习思考题

1. 名词解释——落矿，矿石运搬，补偿空间。
2. 落矿方法有哪些？为什么非煤矿床地下开采普遍采用凿岩爆破法落矿？
3. 与浅孔落矿相比，中深孔落矿的主要优缺点有哪些？
4. 与采煤工艺相比，采矿工艺(非煤矿床回采工作过程)有哪些主要特点？

第二十九章　采矿方法

第一节　采矿方法的概念、分类和选择

非煤矿床地下开采的全过程，可以概括为矿床开拓、矿块采准切割和回采。采矿方法，是在矿块中进行的采准、切割和回采工作的总和。采矿分法研究的主要问题是——矿块的结构和参数、采准、切割巷道的类型、数目和位置、矿块底部的结构形式、矿块回采方法（落矿、矿石搬运和地压管理）。

按采场地压管理方法不同，采矿方法可划分为空场采矿法、崩落采矿法和充填采矿法三大类。根据采矿方法的结构特点、工作面布置形式和落矿方法不同，又可进一步将上述三大类采矿方法划分为若干典型的方法，如表 29-1 所列。

表 29-1　　非煤矿床地下采矿方法的分类

类　别	组　　别	典　型　采　矿　方　法
Ⅰ. 空场采矿法	(1) 全面采矿法	① 全面采矿法
	(2) 房柱采矿法	② 房柱采矿法
	(3) 留矿采矿法	③ 普通留矿法
		④ 选别留矿法
	(4) 分段矿房法	⑤ 分段矿房法
	(5) 阶段矿房法	⑥ 水平深孔落矿阶段矿房法
		⑦ 垂直深孔落矿阶段矿房法
		⑧ 垂直深孔球状药包落矿阶段矿房法(VCR 法)
Ⅱ. 崩落采矿法	(6) 单层崩落法	⑨ 长壁式、短壁式、进路式崩落法
	(7) 分段崩落法	⑩ 有底柱分段崩落法
		⑪ 无底柱分段崩落法
	(8) 阶段崩落法	⑫ 阶段强制崩落法
		⑬ 阶段自然崩落法
Ⅲ. 充填采矿法	(9) 单层充填采矿法	⑭ 壁式充填采矿法
	(10) 分层充填采矿法	⑮ 上向分层充填采矿法
		⑯ 下向分层充填采矿法
	(11) 进路充填采矿法	⑰ 上向进路充填采矿法
		⑱ 下向进路充填采矿法
	(12) 分采(削壁)充填采矿法	⑲ 分采充填(削壁充填)采矿法
Ⅳ. 支柱法	横撑支柱、方框支柱、下向分层混凝土护板支柱采矿法	

非煤矿床的赋存条件千变万化,矿岩力学性质差别极大,且矿石种类繁多、价值和品位不一,在生产实践中用过的采矿方法达 200 多种,目前仍然常用的就有 20 多种。

采矿方法选择必须考虑矿床地质条件和开采技术经济条件。

矿床地质条件包括——① 矿体厚度和倾角;② 矿岩稳固性;③ 矿石种类、价值和品位;④ 矿石结块性、氧化性和自燃性;⑤ 矿石中有用成分分布及围岩的矿物成分;⑥ 开采深度。

开采技术经济条件包括——① 地表允许塌陷的可能性; ② 加工部门对矿石质量的要求; ③ 采矿方法的技术复杂程度及所需设备和材料的供应条件。

通常,采矿方法的取舍需要经过对不同方案的技术经济比较后才能确定。衡量采矿方法优劣的技术经济指标主要有矿块产出能力、采准工作量(矿块每采出千吨矿石所需掘进的采准和切割巷道工程量,常用 m/kt 表示)、矿石损失率、矿石贫化率、采矿工效、主要材料(坑木、炸药、水泥等)消耗和采矿直接成本。

第二节 空场采矿法

空场采矿法,是一种将矿块划分为矿房和矿柱,先采矿房、后采矿柱的采矿方法,如图 29-1 所示。回采矿房时形成的采空区在矿柱和围岩支撑下以敞空形式存在、暂不处理,故称为空场采矿法。采用这类采矿方法的基本条件是矿石和围岩的性质都必须稳固。

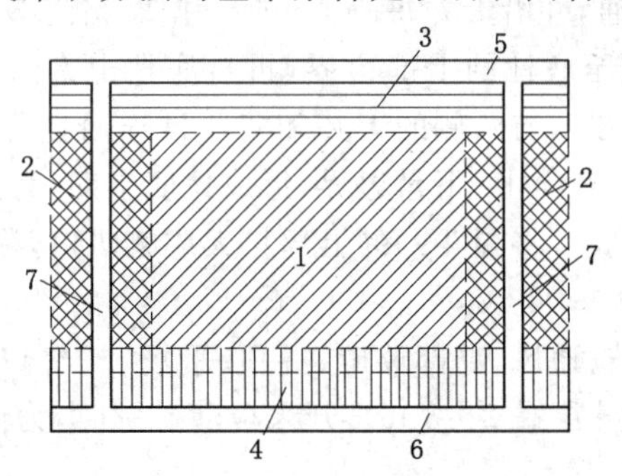

图 29-1 矿块划分为矿房和矿柱

1——矿房; 2——间柱; 3——顶柱; 4——底柱; 5——阶段回风巷;
6——阶段运输巷; 7——天井

一、留矿采矿法

留矿采矿法的基本特征是回采工作自下而上分层进行,每次崩落的矿石只放出 1/3 左右,其余暂时留在矿房作为继续回采作业的工作台,待矿房全部采完后再全部放出。根据是否在采场对采下的矿石进行分选,留矿采矿法又有普通留矿法和选别留矿法之分。

1. 普通留矿法

(1) 矿块结构和参数

普通留矿法的矿块结构如图 29-2 所示,矿块四周有顶柱、底柱和房间矿柱。开采中厚以下矿体时,矿块高 30～60 m,矿床勘探程度高、矿石和围岩稳固、矿体倾角大时取大值。矿块走向长度也应根据矿石和围岩的稳固性控制在 40～60 m 之间,以使采场顶板和上盘围岩的暴露面积不超过允许范围。矿块内矿柱的尺寸与矿体厚度有关:开采薄和极薄矿脉时,顶柱厚 2～3 m,底柱高 4～6 m,间柱宽 2～6 m。开采中厚矿体时,顶柱、底柱高度分别为 4～6 m 和 8～10 m，间柱宽 8～12 m。

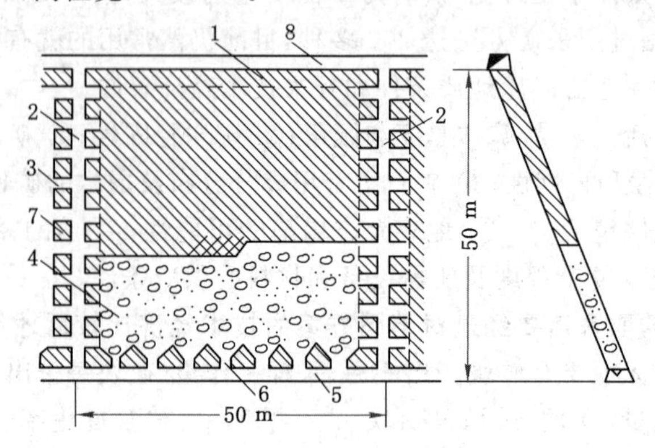

图 29-2　普通留矿法的矿块结构

1——顶柱；2——天井；3——联络道；4——采下的矿石；5——阶段运输巷；
6——放矿漏斗；7——间柱；8——阶段回风巷

(2) 采准和切割

普通留矿法的采准工作比较简单，首先在矿块底部边界处掘进脉内阶段运输巷 5，继之在矿块两侧的间柱内根据矿体厚度自阶段运输巷开始沿矿体下盘或在矿体内掘行人通风天井 2，使其与阶段回风巷连通，并沿天井每隔 5～6 m 掘联络道 3 通向矿房。沿阶段运输巷每隔 5～7 m 向上掘漏斗颈至底柱的上部边界，再自底柱上部边界贯穿矿房全长掘一条拉底巷道（图中该巷道已不存在），与两侧的天井和漏斗颈连通。普通留矿法的切割工作包括拉底和辟漏。将拉底平巷扩宽至上、下盘边界，形成拉底空间，为落矿创造自由面，并为矿石碎胀提供补偿空间，称为拉底。将漏斗颈的上部扩大成喇叭口，称为辟漏。

(3) 回采工作

回采工作包括凿岩爆破、通风、局部放矿、撬顶、平场、二次破碎和最终放矿等工序。回采工作自下而上分层进行，分层高 2～3 m。开采极薄矿脉时，为便于回采作业，采场的最小宽度不宜小于 0.9～1.0 m。

① 凿岩爆破——回采时采用浅孔落矿，炮孔有上向和水平两种布置方式。根据矿体厚度和矿岩分离的难易程度，炮孔布置有单排、双排和三排之分。

② 通风——普通留矿法的通风条件良好，如图 29-2 所示，新鲜风流由矿块进入井底车场一侧的天井经联络进入矿房；清洗工作面后污风由矿块另一侧的天井经阶段回风巷排出。

③ 局部放矿、平场、撬顶和二次破碎——普通留矿法崩落的矿石一般采用重力运搬，每次放矿量约为崩落矿量的 1/3，以保持采场有 1.8～2 m 的工作空间高度。局部放矿应与平场作业配合进行，以减少平场作业量和防止在留矿堆中形成空洞。平场，就是将局部放矿后凹凸不平的留矿堆表面整平，以便在其上继续作业。撬顶，就是将采场顶板和两帮已松动而未落下的矿石或岩石撬落，以确保后续作业安全，这项作业应与平场同时进行。平场工作主要用人工方法，矿房宽度允许时可用电耙平场。落矿和撬顶产生的大块，应在平场时进行二次破碎，以免堵塞漏斗。

④ 最终放矿——是指将暂留于矿房中的矿石全部放出，又称大量放矿。

2. 选别留矿法

选别留矿法与普通留矿法的不同之处仅在于——在采场对崩落矿石进行人工分选，将优质矿石从天井的放矿格单独运出，其余矿石和普通留矿法一样，通过局部放矿和最终放矿从漏斗放出。开采石棉、云母等具特殊物理性能的矿产时，常用选别留矿法。

3. 评价和适用条件

在开采中厚以下、矿石不黏结、不自燃的急倾斜矿体时，留矿采矿法是一种行之有效且经济的采矿方法。其工艺简单，能利用自重放矿，通风条件良好，采准工程量少，可分采分运、有利于提高矿石质量；其缺点是——采场内积压大量矿石，不利于资金周转，劳动强度大，易出大块，采空区暴露面积大，作业不够安全，生产能力小，效率低，成本高等。

留矿采矿法适用的条件如下——矿石和围岩稳固，矿体厚度以薄和极薄矿脉为宜，矿体倾角与矿体厚度有关，开采薄和极薄矿脉时不宜小于 65°，以保证放矿顺利进行。

二、阶段矿房法

阶段矿房法用于开采急倾斜和极厚矿体。

1. 分段凿岩阶段矿房法

① 矿块结构和参数——这种采矿方法的矿块有沿矿体走向布置和垂直矿体走向布置两种。沿走向布置矿块的分段凿岩阶段矿房法如图 29-3 所示。

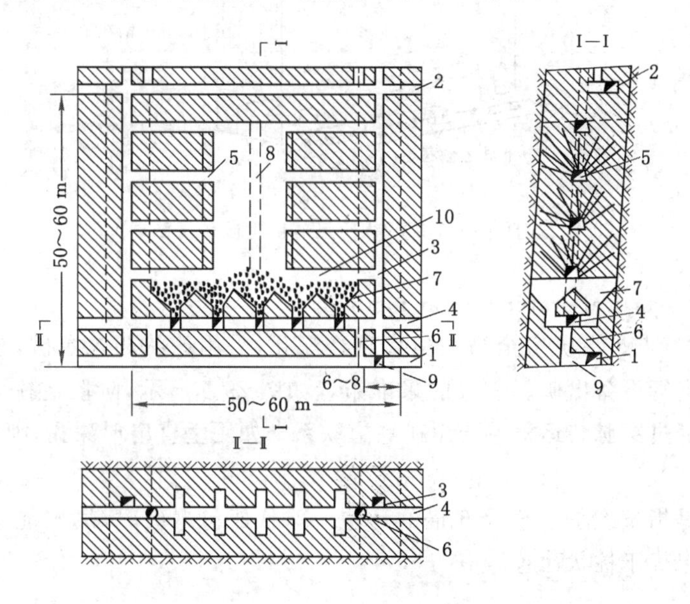

图 29-3 沿走向布置矿块的分段凿岩阶段矿房法

1——阶段运输巷；2——阶段回风巷；3——天井；4——电耙巷道；5——分段凿岩巷道；6——矿石溜井；7——漏斗；8——切割天井；9——联络道；10——拉底巷道

分段高度与凿岩能力有关，中深孔时为 8～10 m，深孔时为 15～20 m。矿房长度一般为 40～60 m。矿房宽度，沿走向布置矿块时即矿体水平厚度，垂直走向布置矿块时一般为 15～20 m。矿房间柱，矿块沿走向布置时宽为 8～10 m，垂直走向布置时取 10～14 m。顶柱厚 6～8 m。此外，矿块底柱内一般布置有电耙巷道，其高度为 7～13 m。

② 采准工作——如图 29-3 所示，自阶段运输巷 1 经联络道 9 在矿房两侧的间柱中掘通风行人天井 3，并与阶段回风巷 2 连通。

③ 切割工作——矿块的切割工作包括拉底、辟漏和开掘切割立槽。

④ 回采工作——矿房回采凿岩，是在分段凿岩巷道中用导轨式凿岩机凿上向扇形中深孔。崩落的矿石借助重力溜放到受矿漏斗后，由电耙耙运至矿石溜井，在阶段运输巷装车外运。

在矿房回采过程中，电耙巷道必须独立通风，以防止二次破碎和耙矿时产生的粉尘进入凿岩巷道。

2. 垂直深孔球状药包落矿阶段矿房法（VCR 法）

（1）阶段凿岩阶段矿房法

阶段凿岩阶段矿房法不划分分段，而是沿矿房全高凿垂直深孔落矿。如图 29-4 所示，在矿块顶柱下面开掘凿岩硐室或凿岩平巷，向下凿大直径深孔直至矿房下部的拉底空间，爆破落矿，从矿块底部结构出矿。

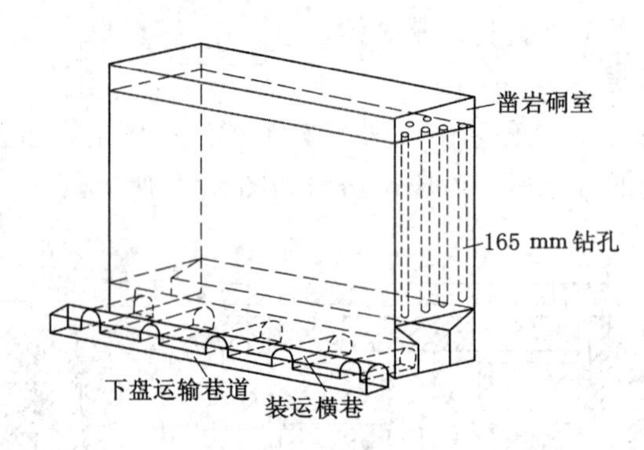

图 29-4　垂直平行深孔球状药包落矿阶段矿房法（VCR 法）

（2）VCR 法（vertical crater retreat method）

该法的基本特点是沿矿房全高钻凿大直径深孔，采用球状药包爆破，自下而上分层落矿，用大型无轨自行设备出矿。矿块的采准布置如图 29-5 所示，阶段运输巷一般布置在矿体下盘围岩中，通过穿脉装运横巷与出矿巷道联系。如用垂直扇形深孔，则需在顶柱下开掘凿岩平巷（图 29-5）。

球状药包，是指长度小于直径 6 倍的药包。球状药包爆破时，爆破能量均匀作用于四周，因而爆破效果优于柱状药包。

（3）回采落矿

一般采用 ϕ165 mm 的大直径深孔，平行深孔的间排距为 3 m×3 m。钻凿完矿房内的全部炮孔后进行爆破，有单分层爆破和多分层同次爆破两种方式。前者每分层推进高度约 3～4 m，后者一次可崩落 3～5 层。崩落的矿石自矿块底部用铲运机出矿。一般情况下，每爆破一次出矿约 40%，为下一次爆破提供补偿空间，待矿房采完后再大量出矿。

3. 评价和适用条件

阶段矿房法采用深孔或中深孔落矿，矿块产出能力大、效率高、成本低；人员在巷道或硐室中作业，安全性好。VCR 法还具有矿块结构简单、机械化程度高和爆破效果好等优点。该法的主要缺点是矿柱矿量所占比重大（达 35%～60%），矿柱回采的矿石损失和贫化率高。此外，分段凿岩阶段矿房法的采准工作量大；而 VCR 法对凿岩技术要求较高且要求矿体形状较规整（否则，矿房回采的矿石损失和贫化率高）。

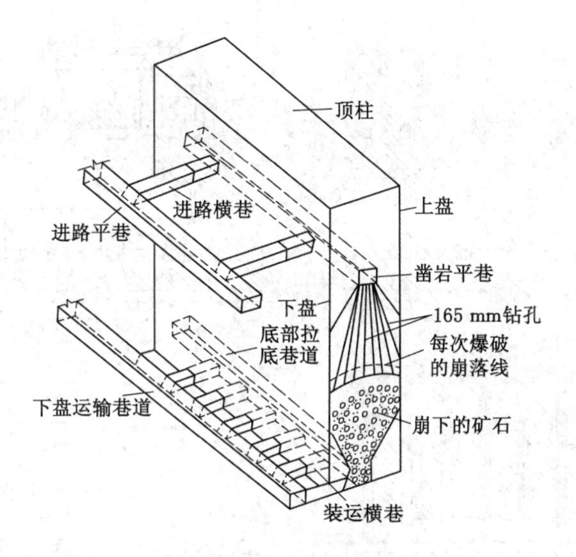

图 29-5　垂直扇形深孔球状药包落矿阶段矿房法

阶段矿房法适用于矿岩稳固性好的急斜厚和极厚矿体以及急斜平行极薄矿脉群。采用阶段凿岩阶段矿房法时，要求矿体形状比较规整。

第三节　崩落采矿法

崩落采矿法的基本特征是，以矿块为单元单步骤回采，在回采过程中崩落围岩控制地压。

一、无底柱分段崩落采矿法

无底柱分段崩落采矿法主要用于开采急倾斜厚矿体。如图 29-6 所示，其基本特征是：将矿块划分为分段，分段不设底部结构（无底柱），落矿和出矿等回采工作均在巷道中进行，崩落围岩管理地压。

1. 矿块结构和参数

阶段高度视矿体倾角、矿岩稳固性和探矿需要而确定，一般为 50～70 m。分段高度一般为 10～12 m。矿块长度等于矿石溜井的间距，后者与无轨装运设备类型有关。

2. 采准工作

在每个矿块内布置一条阶段穿脉运输巷，其长度应满足装车需要和探矿要求。

一般只设矿石溜井，若废石量大可考虑设废石溜井。溜井的位置，一般应布置在下盘脉外。当矿体厚度大、受出矿设备运距限制时，也可布置在矿体中。

每个矿块布置一个回风天井，一般位于矿体下盘脉外。

回采巷道亦称之为“进路”，其布置方式视矿体厚度而定。当矿体厚度小于 15～20 m 时，一般沿矿体走向布置；当矿体厚度大于 15～20 m 时，一般垂直矿体走向布置。

分段运输平巷作为回采巷道与矿石溜井、斜坡道（或设备井）和回风天井之间的联络巷道，兼有出矿、通风和行人等用途。但若矿体厚度太大、布置一条分段运输平巷时运距过大、

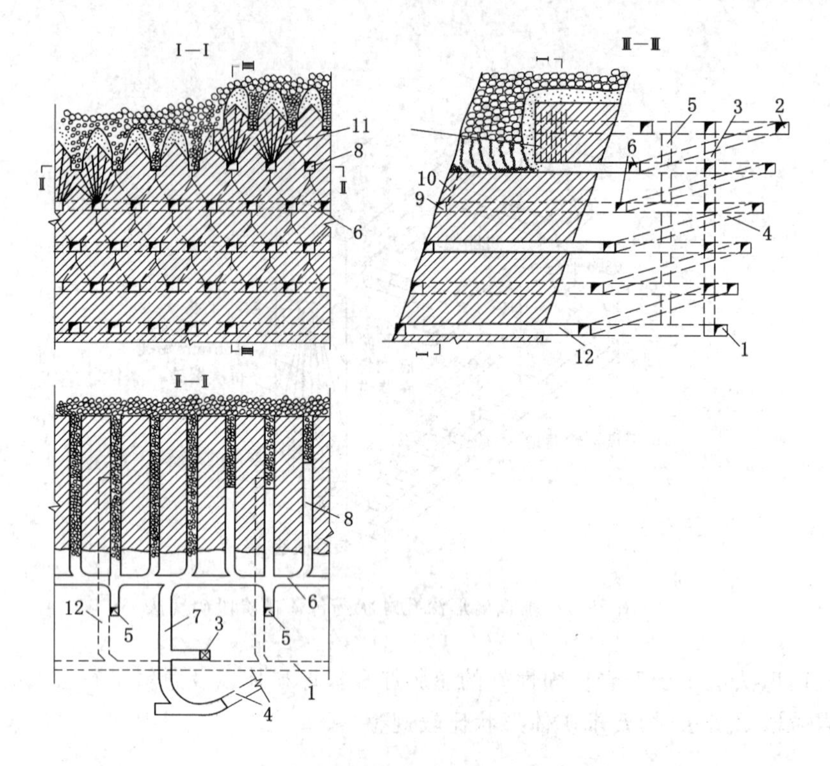

图 29-6　无底柱分段崩落采矿法

1——阶段运输巷；2——阶段回风巷；3——回风天井；4——行人通风斜坡道；
5——矿石溜井；6——分段运输平巷；7——分段联络道；8——回采巷道；9——切割巷道；
10——切割天井；11——炮孔；12——穿脉运输巷

超过装运设备允许的运距时，可以布置两条以上分段运输平巷。

3. 切割工作

该法采用垂直(中)深孔落矿，回采前需开掘切割立槽，作为起始回采的自由面和补偿空间。开掘切割立槽广泛采用切割平巷和切割天井联合拉槽法，当矿体边界不规整时可采用切割天井拉槽法。

4. 回采工作

回采工作包括落矿、出矿和通风。各分段自上而下回采，用无轨凿岩台车凿岩，从切割立槽开始向分段运输平巷后退回采，用崩落矿岩挤压爆破落矿，无轨设备出矿，局部通风机通风。

二、阶段崩落法

阶段崩落法主要用于开采急倾斜厚矿体。其基本特征是不划分分段而是沿阶段全高落矿，崩落围岩管理地压。按落矿方式不同，可分为阶段强制崩落法和阶段自然崩落法。

1. 阶段强制崩落法

阶段强制崩落法又可分为两种情况：一种是在矿块下部设补偿空间、用水平深孔落矿；另一种是不设补偿空间而用垂直深孔挤压爆破落矿。

水平深孔落矿阶段强制崩落法如图 29-7 所示。其基本特征是——在矿块下部设底部结构和补偿空间，在凿岩硐室中钻凿水平深孔，采用自由空间爆破落矿，采下矿石自覆盖废石层下放出。

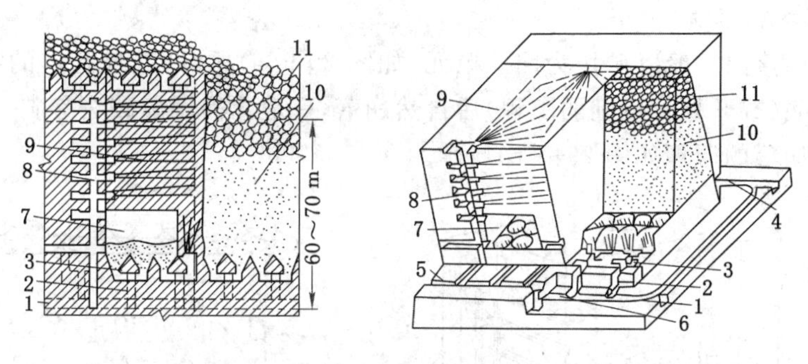

图 29-7　水平深孔落矿阶段强制崩落法

1——阶段运输巷；2——矿石溜井；3——电耙道；4——回风巷道；
5——联络道；6——行人进风小井；7——补偿空间；8——天井和凿岩硐室；
9——深孔；10——矿石；11——废石

① 矿块结构和参数——矿块结构参数包括阶段高度、矿块平面尺寸(长和宽)和底柱高度。阶段高度与采用的底部结构形式和矿石稳固性有关,一般为 12～14 m。

② 采准工作——采准工作涉及的巷道工程如图 29-7 所示。

③ 切割工作——切割工作包括开掘补偿空间和开辟漏斗。

水平深孔落矿阶段强制崩落法采用自由空间爆破,补偿空间体积为同时爆破的矿石体积的 20%～30%,即补偿空间系数为 20%～30%。

可用浅孔或深孔开掘补偿空间。用浅孔开掘补偿空间,是指在拉底水平上每 5～10 m 掘进一条拉底巷道,用浅孔先扩帮后挑顶以形成补偿空间。用深孔开掘补偿空间如图 29-8 所示,与浅孔相比,深孔可以一次形成拉底空间和补偿空间,效率较高。补偿空间内有时需要留临时矿柱,以保证待采矿段的稳定性。

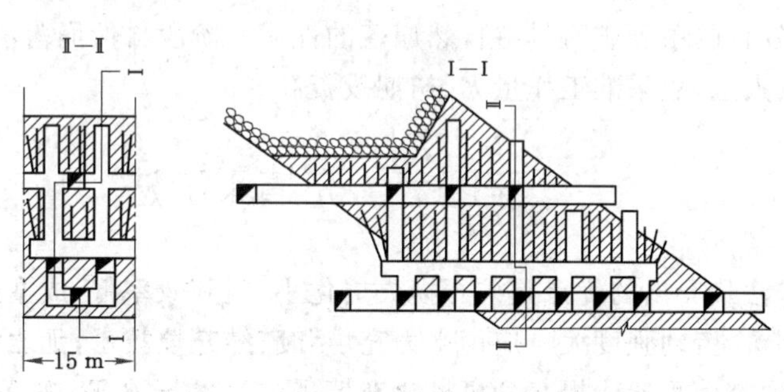

图 29-8　深孔开掘补偿空间

④ 回采工作——回采用深孔或中深孔自由空间爆破落矿、电耙出矿。一般情况下,落矿后围岩能自然崩落充填采空区。

⑤ 评价和适用条件——该采矿法所需的采准工作量小、矿块产出能力大、效率高、成本低,但矿石损失贫化大、大块产出率高,使用条件远不如分段崩落法灵活。

该采矿法适用的条件如下——地表允许塌陷;急倾斜矿体厚度不小于 15～20 m,缓倾斜、倾斜矿体厚度应更大;矿石及下盘围岩中等稳固以上;矿石价值不高;矿石无自燃性、氧化性和结块性。

2. 阶段自然崩落法

阶段自然崩落法一般以矿块为回采单元，如图 29-9(a)所示，其最基本的特征是——矿石在大面积拉底(或开掘少量削弱工程)后自然崩落，一般无需用爆破法落矿。

矿石自然崩落的原理如图 29-9(b)所示。

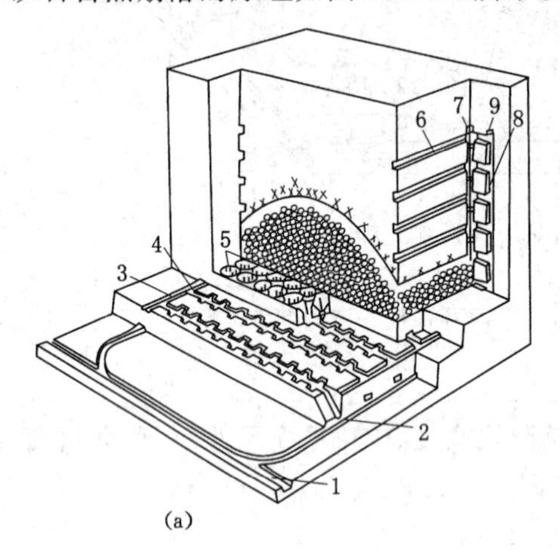

(a)

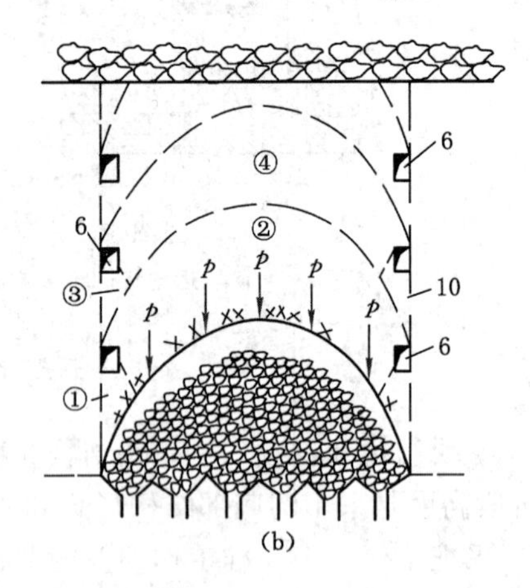

(b)

图 29-9　阶段自然崩落法

(a) 结构示意图　(b) 崩落过程示意图

1——阶段运输巷；2——穿脉运输巷；3——联络道；4——电耙道；5——漏斗；6——削弱巷道

7——边角天井；8——观察天井；9——观察人道；10——控制崩落边界；①～④——崩落顺序

阶段自然崩落法在所有采矿方法中是最经济的，如果条件适合也可达到较高的生产能力。该方法对使用条件要求相当严格：矿石要求不仅能自然崩落，而且能崩落成符合放矿要求的块度，同时还必须具备阶段强制崩落法所要求的条件。一般认为，松软破碎矿石和节理、裂隙非常发育的中硬矿石具有自然崩落的性质。阶段自然崩落法需要掘进大量天井、削弱巷道和观察人道，故采准工作量大、初期投资高。

第四节　充填采矿法

充填采矿法最突出的优点是矿石损失贫化小，但其效率低、成本高，充填系统复杂，阶段间矿柱回采困难，劳动强度大。应用水力充填和胶结充填技术，加之回采工作使用无轨自行设备，可使普通充填采矿法提高到机械化充填采矿法的新水平，进入高效率采矿方法行列，其使用范围不断扩大且有进一步发展的趋势。

一、上向水平分层充填采矿法

这种方法一般将矿块划分为矿房和矿柱，第一步回采矿房、第二步回采矿柱。回采矿房时，自下向上水平分层进行，随工作面向上推进逐步充填采空区，并留出继续上采的工作空间。充填体维护两帮围岩并作为上采的工作平台。崩落的矿石落在充填体表面，用机械方法将矿石运至溜井中。矿房回采至最上面分层时进行接顶充填。矿柱则在采完若干矿房或全阶段采完后再进行回采。回采矿房时可用干式充填、水力充填或胶结充填。

由于水力充填法回采工艺复杂，排出的泥水污染巷道，水沟和水仓的清理工作量大，充填体沉缩量大，难以有效解决岩层移动问题，因而国内外矿山推广应用了胶结充填采矿法。沿矿体走向布置矿块时的胶结充填采矿法如图 29-10 所示。

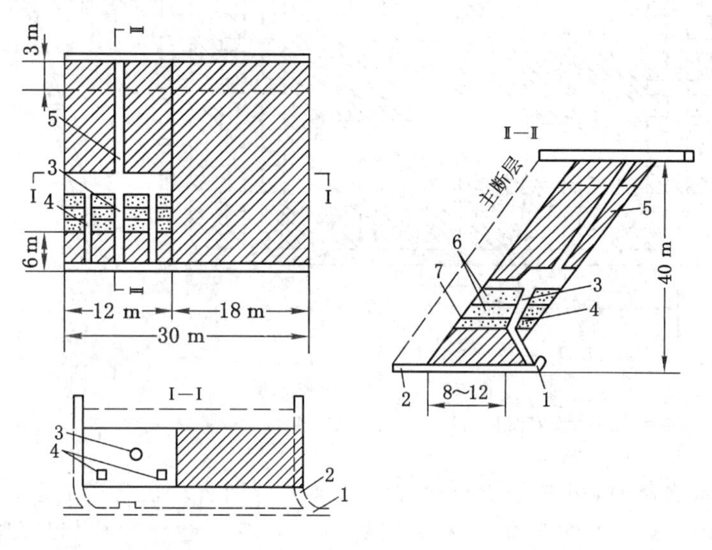

图 29-10　上向水平分层胶结充填采矿法

1——脉外阶段运输巷；2——穿脉运输巷；3——矿石溜井；4——行人天井；

5——充填天井；6——充填料层(灰砂比 1∶10)；7——充填料层(灰砂比 1∶4)

上向分层充填采矿法除具有充填采矿法的优点外，由于分层水平布置不仅有利于工人作业和进行选别回采，还有利于采用高效率的无轨自行设备，使凿岩、装药、出矿和充填等实现作业机械化，从而提高矿块生产能力。但这种方法工艺复杂，特别是水力充填的工序多、劳动强度大、矿块生产能力较小且成本较高，工人在裸露的顶板下作业亦不够安全等。

该采矿法适用于矿石中等稳固以上、矿石价值高或地表需要保护的倾斜和急斜矿体。

二、上向倾斜分层充填采矿法

此法与上向水平分层充填采矿法的区别是——用倾斜分层(倾角近 40°)回采，在采场内矿石和充填料的运输主要靠重力。这种采矿方法只能用于干式充填。

随着上向水平分层充填采矿法机械化程度的提高，利用重力运搬矿石和充填料的优越性越来越不突出。倾斜分层回采的使用条件较严格——要求矿体形态规整；中厚以下矿体，倾角应大于 60°～70°，铺设垫板很不方便，以及不能使用水力和胶结充填等。因此，倾斜分层充填采矿法必将被上向水平分层充填采矿法所代替。

三、分采充填采矿法

当矿脉厚度小于 0.3～0.4 m 时，若只采矿石工人无法在其中工作，必须分别回采矿石和围岩，使其采空区达到允许工作的最小厚度(0.8～0.9 m)；采下的矿石运出采场，而采掘的围岩充填采空区，为继续开采创造条件。这种采矿法，称为分采充填法(也叫削壁充填法)，如图 29-11 所示。该方法常用于开采急倾斜极薄矿脉，矿块尺寸一般不大，阶段高 30～50 m，天井间距 50～60 m，掘进采准巷道便于更好地探清矿脉。运输巷道一般切下盘岩石掘进。为了缩短运搬距离，常在矿块中间设顺路天井。

自下向上水平分层回采时，可根据具体条件决定先采矿石或先采围岩。当矿石易于采

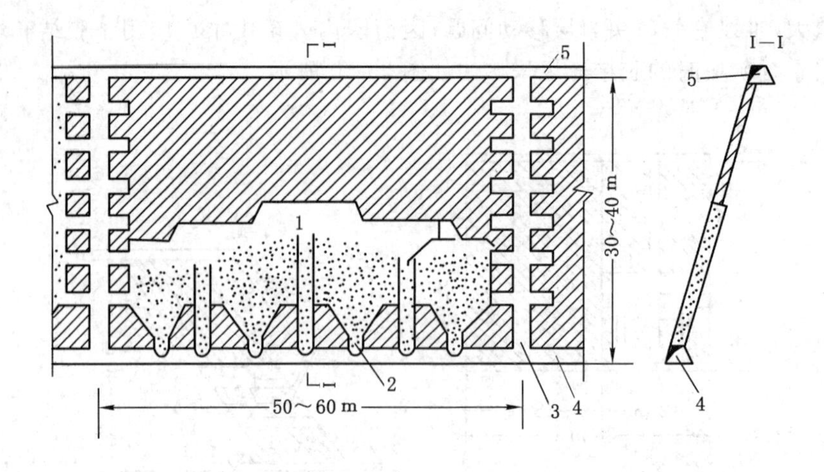

图 29-11　分采充填采矿法

1——矿石溜井；2——废石溜井；3——行人通风天井；4——阶段运输巷；5——阶段回风巷

掘、有用矿物易被震落时，可先采矿石；反之，先采下盘围岩。在落矿之前，应铺设垫板（木板、铁板、废运输带等），以防粉矿落入充填料中。采用小直径炮孔、间隔装药，进行松动爆破。

分采充填采矿法的充填主要靠人工进行，劳动笨重，工作条件差，矿块生产能力小、效率低。其突出优点是能最大限度地减少废石混入，从而降低矿石贫化，比相同条件下采用留矿采矿法经济上优越一些。

复习思考题

1. 名词解释——采矿方法，拉底，采准工作量，球状药包。

2. 按地压管理方法不同，采矿方法可分为哪几类？试分别叙述它们的适用条件和优缺点。

3. 影响采矿方法选择的矿床地质条件和开采技术经济条件有哪些？其中哪些与影响采煤方法选择的因素相同，哪些不同？

4. 常用的崩落采矿法有哪几种？分别叙述其基本特征、优缺点和适用条件。

第三十章　特殊采矿方法

特殊采矿方法，是指利用某些矿物特殊的物理化学性质，通过钻孔将水或其他溶剂注入矿层，使矿层中的固态矿物转化为液态并通过钻孔或地下坑道将其提出地面，而将矿石中的其余成分留在原地的一类采矿方法。例如，岩盐的地下水溶、自然硫的地下热熔和铜等金属矿物的地下溶浸等，均属于特殊采矿方法。

特殊采矿方法的基本特征是——可用钻孔开拓矿床，人员无须进入地下作业；运用化工技术采矿，只提取矿石中的有用成分，而将其余成分留在原地；采出的是含有有用成分的溶液或熔融体而不是矿石。

特殊采矿方法基建工程量小、投资省、见效快，能开采用普通采矿方法难以开采或不经济的矿床，产品成本低，人员在地面作业，有利于环境保护。但这种开采方法的生产能力小，矿产资源回收率低，受矿石物理化学性质和地层渗透性等条件限制，只能用于开采少数矿床（产）。

目前，特殊采矿方法只能用于开采岩盐（$NaCl$）、天然碱（$Na_3H[CO_3]_2 \cdot 2H_2O$）、钾盐（$KCl$）、芒硝（$Na_2SO_4 \cdot 10H_2O$）、自然硫、铜、铀、金、银等矿产。

第一节　盐类矿床采矿法

我国是世界上多盐湖国家之一。固体矿床的主要盐类资源有石盐、芒硝、天然碱、石膏、光卤石、钾石盐、水氯镁石、钠硼镁石、钠硼解石、水方硼石等。液体矿中含钾、钠、钙、镁、硼、锂、溴、碘、铷、铯、锶、铀等元素。

根据矿体产出状态不同，盐湖矿床分固体矿床和液体（卤水）矿床两大类。相应的开采方法也分固体矿床开采和液体矿床开采。

一、露天开采

盐湖固体矿床通过疏干开采，常用挖掘机、前端式装载机、拖拉铲运机、连续作业式铲装机等采掘设备。其开采工艺和作业组织与一般露天矿大体相同。

二、轨道式联合采盐机开采

开采工艺流程包括铺移轨道、剥离盐盖、盐层采掘、矿石装运等工序。

轨道式联合采盐机是针对矿床充水特点、以用水为主实现连续采掘的一种设备。它往返行驶在平行于台阶坡面铺设的轨道上。能顺利完成盐盖剥离、盐层松碎、盐卤混合、吸取和固液分离、固盐洗涤和装车等一套完整的采装工序。

采盐机在轨道上往返行驶采掘盐层的工序如下：

① 切盐器切割松碎盐层，并把固体与卤水混合成矿浆；

② 盐浆泵通过吸盐管吸取矿浆；

③ 水力旋流器和弧形筛进行固液分离；

④ 固体盐的提升、冲洗和装车。

三、采盐船开采

根据采掘机构工作原理，采盐船有吸扬式、链斗式、铲扬式和抓斗式等类型。盐湖固体矿床或被地表卤水覆盖或其晶间充以卤水，一般均能满足采掘工艺用水要求。开采多选用吸扬式采盐船，以水为介质实现盐类矿石的采掘和输送。根据矿层的软硬，吸扬式采盐船选用不同类型的松矿装置，如绞刀式、螺旋聚矿式、链齿式、轮斗式和水力冲采式等。

当矿层表面有水且水深能满足船体吃水深度要求时，采盐船从采区一侧直接开始采掘。干涸盐湖必须在采区一侧挖掘船窝。把船体导入其中，边采掘边移动，直到挖至设计开采深度后投入正常生产。

采盐船采掘盐层的方式有直挖法和横挖法两种。前者适于开采松软薄层，直接推进，一次采全厚；横挖法适于开采中厚以上矿体。沿采区长度方向分为许多条带，以桩或主(尾)锚为摆动中心，实现船体的工作迁移。

四、盐湖固体矿床溶解开采

盐湖固体矿床在天然沉积过程中常受风积泥沙污染。采出矿石一般需要经溶解、净化、物理分选和化学加工。利用盐类矿物易溶于水的特点，对赋存条件复杂、品位低的矿床，采用溶解法开采可把采矿和加工结合在一起。

第二节　溶浸采矿法

溶浸法(浸出法)——该方法是将选择好的化学试剂溶液注入含矿层(或喷向矿堆)，使化学溶液与矿物充分接触并发生化学反应(氧化、溶解作用)，从而将矿物溶解(在地下水中)出来，如溶解在地下水中，将其抽出地表然后加工处理成所需产品，这种方法叫作溶浸采矿法。

一、溶浸采矿法的分类

由于溶浸采矿是把地质、采矿、选矿、冶炼相互渗透、相互结合的一种新工艺，因而其称谓和分类有十余种之多。基于溶浸机理并考虑浸出工艺和地点因素的溶浸采矿法的分类如下。

1. 按溶浸机理分类

① 溶解采矿法——是指浸出时并不改变矿物成分，而是通过简单的溶解作用就可把矿物变成可以输送的液体物理溶解过程，如岩盐、钾碱的溶解开采。

② 浸出采矿法——是指在浸出过程中伴随着被浸矿物结晶体的破坏，改变为某种水活性化合物的化学溶解过程，如铀和铜的浸出。

2. 按浸出工艺和方法分类

① 堆浸法——又称堆置浸矿法，可分为非筑堆浸矿法和筑堆浸矿法。非筑堆浸矿法，是指进行堆浸之前没有筑堆和破碎工序，而是直接向露天排矸场的低品位矿石和废石淋浸溶浸液进行浸出。筑堆浸矿法，是指进行堆浸之前需先进行筑堆和必要的矿石破碎及堆浸场地修整等工序。

② 原地浸矿法——“原地”，是指矿石处于天然埋藏状况、未经过任何位移。原地浸矿法，也称原地浸出法，又分为两种方式。一种是地表钻孔原地浸矿法，是指通过地表注液工程(钻孔沟槽)向矿层注入溶浸液与没有经过任何位移的非均质矿石的有用组分接触并完成

化学反应。在扩散和对流作用下，产生的可溶性化合物借助压力差的驱动离开化学反应区，进入沿矿层渗透的溶液流中并向一定方向运动，用集液工程抽至地表后输送至提取车间，加工成合格产品。另一种是地下钻孔原地浸矿法，是指抽注液工程不从地表施工，而是从地下（矿床埋藏深度较大）巷道中施工。

③ 就地破碎浸矿法——也称就地破碎浸出法，是指利用露天或井下碎胀补偿空间，通过爆破或地压手段将矿石就地进行破碎、然后进行淋浸，并通过集液系统将浸出液送至提取车间而制成合格产品。

④ 联合浸矿法——也称联合浸出法，是指用除堆浸法以外的两种或两种以上浸矿法联合回采一个矿块的溶浸采矿法。

二、溶浸采铀的物理化学原理

溶浸采铀，是一种最先进的铀矿采冶新工艺，涉及水文、地质、采矿、化工、分析、冶金、机电、自动化等专业领域。溶浸采铀，对矿石的要求简单，不需经过破碎、焙烧等预处理工序，浸出过程无须加温、搅拌，不进行固液分离，而是通过注入溶浸液办法而获取浸出液。其特点是——可从矿床中回收铀，能回收传统方法难以回收的矿体、难处理的矿石、表外矿石、废石中的铀和其他有用组分；能较好地控制环境污染。

溶浸采铀过程包括——浸出矿石，获得含铀浸出液；从浸出液中回收铀或其他元素，铀的回收常用离子交换技术；从纯化的合格液中最终回收铀或其他元素，一般用碱中和沉淀化学浓缩物。浸出过程靠加入某种溶浸液溶解矿物，使金属离子稳定在溶液之中。其物理化学问题较为复杂，主要是反应平衡和反应速度问题，前者属浸出过程的热力学，后者属浸出中的动力学。

第三节　海底采矿法

海底采矿，就是开采海底的有用矿物。根据矿石从海底到采矿船的提升方式不同，海底采矿方法可分为连续索斗式、液体压力式和潜水采集式 3 种。

一、连续索斗式采矿法

连续索斗式采矿法的采矿船是一个机械采集系统。在一根高强度合成纤维缆绳（聚丙二醇脂）上，每隔 25～50 m 安设一连串铲斗，借助安装在采矿船上的摩擦驱动装置和万向支架等装置，将船尾的缆绳和空斗投入海底，再从船头将装有多金属结核的铲斗提升上来，形成绳式循环绕转系统。

二、液压式采矿法

液压式采矿法的工作过程是——从采矿船上将一根扬矿主导管伸到海底，由一种专门的软管将主导管与收集装置相连，收集装置在海底沉积面将收集到的矿石输入管内，然后用液压泵或压缩空气将矿石通过扬矿管道输送到采矿船上。

三、潜水采集式采矿法

潜水采集式采矿法采用潜水式采矿机作业。采矿机在海面装载配重后下沉，在海底用履带或螺旋桨在水中潜行，用高能量电池作动力，采集矿石满载后丢掉配重、浮出水面，将矿石卸到水面船只或平台上，再装满配重下沉到海底，如此循环作业。

复习思考题

1. 名词解释——溶浸采矿,海底采矿。
2. 盐类矿床有哪几种开采方法?
3. 溶浸采矿是如何分类的?请简述溶浸采铀的基本原理。

第六编

露天开采

Lutian Kaicai

第三十一章 露天采矿概述

露天采矿是人类获取固体矿产资源的重要方法，目前全世界固体矿物产量的三分之二是通过露天开采获得的。

露天采矿方法，是指直接将覆盖于矿床之上的土、岩剥离后获取矿产资源的开采方法，亦称露天开采方法。露天采矿方法是固体矿产资源（矿产）的主要开采方法，开采对象包括石料、石材、金属矿石、非金属矿石、煤炭等。露天采矿也用于开采石油、天然气等液体和气体矿产资源。

当具有商业价值的矿产埋藏于地表面附近，即剥离物（覆盖于有用矿床之上的暂无利用价值的物料）厚度较薄或者不适于掘进巷道时（例如沙层、火山灰渣、砂砾石等），可以用露天采矿方法进行开采。露天采矿方法的主要特点是——作业场所敞露于地表，需要剥离大量的覆盖于矿体之上的剥离物，典型做法是不断扩大开采范围，直至采尽有用矿产，或者直至单位时间内剥离物料的数量太大使得继续开采有用矿产变为不经济为止。

近代露天采矿方法以机械化开采为主，绝大多数露天采矿方法首先是使用机械设备（如挖掘机）剥离覆盖于矿床之上的土岩，然后通过一定的开采程序、运输系统分别把剥离物和有用矿物运至排土场和选矿厂，或直接交付用户使用。

自20世纪以来，世界范围的煤炭、冶金、建材、化工等行业的露天开采得到了广泛发展。特别是美国、加拿大、印度、澳大利亚、俄罗斯、德国、波兰等国的露天煤矿发展较快，露天开采所占比重较大。2003～2007年，美国各类矿山露天开采矿石产量比重占91%以上。其中，金属矿山占98%～99%，非金属矿山占96%；煤炭占67%～69%。目前我国主要矿产资源如铁矿石、黑色冶金辅助矿石、化工原料、建筑材料等露天开采的比重均在70%以上，其中建筑材料基本上由露天开采方法采出。一方面，大型设备制造能力的提高和规模经济效益的改善促进露天开采事业发展；另一方面，近地表矿产资源的加速消耗也使得部分矿产资源露天开采的比重逐步降低。

自1980年代以来，我国露天煤矿的数量不断增加，其产量规模亦迅速扩大。中华人民共和国成立后建设的露天煤矿，如抚顺西露天、内蒙古平庄西露天、云南小龙潭、新疆哈密三道岭、宁夏大峰、河南义马、内蒙古扎赉诺尔、公乌素等，经技术改造和老矿挖潜，其产量在原设计基础上都有较大提高，由单矿平均规模1.21 Mt/a提高到1.98 Mt/a。1980年后建设的5大露天煤矿通过扩能改造，其生产能力都有较大提升。

表31-1所示为我国1980年后新建的五大露天煤矿及其生产规模。

表31-1　　我国1980年后新建的五大露天煤矿及其生产规模

露天煤矿	霍林河南	伊敏河	元宝山	黑岱沟	平朔安太堡
设计—扩建/(Mt/a)	3.0～10.0	5.50～16.50	5.00～8.00	12.00～20.00	15.33～19.00

进入21世纪以来，随着经济的快速发展和对煤炭资源需求量的增加，内蒙古、新疆地区

的露天煤矿得到了较快发展，除了原有露天煤矿生产能力大幅度提高以外，又新增了十余座千万吨以上的大型露天煤矿，其设计生产能力一般在 15.0～20.0 Mt/a。

第一节　露天采矿的基本概念

露天采矿的最终目的，是经济有效地把矿产资源从地壳中开采出来。为了采出有用矿物，必须首先将覆盖在有用矿物之上的土层和岩层去除，这是露天开采与地下开采的最大区别。土层和岩层的剥离是矿石开采的前提，矿石开采是土层和岩层剥离的目的。覆盖在矿石之上暂时不能加以利用的土层和岩层称为剥离物，包括表土、岩石和低于开采品位的贫矿；如果开采的矿床有多层，其层间的夹石则称为内剥离物。

一个矿(煤)田中适合于露天开采的那部分，称为露天矿田(或露天煤田)。在露天矿田中，通过项目规划、可行性研究、露天开采初步设计和施工设计等工作，可形成若干个露天采场——即从事露天采矿作业的场所。露天采场也称为露天矿坑、采场、掘场、采掘场、采石场等。露天采场的剥离物和矿体厚度有时可达数十米到数百米，在开采过程中按剥离、采矿或排土作业的要求，需要将其划分成若干个具有一定高度的水平或近水平的分层(一般由采掘设备的挖掘高度决定)，从而形成阶梯，这种阶梯状分层称为台阶，也称作梯段、水平。

露天矿存放剥离物的场所称为排土场。其中，位于开采境界以外的场所称外排土场；位于开采境界以内的场所称内排土场。

一、台阶及其组成要素

露天矿开采作业时，通常从最上部的台阶开始拉沟作业，然后逐步向外围扩展、向深部延深。台阶根据其下部平盘所在的海拔标高命名，如＋80 m 台阶(水平)。

台阶由平盘、坡面、坡顶线、坡底线、坡面角(α)、台阶高度(h)等要素组成，如图 31-1 所示。

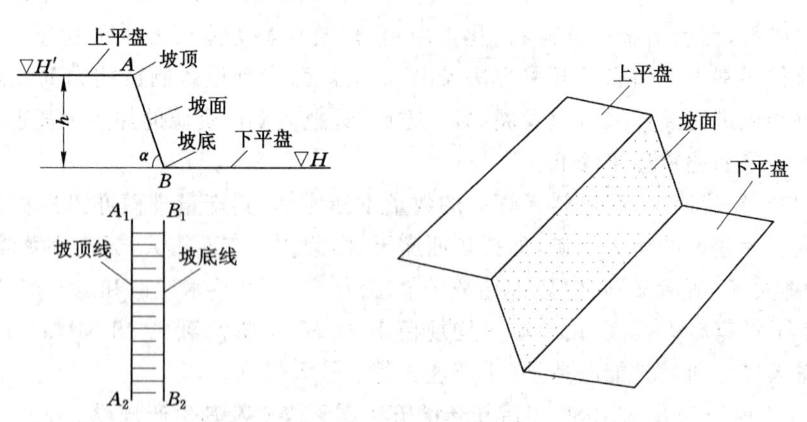

图 31-1　露天采矿场台阶的组成要素

平盘——指台阶的水平部分或近水平部分，由上部平盘、下部平盘构成。

上部平盘——指位于台阶上部的平台，也是上一个相邻台阶的下部平盘($\nabla H'$)。

下部平盘——指位于台阶下部的平台，也是下一个相邻台阶的上部平盘(∇H)。

坡面——指连接台阶上、下平盘之间的倾斜面(AB)。

坡顶线——指台阶上部平盘与坡面的交线(A_1A_2)。

坡底线——指台阶下部平盘与坡面的交线(B_1B_2)。

坡面角——指台阶坡面与水平面的夹角(α)。

台阶高度——指台阶上、下水平之间的垂直距离(h)。

二、露天采场要素

采场,是指从事露天采矿作业的场所,通常由若干台阶和相关平台构成。典型的掘坑开采的露天采场剖面如图 31-2 所示。

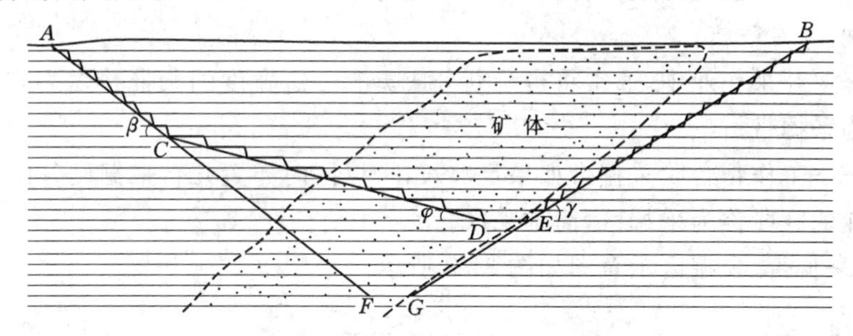

图 31-2　露天采场要素示意图

AB——地表境界;$AFGB$——下部境界;FG——设计最终坑底;BE——底帮;ACD——顶帮;AC,BE——非工作帮;CD——工作帮;DE——当前坑底;β,γ——非工作帮坡角;φ——工作帮坡角

露天矿采场的组成要素有以下诸个:

边帮——指由露天采场各台阶要素组成的总体,由顶帮、底帮、端帮构成。边帮根据各台阶在某个时期的作业性质又分成工作帮和非工作帮。

顶帮——位于露天采场矿体顶板侧的边帮(ACD)。

底帮——位于露天采场矿体底板侧的边帮(BE)。

端帮——连接露天采场顶、底帮的边帮;对于圆形、近圆形采场端帮特色不明显。

工作帮——指露天采场内由正在进行开采作业的台阶组成的边帮(CD)。

非工作帮——指露天采场内由已结束开采作业的台阶组成的边帮(AC、BE)。

工作帮坡角——指通过工作帮最上台阶和最下台阶坡底线的假想平面与水平面的夹角(φ)。

非工作帮坡角——通过非工作帮最上台阶的坡顶线和最下台阶坡底线的假想平面与水平面的夹角(β、γ),当最下部台阶到达终点位置时为最终边坡角。

露天开采境界——指露天采场从开始开采到矿山关闭时所影响到的最终空间范围,对于凹陷式露天矿(掘坑开采)可分为上部境界和下部境界。

上部境界——指露天采场边帮与地表面的最终交界线,在平面上通常是一条封闭曲线(AB)。

下部境界——指露天采场边帮与采场底面的交线(FG)。

露天矿坑底——指露天矿坑的下部底面,一般为露天开采最下层矿体的底面,可呈倾斜面或阶梯状(DE)。

山坡开采的露天矿情况比较复杂。可能最终境界在平面上看就是一条封闭曲线或者最终就是一个高台阶坡面。

三、工作线、采掘区、采掘带

将露天采场划分成台阶后，各台阶自上而下顺序作业，多个台阶可同时作业。露天矿又将台阶沿纵向方向划分成采区，沿台阶横向方向划分成采掘带进行开采。即露天矿在台阶上是沿台阶纵向按条带进行开采的。

工作线——台阶上已做好采掘准备，并配有采掘设备、运输线路、动力供应等正在从事采掘作业的区段。露天矿工作线分为台阶工作线和矿山工作线。台阶工作线，是指一个台阶上正在进行采掘作业的区段，它是一个长度概念；矿山工作线，是指露天矿全部台阶工作线长度的总和。

采掘带——开采作业中，通常将台阶划分成具有一定宽度的条带并逐条进行开采作业，这个条带称为采掘带。

采掘区——工作帮台阶采掘带如果足够长，可以同时布置几台采掘设备作业，划归一台采掘设备作业的区段称为采掘区，简称采区。

工作线、采掘带、采掘区示意图如图 31-3 所示。

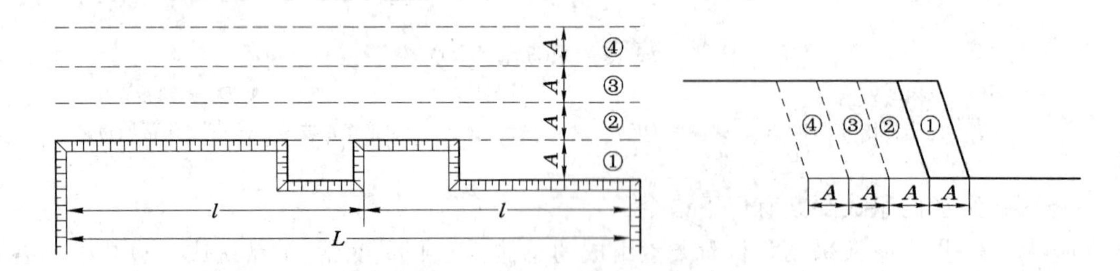

图 31-3　采掘带、采掘区、工作线示意图

L——工作线长度；l——采掘区长度；A——采掘带宽度；①、②、③、④——采掘顺序

四、剥采比

剥采比(n)，是指露天矿的某个时期剥离量与采出矿量的比值，单位可为 m^3/t、t/t 或 m^3/m^3。

露天矿常用剥采比如下：

生产剥采比(n_s)——在一定生产时期露天采场所采出的剥离量与矿量的比值。

平均剥采比 (n_p) ——露天采场境界内剥离物总量与矿产总量的比值。

经济剥采比 (n_j) ——在一定技术经济条件下，露天开采经济上合理的极限剥采比。

第二节　露天开采的特点和发展趋势

一、露天开采的特点

与地下开采相比，露天开采具有以下明显的优势：

① 生产能力大——采场作业空间大，可采用大型生产设备。世界上最大的露天煤矿煤炭产量可达 80～90 Mt/a。例如，2009 年美国怀俄明州北羚羊露天煤矿实际产量为 89.1 Mt/a，剥采比为 1.83 m^3/t。我国黑岱沟露天煤矿 2012 年实际产量达 32.0 Mt/a。挖掘机斗容达数十立方米、甚至上百立方米，最大的单斗机械铲为 137 m^3，拉斗铲为 168 m^3；运输

汽车载质量达100～360 t,铁路运输的直流牵引电机车黏重100～150 t、自翻车载质量达100 t;大型轮斗挖掘机能力达12 000 m^3/h,实际日生产能力达37万m^3;带式输送机带宽达1.4～3.2 m。

② 资源采出率较高——由于露天开采无须留设保安煤(矿)柱,因而绝大部分资源都可开采出来,我国大型露天煤矿资源采出率一般在90%以上,最高可达98%。此外,还可以顺便采出伴生资源,如抚顺西露天矿每年采出的油母页岩达几百万吨。

③ 劳动生产率高——按每工生产煤炭产量计算,2007年美国露天煤矿平均劳动生产率为7.33 t/h。我国平朔安太堡露天煤矿劳动生产率为20.4 t/工;2001～2008年准格尔黑岱沟露天煤矿原煤生产人员工效平均达85.19 t/工,最大为150.28 t/工。

④ 作业安全——2003～2007年美国各类地下开采矿山每20万小时伤亡事故率平均为0.038,露天矿伤亡事故率平均为0.01;我国大型露天煤矿百万吨死亡率已降至0.03以下,2011年全国煤矿百万吨死亡率为0.564。

⑤ 开采成本低——如2005年阜新海州露天煤矿吨煤成本为50～60元/t,2001～2008年准格尔黑岱沟露天煤矿原煤平均成本为51.98元/t。

⑥ 建设速度快——千万吨级露天煤矿一般在3 a左右即可建成。

露天开采也存在一些明显的弱点,例如:

① 受气候影响大。由于露天矿生产场所是敞露的,因而直接受严寒、酷暑、大风、雨、雪等恶劣天气影响,特别是在我国北方地区生产具有明显的季节性。

② 大型露天矿设备大、投资大。2000～2010年我国大型露天煤矿吨煤投资一般在300元左右。如平朔安家岭露天煤矿总投资达40亿元,准格尔黑岱沟露天煤矿总投资为97亿元。

③ 需要移运大量的废弃剥离物,而剥离物的移运是纯粹的非盈利生产环节。剥离量的大小直接影响矿山的经济效益。大型露天矿山年剥离量可高达上亿吨。

④ 地表面受扰动面积大,影响生态环境。露天开采会对土地造成较大的扰动,包括露天矿采场和外部排土场,开采期间或矿山关闭以后需要做大量的土地复垦工作。比如,海州露天煤矿占地面积达30 km^2。另一方面,对于山区、地形条件不利地区,露天矿生产后能将不可利用的土地加以资源化利用。

⑤ 对矿床埋藏条件要求严格。一般埋藏浅、矿体厚的矿田适合露天开采。

二、露天开采的发展趋势

由于露天开采在规模、安全和资源回收率等方面有无可比拟的优越性,因此在条件具备的情况下已成为矿产资源开采中的首选开采方法。随着内蒙古、新疆等地区探明大量适合露天开采的煤田,我国新建露天煤矿数量正在迅速增加,露天开采的煤炭产量所占比重将会进一步提高。目前,露天开采呈现出较快发展势头,在开采规模、开采工艺、设计思想、经营理念、管理水平等方面具有明显的时代特征。

① 开采规模大型化。1980年以来,我国露天煤矿生产能力已由过去的数百万吨发展到现在的数千万吨。全世界露天矿单矿生产规模近三十年来有了明显的提高。

② 设备大型化。采掘设备的斗容由过去的几立方米至十几立方米发展到目前的数十立方米、甚至上百立方米;汽车装载质量由过去的数十吨发展至目前的300～400 t;穿孔设备、排土设备以及其他的辅助设备的能力亦随着采、运设备的大型化而不断增大。

③ 工艺系统多样化。单斗汽车工艺系统由于其机动、灵活性强因而受到更多的青睐;

连续开采工艺具有生产成本低、效率高的优点；坑内破碎与带式输送机系统配合使得单斗汽车工艺系统在大型矿山得到越来越多的应用。我国2000年以来新建的大型露天煤矿多采用两种以上工艺系统的组合；国外大型矿山也陆续采用多种不同工艺系统的组合。

④ 管理现代化。随着科学技术的不断进步，露天矿的生产技术管理水平不断提高，信息交流速度不断提高，管理水平已跃上新台阶。

⑤ 注重矿山环境保护工程。在露天矿项目规划、可行性研究、开采设计阶段就重视做好环境评价工程设计工作，使得矿山开采与环境保护工作有机结合、人与自然和谐相处成为可能。

第三节　露天开采方法

矿床赋存状态，特别是矿体倾角对露天开采方法的选择具有决定性影响。

一、矿床按倾角进行的分类

露天开采一般要求矿体埋藏较浅、厚度较大且赋存面积较大。对于层状矿体来说，按矿体的倾角不同，我国《煤炭工业露天矿设计规范》(GB 50197—2015)将露天矿煤层分为以下四类：

① 近水平煤层——$\alpha<5°$；

② 缓(倾)斜煤层——$5°\leqslant\alpha\leqslant10°$；

③ 倾斜煤层——$10°<\alpha\leqslant45°$；

④ 急(倾)斜煤层——$\alpha>45°$。

煤(矿)层倾角不同，则露天开采方法、工艺系统和开采程序也有所不同。对于煤炭开采而言，一般煤层倾角在10°以下时多采用倒堆开采法开采；倾角在10°以上时多采用掘坑开采法开采。金属、非金属矿山倾角一般较大，多采用掘坑开采法开采。

二、露天开采方法的分类

近代露天开采方法以机械化开采方法为主，各个国家根据矿产资源赋存状态的不同采用了不同的露天开采方法。最常用的露天开采方法有以下五种。

1. 掘坑开采法

全称为掘坑外排式露天开采方法，简称坑采法。它是目前世界上使用最广泛的露天开采方法。其主要特征是分台阶开采，剥离物排弃至开采境界以外，适用于开采金属、非金属矿床和倾斜赋存的层状矿床、开采石料的矿山。我国金属、非金属露天矿山，1949年至1980年建设的露天煤矿大多数均采用坑采法。

2. 倒堆开采法

全称为倒堆内排式露天开采方法，主要用于开采近水平层状矿床，特别是煤层开采。其显著特征是除了第一条区开采的剥离物排卸于境界之外其余后续条区的剥离物依次排卸于前一条区的采空区内，属于边开采、边内排、边复垦的环保型绿色开采方法。这种方法根据地形条件和覆盖层厚度、矿体厚度不同，又衍生出许多种不同的开采方法。我国1980年后建设的大型露天煤矿多采用倒堆开采法。

3. 石料开采法

开采对象为建筑业使用的集料、石材等。石料开采主要采用坑采法，但与坑采法的显著区别是——坑采法剥采比一般大于1，最大可达20～30，而石料开采法剥采比一般远小于

1，开采物料80%以上属于有用物料；坑采法需要对开采矿床进行选择性开采，低于要求品位的矿床不采或作为废弃物排卸，而石料开采对矿石品位没有明确要求。石料开采分为建筑用的集料（亦称骨料），如沙石、路基建设用的渣石、混凝土拌料中的碎石、水泥制造使用的石灰石等；另一种为房屋建筑用的料石、饰面装饰石材等。

4. *顶带开采法*

该方法最初主要用于开采山坡露天煤矿到界边帮下面揭露出的煤层，使用的工具是螺旋钻。该方法的主要特点是不用剥离，回收开采境界之外顶帮下压覆的煤层，开采煤层的倾角一般不大于25°。这种方法在美国的露天煤矿应用较多。1990年代发明了几种顶帮采煤机，增大了设备的生产能力，使得该方法在美国的年产量达到煤炭总产量的7%左右。

5. *水采法*

该方法以水作为基本媒介或者开采作业与水溶液密切相关。这种方法在不同国家有不同含义。美国使用词组 aqueous mining methods，包括水枪（水射流）开采、砂矿床开采、疏浚开采、溶浸采矿法等，aqueous 一词有“水的、含水的”意思，因此把上述四种方法均列为水采法一类。该方法适用于松散物料、水体下赋存的物料以及难选矿床的开采。对于不同的矿产，可以采用不同的方法和设备。

以上五种露天开采方法从开采工具和开采对象的作用方式看，主要属于机械化开采方法，即人类借助于机械设备将矿产资源从赋存地分离出来。机械化开采方法的特点是不改变开采对象的理化特征；而溶浸开采是利用化学溶液或细菌把固体矿床中有用资源（多为难选贫矿）分解到溶液中，然后再从溶液中分离出所需要的矿产品的一种获取矿产资源的采、选方法，其开采仍然以机械化开采为主。表31-2所示为当代主流露天开采方法的特征及其可使用的开采工艺系统分类。

表31-2　　露天采矿方法分类

<table>
<tr><th>序号</th><th>分　类</th><th>方法名称</th><th colspan="2">子类方法</th><th>可采用的典型工艺系统</th><th>典型特征</th></tr>
<tr><td>1</td><td rowspan="13">机械化开采</td><td rowspan="2">掘坑开采</td><td colspan="2">掘坑开采</td><td>各种工艺系统</td><td>分台阶开采，剥离物外排</td></tr>
<tr><td>2</td><td colspan="2">垃圾填埋场开采</td><td>单斗汽车/间断连续</td><td>可再生资源回收</td></tr>
<tr><td>3</td><td rowspan="5">倒堆开采</td><td colspan="2">直接倒堆</td><td>拉斗铲/机械铲/铲运机/前装机/推土机</td><td>单台阶，剥离物内排（第一条区例外）</td></tr>
<tr><td>4</td><td colspan="2">再倒堆</td><td>单斗铲（单台、多台）合并工艺系统</td><td>同上</td></tr>
<tr><td>5</td><td colspan="2">运输倒堆</td><td>单斗汽车/轮斗胶带/单斗破碎/单斗铲</td><td>同上</td></tr>
<tr><td>6</td><td colspan="2">联合倒堆</td><td>单斗铲＋单斗汽车/单斗破碎；单斗铲＋多斗输送带；单斗铲＋推土机/铲运机</td><td>同上</td></tr>
<tr><td>7</td><td colspan="2">等高线开采</td><td>单斗汽车/轮斗输送机</td><td>同上，主要用于山坡露天矿</td></tr>
<tr><td>8</td><td rowspan="3">石料开采</td><td rowspan="2">集料开采</td><td>干式开采</td><td>单斗汽车/单斗破碎</td><td>同掘坑开采法</td></tr>
<tr><td>9</td><td>水上开采</td><td>挖掘船/多斗挖掘机/单斗挖掘机</td><td>作业设备位于水面，开采对象位于水下</td></tr>
<tr><td>10</td><td colspan="2">规格石料开采</td><td>单斗汽车＋其他运输设备</td><td>与坑采法或等高线法相同</td></tr>
<tr><td>11</td><td rowspan="3">顶帮开采</td><td colspan="2">普通螺旋钻开采</td><td>螺旋钻</td><td>回收边帮下部境界外煤炭资源</td></tr>
<tr><td>12</td><td colspan="2">顶帮采煤机开采</td><td>专用顶帮采煤机开采系统</td><td>同上</td></tr>
<tr><td>13</td><td colspan="2">掏槽/倒堆/螺旋钻开采</td><td>单斗汽车/推土机/铲运机＋单斗铲＋螺旋钻</td><td>坑采法、螺旋钻法、倒堆法联合</td></tr>
</table>

续表 31-2

序号	分　类	方法名称	子类方法	可采用的典型工艺系统	典型特征
14	水采法	水射流开采	水枪开采	水枪+管道/自流	开采物料干采湿运
15		疏浚开采	采挖船开采	挖掘船/多斗挖掘机/单斗挖掘机	水上开采水下物料
16		溶浸开采	地表浸出开采	化学溶剂	回收贫矿、难选矿产资源
17			细菌化学开采	细菌溶剂	

注：表中“/”表示“或者”即并列关系；“+”表示前后两种方式的组合；“;”为另一种组合方式。

现有主流露天开采方法可以根据方法的不同属性进行分类：

根据所采用的主要设备可分为机械化开采法和非机械化开采法(人力手工开采法，人—畜联合开采法等)；

根据开采场所所处位置可分为水上开采法和陆地开采法；

根据剥离物排弃位置可分为内排开采法和外排开采法以及初期外排、后期部分转内排开采法；

根据是否改变开采对象赋存的本质特性可划分为物理开采法和化学开采法；

根据开采、内排和复垦时间可分为复垦与开采、内排同时进行和复垦与开采、内排滞后进行等方法。

露天开采方法中应用最广泛的是掘坑开采法，普遍用于开采金属矿、非金属矿、倾斜赋存的层状、脉状矿床等。倒堆开采法，主要用于开采倾角为缓倾斜以下的煤层、砂金矿床等。顶带开采法，主要用于开采山坡露天煤矿开采后揭露出来的煤层，如端帮底部、顶帮到界后底部出露的煤层。石料开采，主要用于开采建筑集料、规格料石等。

我国露天煤矿应用最多的是坑采法和倒堆法。两种方法的主要区别是——坑采法剥离物主要排卸于开采境界以外；倒堆法剥离物排卸于采场采空区内(第一条区除外)，且剥离、采矿、内排、复垦可以同时进行。

复习思考题

1. 露天开采适用条件及主要特点是什么？
2. 我国露天开采比重较大的矿产资源有哪些？
3. 我国 1980 年以后建设的五大露天煤矿是哪些，其产量规模怎样？
4. 什么叫剥离物？主要包括哪几部分？
5. 什么是采场？其组成要素有哪些？
6. 图示台阶及其组成要素。
7. 什么是排土场、内排土场、外排土场？
8. 什么是工作线、采掘带、采掘区？
9. 什么叫剥采比？常用剥采比的概念是什么？
10. 常用露天开采方法主要有哪些？
11. 我国露天煤矿应用最多的开采方法及其主要区别是什么？

第三十二章　露天采矿的工艺、方法和工艺系统

第一节　概　　述

赋存于地壳内的矿产资源，用露天开采方法采出通常需要经过一系列的方法或技术，然后加工成用户所需要的矿产品销往市场。

露天采矿工艺，亦称开采工艺，是指将矿产资源开采并加工成可销售产品的一系列方法和过程。露天采矿工艺根据开采对象的不同可分为剥离工艺和采矿工艺。在同一矿山，剥离、采矿工艺可以相同，也可以不同。剥离工艺，是指完成移除覆盖于矿产资源之上的废弃岩石所采用的方法或技术。采矿工艺，是指把埋藏于地表一定深度范围的矿产资源从地层中分离出来的方法或技术。

露天开采方法，就是应用一定的设备(手段)、通过设定的开采程序、开拓运输系统(行为方式)等揭露围岩，把矿产资源从赋存地采掘出来的技术。

露天开采工艺系统，是指获取矿产资源过程中主要生产环节所采用的设备的集合或统一体。

露天开采的剥离和采矿作业由一系列工艺环节组成，其中包括生产工艺环节和辅助工艺环节两大类。生产工艺环节，简称生产环节，是指获取矿产资源所需经历的直接作业环节；主要工艺环节，是指采掘、运输、排卸三个环节。围绕生产工艺环节还有一系列服务性的辅助工艺环节，如设备维修、动力供应、防排水、运输线路的移设和维修等。

露天采矿工艺，是指矿产资源开采和加工全过程所应用的方法和技术，它强调的是全过程；开采方法，是指开采过程中使用的具体手段和行为方式，它强调的是具体生产环节使用的设备及其行为方式；而开采工艺系统，是指主要工艺环节采用的设备组合，强调的是系统及其相互作用的方式。采矿工艺通过开采方法而实现，工艺系统是开采方法的具体手段，同时还要通过具体的行为方式才能实现方法与工艺的具体实施。

第二节　露天开采的工艺环节和工艺系统

一、露天开采工艺环节

对于露天开采工艺环节的划分，不同国家分类方式有所不同。我国露天采矿学科属于苏联的学科模式，把生产工艺环节划分为地面准备，穿爆、采装、运输、排土等几个环节。美国对露天采矿工艺环节划分有不同观点，比较全面地划分为七个工艺环节。

1. 生产工艺环节

在正常剥离和采矿生产过程中，露天开采一般包括以下 7 个生产工艺环节。

(1) 地面准备

露天矿在正式开始剥离、采矿作业之前，需要先清理地表面有碍生产正常进行的障碍

物，包括天然障碍物如河流、树木，人工障碍物如村庄、建（构）筑物、道路、输电线路等。其中，有些对生产有重大影响的大型障碍物必须在建矿时期予以清除，如河流、重要道路等，而有些小的障碍物则可以边生产、边清除，如建矿初期暂时扰动不到的区域中的植物、散落村户、沟壑、季节性河流等。

（2）穿孔

由于采掘设备的挖掘力有限，对大多数具有一定硬度的矿岩必须首先将其松碎，以便于机械设备进行采掘。目前最经济的矿岩松碎方法是穿孔爆破法。穿孔，是指利用机械设备在岩石中穿凿孔洞，为后续的爆破作业准备放置炸药场所。小型露天矿也采用机械松碎矿岩。对于松软物料，若机械设备能够直接挖掘，则无须穿孔爆破。露天矿常用的穿孔机械有潜孔钻、牙轮钻等。硬岩露天矿常用的牙轮钻机如图 32-1 所示，牙轮钻机的典型钻头如图 32-2 所示。

图 32-1　露天矿用牙轮钻机

图 32-2　牙轮钻机钻头

（3）爆破

爆破，是当前露天矿山最常用、最经济的矿岩松碎方法。

（4）采掘

采掘，是指露天矿利用采掘设备将矿岩直接倒至内部排土场或装入运输设备的作业过程，它是露天开采的核心生产环节。露天矿常用的采掘设备是挖掘机。矿用挖掘机可分为很多种类，按铲斗数量，可分为单斗挖掘机、多斗挖掘机；按动力系统，可分为电力驱动、液压驱动的挖掘机；按走行方式，可分为履带走行式、轮式、迈步式挖掘机等。图 32-3 所示为电动挖掘机，亦称电铲、正铲；图 32-4 所示为液压单斗挖掘机，亦称反铲；图 32-5 所示为多斗挖掘机——轮斗挖掘机。露天矿使用最多的是单斗挖掘机，斗容一般为几立方米至 70 立方米。

（5）运输

运输，主要是指把矿石运送到选矿厂或储矿场所、把剥离物运送到排土场所。运输环节设备多、涉及面广，在主要生产环节中起纽带作用。露天矿常用的运输设备有载重汽车（卡车）、带式输送机、铁道运输车辆等。图 32-6 所示为露天矿用载重卡车。

图 32-3　电动挖掘机(正铲)

图 32-4　液压挖掘机(反铲)装载卡车

图 32-5　轮斗挖掘机

图 32-6　矿用载重卡车

(6) 排卸

排卸,主要是指对运送到排土场的废弃物进行合理的堆放工作,也包括将有用矿物向选矿厂或储矿场卸载。露天矿排土场作业最常用的设备是推土机,主要负责将排卸物料推送至指定地点、平整场地、清理道路上的障碍物等。图 32-7 所示为大型露天矿使用推土机进行排土作业。

图 32-7　推土机在排土工作面作业

(7) 土地复垦

关于露天开采对其扰动过的土地进行治理，各国虽有不同的法律、法规要求，但普遍的要求是将土地恢复至可供利用的状态。因此，露天矿山在生产的同时就要对采场、排土场进行有效治理，使其达到可资利用的状态，这一过程称为土地复垦。根据土地利用形式不同，复垦的过程和环节要求各不相同。

以上各环节均为露天矿与生产矿石直接相关的环节，称为直接生产环节或简称生产环节，其中采掘、运输、排卸环节是必备环节，称为主要生产环节或主要环节。

并非所有露天矿都必须经历上述各工艺环节，部分露天矿由于其地面没有任何障碍物、矿岩松软，机械设备可以直接挖掘，因而地面准备、穿孔、爆破几个环节就可以省略。

2. 辅助工艺环节

露天矿维持正常生产，除了上述生产环节之外，还需要动力供应(如供电、供油)、设备维修、疏干排水、边坡维护、通信等辅助工艺环节，简称辅助环节。辅助环节是保证露天矿山正常生产不可或缺的环节，在管理活动中必须给予高度关注。

二、露天开采工艺系统

露天开采工艺系统，主要根据采掘、运输环节所使用的设备命名。例如，单斗卡车工艺系统——由单斗挖掘机采掘、卡车运输；轮斗带式输送机工艺系统——由轮斗进行采掘作业、带式输送机进行物料运输等。

按采、运、排三大主要生产环节中矿岩流的特征，露天开采工艺系统可分为间断、连续和组合工艺系统三类。按三个环节是否使用同一设备又可分为独立式和合并式两类系统。

根据矿岩流或物料流从采掘至排卸地点是否连续，露天开采工艺系统分为以下三类：

① 间断开采工艺系统——亦称周期式、循环式系统。是指采装、运输和排卸作业均各自采用周期式设备，即各个环节分别由不同设备完成作业、形成不连续物料流的开采工艺系统。如单斗挖掘机—汽车工艺系统，单斗挖掘机—铁路工艺系统等。就单斗汽车系统而言，所谓物料流不连续，是指挖掘机一斗一斗地挖掘物料，然后卸载到汽车上，待汽车装满后再运到排卸地点，卸载后再返回装车地点。其中，物料时断时续地从采掘地点到达卸载地点，并没有形成一个连续不断的移动过程。

② 连续开采工艺系统——是指采装、运输和排卸作业环节均采用连续式作业设备，即从采掘至排卸环节物料流不停顿地到达最后卸载点的开采工艺系统。如轮斗挖掘机—带式输送机开采工艺系统，链斗挖掘机—运输排土桥开采工艺系统等。在开采作业期间，只要采掘设备不停地开采，物料就会从采掘地点连续不断地到达排卸地点。

③ 组合开采工艺系统——是指在一个露天矿山不同岩性的剥离物或矿石分别采用不同的间断、连续工艺系统或者串联式组合在一起(亦称半连续系统)；或者并联式组合在一起完成整个矿山的剥离和采矿作业。如黑岱沟露天煤矿曾经使用四套并联的剥离、采矿工艺系统——一是表土剥离采用轮斗挖掘机—带式输送机开采工艺系统；二是上部岩石剥离采用单斗挖掘机—汽车开采工艺系统；三是下部岩石层采用拉斗铲直接倒堆独立式工艺系统；四是采煤使用单斗挖掘机—工作面汽车运至坑边半固定破碎站破碎，再由带式输送机运至洗煤厂的串联式组合式开采工艺系统。

按采、运、排三个生产环节是否各自使用不同的设备，露天开采工艺系统可分为以下两类：

① 独立式工艺系统——是指采掘、运输、排卸三个主要工艺环节各自采用独立设备作业的开采工艺系统。如单斗挖掘机—汽车—推土机开采工艺系统；轮斗挖掘机—带式输送机—排土机开采工艺系统等，其采掘、运输、排卸均采用不同的设备作业。

② 合并式工艺系统——是指采掘、运输、排卸三个主要工艺环节合并在一起、通过同一台设备完成的开采工艺系统。如拉铲倒堆开采工艺系统、铲运机倒堆开采工艺系统、轮斗挖掘机—悬臂排土机开采工艺系统等。

综合考虑上述因素，常见的露天开采工艺系统可分为——独立式间断开采工艺系统、独立式连续开采工艺系统、合并式间断开采工艺系统、合并式连续开采工艺系统及组合式开采工艺系统等。各系统及其可使用的设备如表 32-1 所列。

表 32-1　　露天矿开采工艺系统及可用设备

<table>
<tr><th colspan="3">工艺系统分类</th><th>采用设备实例</th></tr>
<tr><td colspan="2" rowspan="2">间断工艺系统</td><td>独立式</td><td>① 单斗挖掘机或前装机＋铁路运输＋推土犁或挖掘机
② 单斗挖掘机或前装机＋汽车＋推土机
③ 单斗挖掘机或前装机＋联合运输（汽车＋铁路；汽车＋箕斗；汽车＋溜井平硐＋排土设备）</td></tr>
<tr><td>合并式</td><td>① 单斗挖掘机倒堆
② 拖拉铲运机倒堆
③ 推土机推送</td></tr>
<tr><td colspan="2" rowspan="2">连续工艺系统</td><td>独立式</td><td>① 多斗挖掘机＋输送带＋排土机
② 水枪＋水力运输＋水力排土
③ 挖泥船＋水力运输＋水力排土</td></tr>
<tr><td>合并式</td><td>① 多斗挖掘机＋运输排土桥
② 带排土臂的轮斗挖掘机</td></tr>
<tr><td rowspan="3">组合工艺系统</td><td rowspan="2">串联式组合</td><td>间断－连续组合</td><td>① 单斗挖掘机＋汽车＋固定或半固定破碎机＋带式输送机
② 单斗挖掘机＋移动破碎机＋带式输送机</td></tr>
<tr><td>连续－间断组合</td><td>③ 多斗挖掘机＋汽车或铁路</td></tr>
<tr><td colspan="2">并联式组合</td><td>① 剥离与采矿：间断与连续系统的不同组合
② 不同岩性剥离物与采矿：软岩连续工艺，硬岩间断工艺，矿石串联式组合工艺等</td></tr>
</table>

第三节　典型开采工艺系统

间断开采工艺系统是露天矿应用最广泛的工艺系统。典型系统主要包括单斗挖掘机—汽车开采工艺系统、单斗挖掘机—铁路开采工艺系统、单斗挖掘机无运输直接倒堆剥离开采工艺系统等。

一、间断开采工艺系统

1. 单斗挖掘机—铁路开采工艺系统

我国早期的露天矿大都采用这种开采工艺系统。如抚顺西露天煤矿、海州露天煤矿、岭北露天煤矿、灵泉露天煤矿、大冶东露天铁矿、马钢南山铁矿、包钢白云鄂博铁矿等均采用单斗挖掘机、准轨电机车或蒸汽机车运输，推土犁或单斗挖掘机排土。

(1) 特点和适用条件

单斗挖掘机—铁路开采工艺系统的优点是——对岩性、气候适应性强，适合于任何矿岩和气候条件；生产能力大；经济合理运距长，一般可达数十千米，如阜新海州露天煤矿后期剥离运距达 30 km；生产成本低，相对于单斗挖掘机—汽车开采工艺系统而言具有较低的运输成本；系统可靠性大。该工艺系统的缺点是——基建工程量大；作业不灵活；铁路转弯半径大、爬坡能力差；对复杂矿体适应性差，一般要求露天矿坑形状规则且平面面积较大，以适应线路铺设要求。

这种工艺系统的适用条件是——各类矿岩和块度较大的物料；各种气候条件；大运量、长运距的露天矿。由于铁路运输的爬坡能力较低，一般不超过 30‰(直流电力牵引)，在准轨铁路运输条件下，露天矿底部境界长度一般不宜小于 1.2 km；山坡露天矿的比高应在 200 m 左右；深凹露天矿的比高一般在 100～150 m 以内，有时可达 200～300 m；露天矿服务年限应较长，足以偿还较高的基建投资。

单斗挖掘机的主要技术参数如图 32-8 所示。

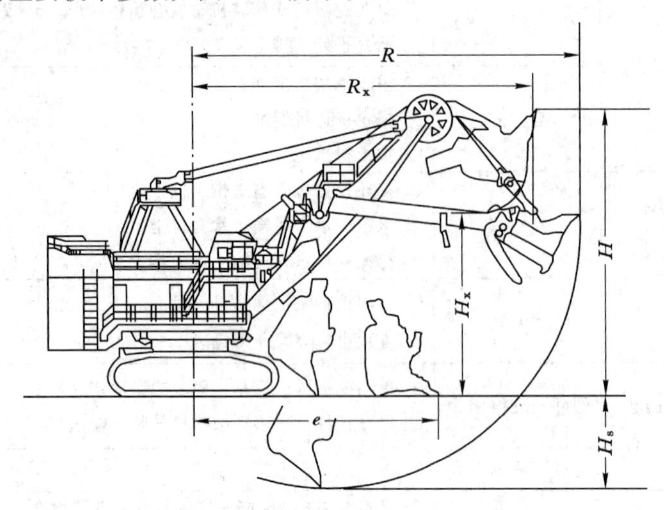

图 32-8　单斗挖掘机主要技术参数

挖掘半径 R——指挖掘机回转中心线到铲斗齿尖端的水平距离；斗柄伸出最大时的半径为最大挖掘半径；斗齿位于挖掘机站立水平时的挖掘半径叫作站立水平挖掘半径(e)。

挖掘高度 H——指斗齿顶端到挖掘机站立水平的垂直距离；斗柄最大伸出并提到最高位置时的高度叫作最大挖掘高度。

卸载半径 R_x——指挖掘机回转中心线到铲斗中心线的水平距离；斗柄最大伸出时的卸载半径叫作最大卸载半径。

卸载高度 H_x——指卸载铲斗开启时斗底下缘到挖掘机站立水平的垂直距离；斗柄最大伸出并达到最大高度时的卸载高度称为最大卸载高度。

下挖深度 H_s——指铲斗下挖时斗齿顶端到挖掘机站立水平的垂直距离。

(2) 单斗挖掘机开采参数

单斗挖掘机—铁路开采工艺的开采参数有——台阶高度 H，采掘带宽度 A，采区长度

L，工作平盘宽度 B。

① 台阶高度 H——台阶的划分涉及两方面的内容：一是合理确定台阶高度；二是合理确定台阶的划分位置和划分方式（水平、倾斜或整层划分等）。

确定台阶高度 H 值主要考虑的因素有——矿岩的埋藏条件、矿岩性质、采掘设备类型、规格及作业方式、穿爆工作、运输线路的布置、开采强度、延深速度、台阶稳定性等。

考虑采掘设备的类型、规格时，H 值的合理确定可分为由台阶不爆破和爆破两种情况而定。

第一，台阶不需要爆破直接挖掘时（平装车）可由式(32-1)确定：

$$\frac{2}{3}H_t(\text{保证满斗率}) \leqslant H \leqslant H_{wmax}(\text{保证安全}) \tag{32-1}$$

式中　H_t——挖掘机推压轴高度，m；

H_{wmax}——挖掘机最大挖掘高度，m。

第二，台阶需爆破采装爆堆时（平装车），爆堆高度 H' 应满足式(32-2)的要求：

$$\frac{2}{3}H_t \leqslant H' \leqslant H_{wmax} \tag{32-2}$$

爆堆高度 H' 与台阶实体高度 H 之间关系同矿岩性质和爆破方法有关，可由式(32-3)确定：

$$H = K_B H' \tag{32-3}$$

式中　K_B——爆破沉降数，松动爆破时可取 1.10～1.15，有一定抛掷时取 1.20～1.50，可根据类似矿山条件取经验数值。

综合考虑则有式(32-4)：

$$\frac{2}{3}H_t \cdot K_B \leqslant H \leqslant K_B \cdot H_{wmax} \tag{32-4}$$

台阶的划分位置、划分方式与台阶高度 H 值的确定是相辅相成不可分割的。然而，台阶的划分位置和划分方式除与 H 值有关外，主要还与矿岩的赋存条件、矿岩的种类和性质有关。

② 采掘带宽度 A——台阶高度和台阶划分确定后，开采作业一般是沿着台阶纵向划分成一定宽度的条带逐条进行开采作业。这个条带称为采掘带，其宽度称为采掘带宽度，简称采宽。确定合理的采宽 A 主要考虑的因素有——台阶的岩性、挖掘机作业效率、工作帮坡角、矿石的选采等。考虑挖掘台阶的岩性影响，确定 A 值主要受挖掘机作业规格限制：

$$A = (1.0 \sim 1.70)R_{wp} \tag{32-5}$$

式中　R_{wp}——挖掘机站立水平挖掘半径，m。

合理的采掘带宽度以等于挖掘机的最大挖掘半径为宜。

③ 工作平盘宽度 B——工作平盘宽度是指台阶进行采掘作业时为满足穿孔爆破、采掘设备、运输设备及作业安全等要求而设置的横向尺寸。B 值合理与否主要影响到以下两个方面：一是工作平盘能否满足采掘、运输等作业要求；二是 B 值影响到工作帮坡角的大小，决定着生产剥采比的数值。

最小工作平盘，是指满足开采作业要求的最低平盘宽度组成，如式(32-6)和图 32-9 所示。

$$B_{\min}=b+C+D+E+F \tag{32-6}$$

式中　b——爆堆宽度,m;

C——安全距离,$C=2\sim3$ m;

D——铁路线路间的线间距,同向旁架线为 6.5 m,对向旁架线为 5.0 m,背向旁架线为 8.5 m;

E——安全距离,准轨铁路取 7.5 m 或$\frac{1}{2}$路基宽度;

F——台阶垮落距离,$F=h(\cot\gamma-\cot\alpha)$,m;

γ——台阶稳定坡面角,(°)。

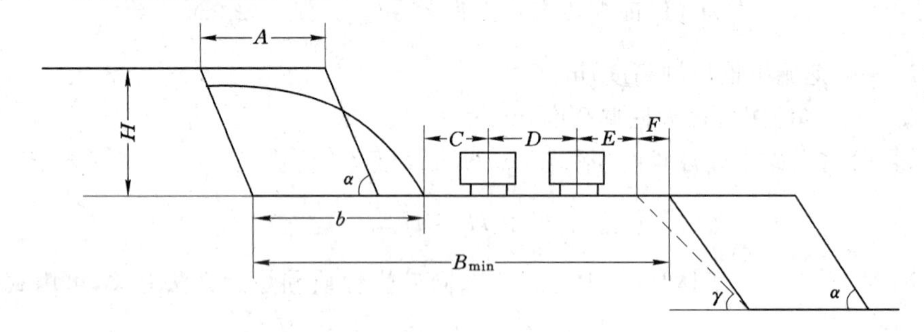

图 32-9　单斗挖掘机—铁路开采工艺系统最小工作盘组成示意图

④ 采区长度 L_c——采区长度是指划归一台开采设备作业的台阶工作线长度。其主要影响因素有:考虑挖掘机作业效率,应使 L_c 长些;考虑线路移设频率,应使 L_c 长些;考虑穿孔、爆破和采装作业的安全及配合,应使 L_c 有足够长度;考虑工作线推进度,一般 $L_c=800\sim1\ 500$ m,最低不得小于列车长度的 2.5～3.0 倍。

由于矿用卡车制造能力及其载质量的提升,单斗挖掘机—铁路开采工艺系统现已经逐步淡出露天矿内部运输。例如,我国 1980 年以后建设的露天煤矿已经不再采用这种开采工艺系统作为矿内主流运输设备。然而铁路运输因其运输成本低仍然是地面矿石产品外运的主要运输方式。

2. 单斗挖掘机—汽车开采工艺系统

汽车运输具有机动灵活、爬坡能力大、转弯半径小、便于选采、建设速度快、开采强度大等优点,特别是随着矿用自卸汽车制造业的发展,单斗汽车工艺系统在露天矿迅速取代了单斗挖掘机—铁路开采工艺系统而成为主要的露天矿生产工艺系统。

美国、加拿大、澳大利亚等国绝大多数露天矿都采用汽车运输。近年来,俄罗斯的露天矿采用汽车运输的比重亦不断增加。20 世纪 50 年代中期,我国部分冶金露天矿山开始使用汽车运输;80 年代后兴建的露天煤矿绝大部分都采用单斗挖掘机—汽车开采工艺系统或单斗汽车—半固定破碎—带式输送机系统。

(1) 单斗挖掘机—汽车开采工艺系统的特点和适用条件

单斗挖掘机—汽车开采工艺系统的优点是——对矿床赋存条件、岩性适应性强;汽车运输具有爬坡能力强(8.0%～12%)、转弯半径小、机动灵活、建设速度快、矿山开拓运输系统布置相对简单等优点。

该系统的缺点是——汽车作业受气候(严寒、雨)影响大;汽车运输合理运距短,一般在

3～5 km 以内，大型车可达 8 km；汽车运输成本高；消耗大量燃油和轮胎；道路飞尘、汽车尾气等污染环境。

单斗挖掘机—汽车开采工艺系统的适用条件是——地形和矿体产状复杂、矿场长度受限的露天矿；剥采总量大、要求建设速度快的露天矿；采用铁路运输的露天矿深部水平延深受限条件下。

(2) 单斗挖掘机—汽车开采工艺系统的开采参数

① 台阶高度 H 或爆堆高度 H'——确定方法及考虑因素同单斗挖掘机—铁路开采工艺系统。

② 采掘带宽度 A(或爆堆宽度 b)——$A(b)$值不受挖掘机和线路位置限制，可采用较大的采掘带宽度，如 A＝20～40 m 或 40～60 m，具体确定时主要应考虑以下因素：

一是穿孔爆破参数，如炮孔行距 b'、排数 n、边眼距 c 等，则

$$A=(n-1)b'+c+h\cot\alpha \tag{32-7}$$

二是挖掘机采掘方法，如垂直工作线横采、之字形走行开采等。

三是工作帮平盘宽度限制和工作帮坡角的要求。

四是经济效益。

③ 采区长度 L_c——可采用较短的采区长度值，如 150～200 m，以加快推进速度。

④ 工作平盘宽度 B——最小工作平盘宽度可按式(32-8)确定，如图 32-10 所示。

$$B_{\min}=b+C+D+E+F \tag{32-8}$$

式中　b——爆堆宽度，m；

C——安全距离(爆堆边缘至工作面道路内侧边缘间安全距离)，取 3～4 m；

D——汽车道路宽度，与车型有关，单车道可取最大车宽度的 2～2.5 倍，双车道取最大车宽度的 3～3.5 倍；弯道部分加宽 0.5 倍；

E——汽车道路外侧边缘至稳定坡顶线的安全距离，取 2.5～4 m；

F——台阶坡顶塌落范围，$F=h(\cot\gamma-\cot\alpha)$，m；

α——台阶坡面角，(°)；

γ——台阶稳定坡面角，(°)。

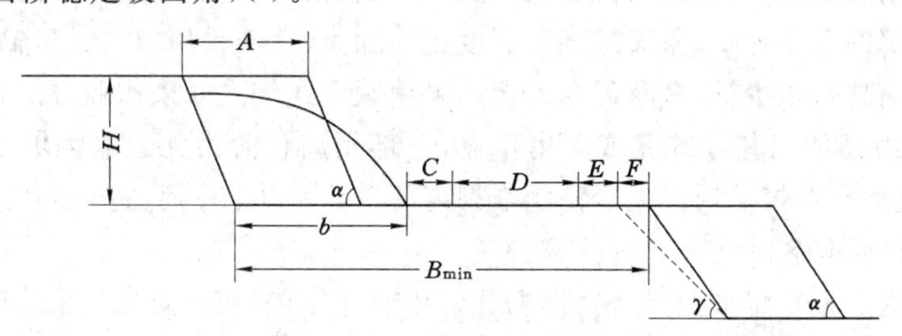

图 32-10　单斗挖掘机—汽车开采工艺系统最小工作平盘组成示意图

3. 单斗挖掘机无运输直接倒堆剥离开采工艺系统

倒堆开采是露天矿常用的一种开采方法，它并不是一种独立的开采工艺系统。采用无运输倒堆系统的露天矿只用于剥离，采矿一般需要采用其他开采工艺系统完成，如单斗挖掘机—汽车开采工艺系统。倒堆开采方法可使用的工艺系统有连续工艺系统、间断工艺系统。倒堆开采法的主要特点是——剥离物排弃于采场境界之内(第一条区的剥离物除外)，且随

着剥离工作推进采掘与内排同时进行。倒堆开采法按照主要环节使用的设备不同可划分为无运输倒堆法和运输倒堆法。

在间断工艺系统中,单斗挖掘机直接倒堆使用的是合并式的开采工艺系统,亦称无运输倒堆工艺系统,即不专门配备独立的运输设备,而由采掘设备本身完成采掘、运输、排卸三个主要生产环节。无运输倒堆工艺系统使用的设备有机械式单斗挖掘机、拉斗铲、推土机、铲运机、前装机等。

倒堆开采方法还可以使用有专门运输设备的运输倒堆法,例如采掘设备使用单斗挖掘机,运输设备使用载重汽车;采掘设备使用轮斗挖掘机,运输设备使用带式输送机等。这些设备组合方式属于独立式开采工艺系统,称为运输倒堆开采系统。

无运输倒堆法一般应用于近水平赋存、地表起伏变化不大、埋藏较浅、矿体厚度不大的矿床。运输倒堆法一般应用于埋藏较深(超过单斗挖掘机直接倒堆的作业范围)的近水平赋存矿床。

(1) 现状和发展趋势

无运输倒堆工艺系统,主要是用挖掘设备铲挖剥离物并直接堆放于旁侧的采空区,从而揭露出矿床的开采工艺系统。这种合并式开采工艺系统,把采掘、运输、排土三个环节合并在一起,由同一种设备(挖掘设备)完成。由于剥离作业没有独立的运输、排土环节,与其他露天开采工艺系统相比具有剥离成本低、劳动效率高的优点。

剥离倒堆工艺系统在美国、俄罗斯、澳大利亚等国的煤矿得到了广泛应用。特别是在美国剥离倒堆工艺系统已成为标志其露天开采技术的主要特征之一。俄罗斯是另一个使用剥离倒堆开采工艺系统较多的国家,由于该国露天煤田的剥离物坚硬、剥离厚度大、煤层厚,因此其倒堆设备的特点是铲斗容积小、线性参数大。近些年俄罗斯也开始生产铲斗和线性参数都较大的倒堆设备。

近年来,美国已有 100 多台大型拉铲在露天煤矿使用,其完成的煤炭产量占全美煤炭总产量的三分之一。我国准格尔黑岱沟露天煤矿 2007 年开始采用一台斗容 90 m^3、卸载半径 110 m 的大型拉铲对煤层上部的中硬覆岩进行剥离倒堆作业,同时采用抛掷爆破技术。

露天矿常用的无运输倒堆设备,有大型倒堆用机械式单斗挖掘机和大型倒堆拉铲。随着浅部矿产资源的逐步耗竭,露天矿开采深度逐渐加大,适于采用单一无运输倒堆剥离工艺系统的露天矿山越来越少,许多露天煤矿转而采用联合式倒堆开采作业方法,即采场上部划分出若干台阶由其他工艺系统完成剥离作业,下部剥离台阶由无运输倒堆工艺系统完成。目前在美国、澳大利亚煤矿用于无运输倒堆剥离的单斗铲斗容一般在 50 m^3 左右。

(2) 特点和适用条件

该系统的优点——将采掘、运输、排土三个环节合并在一起,使工艺系统简单化、生产管理简单化;剥离成本低,劳动效率高;可采用特大型设备;经济合理剥采比较大,一般可达 10~18 m^3/t,个别达 30 m^3/t。

该系统的缺点是——使用条件严格,一般仅适用于水平、近水平矿床及剥离厚度不太大时。大型设备一旦发生故障,对露天矿剥离生产影响较大。

该系统的适用条件如下:

① 水平、近水平或缓倾斜矿床(一般≤10°,特别坚硬底板可达 12°),以保证提供足够的内排空间和排土场的稳定性。

② 倒堆剥离物厚度不太大(通常≤50 m)。

③ 煤层厚度不能太大。

④ 剥离物一般应为松散土岩,易于用拉铲铲挖,坚硬岩石爆破后爆破效果好(块度均匀、大块少)。

(3) 倒堆方案

根据露天矿矿岩赋存情况(单煤层、厚剥离物、薄剥离物等)和所采用的倒堆设备不同,可采用不同的倒堆方案。

根据所用倒堆设备类型划分的倒堆方案:

① 机械式单斗挖掘机直接倒堆(以下简称机械铲倒堆)。

② 拉铲直接倒堆。

根据剥离物被倒堆的次数划分的倒堆方案:

① 剥离物直接倒堆——剥离物至内排土场仅被倒堆一次。

② 剥离物再倒堆——剥离物至内排土场被倒堆两次或两次以上。

按煤层数划分的倒堆方案:

① 单煤层倒堆。

② 多煤层倒堆。

将各种因素综合起来剥离倒堆方案很多,例如单煤层拉铲直接倒堆方案;单煤层拉铲再倒堆方案等。

(4) 剥离倒堆工艺的基本作业方式和开采参数

① 机械铲作业及其参数——机械铲基本作业方式是倒堆设备站立在煤层顶板上挖掘剥离物并直接排弃到采空区。作业方式如图 32-11 所示。

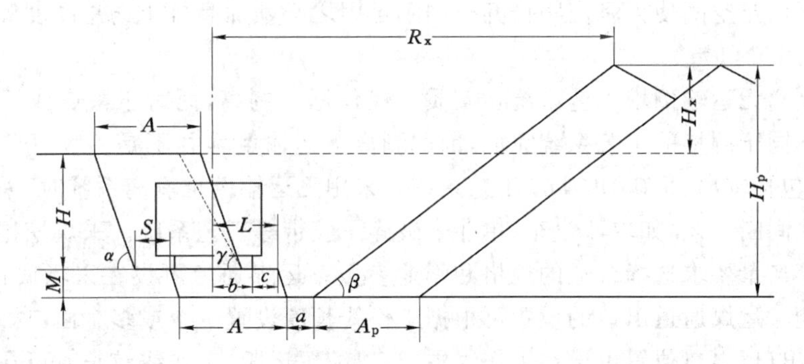

图 32-11 机械铲站立在煤层顶板上倒堆作业示意图

机械铲倒堆作业开采参数主要包括——煤层厚度 M、剥离台阶高度 H、采掘带宽度 A、排土带宽度 A_p、排土台阶高度 H_p、挖掘机卸载半径 R_x、卸载高度 H_x、挖掘机回转中心距台阶坡顶的距离 L($L=b+c$;b 为挖掘机走行机构的半宽,c 为挖掘机走行机构外侧距离台阶坡顶线的安全距离)、所保留的采煤台阶宽度 S、排土台阶坡底线距采煤台阶坡底线的距离,即坑底宽度 a(多数情况下该值一般取零)、剥采台阶坡面角 α、排土台阶坡面角 β、剥采台阶稳定坡面角 γ。

② 拉铲作业及其参数——拉铲基本作业方式是:拉铲站在剥离台阶顶盘进行下挖作业,直接将剥离物排弃于内排土场。

大型倒堆拉铲倒堆作业开采参数如图 32-12 所示。主要参考包括——煤层厚度 M、剥离台阶高度 H、采掘带宽度 A、排土带宽度 A_p、排土台阶高度 H_p、拉铲卸载半径 R_x、卸载高度 H_x 等。

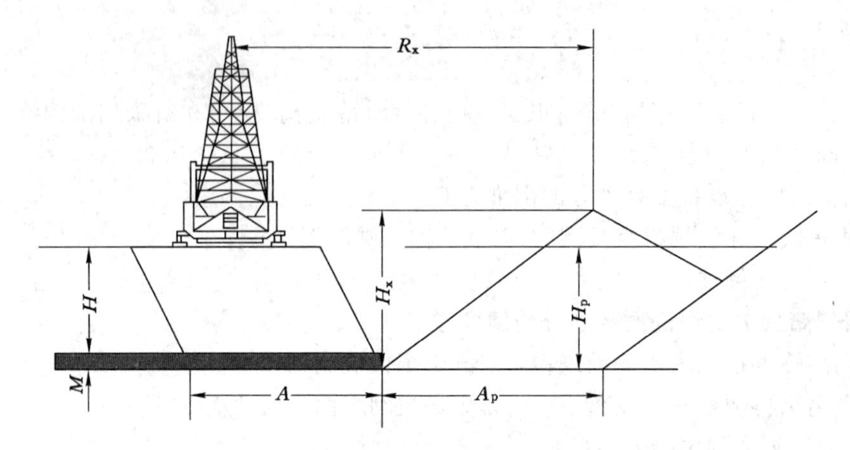

图 32-12　拉铲站立于剥离台阶顶盘倒堆作业示意图

在目前设备制造能力条件下，剥离直接倒堆作业开采台阶高度一般为 40～50 m，主要受制于倒堆设备的卸载半径能否将物料卸载至内排土场有效范围，如果卸载半径不足以将物料倒堆至内排土场，通常需要进行剥离物二次以致三次倒堆，称为再倒堆。再倒堆方法根据倒堆设备站立位置和作业方式可分为延伸台阶法、扩展平台法、搭桥倒堆法等；亦可以采用两台设备接力式倒堆方式以克服单台设备作业半径不够或松散剥离物体积远大于内排土场空间体积的矛盾，因为有的国家限制露天矿排土场的排弃高度，或因运煤通道设在内排土场一侧占用了内排空间使得剥离物排弃空间不足因之必须加高排土场总高度等。

(5) 采煤作业

露天矿剥离无运输倒堆工艺系统在实质上仅仅用于剥离，而对于采煤或开采其他矿产则需要采用不同于倒堆的工艺系统完成，因此剥离无运输倒堆并不是一种可单独实现露天矿开采作业(包括剥离、采矿)的生产工艺系统。采用无运输倒堆剥离系统时，采煤作业一般多采用独立式间断工艺，如单斗汽车、单斗—破碎—胶带等工艺系统。采煤挖掘机可以根据煤层厚度和年产量要求选择合适的规格和作业参数。运煤通道可设在采场底帮一侧，也可设在顶帮一侧。运煤通道出口的设置可根据工作线长度设置一个或多个出口。工作线较短时，可设一个出口，出口位置可设在工作线中部，以缩短运距；工作线较长时可在两端帮各设一个出口；工作线特别长时可设多个出口，以缩短煤的运距。

(6) 剥离、采煤和排土工作线布置

采用剥离倒堆工艺系统时，各倒堆设备与采煤设备之间在工作线方向上应保持一定间距。间距大小应根据工作线长度、设备作业的安全间距等综合确定。

剥离与采煤设备可同向剥离，剥离设备采至工作线尽头时，由于下部采煤作业尚未完成，需要空程返回至另一端开采下一个条区。采用该布置方式，拉铲空程返回时会影响作业效率。

剥离与采煤设备可同向剥采、往复式作业。即当剥离设备作业到工作线端部时，剥离设备需等一段时间，待采煤设备到达端部时剥离设备开始反向切入新采掘带，进行下一个条区的剥离作业。这时，采煤设备需等剥离设备推进一定距离后，方能开始采煤作业，以确保剥、采设备间的安全距离，这样剥采设备都有一段相互等待时间。

剥采工作线也可分为两翼，从工作线中间分为两个区域分别作业即剥离区和采煤区。剥离在一个区域进行，采煤在另一个区域进行，交替地从工作线中间向两侧推进。这种布置方式一般适用于工作线较长情况，以避免剥离与采煤相互影响、缩短拉铲空程返回的走行距离。

二、连续开采工艺系统

连续开采工艺系统的主要开采设备为多斗挖掘机，包括轮斗、链斗挖掘机等；运输设备主要是带式输送机，排土设备为排土机。连续开采工艺系统开采下来的物料通过带式输送机连续不断地由采掘地点运往卸载地点，因此称为连续开采系统。由于连续开采工艺系统具有作业连续、效率高、生产成本低的优点，因而在软岩露天矿中得到广泛应用。常用的连续开采工艺系统包括——轮斗挖掘机—带式输送机开采工艺系统(独立式)，轮斗或链斗挖掘机—运输排土桥开采工艺系统，轮斗或链斗挖掘机—悬臂排土机开采工艺系统。水力机械化开采中的水枪开采工艺系统也属于连续式开采工艺系统，其采掘设备为高压水射流水枪，水力运输和排土。

1. 轮斗挖掘机—带式输送机开采工艺系统

虽然间断开采工艺系统对地形、埋藏条件、岩性、气候等具有广泛的适应性，但是其主要工艺环节的设备由于是周期式作业、效率较低，从而影响露天矿的经济效益。连续开采工艺系统自 20 世纪 30 年代起在条件适宜的矿山使用范围不断扩大。德国、俄罗斯、印度等国家均在松软土岩的褐煤露天矿广泛采用这种工艺系统。目前所使用的轮斗挖掘机的小时理论能力已达 18 145 m^3/h(松方)，实际生产能力已达 37 万 m^3/d(实方)；带式输送机和排土机的带宽达 3.2 m。

我国云南小龙潭、准格尔黑岱沟、平庄元宝山等露天煤矿已全部或部分采用轮斗挖掘机采掘的连续开采工艺系统。

(1) 连续开采工艺系统的特点和适用条件

连续开采工艺系统的优点是——与单斗挖掘机相比，同样功率下生产能力大(一般为单斗挖掘机的 1.5～2.5 倍)；同样生产能力下设备总重小，一般为单斗挖掘机的二分之一至三分之一；单位产量(m^3)的能耗小，轮斗挖掘机为 0.3～0.5 $kW\cdot h/m^3$，单斗挖掘机为 0.5～0.8 $kW\cdot h/m^3$；开采成本低；易实现自动化控制；作业效率高。连续工艺系统的缺点是——设备投资高；对物料块度、硬度要求有限制；作业机动性差；需设专门的辅助运输设备线路系统；要求系统有很高的可靠性，各环节之间需紧密配合；受气候影响大。

从经济角度出发，目前连续开采工艺系统仅适用于物料硬度 $f<2$ 的矿岩，其中线切割阻力 $K_l \leqslant 1\,000$ N/cm，面切割阻力 $K_f \leqslant 60 \sim 70$ N/cm^2；气候不过于寒冷；矿层赋存较规整；物料中不含具研磨性或易堵塞的物料。

(2) 开采参数

轮斗挖掘机—带式输送机开采工艺系统的参数主要有——台阶高度 H、采掘带宽度 A、采区长度 L_c、工作平盘宽度 B、水平推进速度 v 等。

① 台阶高度 H——轮斗挖掘机既可采用单台阶开采，也可采用组合台阶开采。当大中型轮斗挖掘机配合带式输送机作业时，为了减小轮斗挖掘机臂长、减少工作面输送机条数和

移设次数，充分发挥轮斗挖掘机规格大、生产能力大的优势，采用组合台阶，一台轮斗挖掘机服务（挖掘）3～4 个台阶，通过转载机将上、下水平的物料转载到中间的工作面带式输送机上。

台阶组合方式常有以下两种——一种是由三个上挖台阶组成；二种是由两个上挖、两个下挖台阶组成。

由三个上挖台阶组成时，最上第一个台阶为主台阶，第二个台阶为上分台阶，第三个台阶为下分台阶，带式输送机位于下分台阶顶盘上，台阶高度如式(32-9)和图 32-13 所示。

$$H=h_1+h_2+h_3 \tag{32-9}$$

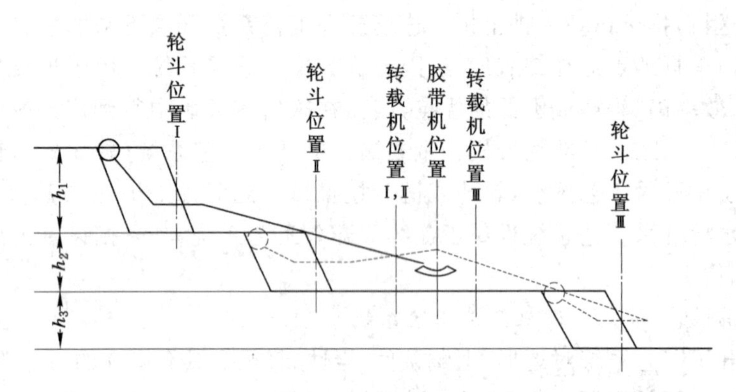

图 32-13　由三个上挖台阶组成的组合台阶

由两个上挖台阶共 4 个分台阶组成组合台阶时，台阶高度如式(32-10)和图 32-14 所示。

$$H=h_1+h_2+h_3+h_4 \tag{32-10}$$

② 工作线长度 L_g——一般来说，采区长度就是工作线长度。因此，工作线长度 L_g 与采场长度有关。根据国外经验，L_g 一般为——中小型矿 1～2 km，大型矿 2～3 km，特大型矿 3～5 km。

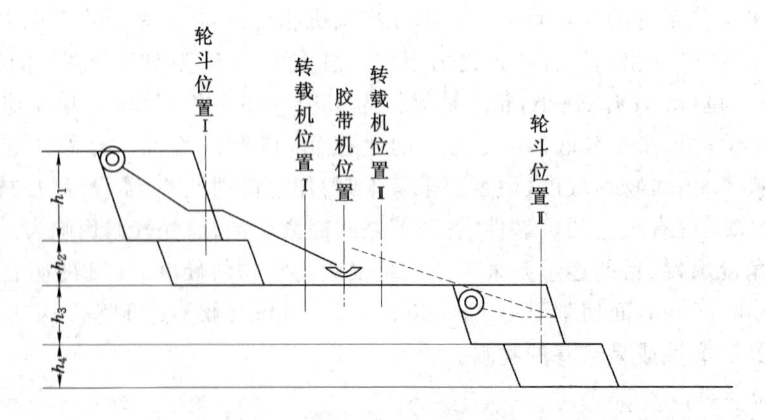

图 32-14　由两个上挖台阶两个下挖台阶组成的组合台阶

③ 工作平盘宽 B——如式(32-11)和图 32-15 所示，最小工作平盘宽度为：

$$B_{\min}=A+C_1+C_2+D+E \tag{32-11}$$

式中　A——采掘带宽度，m；

C_1——带式输送机中心线至台阶坡底间的距离，m；

C_2——带式输送机中心线至辅助设备作业带内侧边缘的距离，m；

D——辅助设备占用宽度，一般取 6 m；

E——台阶垮落距离，$E=h(\cot\gamma-\cot\alpha)$，m。

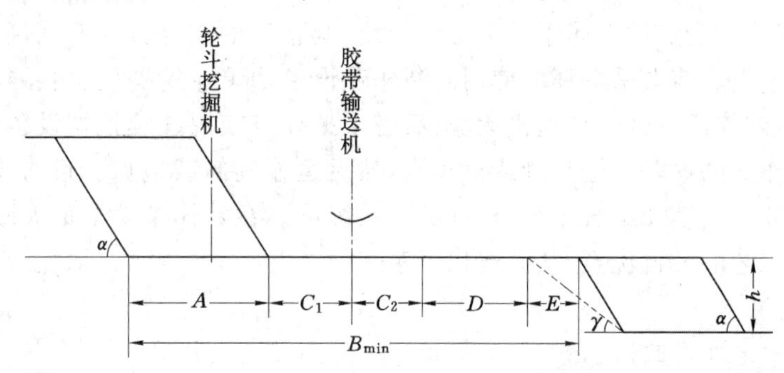

图 32-15　轮斗挖掘机最小工作平盘宽度示意图

(3) 工艺系统设备构成

轮斗挖掘机带式输送机工艺系统由轮斗挖掘机、带式输送机、分流系统、带式排土机、储煤及装车系统、转载机等构成。

2. 轮斗或链斗挖掘机—运输排土桥开采工艺系统

矿层为水平、近水平赋存且稳定，没有较大的断层条件下，可采用横跨采空区将剥离物以最短路径和很小高差运入内部排土场系统，这种工艺可极大地节省运输费用。

(1) 轮斗或链斗挖掘机—运输排土桥工艺系统的排土桥结构特征

运输排土桥是一种可在轨道上移动的巨型金属桁架结构设备，与轮斗挖掘机或链斗挖掘机配合作业。它有两个走行支架——一个位于采掘侧，另一个位于排土侧，支架在轨道上走行。运输排土桥主要由主桥、副桥(跨桥)、排土臂、受土臂、两个支架、走行机构及带式输送机组成。主要类型有 F34、F45、F60 等几类，开采厚度分别为 34 m、45 m 和 60 m。

(2) 采掘作业

运输排土主要和链斗挖掘机配合作业。当同一工作平盘上有两台挖掘机时即有两种配置方式——两台挖掘机配置在排土桥同一侧，一般用于工作面扇形推进；两台挖掘机配置在排土桥两侧，一般用于工作线平行推进。

剥离部分可采用的开采工艺系统有——轮斗或链斗挖掘机运输排土桥工艺——运输与排土设备合并；轮斗或链斗挖掘机悬臂排土机工艺——运输与排土设备合并。

(3) 采用运输排土桥的连续工艺系统的特点

该工艺系统的优点是——剥离物能从工作面横跨采空区、以最短距离运入内排土场所，节省运费，经济效益好；开采作业简单，生产能力大。其缺点是——适用条件严格，采深一般为 30～60 m；采、剥、排之间受空间位置制约大，三者必须协调；对排土场所稳定性要求高。

该系统的适用条件如下——剥离物松软但有一定承载能力；煤层为水平、近水平；无大的断层构造；储量大、露天矿服务年限长。

这种工艺系统在德国、俄罗斯等国有广泛应用，在我国尚未应用，相应的装备是向大型化、适应性强的方向拓展。

三、组合开采工艺系统

组合开采工艺系统包括串联式组合、并联式组合两种。

针对复杂多样的开采自然条件，出现了部分环节连续作业、部分环节间断作业的串联式组合开采工艺系统，常被称为半连续开采工艺系统。根据采、运、排三个环节物料流性质判断，这种开采工艺系统实质上属于间断工艺系统，其常用的组合方式有间断—连续组合、连续—间断组合两类。前者采掘环节使用间断作业设备如单斗挖掘机，然后经汽车或直接卸料于破碎机内，破碎后由带式输送机运输；后者采掘环节使用连续挖掘设备如轮斗挖掘机，卸料于循环式作业的铁路运输车辆或汽车内，然后运输到卸载地点。目前我国露天煤矿采用较多的是间断—连续式组合系统，这种工艺系统可以在具体条件下最大限度地发挥出间断工艺和连续工艺的各自优点，从而弱化了系统的缺点。

1. 串联式组合

(1) 间断—连续式工艺系统

该系统根据是否设立筛分或破碎设备主要分为以下三类：

① 间断采掘，设有筛分或破碎设备，连续运输和排卸。

② 间断采掘，工作面间断运输，设有破碎或筛分设备，连续运输和排卸。

③ 间断采掘，工作面间断运输，坑边设半固定或固定破碎机—带式输送机连续运输。

这种工艺系统是露天矿从开采条件上不能完全适合连续开采工艺时所采取的工艺措施，特别是在坚硬矿岩条件下采用，需重点解决好矿岩块度、矿岩破碎、破碎机设定方式和移设方式、破碎站移设步距等方面的问题。

(2) 连续—间断式工艺系统

该类系统主要特征是采掘使用连续作业设备，如轮斗挖掘机、链斗挖掘机等，运输设备采用铁路运输车辆或汽车运输。

(3) 串联式组合系统的特点和适用条件

串联式组合系统的优点是——对坚硬矿岩可使用连续运输；可提高单斗挖掘机利用率和生产能力；大型单斗挖掘机配合高速宽带式输送机可扩大露天开采规模；深部采用带式输送机实现陡沟开拓，可减小道路及其开拓工程量；生产费用较间断式工艺低；相互克服各自缺点、发挥各自优点。该系统的缺点是——因采用带式输送机运输，对矿岩块度有较严格的限制(不超过带宽的40%)，从而增加穿爆工作的难度和费用；为保证块度，须设筛分或破碎设备，增加生产环节，使生产系统复杂化；半连续工艺系统用于剥离时岩石的破碎将使生产费用增加。

串联式组合系统适用于采煤以及由于受矿岩块度、硬度限制而不适用于使用连续开采工艺时。为了在建材矿山、坚硬金属露天矿中和露天煤矿深部扩大应用，应使破碎机、带式输送机等设备适用于坚硬岩石条件；研究生产能力更大的移动式破碎机；设置破碎硐室；对各个工艺环节进行全面改进。

2. 并联式组合

并联式组合工艺系统，是指在一个露天矿内采场不同深度范围或不同岩性的开采物料采用不同的工艺系统，共同实现采场内部矿岩采掘任务。随着露天矿开采规模和深度的增加，这类并联式组合系统越来越多地应用到大型露天矿山。特别是我国2000年前后建设的露天煤矿，大多数采用了这种工艺系统组合方式，如剥离主要应用单斗汽车工艺系统，采煤主要应用单斗汽车和半固定或移动破碎及带式输送机组合系统。

复习思考题

1. 露天开采工艺、开采方法、开采工艺系统的概念及其区别。
2. 举例说明典型的露天开采工艺系统的特点和适用条件。
3. 试述单斗挖掘机的主要技术参数及其含义。
4. 单斗挖掘机的主要开采参数有哪些？
5. 露天开采工艺系统的分类依据是什么？如何命名？
6. 露天矿生产工艺环节一般包括哪七个环节，主要环节包括哪些？
7. 串联式组合工艺系统典型组合方式有几种？常用的设备组合方式有哪些？
8. 露天矿的辅助环节主要有哪些？

第三十三章　开采程序和开拓运输系统

露天开采方法包含两层含义：一是使用的手段，二是采用的行为方式。手段是指使用的设备或者工具，行为方式是指实现手段的路径和思想方法。在露天开采方法中，开采程序和开拓运输系统就是实现开采方法的行为方式。

第一节　开采程序

露天矿开采程序，是指完成露天矿采场内岩石剥离和矿石采出的时空顺序，也称剥采程序，即剥离、采矿工程在时间和空间上发展变化的方式及其相互关系。开采程序主要研究内容包括采区的划分、首采区的确定、初始拉沟位置确定、台阶划分、合理工作线长度确定、剥采工程水平推进方向、垂直延深方式、工作帮的构成等。

一、台阶划分及其开采程序

在露天开采过程中，为了适应工艺设备的作业要求，提高开采强度，通常是将开采境界内的矿石、土岩划分成具有一定高度的水平台阶进行开采。各台阶的开采程序，包括掘出入沟、掘开段沟、扩帮几个部分。通过台阶的掘沟实现矿山工程的延深，并建立各台阶之间，各台阶与工业广场、排土场、选矿厂之间的运输联系和形成台阶工作线，然后以一定的采宽进行扩帮，完成台阶的全部作业过程。掘沟和扩帮是露天矿山工程施工的主要方式。

出入沟，是指连接采场与地面其他设施之间的运输通道以及台阶之间的联系通道，该通道一般为倾斜坡道。开段沟，是指为形成新的开采作业水平而开挖的沟道，该沟道一般为水平沟道。

1. 台阶的划分

台阶是露天开采的基本作业单元，台阶的划分应有利于发挥设备效率，提高矿石质量和保证作业安全。对勺斗斗容 3～4 m^3 的单斗挖掘机，台阶高度一般为 10～12 m；大规格的挖掘机台阶高度可达 15～20 m；大型倒堆挖掘机台阶高度可在 30 m 以上；轮斗挖掘机组合台阶高度可达 40～50 m。

台阶可按其平盘是否与水平面平行划分为水平分层（平盘与水平面夹角为零）和倾斜分层（平盘与水平面有夹角，一般不超过 10°）。水平分层如图 33-1 所示，这种分层有利于采掘和运输设备作业，应用较多；在某些缓（倾）斜层状矿床条件下，为了便于选采，减少顶、底板矿石损失和岩石的混入，提高矿石质量，亦可采用倾斜分层开采，如图 32-2 所示。

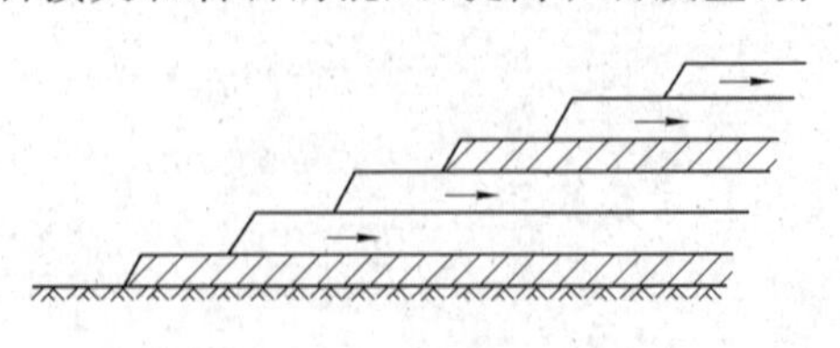

图 33-1　水平分层划分台阶

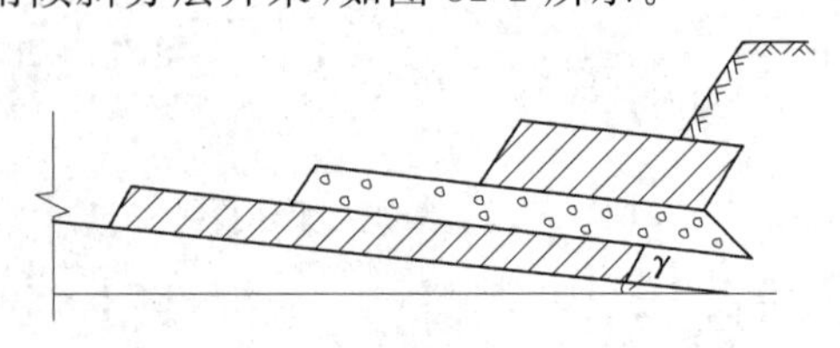

图 33-2　倾斜分层划分台阶

为了发挥设备效率，划归同一台阶开采的物料应力求岩性一致。例如，不应把表土、不需爆破的软岩与需要爆破的硬岩划归同一台阶开采。

2. 台阶的开采程序

台阶典型开采程序如图 33-3 所示。一般开采程序为——开掘倾斜的出入沟（为进入台阶的设备准备通路），开掘开段沟（为建立开采工作面准备空间），进行扩帮（为下一台阶准备空间）。

① 掘出入沟——首先开掘自地表±0 标高到第一台阶下部平盘的出入沟 AB，如图 33-3(a)所示。

② 掘开段沟——沿台阶全长挖掘开段沟 BC，如图 33-3(b)所示。

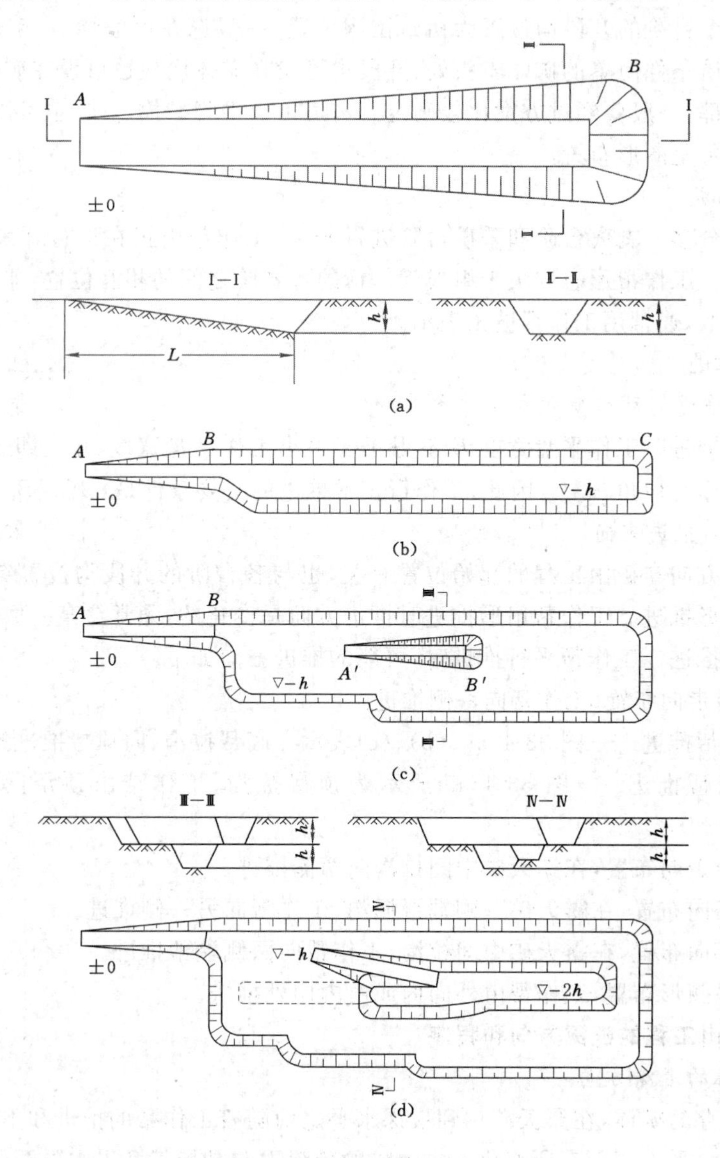

图 33-3　台阶的开采程序示意图

③ 扩帮开采——在工作面推进过程中，把台阶分割成具有一定宽度的条带逐条开采，

每个条带称为采掘带。每采一个采掘带,台阶工作线推出一个采宽,依次进行直至推进到最终开采位置。在上部台阶工作线推出一定宽度后,下部台阶才能开掘出入沟和开段沟,如图33-3(c)、(d)所示,然后下部台阶工作线相应地继续推进。

掘出入沟、开段沟、扩帮是台阶的一般开采程序。相邻台阶的工作线发展在空间上存在一定的制约关系。

二、工作帮及其推进

1. 初始拉沟位置确定

露天开采一般是从地表向深部挖掘。建立第一个台阶工作面往往要在地面开掘一个初始沟道,形成一个完整的工作水平,这个沟道称为开段沟,连接这个台阶与地面的斜坡道称为出入沟。第一个台阶的开段沟位置为初始拉沟位置,一般选在覆盖物薄、矿体厚度大、工程地质和水文地质条件简单的矿体露头处,开段沟可设在矿体底板也可设在矿体顶板,有时也可设在矿体中部,一般要经过方案比较确定。沟道可以平行矿体走向,也可以平行矿体倾向布置。沟道亦可呈圈形布置。

2. 工作帮构成

露天矿通常分多个剥离台阶和采矿台阶进行开采,工作帮由正在进行开采作业的台阶坡面和平盘构成。工作帮形态取决于组成工作帮的各台阶之间的相互位置,即台阶高度、平盘宽度等开采参数,通常用工作帮坡角表示。

3. 工作帮推进

(1) 工作帮推进的动态变化和约束条件

工作帮正常推进时工作平盘宽度 B 不得小于最小工作平盘宽度 $B_{\min}$,即工作帮坡角 φ 不得大于最大工作帮坡角 $\varphi_{\max}$。因此,工作帮正常推进的必要条件是:$B \geqslant B_{\min}$或 $\varphi \leqslant \varphi_{\max}$。

(2) 工作帮的推进方向

工作帮推进方向与矿山工程的起始位置有关,也与各台阶的开段沟位置有关。一般可平行推进或呈扇形推进。工作帮扇形推进时推进方向是变化的,通常绕某一回转中枢旋转,逆时针或顺时针推进。工作帮平行推进时,可能的推进方向如下:

① 工作线沿走向布置,工作帮向一侧推进。

工作帮向顶帮推进——图 33-4(a)、(b)、(c)表示在底帮拉沟、向顶帮推进的情况。

工作帮向底帮推进——图 33-4(d)所示为顶帮拉沟、工作帮由顶帮向底帮推进的情况。

② 工作线沿走向布置,在露天矿中间拉沟向两侧推进。

③ 工作线横向布置,在露天矿一侧端帮掘沟,工作帮向另一侧推进。

④ 工作线横向布置,在露天矿中间拉沟,工作帮向两侧端帮推进。

⑤ 工作线呈圈形布置,工作帮由外向内或由内向外推进。

三、露天矿山工程的延深方向和程序

1. 矿山工程的延深方向

对于倾斜赋存的矿体,在露天矿达到最深水平之前随着工作帮的推进和不断延深,延深方向可以因延深水平不同而有所变化。露天矿的延深方向是指某开采水平开段沟相对于上一水平开段沟位置的错动方向,可用延深角 θ 表示。延深角即延深方向与工作线推进方向的夹角,如图 33-5 所示。

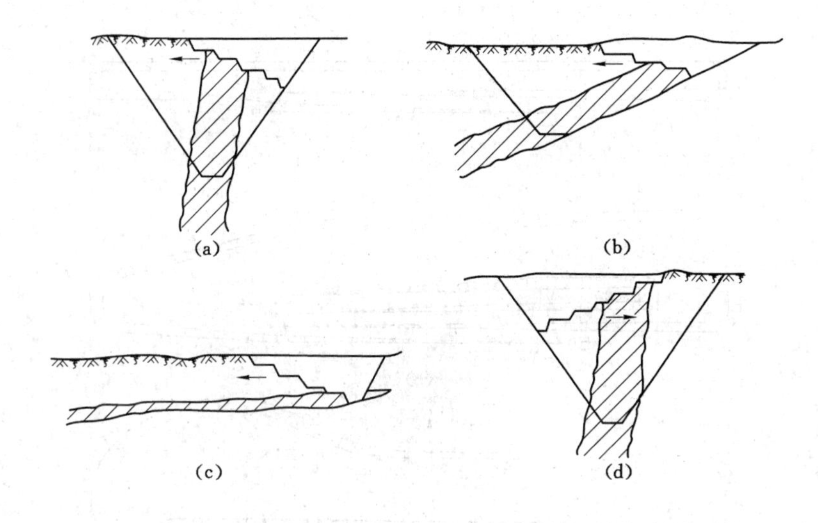

图 33-4　工作线沿走向布置、工作帮向一侧推进示意图

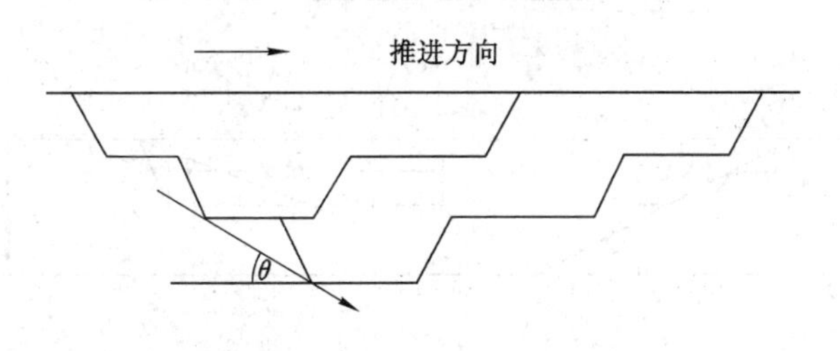

图 33-5　露天矿的延深方向

2. 矿山工程的延深程序

露天矿矿山工程延深程序，是指露天矿新水平的开拓准备顺序，一般包括为下一个工作水平延深而进行的扩帮工程、新水平开掘出入沟、新水平开掘开段沟、形成正常开采工作线等过程。其影响因素包括矿体埋藏条件、露天矿形状、采用的开采工艺系统和开拓运输系统等。

(1) 铁路运输露天矿的延深程序

铁路固定折返坑线开拓运输系统的延深程序如图 33-6 所示。设有运输坑线的一侧边帮是固定的，另一侧为工作帮，其工作线不断推进。当 $-h$ 工作水平的工作线推出一定宽度以后(扩帮)，可以掘进从 $-h$ 水平到 $-2h$ 水平的出入沟和 $-2h$ 水平的开段沟，如图 33-6(b)所示；掘完 $-2h$ 水平开段沟的全部长度如图 33-6(c)所示，就完成了 $-2h$ 水平的开拓准备工作。

(2) 汽车运输露天矿的延深程序

与铁路运输相比，汽车运输露天矿的新水平延深程序的特点是——掘沟多用平装车，因汽车运输时平装车亦能较好地发挥设备效率；不存在因设置环线而加大推帮量的问题；可在爆堆上设置移动坑线；开段沟无须很长，仅掘出一基坑即可建立台阶工作线。由于汽车运输要求的工作线短，还可设置多出入沟和工作面，以加快延深速度。

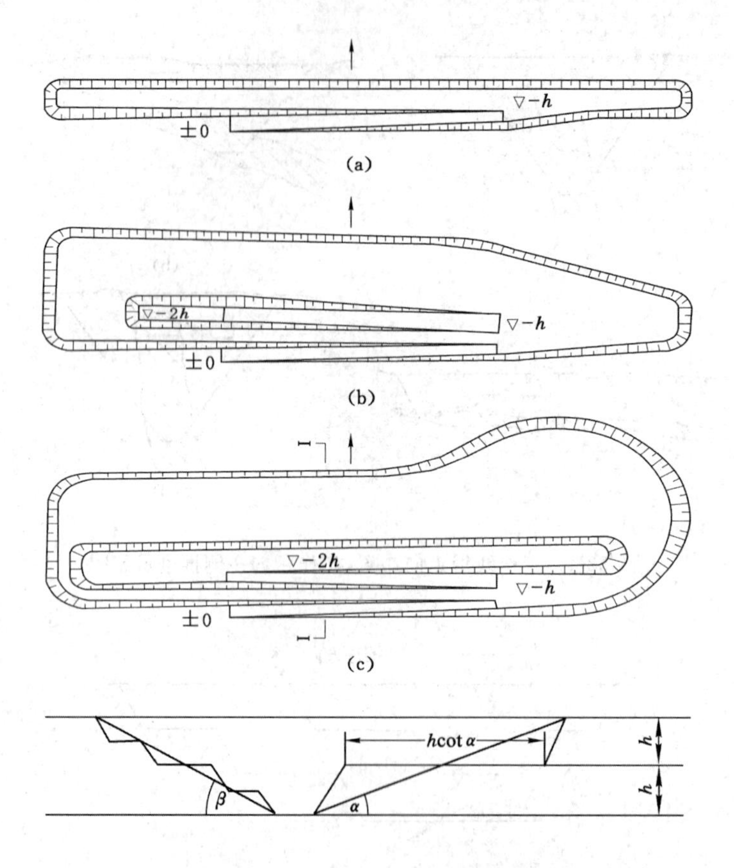

图 33-6　铁路固定坑线条件下的新水平开拓准备程序

第二节　开拓运输系统

露天矿开拓运输系统，是指建立地表面与露天矿场内各个工作水平之间的运输通道，以保证露天矿场的生产运输并及时准备出新的工作水平。开拓运输系统设计是露天开采设计中带有全局性的问题，一方面受所选择的开采方法、运输设备和圈定的露天开采境界影响，另一方面影响基建工程量、基建投资和基建时间，影响着矿山生产能力、矿石损失和贫化、生产的可靠性、均衡性和生产成本。开拓运输系统一旦形成，若再想改造则会对正常生产造成重要影响，甚至可能造成较大的经济损失。

开拓方案设计应从矿体赋存的自然条件出发，结合所选择的生产工艺系统以及矿床开采程序合理地选择开拓方案，使之能够确保设计矿山的建设速度，满足矿石产量和质量要求；力争投产早、达产快、基建投资少、生产经营费用低。

露天矿开拓运输系统可根据不同特征进行分类——按开拓坑线使用的时间特征分类，可分为固定坑线、半固定坑线和移动坑线；按开拓坑线的平面布局特征，可分为直进式坑线、折返式坑线、回返式坑线、螺旋式坑线和联合式坑线；依据所选取的运输设备特征，可分为公路运输开拓、铁路运输开拓、带式输送机开拓和联合运输开拓；按照进入采场出入沟的数量可分为总沟开拓、组沟开拓等几类。

一、铁路运输开拓系统

中华人民共和国成立初期至改革开放初期我国建设的露天煤矿，绝大多数采用单斗铁路工艺系统，因此铁路运输开拓在我国露天煤矿中占有较大比重，如抚顺西露天、阜新海州、新邱矿、新疆三道岭、河南义马北露天煤矿等。铁路开拓系统运量大、成本低，运输设备和线路结构坚实，能适应各种气候条件。但其爬坡能力低，弯道要求的曲线半径大，基建工程量大，新水平开拓延深工程缓慢。

露天矿使用的铁路运输分准轨和窄轨两种。上述大中型露天矿均采用准轨铁路运输，轨距 1 435 mm。对于运量小、矿场尺寸小、运距小的矿山，亦采用窄轨(轨距＜1 435 mm，多为 900 mm、762 mm、600 mm)铁路运输，如云南可保煤矿。

1. 坑线平面布置

大型露天煤矿典型的坑线平面布置如图 33-7 所示。其中图 33-7(a)为采场局部平面图，图 33-7(b)为采场纵断面剖面图。该开拓系统为底帮固定、直进与折返结合的总沟开拓运输系统，适用于倾斜煤层。从纵断面图可以看出：台阶高为 h，L 为露天矿底长，i 为限制坡度，l 为通过站长度，l_c 为折返站长度。列车从地表经过三个直进坑线到折返站，由于采场长度的限制必须经折返才能到达第 4 个台阶。其中，直进式坑线线路质量好，列车运行速度高，而采用折返式时列车需要停车再启动并向反向运行，列车平均运行速度低，故在走向长度允许条件下应尽可能采用直进式。由于受矿场长度限制，露天矿不可避免地要采用折返式坑线。所以，在铁路开拓矿山，无论是山坡露天矿还是凹陷露天矿，坑线布置一般是直进、折返两种方式的结合。此外，为了提高列车运行速度，当上部台阶到边界后，可以废除原折返坑线，而全部采用沿边界直进延深，形成如图 33-8 所示的螺旋式坑线。图 33-8 表明，原来开拓方式是一个台阶一折返，当上部几个台阶到边界后，坑线在直进到第二个台阶后沿端帮(图上虚线)继续直进到－24 m 标高，再直进到－36 m、－48 m 标高。下部未到边界的台阶仍按折返式坑线延深。

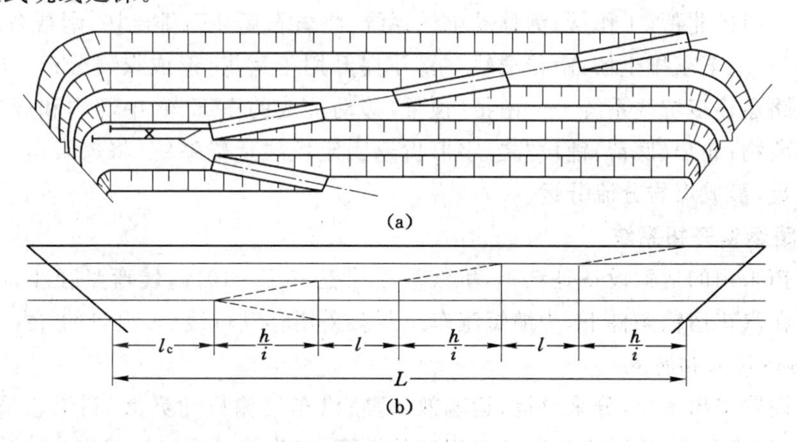

图 33-7　上部直进、下部折返坑线示意图

(a) 采场局部平面图　(b) 采场纵剖面图

2. 坑线固定性

设于露天矿采场非工作帮上的坑线称固定坑线，设于工作帮上的坑线称移动坑线。固定坑线在生产中不受工作帮推进影响，建成后不需要移设，线路质量好，适用于矿床埋藏条

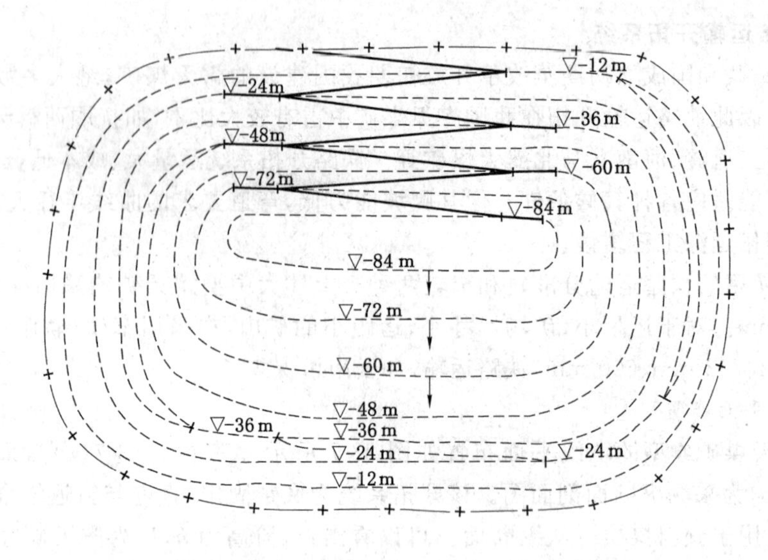

图 33-8　上部水平螺旋坑线、下部折返坑线示意图

件和水文、工程地质条件清楚且有确定的最终边帮位置的条件。采用移动坑线，具有可减少运距、基建工程量、初期生产剥采比等优点，从而可降低投资和成本并有利于新水平开拓准备，如抚顺西露天煤矿和义马北露天煤矿。由于移动坑线穿过的工作台阶被斜切成上下两段，在纵断面上呈上下两个“三角台阶”。“三角台阶”加大了穿孔爆破作业量和炸药消耗，使电铲满斗率下降，且移动干线质量较差、干线铁路线路移设时对生产影响较大。

3. 多坑线系统

当露天采场煤岩运量很大、一套坑线系统的运输能力不能满足运输要求或煤岩流向不一致时，可以设立两套或两套以上的沟道系统以满足运输需要，如抚顺西露天煤矿曾采用三组坑线系统。该矿北帮(工作帮)为移动坑线系统，将岩石运往西排土场；南帮东部是固定坑线，将此处岩石运至东排土场；南帮窄轨—箕斗提升用于运煤，形成煤岩分运。哈密露天煤矿亦采用铁路运输多坑线系统——南帮(顶帮)移动坑线的东部沟、中部沟和后期的西部沟用于运输剥离物；北帮(底帮)铺设“之”字形折返固定坑线运输系统，将煤炭运往卸煤站，以提高线路质量，形成煤岩分流分运。

二、公路运输开拓系统

公路开拓采用的运输设备是汽车，坑线坡度可达 8%～10%，转弯半径小，故坑线布置较为灵活。在汽车运输条件下，为缩短汽车运距多采用移动坑线、多出口的开拓系统。

1. 公路运输开拓特点

矿场可设置多出入口，分采分运，运输效率高；汽车运输机动灵活，利于选采；便于采用近距离、分散的排土场；能适应各种开采程序的需要，工作线长度可以很短，基建量与基建投资少；矿岩吨公里运输成本高于铁路运输。

2. 适用条件

公路运输开拓系统适用于地形复杂的山坡、凹陷露天矿；煤层赋存复杂(夹矸、断层多)，煤质变化、要求分采的矿山；运距不长的山坡露天矿，一般不大于 5 km，采用大吨位运输设备时合理运距可达 8 km；可作为露天矿联合开拓方式的组成部分。

三、带式输送机开拓系统

带式输送机开拓的主特点是——生产能力大；与铁路和汽车比较其爬坡能力强，普通带式输送机爬坡可达 16°～18°，高倾角带式输送机可达 40°以上；可缩短运距，降低开拓工程量；吨公里运输成本较汽车低。其缺点是对煤岩块度有较严格要求，一般最大粒度不得超过带宽的 40％；敞露的带式输送机受气候条件影响较大。

在露天矿采用连续工艺系统时，开拓系统比较单一。当采用半连续工艺时，物料进入带式输送机前要通过移动或固定破碎机，物料被破碎为合适的粒度后才可进入带式输送机系统，布置方式也比较简单。

除上述三种类型开拓系统外，尚有提升机—溜道开拓系统。使用提升机可以克服较大的高差，建立工作面与地表的运输联系。这种运输系统运营费用低、能耗少；但运输环节多，生产能力受限。在山坡陡峭、相对高差较大的地形条件下，为降低费用常用放矿溜道作为中间环节建立开拓运输系统。溜道和平硐应开凿于岩石坚固性系数 $f \geqslant 5 \sim 6$ 且没有较大断层破碎带和软岩夹层的岩层中。

复习思考题

1. 简述露天矿开采程序及其主要研究内容。
2. 请图示台阶开采程序。
3. 简述台阶划分方式及其特点。
4. 什么是出入沟、开段沟？
5. 工作帮的构成要素及其推进约束条件是什么？
6. 什么是矿山工程延深方向？
7. 试述开拓运输系统的概念和分类特征。
8. 试述公路运输开拓系统的特点和适用条件。
9. 试述带式输送机开拓系统的特点和适用条件。

第三十四章　露天矿的开采境界和生产能力

第一节　露天矿开采境界

露天开采境界，是指划归一个露天矿开采的技术上可行、经济上合理的开采范围。露天矿开采境界由采场地表周界、合理开采深度、采场底部周界和最终边坡角等要素决定。

露天开采境界的大小，直接影响露天矿场内的矿岩总量、露天矿的规模和服务年限、设备的选型、基建工程量、基建投资、露天矿的成本及赢利、劳动生产率等。露天矿的剥采程序、开拓运输系统、地面生产系统等主要技术决定，一般都要在境界圈定之后才能确定。所以合理确定露天矿开采境界非常重要。

一、剥采比

确定露天矿开采境界主要涉及境界剥采比、经济合理剥采比（亦称经济剥采比）。

1．境界剥采比

境界剥采比（n_k），是指露天矿境界变化单位开采深度（倾斜赋存矿体）或推进单位宽度（近水平赋存矿体）时所增加的剥离量与矿石采出量之比。

如图 34-1 所示，地表地形平坦，规则、倾斜的矿床，其矿体水平厚度为 m，倾角为 α，露天矿底宽取矿体水平厚度 m，顶、底帮最终稳定帮坡角分别为 γ、β。当境界由 $EFGH$ 延深至 $DCBA$ 时，引起的剥离物增量为 ΔV_k，增加的矿量为 ΔP_k，则此时的境界剥采比等于 $\Delta V_k/\Delta P_k$。

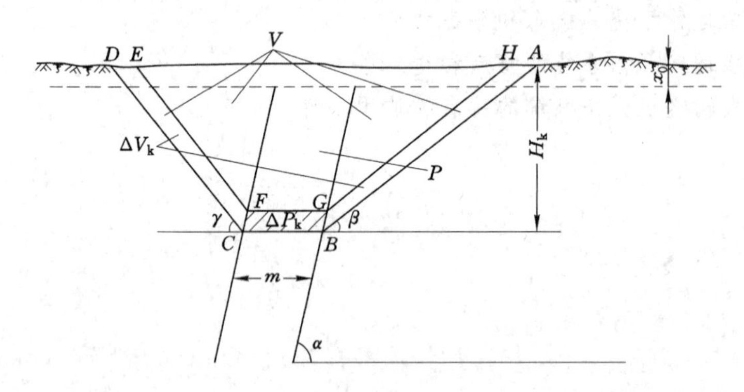

图 34-1　划分露天开采和地下开采境界的原理示意图

2．经济合理剥采比

经济合理剥采比（n_j），是指在一定技术条件下由经济因素确定的经济上允许的最大剥采比。该值由一系列经济因素决定，主要计算方法如下。

（1）按地下、露天开采同一块矿体成本相等原则计算

$$n_{j1}=\frac{c_d-a}{b} \tag{34-1}$$

式中　c_d——地下开采成本,元/t;

a——纯采矿成本,元/t;

b——纯剥离成本,元/t。

(2) 按露天开采的矿石售价计算:

$$n_{j2}=\frac{d_1-a}{b} \tag{34-2}$$

式中　d_1——露天开采矿石售价,元/t。

二、确定露天矿开采境界的原则

由于随着开采境界的扩大,剥采比和露天开采成本均会相应提高,所以可以通过控制剥采比或露天开采成本不超过允许值来控制投资经济效果。用以控制经济效果的剥采比,包括境界剥采比 n_k、平均剥采比 n_p、均衡生产剥采比 n_s 等,剥采比的允许值为经济合理剥采比 n_j。因此,确定露天矿开采境界的原则通常有 $n_k \leqslant n_j$ 的原则、$n_p \leqslant n_j$ 的原则、$n_s \leqslant n_j$ 的原则等。在常规设计时,一般以 $n_k \leqslant n_j$ 为原则圈定露天开采境界。

该原则的理论依据是——露天矿开采境界变化一个单位范围时,其边界层的开采成本应不大于地下开采边界层的成本或其矿产开采成本不大于矿产品售价。

以图 34-1 为例,当露天矿开采境界为 H_k 时,其境界剥采比 n_k 为:

$$n_k=\frac{\Delta V_k}{\Delta P_k} \tag{34-3}$$

露天矿开采边界层成本等于地下开采边界层成本:

$$\Delta V_k b+\Delta P_k a=\Delta P_k c_d \tag{34-4}$$

露天开采边界层的盈利等于地下开采边界层的盈利:

$$\Delta P_k d_1-\Delta V_k b-\Delta P_k a=\Delta P_k(d_d-c_d) \tag{34-5}$$

式中　d_1—— 露天采矿的矿石售价,元/m³;

d_d—— 地下采矿的矿石售价,元/m³。

三、确定露天开采境界的方法和步骤

① 选定确定境界的原则,确定有关经济指标,计算经济合理剥采比。

② 选择确定境界的地质断面图,包括多个横断面图和纵断面图。

③ 在横断面图上确定矿场底宽。在保证人员和设备作业安全、矿山工程要求的前提下,以经济合理的原则确定底宽,最小值应不小于开段沟底宽。

④ 确定露天矿最终帮坡角 β、γ。

⑤ 在某个地质横断面图上任意确定一个开采深度。根据底宽和 β、γ 确定不同深度的边帮线;计算不同深度的 n_k;在该断面图上建立 n_k 与深度 H_k 的关系:$n_k=f(H_k)$ 与 n_j 相交,如图 34-2 所示,过其交点作垂线,则横轴上截距为该横断面的合理深度 $H_{合}$。同样,在其他横断面图上逐一确定合理开采深度。

⑥ 在地质纵断面图上确定露天矿坑底平面标高。由于横断面图上所确定的合理采深并不能保证是整个露天矿的合理采深,所以需要将各横断面上的合理开采深度和坑底位置进行调整。调整原则是——弯曲度应满足运输曲线半径要求;长度上应保证设置坑线的需要;宽度应保证采矿工作正常进行;在纵断面上坑底标高应尽量一致,以满足运输设备要求。

⑦ 露天矿底周界的确定——根据调整后的露天矿底平面标高和端帮位置,对底界进行

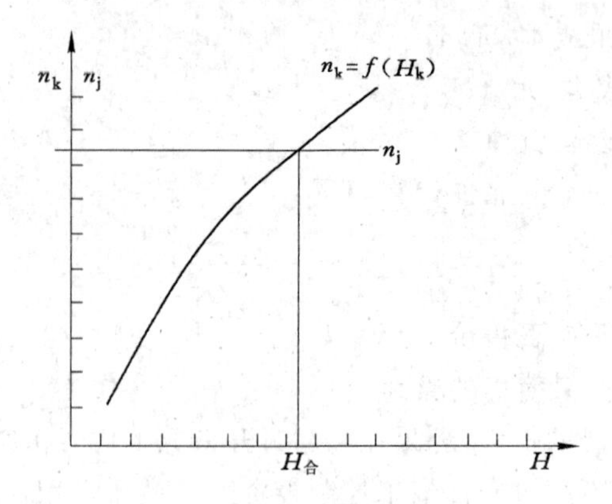

图 34-2　合理开采深度确定示意图

调整，绘制露天矿底周界。

⑧ 绘制开采境界平面图——以露天矿底周界平面图为基础，根据开拓运输系统、最终边帮结构和台阶要素，自下而上绘制开采境界平面图。

第二节　露天矿生产剥采比

一、生产剥采比的变化规律

露天开采过程中，工作帮的范围和位置随矿山工程的进度不断变化，剥离岩石量和采出矿石量也相应发生变化，从而使生产剥采比发生变化。露天矿生产剥采比，是指某一时期矿山剥离量与同期开采的矿石量之比值。

1. 露天矿工作帮

露天矿工作帮，是指由正在进行着剥采工程的台阶与坡面组成的边帮，工作帮的帮坡角大小与生产剥采比的变化密切相关。通常情况下，工作帮坡角增大生产剥采比变小，工作帮坡角变小生产剥采比增大。

2. 生产剥采比的一般变化规律

图 34-3 和表 34-1 所示为在台阶高度、工作平盘宽度和工作帮坡角固定不变的条件下，倾斜赋存矿体的典型露天矿生产剥采比变化规律。

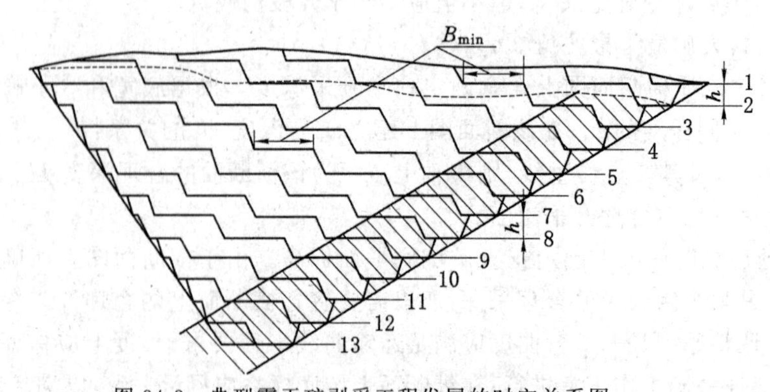

图 34-3　典型露天矿剥采工程发展的时空关系图

1,2,3,…,13——剥采工程开采水平；h——台阶高度；B_{min}——最小工作平盘宽度

表 34-1　　　　露天矿矿岩量计算表

开采水平	矿石量 P /万 t	表　土 /万 m^3	岩　石 /万 m^3	土岩合计 V/万 m^3	累　计		生产剥采比 $n_s/(m^3/t)$
					土岩/万 m^3	矿石/万 t	
1		56.2		56.2	56.2		
2		176.8		176.8	233.0		
3	102.5	303.0	14.5	317.5	550.5	102.5	3.10
4	158.0	367.9	248.4	616.3	1166.8	260.5	3.90
5	156.5	415.3	624.9	1040.2	2207.0	417.0	6.64
6	155.5	121.6	941.1	1062.7	3269.7	572.0	6.86
7	154.0		812.4	812.4	4082.1	726.0	5.27
8	152.0		662.2	662.2	4744.3	878.0	4.36
9	150.5		496.0	496.0	5240.3	1028.5	3.30
10	149.5		4.8.0	4.8.0	5648.3	1178.0	2.72
11	148.0		237.9	237.9	5886.2	1326.0	2.29
12	146.5		178.4	178.4	6064.6	1472.5	1.22
13	145.0		28.0	28.0	6092.6	1617.5	0.19
合计	1617.5		4651.8	6092.6			

由表 34-1 和图 34-4 可以看出：开始是大量剥离而采矿量为零，这个阶段为露天矿的基建阶段。随后，开始采出矿石，生产剥采比则随着开采深度而不断增大，达到一个最大值（$n_s=6.868\ m^3/t$）后逐渐减小。生产剥采比的这种变化规律是开采倾斜矿体的普遍规律，其中生产剥采比最大期间叫作剥离高峰期。

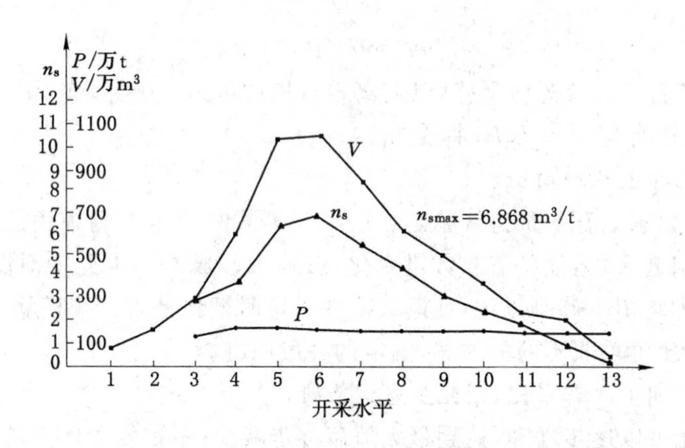

图 34-4　矿山工程每延深一个水平采出的矿石量、剥离量和剥采比变化规律图

二、生产剥采比的初步确定和均衡

露天矿的生产剥采比一般是通过编制矿山工程长期进度计划和年度计划确定的，它是一个计划值，称为计划生产剥采比。而生产中所形成的生产剥采比与计划剥采比的数值会有所不同，称为实际生产剥采比，本节所讨论的生产剥采比均指计划生产剥采比。

1. 初步确定的计划生产剥采比

通过绘制 $V=f(P)$线和 $n_s=f(P)$曲线确定计划生产剥采比。其步骤如下：

① 绘制剥采工程按 $B=B_{min}$发展，延深到各水平时或工作帮推进到不同位置时的算量剖面图和露天矿场分层平面图。

② 利用剖面算量法或平面算量法计算剥采工程每延深一个水平或工作帮每推进一段距离后本水平及其以上各水平所采出的矿石量和剥离量。

在剖面图上计算每延深一个水平(第 i 水平)采出的矿石量 P_i：

$$P_i = \sum_{j=1}^{n} F_{ij}^{k} \cdot l_{ij} \cdot \eta \cdot \rho(1+k) \tag{34-6}$$

式中　F_{ij}^{k}——延深至第 i 水平时在第 j 剖面上采出矿石的剖面面积，m^2；

l_{ij}——在第 j 剖面上第 i 水平处的影响距离，m；

ρ——矿石体积质量，t/m^3；

η——矿石回采率，%；

k——废石混入率，%。

在剖面图上计算每延深一个水平(第 i 水平)的剥离量：

$$V_i = \sum_{j=1}^{n} F_{ij}^{y} \cdot l_i + F_{ij}^{k} \cdot l_i \cdot \eta_w \tag{34-7}$$

式中　F_{ij}^{y}——每下降一个水平(第 i 水平)第 j 断面上的岩石面积，m^2；

l_i——第 i 水平处的影响距离，m；

η_w——矿层中的废石率，%。

用相似方法可在分层平面图上计算每延深一个水平所采出的矿石量和岩石量。

③ 确定生产剥采比。矿山工程按 $B=B_{min}$发展时，每延深一个水平(第 i 水平)生产剥采比为：

$$n_{si}=V_i/P_i \tag{34-8}$$

④ 以采出的矿石累计量为横坐标，以剥离岩石累计量为纵坐标，作 $V=f(P)$曲线图，以生产剥采比 n_s为纵坐标作 $n_s=f(P)$曲线图。

2. 生产剥采比的调整和均衡

一般情况下均要求矿石产量持续稳定。但由于不同时期生产剥采比的变化，会引起剥离量的变化，从而引起采、运设备需求数量变化，影响采矿成本。因此需对露天矿的生产剥采比做适当调整，即均衡生产剥采比，使露天矿在一定时期保持生产规模稳定。

调整生产剥采比可采取不同的方案，确定的一般原则为：

① 尽量减少初期生产剥采比，以减少基建投资。

② 生产剥采比可以逐步增加，达到最大值后逐步减少，不宜发生骤然波动，以免设备和人员随之发生较大变动，每次调整量应为挖掘机年生产能力的整数倍。

③ 一般生产剥采比达到最大的时期不宜过短。如果最大生产剥采比时间短，意味着露天矿在一段时间大量增加设备和人员，不久又要大幅缩减，这样不仅会使设备利用率低，也会给生产组织管理带来困难。

3. 储备矿量

为使露天矿在新水平开拓和准备工程发生停顿时仍能保证持续均衡生产，应能提供近期生产需要的生产储备矿量。煤矿、金属矿和非金属矿对生产储备矿量的划分标准不完全相同，但都趋向于按开拓矿量和可采矿量两级管理，简称“二量”管理。图 34-5 所示为可采矿量和开拓矿量的计算方法。

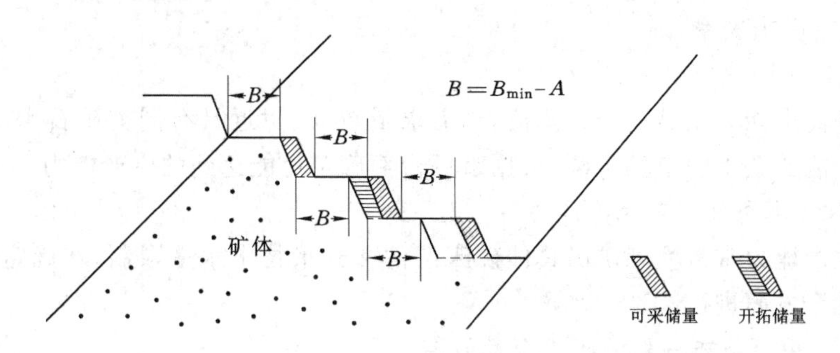

图 34-5　可采矿量和开拓矿量计算示意图

B_{min}——最小工作平盘宽度，m；A——采掘带宽度，m

开拓矿量，是指开拓工程已完成、主要运输枢纽已形成并具备了采矿工作条件的新水平底部标高以上的矿体总量。

可采矿量，是指位于采矿台阶最小工作平盘宽度以外、其上部和侧面已被揭露的矿体矿量，也称为回采矿量，是开拓矿量的一部分。

确定开拓矿量和可采矿量时，一般按月生产能力进行计算、用可采期表示。通常可采矿量和开拓矿量的可采期规定为 1～2 个月。可采期的确定必须综合考虑采矿生产的可持续性、经济效益等因素，具有自燃性的矿石（如煤炭）还应考虑自然发火期，以避免发生自燃。

第三节　露天矿生产能力

一、基本概念

露天矿生产能力，是指露天矿在单位时间内开采出来的矿石量或剥采总量。通常分矿石生产能力和矿岩生产能力两种。矿岩生产能力 A 和矿石生产能力 A_p 的关系如式(34-9)所示。

$$A=A_p(1+n_s) \tag{34-9}$$

式中　n_s——露天矿生产剥采比。

露天矿的生产能力分为设计生产能力和实际生产能力。设计生产能力，是指经相关部门批准的计划生产能力；实际生产能力，是指某一时期露天矿达到的生产能力，主要取决于露天矿的矿床赋存条件、采用的工艺系统和开拓开采方式等。

二、露天矿生产能力的确定

露天矿生产能力的大小直接影响矿山设备选型、投资、生产成本、矿山服务年限、矿山定员和综合经济效益等。应从市场需求、技术上可行和经济上合理等方面综合考虑确定。

1. 按市场需求量确定生产能力

由矿石成品的市场需求量确定原矿产量 A_p：

$$A_p=\frac{K_c}{K_p-(1-\beta)\eta}A_c \tag{34-10}$$

式中　K_c——成品矿石的品位,%；

A_c——市场每年需求的成品矿石量,t/a；

K_p——原矿石品位,%；

β——采矿损失率,%；

η——选矿回收率,%。

矿石市场需求能力只是一个预测值,当需求量较大、附近具有同类矿石生产单位时,露天矿需要分析能够获得的市场份额,根据市场份额确定可能达到的生产能力。

2. 按开采技术条件确定生产能力

露天矿生产能力常常受到矿山具体矿床条件和开采技术水平限制,在确定生产能力时可以从以下几个方面进行试算。

(1) 按采场中可能布置的挖掘机台数确定

每个采矿台阶可能布置的挖掘机台数 N_w 为：

$$N_w = L_g / L_c \tag{34-11}$$

式中　L_g——一个采矿台阶的工作线长度,m；

L_c——一台挖掘机所需的采区长度,m。

对水平和近水平矿体确定露天矿同时开采的采矿台阶个数 N_B 为：

$$N_B = H/h \tag{34-12}$$

式中　H——矿体厚度,m；

h——采矿台阶高度：

$$h = B_{min}/(\cot\varphi - \cot\alpha),\text{m} \tag{34-13}$$

其中　B_{min}——采矿台阶的最小工作平盘宽度,m；

φ——采矿台阶的工作帮坡角,(°)；

α——采矿台阶的坡面角,(°)。

露天矿可能的生产能力为：

$$A_p = N_w N_B Q_w \tag{34-14}$$

式中　Q_w——挖掘机平均年生产能力,t/a。

(2) 按采矿工程水平推进速度确定

对于水平和近水平赋存矿体的矿石生产能力 A_p,主要取决于工作线水平推进速度(单位时间剥采台阶沿工作帮推进方向的水平推进距离)：

$$A_p = v_H \cdot H \cdot L_g \cdot \eta \cdot \rho(1+k) \tag{34-15}$$

式中　v_H——工作线水平推进速度,m/a；

H——矿体厚度,m；

L_g——采矿台阶工作线平均长度,m；

ρ——矿石体积质量,t/m³；

η——矿石回采率,%；

k——废石混入率,%。

(3) 按采矿工程垂直延深速度确定

采矿工程延深速度,是指在露天采场内最底部的采矿台阶单位时间内的垂直降低深度。对于倾斜矿体和急倾斜矿体,采矿工程延深速度影响露天矿生产能力,延深速度快意味着采矿量大。

(4) 按选定的开采工艺系统运输能力确定最大可行的生产能力

开采技术条件确定的生产能力，一般是制约矿山可能达到的最大生产能力，其中最小的一个是主要制约因素。

一般而言，按照市场需求和开采技术条件确定的生产能力属于约束能力。矿山最优生产能力是指在一定的投资规模条件下矿山能够取得的最佳收益的能力。它是一个复杂的决策过程，需要经过详细的技术、经济对比才能确定。可建立露天矿开采的经济模型，对不同生产能力方案进行比较分析，求出经济效益最佳的生产能力。

确定露天矿生产能力时，还应综合考虑矿山服务年限、境界内矿石可采储量、主要设备和设施的服务年限的合理匹配。服务年限太短，会造成基本建设设施过早报废，致使矿山开采项目总体效益不佳，甚至不能全部回收投资。

复习思考题

1. 试述露天开采境界及其构成要素。
2. 境界剥采比、经济剥采比的含义是什么？
3. 试述确定露天矿开采境界的基本原则和方法。
4. 倾斜矿床条件下生产剥采比的一般变化规律怎样。
5. 露天矿生产能力的含义是什么？
6. 影响露天矿生产能力的主要因素有哪些？
7. 试述均衡生产剥采比的意义和实质。

参考文献

〔1〕丁鑫品，郭继圣，李绍臣，等.综放开采条件下上覆岩层“两带”发育高度预计经验公式的确定[J].煤炭工程，2012(12)：75-78.
〔2〕杜计平，孟宪锐.采矿学[M].2版.徐州：中国矿业大学出版社，2014.
〔3〕杜计平，汪理全.煤矿特殊开采方法[M].2版.徐州：中国矿业大学出版社，2011.
〔4〕段红民.贯屯煤矿带区巷道优化研究[J].煤炭工程，2013(2)：4-7.
〔5〕国家安全生产监督管理总局，国家煤矿安全监察局.煤矿安全规程[M].北京：煤炭工业出版社，2016.
〔6〕国家煤矿安全监察局.关于印发《防范煤矿采掘接续紧张暂行办法》的通知(煤安监技装〔2018〕23号)[R].2018.
〔7〕姬长生，马军.黑岱沟露天煤矿开采工艺的理论与实践[M].徐州：中国矿业大学出版社，2010.
〔8〕姬长生.露天矿生产工艺系统分类的思考[J].中国矿业，2011，20(11)：64-66.
〔9〕朗庆田，孙春江，邸建友，等.煤矿深井开采技术[M].徐州：中国矿业大学出版社，2006.
〔10〕李俊斌.急(倾)斜煤层柔性掩护支架采煤法[M].徐州：中国矿业大学出版社，2011.
〔11〕孙志林，李耀武，林端波，等.机械制冷降温系统在煤矿井下的应用[J].煤矿安全，2009，40(1)：26-29.
〔12〕汪理全，李中颃.煤层(群)上行开采技术[M].北京：煤炭工业出版社，1995.
〔13〕汪理全，郑西贵，屠世浩，等.煤矿矿井设计[M].徐州：中国矿业大学出版社，2013.
〔14〕王安.现代化亿吨矿区生产技术[M].北京：煤炭工业出版社，2005.
〔15〕许延春，刘世齐.水体下综放开采的安全煤(岩)柱留设方法研究[J].煤炭科学技术，2011，39(11)：1-4.
〔16〕张世雄.固体矿物资源开发工程[M].武汉：武汉理工大学出版社，2010.
〔17〕赵景礼.厚煤层错层位巷道布置采全厚采煤法：中国，98100544.6[P].1998-02-18.
〔18〕中国煤炭建设协会.煤炭工业矿井设计规范[M].北京：中国计划出版社，2015.
〔19〕中国煤炭建设协会勘察设计委员会，中煤科工集团沈阳设计研究院有限公司.煤炭工业露天矿设计规范[M].北京：中国计划出版社，2015.
〔20〕中国煤炭学会露天开采专业委员会.中国露天煤炭事业发展报告(1914—2007)[M].北京：煤炭工业出版社，2010.
〔21〕中华人民共和国住房和城乡建设部.煤炭工业智能化矿井设计标准[M].北京：中国计划出版社，2018.
〔22〕PETER DARLING. SME Mining Engineering Handbook(MEH)[M]. 3rd Edition. The Society for Mining，Metallurgy，and Exploration，INC.，2011.